**Handbuch der Fertigungstechnik**
Band 3/1

# Spanen

# Handbuch der Fertigungstechnik

Herausgegeben
von Prof. Dr.-Ing. Günter Spur
und Prof. Dr.-Ing. Theodor Stöferle

Band 1 Urformen
Band 2 Umformen und Zerteilen
Band 3 Spanen (in zwei Teilbänden)
Band 4 Abtragen, Beschichten und Wärmebehandeln
Band 5 Fügen, Handhaben und Montieren
Band 6 Fabrikbetrieb

**Carl Hanser Verlag München Wien**

# Handbuch der Fertigungstechnik

Herausgegeben von
Prof. Dr.-Ing. Günter Spur
und Prof. Dr.-Ing. Theodor Stöferle

Band 3/1

# Spanen

Mit 652 Bildern und 34 Tabellen

**Carl Hanser Verlag München Wien 1979**

CIP-Kurztitelaufnahme der Deutschen Bibliothek

**Handbuch der Fertigungstechnik** / hrsg. von Günter Spur
u. Theodor Stöferle. – München, Wien: Hanser.

NE: Spur, Günter [Hrsg.]

Bd. 3. Spanen.
Teil 1. – 1979.
ISBN 3-446-12534-5


Satz und Druck: C.H. Beck'sche Buchdruckerei, Nördlingen
Printed in Germany

# Autorenverzeichnis*

Dr.-Ing. *G. Augsten,* Leiter der Abteilung Versuch und Entwicklung, Gebr. Heller Maschinenfabrik GmbH, Nürtingen (Abschn. 7.7.2)

Obering. *H. Blättry,* Leiter der Konstruktion, Paul Forkardt KG, Düsseldorf (Abschn. 5.5 gemeinsam mit Dipl.-Ing. *J. Eggert*)

Dr.-Ing. *A. Bronner,* Industrieberatung Dr.-Ing. A. Bronner, Stuttgart (Kap. 4)

Dipl.-Ing. *K. Dustmann,* Leiter der Hauptabteilung Konstruktion, Deutsche Industrieanlagen GmbH (DIAG), Werk Fritz Werner Werkzeugmaschinen GmbH, Berlin (Abschn. 7.7.1)

Dipl.-Ing. *J. Eggert,* Universitätsrat, Lehrstuhl und Institut für Werkzeugmaschinen und Fertigungstechnik der TU Berlin (Abschn. 5.5 gemeinsam mit Obering. *H. Blättry*)

Ing. (grad.) *E. Eich,* Leiter der Hauptabteilung Konstruktion, Adolf Waldrich-Coburg Werkzeugmaschinenfabrik, Coburg (Abschn. 7.7.3.1 und 7.7.8)

o. Prof. Dr.-Ing. Dipl.-Wirtsch.-Ing. *W. Eversheim,* Lehrstuhl für Produktionssystematik im Laboratorium für Werkzeugmaschinen und Betriebslehre der TH Aachen (Kap. 3)

Dipl.-Ing. *H.-G. Fleck,* Geschäftsführer, Deutsche Industrieanlagen GmbH (DIAG), Berlin (Abschn. 6.7.6 gemeinsam mit Dr.-Ing. *P. Streicher*)

Ing. (grad.) *A. Fritz,* Abteilungsleiter der Werkzeugmaschinen-, Sondermaschinen- und Betriebsmittelkonstruktion X. Fendt & Co., Marktoberdorf (Abschn. 6.7.2)

Dr.-Ing. *O. Gunsser,* Technischer Geschäftsführer, Gebr. Heller Maschinenfabrik GmbH, Nürtingen (Abschn. 7.1 bis 7.5)

Ing. (grad) *G. Haberland,* Verkaufsingenieur, Deutsche Industrieanlagen GmbH (DIAG), Werk Hermann Kolb Maschinenfabrik, Köln (Abschn. 6.7.3)

*W. Haferkorn,* Direktor, Waldrich-Siegen Werkzeugmaschinenfabrik GmbH, Siegen (Abschn. 5.7.9 und 7.7.3.2)

Dipl.-Ing. *H. Hammer,* Geschäftsführer, Hermann Traub, Maschinenfabrik, Reichenbach/Fils (Abschn. 5.7.4)

Ing. *E. Honeck,* Oberingenieur, Motoren-Werke Mannheim AG, Mannheim (Abschn. 6.5)

*W. H. Jaye,* Technischer Leiter, Sogenique AG, Newport Pagnell, Buckinghamshire, Großbritannien (Abschn. 6.7.5)

Dr.-Ing. *H. De Jong,* Mitglied des Vorstands und Leiter der Konstruktion, Schiess AG, Düsseldorf (Abschn. 5.7.7)

Dipl.-Ing. *R. Klenk,* Leiter der Konstruktionsabteilung für Serien- und Standardmaschinen, Gebr. Heller Maschinenfabrik GmbH, Nürtingen (Abschn. 7.7.7.4 bis 7.7.7.6)

Dipl.-Ing. *E Köhler,* Leiter der Konstruktion, Gebr. Boehringer GmbH, Göppingen (Abschn. 5.7.1)

o. Prof. Dr.-Ing. *W. König,* Lehrstuhl für Technologie der Fertigungsverfahren im Laboratorium für Werkzeugmaschinen und Betriebslehre der TH Aachen (Kap. 2 außer Abschn. 2.1 und 2.4.1)

*H. Krüger,* Abteilungsleiter der Werkzeugentwicklung Fried. Krupp GmbH, Krupp Widia Fabrik, Essen (Abschn. 7.6)

Dipl.-Ing. *K. W. Kuckelsberg,* Leiter der Konstruktionsabteilung Mehrspindler, Gildemeister AG, Bielefeld (Abschn. 5.7.5 gemeinsam mit Dr.-Ing. *J. Milberg*)

*W. Lipp,* Direktor, Hüller Hille GmbH, Witten (Abschn. 7.7.7.1 bis 7.7.7.3)

Ing. (grad.) *H. Lutz,* Leiter der Konstruktion, R. Stock AG, Berlin (Abschn. 6.6 gemeinsam mit Dr.-Ing. *H. Schmidt*)

Dipl.-Wirtsch.-Ing. *H. Maas,* Geschäftsführer, Heyligenstaedt & Comp. Werkzeugmaschinenfabrik GmbH, Gießen (Abschn. 5.7.6)

* Die genannten Positionen nahmen die Autoren zur Zeit der Manuskripterstellung ein.

*H. Maas,* Direktor, Heyligenstaedt & Comp. Werkzeugmaschinenfabrik GmbH, Gießen (Abschn. 7.7.5)

Dr.-Ing. *J. Milberg,* Leiter der Hauptabteilung Planung und Fertigung, Gildemeister AG, Bielefeld (Abschn. 5.7.5 gemeinsam mit Dipl.-Ing. *K. W. Kuckelsberg*)

Dipl.-Ing. *P. Neubrand,* Leiter der Entwicklung und des Qualitäts- und Ausbildungswesens, Ludwigsburger Maschinenbau GmbH, Ludwigsburg (Abschn. 6.7.4, 7.7.7.7 und 7.7.7.8)

Dr.-Ing. *R. Piekenbrink,* Geschäftsführer, Wotan-Werke GmbH, Düsselforf (Abschn. 7.7.6)

Dipl.-Ing. *R. Pieper,* Leiter des Zentralbereichs Produktplanung, Pittler Maschinenfabrik AG, Langen bei Frankfurt/M. (5.7.2 gemeinsam mit Prof. Dipl.-Ing. *P. Stöckmann*)

Dr.-Ing. *R. Reeber,* Technischer Leiter, MAHO Werkzeugmaschinenbau Babel & Co., Pfronten-Steinach (Abschn. 7.7.4)

Dr.-Ing. *R. Schaumann,* Leiter der Abteilungen Prüffeld Hartmetall und Technische Information, Friedrich Krupp GmbH, Krupp Widia Fabrik, Essen (Abschn. 5.6)

Dr.-Ing. *H. Schmidt,* Vorstandsmitglied, R. Stock AG, Berlin (Abschn. 6.6 gemeinsam mit Ing. (grad.) *H. Lutz*)

Dr.-Ing. *K.-E. Schwartz,* Technischer Leiter, Deutsche Industrieanlagen GmbH (DIAG), Werk Hermann Kolb Maschinenfabrik, Köln (Abschn. 6.7.1)

o. Prof. Dr.-Ing. *G. Spur,* Lehrstuhl und Institut für Werkzeugmaschinen und Fertigungstechnik der TU Berlin (Kap. 1, Abschn. 2.1, 5.1 bis 5.4, 5.7.8)

Prof. Dipl.-Ing. *P. Stöckmann,* Vorstandsmitglied der Pittler Maschinenfabrik AG, Langen bei Frankfurt/M. (Abschn. 5.7.2 gemeinsam mit Dipl.-Ing. *R. Pieper*)

Prof. Dr.-Ing. *Th. Stöferle* †, Leiter des Fachgebiets Technologie und Werkzeugmaschinen der TH Darmstadt (Abschn. 6.1 bis 6.4 und 6.7.7)

Dr.-Ing. *P. Streicher,* Leiter der Entwicklungsabteilung, Gildmeister + Knoll GmbH, Dettingen (Abschn. 6.7.6 gemeinsam mit Dipl.-Ing. *H.-G. Fleck*)

o. Prof. Dr.-Ing. *H. Victor,* Lehrstuhl und Institut für Werkzeugmaschinen und Betriebstechnik der Universität Karlsruhe (Abschn. 2.4.1)

*M. Wanner* †, Direktor, Index-Werke KG, Hahn & Tessky, Esslingen (Abschn. 5.7.3.2)

Ing. (grad.) *W. v. Zeppelin,* Leiter der Entwicklung und Konstruktion, Hermann Traub Maschinenfabrik, Reichenbach/Fils (Abschn. 5.7.3.1)

# Vorwort

Die industrielle Produktionstechnik steht nach wie vor im Zeichen einer stürmischen Entwicklung, deren technisch-wirtschaftliche Verflechtungen das gesamte Gebiet der Fertigungstechnik selbst für den Fachmann immer komplexer erscheinen lassen. Die große Zahl technisch-wissenschaftlicher Veröffentlichungen erlaubt es dem Lernenden und Studierenden wie auch seinen Lehrern und vor allem dem in der Praxis stehenden Techniker und Ingenieur kaum noch, das Gebiet in seiner Gesamtheit zu überblicken. Das an diesem Gedanken orientierte Bemühen, den Stand der Fertigungstechnik in einer als Lehrbuch und Nachschlagewerk zugleich konzipierten Buchreihe darzustellen, haben die Herausgeber als eine verpflichtende Aufgabe aufgefaßt, die es in engem Zusammenwirken zwischen Industrie und Hochschulen zu lösen galt.

Als Autoren konnten berufene Fachleute aus Praxis und Wissenschaft zur Mitarbeit gewonnen werden, so daß anhand der einzelnen Beiträge eine Zusammenfassung entstand, die, mit den Grundlagen beginnend, den heutigen Stand der Fertigungstechnik beschreibt. Die Metallverarbeitung steht dabei entsprechend ihrer wirtschaftlichen Bedeutung im Vordergrund.

Als Ordnungsgesichtspunkt war für das Handbuch der Fertigungstechnik die Norm DIN 8580 eine große Hilfe. Unter Berücksichtigung der bedeutenden Arbeiten von Otto Kienzle auf dem Gebiet der Fertigungssystematik wurde besonderes Gewicht auf die klare begriffliche und methodische Aufbereitung der Themen gelegt. Weiterhin stand das Bemühen im Vordergrund, den Inhalt durch graphische Darstellungen und Bilder sowie durch praktische Beispiele anschaulich zu gestalten.

Mit der Herausgabe des vorliegenden Bandes als erstes Buch der Reihe soll der Bedeutung des Spanens Rechnung getragen werden. Die Namen der Autoren und der Hersteller spanender Werkzeugmaschinen bürgen dafür, daß ein reicher Erfahrungsschatz mit einer Fülle von Details in die einzelnen Beiträge einfließen konnte.

Der Beschreibung der spanenden Fertigungsverfahren ist in dem zweiteiligen Band 3 eine allgemeine Einführung in die Zerspantechnik vorangestellt, bei der auf die geschichtliche Entwicklung, die Bedeutung der Zerspantechnik und auf grundlegende Definitionen sowie Einteilungsgesichtspunkte für die spanenden Fertigungsverfahren eingegangen wird. Weitere Abschnitte umfassen die Grundlagen der Zerspanung und Betrachtungen zur Werkstücksystematik sowie zur Wirtschaftlichkeit. Gegliedert nach den Verfahren Drehen, Bohren, Senken, Reiben, Fräsen, Hobeln, Stoßen, Räumen, Sägen, Feilen, Rollieren, Schaben, Schleifen, Honen und Läppen wird die spanende Bearbeitung mit den entsprechenden Fertigungseinrichtungen und Hilfsmitteln ausführlich behandelt. Außerdem werden die Verfahren der spanenden Verzahnungs- und Gewindeherstellung sowie die Zerspanung von Sonderwerkstoffen und Kunststoffen in einem ihrer Bedeutung entsprechenden Umfang gesondert beschrieben.

Die verschiedenen Aspekte und Probleme der spanenden Fertigungstechnik werden nach einer weitgehend einheitlichen Gliederung für jedes Verfahren durch Behandlung des konstruktiven Aufbaus der Werkzeugmaschinen und zugehöriger Einrichtungen, der herstellbaren Werkstücke hinsichtlich ihrer Formelemente, Abmessungen, Fertigungsqualitäten und wirtschaftlichen Stückzahlen sowie der Automatisierungstechnik berücksichtigt. Dem Leser ist damit ein umfassendes Stoffangebot gegeben, das ihn sowohl in der Ausbildung als auch im Berufsleben von großem Nutzen sein wird.

Meinem verehrten Kollegen, Herrn Professor Dr.-Ing. Theodor Stöferle, der durch einen tragischen Unfall aus einem erfolgreichen, durch kreative Ingenieurleistung und stetige Schaffenskraft gekennzeichneten Leben gerissen wurde, blieb die Verwirklichung vieler Pläne und gesetzter Ziele versagt. So konnte er auch das Erscheinen des Handbuchs der Fertigungstechnik nicht mehr erleben. Mit ihm als engagiertem Herausgeber der Fachzeitschrift Werkstatt und Betrieb habe ich als Herausgeber der Zeitschrift für wirtschaftliche Fertigung in enger Bindung der beiden Hochschulinstitute in Darmstadt und Berlin gemeinsam daran gearbeitet, dieses mehrbändige Werk zu erstellen. Unter Würdigung seiner großen Verdienste als Ingenieur und Hochschullehrer sage ich Theodor Stöferle für die gemeinsame Arbeit an dieser Buchreihe meinen aufrichtigen Dank. Verlag, Herausgeber, Autoren und die Redaktionen werden ihm ein ehrendes Angedenken bewahren und das Werk in seinem Sinne fortführen.

Allen Autoren, die mit großem persönlichen Einsatz neue Maßstäbe in der fachlichen Zusammenarbeit bei der Entstehung dieses Buches gesetzt haben, danken Verlag, Herausgeber und Schriftleitung.

Besonderer Dank gilt dem Carl Hanser Verlag, München, für das stets gezeigte Entgegenkommen und für die vertrauensvolle Zusammenarbeit. Auch möchte ich die eindrucksvolle Leistung hervorheben, die bei der redaktionellen Arbeit erbracht wurde. Ganz besonderer Dank gilt Herrn Dipl.-Ing. Klaus Schrödter, dem in Darmstadt tätigen Redakteur, und Herrn Dr.-Ing. Thomas Stöckermann, der die Buchreihe organisatorisch mitbetreut, für ihre tatkräftige Mitwirkung und die vielen wertvollen Hinweise.

Nicht zuletzt bin ich meinem Assistenten, Herrn Dipl.-Ing. Uwe Heisel für seine vielseitige, unermüdliche Unterstützung und die gründliche Bearbeitung der Manuskripte ebenso dankbar verbunden wie Herrn Dipl.-Ing. Fritz Klocke, Dipl.-Ing. Detlef Michaelis und anderen Mitarbeitern des Instituts für Werkzeugmaschinen und Fertigungstechnik der Technischen Universität Berlin, die bei der Arbeit am Handbuch der Fertigungstechnik geholfen haben.

Berlin, im November 1978 *Günter Spur*

# Inhalt

## Inhaltsübersicht zu Band 3, Teil 2

# 1 Einführung in die Zerspantechnik

**o. Prof. Dr.-Ing. G. Spur, Berlin**

## 1.1 Geschichtliche Entwicklung

Ansätze einer technologischen Entwicklung gab es schon in der Frühzeit der Menschheit. Voraussetzung dafür war die kreative Fähigkeit des Menschen. Mit der Verwendung zweckdienlich geformter Gegenstände der Natur aus Stein, Holz, Horn und Knochen als Hilfsmittel und Werkzeuge nahm diese Entwicklung ihren Anfang. Durch archäologische Funde aus der älteren Steinzeit sind uns einfache Steinwerkzeuge bekannt, die zunächst noch unbearbeitet, jedoch unter bewußter Ausnutzung von Keil- und Hebelwirkung verwendet wurden. Dabei machte der Mensch auch die ersten Erfahrungen mit unterschiedlichen Werkstoffeigenschaften.
Als erste Entwicklungsstufe der Zerspantechnik ist die Anwendung bearbeiteter, für eine bestimmte Aufgabe gestalteter Werkzeuge zu betrachten. Schon frühzeitig lassen sich verschiedene Bearbeitungsverfahren unterscheiden. Aus der Schlagbewegung mit dem Faustkeil entwickelte sich das Meißeln; eine ziehende oder schiebende Anwendung dieses Werkzeugs unter Druck führte zum Schaben oder zum Sägen. Diesen Verfahren ist gemeinsam, daß die Formgebung durch Einwirkung eines Schneidkeils erfolgt. Die für solche Arbeiten auszuführenden Bewegungen sind überwiegend geradlinig. Bild 1 zeigt

Bild 1. Neolithische Einrichtung zum Sägen von Stein um 4000 v. Chr. (Rekonstruktion nach *R. Forrer*)
a Vorschubbewegung,
b Schnittbewegung

die Rekonstruktion einer Steintrennmaschine mit hin- und hergehender Schnittbewegung. Drehende Arbeitsbewegungen aus dem Handgelenk sind vom Menschen schwieriger ausführbar. Diese Tatsache hat bereits in der jüngeren Steinzeit (5000 bis 2000 v. Chr.) zur Verwendung mechanischer Hilfsgeräte geführt. Eine der bemerkenswertesten Konstruktionen vorgeschichtlicher Fertigungseinrichtungen ist der sogenannte Schnurzug- oder Fiedelbogenantrieb. Mit seiner Hilfe konnte die bequemere Translationsbewegung der Hand in eine Rotationsbewegung mit wechselnder Drehrichtung umgesetzt werden. Die älteste Darstellung eines solchen Antriebs findet sich auf einem ägyptischen Relief in der Grabkammer des *Ti* bei Saqqara aus der Zeit um 2500 v. Chr. Sie zeigt einen Tischler mit einem Fiedelbohrer [1]. In Bild 2 ist die Anwendung des Schnurzugs beim Bohren um 1450 v. Chr. nach einem Wandgemälde im Grab des

*Rechmirê* wiedergegeben. Ein Beispiel für die Darstellung der Drehbearbeitung mit Schnurzugantrieb ist ein Relief aus der Zeit um 300 v. Chr. an der Grabstätte des *Petosiris* [2].

Bild 2. Bohrbearbeitung mit Schnurzugantrieb um 1450 v. Chr. Malerei in der Grabkammer des *Rechmirê*

Ein weiterer, bedeutsamer Schritt in der Entwicklung der Zerspantechnik lag in der Entdeckung und Verwendung metallischer Werkstoffe. Die erste Bearbeitung der Metalle zu Gebrauchsgegenständen und Schmuck wurde aus dem gediegenen Zustand vorgenommen. Erst durch die Erkenntnis der Schmelzbarkeit und Legierbarkeit dieser Werkstoffe gewannen die Metalle gegenüber anderen Materialien ihre große Bedeutung. Aus der Bronzezeit wie auch aus der nachfolgenden Eisenzeit geben noch heute zahlreiche Funde an Waffen, Werkzeugen, Schmuck und sonstigen Gegenständen aller Art durch verschiedene, nachweisbare Bearbeitungsspuren in eindrucksvoller Weise Zeugnis von dem frühgeschichtlichen Entwicklungsstand spanender Handwerkskunst.
Der dieser Entwicklung zugrundeliegende Zeitraum ist, gemessen an dem uns heute selbstverständlich gewordenen technischen Fortschritt, außerordentlich groß. Im Gegensatz zur vorgeschichtlichen Entwicklung ist für die Antike in den verschiedenen Kulturkreisen eine raschere Weiterentwicklung aller handwerklichen Fähigkeiten kennzeichnend. Ausgrabungen in Griechenland, Kleinasien, Ägypten und Italien belegen mit einer Fülle gegenständlicher und bildlicher Dokumente, daß auch der künstlerische Aspekt bei den spanenden Fertigungsverfahren an Bedeutung gewann. Die von *Plinius* um 77 n. Chr. in seinem Werk „Naturalis Historia“ beschriebenen Werkzeuge und Verfahren geben ein beeindruckendes Bild von den vielfältigen fertigungstechnischen Fähigkeiten der antiken Künstler und Handwerker [3].
Die erste erhaltene Beschreibung handwerklicher Künste in Deutschland stammt von dem Benediktinermönch *Theophilus Presbyter* um 1100 n. Chr. In seinem Buch „Diversarum Artium Schedula“ gibt er unter anderem Erläuterungen zu dem Umgang mit Meißeln, Sticheln, Feilen, Messern, Zangen, Zieh- und Schabeisen sowie verschiedenen Schleif- und Poliermitteln [4]. Eine der bekanntesten Überlieferungen spätmittelalterlicher Handwerkskünste im 15. Jahrhundert ist durch das „Hausbuch der Mendelschen Zwölfbrüderstiftung zu Nürnberg“ [5] gegeben. Die diesem Werk entnommenen Dar-

stellungen (Bilder 3 und 4) veranschaulichen beispielsweise das Drechseln mit einer Wippendrehbank um 1425 sowie das Harnischpolieren an einer wassergetriebenen, mit Leder beschlagenen Polierscheibe um 1523.

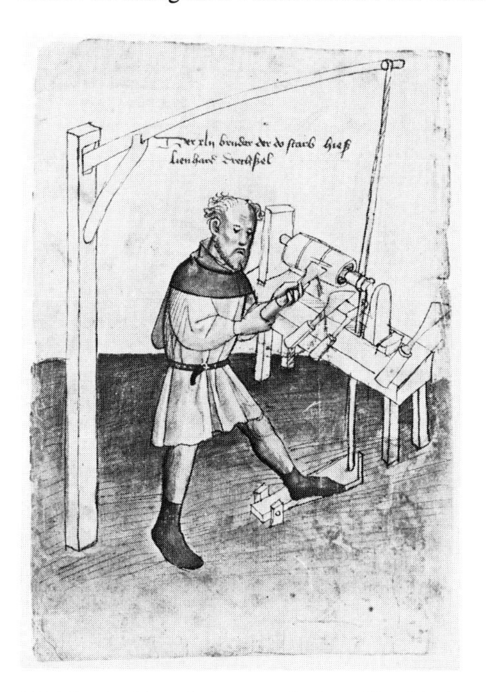

Bild 3. Drehbearbeitung auf einer Fitzeldrehbank um 1425 [5]

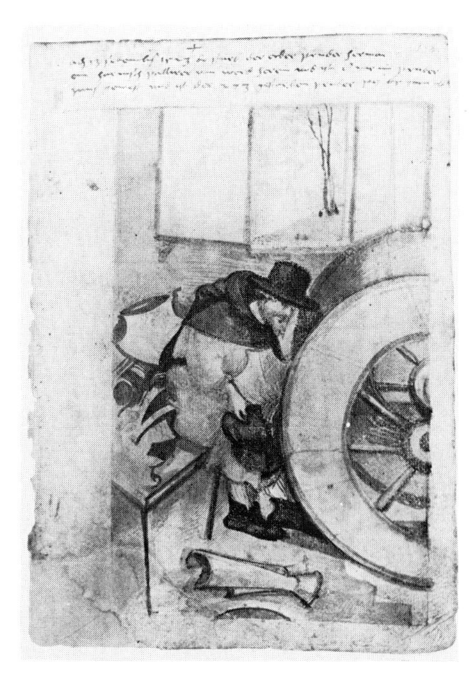

Bild 4. Harnischpolierer an wassergetriebener Polierscheibe um 1523 [5]

Im Laufe der Geschichte zeigte sich immer wieder, daß besonders von der Waffentechnik entscheidende Impulse für die Entwicklung neuer Technologien ausgingen. Beschreibungen und Darstellungen über das Kanonenbohren, z. B. von dem Nürnberger *Hanns Hentz* in seinem „Rüst- und Büchsenmeisterbuch" sowie von *Vanuccio Biringuccio* [6], vermitteln einen Eindruck vom Stand der Zerspantechnik um 1500. *Leonardo da Vinci* hat – seiner Zeit weit voraus – eine Reihe bemerkenswerter Einrichtungen und Maschinen für die verschiedensten Technologien in seinen Skizzen dargestellt [7]. Beispielhaft für seine fortschrittlichen Konstruktionen sei die in Bild 5 wiedergegebene Drehbank mit Schwungrad, Kurbel und Fußantrieb sowie die in Bild 6 gezeigte Schraubspindeldrehbank mit zwei Leitspindeln zur Parallelführung des Schlittens genannt. Große Beachtung fand das 1578 erschienene Buch von *Jacque Besson,* aus dem beispielhaft in Bild 7 das Gewindeschneiden auf einer Leitspindeldrehbank und in Bild 8 das Ovaldrehen nach Schablone auf einer Wippendrehbank dargestellt werden [8].
Die wohl bedeutendste Zäsur im Sinne einer von nun an rascher fortschreitenden technologischen Entwicklung ergab sich durch die Erfindung und durch den Bau der Dampfmaschine. Eine wichtige Voraussetzung für ihre einwandfreie Funktion war eine möglichst hohe Fertigungsgenauigkeit der Zylinderbohrungen. Der Engländer *Richard Reynolds* vermerkte 1760 in seinem Tagebuch, ein noch manuell geschliffener Rotgußzylinder habe einen solchen Grad von Rundheit erreicht, daß der größte Durchmesser des Zylinders sich vom kleinsten nur noch um weniger als die Dicke seines kleinen

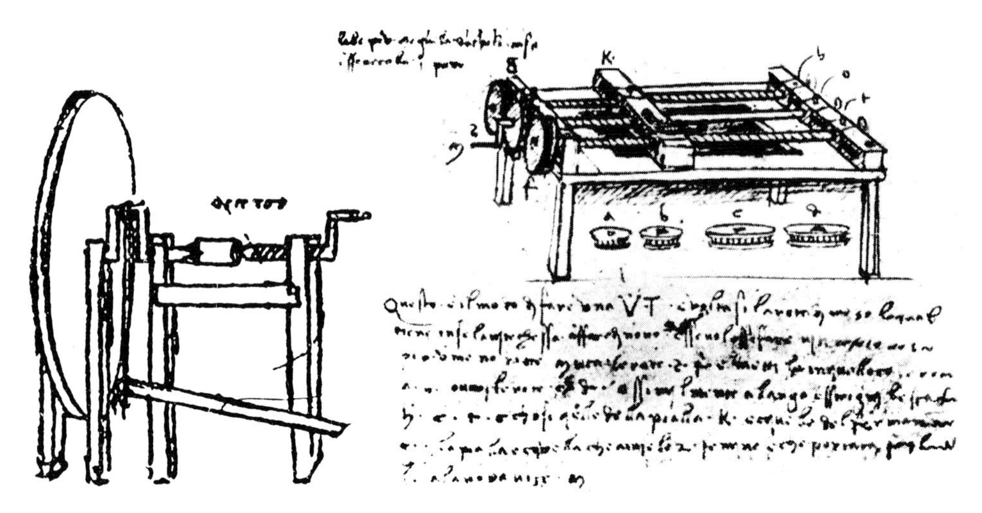

Bild 5. Drehbank mit Schwungrad, Kurbel und Fußantrieb nach *Leonardo da Vinci* um 1500

Bild 6. Schraubspindeldrehbank nach *Leonardo da Vinci* um 1500

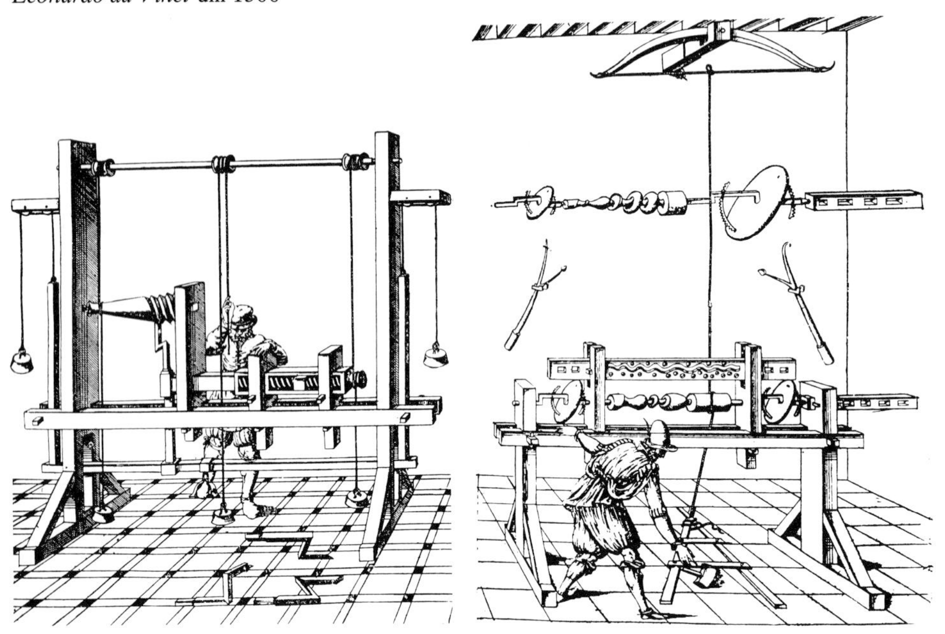

Bild 7. Gewindeschneiden auf einer Schraubendrehbank. Darstellung von *Jacque Besson* um 1565 [8]

Bild 8. Ovaldrehen nach Schablone. Darstellung von *Jacque Besson* um 1565 [8]

Fingers unterscheide [9]. Die Bearbeitung eines Zylinders von etwa 1200 mm Durchmesser nahm zu dieser Zeit noch mehr als 27 Tage in Anspruch [10]. Die von *John Smeaton* und vor allem von *John Wilkinson* entwickelten und in ihrer Fertigungsgenauigkeit mehrfach verbesserten Zylinderbohrverfahren (Bild 9) ermöglichten es dann *James Watt,* die im Jahre 1769 patentierte Dampfmaschine industriell zu fertigen.

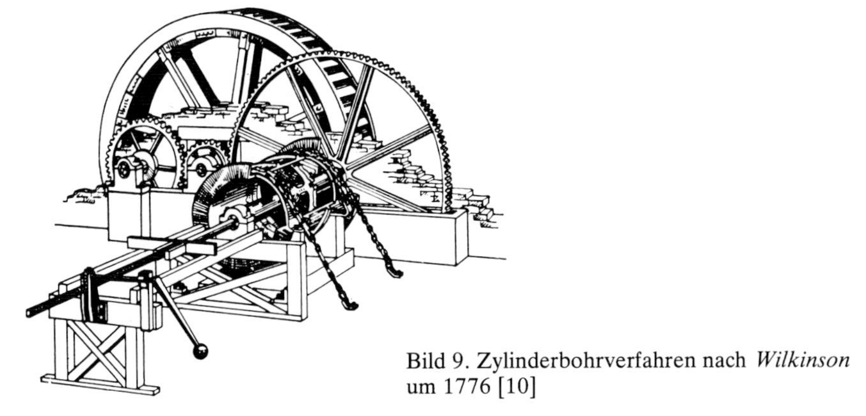

Bild 9. Zylinderbohrverfahren nach *Wilkinson* um 1776 [10]

Angesichts der mit dem Einsatz der Dampfmaschine eingeleiteten Strukturänderung im Produktionsprozeß erscheint die Tatsache erstaunlich, daß die Entwicklung sowohl der handwerklichen als auch der beginnenden industriellen Fertigung zunächst von keiner wissenschaftlichen Darstellung der Bearbeitungsverfahren begleitet war. Es war *Johann Beckmann,* von 1770 bis 1811 ordentlicher Professor der Ökonomie in Göttingen, der als erster mit seinem Buch „Anleitung zur Technologie oder zur Kenntnis der Handwerke, Fabriken und Manufacturen“ 1777 eine Übersicht über den Stand der Technologie und damit ein Fundament für die Systematik technologischer Verfahren schuf [11]. Die Veränderungen im Zeitalter der klassischen Technologie, wie das durch fruchtbare Pionierarbeit gekennzeichnete 18. Jahrhundert bezeichnet werden kann, läßt sich am besten durch ein Zitat von *Beckmann* selbst verdeutlichen: „Ich habe es gewagt, Technologie statt der seit einiger Zeit üblichen Bezeichnung Kunstgeschichte zu gebrauchen, die wenigstens ebenso unrichtig ist wie Naturgeschichte für Naturkunde. Kunstgeschichte mag die Erzählung von der Erfindung, dem Fortgang und den übrigen Schicksalen einer Kunst oder eines Handwerks heißen; aber viel mehr ist die Technologie, welche alle Arbeiten, ihre Folgen und ihre Gründe vollständig, ordentlich und deutlich erklärt. Ein Hauptstück der Technologie ist die richtige Bestimmung der Haupt- und Nebenmaterialien, die ich, wenn ich sie einzeln abhandeln wollte, materia technologica oder Materialkunde nennen würde. Sie ist ein Teil der Warenkunde, welche noch wenig bearbeitet worden ist und noch viele Lücken hat.“

Im ausgehenden 18. Jahrhundert wurden mit einer Vielzahl verbesserter sowie neu entwickelter Verfahren und Maschinen auf allen Gebieten der Produktionstechnik einschneidende Veränderungen bewirkt. Als ein Beispiel dafür mag der in Bild 10 [12] dargestellte Fortschritt durch Einführung der mechanisierten Vorschubbewegung auf der Supportdrehbank von *Maudslay* betrachtet werden.

Die erste zusammenfassende „Geschichte aller Erfindungen und Entdeckungen“ schrieb 1807 der Tübinger Professor für Technologie, *Johann Heinrich Moritz von Poppe* [13], der unter anderem auch Verfasser des 1833 erschienenen Lehrbuches „Ausführliche Volks-Gewerbslehre oder allgemeine und besondere Technologie zur Belehrung und zum Nutzen für alle Stände“ ist. Die hier beschriebenen Wissensgebiete umfassen den gesamten Bereich der gewerblichen Produktionstechnik. Eine differenzierte Einteilung der Technologie ist bei *Poppe* nur in Ansätzen vorhanden. Erst *Karl Karmarsch,* einer der großen Technologen des 19. Jahrhunderts, trat während seiner Amtszeit als Direktor der Polytechnischen Anstalt zu Hannover und späterer Professor für Mechanische Technologie (1831 bis 1875) an der neu gegründeten Technischen Hochschule Hannover für

Bild 10. Vergleich der Drehbearbeitung auf einer Drehbank herkömmlicher Bauart mit der auf der Supportdrehmaschine von *Maudslay* nach einer Darstellung von *Nasmyth* [12]

eine Aufteilung in mechanische und chemische Technologie ein. Besonders hervorzuheben sind seine Werke „Einleitung in die mechanischen Lehren der Technologie" [14], „Grundriß der mechanischen Technologie" [15] und „Handbuch der mechanischen Technologie" [16].
Die systematische Darstellung der mechanischen Technologie ist als Beginn der wissenschaftlichen Durchdringung der Fertigungstechnik anzusehen. Mit der Gründung Technischer Hochschulen wurden zunehmend Lehrstühle für mechanische Technologie errichtet. Die Zerspanungsforschung nahm ihren Anfang. Ein besonders starker Impuls kam gegen Ende des 19. Jahrhunderts aus den USA. *Frederick Winslow Taylor* hatte gemeinsam mit *White* den Schnellarbeitsstahl entwickelt und zur Erforschung der Zerspanbarkeit und Schneidhaltigkeit umfangreiche experimentelle Untersuchungen angestellt. Mit seinem berühmten Werk „On the art of cutting metals" [17] hat er die Zerspantechnik maßgeblich beeinflußt. Durch die Weiterentwicklung der Schneidstoffe wurde die Leistungsfähigkeit der Werkzeugmaschinen herausgefordert. Damit erhielt die wissenschaftliche Forschung über das Arbeitsverhalten von Werkzeugmaschinen eine zunehmende Bedeutung. Im Jahre 1904 wurde an der Technischen Hochschule Berlin-Charlottenburg ein erster Lehrstuhl für Werkzeugmaschinen, Fabrikbetriebe und Fabrikanlagen gegründet, auf den Professor Dr.-Ing. *Georg Schlesinger* berufen wurde.
Nachdem im 19. Jahrhundert alle grundlegenden Verfahren der Zerspantechnik entwikkelt worden waren, begann mit dem 20. Jahrhundert deren Verfeinerung im Sinne einer Erhöhung der Fertigungsgenauigkeit. Die Industrialisierung der Güterproduktion führte zu einer erheblichen Steigerung der Mengenleistung. Der Entwicklungsstand spanender Werkzeugmaschinen erhielt eine zunehmende Bedeutung als Bewertungskriterium für

das Leistungsvermögen einer Produktionsstruktur. An dem in Bild 11 gezeigten Beispiel der Werkzeuge wird deutlich, wie durch Weiterentwicklung der Schneidstoffe die Schnittgeschwindigkeit und damit die Mengenleistung in der Zerspantechnik im Laufe von rund 100 Jahren gesteigert werden konnte.

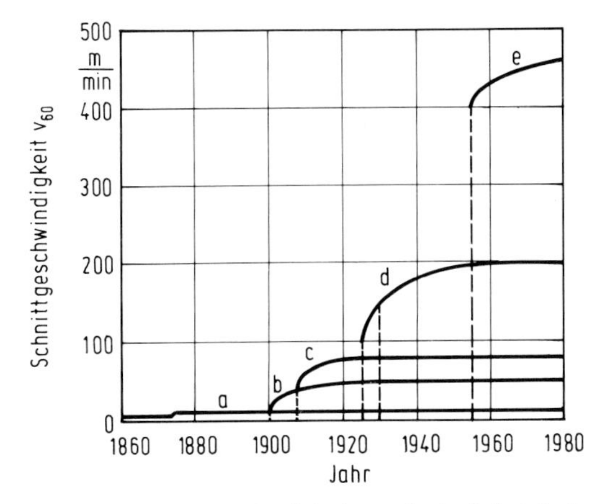


Bild 11. Steigerung der Schnittgeschwindigkeit beim Drehen durch die Weiterentwicklung der Schneidstoffe
a Werkzeugstahl (1875 Mushet); b Schnellarbeitsstahl (1900 Taylor); c gegossenes Hartmetall (Stellit) (1907 Haynes); d Sinterhartmetall (1925 Wolfram-Karbide, 1930 Wolfram-Titan-Karbide); e Schneidkeramik (1955)

## 1.2 Bedeutung der Zerspantechnik

Beim Spanen erfolgt die Formgebung durch Spanabnahme infolge der Relativbewegung zwischen Werkzeug und Werkstück. Die Zerspantechnik befaßt sich mit der gezielten Formgebung von Werkstücken mit Hilfe geeigneter Verfahren, wobei als technologische Kriterien die Mengenleistung, die Fertigungsgenauigkeit und die entstehenden Fertigungskosten beachtet werden müssen.

Die Hauptaufgabe der Fertigungstechnik ist es, der schnell wachsenden Weltbevölkerung die zur Befriedigung ihrer Bedürfnisse notwendigen Güter zur Verfügung zu stellen. Der spanenden Formgebung kommt hierbei aufgrund des nahezu unbegrenzten Anwendungsgebiets und im Hinblick auf die erreichbare hohe Fertigungsgenauigkeit eine besondere Bedeutung zu. Im Laufe der industriellen Entwicklung haben die spanenden Fertigungsverfahren eine Schlüsselfunktion übernommen. Ohne ihre gezielte und fachgerechte Anwendung ist die Erzeugung unserer weit gespannten Güterpalette undenkbar. Durch die technischen, wirtschaftlichen und organisatorischen Veränderungen der Produktionsbetriebe werden immer höhere Anforderungen an die Produktivität, Wirtschaftlichkeit und Flexibilität der Fertigungssysteme gestellt. Unter diesen Aspekten und unter Beachtung der Wechselwirkung zwischen den sie beeinflussenden Größen ist die industrielle Bedeutung der Zerspantechnik zu bewerten.

Die meisten der durch spanende Verfahren erzeugten Produktionsgüter sind aus metallischem Werkstoff, obwohl die Bedeutung der Zerspanung nichtmetallischer Werkstoffe

nicht unterschätzt werden sollte. Mit zunehmender Verwendung der metallischen Werkstoffe und mit Steigerung der Produktqualität wurden auch höhere Anforderungen an die Fertigungstechnik gestellt. Die spanenden Fertigungsverfahren haben insbesondere durch die große Variationsbreite der erzeugbaren Formen und durch die erreichbare hohe Fertigungsgenauigkeit einen universellen Anwendungsbereich. Hohe Qualität der Fertigprodukte setzt aber auch hochwertige Fertigungsmittel voraus.
Die gezielte Entwicklung neuartiger Werkzeugwerkstoffe ist nicht nur unter dem Gesichtspunkt der Produktivitätssteigerung zu sehen, sondern sie ergibt sich auch als eine Folge des zunehmenden Bedarfs an hochfesten, schwer zerspanbaren Werkstoffen. Durch die Weiterentwicklung der Werkstoffe für die zu fertigenden Güter werden auch in Zukunft die Anforderungen an die Fertigungsmittel und Technologien steigen. Trotz der in einigen Bereichen stattfindenden Substitution von Metallen durch Kunststoffe wird auch zukünftig die Metallbearbeitung nicht an Bedeutung verlieren, wie Bild 12 am Beispiel des Stahl- und Nichteisenmetallverbrauchs in der Bundesrepublik Deutschland verdeutlichen kann.

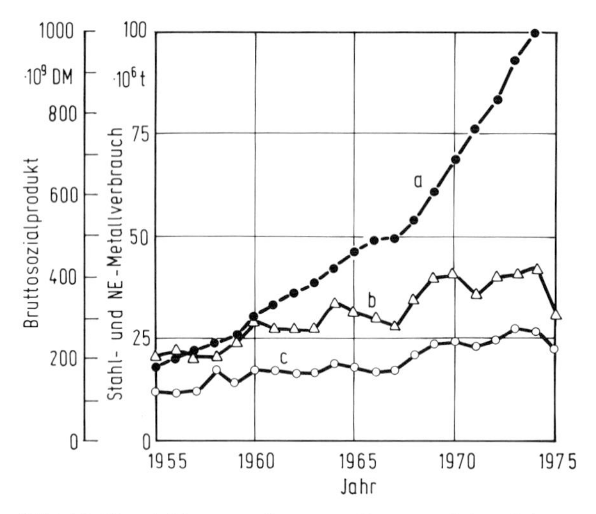


Bild 12. Entwicklungstendenz vom Bruttosozialprodukt, verglichen mit dem Stahl- und NE-Metallverbrauch in der Bundesrepublik Deutschland

a Bruttosozialprodukt, b Stahlverbrauch, c NE-Metallverbrauch der wichtigsten NE-Metalle (Aluminium, Blei, Kupfer, Zink, Zinn, Nickel)

Um trotz steigender Lohnkosten die Herstellkosten gering zu halten, bedarf es einer Steigerung der Produktivität der Bearbeitungsverfahren, wobei von der Gesamtnachfrage ausgehend zur Fertigung der Produkte Alternativwege möglich sind, die im wesentlichen durch technologische Trendentwicklung beeinflußt werden.
Eine große Bedeutung hat im Vergleich zur Zerspantechnik die Kaltumformung erlangt. Die Schraube ist ein Beispiel für die Erzeugung eines Massenartikels, der vom Roh- bis zum Fertigteil ohne spanende Nachbearbeitung gefertigt wird. Durch Werkstoffeinsparung und Verkürzung der Fertigungszeiten sind wirtschaftliche Vorteile zu erzielen, die um so größer sind, je größer die Anzahl der zu fertigenden Teile ist. Wenn die geforderte Fertigungsgenauigkeit durch Kaltumformen nicht erreicht werden kann, ist es oft ausreichend, nur noch ein einziges Feinbearbeitungsverfahren anzuschließen.

Die technologische und wirtschaftliche Bedeutung der Umformtechnik kommt auch darin zum Ausdruck, daß sich bei der Erzeugung von Werkzeugmaschinen wertmäßig ein Verhältnis von einem Drittel umformenden zu zwei Dritteln spanenden Werkzeugmaschinen eingestellt hat (Bild 13). Die spanenden Fertigungsverfahren werden auch in Zukunft nicht vollständig ersetzt werden, da sich infolge geometrischer und technologischer Kriterien nur wenige Werkstücke allein durch Kaltumformen fertigen lassen. Der

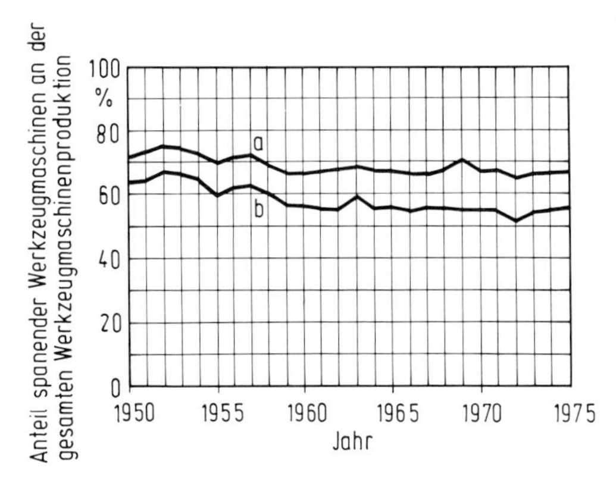


Bild 13. Anteil spanender Werkzeugmaschinen an der Gesamtproduktion von Werkzeugmaschinen in der Bundesrepublik Deutschland
a Wert, b Gewicht

optimalen Kombination spanloser und spanender Fertigungsverfahren kommt jedoch eine zunehmende Bedeutung zu. Als Beispiel, daß der spanenden Fertigung nicht in jedem Fall die Kaltumformung vorausgehen muß, sondern daß es auch umgekehrt sein kann, soll hier das Zahnrad-Glattwalzen nach vorhergehendem Wälzfräsen genannt werden. Gegenseitige Vor- und Nachteile bei kaltumformender und spanender Fertigung bedingen die technologischen und wirtschaftlichen Grenzen beider Verfahrensgruppen. Die konkurrierenden spanenden und kaltumformenden Fertigungsverfahren sind in Bild 14 dargestellt. Für einen Vergleich kommen nur die Druckumformverfahren in Frage. Berücksichtigt man die Bedeutung für die Massenfertigung, so ergeben sich aus den umformenden Fertigungsverfahren folgende Substitutionsmöglichkeiten für die Zerspantechnik:

- Fließpressen statt Drehen, Fräsen oder Schleifen,
- Rundkneten von Außen- und Innenformen statt Drehen oder Schleifen,
- Kaltwalzen, wie Zahnradwalzen und Profilwalzen, Zahnrad-Glattwalzen und Gewindewalzen, statt Drehen, Fräsen, Schleifen, Honen, Läppen, Wirbeln oder dgl.

Umformende und spanende Fertigungsverfahren sind so aufeinander abzustimmen, daß die Herstellkosten des fertigen Werkstücks ein Minimum ergeben. Die Mehrzahl der durch Kaltumformen hergestellten Werkstücke haben eine Maßtoleranz von IT 12 bis IT 9; in Sonderfällen können IT 7 bis IT 6 erreicht werden. Hinsichtlich der Maßgenauigkeit können also die Kaltumformverfahren mit den Feinbearbeitungsverfahren Feindrehen, Honen und Läppen noch nicht konkurrieren. Ein Beispiel für die zweckmäßige Kombination der spanenden Fertigung mit dem Kaltfließpressen zeigt Bild 15. Hier ist für die Drehbearbeitung der Stahlkörper von Zündkerzen die Fertigungszeit pro Stück in den Jahren von 1930 bis 1970 dargestellt [18]. Bis zum Jahre 1955 wurden Stahlkörper auf Drehautomaten aus Werkstoffstangen gefertigt. Danach wurden die Werkstücke

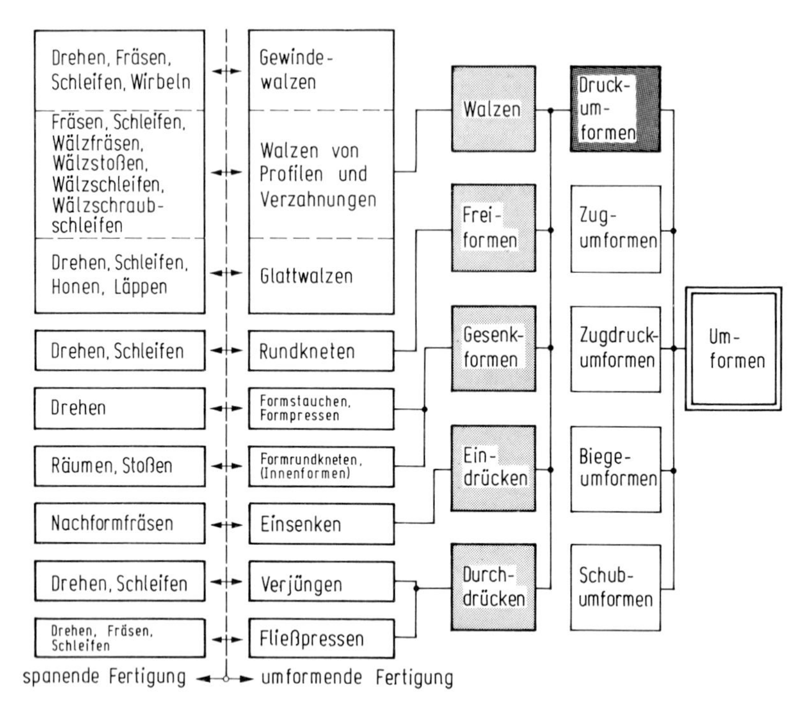


Bild 14. Konkurrierende spanende und umformende Fertigungsverfahren

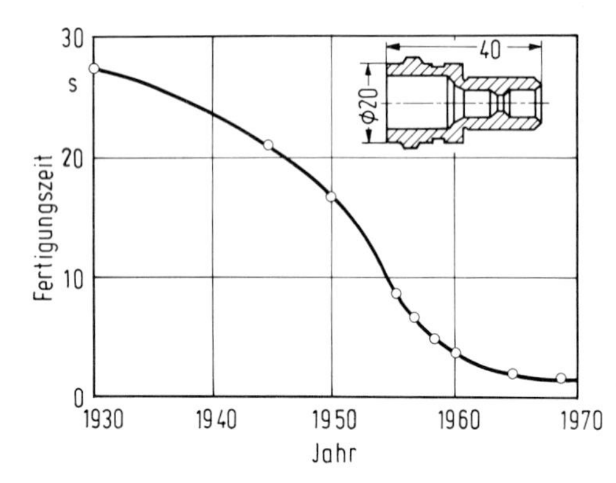


Bild 15. Reduzierung der Fertigungszeit durch verbesserte Technologien bei der Fertigung von Zündkerzen-Stahlkörpern [18]

durch Kaltfließpressen vorgeformt und auf Mehrspindel-Drehautomaten fertig bearbeitet. Durch diese Kombination konnte die Fertigungszeit pro Stück für die Drehbearbeitung und damit die Taktzeit für die Fertigung dieses Werkstücks erheblich reduziert werden.

Die beschriebenen Wechselwirkungen zwischen verschiedenen Fertigungsverfahren sind auch zwischen dem Spanen und Urformen gegeben. Erinnert sei an die zunehmende Verwendung von Spritzgußteilen aus Kunststoff. Ein wichtiges Substitutionsverfahren innerhalb der spanenden Formgebung ist das Schleifen. Bis vor wenigen Jahren wurde das Schleifen vorzugsweise als Endbearbeitungsverfahren dann eingesetzt, wenn die geforderten Arbeitsgenauigkeiten mit herkömmlichen Bearbeitungsverfahren nicht erreicht werden konnten oder infolge der Eigenschaften des zu bearbeitenden Werkstoffs andere Technologien nicht in Frage kamen. Durch die Weiterentwicklung der Werkzeugmaschinen und Schleifscheiben sind hohe Schleifscheibenumfangsgeschwindigkeiten möglich, die in vielen Fällen das Schleifen zu einem wirtschaftlichen Ersatz für herkömmliche Fertigungsverfahren (z. B. Drehen, Fräsen, Hobeln) werden lassen. Damit ist die Möglichkeit gegeben, vom Rohzustand des Werkstücks ausgehend, die Vor- und Fertigbearbeitung in einer Aufspannung auf derselben Maschine vorzunehmen. Die wesentlichen Vor- und Nachteile des Hochgeschwindigkeitsschleifens sind in Bild 16 zusammengefaßt.

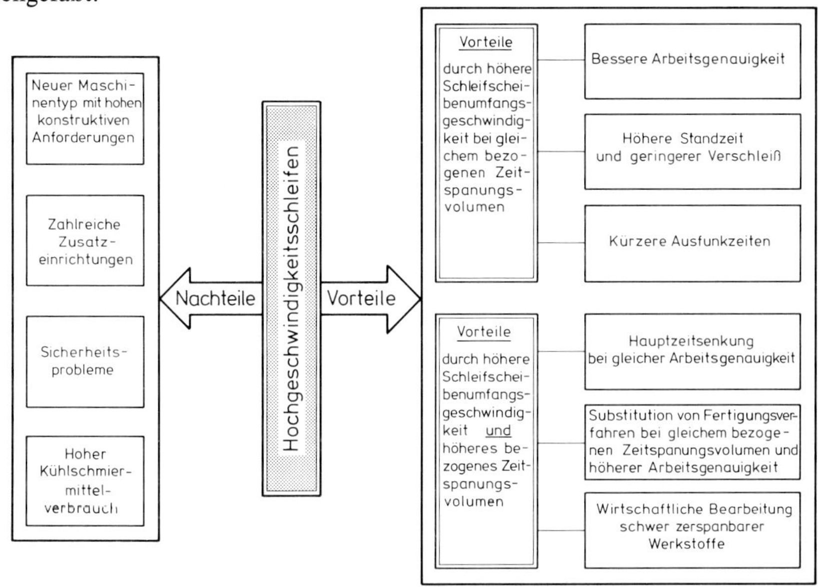


Bild 16. Vor- und Nachteile des Hochgeschwindigkeitsschleifens [19]

Die Zerspantechnik wird auch durch Veränderung der Produktionsstruktur beeinflußt. Bei der Beurteilung des Produktionsergebnisses müssen die Mengenleistung, das Arbeitsergebnis und die Fertigungskosten als Bewertungsmaßstäbe herangezogen werden. Dabei ist es nicht möglich, diese Bewertung nur im Teilbereich des Zerspanprozesses vorzunehmen. Das Erzeugen einer bestimmten Oberflächengüte ist z. B. nicht allein von der Auswahl einer bestimmten Zerspanungstechnologie abhängig, sondern es wird auch durch das Verhalten der Fertigungsmittel aufgrund vorhandener Störeinflüsse beeinflußt. So können dynamische Störwirkungen auf die Werkzeugmaschine die Oberfläche sehr verschlechtern, obwohl aufgrund der angewandten Zerspanungstechnologie wesentlich bessere Arbeitsergebnisse zu erwarten gewesen wären. Die Werkzeugauswahl beeinflußt z. B. die einstellbaren Schnittgeschwindigkeiten und damit auch die Hauptzeiten; bei Verwendung voreinstellbarer Werkzeugsysteme sind zusätzlich auch Nebenzeit- und Rüstzeitverkürzungen möglich. Ein Beispiel zur Steigerung der Produktivität ist bei gleicher Zerspanungstechnologie der Einsatz simultaner Mehrschnitt- und Mehrstückbearbeitung. Diese Beispiele zeigen die untrennbare Verknüpfung zwischen den Zerspanverfahren und den Fertigungsmitteln. Eine große Bedeutung erhält die Forderung nach erhöhter Produktivität bei größerer Flexibilität.

In der industriellen Produktion nimmt der Werkzeugmaschinenbau eine Schlüsselposition ein. Der Entwicklungsstand jeder Fertigung wird entscheidend durch die Fertigungsmittel beeinflußt. Dabei zeigt sich, daß in der Gestaltung und Steuerung von Produktionsprozessen ein Wandlungsvorgang eingesetzt hat. Das hervorragende Merkmal dieser Tendenz ist die Weiterentwicklung der Automatisierungstechnik und die flexible Anpassung an veränderte Produktionsstrukturen.
Unter Automatisierung sind alle technologischen und organisatorischen Maßnahmen zu verstehen, die den arbeitenden Menschen von der zeitlichen Bindung an den Arbeitstakt maschineller Produktionsmittel und damit von der Ausführung ständig wiederkehrender gleichartiger Arbeitsvorgänge befreien. In früheren Jahrzehnten war die Automatisierung an große Stückzahlen geknüpft. Durch die NC-Technologie ist heute auch eine Automatisierung im Bereich der Einzelteil- und Kleinserienfertigung mit häufig wechselnden Fertigungsaufgaben möglich. Mit der Fertigung kleiner werdender Serien muß die Flexibilität steigen, wobei der allgemeine Trend bei der Entwicklung spanender Werkzeugmaschinen dahin geht, technologisch hochentwickelte, aber starr automatisierte konventionelle Werkzeugmaschinen mit größerer Flexibilität und flexibel automatisierte NC-Maschinen mit höherer Produktivität zu versehen. Dieser sich auch international abzeichnende Entwicklungstrend erfordert in immer stärkerem Maße die Beachtung eines erweiterten Anforderungsprofils bei der Konzipierung und Auslegung heutiger Produktionseinrichtungen.
Aus dem nur in Stichpunkten aufgezeigten Entwicklungstrend beim Aufbau neuer Arbeits- und Produktionsstrukturen, gekennzeichnet durch die sich aus dem steigenden Kostendruck ergebende Notwendigkeit zur Erhöhung der Produktivität und Flexibilität, ergeben sich für die Zerspantechnik folgende Entwicklungstendenzen:

- Durch die Erweiterung des zu bearbeitenden Werkstoffspektrums und im Hinblick auf eine Senkung der Hauptzeit wird die Schneidhaltigkeit der Werkzeuge verbessert.
- Der Hauptzeitanteil an der Bereitschaftszeit der Werkzeugmaschine wird infolge von Rüst- und Nebenzeitverkürzungen durch voreinstellbare und nachstellbare Werkzeugsysteme, die Automatisierung der Werkzeug- und Werkstückhandhabung und den zunehmenden Einsatz von numerischen Steuerungen verschiedener Entwicklungsstufen gesteigert.
- Um die notwendige Fertigungsgenauigkeit zu sichern, müssen statische, dynamische und thermische Störeinflüsse überwacht und ggf. durch Kompensationsmöglichkeiten ausgeglichen werden.
- Durch die steigenden Fertigungskosten, insbesondere durch die steigenden Lohn- und Materialkosten und Maschinenstundensätze, wird unter Einbeziehung des Materialflusses der Automatisierungsumfang einer Werkzeugmaschine vergrößert.
- Um die Fertigungskosten niedrig zu halten, werden zur Erhöhung der Produktivität und Wirtschaftlichkeit zunehmend rechnerintegrierte Steuerungen zur Erhöhung der Flexibilität und zur Steigerung des Maschinenausnutzungsgrades eingesetzt.
- Zur Erhöhung der leistungsmäßigen Auslastung der Fertigungssysteme sowie zur Werkzeugüberwachung sind adaptive Regelungssysteme entwickelt worden.
- Durch die Erweiterung des Automatisierungsumfangs von Werkzeugmaschinen werden auch an die Zuverlässigkeit und Qualitätssicherung höhere Anforderungen gestellt.
- Die Bedeutung rechnergeführter Fertigungsmittel unter Verwendung geeigneter Programmsysteme wird zunehmen.
- Einfachsteuerungen mit werkstattgerechter Programmierung zur Senkung der Investitionskosten eröffnen der NC-Technologie einen breiteren Markt.

## 1.3 Grundbegriffe und Einteilung der spanenden Fertigungsverfahren

Die zu fertigenden Einzelteile eines Erzeugnisses heißen in der Fertigungstechnik Werkstücke. Bei der Herstellung dieser Werkstücke steht ihre Gestalt im Vordergrund. Die Form, von der man bei jedem Arbeitsgang ausgeht, heißt Ausgangsform; das Werkstück in seiner rohen Ausgangsform heißt Rohstück oder Rohteil. Das fertig bearbeitete Werkstück wird Fertigteil oder Fertigstück genannt; es besitzt dann die Endform. Die Form, die ein Werkstück während der Transformation vom Roh- zum Fertigteil zwischen zwei verschiedenen Arbeitsvorgängen annimmt, heißt Zwischenform.
Die hier betrachtete geometrische Gestaltsänderung der Werkstücke geschieht durch Abtrennen von Werkstoffteilchen auf mechanischem Wege. Der Vorgang heißt Spanen. Während der Begriff Spanen auf den Prozeß bezogen ist, zielen die Begriffe Abspanen auf das Werkstück und Zerspanen auf die Werkstoffschicht, die in Späne zertrennt wird.
Die Änderung der Werkstückform geschieht mit Werkzeugen, deren Schneidengeometrie bestimmt oder unbestimmt sein kann. Das Werkzeug einerseits und das Werkstück andererseits bilden zusammen das Wirkpaar und berühren sich während des Arbeitsvorgangs in der Wirkfuge.
Die spanende Formgebung erfolgt entweder durch Abbilden der Schneidengeometrie des Werkzeugs oder durch gesteuerte Relativbewegung zwischen Werkzeug und Werkstück bzw. durch Kombination beider. Die gezielte Formgebung von Werkstücken durch Anwendung spanender Verfahren und Fertigungsmittel heißt Zerspantechnik. Im wissenschaftlichen Bereich befaßt sich die Zerspanungslehre mit den physikalischen Zusammenhängen des Zerspanungsvorgangs. Die Begriffe der Zerspantechnik sind in den einschlägigen DIN-Normen definiert worden.
In der Zerspantechnik werden je nach dem gewählten Verfahren als Fertigungsmittel Werkzeugmaschinen, Werkzeuge, Spannzeuge, Meßzeuge, Hilfszeuge und Hilfsstoffe benötigt. Nach den verwendeten Fertigungsmitteln wird auch zwischen manueller und maschineller Fertigung unterschieden.
Durch den Zerspanvorgang werden am Werkstück definierte Oberflächenformen erzeugt, die sich in Funktionsflächen, Hilfsflächen und freie Flächen einteilen lassen. Funktionsflächen sind notwendig, damit das Werkstück seine Funktion erfüllen kann. Hilfsflächen dienen der Bearbeitung und Prüfung, z. B. Spann- und Meßflächen. Freie Flächen sind diejenigen Flächen, die durch die körperliche Verbindung von Funktions- und Hilfsflächen entstehen und beiden nicht zugeordnet werden können. Auch eine mehrfache Überlagerung ist möglich; z. B. können Funktionsflächen auch Hilfsflächen sein. Die genannten Flächen, ihre Formen und Dimensionen bilden eine Grundlage für die Werkstückklassifizierung. Sie dient der technologischen Fertigungsvorbereitung und ist auch unter den Begriffen Gruppentechnologie oder Teilefamilienfertigung bekannt geworden.
Unabhängig von der Form und Menge (Losgröße) der zu fertigenden Werkstücke weist der Arbeitsablauf in der spanenden Fertigung eine gewisse Regelmäßigkeit auf. Wie aus Bild 17 ersichtlich, wird das Rohteil zunächst mit Aufmaß vorbearbeitet (geschruppt). Sofern erforderlich, muß in einem Zwischenschritt spannungsfrei geglüht werden, bevor das Werkstück feinbearbeitet (geschlichtet) wird. Gegebenenfalls folgt diesem Vorgang eine Wärmebehandlung (Vergüten, Härten, Anlassen) und eine Feinstbearbeitung.
Da das erzeugte Fertigteil hinsichtlich seiner Werkstoffeigenschaften, seiner Maß-, Form- und Lagegenauigkeit sowie seiner Oberflächengüte den gestellten Anforderungen

genügen muß, kann für die Beurteilung des Arbeitsablaufs ein Bewertungsalgorithmus angegeben werden. Voraussetzung für die Bewertung ist die Formulierung der Ziele, an denen das Ergebnis der Fertigung gemessen werden soll. Ausgehend von einer optimalen Anpassung an die gestellte Fertigungsaufgabe, wird allgemein als Ziel das Erreichen des günstigsten Arbeitsergebnisses bei minimalem Arbeitsaufwand angestrebt. Die kennzeichnenden Kriterien dafür sind die Qualität, die Mengenleistung und die Kosten der Fertigung (Bild 18). Bei der vorliegenden Betrachtungsweise besteht für das jeweilige Fertigungsverfahren eine gegenseitige Abhängigkeit zwischen den genannten Beurteilungsgesichtspunkten, die sowohl technisch als auch wirtschaftlich bedingt sind. Nach dieser Betrachtung ergibt sich bei der Beurteilung der Fertigungsverfahren sowohl für die Verfahren der spanenden Fertigung untereinander als auch für die spanenden Fertigungsverfahren gegenüber anderen Technologien ein dreidimensionales Lösungsfeld [20].

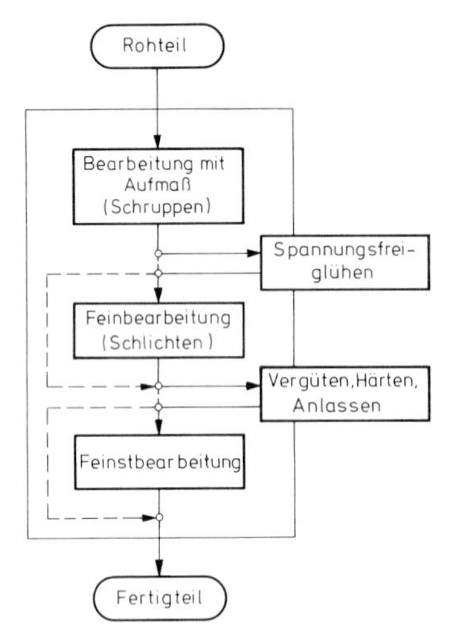


Bild 17. Arbeitsablauf in der spanenden Fertigung

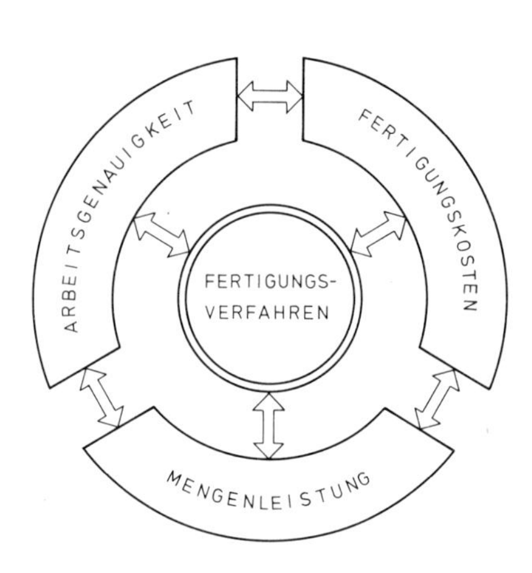


Bild 18. Technologische Bewertungskriterien in der Produktionstechnik

Die zur Erzeugung von geometrisch bestimmten Werkstückformen angewandten Fertigungsverfahren sind unabhängig von ihrer Bedeutung in der industriellen und handwerklichen Fertigung systematisch nach DIN 8580ff. eingeteilt (Bild 19).
Der in DIN 8580 gebrauchte Oberbegriff Trennen überdeckt die unter dem Begriff Spanen zusammengefaßten Bearbeitungsverfahren. *Otto Kienzle* hat in richtungweisenden Arbeiten [21, 22] wesentlich zum Entstehen dieses Normblatts beigetragen. Als Abgrenzungsmerkmal für die Einteilung der Fertigungsverfahren wurde die Veränderung des stofflichen Zusammenhalts zugrundegelegt. Danach sind alle formändernden Verfahren, bei denen der Zusammenhalt des Werkstückstoffs gemindert wird, dem Trennen zugeordnet. Die Tatsache der herausragenden Bedeutung des Spanens – auch gegenüber den anderen Hauptgruppen dieser Einteilung – bleibt unberücksichtigt. Es erscheint in diesem Zusammenhang erwähnenswert, daß auch andere Ordnungsgesichtspunkte für eine systematische Einteilung der Fertigungsverfahren bekannt geworden sind [23, 24]. Die gewählte Einteilung nach dem oben genannten Kriterium hat sich aber für die Identifizierung der Verfahren zu Dokumentationszwecken und für die Schaffung einer einheitlichen Terminologie als zweckmäßig erwiesen.

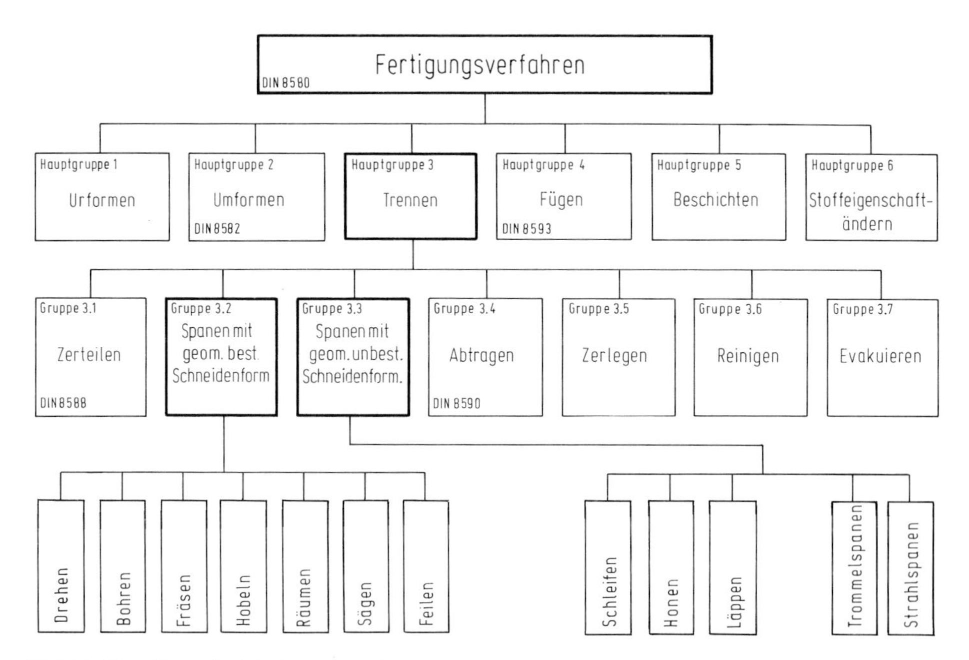


Bild 19. Einteilung der Fertigungsverfahren nach DIN 8580 und Zuordnung spanender Verfahren

Das Ordnungssystem der Fertigungsverfahren nach DIN ist in Hauptgruppen, Gruppen und Untergruppen gegliedert. Die Stellen der nach der Dezimalklassifikation aufgebauten Ordnungsnummern entsprechen dieser Gruppeneinteilung. Die Unterscheidung zwischen dem Spanen mit geometrisch bestimmter und unbestimmter Schneide ergibt sich aus der in DIN 6581 definierten Schneidengeometrie. Von besonderer Bedeutung für die weitere Unterteilung der Untergruppen der spanenden Fertigungsverfahren ist die Sollform der am Werkstück zu erzeugenden Fläche bzw. die Kinematik von Werkzeug und Werkstück. Eine entsprechende Übersicht der spanenden Fertigungsverfahren mit geometrisch bestimmter Schneide ist in Bild 20 gegeben. Bild 21 zeigt eine Teilübersicht für das Spanen mit geometrisch unbestimmter Schneide.
Eine weitere Unterteilung der spanenden Fertigungsverfahren kann nach folgenden Gesichtspunkten erfolgen:
- Innen- und Außenbearbeitung,
- der Beziehung zwischen Schnitt- und Vorschubrichtung,
- Art der Werkstückaufnahme,
- Besonderheiten der Werkzeuge,
- Verwendung von Hilfsstoffen,
- Zerspantemperatur,
- Automatisierungsgrad sowie
- Steuerungsart.

Die jeweilige Besonderheit, die durch die genannten Merkmale zum Ausdruck gebracht werden soll, findet bei der Verfahrensbenennung meist durch Wortzusätze Berücksichtigung. Die auf diese Weise gebildeten Begriffe, wie z. B. Gleichlauf- und Gegenlauffräsen, spitzenloses Außenrundschleifen, Tiefbohren mit Einlippenbohrer, Trocken-, Naß-, Kalt- und Warmspanen, lassen sich ohne Einschränkung in das beschriebene Schema einordnen. Dagegen ergeben die gelegentlich verwendeten Verfahrensbegriffe, die sich auf Besonderheiten des zu bearbeitenden Werkstoffs, der Form des Werkstücks oder des Schneidstoffs vom Werkzeug beziehen, entsprechend der Norm keine neuen Einteilungsgesichtspunkte.

| Sollform der Fläche / Erzeugungskinematik | | Spanen mit geometrisch bestimmter Schneide | | | | | | |
|---|---|---|---|---|---|---|---|---|
| | | Drehen | Bohren Senken Reiben | Fräsen | Hobeln Stoßen | Räumen | Sägen | Feilen |
| ebene Fläche | | Querplandrehen<br>Längsplandrehen<br>Querabstechdrehen | Plansenken | Umfangsplanfräsen<br>Umfangsstirnfräsen<br>Kettenfräsen | Planhobeln<br>Planstoßen | Planräumen | Plansägen<br>Schlitzsägen | Planfeilen |
| kreiszylindrische Fläche | | Längsrunddrehen<br>Schäldrehen<br>Längsabstechdrehen<br>Querrunddrehen | Tiefsenken<br>Kernaufbohren<br>Tiefaufbohren | Rundfräsen | Rundhobeln<br>Rundstoßen | Rundräumen | Rundsägen | Rundfeilen<br>Rollieren |
| Schraubfläche (z.B. Gewinde) | | Gewindedrehen<br>Gewindestrehlen<br>Gewindeschneiden | Gewindebohren | Schraubfräsen<br>Gewindefräsen | Schraubhobeln<br>Schraubstoßen | Schraubräumen | | |
| Wälzfläche (z.B. Zahnflanke) | | Wälzdrehen | | Wälzfräsen | Wälzhobeln<br>Wälzstoßen | | | |
| beliebig geformte Fläche | durch Profilwerkzeug bestimmt | Längseinstechdrehen<br>Quereinstechdrehen<br>Profilabstechdrehen | Profilbohren<br>Profilsenken<br>Profilreiben | Profilfräsen<br>Profilrundfräsen | Profilhobeln<br>Profilstoßen | Profilräumen | | Profilfeilen |
| | durch gesteuerte Vorschubbeweg. bestimmt | Formdrehen<br>Nachformdrehen | | Formfräsen<br>Nachformfräsen | Formhobeln<br>Nachformhobeln<br>Formstoßen<br>Nachformstoßen | | Formsägen<br>Nachformsägen | Formfeilen<br>Nachformfeilen |
| | durch gesteuerte Schnittbeweg. bestimmt | Längsunrunddrehen<br>Querunrunddrehen | | | Ungeradhobeln<br>Ungeradstoßen | Ungeradräumen | Ungeradsägen | Ungeradfeilen |
| | durch Bewegungen von Hand bestimmt | Handdrehen | Handbohren | Handfräsen | Handhobeln | | Handsägen | Handfeilen |

Bild 20. Übersicht der spanenden Fertigungsverfahren mit geometrisch bestimmter Schneide

<table>
<tr><th colspan="5">Spanen mit geometrisch unbestimmter Schneide</th></tr>
<tr><th colspan="2">Sollform der Fläche / Erzeugungs-kinematik</th><th>Schleifen</th><th>Honen</th><th>Läppen</th></tr>
<tr><td colspan="2">ebene Fläche</td><td>Planumfangschleifen<br>Planseitenschleifen<br>Plandrehschleifen</td><td>Planlängskurz-hubhonen<br>Planquerkurz-hubhonen</td><td>Planumfangsläppen<br>Planseitenläppen<br>Plandrehläppen</td></tr>
<tr><td colspan="2">kreiszylindrische Fläche</td><td>Rundumfang-schleifen<br>Rundseitenschleifen</td><td>Rundkurzhubhonen<br>Rundbandhonen</td><td>Rundumfangsläppen<br>Rundseitenläppen</td></tr>
<tr><td colspan="2">Schraubfläche (z.B. Gewinde)</td><td>Schraubflächen-schleifen</td><td>Schraubflächen-kurzhubhonen</td><td>Schraubflächen-läppen</td></tr>
<tr><td colspan="2">Wälzfläche (z.B. Zahnflanke)</td><td>Schleifen von Verzahnungen</td><td>Honen von Verzahnungen</td><td>Läppen von Verzahnungen</td></tr>
<tr><td rowspan="4">beliebig geformte Fläche</td><td>durch Profil-werkzeug bestimmt</td><td>Profilschleifen</td><td>Profilhonen</td><td>Profilläppen</td></tr>
<tr><td>durch gesteuerte Vorschubbeweg. bestimmt</td><td>Formschleifen<br>Nachformschleifen</td><td></td><td>Formläppen<br>Nachformläppen</td></tr>
<tr><td>durch gesteuerte Schnittbeweg. bestimmt</td><td>Ungeradschleifen<br>Unrundschleifen</td><td>Ungeradhonen<br>Unrundhonen</td><td></td></tr>
<tr><td>durch Bewegun-gen von Hand bestimmt</td><td>Handschleifen</td><td colspan="2">Polieren von Hand</td></tr>
</table>

Bild 21. Teilübersicht der spanenden Fertigungsverfahren mit geometrisch unbestimmter Schneide

Für das Spanen mit geometrisch bestimmter Schneidenform gelten nach DIN-Entwurf 8589 folgende Definitionen:

- *Drehen* ist Spanen mit geschlossener (meist kreisförmiger) Schnittbewegung und beliebiger Vorschubbewegung in einer zur Schnittrichtung senkrechten Ebene. Die Drehachse der Schnittbewegung behält ihre Lage zum Werkstück unabhängig von der Vorschubbewegung bei.
- *Bohren* ist Spanen mit geschlossener kreisförmiger Schnittbewegung, bei dem das Werkzeug eine Vorschubbewegung nur in Richtung der Drehachse erlaubt. Die Drehachse der Schnittbewegung behält ihre Lage zum Werkzeug und Werkstück unabhängig von der Vorschubbewegung bei.
- *Fräsen* ist Spanen mit kreisförmiger, dem Werkzeug zugeordneter Schnittbewegung und beliebiger Vorschubbewegung. Die Drehachse der Schnittbewegung behält ihre Lage zum Werkzeug unabhängig von der Vorschubbewegung bei.
- *Hobeln* bzw. *Stoßen* ist Spanen mit schrittweiser, wiederholter, meist gerader Schnittbewegung und schrittweiser, zur Schnittrichtung senkrechter Vorschubbewegung.

- *Räumen* ist Spanen mit mehrzahnigem Werkzeug mit gerader, auch schraubförmiger oder kreisförmiger Schnittbewegung. Die Vorschubbewegung wird durch die Staffelung der Schneidzähne des Werkzeugs ersetzt.
- *Sägen* ist Spanen mit kreisförmiger oder gerader, dem Werkzeug zugeordneter Schnittbewegung und (beliebiger) Vorschubbewegung in einer zur Schnittrichtung senkrechten Ebene zum Abtrennen oder Schlitzen von Werkstücken mit einem vielzahnigen Werkzeug von geringer Schnittbreite.
- *Feilen* ist Spanen mit wiederholter gerader oder kreisförmiger Schnittbewegung und geringer Spanungsdicke mit einem Werkzeug mit Zähnen geringer Höhe, die dicht aufeinanderfolgen.

Für die spanenden Fertigungsverfahren mit geometrisch unbestimmter Schneide gelten die nachfolgenden Definitionen:

- *Schleifen* ist Spanen mit vielschneidigen Werkzeugen, deren geometrisch unbestimmte Schneiden von einer Vielzahl gebundener Körner aus natürlichem oder synthetischem Schleifmittel gebildet werden und mit hoher Geschwindigkeit, meist unter nicht ständiger Berührung zwischen Werkstück und Schleifkorn den Werkstoff abtrennen.
- *Honen* ist Spanen mit vielschneidigen Werkzeugen, deren geometrisch unbestimmte Schneiden von einer Vielzahl gebundener Körner aus natürlichem oder synthetischem Schleifmittel gebildet werden und unter ständiger Berührung zwischen Werkstück und Schleifkorn den Werkstoff abtrennen.
- *Läppen* ist Spanen mit losem, in einer Flüssigkeit oder Paste verteiltem Korn (Läppgemisch), das auf einem meist formübertragenden Gegenstück (Läppwerkzeug) bei möglichst ungerichteten Schleifbahnen der einzelnen Körner geführt wird.
- *Trommelspanen* ist Spanen, bei dem zwischen den in einem Behälter befindlichen Werkstücken und einer Vielzahl von Schleifkörnern bzw. dem Läppmittel unregelmäßige Relativbewegungen stattfinden und dabei der Schleif- bzw. Läppvorgang bewirkt wird.
- *Strahlspanen* ist Spanen mit Hilfe von Strahlmitteln, die durch Energieträger im Druck- oder Schleuderverfahren auf die zu behandelnden Oberflächen gestrahlt werden.

Mit dem Erscheinen von DIN 8589 werden die hier gegebenen Definitionen der spanenden Fertigungsverfahren möglicherweise verändert werden müssen.

## Literatur zu Kapitel 1

1. *Feldhaus, F. M.:* Die Technik der Vorzeit, der geschichtlichen Zeit und der Naturvölker. 2. Aufl., Heinz Moos Verlag, München 1965.
2. *Feldhaus, F. M.:* Die Technik der Antike und des Mittelalters. Akademische Verlagsges. Athenaion, Potsdam 1931.
3. *Plinius Secundus, Gaius:* Naturalis Historia. Unveränd. reprogr. Nachdr. d. 1. Aufl. Bremen 1853–1855. Hrsg. von *E. D. L. Strack.* Wissensch. Buchges., Darmstadt 1968.
4. *Presbyter, Th.:* Diversarium Artium Schedula (Technik des Kunsthandwerks im zehnten Jahrhundert). Hrsg. von *W. Theobald.* VDI-Verlag, Berlin 1933.
5. Das Hausbuch der Mendelschen Zwölfbrüderstiftung. Hrsg. von *W. Treue* u. a., Verlag F. Bruckmann, München 1965.
6. *Biringuccio, V.:* De la Pirotecnica, libri 10. Engl. (The Pirotechnica of Vanuccio Biringuccio), transl. by *C. S. Smith* and *M. T. Gnudi* (Reissue), M.I.T. Press, Cambridge, Mass. 1966.
7. *Leonardo da Vinci:* Il codice atlantico di Leonardo da Vinci nella Bibliotheca Ambrosiana di Milano. 6 Bde., hrsg. von *G. Piumati,* Ulrico Hoepli, Mailand 1894–1904.

8. *Besson, J.:* Théatre des instruments mathématiques et mechaniques. Hrsg. von *F. Beroald,* Chönet, Lyon 1596.
9. *v. Klinckowstroem, C.:* Knaurs Geschichte der Technik. Droemersche Verlagsges. Th. Knaur Nachf., München, Zürich 1956.
10. *Rolt, L. T. C.:* Tools for the Job. B.T. Batsford, London 1968.
11. *Beckmann, J.:* Anleitung zur Technologie. Unveränd. fotomech. Nachdr. d. 2. Aufl. von 1780. Zentralantiquariat der DDR, Leipzig 1970.
12. *Matschoss, C.:* Beiträge zur Geschichte der Technik und Industrie, 5. Bd. Springer-Verlag, Berlin 1913.
13. *v. Poppe, J. H. M.:* Geschichte aller Erfindungen und Entdeckungen; 2. Aufl. Verlag Joseph Bear, Frankfurt a. M. 1847.
14. *Karmarsch, K.:* Einleitung in die mechanischen Lehren der Technologie. 2 Bde. Wallishausser, Wien 1825.
15. *Karmarsch, K.:* Grundriß der mechanischen Technologie. 2 Bde., 1837–1841.
16. *Karmarsch, K.:* Handbuch der mechanischen Technologie. 2 Bde., 5. Aufl. v. Lit. 14, hrsg. von *E. Hartig,* Hellwing, Hannover 1875–1876.
17. *Taylor, F. W.:* On the art of cutting metals. Amer. Soc. Mech. Engng., New York 1900.
18. *Spur, G.:* Mehrspindel-Drehautomaten. Hrsg. von der Gildemeister AG, Bielefeld. Carl Hanser Verlag, München 1970.
19. *Druminski, R.:* Experimentelle und analytische Untersuchungen des Gewindeschleifprozesses beim Längs- und Einstechschleifen. Diss. TU Berlin 1977.
20. *Spur, G.:* Optimierung des Fertigungssystems Werkzeugmaschine. Carl Hanser Verlag, München 1972.
21. *Kienzle, O.:* Die Grundpfeiler der Fertigungstechnik. Werkst.-Techn. u. Masch.-Bau 46 (1956) 5, S. 204–209.
22. *Kienzle, O.:* Begriffe und Benennungen der Fertigungsverfahren. Werkst.-Techn. 56 (1966) 4, S. 169–173.
23. *Schmidt, W.:* Eine Systematik der spanenden Formgebung. VDI-Z. 95 (1953) 20, S. 689–695.
24. *Bredendick, F.:* Ein Beitrag zur Systematik des Spanens. Fertig.-Techn. 6 (1956) 11, S. 481–488.

## *DIN- und andere Normen*

DIN 8580 (6.74) Fertigungsverfahren; Einteilung

DIN E 8589 Teil 1 (11.73) Fertigungsverfahren Spanen; Einordnung, Unterteilung, Übersicht, Begriffe

TGL 21639 (10.65) Fertigungsverfahren; Einteilung und Begriffe

## *VDI-Richtlinien*

VDI 3220 (3.60) Gliederung und Begriffsbestimmung der Fertigungsverfahren, insbesondere für die Feinbearbeitung

# 2 Grundlagen der Zerspanung

**o. Prof. Dr.-Ing. W. König, Aachen[1]**
**o. Prof. Dr.-Ing. G. Spur, Berlin[2]**
**o. Prof. Dr.-Ing. H. Victor, Karlsruhe[3]**

## 2.1 Kinematik des Zerspanvorgangs und Schneidkeilgeometrie

### 2.1.1 Kinematik

Die in DIN 6580 festgelegten Begriffe der Kinematik und Geometrie des Zerspanvorgangs ermöglichen eine einheitliche Anwendung im Bereich aller spanenden Fertigungsverfahren. Da die kinematischen Vorgänge bei diesen Verfahren grundsätzlich gleich sind, kann auch eine gemeinsame Betrachtungsweise erfolgen, welche die bestehenden Gesetzmäßigkeiten allgemein gültig beschreibt. Die Möglichkeit hierzu bietet ein kinematisches Bezugssystem, das sich ausschließlich auf Größen und Richtungen bezieht, die durch die Kinematik des Spanens, d.h. durch die Zerspanbewegungen gegeben sind [1]. Bei dieser Systematik wird von einem allgemeinen Fall des Zerspanvorgangs ausgegangen, bei dem die Vorschubrichtung in einem beliebigen Winkel zur Schnittrichtung liegen kann. Aufgrund dieser Betrachtungsweise ergibt sich für die Kinematik des Zerspanvorgangs als entscheidende Bezugsebene die Arbeitsebene, die alle Bewegungen enthält, die an der Spanentstehung beteiligt sind.
Die in DIN 6580 allgemeingültig gehaltenen Definitionen müssen auf das jeweilige spanende Fertigungsverfahren sinngemäß übertragen werden. Dabei ist zu entscheiden, welche Zerspangrößen einander entsprechen bzw. gleichzusetzen sind. Die einzelnen Begriffe beziehen sich auf den jeweils betrachteten Schneidenpunkt. Da dieser beim Spanen mit geometrisch unbestimmten Schneiden schwer zu erfassen ist, muß das Werkzeug, z.B. die Schleifscheibe, als Ganzes betrachtet werden.
Für den Zerspanvorgang ist es gleichgültig, ob das Werkstück und/oder das Werkzeug die erforderlichen Bewegungen ausführt. Im Folgenden wird die Bewegung als Relativbewegung des Werkzeugs gegenüber dem Werkstück betrachtet, also auf das ruhend gedachte Werkstück bezogen.
Zunächst werden in enger Anlehnung an DIN 6580 einige Definitionen wiedergegeben.
Die *Schnittbewegung* ist diejenige Bewegung zwischen Werkstück und Werkzeug, die ohne Vorschubbewegung nur eine einmalige Spanabnahme während einer Umdrehung oder eines Hubs bewirken würde. Die momentane Richtung der Schnittbewegung wird als *Schnittrichtung* bezeichnet.
Die *Schnittgeschwindigkeit* $v$ ist die momentane Geschwindigkeit des betrachteten Schneidenpunktes in Schnittrichtung.
Der *Schnittweg* $w$ ist derjenige Weg (Summe der Wegelemente), den der betrachtete Schneidenpunkt auf dem Werkstück in Schnittrichtung schneidend zurücklegt.

[1] Sämtliche Abschnitte außer 2.1 und 2.4.1
[2] Abschnitt 2.1
[3] Abschnitt 2.4.1

Die *Vorschubbewegung* ist diejenige Bewegung zwischen Werkstück und Werkzeug, die zusammen mit der Schnittbewegung eine mehrmalige oder stetige Spanabnahme während mehrerer Umdrehungen oder Hübe ermöglicht. Sie kann schrittweise oder stetig vor sich gehen. Die Vorschubbewegung kann sich aus mehreren Komponenten zusammensetzen.
Die *Vorschubrichtung* ist die momentane Richtung der Vorschubbewegung.
Die *Vorschubgeschwindigkeit* $u$ ist die momentane Geschwindigkeit des Werkzeugs in Vorschubrichtung. Es ist ggf. zwischen verschiedenen Komponenten der Vorschubgeschwindigkeit zu unterscheiden. Der *Vorschubweg* $l$ ist derjenige Weg (Summe der Wegelemente), den das Werkzeug in Vorschubrichtung zurücklegt. Es ist ggf. zwischen den verschiedenen Komponenten des Vorschubwegs zu unterscheiden.

Die *Wirkbewegung* ist die resultierende Bewegung aus Schnittbewegung und gleichzeitig ausgeführter Vorschubbewegung. Erfolgt keine gleichzeitige Vorschubbewegung, dann ist die Schnittbewegung auch die Wirkbewegung.
Die *Wirkrichtung* ist die momentane Richtung der Wirkbewegung.
Die *Wirkgeschwindigkeit* $v_e$ ist die momentane Geschwindigkeit des betrachteten Schneidenpunkts in Wirkrichtung.
Der *Wirkweg* $w_e$ ist derjenige Weg (Summe der Wegelemente), den der betrachtete Schneidenpunkt auf dem Werkstück in Wirkrichtung schneidend zurücklegt.

Der *Vorschubrichtungswinkel* $\varphi$ ist der Winkel zwischen Vorschubrichtung und Schnittrichtung.
Der *Wirkrichtungswinkel* $\eta$ ist der Winkel zwischen Wirkrichtung und Schnittrichtung.

Für alle Verfahren gilt allgemein die Beziehung

$$\tan \eta = \frac{\sin \varphi}{v/u + \cos \varphi}. \qquad (1)$$

Wird $\varphi = 90°$,

gilt $$\tan \eta = \frac{u}{v}. \qquad (2)$$

Die *Arbeitsebene* ist eine gedachte Ebene, welche die Schnittrichtung und die Vorschubrichtung (in dem jeweils betrachteten Schneidenpunkt) enthält. In ihr vollziehen sich die Bewegungen, die an der Spanentstehung beteiligt sind.
Anhand einiger Beispiele sollen die aufgeführten Begriffe näher erklärt und deren Allgemeingültigkeit aufgezeigt werden.
In Bild 1 sind neben den Geschwindigkeiten die Arbeitsebene, der Vorschubrichtungswinkel $\varphi$ und der Wirkrichtungswinkel $\eta$ beim Drehen wiedergegeben. Bei diesem

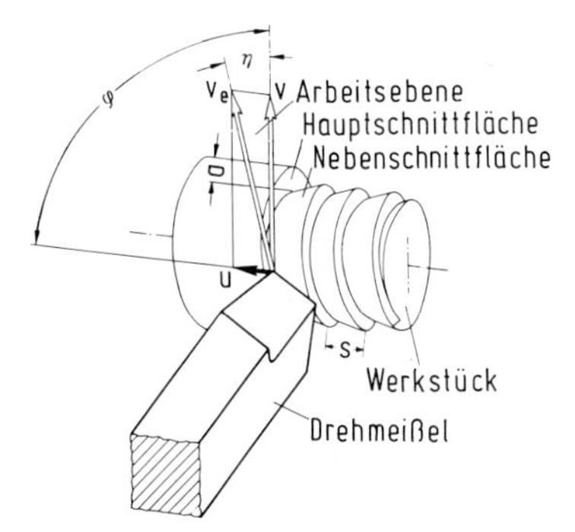


Bild 1. Geschwindigkeiten u, v, und $v_e$, Arbeitsebene, Vorschubrichtungswinkel $\varphi$, Wirkrichtungswinkel $\eta$, Vorschub s, Schnitttiefe a und Schnittflächen beim Drehen (nach DIN 6580)

Verfahren beträgt der Vorschubrichtungswinkel $\varphi = 90°$, während der Wirkrichtungswinkel vom Verhältnis der Vorschubgeschwindigkeit zur Schnittgeschwindigkeit abhängt. Auch beim Bohren (Bild 2) ergibt sich ein Vorschubrichtungswinkel $\varphi = 90°$. Die Schnittgeschwindigkeit ändert sich längs der Bohrerschneiden. Dadurch wird der Wirkrichtungswinkel nach Gleichung 2 zur Bohrermitte hin ständig größer und nähert sich dem Wert $\eta = 90°$. Im Gegensatz dazu kann die Änderung der Schnittgeschwindigkeit bzw. des Wirkrichtungswinkels längs der Schneide beim Drehen in den meisten Fällen vernachlässigt werden.

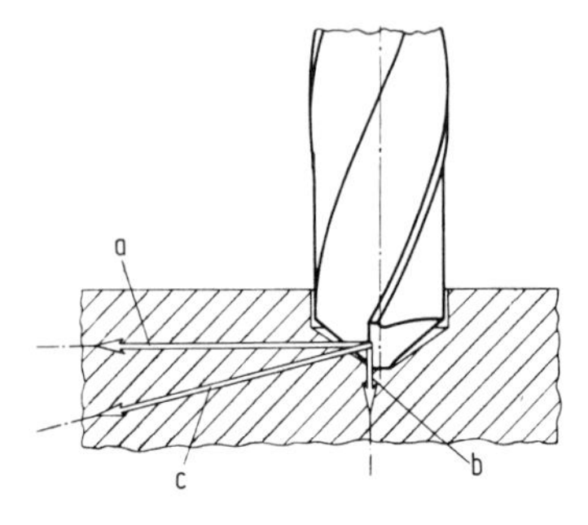


Bild 2. Bewegungen beim Bohren (nach DIN 6580)
a Schnittbewegung
b Vorschubbewegung
c Wirkbewegung

Der Unterschied zwischen Wirkrichtung und Schnittrichtung ist oft sehr gering, so daß näherungsweise die Wirkgeschwindigkeit gleich der Schnittgeschwindigkeit gesetzt werden kann. Bei einigen Verfahren ergeben sich allerdings deutliche Unterschiede, wie z. B. beim Gewindedrehen. Hier entspricht der Wirkrichtungswinkel $\eta$ dem Steigungswinkel $\gamma$ des Gewindes, während der Vorschubrichtungswinkel $\varphi = 90°$ beträgt.
Beim Fräsen oder Schleifen sind der Vorschubrichtungs- und Wirkrichtungswinkel veränderliche Größen. Betrachtet man die in Bild 3 dargestellten Verhältnisse beim Gegenlauffräsen, so ergibt sich zu Beginn des Zahneingriffs für den Vorschub- und Wirkrichtungswinkel der Wert Null, da alle Bewegungskomponenten in eine Richtung weisen. Im weiteren Verlauf des Zahneingriffs werden die Winkel größer und haben beim Austritt der Schneide aus dem Werkstück einen Maximalwert. Beim Gegenlauffräsen kann der Vorschubrichtungswinkel demzufolge nur einen Wert zwischen $0° \leqq \varphi \leqq 90°$ annehmen.

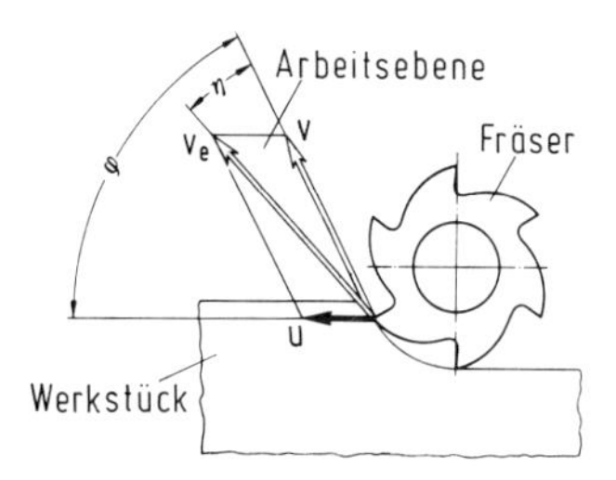


Bild 3. Arbeitsebene, Vorschubrichtungswinkel $\varphi$ und Wirkrichtungswinkel $\eta$ beim Gegenlauffräsen mit Walzenfräser (nach DIN 6580)

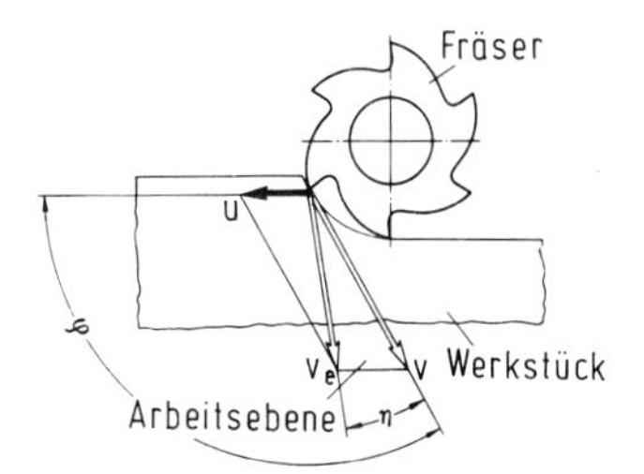


Bild 4. Arbeitsebene, Vorschubrichtungswinkel $\varphi$ und Wirkrichtungswinkel $\eta$ beim Gleichlauffräsen mit Walzenfräser (nach DIN 6580)

Das Gleichlauffräsen (Bild 4) ist dadurch gekennzeichnet, daß zu Beginn des Zahneingriffs der Vorschubrichtungswinkel größer oder gleich 90° ist und bis zum Austritt auf

180° wächst. Beim Stirnfräsen oder Stirnschleifen (Bild 5) kann der Vorschubrichtungswinkel sogar jeden Wert zwischen 0 und 180° annehmen.

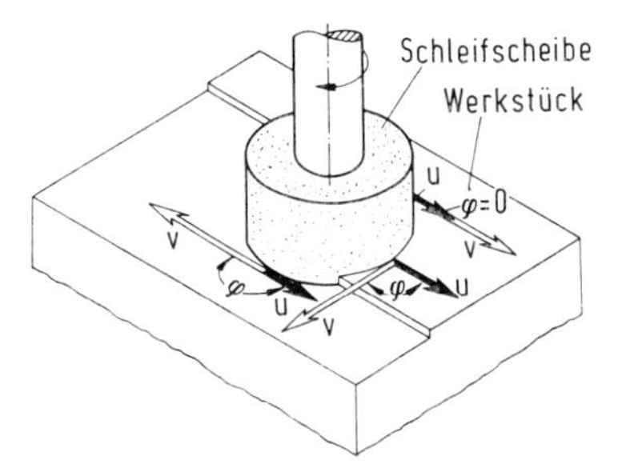


Bild 5. Vorschubrichtungswinkel φ beim Schleifen (nach DIN 6580)

Die aufgeführten Beispiele machen deutlich, daß es durch die in DIN 6580 eingeführten Begriffe möglich ist, grundsätzliche Unterschiede zwischen verschiedenen Verfahren herzustellen. Die kinematischen Unterschiede bestehen z.B. bei den Fräsverfahren darin, daß die Größe des Vorschubrichtungswinkels φ verschiedene Bereiche überstreichen kann. In ähnlicher Weise können diese Betrachtungen auch bei anderen spanenden Fertigungsverfahren durchgeführt und so ihre wesentlichen Merkmale herausgearbeitet werden. Es wird auch deutlich, daß nur wenige Begriffe notwendig sind, um die kinematischen Verhältnisse aller spanenden Fertigungsverfahren eindeutig zu beschreiben.
Ein Beispiel für eine Bewegung, die sich aus mehreren Komponenten zusammensetzt, ist in Bild 6 wiedergegeben. Die resultierende Vorschubbewegung setzt sich aus der Haupt- und einer Nebenvorschubbewegung zusammen.
Die Begriffe Schnittweg w, Vorschubweg l und Wirkweg $w_e$ sind für das Gegenlauffräsen in Bild 7 näher erläutert.

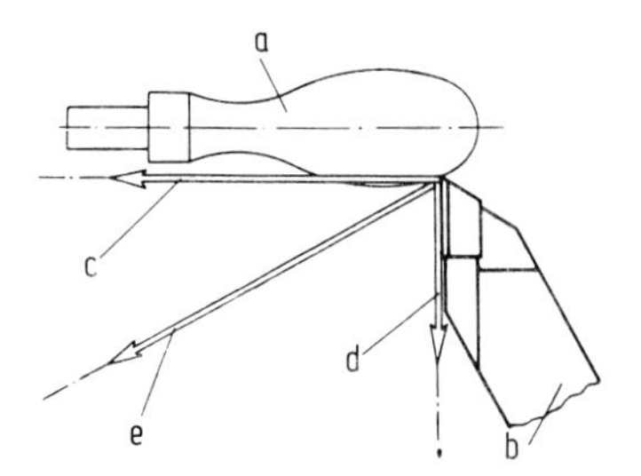


Bild 6. Beispiel für zusammengesetzte Vorschubbewegung (nach DIN 6580)
a Werkstück, b Nachform-Drehmeißel, c Hauptvorschubbewegung, d Nebenvorschubbewegung, e resultierende Vorschubbewegung

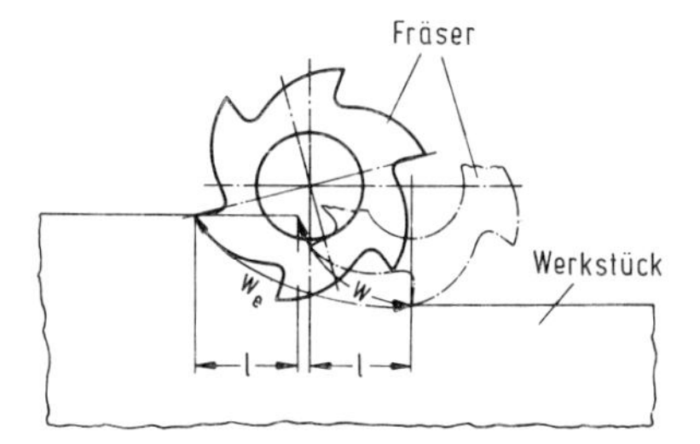


Bild 7. Schnittweg w, Vorschubweg l und Wirkweg $w_e$ beim Gegenlauffräsen (nach DIN 6580)

Durch die Begriffe Schnitt- und Vorschubbewegung ist noch nicht festgelegt, welcher Teil des Wirkpaares diese Bewegungen ausführt. Grundsätzlich können diese durch das Werkstück oder Werkzeug oder von beiden erfolgen. Wie sich die Bewegungen im einzelnen aufteilen, ist vom jeweiligen Fertigungsverfahren abhängig.
Zunächst lassen sich die Verfahren danach unterteilen, ob die Schnittbewegung durch das Werkzeug oder das Werkstück erzeugt wird. Den Übergang zwischen diesen beiden

Gruppen bildet das Räumen. Einerseits wird die Schnittbewegung beim normalen Innenräumen durch die Räumnadel ausgeführt, andererseits ist es aber auch beim Außenräumen möglich, mit stillstehendem Werkzeug zu arbeiten und die Schnittbewegung in das Werkstück zu legen. Eine weitere Besonderheit ist beim Räumen dadurch gegeben, daß eine Vorschubbewegung, wie bei den anderen Fertigungsverfahren, im eigentlichen Sinne nicht vorhanden ist. Nur durch die ausgeführte Schnittbewegung kommen die untereinander abgestuften Schneiden zum Eingriff. Im Werkzeug selbst ist die Vorschubbewegung gespeichert.

Für einige Fertigungsverfahren sind mehrere Kombinationen möglich. Welche im einzelnen Anwendung findet, hängt von der Bauform der jeweiligen Werkzeugmaschine ab. So wird beim Drehen normalerweise die Schnittbewegung vom Werkstück ausgeführt und die Vorschubbewegung vom Werkzeug. Dagegen erzeugt beim Langdrehautomaten auch der Werkstückträger die Vorschubbewegung in Werkstücklängsrichtung, und nur Bewegungen zum Abstechen werden vom Werkzeug ausgeführt.

Beim Hubsägen liegen beide Bewegungen im Werkzeug. Dagegen wird beim Bandsägen meist die Vorschubbewegung vom Werkstück ausgeführt.

Definitionsgemäß erfolgt beim Stoßen die Schnittbewegung durch das Werkzeug und die Vorschubbewegung durch das Werkstück. Darüber hinaus wird beim Kegelradstoßen auch eine Vorschubbewegung vom Werkzeug ausgeführt.

Bisher wurden nur die Schnitt- und Vorschubbewegung betrachtet, die sich zu der resultierenden Wirkbewegung zusammensetzen. Darüber hinaus gibt es noch Bewegungen, die nicht unmittelbar an der Spanentstehung beteiligt sind. Die *Anstellbewegung* ist diejenige Bewegung zwischen Werkstück und Werkzeug, mit der das Werkzeug vor dem Zerspanen an das Werkstück herangeführt wird. Die *Zustellbewegung* ist diejenige Bewegung zwischen Werkstück und Werkzeug, welche die Dicke der jeweils abzunehmenden Schicht im voraus bestimmt. Als *Nachstellbewegung* wird eine Korrekturbewegung zwischen Werkstück und Werkzeug bezeichnet, die z. B. den Werkzeugverschleiß ausgleichen soll. Entsprechend können *Anstell-, Zustell-* und *Nachstellrichtung* sowie deren Geschwindigkeiten und Wege definiert werden.

Neben der bisher beschriebenen Zerspankinematik und den daraus abgeleiteten Größen sind in DIN 6580 noch weitere Begriffe wie Schnittflächen, Schnittgrößen und Spanungsgrößen festgelegt. Die *Schnittflächen* (Bild 1) sind die am Werkstück von den Schneiden momentan erzeugten Flächen. Es wird noch zwischen Hauptschnittfläche, die von der Hauptschneide, und der Nebenschnittfläche, die von der Nebenschneide erzeugt wird, unterschieden. Die am Werkstück verbleibenden Schnittflächen bilden die wirkliche Oberfläche des bearbeiteten Werkstücks.

Unter *Schnittgrößen* sind die zur Spanabnahme unmittelbar oder mittelbar an der Maschine einzustellenden Werte zu verstehen:

- Der *Vorschub* $s$ ist der Vorschubweg je Umdrehung oder je Hub.
- Der *Zahnvorschub* $s_z$ ist der Vorschubweg zwischen zwei unmittelbar nacheinander entstehenden Schnittflächen, also der Vorschub je Zahn oder je Schneide.
- Der *Schnittvorschub* $s_s$ ist der Abstand zweier unmittelbar nacheinander entstehenden Schnittflächen, gemessen in der Arbeitsebene und senkrecht zur Schnittrichtung.
- Der *Wirkvorschub* $s_e$ ist der Abstand zweier unmittelbar nacheinander entstehenden Schnittflächen, gemessen in der Arbeitsebene und senkrecht zur Wirkrichtung.
- Die *Schnittiefe* bzw. *Schnittbreite* $a$ ist die Tiefe bzw. Breite des Eingriffs der Hauptschneide, senkrecht zur Arbeitsebene gemessen.
- Die *Eingriffsgröße* $e$ ist die Größe des Eingriffs der Schneide je Hub oder Umdrehung, gemessen in der Arbeitsebene und senkrecht zur Vorschubrichtung.

In Bild 8 sind für das Gegenlauffräsen die einzelnen Vorschubgrößen wiedergegeben. In diesem Fall ist nicht der Vorschub s, sondern der Zahnvorschub $s_z$ von zerspanungstechnischem Interesse, da dieser den Spanungsquerschnitt maßgeblich bestimmt. Diese beiden Größen sind über die Beziehung

$$s = s_z \cdot z \tag{3}$$

verknüpft, wobei z die Anzahl der Schneidenträger (Zähne) ist.

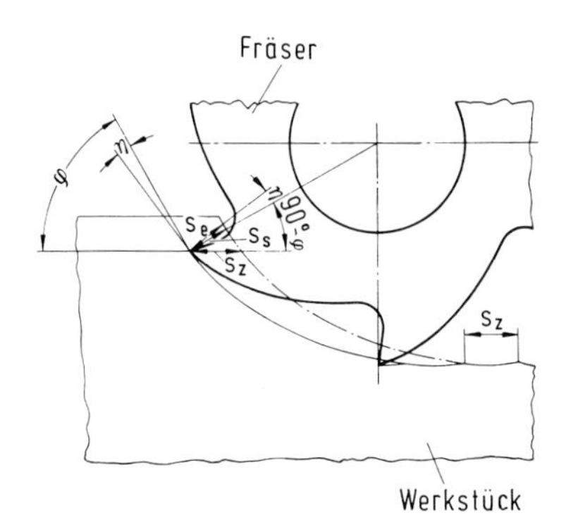


Bild 8. Zahnvorschub $s_z$, Schnittvorschub $s_s$ und Wirkvorschub $s_e$ beim Gegenlauffräsen (nach DIN 6580)

Beim Drehen oder bei allen einzahnigen Werkzeugen ist z = 1, so daß $s_z$ = s wird. Aus dem Zahnvorschub lassen sich der Schnittvorschub und der Wirkvorschub mit Hilfe des Vorschubrichtungswinkels φ und des Wirkrichtungswinkels η berechnen:

$$s_s \approx s_z \cdot \sin \varphi\,, \tag{4}$$
$$s_e \approx s_z \cdot \sin (\varphi - \eta). \tag{5}$$

Bild 9 zeigt den Unterschied zwischen Schnittiefe bzw. Schnittbreite a und der Eingriffsgröße e. Um Verwechslungen auszuschließen, sei nochmals darauf hingewiesen, daß die Größe a senkrecht zur Arbeitsebene gemessen wird, die Eingriffsgröße e, die vorwiegend beim Fräsen und Schleifen von Bedeutung ist, dagegen in der Arbeitsebene, also senkrecht zur Schnittiefe a. Beim Längsdrehen, Plandrehen und Stirnfräsen entspricht a der Schnittiefe. Beim Einstechen, Räumen, Walzenfräsen und Umfangsschleifen entspricht a der Schnittbreite. Für das Bohren entspricht die Schnittiefe dem halben Bohrerdurchmesser.

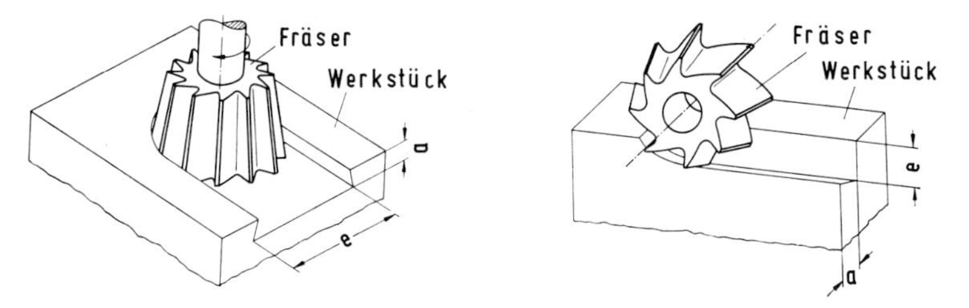


Bild 9. Schnittiefe bzw. Schnittbreite a und Eingriffsgröße e (nach DIN 6580)

Aus den beschriebenen Schnittgrößen lassen sich Spanungsgrößen ableiten, die aber nicht mit den Abmessungen der entstandenen Späne (Spangrößen) identisch sind (Bild 10).

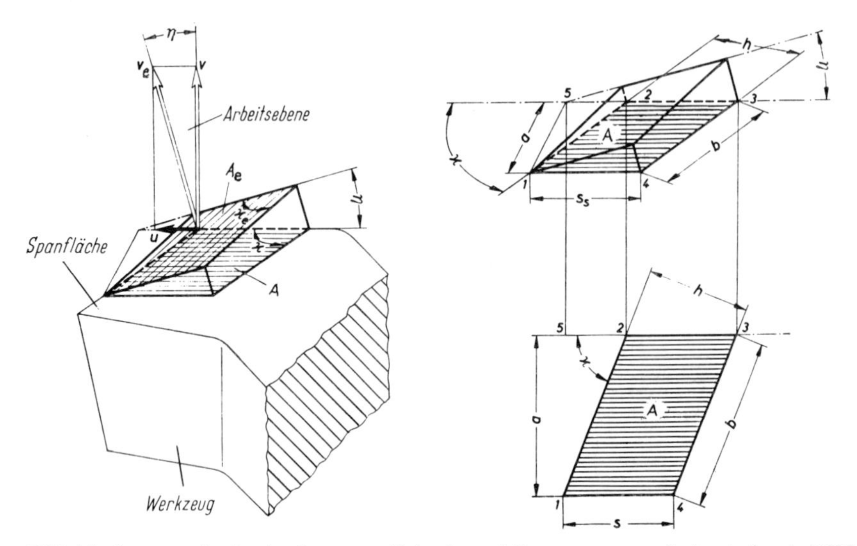


Bild 10. Spanungsbreite b, Spanungsdicke h und Spanungsquerschnitt A (nach DIN 6580)

Die *Spanungsbreite b* ist die Breite des abzunehmenden Spans senkrecht zur Schnittrichtung, gemessen in der Schnittfläche.
Die *Spanungsdicke h* ist die Dicke des abzunehmenden Spans senkrecht zur Schnittrichtung, gemessen senkrecht zur Schnittfläche.
Der *Spanungsquerschnitt A* ist der Querschnitt des abzunehmenden Spans senkrecht zur Schnittrichtung. In den meisten Fällen gilt

$$A = a \cdot s_z. \tag{6}$$

Haben die Werkzeuge gerade Schneiden und keinen Eckenradius, so können die Größen b, h und A wie folgt berechnet werden:

$$b = \frac{a}{\sin \varkappa}, \tag{7}$$

$$h = s_z \cdot \sin \varkappa, \tag{8}$$

$$A = b \cdot h, \tag{9}$$

mit $\varkappa$ als Einstellwinkel der Hauptschneide.
Für den praktischen Gebrauch sind diese Spanungsgrößen im allgemeinen vollkommen ausreichend. Sollen aber exaktere Betrachtungen durchgeführt werden, wie sie in der Forschung oftmals nötig sind, muß beachtet werden, daß diese Festlegungen nur näherungsweise richtig sind [1]. In diesen Fällen müssen die Spanungsgrößen senkrecht zur Wirkrichtung betrachtet werden, was eine Kippung um den Wirkrichtungswinkel $\eta$ bedeutet. Danach können folgende Größen definiert werden:
Die *Wirkspanungsbreite* $b_e$ ist die Breite des abzunehmenden Spans senkrecht zur Wirkrichtung, gemessen in der Schnittfläche. Mit dem Einstellwinkel $\varkappa$ der Hauptschneide und dem Wirkrichtungswinkel $\eta$ ergibt sich die Wirkspanungsbreite zu

$$b_e = b \sqrt{1 - \cos^2 \varkappa \cdot \sin^2 \eta}. \tag{10}$$

Nur in den Fällen mit sehr kleinem Verhältnis u/v, d. h. bei vernachlässigbar kleinem $\eta$, kann geschrieben werden

$$b_e = b. \tag{11}$$

Dies gilt auch immer für $\varkappa = 90°$.

Die *Wirkspanungsdicke* $h_e$ ist die Dicke des abzunehmenden Spans senkrecht zur Wirkrichtung, gemessen senkrecht zur Schnittfläche. Aus der Spanungsdicke h errechnet sie sich zu

$$h_e = \frac{h}{\sqrt{1 + \sin^2\varkappa \tan^2\eta}}. \tag{12}$$

Ist dasVerhältnis u/v klein, kann auch mit ausreichender Genauigkeit

$$h_e = h \tag{13}$$

geschrieben werden. Für $\varkappa = 90°$gilt

$$h_e = s_e \tag{14}$$

und

$$h_e = h \cdot \cos \eta. \tag{15}$$

*Die Wirkspanungsfläche* $A_e$ ist der Querschnitt des abzunehmenden Spans senkrecht zur Wirkrichtung. Für viele Fälle ist

$$A_e = a \cdot s_e. \tag{16}$$

Die Gleichung

$$A_e = b_e \cdot h_e \tag{17}$$

gilt bei Werkzeugen mit geraden Schneiden und ohne Eckenrundung.

Im allgemeinen reichen die angegebenen Beziehungen. Sollen aber genauere Betrachtungen angestellt werden, so ist für die Bestimmung der Spanungsgrößen von der exakten Begrenzung des Spanungsquerschnitts auszugehen.

## 2.1.2 Schneidkeilgeometrie

Die Begriffsbestimmungen hinsichtlich der Geometrie am Schneidkeil sind in DIN 6581 festgelegt. Diese Norm definiert die Flächen, Schneiden, Ecken sowie die Winkel am Schneidkeil und legt das Bezugssystem zur Bestimmung dieser Winkel fest. Aufgrund der Allgemeingültigkeit dieser Norm sind Bezeichnungen, die nur an bestimmten Werkzeugen vorkommen, nicht mit aufgenommen worden. Diese werden in den jeweiligen Werkzeug-Normen behandelt. Die im folgenden wiedergegebenen Definitionen sind DIN 6581 entnommen.

In Bild 11 sind am Beispiel eines Dreh- oder Hobelmeißels die festgelegten Flächen, Schneiden und Ecken wiedergegeben. Als *Schneidkeil* wird der Teil des Werkzeugs bezeichnet, an dem durch die Relativbewegung zwischen Werkzeug und Werkstück der Span entsteht. Die Schnittlinien der den Keil begrenzenden Flächen sind die *Schneiden.*

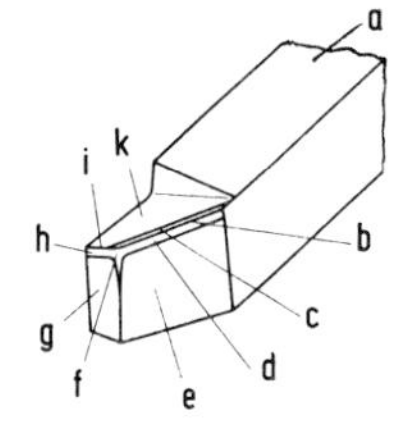


Bild 11. Flächen, Schneiden und Schneidenecken am Dreh- oder Hobelmeißel (nach DIN 6581)

a Schaft, b Hauptschneide, c Spanflächenfase der Hauptschneide, d Freiflächenfase der Hauptschneide, e Hauptfreifläche, f Schneidenecke mit Eckenrundung, g Nebenfreifläche, h Freiflächenfase der Nebenschneide, i Nebenschneide, k Spanfläche

Die *Freiflächen* sind die Flächen an einem Schneidkeil, die den entstehenden Schnittflächen zugekehrt sind. Man unterscheidet zwischen den *Hauptfreiflächen* und den *Nebenfreiflächen.* Wird eine Freifläche in der Nähe der Schneide abgewinkelt, so heißt der an der Schneide liegende Teil der Freifläche *Freiflächenfase.* Die *Spanfläche* ist die Fläche am Schneidkeil, auf welcher der Span abläuft. Ist die Spanfläche in der Nähe der Schneide abgewinkelt, so wird der an der Schneide liegende Teil der Spanfläche mit *Spanflächenfase* bezeichnet.
Die *Hauptschneiden* sind Schneiden, deren Schneidkeil bei Betrachtung in der Arbeitsebene in Vorschubrichtung weist. Die Schneiden, deren Schneidkeil bei Betrachtung in der Arbeitsebene nicht in Vorschubrichtung weist, sind *Nebenschneiden.*
Die Übertragung dieser Begriffe auf ein Fräswerkzeug setzt die Betrachtung bei einem Vorschubrichtungswinkel von etwa 90° voraus.
Die *Schneidenecke* ist diejenige Ecke, an der eine Hauptschneide und eine Nebenschneide mit gemeinsamer Spanfläche zusammentreffen. Vielfach ist an der Schneidenecke eine Eckenrundung oder Eckenfase vorhanden.

Bei den Winkeln ist es notwendig, zwischen den Winkeln im *Wirk-Bezugssystem* und den Winkeln im *Werkzeug-Bezugssystem* zu unterscheiden. Die *Wirk-Winkel* beziehen sich auf das Zusammenwirken von Werkzeug und Werkstück und beschreiben damit den Zerspanvorgang. Die *Werkzeug-Winkel* beziehen sich auf das nicht im Einsatz befindliche Werkzeug. Sie sind hauptsächlich für die Herstellung und Instandhaltung der Werkzeuge notwendig. Entsprechend erfolgte die Wahl der Bezugssysteme so, daß für die Bestimmung der Wirk-Winkel die Bezugsebene senkrecht zur Wirkrichtung liegt. Die Bezugsebene zur Bestimmung der Werkzeug-Winkel liegt dagegen meist nur annäherungsweise senkrecht zur angenommenen Schnittrichtung und wird am Werkzeug selbst festgelegt. Wirk-Winkel und Werkzeug-Winkel unterscheiden sich also nur durch die Lage der Bezugsebenen. Ihre Definitionen sind gleichlautend.

Das Wirk- und Werkzeug-Bezugssystem sind rechtwinklige Systeme, die sich aus einer *Bezugsebene,* einer *Schneidenebene* und einer *Keilmeßebene* aufbauen.
- Die *Wirk-Bezugsebene* ist eine Ebene durch den betrachteten Schneidenpunkt, die senkrecht zur Wirk-Richtung steht.
- Als *Werkzeug-Bezugsebene* wird eine Ebene durch den betrachteten Schneidenpunkt so gelegt, daß sie möglichst senkrecht zur angenommenen Schnittrichtung steht, aber nach einer Ebene, Achse oder Kante des Werkzeugs ausgerichtet ist. Diese Ebene wird beim Dreh- und Hobelmeißel meist parallel zur Auflagefläche, beim Fräs- und Bohrwerkzeug durch den betrachteten Schneidenpunkt und die Werkzeugachse gelegt.
- Die *Schneidenebene* ist eine die Schneide enthaltende Ebene senkrecht zur jeweiligen Wirk- bzw. Werkzeug-Bezugsebene. Bei gekrümmten Schneiden ist sie eine Tangentialebene zur Schneide im betrachteten Schneidenpunkt.
- Die *Keilmeßebene* ist eine Ebene senkrecht zur Schneidenebene und senkrecht zur jeweiligen Wirk- bzw. Werkzeug-Bezugsebene.

Für das Werkzeug-Bezugssystem sind diese definierten Ebenen in Bild 12 und für das Wirk-Bezugssystem in Bild 13 wiedergegeben.

Im Wirk-Bezugssystem wird als Arbeitsebene die in DIN 6580 definierte Ebene herangezogen, welche die Schnitt- und Vorschubrichtung in dem jeweils betrachteten Schneidenpunkt enthält. Als angenommene Arbeitsebene im Werkzeug-Bezugssystem wird eine Ebene senkrecht zur Werkzeug-Bezugsebene durch den betrachteten Schneidenpunkt so gelegt, daß sie möglichst die angenommene Vorschubrichtung enthält, aber nach einer Ebene, Achse oder Kante des Werkzeugs ausgerichtet ist.

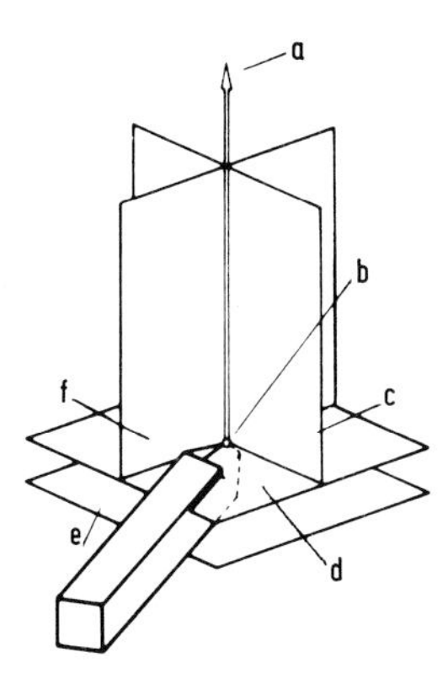


Bild 12. Werkzeug-Bezugsystem am Drehmeißel (nach DIN 6581)

a angenommene Schnittrichtung, b betrachteter Schneidenpunkt, c Keilmeßebene, d Werkzeugbezugebene, senkrecht zur angenommenen Schnittrichtung, e Auflageebene, f Werkzeug-Schneidenebene

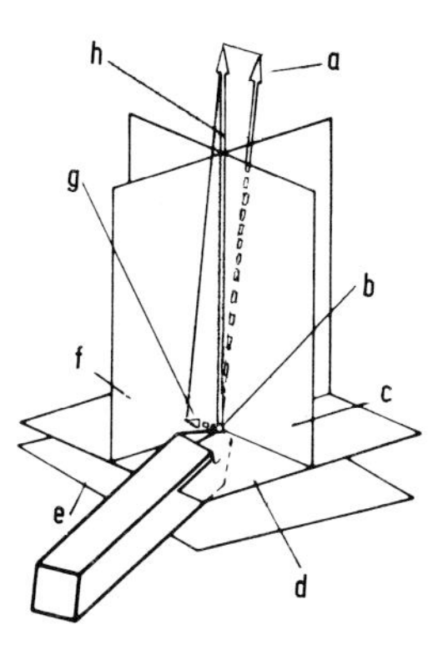


Bild 13. Wirk-Bezugsystem am Drehmeißel (nach DIN 6581)

a Schnittrichtung, b betrachteter Schneidenpunkt, c Keilmeßebene, d Wirkbezugebene, senkrecht zur Wirkrichtung, e Auflageebene, f Wirk-Schneidenebene, g Vorschubrichtung, h Wirkrichtung

- Der *Einstellwinkel* $\varkappa$ ist der Winkel zwischen der Schneidenebene und der Arbeitsebene, gemessen in der Bezugsebene. Der Einstellwinkel ist immer positiv und liegt immer außerhalb des Schneidkeils bzw. der Projektion auf die Bezugsebene, und zwar so, daß seine Spitze zur Schneidenecke hinweist.
- Der *Eckenwinkel* $\varepsilon$ ist der Winkel zwischen den Schneidenebenen von zusammengehörenden Haupt- und Nebenschneiden, gemessen in der Bezugsebene.
- Der *Neigungswinkel* $\lambda$ ist der Winkel zwischen der Schneide und der Bezugsebene, gemessen in der Schneidenebene. Der Neigungswinkel $\lambda$ liegt immer so, daß seine Spitze zur Schneidenecke hinweist, und ist positiv, wenn die in den betrachteten Schneidenpunkt gelegte Bezugsebene in der Projektion auf die Schneidenebene betrachtet außerhalb des Schneidkeils liegt.
- Der *Freiwinkel* $\alpha$ ist der Winkel zwischen der Freifläche und der Schneidenebene, gemessen in der Keilmeßebene. Der Freiwinkel ist positiv, wenn die durch den betrachteten Schneidenpunkt gelegte Schneidenebene in der Keilmeßebene außerhalb des Schneidkeils liegt.
- Der *Keilwinkel* $\beta$ ist der Winkel zwischen der Freifläche und der Spanfläche, gemessen in der Keilmeßebene.
- Der *Spanwinkel* $\gamma$ ist der Winkel zwischen der Spanfläche und der Bezugsebene, gemessen in der Keilmeßebene. Der Spanwinkel ist positiv, wenn die durch den betrachteten Schneidenpunkt gelegte Bezugsebene in der Keilmeßebene außerhalb des Schneidkeils liegt.

Darüber hinaus sind auch noch die Seiten- und Rückwinkel von Bedeutung. Die *Seitenwinkel* werden in der Arbeitsebene gemessen und mit *Seiten-Freiwinkel* $\alpha_x$, *Seiten-Keilwinkel* $\beta_x$ und *Seiten-Spanwinkel* $\gamma_x$ bezeichnet. Senkrecht zur Arbeitsebene und senkrecht zur jeweiligen Bezugsebene werden die *Rückwinkel* gemessen, die sich in *Rück-Freiwinkel* $\alpha_y$, *Rück-Keilwinkel* $\beta_y$ und *Rück-Spanwinkel* $\gamma_y$ unterteilen.

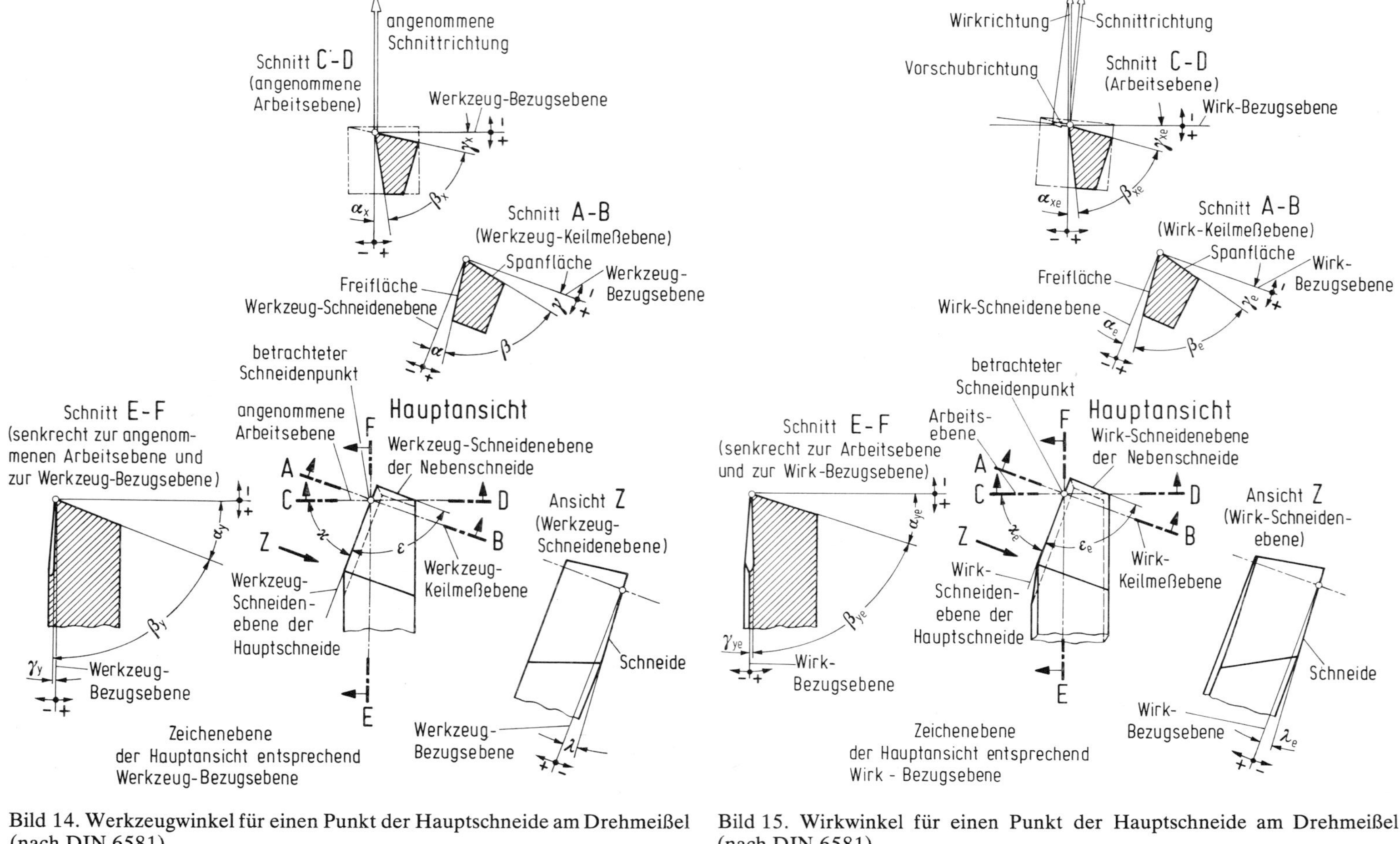


Bild 14. Werkzeugwinkel für einen Punkt der Hauptschneide am Drehmeißel (nach DIN 6581)

Bild 15. Wirkwinkel für einen Punkt der Hauptschneide am Drehmeißel (nach DIN 6581)

Für einen Drehmeißel sind die Werkzeugwinkel in Bild 14, die Wirkwinkel, deren Kurzzeichen immer den Index e erhalten, in Bild 15 dargestellt. Bei anderen Werkzeugen ist die Festlegung der Winkel und Ebenen etwas schwieriger und nicht so anschaulich wie beim Drehmeißel, was in Bild 16 am Beispiel des Spiralbohrers deutlich wird. In diesen Darstellungen sind nur die Winkel an der Hauptschneide gezeigt. Ebenso kann man auch die Winkel an der Nebenschneide festlegen und zur Kennzeichnung den Index n an die Winkelkurzzeichen anfügen.

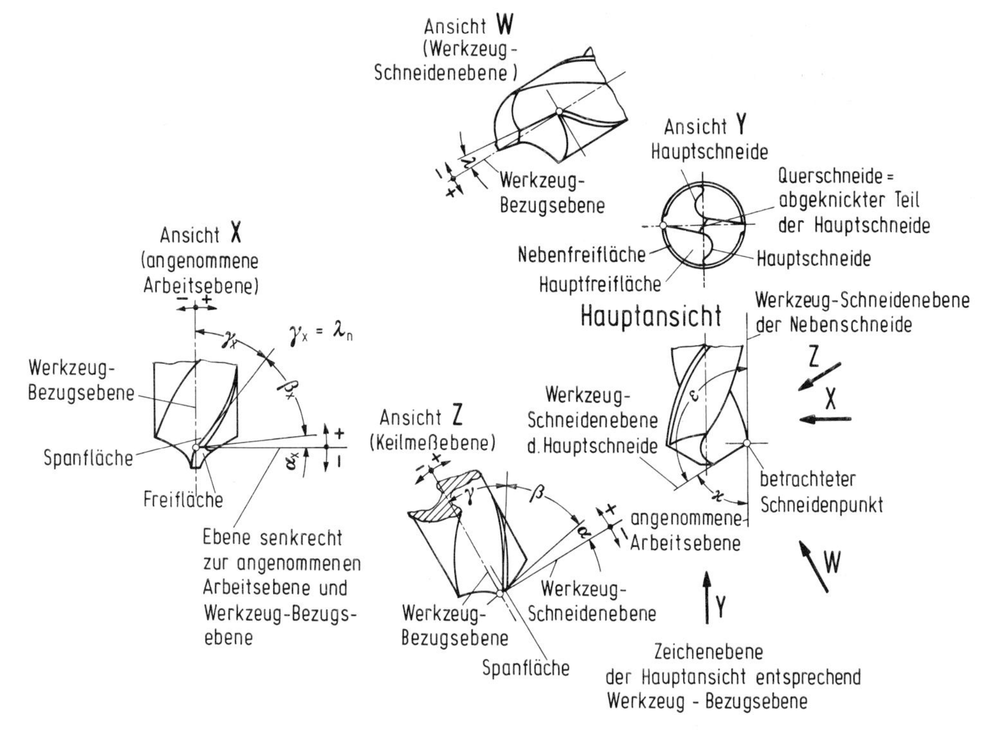


Bild 16. Werkzeugwinkel am Spiralbohrer (nach DIN 6581)

## 2.2 Spanbildung und Spanarten

Bei den spanenden Bearbeitungsverfahren [2 bis 11] dringt das Werkzeug unter der Wirkung der Zerspankraft in das Werkstück ein. Dabei werden vom Werkstück Späne abgetrennt. Bild 17 zeigt schematisch den Spanbildungsvorgang, wie er anhand einer Spanwurzelaufnahme (rechts im Bild) nachgezeichnet wurde. Die Darstellung läßt eine kontinuierliche plastische Verformung erkennen, die sich in vier Bereiche aufteilen läßt. Der Strukturverlauf im Werkstück geht durch einfaches Scheren (Scherbereich) in den Strukturverlauf des Spans über. Die plastische Verformung in der Scherebene kann bei der Zerspanung von spröden Werkstoffen bereits zu einer Werkstofftrennung in der Scherebene führen. Hat der Werkstoff jedoch eine größere Verformungsfähigkeit, so erfolgt die Trennung erst vor der Schneidkante (im Bereich h). Die Zugbelastung unter gleichzeitig senkrecht wirkendem Druck führt in Verbindung mit der hier herrschenden hohen Temperatur zu starken Verformungen in den Randbereichen der Spanfläche und Schnittfläche. Beim Abgleiten über die Werkzeugflächen entstehen in den Grenzschichten zusätzlich weitere plastische Verformungen. Die sogenannte Fließschicht (nicht angeätzte weiße Zone an der Unterseite des Spans), deren Verformungstextur sich

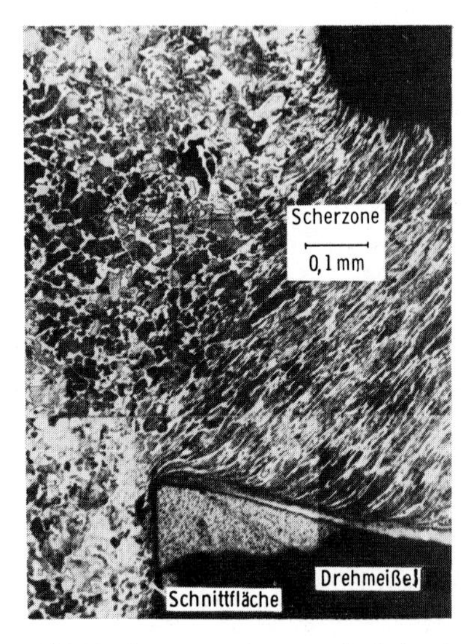


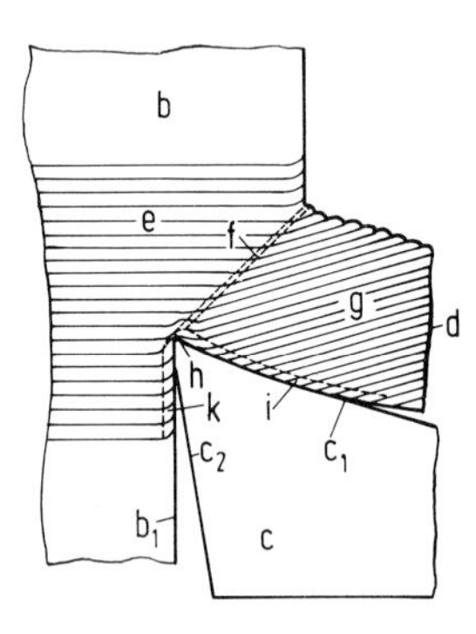


Bild 17. Spanentstehungsstelle beim Drehen

Werkstoff: Ck 53; Schneidstoff: Hartmetall P 30; Schnittgeschwindigkeit v = 100 m/min; Spanungsquerschnitt $a \cdot s = 2 \cdot 0{,}315\ mm^2$

b Werkstück, $b_1$ Schnittfläche, c Drehmeißel, $c_1$ Spanfläche, $c_2$ Freifläche, d Span, e Struktur im Werkstück, f Scherbereich, g Struktur im Span, h Struktur im Bereich der Schneidkante, i Struktur im Randbereich der Spanfläche, k Struktur im Randbereich der Schnittfläche

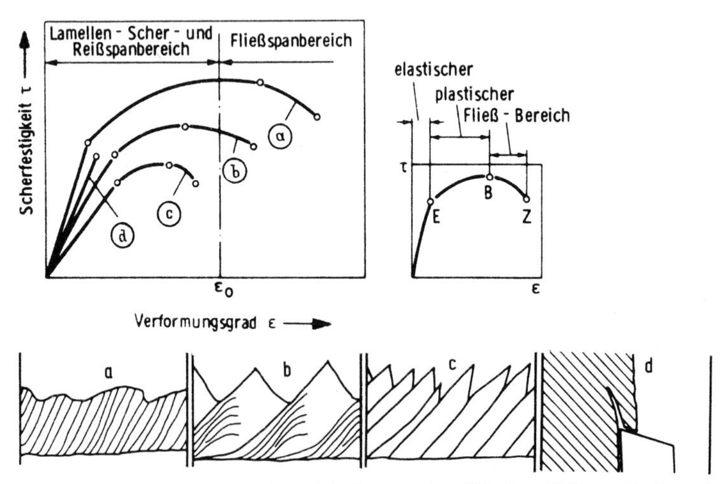


Bild 18. Spanarten in Abhängigkeit von den Werkstoffeigenschaften (nach *Vieregge* [16])

a Fließspan, b Lamellenspan, c Scherspan, d Reißspan

parallel zur Spanfläche ausbildet, vermittelt den Eindruck eines viskosen Fließvorgangs mit extrem hohem Verformungsgrad. Der bei dem oben beschriebenen Spanbildungsvorgang entstehende Span wird als Fließspan bezeichnet [12 bis 15].
Andere Spanarten (Bild 18) sind der Lamellenspan, der Scherspan und der Reißspan. Unter der Annahme, daß die Schnittbedingungen in der Scherebene im Höchstfall einen bestimmten Verformungsgrad $\varepsilon_0$ hervorrufen, können zwischen dem Verlauf des Schubspannungs-Verformungs-Diagramms und der Spanform die im Bild 18 dargestellten Zusammenhänge angegeben werden [15 u. 16].

# 2.3 Spanformen

## 2.3.1 Beurteilung der Spanform

Form und Größe der Späne sind besonders bei Bearbeitungsverfahren mit begrenztem Spanraum (z.B. Bohren, Räumen, Fräsen) und bei Werkzeugmaschinen mit engem Arbeitsraum von Bedeutung. Richtlinien über Kriterien und Meßgrößen für die Spanbeurteilung sind im Stahl-Eisen-Prüfblatt 1178–69 angegeben.

| Spanform und Benennung | Spanraumzahl R | Beurteilung der Spanform |
|---|---|---|
| Bandspan | ≧90 | ungünstig |
| Wirrspan | ≧90 | ungünstig |
| Schraubenspan | ≧50 | befriedigend |
| Schraubenbruchspan | ≧25 | günstig |
| Spiralbruchspan | ≧8 | günstig |
| Spiralspanstücke | ≧8 | günstig |
| Spanbruchstücke | ≧3 | befriedigend |

Bild 19. Spanformen beim Drehen

In Bild 19 sind unterschiedliche Spanformen und deren Benennungen dargestellt. Die oberen vier Spanformen erschweren den Abtransport der anfallenden Späne. Flachwendelspäne wandern bevorzugt über die Freifläche ab und verursachen dadurch Beschädigungen am Werkzeughalter und an der Schneidkante außerhalb ihrer Eingriffslänge. Durch das Entstehen von Band-, Wirr- und Bröckelspänen tritt eine erhöhte Gefährdung der sich im Maschinenbereich aufhaltenden Personen auf.

## 2.3.2 Einflußgrößen auf die Spanform

### 2.3.2.1 Schnittbedingungen und Schneidkeilgeometrie

Durch Verringerung von Schnittgeschwindigkeit oder Spanwinkel wird die Brüchigkeit von Spänen nicht zu zäher Werkstoffe aufgrund zunehmender Spanstauchungen und Spanverformung erhöht. Von größerer Bedeutung ist der Einfluß von Vorschub und Einstellwinkel bzw. Spanungsdicke. Eine Vergrößerung der Spanungsdicke führt zu überhöhter Spanverformung in der Scherebene, d. h. es treten kurzbrüchigere Späne auf. Da mit wachsender Schnittiefe bzw. Spanungsbreite höhere Werte von Vorschub bzw. Spanungsdicke für einen günstigen Spanbruch zu wählen sind, werden üblicherweise die Verhältnisse a : s bzw. b : h als geeignete Kriterien herangezogen (Bild 20).

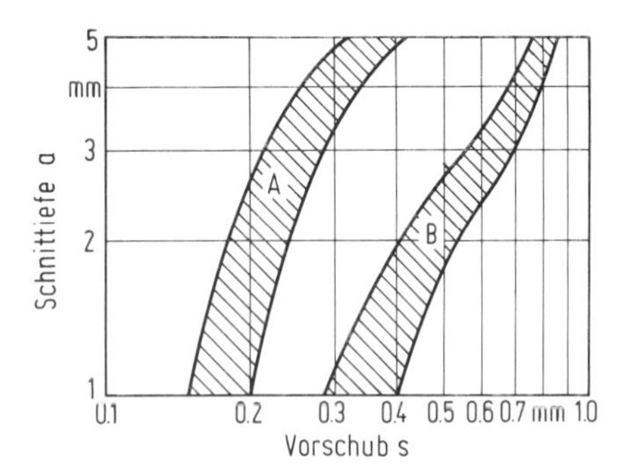


Bild 20. Schnittiefen-Vorschub-Verhältnisse zur Erzielung einer günstigen Spanbildung (nach *ten Horn* u. *Schuermann* [17]); Schnittgeschwindigkeit v = 150 m/min

A Automatenstahl 9 S 20

B Vergütungsstahl C 45

### 2.3.2.2 Werkstückstoff

Die Spanbildung wird wesentlich durch die Festigkeit und die Verformbarkeit des Werkstoffs beeinflußt. Zunehmende Festigkeit bzw. abnehmende Zähigkeit fördern im allgemeinen den Spanbruch. Werkstoffgefüge mit in der Metallmatrix eingebetteten harten Bestandteilen bewirken einen ungleichmäßig geformten, leichter brechenden Span. Großen Einfluß auf die Spanbildung haben auch die Legierungselemente, die Automatenstählen zulegiert werden, insbesondere Schwefel und Blei [18]. Diese Elemente führen zu kurzbrechenden Spänen, wie in Bild 20 der Vergleich zwischen einem Automatenstahl und einem Vergütungsstahl zeigt.

### 2.3.2.3 Spanleitstufen

Für die Wahl der Bearbeitungsbedingungen sind in vielen Fällen andere Gesichtspunkte als günstige Spanbildung maßgebend. Durch Anbringen von Spanleitstufen am Werkzeug (eingeschliffen, aufgeklemmt oder eingeformt) besteht die Möglichkeit, dem Span eine bestimmte Richtung und eine bestimmte Form zu geben. Die Spanbrechung erweist sich als sekundärer Effekt; der abfließende Span stößt gegen ein Hindernis und bricht infolge seiner Sprödigkeit durch Biegebeanspruchung.

In Bild 21 ist ein mit einer Spanleitstufe versehenes Drehwerkzeug dargestellt. Die Krümmung des Spans nimmt mit abnehmender Stufenbreite $b_k$ bei konstanter Stufentiefe $t_k$ zu.

Die Stufentiefe wird etwa zwischen 0,5 und 1 mm gewählt. Die Stufenbreite sollte in Abhängigkeit vom Vorschub erfahrungsgemäß nach der Beziehung $b_k \approx 10 \cdot s$ variiert werden.

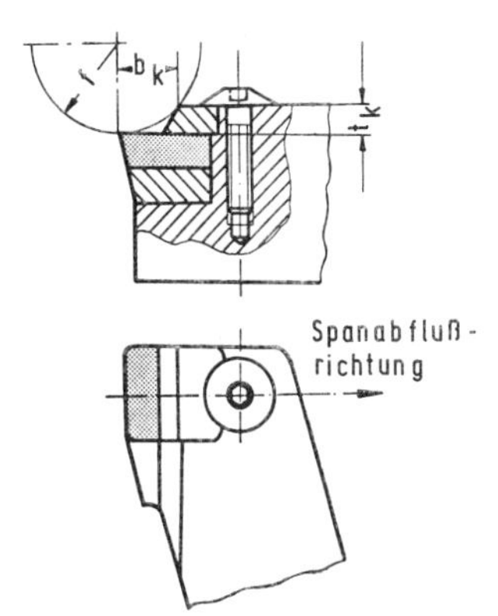


Bild 21. Drehwerkzeug mit geklemmter Spanleitstufe (nach VDI-Richtlinie 3332)

# 2.4 Beanspruchung des Schneidkeils

## 2.4.1 Mechanische Beanspruchung

Beim Spanen werden nach DIN 8589, Teil 1 „von einem Werkstück mit Hilfe eines Werkzeugs Werkstoffschichten in Form von Spänen zur Änderung der Werkstückform oder Oberfläche mechanisch abgetrennt". Dieser Vorgang soll als Modellfall der Zerspanung beim Drehen erläutert werden. Die Übertragung auf andere Zerspanverfahren ist hieraus dann leicht möglich.
Die Zerspanung geschieht an der Wirkstelle, an der Werkzeug und Werkstück (das Wirkpaar) im Eingriff sind. Die Zerspanarbeit leistet der Schneidkeil.
Zum Abtrennen des Spans vom Werkstück und während seines Ablaufs über die Spanfläche sind Trenn-, Verformungs- und Reibarbeit zu leisten, die dem Prozeß von außen zuzuführen sind. Hierbei ist der Anteil der Verformungsarbeit am größten. Die für die Zerspanung aufgewendete Gesamtarbeit wird fast vollständig in Wärme umgesetzt, die durch Wärmeleitung in das Werkzeug und Werkstück, durch Strahlung an die Umgebung, durch Konvektion an das Kühlschmiermittel und mit den Spänen abgeführt wird.

Neben der thermischen Beanspruchung ist der Schneidkeil durch die wirksamen Zerspankraftkomponenten einer hohen mechanischen Belastung ausgesetzt.

### 2.4.1.1 Komponenten der Zerspankraft

Die auf der Spanfläche und an den Freiflächen des Schneidkeils wirkenden Kräfte kann man sich zu einer an einem Punkt angreifenden Zerspankraft $F_z$ zusammengesetzt denken (Bild 22[1]). Die Zerspankraft $F_z$ ist hier auf das Werkzeug wirkend gezeichnet; eine entgegengesetzt gerichtete und gleichgroße Reaktionskraft wirkt auf das Werkstück.
Diese Zerspankraft $F_z$ kann nun je nach der Betrachtungsweise in verschiedene Komponenten zerlegt werden, wobei die gesuchte Komponente sich durch Normalprojektion des Vektors der Zerspankraft $F_z$ auf die gewünschte Ebene oder die gewünschte Richtung ergibt.

[1] Die in den Bildern 22 bis 24 angegebenen Kraftkomponenten und Winkel entsprechen den Angaben im z. Z. zurückgezogenen DIN-Entwurf 6584.

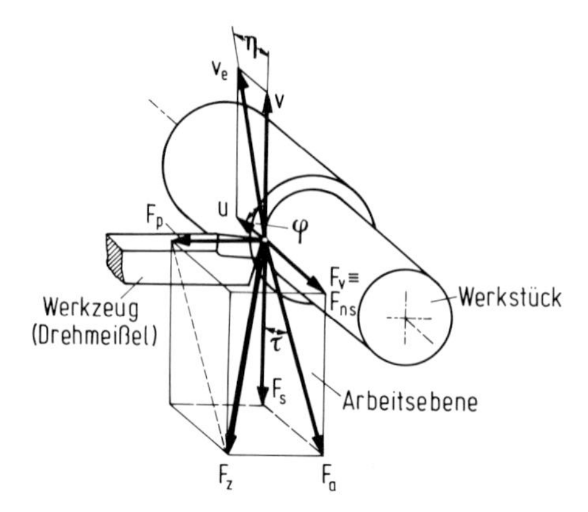


Bild 22. Komponenten der Zerspankraft beim Drehen

$\eta$ Wirkrichtungswinkel, $\tau$ Winkel zwischen Schnittkraft und Aktivkraft, $\varphi$ Vorschubrichtungswinkel, u Vorschubgeschwindigkeit, v Schnittgeschwindigkeit, $v_e$ Wirkgeschwindigkeit, $F_a$ Aktivkraft, $F_{ns}$ Schnitt-Normalkraft ($= F_v$ bei $\varphi = 90°$), $F_p$ Passivkraft, $F_s$ Schnittkraft, $F_v$ Vorschubkraft, $F_z$ Zerspankraft

Bei Betrachtung von Werkzeugen mit mehreren Schneiden (z.B. Spiralbohrer, Fräswerkzeug u.a.) können die an den Einzelschneiden wirksamen Kräfte getrennt betrachtet und dann durch vektorielle Addition wieder zu einer Gesamt-Zerspankraft $F_{z\,ges}$ zusammengesetzt werden.

Besonders interessieren die Kraftkomponenten der in der Arbeitsebene liegenden Aktivkraft $F_a$ und zwar in Richtung des Vorschubgeschwindigkeitsvektors (Vorschubkraft $F_v$) und die Komponente in Richtung des Schnittgeschwindigkeitsvektors (Schnittkraft $F_s$).

Die Schnittkraft $F_s$ wird zur Leistungsberechnung für den Zerspanvorgang benötigt. Mit ihr ist die Schnittleistung

$$P_s = F_s \cdot v. \tag{18}$$

Hierbei ist zu beachten, daß korrekterweise die Zerspanleistung mit Hilfe einer Kraftkomponente berechnet werden müßte, die in Richtung der Wirkgeschwindigkeit $v_e$ liegt. Dies ist die (hier nicht näher dargestellte) Wirkkraft $F_e$.

Bei den üblichen Größenverhältnissen der Vorschubgeschwindigkeit u und der Schnittgeschwindigkeit v ist der Wirkrichtungswinkel $\eta$ jedoch so klein, daß in erster Annäherung und unter Berücksichtigung der auch sonst noch auftretenden Unsicherheiten bei der Bestimmung der Zerspankräfte und Zerspanleistungen die Vektoren $v_e$ und v als übereinanderfallend betrachtet werden können ($\eta \to 0$).

Die Tatsache, daß die Schnittgeschwindigkeit v erheblich größer als die Vorschubgeschwindigkeit u ist, begründet auch die Vereinfachung, daß im allgemeinen die Zerspankraft-Komponente $F_v$ nicht als leistungsführend angesehen wird. Als allein leistungsführende Komponente der Zerspankraft $F_z$ wird im allgemeinen die Schnittkraft $F_s$ angesehen.

Die vom Antriebsmotor der Werkzeugmaschine aufzubringende Gesamtleistung P errechnet sich unter Berücksichtigung des Motorwirkungsgrades $\eta_M$ und des Getriebewirkungsgrades $\eta_G$ (beide sind last- und drehzahlabhängig) zu

$$P = \frac{P_s}{\eta_{ges}} = \frac{P_s}{\eta_M \cdot \eta_G}. \tag{19}$$

Beim Umfangfräsen ist $\varphi < 90°$. Hieraus ergeben sich in bezug auf die Kraft-Zerlegung einige Besonderheiten, die anhand der Bilder 23 und 24 für das Gegenlauffräsen erkannt werden können. Allgemein kann der Vorschubrichtungswinkel $\varphi$ in Abhängigkeit vom Zerspanverfahren Werte zwischen $0° \leqq \varphi \leqq 180°$ annehmen.

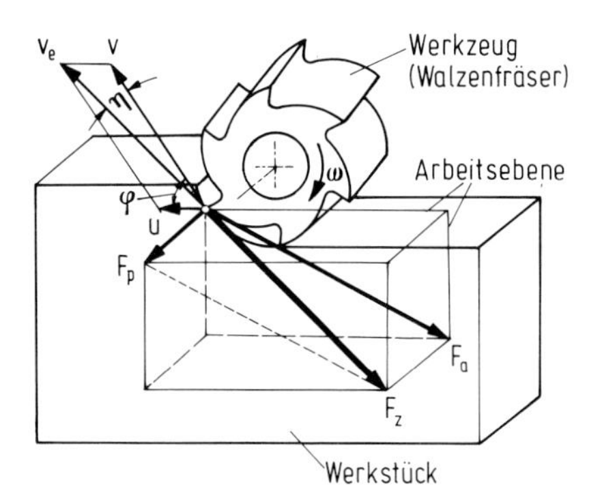


Bild 23. Komponenten der Zerspankraft beim Umfangfräsen im Gegenlauf ($\varphi < 90°$) (Bezeichnungen siehe Bild 22)

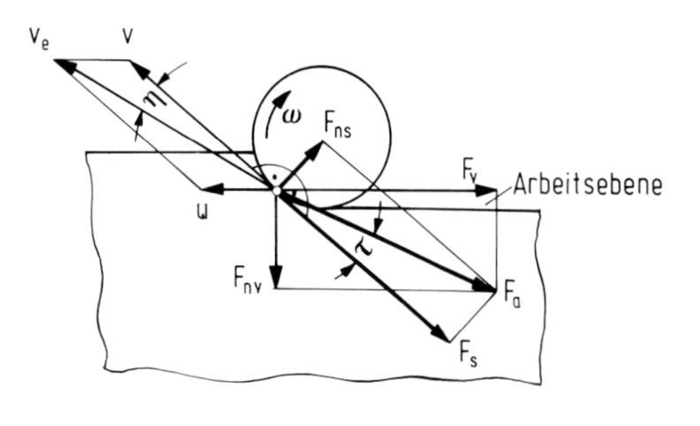


Bild 24. Komponenten der Aktivkraft beim Umfangfräsen im Gegenlauf ($\varphi < 90°$)

$F_{nv}$ Vorschub-Normalkraft (Stützkraft) (weitere Bezeichnungen siehe Bild 22)

### 2.4.1.2 Berechnung der Zerspankraft

Wie bei den Standzeitgleichungen gibt es auch für die Berechnung der Zerspankraft eine große Zahl von Ansätzen. Je nachdem, ob diese Formeln eine zerspanungstheoretische Zielsetzung haben oder für die Anwendung in der Praxis konzipiert wurden, sind sie naturgemäß verschieden aufgebaut und berücksichtigten die wirksamen Einflußgrößen bei der Zerspanung auf verschiedene Weise. Berechnungsformeln bestehen gleichermaßen für die leistungsführende Komponente der Zerspanung (Schnittkraft $F_s$) sowie auch für die Zerspankraft-Komponenten Vorschubkraft $F_v$ und Passivkraft $F_p$.

Größte Bedeutung hat jedoch die Schnittkraft $F_s$. Nachstehend soll daher für sie eine Berechnungsformel dargestellt werden. Man kann diese Schnittkraftformel in abgewandelter Form für die übrigen Zerspankraft-Komponenten einsetzen.

Haupt-Einflußgrößen auf die Zerspankraftkomponenten sind der Werkstückstoff sowie die an der Werkzeugmaschine einzustellenden Schnittgrößen, nämlich die Schnittiefe a und der Vorschub s. Hieraus folgt ein erster Ansatz für die Berechnung der Schnittkraft

$$F_s = a \cdot s \cdot k_s \qquad (20)$$

Hierbei ist $k_s$ die „spezifische Schnittkraft", also eine auf die Flächeneinheit bezogene Kraft, die u. a. werkstoffabhängig ist.

Aus Bild 25 ist ersichtlich, daß bei gleichbleibenden Werten von a und s der Spanungsquerschnitt (Querschnitt des abzunehmenden Spans senkrecht zur Schnittrichtung) je nach der Größe des Einstellwinkels $\varkappa$ eine unterschiedliche Form aufweist. Es wird also zweckmäßig sein, die „Schnittgrößen" in Größen umzurechnen, die den Zerspanprozeß eindeutiger kennzeichnen. Dies sind die „Spanungsgrößen" Spanungsbreite b und Spanungsdicke h (vgl. 2.1.1).

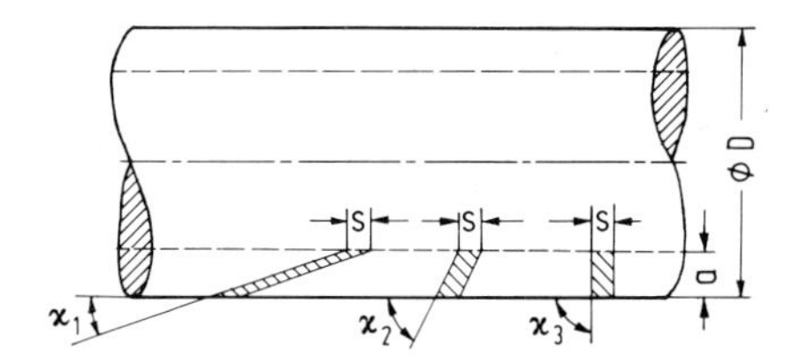

Bild 25. Aufteilung des Spanungsquerschnitts beim Längsdrehen

„Spanungsgrößen" heißen die Größen b und h deswegen, weil es sich hier nicht um die Abmessungen des Spans handelt (die ja erst nach Abschluß des Zerspanprozesses gemessen werden können), sondern um Einstellgrößen für den Zerspanprozeß.
Damit kann Gleichung 20 in etwas veränderter Form geschrieben werden:

$$F_s = a \cdot s \cdot k_s = b \cdot h \cdot k_s. \tag{21}$$

Nun ist aus Versuchen bekannt, daß die spezifische Schnittkraft $k_s$ nicht nur werkstoffabhängig, sondern zudem auch noch eine Funktion der Spanungsdicke h ist. Diese Abhängigkeit ist in Bild 26 sowohl in arithmetischer als auch in doppeltlogarithmischer Darstellung wiedergegeben.

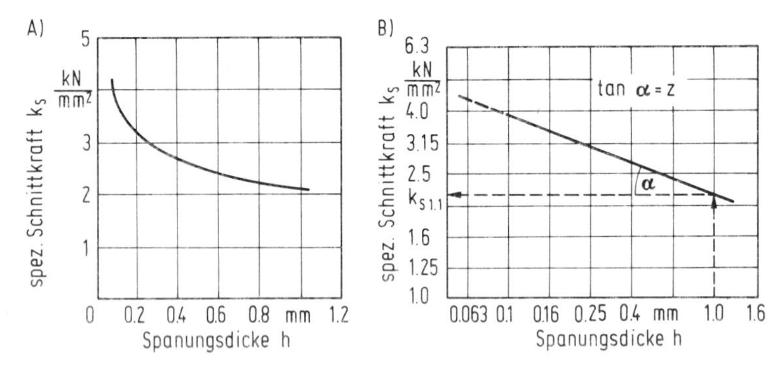


Bild 26. Spezifische Schnittkraft $k_s$ in Abhängigkeit von der Spanungsdicke h
A) in arithmetischer Darstellung, B) in doppeltlogarithmischer Darstellung

Aus der doppeltlogarithmischen Darstellung $k_s = f(h)$ kann entnommen werden:

$$k_s = \text{const} \cdot h^{-z}. \tag{22}$$

Die Konstante kann bei h = 1 mm ermittelt werden, sie erhält die Bezeichnung $k_{s\,1.1}$ und wird mit „Hauptwert der spezifischen Schnittkraft" bezeichnet. Dieser kennzeichnet eine spezifische Schnittkraft bei einem gedachten Spanungsquerschnitt $A = b \cdot h = 1 \cdot 1\ \text{mm}^2$. Die Größe z kennzeichnet die Steigung der Geraden $k_s = f(h)$ im doppeltlogarithmischen System.
Nach Einsetzen von Gleichung 22 in Gleichung 21 erhält man die Schnittkraftformel in der Form

$$F_s = b \cdot h^{1-z} \cdot k_{s\,1.1}. \tag{23}$$

Diese Schnittkraftformel wurde zuerst von *Kienzle* [19] angegeben. Der Exponent (1–z) heißt Anstiegswert der spezifischen Schnittkraft. Ursprünglich nur für die Schnittkraft $F_s$ beim Drehen entwickelt (Verfahren mit gleichbleibender Spanungsdicke), hat sie sich als tragfähig genug erwiesen, auch auf andere Verfahren mit gleichbleibender Spanungsdicke und sogar auf Verfahren mit veränderlicher Spanungsdicke (Bild 27) angewandt werden zu können [20].
Die in Bild 26 enthaltenen Werte für die spezifische Schnittkraft $k_s$ sind nur in den Bereichen der Spanungsdicke h gültig, für die sie experimentell ermittelt wurden. Die doppeltlogarithmische Darstellung der Funktion $k_s = f(h)$ verführt natürlich dazu, die gezeichnete Gerade in Bereiche größerer oder auch kleinerer Spanungsdicken h zu verlängern, ohne daß diese Extrapolation durch Versuchswerte gedeckt ist.

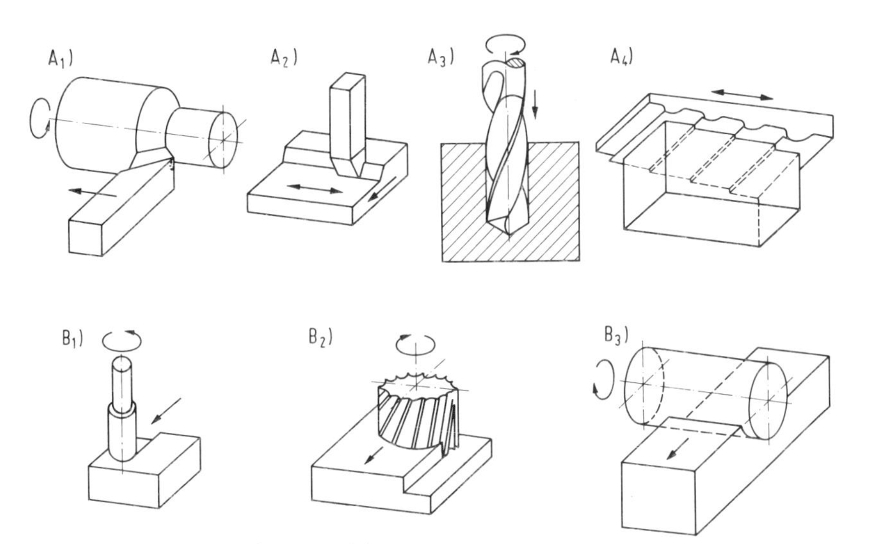


Bild 27. Spanende Fertigungsverfahren
A) mit konstanter Spanungsdicke, B) mit veränderlicher Spanungsdicke, $A_1$) Drehen, $A_2$) Hobeln, Stoßen, $A_3$) Bohren, $A_4$) Räumen, $B_1$) Schaftfräsen, $B_2$) Stirnfräsen, $B_3$) Walzenfräsen

Falls nun die Kräfte bei Zerspanverfahren berechnet werden sollen, bei denen kleine und kleinste Spanungsdicken (im Vergleich zum Drehen) vorhanden sind (z.B. Räumen), würde eine Extrapolation der vom Drehen her stammenden $k_s$-Werte in Bereiche kleinerer Spanungsdicken ggf. zu erheblichen Fehlern führen (Bild 28). Dies wäre auch beim Fräsen der Fall, da dort durch den Kommaspan gleichermaßen große und sehr kleine Spanungsdicken bei einem Werkzeug-Durchlauf auftreten.

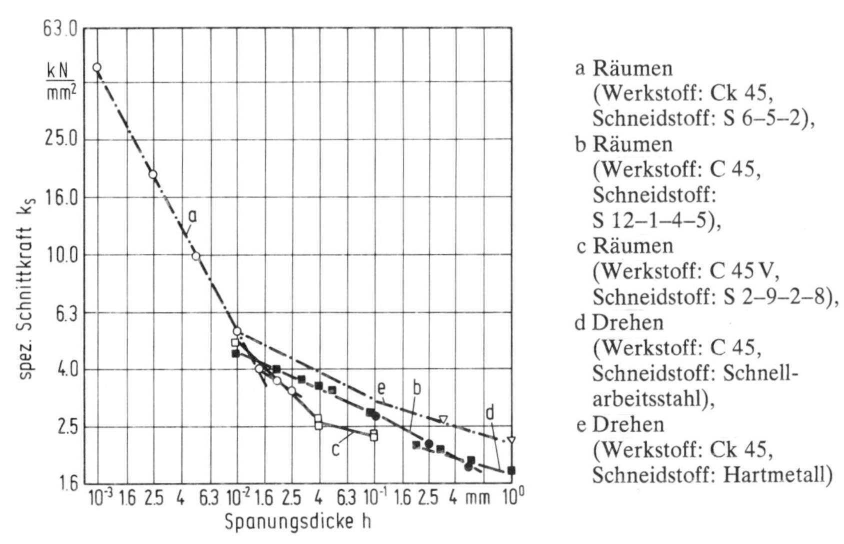


a Räumen (Werkstoff: Ck 45, Schneidstoff: S 6–5–2),
b Räumen (Werkstoff: C 45, Schneidstoff: S 12–1–4–5),
c Räumen (Werkstoff: C 45 V, Schneidstoff: S 2–9–2–8),
d Drehen (Werkstoff: C 45, Schneidstoff: Schnellarbeitsstahl),
e Drehen (Werkstoff: Ck 45, Schneidstoff: Hartmetall)

Bild 28. Spezifische Schnittkraft in Abhängigkeit von der Spanungsdicke für verschiedene Verfahren, Schneidstoffe und Werkstück-Werkstoffe

Genauere Untersuchungen haben gezeigt, daß der Gesamtbereich der Spanungsdicke von etwa h = 1 bis 1000 μm in drei dezimale Bereiche einzuteilen ist und für jeden dieser Bereiche die Konstanten „Anstiegswert der Schnittkraft (1–z)" und „Hauptwert der spezifischen Schnittkraft $k_{s\,1.1}$" der Schnittkraft-Formel nach *Kienzle* getrennt zu ermitteln sind. Entsprechende Indizes (die dem Wert der Spanungsdicke der oberen Bereichsgrenze entsprechen) kennzeichnen die unterschiedlichen Werte für z und $k_{s\,1.1}$. Diese Vorgehensweise ist in Bild 29 dargestellt.

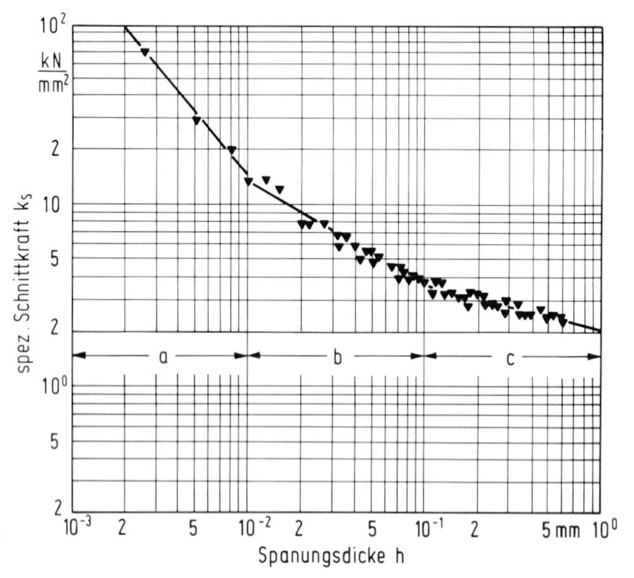


Bild 29. Spezifische Schnittkraft in Abhängigkeit von der Spanungsdicke beim Messerkopffräsen des Werkstoffs Ck 45 N (nach *Kamm* [21])
a $k_{s\,1.1/0,01} = 75$ N/mm², $1 - z_{0,01} = 0{,}15$, b $k_{s\,1.1/0,1} = 998$ N/mm², $1 - z_{0,1} = 0{,}44$, c $k_{s\,1.1/1} = 2100$ N/mm², $1 - z_1 = 0{,}764$

Das Zerspanverfahren Räumen wird nun überwiegend in den Bereich a hineinfallen, das Verfahren Drehen in den Bereich c. Das Zerspanverfahren Fräsen kann die Bereiche b und a oder auch c, b und a überdecken.
Für den Fall, daß Zerspankraftwerte über einen Bereich hinaus benötigt werden, können auch begrenzt Extrapolationen in einen anderen Bereich hinein durchgeführt werden, wenn man sich der hierbei auftretenden Fehlermöglichkeiten bewußt ist.
Der Vollständigkeit halber sei noch erwähnt, daß es auch möglich ist (z. B. zur Berechnung von Schnittkraftwerten bei adaptiven Systemen – ACC), den Gesamtbereich der Spanungsdicken statt durch drei Geradenstücke durch eine stetige Kurve zu überdecken, die dann den Schnittkraftberechnungen für alle drei Bereiche zugrundegelegt wird [21].
Die in diesem Abschnitt bevorzugte Darstellung $k_s = f(h)$ kann für betriebliche Belange dazu verwandt werden, Schnittkräfte ohne Benutzung einer Exponential-Formel (vgl. Gleichung 23) zu ermitteln. Für die Berechnung kann dann die Gleichung 21 herangezogen werden. Dabei muß nur darauf geachtet werden, daß dann für die aktuelle Spanungsdicke h in der genannten Gleichung auch der entsprechende Wert für die spezifische Schnittkraft $k_s$ aus Tabellenwerken entnommen wird [20 u. 22].

Tabelle 1. Spezifische Schnittkraft beim Drehen mit Hartmetall-Werkzeugen in Abhängigkeit von der Spanungsdicke für verschiedene Werkstoffe (nach *Victor* [20]), gültig für Schnittgeschwindigkeiten von 1,6 bis 2 m/s und folgende Schneidkeilgeometrie: $\alpha = 5°$, $\beta = 79°$, $\gamma = 6°$, $\varepsilon = 90°$, $\varkappa = 60°$, $\lambda = -4°$, $r = 1$ mm

| Werkstoff | $\sigma_B$ [N/mm²] | Spezifische Schnittkraft $k_s$ [N/mm²] bei einer Spanungsdicke h [mm] | | | | | | | | | | | | $k_{s\,1.1/1}$ | $1 - z_1$ |
|---|---|---|---|---|---|---|---|---|---|---|---|---|---|---|---|
| | bzw. Härte | 0,063 | 0,08 | 0,1 | 0,125 | 0,16 | 0,20 | 0,25 | 0,315 | 0,4 | 0,5 | 0,63 | 0,8 | h = 1mm | |
| St 34, St 37 | 340/370 | 2850 | 2730 | 2630 | 2540 | 2430 | 2340 | 2250 | 2170 | 2080 | 2000 | 1930 | 1850 | 1780 | 0,83 |
| St 50 | 520 | 4080 | 3840 | 3620 | 3430 | 3210 | 3020 | 2850 | 2690 | 2530 | 2380 | 2250 | 2110 | 1990 | 0,74 |
| St 60 | 620 | 3380 | 3240 | 3120 | 3000 | 2880 | 2770 | 2670 | 2570 | 2470 | 2370 | 2280 | 2190 | 2110 | 0,83 |
| St 70 | 720 | 5180 | 4820 | 4510 | 4220 | 3920 | 3660 | 3430 | 3200 | 2980 | 2780 | 2600 | 2420 | 2260 | 0,70 |
| Ck 45 | 670 | 3270 | 3160 | 3060 | 2970 | 2870 | 2780 | 2700 | 2610 | 2520 | 2450 | 2370 | 2290 | 2220 | 0,86 |
| Ck 60 | 770 | 3500 | 3360 | 3220 | 3100 | 2960 | 2850 | 2730 | 2620 | 2510 | 2410 | 2310 | 2220 | 2130 | 0,82 |
| 16 MnCr 5 | 770 | 4310 | 4050 | 3820 | 3610 | 3380 | 3190 | 3010 | 2840 | 2660 | 2510 | 2370 | 2230 | 2100 | 0.74 |
| 18 CrNi 6 | 630 | 5180 | 4820 | 4510 | 4220 | 3920 | 3660 | 3430 | 3200 | 2980 | 2780 | 2600 | 2420 | 2260 | 0,70 |
| 42 CrMo 4 | 730 | 5130 | 4820 | 4550 | 4290 | 4030 | 3800 | 3580 | 3380 | 3170 | 2990 | 2820 | 2650 | 2500 | 0,74 |
| 34 CrMo 4 | 800 | 4000 | 3810 | 3630 | 3470 | 3290 | 3140 | 3000 | 2850 | 2720 | 2590 | 2470 | 2350 | 2240 | 0,79 |
| 50 Cr V 4 | 600 | 4560 | 4280 | 4040 | 3810 | 3580 | 3370 | 3180 | 3000 | 2820 | 2660 | 2500 | 2350 | 2220 | 0,74 |
| EC Mo 80 | 590 | 3660 | 3520 | 3390 | 3260 | 3130 | 3010 | 2900 | 2790 | 2680 | 2580 | 2480 | 2380 | 2290 | 0,83 |
| 36 Mn 5 | 770 | 3050 | 2830 | 2660 | 2540 | 2350 | 2180 | 2050 | 1920 | 1830 | 1770 | 1740 | 1700 | 1680 | 0,72 |
| Meehanite M | 300 HB | 2550 | 2400 | 2260 | 2130 | 2000 | 1890 | 1780 | 1670 | 1580 | 1490 | 1400 | 1320 | 1240 | 0,74 |
| GG – 10 | 180 HB | 1070 | 1040 | 1010 | 980 | 950 | 920 | 900 | 870 | 840 | 820 | 800 | 770 | 750 | 0,87 |
| GG – 15 | 180 HB | 1700 | 1610 | 1540 | 1470 | 1400 | 1330 | 1270 | 1210 | 1150 | 1100 | 1050 | 1000 | 950 | 0,79 |
| GG – 20 | 220 HB | 2040 | 1920 | 1810 | 1720 | 1610 | 1530 | 1440 | 1360 | 1280 | 1210 | 1150 | 1080 | 1020 | 0,75 |
| GG – 25 | 220 HB | 2380 | 2240 | 2110 | 1990 | 1870 | 1760 | 1660 | 1570 | 1470 | 1390 | 1310 | 1230 | 1160 | 0,74 |
| Hartguß | 55 HRC | 3860 | 3690 | 3530 | 3390 | 3230 | 3100 | 2970 | 2850 | 2720 | 2600 | 2490 | 2390 | 2280 | 0,81 |
| 55 NiCrMoV 6 geglüht | 940 | 3380 | 3190 | 3020 | 2870 | 2700 | 2560 | 2430 | 2300 | 2170 | 2050 | 1940 | 1840 | 1740 | 0,76 |
| 55 NiCrMoV 6 vergütet | 352 HB | 3730 | 3520 | 3340 | 3160 | 2980 | 2830 | 2680 | 2530 | 2390 | 2270 | 2150 | 2030 | 1920 | 0,76 |

Aus den vorangegangenen Darstellungen ist ersichtlich, daß Zerspankraft-Berechnungen unter Verwendung von Werten ($k_{s\,1.1}$, $k_s$, z) anderer Zerspanverfahren nur bei Verfahren möglich sind, die dem gleichen Spanungsdickenbereich angehören (z.B. Vergleich zwischen Drehen und Hobeln, Drehen und Bohren o. ä.). Aber auch in solchen Fällen müssen weitergehende Unterschiede zwischen den einzelnen Verfahren (z.B. Spanwinkel, Schnittgeschwindigkeiten, Schneidstoff) beachtet und ggf. durch Korrektur-Werte berücksichtigt werden.
Beispielhaft für das Drehen zeigt Tabelle 1 für verschiedene Werkstoffe die Abhängigkeit der spezifischen Schnittkraft $k_s$ von der Spanungsdicke h. Die Konstanten $k_{s\,1.1}$ und $1 - z$ gehen aus den beiden letzten Spalten hervor.
Die Schnittkraft-Formel nach *Kienzle* (Gleichung 23) ist für die Anwendung in der Praxis konzipiert worden. Sie beinhaltet daher von den Einflußgrößen auf die Zerspankräfte nur die wichtigsten, nämlich Schnittiefe a, Vorschub s, Einstellwinkel $\varkappa$ und Werkstückstoff.
Berücksichtigt werden müßte jedoch noch der Einfluß der Schnittgeschwindigkeit v auf die Zerspankräfte. Dieser ist jedoch im Bereich der bei Hartmetallwerkzeugen üblichen Schnittgeschwindigkeiten von mehr als 80 m/min gering und bleibt ohne Einfluß bis hinauf zu Schnittgeschwindigkeiten von 7000 m/min [23].

Wesentlicher ist der Einfluß im Bereich der bei Werkzeugen aus Schnellarbeitsstahl verwendeten Schnittgeschwindigkeiten, in dem die Schnittkräfte gegenüber der Bearbeitung mit Hartmetallwerkzeugen stark ansteigen. Dieser Einfluß muß (falls Versuchswerte für Schnittkräfte aus dem Schnittgeschwindigkeitsbereich für Hartmetall im Schnittgeschwindigkeitsbereich für Schnellarbeitsstahl angewandt werden sollen) durch einen Zuschlagsfaktor zur ermittelten Schnittkraft berücksichtigt werden [24].

Von den Werkzeugwinkeln Freiwinkel $\alpha$, Spanwinkel $\gamma$ und Neigungswinkel $\lambda$ hat der Freiwinkel $\alpha$ im üblichen Anwendungsbereich keinen Einfluß auf die Zerspankräfte, der Neigungswinkel $\lambda$ nur in geringem Maß auf die Größe der Passivkraft $F_p$. Für die hier betrachtete Schnittkraft $F_s$ bedeutsam ist der Spanwinkel $\gamma$. Im allgemeinen wird bei Schnittkraftberechnungen angesetzt, daß eine Veränderung des Spanwinkels $\gamma$ je Grad Winkeländerung eine Änderung der Schnittkraft um 1 bis 2% (im Mittel 1,5%) bewirkt. Dies gilt nicht nur für das Drehen, sondern auch für das Fräsen [25]. Hierbei sollte keine Umrechnung erfolgen, wenn sie über mehr als eine Spanwinkeldifferenz von $\Delta\gamma = 10°$ erforderlich wird.
Im Rahmen von Schnittkraft-Versuchsreihen an Forschungsstellen wird man sich bemühen, die Zahl der Einflußgrößen so gering wie möglich zu halten. Deshalb wird im allgemeinen der Werkstoffeinfluß dadurch nahezu eliminiert, daß während einer Versuchsreihe nur Werkstoff einer einzigen, meist sehr genau überwachten Charge verarbeitet wird. Im Industriebetrieb müssen jedoch häufig nacheinander Werkstoffe gleicher Normbezeichnungen verschiedener Chargen verarbeitet werden, die durchaus in ihrem Verhalten bezüglich der auftretenden Schnittkräfte Streuungen aufweisen können, die über die beim Versuchssteller ermittelten Werte hinausgehen. Im allgemeinen wird dieser Tatsache bei der Ermittlung der Werte $k_s = f(h)$ durch die Versuchsstellen Rechnung getragen [20].
Aus den gesamten Betrachtungen nicht herausgenommen werden kann der Einfluß des Verschleißes auf die Schnittkraft. Im allgemeinen wird man sich bei Versuchen bemühen, den Verschleißzustand des Werkzeugs nahezu gleich zu halten und die Versuche im Bereich der „Arbeitsschärfe" des Werkzeugs durchführen. Als „Arbeitsschärfe" versteht man den Zustand des Werkzeugs, von dem ab der Verschleiß über der Zeit oder

über der Einsatzlänge nahezu linear verläuft (Bild 30). Kurz vor Beendigung der Standzeit des Werkzeugs steigt der Verschleiß überproportional an.

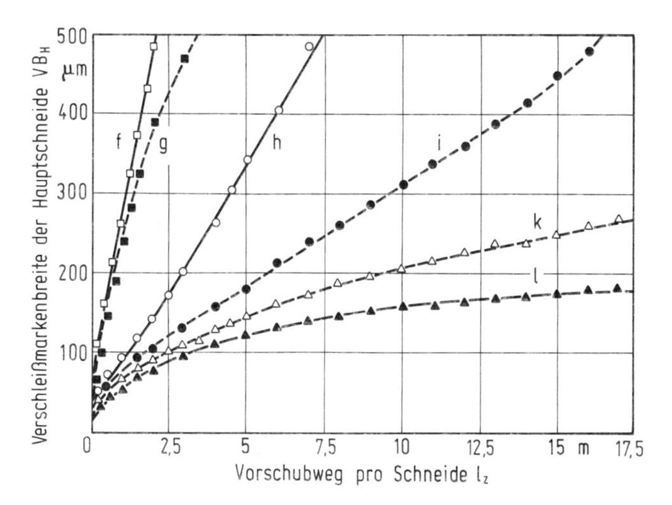


Bild 30. Freiflächenverschleiß der Hauptschneide beim Messerkopffräsen (nach *Kamm* [21])
Werkstoff: Ck 45N; Schneidstoff: Hartmetall P 25; a = 2 mm, D = 125 mm, e = 95 mm, $\varphi$ = 0 bis 121°,
Schneidkeilgeometrie: $\alpha = 6°$, $\gamma = -6°$, $\varepsilon = 90°$, $\varkappa = 75°$, $\lambda = -6°$
f $v = 3{,}15$ m/s, $s_z = 0{,}4$ mm; g $v = 3{,}15$ m/s, $s_z = 0{,}25$ mm; h $v = 2{,}0$ m/s, $s_z = 0{,}4$ mm; i $v = 2{,}0$ m/s, $s_z = 0{,}25$ mm; k $v = 1{,}25$ m/s, $s_z = 0{,}25$ mm; l $v = 1{,}25$ m/s, $s_z = 0{,}4$ mm

Im praktischen Einsatz durchläuft das Werkzeug sämtliche Verschleißbereiche, bis es nach Überschreiten eines gewissen Standmerkmals (Verschleißgröße des Werkzeugs, Oberflächengüte am Werkstück, Überschreiten der Werkstücktoleranz, Rattern u.a.) aus dem Schnitt genommen werden muß.
Die Schnittkrafterhöhungen vom arbeitsscharfen Werkzeug bis zum Ende der Standzeit können erhebliche Werte annehmen. Allgemein gültige Angaben hierüber sind jedoch nicht zu machen, hier ist das Schrifttum heranzuziehen [26 bis 29].
Der Einstellwinkel $\varkappa$ wurde bereits bei der Umrechnung der „Schnittgrößen" in „Spanungsgrößen" berücksichtigt. Zusätzlich ist er auch sehr bedeutsam für das Verhältnis der Zerspankraft-Komponenten $F_s$, $F_v$ und $F_p$.
Für den Fall $\varkappa = 90°$ (Einstech-Drehen) wird die in Achsrichtung des Werkstücks liegende Passivkraft $F_p$ nahezu Null; im System wirksam sind lediglich die beiden Zerspankraft-Komponenten $F_s$ und $F_v$.
Ebenso ist beim Längsdrehen mit einem Einstellwinkel $\varkappa = 90°$ (und unter der Voraussetzung, daß der Neigungswinkel $\lambda = 0°$ ist) die Zerspankraft-Komponente $F_p$ nahezu Null; wirksam sind nur $F_s$ und $F_v$. Von dieser Möglichkeit der Beeinflussung der Zerspankraft-Komponenten durch Änderung des Einstellwinkels $\varkappa$ macht man z.B. bei der Bearbeitung dünner, schlanker Wellen Gebrauch. Diese werden dann zur Vermeidung der Zerspankraft-Komponente $F_p$ und der durch sie bewirkten Durchbiegung der Welle durch ein Werkzeug mit einem möglichst großen Einstellwinkel bearbeitet.

### 2.4.1.3 Messung der Zerspankraftkomponenten

Die von *F. W. Taylor* um die Jahrhundertwende vorgenommenen Schnittkraftmessungen erfolgten auf indirektem Wege. Bei einer Reihe von Versuchen unter wechselnden Zerspanbedingungen beobachtete er die Stromaufnahme des Antriebsmotors der Werkzeugmaschine und notierte diese. In einem darauffolgenden Arbeitsgang installierte er ein Brems-Dynamometer an der Maschine (z.B. *Prony*scher Zaum) und verstellte dessen Bremswirkung so lange, bis wiederum der Strommesser den gleichen Wert zeigte wie während der Versuchsdurchführung. Aus den Einstellwerten des Brems-Dynamometers konnte *Taylor* dann auf die während der Zerspanung auftretenden Schnittkräfte $F_s$ zurückschließen.

Diese Messungen waren nicht ganz korrekt, da hierbei die Motor- und Getriebewirkungsgrade, Lagerreibung u.a. unter den verschiedenen Belastungen nicht berücksichtigt werden konnten.

Bei der Messung der Zerspankräfte liegt im allgemeinen die Aufgabe vor, eine oder mehrere Komponenten der Zerspankraft zu ermitteln. Hierfür verwandte Schnittkraftmesser müssen zur Vermeidung von Fehlern und von Fremdeinflüssen eine hohe statische Steifigkeit, hohe Eigenfrequenz sowie geringe Temperaturempfindlichkeit und geringe Beeinflussung der einzelnen Komponenten untereinander besitzen.

In den letzten Jahrzehnten wurden zahlreiche, für spezielle Aufgaben geeignete Schnittkraftmesser unter Verwendung von Dehnungsmeßstreifen, induktiven, kapazitiven oder sogar pneumatischen Meßelementen gebaut, welche die genannten Forderungen auch erfüllten. Die wenigsten dieser Geräte haben aber über die spezielle Versuchsanordnung hinaus, für die sie konzipiert wurden, Bedeutung erhalten und sind kommerziell vertrieben worden.

Zur Zeit werden in Schnittkraftmessern häufig piezoelektrische Meßelemente eingesetzt, und zwar sowohl für die Ein-Komponenten- als auch für die Mehr-Komponenten-Messung. Ihre Problematik liegt darin begründet, daß die Piezo-Quarze aufgrund des unvermeidlichen Ladungsverlustes nach dem Aufbringen der Belastung nicht für Schnittkraft-Dauermessungen verwandt werden können. Abgesehen von dieser Einschränkung erfüllen sie jedoch voll und ganz die oben angegebenen Bedingungen.

Die auf der Basis der Piezo-Quarz-Meßelemente aufgebauten Schnittkraft-Meßplattformen (Bild 31) können (geeignete Versuchsdurchführung vorausgesetzt) nahezu für alle Zerspanverfahren (Ein- wie auch Mehr-Komponenten-Messung) angewandt werden. Diese Schnittkraft-Meßplattformen können werkzeugtragend (Drehen) oder auch werkstücktragend (Bohren, Hobeln, Fräsen, Räumen) eingesetzt werden.

Bild 31. Dreikomponenten-Zerspankraft-Meßplattform (Kistler AG, Winterthur/Schweiz) im Einsatz an einer Drehmaschine

Die in Bild 32 dargestellte Zweikomponenten-Bohrmeßnabe (System *Pahlitzsch-Spur*[1] [30]) dient zum gleichzeitigen Messen der Vorschubkraft und des Drehmoments beim Bohren, Reiben, Senken und ähnlichen Fertigungsverfahren. Im Gegensatz zu Bohrmeßtischen werden die Schnittkräfte hier nicht am ruhenden Werkstück, sondern am kreisenden Werkzeug gemessen.

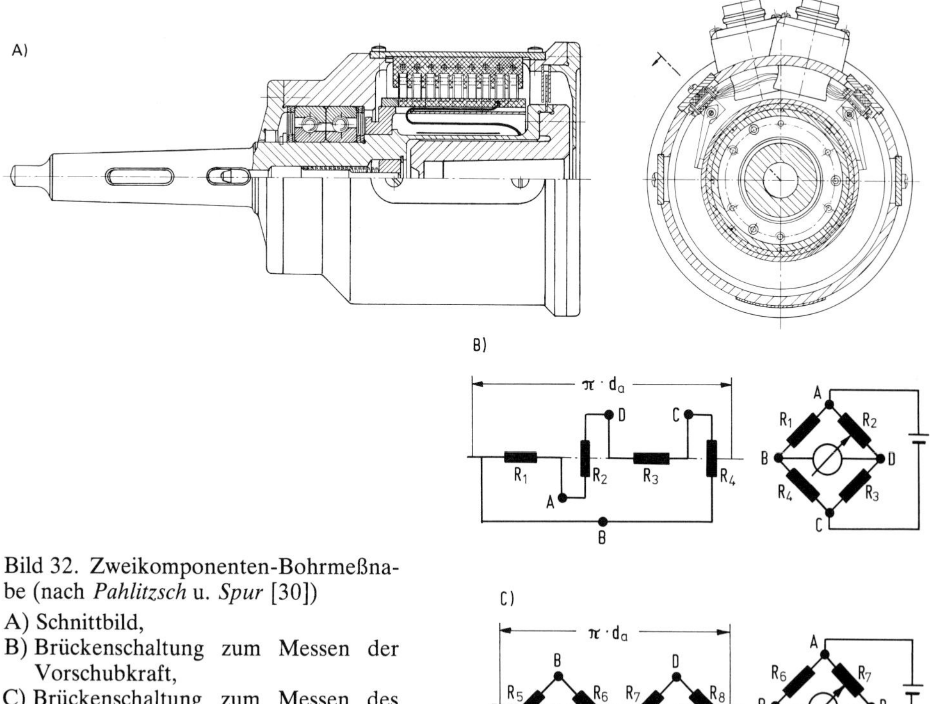


Bild 32. Zweikomponenten-Bohrmeßnabe (nach *Pahlitzsch* u. *Spur* [30])

A) Schnittbild,

B) Brückenschaltung zum Messen der Vorschubkraft,

C) Brückenschaltung zum Messen des Drehmoments

## 2.4.1.4. Datenbank für Zerspankraft-Kenngrößen

Die ersten überbetrieblich genutzten Datensammlungen waren Richtwert-Tabellen, wie z.B. das bekannte Blatt AWF 158. Diese Richtwert-Tabellen oder auch Datenempfehlungen der Werkzeug- oder Werkstoff-Hersteller haben den Nachteil, daß einerseits die Zahl der Daten begrenzt ist und daß diese andererseits nicht auf jeden Einzelfall zugeschnitten werden können. Damit werden Analogieschlüsse mit allen anhaftenden Ungenauigkeiten erforderlich.

Die Einführung der EDV in den Betriebsbereich erlaubte es, auch größere Datenmengen aus dem Bereich der Zerspanung systematisch zu erfassen, zu verwalten und auszugeben. Die in „Datenbanken" gesammelten Einzelwerte müssen sehr sorgfältig erarbeitet und insbesondere in ihren Einzelheiten vollständig sein, damit sie dann in geeigneter Form wieder als Richtwert-Tabellen oder auf gezielte Anfragen hin ausgegeben werden können.

[1] DBP 1122742 (1962) *G. Pahlitzsch* u. *G. Spur*.

Eine für die Sammlung und Ausgabe von Zerspanwerten zuständige Datenbank in Deutschland ist z.B. das „Informationszentrum für Schnittwerte“ (INFOS) in Aachen. Das INFOS wird von einem Arbeitskreis getragen, dem z.Z. 49 Firmen bzw. Firmengruppen angehören. Diese Firmen verpflichten sich, in regelmäßigen Zeitabständen Zerspandaten zum Aufbau und zur stetigen Datenergänzung zur Verfügung zu stellen. Ein Datenbestand von 705 Erfassungen beim Drehen, 127 Erfassungen beim Bohren und 103 Erfassungen beim Fräsen ist vorhanden. Hierbei enthält jede Erfassung eine durchschnittliche Datenmenge von 1100 Werten.
Zur Zeit beschränkt sich der Informationsdienst von INFOS ausschließlich auf die INFOS-Arbeitskreis-Mitglieder, die in gewissen Zeitabschnitten (ein- bis zweimal jährlich) im Rahmen des aktiven Informationsdienstes Zerspandaten in Form von Richtwert-Tabellen erhalten oder auch direkte Anfragen an das Zentrum richten können.
Die Bedeutung einer derartigen Datenbank ist nicht hoch genug einzuschätzen, gibt sie doch die Möglichkeit, sowohl innerbetriebliche Erfahrungen durch einen größeren Anwenderkreis testen zu lassen als auch ggf. Werte für im eigenen Betrieb noch nicht durchgeführte Zerspanungsvorgänge zu erhalten.

## 2.4.2 Thermische Beanspruchung

### 2.4.2.1 Energieumwandlungsstellen und Aufteilung der Zerspanarbeit

Die für die Zerspanung aufgewendete mechanische Energie wird fast vollständig in Wärmeenergie umgewandelt. Da die Wärmezentren mit den Verformungszentren identisch sind, kommen als Wärmequellen die Scherzone und die Reibzonen am Werkzeug in Betracht. Der Verformungsgrad in der Fließzone an der Spanunterseite ist wesentlich höher als in der Scherzone, so daß zwischen Span und Werkzeug die höchsten Temperaturen zu erwarten sind. Die Dicke der Fließzone ist jedoch im Vergleich zur Scherzone sehr gering; deshalb sind die höheren Temperaturen nicht auch einem höheren Energieumsatz gleichzusetzen [31 u. 32].
Bild 33 bietet einen Überblick über die Aufteilung der Gesamtzerspanarbeit in Scher-, Trenn- und Reibungsarbeit über der Spanungsdicke.

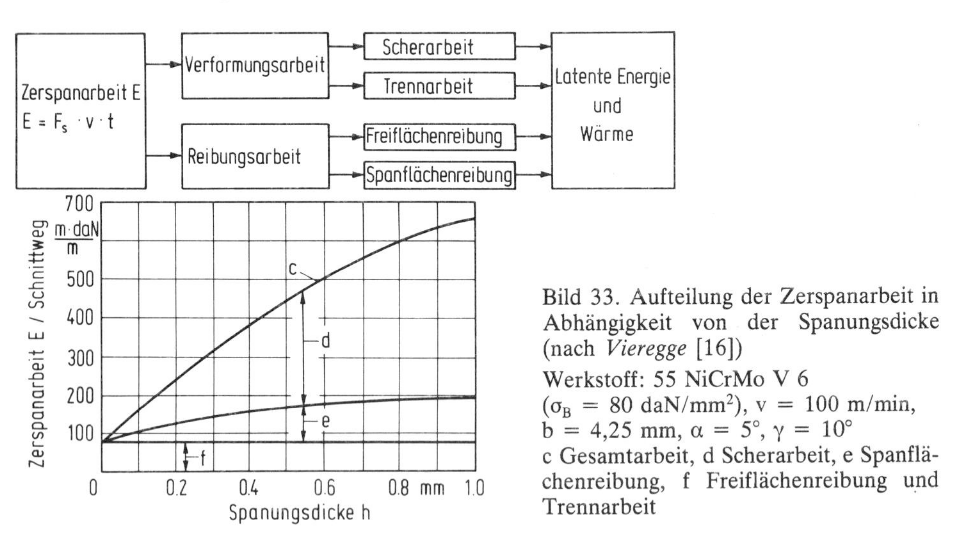


Bild 33. Aufteilung der Zerspanarbeit in Abhängigkeit von der Spanungsdicke (nach *Vieregge* [16])
Werkstoff: 55 NiCrMo V 6
($\sigma_B$ = 80 daN/mm$^2$), v = 100 m/min, b = 4,25 mm, $\alpha$ = 5°, $\gamma$ = 10°
c Gesamtarbeit, d Scherarbeit, e Spanflächenreibung, f Freiflächenreibung und Trennarbeit

#### 2.4.2.2 Wärme- und Temperaturverteilung in Werkstück, Span und Werkzeug

Die Darstellung in Bild 34 links gibt Aufschluß über die Wärmemengen, die von Werkstück, Span und Werkzeug aufgenommen bzw. abgeführt werden. Der größte Teil der Wärme wird vom Span abgeführt. Der Hauptanteil der mechanischen Energie (in diesem Fall 75% und im allgemeinen mehr als 50%) wird in der Scherzone umgesetzt. Die in den einzelnen Entstehungsstellen anfallenden Wärmemengen werden durch Wärmeleitung, Strahlung und Konvektion an die Umgebung abgeführt. Als Folge dieser Wärmebilanz bilden sich im Werkstück und Werkzeug entsprechende Temperaturfelder aus, die sich so lange verändern, bis ein Gleichgewicht zwischen zu- und abgeführten Wärmemengen erreicht ist. Ein solches Temperaturfeld zeigt Bild 34 rechts.

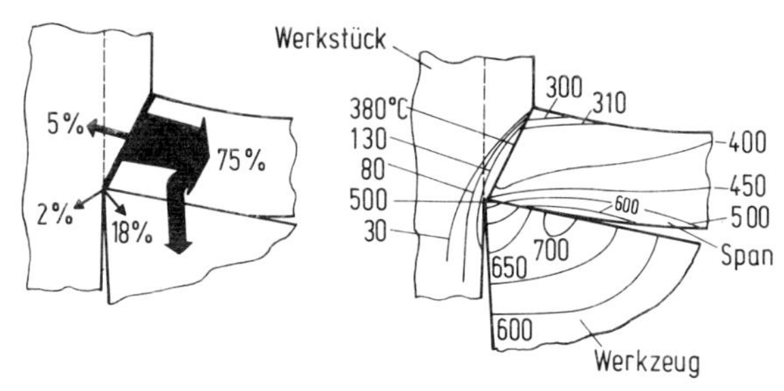


Bild 34. Wärme- und Temperaturverteilung im Werkstück, Span und Werkzeug (nach *Kronenberg* [4] u. *Vieregge* [16])

Werkstoff: Stahl ($k_f$ = 850 N/mm²), Schneidstoff: Hartmetall P 20, v = 60 m/min, h = 0,32 mm, $\gamma$ = 10°

Einen Überblick über die Größenordnung der zu erwartenden mittleren Temperaturen auf der Spanfläche über der Schnittgeschwindigkeit für verschiedene Schneidstoffe gibt Bild 35. Im Gebiet der Aufbauschneidenbildung ist der Temperaturverlauf im doppelt-

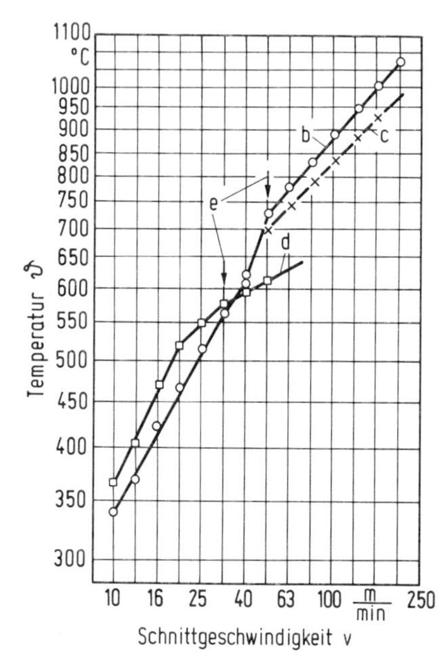


Bild 35. Mittlere Spanflächentemperaturen (Einmeißelverfahren)

Werkstoff: Ck 53N; Schneidkeilgeometrie: $\alpha = 6°, \gamma = 6°, \varepsilon = 84°, \varkappa = 70°, \lambda = 0°$, r = 0,8 mm; Spanungsquerschnitt a · s = 3 · 0,25 mm²; Schnittzeit t = 15 s

b Hartmetall P 10, c Hartmetall P 30,
d Schnellarbeitsstahl S 12–1–4–5,
e Ende der Aufbauschneidenbildung

logarithmischen Koordinatensystem nicht linear. Die Erwärmung des Systems Werkzeug und Werkstück erfolgt in diesem Fall durch Wärmeleitung über die Aufbauschneide. Da Teile der Aufbauschneide regelmäßig oder unregelmäßig abwandern oder aber sich die Aufbauschneide ganz ablöst, ist sowohl mit tieferen Temperaturen als auch mit Temperaturschwankungen zu rechnen.
Zur Messung der am Schneidkeil durch den Zerspanprozeß auftretenden Temperaturen sind verschiedene Meßverfahren entwickelt worden. Von den in Bild 36 erwähnten Verfahren sind die Ein- und Zweimeißelmethode [2, 3 u. 33 bis 36], der Einbau eines vollständigen Thermoelements [37] und die Strahlungsmessung [38 bis 40] von Bedeutung. Alle anderen Verfahren werden aufgrund erheblicher Nachteile nicht mehr eingesetzt.

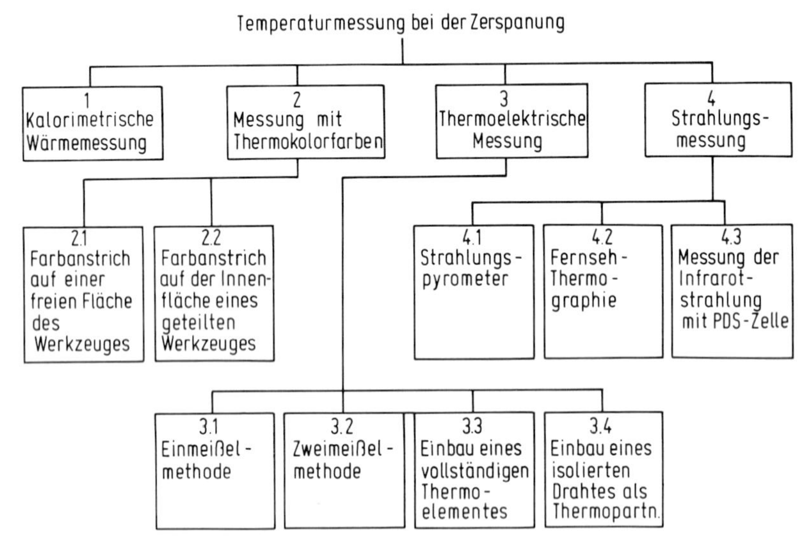


Bild 36. Verfahren zur Temperaturmessung beim Zerspanungsvorgang

# 2.5 Verschleiß am Schneidkeil

## 2.5.1 Verschleißformen und -meßgrößen

Während des Zerspanvorgangs treten am Schneidkeil Verschleißerscheinungen auf, die sich je nach Belastungsart und -dauer unterschiedlich stark ausbilden. Bild 37 zeigt hauptsächlich am Drehwerkzeug vorkommende Verschleißformen. Der Schneidkeil verschleißt auf der Spanfläche (Kolkverschleiß) und auf der Freifläche (Verschleißmarkenbreite); der Oxydationsverschleiß an der Nebenfreifläche hat nur zweitrangige Bedeutung. In der Praxis werden die beiden zuerst genannten Verschleißformen als Standkriterium verwendet.
Die Verschleißmeßgrößen sind schematisch in Bild 37 B und C dargestellt. Im einzelnen unterscheidet man die *Verschleißmarkenbreite VB* in mm (Bild 37 B), die auf der Freifläche des Schneidwerkzeuges gemessen wird, und das *Kolkverhältnis K* (Bild 37 C) das aus dem Quotienten der Kolktiefe KT und des Kolkmittenabstands KM bestimmt wird.

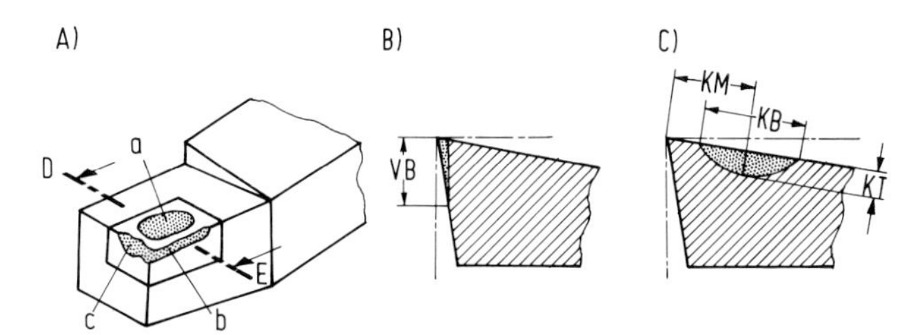


Bild 37. Schema der Verschleißformen und -meßgrößen am Schneidkeil
A) Verschleißformen (a Kolkverschleiß an der Spanfläche, b Freiflächenverschleiß an der Freifläche, c Oxydationsverschleiß an der Nebenfreifläche), B) Freiflächenverschleiß VB im Schnitt D–E, C) Kolkverschleiß im Schnitt D–E (KM Kolkmittenabstand, KB Kolkbreite, KT Kolktiefe, Kolkverhältnis K = KT/KM)

## 2.5.2 Verschleißursachen

Die Reibungsvorgänge in den Kontaktzonen der Werkzeuge sind mit denen der trockenen Reibung im Vakuum vergleichbar. Zusammen mit außerordentlich hohen mechanischen und thermischen Beanspruchungen ergibt sich in der Regel eine schnelle Abnutzung des Werkzeugs [7, 10, 41 u. 42].

Nach dem heutigen Stand der Erkenntnisse kann man für den Sammelbegriff „Verschleiß" folgende Einzelursachen angeben (Bild 38):

- Beschädigung der Schneidkante infolge mechanischer und thermischer Überbeanspruchung,
- Adhäsion (Abscheren von Preßschweißstellen),
- Diffusion,
- mechanischer Abrieb,
- Verzunderung.

Die Vorgänge überlagern sich in weiten Bereichen und sind sowohl in ihrer Ursache als auch in ihrer Auswirkung auf den Verschleiß nur zum Teil voneinander zu trennen [43 bis 46].

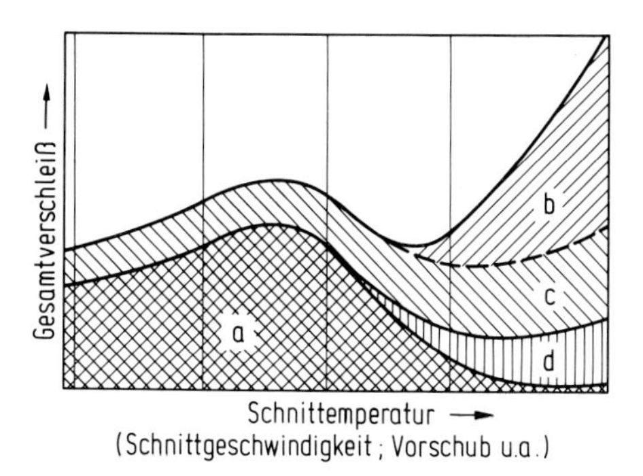


Bild 38. Verschleißursachen bei der Zerspanung (nach *Vieregge* [16])
a Abscheren von Preßschweißteilchen, b Diffusionsvorgänge, c mechanischer Abrieb (plastische Verformung), d Verzunderung

### 2.5.2.1 Beschädigung der Schneidkante

Beschädigungen der Schneidkante, wie Ausbrüche, Querrisse, Kammrisse oder plastische Verformungen, treten bei mechanischer oder thermischer Überbeanspruchung auf.

*Ausbrüche*

Große Schnittkräfte führen leicht zu Schneidkanten- oder Eckenausbrüchen, wenn die Keil- oder Eckenwinkel des Werkzeugs zu klein sind oder ein zu spröder Schneidstoff benutzt wird. Bei derartigen Ausbrüchen ist der Verlauf der Bruchfläche durch die Schnittkraftrichtung bestimmt [29].
Auch Schnittunterbrechungen können Ausbrüche hervorrufen, vor allem bei der Bearbeitung zäher Stoffe, deren Späne kleben.
Kleine Ausbrüche treten auf, wenn die Werkstücke harte, nichtmetallische Einschlüsse enthalten, die bei der Desoxydation des Stahls entstehen [47 bis 49]. Gegen diese Art örtlicher Überbeanspruchung sind die Sinteroxide und verschleißfesteren Hartmetallsorten [50 bis 53] empfindlich, insbesondere bei Verfahren mit relativ kleinen Spanungsquerschnitten (z.B. Reiben oder Schaben).

*Querrisse*

Bei unterbrochenem Schnitt (z.B. Fräsen) unterliegt die Schneide einer starken Wechselbeanspruchung. Diese dynamische Druckschwellbelastung kann zum Dauerbruch führen.
Ein kurzzeitig aufeinanderfolgender Schnittkraftwechsel führt vor allem beim Fräsen mit Hartmetallwerkzeugen zu sogenannten Querrissen (Bild 39).
Die schnell wechselnde Beanspruchung bei Lamellenspanbildung kann bei Überschreiten einer kritischen Lastspielzahl ebenfalls zur Bildung von Querrissen führen [55 u. 56].

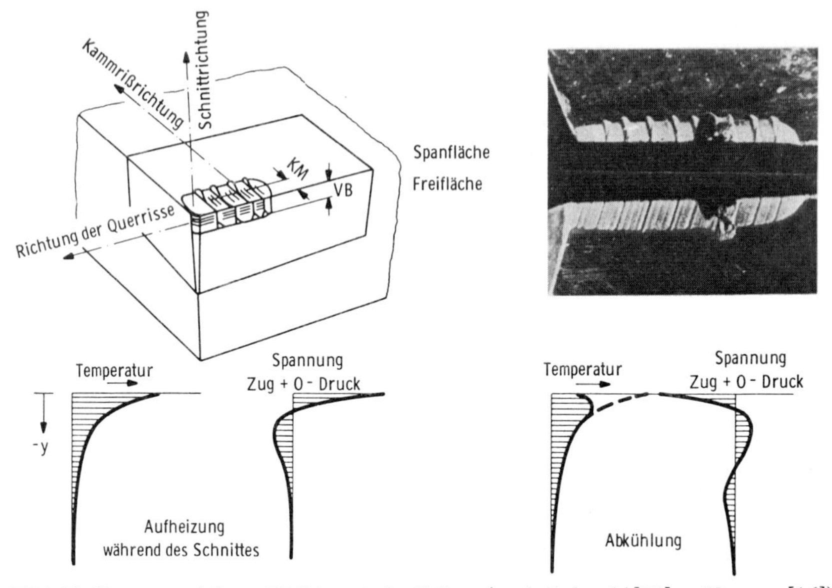


Bild 39. Kamm- und Querrißbildung beim Fräsen (nach *Lehwald* [54] u. *Vieregge* [16])

*Kammrisse*

Beschädigungen der Schneiden infolge thermischer Beanspruchung entstehen beim unterbrochenen Schnitt, bei dem die kurzzeitig aufeinanderfolgenden Temperaturwechsel zu sogenannten Kammrissen führen. Der Verlauf der Kammrisse deckt sich mit dem Verlauf der Isothermen des Temperaturfeldes im Schneidkeil (Bild 39).

Beim Fräsen wird die Schneide in periodischem Wechsel während des Schnitts auf hohe Temperaturen erhitzt und anschließend an Luft gekühlt [57].
Die Zugspannungen in der Oberflächenschicht können die infolge der Temperatur niedrige Fließgrenze überschreiten, so daß plastische Verformungen auftreten.

*Plastische Verformung*

Plastisch verformt wird die Schneidkante, wenn der Schneidstoff einen zu geringen Verformungswiderstand, aber eine ausreichende Zähigkeit besitzt. Dies kann der Fall sein bei nicht voll ausgehärteten Werkzeugstählen, bei Hartmetall mit hohem Bindemittelanteil oder wenn die Temperatur der Schneide so hoch wird, daß der Schneidstoff erweicht. Bei Bearbeitung mit Schnellarbeitsstahl [42 u. 58] kann die Temperatur über die Anlaßtemperatur des Schneidstoffs ansteigen, so daß Blankbremsung eintritt.

#### 2.5.2.2 Mechanischer Abrieb

Als Abrieb werden Schneidstoffteilchen bezeichnet, die sich unter dem Einfluß äußerer Kräfte lösen. Der Abrieb wird hauptsächlich durch harte Teile im Werkstoff, wie Karbide und Oxide, verursacht.

#### 2.5.2.3 Adhäsion

Der Verschleiß durch Preßschweißungen entsteht dadurch, daß sich unter der Wirkung freier Kraftfelder bei genügend angenäherten oxidfreien Oberflächen Verschweißungen bilden, die wieder getrennt werden, wobei die Scherstelle im Schneidstoff liegen kann. Die Festigkeit der Schweißverbindungen ist um so höher, je größer die Verformungen sind.
Während der Spanbildung werden diejenigen Werkstoffschichten, die nach der Trennung die Grenzschicht zwischen der Spanfläche und der Spanunterseite bilden, plastisch stark verformt. Der Werkstoff und insbesondere die frisch entstandenen Oberflächen befinden sich deshalb in einem durch Erwärmung, Verformung und Trennung äußerst aktivierten Zustand. Unter diesen Umständen muß immer damit gerechnet werden, daß bei der Zerspanung Preßschweißungen auftreten.
Erhöhter Verschleiß durch Preßschweißungen wird beobachtet bei rauhen Werkzeugoberflächen, intermittierendem Kontakt zwischen Werkstoff und Werkzeug sowie bei Störungen im Materialfluß über die Werkzeugoberflächen.
Der Verschleiß durch Mikroausbröckelungen infolge von Preßschweißungen wird besonders stark beeinflußt durch Störungen im Materialfluß über die Werkzeugoberflächen. Dieser Verschleißanteil ist größer bei niedrigen Schnittgeschwindigkeiten, bei denen eine intensive Aufbauschneidenbildung auftritt [57 u. 59].
Aufbauschneiden sind hochverfestigte Schichten des zerspanten Werkstoffs. Je nach Schnittbedingungen gleiten Aufbauschneiden-Teilchen periodisch zwischen Freifläche und Schnittfläche ab, führen somit zu einem erhöhten Freiflächenverschleiß und verschlechtern erheblich die Oberflächengüte [60] des Werkstücks (Bilder 40 und 41). Der Kolkverschleiß ist, da der Span über die Aufbauschneide und nicht über die Spanfläche abgleitet, meist vernachlässigbar klein.
In Bild 42 ist eine Verschleiß-Schnittgeschwindigkeitsfunktion (VB-v-Kurve) dargestellt. Danach steigt der Freiflächenverschleiß mit der Schnittgeschwindigkeit nicht kontinuierlich an, sondern weist mindestens zwei ausgeprägte Extremwerte auf [59]. Der Verschleiß erreicht zunächst ein Maximum bei der Schnittgeschwindigkeit, bei der die Aufbauschneiden ihre größten Abmessungen aufweisen. Ein Verschleißminimum tritt bei der Schnittgeschwindigkeit auf, bei der keine Aufbauschneide mehr entsteht.

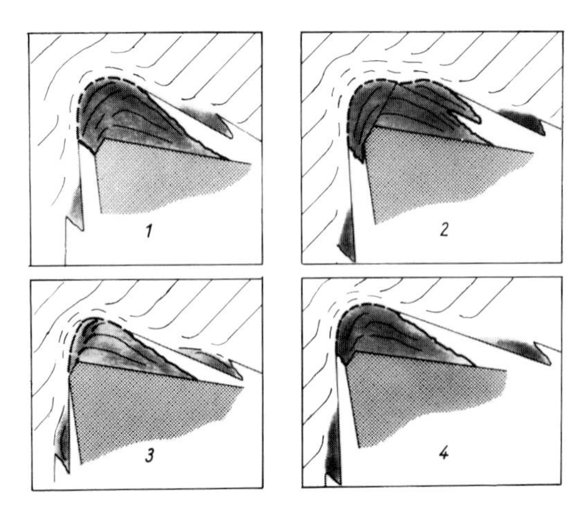


Bild 40. Schema der periodischen Aufbauschneidenbildung

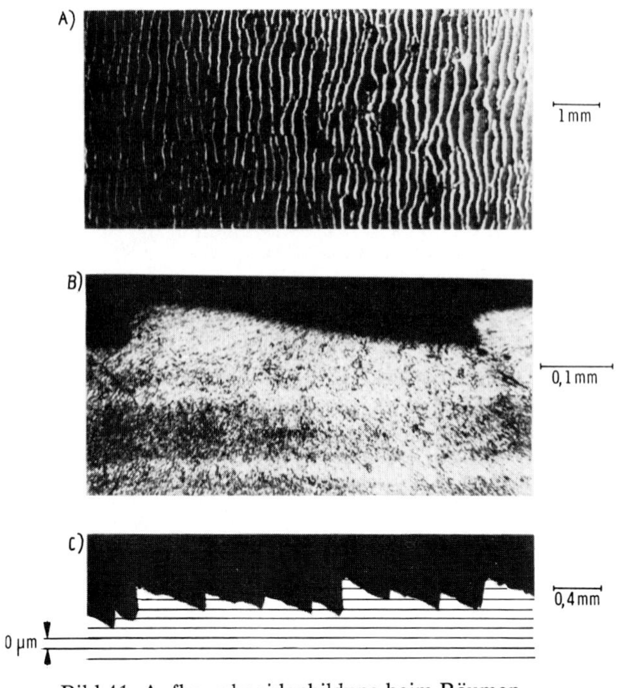


Bild 41. Aufbauschneidenbildung beim Räumen
A) geräumte Oberfläche (Trockenschnitt), B) Mikroschliff senkrecht zur Oberfläche, C) Oberflächenprofil in Längsrichtung

Der nach Überschreiten des Maximums geringer werdende Freiflächenverschleiß ist darauf zurückzuführen, daß infolge von Rekristallisations- bzw. Umkristallisationsvorgängen die Verfestigung der Aufbauschneide abgebaut wird. Sie wird instabil und wandert nicht mehr teilweise zwischen Schnittfläche und Freifläche, sondern insgesamt über die Spanfläche ab.

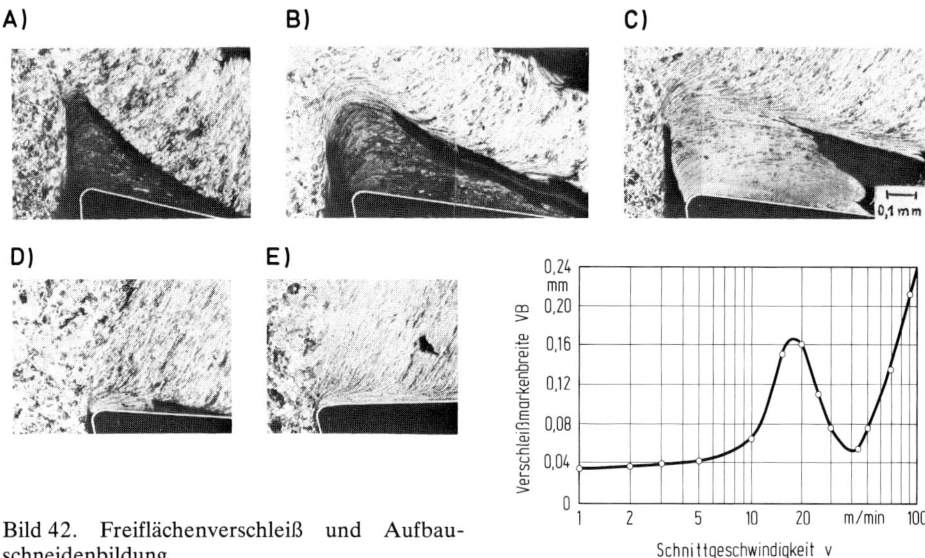


Bild 42. Freiflächenverschleiß und Aufbauschneidenbildung

Werkstoff: Ck 53 N; Schneidstoff: Hartmetall P 30; Spanungsquerschnitt $a \cdot s = 2 \cdot 0{,}315\ mm^2$; Schneidkeilgeometrie: $\alpha = 8°$, $\gamma = 10°$, $\varepsilon = 90°$, $\varkappa = 60°$, $\lambda = -4°$, $r = 1$ mm; Schnittzeit $t = 30$ min

A) v = 2 m/min, B) v = 10 m/min, C) v = 20 m/min, D) v = 30 m/min, E) v = 40 m/min

Die Lage der Maxima und Minima der VB-v-Kurve ist temperaturabhängig. Sie wird durch jegliche Maßnahmen zur Erhöhung der Schnittemperatur (z.B. höheren Vorschub, größeren Spanwinkel, höhere Werkstoffestigkeit) zu niedrigeren Schnittgeschwindigkeiten verschoben. Maßnahmen zur Herabsetzung der Schnittemperatur (z.B. Kühlung) verschieben die Extremwerte demgemäß zu höheren Schnittgeschwindigkeiten [61 u. 62].

### 2.5.2.4 Diffusion

Bei den warmverschleißfesten Hartmetallwerkzeugen muß bei hohen Schnittgeschwindigkeiten und gegenseitiger Löslichkeit der Partner mit Diffusionsverschleiß gerechnet werden. Werkzeugstahl und Schnellarbeitsstahl erweichen schon bei Temperaturen, bei denen Diffusion kaum in Erscheinung treten kann (z.B. etwa 600°C für Schnellarbeitsstahl).
Zur Unterdrückung der Diffusionsreaktion werden Hartmetallen reaktionsträge Komponenten (z.B. Titankarbid) zugegeben [63].

### 2.5.2.5 Verzunderung

Betrachtet man ein Werkzeug nach dem Schnitt, so sind vielfach in Nähe der Kontaktzone Anlauffarben zu erkennen, die auf eine Verzunderung (Oxydationsvorgang) des Schneidstoffs hindeuten. Die Verzunderung ist je nach Schneidstofflegierung und Schneidentemperatur von unterschiedlicher Bedeutung (Bild 43). Hartmetall beginnt bereits bei 700 bis 800°C zu zundern, wobei Hartmetalle aus reinem Wolframkarbid und Kobalt stärker oxydieren als solche mit Zusätzen von Titankarbid oder anderen Karbiden [64].

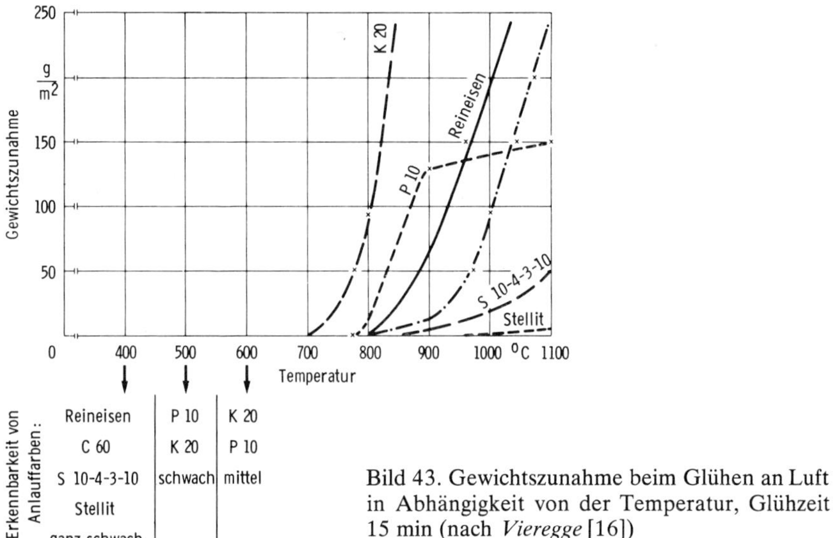


Bild 43. Gewichtszunahme beim Glühen an Luft in Abhängigkeit von der Temperatur, Glühzeit 15 min (nach *Vieregge* [16])

Für Werkzeugstähle und Schnellarbeitsstähle ist eine Verzunderung praktisch ohne Bedeutung, da ihre Warmfestigkeit überschritten wird, bevor die Oberflächen stärker oxydieren.
Der zerstörende Einfluß der Oxydation auf das Hartmetallgefüge kann besonders deutlich an der Nebenschneide beobachtet werden. Es bildet sich ein komplexes Wolfram-Kobalt-Eisen-Oxid, das sich infolge seines gegenüber dem Hartmetall größeren Molvolumens warzenartig ausbildet und zum Ausbruch der Schneidenecke führen kann [29].

# 2.6 Standzeit

Bei der Beurteilung der Zerspanbarkeit eines Werkstoffs und der Schneidhaltigkeit eines Schneidstoffs werden vier Hauptbewertungsgrößen unterschieden, und zwar die Standzeit des verwendeten Werkzeugs [65 u. 66], die Zerspankraft nach Entwurf DIN 6584, die Oberflächenrauheit des hergestellten Werkstücks nach DIN 4760 und die Spanentstehung sowie Form und Größe der Späne nach Stahl-Eisen-Prüfblatt 1178–69.
Zur Kennzeichnung der Zerspanbarkeit sind meist mehrere der genannten Bewertungsgrößen heranzuziehen. Im allgemeinen hat aber die Standzeit eines Werkzeugs die größte Bedeutung.
Die Standzeit T ist die Zeit in min, während der ein Werkzeug vom Anschliff bis zum Unbrauchbarwerden aufgrund eines vorgegebenen Standkriteriums unter bestimmten Zerspanbedingungen Zerspanarbeit leistet.
In Abhängigkeit vom Fertigungsverfahren werden neben der Standzeit zur Beurteilung des Standvermögens des Werkzeugs auch andere Standgrößen, wie Standweg, Standmenge, Standfläche oder Standvolumen, herangezogen.
Der Standweg L ist der Weg, den ein Werkzeug oder eine Schneide bis zum Erreichen des gewählten Standkriteriums schneidend zurücklegen kann (z. B. Bohren). Auf die Bewegungen bezogen, ist zwischen Wirk-, Schnitt- und Vorschubstandweg zu unterscheiden.

Die Standmenge N ist die Anzahl von Werkstücken oder Arbeitsvorgängen, die ein Werkzeug oder eine Schneide bis zum Erreichen des gewählten Standkriteriums bearbeiten kann (z. B. Räumen).

## 2.6.1 Zerspanversuche zur Ermittlung der Standzeit

Langzeitversuche werden durchgeführt, um genaue Standzeitwerte für in der Praxis übliche Schnittbedingungen zu erhalten. Wegen des hohen Zeit- und Werkstoffaufwands führt man Langzeitversuche vorwiegend in der Massenfertigung durch. Sie dienen als Grundlage für die Ermittlung optimaler Schnittbedingungen [67].
Kurzzeitversuche werden durchgeführt, um mit möglichst geringem Zeit- und Werkstoffaufwand relative Vergleichswerte für die Zerspanbarkeit verschiedener Werkstoffe zu erhalten; Kennwerte aus Kurzprüfverfahren lassen keinen direkten Schluß auf die Standzeit eines Werkzeugs zu. Einsatzgebiete sind die Eingangskontrolle der Werk- und Schneidstoffe sowie die Überwachung der Zerspanbarkeit.

### 2.6.1.1 Temperatur-Standzeitversuch

Der Temperaturstandzeit-Drehversuch dient zur Ermittlung der Zeit, während der ein Werkzeug unter bestimmten Bedingungen Zerspanarbeit zu leisten vermag. Kennzeichen für die Temperaturstandzeit ist das Erliegen der Schneide (Blankbremsung). Der Versuch nach Stahl-Eisen-Prüfblatt 1166–69 wird immer dann durchgeführt, wenn nicht der Verschleiß am Werkzeug, sondern vorwiegend der Einfluß der Schnittemperatur maßgebend für die Standzeit ist.
Beim Längsdrehen werden für vier Schnittgeschwindigkeiten angegebener Stufung die zugehörigen Standzeiten ($5 < T < 60$ min) ermittelt. Als Schneidstoff wird Schnellarbeitsstahl S 10–4–3–10 mit besonderen Güteeigenschaften verwendet. Hartmetall und Schneidkeramik sind für diesen Standzeitversuch als Schneidstoffe nicht geeignet.
Als Standzeit wird nach *Kämmer* [68] und Stahl-Eisen-Prüfblatt 1166–69 die Schnittzeit vom Beginn des Versuchs bis zum Eintreten der Blankbremsung gerechnet.

### 2.6.1.2 Verschleiß-Standzeitversuch

Der Versuch nach Stahl-Eisen-Prüfblatt 1162–69 wird immer dann durchgeführt, wenn nicht die Schnittemperatur zum Erliegen des Werkzeugs führt, sondern vorwiegend der Verschleiß am Werkzeug maßgebend für die Standzeit ist. Werkzeuge aus Hartmetall und Schnellarbeitsstahl zeigen bei Zerspanversuchen mit den heute üblichen höheren Schnittgeschwindigkeiten meist gleichermaßen Freiflächen- und Kolkverschleiß, welche die Standzeit des Werkzeugs begrenzen.
Im Verschleißstandzeit-Drehversuch wird beim Längsdrehen mit gleichbleibender Schnittgeschwindigkeit nach verschiedenen Drehzeiten der Verschleiß auf der Frei- und Spanfläche des Werkzeugs gemessen. Im allgemeinen ist es ausreichend, die Verschleißmarkenbreite VB, die Kolktiefe KT und den Kolkmittenabstand KM zu ermitteln (Bild 44). Dabei werden in Abhängigkeit von der Schnittzeit für vier Schnittgeschwindigkeiten mit vorgegebener Stufung die Zunahme der Verschleißmarkenbreite und der Kolktiefe sowie die Änderung des Kolkmittenabstandes ermittelt. Die Schnittgeschwindigkeiten sind so zu wählen, daß beim Drehen von Eisenwerkstoffen Verschleißmarkenbreiten VB und Kolktiefen KT entstehen, die den in Tabelle 2 angegebenen Werten nach Schnittzeiten zwischen 10 und 60 min entsprechen.

Für die Darstellung der Meßergebnisse ist es vorteilhaft ein doppeltlogarithmisches Koordinatennetz zu benutzen, auf dessen Abszisse die Schnittzeit t in min und auf dessen Ordinate die Verschleißmarkenbreite VB oder das Kolkverhältnis K aufgetragen werden. Für eine konstante Schnittgeschwindigkeit liegen die Meßwerte angenähert auf einer Geraden (Bild 45).

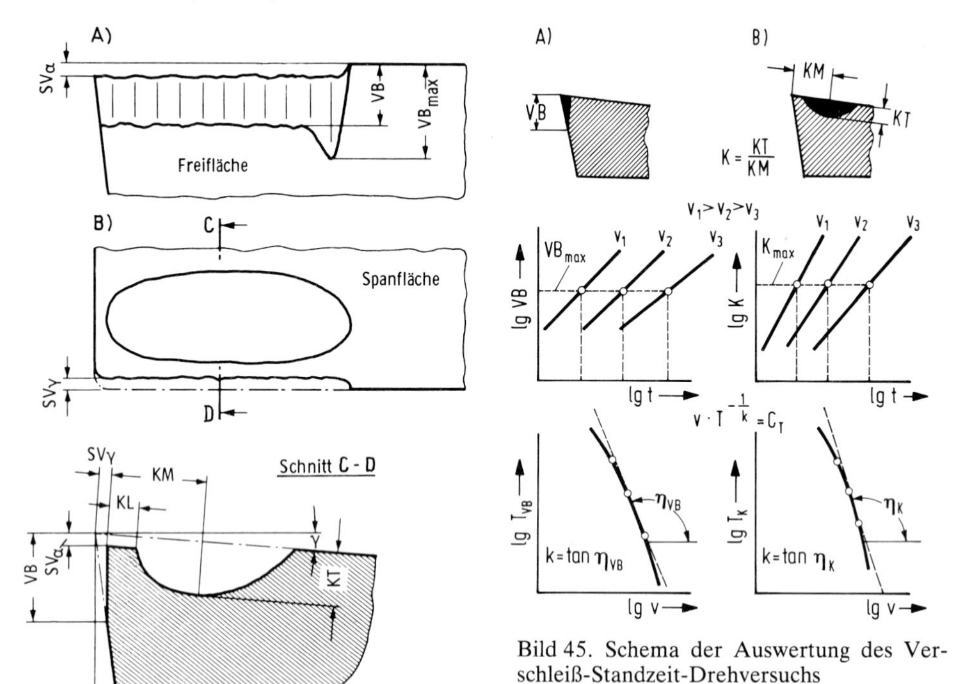


Bild 45. Schema der Auswertung des Verschleiß-Standzeit-Drehversuchs
A) Freiflächenverschleiß, B) Kolkverschleiß

Bild 44. Verschleißgrößen am Werkzeug
A) Freiflächenverschleiß, B) Kolkverschleiß
$\alpha$ Freiwinkel, $\gamma$ Spanwinkel, $SV_\alpha$ Schneidenversatz in Richtung Spanfläche, $SV_\gamma$ Schneidenversatz in Richtung Freifläche, KL Kolklippenbreite, KM Kolkmittenabstand, KT Kolktiefe, VB Verschleißmarkenbreite

Tabelle 2. Kennwerte für die Standzeit von Schneidstoffen

| Schneidstoff | Meßgröße | | anzustrebende Meßgrößenintervalle |
|---|---|---|---|
| Schnell-arbeitsstahl | Verschleiß-markenbreite | VB [mm]<br>$VB_{max}$ [mm] | 0,2 bis 1,0<br>0,35 bis 1,4 |
| | Kolktiefe | KT [mm] | 0,1 bis 0,3 |
| Hartmetall | Verschleiß-markenbreite | VB [mm]<br>$VB_{max}$ [mm] | 0,3 bis 0,5<br>0,5 bis 0,7 |
| | Kolktiefe | KT [mm] | 0,1 bis 0,2 |
| Schneidkeramik | Verschleiß-markenbreite | VB [mm] | 0,15 bis 0,3 |
| | Kolktiefe | KT [mm] | 0,1 |

*Kennzahlen* dafür sind

a) die Schnittgeschwindigkeit für eine bestimmte Standzeit (z. B. 20, 30 oder 60 min) und ein bestimmtes Verschleißmaß (z. B. VB = 0,2 mm, K = 0,1 oder KT = 0,1 mm), d. h. die Schnittgeschwindigkeit, bei der nach einer Standzeit von z. B. 30 min eine Verschleißmarke von z. B. VB = 0,2 mm erreicht wird (Kurzschreibweise $v_{30\ VB\ 0.2}$); zweckmäßig wird hierzu außerdem die Steigung $-\frac{1}{k}$ der jeweiligen Kurve in dem betreffenden Kurvenpunkt angegeben,

b) die zwei Gleichungen für die Verschleißarten, Verschleißmarkenbreite oder Kolktiefe des geradlinigen Teils der v-T-Kurve

$$v \cdot T \exp\left(-\frac{1}{k}\right) = C_T, \qquad (24)$$

wobei die Zahlenwerte für $-\frac{1}{k}$ und $C_T$ einzusetzen sind.

Die Kurven geben Aufschluß über den Einfluß der Schnittzeit und der Schnittgeschwindigkeit auf die Verschleißwirkung des Werkstoffs und die Schneidhaltigkeit des Schneidstoffs. Im allgemeinen verlaufen die Kurven für den Kolkverschleiß steiler als die für den Freiflächenverschleiß. Die üblichen Werte für k liegen für Schnellarbeitsstahl zwischen −7 und −12, für Hartmetalle zwischen −2 und −6 und für Schneidkeramik zwischen −1,5 und −3.

# 2.7 Schneidstoffe

## 2.7.1 Werkzeugstähle

Werkzeugstähle sind die zeitlich zuerst industriell eingesetzten Schneidstoffe. Sie erhalten ihre Härte durch eine Wärmebehandlung, die aus Erwärmen auf Austenitisierungstemperatur, Abschrecken im Wasserbad (hohe Abkühlgeschwindigkeit erforderlich, Martensithärte) und Anlassen (mit dem Ziel eines teilweisen Härteabbaus und dabei entstehender Zähigkeitserhöhung) besteht.

### 2.7.1.1 Unlegierte Werkzeugstähle

Härte und Verschleißwiderstand unlegierter Werkzeugstähle hängen von der Ausbildung des martensitischen Gefüges ab. Der Verschleißwiderstand nimmt mit der Härte und mit steigendem Kohlenstoffgehalt zu; dabei fällt aber die Zähigkeit ab, und damit wird die Empfindlichkeit während der Wärmebehandlung und des Werkzeugeinsatzes größer. Unlegierte Werkzeugstähle härten nicht über dem gesamten Querschnitt gleichmäßig durch, sondern nur an der Werkstückoberfläche. Aufgrund ihrer geringen Warmhärte ist ihr Einsatz auf Schnittemperaturen von maximal 200° C begrenzt [69].

### 2.7.1.2 Legierte Werkzeugstähle

Die Vorteile der legierten gegenüber den unlegierten Werkzeugstählen liegen in der Erhöhung der Verschleißfestigkeit (Zusatz von karbidbildenden Elementen), der Anlaßbeständigkeit und Warmfestigkeit (Zulegieren von Chrom, Wolfram, Molybän, Vanadin) und in der höheren Härte (in Lösung gegangener Kohlenstoff). Außerdem sinkt die kritische Abkühlgeschwindigkeit, so daß eine bessere Durchhärtbarkeit erzielt werden kann [69].

## 2.7.2 Hochleistungs-Schnellarbeitsstähle

Schnellarbeitsstähle zeichnen sich gegenüber Werkzeugstählen durch eine verbesserte Anlaßbeständigkeit des Grundgefüges (bis etwa 600° C) und eine erhöhte Härte aus. Die Anlaßbeständigkeit wird durch die in der Matrix gelösten Anteile der Legierungselemente bestimmt. Härte und Verschleißfestigkeit werden durch den angelassenen Martensit und die eingelagerten Karbide (besonders Molybdän-Wolfram-Doppelkarbide, Chrom- und Vanadin-Karbide) gesteigert. Karbidbildung und Durchhärtung werden durch Zulegieren von Chrom gefördert [69].
Schnellarbeitsstähle werden mit dem Buchstaben S und der prozentualen Angabe der Legierungselemente (Reihenfolge: Wolfram-Molybdän-Vanadin-Kobalt) gekennzeichnet. Beispiel: S 10–4–3–10.
Die Einteilung der Schnellarbeitsstähle erfolgt nach ihrem Wolfram- und Molybdän-Gehalt in vier Legierungs- und Leistungsgruppen (Tabelle 3).

Tabelle 3. Legierungs- und Leistungsgruppen der Schnellarbeitsstähle

| Legierungs-gruppe | Kurz-bezeichnung W-Mo-V-Co | Bisherige Klassen-Bezeichnung | Zur Bearbeitung von Stahl bei mittlerer Beanspruchung | bei höchster Beanspruchung Schruppen | Schlichten |
|---|---|---|---|---|---|
| 18% W | S 18–0–1 | B 18 | × | – | – |
| | S 18–1–2–5 | E 18 Co 5 | × | × | – |
| | S 18–1–2–10 | E 18 Co 10 | | ×× | – |
| | S 18–1–2–15 | E 18 Co 15 | | ×× | – |
| 12% W | S 12–1–2 | D | × | – | – |
| | S 12–1–4 | EV 4 | | – | × |
| | S 12–1–2–3 | E Co 3 | | (×) | × |
| | S 12–1–4–5 | EV 4 Co | | (×) | ×× |
| | S 3–3–2 | ABC III | × | – | – |
| 6% W + 5% Mo | S 6–5–2 | D Mo 5 | ×× | – | – |
| | S 6–5–3 | E Mo 5 V 3 | | – | × |
| | S 6–5–2 5 | E Mo 5 Co 5 | | ×× | – |
| | S 10–4–3–10 | EW 9 Co 10 | | ×× | ×× |
| 2% W + 9% Mo | S 2–9–1 | B Mo 9 | × | – | – |
| | S 2–9–2 | M 7 } nach AISI | × | – | – |
| | S 2–9–2–5 | M 30 } nach AISI | | × | – |
| | S 2–9–2–8 | M 34 } nach AISI | | ×× | × |

Die erste Gruppe umfaßt die hochwolframhaltigen Stähle (18% W). Sie zeichnen sich, besonders in Verbindung mit Kobalt, durch eine gute Anlaßbeständigkeit aus und werden für das *Schruppen* von Stahl und Gußeisen eingesetzt.
Zur zweiten Gruppe (12% W) gehören Stähle mit höherem Vanadin-Gehalt. Infolge des abgesenkten Wolfram- und Kobalt-Gehalts haben sie gegenüber Stählen der ersten Gruppe eine verminderte Anlaßbeständigkeit, erreichen jedoch bei 4% V mindestens die gleiche Verschleißfestigkeit. Sie werden benutzt zum *Schlichten* von Stahl, für Automatenarbeiten sowie zur Bearbeitung von Nicht-Eisen-Werkstoffen. Die Stähle S 12–1–2 und S 12–1–4 sind aufgrund ihrer guten Bearbeitbarkeit, Zähigkeit und Kantenfestigkeit besonders für die Herstellung formschwieriger Werkzeuge geeignet [70 u. 71].

Die dritte Gruppe umfaßt sowohl kobaltfreie als auch kobalthaltige Stähle. Die letzteren werden für Schrupp- bzw. Schrupp- und Schlichtbearbeitung unter höchster Beanspruchung verwendet, z.B. für Spiralbohrer, Profilwerkzeuge für Automatenarbeiten, Hochleistungsfräser und Drehwerkzeuge hoher Zähigkeit. Die kobaltfreien Stähle dieser Gruppe gehören zu den gebräuchlichsten Schneidstoffen unter den Schnellarbeitsstählen für mittlere und geringe Beanspruchung; sie finden Anwendung bei Reibahlen, Spiral- und Gewindebohrern, Räumnadeln, Hobel- und Zahnradstoßmessern und Kreissägensegmenten. Die Schneidstoffe dieser Gruppe zeichnen sich durch hohen Abriebwiderstand, gute Schneidhaltigkeit und Zähigkeit aus, haben jedoch nur mittlere Warmhärte.

In der letzten Gruppe sind hauptsächlich molybdänhaltige Stähle (2% W + 9% Mo) angeführt. Diese Schnellarbeitsstähle verfügen über eine besonders gute Zähigkeit. Kobaltarme und -freie Stähle dieser Gruppe dienen zur Herstellung von Werkzeugen aller Art. Kobalthaltige Sorten benutzt man dagegen für Zerspanarbeiten mit einfachen Werkzeugen, wenn eine schwere Beanspruchung zu erwarten ist (Bohr-, Dreh-, Fräs-, Hobel- und Räumwerkzeuge, Wälzfräser).

Umfangreiche Untersuchungen haben gezeigt, daß die Gebrauchseigenschaften eines Schnellarbeitsstahls wesentlich vom gewählten Herstellverfahren abhängen. Konventionell hergestellte Schnellarbeitsstähle neigen während der Erstarrungsphase zu Seigerungen (Entmischungen), die bei großen Gußblöcken und hochlegierten Stählen besonders ausgeprägt sind. Derartige Erscheinungen sind bei späterem Werkzeugeinsatz meist Ursachen für Standzeitstreuungen.

Unabhängig von den häufig angewendeten konventionellen Maßnahmen, wie verbesserte Schmelzenführung oder Impfen der Schmelze, verspricht vor allem das Umschmelzen von HSS-Blöcken nach dem Elektroschlackeumschmelzverfahren (ESU) wesentliche Vorteile.

Die Möglichkeit der gleichmäßigeren Gefügeausbildung bei diesem Verfahren, das sich bei Warmarbeits- und hochlegierten Stählen bereits bewährt hat, ergibt sich daraus, daß während des Umschmelzens nicht der gesamte Block flüssig wird, sondern nur jeweils ein geringer Teil. Dadurch lassen sich makroskopische Entmischungen, wie Karbidanhäufungen, vermindern. Pulvermetallurgisch hergestellte Schnellarbeitsstähle (PM-Stähle) sind mit dem Ziel der gleichmäßigeren Gefügeausbildung noch in Entwicklung. Dabei wird durch Verdüsen der Schmelze im Edelgasstrom ein Granulat gewonnen, das in kaltem Zustand in einer Hochdruckkammer unter 4 kbar vorverdichtet wird. Anschließend erfolgt bei Temperaturen über 1000°C unter allseitigem Druck von 1 kbar ein isostatischer Heißpreßvorgang. Die Weiterverarbeitung geschieht wie üblich durch Schmieden oder Walzen auf die gewünschten Abmessungen. Mit diesem PM-Verfahren erhält man ein sehr feines und gleichmäßiges Gefüge auch bei größten Querschnitten [72].

Die Auswirkungen sind dieselben wie bei ESU-Stahl, also gleichmäßige Eigenschaften vom Rand bis zum Kern und vorhersagbares Verzugs- und Maßänderungsverhalten bei der Wärmebehandlung. Für höher gekohlte Schnellarbeitsstähle (SC-Stähle) können sowohl eine höhere Anlaßbeständigkeit als auch ein Warmhärteanstieg erwartet werden. Die Ursache liegt darin, daß etwa zwei Drittel des zusätzlichen Kohlenstoffgehalts beim Austenitisieren in Lösung gehen und dadurch die Anlaßbeständigkeit und Warmhärte steigern, während der Rest in Form ungelöster Karbide vorliegt, welche die Verschleißfestigkeit verbessern [73].

Zusätzliche Möglichkeiten zur Standzeitverbesserung bieten die Oberflächenbehandlungsverfahren Nitrieren, Dampfanlassen und Hartverchromen.

### 2.7.3 Stellite

Stellite sind gegossene, eisenfreie Legierungen aus Kobalt (rd. 45 bis 50%) sowie den Karbidbildnern Wolfram (15 bis 20%) und Chrom (25 bis 30%). Der Kohlenstoff-Gehalt liegt zwischen 1,5 und 2,5%. Das Gefüge besteht aus nadeligen Karbiden und einer austenitischen Grundmasse aus binären Eutektika aller Legierungsbestandteile, vorwiegend Kobalt.
In Europa sind Stellite als Schneidstoffe wenig verbreitet. Bei kleinen Schnittgeschwindigkeiten sind Schnellarbeitsstähle durch größere Härte überlegen; bei hohen Schnittgeschwindigkeiten reicht die Warmhärte der Stellite nicht mehr aus. Metallurgisch gesehen, bilden sie die Brücke zu Hartmetallen. Diese Aufgabe haben sie in der Praxis jedoch nicht erreicht.

### 2.7.4 Hartmetalle

Hartmetalle sind Sinterwerkstoffe und bestehen aus einer Bindephase, in die Karbide eingebettet sind [64]. Aufgabe der Bindephase ist die Verbindung der spröden Karbide zu einem relativ festen Körper. Aufgabe der Karbide dagegen ist die Erzielung hoher Warmhärte und Verschleißfestigkeit.
Vorteile der Hartmetalle sind gute Gefügegleichmäßigkeit durch pulvermetallurgische Herstellung, hohe Härte und Verschleißfestigkeit (Hartmetall besitzt bei 1000°C die gleiche Härte wie Schnellarbeitsstahl bei Raumtemperatur), hohe Druckfestigkeit und die Möglichkeit, Hartmetallsorten mit unterschiedlichen Eigenschaften durch Änderung des Karbid- und Bindemittelanteils zu schaffen.
Die Herstellung erfolgt auf pulvermetallurgischem Weg durch Sintern nach verschiedenen Verfahren, und zwar durch Vorsintern, mechanische Formgebung und Fertigsintern, durch Formpressen und Sintern, durch Strangpressen und Sintern oder durch Heißpressen.
Nach DIN 4990 unterscheidet man drei Zerspanungsanwendungsgruppen, die mit den Kennbuchstaben P, M und K bezeichnet werden (Tabelle 4). Ihre Eigenschaften sind:
Gruppe P: hohe Warmfestigkeit bei geringem Abrieb, Anwendung bei langspanenden Stahlwerkstoffen,
Gruppe M: Bearbeitung von legiertem oder hartem Grauguß, besonders geeignet für rost-, säure- und hitzebeständige Stähle,
Gruppe K: geringere Warmfestigkeit, hohe Abriebfestigkeit, Anwendung bei kurzspanenden Werkstoffen, Gußeisen, Nichteisen- und Nichtmetallen, hochwarmfesten Werkstoffen sowie Gestein- und Holzbearbeitung [74].
Die wichtigsten Komponenten der gebräuchlichsten Hartmetalle und ihre Eigenschaften sind in Tabelle 5 zusammengestellt.
Wolframkarbid ist in Kobalt löslich; daraus resultiert eine hohe innere Binde- und Kantenfestigkeit der reinen Wolframkarbid-Kobalt-Hartmetalle. Wolframkarbid ist außerdem noch verschleißfester als Titan- und Tantalkarbid. Andererseits wird die Schnittgeschwindigkeit begrenzt durch die Lösungs- und Diffusionsfreudigkeit bei höheren Temperaturen.
Titankarbid hat eine geringe Diffusionsneigung. Daraus resultiert eine hohe Warmverschleißfestigkeit der titankarbid-haltigen Hartmetalle, aber eine geringe Binde- und Kantenfestigkeit. Titankarbid bildet mit Wolframkarbid ein Mischkarbid. Hartmetalle mit hohem Titankarbidgehalt sind deshalb spröde und bruchanfällig. Sie werden bevorzugt zum Zerspanen von Stahlwerkstoffen mit hohen Schnittgeschwindigkeiten angewendet.

Tabelle 4. Zusammensetzung und Eigenschaften von Hartmetallen der verschiedenen Zerspanungsanwendungsgruppen

| Zerspanungs-anwendungs-gruppe nach ISO | In Pfeilrichtung zunehmend | Zusammensetzung WC [%] | TiC + TaC [%] | Co [%] | Vickershärte HV 30 | Biegefestigkeit [N/mm²] | Druckfestigkeit [N/mm²] | Elastizitätsmodul [N/mm²] | Wärmedehnung [µm/m grd] |
|---|---|---|---|---|---|---|---|---|---|
| P 02 | Verschleißverhalten u. Härte (Schnittgeschwindigkeit) ↑ / Zähigkeit (Vorschub) ↓ | 33 | 59 | 8 | 16500 | 800 | 5100 | 440000 | 7,5 |
| P 03 | | 32 | 56 | 12 | 15000 | 1000 | 5250 | 430000 | 8 |
| P 04 | | 62 | 33 | 5 | 17000 | 1000 | 5250 | 500000 | 7 |
| P 10 | | 55 | 36 | 9 | 16000 | 1300 | 5200 | 530000 | 6,5 |
| P 15 | | 71 | 20 | 9 | 15000 | 1400 | 5100 | 530000 | 6.5 |
| P 20 | | 76 | 14 | 10 | 15000 | 1500 | 5000 | 540000 | 6 |
| P 25 | | 70 | 20 | 10 | 14500 | 1750 | 4900 | 550000 | 5,5 |
| P 30 | | 82 | 8 | 10 | 14500 | 1800 | 4800 | 560000 | 5,5 |
| P 40 | | 74 | 12 | 14 | 13500 | 1900 | 4600 | 560000 | 5,5 |
| M 10 | | 84 | 10 | 6 | 17000 | 1350 | 6000 | 580000 | 5,5 |
| M 15 | | 81 | 12 | 7 | 15500 | 1550 | 5500 | 570000 | 5,5 |
| M 20 | | 82 | 10 | 8 | 15500 | 1650 | 5000 | 560000 | 5,5 |
| M 40 | | 79 | 6 | 15 | 13500 | 2100 | 4400 | 540000 | 5,5 |
| K 03 | | 92 | 4 | 4 | 18000 | 1200 | 6200 | 630000 | 5 |
| K 05 | | 92 | 2 | 6 | 17500 | 1350 | 6000 | 630000 | 5 |
| K 10 | | 92 | 2 | 6 | 16500 | 1500 | 5800 | 630000 | 5 |
| K 20 | | 92 | 2 | 6 | 15500 | 1700 | 5500 | 620000 | 5 |
| K 30 | | 93 | | 7 | 14000 | 2000 | 4600 | 600000 | 5,5 |
| K 40 | | 88 | | 12 | 13000 | 2200 | 4500 | 580000 | 5,5 |

Tabelle 5. Einfluß der Zusammensetzung bzw. des Gefüges auf die Eigenschaften von konventionellen und neueren Hartmetallen
↑ zunehmend, ↓ abnehmend, = unverändert, * keine eindeutige Abhängigkeit gegeben

| Einflußgrößen | Wichtige Eigenschaften der Hartmetalle: Härte | Biegebruchfestigkeit Temperaturwechselbeständigkeit | Widerstand gegen Verkleben und Verschweißen | Kantenfestigkeit | Hochtemperaturfestigkeit Widerstand gegen Diffusionsverschl. |
|---|---|---|---|---|---|
| Zunehmender TiC-TaC-Gehalt | ↑ | ↓ | ↑ | ↓ | ↑ |
| abnehmender Co-Gehalt | ↑ | ↓ | ↑ | * | ↑ |
| abnehmende Korngröße | ↑ | ↓ | ↑ | ↑ | * |
| Neuere Hartmetalle | Veränderung der Eigenschaften gegenüber konventionellen Hartmetallen | | | | |
| HM + TiC | ↑ | = | ↑ | ↓ | ↑ |
| hoch TiC-haltig (Mo-Ni-Binder) | * | ↓ | * | ↓ | ↑ |
| feinkörnig (Kobalt erhöht) | ↑ | ↑ | ↑ | ↑ | ↓ |

Tantalkarbid wirkt in kleinen Mengen kornverfeinernd und damit zähigkeits- und kantenfestigkeitsverbessernd; die innere Bindefestigkeit fällt nicht so stark ab wie beim Titankarbid.
Der Wunsch nach größerer Verschleißfestigkeit bei möglichst hoher Zähigkeit des Hartmetalls führt dazu, nach extrem hoher Karbidkonzentration in den Randzonen des Hartmetalls zu suchen.
Um die Vorteile der einzelnen Legierungselemente besser zu nutzen, wurden die beschichteten Hartmetalle entwickelt. Sie bestehen aus einem relativ zähen Grundkörper, auf dem eine verschleißfeste, feinkörnige Hartstoffschicht aufgedampft ist (Bild 46). Das Aufbringen der Beschichtung erfolgt durch feine Ablagerung aus der Gasphase. Meist verwendete Beschichtungsstoffe sind Titankarbid, Titannitrid und Titankarbonitrid. Durch den Einsatz von beschichteten Platten ist gegenüber den konventionellen Hartmetallen eine wesentliche Leistungssteigerung zu erzielen. Die Versuchsergebnisse unter Laboratoriumsbedingungen weisen für die Gußbearbeitung eine sechsfache und für die Stahlbearbeitung eine etwa dreifache Standzeitverbesserung auf [75 bis 79]. Im Normalfall sind in der Praxis bei der Bearbeitung von Schmiede- und Gußoberflächen Standzeitsteigerungen von 230 bis 140% sicher erreichbar. Hinsichtlich der Festigkeit des zu bearbeitenden Werkstoffes ist keine Einschränkung gegeben; die Belastbarkeitsgrenze richtet sich vielmehr nach den Eigenschaften der Anwendungsgruppe des Grundkörpers. Die Bearbeitung höher legierter Werkstoffe mit beschichteten Hartmetallen ist wegen des auftretenden ausgeprägten Adhäsionsverschleißes nicht empfehlenswert.

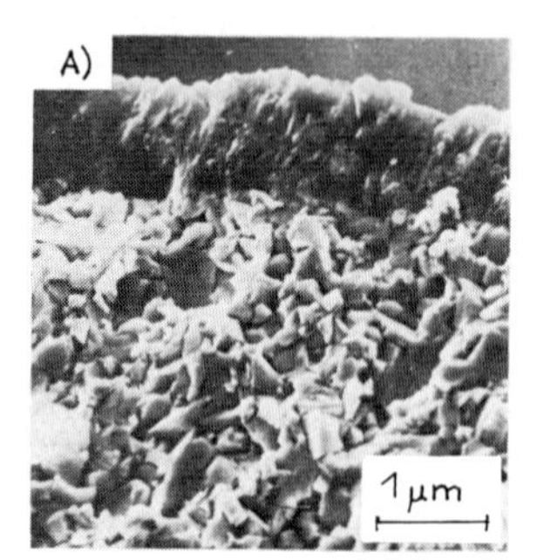

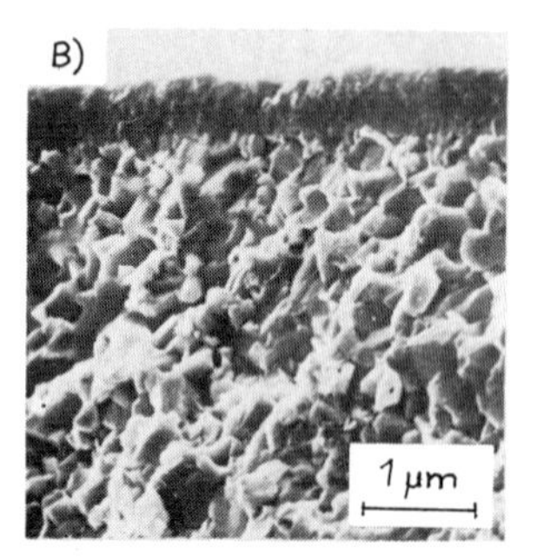


Bild 46. Bruchgefüge beschichteter Hartmetalle P 15
A) Titannitridschicht, B) Titankarbidschicht

Beschichtete Hartmetalle sind nicht geeignet für das Zerspanen von Aluminium-, Magnesium- und Titan-Legierungen, von hoch nickellegierten Werkstoffen, rost- und säurebeständigen Stählen sowie von Nitrierstählen.
Als Entwicklungstendenzen sind zu beobachten: verstärkter Übergang zur Mehrlagenbeschichtung und Verbesserung der beschichteten Hartmetalle für den Einsatz beim unterbrochenen Schnitt.

### 2.7.5 Schneidkeramik

Schneidkeramik ist ein naturharter Schneidstoff auf Oxidbasis. In der Praxis unterscheidet man weiße, rein-oxidische Schneidkeramik aus Aluminiumoxid ($Al_2 O_3$) mit geringen Anteilen von Magnesium und Siliziumdioxid (englische Bezeichnung: ceramics) und

schwarze Mischkeramik aus Aluminiumoxid mit einem relativ hohen Anteil an Metallkarbiden, wie Wolfram- oder Titankarbid (englische Bezeichnung: cermets).
Die Herstellung von Schneidkeramik erfolgt durch Sintern oder Heißpressen bei 1500 bis 2000°C. Ihre Härte (HV 30 ≈ 1400 bis 2000 daN/mm²) sinkt bei Schnittemperaturen über 1200°C stark ab. Infolge der hohen Verschleißfestigkeit, der geringen Diffusionsneigung und der Oxydationsbeständigkeit sind sehr hohe Schnittgeschwindigkeiten anwendbar (Bild 47). Aufgrund der sehr geringen Wärmeleitfähigkeit ($\lambda \approx 45$ bis 260 W/mK) bleibt die Schneidplatte während des Zerspanvorgangs nahezu kalt; die Zerspanwärme wird nicht durch das Werkzeug, sondern durch das Werkstück und vor allem durch die Späne abgeführt [80 bis 82].
Die geringe Biegebruchfestigkeit und die verhältnismäßig hohe Empfindlichkeit auf Schlag- und Temperaturwechselbeanspruchung, welche die Schneidkeramik als Schneidstoff aufweist, erfordern für einen erfolgreichen praktischen Einsatz besondere Maßnahmen, z. B. das mit verzögerter Belastung der Werkzeugschneide verbundene schräge An-

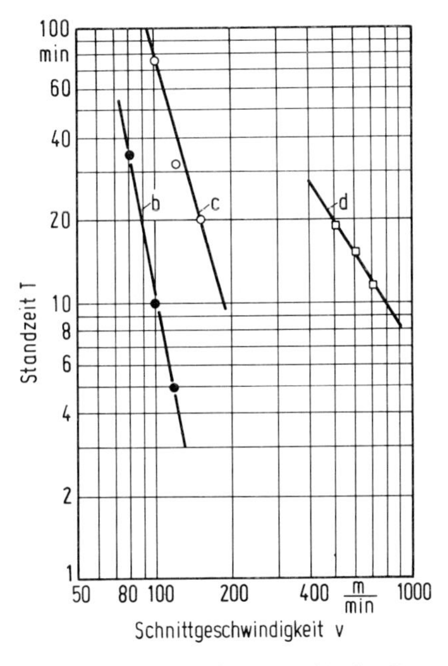


Bild 47. Standzeitdiagramm für das Drehen von lamellengraphithaltigem Gußeisen GG–30 mit Schneidkeramik und Hartmetall

Schnittiefe a = 2 mm, Standkriterium: VB = 0,4 mm; Schneidkeilgeometrie, bei Hartmetall: $\alpha = 5°$, $\gamma = 6°$, $\varepsilon = 90°$, $\varkappa = 70°$, $\lambda = 0°$, r = 0,8 mm; bei Schneidkeramik: $\alpha = 6°$, $\gamma = -6°$, $\varepsilon = 90°$, $\varkappa = 70°$, $\lambda = -6°$, r = 0,8 mm
b Hartmetall K 10 (Vorschub s = 0,25 mm); c mit Titankarbid beschichtetes Hartmetall K 10 (Vorschub s = 0,25 mm); d Schneidkeramik mit Karbiden (Vorschub s = 0,16 mm)

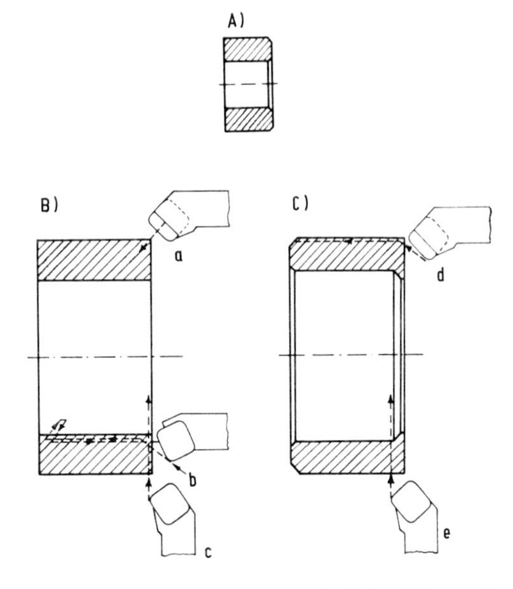


Bild 48. An- und Absetzen der Schneidkeramik am Werkstück beim Drehen

Werkstoff: Cf 53, Schnittgeschwindigkeit v = 900 bis 1450 m/min, Vorschub s = 0,16 bis 0,4 mm
A) Fertigteil, B) erste Einspannung, außen (a Anfasen, b Anfasen und Innendrehen, c Plandrehen), C) zweite Einspannung, innen (d Anfasen und Außendrehen, e Plandrehen)

und Absetzen der Schneidkeramik am Werkstück beim Drehen (Bild 48). Bedingt durch die geringe Kantenfestigkeit, sollen angefaste Kanten die Schneidenform stabilisieren. Chemische Reaktionen und Aufbauschneidenbildung bei der Zerspanung von Leichtmetallegierungen machen die rein-oxidische Schneidkeramik auf Aluminiumoxidbasis für die Bearbeitung von Aluminium-, Magnesium- und Titan-Legierungen ungeeignet. Wegen der schwer brechenden Band- und Wirrspäne wird Schneidkeramik bei der Stahlzerspanung nur mit Vorschüben von 0,1 bis 0,5 mm und Schnittgeschwindigkeiten eingesetzt, die etwa 50 bis 100% über denen mit Hartmetall-Werkzeugen liegen. Bei kurzspanenden Werkstoffen werden Vorschübe bis zu 1,5 mm und erheblich höhere Schnittgeschwindigkeiten angewendet (bei GG z.Z. 1200 m/min mit Standzeiten von 1 bis 3 min). Vergleichbare Schnittgeschwindigkeiten für unbeschichtete Hartmetalle liegen bei 110 bis 140 m/min.
Voraussetzungen für derartige Schnittbedingungen sind sowohl eine hohe Antriebsleistung der Werkzeugmaschine als auch ein sehr steifes System aus Maschine, Werkzeug und Werkstück.
Schneidkeramikplatten werden wie Hartmetallplatten auf dem Werkzeughalter geklemmt.
Allgemein wird der Einsatz der Schneidkeramik besonders vorteilhaft sein, wenn längere zylindrische Flächen mit hohen Schnittgeschwindigkeiten bearbeitet werden können [83 bis 85].
Bei Schnittgeschwindigkeiten bis etwa 350 m/min werden die hoch-TiC-haltigen und beschichteten Hartmetalle verwendet, wobei erstere für Schlicht- und letztere für Schruppbearbeitung eingesetzt werden.

## 2.8 Kühl- und Schmierstoffe

Kühlschmierstoffe haben grundsätzlich die Aufgabe, die bei der Metallbearbeitung entstehende Verformungs- bzw. Umformungs- und Reibungswärme abzuführen, d.h. zu kühlen, sowie die Reibung an den Berührungsstellen zwischen Werkzeug und Werkstück bzw. Werkzeug und Span zu vermindern, d.h. zu schmieren. Durch die kombinierte Wirkung von Kühlung und Schmierung soll vor allem der Verschleiß der Werkzeuge verringert werden. Durch geringen Werkzeugverschleiß sollen außerdem Oberflächengüte und Maßhaltigkeit der bearbeiteten Werkstücke verbessert werden. Bei einzelnen Bearbeitungsprozessen, wie z.B. beim Bohren, haben die Kühlschmierstoffe die zusätzliche Aufgabe, die Späne wegzuspülen [86 u. 87].
Nach bisherigen Erfahrungen sind Standzeitgewinne durch Anwendung eines Kühlschmierstoffs sowohl bei Hartmetall als auch bei Schnellarbeitsstahl nur in bestimmten, in Abhängigkeit von den Zerspanbedingungen veränderlichen Schnittgeschwindigkeitsbereichen zu erwarten. Andererseits ist es durchaus möglich, daß durch eine Kühlung der Verschleiß am Werkzeug erheblich vergrößert und die Standzeit der Werkzeuge entsprechend vermindert wird (Bild 49). Die Ursache liegt darin, daß die Absenkung der Schnittemperatur durch das Kühlschmiermittel zu einem Anstieg der Festigkeit des Werkstoffs und damit zu höherem Werkzeugverschleiß führt. Die dargestellten Abhängigkeiten lassen erkennen, daß das Verschleißmaximum und -minimum durch Kühlung zu höheren Schnittgeschwindigkeiten verschoben werden [86].
Von einer bestimmten Schnittgeschwindigkeit an wird die Standzeit der Werkzeuge weniger von der Schmierwirkung der Kühlschmierstoffe als vielmehr von ihrer Fähigkeit,

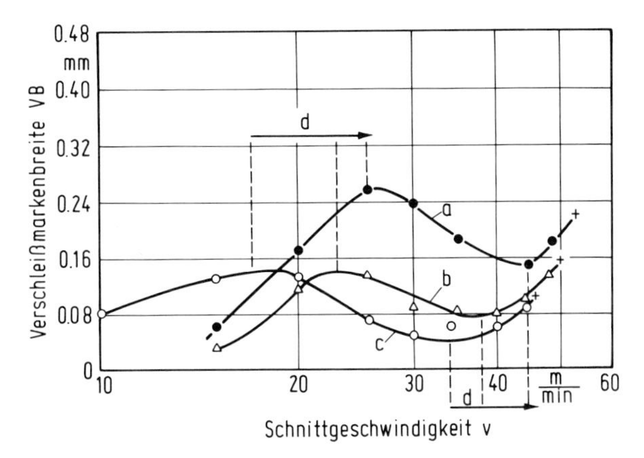


Bild 49. Verschleißmarkenbreite in Abhängigkeit von der Schnittgeschwindigkeit für Trockenschnitt und bei Anwendung von Kühlmitteln

Werkstoff: Ck 55 N; Schneidstoff: S 12–1–4–5; Spanungsquerschnitt $a \cdot s = 2 \cdot 0{,}25\ mm^2$; Schnittzeit $t = 30$ min; Schneidkeilgeometrie: $\alpha = 8°$, $\gamma = 10°$, $\varepsilon = 90°$, $\varkappa = 60°$, $\lambda = -4°$, $r = 1$ mm

a Emulsion 1:50, b Öl, c trocken, d Verschiebung durch zunehmende Kühlwirkung

die Wärme abzuführen, d. h. von einer wirksamen Kühlung, bestimmt. Daher ergeben die wassergemischten Kühlschmierstoffe unter solchen Schnittbedingungen höhere Standzeiten und bessere Oberflächenqualität. Im unteren Schnittgeschwindigkeitsbereich dagegen werden relativ niedrige Schnittemperaturen erzeugt, d.h. das Auftreten von Verklebungen, Aufbauschneiden und adhäsivem Verschleiß ist hauptsächlich standzeitbestimmend. Hierbei gilt es, eine bessere Schmierwirkung während der Zerspanung zu erzeugen. Aus diesem Grunde werden nichtwassermischbare Kühlschmierstoffe (Öle) verwendet [88 u. 89].

Bei extremer Druck- und Temperaturbeanspruchung muß die Schmierfähigkeit von Kühlschmierstoffen verbessert werden. Dies geschieht durch Zulegieren sog. EP-Zusätze (EP = Extreme Pressure), z. B. in Form von Chlor-, Schwefel- und Phosphorverbindungen. Sie haben die Aufgabe, auf den gleitenden Metallflächen durch chemische Reaktion mit den Oberflächen einen Stoff zu bilden, der als feste Schmierschicht mit hoher Druck- und geringer Scherfestigkeit die aufeinander gleitenden Flächen trennt und das Verschweißen verhindert. Diese chemische Reaktion setzt jedoch erst bei einer bestimmten Mindesttemperatur ein, die bei den einzelnen Zusatzstoffen verschieden ist [88].

Chlorverbindungen werden schon bei niedrigen Temperaturen wirksamer als Schwefel und seine Verbindungen (Bild 50). Deshalb sind die Chlorzusätze für niedrigere und die Schwefelzusätze für höhere Beanspruchungen geeignet.

Öle mit EP-Zusätzen werden vor allem zur Bearbeitung von schwer zerspanbaren Werkstoffen benutzt.

Bei niedrigen Schnittgeschwindigkeiten ist jedoch weniger der Einfluß der Kühlung als vielmehr der des chemischen Verschleißes durch die Zusätze entsprechend der Wirkungsweise der EP-Schmierstoffe maßgebend. Dadurch können in diesem Bereich Öle mit hohem Gehalt an EP-Zusätzen einen stärkeren Verschleiß und damit eine geringere Werkzeugstandzeit ergeben [90].

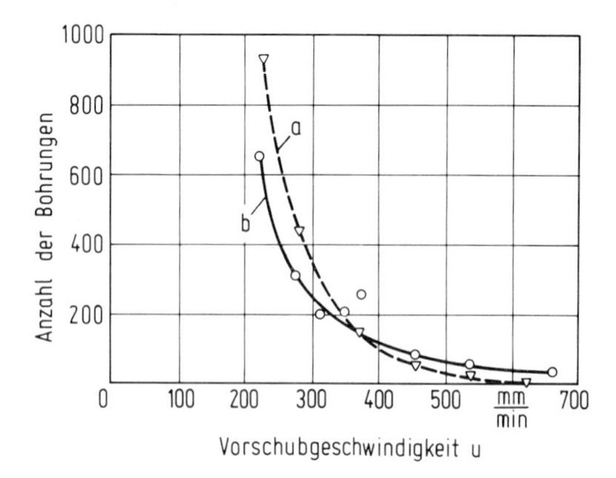


Bild 50. Einfluß zweier Schneidölzusätze auf die Bohrerstandzeit (nach *Zwingmann* [88])

Werkstück: 12,7 mm dicke Stahlplatte (C 60), Werkzeug: 1/4"-Spiralbohrer (HSS)
a Schneidöl mit EP-Zusatz auf Chlor-Basis, b Schneidöl mit EP-Zusatz auf Schwefel-Basis

## Literatur zu Kapitel 2


1. *Röhlke, G.:* Die Zerspanung im kinematischen Bezugssystem. Ind.-Bl. 59 (1959) 2, S. 36–42.
2. *Opitz, H.:* Moderne Produktionstechnik, Stand und Tendenzen. Verlag W. Girardet, Essen 1970.
3. *Trent, E. M.:* Metal Cutting. Butterworth & Co. Ltd., London, Boston 1976.
4. *Kronenberg, M.:* Grundzüge der Zerspanungslehre, Bd. 3: Mehrschneidige Zerspanung (Umfangsfräsen, Räumen); 2. Aufl. Springer-Verlag, Berlin, Heidelberg, New York 1969.
5. Machining Data Handbook. Metcut Research Ass. Inc., Cincinnati, Ohio 1966.
6. *Boothroyd, G.:* Fundamentals of Metal Machining and Machine Tools. Mc. Graw-Hill, London, New York 1975.
7. *Rabinowicz, E.:* Friction and Wear of Materials. John Wiley and Sons Inc., New York, London, Sydney 1965.
8. *Kronenberg, M.:* Machining Science and Application. Pergamon Press. New York, London 1966.
9. *Dawihl, W.:* Schneidstoffe und Werkzeugmaschinen. H. 263 der HdT-Vortr.-Veröff., Vulkan-Verlag, Essen 1970.
10. *Kragelski, J. W.:* Reibung und Verschleiß. Carl Hanser Verlag, München 1971.
11. *Schamschula, R.:* Spanende Fertigung. Springer-Verlag, Wien, New York 1976.
12. *König, W., Kreis, W.:* Werkstoffkenngrößen und ihre Bedeutung für die Zerspanung. Z. Metallkd. 66 (1975) 1, S. 1–10, u. 2, S. 82–86.
13. *Trent, E. M.:* The Relationship between Machinability and Tool Wear. Proc. Conf. Machinability, London 1965.
14. *Sata, T.:* Flow Stress in Metal Cutting. Science Paper Inst. Phys. and Chem. Research. Tokyo 53 (1959) 1515.
15. *Thomsen, E. G., Schaller, E., Dohmen, H. G.:* Anwendung der Plastizitätsmechanik auf den Zerspanungsvorgang, Ind.-Anz. 85 (1963) 46, S. 967–974.

16. *Vieregge, G.:* Zerspanung der Eisenwerkstoffe. Bd. 16 der Stahleisen-Bücher, 2. Aufl. Verlag Stahleisen, Düsseldorf 1970.
17. *ten Horn, B., Schuermann, R. A.:* Spanformgebung beim Drehen mit Hartmetall. Microtecnic 9 (1955) 1, S. 1.
18. *Bersch, B.:* Wirkung von Blei auf die Zerspanbarkeit von Automatenstahl. Diss. TH Aachen 1971.
19. *Kienzle, O.:* Die Bestimmung von Kräften und Leistungen an spanenden Werkzeugen und Werkzeugmaschinen. VDI-Z. 94 (1952) 11/12, S. 299–305.
20. *Victor, H.:* Schnittkraftberechnungen für das Abspanen von Metallen. wt.-Z. ind. Fertig. 59 (1969) 7, S. 317–327.
21. *Kamm, H.:* Beitrag zur Optimierung des Messerkopffräsens. Diss. U Karlsruhe 1977.
22. *König, W., Essel, K.:* Spezifische Schnittkraftwerte für die Zerspanung metallischer Werkstoffe. Verlag Stahleisen, Düsseldorf 1973.
23. *Schiffer, F.:* Verhalten der Schnittkraft bei sehr hohen Geschwindigkeiten. Fertig.-Techn. u. Betr. 16 (1966) 4, S. 219–224.
24. *Victor, H.:* Beitrag zur Kenntnis der Schnittkräfte beim Drehen, Hobeln, Bohren. Diss. TH Hannover 1956.
25. *Mayer, K.:* Schnittkraftmessungen an der rotierenden Fräserschneide. Diss. U Stuttgart 1968.
26. *König, W., Langhammer, K.:* Zusammenhang zwischen Schnittkraft und Verschleiß und Oberflächengüte bei der spanenden Bearbeitung im Hinblick auf eine adaptive Prozeßregelung. Forschungsber. Nr. 2286 des Lds. Nordrh.-Westf. Westdeutscher Verlag, Köln, Opladen 1972.
27. *Klicpera, U.:* Überwachung des Werkzeugverschleißes mit Hilfe der Zerspankraftrichtung. Technischer Verlag Günther Grossmann GmbH., Stuttgart 1976.
28. *Langhammer, K.:* Die Schnittkräfte als Kenngrößen zur Verschleißbestimmung an Hartmetall-Drehwerkzeugen. VDI-Z. 115 (1973) 8, S. 672–674.
29. *König, W., Schemmel, U.:* Untersuchung moderner Schneidstoffe – Beanspruchungsgerechte Anwendung sowie Verschleißursachen. Forschungsber. Nr. 2472 des Lds. Nordrh.-Westf. Westdeutscher Verlag, Köln, Opladen 1975.
30. *Pahlitzsch, G., Spur, G.:* Einrichtung zum Messen der Schnittkräfte beim Bohren. Werkst.-Techn. 49 (1959) 6, S. 302–308.
31. *Beyer, H.:* Zerspanungstemperatur und Verfahren zu ihrer Messung. HGF-Kurzbericht 73/29. Ind.-Anz. 95 (1973) 51, S. 1102–1103.
32. *Fischer, H.:* Der Wärmeübergang aus der Zerspanungszone beim Fräsen. ZwF 66 (1971) 3. S. 122–129.
33. *Lowack, H.:* Temperaturen an Hartmetalldrehwerkzeugen bei der Stahlzerspanung. Diss. TH Aachen 1967.
34. *Braiden, P. M.:* Tool-work thermocouple. Proc. Inst. Mech. Eng. 182–3G (1968) S. 68.
35. *Pesante, M.:* Proceding of Seminar on Metal Cutting. O.E.C.D., Paris 1966.
36. *Lenz, E.:* Die Temperaturmessung in der Kontaktzone Span-Werkzeug beim Drehvorgang. Ann. CIRP XIII (1966) S. 201–210.
37. *Küsters, K.:* Temperaturen im Schneidkeil spanender Werkzeuge. Diss. TH Aachen 1956.
38. *Mayer, E.:* Die Infrarot-Foto-Thermometrie – ein neues Arbeitsverfahren der Zerspanforschung. Diss. TU Berlin 1965.
39. *Boothroyd, G.:* Temperatures in Orthogonal Metal Cutting. Proc. Inst. Mech. Eng. 177 (1963) S. 789–810.
40. *Beyer, H.:* Fernseh-Thermographie – Ein Beitrag zur Erfassung der Temperaturverteilung am Drehmeißel. Diss. TU Berlin 1972.

41. *Opitz, H., König, W.:* Basic Research on the Wear of Carbide Cutting Tools, Machinability. Special Report 94. Iron Steel Inst., London 1970.
42. *Opitz, H.:* Basic Research on the Wear of High Speed Steel Cutting Tools. Conference on Materials for Metal Cutting, Scarborough. Iron Steel Inst., London 1970.
43. *Opitz, H., König, W., Diederich, N.:* Verbesserung der Zerspanbarkeit von unlegierten Baustählen durch nichtmetallische Einschlüsse bei Verwendung bestimmter Desoxidationslegierungen. Forschungsber. Nr. 1783 des Lds. Nordrh.-Westf. Westdeutscher Verlag, Köln, Opladen 1967.
44. *König, W.:* Der Einfluß nichtmetallischer Einschlüsse auf die Zerspanbarkeit von unlegierten Baustählen. Ind.-Anz. 87 (1965) 26, S. 463–470, 43, S. 845–850, u. 51, S. 1033–1038.
45. *Ehmer, H.–J.:* Gesetzmäßigkeiten des Freiflächenverschleißes an Hartmetallwerkzeugen. Ind.-Anz. 92 (1970) 79, S. 1861–1862.
46. *Ehmer, H.–J.:* Ursachen des Freiflächenverschleißes an HM-Drehwerkzeugen. Ind.-Anz. 92 (1970) 88, S. 2081–2084.
47. *Opitz, H., König, W., Neumann, W.–D.:* Einfluß verschiedener Schmelzen auf die Zerspanbarkeit von Gesenkschmiedestücken. Forschungsber. Nr. 1349 des Lds. Nordrh.-Westf. Westdeutscher Verlag, Köln, Opladen 1964.
48. *Opitz, H., König, W., Neumann, W.–D.:* Streuwertuntersuchungen der Zerspanbarkeit von Werkstücken aus verschiedenen Schmelzen des Stahles C 45. Forschungsber. Nr. 1601 des Lds. Nordrh.-Westf. Westdeutscher Verlag, Köln. Opladen 1966.
49. *Opitz, H., Gappisch, M., König, W., Pape, R., Wicher, A.:* Einfluß oxydischer Einschlüsse auf die Bearbeitbarkeit von Ck 45 mit Hartmetall-Drehwerkzeugen. Arch. Eisenhüttenwes. 33 (1962) 12, S. 841–851.
50. *Opitz, H., Eisele, F., Schallbroch, H.:* Vergleich der Ergebnisse von Zerspanbarkeitsuntersuchungen sowie von Gefüge- und Festigkeitsuntersuchungen an Einsatz- und Vergütungsstählen. Stahl u. Eisen 83 (1963) 20, S. 1209–1226, u. 21, S. 1302–1315.
51. *Schmalz, K., Meyer, B.:* Auswahl und Einsatz von Hartmetall-Fräswerkzeugen. Werkst. u. Betr. 98 (1965) 3, S. 155–162.
52. *Jonsson, H.:* Die Verwendung von Hartmetallschneidplatten beim unterbrochenen Schnitt. TZ prakt. Metallbearb. 68 (1974) 4, S. 139–142.
53. *Dworak, U.:* Herstellung und Eigenschaften der Schneidkeramik. Werkzeugmasch. internat. (1972) 4, S. 24–26.
54. *Opitz, H., Lehwald, W.:* Untersuchungen über den Einsatz von Hartmetallen beim Fräsen. Forschungsber. Nr. 1146 des Lds. Nordrh.-Westf. Westdeutscher Verlag, Köln, Opladen 1963.
55. *Domke, W.:* Werkstoffkunde und Werkstoffprüfung. Verlag W. Girardet, Essen 1974.
56. *Beckhaus, H.:* Einfluß der Kontaktbedingungen auf das Standverhalten von Fräswerkzeugen beim Stirnfräsen. Diss. TH Aachen 1969.
57. *König, W.:* Der Werkzeugverschleiß bei der spanenden Bearbeitung von Stahlwerkstoffen. Werkst.-Techn. 56 (1966) 5, S. 229–234.
58. *Haberling, E., Weigand, H. H.:* Legierungsoptimierung von Schnellarbeitsstählen. TZ prakt. Metallbearb. 70 (1976) 5, S. 139–144.
59. *Opitz, H., Gappisch, M.:* Die Aufbauschneidenbildung bei der spanenden Bearbeitung. Forschungsber. Nr. 1405 des Lds. Nordrh.-Westf. Westdeutscher Verlag, Köln, Opladen 1964.
60. *Hänsel, W.:* Oberflächenkennwerte als werkstückbezogene Standzeitkriterien. Ind.-Anz. 95 (1973) 97, S. 2305–2306.
61. *Opitz, H., Diederich, N.:* Untersuchungen der Ursachen für Abweichungen des Verschleißverhaltens spanabhebender Werkzeuge. Forschungsber. Nr. 2043 des Lds. Nordrh.-Westf. Westdeutscher Verlag, Köln, Opladen 1969.

62. *Pekelharing, A. I.:* Built-Ep Edge (BUE). Is the mechanism understand? Ann. CIRP 23 (1974) 2, S. 207–211.
63. *Schaller, E.:* Einfluß der Diffusion auf den Werkzeugverschleiß von Hartmetallwerkzeugen bei der Zerspanung von Stahl. Ind.-Anz. 87 (1965) 9, S. 137–142.
64. *Kiefer, R., Benesovsky, F.:* Hartmetalle, Springer-Verlag, Wien, New York 1965.
65. *Schaumann, R.:* Die Abhängigkeit der Fertigungskosten von der Haupt- und Nebenzeit. Werkzeugmasch. internat. (1973) 5, S. 39–41.
66. *Schaumann, R.:* Ermittlung und Berechnung der kostengünstigsten Standzeit und Schnittgeschwindigkeit. wt.-z.ind. Fertig. 60 (1970) 1, S. 14–21.
67. *Kronenberg, M.:* Grundzüge der Zerspanungslehre, Bd. 2: Mehrschneidige Zerspanung (Stirnfräsen, Bohren). Springer-Verlag, Berlin, Heidelberg, New York 1963.
68. *Kämmer, K.:* Erfahrungen bei der Anwendung der Temperaturstandzeit-Drehversuche mit ansteigender Schnittgeschwindigkeit. ZwF 67 (1972) 11, S. 592–600.
69. *Ruhfus, H.:* Wärmebehandlung der Eisenwerkstoffe. Verlag Stahleisen, Düsseldorf 1958.
70. *Uedelhoven, J.:* Spanende Werkzeuge in der modernen Fertigung. VDI-Verlag, Düsseldorf 1969.
71. *Bruins, D. H.:* Werkzeuge und Werkzeugmaschinen. Carl Hanser Verlag, München 1970.
72. *Bellmann, B., Sack, W.:* Schneidstoffe – Entwicklungsstand und Anwendung. Werkst. u. Betr. 108 (1975) 5, S. 257–271.
73. *König, W.:* Leistungssteigerung bei spanenden und abtragenden Bearbeitungsverfahren. Verlag W. Girardet, Essen 1971.
74. *Schaumann, R.:* Neue Richtwerttafeln für das Drehen mit Hartmetall. Masch.-Mkt. 75 (1969) 96, S. 2107–2113.
75. *Colding, B.:* Verschleißverhalten von beschichteten Hartmetallwerkzeugen. Fertig. 1 (1970) 1, S. 3–7.
76. *Scholl, P.:* Beschichtete Wendeschneidplatten. TZ prakt. Metallbearb. 70 (1976) 5, S. 158–160.
77. *Schedler, W.:* Für die meisten Anwendungsgruppen nur zwei Hartmetallsorten. Masch.-Mkt. 80 (1974) 68, S. 1320–1322.
78. *Bräuning, H.:* Eine besondere TiC-Beschichtung von HM-Wendeplatten für Fräswerkzeuge. VDI-Z. 116 (1974) 11, S. 878–882.
79. *Dzieyk, B.:* Fortschritte in der Zerspanungstechnik durch mehrlagige Hartmetallbeschichtung. TZ prakt. Metallbearb. 68 (1974) 6, S. 199–202.
80. *Anschütz, E.:* Erweiterte Anwendungsbereiche für Schneidkeramik. Werkzeugmasch. internat. (1973) 5, S. 39–41.
81. *Dworak, U., Gomoll, V.:* Wirtschaftlicher Einsatz von Schneidkeramik. ZwF 71 (1976) 10, S. 421–425.
82. *Schaumann, R.:* Stahlguß. Konstruieren + Gießen (1975) 6/7, S. 46–47.
83. *Gehring, R.:* Arbeitsrichtwerte für spanabhebende Bearbeitungsverfahren. TZ prakt. Metallbearb. 63 (1969) 4, S. 151–158 u. 5, S. 224–229.
84. *Kämmer, K.:* Die spanabhebende Bearbeitung von Gußeisen mit Lamellengraphit. Ind.-Anz. 97 (1975) 9, S. 179–182.
85. *Sadowy, M., Scheffer, H.:* Zerspanbarkeitsuntersuchungen an Qualitätsgußeisen. TZ prakt. Metallbearb. 69 (1975) 10, S. 315–319, u. 11, S. 352–358.
86. *König, W.:* Technologische Grundlagen zur Frage der Kühlschmierung bei der spanenden Bearbeitung metallischer Werkstoffe. Schmiertechn. (1972) 1, S. 7–12.
87. *Gottwein, K., Reichel, W.:* Kühlschmieren bei wirtschaftlicher Metallbearbeitung einschließlich Kühlmittelrückgewinnung und Werkstückentfettung. Carl Hanser Verlag, München 1953.

88. *Zwingmann, G.:* Wassermischbare Kühlschmierstoffe. Ind.-Anz. 95 (1973) 108, S. 2554–2558.
89. *Childs, T. H., Rowe, G. W.:* Collants and Lubricants. Rep. Progr. Phys. 36 (1973) 3, S. 225.
90. *Smart E. F., Trent, E. M.: Proc 15th Int. MTDR Conf. 187 (1975).*

*DIN-Normen*

DIN 4760 (7.60) Begriffe für die Gestalt von Oberflächen.
DIN 4990 (7.72) Zerspanungs-Anwendungsgruppen für Hartmetalle.
DIN 6580 (4.63) Begriffe der Zerspantechnik; Bewegungen und Geometrie des Zerspanvorganges.
DIN 6581 (5.66) Begriffe der Zerspantechnik; Geometrie am Schneidkeil des Werkzeuges.
DIN E 8589 T 1 (11.73) Fertigungsverfahren Spanen; Einordnung, Unterteilung, Übersicht, Begriffe.

*VDI-Richtlinien*

VDI 3332 (3.64) Spanleitstufen an hartmetallbestückten Drehmeißeln.

*AWF-Blätter*

AWF 158 (7.49) Richtwerte für das Drehen mit Schnellarbeitsstahl- und Hartmetallwerkzeugen.

*Stahl-Eisen-Prüfblätter*

1161–69 (12.69) Temperaturstandzeit-Drehversuch.
1162–69 (12.69) Verschleißstandzeit-Drehversuch.
1166–69 (12.69) Temperaturstandzeit-Drehversuch mit ansteigender Schnittgeschwindigkeit.
1178–69 (12.69) Zerspanungsversuche, Spanbeurteilung. 2. Ausg.

# 3 Werkstücksystematik

o. Prof. Dr.-Ing. Dipl.-Wirtsch.-Ing. W. Eversheim, Aachen

Im Bereich der Investitionsgüterindustrie werden die Erzeugnisse überwiegend in Kleinserien- oder Einzelfertigung hergestellt. Hohe Stückzahlen, die bei der Massenfertigung kostensenkende Rationalisierungsmaßnahmen ermöglichen, fehlen. Die Betriebsmittel lassen sich daher nicht auf spezielle Fertigungsarten zuschneiden. Der Anteil an nicht automatisierbaren Arbeiten bleibt relativ hoch.
Um trotz der Vielzahl unterschiedlicher Werkstücke Rationalisierungserfolge auch in der Einzel- und Kleinserienfertigung erzielen zu können, müssen sich diese Unternehmen einen Überblick über ihr Teilespektrum nach Art, Anzahl sowie Bearbeitungsanforderungen verschaffen. Voraussetzung dafür ist eine Beschreibung, die so auszulegen ist, daß Werkstücke nach unterschiedlichen Merkmalen – abhängig von der jeweiligen Zielsetzung – zu ordnen und zusammenzufassen sind. Dieses Ordnen sowohl der Informationen über die Werkstücke als auch der Werkstücke selbst ist Aufgabe der Werkstücksystematik.

## 3.1 Grundlagen der Werkstücksystematik

Jedes Werkstück wird durch eine bestimmte Anzahl von Merkmalen, wie z.B. Form, Formelemente, Dimensionen und Werkstoff, gekennzeichnet. Für die praktische Anwendung werden von diesen jedoch in der Regel nur einige wenige Beschreibungsgrößen benötigt. Die Ursache hierfür liegt darin, daß jeder Gegenstand aus verschiedenen Blickrichtungen untersucht und beschrieben werden kann und für die Aussage nur eine begrenzte Anzahl von Merkmalen relevant ist. Die jeweilige Beschreibungsrichtung ergibt sich aus dem Prozeß, dem das Werkstück unterworfen wird. So reichen für den Prozeß Transportieren eines Werkstücks vom Ort A zum Ort B die Beschreibungsmerkmale Gewicht und Abmessungen meist vollkommen aus. Das gleiche Werkstück muß dagegen bei anderen Prozessen, wie Handhaben, Lagern oder Verkaufen, mit anderen Merkmalen beschrieben werden. Im Bereich der Fertigung werden die erforderlichen Merkmale aufgrund des Fertigungsprozesses bestimmt. Die Werkstücksystematik ist dementsprechend als Analyse der Fertigungsaufgabe zu definieren (Bild 1) [1, 2]. Unter der Fertigung ist die Anwendung technologischer Verfahren, wie sie in DIN 8580 genormt sind, zu verstehen. Im Rahmen der weiteren Behandlung der Werkstücksystematik wird nur auf die Analyse der Anforderungen an spanende Verfahren eingegangen.
Zur Analyse der Anforderungen seitens der Werkstücke ist aus den Daten des Teilespektrums, wie z.B. Art, Lage und Genauigkeit der herzustellenden Flächen bzw. Gewicht der Werkstücke usw., ein Sollprofil der Bearbeitungsaufgaben zu ermitteln. Dieses Profil ist so aufgebaut, daß zu jedem Verfahren bzw. zu jeder Verfahrensvariante die Verteilung der erforderlichen Kapazität über der Zeit ersichtlich wird.
Analog zu diesem Sollprofil der Bearbeitungsaufgaben ist aus den Daten über die Betriebsmittel, wie z.B. Art, Abmessungen, Genauigkeit, Anzahl der Maschinen, Anordnung der Maschinen sowie zeitliche und technische Auslastung der Betriebsmittel, ein Istprofil der Bearbeitungsmöglichkeiten zu ermitteln.

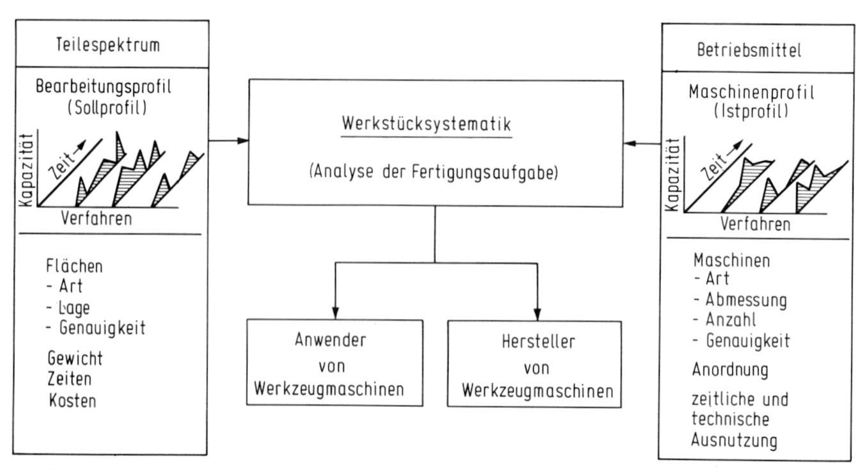


Bild 1. Definition der Werkstücksystematik

Aus der Gegenüberstellung der Profile lassen sich Maßnahmen sowohl für den Anwender als auch für den Hersteller von Werkzeugmaschinen ableiten. So kann der Anwender von Werkzeugmaschinen über die Auswertung des eigenen Teilespektrums und der bei ihm vorhandenen Betriebsmittel z. B. seine Fertigung neu strukturieren oder Investitionen planen. Der Hersteller von Werkzeugmaschinen kann auf der anderen Seite durch Auswertung repräsentativer Teilespektren einer oder mehrerer Branchen und aus den daraus resultierenden Fertigungsaufgaben seine Erzeugnisse den Anforderungen der Kunden anpassen.

Zur Durchführung einer Zuordnung von Bearbeitungsaufgabe und Bearbeitungsmöglichkeit, wie sie im Rahmen der Werkstücksystematik erfolgt, müssen das Werkstück und die verfügbaren Fertigungsmittel mit Hilfe geeigneter Merkmale beschrieben und miteinander verglichen werden. Bild 2 zeigt die Beschreibungsmerkmale am Beispiel von zwei Werkstücken und den zu ihrer Bearbeitung vorgesehenen Maschinen.

Die Beschreibungsmerkmale sind in dieser Darstellung bei den Werkstücken nach den Kriterien Roh- und Fertigteilgeometrie, Werkstoff, organisatorische Daten und wirtschaftliche Daten sowie bei den Werkzeugmaschinen nach Kinematik, Werkzeugen, Spannmitteln, Zerspanungsdaten, organisatorischen Daten und wirtschaftlichen Daten geordnet. Die Zuordnung geschieht in sich jeweils entsprechenden Gruppen der Beschreibungsmerkmale von Werkstück und Fertigungsmitteln. Zu beachten ist dabei, daß eine einmal getroffene Zuordnung nicht unbedingt unverändert ihre Gültigkeit behält, sondern von den Änderungen der Fertigungsaufgabe abhängig ist. Solche Änderungen können von seiten des Teilespektrums hervorgerufen werden durch Eliminieren von Produkten aus dem Programm, Aufnahme neuer Produkte in das Programm, Änderungen an Einzelteilen aufgrund von Ergebnissen aus der Wertanalyse und Änderungen von Auftragsdaten, wie Stückzahlen und Terminen.

Auf der Seite der Betriebsmittel ergeben sich Änderungen der Bearbeitungsmöglichkeiten aufgrund von Verkauf, Verschrottung alter Betriebsmittel, Neuanschaffung von Betriebsmitteln, Änderung der Ausrüstung von Betriebsmitteln und Änderung der Anordnung bzw. der Fertigungsstruktur.

Eine einmal durchgeführte Untersuchung behält daher je nach Auftreten der geschilderten Änderungen nur eine kurze Zeit ihre Gültigkeit. Um die Gültigkeit der Planungsergebnisse langfristig sicherstellen zu können, ist eine flexible Planung erforderlich. Ziel

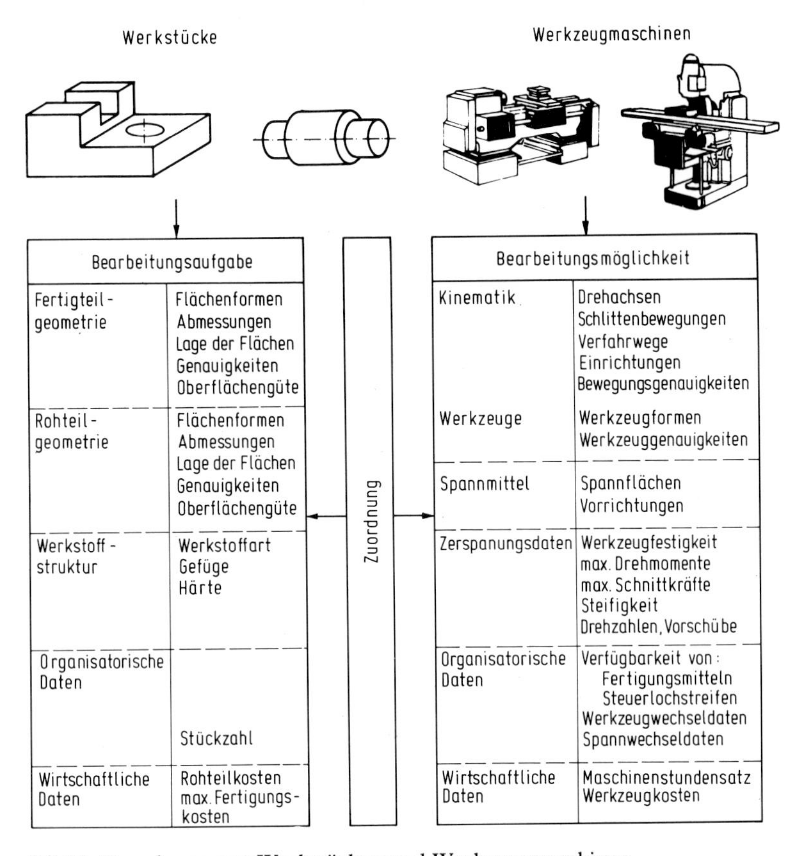

Werkstücke
Werkzeugmaschinen
Bearbeitungsaufgabe
Fertigteil-geometrie
Flächenformen
Abmessungen
Lage der Flächen
Genauigkeiten
Oberflächengüte
Rohteil-geometrie
Flächenformen
Abmessungen
Lage der Flächen
Genauigkeiten
Oberflächengüte
Werkstoff-struktur
Werkstoffart
Gefüge
Härte
Organisatorische Daten
Stückzahl
Wirtschaftliche Daten
Rohteilkosten
max. Fertigungs-kosten
Zuordnung
Bearbeitungsmöglichkeit
Kinematik
Drehachsen
Schlittenbewegungen
Verfahrwege
Einrichtungen
Bewegungsgenauigkeiten
Werkzeuge
Werkzeugformen
Werkzeuggenauigkeiten
Spannmittel
Spannflächen
Vorrichtungen
Zerspanungsdaten
Werkzeugfestigkeit
max. Drehmomente
max. Schnittkräfte
Steifigkeit
Drehzahlen, Vorschübe
Organisatorische Daten
Verfügbarkeit von:
Fertigungsmitteln
Steuerlochstreifen
Werkzeugwechseldaten
Spannwechseldaten
Wirtschaftliche Daten
Maschinenstundensatz
Werkzeugkosten


Bild 2. Zuordnung von Werkstücken und Werkzeugmaschinen

dieser Planungsart ist es, durch Variation der Ausgangsdaten und Zielgrößen die Auswirkungen von Änderungen des Teilespektrums bzw. der Betriebsmittel auf die erwarteten Ergebnisse zu ermitteln. Diese zusätzlichen Erkenntnisse ermöglichen es, unnötige Risiken bei Entscheidungen auf der Grundlage der Ergebnisse der Werkstücksystematik zu umgehen und bei gravierenden Änderungen der Ausgangsdaten eine neue Planung einzuleiten.

## 3.2 Ziele der Werkstücksystematik

Die in der Werkstücksystematik aus Daten des Teilespektrums und Maschinendaten ermittelten Fertigungsaufgaben bieten, nach unterschiedlichen Strategien ausgewertet, die Grundlage für eine Vielzahl von Planungs- und Rationalisierungsaufgaben. Diese möglichen Ziele bei der Anwendung der Werkstücksystematik sind in Bild 3, getrennt nach den Gruppen der Anwender und Hersteller von Werkzeugmaschinen, aufgeführt. Hauptziel der Anwender von Werkzeugmaschinen ist es, die Produktivität durch besser angepaßte Betriebsmittel und Betriebseinrichtungen, höheren Automatisierungsgrad, Einsparung von losabhängigen Kosten sowie durch Rationalisierung der Konstruktionsarbeit und der Arbeitsvorbereitung zu erhöhen.

Das Hauptziel der Werkstücksystematik ist für die zweite Gruppe, die Hersteller von Werkzeugmaschinen, die von ihnen gefertigten Werkzeugmaschinen auf die Forderungen der Märkte, die sie beliefern, abzustimmen. Diese Abstimmung beinhaltet dabei sowohl Produktänderungen, wie z. B. Erhöhung der Leistung, Verbesserung der Ausrüstung und Automatisierung der Maschinenfunktionen, als auch Neuentwicklung von Maschinen und Ausrüstungen. Diese Neuentwicklungen können dabei je nach Anforderungen des Marktes speziell auf eine Fertigungsaufgabe ausgelegt oder aber für ein größeres Spektrum an Fertigungsaufgaben ausgelegt sein. Um diese unterschiedlichen Erfordernisse erkennen zu können, benötigt der Hersteller von Werkzeugmaschinen eine repräsentative Aussage über die momentanen Fertigungsaufgaben aus dem Abnehmerkreis seiner Maschinen sowie über die zukünftigen Entwicklungen dieser Aufgaben.

Diese globalen Ziele sind, aufgegliedert in Teilziele, den Bereichen Konstruktion und Arbeitsvorbereitung sowie Fertigung und Montage zugeordnet (Bild 3). Eine Aufteilung ist wegen der unterschiedlichen Aspekte in diesen Gruppen erforderlich. So wird in Konstruktion und Arbeitsvorbereitung aus der Analyse der Fertigungsaufgaben des jeweiligen Unternehmens das Teilespektrum durch Maßnahmen, wie fertigungsgerechte Konstruktion, Relativkostenkataloge, Bildung von Teilefamilien u. dgl., beeinflußt und somit die Bearbeitungsaufgabe geändert.

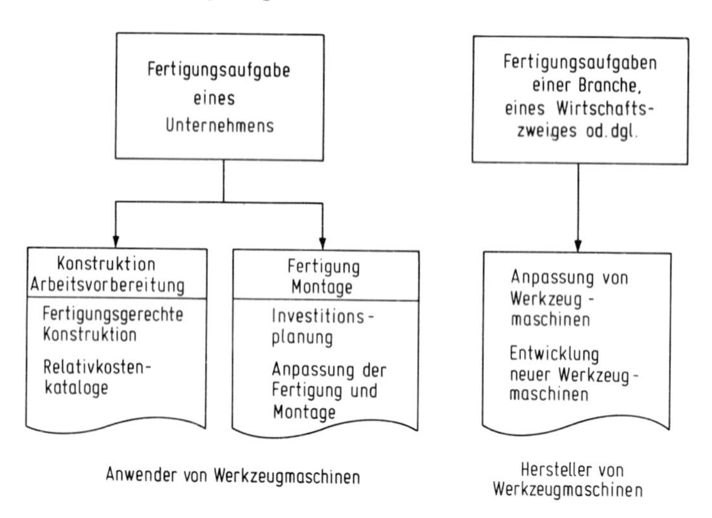


Bild 3. Mögliche Ziele der Werkstücksystematik

Demgegenüber werden in der Fertigung und Montage die Bearbeitungsmöglichkeiten mit dem Ziel beeinflußt, eine optimale Zuordnung von Bearbeitungsaufgabe zu Bearbeitungsmöglichkeit zu realisieren. Um dieses Ziel zu erreichen, bedient man sich u. a. der Investitionsplanung oder der Anpassung der Fertigung und Montage, z. B. durch Änderung der Fertigungsorganisation.

Im Gegensatz zum Hersteller von Werkzeugmaschinen benötigt deren Anwender zum Realisieren seiner Ziele nur die Analyse seiner eigenen Fertigungsaufgaben. Er muß dabei jedoch die möglichen Änderungen dieser Aufgaben aufgrund von Entwicklungstrends berücksichtigen. Läßt er diese Einflußgrößen außer Acht, so läuft er Gefahr, daß seine Planungsergebnisse z. B. durch Änderungen des Marktes und durch Änderungen am Produktionsprogramm in kurzer Zeit ihre Gültigkeit verlieren.

Die im Rahmen der Werkstücksystematik verfolgten Ziele, die vorstehend grob skizziert wurden, sollen nachfolgend für die einzelnen Produktionsbereiche näher erläutert werden. Dabei zu beachtende Besonderheiten und Randbedingungen werden aufgezeigt.

### 3.2.1 Ziele des Anwenders von Werkzeugmaschinen in den Bereichen Konstruktion und Arbeitsvorbereitung

Die Verlagerung von Tätigkeiten aus der Fertigung in die Arbeitsvorbereitung und den Konstruktionsbereich stellt zusätzliche Anforderungen an die in diesen Bereichen beschäftigten Mitarbeiter. So erfordert der Einsatz von NC-Maschinen oder Bearbeitungszentren für den Konstukteur eine Präzisierung des technologischen und organisatorischen Fertigungsablaufs, z. B. eine der Programmiertechnik angepaßte Bemaßung, exakte Angaben über Form, Art und Zustand des Rohteils oder eine Formgestaltung, die Weg- und Kollisionsberechnungen zwischen Werkzeug und Werkstück vereinfacht.
Berücksichtigt man weiterhin die Tendenzen der kundenwunschabhängigen Sonderanfertigung, die eine Verlagerung von der Kleinserien- zur Einzelfertigung bewirken, so ist für die Zukunft mit noch höheren Anforderungen in den Bereichen Konstruktion und Arbeitsvorbereitung zu rechnen. Ein generelles Ziel der Unternehmen ist aus diesen Gründen die Rationalisierung der Konstruktion und Arbeitsvorbereitung. Die Rationalisierung umfaßt dabei nicht nur Maßnahmen, die in den Bereichen selbst wirksam werden, sondern auch solche, die in den nachgeschalteten Unternehmensbereichen zu Zeit- und Kostenvorteilen führen.
In der Konstruktion ist es daher das Ziel der Werkstücksystematik, Hilfsmittel zu erstellen, mit denen der Konstrukteur seine Aufgabe schneller und besser erfüllen kann. Solche Hilfsmittel sind z. B. Normen, Wiederholteilkataloge und Sortenzeichnungen. Durch die Anwendung dieser Hilfsmittel wird die Teilevielfalt und somit auch die Vielfalt unterschiedlicher Fertigungsaufgaben des Unternehmens reduziert. Zum anderen sollen für den Konstrukteur Unterlagen erstellt werden, die eine fertigungsgerechte Konstruktion ermöglichen, wie z. B. Relativkostenkataloge und auf die Betriebsmittel abgestimmte Konstruktionsrichtlinien. Diese aufgrund der hohen Kostenverantwortung des Konstrukteurs besonders wichtige Zielsetzung wird heute noch vielfach vernachlässigt.
Im Bereich der Arbeitsvorbereitung ist es das Ziel der Werkstücksystematik, Hilfsmittel, wie z. B. Kalkulationskataloge und Standardarbeitsablaufpläne, zu erarbeiten, die es ermöglichen, auf vorhandene Unterlagen zurückzugreifen und somit die erforderlichen Arbeitsunterlagen schneller und sicherer erstellen zu können.

### 3.2.2 Ziele des Anwenders von Werkzeugmaschinen in den Bereichen Fertigung und Montage

Die Hauptaufgabe der Werkstücksystematik für die Anwender von Werkzeugmaschinen ist es, die Bearbeitungsmöglichkeiten an die Bearbeitungsaufgaben weitgehend anzupassen. Um dies zu erreichen, müssen sowohl die Art der Fertigungsmittel als auch deren Anordnung geplant werden (Bild 4). Aufgabe der Fertigungsmittelplanung ist es dabei, die erforderlichen Verfahren, Eigenschaften, Einrichtungen und den geeigneten Automatisierungsgrad der Fertigungseinrichtungen zu bestimmen. Im Anschluß daran werden in der Materialflußplanung Fertigungsprinzip, Organisation und Verknüpfungsgrad der Fertigungseinrichtungen und der Materialfluß festgelegt. Um zukunftssichere Ergeb-

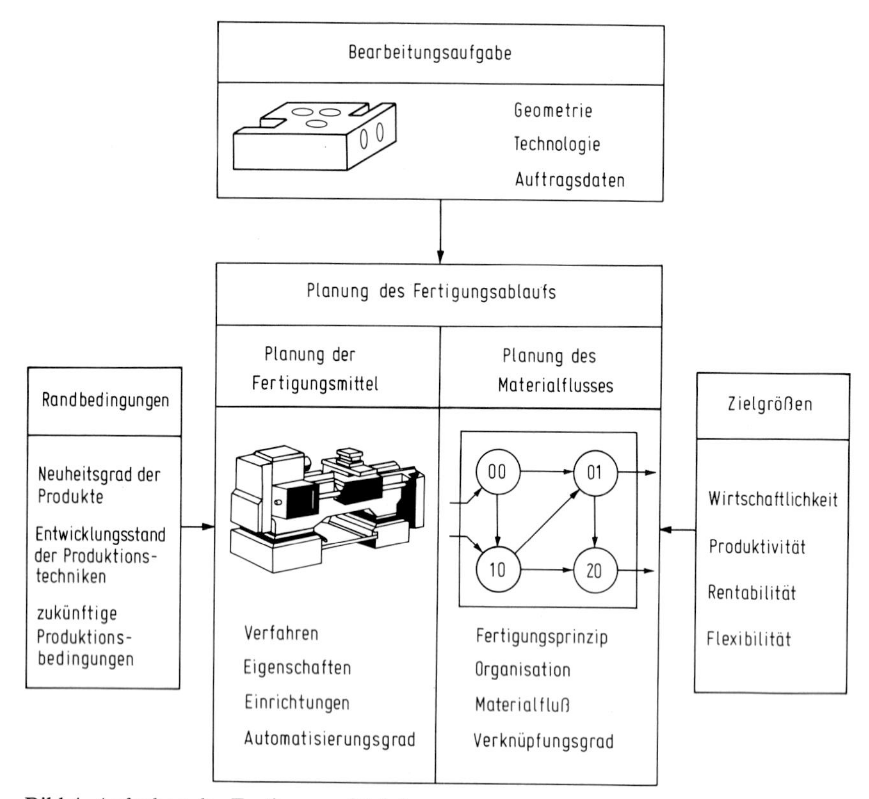


Bild 4. Aufgaben der Fertigungsmittelplanung

nisse zu erhalten und um eine Übereinstimmung mit den Unternehmenszielen zu gewährleisten, sind bei den Planungsaufgaben Randbedingungen, wie z.B. Neuheitsgrad der Produkte, Entwicklungsstand der Produktionstechniken und zukünftige Produktionsbedingungen, sowie Zielgrößen, wie Wirtschaftlichkeit, Produktivität, Rentabilität und Flexibilität, zu berücksichtigen.

### 3.2.2.1 Planung von Fertigungsmitteln

Im ersten Schritt der Planung von Fertigungsmitteln sind Werkstückgruppen zu bilden, sog. Teilefamilien, die in ihren charakteristischen Bearbeitungsanforderungen weitgehend übereinstimmen und den Bearbeitungsmöglichkeiten einer bestimmten Fertigungstechnik entsprechen. Diese Planung erstreckt sich sowohl auf die konventionelle als auch auf die automatisierte Bearbeitung. Zur Ermittlung der Werkstückgruppen für eine automatisierte Bearbeitung wird dabei zweckmäßig ein Bewertungsverfahren angewendet, das durch eine Beurteilung geometrischer und technologischer Werkstückmerkmale, wie Anzahl der Formelemente, Rüst- und Nebenzeiten, Rückschlüsse auf eine wirtschaftliche, automatische Fertigung erlaubt.
Die Festlegung der Fertigungsmittel beginnt mit der eigentlichen Verfahrensplanung. Dazu werden anhand der in den Arbeitsplänen enthaltenen Arbeitsvorgänge die verschiedenen Verfahren im einzelnen bestimmt. Diese Planung beruht auf einer technischen und zeitlich-wirtschaftlichen Zuordnung von Werkstückmerkmalen zu technologisch geeigneten Verfahren und Funktionen der Fertigung.

Sind die Verfahren je Arbeitsvorgang ermittelt, muß eine Kapazitätsplanung vorgenommen werden. Sie erfolgt in der Weise, daß anhand der Rüst- und Stückzeiten die Belegungszeiten je Verfahren unter Einbeziehung der Losgröße sowie der im Produktionsprogramm vorgegebenen Stückzahlen je Planperiode ermittelt werden.
Nach der kapazitätsbezogenen Verfahrensplanung müssen die verschiedenen Eigenschaften der benötigten Fertigungseinrichtungen ermittelt werden. Als Eigenschaften sind in diesem Zusammenhang alle Merkmale zu verstehen, die neben dem Verfahren die Funktionsfähigkeit der jeweiligen Einrichtung gewährleisten, so z.B. der Arbeitsraum, die Leistung, die Bewegungsachsen, die Spindeln und der Automatisierungsgrad. Zur Beurteilung und Auswahl müssen im einzelnen Verfahrensvergleiche durchgeführt und die wirtschaftlichen Automatisierungsgrade je Werkstückgruppe ermittelt werden (Bild 5). Als Kriterien für den voraussichtlichen wirtschaftlichen Erfolg können die Zeitanteile der Auftrags- und Durchlaufzeiten von Werkstücken herangezogen und die angegebenen Zeitverhältnisse, z.B. der Hauptzeiten zu der Auftragszeit, als relative Kenngrößen verwendet werden. Bei der konventionellen Fertigung nehmen beispielsweise die unproduktiven Zeiten an der Auftragszeit, d.h. die Rüst-, Neben- und Verteilzeiten, erheblich mit den Bearbeitungsanforderungen zu, wenn das Werkstück verschiedenartige Bearbeitungsverfahren erfordert und daher mehrere Maschinen umzurüsten sind, wenn das Werkstück an mehreren Flächen, d.h. in mehreren Angriffsrichtungen, zu bearbeiten ist und dazu umgespannt werden muß, wenn das Werkstück an den Flächen

A) Anpassung der Fertigungsmittel

| Kriterium | Kenngröße | mögliche Ursachen für hohen Wert der Kenngröße | Verbesserung der Kenngröße durch | | | | |
|---|---|---|---|---|---|---|---|
| | | | mehrschneidige Bearbeitung | mehrachsige Bearbeitung | mehrartige Bearbeitung | Werkzeugwechseleinrichtungen u. Werkzeugmagazine | Werkstückwechseleinrichtungen u. Werkstückträger |
| Hauptzeit | $\frac{\Sigma \text{Hauptzeit}}{\text{Auftragzeit}}$ | Zahl gleicher oder ähnlicher Bearbeitungsstellen mit gleicher Angriffsrichtung | ● | | | | |
| Nebenzeit | $\frac{\Sigma \text{Nebenzeit}}{\text{Auftragzeit}}$ | Zahl unterschiedlicher Werkzeuge | | | | | |
| | | Zahl gleicher Bearbeitungsstellen mit ungleichen Angriffsrichtungen | | ● | | | |
| | | Zahl ungleicher Bearbeitungsstellen mit gleicher Angriffsrichtung | | ● | ● | | |
| | | Zahl Bearbeitungsstellen mit unterschiedlicher Angriffsrichtung | | ● | ● | | |
| Rüstzeit | $\frac{\Sigma \text{Rüstzeit}}{\text{Auftragzeit}}$ | Vielzahl und Auftragsstückzahl unterschiedlicher Werkstücke | | ● | ● | ● | ● |

B) Automatisierung der Fertigungsmittel

| Kriterium | Kenngröße | mögliche Ursachen für hohen Wert der Kenngröße | Verbesserung der Kenngröße durch | | | |
|---|---|---|---|---|---|---|
| | | | adaptive Regelung | automat. Positionieren | automat. Werkzeugwechsel | automat. Werkstückwechsel |
| Hauptzeit | $\frac{\Sigma \text{Hauptzeit}}{\text{Auftragzeit}}$ | Zeitspanungsvolumen | ● | | | |
| Nebenzeit | $\frac{\Sigma \text{Nebenzeit}}{\text{Auftragzeit}}$ | Zahl der Bearbeitungsstellen | | ● | | |
| | | Zahl der Werkzeuge | | ● | ● | |
| | | Zahl der Angriffsrichtungen | | ● | | |
| | | Zahl der Aufspannungen | | ● | | ● |
| Rüstzeit | $\frac{\Sigma \text{Rüstzeit}}{\text{Auftragzeit}}$ | Aufwand für Vorbereitung der Werkzeuge | | | ● | |
| | | Aufwand für Vorbereitung der Spannmittel, Meßmittel, Vorrichtungen | | ● | ● | ● |

Bild 5. Kriterien zur Anpassung und Automatisierung der Fertigungsmittel

eine Vielzahl von Bearbeitungsstellen aufweist und wenn an den einzelnen Bearbeitungsstellen unterschiedliche Werkzeuge eingesetzt werden müssen.
Zur Verringerung dieser unproduktiven Zeiten und damit zur Verbesserung der angegebenen Kenngrößen können die in Bild 5 A angesprochenen Maßnahmen ergriffen werden, die auf eine weitgehende Anpassung der Fertigungsmittel hinsichtlich der Bauart und der Einrichtung abzielen. In Bild 5 B sind außerdem die jeweils geeigneten Maßnahmen zur Automatisierung der Fertigungsmittel aufgeführt.
Im letzten Schritt der Planung von Fertigungsmitteln erfolgt die Auswahl der Maschinen durch eine Beurteilung nicht quantifizierbarer Faktoren hinsichtlich technischer, organisatorischer, wirtschaftlicher und personalbezogener Kriterien und einen Wirtschaftlichkeitsvergleich, um die insgesamt günstigste Lösung zu ermitteln.

### 3.2.2.2 Planung des Materialflusses

Das zweite Teilziel einer Werkstücksystematik in Fertigung und Montage der Anwender von Werkzeugmaschinen ist die Planung des Materialflusses. Ausgehend von der Abgrenzung einzelner Werkstückgruppen und der Festlegung der Fertigungsmittel kann der Materialfluß geplant werden. Zur Durchführung dieser Planung sind die folgenden Schritte abzuwickeln: Analyse der Arbeitsvorgangsfolgen, Untersuchung der Anwendbarkeit höherer Organisationsformen, Planung der Anordnungsstruktur und Untersuchung des Fertigungsablaufs im Hinblick auf eine Beeinflussung der Maschinenauslastung durch Engpässe.

| | Fertigungsprinzip | Werkstättenfertigung | Gruppenfertigung | Fließfertigung |
|---|---|---|---|---|
| | Aufbauprinzip | R → (D)(D)(D) → Z → | R → (D)(F)(B)(S) → F | R → (D) → (B) → (F) → (S) → F |
| Kenngrößen | Verantwortungsbereich | Werkstatteilbereich | Fertigungsgruppe | Fertigungslinie |
| | Art der Verfahren | gleichartig | verschiedenartig | verschiedenartig |
| | Anordnung der Verfahren | beliebig | gruppenförmig | reihenförmig |
| | Materialfluß | variabel | variabel | gerichtet |
| | Bearbeitungsumfang | Teilbearbeitung | Komplettbearbeitung | Komplettbearbeitung |
| | Ausrichtungsgrundlage | Verfahren | Werkstück bzw. Verfahren | Werkstück |
| Bearbeitungseigenschaften | Technische Nutzung | gering | mittel | hoch |
| | Raumbedarf | groß | gering | gering |
| | Liege- und Wartezeiten | groß | gering | gering |
| | Durchlaufzeiten | groß | gering | gering |
| | Kapazitätsauslastung | mittel | gut | gering |
| | Terminverfolgung | schlecht | gut | gut |
| | Kostenverrechnung | ungenau | genau | genau |
| | Steuerungsaufwand | hoch | mittel | gering |
| | Kapitalbindung | hoch | gering | gering |
| | Flexibilität | groß | mittel | gering |

Bild 6. Eigenschaften verschiedener Fertigungsprinzipien
(B) Bohren, (D) Drehen, (F) Fräsen, (S) Schleifen, [F] Fertigteillager, [R] Rohteillager, [Z] Zwischenlager, ——▸ Materialfluß, ---- Systemgrenze

Die Analyse der Arbeitsvorgangsfolgen hinsichtlich der Folge der anzusteuernden Maschinen, der Häufigkeit von einzelnen Verfahrenskombinationen und der Transporthäufigkeit liefert das Mengengerüst zur Charakterisierung des Materialflusses. Aufgrund dieses Mengengerüsts ist zu überprüfen, inwieweit sich höhere Organisationsformen, wie z. B. die Gruppen- oder Fließfertigung, anwenden lassen (Bild 6). Jede dieser Organisationsformen weist unterschiedliche Aufbauprinzipien, Systemkenngrößen und Bearbeitungseigenschaften auf. Daraus geht hervor, daß bei der Werkstättenfertigung innerhalb eines Bereichs nur eine Teilbearbeitung der Werkstücke vorgenommen wird. Im Gegensatz dazu erfolgt sowohl bei der Gruppenfertigung als auch bei der Fließfertigung mit verschiedenen, reihenförmig angeordneten Verfahren eine Komplettbearbeitung der Werkstücke. Diese beiden Organisationsformen unterscheiden sich im wesentlichen dadurch, daß bei der Gruppenfertigung ein variabler Materialfluß vorliegt, der bei der Fließfertigung dagegen vorwiegend in einer Richtung verläuft.
Infolge dieser Eigenschaften können mit dem Einsatz der Gruppen- bzw. Fließfertigung im Vergleich zur Werkstättenfertigung erhebliche Vorteile erzielt werden. Sie liegen vor allem in geringeren Liege- und Wartezeiten und damit kürzeren Durchlaufzeiten, in einer daraus resultierenden geringeren Kapitalbindung, einem geringeren Raumbedarf, einem beschleunigten Materialfluß und in einer besseren Terminverfolgung.

| Beurteilungskriterium | | Fertigungsprinzip | | |
|---|---|---|---|---|
| | | Werkstätten-fertigung | Gruppen-fertigung | Fließ-fertigung |
| Werkstück | Formähnlichkeit | ○ | ● | ◑ |
| | Formgleichheit | ○ | ◑ | ● |
| | Übereinstimmung der Abmessungsbereiche | ○ | ● | ◑ |
| | Technologische Ähnlichkeit | ○ | ● | ● |
| Verfahren | Kompliziertheit der Arbeitsvorgänge je Werkstück | ● | ◑ | ◑ |
| | Gleichheit der Arbeitsvorgänge je Werkstück | ○ | ● | ● |
| | Gleichheit der Arbeitsvorgangsfolgen je Werkstück | ○ | ◑ | ● |
| | Große Anzahl Arbeitsvorgänge je Werkstück | ○ | ◑ | ● |
| | Starke Unterschiede in den Bearbeitungszeiten | ● | ● | ○ |
| Organisation | Große Losstückzahlen | ○ | ◑ | ● |
| | Große Losfrequenzen | ● | ◑ | ○ |
| | Hohe Anforderungen an Arbeitsinhalte | ● | ◑ | ○ |
| | Hohe Anforderungen an Steuerung u. Terminverfolgung | ○ | ● | ● |
| | Hohe Anforderungen an Kostenzuordnung | ○ | ◑ | ● |

Bild 7. Einsatzeignung verschiedener Fertigungsprinzipien
Eignung: ○ gering, ◑ mittelmäßig, ● gut

Während die Gruppenfertigung eine gute Kapazitätsauslastung der Fertigungseinrichtungen ermöglicht, liegt der spezielle Vorteil der Fließfertigung in einem geringeren Steuerungsaufwand. Um die Vorteile der genannten Organisationsprinzipien nutzen zu können, müssen sie auf ihren wirtschaftlichen Einsatz hin überprüft werden. Dies geschieht anhand von geeigneten Beurteilungskriterien, wie z. B. der Anzahl von Arbeitsvorgängen je Werkstück oder der Losgröße. In Bild 7 sind die charakteristischen Einsatzmöglichkeiten der verschiedenen Fertigungsprinzipien für die wichtigsten Beurteilungskriterien zusammengefaßt.
Wie hieraus hervorgeht, ist eine Gruppen- und Fließfertigung immer dann geeignet, wenn die Werkstücke sowohl in ihrer Geometrie und Technologie als auch in der Art und Anzahl der je Teil durchzuführenden Arbeitsvorgänge gleich bzw. ähnlich sind. Darüber hinaus ist ihr Einsatz vorteilhaft, wenn durch die Bearbeitungsaufgabe hohe Anforderungen an die Steuerung, die Terminverfolgung sowie an die Kostenzuordnung gestellt werden. Komplizierte Werkstücke mit starken Schwankungen in den Bearbeitungszeiten und großen Losfrequenzen eignen sich dagegen mehr für das Prinzip der Werkstättenfertigung.
Zum Abschluß der Materialflußplanung ist die gewählte Struktur im Hinblick auf Engpaßmaschinen bzw. auf die Beeinflussung der Maschinenauslastung durch ablaufbedingte Wartezeiten zu untersuchen. Die Vielzahl der Einflußgrößen und die vielfältigen Kombinationsmöglichkeiten der Auftragszusammensetzung lassen den Einsatz neuzeitlicher Methoden, wie z. B. der Simulation des Fertigungsablaufs auf einer EDV-Anlage, zweckmäßig erscheinen. Mit derartigen Methoden wird eine schrittweise Optimierung der Maschinenanordnung und damit des Materialflusses erreicht.

### 3.2.3 Anforderungen an Werkzeugmaschinen

Zur Ermittlung dieser Anforderungen sind zunächst die einzelnen Fertigungsaufgaben zu erfassen und hinsichtlich der Auswirkungen auf das Produktprogramm des Herstellers zu analysieren. Dazu werden Daten über die zu fertigenden Werkstücke seiner Kunden, wie Art, Größenklasse, Gewicht, Werkstoff, besondere Formelemente, Genauigkeiten sowie Stückzahlen erfaßt und den z. Z. produzierten Werkzeugmaschinen einschließlich Vorrichtungen, Werkzeugen und sonstigen Einrichtungen gegenübergestellt. Aus diesem Vergleich von Sollprofil der Bearbeitungsanforderungen mit dem Istprofil der Bearbeitungsmöglichkeiten der z. Z. vom Hersteller angebotenen Werkzeugmaschinen lassen sich Anpassungsmaßnahmen hinsichtlich Art und Größenklassen der Maschinen sowie zusätzlich erforderlicher Vorrichtungen und Einrichtungen ableiten. Darüber hinaus sind – unter Einbeziehung wirtschaftlicher Kenngrößen – Aussagen über Ansatzpunkte zur Automatisierung von Maschinenfunktionen, Entwicklung von Ausrüstungen zur Verkettung von Maschinen sowie zur Erhöhung der Maschinenleistung möglich.
Bei dieser quasistatischen Betrachtungsweise ist jedoch zu berücksichtigen, daß sich aufgrund des schnellen technologischen Wandels sowie der Verkürzung der wirtschaftlichen und technischen Lebensdauer der Produkte der Anwender von Werkzeugmaschinen die Fertigungsaufgaben in immer schnellerem Maße ändern. So sind zum einen bei den Einzelteilen Tendenzen zu größeren, komplexeren Werkstücken und höheren Genauigkeitsanforderungen zu verfolgen. Zum anderen werden durch die Entwicklung im technologischen Bereich bei gleichbleibender Aufgabenstellung die Funktionsträger substituiert und dadurch bisherige Fertigungsaufgaben durch anders geartete ersetzt. Als

extremes Beispiel für diese Entwicklung kann auf die Substitution der mechanischen durch elektronische Rechenmaschinen hingewiesen werden.
Langfristig ist es daher für den Werkzeugmaschinenhersteller wichtig zu wissen, wo die zukünftigen Einsatzbereiche für seine Produkte liegen und welche Konsequenzen sich aus den daraus resultierenden Fertigungsaufgaben für sein Produkt ergeben. Nur so kann gewährleistet werden, daß der Hersteller von Werkzeugmaschinen seine bisherige Marktstellung auch zukünftig behaupten bzw. ausbauen kann.
Zur Verwirklichung dieser Ziele kann die Werkstücksystematik eine große Hilfe leisten. Bei ihrer Anwendung ist es zweckmäßig, in vier Schritten vorzugehen. Im ersten Schritt werden zusätzlich zu den bisherigen Abnehmerbereichen neue mögliche Bereiche ermittelt. Um die erfolgversprechenden Bereiche abgrenzen zu können, ist darauf im zweiten Schritt deren Entwicklung zu analysieren und zu prognostizieren. Im dritten und vierten Schritt schließen sich die Ermittlung der zukünftigen Fertigungsaufgaben der Anwender von Werkzeugmaschinen aus diesen Bereichen und die Anpassung der vorhandenen Werkzeugmaschinen an diese Fertigungsaufgaben an. Ist durch Maßnahmen zur Anpassung von Werkzeugmaschinen eine sinnvolle Erfüllung der zukünftigen Bearbeitungsanforderungen nicht mehr zu erreichen, wird als weitestreichendes Ergebnis der Werkstücksystematik die Entwicklung eines neuen Fertigungsmittels eingeleitet.

## 3.3 Ermittlung und Interpretation der Daten

Nachdem die Ziele und möglichen Anwendungsbereiche der Werkstücksystematik seitens der Anwender und Hersteller von Werkzeugmaschinen beschrieben wurden, soll nun aufgezeigt werden, wie die Daten zur Ermittlung der Fertigungsaufgaben bereitgestellt, aufbereitet und interpretiert werden können.
Generell ist es dabei unerheblich, ob es sich um die Analyse der Fertigungsaufgaben eines Unternehmens – für den Anwender von Werkzeugmaschinen – oder mehrerer Unternehmen – für den Hersteller von Werkzeugmaschinen – handelt. Der Unterschied zwischen beiden Anwendungsfällen liegt nur in der Herkunft und im möglichen Detaillierungsgrad der Daten begründet. Während der Hersteller von Werkzeugmaschinen sich die Daten über die Teilespektren verschiedener Unternehmen beschaffen muß, kann der Anwender von Werkzeugmaschinen die erforderlichen Daten im eigenen Unternehmen beschaffen, wobei der Detaillierungsgrad allein eine Frage der beabsichtigten Genauigkeit ist. Aus diesem Grund soll die Erfassung und Auswertung von Daten am komplexen Beispiel der innerbetrieblichen Analyse des Werkstückspektrums und der vorhandenen Betriebsmittel gezeigt werden.
Da der Aufwand für die Analyse der Fertigungsaufgaben eines Unternehmens in entscheidendem Maße durch die angestrebte Planungsgenauigkeit und damit durch das Datenvolumen beeinflußt wird, ist eine Beschränkung auf die unbedingt notwendigen Informationen erforderlich. Die Notwendigkeit hierzu läßt sich aus dem Aufwand ablesen, der z. B. bei einer Erfassung von rd. 800 Teilen eines Erzeugnisses der Kraftwerksindustrie bei einem durchschnittlichen Datenvolumen von etwa 60 Informationen pro Teil etwa 60 Manntage betrug. Durch den Einsatz von EDV-Anlagen für datenintensive Planungsschritte läßt sich trotzdem eine schnelle Durchführung bei hohem Genauigkeitsgrad erreichen.
Zur systematischen Organisation der Informationsaufbereitung bietet sich dabei folgende, in zahlreichen Unternehmen erprobte Vorgehensweise an [11] (Bild 8):

1. Umfassende Zusammenstellung aller benötigten Informationsunterlagen, wobei zwei Gruppen unterschieden werden können:
   a) Informationsträger zur Kennzeichnung der *Bearbeitungsaufgaben,* so vor allem das Produktionsprogramm sowie die verschiedenen Fertigungsunterlagen, wie z.B. Zeichnungen und Arbeitspläne,
   b) Informationsunterlagen, in denen das vorhandene Potential an Betriebsmitteln dokumentiert ist, wie z.B. Maschinenkarteien.
2. Systematische Erfassung der Informationen durch Einsatz geeigneter Erfassungsformulare sowohl für die Bearbeitungsaufgaben als auch für die vorhandenen Produktionsmittel. Neben der Anwendung geeigneter Beschreibungssysteme und Erfassungsvorschriften kann hierbei der Aufwand vor allem durch eine intensive Schulung des Erfassungspersonals reduziert werden.
3. Ablochen und Kontrolle aller erfaßten Informationen und Aufbau der Dateien.

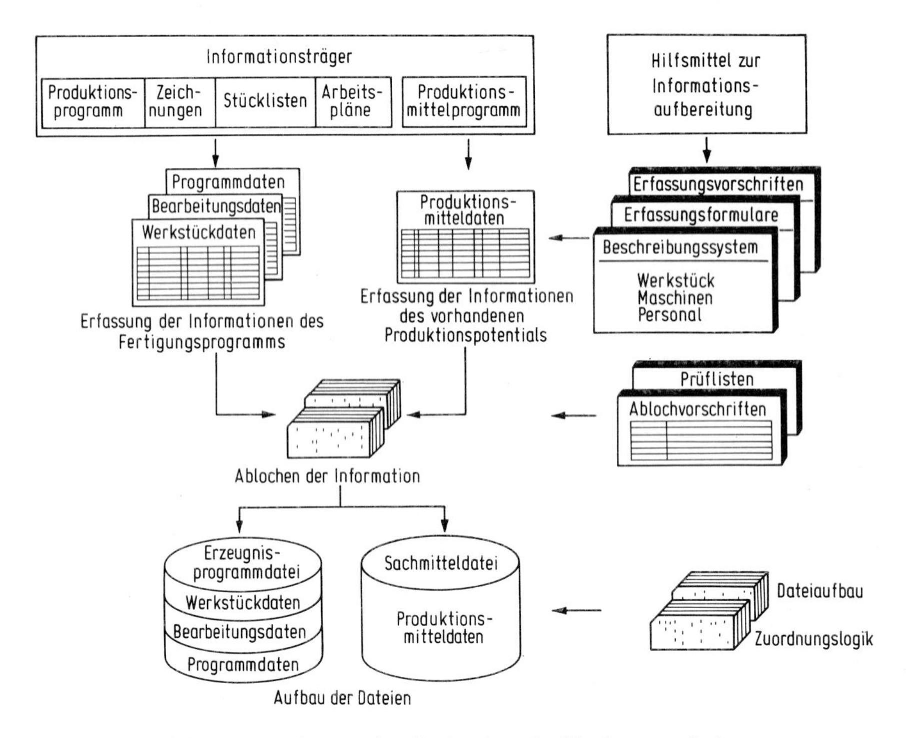


Bild 8. Ablauf der Datenerfassung für die Analyse der Fertigungsaufgaben

Innerhalb der Informationssammlung stellen Erfassungsformulare den zentralen Datenträger dar, um die in den Fertigungsunterlagen dokumentierten Informationen EDV-gerecht umzusetzen. Das Erfassungsformular für die Programmdaten, mit dessen Hilfe die Kennzahlen des Produktionsprogramms erfaßt werden, enthält allgemeine Erzeugnisdaten, wie z.B. Zählnummern, Benennungen sowie die monatlichen Stückzahlen.

Die Informationen aller zu erfassenden Teile des Produktionsprogramms werden in das Erfassungsformular für Werkstück- und Bearbeitungsdaten eingetragen. Hierin sind zum einen allgemeine Werkstückdaten, so z.B. Zählnummer, Klassifizierungsnummer,

Benennung und Abmessung, und zum anderen technologische Daten zur Werkstückbearbeitung, wie z. B. Betriebsstelle, Arbeitsplatz, vergütete Lohngruppe, Stückzeit und Rüstzeit, enthalten.
Das Formular zur Erfassung der Produktionsmitteldaten enthält Angaben zur Identifizierung der Betriebsmittel, wie Inventarnummer, Gruppennummer, Benennung u. dgl., sowie beschreibende Größen zur Eigenschaftsspezifikation, wie Abmessungen, Wert, Lebensdauer, technische und zeitliche Nutzung usw. Im Hinblick auf eine Vereinfachung der Dateieintragung und Programmierung sollen die Formulare eine weitgehend gleiche Struktur aufweisen.
Im Anschluß an die Erfassung und Speicherung, noch bevor die eigentliche Auswertung beginnt, sind die Daten aufzubereiten (Bild 9). Im ersten Schritt werden die Kontrolle und die Korrektur der erfaßten Daten durchgeführt. Schwerpunktmäßig sind dabei mit Hilfe spezieller Programme die Maschinennummern, Kostenstellen, Werkstückabmessungen, Arbeitsrichtungen, die Anzahl der Formelemente sowie die Klassifizierungsnummern soweit wie möglich in ihren logischen Zusammenhängen zu überprüfen.

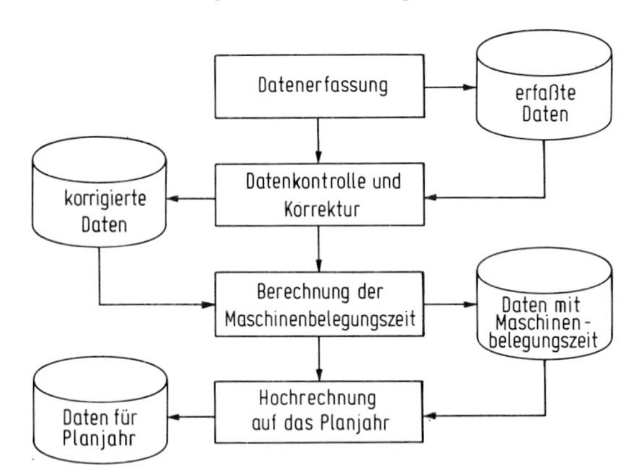


Bild 9. Aufbereitung der erfaßten Daten

Der korrigierte Datensatz dient als Grundlage für die Berechnung der Maschinenbelegungszeit. Dabei wird mit Hilfe von Faktoren, wie Anteil für Auftrag- und Ersatzfertigung, Anteil für Zusatzaufwendungen und dem Anteil für Ausschuß und Nacharbeit, die reale Belegungszeit der Maschinen bestimmt.
Im letzten Schritt erfolgt dann eine Hochrechnung der Ausgangsdaten auf das jeweilige Planjahr. Dieser Datensatz ist die Eingangsgröße für die Auswertungen im Rahmen der Werkstücksystematik. Er ist hinsichtlich der Kriterien, wie auftretende Bearbeitungsfunktionen, Häufigkeit von gleichen Merkmalen, Bildung von Teileklassen, Kapazitätsbedarf in Abhängigkeit von Abmessungsklassen, Belegungshäufigkeit von Maschinengruppen, Reihenfolge der Arbeitsvorgänge, Häufigkeit des Arbeitsvorgangswechsels und Bildung von Fertigungszellen, zu analysieren. Auf der Grundlage der so ermittelten Informationen kann die Anpassung der Bearbeitungsmöglichkeiten an die Bearbeitungsaufgaben vorgenommen werden.
Der Aufwand für die gezeigte Erfassung, Aufbereitung und Auswertung der Daten ist relativ hoch. Er läßt sich jedoch dann erheblich reduzieren, wenn ein Teil der erforderlichen Daten, wie z. B. die Arbeitsplandaten, in der EDV vorliegen. Daher lohnt sich der Einsatz dieser Hilfsmittel zur Informationsgewinnung im Rahmen der Werkstücksystematik im allgemeinen nur für langfristige, komplexe Aufgaben, wie z. B. die Umstrukturierung der Fertigung, die derart detaillierte Informationen erfordern. Für andere An-

wendungsfälle bietet sich die Möglichkeit an, über Klassifizierungssysteme für Werkstücke – zumal, wenn sie in den Unternehmen bereits eingeführt sind – und über einen Maschinencode die erforderlichen Daten für die Analyse der Fertigungsaufgaben bereitzustellen. Dem Vorteil des geringeren Aufwandes und bei ständig eingesetzten Klassifizierungssystemen auch des schnelleren Zugriffs zu den Daten stehen dabei jedoch deren geringerer Detaillierungsgrad und die verminderte Aussagefähigkeit gegenüber.

# 3.4 Ergebnisse der Werkstücksystematik

## 3.4.1 Ergebnisse in den Bereichen Konstruktion und Arbeitsvorbereitung

Zielsetzung des Einsatzes der Werkstücksystematik in den Bereichen der Konstruktion und der Arbeitsvorbereitung ist es, Hilfsmittel zu erstellen, welche die Arbeit von Konstrukteur und Arbeitsvorbereiter erleichtern. Bevor diese Hilfsmittel erstellt werden, sind im ersten Schritt Standardisierungsmaßnahmen durchzuführen. Unter Standardisieren versteht man dabei die Bereinigung der Formmerkmale und Formelemente von Varianten, für deren Einsatz weder eine funktionsbezogene Notwendigkeit noch ein fertigungstechnischer Grund besteht. Nach dieser Bereinigung wird in einer weiteren Analyse versucht, selten vorkommende Formmerkmale und Formelemente durch häufig vorkommende zu ersetzen. Im Folgenden werden anhand eines Beispiels der Untersuchungsablauf sowie das Ergebnis einer Standardisierung von Außengewinden erläutert.

Die in verschiedenen Werkstückgruppen vorkommenden Außengewinde werden z.B. über ein Klassifizierungssystem erfaßt und in einer Gegenüberstellung verglichen (Bild 10). Eine Häufigkeitsuntersuchung gibt Aufschluß darüber, wie oft die einzelnen

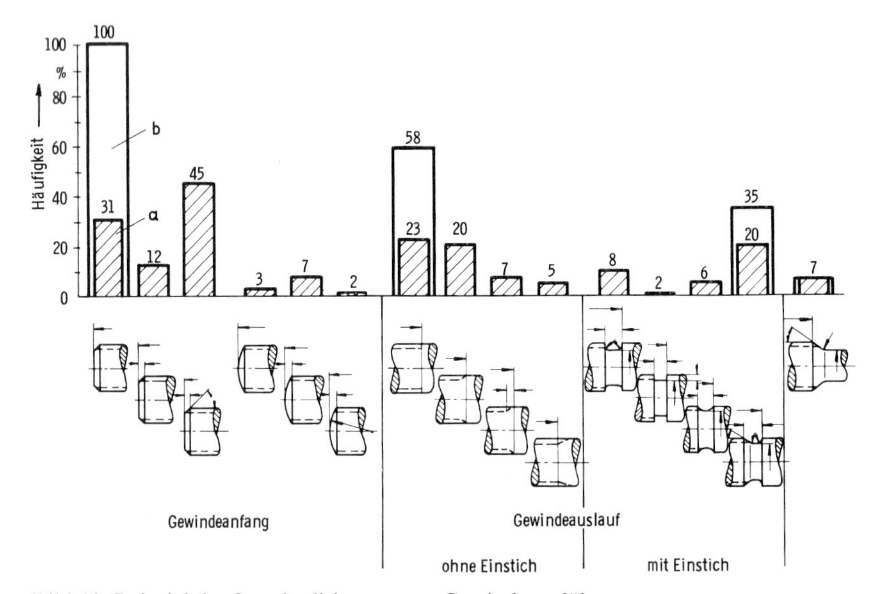


Bild 10. Beispiel der Standardisierung von Gewindeausführungen
a Istzustand, b Vorschlag für Sollzustand

Varianten der Gewindeausführung vorkommen. Das Bild zeigt anhand von etwa 280 untersuchten Gewinden die Vielfalt der vorkommenden Ausführungsmöglichkeiten und deren prozentuale Verteilung. Der Istzustand von Gewinden ist durch schraffierte Säulen dargestellt. Nach Abstimmung zwischen Konstruktion und Fertigung wurde die durch weiße Säulen gekennzeichnete Auswahlreihe entwickelt. Dadurch konnte eine erhebliche Einschränkung von Außengewindeformen erreicht werden, die nicht nur im Konstruktionsbereich Vorteile brachte, sondern auch in der Fertigung eine Verringerung des Werkzeugbedarfs zur Folge hatte. Die so ermittelte Auswahlreihe konnte nach einer Erprobungszeit als Betriebsnorm ausgegeben werden. Wie bei dem hier gezeigten Beispiel der Formelemente lassen sich in gleicher Weise komplette Werkstücke mit gleicher oder ähnlicher Form standardisieren.
Als ein Hilfsmittel, das sich aus der Werkstücksystematik im Bereich der Arbeitsvorbereitung ableiten läßt, sollen Standardarbeitspläne beispielartig gebracht werden. Ausgehend von einem von Planungsvarianten bereinigten Teilespektrum, werden aus den einzelnen Gruppen ähnlicher Werkstücke alle Teile zusammengefaßt, die dieselben Bearbeitungsverfahren und dieselben Arbeitsvorgangsfolgen aufweisen. Zu den so geordneten Werkstücken werden die entsprechenden Arbeitsplandaten in einer Liste, nach Arbeitsvorgängen geordnet, zusammengestellt. Anschließend werden die Arbeitsvorgangsbeschreibungen standardisiert und nur die Varianten zugelassen, die unbedingt erforderlich sind. Ist diese Standardisierung abgeschlossen, stellt man die Arbeitsvorgangsfolge für die Werkstücke mit dem häufigsten Arbeitsablauf auf und versucht, Teilegruppen mit ähnlichen Arbeitsvorgangsfolgen einzuschieben. Beim Verschachteln dieser Arbeitsvorgänge ist zu beachten, daß stets die Eindeutigkeit des Arbeitsablaufs gewahrt bleibt. Somit kann jeder Arbeitsvorgang nur einmal im Standardarbeitsplan vorkommen, allerdings in verschiedenen Varianten. Dieser Standardarbeitsplan dient als Planungsvorlage, von dem ausgehend der Arbeitsvorbereiter den auftragsbezogenen Arbeitsplan ableitet.

### 3.4.2 Ergebnisse in den Bereichen Fertigung und Montage

Ziel der Werkstücksystematik in den Bereichen Fertigung und Montage ist es, die Investitionskosten zu senken, Raumkosten einzusparen, die Leistung durch Spezialisierung zu steigern, die Rüstzeiten zu senken und den Einsatz geringer qualifizierter Bedienungskräfte zu ermöglichen. Um diese Ziele erreichen zu können, müssen die Betriebsmittel den Fertigungsaufgaben angepaßt werden.
Die Gründe für die Überlegenheit der Sondermaschinen in der Massenfertigung gegenüber den Universalmaschinen sind deutlich. Sondermaschinen besitzen einen hohen Hauptzeitanteil. Der Arbeitsraum und die technischen Funktionsmöglichkeiten werden durch die Werkstücke ausgenutzt.
Die Ausnutzung ergibt sich aus dem Verhältnis der genutzten zu den vorhandenen Möglichkeiten der Maschine. Die jeweils tatsächlich genutzten Möglichkeiten der Maschinen sind aufgrund der durchgeführten Fertigungsaufgaben zu bestimmen. Im Bereich der Werkzeugmaschinen – und das gilt auch für alle Investitionsgüter – ist zwischen der zeitlichen und technischen Ausnutzung zu unterscheiden.
Die zeitliche Ausnutzung von Werkzeugmaschinen kann durch den Zeitnutzungsgrad gekennzeichnet werden [3]. Unter Zeitnutzungsgrad wird dabei das Verhältnis von Nutzungszeit zur Bereitschaftszeit verstanden. Die Nutzungszeit umfaßt alle Zeiten, die mit der Durchführung der Fertigungsaufgabe zusammenhängen, wie Rüstzeiten, Hauptzeiten und Nebenzeiten.

Um den Einfluß der sich laufend verkürzenden tariflichen Arbeitszeit auszuschließen und um einen überbetrieblichen Vergleich zu ermöglichen, muß man eine theoretische Bereitschaftszeit ansetzen. Wählt man als Vergleichsmaßstab die Gesamtzahl der Stunden eines Jahres (365 Tage zu je 24 Stunden), ergibt sich bei einschichtigem Betrieb für die 40-Stundenwoche ein maximaler Zeitnutzungsgrad von rund 25%. Geht man von einer effektiven Arbeitszeit von 36 Stunden je Woche aus, reduziert sich der Zeitnutzungsgrad weiter auf rd. 22%.

Innerhalb der zeitlichen Nutzung eines Fertigungsmittels wird der Grad der Inanspruchnahme durch die technische Ausnutzung beschrieben. Da es schwierig ist, die Ausnutzung der verschiedenen technischen Möglichkeiten einer Werkzeugmaschine in einer Kennzahl zusammenzufassen, wird die technische Ausnutzung im Folgenden in fünf technische Teilausnutzungen unterteilt, die als Auslastung bezeichnet werden sollen.

Die *zeitliche Auslastung* beschreibt den Anteil der Hauptzeit an der Belegungszeit der Maschinen. Aus dieser Kenngröße ist die Bedeutung aller Maßnahmen zur Senkung der Zeitanteile von Rüstzeiten, Nebenzeiten und Verteilzeiten zu erkennen. Größere Einsparungen sind in vielen Fällen durch Vorrichtungen, Spanntische und numerische Steuerungen möglich.

Die *leistungsmäßige Auslastung* erfaßt den genutzten Anteil der installierten Leistung, der sich aus der Leerlaufleistung und der Zerspanleistung zusammensetzt. Die leistungsmäßige Auslastung ist dabei sowohl für die Auslegung der Motoren als auch für alle Elemente im Energiefluß, wie Zahnräder, Wellen, Kupplungen, Lager u. dgl., interessant.

Die *räumliche Auslastung* einer Werkzeugmaschine gibt an, in welchem Maße die zu bearbeitenden Werkstücke den verfügbaren Arbeitsraum ausfüllen. Ist die Maschine räumlich nicht voll ausgelastet, fallen für die Bearbeitung höhere Kosten an.

Die *Auslastung der Einrichtungen* einer Werkzeugmaschine gibt an, inwieweit die technologischen Möglichkeiten einer Maschine genutzt werden. Es ist zu ermitteln, wie hoch die Nutzung des Drehzahlbereichs, des Vorschubs und der Zusatzeinrichtungen, wie z. B. Kopiereinrichtungen, ist.

Die *Auslastung der maschineneigenen Genauigkeit* ist bestimmt durch das Verhältnis der durch die Fertigungsaufgabe geforderten Genauigkeit und der maximalen Arbeitsgenauigkeit der Werkzeugmaschine.

Bei der Zuordnung von Werkzeugmaschine und Bearbeitungsaufgabe in der Arbeitsvorbereitung läßt sich aufgrund des fest vorgegebenen Maschinenparks und des Fertigungsprogramms die Ausnutzung der Maschinen nur gering verbessern. Günstigere Möglichkeiten bestehen bei der Beschaffung neuer Maschinen, die weitgehend den erwarteten Fertigungsaufgaben angepaßt werden können. Grenzen sind dieser Art der Anpassung dadurch gesetzt, daß die benötigten Maschinen zum Teil auf dem Markt nicht erhältlich sind und die erwarteten Vorteile den Bau von Sondermaschinen nicht rechtfertigen. Die Hersteller von Werkzeugmaschinen besitzen daher einen großen Einfluß auf die Anpassung von Maschinen und Fertigungsaufgaben in den Betrieben der Anwender von Werkzeugmaschinen.

Ziel eines Unternehmens kann es jedoch nicht sein, nur die einzelnen Maschinen jeweils optimal an die Teil-Bearbeitungsanforderungen anzupassen. Vielmehr muß die Gesamtheit der Maschinen eines Unternehmens an den Gesamtbearbeitungsanforderungen orientiert werden. Hierzu können mit Hilfe der Werkstücksystematik Aussagen über die Anordnung von Maschinen, d. h. über die Struktur der Fertigung, getroffen werden.

Im Folgenden werden die durch die Anwendung der Werkstücksystematik erreichbaren Ergebnisse anhand einiger Beispiele vorgestellt. Dazu werden zunächst, entsprechend der vorgestellten Gliederung der Ausnutzung von Werkzeugmaschinen, die Ergebnisse für einzelne Werkzeugmaschinen behandelt. Den Abschluß des Kapitels bildet dann ein Beispiel für eine angepaßte Fertigungsstruktur. Die verwendeten Daten sind verschiedenen Untersuchungen entnommen [9 u. 11].

### 3.4.2.1 Zeitliche Auslastung

In Bild 11 sind die Anteile der Belegungszeiten an den theoretischen Bereitschaftszeiten für die wichtigsten spanenden Werkzeugmaschinenarten gezeigt. Als Vergleichsgrößen sind die unterschiedlichen Zeitnutzungsgrade für Ein- und Mehrschichtbetrieb unten im Bild dargestellt.

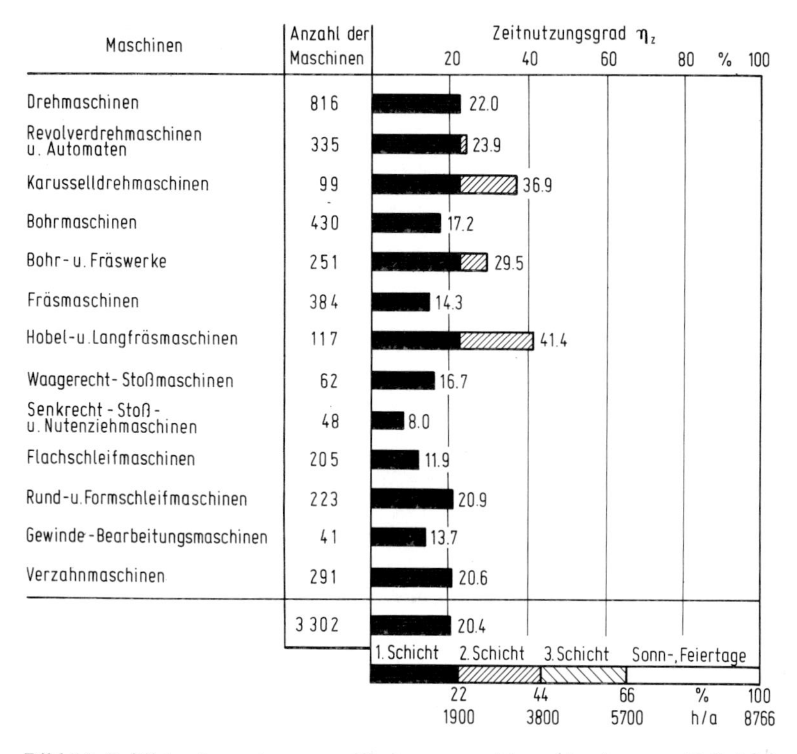


Bild 11. Zeitliche Ausnutzung von Werkzeugmaschinen (Analyse von 19 Betrieben [9])

Für die Gesamtheit der hier betrachteten 3300 Werkzeugmaschinen ergibt sich aus der Analyse der Vorgabezeiten für die zu fertigenden Werkstücke eine durchschnittliche Ausnutzung von nur 20,4%. Berücksichtigt man zusätzlich einen Leistungsgrad für Akkordarbeiten, so liegt der wirkliche Zeitnutzungsgrad und damit die Belegung der Maschinen mit 15 bis 16% deutlich unter einer Schicht. Aufgrund der in den letzten Jahren durch zunehmende Mechanisierung und Automatisierung gestiegenen Kapitalkosten kommt diesem Ergebnis große Bedeutung zu. Es zwingt dazu, die zeitliche Auslastung der Betriebsmittel zu steigern.

Die Forderung nach besserer Ausnutzung ist besonders schwierig bei Maschinen zu erfüllen, die nur in einem oder wenigen Exemplaren vorhanden sind. Darin liegt auch die

Ursache für die niedrigen Auslastungswerte in Kleinbetrieben. Vielfach ist hier eine Erhöhung der Belegung nur durch Hereinnahme von Lohnarbeiten möglich. Ein Vergleich der Zeitnutzungsgrade verschiedener Firmen im Werkzeugmaschinenbau zeigt in der Regel beträchtliche Unterschiede. Dies hat seinen Grund in der starken Abhängigkeit vom Alter und Zustand der Maschinen sowie in den Auswirkungen von Programmänderungen bzw. -schwankungen.
Der Anteil der Rüstzeiten an den zugehörigen Auftragzeiten schwankt nach der bereits oben erwähnten Untersuchung [9] bei Dreharbeiten zwischen 2 und 50%. Ein Fünftel der Dreharbeiten beansprucht Rüstzeiten von über 10% der Auftragszeit. Ein weiteres Drittel liegt zwischen 2 und 10%. Die geringen Sätze für die Rüstzeiten stammen in der Regel aus Betrieben mit Serienfertigung, in denen hohe Stückzahlen mit zeitaufwendigen Arbeiten bei relativ geringen Rüstzeiten ausgeführt werden. Bild 12 stellt die Rüstzeiten eines Werkzeugmaschinenherstellers und eines Walzwerkproduzenten gegenüber.

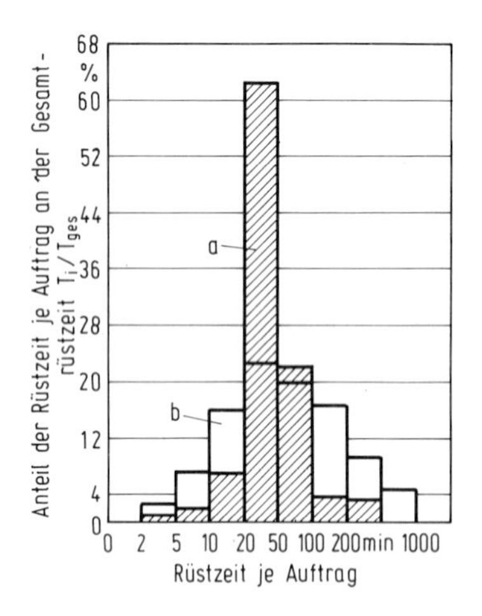


Bild 12. Rüstzeiten bei der Drehbearbeitung
a Hersteller von Werkzeugmaschinen ($T_{ges}$ = 3700 h),
b Hersteller von Walzwerkmaschinen ($T_{ges}$ = 8300 h)

Auffallend ist, daß beim Werkzeugmaschinenhersteller 63% der Rüstzeiten zwischen 20 und 50 min je Auftrag liegen. Weitere 20% liegen zwischen 50 und 100 min. Die Rüstzeiten beim Walzwerkhersteller sind demgegenüber stärker gestreut. Sie liegen etwa zur Hälfte oberhalb und unterhalb von 50 min. Die Analyse der Rüstzeiten ist interessant, um den Nutzen konstruktiver und organisatorischer Maßnahmen zur Senkung der Rüstzeitanteile zu beurteilen.

### 3.4.2.2 Leistungsmäßige Auslastung

Um Aussagen über die leistungsmäßige Auslastung von Werkzeugmaschinen zu erhalten, ist der „genutzte Anteil" der installierten Leistung zu ermitteln. Der genutzte Anteil setzt sich aus Leerlauf- und Zerspanleistung zusammen und wird über die Stromaufnahme des Antriebsmotors gemessen.
Als Kenngröße zur Beurteilung der leistungsmäßigen Auslastung kann die „mittlere bezogene Leistung" herangezogen werden. Diese Größe ist bestimmt durch das Verhältnis der von einer Maschine während der Betriebszeit verbrauchten elektrischen Energie zur Betriebszeit und zur Nennleistung des Antriebsmotors. Ein zusätzlicher Faktor berücksichtigt den Wirkungsgrad des Motors, da nur die aufgenommene Leistung gemessen wird.

Unter Berücksichtigung der vorab geschilderten Randbedingungen wurden in einer Untersuchung [4] die mittleren bezogenen Leistungen für unterschiedliche Verfahren in mehreren Unternehmen ermittelt. Dabei ergaben sich für die mittlere Auslastung der Drehmaschinenleistung Werte zwischen 16 und 35% der Maschinennennleistung. Im Mittel wurden bei den untersuchten Maschinen nur 30% der installierten Leistung genutzt. Eine Aufschlüsselung der Auslastung der Maschinenleistung ergab, daß der Anteil der genutzten Leistung mit steigender Motornennleistung von 32% (für $P < 6$ kW) auf rd. 21% (für $P > 10$ kW) fiel.
Aus den geschilderten Untersuchungsergebnissen ist zu ersehen, daß die Antriebsmotoren der Werkzeugmaschinen in der Regel weit überdimensioniert sind. Aus Unkenntnis der erforderlichen Leistungen und der falschen Zielsetzung, an allen Maschinen für extreme Bearbeitungsfälle ausreichende Leistungsreserven zur Verfügung zu haben, wurden die installierten Motorleistungen zu groß gewählt. Eine derartige Auslegung der Werkzeugmaschinen ruft bei den Anwendern entsprechend hohe Kosten hervor, da der Preis einer Maschine mit größerer Antriebsleistung in starkem Maße steigt. Dabei ergibt sich die Preis- und Kostensteigerung einmal aus den Kosten der Antriebseinheit selbst. Zum anderen – und das ist der ausschlaggebende Faktor – werden durch die auf die Antriebsleistung bezogene Auslegung aller im Kraftfluß liegender Teile (Getriebe, Lager, Kupplungen, Führungen usw.) die Gesamtkosten einer Werkzeugmaschine erhöht.

Die genaue Planung der erforderlichen Antriebsleistung der Werkzeugmaschinen ist aus den oben genannten Gründen eine wichtige Aufgabe, die im Rahmen der Werkstücksystematik erfüllt werden kann.

#### 3.4.2.3 Räumliche Auslastung

Zur Beurteilung der räumlichen Auslastung von Werkzeugmaschinen ist der jeweilige Arbeitsraum, der aus den möglichen Bewegungen des Werkzeugs bzw. des Werkstücks zu ermitteln ist, den Abmessungen der Werkstücke gegenüberzustellen.
Wie aus zahlreichen Untersuchungen hervorgeht [11], ist der Arbeitsraum von Fertigungseinrichtungen häufig überdimensioniert, was zu erhöhten Beschaffungs- und Betriebskosten dieser Einrichtungen führt. Um deshalb zu einer wirtschaftlichen Auslegung zu gelangen, muß der Maschinenarbeitsraum vor allem aus den Abmessungen derjenigen Werkstücke hergeleitet werden, die auf diesen Fertigungseinrichtungen bearbeitet werden sollen.
Um dies zu erreichen, werden zunächst die Arbeitsraumabmessungen zweckmäßig in Klassen unterteilt und diesen Klassen die Werkstücke entsprechend ihren aktuellen Abmessungen zugewiesen. Dabei müssen sowohl die jeweils aktuellen Werkstückaufspannungen als auch bearbeitungsbedingte Abmessungszugaben berücksichtigt werden. Aus der Summe aller Werkstückbelegungszeiten einer Abmessungsklasse kann dann der Kapazitätsbedarf ermittelt werden, der für das Verfahren mit den Arbeitsraumabmessungen dieser Klasse vorzusehen ist.
Ein Beispiel für die nach dieser Vorgehensweise aus einem Teilespektrum entwickelten Arbeitsraumabmessungen beim Verfahren „Revolverdrehen" ist in Bild 13 dargestellt. Die Arbeitsräume sind hierbei durch die jeweils belegten Abmessungsfelder der mit den angeführten X- und Z-Koordinaten aufgespannten zweidimensionalen Matrix gekennzeichnet. Daraus geht hervor, daß für dieses Werkstückspektrum ein maximaler Arbeitsraum benötigt wird, dessen Abmessung in X-Richtung 250 mm betragen muß. In Z-Richtung ergab sich für dieses Beispiel eine Arbeitsraumbegrenzung von 800 mm. Eine endgültige Festlegung des benötigten Arbeitsraumes kann jedoch erst dann erfolgen, wenn die Einzelteile aller Erzeugnisse des Unternehmens berücksichtigt sind.

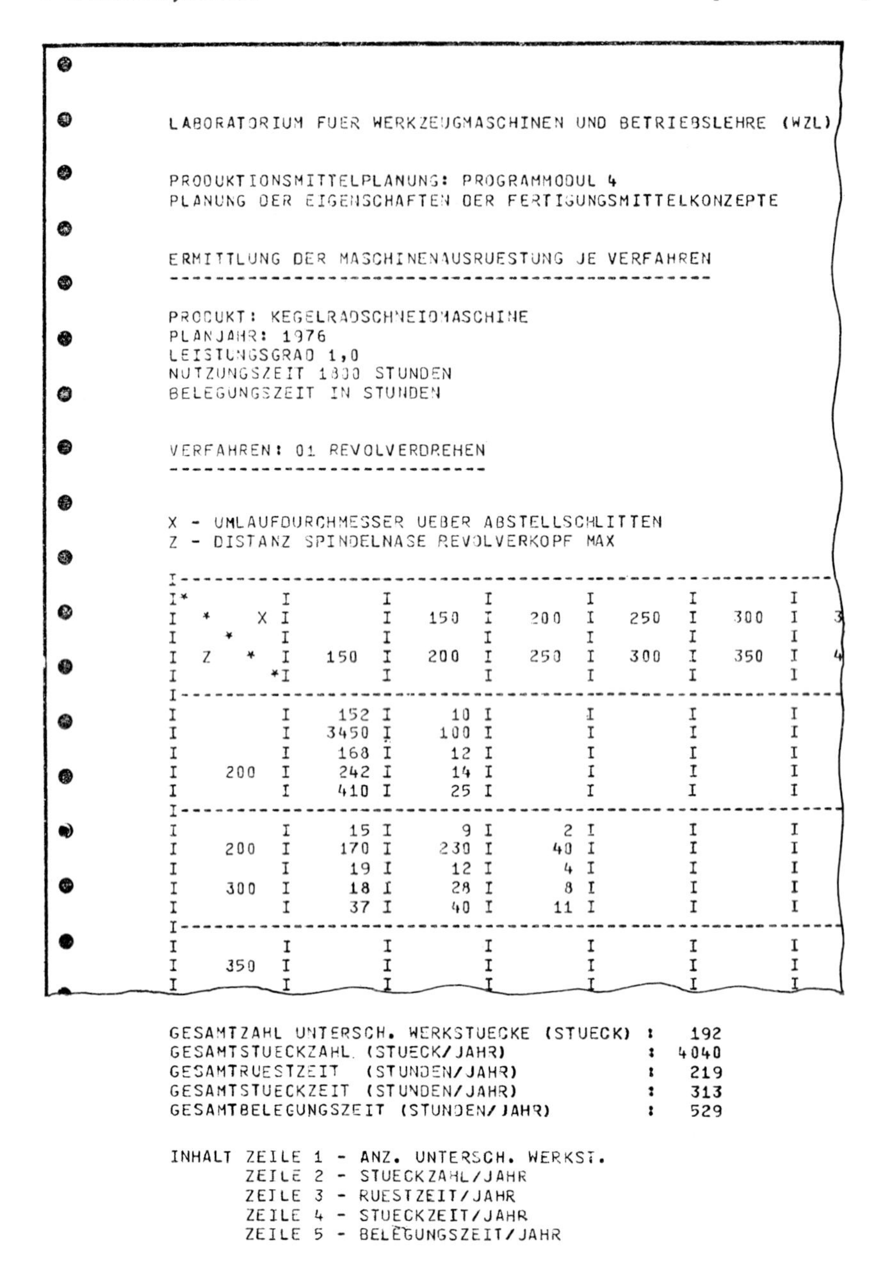

LABORATORIUM FUER WERKZEUGMASCHINEN UND BETRIEBSLEHRE (WZL)

PRODUKTIONSMITTELPLANUNG: PROGRAMMODUL 4
PLANUNG DER EIGENSCHAFTEN DER FERTIGUNGSMITTELKONZEPTE

ERMITTLUNG DER MASCHINENAUSRUESTUNG JE VERFAHREN

PRODUKT: KEGELRADSCHNEIDMASCHINE
PLANJAHR: 1976
LEISTUNGSGRAD 1,0
NUTZUNGSZEIT 1800 STUNDEN
BELEGUNGSZEIT IN STUNDEN

VERFAHREN: 01 REVOLVERDREHEN

X - UMLAUFDURCHMESSER UEBER ABSTELLSCHLITTEN
Z - DISTANZ SPINDELNASE REVOLVERKOPF MAX

| * X / Z * | / 150 | 150 / 200 | 200 / 250 | 250 / 300 | 300 / 350 | 3 / 4 |
|---|---|---|---|---|---|---|
| | 152 | 10 | | | | |
| | 3450 | 100 | | | | |
| | 168 | 12 | | | | |
| 200 | 242 | 14 | | | | |
| | 410 | 25 | | | | |
| | 15 | 9 | 2 | | | |
| 200 | 170 | 230 | 40 | | | |
| | 19 | 12 | 4 | | | |
| 300 | 18 | 28 | 8 | | | |
| | 37 | 40 | 11 | | | |
| | | | | | | |
| 350 | | | | | | |
| | | | | | | |

GESAMTZAHL UNTERSCH. WERKSTUECKE (STUECK) : 192
GESAMTSTUECKZAHL (STUECK/JAHR) : 4040
GESAMTRUESTZEIT (STUNDEN/JAHR) : 219
GESAMTSTUECKZEIT (STUNDEN/JAHR) : 313
GESAMTBELEGUNGSZEIT (STUNDEN/JAHR) : 529

INHALT ZEILE 1 - ANZ. UNTERSCH. WERKST.
ZEILE 2 - STUECKZAHL/JAHR
ZEILE 3 - RUESTZEIT/JAHR
ZEILE 4 - STUECKZEIT/JAHR
ZEILE 5 - BELEGUNGSZEIT/JAHR

Bild 13. Ergebnisse einer Untersuchung zur Ermittlung des Maschinenarbeitsraums

### 3.4.2.4 Auslastung der Maschineneinrichtungen

Neben dem Arbeitsraum bildet die Ermittlung der Auslastung von Maschineneinrichtungen, wie z. B. Nachformeinrichtungen oder Schwenkachsen, einen weiteren Schwerpunkt der Untersuchung der Ausnutzung von Werkzeugmaschinen.

Als eine Möglichkeit zur Ermittlung der Auslastung können u.a. Auswertungen verschiedener Positionen eines Klassifizierungssystems [8, 10] herangezogen werden, wie z.B. eine Konusbearbeitung oder Funktionseinstiche. Darüber hinaus kann die Ermittlung dieser Bearbeitungsfunktionen dadurch erfolgen, daß mit Hilfe einer Werkstückerfassung für jeden Arbeitsvorgang die zu bearbeitenden Formelemente und ihre Lagen in bezug auf die Teileachsen gekennzeichnet werden. Berechnet man ferner die zur Bearbeitung benötigten Zeiten, so erhält man eine Verteilung der Belegungszeit auf die unterschiedlichen Bearbeitungsfunktionen.
Ein Beispiel ausgewerteter Bearbeitungsfunktionen für das Verfahren Senkrechtfräsen ist in Bild 14 dargestellt [11]. Untersucht wurden hierbei die verschiedenen Funktionen Normalbearbeitung, Bearbeitung von zwei senkrecht zueinander stehenden Flächen, Flächenbearbeitung schräg zu einer Ebene und Flächenbearbeitung schräg im Raum. Für jede Funktion sind die Anzahl unterschiedlicher Werkstücke, die Jahresstückzahl sowie die Rüst-, Stück- und Belegungszeit pro Jahr ausgewiesen.
Wie das Bild zeigt, entfallen die größten Anteile mit 174h pro Jahr einmal auf die Normalbearbeitung, d.h. auf ein Senkrechtfräsen mit Normalausstattung (drei Achsen), zum anderen mit 225h pro Jahr auf eine Flächenbearbeitung schräg im Raum, wobei zu deren Verwirklichung z.B. ein schwenkbarer Drehtisch eingesetzt werden muß.

| Bearbeitungsfunktion der Maschineneinrichtungen (Senkrechtfräsen) | | Anzahl unterschiedlicher Werkstücke | Stückzahl pro Jahr | Rüstzeit pro Jahr [h] | Stückzeit pro Jahr [h] | Belegungszeit pro Jahr [h] |
|---|---|---|---|---|---|---|
| Normalbearbeitung (Fläche parallel zur Spannfläche) |  | 66 | 930 | 51 | 122 | 174 |
| Bearbeitung von zwei senkrecht zueinander stehenden Flächen (eine Fläche senkrecht zur Spannfläche) | 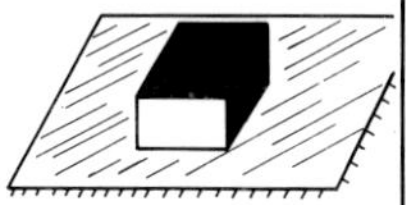 | 9 | 90 | 12 | 28 | 39 |
| Flächenbearbeitung schräg zu einer Ebene des Koordinatensystems | 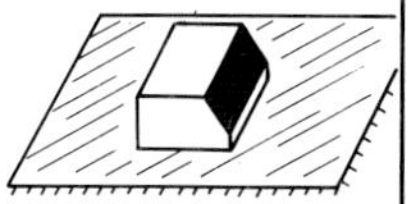 | 14 | 180 | 10 | 21 | 30 |
| Flächenbearbeitung schräg im Raum |  | 33 | 400 | 59 | 165 | 225 |

Bild 14. Untersuchung der Bearbeitungsfunktionen beim Senkrechtfräsen

### 3.4.2.5 Genauigkeit der Werkzeugmaschinen

Entsprechend der Ausnutzungsgliederung ist nach der Auslastung der Maschineneinrichtung das Verhältnis der durch die Werkstücke geforderten und der maschineneigenen Arbeitsgenauigkeit zu untersuchen. Die Güteanforderungen in verschiedenen Betrieben, die durch ihr Produktionsprogramm gekennzeichnet sind, zeigt Bild 15 anhand der Qualität der Dreharbeiten. Der Zusammenhang zwischen Drehgenauigkeit und Nachbearbeitung zeigt sich am deutlichsten bei dem PKW-Getriebehersteller. Hier kommen Güteklassen besser als IT 7 und IT 8 nicht vor. Die vorhandenen Drehmaschinen werden dabei hinsichtlich ihrer Genauigkeit nicht voll ausgenutzt, da die erforderliche Genauigkeit erst in der nachfolgenden Bearbeitung durch Schleifen oder ähnliche Verfahren erzeugt wird. Beim Walzwerkhersteller liegt der Fall umgekehrt. So lassen sich hier eine Vielzahl von Teilen mit dem Verfahren Drehen hinsichtlich ihrer erforderlichen Genauigkeit fertigbearbeiten. Durch diese Tatsache ist auch der überraschend hohe Anteil der Arbeiten im Bereich IT 7 bis IT 8 und genauer – er ist höher als z. B. beim Großwerkzeugmaschinenhersteller – zu erklären. Die Drehmaschinen werden dabei hinsichtlich der Genauigkeit besser als im zuerst geschilderten Fall ausgelastet.

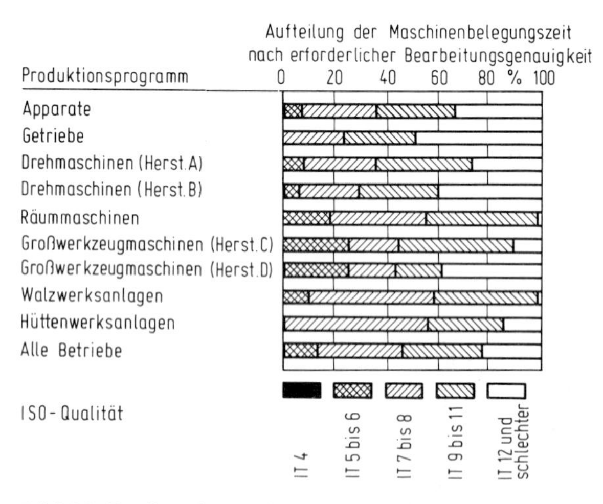


Bild 15. Qualität der Drehbearbeitung (Analyse von 19 Betrieben [9])

Allgemein können die Ergebnisse wie folgt zusammengefaßt werden: Aus der Genauigkeit der Endprodukte kann man auf die Genauigkeit der Vorbearbeitung, z. B. des Drehens, nicht schließen. Diese Folgerung ist auch auf andere Vorbearbeitungsverfahren, wie Hobeln und Fräsen, zu übertragen. Dabei können Werkstücke geringer Genauigkeitsanforderungen mit diesen Verfahren auch fertigbearbeitet werden.
Die bisher vorgestellten Ergebnisse verschiedener Untersuchungen können Aufschluß über den benötigten Arbeitsraum, über den Bedarf an Einrichtungen und über die benötigten Genauigkeiten geben. Rüstzeiten und zeitliche Ausnutzung zeigen Möglichkeiten und Grenzen der Mechanisierung und organisatorischer Verbesserungen. Damit lassen sich die Forderungen seitens der Produktion umreißen, die sowohl der Anwender als auch der Hersteller von Werkzeugmaschinen zu erfüllen hat.

### 3.4.2.6 Strukturierung der Fertigung

Neben der Auslegung von Fertigungseinrichtungen lassen sich mit Hilfe der Werkstücksystematik auch Aussagen über die Anordnung von mehreren Maschinen treffen. Unter Zugrundelegung der Arbeitsvorgangsfolgen wird dabei eine geeignete Anordnungsstruktur der Fertigungsmittel bestimmt. Ein Beispiel einer Anordnungsstruktur einer

Fertigungsgruppe für scheibenförmige Drehteile ist in Bild 16 dargestellt [11]. Der obere Teil des Bildes gibt die Materialflußstruktur wieder, die gekennzeichnet ist durch eine gerichtete Materialbewegung in den Stationen Materiallager, Fertigungsbereich und Fertigteillager sowie einen weitgehend ungerichteten Teilefluß innerhalb des Fertigungsbereiches zwischen den Bearbeitungsverfahren Spitzendrehen, Revolverdrehen, Senkrechtbohren, Fräsen und Anreißen. Im unteren Bildteil sind die Fertigungsmittel in ihrer Anzahl und ihren wichtigsten Eigenschaften beschrieben.

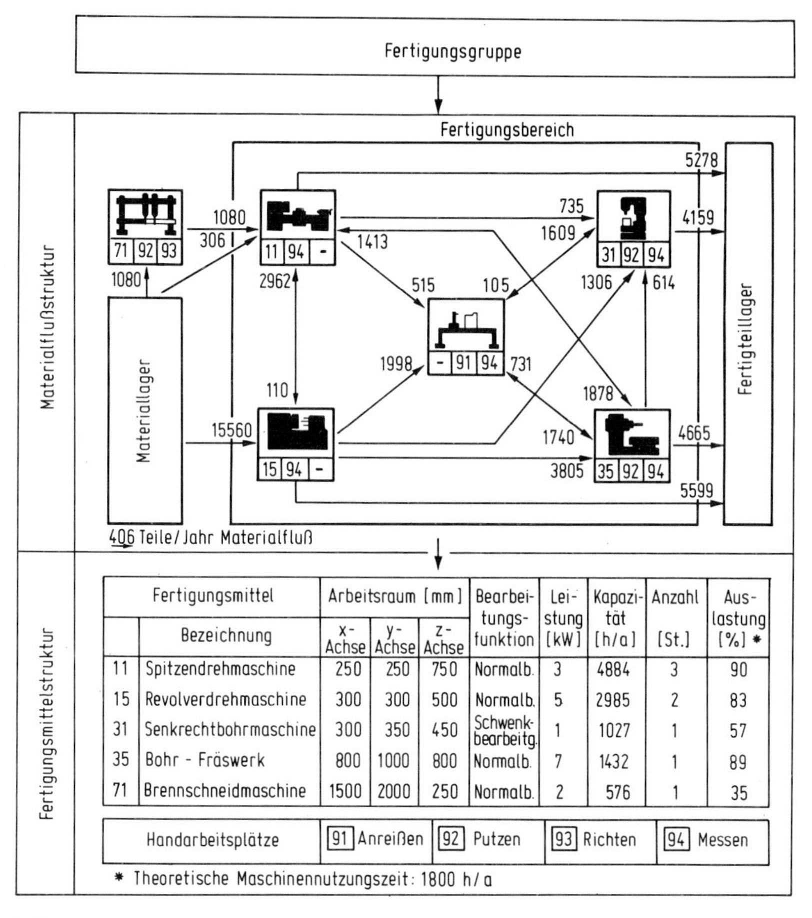


| | Fertigungsmittel Bezeichnung | Arbeitsraum [mm] x-Achse | y-Achse | z-Achse | Bearbeitungsfunktion | Leistung [kW] | Kapazität [h/a] | Anzahl [St.] | Auslastung [%] * |
|---|---|---|---|---|---|---|---|---|---|
| 11 | Spitzendrehmaschine | 250 | 250 | 750 | Normalb. | 3 | 4884 | 3 | 90 |
| 15 | Revolverdrehmaschine | 300 | 300 | 500 | Normalb. | 5 | 2985 | 2 | 83 |
| 31 | Senkrechtbohrmaschine | 300 | 350 | 450 | Schwenkbearbeitg. | 1 | 1027 | 1 | 57 |
| 35 | Bohr - Fräswerk | 800 | 1000 | 800 | Normalb. | 7 | 1432 | 1 | 89 |
| 71 | Brennschneidmaschine | 1500 | 2000 | 250 | Normalb. | 2 | 576 | 1 | 35 |

| Handarbeitsplätze | 91 Anreißen | 92 Putzen | 93 Richten | 94 Messen |
|---|---|---|---|---|

* Theoretische Maschinennutzungszeit: 1800 h/a

Bild 16. Beispiel einer Fertigungsgruppe für scheibenförmige Drehteile

### 3.4.3 Qualität der Ergebnisse

Nachdem die Analyse der Daten hinsichtlich der Art der im Rahmen der Werkstückanalyse erreichbaren Ergebnisse abgeschlossen ist, muß sich noch eine Untersuchung der Qualität der Ergebnisse anschließen. Gemessen wird die Qualität dabei anhand der Kriterien Genauigkeit, Vergleichbarkeit (bzw. Übertragbarkeit) sowie Gültigkeitsdauer. Zur Überprüfung der Vergleichbarkeit der im Rahmen der Werkstücksystematik ermittelten Ergebnisse wurden die Auswertungen aus Probeverschlüsselungen der Teilespektren mit Hilfe eines werkstückbeschreibenden Klassifizierungssystems [10] bei vier Firmen gegenübergestellt (Bild 17). Das Bild zeigt den prozentualen Anteil der Werkstücke in den einzelnen Teileklassen dieser vier Firmen. Es läßt erkennen, daß, gemessen an den unterschiedlichen Produktionsprogrammen dieser Unternehmen, die Verteilung an Werkstücken in den einzelnen Teileklassen nicht wesentlich voneinander abweicht. Lediglich bei der vierten Firma traten mehr Nichtrotationsteile auf als bei den anderen Firmen. Dies ist durch den Pressen- und Verpackungsmaschinenbau dieses Unternehmens und durch die Verwendung von vielen Schweißteilen bedingt.

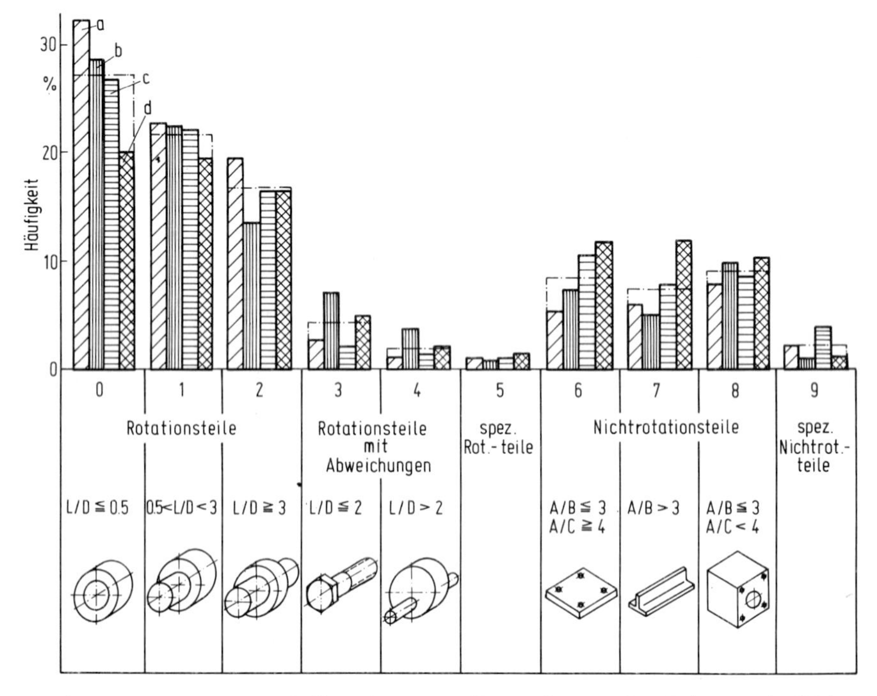


Bild 17. Auswertung der Teilespektren von Unternehmen anhand eines werkstückbeschreibenden Klassifizierungssystems [10]

a erste Firma (Drehmaschinen), b zweite Firma (Transferstraßen), c dritte Firma (Pressen, Drehmaschinen), d vierte Firma (Großwerkzeugmaschinen)

Die Vergleichbarkeit von Untersuchungsergebnissen im Rahmen der Werkstückanalyse in Unternehmen aus verschiedenen Branchen ist immer dann gewährleistet, wenn, wie im vorliegenden Fall (Bild 17), die aufgenommenen Ausgangsdaten über einen bestimmten Detaillierungsgrad nicht hinausgehen. Eine weitere Voraussetzung ist, daß branchen- bzw. betriebsspezifische Einflußgrößen keine bzw. nur eine schwache Auswirkung haben. Wird Wert auf eine Übertragbarkeit von Untersuchungsergebnissen gelegt, so ist dafür eine starke Einschränkung in der Aussagegenauigkeit in Kauf zu nehmen. Diese Verknüpfung von Übertragbarkeit und Aussagegenauigkeit von Daten gilt in gleicher Weise auch für Vergleiche von Ergebnissen zwischen Unternehmen derselben Branche. Hier wird jedoch in der Regel eine höhere Genauigkeit der Ergebnisse zu erreichen sein.

Die Gültigkeitsdauer als zweites Kriterium zur Beurteilung der erreichbaren Ergebnisse der Werkstücksystematik hängt ähnlich – wie anhand des Kriteriums der Vergleichbarkeit gezeigt – vom gewählten Auswertungshorizont ab. So behalten die Ergebnisse aus Untersuchungen einer Branche wegen der breiteren Bezugsbasis der Daten in der Regel länger ihre Gültigkeit als Ergebnisse aus nur einem Unternehmen, in dem eine Vielzahl von Einflüssen die Ausgangsdaten verändert und somit auch daraus ermittelte Ergebnisse ihre Gültigkeit verlieren. Die Bedeutung dieser Einflüsse kann am Beispiel der spezifischen Fertigungsanforderungen und dem Arbeitsprinzip einer geänderten Baugruppe erläutert werden.
In Bild 18 ist eine Untersuchung der Auswirkungen einer Umstellung der Baugruppe „Getriebe" vom mechanischen auf hydraulisches Arbeitsprinzip anhand der unterschiedlichen Teilestrukturen dargestellt. Es zeigt sich, daß bereits erhebliche Unterschiede bei den Außenformen auftreten. Aus dem Bild geht hervor, daß bei mechanischen Getrieben wesentlich mehr Kurzdrehteile (Position 0) auftreten. Bei hydrostatischen Getrieben kommen dagegen wesentlich mehr Langdrehteile vor (Position 2). Der relativ hohe Anteil „spezifischer" Einzelteile (Position 9) deutet darauf hin, daß in den hydrostatischen Getrieben bestimmte Nichtrotationsteile mit spezifischer Gestalt vorkommen. Für die Ermittlung der Bearbeitungsanforderungen ist darüber hinaus von Bedeutung, daß bei mechanischen Getrieben etwa 20% verzahnte Teile auftreten, bei den hydrostatischen Getrieben jedoch nur eine vernachlässigbar geringe Anzahl.

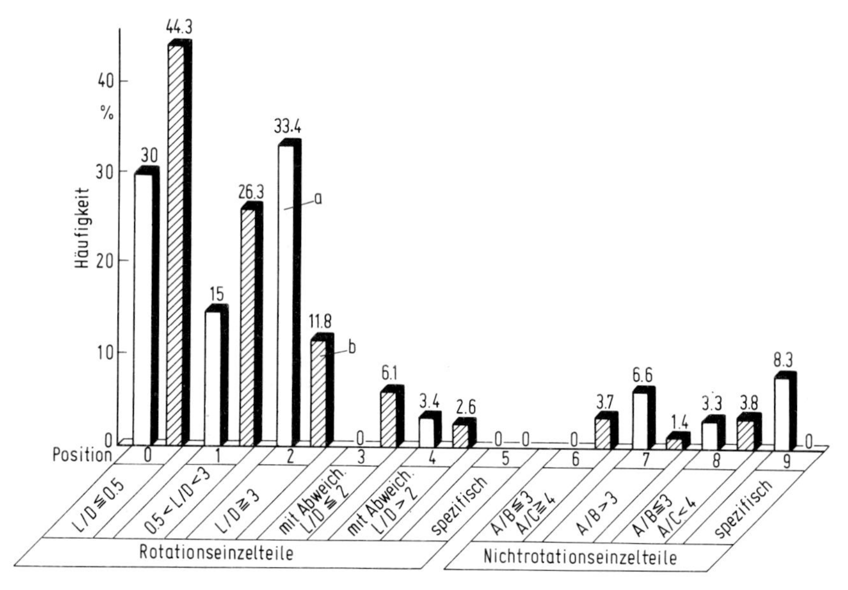


Bild 18. Klassifizierung der Außenformen von Einzelteilen
a für hydrostatische Getriebe, b für Zahnradgetriebe

Dagegen werden bei den hydrostatischen Getrieben für etwa 75% rotationssymmetrischer Einzelteile Genauigkeiten besser als IT 6 verlangt. Dies sind Genauigkeiten, die mit den heute zur Verfügung stehenden Fertigungsmitteln nur mit hohen Kosten erreicht werden können. Diese dargestellten Änderungen der Bearbeitungsaufgaben müssen durch eine Anpassung der Bearbeitungsmöglichkeiten aufgefangen werden. Somit wird

eine neue Analyse der betrieblichen Fertigungsaufgaben im Rahmen der Werkstücksystematik erforderlich.
Zum Abschluß der Untersuchung der erreichbaren Ergebnisse soll noch kurz auf die mögliche Aussagegenauigkeit eingegangen werden. Neben den o. a. Abhängigkeiten mit den Kriterien der „Übertragbarkeit" und „Dauer der Gültigkeit" sind für die erzielbare Genauigkeit in der Hauptsache der maximal vertretbare Aufwand bei der Datenbeschaffung sowie die zur Auswertung der Daten einsetzbaren Hilfsmittel ausschlaggebend.

## Literatur zu Kapitel 3

1. *Galland, H.:* Entwicklung einer werkstückbeschreibenden Systemordnung zur Kostensenkung in der Kleinserien- und Einzelfertigung. Diss. TH Aachen 1964.
2. *Rohs, H. G.:* Die Erfassung der Fertigungsaufgabe für die spanende Werkzeugmaschine. Habilitation TH Aachen 1960.
3. *Giesen, R.:* Wirtschaftlichkeitsfragen. Werkst.-Techn. 49 (1959) 3, S. 173/174.
4. *Opitz, H., Rohs, H. G., Stute, G.:* Statistische Untersuchung über die Ausnutzung von Werkzeugmaschinen in der Einzel- und Massenfertigung. Forschungsbericht Nr. 831 des Lds. Nordrh.-Westf. Westdeutscher Verlag, Köln, Opladen 1960.
5. *Opitz, H., Herrmann, J., Groebler, J.:* Bericht über die Entwicklung eines werkstückbeschreibenden Klassifizierungssystems für den Werkzeugmaschinenbau. VDW-Forschungsbericht 1965.
6. *Hahn, R., Kunerth, W., Roschmann, K.:* Die Teileklassifizierung – Systematik und Anwendung im Rahmen betrieblicher Nummerung. Industrie-Verlag Gehlsen, Heidelberg 1970.
7. *Mitrofanow, S. P.:* Wissenschaftliche Grundlagen der Gruppentechnologie. VEB Verlag Technik, Berlin 1958.
8. Zimmermann, D.: ZAFO – eine allgemeine Formenordnung für Werkstücke. Technischer Verlag Günther Grossmann GmbH, Stuttgart 1967.
9. *Galland, H., Groebler, J., Eversheim, W.:* Zuordnung von Werkstück und Werkzeugmaschine bei Konstruktion, Beschaffung und Belegung von Werkzeugmaschinen. VDI-Bildungswerk 291 (1963).
10. *Opitz, H.:* Werkstückbeschreibendes Klassifizierungssystem. Verlag W. Girardet, Essen 1967.
11. *Eversheim, W., Robens, M., Witte, K.–W.:* Entwicklung einer Systematik zur Verlagerungsplanung. Forschungsbericht Nr. 2614 des Lds. Nordrh.-Westf. Westdeutscher Verlag, Köln, Opladen 1977.
12. *Pollack, W.:* Alle Möglichkeiten der Wiederholung nutzen. Beuth-Verlag GmbH, Berlin, Köln, Frankfurt 1968.
13. *Lueg, H., Moll, W.–P.:* Fertigungsbeschreibendes Klassifizierungssystem. Werkzeugmasch. internat. (1972) 5, S. 17/22.
14. *Robens, M.:* Ein System zur Verlagerungsplanung für Unternehmen der Investitionsgüterindustrie. Diss. TH Aachen 1976.

# 4 Wirtschaftlichkeitsbetrachtungen für die Beschaffung spanender Werkzeugmaschinen

**Dr.-Ing. A. Bronner, Stuttgart**

## 4.1 Grundbegriffe

Zur Beurteilung von Wirtschaftlichkeitsproblemen sind zunächst einige betriebswirtschaftliche Grundbegriffe klarzulegen, auf denen die Beurteilung aufbaut. Das betriebliche Rechnungswesen gliedert sich in zwei Hauptbereiche (Bild 1):
Die *Finanz- und Geschäftsbuchhaltung* verfolgt die Veränderungen der Vermögens- und Kapitalbestände. Sie zeichnet Ausgaben und Einnahmen (Finanzseite) sowie Aufwände und Erträge auf und vermittelt für bestimmte Zeitabschnitte Einblick in die Quellen des Erfolgs sowie für bestimmte Zeitpunkte in die Struktur des Unternehmens. Sie erstellt die Bilanzen sowie die Gewinn- und Verlustrechnung.
Die *Betriebsbuchhaltung* umfaßt die Kostenerfassung, die Kostenstatistik und die Kostenplanung.

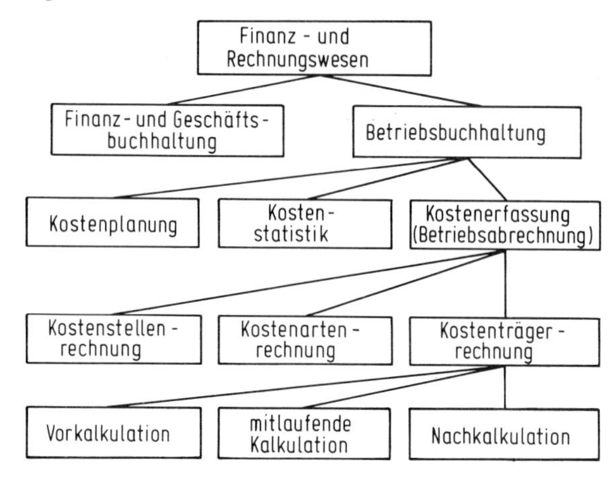


Bild 1. Gliederung des Finanz- und Rechnungswesens

Die Kostenerfassung beinhaltet die Kostenstellenrechnung (wo entstehen die Kosten?), die Kostenartenrechnung (welche Kosten entstehen?) und die Kostenträgerrechnung (wofür entstehen die Kosten?)
Nach dem Zeitpunkt der Kostenträgerrechnung unterscheidet man: Vorkalkulation, mitlaufende Kalkulation und Nachkalkulation.
Während die Finanzbuchhaltung aufgrund gesetzlicher Bestimmungen (Steuergesetze, Handelsgesetze, Aktiengesetze usw.) bestimmten Vorschriften genügen muß, bestehen in marktwirtschaftlichen Staaten meist keine Betriebsbuchhaltungs-Vorschriften. Es liegt im Interesse des Unternehmens, durch Aufbau einer wirtschaftlich geführten Kostenrechnung die Transparenz des Unternehmens zu verbessern.

### 4.1.1 Kostenbegriffe, Kostengliederung, Kostenfunktionen

Die Kostenrechnung ist eine Hilfstechnik zur Vorbereitung von Entscheidungen. Sie muß den jeweiligen Aufgaben angepaßt werden. *Mellerowicz* [1] definiert: „Die Kostenrechnung muß wahr sein. Sie unterliegt keinen betriebspolitischen Erwägungen. Die Politik beginnt erst bei der Preisbildung."
Im Rahmen des Rechnungswesens unterscheiden wir drei Wertegruppen (in Anlehnung an *Mellerowicz*):

#### 4.1.1.1 Kosten und Leistungen für Betriebsrechnung

*Kosten* sind wertmäßiger, produktionsbedingter Gutsverzehr. *Leistungen* sind das Betriebsprodukt bzw. der Erzeugungswert, bewertet zu Kosten. *Erlöse* sind die Gegenwerte der abgesetzten Leistungen. *Betriebsgewinn* ist die Differenz zwischen den Erlösen und den Kosten von Mengen oder Zeitperioden.

#### 4.1.1.2 Aufwände und Erträge für Geschäftsrechnung

*Aufwand* ist der erfolgswirksame Gutsverbrauch des Gesamtbetriebs in einem Abrechnungszeitraum. *Ertrag* ist die erfolgswirksame Gutsvermehrung (Betriebsertrag plus neutraler Ertrag). *Erfolg* ist die Differenz zwischen Aufwand und Ertrag.

#### 4.1.1.3 Ausgaben und Einnahmen für Finanzierungs- und Liquiditätsrechnung

*Ausgaben* sind alle Ausgänge von Zahlungsmitteln (Münz-, Giro-Geld und alle sonstigen Zahlungsmittel). *Einnahmen* sind alle Eingänge von Zahlungsmitteln. *Einnahmeüberschuß* ist die Differenz zwischen Einnahmen und Ausgaben. Den Zusammenhang zwischen Ausgaben, Aufwand und Kosten zeigt Bild 2.

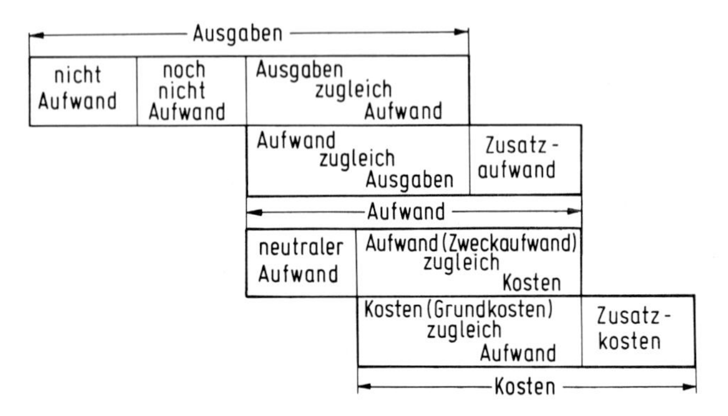


Bild 2. Zusammenhang zwischen Ausgaben, Aufwand und Kosten

Unter den Kostenarten bedürfen einige Zusatzkosten bzw. kalkulatorische Kosten noch einer näheren Erklärung: Die *kalkulatorischen Abschreibungen* sollen die nutzungsbedingten, zeitbedingten und wirtschaftlich bedingten Wertminderungen an Investitionsgütern kompensieren. – Durch die Kapitalbindung in Wirtschaftsgütern entsteht ein Zinsverlust dadurch, daß ein anderweitiger Kapitaleinsatz nicht möglich ist. Diese Opportunitätskosten werden in Form von *kalkulatorischen Zinsen* für das jeweils gebundene Kapital verrechnet.

In der Praxis werden die Kosten nach folgenden Kriterien gegliedert:
a) nach ihrer Natur in Arbeitskosten, Materialkosten, Kapitalkosten, Fremdleistungskosten, Kosten der menschlichen Gesellschaft;
b) nach Funktionen in Kosten des Materialbereichs, des Fertigungsbereichs, des Entwicklungsbereichs, des Verwaltungsbereichs, des Vertriebsbereichs, des Wagnisbereichs, des allgemeinen Bereichs;
c) nach Verrechnungsgesichtspunkten in Einzelkosten (dem Produkt direkt zurechenbar) und Gemeinkosten, wie Stellengemeinkosten (direkte Stellenkosten plus Schlüsselkosten) und Gruppengemeinkosten (unmittelbare Gruppengemeinkosten bzw. mittelbare Gruppengemeinkosten);
d) nach dem Charakter (Kostenfunktionen) in fixe Kosten, variable Kosten und Mischkosten (Bild 3).

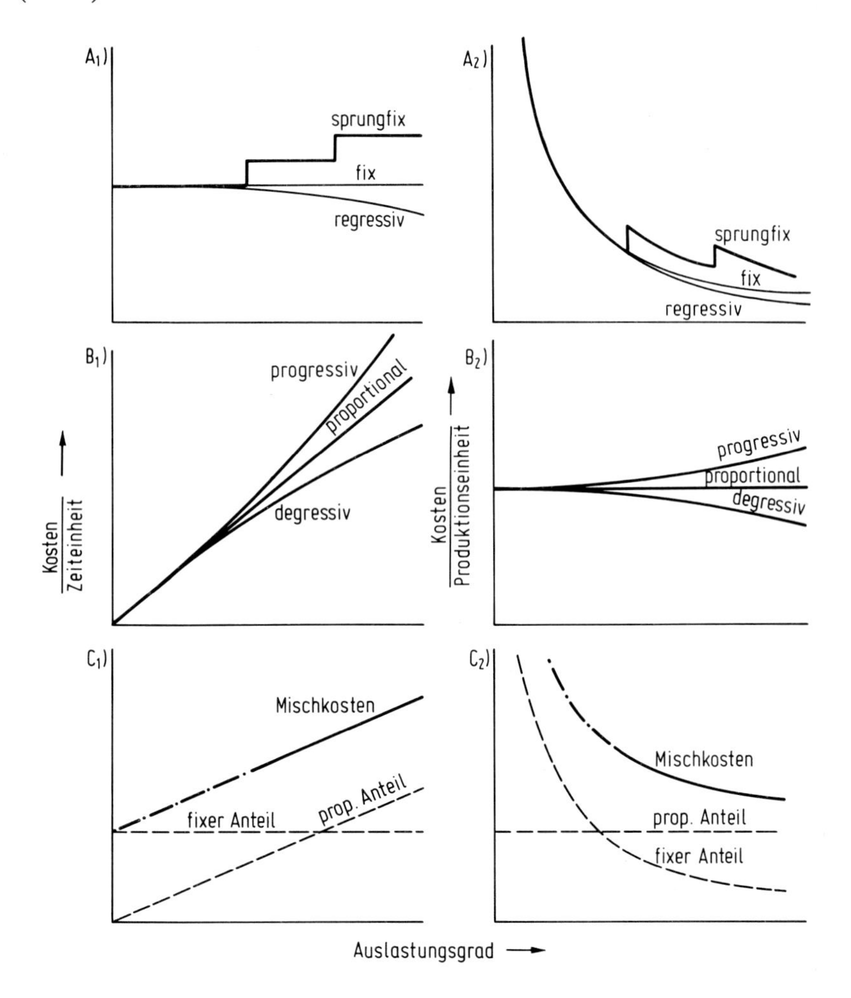


Bild 3. Kostengliederung nach dem Charakter in Abhängigkeit vom Auslastungsgrad, bezogen auf die Zeiteinheit ($A_1$, $B_1$, $C_1$) und auf die Produktionseinheit ($A_2$, $B_2$, $C_2$)
A) fixe Kosten, B) variable Kosten, C) Mischkosten

Die fixen Kosten sind innerhalb bestimmter Beschäftigungsgrenzen vom Beschäftigungsgrad unabhängig. Werden die Beschäftigungsgrenzen nach oben oder unten überschritten, so verändert sich auch die Höhe der fixen Kosten, und zwar sprunghaft (sprungfixe Kosten); auf die Produktionseinheit bezogen, nehmen die Fixkosten bei Beschäftigungszunahme ab (Auslastungsdegression). Man unterscheidet oftmals unternehmensfixe, bereichsfixe und ggf. gestufte Kapazitätskosten neben sprungfixen Kosten.
Variable Kosten sind vom Beschäftigungsgrad abhängig und nehmen normalerweise als Gesamtkosten mit dem Beschäftigungsgrad zu. Zu den variablen Kosten gehören

- proportionale Kosten, die sich als Gesamtkosten proportional zum Beschäftigungsgrad verändern; als Kosten je Einheit bleiben sie konstant;
- degressive Kosten (wachsen unterproportional zur Auslastung);
- progressive Kosten (wachsen überproportional zur Auslastung);
- regressive Kosten (fallen absolut mit zunehmender Auslastung).

Sehr viele Kosten haben Mischkostencharakter, d. h. sie enthalten einen Anteil Fixkosten und einen Anteil variable Kosten. Für einen begrenzten Bereich der Auslastung können Mischkosten in Fixkostenanteil und proportionalen Anteil aufgelöst werden.
e) nach Zuwachs in Grenzkosten und Deckungsbeitrag.
Grenzkosten sind die zusätzlichen Kosten für die Erstellung einer weiteren Leistungseinheit. Sie sind von der Auslastung abhängig (Bild 4). Im Betriebsminimum entsprechen die Grenzkosten den variablen (proportionalen) Kosten, im Betriebsoptimum den Gesamtkosten je Einheit, im Unternehmensoptimum dem Nettoerlös je Einheit.
Der Deckungsbeitrag ist die Differenz zwischen Erlös und Grenzkosten und dient zum Abdecken von Fixkosten und mindert in vollem Betrag den Verlust oder erhöht entsprechend den Gewinn.

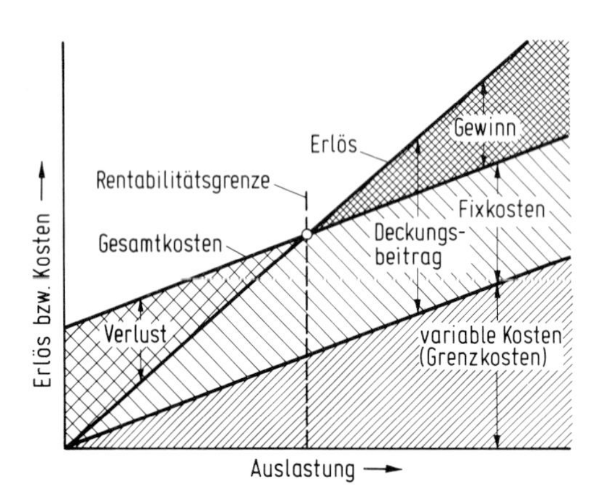


Bild 4. Grundbegriffe der Grenzkostenrechnung (lineares Modell)

## 4.1.2 Wirtschaftlichkeit

Der Begriff Wirtschaftlichkeit wird in der Betriebswirtschaftslehre und Praxis sehr unterschiedlich definiert. Die meisten Begriffsbestimmungen nennen ökonomisch oder sparsam, was für einen bestimmten Ertrag durch das Verhältnis von tatsächlichen Kosten zu den günstigsten Kosten seinen Ausdruck findet [2].

Damit ist für diesen Fall zu setzen:

$$\text{Wirtschaftlichkeit} = \frac{\text{tatsächliche Kosten}}{\text{günstigste Kosten}}.$$

Da aber im allgemeinen die günstigsten Kosten nicht bekannt sind, wird für eine vorgegebene Leistung nur die relative Wirtschaftlichkeit zu beurteilen sein, die besagt, daß Verfahren B gegen Verfahren A dann vorzuziehen, also wirtschaftlicher ist, wenn gilt [3, S. 37]:

$$\text{relative Wirtschaftlichkeit B} = \frac{\text{Kosten B}}{\text{Kosten A}} < 1.$$

Ist der Ertrag bei Vergleichsalternativen unterschiedlich oder betrachtet man einen Wirtschaftsprozeß isoliert, dann gilt die absolute Wirtschaftlichkeit als Beurteilungsmaßstab:

$$\text{absolute Wirtschaftlichkeit} = \frac{\text{Ertrag}}{\text{Aufwand}} > 1.$$

Diese Größe beurteilt jedoch nicht nur die betriebliche Sphäre, sondern auch Ertragsänderungen. Sie kann daher nicht ohne Einschränkung zur Beurteilung des Betriebsgebarens herangezogen werden.
Soll dieser Einfluß ausgeschaltet werden, dann kann eine technische Wirtschaftlichkeit als Verhältnis von technischer Produktionsleistung zum Einsatz definiert werden bzw. die Produktivität als Maßstab der Wirtschaftlichkeit dienen:

$$\text{technische Wirtschaftlichkeit} = \text{Produktivität} =$$

$$= \frac{\text{Produktionsleistung}}{\text{Einsatz an Material} + \text{Arbeit} + \text{Kapital}}.$$

Die Produktivität wird meistens in technischen Größen (Stück, Gewicht, Zeit) gemessen, wodurch sie von Tarif- und Preisbewegungen weitgehend unabhängig ist. Ihr Nachteil ist, daß sie keine Absolutaussage, sondern nur eine Vergleichsgröße darstellt.

## 4.2 Investitionen als Wirtschaftlichkeitsproblem

Die Wirtschaftlichkeitsrechnung ist die rechnerische Erfassung aller finanziellen Auswirkungen eines unternehmerischen Vorhabens im Vergleich mit Alternativen. Wirtschaftlichkeitsrechnungen können zukunftsorientiert sein und damit nur auf noch zu beeinflussenden Aufwänden und Erträgen aufbauen, oder sie können als Kontrollrechnungen vergangenheitsorientiert sein. Sie müssen dann auch alle in der Vergangenheit als entscheidungsrelevant zu betrachtenden Daten beinhalten (Bild 5).
Im Rahmen der Wirtschaftlichkeitsrechnungen für die Zerspanung nehmen Investitionsüberlegungen einen besonderen Raum ein, sind doch gerade die Investitionen entscheidend für die meisten Kosten und Leistungen.
Als Investition bezeichnet man die Umwandlung von flüssigem Kapital (Geld) in Realvermögen (langfristig gebundenes Kapital). Das Ergebnis dieses Umwandlungsprozesses, nämlich das Objekt, in dem das Kapital gebunden ist, nennt man ebenfalls Investition.

| Wirtschaftlichkeitsrechnungen (WR) | | | | |
|---|---|---|---|---|
| Sonder-Probleme | Wirtsch. Schnitt-geschwindigkeit | Wirtschaftl. Losgröße | Eigenfertigung, Fremdbezug | Wirtschaftlichkeitsrechnungen für Investitionen |

WR ≙ IR

| Investitionsrechnungen (IR) | | | | |
|---|---|---|---|---|
| Investitionsbeurteilung nach Wirtschaftlichkeit | Risiko (Streuung) | Liquiditätsrechnung (Amortisation) | Kapazitätsrechnung (Auslastung) | Sonderproblem |

Bild 5. Überdeckung von Wirtschaftlichkeits- und Investitionsrechnung

Der Einsatz neuzeitlicher Zerspanungsverfahren, Anwendung leistungsfähigerer Werkzeuge und die Forderung engerer Toleranzen bedingen vielfach neue Anlagen und Maschinen und damit Investitionen. Mechanisierung und Automatisierung an sich bieten jedoch noch keine Gewähr für Rationalisierung. Erst dann, wenn die Wirtschaftlichkeit gesichert ist, sind diese technischen oder technologischen Veränderungen als Rationalisierung zu bezeichnen.

Die *Automatisierung* ist der Substitutionsprozeß mechanischer und geistiger menschlicher Leistung durch technische Hilfsmittel mit dem Ziel der Verselbständigung der Betriebsmittel.

Unter *Rationalisierung* faßt man alle Maßnahmen zusammen, die über eine Verringerung der Gesamtkosten oder über eine Steigerung des Ertrags zu einer langfristigen Gewinnmaximierung führen. Rationalisierung ist somit zunächst kein technisches, sondern ein wirtschaftliches Problem (Bild 6).

Der Übergang von der Normalmaschine zur mechanisierten Maschine bedeutet Rationalisierung; der Übergang auf die automatisierte Maschine wäre bei konstanter Abnahmemenge eine Fehlinvestition, da die Kosten ansteigen würden.

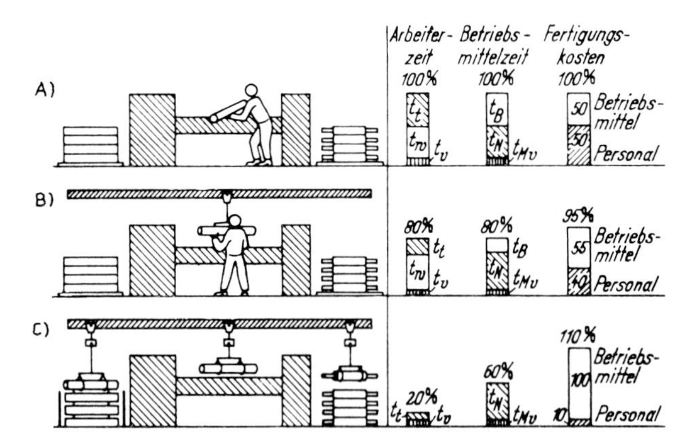


Bild 6. Auswirkungen von Mechanisierung und Automatisierung auf Arbeitszeit, Betriebsmittelzeit und Fertigungskosten

A) Normalmaschine, B) mechanisierte Maschine, C) automatisierte Maschine

### 4.2.1 Investitionsarten

Zur Begründung und Beurteilung von industriellen Investitionen sind sowohl die Ziele als auch die Objekte, mit denen die Ziele zu erreichen sind, zu gliedern (Bild 7). Bei unternehmerischen Investitionen unterteilen wir nach den Zielen die Bruttoinvestitionen in

*Ersatzinvestitionen,* die theoretisch die gleiche Produktionsleistung zu gleichbleibenden Kosten ermöglichen sollen, und

*Nettoinvestitionen.* Diese untergliedern sich weiter in Investitionen für

- Produktionsausweitung (neue Produkte, Diversifikation),
- Produktsteigerung (größere Produktionsleistung gleicher Produkte),
- Kostensenkung (Rationalisierung, größere Fertigungstiefe, technologische Aktualisierung, organisatorische Aktualisierung),
- Produktsicherung (Produktaktualisierung, Produktinnovation, Modellwechsel),
- Obligatorische Investitionen (Sicherheit für Menschen, für Unternehmen, für Gesellschaft),
- Sonstiges (Prestige, Sozialinvestitionen, Humanisierung usw.).

Nach den Objekten unterscheidet man bei industriellen Investitionen in Bau, Anlagen, Einrichtungen, Maschinen und Sonstiges.

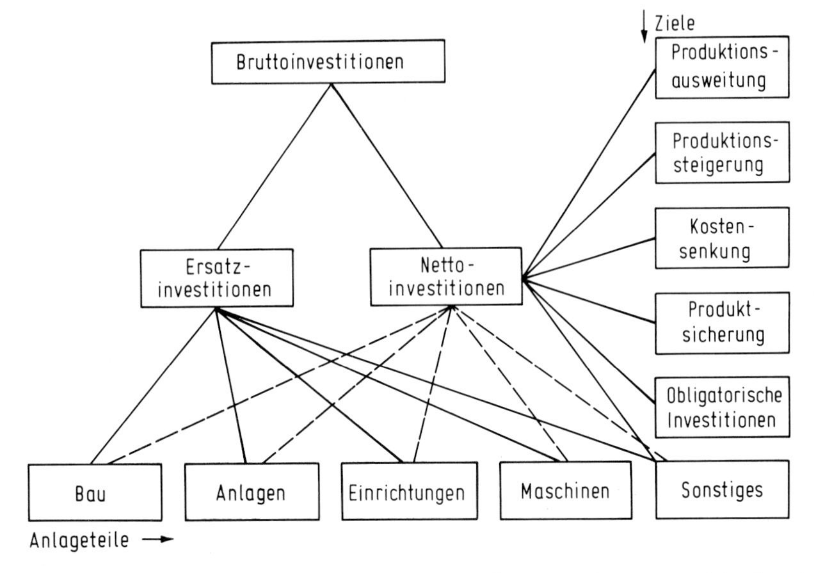


Bild 7. Gliederung der Investitionen nach Zielen (durch Projekte zu erreichen) und nach Anlageteilen (durch Objekte dargestellt)

Die Bildung von Investitionsprojekten muß so erfolgen, daß das Gewinnzuteilungsproblem lösbar ist (dem abgegrenzten Kapital muß ein abgrenzbarer Gewinn zugeteilt werden können). Dadurch kann auf der Basis eines Kalkulationszinssatzes die absolute Wirtschaftlichkeit errechnet werden.

Für die einzelnen Objekte, also Teilprojekte, wie Baumaßnahmen, Anlagen und Maschinen, die im Rahmen von Projekten zu verwirklichen sind, läßt sich meist nur die relative Wirtschaftlichkeit aufzeigen. Unter Annahme gleicher Produktionsmenge wird hier die

Wirtschaftlichkeit an den niedrigsten Kosten zu messen sein. Bei unterschiedlicher Absatzmenge reichen Kostenvergleiche nicht aus. Hier sind Gewinnvergleiche bei gleichem Kapitaleinsatz oder, wenn dieser unterschiedlich ist, Rentabilitätsvergleiche angebracht.

### 4.2.2 Investitionskriterien

Zur langsfristigen Kapitaldisposition in Form von Investitionen dienen die in der Praxis gebräuchlichen Beurteilungskriterien: Notwendigkeit (z.B. Kapazitätsrechnung), Rentabilität (z.B. interner Zinsfuß), Liquidität (z.B. Amortisationszeit) und Risiko (z.B. Streuung der obengenannten Werte). Die verschiedenen sonstigen Beurteilungskriterien lassen sich von diesen Grundgrößen ableiten oder auf sie zurückführen.
Bei der Projektplanung (Bild 8) werden alle erforderlichen und wünschenswerten Investitionsmaßnahmen so zusammengefaßt, daß dem Projekt ein bestimmter Gewinn zuzuordnen ist. Für die wünschenswerten, jedoch nicht notwendigen Investitionsanteile bzw. Teilprojekte (z.B. einbezogene Rationalisierungsinvestitionen) muß zunächst durch einen Rentabilitätsnachweis die Vorteilhaftigkeit nachgewiesen werden. Anschließend wird für das Gesamtprojekt die Rentabilität rechnerisch belegt.
Die Amortisationsrechnung ergibt im Zusammenhang mit den Finanzierungsüberlegungen des Unternehmens Hinweis auf die Liquiditätssicherung. Da die Liquiditätssicherung vor Rentabilitätsüberlegungen stehen muß, können hier interessant scheinende Investitionen ausscheiden, sofern sie nicht durch Projektkürzung um nicht notwendige Anteile (ggf. zu Lasten der Rentabilität) in den Finanzierungsrahmen eingepaßt werden können.
Die Risikobeurteilung und der Vergleich der Investitionsmaßnahme mit alternativen Einsatzmöglichkeiten des Kapitals bilden die Basis für die Investitionsentscheidungen.

### 4.2.3 Investitionsrechnungen

Für die Investitionsplanung und -rechnung sind drei Ausgangssituationen in Praxis und Theorie behandelt, die jeweils zu anderen Ansätzen führen.

*Statische Investitionsrechnungen* (Erfassen einer repräsentativen Periode): Für die Beurteilung einer Investition wird bei diesem Vorgehen eine als repräsentativ angesehene Periode zugrunde gelegt. Dabei sind die Ansätze so abzustimmen, daß sie dem Durchschnitt der gesamten Investitionslaufzeit entsprechen. Die Anwendbarkeit der daraus abgeleiteten statischen Investitionsrechnungen sollte auf kurze Zeiträume oder auf kleinere Investitionen (Teilprojekte) beschränkt bleiben.

*Dynamische Investitionsrechnungen* (Erfassen eines isolierten Projekts): Wird ein Investitionsvorhaben so weit gefaßt, daß sich die von ihm ausgelösten Einzahlungs- und Auszahlungsströme über die volle Nutzungsdauer oder bis zu einem vorbestimmten Planungshorizont isoliert betrachten lassen, dann kann ein solches Projekt nach finanzmathematischen Gesichtspunkten bewertet werden. Da beliebige Einzahlungs- und Auszahlungsströme zu erfassen sind, spricht man von dynamischen Investitionsrechnungen. Sie sind meist mit höherem Rechenaufwand versehen als statische Verfahren.

*Ganzheitliche Investitionsrechnungen* (Erfassen des gesamten Investitionsbudgets): Neuere Entwicklungen gehen von einer Totalplanung aus und versuchen alle Investi-

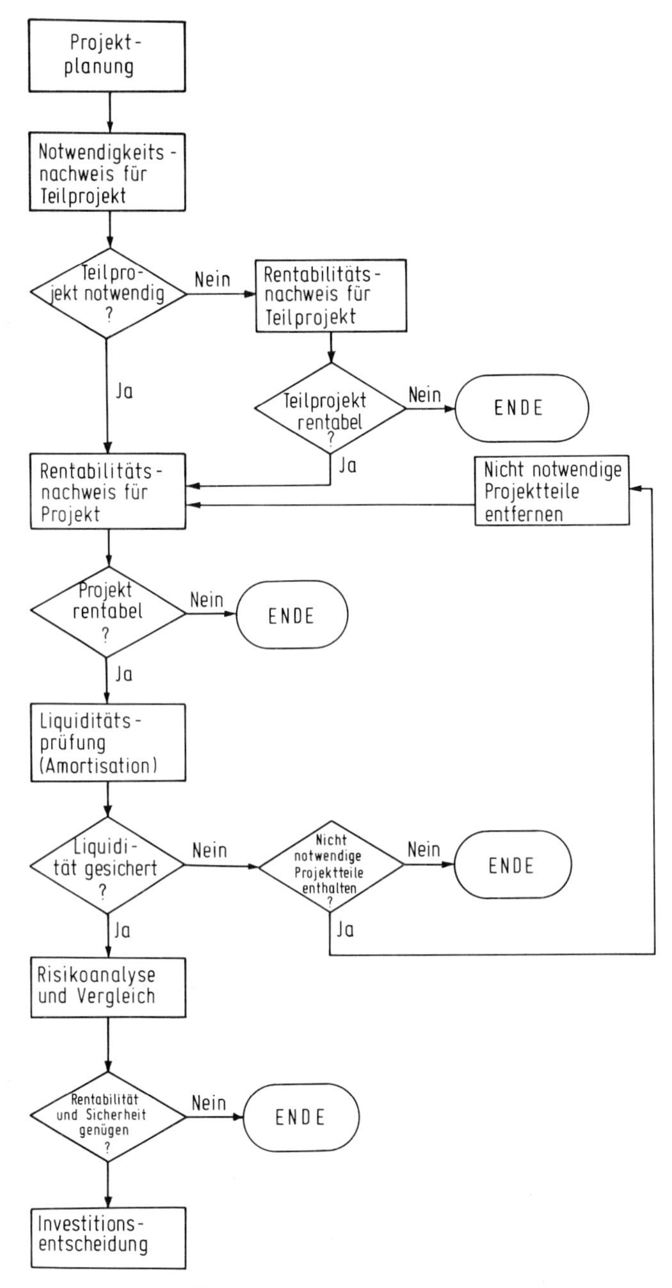


Bild 8. Formale Überprüfung von Investitionen nach Notwendigkeit, Rentabilität, Liquidität und Risiko

tionsvorhaben eines Planungszeitraums im Rahmen optimaler Programmgestaltung integriert zu betrachten und die einzelnen Alternativen in ihrer gegenseitigen Abhängigkeit darzustellen. Zur Beurteilung von Investitionen für die Zerspanung sind jedoch aus diesen Ansätzen noch keine praktischen Ergebnisse zu erwarten.

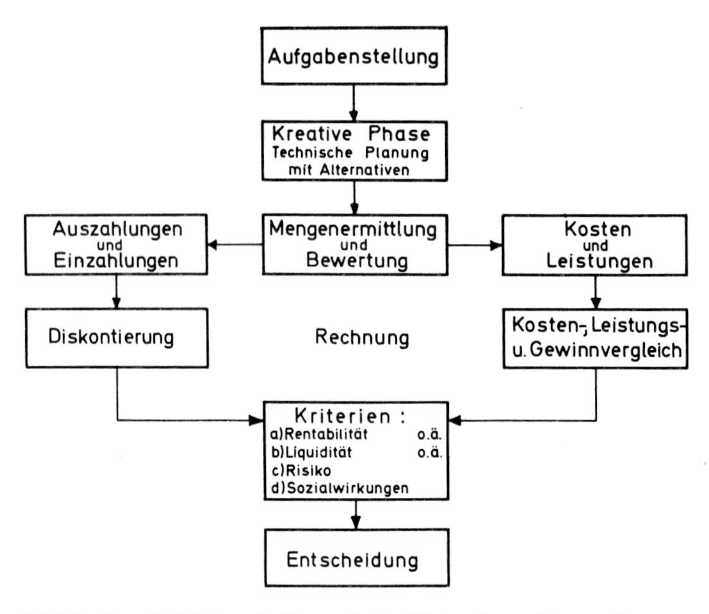


Bild 9. Grundsätzlicher Aufbau gebräuchlicher Investitionsrechnungen

Praktische Investitionsrechnungen verlaufen grundsätzlich nach dem in Bild 9 angegebenen Schema.

*Aufgabenstellung:* Aus der Vielzahl der Möglichkeiten zweckmäßiger Kapitalanlage sind diejenigen zur näheren Untersuchung auszuwählen, die in der Zielrichtung der langfristigen Unternehmensentwicklung liegen und erfolgversprechend erscheinen. Dies ist der schwierigste und entscheidende Schritt bei der Investitionsplanung.

*Kreative Phase* (Technische Planung mit Alternativen): Nach der Kapazitätsbedarfsermittlung und der Kapazitätsbestandserfassung ergibt sich der Zusatzbedarf an Kapazität. Zur Schaffung dieser Kapazität sind die Mittel quantitativ und qualitativ zu erfassen. Die Planung in möglichst vielen Alternativen verschiedener und gleichartiger Ausführungen, Verfahren und Anbieter soll zur wirtschaftlichsten Lösung hinführen.

*Bewerten der Lösungen:* Um die Vorteilhaftigkeit der Investition zu erkennen und die Alternativen vergleichen zu können, müssen alle Auswirkungen der Investition auf einen gemeinsamen Nenner gebracht werden. Die Vergleichsgröße für alle Sachwerte und Dienstleistungen ist ihr Geldwert. Die Geldwerte werden entweder in Form von Zahlungen (Einzahlungen und Auszahlungen) notiert, wobei die Zahlungszeitpunkte mitentscheidend sind, oder, wenn dies nicht möglich oder zu aufwendig ist, in Form von Kosten und Leistungen erfaßt.

*Rechnung:* Da sich die Auswirkungen der Investitionen auf einen längeren Zeitraum beziehen, müssen Umbewertungen vorgenommen werden. Hierfür sind zwei Verfahren gebräuchlich:
a) Diskontierung von Zahlungen: Durch Aufzinsen oder Abzinsen werden alle Aus- oder Einzahlungen auf einen bestimmten Zeitpunkt bezogen. Der Barwert ist der so ermittelte Wert. Bezieht sich der Barwert auf die Gegenwart, wird er Gegenwartswert oder Kapitalwert genannt. Die Diskontierung erfolgt durch Multiplikation der entspre-

chenden Zahlung mit dem vom Zahlungszeitpunkt und Zinssatz abhängigen Abzinsungsfaktor (Tabelle 1).

b) Kosten- und Leistungsermittlung: Anstelle von Ausgaben und Einnahmen können unter bestimmten Voraussetzungen auch Kosten und Leistungen zur Beurteilung von Investitionen verwendet werden. Zu diesem Zweck werden die Investitionen in Form von Abschreibungen auf die einzelnen Zeiträume umgerechnet, und das jeweils gebundene Kapital wird im Planungszeitraum verzinst.
Abschreibungen und Zinsen können zusammengefaßt werden zum sogenannten Kapitaldienst, der sich ergibt nach der Beziehung

Kapitaldienst = Investitionsbetrag · Kapitalwiedergewinnungsfaktor (Tabelle 2).

*Entscheidung:* Für die Investitionsentscheidung sind außer den im Abschnitt 4.2.2 behandelten Entscheidungskriterien noch zahlreiche Imponderabilien maßgeblich beteiligt, die um so stärker wiegen, je mehr Unsicherheiten in den Annahmen der Ausgangsdaten liegen.

Zur Darstellung der verschiedenen Formen für Investitionsrechnungen werden die Grundgleichungen und Beurteilungskriterien der einzelnen Ansätze dargestellt und an dem nachfolgenden Beispiel erläutert.

*Beispiel:* Durch Anschaffung einer Maschine für $I_0 = 40\,000$ DM (Liquidationserlös am Ende der Nutzungsdauer $L = 2000$ DM) soll eine Einsparung an variablen Kosten (Rückfluß) von $R = 10\,000$ DM/a (von 8000 auf 12000 DM/a steigend) über einen Zeitraum von fünf Jahren erzielt werden. Für das eingesetzte Kapital wird ein Zinssatz von $i = 10\%$ p. a. verrechnet.
Wie wirkt sich diese Maßnahme aus?
Folgende Zeichen werden verwendet:

- $I_0$ Investitionsbetrag (Anschaffung plus Aufstellung plus erforderliches Umlaufvermögen) in DM,
- L Liquidationserlös am Ende der Nutzung in DM,
- K Kosten je Zeiteinheit in DM/a,
- k Kosten je Leistungseinheit in DM/Eh,
- $C_0$ Kapitalwert gleich Barwert der Einnahmen abzüglich Barwert der Ausgaben in DM,
- R Rückfluß (cash-flow) gleich Einnahmen minus Ausgaben, d. h. ungefähr Gewinn plus Abschreibungen in DM,
- G Gewinn (über Kalkulationszins) in DM/a,
- Z Zins über gesamte Laufzeit von n Jahren in DM,
- r Rendite (interner Zinssatz) in $\frac{1}{a}$,
- i Zinssatz in $\frac{1}{a}$ (Kalkulationszinssatz),
- q $= 1 + i$ Zinsfaktor in $\frac{1}{a}$,
- n Zeitabstand vom Bezugspunkt in Jahren

$$\alpha = \frac{1}{(1+i)^n} = \frac{1}{q^n}$$ Abzinsungsfaktor für nachschüssige Verzinsung (Tabelle 1),

$$\varkappa = \frac{i(1+i)^n}{(1+i)^n - 1} = \frac{(q-1)q^n}{q^n - 1}$$ Kapitalwiedergewinnungsfaktor für nachschüssige Verzinsung (Tabelle 2).

Tabelle 1. Abzinsungsfaktoren

| Jahr | Abzinsungsfaktor bei einem Zinssatz in % p.a. 5 | 6 | 8 | 10 | 12 | 14 | 15 | 16 | 18 | 20 |
|---|---|---|---|---|---|---|---|---|---|---|
| 1 | 0,9524 | 0,9434 | 0,9259 | 0,9091 | 0,8929 | 0,8772 | 0,8696 | 0,8621 | 0,8475 | 0,8333 |
| 2 | 0,9070 | 0,8900 | 0,8573 | 0,8264 | 0,7972 | 0,7605 | 0,7561 | 0,7432 | 0,7182 | 0,6944 |
| 3 | 0,8638 | 0,8936 | 0,7938 | 0,7513 | 0,7118 | 0,6750 | 0,6575 | 0,6407 | 0,6086 | 0,5787 |
| 4 | 0,8227 | 0,7921 | 0,7350 | 0,6830 | 0,6355 | 0,5021 | 0,5718 | 0,5523 | 0,5158 | 0,4823 |
| 5 | 0,7835 | 0,7473 | 0,6806 | 0,6209 | 0,5674 | 0,5194 | 0,4972 | 0,4761 | 0,4371 | 0,4019 |
| 6 | 0,7462 | 0,7050 | 0,6302 | 0,5645 | 0,5066 | 0,4556 | 0,4323 | 0,4104 | 0,3704 | 0,3349 |
| 7 | 0,7107 | 0,6651 | 0,5835 | 0,5132 | 0,4523 | 0,3996 | 0,3759 | 0,3538 | 0,3139 | 0,2791 |
| 8 | 0,6768 | 0,6274 | 0,5403 | 0,4665 | 0,4039 | 0,3506 | 0,3269 | 0,3050 | 0,2660 | 0,2326 |
| 9 | 0,6446 | 0,5919 | 0,5502 | 0,4241 | 0,3606 | 0,3075 | 0,2843 | 0,2630 | 0,2255 | 0,1938 |
| 10 | 0,6139 | 0,5584 | 0,4632 | 0,3855 | 0,3220 | 0,2697 | 0,2472 | 0,2267 | 0,1911 | 0,1615 |
| 11 | 0,5847 | 0,5268 | 0,4289 | 0,3505 | 0,2875 | 0,2366 | 0,2149 | 0,1954 | 0,1619 | 0,1346 |
| 12 | 0,5568 | 0,4970 | 0,3971 | 0,3186 | 0,2567 | 0,2076 | 0,1869 | 0,1685 | 0,1372 | 0,1122 |
| 13 | 0,5303 | 0,4688 | 0,3677 | 0,2897 | 0,2292 | 0,1821 | 0,1625 | 0,1452 | 0,1163 | 0,0935 |
| 14 | 0,5051 | 0,4423 | 0,3405 | 0,2633 | 0,2046 | 0,1597 | 0,1413 | 0,1252 | 0,0985 | 0,0779 |
| 15 | 0,4810 | 0,4173 | 0,3152 | 0,2394 | 0,1827 | 0,1401 | 1,1229 | 0,1079 | 0,0835 | 0,0649 |
| 16 | 0,4581 | 0,3935 | 0,2919 | 0,2176 | 0,1631 | 0,1229 | 0,1069 | 0,0930 | 0,0708 | 0,0541 |
| 17 | 0,4363 | 0,3714 | 0,2703 | 0,1978 | 0,1456 | 0,1078 | 0,0929 | 0,0802 | 0,0600 | 0,0451 |
| 18 | 0,4155 | 0,3503 | 0,2502 | 0,1799 | 0,1300 | 0,0946 | 0,0808 | 0,0691 | 0,0508 | 0,0376 |
| 19 | 0,3957 | 0,3305 | 0,2317 | 0,1635 | 0,1161 | 0,0829 | 0,0703 | 0,0596 | 0,0431 | 0,0313 |
| 20 | 0,3769 | 0,3118 | 0,2145 | 0,1486 | 0,1037 | 0,0728 | 0,0611 | 0,0514 | 0,0365 | 0,0261 |
| 21 | 0,3589 | 0,2942 | 0,1987 | 0,1351 | 0,0926 | 0,0638 | 0,0531 | 0,0443 | 0,0309 | 0,0217 |
| 22 | 0,3418 | 0,2775 | 0,1839 | 0,1228 | 0,0826 | 0,0560 | 0,0462 | 0,0283 | 0,0262 | 0,0181 |
| 23 | 0,3256 | 0,2618 | 0,1703 | 0,1117 | 0,0738 | 0,0491 | 0,0402 | 0,0329 | 0,0222 | 0,0151 |
| 24 | 0,3101 | 0,2470 | 0,1577 | 0,1015 | 0,0659 | 0,0431 | 0,0349 | 0,0284 | 0,0188 | 0,0126 |
| 25 | 0,2953 | 0,2330 | 0,1460 | 0,0923 | 0,0580 | 0,0278 | 0,0304 | 0,0245 | 0,0160 | 0,0105 |
| 26 | 0,2812 | 0,2198 | 0,1352 | 0,0839 | 0,0535 | 0,0331 | 0,0264 | 0,0211 | 0,0135 | 0,0087 |
| 27 | 0,2678 | 0,2074 | 0,1252 | 0,0763 | 0,0469 | 0,0291 | 0,0230 | 0,0182 | 0,0115 | 0,0073 |
| 28 | 0,2551 | 0,1956 | 0,1159 | 0,0693 | 0,0419 | 0,0255 | 0,0200 | 0,0157 | 0,0097 | 0,0061 |
| 29 | 0,2429 | 0,1846 | 0,1073 | 0,0630 | 0,0374 | 0,0224 | 0,0174 | 0,0135 | 0,0082 | 0,0031 |
| 30 | 0,2314 | 0,1741 | 0,0994 | 0,0573 | 0,0334 | 0,0196 | 0,0151 | 0,0116 | 0,0070 | 0,0042 |

Tabelle 2. Kapitalwiedergewinnungsfaktoren in Jahreswerten

| Nutzungs-dauer in Jahren | jährlicher Kapitalwiedergewinnungsfaktor bei einem Zinssatz in % p.a. | | | | | | | | |
|---|---|---|---|---|---|---|---|---|---|
| | 0 | 2 | 4 | 6 | 8 | 10 | 12 | 15 | 20 |
| 1 | 1,00000 | 1,02000 | 1,04000 | 1,06000 | 1,08000 | 1,10000 | 1,12000 | 1,15000 | 1,20000 |
| 2 | 0,50000 | 0,51505 | 0,53020 | 0,54544 | 0,56077 | 0,57619 | 0,59170 | 0,61512 | 0,65455 |
| 3 | 0,33333 | 0,34675 | 0,36035 | 0,37411 | 0,38803 | 0,40211 | 0,41635 | 0,43798 | 0,47473 |
| 4 | 0,25000 | 0,26262 | 0,27549 | 0,28859 | 0,30192 | 0,31547 | 0,32923 | 0,35027 | 0,38629 |
| 5 | 0,20000 | 0,21216 | 0,22463 | 0,23740 | 0,25046 | 0,26380 | 0,27741 | 0,29832 | 0,33438 |
| 6 | 0,16667 | 0,17853 | 0,19076 | 0,20336 | 0,21632 | 0,22961 | 0,24323 | 0,26424 | 0,30071 |
| 7 | 0,14286 | 0,15451 | 0,16661 | 0,17914 | 0,19207 | 0,20541 | 0,21912 | 0,24036 | 0,27742 |
| 8 | 0,12500 | 0,13651 | 0,14853 | 0,16104 | 0,17401 | 0,18744 | 0,20130 | 0,22285 | 0,26061 |
| 9 | 0,11111 | 0,12252 | 0,13449 | 0,14702 | 0,16008 | 0,17364 | 0,16768 | 0,20957 | 0,24808 |
| 10 | 0,10000 | 0,11133 | 0,12329 | 0,13587 | 0,14903 | 0,16273 | 0,17698 | 0,19925 | 0,23852 |
| 11 | 0,09091 | 0,10218 | 0,11415 | 0,12679 | 0,14008 | 0,15396 | 0,16842 | 0,19107 | 0,23110 |
| 12 | 0,08333 | 0,09456 | 0,10655 | 0,11928 | 0,13270 | 0,14676 | 0,16144 | 0,18448 | 0,22526 |
| 13 | 0,07692 | 0,08812 | 0,10014 | 0,11296 | 0,12652 | 0,14078 | 0,15568 | 0,17911 | 0,22082 |
| 14 | 0,07143 | 0,08260 | 0,09467 | 0,10578 | 0,12130 | 0,13575 | 0,15087 | 0,17469 | 0,21689 |
| 15 | 0,06667 | 0,07783 | 0,08994 | 0,10296 | 0,11683 | 0,13147 | 0,14682 | 0,17102 | 0,21388 |
| 16 | 0,06250 | 0,07365 | 0,08582 | 0,09895 | 0,11298 | 0,12782 | 0,14339 | 0,16795 | 0,21144 |
| 17 | 0,05882 | 0,06997 | 0,08220 | 0,09544 | 0,10963 | 0,12466 | 0,14046 | 0,16537 | 0,20944 |
| 18 | 0,05556 | 0,06670 | 0,07809 | 0,09236 | 0,10670 | 0,12193 | 0,13794 | 0,16319 | 0,20781 |
| 19 | 0,05263 | 0,06378 | 0,07614 | 0,08962 | 0,10413 | 0,11955 | 0,13576 | 0,16134 | 0,20846 |
| 20 | 0,05000 | 0,06116 | 0,07358 | 0,08718 | 0,10185 | 0,11746 | 0,13388 | 0,15976 | 0,20536 |
| 25 | 0,04000 | 0,05122 | 0,06401 | 0,07823 | 0,09368 | 0,11017 | 0,12752 | 0,15470 | 0,20212 |
| 30 | 0,03333 | 0,04465 | 0,05783 | 0,07265 | 0,08883 | 0,10608 | 0,12414 | 0,15230 | 0,20085 |
| 40 | 0,02500 | 0,03656 | 0,05052 | 0,06646 | 0,08286 | 0,10226 | 0,12130 | 0,15056 | 0,20014 |
| 50 | 0,02000 | 0,03182 | 0,04655 | 0,06344 | 0,08174 | 0,10086 | 0,12042 | 0,15014 | 0,20002 |
| 100 | 0,01000 | 0,02320 | 0,04081 | 0,06018 | 0,08004 | 0,10001 | 0,12000 | 0,15000 | 0,20000 |

### 4.2.3.1 Dynamisches Verfahren

Können bei Investitionsrechnungen beliebige Zahlungsströme erfaßt und durch Diskontierung zeitabhängig bewertet werden, lassen sich dynamische Investitionsrechnungen durchführen (Bild 10).

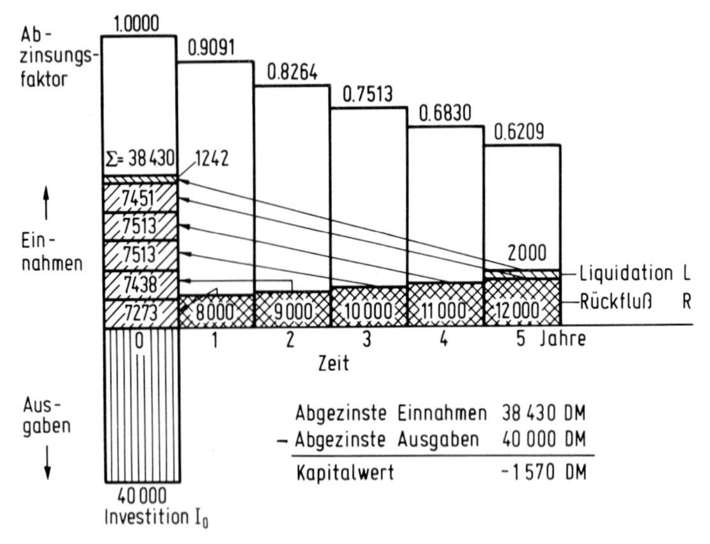


Bild 10. Diskontierung von Einzahlungen und Auszahlungen bzw. von Einnahmen und Ausgaben bei einer Verzinsung von i = 10% p.a.

#### 4.2.3.1.1 Kapitalwertmethode

Grundgleichung

$$C_0 = \frac{R_1}{q} + \frac{R_2}{q^2} + \dots + \frac{R_n}{q^n} + \frac{L}{q^n} - I_0;$$

Kriterium

$$C_0 = \max > 0$$

Prämissen: Gewinnzuteilung zum Projekt muß möglich sein; Kalkulationszinssatz vorgegeben.

Anwendung: Projektbeurteilung in Fällen, bei denen genügend Kapital zum angegebenen Kalkulationszinsfuß zur Verfügung steht. Ein Beispiel zeigt Tabelle 3. Mit den darin angegebenen Werten erhält man

$$C_0 = (37188 + 1242 - 40000)\ \text{DM} = -1570\ \text{DM}.$$

Der Kapitalwert beträgt bei 10% p.a. Verzinsung $C_0 = -1570$ DM. Das bedeutet, daß die Verzinsung um 1570 DM geringer ist als 10% p.a.

#### 4.2.3.1.2 Annuitätenmethode

Die Barwerte der Investition und die Barwerte der Rückflüsse werden mit Hilfe der Kapitalwiedergewinnungsfaktoren in gleiche Annuitäten (Jahresbeträge) umgerechnet, sofern nicht bereits im Ansatz konstante jährliche Zahlungen vorgegeben sind.

Grundgleichung

$$A_R - A_I = G;$$

Kriterium

$$G \geqq 0.$$

Prämissen: Gewinnzuteilung zum Projekt muß möglich sein; Kalkulationszinssatz vorgegeben.

Anwendung: Wenn bereits konstante Annuitäten auf der Rückflußseite gegeben sind; bei Investitionen mit unterschiedlicher Nutzungsdauer (bedingt!) und bei Finanzinvestitionen.

Beispiel:

Annuität der Rückflüsse $A_R$

$$A_R = 37\,188 \cdot 0{,}26380 \text{ DM/a} \quad = \quad 9\,810 \text{ DM/a}$$

$-$ Annuität der Investition $A_I$

$$-A_I = -(40\,000 - 1242) \cdot 0{,}26380 \text{ DM/a} \quad = - \quad 10\,224 \text{ DM/a}$$

Gewinn $\quad G = \quad -414$ DM/a

Die Annuitätenmethode weist einen Verlust von 414 DM/a aus (der Gesamtverlust ergibt sich durch Summierung der abgezinsten Jahresverluste).

#### 4.2.3.1.3 Interne Zinssatzmethode (Rentabilitätsrechnung)

Grundgleichung

$$0 = \frac{R_1}{q} + \frac{R_2}{q^2} + \ldots + \frac{R_n}{q^n} + \frac{L}{q^n} - I_0;$$

Kriterium

$$q = \max \text{ bzw. } i = \max.$$

Da die Gleichung im allgemeinen nicht geschlossen nach q auflösbar ist, werden Näherungen angewandt.

Prämissen: Gewinnzuteilung zum Projekt muß möglich sein (vollständige Alternativen); Vergleichszinssatz bekannt.

Anwendungsbereich: Gebräuchlichste Form dynamischer Investitionsrechnungen; der rechnerische Aufwand wird mitunter durch Begrenzung des Planungshorizonts verringert. Ein Beispiel zeigt Tabelle 4. Mit deren Werten erhält man aus der Interpolationsgleichung

$$r = i_1 + (i_2 - i_1)\frac{C_1}{C_1 - C_2}$$

$$r = [8 + (10-8)\frac{674}{674 + 1570}] = 8{,}6\% \text{ p.a.}$$

Das eingesetzte Kapital verzinst sich somit zu 8,6% p.a.

Tabelle 3. Beispiel für eine dynamische Investitionsrechnung nach der Kapitalwertmethode

| Benennung | | Einh. | Jahr 0 | 1 | 2 | 3 | 4 | 5 | Summe |
|---|---|---|---|---|---|---|---|---|---|
| Nominal-beträge | Investition | DM | 40000 | – | – | – | – | – | 40000 |
| | Rückflüsse | DM | – | 8000 | 9000 | 10000 | 11000 | 12000 | 50000 |
| | Liquidation | DM | – | – | – | – | – | 2000 | 2000 |
| Abzinsungsfaktor für i = 10% p. a. | | 1 | 1,0000 | 0,9091 | 0,8264 | 0,7513 | 0,6830 | 0,6209 | – |
| Abgez. Beträge | Investition | DM | 40000 | – | – | – | – | – | 40000 |
| | Rückflüsse | DM | – | 7273 | 7438 | 7513 | 7513 | 7451 | 37188 |
| | Liquidation | DM | – | – | – | – | – | 1242 | 1242 |

Tabelle 4. Beispiel für eine dynamische Investitionsrechnung nach der internen Zinssatzmethode (Rentabilitätsrechnung)

| Benennung | | Einh. | Jahr 0 | 1 | 2 | 3 | 4 | 5 | Summe |
|---|---|---|---|---|---|---|---|---|---|
| Nominal-beträge | Investition + Liquidat. | DM | −40000 | – | – | – | – | 2000 | 38000 |
| | Rückflüsse | DM | – | 8000 | 9000 | 10000 | 11000 | 12000 | 50000 |
| | Einnahmenüberschuß | DM | −40000 | 8000 | 9000 | 10000 | 11000 | 14000 | 12000 |
| i = 10% p. a. | Abzinsungsfaktor | 1 | 1,0000 | 0,9091 | 0,8264 | 0,7513 | 0,6830 | 0,6209 | – |
| | Abgez. Einnahmen-Überschuß | DM | −40000 | 7273 | 7438 | 7513 | 7513 | 8699 | −1570 |
| i = 8% p. a. | Abzinsungsfaktor | 1 | 1,0000 | 0,9259 | 0,8573 | 0,7938 | 0,7350 | 0,6806 | – |
| | Abgez. Einnahmen-überschuß | DM | −40000 | 7407 | 7716 | 7938 | 8085 | 9528 | + 674 |

Tabelle 5. Beispiel für eine dynamische Investitionsbeurteilung durch Amortisationsrechnung

| Einnahmenüberschuß | | Einh. | Jahr 0 | 1 | 2 | 3 | 4 | 5 | Summe |
|---|---|---|---|---|---|---|---|---|---|
| Ohne Zinsen | Einzelbetrag | DM | −40000 | 8000 | 9000 | 10000 | 11000 | 14000 | 12000 |
| | Kumulierter Betrag | DM | −40000 | −32000 | −23000 | −13000 | −2000 | +12000 | – |
| mit i=8% p.a. | Einzelbetrag | DM | −40000 | 7407 | 7716 | 7938 | 8085 | 9528 | + 674 |
| | Kumulierter Betrag | DM | −40000 | −32593 | −24877 | −16939 | −8854 | + 674 | – |

#### 4.2.3.1.4 Amortisationsrechnung

Grundgleichung

$$I_0 = \frac{R_1}{q} + \frac{R_2}{q^2} + \ldots . + \frac{R_n}{q^n} + \frac{L}{q^n};$$

Kriterium

$$n \leqq n_w$$

($n_w$ wirtschaftliche Nutzungsdauer).
Prämissen: Gewinnzuteilung zum Projekt muß möglich sein; Kalkulationszinssatz vorgegeben.

Anwendung: Ermittlung des zeitlichen und Liquiditätsrisikos
(nicht zur Beurteilung der Wirtschaftlichkeit zu verwenden!). Ein Beispiel hierfür enthält Tabelle 5.
Die Interpolationsgleichung (für stetigen Rückfluß) lautet

$$n = n_u + \frac{C_u}{C_u - C_{u+1}};$$

(Index u für Wert vor Vorzeichenwechsel). Da der Liquidationserlös erst nach dem letzten Jahr zu realisieren ist, darf sein Barwert erst für diesen Zeitpunkt verrechnet werden. Mit den Werten aus Tabelle 5 erhält man ohne Zinsen

$$n_0 = \left(4 + \frac{2000}{2000 + 12000 - 2000}\right) a = 4{,}17 \text{ a}$$

und mit 8% p.a. Verzinsung

$$n_8 = \left(4 + \frac{8854}{8854 + 674 - 1242}\right) a = 5{,}07 \text{ a}.$$

Ohne Zinsen amortisiert sich die Investition zum Zeitpunkt 4,17 Jahre; mit 8% Verzinsung erfolgt die Amortisation erst durch Liquidation des Restwertes zum Zeitpunkt 5,0 Jahre.

### 4.2.3.2 Statische Verfahren

Werden bei Investitionsrechnungen die Zahlen einzelner Perioden durch einen repräsentativen Mittelwert ersetzt, also dynamische Veränderungen ausgeschaltet, dann können die Investitionsrechnungen meist vereinfacht werden. Die so vereinfachten Verfahren nennt man statische Investitionsrechnungen.

#### 4.2.3.2.1 Gewinnvergleichsrechnung

(Ohne Zinsberücksichtigung als Einnahmenüberschußrechnung)

Die Zahlungen der einzelnen Perioden werden ohne Diskontierung, also ohne Berücksichtigung des Zeitfaktors, zusammengefaßt.

Grundgleichung

$$G = \Sigma R + L - I_0;$$

Kriterium

$$G > 0.$$

Prämissen: Einnahmen und Ausgaben voll einander zuordenbar; Vernachlässigung von Zinsen zulässig.

Anwendung: Kurzfristige Maßnahmen und Überschlagsrechnungen.

Beispiel:

$$G = (8000 + 9000 + 10000 + 11000 + 12000 + 2000 - 40000)\ \text{DM} = 12000\ \text{DM}.$$

Es entsteht ein Einnahmenüberschuß von 12000 DM.

#### 4.2.3.2.2 Kostenvergleichsrechnung

Der Investitionsbetrag wird durch Verrechnung von kalkulatorischen Abschreibungen und kalkulatorischen Zinsen den Nutzungsperioden angelastet. Die eingesparten Kosten werden dagegen aufgerechnet. Die Differenz stellt den zusätzlichen Gewinn oder Verlust dar (Bild 11).

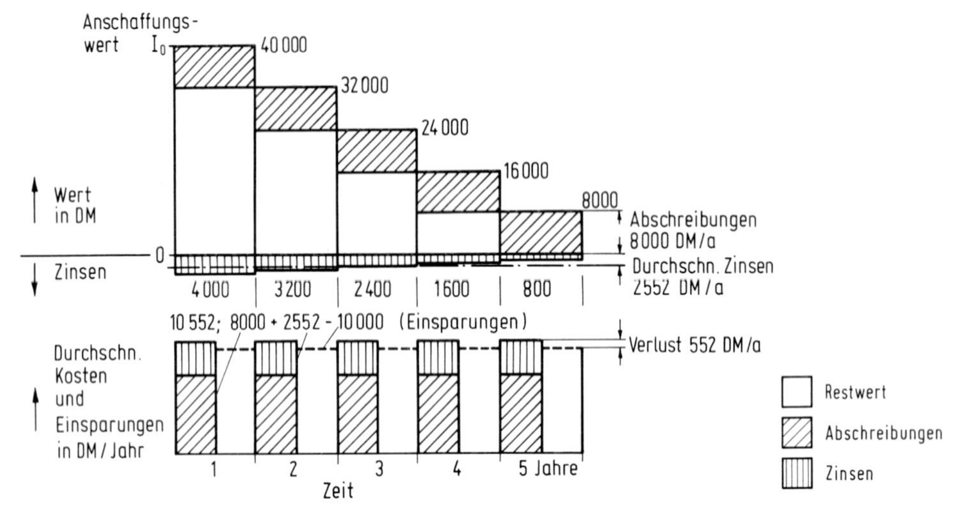


Bild 11. Kostenvergleich bei einer Verzinsung von 10% p.a. ohne Restwertberücksichtigung Kapitaldienst $I_0 \cdot \varkappa$

Grundgleichung (mit Restwertberücksichtigung, Zins und Zinseszinsen bei nachschüssiger Verzinsung)

$$\Delta K = \bar{R} - (I_0 - L)\,\varkappa - L \cdot i;$$

Kriterium

$$\Delta K \leqq 0.$$

Prämissen:

a) Vergleich von Investitionsalternativen:
Die Rechnung weist im allgemeinen nur die relative Wirtschaftlichkeit aus, d.h. sie zeigt z.B., welche von zwei Alternativen für einen bestimmten Ertrag die niedrigsten Kosten verursacht. Ob der Ertrag ausreicht, die Kosten zu decken, muß durch eine Projektrechnung und durch den darin enthaltenen Notwendigkeitsnachweis belegt werden.

b) Vergleich Investition gegen entscheidungsrelevante (z. B. variable) Kosten (gleich Rationalisierung):
Hier wird der Kapitaldienst des vollen Investitionsbetrags durch nachzuweisende Kosteneinsparungen zurückgewonnen. Unter Annahme eines Kalkulationszinssatzes und einer wirtschaftlichen Nutzungsdauer ist ein geschlossener Vergleich möglich.

c) Ersatzinvestitionen:
Für eine vorhandene Anlage darf als Kapitaldienst lediglich der Werteverzehr durch unterschiedlichen Verkaufserlös – im allgemeinen der Wert 0 – angesetzt werden. Dagegen sind die Kosten für Grundüberholungen o. dgl. auf die restlichen Nutzungsjahre anzurechnen.

Anwendung: Alternativinvestitionen (Auswahlproblem); Rationalisierungsinvestitionen (Kostensenkung); Ersatzinvestitionen (Ersatzzeitpunkt).

Beispiel:

Mit Restwertberücksichtigung erhält man

$$\Delta K = (10000 - 38000 \cdot 0{,}26380 - 2000 \cdot 0{,}10)\,\text{DM/a} = -\ 224\,\text{DM/a}.$$

Ohne Restwertberücksichtigung (siehe Bild 11) ergibt sich

$$\Delta K = (10000 - 40000 \cdot 0{,}26380)\,\text{DM/a} = -\ 552\,\text{DM/a}.$$

Es wird um 224 DM/a bzw. 552 DM/a weniger Zins als 10% p.a. errechnet.

#### 4.2.3.2.3 Rentabilitätsrechnung

Die Rentabilität kann entweder als Näherung für kontinuierliche Verzinsung des halben Investitionsbetrags oder für nachschüssige Verzinsung (wie bei den dynamischen Investitionsrechnungen üblich), errechnet werden.

a) *Kontinuierliche Verzinsung ohne Zinseszinsen*

Grundgleichung

$$r = \frac{2}{n} \cdot \frac{\Sigma R + L - I_0}{I_0};$$

Kriterium

$$r \geqq i \text{ (geforderter Zinssatz).}$$

Prämissen: Gleichbleibender Rückfluß; Gewinnzuteilung zum Projekt muß möglich sein; Vergleichszinssatz bekannt.

Anwendungsbereich: Überschlägige Rentabilitätsermittlung.

Beispiel:

$$r = \frac{2}{5} \cdot \frac{5 \cdot 10000 + 2000 - 40000}{40000} \cdot 100\%\ \text{p. a.} = 12\%\ \text{p.a.}$$

Die Verzinsung errechnet sich zu 12% p.a.

b) *Nachschüssige Verzinsung ohne Zinseszins*

Grundgleichung

$$r = \frac{2}{n+1} \cdot \frac{\Sigma R + L - I_0}{I_0};$$

Kriterium

$r \geqq i$ (geforderter Zinssatz).

Prämissen: Gleichbleibender Rückfluß; Gewinnzuteilung zum Projekt muß möglich sein; Vergleichszinssatz bekannt.

Anwendungsbereich: Einfache Investitionsfälle; Überschlagsrechnungen.

| Firma: IBB | Projektbezeichnung: *Produktionssteigerung* | Projekt Nr.: *3/88* |
|---|---|---|
| Werk: *3* | Investitionsbetrag: *5 750 T* DM | (a) |
| Bearbeiter: *Schwab* | Umlauferhöhung: *600 T* DM | (b) |
| Datum: *10.Mai* | Projektnutzung: *Ø 8* Jahre | (c) |

| | 1. Erlös | Gleichung | Einh. | ohne Projekt | mit Projekt | durch Projekt |
|---|---|---|---|---|---|---|
| (1) | Direktverkauf | | TDM/a | *26213* | *29590* | *3377* |
| (2) | Vertreterverkauf Inland | | TDM/a | *23241* | *25375* | *2134* |
| (3) | Vertreterverkauf Ausland | | TDM/a | *9172* | *9476* | *304* |
| (4) | Bruttoerlös | (1)+(2)+(3) | TDM/a | *58626* | *64441* | *5815* |
| (5) | Erlösabhängige Kosten | *3/7/9* % v.(1),(2),(3) | TDM/a | *3239* | *3516* | *277* |
| (6) | Nettoerlös | (4)-(5) | TDM/a | *55387* | *60925* | *5538* |
| | 2. Kosten | | | | | |
| (7) | Fertigungslöhne | | TDM/a | *5420* | *5854* | *434* |
| (8) | Var.Fertigungsgemeinkosten | *120* % v.(7) | TDM/a | *6504* | *7024* | *520* |
| (9) | Fixe Fertigungsgemeinkosten (ohne Inv.) | | TDM/a | *7684* | *8068* | *384* |
| (10) | Fertigungskosten (ohne Inv.) | (7)+(8)+(9) | TDM/a | *19608* | *20946* | *1338* |
| (11) | Fertigungsmaterialkosten | | TDM/a | *17342* | *19059* | *1717* |
| (12) | Var. Materialgemeinkosten | *4,1* % v.(11) | TDM/a | *711* | *775* | *64* |
| (13) | Fixe Materialgemeinkosten | | TDM/a | *659* | *692* | *33* |
| (14) | Materialkosten | (11)+(12)+(13) | TDM/a | *18712* | *20526* | *1814* |
| (15) | Herstellkosten (ohne Inv.) | (10)+(14) | TDM/a | *38320* | *41472* | *3152* |
| (16) | Verwaltungskosten | *8,7* % v. (15) | TDM/a | *3242* | *3404* | *162* |
| (17) | Vertriebskosten (intern) | *2,8* % v. (15) | TDM/a | *1073* | *1159* | *86* |
| (18) | Sonderkosten | | TDM/a | *5538* | *6092* | *554* |
| (19) | Selbstkosten (ohne Inv.) | (15)+..+(18) | TDM/a | *48173* | *52127* | *3954* |
| (20) | Abschreibung aus Invest. | (a):(c) | TDM/a | ---- | *719* | *719* |
| | 3. Gewinn, Interne Verzinsung, Amortisation | | | | | |
| (21) | Rohgewinn (ohne Inv.) | (6)-(19) | TDM/a | *7214* | *8798* | *1584* |
| (22) | Rohgewinn nach Invest. | (21)-(20) | TDM/a | ---- | *8079* | *865* |
| (23) | Gewinn nach Steuer | *47* % v. (22) | TDM/a | *3390* | *3797* | *407* |
| (24) | Kapitalwiedergewinnungsfaktor | [(21)-(b)·i]:(a) | 1/a | ⟶ | | *0,260* |
| (25) | Interne Verzinsung (n=..*8*.Jahre) | i | %/a | ⟶ | | *20* |
| (26) | Amortisationszeit (i=.*15*.%p.a.) | n | a | ⟶ | | *6,17* |

Bemerkungen: *(21)' = 1584TDM/a − 600TDM · 15 % p.a.*

*= 1494TDM/a*

*(24) = 1494TDM/a : 5750TDM = 0,260/a*

| n= *8* Jahre | i= *15* % p.a. |
|---|---|
| $i = i_1 + (i_2 - i_1)\frac{\kappa - \kappa_1}{\kappa_2 - \kappa_1}\,100\,\%$ | $n = n_3 + (n_4 - n_3)\frac{\kappa_3 - \kappa}{\kappa_3 - \kappa_4} = 6{,}17$ a |
| $\kappa_1 = 0{,}261$/a für $i_1 = 20$ % p.a. | $\kappa_3 = 0{,}264$/J für $n_3 = 6$ |
| $\kappa_2 = 0{,}223$/a für $i_2 = 15$ % p.a. | $\kappa_4 = 0{,}240$/J für $n_4 = 7$ |

Bild 12. Formblatt zur Berechnung der Rentabilität für nachschüssige Verzinsung mit Zinseszins

Beispiel:

$$r = \frac{2}{5+1} \cdot \frac{5 \cdot 10000 + 2000 - 40000}{40000} \cdot 100\% = 10\% \text{ p.a.}$$

Die Rechnung weist einen Zinssatz von 10% p.a. aus.

c) *Nachschüssige Verzinsung mit Zinseszins*

Mit Hilfe des Kapitalwiedergewinnungsfaktors $\varkappa$ und Interpolation können auch Zinseszinsen berücksichtigt werden. Die Berechnung zeigt das Formblatt in Bild 12.

#### 4.2.3.2.4 Amortisationsrechnung

Die Amortisationszeit gibt an, wann der Investitionsbetrag durch Rückflüsse bzw. durch Liquidationserlöse zurückgewonnen ist.

a) *Amortisation ohne Zinsen*

Grundgleichung

$$n_0 = \frac{I_0}{\bar{R}};$$

Kriterien für Wirtschaftlichkeit

$$n_0 < n_w.$$

Kriterium für Liquidität: Zu keinem Zeitpunkt darf die Liquidität des Unternehmens durch die Investition gefährdet sein.

Prämissen: Näherung vertretbar.

Anwendung: Überschlagsrechnungen zum Abschätzen des zeitlichen und Liquiditätsrisikos.

Beispiel:

$$n_0 = \frac{40000}{10000} \text{ a} = 4{,}0 \text{ a}.$$

Die Amortisationszeit ohne Zins beträgt nach dieser Rechnung 4,0 Jahre.

b) *Amortisation mit Zinsen*

Grundgleichung
mit kontinuierlicher Verzinsung ohne Zinseszins

$$n_{zk} = \frac{I_0}{\bar{R} - \frac{1}{2} I_0 \cdot i}$$

bzw. mit nachschüssiger Verzinsung ohne Zinseszins

$$n_{zn} = \frac{I_0}{\bar{R} - \frac{n+1}{2n} \cdot I_0 \cdot i};$$

Kriterium für Wirtschaftlichkeit

$$n_z \leqq n_w.$$

Kriterium für Liquidität: Zu keinem Zeitpunkt darf die Liquidität des Unternehmens durch die Investition gefährdet sein; Gefahrenbereich beendet bei $n_z$.

Prämissen: Zinseszinsen vernachlässigen; kontinuierliche Rückflüsse annehmbar; Zwischenwerte des Schuldenstandes nicht erfragt. Ggf. kann die Amortisation durch Liquidation des Restwerts erst am Ende der Nutzungsdauer bei Verkauf erfolgen.

Anwendung: Beurteilung des zeitlichen und Liquiditätsrisikos.

Beispiel:

mit kontinuierlicher Verzinsung ohne Zinseszins

$$n_{zk} = \frac{40000}{10000 - \frac{1}{2} \cdot 40000 \cdot 0{,}10} \text{ a} = 5 \text{ a},$$

mit nachschüssiger Verzinsung ohne Zinseszins

$$n_{zn} = \frac{40000}{10000 - \frac{5+1}{2 \cdot 5} \cdot 40000 \cdot 0{,}10} \text{ a} = 5{,}26 \text{ a}.$$

Da die Nutzungsdauer überschritten ist, muß der Liquidationserlös berücksichtigt werden:

Der Restwert W am Ende des Jahres 5 beträgt

$$W = 40000 - 5 \left( 10000 \frac{5+1}{2 \cdot 5} \cdot 40000 \cdot 0{,}10 \right) = 2000 \text{ DM} = L.$$

Damit wird $n'_{zn} = 5$ a.

Die Amortisationszeit ergibt sich bei kontinuierlicher Verzinsung ohne Restwertansatz und bei nachschüssiger Verzinsung mit Restwertansatz zu 5 Jahren.

#### 4.2.3.2.5 Investitionsgrenzwertrechnung

Durch Investitionsrechnungen soll geklärt werden, ob durch Investitionen Gewinn zu erzielen ist, sei es durch Einsparung an variablen Kosten, z. B. beim Fertigungslohn, oder durch Erhöhung des Ertrags. Dabei steht im einfachsten Fall einer einmaligen Ausgabe, nämlich der Investition, eine Reihe von Einnahmen in Form der zusätzlichen Gewinne gegenüber.

Der Investitionsbetrag darf dann nicht höher sein als die Summe der abgezinsten Gewinne, die durch die Investition ausgelöst werden; er ergibt sich aus der Gleichung

$$I_0 = \frac{R_1}{q} + \frac{R_2}{q^2} + \ldots + \frac{R_n}{q^n}$$

oder bei gleichmäßigem Einnahmestrom $\overline{R}$ aus der Gleichung

$$I_0 = \overline{R} \cdot \left( \frac{1}{q} + \frac{1}{q^2} + \ldots + \frac{1}{q^n} \right) = \overline{R} \frac{1}{\varkappa}.$$

Der Kapitaldienst (Abschreibungen und Zinsen) für die Investition darf nicht höher sein als die zugehörigen Rückflüsse; es muß also sein

$$I_0 \cdot \varkappa \leqq \overline{R}.$$

Für die Gleichheitsbedingung läßt sich diese Beziehung als Diagramm (Bild 13) darstellen, in dem drei Abszissenachsen eingetragen sind.

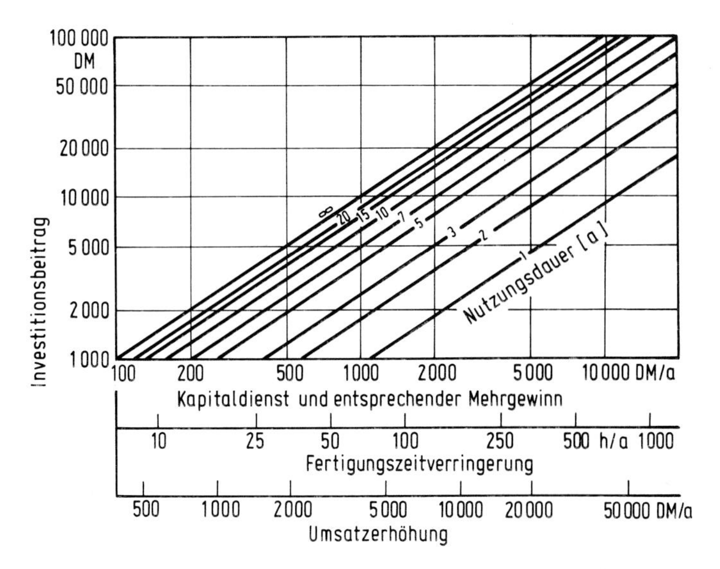


Bild 13. Investitionsbetrag und Kapitaldienst als Gegengrößen zu Mehrgewinn, Fertigungszeitverringerung und Umsatzerhöhung
Annahmen: $i = 10\%$ p.a., $L = 10,-$ DM/h, $t_n = 0{,}50$, $q = 0{,}25$

Über der ersten Achse zeigt sich der Zusammenhang zwischen Investitionsbetrag und erforderlichen Einsparungen an variablen Kosten allgemein. Die zweite Achse bringt die Relation zu erforderlichen Fertigungszeitverringerungen, wenn nur diese ausgelöst werden. Die dritte Achse zeigt die notwendigen Ertragssteigerungen für einen angenommenen Anteil von Abschreibungen plus Gewinn am Ertrag.
Für den praktischen Gebrauch haben sich Tabellen bewährt, in denen die oben dargestellten Beziehungen für die betrieblichen Verhältnisse errechnet sind. Diese Tabellen können bei kleinen und mittleren Investitionen, für welche die obigen Bedingungen einigermaßen zutreffen, zur Beurteilung der Zweckmäßigkeit dienen. Auch bei größeren Maßnahmen sind Überschlagsrechnungen mit Hilfe dieser Tabellen gebräuchlich.
Für allgemeine Investitionen, deren Auswirkungen in einem höheren Gewinn der Folgeperioden auszudrücken ist, kann die Gleichheitsbedingung in der Form

$$I_a = \frac{1}{\varkappa} \bar{R}$$

dargestellt werden.
Mit der Nutzungsdauer für n und dem Zusatzgewinn $\bar{R}$ als Parameter sind die Ergebnisse dieser Beziehung für $i = 10\%$ p. a. in Tabelle 6 zusammengestellt.

Beispiel:
Die aufgezeigte Investitionsmaßnahme bewirkt eine Einsparung von durchschnittlich 10000 DM/a. Der zulässige Investitionsbetrag laut Tabelle beträgt bei einer Verzinsung von 10% p. a. und fünfjähriger Nutzungsdauer

$$\begin{aligned} I_a &= 37910 \text{ DM} \\ \text{bzw. der Verlust } V &= \phantom{0}2090 \text{ DM} \\ \hline \Sigma &= 40000 \text{ DM} \end{aligned}$$

Der Verlust könnte zum Teil durch den Liquidationserlös von 2000 DM beglichen werden.

Tabelle 6. Allgemeine Investitionsgrenzwerte für einen Zinsatz von 10% p.a.

| Ersparnis in DM/Jahr | maximal zulässiger Investitionsbetrag $I_a$ bei einer Nutzungsdauer in Jahren | | | | | | |
|---|---|---|---|---|---|---|---|
| | 2 | 3 | 5 | 7 | 10 | 15 | 20 |
| 1000 | 1736 | 2487 | 3791 | 4868 | 6144 | 7606 | 8514 |
| 1200 | 2083 | 2984 | 4549 | 5842 | 7373 | 9127 | 10216 |
| 1400 | 2430 | 3482 | 5307 | 6816 | 8602 | 10649 | 11919 |
| 1600 | 2777 | 3979 | 6065 | 7789 | 9831 | 12170 | 13622 |
| 1800 | 3124 | 4476 | 6823 | 8763 | 11060 | 13691 | 15324 |
| 2000 | 3471 | 4974 | 7582 | 9737 | 12289 | 15212 | 17027 |
| 2500 | 4339 | 6217 | 9477 | 12171 | 15361 | 19016 | 21284 |
| 3000 | 5207 | 7461 | 11372 | 146ß5 | 18433 | 22819 | 25541 |
| 3500 | 6074 | 8704 | 13268 | 17039 | 21505 | 26622 | 29797 |
| 4000 | 6942 | 9948 | 15163 | 19473 | 24577 | 30425 | 34054 |
| 4500 | 7810 | 11191 | 17058 | 21907 | 27649 | 34228 | 38311 |
| 5000 | 8678 | 12434 | 18954 | 24342 | 30722 | 38031 | 42568 |
| 6000 | 10413 | 14921 | 22745 | 29210 | 36866 | 45637 | 51081 |
| 7000 | 12159 | 17408 | 26535 | 34078 | 43010 | 53243 | 59595 |
| 8000 | 13884 | 19895 | 30326 | 38946 | 49154 | 60850 | 68108 |
| 9000 | 15620 | 22382 | 34117 | 43815 | 55299 | 68456 | 76622 |

Die Beurteilung von Rationalisierungsinvestitionen zum Einsparen von Fertigungszeiten gehört zu den täglichen Aufgaben des Arbeitsstudienmannes. Ganz gleich, ob der Einsatz eines teuren Werkzeugs, einer Sondereinrichtung oder einer Sondermaschine zu beurteilen ist, stets sind zu den möglichen Einsparungen an Fertigungs-, Transport- oder Hilfszeiten die entsprechenden Investitionsbeträge zu ermitteln. Sofern Kapitaldienst und Personalkosten die entscheidenden Kostenarten darstellen, kann ihr einfacher Zusammenhang wieder tabellarisch ausgewertet werden.
Für den Investitionsgrenzwert $I_r$ derartiger Rationalisierungsmaßnahmen gilt

$$I_r = \frac{1}{\varkappa} \cdot \Delta T \cdot L\,(1 + f_n) \cdot f_s.$$

Darin bedeuten
$\Delta T$ eingesparte Fertigungszeit in h/a,
L Lohnsatz in DM/h,
$f_n$ Lohnnebenkostenfaktor (0,6 bis 0,8),
$f_s$ Lohnsteigerungsfaktor.

Lohnsteigerungsraten oder stetige Veränderungen der eingesparten Zeit $\Delta T$ können durch einen Zusatzfaktor berücksichtigt werden (Tabelle 7).

Beispiel:

Die erforderliche Zeiteinsparung für die Investition von 40000 DM wäre bei einem Lohnsatz von 10 DM/h, Lohnnebenkosten von 50% des Lohnsatzes und einer Lohnsteigerung von 5% p.a. nach Tabelle 7

$$\Delta T = \left(50 + \frac{40000 - 36505}{43806 - 36505} \cdot 10\right) \text{h/Mon.} = 55 \text{h/Mon.}$$

Die erforderliche Zeiteinsparung, die eine Investition von 40000 DM rechtfertigt, beträgt 55 h/Mon.

Tabelle 7. Investitionsgrenzwerte für Rationalisierungsinvestitionen bei einem Zinssatz von 10% p. a., einem Lohnsatz von 10 DM/h, einem Lohnnebenkostensatz von 50% des Lohnsatzes und einer Lohnsteigerung von 5% p. a.

| Zeit-einsparung in h/Mon. | maximal zulässiger Investitionsbetrag $I_r$ bei einer Nutzungsdauer in Jahren | | | | | |
|---|---|---|---|---|---|---|
| | 2 | 3 | 5 | 7 | 10 | 15 | 20 |
| 10 | 3186 | 4655 | 7301 | 9639 | 12498 | 14344 | 16134 |
| 12 | 3824 | 5586 | 8761 | 11567 | 14997 | 17213 | 19361 |
| 14 | 4461 | 6518 | 10221 | 13495 | 17497 | 20082 | 22587 |
| 16 | 5098 | 7448 | 11682 | 15422 | 19996 | 22950 | 25814 |
| 18 | 5736 | 8380 | 13142 | 17350 | 22496 | 25820 | 29040 |
| 20 | 6373 | 9311 | 14602 | 19278 | 24995 | 28688 | 32268 |
| 25 | 7966 | 11639 | 18253 | 24098 | 31244 | 35861 | 40335 |
| 30 | 9559 | 13966 | 21903 | 28918 | 37493 | 43033 | 48401 |
| 35 | 11152 | 16294 | 25554 | 33737 | 43742 | 50205 | 56468 |
| 40 | 12746 | 18622 | 29204 | 38557 | 49990 | 57379 | 64535 |
| 45 | 14339 | 20949 | 32855 | 43376 | 56239 | 64549 | 72602 |
| 50 | 15932 | 23277 | 36505 | 48196 | 62488 | 71721 | 80669 |
| 60 | 19118 | 27932 | 43806 | 57835 | 74986 | 86065 | 96803 |
| 70 | 22305 | 32588 | 51107 | 67474 | 87483 | 100409 | 112937 |
| 80 | 25491 | 37243 | 58408 | 77114 | 99981 | 114754 | 129070 |
| 90 | 28678 | 41899 | 65709 | 86753 | 112478 | 129097 | 145204 |

Tabelle 8. Investitionsgrenzwerte für Erweiterungsinvestitionen bei einem Zinssatz von 12% p. a. und einer Gewinn- und Kapitaldienstquote von 25% des Umsatzes

| Umsatz-erhöhung in DM/Jahr | maximal zulässiger Investitionsbetrag $I_e$ bei einer Nutzungsdauer in Jahren | | | | | |
|---|---|---|---|---|---|---|
| | 2 | 3 | 5 | 7 | 10 | 15 | 20 |
| 10000 | 4225 | 6005 | 9012 | 11409 | 14126 | 17028 | 18673 |
| 12000 | 5070 | 7205 | 10814 | 13691 | 20433 | 20433 | 22408 |
| 14000 | 5915 | 8406 | 12617 | 15973 | 19776 | 23835 | 26143 |
| 16000 | 6760 | 9607 | 14419 | 18255 | 22601 | 27244 | 29877 |
| 18000 | 7605 | 10808 | 16221 | 20537 | 25427 | 30650 | 33612 |
| 20000 | 8450 | 12009 | 18024 | 22818 | 28252 | 34055 | 37347 |
| 25000 | 10563 | 15012 | 22530 | 28523 | 35315 | 42569 | 46684 |
| 30000 | 12675 | 18014 | 27036 | 34228 | 42377 | 51083 | 56020 |
| 35000 | 14788 | 21016 | 31542 | 39932 | 49440 | 59597 | 65357 |
| 40000 | 16900 | 24018 | 36048 | 45637 | 56503 | 68110 | 74694 |
| 45000 | 19013 | 27020 | 40554 | 51341 | 63566 | 76624 | 84030 |
| 50000 | 21126 | 30023 | 45060 | 57046 | 70629 | 85138 | 93367 |
| 60000 | 25351 | 36027 | 54071 | 68455 | 84755 | 102166 | 112040 |
| 70000 | 29576 | 42032 | 63083 | 79864 | 98881 | 119193 | 130714 |
| 80000 | 33801 | 48036 | 72095 | 91274 | 112006 | 136221 | 149387 |
| 90000 | 38026 | 54041 | 81107 | 102683 | 127132 | 153248 | 168061 |

Investitionen, die der Ertragssteigerung dienen, müssen sich durch die im erhöhten Ertrag verrechenbaren Abschreibungen und Gewinne amortisieren und verzinsen. In erster Näherung wird sich bei gleichbleibender Kosten- und Erlösstruktur aus Vergangenheitswerten eine Relation zwischen Abschreibungen und Ertrag bzw. Gewinn und

Ertrag ermitteln lassen. Mit diesen Werten läßt sich dann für Erweiterungsinvestitionen ein Grenzwert $I_e$ errechnen, für den die folgende Beziehung gilt:

$$I_e = \frac{1}{\varkappa} \cdot \Delta E \cdot (g_a + g_g).$$

Darin bedeuten:
$\Delta E$ Ertragssteigerung in DM/a,
$g_a$ Abschreibungsquote, d. h. Abschreibungen zu Ertrag,
$g_g$ Gewinnquote, d. h. Gewinn zu Ertrag,
$g_a + g_g \approx$ Cash flow-Quote, d. h. Cash flow/Umsatz (Betrachtung vor Steuer!) (Tabelle 8).
(Sofern Investitionen sowohl Kosteneinsparungen als auch Ertragssteigerungen ermöglichen, sind die beiden Grenzwerte zu addieren.)

Beispiel:

Bei der Kosten- und Erlösstruktur von Tabelle 5 ist eine Ertragssteigerung (Umsatzerhöhung) von etwa 45 000 DM/a erforderlich, um die Investition von 40 000 DM zu rechtfertigen (Zinssatz 12% p. a.).

### 4.2.4 Praxis der Investitionsrechnung

Werden Investitionsrechnungen in den Rahmen der betrieblichen Investitionsplanung eingefügt, dann müssen sie schematisiert und so vereinfacht werden, daß sie von den Antragstellern für Investitionen oder von den Planern ohne wesentlichen Zeitaufwand zu erstellen sind. Außerdem sind in einem Investitionshandbuch für die einzelnen Kenngrößen Richt- und Vergleichswerte vorzugeben, damit der Spielraum der subjektiven Beeinflussung der Rechenergebnisse möglichst klein ist.
Die Hauptschwierigkeiten liegen dabei jedoch nicht in der mathematischen Lösung des Wirtschaftlichkeitsproblems, sondern in der wirklichkeitsnahen Erfassung der technischen Daten und in einer verursachungsgerechten Umrechnung auf die Produktionseinheiten oder Zeiträume. Erfahrungsgemäß benötigt man für einen fein detaillierten Angebotsvergleich vier Stunden und für einen Verfahrensvergleich sechs bis zehn Stunden je nach Umfang. Die Einsparungen, die durch diese Entscheidungsvorbereitung zu erzielen sind, liegen jedoch um ein Vielfaches höher als dieser Aufwand.
Da die Wahl der Nutzungsdauer der Investition wesentlich das Ergebnis der Investitionsrechnung beeinflußt, sind einige Bemerkungen hierzu erforderlich:
Bei Maschinen bilden die in den AfA-Sätzen (Absetzungen für Abnutzung) festgelegten Nutzungsdauern keinen direkten Maßstab für die Festlegungen der wirtschaftlichen Nutzungsdauer, da sie keine individuellen Aussagen über Maschineneinsatz und -beanspruchung beinhalten.
In der Praxis ist jeweils eine besondere Abschätzung der Nutzungsdauer erforderlich, die bei Universalmaschinen relativ gut, bei Sondermaschinen jedoch recht schwer festzulegen ist (Bild 14).
Andererseits zeigt die Statistik über eingesetzte oder ausgeschiedene Maschinen auch nicht die wirtschaftliche Nutzungsdauer der Maschinen an, sondern nur die technische. Für Investitionsrechnungen ist im allgemeinen die wirtschaftliche Nutzungsdauer einzusetzen, für die folgende Überlegung gilt:
Die wirtschaftliche Nutzungsdauer geht vom Einsatzzeitpunkt bis zu dem Zeitpunkt, an dem mit einem neuen Investitionsobjekt, das seinen vollen Kapitaldienst tragen muß, ein

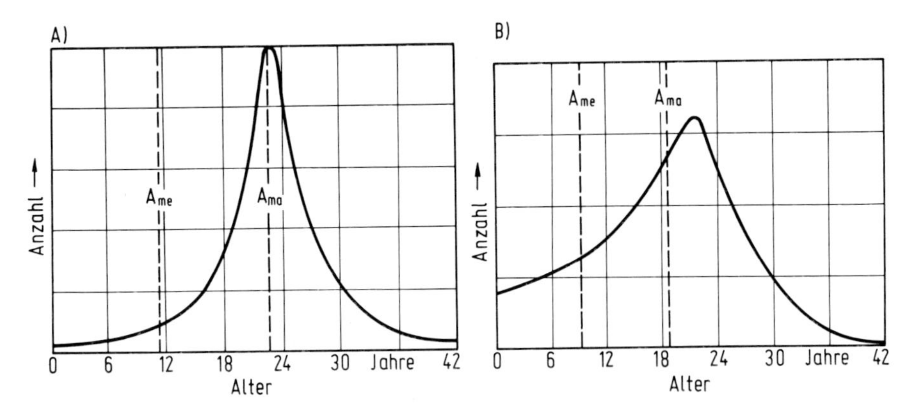


Bild 14. Altersverteilung ausgeschiedener Maschinen

A) Universalmaschinen (aus etwa 5000 Maschinen), B) Sondermaschinen (aus etwa 10000 Maschinen)

$A_{me}$ mittleres Alter der eingesetzten Maschinen, $A_{ma}$ mittleres Alter der ausgeschiedenen Maschinen

höherer Gewinn zu erzielen ist, als wenn für das bisherige Objekt nur noch seine variablen Kosten und effektive Wertminderungen verrechnet werden.

Bei Investitionsrechnungen in Form von Kostenvergleichen müssen alle Daten unter Berücksichtigung ihrer Veränderlichkeit erfaßt werden. Die in der Gegenwart fällige Investition und die daraus abgeleiteten Abschreibungen und Zinsen sind nach den tatsächlichen Anschaffungswerten zu beurteilen. Die laufenden Kosten, wie Löhne, Energiekosten, Instandhaltungskosten usw., sind dagegen mit den Durchschnittswerten während der gesamten Nutzungsdauer anzusetzen, was bei Löhnen mit einer Steigerungsrate von rd. 6% p. a. und zehnjähriger Nutzungsdauer bei gleichbleibendem Zeitbedarf einen Ansatz von rd. 132% des Lohnsatzes des ersten Nutzungsjahres bedingt. Durch diese Ansätze können Kostenvergleiche als semi-dynamische Investitionsrechnungen angesehen werden (vgl. Bild 12).

Bei Einzweckmaschinen kann das durchschnittliche langfristige Fertigungsprogramm als Basis für die Auslastungsermittlung dienen. Bei Vielzweck- oder Universalmaschinen muß dagegen ein repräsentatives Fertigungsprogramm gebildet werden. Dafür erfaßt man alle Teile eines bestimmten Zeitraums, die auf den zu vergleichenden Betriebsmitteln bearbeitet werden sollen. Das Programm ist so zusammenzustellen, daß es als repräsentativ für die wirtschaftliche Nutzungsdauer der Maschine mit der kürzesten Nutzungsdauer angesehen werden kann. Dieses Repräsentativprogramm gibt dann Auskunft über die tatsächlich zu erwartende Auslastung der Maschinen. Hingegen führt die willkürliche Annahme einer bestimmten Auslastung stets zu einer unrealistischen Rechnung.

#### 4.2.4.1 Rentabilitäts- und Amortisationsrechnungen für Projekte

Projekte im Sinne der Investitionsplanung sind in sich abgeschlossene Maßnahmenkomplexe, für die das Gewinnzuteilungsproblem lösbar scheint, d.h. die Auszahlungsreihen und Einzahlungsreihen sind zu ermitteln. Als Vergleichsmaßnahme für Projektrechnungen können sowohl die Situation „ohne Projekt“ als auch verschiedene Projektalternativen herangezogen werden. Das Formblatt in Bild 12 ist für statische Rentabilitäts- und Amortisationsrechnungen für Projekte entworfen.

Durch Ansatz von zukunftsorientierten Daten sowie durch Einsatz von Kapitalwiedergewinnungsfaktoren für nachschüssige Verzinsung mit Zinseszinsen unterscheiden sich die Ergebnisse nur unwesentlich von denen dynamischer Investitionsrechnungen.

Das Formblatt in Bild 12 kann für Erweiterungs- und Rationalisierungsprojekte eingesetzt werden. Im ersten Abschnitt werden die Auswirkungen der Investition auf die Erlöse ermittelt, und zwar sind in drei Spalten die Werte ohne Projekt, mit Projekt und durch Projekt angegeben. Diese Form der Datengliederung ist zwar formal aufwendig, gibt jedoch für die Datenplanung und Beurteilung das beste Bild.

Nach den Erlösdaten sind die Kosten in fixe und variable Anteile aufgeteilt. Dies soll ebenfalls die Planung erleichtern.

Geht man bei der Ermittlung des Gewinns zunächst von den Ausgaben (ohne Investition) aus, dann läßt sich folgendes Näherungsverfahren anwenden:

Der Gewinn zuzüglich Abschreibungen in Zeile (21) muß zur Abdeckung des Kapitaldienstes eingesetzt werden. Der Zins für das Umlaufvermögen oder für einen entsprechenden Liquidationserlös wird zunächst von Zeile (21) abgezogen. Man erhält so den Wert in Zeile (21)'. Ist der restliche Investitionsbetrag abzuschreiben, dann gilt die Beziehung

$$\text{Rohgewinn} + \text{Abschreibung} = \text{Kapitaldienst}$$
$$(21)' = \text{Investitionsbetrag} \cdot \varkappa$$
$$\text{bzw.}\ \frac{(21)'}{(a)} = \varkappa.$$

Da (21)' und (a) bekannte Größen sind, läßt sich die Kapitalrendite aus $\varkappa$ ermitteln, sofern die Nutzungsdauer festliegt, oder läßt sich die Amortisationszeit aus $\varkappa$ ermitteln, sofern der Zinssatz festliegt. Dies ist in den Nebenrechnungen gezeigt.

Das Schema des Vordrucks läßt sich auch für dynamische Investitionsrechnungen verwenden. Der Rohgewinn von Zeile (21) wird als Rückfluß abgezinst und mit dem Barwert der Investition und des Liquidationserlöses zusammengefaßt zum Kapitalwert (siehe Formblatt in Bild 15).

Der Investitionsantrag (Formblatt in Bild 16) für Projekte enthält außer den Wirtschaftlichkeitsdaten noch zusätzlich die für die Finanzierung wichtigen Angaben, wie Zahlungsfälligkeiten und Rückflüsse.

Beispiel: Produktionssteigerung

Eine Motorenfabrik will ihre Produktion um 10% steigern und benötigt hierfür einen Investitionsbetrag von rd. 6 Millionen DM (Tabelle 9).

Tabelle 9. Investitionen einer Motorenfabrik

| Objekt | Betrag [Mio DM] | Abschreibung [Jahre] | Abschreibung [Mio DM/a] |
|---|---|---|---|
| Bau | 1,65 | 20 | 0,083 |
| Anlagen | 0,50 | 20 | 0,025 |
| Einrichtungen | 1,70 | 5 | 0,034 |
| Maschinen | 1,60 | 8 | 0,200 |
| Sonstiges | 0,30 | 5 | 0,060 |
| Summe: | 5,75 | Ø ≈ 8 | 0,708 |
| Zusätzliches Umlaufvermögen | 0,60 | – | – |

| Dynamische Investitionsrechnung | | | | | | | | | | |
|---|---|---|---|---|---|---|---|---|---|---|
| Nr. | Benennung | Gleichung | 0 | 1 | 2 | 3 | 4 | 5 | 6 | Σ |
| (1) | Gewinn nach Steuer | (23)* TDM | - | 204 | 407 | 407 | 407 | 407 | 407 | 2239 |
| (2) | Abschreibungen | (20)* TDM | - | 360 | 719 | 719 | 719 | 719 | 719 | 3955 |
| (3) | Cash flow (Rückfl.n.St.) | (1)+(2) TDM | - | 564 | 1126 | 1126 | 1126 | 1126 | 1126 | 6194 |
| (4) | Cash flow kumul. | Σ (3) TDM | - | 564 | 1690 | 2816 | 3942 | 5068 | 6194 | - |
| (5) | Invest.-Restw. + Uml.verm. | (a)*Σ(2)+(b)* TDM | 2.850 | 5990 | 5271 | 4552 | 3833 | 3114 | 2395 | - |
| (6) | Abzinsungsfaktor | % p.a. 10 | 1.000 | 0,909 | 0,826 | 0,751 | 0,683 | 0,621 | 0,565 | - |
| | | % p.a. 8 | 1.000 | 0,926 | 0,857 | 0,794 | 0,735 | 0,681 | 0,630 | - |
| (7) | Gegenwartsw. des Cash flow | TDM bei 10 % | - | 513 | 930 | 846 | 769 | 699 | 636 | 4393 |
| | | TDM bei 8 % | - | 522 | 965 | 894 | 828 | 767 | 709 | 4685 |

* aus Formblatt Bild 12

Kapitalwert (n.St.) $C_o = \sum_o^n (7) + (5)_n\,(6)_n - [(a)_o^* + (a)_1^*\,(6)_1 + (b)_o^* + (b)_1^*\,(6)_1 + ..]$

Rendite nach St.: Verschiedene Zinssätze ansetzen bis $C_o = 0$; (Interpolieren)

Amortisationszeit: Aus Zeile (4) für (4) = $I_o$ = (a); (ohne Zinsen)

Kapitalwert für 10 % p.a. und für 8 % p.a. jeweils nach Steuer

$$C_{o/10} = (4.393 + 2.395 \cdot 0{,}565 - 2.850 - 3.500 \cdot 0{,}909) = -285 \text{ TDM}$$

$$C_{o/8} = (4.685 + 2.395 \cdot 0{,}630 - 2.850 \cdot 0{,}926) = +103 \text{ TDM}$$

Rentabilität nach Steuer

$$r = [8 + (10 - 8)\,\frac{103}{103 + 285}] = 8{,}53 \text{ \% p.a.}$$

Amortisation ohne Zinsen

$$n = (5 + \frac{5.750 - 5.068}{6.194 - 5.068}) = 5{,}6 \text{ a}$$

Bild 15. Formblatt zur dynamischen Investitionsrechnung

Der Vertrieb legt seine Verkaufsschätzungen mit angepaßten Preisen vor. Außerdem sind die Kostendaten ohne das Projekt bekannt.
Nach den Eintragungen in die Formblätter der Bilder 12, 15 und 16 ergibt sich bei der vorgegebenen Nutzungsdauer von durchschnittlich 8 Jahren eine Verzinsung vor Steuer von 20% und nach Steuer von 9%. Die Amortisationszeit (ohne Zinsen) beträgt etwa 6 Jahre. Der Buchwert nach dem fünften Nutzungsjahr ist 2395 TDM bei einem Gewinn vor Steuer von durchschnittlich 0,407 TDM.

| Firma: *IBB*<br>Werk: *3*<br>Abt.: *A* | Investitionsantrag | Projekt Nr.<br>*3/88* |
|---|---|---|
| Projektbeschreibung: *Produktionssteigerung* | | |
| Begründung: *Erweiterung des Marktanteils auf 80 % des der Konkurrenz* | | |

| Ziel: | |
|---|---|
| Ersatz + Kostensenkung ☐ | Produktbereich: *Aufbauprogramm* |
| Produktionssteigerung ☐ | |
| Qualitätsverbesserung ☐ | Nutzungsanfang: *Juli* |
| Produktionsausweitung ☐ | Nutzungsende: - |
| Sonstiges ☐ | |

| Investitionsgliederung | Konto Nr. | Gesamtbetrag Mio DM | Fälligkeit in Quartalen in Mio DM 3/19.. | 4/19.. | 1/19.. | 2/19.. | 19.. | 19.. |
|---|---|---|---|---|---|---|---|---|
| Grundstück | | - | | | | | | |
| Bau | | *1,65* | *1,00* | *0,45* | *0,20* | - | | |
| Anlagen | | *0,50* | - | *0,20* | *0,30* | - | | |
| Einrichtung | | *1,70* | *0,20* | *0,40* | *0,60* | *0,50* | | |
| Maschinen | | *1,60* | *0,50* | *0,10* | *0,50* | *0,50* | | |
| Sonstiges | | *0,30* | - | - | *0,20* | *0,10* | | |
| Betriebskapital *(Umlaufv.)* | | *0,60* | - | - | - | *0,60* | | |
| Summe | | *6,35* | *1,70* | *1,15* | *1,80* | *1,70* | | |

| Finanzanalyse | Einheit | Jahr 19.. | 19.. | 19.. | 19.. | 19.. | 19.. | 19.. |
|---|---|---|---|---|---|---|---|---|
| Kapitalbindung | Mio DM | *2,850* | *5,990* | *5,271* | *4,552* | *3,833* | *3,114* | *2,395* |
| Zusätzlicher Umsatz | Mio DM | - | *2,769* | *5,538* | *5,538* | *5,538* | *5,538* | *5,538* |
| Zusätzlicher Gewinn nach Steuer | Mio DM | - | *0,204* | *0,407* | *0,407* | *0,407* | *0,407* | *0,407* |
| Zusätzlicher Rückfluß nach Steuer | Mio DM | - | *0,564* | *1,126* | *1,126* | *1,126* | *1,126* | *1,126* |

| Eigenleistungen *170* Mio DM<br>Fremdleistungen *465* Mio DM | Investitionskriterien IR Nr. *3/88* |
|---|---|
| | Interne Verzinsung: *20* % p.a. |
| | Verzinsung nach Steuer: *9* % p.a. |
| | Amortisationsdauer: *6* Jahre |

| Prüfung und Genehmigung | Datum | Bemerkungen | Unterschrift |
|---|---|---|---|
| Antragsteller | *10.2.* | *Siehe beiliegende IR 3/88* | |
| Technische Werksleitung | *14.2.* | *Im Sinne ARB 24/88 befürwortet* | |
| Kaufm. Werksleitung | *15.2.* | *Befürwortet* | |
| Unternehmensleitung | *20.3.* | *Überprüft* | |
| Aufsichtsrat | *10.4.* | *Freigabe* | |

Bild 16. Formblatt zum Investitionsantrag

### 4.2.4.2 Investitionsrechnung für Einzweckmaschinen

Einzweckmaschinen sind Betriebsmittel, die nur ein bestimmtes Produkt oder äquivalente Varianten produzieren. Die Auslastung ergibt sich dabei nach einer Bezugsgröße. Die Investitionsrechnungen können als Verfahrensvergleiche oder als Angebotsvergleiche ausgeführt sein.

Verfahrensvergleiche zur Auswahl optimaler Betriebsmittel sind für vorhandene wie auch für neu anzuschaffende Betriebsmittel, also in Form von Investitionsrechnungen, gebräuchlich. Die Beschränkung auf die alleinige Betrachtung der Ausgabenseite (Kosten) ermöglicht jedoch nur die Errechnung der relativen Wirtschaftlichkeit. Bei derarti-

gen Kostenvergleichen dürfen lediglich beeinflußbare, ausgabenwirksame Kosten berücksichtigt werden, während alle nicht mehr zu beeinflussenden Kosten außer Betracht bleiben.
Daraus ergibt sich:
Zwischen zwei vorhandenen Betriebsmitteln mit freier Kapazität ist stets dasjenige beim Einsatz vorzuziehen, das die niedrigsten Grenzkosten hat.
Bei einem Wirtschaftlichkeitsvergleich zwischen einem vorhandenen Betriebsmittel mit freier Kapazität und einem zu investierenden dürfen für das vorhandene Betriebsmittel nur die Grenzkosten (meist ohne Kapitaldienst) verrechnet werden, während für das anzuschaffende Betriebsmittel Grenzkosten einschließlich fixer Kosten (etwa gleich Vollkosten) zu kalkulieren sind.
Der Vergleich zwischen zwei anzuschaffenden Betriebsmitteln muß die Vollkosten der Fertigung umfassen.
Es hat sich als zweckmäßig erwiesen, derartige Vergleichsrechnungen zu schematisieren, um dadurch den Rechnungsgang zu beschleunigen und die Ergebnisse verschiedener Rechnungen vergleichbar zu machen (siehe hierzu VDI-Richtlinie 3258 Blatt 1 und 2).
In einem nach solchen Überlegungen entwickelten Vordruck für Vergleichsrechnungen werden die Kostenarten für jedes Betriebsmittel weitgehend einzeln erfaßt und ausgewertet (Kostengliederung nach Bild 17).

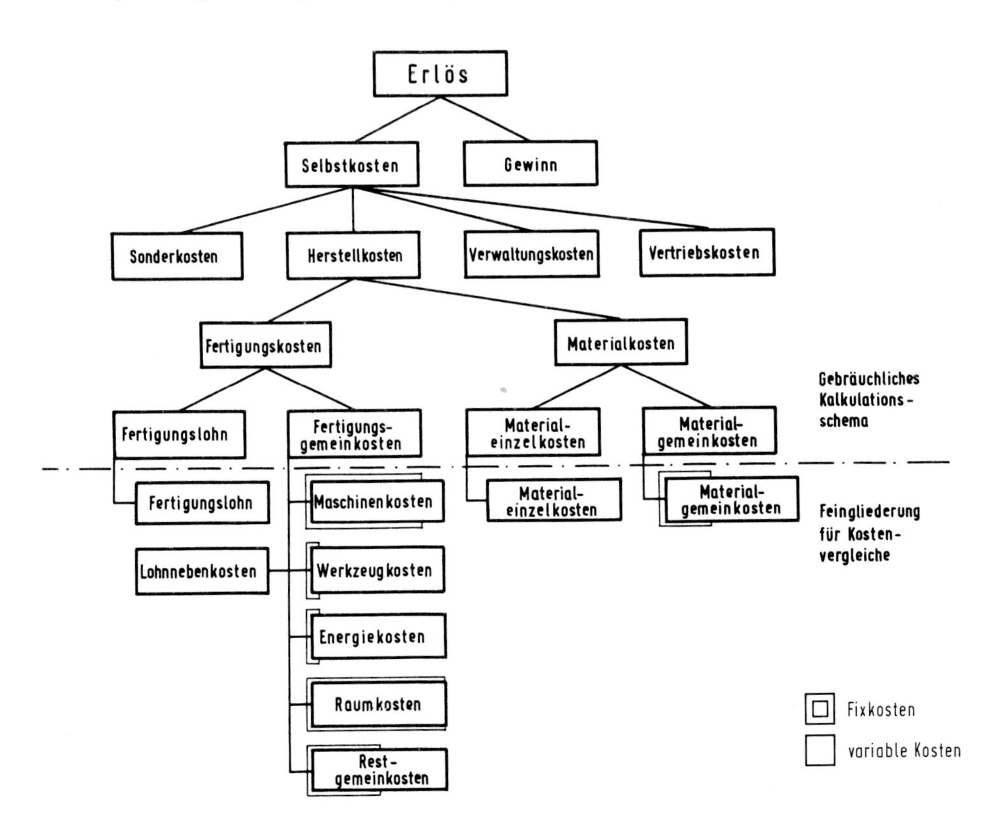


Bild 17. Erlös- und Kostengliederung bei Verfahrensvergleichen für Investitionsentscheidungen

| Firma: *IBB* Werk: *3* Bearb.: *Sch* Dat.: *24. 1.* | Kostenvergleich Nr. *265/88* Teilbenennung: *Kurbelwelle* Zeichnungs-Nr.: *621 031 02 01* Programm(0) in St./Mon.: *5 000 / 7 000* | | | Arbeitsvorgang und Maschine | | |
|---|---|---|---|---|---|---|
| | | | | *Hubzapfen fräsen* *Fräsmasch. FH 4* | | *Hubzapfen drehen* *Drehmasch. KDP* |
| Nr. | | Berechn.-Gleich. | Einheit | | | |
| I | Technische Daten | | | | | |
| (1) | Maschinenzahl | | Masch | *1* | | *1* |
| (2) | Stellenzahl | | Masch/Mann | *1* | | *1* |
| (3) | Stückfertigungszeit | | min/St. | *2,5* | | *3,7* |
| (4) | Belegungszeit je Einheit | *ZG = 110 %* | min/St. | *2,3* | | *3,4* |
| (5) | Maschinenleistung | 60/(4) | St./h | *26* | | *18* |
| (6) | Maschinenauslastung | (0)/(5)(1) | h/Mon. | *192/269* | | *278/389* |
| (7) | Bruttoflächenbedarf | | $m^2$ | *15* | | *15* |
| (8) | Stromverbrauch *(60/40kW inst.)* | | kWh/h | *20* | | *12* |
| (9) | Preßluftverbrauch | | $Nm^3/h$ | - | | - |
| (10) | Gasverbrauch | | $Nm^3/h$ | - | | - |
| (11) | Wasserverbrauch | | $m^3/h$ | - | | - |
| (12) | Dampfverbrauch | | t/h | - | | - |
| (13) | Sonst. Hilfs- u. Betriebsstoffe | *Bohröl* | *l* /h | - | | *0,5* |
| (14) | Werkzeugstandzahl | | St./Insts | *600* | | *45* |
| (15) | Werkzeuginstandsetzungen | | Insts/Wz | *15* | | *50* |
| (16) | Werkzeuginstandsetzungszeit | | min/Insts | *600* | | *10* |
| (17) | Ausschußprozentsatz | | St./100 St. | *0,04* | | *0,04* |
| (18) | Fertigungsmaterialbedarf | | *Rt* /St. | *1* | | *1* |
| II | Betriebswirtschaftliche Daten | | | | | |
| (19) | Vergleichswert der typfreien Betriebsmittel | | DM | *262 000* | | *275 000* |
| (20) | Wirtsch. Nutzungsdauer der typfreien Betriebsmittel | | a | *12* | | *12* |
| (21) | Kapitalwiedergewinnungsfaktor der typfreien Betriebsmittel | bei i = 0,*15*/a | | *0,184* | | *0,184* |
| (22) | Vergleichswert der typgebundenen Betriebsmittel | | DM | *42 000* | | *35 000* |
| (23) | Wirtsch. Nutzungsdauer der typgebundenen Betriebsmittel | | a | *5* | | *5* |
| (24) | Kapitalwiedergewinnungsfaktor der typgebundenen Betriebsmittel | bei i = 0,*15*/ a | 1/a | *0,298* | | *0,298* |
| (25) | Betriebsmittel-Instandhaltungsk. | | DM/Mon. | *800* | | *1 100* |
| (26) | Vergleichswert für Werkzeuge | | DM/Wz | *3 550* | | *280* |
| (27) | Einstandspreis für Fertigungsmaterial | | DM/*Rt* | *70* | | *70* |
| (28) | Lohnsatz | | DM/h | *10* | | *10* |

Bild 18. Formblatt zur Verfahrensvergleich-Rechnung

| Nr. | | Berechn.-Gleich. | Einheit | *FH 4* | | *KDP* |
|---|---|---|---|---|---|---|
| III | Fixe Fertigungskosten | | | | | |
| (29) | Kapitaldienst für typfreie Betriebsmittel | (19)(21)/12 | DM/Mon. | *4 833* | | *5 073* |
| (30) | Kapitaldienst für typgebundene Betriebsmittel | (22)(24)/12 | DM/Mon. | *1 253* | | *1 044* |
| (31) | Raumkosten | (7) ..8.. $DM/m^2$ Mon. | DM/Mon. | *120* | | *120* |
| (32) | Summe | (29)+(30)+(31) | DM/Mon. | *6 206* | | *6 237* |
| (33) | Fixe Restgemeinkosten | $r_f$ = ..30..% von (32) | DM/Mon. | *1 866* | | *1 866* |
| (34) | Fixe Fertigungskosten | (1)[(32)+(33)] | DM/Mon. | *8 072* | | *8 103* |
| IV | Variable Fertigungskosten | | | | | |
| (35) | Fertigungslohn | (0)(3)(28)/60 | DM/Mon. | *2 083* | | *3 083* |
| (36) | Lohnnebenkosten | ..60..% von (35) | DM/Mon. | *1 250* | | *1 850* |
| (37) | Betriebsmittelinstandhaltungskosten | (1)(25) | DM/Mon. | *800* | | *1 100* |
| (38) | Werkzeugkosten | $(0)\frac{(26)+(15)(16)\,0{,}35\,DM/min}{(14)[1+(15)]}$ | DM/Mon. | *3 722* | | *1 011* |
| (39) | Stromkosten | (6)(8) 0,..10.. DM/kWh | DM/Mon. | *384* | | *333* |
| (40) | Preßluftkosten | (6)(9) 0,..... $DM/Nm^3$ | DM/Mon. | - | | - |
| (41) | Gaskosten | (6)(10) 0,..... $DM/Nm^3$ | DM/Mon. | - | | - |
| (42) | Wasserkosten | (6)(11) 0,..... $DM/m^3$ | DM/Mon. | - | | - |
| (43) | Dampfkosten | (6)(12) ........ DM/to | DM/Mon. | - | | - |
| (44) | Sonstige Hilfs- und Betriebsstoffkosten | (6)(13) ........ DM/ | DM/Mon. | - | | *42* |
| (45) | Ausschußkosten | [(0)(17)/100]..70..DM/St. | DM/Mon. | | | |
| (46) | Summe | (35)+ ..... +(45) | DM/Mon. | *8 379* | | *7 226* |
| (47) | Variabl. Restgemeinkosten | $r_v$ = ..30..% von (46) | DM/Mon. | *2 340* | = | *2 340* |
| (48) | Variabl. Fertigungskosten | (46)+(47) | DM/Mon. | *10 719* | | *9 566* |
| V | Fertigungskosten, Herstellkosten, Selbstkosten, Richtpreis | | | | | |
| (49) | Fertigungskosten | (34)+(48) | DM/Mon. | *18 791* | | *17 669* |
| (50) | Fertigungskosten | (49)/(0) | DM/St. | *3,76* | | *3,53* |
| (51) | Fertigungsmaterialkosten | (18)(27) | DM/St. | | | |
| (52) | Materialgemeinkosten | ...... % von (51) | DM/St. | | | |
| (53) | Herstellkosten | (50)+(51)+(52) | DM/St. | | | |
| (54) | Verwaltungs- + Vertriebs- + sonstige Kosten | ...... % von (53) | DM/St. | | | |
| (55) | Selbstkosten | (53)+(54) | DM/St. | | | |
| (56) | Kalkulatorischer Gewinn | ...... % von (55) | DM/St. | | | |
| (57) | Umsatzsteuer | ...... % von [(55)+(56)] | DM/St. | | | |
| (58) | Richtpreis | (55)+(56)+(57) | DM/St. | | | |
| VI | Wirtschaftlichkeitskriterien | | | | | |

| (59) Wirtschaftl. Grenzleistung | (60) Verzinsung der Investitionsdifferenz | (61) Amortisationszeit der Investitionsdifferenz |
|---|---|---|
| $m_{gl} = (0)\frac{K_{fix1}-K_{fix2}}{K_{var2}-K_{var1}}$ St./Mon. | $i' = I+24\frac{K_{v2}-K_{v1}}{A'_1-A'_2}$ p.a. | $n_z = \frac{1}{12\frac{K_{vo2}-K_{vo1}}{A'_1-A'_2}}$ Jahre |
| $m_{gl}$ = ............/............ St./Mon. | i' = ............/............ p.a. | $n_z$ = ............/............ Jahre |

Beispiel:
In einem Verfahrensvergleich ist zu entscheiden, ob das Dreh- oder Fräsverfahren für die Bearbeitung von Hubzapfen zweckmäßiger ist.
Ergebnis: Die Rechnung auf dem Formblatt in Bild 18 zeigt, daß zwar das Drehverfahren für die bezeichnete Aufgabe niedrigere Kosten verursacht. Das Fräsverfahren weist jedoch eine Kapazitätsreserve auf, die in dem langen Planungszeitraum ggf. eine Zusatzinvestition vermeiden hilft. Aktuelle Entwicklungsaufgaben für die Maschinenlieferanten ergeben sich aus den Kostendaten.
Der Hersteller der Drehmaschinen muß Mehrleistung anstreben durch gleichzeitige Bearbeitung mehrerer Hubzapfen (z.B. durch nachlaufende Drehstähle) und der Hersteller der Fräsmaschine muß um Senkung der Werkzeugkosten bemüht sein (etwa durch Verwendung von Wendeschneidplatten o. dgl.). Für beide Hersteller ist der Einsatz von Beschickungshilfen zweckmäßig, um Mehrmaschinenbedienung zu ermöglichen. Die Wirtschaftlichkeitsrechnung läßt deutlich die Schwachstellen der einzelnen Verfahren erkennen.
Verfahrensvergleiche in der vorgezeigten Form mit detaillierter Kostenerfassung sind nur dann erforderlich, wenn die zu vergleichenden Alternativen entscheidende Unterschiede in zahlreichen Kostenarten aufweisen. Kommt für eine bestimmte Fertigungsaufgabe nur ein bestimmtes Verfahren in Frage, so bestehen zumeist wesentliche Kostenunterschiede nur in den Kostenarten Personalkosten, Abschreibungen, Zinsen, Energiekosten und Instandhaltungskosten. Dadurch läßt sich das Schema für „Angebotsvergleiche" wesentlich vereinfachen.
Das Formblatt in Bild 19 enthält für die meisten Angebotsvergleiche alle erforderlichen Daten. Durch Zufügung von Restgemeinkosten ist es auch zur Ermittlung der Platzkosten (Maschinenstundensätze) verwendbar (vgl. Abschn. 4.3.1).

Beispiel: Angebotsvergleich (Ersatzinvestition)

Für die serienmäßige Bearbeitung einer Zwischenwelle ist eine Ersatzinvestition erforderlich, sofern sich eine Instandsetzung für 8400 DM nicht lohnt. Drei Angebote liegen vor. Ein Notwendigkeitsnachweis, Angebotsvergleich und Objektantrag sind zu erstellen.
Ergebnis: Der Notwendigkeits- und Angebotsvergleich zeigt, daß die Kapazität der alten Maschine nicht ausreicht, das geplante Produktionsprogramm im Zweischichtbetrieb (340 h/Mon.) zu erfüllen, und daß die vollen Kosten der neuen Maschine niedriger sind als die beeinflußbaren Kosten der alten Maschine. Statt Abschreibungen und Zinsen sind hier nur die umgelegten Instandhaltungskosten verrechnet.
Die Investition ist notwendig und wirtschaftlich, sofern die betrachtete Produktion wirtschaftlich ist und keine anderen Betriebsmittel mit freier Kapazität vorhanden sind.

#### 4.2.4.3 Investitionsrechnungen für Vielzweckanlagen

Vielzweckanlagen sind Betriebsmittel, mit denen eine größere, im allgemeinen nicht vorherbestimmbare Anzahl von Produkten bzw. Werkstücken gefertigt wird. Die Errechnung der künftigen Auslastung kann hier nicht von einem einfachen Produktionsprogramm abgeleitet werden. Sie wird üblicherweise aus einem Repräsentativprogramm, das den gesamten Planungszeitraum umfaßt, ermittelt. Sofern nicht höhere Produktionsmengen durch höhere Erträge in der Rechnung berücksichtigt werden, muß dieses Repräsentativprogramm für verschiedene Betriebsmittelalternativen gleich sein.
Daraus folgt, daß Anlagen mit verschiedener Leistung normalerweise mit unterschiedlicher Auslastung in die Vergleichsrechnung eingehen.

Notwendigkeits- bzw. Wirtschaftlichkeitsnachweis zum OA 225/6 Proj.Nr. 9/88

Teilbenennung: *Zwischenwelle*
Zeichn.-Nr.: *110 272 03 07*
Programm in St./a (0): *150 000*
Arbeitsvorgang: *Schaft 30 mm Dmr., Kegel und Anlaufbund drehen*

| Nr. | Benennung | Einheit | Beantragte Investition | Ang.Nr. 2 Inv.Nr. | Ang.Nr. 3 Inv.Nr. | Ang.Nr. Inv.Nr. 25020 |
|---|---|---|---|---|---|---|
| (1) | Art des Betriebsmittels | | *Nachform-Drehmasch.* | *Nachform-Drehmasch.* | *Nachform-Drehmasch.* | *Nachform-Drehmasch.* |
| (2) | Hersteller | | *F* | *H* | *B* | *F* |
| (3) | Typ | | *KDM 11* | *HC 2* | *K 200* | *KD 7* |
| (4) | Lieferdatum | | *Okt.* | *Nov.* | *Sept.* | *1965* |
| (5) | Investitionsbetrag | DM | *130.000* | *123.000* | *116.000* | *(55 000)* |
| (6) | Restwert.bzw. Überholung | DM | - | - | - | *8 400* |
| (7) | Wirtschaftl.Nutzungsdauer | a | *12* | *12* | *12* | *4* |
| (8) | Flächenbedarf | m2 | *12* | *12* | *12* | *12* |
| (9) | Energieverbrauch | kW | *0,30 · 20* | *0,25 · 25* | *0,25 · 24* | *0,30 · 14* |
| (10) | Instandsetzungssatz | % von (5) | *4* | *4* | *4* | *8* |
| (11) | Stückfertigungszeit | min/St. | *0,86* | *1,05* | *1,10* | *1,75* |
| (12) | Auslastung | h/a | *2 150* | *2 625* | *2 750* | *4 375!* |
| | Kostenermittlung in DM/a | Berechn.-Gleichung | | | | |
| A<br>Z | Kalk. Abschreibung<br>Kalk. Zinsen | (5) · κ | *23 982* | *22 691* | *21 400* | *2 942* |
| R | Raumkosten | (8) · *90* | *1 080* | *1 080* | *1 080* | *1 080* |
| E | Energiekosten | *0,15* (9)(12) | *1 935* | *2 461* | *2 475* | *2 756* |
| I | Instandhaltungskosten | (5)·(10):100 | *5 200* | *4 920* | *4 640* | *4 400* |
| S | Sonderkosten | *Werkzeug* | *3 000* | *3 000* | *3 000* | *4 000* |
| MK | Maschinenkosten | Σ AZREIS | *35 197* | *34 152* | *32 595* | *15 178* |
| FL | Fertigungslohn | (0)(11)*12,-*/60 | *25 800* | *31 500* | *33 000* | *52 500* |
| LN | Lohnnebenkosten | *60* % v. FL | *15 480* | *18 900* | *19 800* | *31 500* |
| VK | Vergleichskosten | Σ MK+FL+LN | *76 477* | *84 552* | *85 395* | *99 178* |
| VK | Vergleichskosten in DM/St. | VK:(0) | *0,5098* | *0,5637* | *0,5693* | *0,6612* |
| RG | Restgemeinkosten | *40* % v. FL | *10 320* | *12 600* | *13 200* | *(21000)* |
| PK | Platzkosten | VK + RG | *86 797* | *97 152* | *98 595* | *(120178)* |
| Pk | Platzkosten in DM/h | PK : (12) | *40,37* | *37,01* | *35,85* | *(27,47)* |

Bemerkungen:

Verwendung der vorhandenen Betriebsmittel: *Überholen in der und für die Lehrwerkstatt*

Begründung der Investition: *Ersatz, Kapazitätsausbau, Kostensenkung*

Bild 19. Formblatt zur Ermittlung des Notwendigkeits- und Wirtschaftlichkeitsnachweises

Bei NC-Maschinen sind neben den Fertigungskosten auch noch Kosten für die Planung zu erfassen, da erhebliche Kostenunterschiede auch in diesem Bereich bestehen (Bild 20). Bei verfahrensbedingten Werkstücksausführungen (z.B. Sandguß, Kokillenguß, Druckguß) sind sogar die gesamten Herstellkosten zu erfassen.
Unter Berücksichtigung der ins Auge gefaßten Maschinen-Alternativen ist das Repräsentativprogramm zu ermitteln; im gleichen Sinne sind die repräsentativen Neuteile zu betrachten.

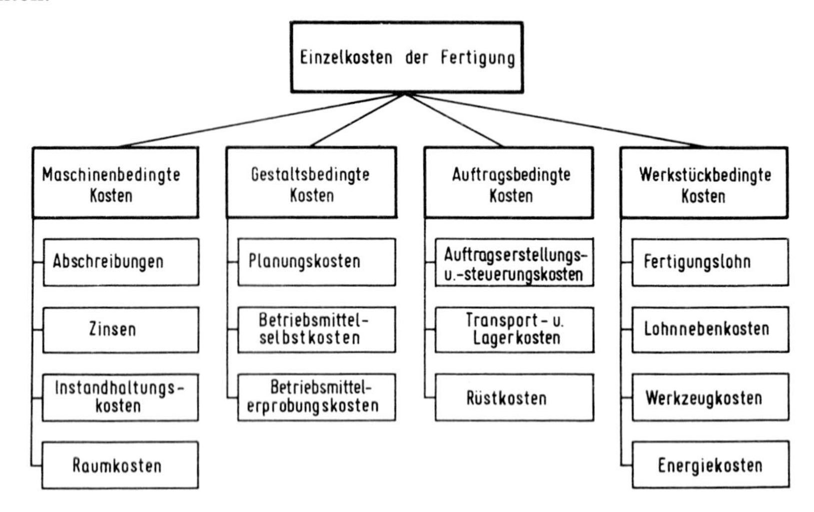


Bild 20. Kostengliederung für Verfahrensvergleich bei NC-Maschinen

Beispiel: Verfahrenvergleich für Vielzweckmaschine

Ein Mittelbetrieb mit stark wechselndem Fertigungsprogramm muß im Rahmen einer Produktionssteigerung ein neues Bohr- und Fräswerk beschaffen. In engerer Wahl stehen eine numerisch gesteuerte Maschine für 260000 DM und eine Maschine mit Handsteuerung für 196800 DM. Weitere Daten sind aus dem geplanten Fertigungsprogramm und nach Erfahrungswerten vorhandener Maschinen abzuschätzen.
Mit Hilfe eines Kostenvergleichs soll festgestellt werden, welche Maschine am wirtschaftlichsten ist (Formblatt in Bild 21).
Ergebnis: Die Rechnung zeigt, daß für die gestellte Aufgabe die NC-Lösung günstiger ist. Ihr Platzkostensatz ist zwar höher; die Fertigungszeiten können jedoch überproportional niedriger angesetzt werden.

## 4.3 Kostenrechnung als Entscheidungshilfe

Die technologische Entwicklung bekommt ihre Anstöße aus dem technischen Zwang schwieriger Problemlösungen, aus dem Argumentationszwang des Vertriebs und aus den Wirtschaftlichkeitsforderungen. Eine technologische Verbesserung ist für ein Unternehmen nur dann interessant, wenn sie sich wirtschaftlich verwerten läßt. Damit ist der Wirtschaftlichkeitsmaßstab und im engeren Sinne der Kostenmaßstab ein wesentliches Hilfsmittel zur Bewertung technischer bzw. technologischer Lösungen.

| Firma *IBB*<br>Werk *4*<br>Bearb. *Am*<br>Datum *14.12.* | Kostenvergleich Nr. *56/89* | | | Hersteller, Maschinenart, Typ | |
|---|---|---|---|---|---|
| | | | | A | B |
| | | | | *B.u.C.* | *B.u.G.* |
| Nr. | Benennung | Berechnungsdaten | Einheit | *NBF 501* | *BF 500* |
| | Maschinenbedingte Kosten | | | *(NC)* | *(Hand-St.)* |
| (1) | Vergleichswert | Angebot u.Bewertung | DM | *260 000* | *196 800* |
| (2) | Wirtsch.Nutzungsdauer | Schätzwert | a | *12* | *12* |
| (3) | Bruttoflächenbedarf | Werkstattplan | m² | *25* | *20* |
| (4) | Kapitaldienst (i=*15*%p.a.) | (1)·κ; (κ aus Tafel 2) | DM/a | *47 965* | *36 306* |
| (5) | Raumkosten | (3)·*90*DM/m²·Jahr | DM/a | *2 250* | *1 800* |
| (6) | Instandhaltungskosten | Schätzwert (3%p.a.) | DM/a | *7 800* | *5 904* |
| (7) | Maschinenbedingte Kosten | (4)+(5)+(6) | DM/a | *58 015* | *44 010* |
| | Gestaltsbedingte Kosten | | | | |
| (8) | Anzahl der Neuteile | Formblatt NW1 | Neut./a | *13* | *13* |
| (9) | Planungszeit | (8)·Durchschn.r.Neut. | h/a | *224* | *22* |
| (10) | Planungskosten | (9)·*28/24* DM/Std. | DM/a | *6 272* | *528* |
| (11) | Betriebsmittelselbstkosten | (8)·Durchschn.r.Neut. | DM/a | *2 977* | *13 260* |
| (12) | Betriebsmittelerprobungskosten | (8)·Durchschn.r.Neut. | DM/a | *741* | *468* |
| (13) | Gestaltsbedingte Kosten | (10)+(11)+(12) | DM/a | *9 990* | *14 256* |
| | Auftragsbedingte Kosten | | | | |
| (14) | Anzahl der Aufträge | Repr.programm | Auftr./a | *324* | *228* |
| (15) | Rüstzeit | Repr.programm | h/a | *224* | *214* |
| (16) | Rüstkosten | (15)·*17,50*DM/Std. | DM/a | *3 920* | *3 745* |
| (17) | Auftr.erstellungs-u.steuerungsk. | Schätzwert | DM/a | *486* | *342* |
| (18) | Transport- und Lagerkosten | Schätzwert | DM/a | *1 774* | *2 218* |
| (19) | Auftragsbedingte Kosten | (16)+(17)+(18) | DM/a | *6 180* | *6 305* |
| | Werkstückbedingte Kosten | | | | |
| (20) | Vorbereitungszeit | Schätzwert | h/a | *120* | *840* |
| (21) | Fertigungszeit | Repr.programm | h/a | *2 062* | *2 983* |
| (22) | Fertigungslohn | [(20)+(21)]·*10,50* DM/h | DM/a | *22 911* | *40 142* |
| (23) | Lohnnebenkosten | *60%* von (22) | DM/a | *13 747* | *24 085* |
| (24) | Werkzeugkosten | Schätzwert | DM/a | *7 320* | *7 800* |
| (25) | Energiekosten | Messung+Schätzung | DM/a | *1 425* | *1 500* |
| (26) | Werkstückbedingte Kosten | (22)+(23)+(24)+(25) | DM/a | *45 403* | *73 527* |
| | Fertigungskosten und Platzkosten | | | | |
| (27) | Fertigungseinzelkosten | (7)+(13)+(19)+(26) | DM/a | *119 508* | *138 098* |
| (28) | Restgemeinkosten | *30* % von (27) | DM/a | *35 876* | *41 429* |
| (29) | Fertigungskosten | (27)+(28) | DM/a | *155 464* | *179 527* |
| (30) | Platzkosten | (29):(21) | DM/h | *75,39* | *60,18* |
| | Bemerkungen: | | | | |

Bild 21. Formblatt mit Kostenvergleich zwischen NC- und handgesteuerter Maschine

Die klassischen Kostenrechnungsverfahren, insbesondere die *Schmalenbach*sche Kostenarten-, Kostenstellen-, Kostenträgerrechnung sowie die neuzeitlichen Verfahren, wie Grenzkosten- und Deckungsbeitragsrechnung, haben ihre Zielsetzungen vorwiegend im Hinblick auf die Beurteilung von verkaufsfähigen Produkten, von Verantwortungsbereichen und von Maßnahmen, die sich auf das Gesamtunternehmen oder Kostenstellen beziehen. Sie sind im allgemeinen nicht geeignet, Aussagen über kleinere Bereiche, wie Arbeitsplätze, oder gar über den Werkzeugverbrauch an einzelnen Arbeitsplätzen zu machen. Daher sind für technologische Untersuchungen, bei Betrachtung kleinerer Betriebseinheiten, keine Entscheidungsdaten aus Kostensätzen der Betriebsbuchhaltung abzuleiten. Einzelerfassung von Verbrauchsmengen und Einzelbewertung im Hinblick auf den zu untersuchenden Umfang sind hier unumgänglich.

### 4.3.1 Platzkostenrechnung (Maschinenstundensatz)

Um die Unterschiede der Kosten verschiedener Arbeitsplätze einer Kostenstelle ermitteln zu können, sind die Kostenstellen weiter zu unterteilen bis hin zu den Arbeitsplätzen. Erfaßt man die Kosten für jeden Arbeitsplatz einzeln, erhält man die Platzkosten bzw. für Maschinen auf der Basis einer Arbeitsstunde des Betriebsmittels (ohne Personalkosten) den Maschinenstundensatz (Bild 22). Der Maschinenstundensatz enthält nach VDI-Richtlinie 3258 Abschreibungen, Zinsen, Raumkosten, Energiekosten, Instandhaltungskosten und Sonderkosten (z.B. Werkzeugkosten); daher die Kurzbezeichnung AZREIS.

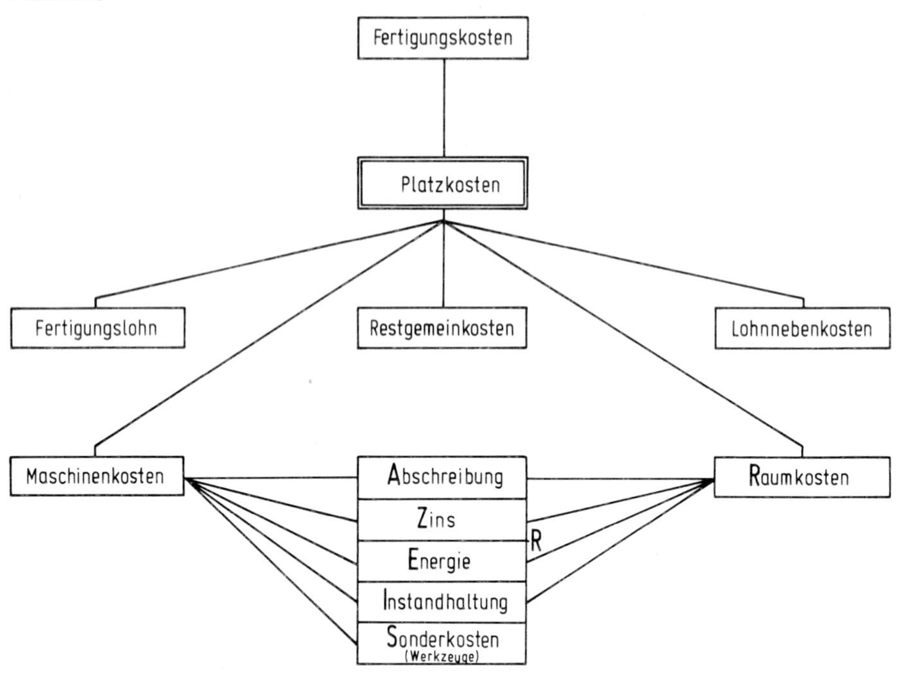


Bild 22. Gliederung der Platzkosten

In der Praxis ist dieses System meist jedoch nicht konsequent durchführbar, da es von der Datenerfassung und -verarbeitung her zu aufwendig wäre. Daher werden neben der Kostenstellenrechnung für besondere Probleme Platzkosten erfaßt, die nur folgende Kostenarten direkt zugeordnet bekommen:

A bzw. $K_A$ kalkulatorische Abschreibungen; diese werden hier üblicherweise, vom Wiederbeschaffungspreis und von der kalkulatorischen Nutzungsdauer (meist niedriger angesetzt als die wirtschaftliche Nutzungsdauer) ausgehend, berechnet;

Z bzw. $K_Z$ kalkulatorische Zinsen; sie werden hierbei auf der Basis des halben Investitionsbetrags (Anschaffungspreises) errechnet, da bei stetigem Rückfluß des Investitionsbetrags während der kalkulatorischen Nutzungsdauer im Durchschnitt der halbe Kapitalbetrag gebunden ist (Näherung);

R bzw. $K_R$ Raumkosten; diese sind für Raummiete einschließlich Heizung und Beleuchtung erforderlich und werden anteilig auf der Basis der benötigten Grundfläche für Maschine, Bedienung, Wartung sowie Materialbereitstellung und Weganteile verrechnet; sie beinhalten ihrerseits Abschreibungen, Zinsen, Energie- und Instandhaltungskosten;

E bzw. $K_E$ Energiekosten; sie umfassen Strom, Gas, Druckluft sowie Wasser o. dgl. und ergeben sich aus den Verbrauchsmengen und den derzeitigen Kosten je Energieeinheit (ggf. Spitzenstromzuschlag!); bei Werkzeugmaschinen ist nach statistischen Untersuchungen der durchschnittliche Verbrauch während der Belegungszeit rd. 25 bis 30% der Nennleistung;

I bzw. $K_I$ Instandhaltungskosten; diese liegen bei Werkzeugmaschinen während der gesamten Nutzungsdauer etwa in der Höhe des Anschaffungspreises, d. h. bei einer üblichen Nutzungsdauer von 20 Jahren etwa bei 5% des Anschaffungspreises pro Jahr; auf den Wiederbeschaffungspreis bezogen, betragen sie durchschnittlich 2 bis

Tabelle 10. Instandhaltungskosten von Werkzeugmaschinen (nach Unterlagen des VDMA)

| Maschinenart | Nutzungsjahre | Durchschnitt | Streubereich | Gesamtdurchschnitt |
|---|---|---|---|---|
| Spitzen- | 0 bis 8 | 1,2 | 0,1 bis 3,6 | |
| Drehmaschinen | 9 bis 14 | 1,2 | 0,2 bis 3,7 | |
| | 15 u. mehr | 2,2 | 0,4 bis 6,2 | 1,9 |
| Revolver- | 0 bis 8 | 0,8 | 0,3 bis 1,5 | |
| drehmaschinen | 9 bis 14 | 1,2 | 0,2 bis 2,4 | |
| Drehautomaten | 15 bis 19 | 2,5 | 0,5 bis 4,6 | |
| | 20 u. mehr | 3,5 | 2,1 bis 5,8 | 2,4 |
| Ständer- und | 0 bis 8 | 0,9 | 0,3 bis 2,1 | |
| Säulenbohr- | 9 bis 14 | 1,3 | 0,4 bis 2,2 | |
| maschinen | 15 u. mehr | 2,1 | 0,4 bis 3,0 | 1,5 |
| Bohr- und | 0 bis 8 | 0,4 | 0,1 bis 0,8 | |
| Fräswerke | 9 bis 14 | 1,4 | 0,2 bis 3,2 | |
| | 15 bis 19 | 2,6 | 0,4 bis 4,9 | |
| | 20 u. mehr | 3,6 | 0,4 bis 5,6 | 2,1 |
| Waagerecht- | 0 bis 8 | 0,8 | 0,1 bis 1,4 | |
| Fräsmaschinen | 9 bis 14 | 1,5 | 0,1 bis 4,3 | |
| | 15 bis 19 | 1,7 | 1,0 bis 2,1 | |
| | 20 u. mehr | 2,9 | 1,1 bis 4,8 | 1,8 |
| Rundschleif- | 0 bis 8 | 0,8 | 0,1 bis 3,1 | |
| maschinen | 9 bis 14 | 1,2 | 0,1 bis 3,6 | |
| | 15 u. mehr | 2,5 | 0,8 bis 7,5 | 1,5 |
| Pressen | 0 bis 8 | 0,8 | 0,3 bis 1,3 | |
| | 13 bis 19 | 1,8 | 1,3 bis 2,7 | |
| | 20 u. mehr | 3,0 | 1,8 bis 4,5 | 1,9 |

3% pro Jahr; da jedoch je nach Einsatz und Maschinenauswahl die Werte im Verhältnis 1 : 10 schwanken, sind sie individuell zu beurteilen (Tabelle 10);

S bzw. $K_S$ sonstige Kosten; für Werkzeuge, Verbrauchsstoffe und sonstige in den Fertigungsgemeinkosten verrechneten Kostenarten können den Maschinen weitere Kostenarten direkt zugerechnet werden, sofern sie nicht als Restgemeinkosten der Fertigung pauschal erfaßt werden.

Um die jährlich anfallenden Kosten in einen Stundensatz umrechnen zu können, muß eine Plan-Nutzungszeit gerechnet oder geschätzt werden. Üblicherweise werden dabei die Fertigungszeiten und Rüstzeiten als Nutzungszeiten angesehen, während Instandhaltungs- und Ruhezeiten nicht zu verrechnen sind. Für die Ermittlung der Platzkosten wird ein Schema nach dem Formblatt in Bild 23 verwendet.

Datum: *15.9.* ........ Platzkostenermittlung Masch.Nr. *25610*

| Zeile | | Daten | | |
|---|---|---|---|---|
| (1) | Maschinenbenennung | *Horizontalfräsmaschine* | | |
| (2) | Fabrikat | *W* | | |
| (3) | Typ | *F H 4* | | |
| | a) Datenerfassung | Einheit | Wert | Bemerkung |
| (4) | Anschaffungspreis | DM | *100.000* | *im Jahre 19...* |
| (5) | Wiederbeschaffungsfaktor | 1 | *1,20* | |
| (6) | kalk. Nutzungsdauer | a | *10* | *nach Afa-Tabelle* |
| (7) | kalk. Zinssatz | % p.a. | *10* | |
| (8) | Flächenbedarf | m² | *15* | |
| (9) | Mietsatz | DM/a | *90* | *als Kostenmiete* |
| (10) | Installierte Leistung | kW | *20* | |
| (11) | Auslastungsfaktor | 1 | *0,30* | |
| (12) | Strompreis | DM/kWh | *0,15* | |
| (13) | Instandhaltungssatz | % v.(4)(5) | *3,0* | |
| (14) | Sonderkosten | DM/a | *5000* | |
| (15) | Nutzungszeit | h/a | *1500* | |
| (16) | Fertigungslohn | DM/h | *10,00* | |
| (17) | Lohnnebenkostensatz | % v.(16) | *70* | |
| (18) | Restgemeinkostensatz | % v.(16) | *80* | |

| | b) Kostenermittlung | Berechnung | Kosten [DM/h] Gesamt | var. | fix |
|---|---|---|---|---|---|
| A | Kalk.Abschreibungen | *100 000·1,20:10·1500* | *8,00* | - | *8,00* |
| Z | Kalk.Zinsen | *100 000·0,10:2·1500* | *3,33* | - | *3,33* |
| R | Raumkosten | *15·90:1500* | *0,90* | - | *0,90* |
| E | Energiekosten | *20·0,30·0,15* | *0,90* | *0,90* | - |
| I | Instandhaltungskosten | *0,03·100 000·1,2:1500* | *2,40* | *2,40* | - |
| S | Sonderkosten | *5000:1500* | *3,33* | *3,33* | - |
| MS | Maschinenstundensatz | Σ AZREIS | *18,86* | *6,63* | *12,23* |
| FL | Fertigungslohn | *10,00* | *10,00* | *10,00* | - |
| LN | Lohnnebenkosten | *0,70·10,00* | *7,00* | *7,00* | - |
| RG | Restgemeinkosten | *0,50·10,00* | *5,00* | *5,00* | - |
| Pk | Platzkostensatz | Gesamtsumme | *40,86* | *28,63* | *12,23* |

Bild 23. Formblatt zur Platzkostenermittlung

## 4.3.2 Eigenfertigung oder Fremdbezug

Für die Entscheidung, ob bestimmte Werkstücke vorteilhafter in Eigenfertigung oder in Fremdfertigung herzustellen sind, kann bei kapitalintensiver Fertigung die Vollkostenrechnung weder in Form der Kostenstellenrechnung noch als Platzkostenrechnung verwendet werden. Die Grundüberlegung, wie sich die Einnahmen und Ausgaben ändern, wenn ein bestimmtes Werkstück im Hause oder außerhalb gefertigt wird, ergibt den Umfang der Kosten, die in die Entscheidung einzubeziehen sind. Im Prinzip lassen sich folgende Fälle unterscheiden:

a) Freie Kapazität. Sind bei freier Kapazität die Grenzkosten $k_{gr}$ der Eigenfertigung niedriger als der Einstandspreis e des Auswärtsbezugs, dann bringt Eigenfertigung wirtschaftliche Vorteile. Entscheidung für Eigenfertigung, wenn

$$k_{gr} < e.$$

b) Kapazitätsengpaß und „Verdrängung". Werden andere Produkte durch die Eigenfertigung „verdrängt", ist der verminderte Deckungsbeitrag (Opportunitätskosten $k_{op}$) den Grenzkosten zuzuschlagen. Entscheidung für Eigenfertigung, wenn

$$k_{gr} + k_{op} < e.$$

c) Kapazitätsengpaß und Investition. Muß zur Übernahme in Eigenfertigung Kapazität geschaffen werden, dann müssen die Investitionsmittel in voller Höhe der Zusatzproduktion angelastet werden. Eigenfertigung ist dann als wirtschaftlich anzusehen, wenn

$$m \cdot k_{gr} + I_0 \cdot \varkappa < m \cdot e.$$

Darin bedeuten

m Gesamtmenge der in Eigenfertigung herzustellenden Produkte in St./a,
$I_0$ erforderlicher Investitionsbetrag in DM und
$\varkappa$ Kapitalwiedergewinnungsfaktor in 1/a auf der Basis der Produktionszeit des betrachteten Produkts.

Sofern die Investition auch für andere Produkte eingesetzt wird und dadurch Einsparungen oder Ertragssteigerungen ermöglicht, sind diese Veränderungen der Eigenfertigung zugute zu rechnen (ggf. anteilige Investitionskosten vorrechnen). Kurzzeitige Bedarfsspitzen sollten durch Auswärtsbezug abgedeckt werden oder, soweit möglich, durch Puffer-Lager.

## 4.3.3 Einschicht- oder Mehrschichtbetrieb

Beim Notwendigkeitsnachweis für Investitionen tritt häufig die Frage auf, bis zu welcher Auslastung bestimmte Arbeitsplätze wirtschaftlich zu belegen sind. Ist die Einführung von Schichtbetrieb kostengünstiger oder sollte investiert werden, um Schichtzuschlag und sonstige Mehrkosten zu vermeiden? Sehr einfache Arbeitsplätze sind einschichtig zu belegen. Sehr kapitalintensive sind im Zwei- oder Dreischichtbetrieb auszulasten, wenn es die Auftragslage erlaubt. Die Wirtschaftlichkeitsgrenzen zwischen Ein-, Zwei- und Dreischichtbetrieb lassen sich nach folgenden Überlegungen errechnen:

Durch Übergang auf Mehrschichtbetrieb steigen die Personalkosten durch Schichtzuschläge und Nachtzuschläge. Der Kapitaldienst für Betriebsmittel, Maschinen, Vorrichtungen und Raum reduziert sich dagegen, da weniger Arbeitsplätze einzurichten sind. Ist die wirtschaftliche Nutzungsdauer der Betriebsmittel vorwiegend durch Verschleiß bedingt, dann wird Mehrschichtbetrieb eine wesentliche Verkürzung der Lebenserwartung

der Arbeitsplätze bewirken. Ist sie dagegen vorwiegend durch technologische Veralterung bedingt, dann wird die Lebenserwartung der Arbeitsplätze kaum vom Schichtbetrieb abhängen, und ist sie gar nur von der Produktlebensdauer abhängig (Sondermaschinen), dann geht die Betriebsart gar nicht in die Nutzungsdauer ein.
Sind Kapitaldienst und Personalkosten die wesentlichen Kostenarten für die Betriebsartenentscheidung, dann lassen sich für Kostengleichheit der Alternativen vollausgelasteter Zweischichtbetrieb oder Arbeitsplatzverdoppelung folgende Beziehungen herleiten:

Zwei Arbeitsplätze einschichtig belegt ≙ ein Arbeitsplatz zweischichtig belegt
\+ zwei Arbeiter im Einschichtbetrieb + ein Arbeiter in erster Schicht
\+ ein Arbeiter in zweiter Schicht

$$2\, I_{gr_{1/2}} \cdot \varkappa_1 + 2 \cdot T_s \cdot L_1 (1 + f_n) = I_{gr_{1/2}} \varkappa_2 + T_s \cdot L_1 \cdot (1 + f_n) + T_s \cdot L_2 \cdot (1 + f_n)$$

$$I_{gr_{1/2}} = \frac{T_s \cdot (L_2 - L_1) \cdot (1 + f_n)}{2\varkappa_1 - \varkappa_2}$$

bzw. für alternativen Zwei- oder Dreischichtbetrieb:

$$3\, I_{gr_{2/3}} \cdot \varkappa_2 + 3 \cdot T_s \cdot L_1 \cdot (1 + f_n) + 3 \cdot T_s \cdot L_2 \cdot (1 + f_n) =$$

$$2\, I_{gr_{2/3}} \varkappa_3 + 2 \cdot T_s \cdot L_1 \cdot (1 + f_n) + 2 \cdot T_s \cdot L_2 \cdot (1 + f_n) + 2 \cdot T_s \cdot L_3 \cdot (1 + f_n)$$

$$I_{gr_{2/3}} = \frac{T_s \cdot (L_3 - 0{,}5\, L_2 - 0{,}5\, L_1) \cdot (1 + f_n)}{1{,}5\, \varkappa_2 - \varkappa_3}$$

Dabei sind
$I_{gr}$ Investitionsgrenzwert in DM,
$\varkappa$ Kapitalwiedergewinnungsfaktor in 1/a,
$T_s$ Schichtzeit in h/a (etwa 2000 Vorgabestunden/a),
$L$ Lohnsatz in DM/h,
$f_n$ Lohnnebenkostensatz in % vom Lohnsatz.

Das Beispiel in Tabelle 11 zeigt für die vorliegenden Annahmen, daß ab einem Investitionsbetrag von 66000 DM je Arbeitsplatz dauernder Zweischichtbetrieb und ab einem Investitionsbetrag von 324000 DM je Arbeitsplatz dauernder Dreischichtbetrieb wirtschaftlicher ist, als für dieselbe Aufgabe mehr Kapazität zu schaffen. Bei Teilauslastung liegen die Grenzwerte entsprechend niedriger.

Tabelle 11. Beispiel einer Betriebsartenentscheidung

| Benennung | Einheit | Einschicht-betrieb | Zweischicht-betrieb | Dreischicht-betrieb |
|---|---|---|---|---|
| Schichtzeit $I_s$ | h/a | 2000 | 2000 | 2000 |
| wirtschaftliche Nutzungsdauer | a | 12 | 10 | 8 |
| Zinssatz | % p.a. | 12 | 12 | 12 |
| Kapitalwieder-gewinnungsfaktor $\varkappa$ | 1/a | 0,16144 | 0,17698 | 0,20130 |
| Lohnsatz L | DM/h | 12,00 | 15,00 | 20,00 |
| Lohnneben-kostensatz fn | % v. L | 60 | 60 | 60 |
| Investitions-Grenzwert | DM | $I_{gr_{1/2}}$ = 65798 DM | | $I_{gr_{2/3}}$ = 324139 DM |

## 4.3.4 Einstellen- oder Mehrstellenarbeit

Durch die Automatisierung der Maschinen ist es möglich, daß ein Arbeiter mehrere Betriebsmittel gleichzeitig bedient (Mehrstellenarbeit). Können die Arbeitstakte der einzelnen Betriebsmittel nicht genau aufeinander abgestimmt werden oder treten Störungen oder sonstige Unterbrechungen an einer Arbeitsstelle auf, dann sinkt dadurch die mögliche Betriebsmittelausnutzung gegenüber der Einstellenarbeit. Dies hat keine wesentliche Bedeutung, wenn die Betriebsmittel nicht voll ausgelastet sind, was bei Fertigung in Transferstraßen oder bei ungünstigen Arbeitsverhältnissen der Fall sein kann. Ist jedoch die Werkstätte voll belegt, dann führt ein solcher Ausfall zu einer Verringerung der Produktionsleistung. Durch Einsatz von Springern kann in gewissen Grenzen Abhilfe geschaffen werden. Insgesamt muß jedoch mit einer Produktivitätsminderung des Kapitals gerechnet werden, wenn auf Mehrstellenarbeit übergegangen wird. Dem Leistungsverlust stehen jedoch Einsparungen an Fertigungslohn gegenüber. Es gilt nun, durch Wahl der richtigen Stellenzahl den optimalen Ausgleich zwischen der Betriebsmittelauslastung einerseits und den Lohneinsparungen andererseits zu finden. Wie man diese Aufgabe lösen kann, soll an einem Beispiel gezeigt werden. Dabei wurde von folgenden Annahmen ausgegangen:

a) Die Werkstätte ist mit einer großen Anzahl gleichartiger Maschinen ausgestattet (beispielsweise Fräsmaschinen oder Drehautomaten),
b) volle Kapazitätsausnutzung kann erreicht und verwertet werden,
c) das Produktionsprogramm ist konstant,
d) Kapital und Personal sind zu den gegebenen Bedingungen in genügender Menge vorhanden,
e) die Auslastungsminderung bei Erhöhung der Stellenzahl ist konstant.

Mit diesen Annahmen lassen sich die optimale Stellenzahl oder auch die Kapitalgrenzwerte für Betriebsmittel bei unterschiedlicher Auslastung und Stellenzahl errechnen. Für die optimale Stellenzahl $s_{opt}$ läßt sich eine Gleichung herleiten [3] in der Form

$$s_{opt} = \frac{-1 (\pm) \sqrt{1 + \dfrac{K_m (c_1 - \Delta c)}{K_p \cdot \Delta c}}}{\dfrac{K_m}{K_p}}.$$

Darin bedeuten

$K_m$ Maschinenkosten je Betriebsmittel und Zeiteinheit,
$K_p$ Personalkosten je Arbeitsplatz und Zeiteinheit in DM/a,
$c_1$ Kapazitätsauslastung bei Einstellenarbeit in % der Vollauslastung,
$\Delta c$ Auslastungsminderung bei Erhöhung der Stellenzahl um 1.

Beispiel: Mehrstellenarbeit
Für vollausgelasteten Zweischichtbetrieb sollen die Grenzwerte der Investitionsbeträge für Ein-, Zwei-, Drei- bis Zehn-Stellenarbeit ermittelt werden, wenn bei Einstellen-Arbeit ein Auslastungsgrad von $c_1 = 80\%$ erreichbar ist und die Minderung der Betriebsmittelleistung $\Delta c = 3\%$ je zusätzliche Arbeitsstelle und Arbeiter beträgt. Die Personalkosten (Lohn- und Lohnnebenkosten) seien 50000 DM für den zweischichtig ausgelasteten Arbeitsplatz.
Aus den in Tabelle 12 angegebenen Werten ergibt sich, daß bei einem Investitionsbetrag von beispielsweise mehr als 600000 DM maximal drei Maschinen von einem Mann zu bedienen sind, wenn die angenommenen Ausgangsbedingungen vorliegen.

Tabelle 12. Kapitalgrenzwerte für Mehrstellenarbeit

| Stellenzahl | Auslastungsgrad c [%] | Grenzwert [DM] |
|---|---|---|
| Ein-Stellenarbeit | 0,80 | 6420000 |
| Zwei-Stellenarbeit | 0,77 | 1480000 |
| Drei-Stellenarbeit | 0,74 | 602000 |
| Vier-Stellenarbeit | 0,71 | 304000 |
| Fünf-Stellenarbeit | 0,68 | 166700 |
| Sechs-Stellenarbeit | 0,65 | 108800 |
| Sieben-Stellenarbeit | 0,62 | 67600 |
| Acht-Stellenarbeit | 0,59 | 45400 |
| Neun-Stellenarbeit | 0,56 | 29800 |
| Zehn-Stellenarbeit | 0,53 | 18200 |

## 4.3.5 Wirtschaftliche bzw. optimale Losgröße

Unter den Wirtschaftlichkeitsproblemen nehmen die Fragen nach der wirtschaftlichen Losgröße, der wirtschaftlichen Auftragsgröße, der wirtschaftlichen Beschaffungsmenge usw. eine Sonderstellung ein, da bei ihnen das absolute wirtschaftliche Optimum durch mathematische Ableitung aus einer Grundgleichung ermittelt werden kann, während bei den meisten anderen Wirtschaftlichkeitsuntersuchungen des Betriebs nur das relative Optimum zwischen einer eng begrenzten Anzahl von Alternativlösungen errechnet wird.

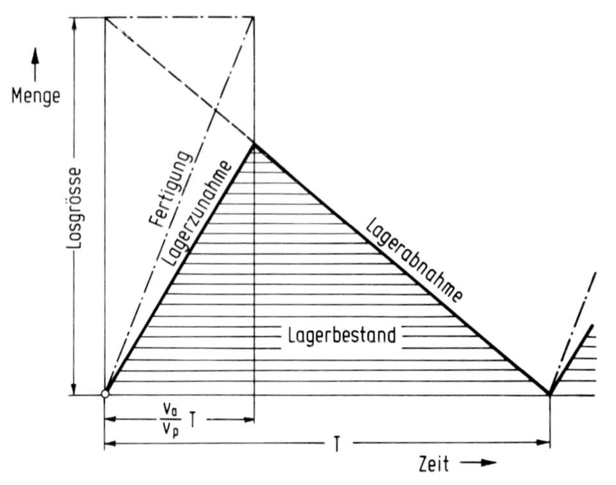


Bild 24. Wirtschaftliche Losgröße bei stetiger Fertigung und stetigem Verbrauch
$v_a$ Absatzgeschwindigkeit, $v_p$ Produktionsgeschwindigkeit

Unter Annahme losweiser, einstufiger Fertigung und stetigen Verbrauchs (Bild 24) kann für die Ermittlung der wirtschaftlichen Losgröße die *Andler*sche Losgrößenformel angesetzt werden. Sie lautet:

$$m_w = \frac{2 \cdot n \cdot k_r}{k_h \cdot p}.$$

Darin bedeuten
$m_w$ wirtschaftliche Losgröße in St./Los,
n Bedarfsmenge in St./a,
$k_r$ Rüstkosten in DM (nur variabler Anteil),
$k_h$ Herstellkosten in DM/St. (nur variabler Anteil),
p Zinssatz und Lagersatz in 1/a (z. B. 0,15/a).

Berücksichtigt man die Produktionszeit und die Tatsache, daß die ersten Teile bereits kurz nach Fertigungsbeginn zur Verwendung bereitliegen, erhöht sich die wirtschaftliche Losgröße nach *Müller-Merbach* [5 u. 6] auf

$$m_w = \frac{2 \cdot n \cdot k_v}{k_h \cdot p \cdot \left(1 - \frac{v_a}{v_p}\right)}.$$

Darin sind
$v_a$ Absatzgeschwindigkeit bzw. Verbrauch in St./a,
$v_p$ Produktionsgeschwindigkeit in St./a.

Bei mehrstufiger Fertigung, wenn also das Werkstück mehrere Arbeitsvorgänge nacheinander durchläuft, sind bei gleichbleibender Losgröße und gleichbleibenden Zwischenzeiten sämtliche Rüstkosten zusammenzufassen und in die Rechnung einzusetzen. Die Berücksichtigung der endlichen Produktionsgeschwindigkeit ist hier mit Variation des vorstehenden Ansatzes möglich.
Bestehen durch Werkzeugverschleiß, z. B. bei Schmiedegesenken o. dgl., oder durch Chargenlieferungen bedingte Unterbrechungen von Serien, dann ergeben sich daraus Serienunterteilungen, die kleiner oder größer sein können, als die sog. wirtschaftliche Losgröße ausweist. Erfordert ein nötiger Werkzeugwechsel ein rüstähnliches Umstellen, kann die Serie ohne wesentlichen Zeitverlust unterbrochen werden, d. h. die optimale Losgröße ist niedriger als die errechnete wirtschaftliche Losgröße. Andererseits können sich aufgrund auszunutzender Standzeiten höhere Losgrößen rechtfertigen, als die Grundgleichungen ausweisen. Im übrigen verläuft die Kurve für die wirtschaftliche Losgröße sehr flach, so daß Losgrößen zwischen 60 und 200% der errechneten Werte jederzeit vertretbar sind.
Die angegebenen Gleichungen für die wirtschaftliche Losgröße haben Gültigkeit, solange genügend freie Kapazität bei den betrachteten Betriebsmitteln vorhanden ist. Sie berücksichtigen auch nur die variablen Anteile der Herstell- und Rüstkosten. Treten bei der errechneten wirtschaftlichen Losgröße Engpässe auf, da die Rüstarbeiten zu viel Kapazität beanspruchen, ist der Übergang auf größere Losgrößen zu erwägen. Eine Gesamtrechnung unter Einbeziehung etwaiger Auswärtsvergabe oder zusätzlicher Investitionen kann hier allein Hinweise auf die optimale Losgröße ergeben.

Beispiel:
Von einem Werkstück werden 3600 St./a benötigt; die variablen Rüstkosten sind mit 36,42 DM ermittelt, und die variablen Herstellkosten betragen 0,51 DM/St. Der Zinssatz und Lagersatz sei 16% p. a. (0,16/a) (Bild 25).
Die wirtschaftliche Losgröße ergibt sich nach *Andler* zu

$$m_w = \frac{2 \cdot 3500 \cdot 36{,}42}{0{,}51 \cdot 0{,}16} \text{ St.}$$

$$= \sqrt{3{,}21} \cdot 10^3 \text{ St.} = 1792 \text{ St.}$$

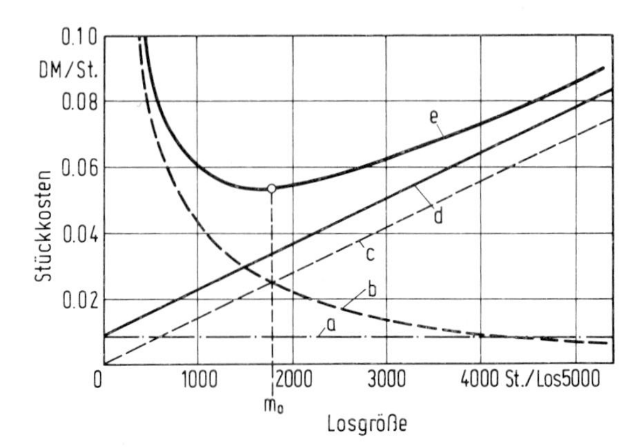


Bild 25. Losgrößenabhängige Kosten bei variablen Rüstkosten von 36,42 DM, variablen Herstellkosten von 0,51 DM/St. und einem Zins- und Lagersatz von 16% p.a.

a Lagerungskosten für Mindestbestand, b Rüstkosten, c Lagerungskosten für veränderlichen Bestand, d Gesamt-Lagerungskosten, e losgrößenabhängige Kosten

### 4.3.6 Wirtschaftliche bzw. optimale Schnittgeschwindigkeit

Sofern von der Kapazität her keine Grenzen bestehen, muß die Schnittgeschwindigkeit bei Zerspanungsmaschinen nach wirtschaftlichen Gesichtspunkten festgelegt werden. Die Rechnung kann hier als Kostenvergleich zwischen wenigen Kostenarten vorgenommen werden. Die Hauptunterschiede bestehen gewöhnlich zwischen Fertigungslohn- und Lohnnebenkosten einerseits und Werkzeugkosten andererseits. Die übrigen Kostenarten, z.B. die Energiekosten, zeigen meistens keine wesentlichen Unterschiede. Die Werkzeugstandzahlen sind durch statistische Untersuchungen zu ermitteln, da sie so stark von den Einsatzbedingungen abhängen, daß Lieferantenangaben nur bedingt zu verwerten sind. Zweckmäßig ermittelt man die wirtschaftliche Schnittgeschwindigkeit durch Betriebsuntersuchungen im vermuteten Optimalbereich nach einem Schema, das etwa dem in Bild 26 entspricht.

Die Beispielsrechnung zeigt eine wirtschaftliche Schnittgeschwindigkeit im Bereich von 60 bis 70 m/min, die jedoch nicht genau eingehalten werden muß, da der Anstieg der entscheidungsrelevanten Kosten im Bereich der wirtschaftlichen Schnittgeschwindigkeit nur gering ist.

Die optimale Schnittgeschwindigkeit berücksichtigt neben der Wirtschaftlichkeitsbedingung noch weitere Einsatzdaten, wie Losgröße, Engpaß-Situationen usw.

Für die praktische Arbeit empfehlen sich bei manueller Disposition Tabellen und bei EDV-Disposition vorprogrammierte Rechnungen.

Ermittlung der wirtschaftlichen Schnittgeschwindigkeit

| Zeile | Objekt | Benennung | Nr. |
|---|---|---|---|
| (1) | Maschine | *Horizontalfräsmaschine F* | *20156* |
| (2) | Werkstück | *Getriebegehäuse* | *3152120301* |
| (3) | Arbeitsvorgang | *Flanschseite fräsen* | *25* |
| (4) | Werkzeugart | *Messerkopf* | *FH 15/S 12* |

| Zeile | Grunddaten | Einheit | Wert | Bemerkung |
|---|---|---|---|---|
| (5) | Anschaffungspreis | DM | *260* | |
| (6) | Nachschliffe | Ns | *5* | |
| (7) | Nachschleifzeit | min/Ns | *14,0* | |
| (8) | Platzkosten | DM/min | *0,50* | *für Schleifmaschine* |
| (9) | Lohnsatz | DM/min | *0,20* | |
| (10) | Lohnnebenkostensatz | DM/min | *0,12* | |
| (11) | Werkzeugwechselzeit | min/Ns | *5,0* | |

| Zeile | Vergleich | Einheit | Gleichung | Schnittgeschwindigkeit [m/min] | | |
|---|---|---|---|---|---|---|
| | | | | *60* | *70* | *84* |
| (12) | Hauptzeit | min/St. | | *1,80* | *1,60* | *1,40* |
| (13) | Standzahl | St./Ns | | *200* | *160* | *120* |
| (14) | Fertigungslohn | DM/St. | (9)·(12) | *0,360* | *0,320* | *0,280* |
| (15) | Lohnnebenkosten | DM/St. | (10)·(12) | *0,216* | *0,192* | *0,168* |
| (16) | Werkzeugwechselkosten | DM/St. | * | *0,008* | *0,010* | *0,013* |
| (17) | Werkzeugkosten | DM/St. | ** | *0,246* | *0,307* | *0,410* |
| (18) | Vergleichskosten | DM/St. | Σ(14)bis(17) | *0,830* | *0,829* | *0,871* |

$$* = [(9)+(10)](11):(13)$$

$$** = \frac{(5)+(6)\cdot(7)\cdot(8)}{[1+(6)]\cdot(13)}$$

oder, wenn Nachschleifen vor dem ersten Einsatz nicht nötig ist:

$$= \frac{(5)+(6)\cdot(7)\cdot(8)}{(6)\cdot(13)}$$

Bild 26. Formblatt zur Ermittlung der wirtschaftlichen Schnittgeschwindigkeit

# 4.4 Wirtschaftliche Orientierungsdaten

Neben den Einzeluntersuchungen zur Beurteilung von technologischen Lösungen können auch allgemeingültige wirtschaftlich-technische Gesetze ausgewertet und zum Entwickeln wirtschaftlicher Strategien herangezogen werden. So können aus der Auslastungsdegression (siehe unter 4.1.1) Hinweise für eine optimale Preisgestaltung abgeleitet werden; aus den bekannten „Lernkurven“ ergeben sich Planungsdaten für Serienanläufe, und aus den Investitionsgrenzwerttabellen (siehe unter 4.2.3.2) lassen sich Investitionsvorhaben überschläglich beurteilen.

Zwei Gesetzmäßigkeiten, die aus der Erfahrung abgeleitet werden können, sind als wirtschaftliche Orientierungshilfen besonders wichtig.
Einmal läßt sich aufgrund der Auswertung der Daten zahlreicher ausgeführter Fertigungsanlagen der Nachweis erbringen, daß der Investitionsaufwand für Anlagen der Verfahrenstechnik und der Fertigungstechnik stark unterproportional zur Leistung ansteigt. Es gilt die Beziehung

$$I_2 = I_1 \left(\frac{m_2}{m_1}\right)^{\nu};$$

darin bedeuten

$I_{1/2}$ Investitionsbetrag in DM,
$m_{1/2}$ Leistung der Fertigungsanlagen in St./a und
$\nu$ Degressionsexponent.

Der Degressionsexponent beträgt bei Maschinen so lange durchschnittlich $\nu = 2/3$, bis Mehrleistung nur noch durch Vervielfachung der Anlagen und nicht mehr durch technologischen Ausbau zu erreichen ist (Bild 27).

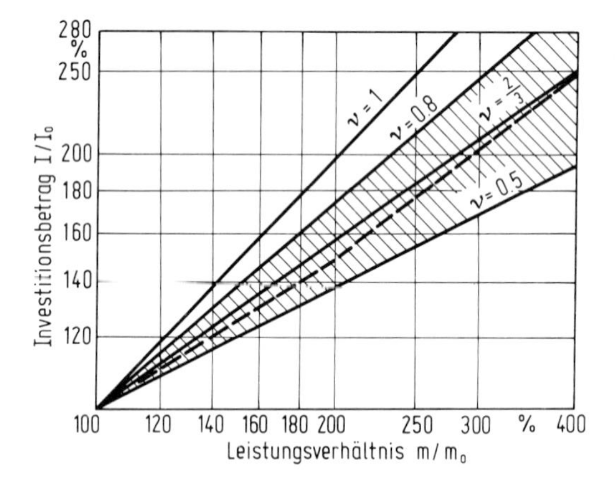


Bild 27. Zusammenhang zwischen Investitionsaufwand für Fertigungsanlagen und deren Fertigungsleistung

Zum anderen zeigen außer dem Kapitaldienst für Betriebsmittel auch die meisten anderen Kostenarten, wie Raumkosten, Energiekosten sowie Lohnkosten je Mengeneinheit, sinkende Tendenz bei zunehmender Produktionsleistung. Insgesamt ist sogar meist ein stärkerer Abfall der Betriebskosten als des Kapitaldienstes zu beobachten, so daß die Produktion kapitalintensiver wird. Während sich für Betriebsmittel technologische Grenzen klar abzeichnen, sinken die Fertigungskosten mit zunehmender Produktionsleistung ständig weiter ab. Auf größere Aggregate bezogen, beispielsweise bei der Herstellung eines Getriebes oder eines Motors, ergeben sich die minimalen Fertigungskosten in Abhängigkeit von der Produktionskapazität bzw. der Produktionsleistung nach der Beziehung

$$k_{f_2} = k_{f_1} \left(\frac{m_2}{m_1}\right)^{-\lambda};$$

darin bedeuten

$k_f$ Fertigungskosten je Einheit,
m Produktionsleistung Einheit/Zeiteinheit und
$\lambda$ Degressionsexponent.

Diese Gleichung besagt, daß bei jeweiliger Verdoppelung der Produktionsleistung die Fertigungskosten um einen gleichbleibenden Prozentsatz abnehmen. Bei den meisten technischen Erzeugnissen lassen sich die Fertigungskosten bei Verdoppelung der Produktionsleistung auf 80% des ursprünglichen Wertes reduzieren. Damit ergibt sich der Exponent

$$\lambda = \frac{\log \dfrac{\text{Stückfertigungskosten bei } m_1}{\text{Stückfertigungskosten bei } m_o}}{\log \dfrac{\text{Produktionsleistung } m_1}{\text{Produktionsleistung } m_o}}$$

$$= \frac{\log 0{,}80}{\log 2} = -0{,}322.$$

Somit wird die Fertigungskostengleichung

$$k_{f_2} = k_{f_1} \left(\frac{m_2}{m_1}\right)^{-0{,}322}$$

In Bild 28 sind die Fertigungskosten technischer Produkte in Abhängigkeit von der Produktionsleistung aufgetragen. Im Mittel sinken diese Kosten entsprechend dem schraffierten Fcld um 20% je Verdoppelung der Produktionsleistung. Also betragen die Fertigungskosten bei doppelter Produktionsleistung 80%, bei vierfacher 64% und bei zwölffacher 45% des Ausgangswertes, oder anders ausgedrückt: „Im Dutzend um 55% billiger".

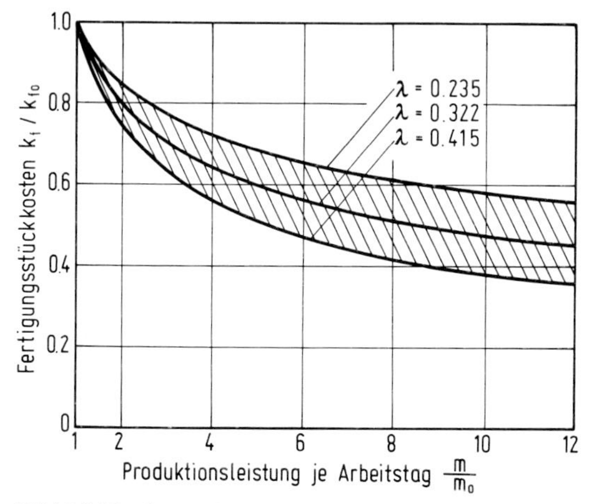


Bild 28. Fertigungskosten technischer Produkte in Abhängigkeit von der Produktionsleistung

Der Nachweis für die Gültigkeit dieser Kostengleichung kann nicht allgemein erbracht werden, sondern er ist nur induktiv (aus einer großen Anzahl von Einzelbeispielen) herzuleiten. Beide Gesetzmäßigkeiten bewirken die Vorteile, die von der Normung, Typung und Teilefamilienfertigung her bekannt sind.

Aus der Kostendegression folgt: Sofern ein echter Wettbewerb besteht, verspricht eine Investition nur dann hohe Rendite, wenn kein tüchtiger Konkurrent wesentlich größere Mengen des entsprechenden Artikels erzeugt, da seine Kostenvorteile bei kleiner Produktionsleistung nicht einzuholen sind. Langfristig führt diese Gesetzmäßigkeit zu einem immer stärker werdenden Konzentrationsprozeß. Die Großen werden größer und die kleinen verlieren von ihrem Anteil.

## Literatur zu Kapitel 4

1. *Mellerowicz, K.:* Allgemeine Betriebswirtschaftslehre. Verlag A Walter de Gruyter, Berlin 1952.
2. *Wöhe, G.:* Einführung in die Allgemeine Betriebswirtschaftslehre. Verlag Franz Vahlen, München 1973.
3. *Bronner, A.:* Vereinfachte Wirtschaftlichkeitsrechnung. Beuth-Verlag GmbH, Berlin, Köln, Frankfurt 1964.
4. *Bronner, A.:* Wirtschaftliche Vorteile durch numerisch gesteuerte Werkzeugmaschinen. RKW-Schriftenreihe „Wege zur Wirtschaftlichkeit“ W 19/20. Beuth-Verlag GmbH, Berlin, Köln, Frankfurt 1966.
5. *Müller-Merbach, H.:* Optimale Einkaufsmengen. AKOR Ablauf- und Planungsforschung 4 (1963) 3.
6. *Müller-Merbach, H.:* Optimale Losgrößen bei mehrstufiger Fertigung. AKOR Ablauf- und Planungsforschung 4 (1963) 4.

*VDI-Richtlinien*

VDI 3221 Bl. 1 (5.70) Wirtschaftlichkeitsrechnung in der industriellen Fertigung; Allgemeines
VDI 3221 Bl. 2 (5.70) Wirtschaftlichkeitsrechnung in der industriellen Fertigung; Formblatt für Einzweckmaschinen, -anlagen und -einrichtungen
VDI 3221 Bl. 4 (3.74) Wirtschaftlichkeitsrechnung in der industriellen Fertigung; Formblatt für Einzweckmaschinen, -anlagen und -einrichtungen, Beispiel
VDI 3258 Bl. 1 (10.62) Kostenrechnung mit Maschinenstundensätzen; Begriffe, Bezeichnungen, Zusammenhänge
VDI 3258 Bl. 2 (3.64) Kostenrechnung mit Maschinenstundensätzen; Erläuterungen und Beispiele

# 5 Drehen

## 5.1 Allgemeines

**o. Prof. Dr.-Ing. G. Spur, Berlin**

Die technologische Bedeutung des Drehens kann am Anteil der produzierten Drehmaschinen am Gesamtwert der produzierten spanenden Werkzeugmaschinen gemessen werden (Bild 1). Er betrug 1975 in der Bundesrepublik Deutschland etwa 30%.

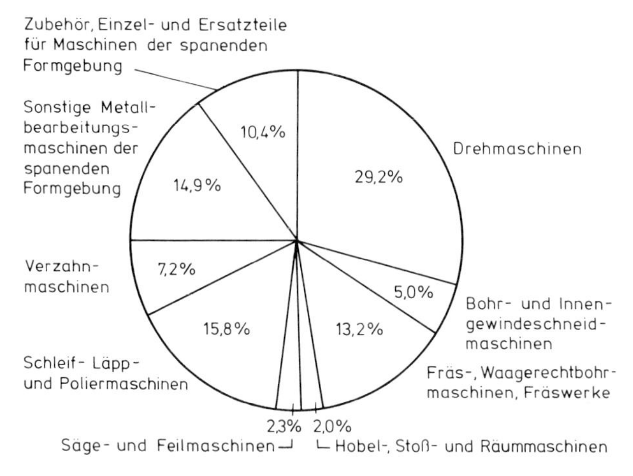


Bild 1. Wertmäßige Aufteilung der in der Bundesrepublik Deutschland im Jahre 1975 hergestellten spanenden Werkzeugmaschinen (nach [1])

Das Drehen ist schon seit dem Altertum bekannt. Die Realisierung der Drehbewegung erfolgte zunächst durch den Schnurzugantrieb. Das Werkzeug wurde von Hand mit Hilfe einer Unterstützung oder Auflage geführt. Die Entwicklung der Drehmaschine als Werkzeugmaschine zur Metallbearbeitung erhielt nach der Erfindung der Dampfmaschine starken Auftrieb. Der Engländer *Henry Maudslay* (1771–1831) gilt als Schöpfer der Metalldrehmaschine mit Support. Die erste Ausführung entstand 1794 in der Werkstatt von *Joseph Bramah,* mit dem er um 1820 auch die fabrikationsmäßige Herstellung von Leitspindeldrehmaschinen aufnahm. Durch *Maudslay* wird die Werkzeugmaschine ein industrielles Erzeugnis. Anfang des 19. Jahrhunderts wurden alle wesentlichen Bauelemente der Drehmaschine und ihre wesentliche Grundform entwickelt. Der Stand des Drehmaschinenbaues um 1840 ist in Bild 2 dargestellt [2, 3].
Die Weiterentwicklung der Drehmaschine führte neben dem Bau von zahlreichen Varianten auch zur Konstruktion der kurvengesteuerten Drehautomaten. Im Jahre 1873 erhielt *Spencer* auf eine automatische Maschine zur Herstellung von Schrauben ein Patent, die mit einer kurvenbesetzten umlaufenden Steuerwelle ausgerüstet war. Daraus entstand bis 1880 der erste Einspindel-Revolverdrehautomat mit einer im Maschinenbett liegenden zentralen Steuerwelle. Die Entwicklung führte 1894 zu dem in Bild 3

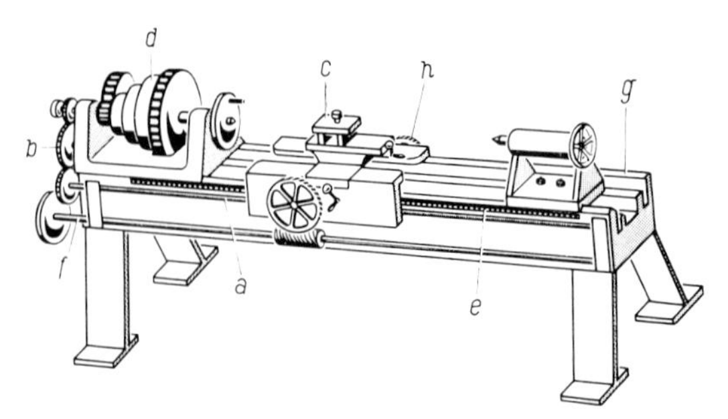


Bild 2. Entwicklungsstand der Drehmaschine um 1840 (nach Wittmann [2])
a bis c Leitspindel, Wechselräder und Support nach *Maudslay,* d lose Stufenscheibe und Vorgelege nach *Roberts,* e bis g Zahnstange, Zugspindel und getrennte Führungen nach *Fox,* h Planvorschub nach *Whitworth*

gezeigten Vierspindel-Stangenautomaten. Die Schaltbewegung wurde hierbei von einer Spindeltrommel als Werkstückträger ausgeführt. Mit dem erfolgreichen Bau kurvengesteuerter Drehautomaten erreichte die Entwicklung der Fertigungstechnik gegen Ende des 19. Jahrhunderts durch die Möglichkeit der automatisierten Bearbeitung einen bedeutungsvollen Höhepunkt [4, 5].

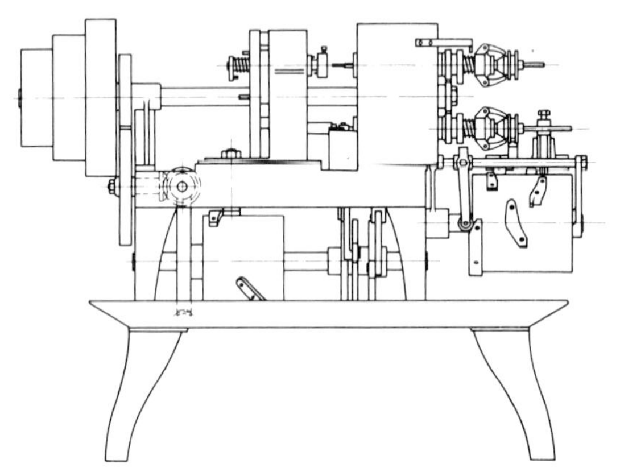

Bild 3. Mehrspindel-Drehautomat nach dem USA-Patent 530180 vom 4. Dezember 1894

In den folgenden Jahrzehnten stand die Verfeinerung und Verbesserung der im Prinzip vorhandenen Lösungen im Mittelpunkt. Dabei hatte die Entwicklung der Schneidstoffe und des elektrischen Einzelantriebs einen wesentlichen Einfluß auf die konstruktive Gestaltung der Drehmaschinen.
Bis Anfang der sechziger Jahre stand die Automatisierung der Massenfertigung im Vordergrund. Die heute veränderten Anforderungen des Marktes, die sich in einem häufigeren Produktwechsel widerspiegeln, bewirken kleinere Stückzahlen bzw. kleinere Losgrößen. Die Einzel-, Klein- und Mittelserienfertigung stellt den größten Teil der spanenden Fertigung in der Industrie dar. Für eine wirtschaftliche Fertigung wird daher zukünftig in immer stärkerem Maße die gemeinsame Forderung nach Flexibilität und Produktivität an die Werkzeugmaschinenkonstruktion zu richten sein. Eine Maßnahme in dieser Richtung war die Einführung der numerisch gesteuerten Werkzeugmaschinen.

## 5.2 Übersicht der Drehverfahren

**o. Prof. Dr.-Ing. G. Spur, Berlin**

Das Drehen ist ein Fertigungsverfahren der Hauptgruppe „Trennen“. Entsprechend dem Ordnungssystem nach DIN 8589 Teil 1 wird das Drehen als Untergruppe 3.2.1 der Gruppe 3.2 „Spanen mit geometrisch bestimmten Schneiden“ zugeordnet.
Hiernach ist Drehen wie folgt definiert: „Spanen mit geschlossener (meist kreisförmiger) Schnittbewegung und beliebiger Vorschubbewegung in einer zur Schnittrichtung senkrechten Ebene. Die Drehachse der Schnittbewegung behält ihre Lage zum Werkstück unabhängig von der Vorschubbewegung bei (Drehachse werkstückgebunden)“.
Um einen Überblick über die Vielfalt der verschiedenen Drehverfahren zu erhalten, kann man sich an unterschiedlichen Einteilungsgesichtspunkten orientieren [6 bis 8]. Nachfolgend sind beispielhaft einige Ordnungskriterien aufgeführt:

*Oberfläche*
Form: Plandrehen, Runddrehen, Unrunddrehen, Formdrehen, Schraubdrehen, Wälzdrehen;
Lage: Innendrehen, Außendrehen;
Oberflächengüte: Schruppdrehen, Schlichtdrehen, Feindrehen;

*Kinematik des Zerspanvorgangs*
Vorschubbewegung: Längsdrehen, Querdrehen, Formdrehen, Wälzdrehen;
Schnittbewegung: Runddrehen, Unrunddrehen;

*Randbedingungen des Zerspanprozesses*
Temperatur des Werkstücks: Kaltdrehen, Warmdrehen;
Verwendung von Schmierstoffen: Trockendrehen, Naßdrehen;

*Besonderheiten des Werkzeugs*
Drehen mit Profilwerkzeug, Gewindedrehen mit Strehlwerkzeug, Drehen mit Revolverkopf, simultanes Mehrschnittdrehen;

*Werkstückaufnahme*
im Futter, zwischen Spitzen, auf der Planscheibe, in der Spannzange;

*Vorrichtungen und Sonderkonstruktionen der Drehmaschine*
Kegeldrehen, Kugeldrehen, Nachformdrehen, Exzenterdrehen, Hinterdrehen, Unrunddrehen;

*Automatisierungsgrad und Steuerungsart der Drehmaschine*
Drehen auf Universaldrehmaschinen, auf Revolverdrehmaschinen, auf Einspindel-Drehautomaten, auf Mehrspindel-Drehautomaten, auf numerisch gesteuerten Drehmaschinen.
Bild 4 zeigt die systematische Einteilung des Drehens nach DIN E 8589 Teil 2. Die Gliederung orientiert sich an den Kriterien Oberflächenform und Kinematik. Die für die Fertigung wichtigen ebenen, kreiszylindrischen, Schraub- und Wälzflächen sind besonders herausgestellt. Alle anderen Flächen fallen unter beliebige Flächen. Bei letzteren ist eine weitere Unterteilung nach der Kinematik gewählt worden. Der Sonderfall, daß mit den Drehverfahren zur Erzeugung beliebiger Flächen auch ebene, kreiszylindrische Schraub- und Wälzflächen hergestellt werden können, bleibt unberücksichtigt. Die Unterscheidung des Drehens nach dem Schneidstoff des Werkzeugs, dem zu bearbeitenden Werkstoff und der Form des Werkstücks führt zu keinem neuen Drehverfahren.

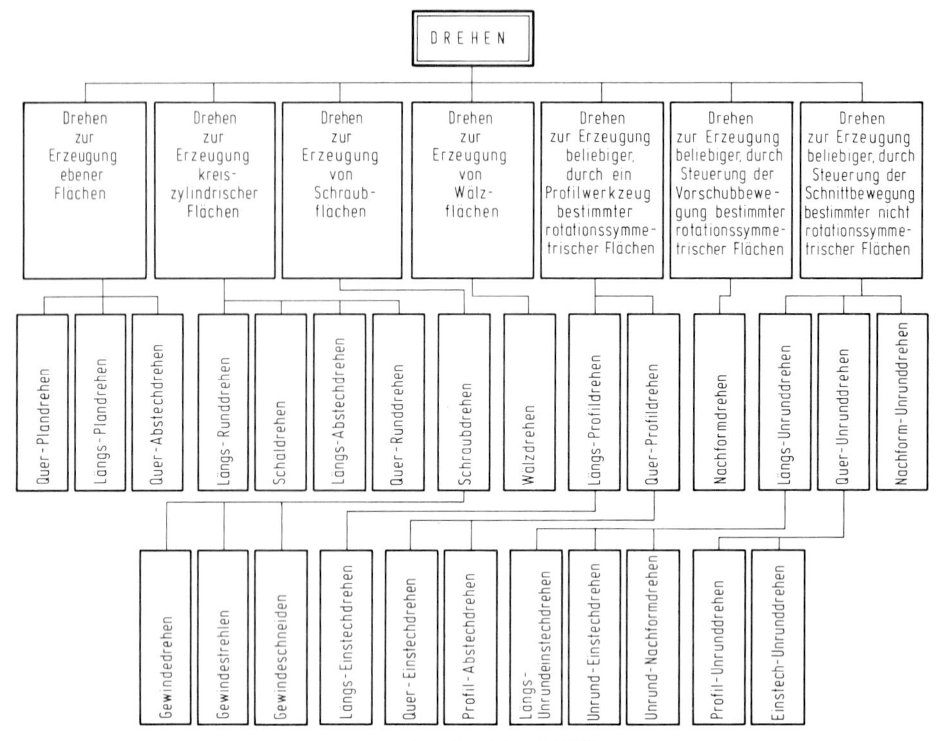


Bild 4. Gliederung der Drehverfahren nach DIN E 8589 T2[1])

Nachfolgend werden die in Bild 4 zusammengestellten Drehverfahren definiert. Allgemein wird das *Längsdrehen* (Drehen mit Vorschub parallel zur Drehachse des Werkstücks) und das *Querdrehen* (Drehen mit Vorschub senkrecht zur Drehachse des Werkstücks) unterschieden.

Drehen zur Erzeugung ebener Flächen:

*Quer-Plandrehen* ist Querdrehen zur Erzeugung einer senkrecht zur Drehachse liegenden, ebenen Fläche (Bild 5 A).

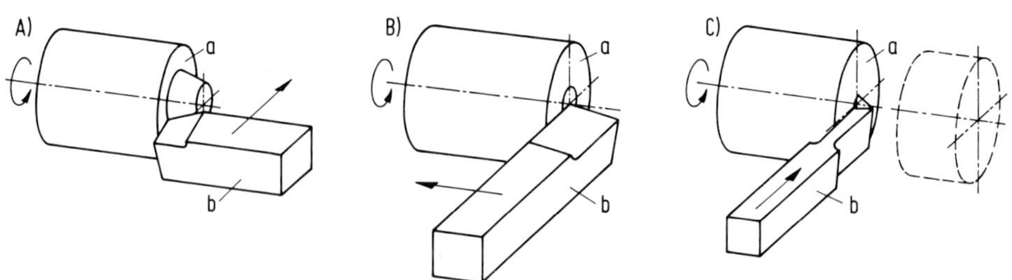


Bild 5. Drehen zur Erzeugung ebener Flächen

A) Quer-Plandrehen, B) Längs-Plandrehen, C) Quer-Abstechdrehen

a Werkstück, b Werkzeug

[1] Nach DIN E 8589 T 1 in der Ausgabe vom März 1978 wird das Nachformdrehen neben den neu definierten Verfahren Kinematisch-Formdrehen, NC-Formdrehen und Freiformdrehen unter dem Oberbegriff Formdrehen zusammenfaßt.

*Längs-Plandrehen* ist Längsdrehen, bei dem der Drehmeißel mindestens so breit ist wie die zu erzeugende Fläche (Bild 5B).
*Quer-Abstechdrehen* ist Querdrehen zum Zwecke des Abtrennens (Bild 5C). Wenn keine Verwechslung möglich ist, kann die Vorsilbe „Quer" auch weggelassen werden. Wird beim Abstechdrehen eine bestimmte Profilfläche erzeugt, so wird das Verfahren Profil-Abstechdrehen genannt.

Drehen zur Erzeugung kreiszylindrischer Flächen:

*Längs-Runddrehen* ist Längsdrehen zur Erzeugung einer zur Drehachse koaxial liegenden, kreiszylindrischen Fläche (Bild 6A).
*Schäldrehen* ist Längsdrehen mit großem Vorschub, meist unter Verwendung eines umlaufenden Werkzeugs mit kleinem Einstellwinkel der Nebenschneide (Schälwerkzeug) (Bild 6B).
*Längs-Abstechdrehen* ist Längsdrehen zum Zwecke des Ausstechens einer runden Scheibe aus einer Platte.
*Quer-Runddrehen* ist Querdrehen zur Erzeugung einer zur Drehachse koaxial liegenden, kreiszylindrischen Fläche, wenn der Drehmeißel so breit ist wie die zu erzeugende Zylinderfläche (Bild 6C).

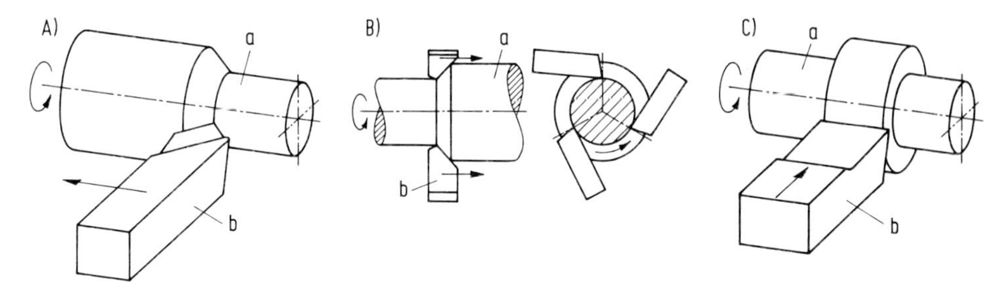


Bild 6. Drehen zur Erzeugung kreiszylindrischer Flächen
A) Längs-Runddrehen, B) Schäldrehen, C) Quer-Runddrehen
a Werkstück, b Werkzeug

Drehen zur Erzeugung von Schraubflächen:

*Schraubdrehen* ist Längsdrehen zur Erzeugung von Schraubflächen. Dabei ist die Größe des Vorschubs gleich der Steigung der Schraubfläche.

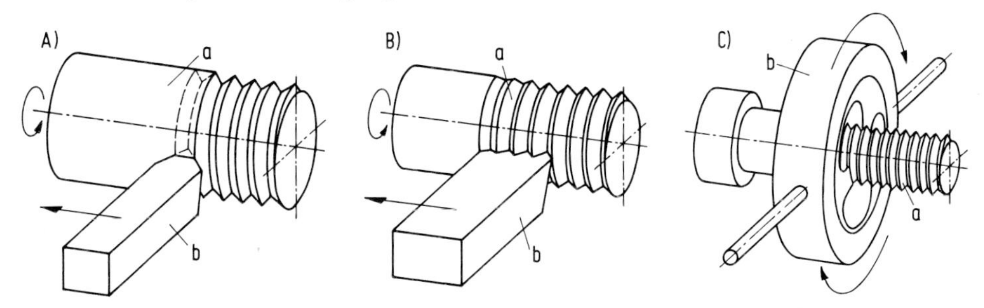


Bild 7. Drehen zur Erzeugung von Schraubflächen (Schraubdrehen)
A) Gewindedrehen, B) Gewindestrehlen, C) Gewindeschneiden
a Werkstück, b Werkzeug

*Gewindedrehen* ist Schraubdrehen zur Erzeugung eines Gewindes mit einem einzahnigen Werkzeug, z.B. Gewinde-Drehmeißel (Bild 7A).
*Gewindestrehlen* ist Schraubdrehen zur Erzeugung eines Gewindes mit einem Werkzeug, das in Vorschubrichtung (Drehachse) mehrere Zähne hat, z.B. Gewindestrehler (Bild 7B).
*Gewindeschneiden* ist Schraubdrehen zur Erzeugung eines Gewindes mit einem Werkzeug, das in Vorschub- und Schnittrichtung (Drehachse und Umfang) mehrere Zähne hat, z.B. Gewindeschneideisen, Gewindeschneidkopf (Bild 7C).

Drehen zur Erzeugung von Wälzflächen:

*Wälzdrehen* ist Drehen mit einer Wälzbewegung als Vorschubbewegung zur Erzeugung von rotationssymmetrischen oder schraubenförmigen Wälzflächen.

Drehen zur Erzeugung beliebiger, durch ein Profilwerkzeug bestimmter rotationssymmetrischer Flächen:

*Längs-Profildrehen* ist Längsdrehen mit einem Profil-Drehmeißel zur Erzeugung einer rotationssymmetrischen Fläche. Bild 8 zeigt einen Sonderfall des Längs-Profildrehens, das sich vom Wälzdrehen unterscheidet.

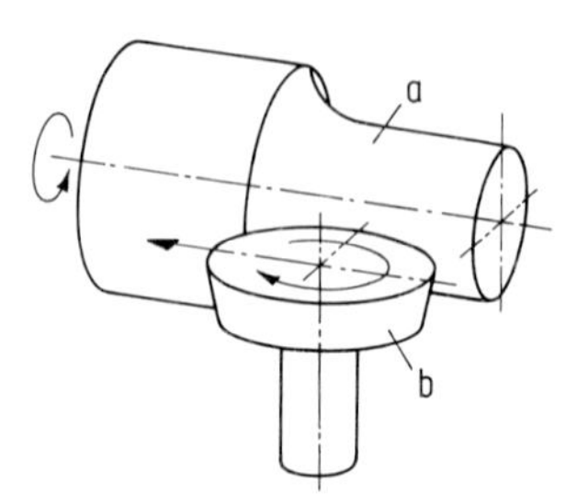


Bild 8. Längs-Profildrehen mit rotierendem Profilwerkzeug
a Werkstück, b Werkzeug

*Längs-Einstechdrehen* ist Längs-Profildrehen, bei dem eine Nut erzeugt wird.
*Quer-Profildrehen* ist Querdrehen mit einem Profildrehmeißel zur Erzeugung einer rotationssymmetrischen Formfläche (Bild 9A).
*Quer-Einstechdrehen* ist Quer-Profildrehen, bei dem eine Nut erzeugt wird (Bild 9B).
*Profil-Abstechdrehen* ist Quer-Profildrehen, bei dem gleichzeitig ein Abtrennen bezweckt wird (Bild 9C).

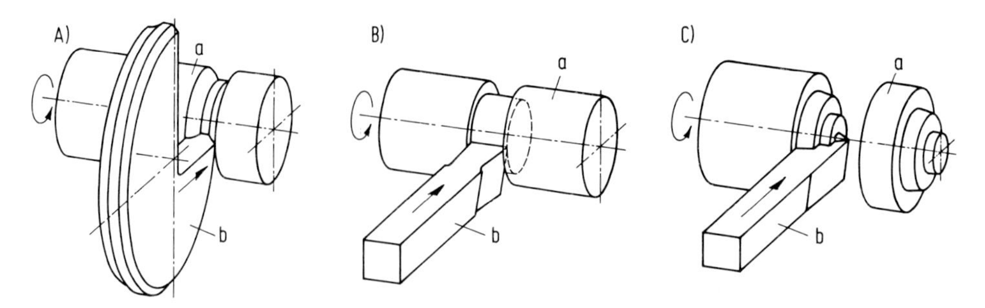


Bild 9. Drehen zur Erzeugung beliebiger, durch ein Profilwerkzeug bestimmter rotationssymmetrischer Flächen
A) Quer-Profildrehen, B) Quer-Einstechdrehen, C) Profil-Abstechdrehen
a Werkstück, b Werkzeug

Drehen zur Erzeugung beliebiger, durch Steuerung der Vorschubbewegung bestimmter rotationssymmetrischer Flächen:

*Nachformdrehen* ist Drehen mit gesteuerter Vorschubbewegung zur Erzeugung einer rotationssymmetrischen Formfläche (Bild 10) (vgl. Fußnote S. 150).

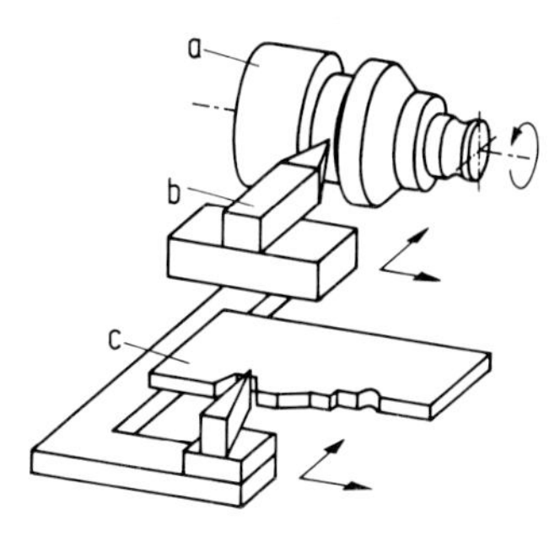


Bild 10. Nachformdrehen
a Werkstück, b Werkzeug, c Steuereinrichtung

Drehen zur Erzeugung beliebiger, durch Steuerung der Schnittbewegung bestimmter nichtrotationssymmetrischer Flächen:

*Längs-Unrunddrehen* ist Längsdrehen mit gesteuerter Schnittbewegung zur Erzeugung einer unrunden, zylindrischen Formfläche, je nach Werkstück auch Ovaldrehen, Polygondrehen, Vierkantdrehen, Hinterdrehen genannt (Bild 11A).

*Längs-Unrundeinstechdrehen* ist Längs-Unrunddrehen mit einem Profildrehmeißel, bei dem eine nichtkreisförmige Nut erzeugt wird.

*Quer-Unrunddrehen* ist Querdrehen mit gesteuerter Schnittbewegung zur Erzeugung einer unrunden, zylindrischen Form, je nach Werkstück auch Ovaldrehen, Polygondrehen, Vierkantdrehen, Hinterdrehen genannt.

*Profil-Unrunddrehen* ist Quer-Unrunddrehen mit einem Profil-Drehmeißel (Beispiel: Hinterdrehen von Formfräsern).

*Einstech-Unrunddrehen* ist Quer-Unrunddrehen, bei dem eine Nut erzeugt wird (Bild 11B).

*Nachform-Unrunddrehen* ist Unrunddrehen zur Erzeugung einer unrunden, nichtzylindrischen Formfläche, bei dem neben der Schnittbewegung auch die Vorschubbewegung gesteuert wird.

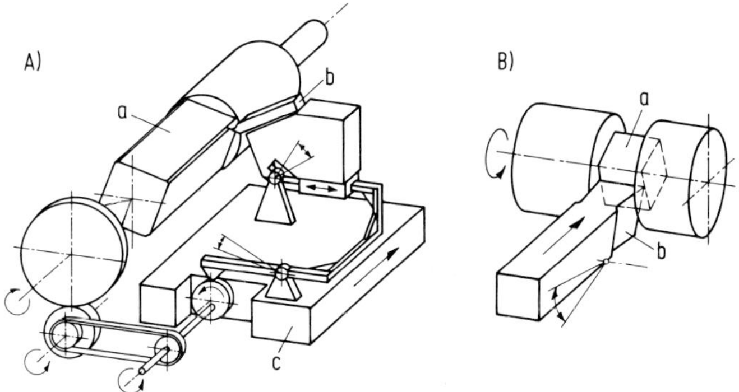


Bild 11. Drehen zur Erzeugung beliebiger, durch Steuerung der Schnittbewegung bestimmter nicht rotationssymmetrischer Flächen

A) Längs-Unrunddrehen, B) Einstech-Unrunddrehen

a Werkstück, b Werkzeug, c Steuereinrichtung

In dem oben aufgezeigten Ordnungsschema sind Verfahren, die aufgrund besonderer Randbedingungen eine wirtschaftliche Zerspanung erst ermöglichen bzw. den Verschleiß mindern, nicht gesondert aufgeführt. Beispielsweise sind Warmdrehen und Schwingdrehen nicht berücksichtigt.
Unter dem Begriff Warmdrehen werden die Drehverfahren zusammengefaßt, bei denen durch äußere Energiezufuhr erwärmte Werkstücke drehbearbeitet werden. Die Erwärmung erfolgt zu dem Zweck, die Festigkeit in der Scherzone herabzusetzen, um die Zerspanbarkeit zu verbessern. Als Erwärmungsmethoden sind die Ofen-, Flammen-, Induktions-, Widerstands-, Hochfrequenz-, Lichtbogen- und Plasma-Erwärmung möglich [9].
Das Schwingdrehen ist ein Verfahren zur Beherrschung der anfallenden Späne, insbesondere bei der Zerspanung langspanender Werkstoffe. Dabei wird der normalen Schnittbewegung eine Zusatzbewegung des Werkzeugs mit definierter Richtung, Frequenz und Amplitude überlagert. Ziel dieses Verfahrens ist es, durch eine frequenzabhängige Veränderung der Wirkbewegung, z.B. über den Vorschub oder die Schnittgeschwindigkeit, eine günstige Spanform zu erreichen, die Oberflächenrauheit zu verringern und die Standzeit des Werkzeugs zu erhöhen [10].

## 5.3 Übersicht der Drehmaschinen

**o. Prof. Dr.-Ing. G. Spur, Berlin**

### 5.3.1 Einteilungsgesichtspunkte

Die Voraussetzung für die wirtschaftliche Anwendung der verschiedenen Drehverfahren ist eine umfassende Kenntnis der hierfür zur Verfügung stehenden Drehmaschinen. Um die vielfältigen Ausführungsformen, die auf dem Markt angeboten werden, einordnen zu können, müssen möglichst unveränderliche und allgemein erkennbare Einteilungsgesichtspunkte herangezogen werden. Dies können sein:

- Lage der Hauptachse: Senkrechte Bauweise, waagerechte Bauweise;
- Größe des Arbeitsraums: Bewegungsraum der Werkstücke, Spannmittel, Werkzeuge, Werkzeugträger und Sondereinrichtungen;
- Automatisierungsgrad: Handbediente Drehmaschinen, programmgesteuerte Drehmaschinen, Bearbeitungszentren mit integriertem Materialfluß;
- Steuerungsart: Mechanisch, hydraulisch, elektrisch, elektrohydraulisch;
- Art der Zuordnung von Vorschub- und Schnittbewegung: Zu Werkzeug- oder Werkstückträger bzw. Kombinationen;
- Größe des Werkstückspektrums: Universal-, Mehrzweck-, Einzweckdrehmaschinen;
- Grobform der Werkstücke: Wellenform, Scheibenform, Sonderform (z.B. Kurbelwelle);
- Art der Werkstückaufnahme: Spitzen, Futter, Spannzange, Planscheibe;
- Anzahl der Werkstückaufnahmen: Einspindeldrehmaschinen, Mehrspindeldrehmaschinen;
- Werkzeugaufnahme: Einzel-, Mehrfachwerkzeugaufnahme, Werkzeugmagazin.

Nachfolgend wird ein kurzer Überblick der unterschiedlichen Drehmaschinenarten gegeben [11 u. 12]. Eine genaue Abgrenzung der verschiedenen Drehmaschinenarten ist schwierig, da es viele Bauformen gibt, die einen Übergang von der einen zur anderen Gruppe bilden. In Tabelle 1 ist eine Übersicht der Drehmaschinen zusammengestellt.

Tabelle 1. Übersicht der Drehmaschinen

| Drehmaschinenart | Schnittbewegung Werkstück | Schnittbewegung Werkzeug | Vorschubbewegung Werkstück | Vorschubbewegung Werkzeug |
|---|---|---|---|---|
| Universaldrehmaschine | ● | | | ● |
| Revolverdrehmaschine | ● | | | ● |
| Drehautomat | ● | ● | ● | ● |
| Nachformdrehmaschine | ● | | | ● |
| Karusselldrehmaschine | ● | | | ● |
| Frontdrehmaschine | ● | | | ● |
| Sonderdrehmaschine | ● | ● | ● | ● |

## 5.3.2 Universaldrehmaschinen

Bei dieser Art Drehmaschinen ist die Schnittbewegung dem Werkstück und die Vorschubbewegung dem Werkzeug zugeordnet. Sie sind für die Bearbeitung wellenförmiger, aber auch scheibenförmiger Werkstücke ausgelegt, die zwischen Spitzen, im Futter oder auf der Planscheibe gespannt werden.

Bei wellenförmigen Teilen ist der Vorschubweg des Werkzeugs in Längsrichtung in der Regel länger als in radialer Richtung; dabei übernimmt der Bettschlitten die Führung des Werkzeugs. Bei diesem Maschinentyp überwiegt die waagerechte Lage der Drehachse, aber auch senkrechte Bauformen sind bekannt. Wichtige geometrische Kenngrößen sind die Spitzenweite und die Spitzenhöhe (bzw. maximaler Umlaufdurchmesser) über dem Bett.

Die *Leit- und Zugspindeldrehmaschine* kann man als Grundbauform aller Universaldrehmaschinen betrachten. Sie ist für die manuelle Kontrolle aller Arbeitsvorgänge konzipiert und kann mit umfangreichen Zusatzeinrichtungen ausgestattet werden. Allgemein sind Längs-, Quer-, Einstech-, Kegel-, Form- und Gewindedrehbearbeitungen durchführbar. Ihr Anwendungsgebiet liegt in der Einzel- und Kleinserienfertigung.

Die *Zugspindeldrehmaschine* (Produktionsdrehmaschine) ist vom Aufbau her eine eingeschränkte Universaldrehmaschine. Sie verfügt nicht über eine Leitspindel zum Gewindeschneiden. Auch ist der Haupt- und Vorschubantrieb spezieller ausgelegt. Zur Verkürzung der Hauptzeit hat sie eine größere Antriebsleistung. Die Verkürzung der Nebenzeiten wird unter anderem durch den Einsatz mechanisierter Werkstückspanner und Pinolenverstellung des Reitstocks erreicht. Das Hauptanwendungsgebiet der Zugspindeldrehmaschinen ist die Fertigung kleiner und mittlerer Losgrößen.

## 5.3.3 Revolverdrehmaschinen

Diese Drehmaschinengruppe überdeckt in Abhängigkeit von der Steuerungsart den Bereich der handbedienten Drehmaschine bis zum Drehautomat. Das wesentlichste

Merkmal einer Revolverdrehmaschine ist, daß werkstückabhängig voreingestellte Werkzeuge in einem Mehrfachwerkzeugträger mit meist rotatorischer Werkzeugwechselbewegung (Revolverkopf) aufgenommen werden. Zur Senkung der Bearbeitungszeit sind die Anordnung der Werkzeuge sowie die Folge der Arbeitsvorgänge so zu wählen, daß möglichst viele Werkzeuge simultan arbeiten. Die zusätzliche Ausrüstung mit Querschlitten ist möglich. Eine Gliederung der Revolverdrehmaschinen kann von der Bauart des Revolvers abgeleitet werden. Es lassen sich Trommel-, Stern-, Flachtisch- und Block-Revolverköpfe unterscheiden. Die Schaltachse des Werkzeugrevolvers kann parallel, senkrecht oder beliebig geneigt zur Drehachse der Schnittbewegung liegen.

### 5.3.4 Drehautomaten

Kurvengesteuerte Drehautomaten waren die ersten automatisierten Werkzeugmaschinen. Sie haben bis heute als Produktionsmittel zur Großserien- und Massenfertigung von Drehteilen ihre entscheidende Bedeutung behalten. Ihre technologische Leistungsfähigkeit hat einen sehr hohen Entwicklungsstand erreicht. Drehautomaten fertigen Werkstücke aus Stangen- bzw. Rohrwerkstoff oder aus vorgeformten Teilen nach einem vorgegebenen Programm mit hoher Mengenleistung durch Mehrstück- und Mehrschnittbearbeitung. Nach der Anzahl der Hauptspindeln werden Einspindel- und Mehrspindel-Drehautomaten unterschieden.
Die Arbeitsraumgestaltung der mechanisch gesteuerten Einspindel-Drehautomaten ist durch den Einsatz mehrerer simultan arbeitender Schlitten gekennzeichnet. Durch die simultane Mehrschnittbearbeitung ergibt sich eine hervorragende Möglichkeit zur Senkung der Hauptzeit, die jedoch durch die Gefahr von geometrischen und technologischen Kollisionen eingeschränkt ist.
In Abhängigkeit des zu bearbeitenden Teilespektrums werden Kurzdrehautomaten und Langdrehautomaten eingesetzt. Erstere werden abhängig vom Drehdurchmesser bei einem Verhältnis $L/D = 1{,}5$ bis $2{,}5$ verwendet, letztere bei $L/D > 2{,}5$.
Mehrspindel-Drehautomaten werden mit und ohne Werkstückträgerschaltung ausgeführt. Maschinen ohne Werkstückträgerschaltung stellen im Prinzip eine bauliche Vereinigung mehrerer Einspindel-Drehautomaten dar.
Bei Mehrspindel-Drehautomaten mit Werkstückträgerschaltung werden die Werkstükke zwischen mehreren maschinengebundenen Werkzeuggruppen durch zwangsläufige Steuerung weitergeschaltet und stufenweise gefertigt. Dabei können neben der überwiegenden Drehbearbeitung auch andere Arbeitsvorgänge angewendet werden [14]. Durch die Zuordnung der Schnittbewegung zum Werkstück oder Werkzeug ergeben sich grundlegend unterschiedliche Bauformen. Je nach Zuordnung der Schnittbewegung werden Mehrspindel-Drehautomaten mit umlaufenden Werkstücken, mit umlaufenden Werkzeugen sowie mit umlaufenden Werkstücken und Werkzeugen gebaut.
Hinsichtlich der gewählten Steuerungssysteme hat unter dem Gesichtspunkt höherer Flexibilität die kurvenlose Programmsteuerung bis hin zur numerischen Steuerung an Bedeutung gewonnen. Drehautomaten werden sowohl mit senkrechter als auch mit waagrechter Hauptspindel ausgeführt. Die senkrechte Anordnung bietet den Vorteil einer kleineren Stellfläche der Maschine und eines besseren Spänefalls. Die Führungen bleiben weitgehend frei von Spänen. Die Arbeitsgenauigkeit wird positiv beeinflußt, da das Werkstückgewicht zu keiner Spindeldurchbiegung führt.
Senkrechtdrehautomaten werden zunehmend für Futterteile in der Serienfertigung eingesetzt. Zur Steigerung der Produktivität werden Senkrechtdrehmaschinen mit mehreren Bearbeitungseinheiten und auch mit mehreren Hauptspindeln ausgeführt.

### 5.3.5 Nachformdrehmaschinen

Nachformdrehmaschinen verfügen über Einrichtungen, mit denen die Vorschubbewegung von einer Schablone oder einem Musterstück abgeleitet wird. Die Abtastsysteme arbeiten mechanisch, hydraulisch, elektrisch oder elektro-hydraulisch. Eine wesentliche Hauptzeiteinsparung ergibt sich bei Nachformdrehmaschinen mit zwei Nachformschlitten durch die simultane Mehrschnittbearbeitung.
Ein besonderes Drehverfahren ist das Unrunddrehen, das durch eine gesteuerte Schnittbewegung erreicht wird. Eine Kombination mit der gesteuerten Vorschubbewegung führt zur Unrund-Nachformdrehmaschine.
Nachformdrehmaschinen werden meist mit waagerechter Hauptspindel gebaut, jedoch sind auch senkrechte Bauformen bekannt.

### 5.3.6 Karusselldrehmaschinen

Große Senkrechtdrehmaschinen zur Bearbeitung schwerer und sperriger Werkstücke werden als Karusselldrehmaschinen oder Drehwerke bezeichnet. Karusselldrehmaschinen gibt es in Ein- und Zweiständerbauweise. Mehrschnittbearbeitung ist möglich.

### 5.3.7 Frontdrehmaschinen

Frontdrehmaschinen dienen zur Bearbeitung scheibenförmiger Werkstücke. Frontdrehmaschinen sind besonders im Bereich der Serienfertigung wirtschaftlich einzusetzen. Die hohe Produktivität wird durch den gleichzeitigen Einsatz mehrerer Werkzeuge erreicht. Zweispindelige Frontdrehmaschinen ermöglichen die Bearbeitung zweier Werkstücke wechselnd auf der Vorder- und Rückseite.

### 5.3.8 Sonderdrehmaschinen

Sonderdrehmaschinen sind für die Bearbeitung besonderer Werkstücke oder für die Ausführung ganz bestimmter Arbeitsvorgänge ausgelegt. Nach Art der Werkstücke gibt es beispielsweise Walzen-, Kurbelwellen-, Rohr- und Muffendrehmaschinen, Achsschenkel-, Radsatz- und Blockdrehmaschinen; auch Wellenschälmaschinen gehören hierzu. Nach technologischen Gesichtspunkten unterscheidet man Abstech- und Hinterdrehmaschinen, Außengewindeschneidmaschinen sowie Abläng- und Zentriermaschinen.
Weiterhin sind solche Drehmaschinen zu den Sondermaschinen zu zählen, auf denen besonders sperrige Werkstücke bearbeitet werden können. Als Beispiel seien hier die Plandrehmaschinen genannt, die, mit Planscheibe für die Werkstückaufnahme ausgerüstet, insbesondere für die Bearbeitung großer Planflächen geeignet sind. Im Gegensatz zu den vorgenannten Sondermaschinen sind diese Drehmaschinen im allgemeinen jedoch nicht für eine bestimmte Bearbeitungsaufgabe ausgelegt. Die Einordnung in den Bereich der Sonderdrehmaschinen erfolgt in diesem Fall aufgrund der besonderen Größe und Form der Werkstücke, deren Bearbeitung eine von dem Aufbau vergleichbarer Drehmaschinen abweichende Konstruktion voraussetzt.

## 5.4 Berechnungsverfahren

**o. Prof. Dr.-Ing. G. Spur, Berlin**

### 5.4.1 Kinematik

Beim Fertigungsverfahren Drehen ist die Schnittgeschwindigkeit v gleich der Umfangsgeschwindigkeit des Werkstücks im betrachteten Schneidenpunkt

$$v = d \cdot \pi \cdot n \,. \tag{1}$$

Die Vorschubgeschwindigkeit u errechnet sich aus dem Vorschubweg je Umdrehung s und der Drehzahl n des Werkstücks zu

$$u = s \cdot n \,. \tag{2}$$

Die Wirkgeschwindigkeit $\vec{v}_e$ folgt aus der vektoriellen Addition der Schnittgeschwindigkeit $\vec{v}$ und der Vorschubgeschwindigkeit $\vec{u}$. Beim Drehen ist der Vorschubrichtungswinkel $\varphi$ meist 90°. Ausnahmen sind das Querunrunddrehen und das Querunrundeinstechdrehen. Der Betrag der Wirkgeschwindigkeit $v_e$ kann daher bis auf die oben genannte Einschränkung nach der Gleichung

$$v_e = \sqrt{v^2 + u^2} \tag{3}$$

berechnet werden.
Der Wirkrichtungswinkel $\eta$ ergibt sich allgemein aus der Beziehung:

$$\eta = \arc \tan \frac{\sin \varphi}{\frac{v}{u} + \cos \varphi} \,.$$

Für das Drehen mit $\varphi = 90°$ gilt

$$\eta = \arc \tan \frac{u}{v} \,. \tag{4}$$

### 5.4.2 Zerspankraftkomponenten

Bei der Betrachtung des Zerspanvorgangs wird die flächenhaft über den Schneidkeil verteilte Schnittlast durch die sogenannte Zerspankraft $\vec{F}_z$ ersetzt. Die Zerspankraft kann in die Komponenten

$$\vec{F}_z = \vec{F}_s + \vec{F}_v + \vec{F}_p \tag{5}$$

zerlegt werden. Darin sind

$$F_s = b \cdot h^{1-z} \cdot k_{s1.1} \tag{6}$$

die Schnittkraft, d.h. die Projektion der Zerspankraft auf die Schnittrichtung,

$$F_v = b \cdot h^{1-z} \cdot k_{v1.1} \tag{7}$$

die Vorschubkraft, d.h. die Projektion der Zerspankraft auf die Vorschubrichtung und

$$F_p = b \cdot h^{1-y} \cdot k_{p1.1} \tag{8}$$

die Passivkraft, d.h. die Projektion der Zerspankraft auf eine Senkrechte zur Arbeitsebene

mit $b = \frac{a}{\sin \varkappa}$, $a = \frac{D - d}{2}$, $h = s \cdot \sin \varkappa$.

Die Hauptwerte der spezifischen Schnittkraft, Vorschubkraft und Passivkraft sowie die zugehörigen Anstiegswerte können u.a. aus [15] entnommen werden (siehe auch Kapitel 2).
Bei der Berechnung der Zerspankraftkomponenten sind zusätzlich Korrekturfaktoren zu berücksichtigen. Den Einfluß des Einstellwinkels $\varkappa$ auf die Zerspankraftkomponenten $F_s$, $F_v$ und $F_p$ beim Drehen zeigt Bild 12.
Beim Innendrehen erhöht sich die Schnittkraft mit kleiner werdendem Durchmesser aufgrund der erhöhten Spanstauchung (Bild 13). Durchschnittlich kann ein Verfahrensfaktor von 1,2 gegenüber dem Außendrehen eingesetzt werden [16].

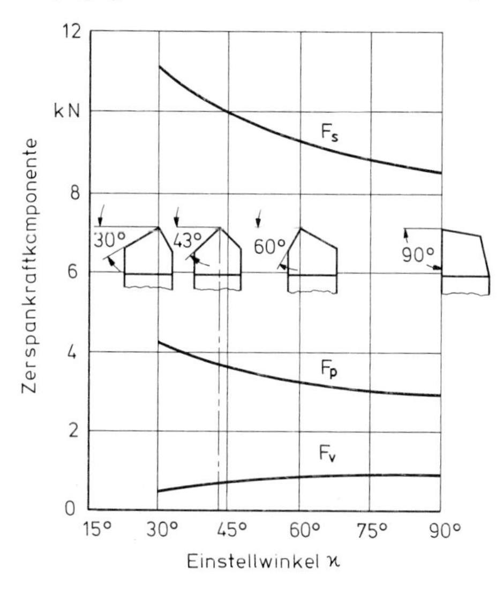


Bild 12. Einfluß des Einstellwinkels $\varkappa$ auf die Zerspankraftkomponenten beim Drehen
$F_s$ Schnittkraft, $F_v$ Vorschubkraft, $F_p$ Passivkraft
Werkstoff: SM-Stahl ($\sigma_s$ = 850 N/mm$^2$); Schnittgeschwindigkeit v = 16 m/min, Schnitttiefe a = 4 mm, Vorschub s = 1 mm, Freiwinkel $\alpha$ = 5 bis 6°, Spanwinkel $\gamma$ = 20°

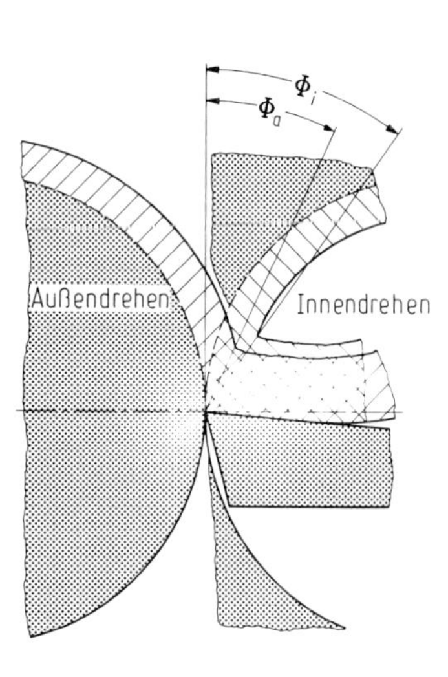


Bild 13. Vergleich der Scherwinkel $\Phi$ beim Außen- und Innendrehen

## 5.4.3 Zerspanleistung

Unter Berücksichtigung der Komponenten in Richtung der Schnittgeschwindigkeit, der Vorschubgeschwindigkeit und senkrecht dazu ergibt sich für die Zerspanleistung

$$P_z = \{F_s, F_v, F_p\} \cdot \{v, u, 0\}, \tag{9}$$

$$P_z = F_s \cdot v + F_v \cdot u, \tag{10}$$

$$P_z = P_s + P_v. \tag{11}$$

Die Zerspanleistung setzt sich aus der Schnittleistung und der Vorschubleistung zusammen. Beide Anteile sind vom Hauptantrieb aufzubringen, wenn der Vorschubantrieb vom Hauptantrieb abgeleitet ist. Anders liegen die Verhältnisse bei Drehmaschinen, bei denen die Vorschubbewegung durch getrennte Antriebe erfolgt.
Die Vorschubleistung $P_v$ ist im Verhältnis zur Schnittleistung $P_s$ sehr gering und kann häufig vernachlässigt werden.
Zur Ermittlung der mechanischen Antriebsleistung aus der Zerspanleistung ist der Maschinenwirkungsgrad $\eta_m$ zu berücksichtigen. Aus der mechanischen Antriebsleistung läßt sich mit Hilfe des Wirkungsgrads des Elektromotors $\eta_{el}$ die elektrische Antriebsleistung $P_{el}$ bestimmen

$$P_{el} = \frac{P_z}{\eta_m \cdot \eta_{el}} . \tag{12}$$

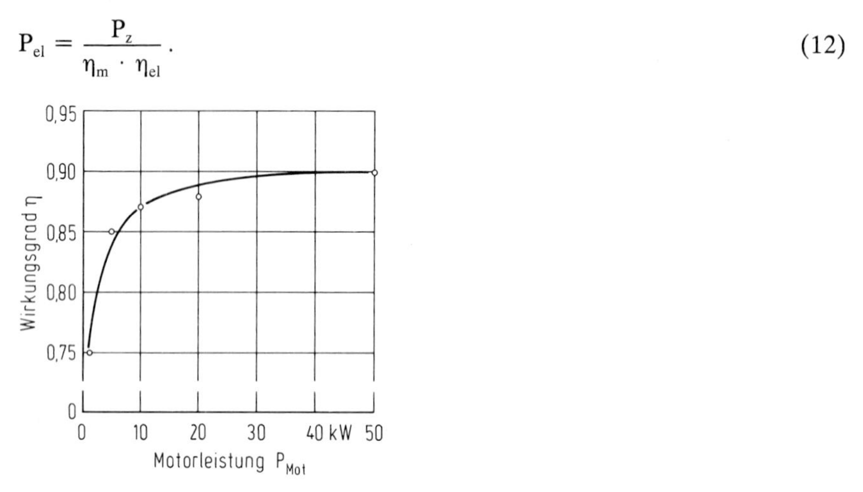


Bild 14. Wirkungsgrad von Drehstrom-Asynchronmotoren bei Nennlast

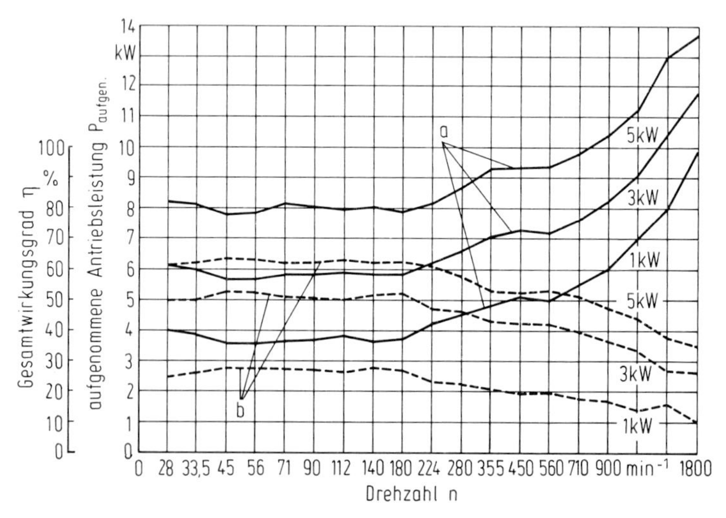


Bild 15. Wirkungsgrad und aufgenommene Antriebsleistung in Abhängigkeit von der Drehzahl für verschiedene Schnittleistungen beim Drehen [18]
a Leistungsaufnahme, b Gesamtwirkungsgrad

Der elektrische Wirkungsgrad ist von der Baugröße des Motors abhängig (Bild 14). Der Gesamtwirkungsgrad der Drehmaschine verschlechtert sich bei Teillast und hohen Drehzahlen erheblich (Bild 15). Die Verlustleistung setzt sich aus konstanten Verlusten (Leerlaufverlusten) und belastungsabhängigen Verlusten zusammen.
Die Zerspanleistung wird nicht in jedem Fall durch die Höhe der Motorleistung begrenzt. Häufig ergeben sich bereits bei geringerer Leistung Ratterschwingungen. Die Rattergrenze hängt von den Spanungsgrößen, der Schnittgeschwindigkeit sowie vom Steifigkeits- und Dämpfungsverhalten des Systems Werkzeugmaschine – Werkzeug – Werkstück ab (Bild 16).

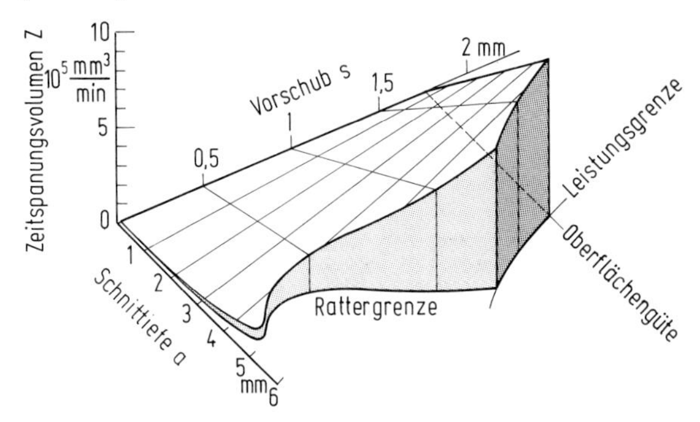


Bild 16. Auswirkungen der Rattergrenze auf das Zeitspanungsvolumen bei der Drehbearbeitung [19]

## 5.4.4 Hauptzeit

Die Hauptzeit $t_h$ besteht aus der Summe aller Zeiten, in denen das Werkzeug am Werkstück die beabsichtigte Veränderung vollzieht. Bei konstantem Zeitspanungsvolumen Z und bekanntem Zerspanungsvolumen $V_z$ errechnet sie sich nach der Beziehung

$$t_{h\,ges} = \frac{V_z}{Z} \tag{13}$$

mit $Z = a \cdot s \cdot v$.
Ist das Zeitspanungsvolumen nicht konstant, so muß die Hauptzeit aus den mit Vorschubgeschwindigkeit zurückgelegten Vorschubwegen ermittelt werden. Allgemein gilt die Gleichung

$$t_{h\,ges} = \sum_{i=1}^{n} t_{hi} \tag{14}$$

mit $t_{hi} = \int_{x_0}^{x_1} \frac{dx}{u(x)}$.

Nachfolgend werden für die verschiedenen Drehverfahren die Formeln zur Hauptzeitberechnung angegeben.

*Längsdrehen*

Die Hauptzeit ergibt sich beim Längsdrehen mit konstanter Vorschubgeschwindigkeit u zu

$$t_h = \int_{x_0}^{x_1} \frac{dx}{u} = \frac{1}{u}(x_1 - x_0) = \frac{L}{u}. \tag{15}$$

Mit u = s · n folgt

$$t_h = \frac{L}{s \cdot n}. \quad (16)$$

Setzt man in diese Gleichung $n = \frac{v}{d \cdot \pi}$ ein, so wird

$$t_h = \frac{L \cdot d \cdot \pi}{s \cdot v}. \quad (17)$$

Die Berechnung der Drehlänge L zeigt Bild 17 A. Zusätzlich zur Fertigteillänge l sind Aufmaße $z_1$, $z_2$ sowie ein Anlaufweg des Werkzeugs $l_{a\varkappa}$ in Abhängigkeit des Einstellwinkels $\varkappa$ zu berücksichtigen, so daß

$$L = l + l_{a\varkappa} + z_1 + z_2 \quad (18)$$

ist.

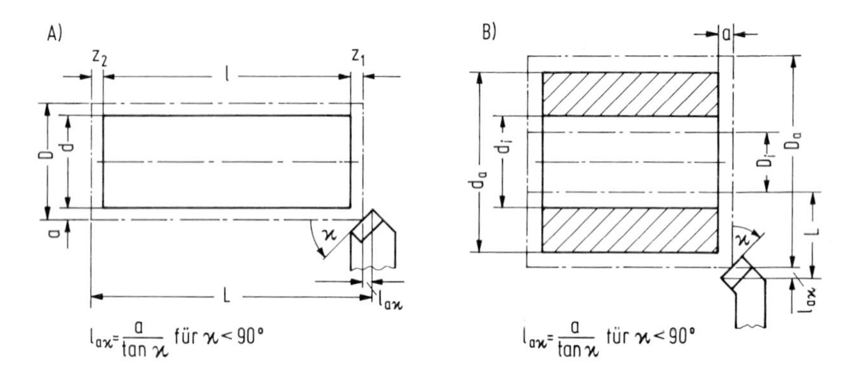


Bild 17. Zur Berechnung der Drehlänge
A) beim Längsdrehen, B) beim Querdrehen

*Gewindedrehen*

Im Prinzip gelten dieselben Gleichungen wie beim Längsdrehen. Statt des Vorschubs s ist die Steigung P des Gewindes einzusetzen. Zusätzlich ist die Gangzahl g zu beachten, so daß

$$t_h = \frac{L}{P \cdot n} i \cdot g = \frac{L \cdot d \cdot \pi}{P \cdot v} i \cdot g \quad (19)$$

ist. Die Anzahl der Schnitte i zur Fertigstellung eines Gewindes ist abhängig von der Gewindetiefe h und der Schnittiefe a,

$$i = \frac{h}{a}. \quad (20)$$

Die Schnittiefe a kann überschläglich nach der Formel

$$a = \frac{\sqrt{d}}{40} \quad (21)$$

mit a der Schnittiefe in mm und d dem Gewindeaußendurchmesser in mm berechnet werden [19].

*Querdrehen*

Zur Berechnung der Hauptzeit beim Querdrehen muß zwischen Drehmaschinen mit konstanter Drehzahl und solchen mit konstanter Schnittgeschwindigkeit unterschieden werden. Bei Maschinen mit konstanter Schnittgeschwindigkeit wird mit zunehmendem Radialweg auch eine Änderung der Drehzahl herbeigeführt.

Beim Querdrehen ist die Vorschubrichtung senkrecht zur Drehachse gerichtet. Daher ändert sich beim Querdrehen ohne Drehzahlregelung mit abnehmendem Drehdurchmesser auch die Schnittgeschwindigkeit.

Die Berechnung der Hauptzeit erfolgt wie beim Längsdrehen, d.h. es ist

$$t_h = \frac{L}{s \cdot n} = \frac{L \cdot D_a \cdot \pi}{s \cdot v_a}.$$

Für die Drehlänge L ergibt sich nach Bild 17B

$$L = \frac{D_a - D_i}{2} + l_{ax}. \qquad (22)$$

Wirtschaftliches Querdrehen erfordert eine dem veränderlichen Drehdurchmesser entsprechende Drehzahländerung. Querdrehen mit Drehzahlregelung, d.h. mit gleichbleibender Schnittgeschwindigkeit, ermöglicht eine kürzere Hauptzeit und bietet außerdem technologische Vorteile. Die Hauptzeiteinsparung beträgt bis zu 50%. Bei Hauptantrieben mit stufenloser Drehzahlregelung muß zur Berechnung der Hauptzeit die Planfläche aufgrund des begrenzten Regelbereichs unterteilt werden. Prinzipiell sind drei Bereiche zu unterscheiden, die durch die Grenzdrehzahlen $n_{min}$ und $n_{max}$ des Hauptantriebs vorgegeben sind. Nach Bild 18 kann maximal eine durch $D_{max}$ und $D_{min}$ begrenzte Kreisringfläche mit konstanter Schnittgeschwindigkeit bearbeitet werden. Die Hauptzeit im Bereich II errechnet sich zu

$$t_h = \int_{r_a}^{r_i} \frac{dr}{u(r)}.$$

Mit $u(r) = -\frac{s \cdot v}{2r\pi}$ folgt

$$t_h = \frac{\pi}{s \cdot v}(r_a^2 - r_i^2) = \frac{(D_a^2 - D_i^2)\,\pi}{4\,s \cdot v} \qquad (23)$$

für $D_a \leqq D_{max}$, $D_i \geqq D_{min}$.

In den Bereichen I und III gelten die Gleichungen für das Querdrehen ohne Drehzahlregelung.

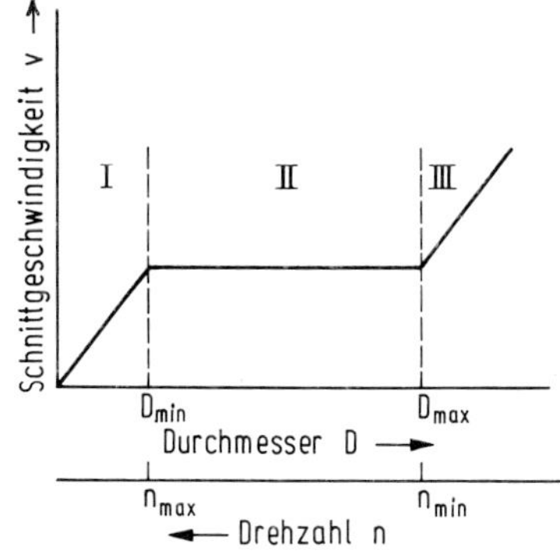


Bild 18. Querdrehen mit stufenloser Drehzahlregelung

$$D_{max} = \frac{v}{n_{min} \cdot \pi}, \quad D_{min} = \frac{v}{n_{max} \cdot \pi}$$

*Nachformdrehen*

Beim Nachformdrehen durch Steuerung der Vorschubbewegung muß ebenfalls zwischen Drehmaschinen mit und ohne Drehzahlregelung unterschieden werden.

Beim Nachformdrehen ohne Drehzahlregelung ist nicht die Werkstücklänge l für die Berechnung der Hauptzeit maßgebend, sondern der vom führenden Schlitten zurückgelegte Weg $L_K$, womit

$$t_h = \frac{L_K}{s \cdot n} \tag{24}$$

ist. Der Nachformweg $L_K$ errechnet sich anhand des Bildes 19 für das Längsnachformdrehen zu

$$L_K = L + \frac{D_e - D_a}{2} \cot \varrho \tag{25}$$

und für das Quernachformdrehen zu

$$L_K = \frac{D_a - D_i}{2} + (L_a - L_i) \tan \varrho \, . \tag{26}$$

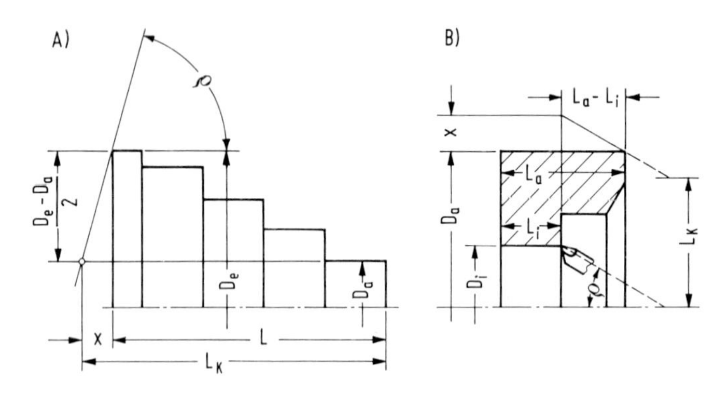


Bild 19. Wegverhältnisse beim Nachformdrehen

A) Längs-Nachformdrehen, $x = \frac{D_e - D_a}{2} \cdot \cot \varrho$,

B) Quer-Nachformdrehen, $x = (L_a - L_i) \cdot \tan \varrho$

Durch die Überlagerung der Vorschubbewegung des führenden Schlittens und des Nachformschlittens berechnet sich der Ist-Vorschub $s_i$ in Abhängigkeit des Einstellwinkels $\varrho$ des Nachformschlittens, der Bahnsteigung $\alpha$ und dem führenden Vorschub s nach der Beziehung

$$s_i = s \frac{\sin \varrho}{\sin (\varrho + \alpha)} \, . \tag{27}$$

Beim Nachformdrehen mit Drehzahlregelung entspricht das Produkt $L \cdot d$ in Gleichung 17 der Fläche A des Werkstückaxialschnitts (Bild 20). Somit folgt

$$t_h = \frac{A \cdot \pi}{s \cdot v} \, . \tag{28}$$

Die Gleichung 28 gilt allgemein für das Nachformdrehen mit konstanter Schnittgeschwindigkeit. Die Berechnung der Fläche unter Beachtung des Einstellwinkels $\varrho$ des Nachformschlittens zeigt Bild 21.

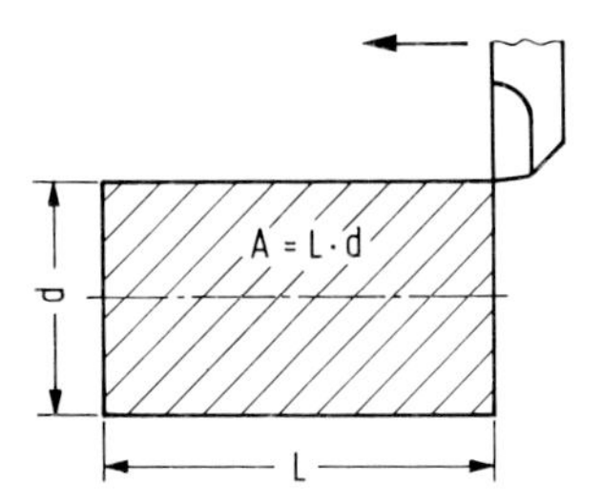


Bild 20. Fläche des Werkstück-axialschnitts (Längsdrehen)

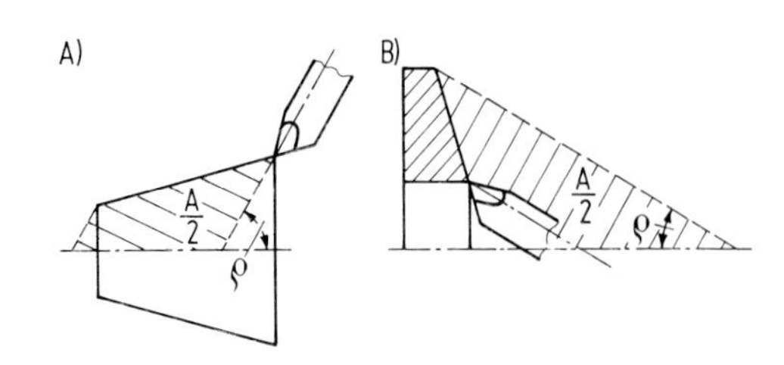


Bild 21. Fläche A beim Nachformdrehen
A) Längs-Nachformdrehen, B) Quer-Nachformdrehen

# 5.5 Werkstückaufnahme beim Drehen

**Obering. H. Blättry, Düsseldorf**

**Dipl.-Ing. J. Eggert, Berlin**

## 5.5.1 Allgemeine Forderungen

Die fortschreitende Entwicklung im Werkzeugmaschinenbau hat einerseits durch den erheblich gestiegenen Anteil der Lohnkosten und andererseits durch das Angebot verschleißfesterer Schneidstoffe zur Steigerung von Schnittgeschwindigkeit und Vorschub geführt, die bei der Auslegung von Spanneinrichtungen maßgebend sind. Darüber hinaus ist die Einhaltung bestimmter technischer Grenzen, wie etwa die zulässige mechanische Schneidenbelastung, das Grenzdrehmoment des Werkzeugmaschinengetriebes oder die maximal zulässige Drehzahl des Drehfutters, zu beachten.
Neben der Aufbringung der Spannkraft spielen die Genauigkeit und die Steifheit der Spannvorrichtung eine wesentliche Rolle. Im einzelnen hat ein Drehfutter folgende Aufgaben zu erfüllen:

genaue Lagebestimmung des Werkstücks zu einer vorgeschriebenen Bearbeitungsachse (radiale Zentrierung und axiale Bestimmung),
Abstützen des Werkstücks gegen die Komponenten der Zerspankraft und der Momente (Abstützung in jeder Belastungsrichtung),
Mitnehmen des Werkstücks in der Drehrichtung,
schnelles Ein- und Ausspannen.

Man versteht unter „Zentrieren" das Ausrichten des Werkstücks nach seinen Achsen und unter „Bestimmen" das Ausrichten nach seinen Begrenzungsflächen. Das „Abstützen" des Werkstücks durch das Drehfutter erfolgt in der bestimmten Lage gegen die bei der Bearbeitung wirkenden Kräfte. Das „Mitnehmen" geschieht dann, wenn sich das Drehfutter mit dem abgestützten Werkstück schlupffrei bewegt [21].
Für Werkstückaufnahmen zum Drehen sind weiterhin Eigenschaften gefordert, die sich durch die dynamische Belastung im Zusammenwirken mit der umlaufenden Hauptspindel ergeben. Dies sind Forderungen nach geringem Gewicht und kurzer Bauhöhe,

kleinem Massenträgheitsmoment, geringer Unwucht, ausreichender Spannkraftreserve zur Aufnahme der Fliehkraftbelastung sowie nach Sicherheitsmaßnahmen zum Unfallschutz.
Die konstruktive Verwirklichung dieser sich teilweise entgegenstehenden Forderungen führt zu hochbelasteten Bauelementen und zwingt zu weitgehender Ausnutzung hochwertiger Werkstoffe.
Als Verbindung einer Werkstückaufnahme zum Drehen mit der Hauptspindel haben sich die Ausführungsformen nach DIN 55021 und 55022 durchgesetzt. Diese Kurzkegelbefestigungen sind wegen ihrer festen und steifen Verbindung sowie ihrer Sicherheit gegen unbeabsichtigtes Lösen betriebssicher. Außerdem ermöglichen sie einen schnellen und einfachen Austausch verschiedener Spanneinrichtungen bei Einhaltung einer hohen Aufnahmegenauigkeit.

## 5.5.2 Spannmöglichkeiten umlaufender Werkstücke

Die Krafteinleitung zum zentrischen Spannen umlaufender Werkstücke kann entweder radial oder axial sowie radial und axial erfolgen (Bild 22). Zum Fixieren von rotationssymmetrischen Werkstücken kann die Kraft sowohl radial von innen als auch radial von außen eingeleitet werden. Die häufig angewendeten Drehfutter mit zwei, drei, vier oder auch sechs Backen arbeiten nach dem Prinzip der radialen Spannung. Außer den zentrisch spannenden mehrbackigen Drehfuttern gehören auch Planscheiben zu den radial wirkenden Spanngeräten, deren Vorteile der große Spannbereich und die über Gewindespindeln einzeln verstellbaren Spannbacken sind. Weiterhin sind Spannzangen, bei denen die Spannkraft über Kegelsegmente auf das Werkstück übertragen wird, zu nennen. Auch die sog. Klemm- und Schrumpffutter fixieren das Werkstück durch radiale Kraftaufbringung von außen. Bei den Membranfuttern wird das Werkstück durch Wölben einer Stahlscheibe geklemmt. Die meisten der vorstehend genannten radial wirkenden Spannzeuge können sowohl von außen als auch von innen spannen. So werden beim radialen Innenspannen wiederum die zentrisch spannenden Mehrbackenfutter und die Planscheibe am häufigsten verwendet.
Zum Bestimmen und Zentrieren von Werkstücken nach der Bohrung werden überwiegend Spanndorne verwendet. Man unterscheidet feste Dorne, deren Dorngrundkörper unmittelbar zur Werkstückaufnahme dient, mechanisch und hydraulisch betätigte Drehdorne, die zum Spannen des Werkstücks eine Dehnhülse elastisch verformen, und Spreizdorne, deren geschlitzte Grundkörper durch einen Kegel gespreizt werden.
Bei der zum Spannen von rotationssymmetrischen Teilen axial zur Werkstückachse eingeleiteten Kraft können Bestimmung und Zentrierung entweder durch Druck oder durch Zug erfolgen. Am häufigsten werden die nach DIN 806 und 807 genormten feststehenden oder mitlaufenden Körnerspitzen verwendet, wobei das Drehmoment durch Mitnehmerfinger oder selbstspannenden Mitnehmer übertragen wird. Bei den Stirnmitnehmern werden sowohl Momentübertragung als auch Zentrierung und Bestimmung durch kreisförmig um die Zentrierspitze angeordnete Schneiden mit mechanischem oder hydraulischem Ausgleich, die in die Stirnfläche des Werkstücks eingreifen, vorgenommen. Weiterhin sind Fingerfutter zu nennen, deren hakenartig ausgebildete Spannbacken das Werkstück axial gegen den Futterkörper drücken. Auch die Planscheibe ist bei Verwendung von Spannschrauben, die das Werkstück axial gegen den Planscheibenkörper drücken, als Axialspanngerät mit Druckwirkung zu bezeichnen. Weiterhin können Drehdorne, deren Grundkörper mit Bund und Gewinde versehen sind, Werkstücke mit Hilfe einer Dehnhülse zentrieren und klemmen.

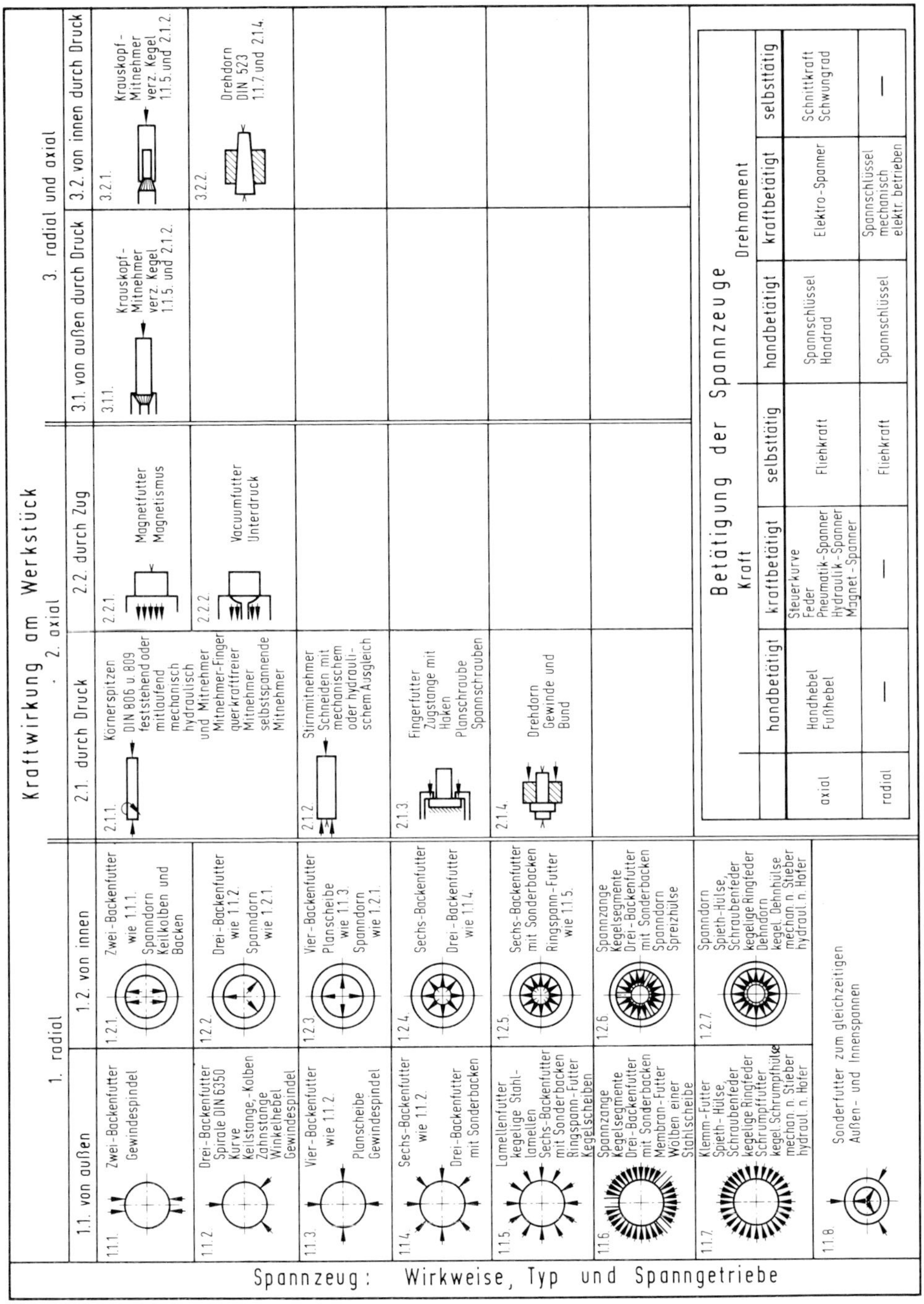

**Spannzeug: Wirkweise, Typ und Spanngetriebe**

| Kraftwirkung am Werkstück: 1. radial | | 2. axial | | 3. radial und axial | |
|---|---|---|---|---|---|
| 1.1. von außen | 1.2. von innen | 2.1. durch Druck | 2.2. durch Zug | 3.1. von außen durch Druck | 3.2. von innen durch Druck |
| 1.1.1. Zwei-Backenfutter Gewindespindel | 1.2.1. Zwei-Backenfutter wie 1.1.1. Spanndorn Keilkolben und Backen | 2.1.1. Körnerspitzen DIN 806 u. 809 feststehend oder mitlaufend mechanisch hydraulisch und Mitnehmer Mitnehmer-Finger querkraftfreier Mitnehmer selbstspannende Mitnehmer | 2.2.1. Magnetfutter Magnetismus | 3.1.1. Krauskopf-Mitnehmer verz. Kegel 1.1.5. und 2.1.2. | 3.2.1. Krauskopf-Mitnehmer verz. Kegel 1.1.5. und 2.1.2. |
| 1.1.2. Drei-Backenfutter Spirale DIN 6350 Kurve Keilstange,-Kolben Zahnstange Winkelhebel Gewindespindel | 1.2.2. Drei-Backenfutter wie 1.1.2. Spanndorn wie 1.2.1. | | 2.2.2. Vacuumfutter Unterdruck | | 3.2.2. Drehdorn DIN 523 1.1.7. und 2.1.4. |
| 1.1.3. Vier-Backenfutter wie 1.1.2. Planscheibe Gewindespindel | 1.2.3. Vier-Backenfutter Planscheibe wie 1.1.3. Spanndorn wie 1.2.1. | 2.1.2. Stirnmitnehmer Schneiden mit mechanischem oder hydraulischem Ausgleich | | | |
| 1.1.4. Sechs-Backenfutter wie 1.1.2. Drei-Backenfutter mit Sonderbacken | 1.2.4. Sechs-Backenfutter Drei-Backenfutter wie 1.1.4. | 2.1.3. Fingerfutter Zugstange mit Haken Planschraube Spannschrauben | | | |
| 1.1.5. Lamellenfutter kegelige Stahllamellen Sechs-Backenfutter mit Sonderbacken Ringspann-Futter Kegelscheiben | 1.2.5. Sechs-Backenfutter mit Sonderbacken Ringspann-Futter wie 1.1.5. | 2.1.4. Drehdorn Gewinde und Bund | | | |
| 1.1.6. Spannzange Kegelsegmente Drei-Backenfutter mit Sonderbacken Membran-Futter Wölben einer Stahlscheibe | 1.2.6. Spannzange Kegelsegmente Drei-Backenfutter mit Sonderbacken Spanndorn Spreizhülse | | | | |
| 1.1.7. Klemm-Futter Spieth-Hülse, Schraubenfeder kegelige Ringfeder Schrumpffutter kegel. Schrumpfhülse mechan. n. Stieber hydraul. n. Hofer | 1.2.7. Spanndorn Spieth-Hülse, Schraubenfeder kegelige Ringfeder Dehndorn kegel. Dehnhülse mechan. n. Stieber hydraul. n. Hofer | | | | |
| 1.1.8. Sonderfutter zum gleichzeitigen Außen- und Innenspannen | | | | | |

**Betätigung der Spannzeuge**

| | Kraft | | | Drehmoment | | |
|---|---|---|---|---|---|---|
| | handbetätigt | kraftbetätigt | selbsttätig | handbetätigt | kraftbetätigt | selbsttätig |
| axial | Handhebel Fußhebel | Steuerkurve Feder Pneumatik-Spanner Hydraulik-Spanner Magnet-Spanner | Fliehkraft | Spannschlüssel Handrad | Elektro-Spanner | Schnittkraft Schwungrad |
| radial | — | — | Fliehkraft | Spannschlüssel | Spannschlüssel mechanisch elektr. betrieben | — |

Bild 22. Möglichkeiten des Spannens eines umlaufenden Werkstücks (nach *Pahlitzsch* und *Warnecke* [22])

Zu den durch axialen Zug wirkenden Spanngeräten gehören die Magnet- und Vakuumfutter, welche die axiale Spannwirkung durch Magnetismus bzw. Unterdruck erzeugen. In der Gruppe der sowohl axial als auch radial spannenden Vorrichtungen sind die Krauskopf-Mitnehmer, die je nach Ausbildung entweder von außen durch Druck oder von innen durch Zug spannen, zu nennen. Auch die mit kegeligen Ringfedern ausgerüsteten Drehdorne können das Werkstück durch Zug von innen sowohl radial als auch axial beaufschlagen.

## 5.5.3 Handspannfutter

Einen großen prozentualen Marktanteil aller selbstzentrierenden handbetätigten Drehfutter hat das seit 1842 bekannte Spiralfutter. Die Einleitung des Spannmoments mit einem Drehfutterschlüssel erfolgt über ein Kegelradgetriebe unmittelbar auf die Rückseite einer Spiralringscheibe, die mit ihrer Bohrung auf der Nabe des Futterkörpers gelagert ist. Die Vorderseite der Scheibe ist als archimedische Spirale ausgebildet. Durch Drehung des Spiralrings werden die bogenförmig verzahnten Grundbacken radial bewegt (Bild 23). Der Spannbereich verläuft durchgehend von Null bis zum 0,6fachen Außendurchmesser des Drehfutterkörpers beim Außenspannen.

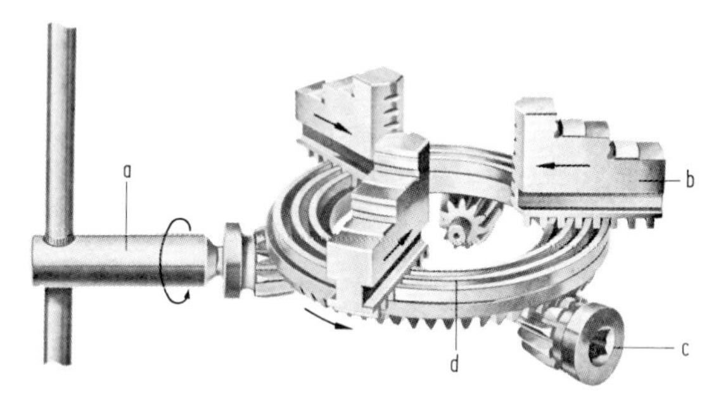


Bild 23. System der Spannkraftübertragung beim Spiralfutter nach Cusham [23]
a Futterschlüssel, b Spannbacke, c Trieb, d Spiralring

Bei dem in Bild 24 dargestellten Keilstangenfutter wird die Kraft durch eine tangential angeordnete Gewindespindel über eine mit Innengewinde versehene Keilstange, die über einen Gleitstein den Treibring bewegt, übertragen. Zwei weitere Gleitsteine im Treibring leiten die Kräfte auf die übrigen Keilstangen. Die mit einem schräg verzahnten Keilprofil versehenen Keilstangen greifen in die Grundbacken ein und verschieben diese zentrisch. Zum Überbrücken und zum Einstellen verschiedener Spanndurchmesser müssen die Spannbacken über die Keilstangen durch Drehen des Spannfutterschlüssels nach links außer Eingriff gebracht werden. Die aus Grund- und Aufsatzbacken bestehenden Backeneinheiten können schnell und mit großer Wiederholgenauigkeit auf einen anderen Spanndurchmesser versetzt oder ausgewechselt werden.
Beim Plankurvenfutter (Bild 25) übertragen Gleitsteine, die über die Plankurve greifen, die Bewegung auf die Grundbacken. Die radiale Verschiebung der Backen wird durch Drehen eines im Gehäuse gelagerten Rings hervorgerufen. Dieser trägt die exzentrisch liegenden Kreisausschnitte und ist am Umfang als Schneckenrad ausgebildet, das von einer im Gehäuse fixierten Schnecke mit einem Drehfutterschlüssel angetrieben wird.

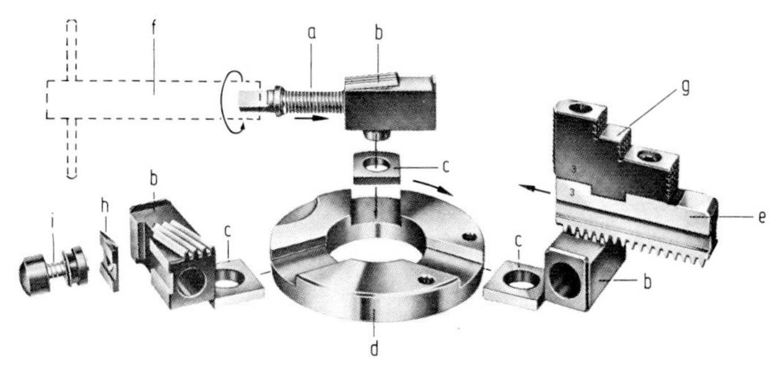


Bild 24. System der Spannkraftübertragung beim Keilstangenfutter nach *Forkardt* [24]
a Gewindespindel, b Keilstange, c Gleitstein, d Treibring, e Grundbacke, f Drehfutterschlüssel, g Aufsatzbacke, h Sperrschieber, i Druckbolzen

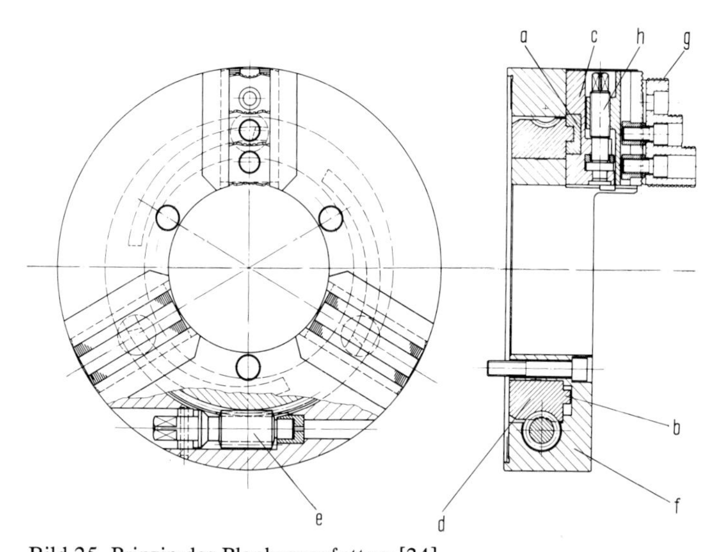


Bild 25. Prinzip des Plankurvenfutters [24]
a Gleitstein, b Plankurve, c Grundbacke, d Schneckenrad, e Schnecke, f Spannfuttergehäuse, g Aufsatzbacke, h Gewindespindel zur Zusatzverstellung

## 5.5.4 Kraftspannfutter

Die extrem hohen Anforderungen neuzeitlicher Fertigungsmethoden machen aus arbeitstechnischen Gründen zunehmend den Einsatz von Kraftspanneinrichtungen erforderlich. Kraftbetätigung von Drehfuttern spart Nebenzeit, bietet größere Sicherheit durch gleichmäßig wirkende Spannkraft, gleicht Spannkraftverluste während des Betriebs aus und entlastet den Bedienenden von körperlicher Arbeit.
Von den verschiedenen grundsätzlichen Möglichkeiten, die vom Spanner gelieferte Axialbewegung in eine Radialbewegung der Backen umzuwandeln, hat sich bei kraftbetätigten Drehfuttern die Übertragung durch einfache Keilflächen bewährt. Bild 26 ist der Aufbau eines kraftbetätigten Keilhakenfutters zu entnehmen. Der mit einer Schraube an der Zugstange befestigte Kolben trägt die entsprechenden Keilflächen, die als Doppelha-

ken schwalbenschwanzförmig die Grundbacken umfassen. Da nur zwei Bauteile im Futterkörper bewegt und geführt werden, ist eine hohe Zentriergenauigkeit möglich. Die einfache und kompakte Bauform sowie die lange Grundbackenführung ermöglichen außerdem große Spannkräfte und hohe Widerstandsfähigkeit. Allerdings erfordert der geringe Spannhub ein Versetzen der Spannbacken.

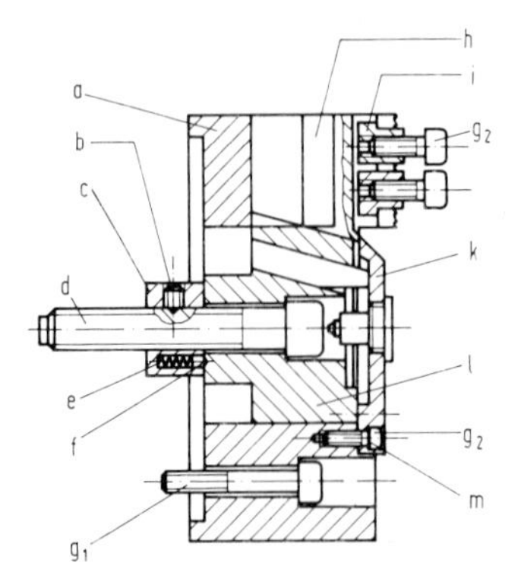


Bild 26. Prinzip des Keilhakenfutters [23]
a Futterkörper, b Gewindestift, c Gegenmutter, d Zugschraube, e Druckfeder, f Bolzen, $g_1$ bis $g_3$ Innensechskantschrauben, h Grundbacke, i Nutenstein, k Deckel, l Kolben, m Sicherung

Das vom Handspannfutter bekannte Keilstangenprinzip wird auch für Kraftspanneinrichtungen verwendet. Unter Ausnutzung der bewährten, tangential zur Drehachse verlaufenden Keilstangen erfolgt die Kraftbetätigung axial über ein Zugrohr oder eine Zugstange durch einen umlaufenden hydraulisch oder pneumatisch beaufschlagten Zylinder zum Axialkolben des Futters, der durch drei mit Schrägflächen versehenen, nach außen gerichteten Ansätzen mit entsprechenden Schrägflächen der Keilstangen im Eingriff ist. Obwohl zum normalen Spann- und Entspannhub ein zusätzlicher axialer Ausklinkhub erforderlich ist, um die Backensätze aus der Verzahnung der Keilstangen zu bringen, ist die Futterausladung gering, da die Umlenkung der Kolbenbewegung auf die Keilstange und die dadurch bedingte tangentiale Bewegung der Grundbacke nur über zwei Bauteile erfolgt. Die Grundbackenverriegelung wird durch eine Verzahnungsüberdeckung zwischen Keilstangen und Grundbacken garantiert, was ein Herausfliegen der Backen bei versehentlicher Rotation der Hauptspindel verhindert.
Eine andere Bauart von Kraftspannfuttern bedient sich des Winkelhebelprinzips. Hierbei betätigt eine mit der Zugstange verschraubte Schiebehülse die im Futterkörper gelagerten Winkelhebel, die mit dem angelenkten kürzeren Hebelende die Grundbacken radial verschieben. Durch eine exzentrische Lagerung der Winkelhebel wird Selbsthemmung des Spanngetriebes erreicht. Bild 27 zeigt ein Winkelhebelfutter mit Stangendurchlaß.
Zum Spannen dünnwandiger, rohrartiger Werkstücke werden sogenannte Fingerfutter verwendet, die das zu spannende Teil axial gegen ein auf den Futterkörper geschraubtes Zentrierstück drücken. Bild 28 zeigt Aufbau und Funktionsweise eines kraftbetätigten Fingerfutters. Es kann mit einem oder gleichzeitig mit zwei, drei, vier, fünf und sechs Fingern gespannt werden. Betätigt wird es über eine Zugstange, die mit dem im Futterkörper gelagerten Spannstern verbunden ist. Durch einen Freiraum im Zentrum des Spannsterns werden die Gelenkfinger in Spannuten eingeführt und befestigt. Die eigentlichen Spannfinger werden erst nach Aufsetzen einer Aufnahmeplatte mit Differenzgewindebolzen angeschraubt, wobei der Spannfingerkopf auch verdreht angeordnet werden kann. Die axiale Spannkraft wird durch hohe Drehzahlen kaum beeinflußt, da die Fliehkräfte an den Spannfingern nur in radialer Richtung wirken.

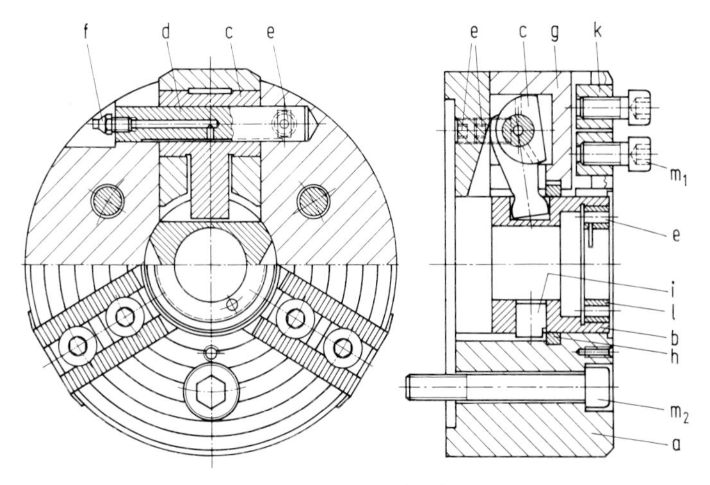


Bild 27. Prinzip des Winkelhebelfutters [23]

a Futterkörper, b Schiebehülse, c Winkelhebel, d Achse, e Gewindestifte, f Schmiernippel, g Grundbacke, h Segmentring, i Fixierstift, k Nutenstein, l Verschlußring, $m_1$, $m_2$ Schrauben

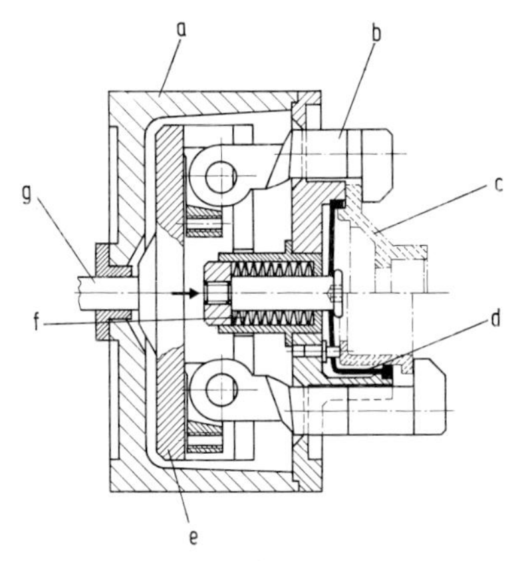


Bild 28. Prinzip des Fingerfutters mit Flach- und Korbmembrane zum Zentrieren von zwei verschiedenen Werkstücken [25]

a Futtergehäuse, b Spannfinger, c Werkstück, d Membrane, e Führungsteller, f Tellerfedern, g Zugstange

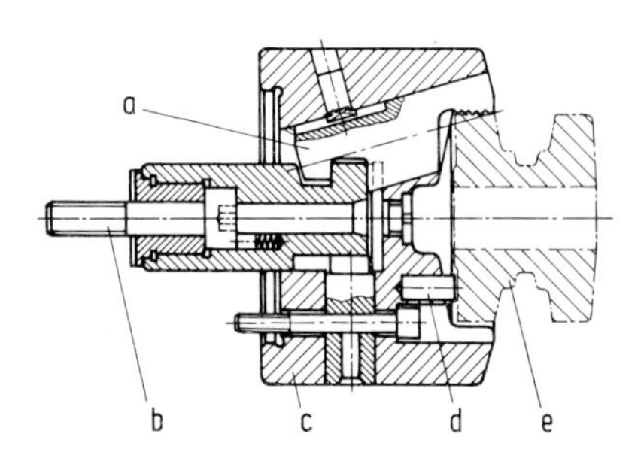


Bild 29. Prinzip des Rundkolbenfutters (nach *Schreyer* [26])

a Rundkolben (Spannbacke), b Zugstange, c Futtergehäuse, d Axialanschlag, e Werkstück

Bei dem in Bild 29 abgebildeten Drehfutter sind die Spannbacken als Rundkolben ausgeführt, die über eine Buchse mit der Zugstange verbunden sind. Die Rundkolben werden zum Spannen schräg zur Drehachse bewegt, wodurch sie auch das Werkstück bewegen und gegen einen Anschlag drücken. Da der Spannhub sehr klein ist und der Spanndurchmesser kaum variiert werden kann, eignet sich dieses Futter nur zum Einsatz in der Massenfertigung.

Ein nahezu schlagfreies Einspannen rotationssymmetrischer Werkstücke gestatten sog. Membranfutter. Wie aus Bild 30 hervorgeht, wird die zentrische Schließbewegung durch die Federwirkung einer bei geöffnetem Futter gewölbten Membrane ausgeführt. Mit entsprechenden Backenaufnahmen lassen sich durch Verstellen oder Auswechseln verschiedene Spanndurchmesser realisieren.

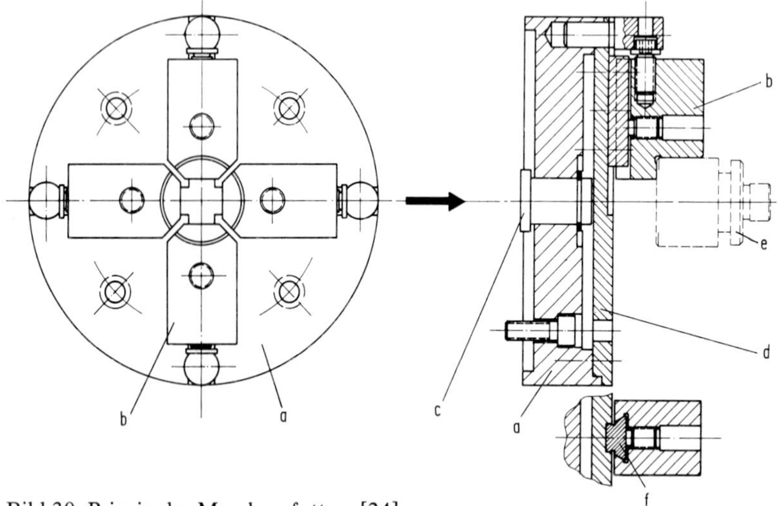


Bild 30. Prinzip des Membranfutters [24]
a Futterkörper, b Spannbacke, c Zugstange, d Membrane, e Werkstück, f Backenverstellung

## 5.5.5 Spannzangen

Stellt die Gestalt oder die Verformungsempfindlichkeit des zu spannenden Werkstücks höhere Anforderungen, so werden besonders in der Massenfertigung Spannzangen eingesetzt. Diese meist nur auf eine Werkstückabmessung oder auf eine Teilefamilie zugeschnittenen Spannzeuge besitzen eine hohe Dauergenauigkeit; der Rundlauffehler ist kleiner als 0,02 mm. Im Vergleich zu normalen Backenfuttern tritt keine spannkraftmindernde Führungsreibung durch ausladende Spannbacken auf.
Spannzangen nach DIN 6341, 6343 bzw. 6344 (Bild 31) sind geschlitzte Buchsen, die zum Spannen durch Kegelwirkung radial zusammengedrückt werden. Sie verbinden das

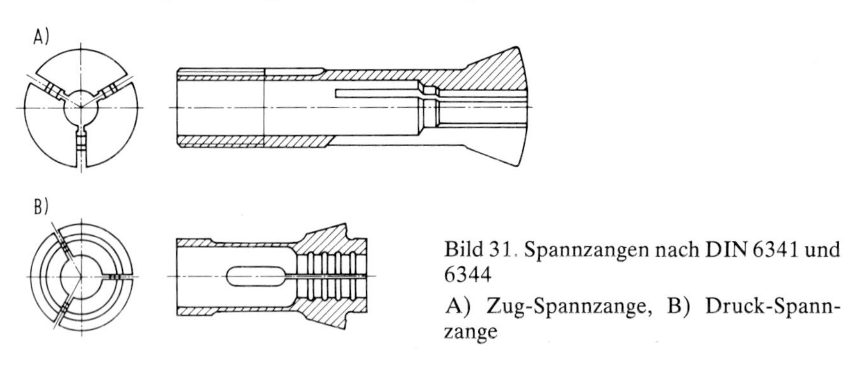


Bild 31. Spannzangen nach DIN 6341 und 6344
A) Zug-Spannzange, B) Druck-Spannzange

Werkstück mit der Hauptspindel kraft- oder formschlüssig. Durch die gleichmäßige Verteilung der Spannkraft sind Spannzangen besonders zum Spannen von Rohren und dünnwandigen Teilen geeignet. Das Ein- und Ausspannen des Werkstücks kann mechanisch, pneumatisch, hydraulisch oder elektromotorisch in relativ kurzer Zeit durchgeführt werden. Die Anzahl der Schlitze ist vom Durchmesser der Spannzange und zum Teil auch von der Form des Spannquerschnitts abhängig. Vorschubzangen nach DIN 6344, die zum Verschieben von Halbzeugstangen in Drehautomaten dienen, werden nur mit zwei Schlitzen ausgeführt. Spannzangen ohne Schaft werden von beiden Seiten geschlitzt. Bild 32 zeigt die Stangenspanneinrichtung eines Mehrspindeldrehautomaten mit Spann- und Vorschubzange.

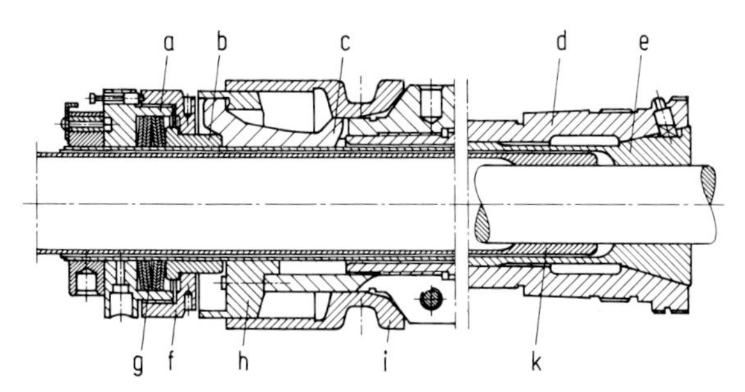


Bild 32. Stangenspanneinrichtung mit Spann- und Vorschubzange

a Spannring, b Spannbuchse, c Spannhebel, d Hauptspindel, e Spannzange, f Stellring, g Tellerfedern, h Stützring, i Spannmuffe, k Vorschubzange

## 5.5.6 Spanndorne

Spanndorne dienen zum Bestimmen und Zentrieren von Werkstücken nach einer Bohrung. Bei den sogenannten festen Dornen dient der Grundkörper unmittelbar zur Aufnahme der Werkstücke. Zum Einmitten von Werkstücken mit zylindrischer Bohrung ist der Aufnahmeteil des Dorns zylindrisch oder kegelig. Bei festen zylindrischen Dornen mit Bund (Bild 33 A) wird das Werkstück durch den Zylinder nur zentriert und durch Mutter oder Schraube in Achsrichtung gespannt. Der teilweise kegelige und teilweise zylindrische Dorn in Bild 33 B ist für die Aufnahme von Werkstücken mit langer, eng tolerierter Bohrung geeignet. Hierbei dient der Zylinder zum Einmitten und der Kegel zum Mitnehmen des Werkstücks.

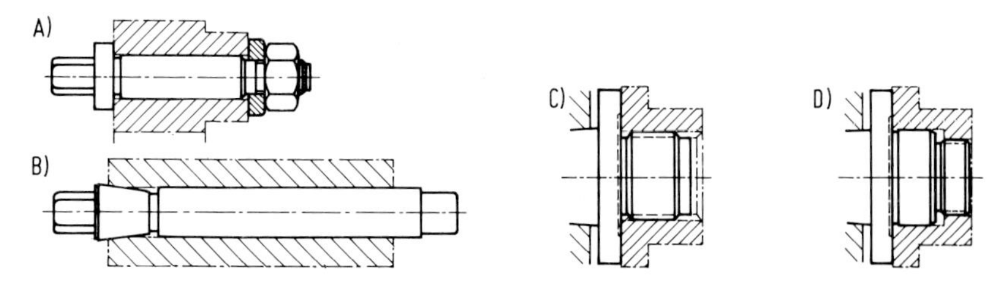


Bild 33. Feste Spanndorne

A) zylindrischer Dorn mit Bund, B) zylindrischer Dorn mit Kegelansatz, C) Dorn mit Gewinde, D) Dorn mit Gewinde und zylindrischem Ansatz

Dehndorne nach Bild 34 ermöglichen einen lösbaren Preßsitz und mitten gut ein. Zum Spannen wird der als Hülse ausgebildete Teil im Bereich der elastischen Verformung aufgeweitet. Mechanische Spanndorne mit Dehnhülse (Bild 34 A) bestehen aus einem festen Dorn, einer oder mehreren Hülsen und einer Mutter. Die Dehnhülse ist innen hohl. Durch Spannen in axialer Richtung wird der Bohrungsdurchmesser verkleinert und der Außendurchmesser vergrößert, bis zwischen Dorn und Werkstück eine kraftschlüssige Verbindung hergestellt ist.

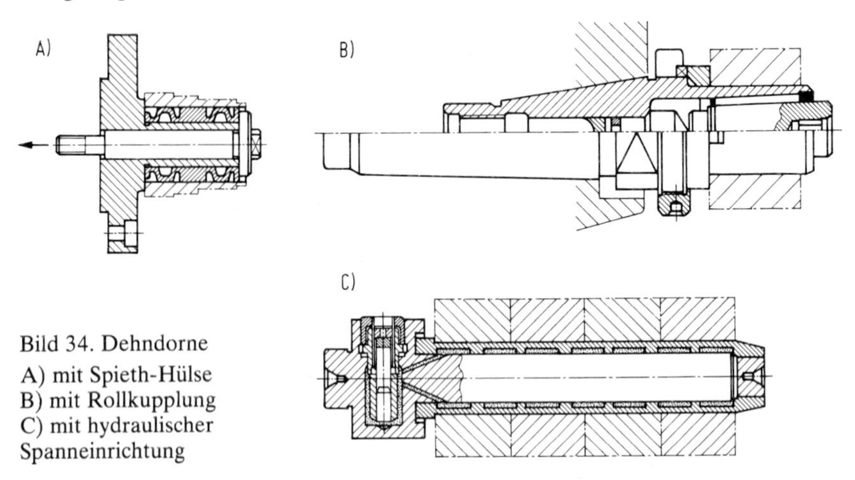


Bild 34. Dehndorne
A) mit Spieth-Hülse
B) mit Rollkupplung
C) mit hydraulischer Spanneinrichtung

Bei hydraulischen Dehndornen (Bild 34 C) wird die das Werkstück aufnehmende Hülse durch einen mit der Maschine verbundenen Dorn eingemittet. Zwischen Dorn und Hülse liegen innerhalb der Spannstelle eine oder mehrere Druckkammern. Die Spannkraft wird durch Öl oder plastische Stoffe gleichmäßig verteilt, wodurch die Hülse an der Spannstelle geweitet und das Werkstück gespannt wird. Der in Bild 34 C abgebildete Dehndorn ermöglicht die hydraulische Spannung von mehreren Werkstücken.
Spanndorne mit Spreizhülse haben einen festen Kegeldorn als Grundkörper. Zur Aufnahme des Werkstücks dient eine geschlitzte Hülse, die zum Spannen in Richtung des größeren Kegeldurchmessers verschoben wird. Die verwendeten Spreizhülsen werden von beiden Seiten geschlitzt, wodurch sie innerhalb gewisser Grenzen ihre zylindrische Außenform behalten.
Spanndorne mit Spannscheiben (Bild 35) spannen das Werkstück durch kegelförmige, geschlitzte Scheiben, die auf einem zylindrischen Dorn zentriert sind. Diese sogenannten Ringspannscheiben haben die Eigenschaft, daß sie bei axialer Belastung sowohl ihre Bohrung verkleinern als auch ihren Außendurchmesser vergrößern und somit Werkstück und Zylinderdorn kraftschlüssig verbinden.
Auch Spanndorne mit Spannbacken verwenden ebenfalls einen festen Dorn als Grundkörper. Zum Spannen werden radial angeordnete Spannbacken auf Keilflächen des Dornes axial verschoben. Der Spannbereich von Dornen mit Spannbacken ist erheblich größer als der gleich großer Spreizdorne. Außerdem ist bei Dreibacken-Anordnung die Aufnahme von Werkstücken mit unrunder Bohrung möglich. Bild 36 zeigt Spanndorne mit einfachen und doppelten Spannbacken-Sätzen.
Der Vorteil der Spanndorne liegt in dem genauen Rundlauf, der von keiner anderen Spanneinrichtung übertroffen wird. Der Rundlauffehler kann bei geeigneter Spindelkopfaufnahme und Spindellagerung unter 0,01 mm liegen.

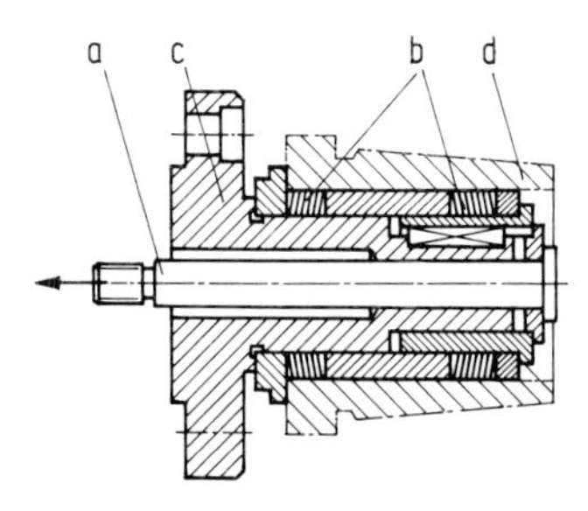


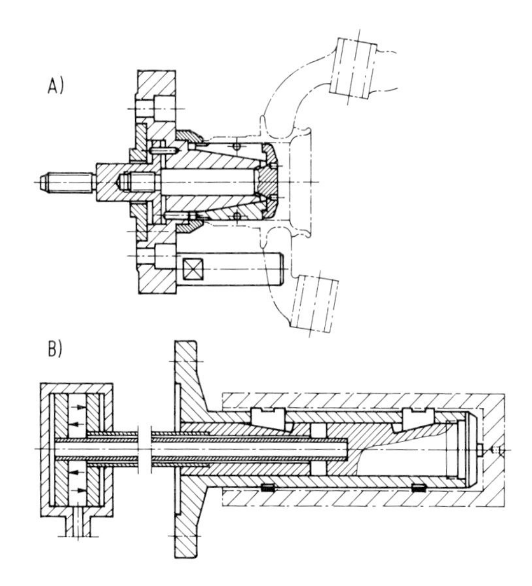


Bild 35. Spanndorn mit Ringspannscheibe
a Zugstange, b Ringspannscheibe, c Futterflansch, d Werkstück

Bild 36. Kraftbetätigte Spanndorne mit Spannbacken
A) mit Spannbacken, B) mit zwei Sätzen Spannbacken

## 5.5.7 Mitnehmer

Mitnehmer dienen als Drehaufnahmen für wellenförmige Werkstücke, die an beiden Seiten vorgefertigte Zentrierbohrungen zur Aufnahme besitzen.
Als Weiterentwicklung des bekannten Drehherzens sind Mitnehmer entwickelt worden, die das zwischen Spitzen axial fixierte Werkstück durch schwenkbar gelagerte Spanndaumen klemmen (Bild 37). Die verzahnten oder geriffelten Spannflächen der Klemmdaumen sind kurvenförmig so gestaltet, daß mit steigendem Drehmoment eine selbsttätige Erhöhung der Spannkraft erfolgt. Bei den selbsttätigen Mitnehmern werden die Spanndaumen während des Zurückdrückens der im Mitnehmer eingebauten Körnerspitzen durch die Reitstockspitzenkraft angestellt. Die drei Spanndaumen sitzen auf einem schwimmenden Ring, wodurch die Werkstückzentrierung beim Nachlassen der Spanndaumen erhalten bleibt.

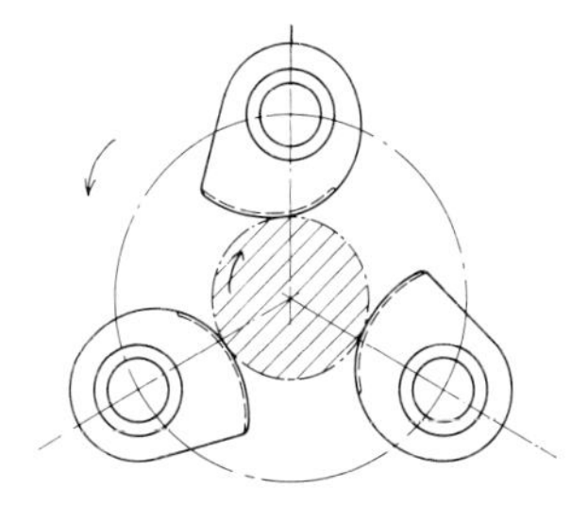

Bild 37. Prinzip des Mitnehmers [24]

Als besonders günstige Werkstückaufnahmen für wellenförmige Werkstücke haben sich Stirnmitnehmer bewährt, da sie ein Überdrehen der gesamten äußeren Mantelfläche ermöglichen. Durch die Reitstockspitzenkraft dringen die stirnseitig angeordneten Mitnahmebolzen in das Werkstück ein und bilden mit Unterstützung der axial wirkenden Zerspankraftkomponenten einen Formschluß zwischen Werkstück und Spanneinrichtung. Bild 38 zeigt einen Stirnmitnehmer mit ölhydraulischem Mitnahmebolzen-Ausgleich, der sich besonders für die Bearbeitung von Rohlingen eignet.

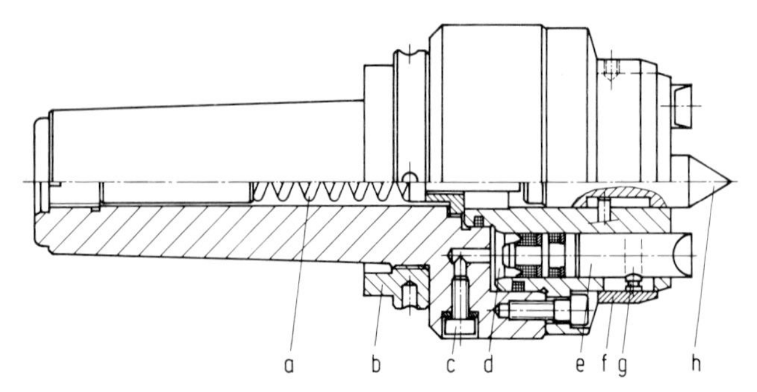


Bild 38. Stirnmitnehmer mit ölhydraulischem Mitnehmerbolzen-Ausgleich [27]
a Druckfeder, b Abdrückmutter, c Öleinfüllschraube, d Ölausgleich, e Mitnahmebolzen, f Überschiebhülse, g Führungsstift, h Zentrierspitze

## 5.5.8 Sonderspanneinrichtungen

Um den Anwendungsbereich herkömmlicher Spanneinrichtungen den steigenden Schnittgeschwindigkeiten bzw. höheren Drehzahlen neuzeitlicher Werkzeugmaschinen anzupassen, wurden Drehfutter mit Fliehkraftausgleich entwickelt. Bei diesen sind im Futterkörper radial verschiebbare Gewichte untergebracht, die durch den Fliehkrafteinfluß nach außen gedrückt werden. Über einen im Gehäuse gelagerten zweiseitigen Hebel wird diese nach außen gerichtete Kraft auf die Grundbacke in umgekehrter Richtung übertragen, wo sie der Backenfliehkraft entgegenwirkt. Bild 39 zeigt links ein kraftbetätigtes Keilhakenfutter mit Fliehkraftausgleich und rechts das System des Fliehkraftausgleichs. Eine andere Methode zur Kompensation der Spannkraftminderung durch Backenfliehkraft bedient sich eines doppeltangeschrägten Stifts, der durch die Bewegung einer Zusatzmasse in die Grundbacke gedrückt wird, um so die Spannkraftverluste bei Außenspannung zu mindern.

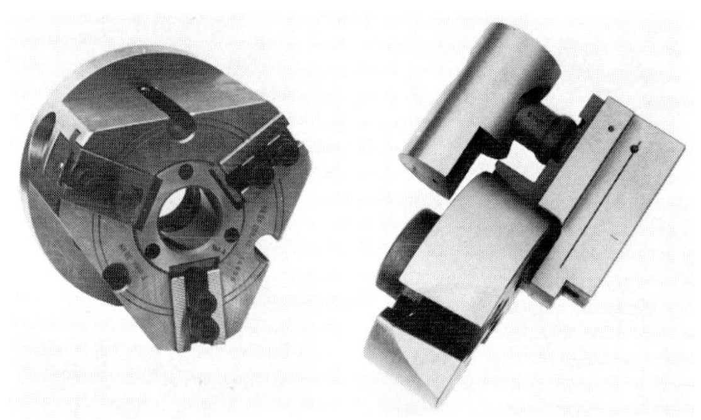

Bild 39. Fliehkraftausgleich am kraftbetätigten Keilhakenfutter [28]

Die Anforderungen der spanenden Fertigung, insbesondere in der Massenfertigung, führten zu einer großen Anzahl von werkstück- und arbeitsgangbezogenen Sonderfutterkonstruktionen. Durch eine zweckmäßige Gestaltung von Sonderaufsatzbacken können

auch unzulässig große Verformungen von dünnwandigen Werkstücken vermieden werden. Hier helfen sogenannte Pendelbacken (Bild 40) die Spannkraft auf mehrere Punkte bzw. größere Flächen gleichmäßiger zu verteilen.
Ein weiteres Drehfutter, wie es häufig auf Mehrspindel-Drehautomaten verwendet wird, zeigt Bild 41. Bei diesem Zweibackenfutter sind die Grundbackenführungen so lang wie der gesamte Durchmesser des Futterkörpers. Die lang geführten Spannbacken bewegen sich gegenläufig aneinander vorbei, wodurch dieses Drehfutter Führungsverhältnisse besitzt, die einem normalen Futter mit doppelt so großem Außendurchmesser entsprechen.

Bild 40. Kraftspannfutter mit Pendelbacken [24]

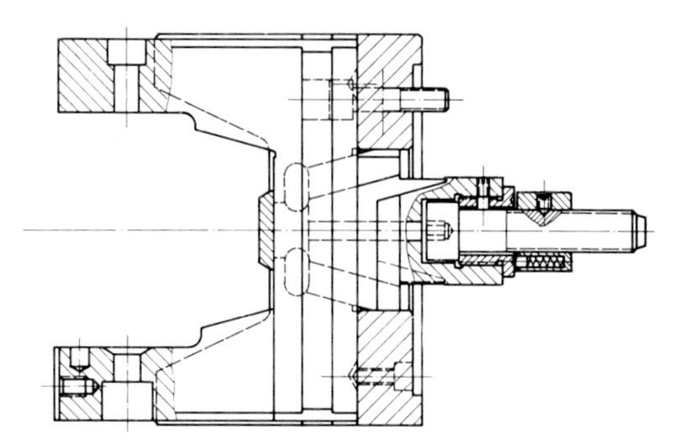

Bild 41. Kraftbetätigtes Zweibacken-Drehfutter mit überlanger Grundbackenführung [24]

Im Rahmen der fortschreitenden Entwicklung der NC-Technik war es notwendig, neben der Reduzierung der Umrüstzeiten beim Drehfutter den Vorgang des Spannens, der Spannkrafteinstellung, der Regulierung und des Entspannens in den programmierten Arbeitsablauf der Maschinenfunktionen einzubeziehen. Außerdem mußte die Möglichkeit geschaffen werden, die Spannbacken eines Drehfutters automatisch auf den Spanndurchmesser des nach Programm zu bearbeitenden Werkstücks einzurichten.
Beim programmierbaren Keilstangen-Kraftspannfutter wird vor dem Ausklinken des Backenantriebs die Hauptspindel auf eine mittlere Drehzahl gebracht, so daß die Backeneinheiten unter dem Einfluß der Fliehkraft bis zu einem gedämpften Anschlag nach außen gleiten. Nach einer dann erfolgten Reduzierung der Drehzahl auf den kleinsten Wert drückt ein radial zur Futtermitte hin beweglicher Kolben mit vorgesetzter Rolle über eine im Programm definierte Strecke die Backen von außen so weit nach innen, bis der vorgewählte Spanndurchmesser erreicht ist. Zweifellos ist dieses programmierbare Drehfutter eine logische Weiterentwicklung im Rahmen der Tendenz zur flexiblen Fertigung innerhalb einer automatischen Fabrik. Da es aber in der bisherigen

Konzeption voraussichtlich nur in Einzelfällen eingesetzt werden kann, stellt es nur einen Zwischenschritt auf dem Weg zum flexiblen Spannsystem dar.
Das Spannen dünnwandiger Werkstücke mit großem Durchmesser, die üblicherweise auf Karusselldrehmaschinen bearbeitet werden, ist wegen der Verformungsempfindlichkeit durch den Einfluß der Fliehkräfte auf die Spannkraft problematisch. Um diesen Einfluß auszuschalten, wurde eine adaptive Spannkraftregelung entwickelt, bei welcher der Spanndruck des Betätigungszylinders über ein elektronisches Schaltgerät von der Spindeldrehzahl gesteuert wird.

## 5.5.9 Betätigungselemente für Kraftspanneinrichtungen

Betätigungselemente für kraftbeaufschlagte Drehfutter müssen drei grundsätzliche Forderungen erfüllen: leichte Bauweise bei kleinen Abmessungen, Auslegung der Zuführeinrichtungen für hohe Drehzahlen und unfallsichere Steuerung der Spannvorgänge.
Bezogen auf den Spannzweck haben die drei gebräuchlichen Betätigungselemente – Druckluftzylinder, Druckölzylinder und Elektromotor – die Aufgabe, eine axial wirkende Kraft zu erzeugen. Diese Kraft muß während der gesamten Spanndauer erhalten bleiben. Der Vorteil dieser ständigen Kraftwirkung liegt im sofortigen selbsttätigen Nachspannen der Backen bei geringster Lageänderung des Werkstücks.
Umlaufende, doppeltwirkende Druckluftzylinder werden als Vorderend- oder als Hinterendspanner verwendet. Sie sind für einen Betriebsdruck von $p = 6$ bis 8 bar ausgelegt. Der Kolbendurchmesser richtet sich nach der für das Drehfutter benötigten Betätigungskraft bzw. der Bauform des Drehfutters. Bild 42 zeigt eine Druckluft-Kraftspannanlage in Hinterend-Anordnung. Über zwei Schläuche gelangt Druckluft in das nichtumlaufende Gehäuse der Zuführung und über Ringkanäle und Bohrungen in die vordere bzw. hintere Kammer des umlaufenden Spannzylinders. Durch wechselseitiges Beaufschlagen der Zuführungen mit Druckluft wird der Kolben im Spannzylinder hin und her bewegt.

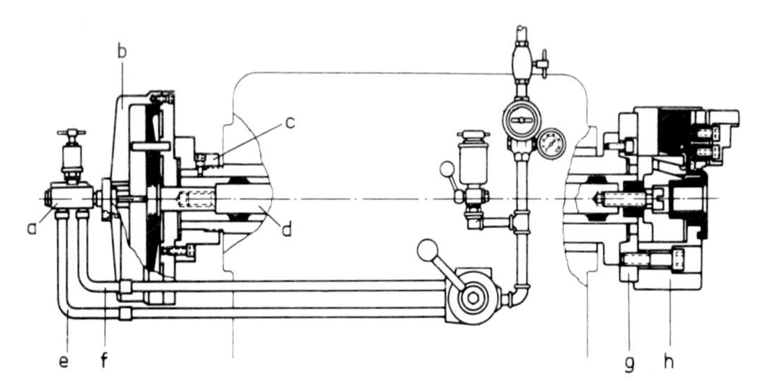


Bild 42. Druckluft-Kraftspannanlage in Hinterend-Anordnung [24]
a Druckluft-Zuführung, b Druckluft-Spannzylinder, c Spannzylinderflansch, d Zugstange, e Zuleitung für Spanndruck, f Zuleitung für Lösedruck, g Drehfutterflansch, h Keilhaken-Spannfutter

Das Vorderend-Kraftspannfutter kann einfach und in kurzer Zeit auf jeden genormten Spindelkopf montiert werden und eignet sich dadurch für den Einsatz bei wechselnden Einzel- und Serienarbeiten. Durch eine neuartige Luftzuführung über radial verformbare Profildichtungen konnte der Pneumatik-Spannzylinder direkt im Drehfutter untergebracht und die Spindelbohrung für das Werkstück freigehalten werden. Durch ein spezielles Ventilsystem wird der Druck im Futterkörper abgesperrt und gespeichert, während die Profildichtungen über eine Entlüftung der Zuführleitungen und durch ihre Elastizität wieder vom Futterkörper abheben und deshalb während des Umlaufs nicht verschleißen.

Bauform und Funktion der Drucköl-Spannzylinder entsprechen weitgehend den Druckluftzylindern. Bedingt durch die höheren Betriebsdrücke können die Abmessungen von Druckölzylindern zur Betätigung von Drehfuttern kleiner als die von Druckluftzylindern gehalten werden. Allerdings ist neben den beiden Druckleitungen zur Beaufschlagung des Kolbens noch eine Leckölleitung notwendig. Ein Teil des Drucköls, das für die Spannkolbenbetätigung erforderlich ist, fließt durch den Dichtspalt in der Zuführung ab und wird für die Schmierung der Lager benötigt. Bild 43 zeigt den Aufbau einer ölhydraulisch betätigten Kraftspannanlage.

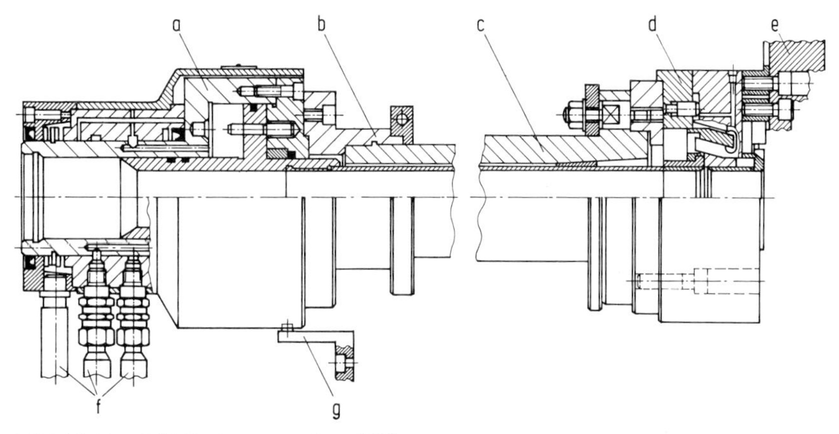


Bild 43. Drucköl-Kraftspannanlage [28]

a Hohlspanner, b Aufnahmeflansch, c Hauptspindel, d Drehfutter, e Aufsatzbacke, f Hydraulikanschlüsse, g Arretierhebel

Eine weitere Möglichkeit zur Betätigung von Kraftspannfuttern ist durch den umlaufenden Elektrospanner (Bild 44) gegeben. Ein Elektromotor bewirkt über ein Planetenge-

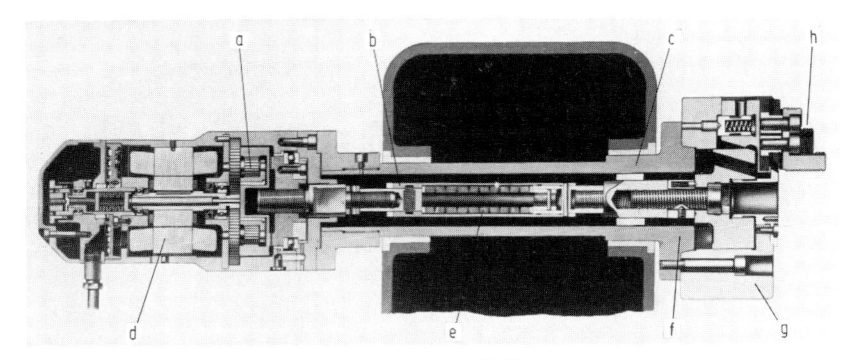


Bild 44. Elektrisch betätigte Kraftspannanlage [28]

a Planetengetriebe, b Zugstange, c Hauptspindel, d Elektromotor, e Tellerfederpaket, f Spindelkopf, g Keilhakenfutter

triebe die axiale Bewegung der Zugstange. Der Elektrospanner wird ähnlich den luft- oder ölbeaufschlagten Spannzylindern am hinteren Ende der Maschinenspindel angeflanscht und durch die Zugstange mit dem Drehfutter verbunden. Um eine Nachspannwirkung zu erzielen, muß zwischen Spanner und Futter ein elastisches Element, z.B. ein Tellerfederpaket, in die Verbindungsstange eingebaut werden.

## 5.5.10 Arbeits- und Unfallsicherheit

Das 1968 in Kraft getretene Gesetz über technische Arbeitsmittel gab Anlaß zur Überprüfung vorhandener und neuer Konstruktionen hinsichtlich ihrer Arbeitssicherheit.
Um die Unfallgefahr im Bereich der Spanneinrichtungen zu mindern, müssen nachstehende Sicherheitsforderungen erfüllt werden:

Bedienungselemente für kraftbetätigte Spanneinrichtungen müssen so gestaltet sein, daß ein unbeabsichtigtes Betätigen nicht möglich ist.

Kraftbetätigte Spanneinrichtungen sind so auszuführen, daß ein Abfallen des Drucks im Betätigungszylinder nicht zum Lösen des eingespannten Werkstücks führt.

Der Spannvorgang ist gegenüber den Maschinenfunktionen so zu verriegeln, daß das Ein- und Ausspannen des Werkstücks nur bei stillstehender Spindel und bei ausgerücktem Vorschub erfolgen kann.

Die meisten Kraftspanneinrichtungen entsprechen schon seit Jahren den geforderten Sicherheitsbestimmungen. So werden schon seit 1954 Sicherheitszuführungen für umlaufende Preßluftzylinder verwendet, die bei Druckabfall oder Leitungsbruch den für die Erzeugung der Spannkraft benutzten Zylinderraum vor oder hinter dem Kolben absperren [29].
Besonders wichtig ist die Überwachung des Spannbackenhubs. Durch geeignete Aufnehmer soll hierbei vermieden werden, daß die Spindel anläuft, bevor das Werkstück fest gespannt ist. Hervorgerufen durch große Werkstücktoleranzen, kann der Spannhub zwar ganz ausgefahren sein, aber trotzdem nicht zur notwendigen Fixierung des Werkstücks führen. Durch geeignete Steuergeräte lassen sich die für die Spanneinrichtung notwendigen Befehls- und Überwachungsfunktionen zusammenfassen und schalttechnisch mit der Maschinensteuerung koppeln.
Hochtourige Drehmaschinen sollen eine den Arbeitsraum umschließende kräftige Schutzhaube haben, deren Arbeitsstellung durch Endschalter überwacht wird.

## 5.5.11 Berechnungsgrundlagen

Die Spannkraft $F_{sp}$ ist die arithmetische Summe der von den Backen radial auf das Werkstück ausgeübten Kräfte. Die vor Beginn der Zerspanung bei stillstehendem Futter vorhandene Spannkraft nennt man die Ausgangsspannkraft $F_{sp_0}$. Diese Ausgangsspannkraft wird beeinflußt durch die Bauart des Futters, die geometrische Übersetzung, die eingebrachte Spannarbeit und den Wirkungsgrad des Futters. Der Wirkungsgrad, d.h. die Umsetzung des eingeleiteten Spannmoments bzw. der Schubkraft in Spannkraft (Bild 45), ist von der Bauart und dem Zustand des Futters abhängig. Die hohe Reibung im Spanngetriebe, bedingt durch die große Übersetzung und die Notwendigkeit der Selbsthemmung, macht die erreichbare Spannkraft sehr stark vom Schmierungs- und Verschmutzungszustand sowie von Beschädigungen abhängig. Zur Schmierung von Drehfuttern sind besonders geeignete Schmierstoffe entwickelt worden [30].

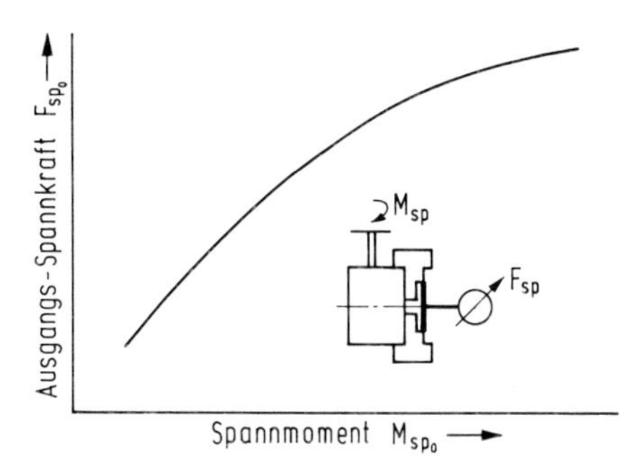


Bild 45. Ausgangsspannkraft eines Drehfutters in Abhängigkeit vom eingeleiteten Spannmoment

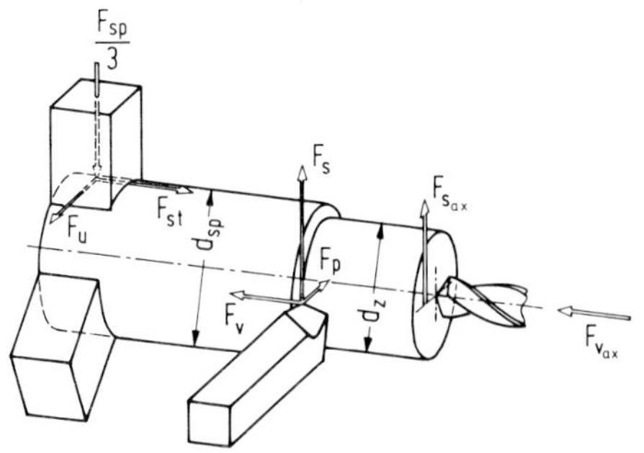

Bild 46. Gleichgewicht der Kräfte beim Längsdrehen und Bohren eines Werkstücks

Die bei der Zerspanung auftretenden Kräfte und Momente zeigt Bild 46. Die Zerspankraftkomponenten bewirken an der Spannstelle Dreh- und Kippmomente, denen die Spannkraft entgegenwirken muß. Nach *Warnecke* [31] muß berücksichtigt werden, daß die Summe der Radialkräfte ($\Sigma$ $F_r$) eine unterschiedliche Belastung der Backen in radialer Richtung bewirkt, wodurch eine radiale Verlagerung des Werkstücks im Drehfutter hervorgerufen wird, und daß die Summe der Axialkräfte ($\Sigma$ $F_{ax}$) vernachlässigt werden kann, wenn das Werkstück axial anliegt. Andernfalls muß sie durch Reibung in den Spannflächen aufgenommen werden:

$$F_{ax} = F_v + F_{v_{ax}}. \qquad (29)$$

Ferner muß die Summe der Drehmomente ($\Sigma$ $M_d$) ebenfalls durch Reibung in den Spannflächen aufgenommen werden. Die Gleichung

$$\mu_{sp} \cdot F_{sp} \geqq \sqrt{\left(F_s \cdot \frac{d_z}{2} + U + M_{d_{ax}}\right)^2 \cdot \left(\frac{2}{d_{sp}}\right)^2 + (F_v - F_{v_{ax}})^2} \qquad (30)$$

ist ausreichend bei Abstützung des Werkstücks in radialer Richtung und bei Auskraglängen $l_z \leqq d_{sp}$. Schließlich muß die Summe der Kippmomente ($\Sigma$ $M_k$) sowohl durch Reibung in den Spannflächen als auch durch radiales Entgegenwirken der Backen ausgeglichen werden. Das Kippmoment erhält man aus der Gleichung

$$M_k = \sqrt{(F_s \cdot l_z \pm F_G \cdot l_s \cdot \cos\alpha)^2 + \left(F_v \cdot \frac{d_z}{2} - F_p \cdot l_z - F_G \cdot l_s \cdot \sin\alpha\right)^2 + F_u \cdot l_s + M_u + F_{r_{ax}} \cdot l_w}. \qquad (31)$$

Das Plus-Zeichen gilt bei Linkslauf der Spindel. In den Gleichungen bedeuten

- $F_s$ die Schnittkraft
- $F_v$ die Vorschubkraft
- $F_p$ die Passivkraft

  } Komponenten der Zerspankraft am radial angreifenden Werkzeug

- $F_{v_{ax}}$ die Vorschubkraft
- $F_{r_{ax}}$ die Radialkraft

  } Komponenten der Zerspankraft am axial angreifenden Werkzeug

- $F_G$ die Gewichtskraft
- $F_{sp}$ die Spannkraft
- $F_{sp_0}$ die im Stillstand aufgebrachte Spannkraft
- $F_u$ die statische Unwuchtkraft

$M_{d_{ax}}$ das Drehmoment
$M_u$ das dynamische Unwuchtmoment
U die Unwucht ($F_G \cdot e$)
e die Exzentrizität des Schwerpunkts von der Drehachse
$d_{sp}$ den Spanndurchmesser
$d_z$ den Zerspandurchmesser
$l_s$ den Abstand von Schwerpunkt bis Spannstelle
$l_w$ die Werkstücklänge
$l_z$ den Abstand von Zerspanstelle bis Spannstelle
$\alpha$ den Winkel zwischen tatsächlicher Meißelstellung und der Waagerechten,
$\mu_{sp}$ den Spannbeiwert.

Dabei muß vorausgesetzt werden, daß das Werkzeug radial und axial angreift, das Werkstück nicht axial anliegt, keine Überlagerung von Wechselkräften eintritt, bei $l_z = d_{sp}$ kein Kippen auftritt und das Werkstück fliegend eingespannt ist.
Hauptsächlich ist die Fliehkraft der Backen wirksam, die beim Spannen von außen die Spannkraft verringert, beim Spannen von innen die Spannkraft erhöht. Wegen der elastischen Verspannung von Drehfutter und Werkstück wirkt sich die Fliehkraft jedoch nicht in voller Größe aus, was bei der Berechnung aus Sicherheitsgründen vernachlässigt werden kann. Das Diagramm in Bild 47 zeigt die Abnahme der Spannkraft mit steigender Drehzahl beim Spannen von außen.

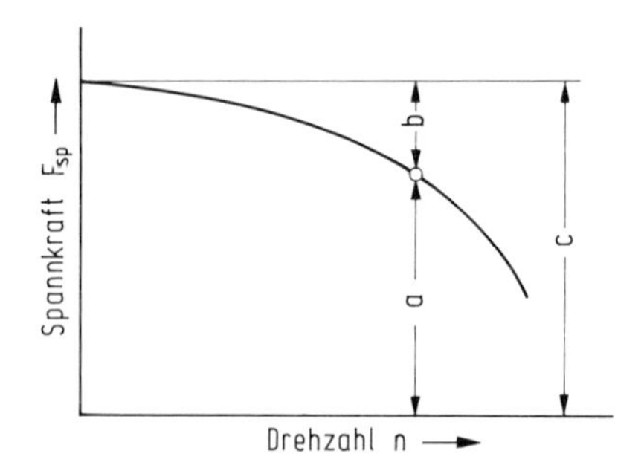


Bild 47. Abnahme der Spannkraft mit steigender Drehzahl bei Außenspannung
a wirksame Spannkraft, b Fliehkraft, c Ausgangsspannkraft

Die Fliehkraft der Spannbacken kann mit ausreichender Genauigkeit aus der Masse der Backen, der Drehzahl und dem Schwerpunktradius der Backen berechnet werden

$$F_c = \Sigma\,(m_B \cdot R_s) \left(\frac{\pi \cdot n}{30}\right)^2 \text{ [N]}; \qquad (32)$$

darin bedeuten
$F_c$ die Fliehkraft in N,
$R_s$ den Schwerpunktradius der Spannbacken in m,
$m_B$ die Gesamtmasse pro Backensatz in kg und
n die Drehzahl in $\min^{-1}$.

Zur schnellen Ermittlung der Fliehkraft $F_c$ kann das Nomogramm in Bild 48 verwendet werden.
Unter Berücksichtigung von Sicherheitsfaktoren ergibt sich aus dem Gleichgewicht der Kräfte an den Drehfutter-Spannbacken die Beziehung

$$F_{spz} \cdot S_z = \frac{F_{sp_0}}{S_{sp}} - F_c \text{ [N]}. \tag{33}$$

Darin bedeuten zusätzlich

$F_{sp_z}$ die für den Zerspanvorgang notwendige Spannkraft in N,

$S_z$ den Sicherheitsfaktor, der die Erfassungsgenauigkeit der Einflußparameter berücksichtigt,

$S_{sp}$ den Sicherheitsfaktor, der die Meßgenauigkeit der Spannkraft berücksichtigt.

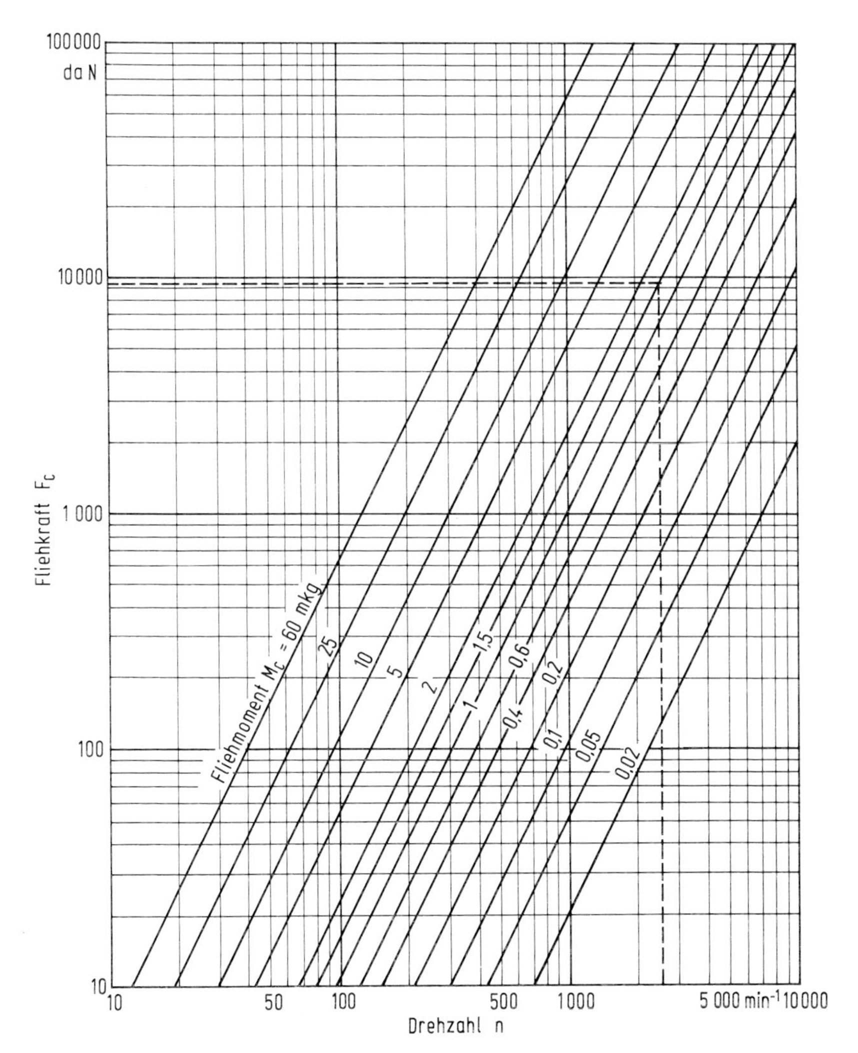


Bild 48. Diagramm zur Ermittlung der Fliehkraft $F_c$ in Abhängigkeit von der Drehzahl n und dem Fliehmoment $M_c$

$M_c = m_B \cdot R_s$ ($m_B$ Masse der Spannbacken, $R_s$ Schwerpunktabstand der Spannbacken von der Drehachse)

eingetragenes Beispiel: $m_B = 15{,}5$ kg, $R_s = 0{,}09$ m, $n = 2500\ \text{min}^{-1}$; $M_c = 15{,}5 \cdot 0{,}09 = 1{,}4$ kgm; dafür erhält man $F_c = 9500$ daN

Aus den o.a. Gleichungen ergibt sich durch Umrechnung für die zulässige Drehzahl

$$n_{zul} = \frac{30}{\pi}\sqrt{\left(\frac{F_{sp_o}}{S_{sp}} - S_z \cdot F_{sp_z}\right) \cdot \frac{1}{\Sigma M_c}} \; [\text{min}^{-1}]; \qquad (34)$$

dabei ist $M_c = m_B \cdot R_s$ das Fliehmoment in kgm.
Unter der Voraussetzung, daß die Auskraglänge des Werkstücks $l_z$ nicht größer als der Spanndurchmesser $d_{sp}$ ist, wird die von den Zerspanbedingungen geforderte Spannkraft

$$F_{sp_z} = \frac{F_s}{\mu_{sp}} \cdot \frac{d_z}{d_{sp}} \; [\text{N}]. \qquad (35)$$

Der Spannbeiwert $\mu_{sp}$ wird sowohl von Härte und Form der Backenspannfläche als auch von Oberfläche und Härte des zu spannenden Werkstücks beeinflußt. Mit ausreichender Sicherheit kann nach VDI-Richtlinie 3106 vereinfachend angenommen werden:

für weiche ausgedrehte Backen $\mu_{sp} \approx 0{,}15$,
für harte Backen mit Pflastersteinriffelung $\mu_{sp} \approx 0{,}25$ und
für harte Backen mit spitzer Riffelung $\mu_{sp} \approx 0{,}35$ bis $0{,}80$.

Die nach Gleichung 35 ermittelte Spannkraft wirkt in der Nähe der Futterstirnfläche, also unmittelbar neben den Backenführungen. Bei hohen Aufsatzbacken, d.h. mit zunehmender Entfernung der Einspannstelle von der Backenführung fällt die Spannkraft durch Reibwirkung in den Backenführungen ab (Bild 49). Für die Ermittlung der gegenüber der nach Gleichung 35 ermittelten Spannkraft $F_{sp_z}$ verminderten Spannkraft an weit ausladenden Spannbacken gilt

$$F_{sp_{red}} = \frac{F_{sp_z}}{1 + \frac{2L}{l} \cdot \tan \varrho} \; [\text{N}]; \qquad (36)$$

darin bedeuten zusätzlich

L die Länge der Spannbackenausladung in m,
l die Länge der Grundbackenführung in m und
$\varrho$ den Reibwert (Mittelwert 0,15).

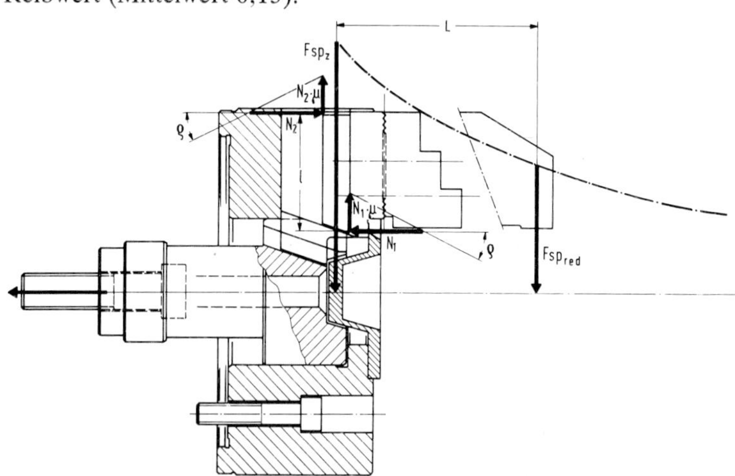


Bild 49. Abhängigkeit der Spannkraft $F_{sp}$ von der Entfernung zwischen Einspannstelle und Backenführung

## 5.5.12 Anwendungsbreite neuzeitlicher Drehfutter

Trotz steigender Automatisierung des Fertigungsprozesses und der damit verbundenen Verwendung von Kraftspanneinrichtungen ist das handbetätigte Dreibacken-Drehfutter immer noch am weitesten verbreitet. Es vereint den Vorteil großer Vielseitigkeit beim Spannen von Werkstücken verschiedener Form und Durchmesser mit dem des selbsttätigen Einmittens. Außerdem sind Handspannfutter wesentlich preisgünstiger sowohl im Hinblick auf die Anschaffung als auch auf den Unterhalt. Universal-Handspannfutter werden auch bedingt auf numerisch gesteuerten Drehmaschinen verwendet, da für häufig wechselnden Spanndurchmesser die schnelle Backenverstellung und die Umrüstbarkeit günstig sind.

Der Vorteil von neuzeitlichen Kraftspanneinrichtungen liegt hauptsächlich in der Verkürzung der Nebenzeiten durch schnelles Ein- und Ausspannen der Werkstücke und einer dadurch möglichen höheren Mengenleistung der Werkzeugmaschine. Gleiche Bedeutung hat aber auch die größere Sicherheit beim Spannen durch Einstellbarkeit und Gleichförmigkeit der Spannkraft für alle Werkstücke einer Serie. Darüber hinaus ist die körperliche Erleichterung für den Bedienenden einerseits durch den automatisierten Spannvorgang und andererseits durch die Möglichkeit eines beidhändigen Einlegens der Werkstücke gegeben.

Für die rationelle Fertigung auf numerisch gesteuerten Drehmaschinen ist ein schneller Werkstückwechsel besonders wichtig. Bei NC-Maschinen, auf denen Teile in geringen Losgrößen gefertigt werden, ist aber auch ein schnelles Umrüsten der Spannanlage von Bedeutung. Hier hat man anfangs versucht, das Drehfutter in die numerische Steuerung zu integrieren, indem man nicht nur den Spannvorgang schaltet, sondern auch die Einstellung der Backen mit einer numerisch gesteuerten Rolle vornimmt, welche die Backen auf den vorprogrammierten Durchmesser schiebt. Neuere Lösungen versuchen, das gesamte Drehfutter mit Hilfe einer Handhabungseinrichtung auszutauschen. Hierfür können spezielle Spannfutterwechselgeräte in die Werkzeugmaschine integriert, aber auch separate Werkstückwechsler zum Wechseln des Futters eingerichtet werden. Allerdings fallen dabei Werkstück- und Drehfutterwechsel gleichzeitig an, was zur Vergrößerung der Nebenzeit führt.

Während das radiale Spannen einen hohen Grad der Entwicklung erreicht hat, wurde das axiale Spannen bisher mangels geeigneter, universeller Drehfutter nur in geringem Umfang angewandt. Sehr viele Werkstücke bieten sich aber schon wegen ihrer Form, ihres Mangels an geeigneten Spannflächen, ihrer Empfindlichkeit gegenüber hohen Spannkräften und wegen ihrer Bearbeitungsfolge zum axialen Spannen an. Die vorteilhaften Eigenschaften der Radialspannfutter, wie z.B. großer Spannbereich, Außen- und Innenspannung in Verbindung mit einer Zentrierung, Austauschbacken, durch Serienherstellung günstiger Preis und kurze Lieferzeiten, waren bei den bisher eingesetzten Axialspannfuttern nicht zu finden. Vorzugsweise beim Spannen von dünnwandigen und verzugsempfindlichen Teilen, bei asymmetrischen Teilen, bei solchen mit einer oder zwei vorhandenen Fixierbohrungen und bei Teilen, die von ihrer Form her nur axial gespannt werden können, treten die Axialspannfutter an die Stelle der Radialspannfutter. Hier sind besonders die Axial-Mehrfingerfutter, die auf allen Drehmaschinen verwendet werden können, zu nennen. Sie eignen sich vor allem zum Spannen komplizierter Werkstücke des Motoren- und Getriebebaus, der Automobilindustrie sowie des allgemeinen Werkzeugmaschinenbaus, und zwar sowohl in der Klein- und Mittelserie als auch in der Großserie.

Das Anwendungsgebiet neuzeitlicher Drehfutter ist sehr umfassend. So werden überwiegend Standardfutter sowohl im Bereich der Hand- als auch der Kraftspannung verwendet. Aber auch speziell an das Spannproblem angepaßte Kraftspannanlagen sind besonders im Gebiet der Großserienfertigung immer häufiger im Einsatz. Neben der klassischen Radialspannung von Werkstücken wird in der Praxis auch die Axialspannung und die Radial-Axial-Spannung verwirklicht, zumal einige Hersteller schon spezielle Spanngeräte mit variabler Spannkraftrichtung anbieten.

## 5.6. Werkzeuge zum Drehen

Dr.-Ing. R. Schaumann, Essen

### 5.6.1 Allgemeines

Form und Abmessungen der Werkzeuge zum Drehen sind abhängig von der Arbeitsaufgabe. Die Art der Dreharbeit, z.B. Außen-, Innen-, Nachform- oder Gewindedrehen, und die Werkzeugaufnahmen der Maschinen bestimmen weitgehend die Formen und Abmessungen der Schäfte (Bild 50). Der Schneidkeil muß in der richtigen Arbeitsstellung auf das Werkstück wirken. Seine Belastung ist vom Spanungsquerschnitt, den Schnittbedingungen und den Zerspaneigenschaften des Werkstoffs abhängig. Der Schaft muß die statische und dynamische Belastung schwingungsarm aufnehmen; er ist als verlängerter Arm der Werkzeugaufnahme der Tragkörper für einen optimal gestalteten Schneidkeil. Die Steifigkeit von Werkzeug, Werkstück und Maschine beeinflußt die möglichen Schnittdaten.

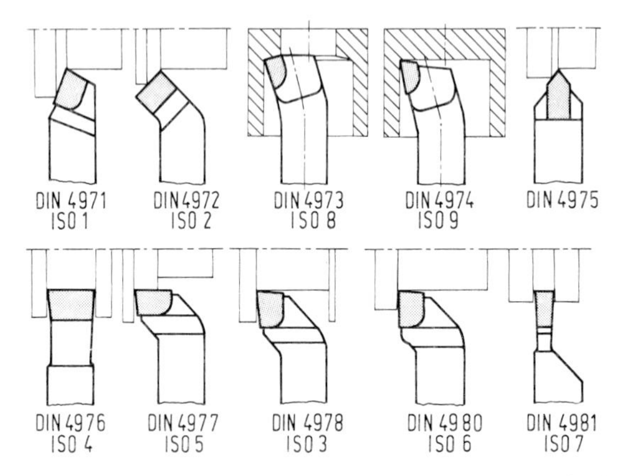


Bild 50. Werkzeugformen und Arbeitsflächen am Werkstück (Schneidplatten aus Hartmetall)

Handelsübliche *Standardwerkzeuge* mit einer Schneide – insbesondere Hartmetallschneiden – werden in der Großserienfertigung bei der Außen- und Innenbearbeitung zunehmend durch mehrschneidige zusammengebaute Werkzeuge ersetzt. Dadurch ergeben sich komplexe Mehrschnitt-Werkzeuge, die als Einheit betrachtet werden müssen.

Bei diesen meist voreingestellten Werkzeugen arbeiten mehrere Schneiden gleichzeitig, so daß in einem Arbeitsgang komplizierte Formen gefertigt werden können.
Schaftformen und -querschnitte sind nach ISO/R 241-1975 und DIN 770 genormt. Bei gewalzten oder geschmiedeten Schäften der herkömmlichen gelöteten Drehwerkzeuge überwiegt der vierkantige Schaftquerschnitt. Beim Innendrehen sind runde oder rund abgesetzte quadratische Schaftquerschnitte üblich. Für allseitig bearbeitete Schäfte mit kleinen Toleranzen sind die Formen rund, vierkantig, trapezförmig und dreieckig in Abmessungen 4 bis 40 mm üblich; sie werden in Revolverdrehmaschinen und von einigen Herstellern von Mehrspindeldrehautomaten bevorzugt.
*Scheibenrundprofilwerkzeuge,* auch Formscheibenstähle genannt, werden in speziellen Fertigungen bei der Innenbearbeitung von Werkstücken kleinen Durchmessers auf Drehautomaten häufig verwendet. Sie werden in ihrer Bohrung auf einem Dorn aufgenommen. Werkzeugdurchmesser und Dorn können nahezu das Maß der vorgearbeiteten Bohrung haben; sie sind deshalb bei kleinen Abmessungen optimal stabil und werden z.B. zum Innen-Profildrehen verwendet. Bei diesen profil-rundgeschliffenen Werkzeugen wird zur Erhaltung des Profils nur die Spanfläche nachgeschliffen. Sie liegt entweder tiefer als eine Ebene durch die Werkzeugachse und in Arbeitsstellung mittig zur Werkstückachse, damit das Werkzeug freischneidet, oder die Spanfläche liegt in einer Ebene der Werkzeugachse, jedoch in Arbeitsstellung tiefer als die Drehachse des Werkstücks, damit ein Freiwinkel vorhanden ist (Bild 51). Die Profilverzerrung muß bei der Herstellung des Werkzeugs berücksichtigt werden. Bei Erfahrungen im Profilrundschleifen werden solche Werkzeuge auch für das Quer-Profildrehen verwendet. Diese Werkzeuge werden aus Schnellarbeitsstahl oder ganz aus Hartmetall, seltener in Stahlausführung mit aufgelöteten Hartmetallschneiden gefertigt. Bei größeren Durchmessern können am Umfang mehrere Schneiden bzw. Spankammern angebracht werden. Die erzeugte Form und deren Genauigkeit am Werkstück ist Spiegelbild der Genauigkeit der Werkzeugschneide.

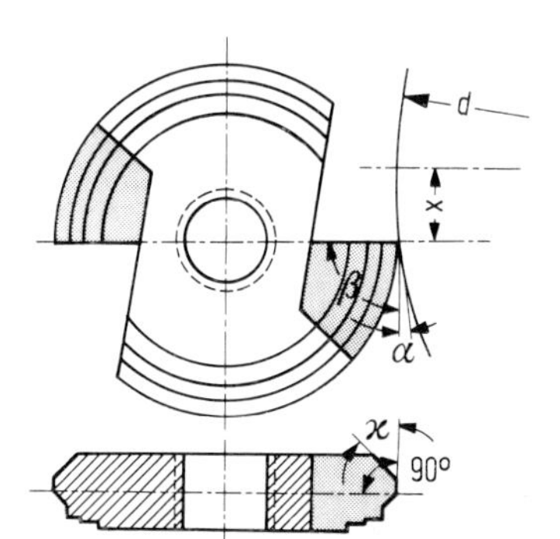


Bild 51. Scheibenrundprofilwerkzeug [33] (Untermittestellung x ergibt Freiwinkel α)

*Tangentialwerkzeuge* besitzen eine meist schwalbenschwanzförmige Aufnahmeeinrichtung. Sie liegen in Arbeitsstellung um den notwendigen Freiwinkel geneigt etwa tangential zur Werkstückoberfläche. Sie werden vorwiegend zum Außendrehen an automatischen Drehmaschinen, z.B. beim Gewindedrehen nach verschiedenen Verfahren oder beim Einstechdrehen eng tolerierter Formen, verwendet. Das genaue Schneidenprofil wird meistens durch Planschleifen der Freiflächen unter dem Profilprojektor erzeugt. Der Nachschliff erfolgt schneidenformerhaltend nur auf der Spanfläche. Die Formgenauigkeit am Werkstück ist weitgehend Spiegelbild der Genauigkeit des Werkzeugschneidenprofils.

*Drehpilze* haben kegelförmige oder zylindrische Schäfte. Die Schneide liegt am Pilzkopf, der mit seinem Umfang schneidet. Drehpilze können feststehend sein oder durch Zerspankraft oder Motorkraft angetrieben sein. Bei feststehenden Drehpilzen ist nur ein Segment im Eingriff. Ist dieses stumpf, kann durch Versetzen ein noch scharfer Teil schneiden. Man erreicht so mehrere Standzeiten bei einem Nachschliff und arbeitet mit kleinen Schnittiefen und großen Vorschüben oder verwendet das Werkzeug zum Nachformdrehen. Bei den im Schnitt rotierenden Drehpilzen ist ein Antrieb durch Motorkraft günstig. Der ziehende Schnitt erzeugt gute Oberflächen. Rotierende Drehpilze werden u.a. zum Überdrehen der Kollektoren in der Elektromotorenfertigung eingesetzt. Der feststehende Drehpilz zum Drehen des Radprofils von Schienenfahrzeugen wurde durch Klemmwerkzeuge mit Wendeschneidplatten weitgehend verdrängt.

*Schneidenform* und *Schneidkeilgeometrie* der Drehwerkzeuge müssen auf die Fertigungsaufgabe abgestimmt sein. Für das Längs-, Plan-, Nachform-, Einstech- und Gewindedrehen sind Schaftwerkzeuge mit Schneiden aus Schnellarbeitsstahl, Hartmetall oder Schneidkeramik weitgehend genormt. Klemmwerkzeuge entsprechen in ihren Formen den gelöteten Werkzeugen. Drehwerkzeuge werden möglichst aus dem Lagerstandard für eine Fertigungsaufgabe gewählt. Gelötete Werkzeuge können beim Verbraucher geschliffen und der Fertigungsaufgabe angepaßt werden; bei Klemmwerkzeugen ist dies meistens nicht möglich. Die Schäfte von gelöteten Werkzeugen werden aus Stahl von 700 bis 800 $N/mm^2$ Festigkeit gefertigt. Die Schneidkörper werden durch Löten (bei Hartmetall), Schweißen (bei Schnellarbeitsstahl), Kleben oder Klemmen auf dem Schaft oder dem Tragkörper befestigt. Klemmwerkzeuge werden aus legiertem Stahl hergestellt und auf etwa 1400 $N/mm^2$ Festigkeit vergütet, damit keine plastische Verformung des Plattensitzes auftritt. Kleine Werkzeuge bestehen oft ganz aus Schneidstoff; auch größere komplizierte Werkzeuge können ganz aus Schneidstoff hergestellt werden; ausschlaggebend ist die kostengünstige Fertigung. Durch eine Klemmbefestigung werden Lötspannungen infolge der unterschiedlichen Wärmeausdehnungskoeffizienten von Schneidstoff und Tragkörper vermieden. Geklemmte Schneideinsätze, insbesondere solche aus hochverschleißfesten Schneidstoffen, sind deshalb höher belastbar als aufgelötete Schneidplatten. Bei hochwertigen Werkzeugen ganz aus Hartmetall nutzt man den hohen Elastizitätsmodul, um geringe Durchbiegung und hohe dynamische Steifigkeit zu erreichen.

*Schneidstoff* und Schneidkeilgeometrie müssen den Zähigkeitsanforderungen einer Fertigungsaufgabe genügen. Der Schneidkeil darf nicht brechen, seine optimale Form soll die Beanspruchung durch Zerspankraft und Zerspantemperatur gering und den Verschleiß der Schneide in zulässigen Grenzen halten. Die vom Schneidkeil, vom Werkstoff und den Schnittbedingungen abhängige Spanbildung und die Richtung des Spanablaufs ist bei automatischen Drehmaschinen ausschlaggebend. Die Bezeichnung der Geometrie ist genormt (ISO 3002/I–1977 und DIN 6581).

Die zweckmäßige Schneidkeilgeometrie für eine Fertigungsaufgabe ist abhängig vom Schneidstoff, Werkstoff, von den Schnittdaten und der Art des Schnittes. Bei Drehwerkzeugen beträgt der Freiwinkel $\alpha = 3$ bis $12°$. Der Spanwinkel, der so groß wie möglich zu wählen ist, liegt im Bereich $\gamma = -20$ bis $+40°$. Der Neigungswinkel beträgt $\lambda = -15$ bis $+10°$. Der Einstellwinkel $\varkappa$ ist durch die Form des Werkzeugs gegeben. Die bei den meisten Werkstoffen zur Spanformung notwendige Spanformstufe, Spanformrille oder ein aufgesetzter Spanformer schließen meistens den Spanwinkel ein. Die Schneidenecke hat eine Rundung $r = 0{,}1$ bis 8 mm. Bei Klemmwerkzeugen sind die Winkel des Schneidkeils durch die (Wende-)Schneidplatte und die Werkzeugkonstruktion gegeben und können nicht immer optimal gewählt werden.

*Sonderwerkzeuge* sind Werkzeuge mit außerhalb der Norm liegenden Anforderungen an Genauigkeit des Schafts, an Lage der Schneide zum Schaft, an abweichende Schaftabmessungen und Schneidkeilgeometrien, auch wenn diese durch nachträgliche Änderung von Standardwerkzeugen erfüllt werden können.

## 5.6.2 Drehwerkzeuge mit Schneiden aus Schnellarbeitsstahl

Schneidplatten aus Schnellarbeitsstahl (DIN 771) werden auf Stahlschäfte aufgeschweißt. Diese Drehmeißel (DIN 4951 bis 4965) werden auch ganz aus Schnellarbeitsstahl oder mit einem Kopf aus Schnellarbeitsstahl gefertigt. Rundprofilwerkzeuge sind in Drehautomaten häufig anzutreffen. Die Fertigungsbetriebe verwenden eine große Zahl nichtgenormter Werkzeuge mit anderen Schneidkeilgeometrien und in anderen Formen. Sie werden aus Drehlingen (DIN 4964) gefertigt, die Kreis- oder Vierkantquerschnitte haben, am Umfang geschliffen und in Stangenabschnitten handelsüblich sind. Kleinbetriebe verwenden oft Sonderkonstruktionen, bei denen Drehlinge in einen Halter geklemmt werden.
Beim Schleifen von Schnellarbeitsstahl ist auf reichliche Kühlschmierstoffzufuhr, kühlschleifende Schleifscheiben und niedrige Schleifscheibenumfangsgeschwindigkeiten zu achten, damit der gehärtete Stahl nicht durch hohe Schleiftemperaturen angelassen wird. Ein Härteabfall von 2 HRC bewirkt einen Standzeitabfall auf 30 bis 40%. Das Abrichten mit einem Edelkorund-Abrichtstein hat den Zweck, die scharfen, geschliffenen Schneiden zu glätten, nicht zu runden. Hartmetall und Schneidkeramik haben in der Serienfertigung beim Drehen von Eisenwerkstoffen den Schnellarbeitsstahl nahezu verdrängt. Er bietet jedoch Vorteile, wenn extrem hohe Zähigkeitsanforderungen vorliegen und die Warmhärte von geringer Bedeutung ist. Wenn der Werkstoff sehr große Spanwinkel und wenn schlanke Werkstücke kleine Schnittkräfte erfordern, sind zur Vermeidung von Schwingungen und bei Aufbauschneiden bildenden Werkstoffen die scharfen Schneiden der Drehmeißel aus Schnellarbeitsstahl unentbehrlich. Aus Kostengründen und wegen der leichteren Schleifbarkeit werden Werkzeuge zum Profil-Einstechdrehen aus Schnellarbeitsstahl bevorzugt.

## 5.6.3 Drehwerkzeuge mit Schneiden aus Hartmetall

Gelötete Werkzeuge, mit Hartmetall bestückt, wurden zunächst den Werkzeugen aus Schnellarbeitsstahl nachgebildet. Im Laufe der Zeit wurden die Schneidplatten aus Hartmetall, die Drehmeißelformen und die Schneidkeilgeometrie den Eigenschaften des weiterentwickelten Hartmetalls angepaßt. Die Platten werden mit Elektrolytkupfer, Silberlot oder Schichtlot aus Silber-Kupfer-Silber auf Stahlschäfte aufgelötet. Schneidplatten aus Hartmetall (Bild 52) werden für die genormten Drehmeißel (Bild 50) sowie für Sonderprofilwerkzeuge verwendet. Bezeichnung und Kennzeichnung erfolgt nach ISO/R 504–1975 und DIN 4982. Die Platten werden bis 50% ihrer Dicke in einen im Schaft eingearbeiteten Plattensitz eingebettet. Bei den Werkzeugen nach DIN-Normen beträgt der Spanwinkel $\gamma$ für das Außendrehen 12°, für das Innendrehen 10°. Der Freiwinkel $\alpha$ beträgt bei den Außendrehmeißeln 6°, bei den Innendrehmeißeln 10°.
Viele oft benötigte Werkzeuge, z. B. für das Gewindedrehen, Nachformdrehen, Innen-Quer-Einstechdrehen, Quer-Profildrehen von Keilriemenscheiben u. a., sind nur in Werksnormen festgelegt (Bild 53). Diese Schneidplatten und die gelöteten Werkzeuge haben den Vorteil, daß ihre Form und Schneidkeilgeometrie der Zerspanaufgabe angepaßt werden kann. Durch Umschleifen können Sonderformen gefertigt werden, deren Herstellung als Einzelstück oder Kleinserie sonst kostenaufwendig ist.

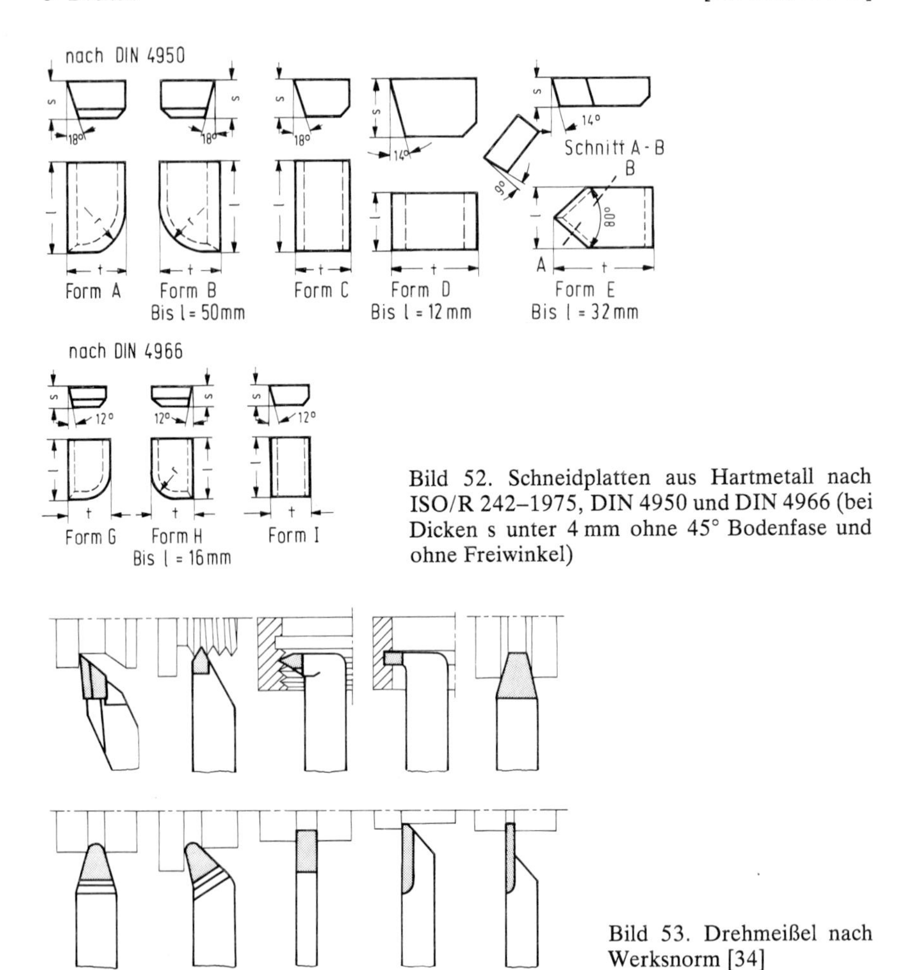


Bild 52. Schneidplatten aus Hartmetall nach ISO/R 242–1975, DIN 4950 und DIN 4966 (bei Dicken s unter 4 mm ohne 45° Bodenfase und ohne Freiwinkel)

Bild 53. Drehmeißel nach Werksnorm [34]

Weil der Wärmeausdehnungskoeffizient von Hartmetall nur etwa halb so groß ist wie der von Stahl, können trotz spannungsmindernder Maßnahmen beim Löten Risse entstehen. Das Löten sehr großer Platten kann Schwierigkeiten bereiten. Unsachgemäßes Schleifen verursacht ebenfalls Risse. Bei Fertigungsumstellungen werden bestimmte Formen und Abmessungen oft zu „Ladenhütern", welche die Betriebe finanziell erheblich belasten.
Die genannten Werkzeuge werden auf Drehmaschinen für das Längs- und Plandrehen als Radialwerkzeuge eingesetzt. Rundprofilwerkzeuge, Tangentialwerkzeuge und Drehpilze in Ganzhartmetallausführung oder mit hartmetallbestückten Tragkörpern aus Stahl sind auf Sonderdrehmaschinen weit verbreitet. Es sind Einzweckwerkzeuge zum Quer-Profildrehen oder Längs-Profildrehen (Kugellager-, Elektromotoren-, Kleindrehteilfertigung, Gewindedrehen und -strehlen).
Drehwerkzeuge mit geklemmten Schneidkörpern haben die gelöteten Drehmeißel bei der Bearbeitung von Eisenwerkstoffen weitgehend verdrängt. Die ersten Klemmhalter waren Tangentialwerkzeuge mit nachschleifbaren prismenförmigen Schneidkörpern, die mit Spannbändern oder Schrauben am Klemmhalter befestigt und nur auf der Spanfläche nachgeschliffen wurden. Erst die Wendeschneidplatten und das Wegwerfprinzip haben

zum breiten Einsatz von Klemmwerkzeugen geführt. Schneller Schneidenwechsel, Wegfall von Schleifarbeiten, gebrauchsfertige Schneiden, Möglichkeit, verschiedene Hartmetallsorten in einem Werkzeug wahlweise einzusetzen, und niedrige Kosten je gebrauchsfertige Schneide gaben den wirtschaftlichen Ausschlag für die Einführung in der Großserienfertigung. In der Einzel- und Kleinserienfertigung sind sie weit verbreitet. Wendeschneidplatten haben gebrauchsfertige Schneiden; sie sollen für kleine Vorschübe und klebende Werkstoffe sowie für die Bearbeitung von Grauguß scharf sein. Für größere Vorschübe und bei Zähigkeitsbelastung ist die Schneide gerundet oder mit einer Fase versehen. Ist eine Schneide stumpf, wird die Schneidplatte gewendet oder gedreht und eine neue Schneide zum Einsatz gebracht. Abhängig von ihrer Form hat eine Wendeschneidplatte zwei bis acht gebrauchsfertige Schneiden. Nach Verbrauch wird die Schneidplatte weggeworfen; ein Nachschleifen widerspricht dem Grundgedanken der Rationalisierung, die Zahl der Formen und Abmessungen der Werkzeuge und Schneidplatten kleinzuhalten, und ist deshalb nur in besonders gelagerten Fällen wirtschaftlich.
Das Bezeichnungssystem für Wendeschneidplatten ist genormt (ISO/DIS 1832-1974 und DIN 4987). In diesem kennzeichnen Buchstaben und Zahlen die Form, Freiwinkel, Toleranz, Merkmale, Größe, Dicke, Schneidenecken sowie Schneidenform und Schneidrichtung der Platten zum Drehen und Fräsen (Bild 54). Die Wendeschneidplatten (ISO/R 883-1975, ISO/DIS 3364-1974 und DIN 4968) benötigen verschiedenartige Klemmhalter. Wichtigste Unterscheidungsmerkmale sind Form, Spanwinkel, Klemmart und ggf. Spanrille. Bei den Platten ohne Spanrille und Keilwinkel $\beta = 90°$ ergibt sich im Klemmhalter bei einem Spanwinkel $\gamma = -6°$ ein Freiwinkel $\alpha = +6°$. Bei einem Keilwinkel von $\beta = 79°$ hat die Platte einen Freiwinkel von $\alpha = 11°$; in handelsüblichen Klemmhaltern ergeben sich Spanwinkel $\gamma = +6°$ und Freiwinkel $\alpha = +5°$. Klemmwerkzeuge mit positiven Spanwinkeln setzen sich immer stärker durch; sie haben zerspantechnische Vorteile. Wendeschneidplatten der Toleranzklasse U und M werden nach dem Sintern am Umfang nicht mehr bearbeitet. Platten mit den engeren Toleranzklassen A bis C werden allseitig geschliffen. Die Toleranzen bedingen die Lage der Schneidenekken im Halter und zum Werkstück. Man verwendet deshalb für Dreharbeiten mit geringen Toleranzansprüchen die preisgünstigen Platten der Klasse U und M, für höhere Ansprüche Platten der Klasse G.
Wendeschneidplatten mit Spanrillen benötigen keinen Spanformer. Eine Spanrille (verschiedene Produkte haben unterschiedliche Rillenformen) formt die Späne nur in einem begrenzten Vorschubbereich zufriedenstellend; ihre optimale Form ist abhängig von Werkstoff, Schnittgeschwindigkeit, Schnittiefe und Vorschub. Diese Platten – meistens mit zylindrischer Bohrung – haben sich nicht nur dort eingeführt, wo ein Aufbau des Klemmsystems des Halters den Spanablauf stören würde. Zahlreiche Sonderkonstruktionen von Klemmhaltern und die dafür benötigten Platten oder Einsätze können infolge von Schutzrechten nur von bestimmten Lieferanten bezogen werden. Klemmplatten für das Nachform-, Gewinde- oder Einstechdrehen sind ebenfalls nur in Werksnormen festgelegt. Wendeschneidplatten in Sonderformen sind nur bei Herstellung in größeren Stückzahlen preisgünstiger.
Klemmhalter haben für die Außen- und für die Innenbearbeitung eine überragende Bedeutung; sie sind in ihrer Form, den Schaftquerschnitten und der Wendeschneidplatte so festgelegt, daß sie an die Stelle genormter, gelöteter Drehwerkzeuge gesetzt werden können. Die Klemmsysteme – Klemmfinger, Klemmpratze oder Einrichtung zum Spannen in der Bohrung – sind bekannter Stand der Technik. Dagegen sind die Spannelemente, die Verstelleinrichtung für den Spanformer und die Spanneinrichtung für Wendeschneidplatten mit Loch meistens firmeneigene, geschützte Ausführungen.

| 1 | 2 | 3 | 4 | 5 | 6 | 7 | 8 | 9 |
|---|---|---|---|---|---|---|---|---|
| Form | Freiwinkel | Toleranzen | Merkmale | Größe | Dicke | Schneidenecke | Schneide Form / Richtung | |

① Form

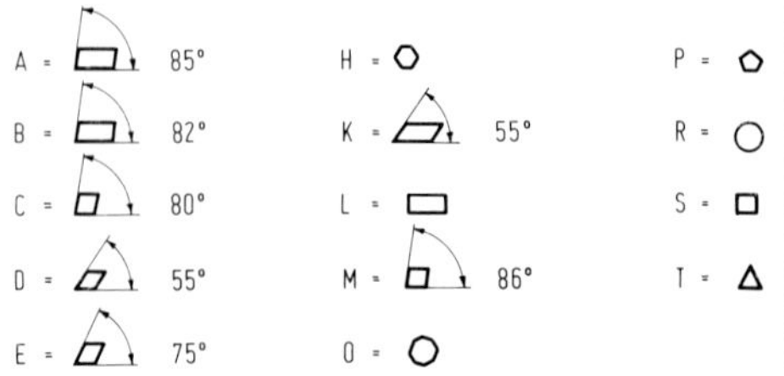

| | | | | | |
|---|---|---|---|---|---|
| A = | 85° | H = | | P = | |
| B = | 82° | K = | 55° | R = | |
| C = | 80° | L = | | S = | |
| D = | 55° | M = | 86° | T = | |
| E = | 75° | O = | | | |

② Freiwinkel

| | | |
|---|---|---|
| A = 3° | D = 15° | G = 30° |
| B = 5° | E = 20° | N = 0° |
| C = 7° | F = 25° | P = 11° |

③ Toleranzen für die Maße m und s bei Toleranzklassen A...U

| | A | B | C | D | E | G | M | U |
|---|---|---|---|---|---|---|---|---|
| m (mm) | 0.005 | 0.005 | 0.013 | 0.013 | 0.025 | 0.025 | b.0.12 | b.0.37 |
| s (mm) | 0.025 | 0.13 | 0.025 | 0.13 | 0.025 | 0.13 | 0.13 | 0.13 |

④ Merkmale

| | Spanrille, | Befestigungsloch |
|---|---|---|
| A | ohne | mit |
| F | auf beiden Spanflächen | ohne |
| G | auf beiden Spanflächen | mit |
| M | auf einer Spanfläche | mit |
| N | ohne | ohne |
| R | auf einer Spanfläche | ohne |
| X | Zeichnung oder Beschreibung erforderlich | |

⑤ Größe
Schneidenlänge, bei runden Platten Durchmesser, in mm ohne Dezimalstellen.

⑥ Dicke
mm, ohne Dezimalstellen, bei einziffrigen Zahlen 0 voransetzen.

⑦ Schneidenecke
Metrische Maße: Eckenradius r in 1/10 mm, bei einziffrigen Kennzahlen wird eine 0 vorangesetzt
ZZ = Zeichnung oder Beschreibung erforderlich

Platten mit Eckenfasen, Nebenschneiden-Einstellwinkel $\varkappa_n$
A = 45° D = 30° E = 15° F = 5°

Freiwinkel an der Eckenfase: A = 3° B = 5° C = 7°
D = 15° E = 20° F = 25° G = 30° N = 0° P = 11°

⑧ Schneidenform
F = scharf E = gerundet T = gefast

⑨ Schneidrichtung
R = rechtsschneidend L = linksschneidend
N = wahlweise rechts- oder linksschneidend

Beispiel 1: TNUN 160408

T – Dreieck; N – 0°; U – m = ± 0.13 mm; s = ± 0.13 mm; N – ohne Spanrille, ohne Befestigungsloch; 16 – 16 mm; 04 – 4,76 mm; 08 – r = 0.8 mm

Beispiel 2: SPAN 1204 ED (Fräsplatte)

S – Quadrat; P – 11°; A – m = ± 0.005 mm; s = ± 0.025 mm; N – ohne Spanrille, ohne Befestigungsloch; 12 – 12.7 mm; 04 – 4,76 mm; ED – Winkel d. Nebenschneidenfase: 15°, Frei ∢ a. d. Fase: 15°

Bild 54.
Bezeichnung von Wendeschneidplatten nach DIN 4987

Das genormte Bezeichnungssystem für einschneidige Klemmwerkzeuge beschreibt durch zwölf Stellen die Konstruktion und die Abmessungen; zwei Stellen können für die Typenbezeichnung des Herstellers hinzugefügt werden (Bild 55). Bedeutung der Buchstaben siehe ISO/DP 5608, DIN 4983.

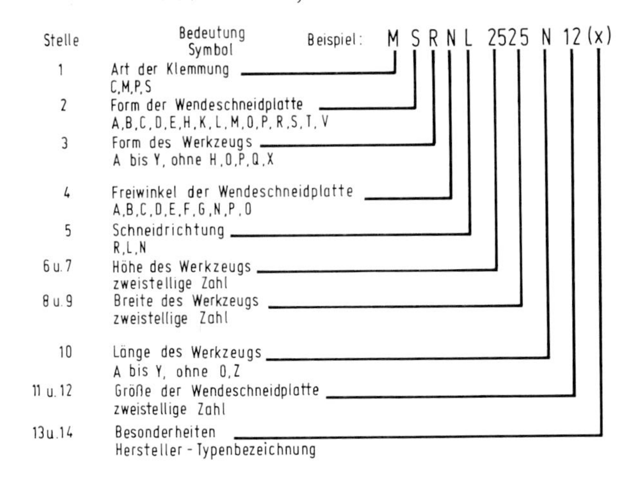


Bild 55.
Bezeichnung von Klemmwerkzeugen

Folgende Arten der Klemmung sind gebräuchlich (Bild 56):
Klemmhalter, bei denen die Wendeschneidplatten unmittelbar durch einen Klemmfinger gespannt werden (Bild 56 A):
Klemmhalter mit Spanformer, ein Klemmfinger spannt Spanformer und Wendeschneidplatte, durch Einbau von Spanformplatten verschiedener Länge erreicht man verschieden breite Spanformstufen (Bild 56 B):
Klemmhalter mit einem Mechanismus, der eine stufenlose Einstellung der Spanformstufenbreite ermöglicht (Bild 56 C):
Klemmhalter mit in Stufen verstellbarem Spanformer durch Verzahnung oder Raster; Klemmhalter für Wendeschneidplatten mit Befestigungsloch, Spannung durch Winkelhebel (Bild 56 D) oder die Schraubenbefestigung (Bild 56 E u. F) sind handelsüblich.

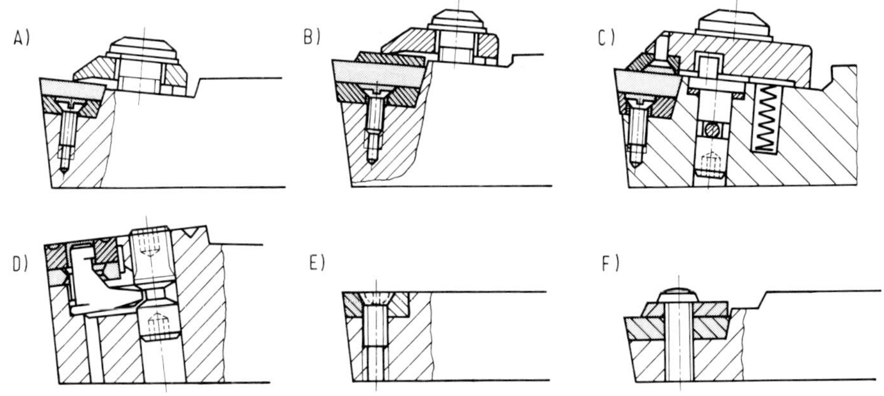


Bild 56. Halter für Wendeschneidplatten (nach [34])
A) mit Klemmfinger, B) mit Spanformer und Klemmfinger, C) mit Exzenter und Klemmpratze, D) mit Winkelhebel für Lochspannung, E) mit Schraubenbefestigung einer Schneidplatte, F) mit Schraubenbefestigung von Schneidplatte und Spanformer

Jeder Halter benötigt Ersatzteile für die dem Verschleiß ausgesetzten Spannelemente und Auflageplatten für die Schneidplatte; sie sollten mit den Klemmhaltern disponiert werden.
Kurzklemmhalter (Bild 57) haben kleine Schaftabmessungen und sind Bauteile für rundlaufende Werkzeuge. Sie können im Werkzeugträger axial oder radial durch Schrauben oder Keile auf die gewünschte Höhe und den benötigten Durchmesser justiert werden.
Bohrstangeneinsätze (Bild 58) sind Bauelemente, die in Bohrstangen oder kombiniert mit Kurzklemmhaltern, in Sonderwerkzeugen für die Innenbearbeitung eingebaut werden. Verschiedenartige Werkzeugformen lassen sich so mit geringem Aufwand herstellen. Sonderwerkzeuge können kostengünstig mit den Ersatzteilen für die Serienklemmhalter hergestellt werden. Innenbearbeitungswerkzeuge mit Wendeschneidplatten werden unter Verwendung von serienmäßigen Kurzklemmhaltern und Bohrstangeneinsätzen hergestellt (Bild 59).

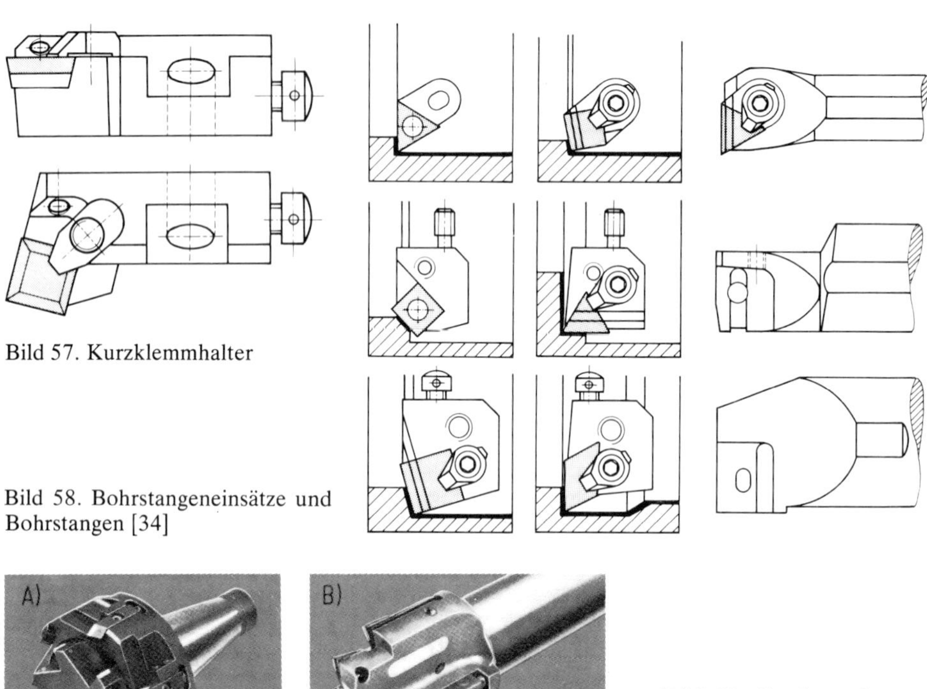

Bild 57. Kurzklemmhalter

Bild 58. Bohrstangeneinsätze und Bohrstangen [34]

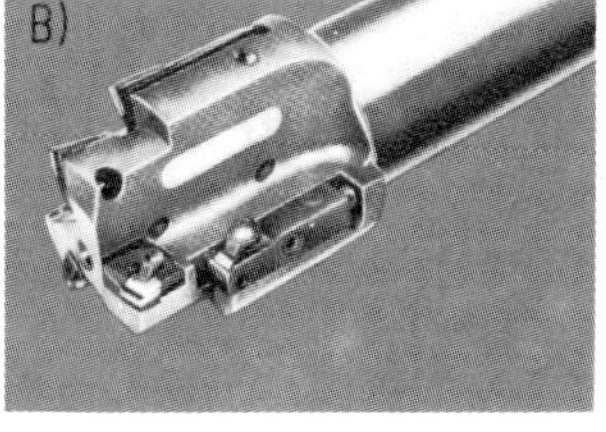


Bild 59. Sonderwerkzeuge für Innenbearbeitung [34]
A) Bohrkopf, B) Bohrstange

Die wirtschaftliche Grenze von Wendeschneidplatten ist z. Z. die quadratische Platte mit 25,4 mm Schneidenlänge und die dreieckige Platte mit 27,5 mm Schneidenlänge. Klemmhalter für diese Platten haben Schaftquerschnitte von $50 \times 50$ mm. Werden Schnittiefen über 23 mm verlangt, können mehrere Wendeschneidplatten im Halter versetzt angeordnet werden. Drehwerkzeuge für die Schwerzerspanung erfordern wegen der hohen Beanspruchung dicke Schneidplatten. Schäfte mit Querschnitten bis $100 \times 100$ mm werden mit plangeschliffenen Platten für gelötete Werkzeuge bestückt, die an

Span- und Freiflächen nachgeschliffen werden. Die ursprüngliche Lage der Platte wird durch Hinterlegen mit Distanzblechen gesichert. Auf Schwerzerspanungswerkzeuge haben sich einige Werkzeughersteller spezialisiert.
Sonderwerkzeuge mit nicht genormten, geklemmten Schneidkörpern oder Platten werden zum Gewindedrehen, Gewindestrehlen, zum Einstechen von Nuten, Rundungen oder Schleifeinstichen verwendet. Für NC-Maschinen werden besondere Werkzeugsysteme angeboten. Zum Schälen auf Schälmaschinen dienen Schälköpfe mit mehreren Schälmessern, deren Schneidenlagen justiert werden. Die Grenze zwischen Standard- und Sonderwerkzeug ist nicht eindeutig. Bewährt sich ein Sonderwerkzeug, werden weitere Einsatzmöglichkeiten gesucht; es wird dann als erprobtes Semistandardwerkzeug angeboten und ggf. später als Standardwerkzeug in das Lieferprogramm aufgenommen. Aus wirtschaftlichen Gründen der Lagerhaltung werden bei Neuentwicklungen bisherige Standardwerkzeuge noch als Sonderwerkzeuge geliefert. Dadurch können Fertigungsbetriebe auslaufende Werkzeugtypen noch verwenden, bis eine Umstellung möglich ist.

## 5.6.4 Drehwerkzeuge mit Schneiden aus Schneidkeramik

Schneidkeramik aus Aluminiumoxid ($Al_20_3$) ohne oder mit Zusätzen aus Metallkarbiden wird ausschließlich in Form von Wendeschneidplatten (DIN 4969) geliefert. Zwar ist nach Metallisierung der Oberfläche eine Lötverbindung mit Stahl möglich, jedoch führen beim Einsatz solcher Werkzeuge Lötspannungen zu Rissen. Aufgrund der Eigenschaften wird Schneidkeramik fast ausschließlich als Wendeschneidplatte mit einem Keilwinkel $\beta = 90°$, also im Klemmhalter mit negativem Spanwinkel verwendet. Die Platten werden mit einem Finger oder einer Spannpratze geklemmt. Eine Befestigung mit Hilfe eines Befestigungslochs ist bis heute wegen der Bruchempfindlichkeit nicht üblich. Platten mit Spanformrillen sind nicht marktgängig. Im Vergleich zu Hartmetall umfassen die als Standard geführten Schneidkeramik-Wendeschneidplatten, bedingt durch die relativ hohe Bruchempfindlichkeit der Schneidkeramik und ihre Nichteignung für Leichtmetalle, hochlegierte Werkstoffe und Kunststoffe, nur wenige Formen und Abmessungen. Der Einsatz erfolgt überwiegend auf Eisengußwerkstoffen und auf niedrig legiertem Stahl ab 700 $N/mm^2$ Festigkeit. Schneidkeramik verlangt im Vergleich zu Hartmetall P 10 größere Keil- und Eckenwinkel.
Die Bezeichnung der Wendeschneidplatten aus Schneidkeramik erfolgt analog denjenigen aus Hartmetall (Bild 54, ISO/DIS 1832-1974 und DIN 4987). Die Schneiden haben zur Verringerung ihrer Empfindlichkeit auf Bröckelungen und Ausbrüche, je nach Einsatzbedingungen, Fasen von 0,05 bis 0,30 mm Breite unter einem Fasenspanwinkel $\gamma_f = -15$ bis 25° (Bild 60). Bei leichten und mittelschweren Schnitten werden Schneidplat-

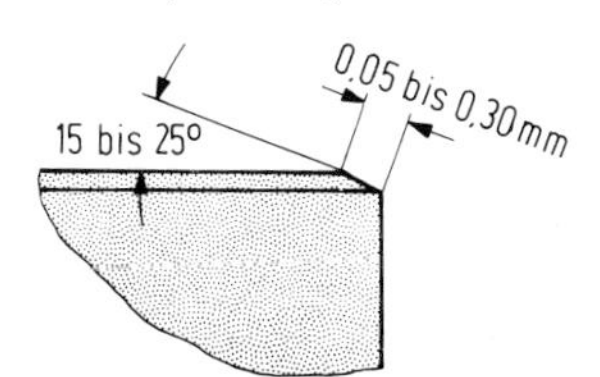


Bild 60. Schneidenfasen bei Schneidkeramik

ten in 4,76 mm Dicke – entsprechend der Dicke der Hartmetall-Wendeschneidplatten – in handelsüblichen Klemmhaltern mit negativem Spanwinkel eingesetzt. In diesen sind ohne Änderungen am Werkzeug Hartmetall- gegen Keramik-Wendeschneidplatten austauschbar. Für Beanspruchung auf Zähigkeit und extreme Schnittgeschwindigkeiten

werden Platten in 8,0 mm Dicke geliefert, die in speziellen Haltern für Schneidkeramik oder nach Austausch der Auflageplatte in Klemmhaltern für Hartmetall-Wendeschneidplatten eingesetzt werden. Wendeschneidplatten mit Freiwinkeln von $\alpha = 11$ bis $7°$ haben nur geringe Bedeutung; sie können in Klemmhaltern für Hartmetall mit positivem Spanwinkel eingesetzt werden. Auch diese Platten haben meist Schneidenfasen von 0,05 mm Breite unter einem Fasenspanwinkel von 20°.
Wendeschneidplatten aus Schneidkeramik benötigen eine ebene Auflage, um Biegebruch auszuschließen. Punktförmige Belastung führt zu Spannungen, die Plattenbruch verursachen können; Klemmkräfte in Schneidennähe bewirken höheren Verschleiß der Schneide. Bei hohen Schnittgeschwindigkeiten ergeben sich beim Drehen von Stahl nichtgebrochene Wirrspäne. Der Spanformung mit Hilfe einer Spanformplatte aus Hartmetall ist besondere Beachtung zu widmen. Ruckartige Bewegungen des entlasteten Werkzeugträgers werden durch eine besondere An- und Ausschneidtechnik vermieden. Mit einem besonderen Werkzeug oder dem mittleren Teil der Schneide einer Wendeschneidplatte werden zuerst die harten Kanten der zu bearbeitenden Flächen am Werkstück angeschrägt. Durch Schnittaufteilung wird bei Werkstücken, die von zwei Seiten bearbeitet werden müssen, Anschnitt und Ausschnitt entschärft.
Für Innenbearbeitungswerkzeuge können – analog denen mit Hartmetall-Wendeschneidplatten – aus Kurzklemmhaltern und Bohrstangeneinsätzen und deren Bauteilen mehrschneidige Werkzeuge in einem Werkzeugträger zusammengesetzt werden. Der Werkzeugträger muß die zum Ablauf der Späne notwendigen Ausnehmungen oder Spanräume haben.

### 5.6.5 Drehwerkzeuge mit Diamantschneiden und Schneiden aus polykristallinen Stoffen

Die Werkzeuge werden nach den Erfahrungen der Hersteller in quadratischen, rechtekkigen und runden Schaftquerschnitten gefertigt. Der Einkorndiamant ist in einer Ausnehmung des Schafts eingelötet; von der Achsrichtung des Kristalls sind der Verschleiß und die Belastbarkeit abhängig. Wegen der Stoßempfindlichkeit und der begrenzten Größe wird der Einkorndiamant nur zum Feinschlichten, Glanzdrehen und -fräsen einiger Nichteisenmetalle eingesetzt. Durch Schleifen und Polieren kann beim Einkristall eine glatte Schneide ohne Unterbrechung durch Kristallgrenzen oder Gefügebestandteile hergestellt werden. Üblich sind Facettenschliff und Sonderanschliffe. Zum Schleifen und Umsetzen der Diamanten werden die Werkzeuge meist an die Lieferfirma eingeschickt. Die Grenzen der Anwendung sind durch die Sprödigkeit und Zerspantemperatur bedingt. Mit Sauerstoff, Eisen und anderen Elementen kann eine chemische Reaktion auftreten; für das Drehen von Eisenwerkstoffen ist Diamant deshalb nicht geeignet. Man erhält wegen der Schneidenschärfe und der geringen Klebeneignung bei der Feinbearbeitung von Nichteisenmetallen hochwertige Oberflächen.
Bei der Feinbearbeitung beträgt die Schnittiefe $a = 0{,}01$ bis 0,1 mm, der Vorschub etwa $s = 5$ bis 30 μm. Die Halterung des Diamantdrehwerkzeugs wird, um Schwingungen zu vermeiden, zweckmäßig aus Hartmetall ausgeführt. Diamantwerkzeuge mit Spanwinkel $\gamma = 0$ bis $5°$ (höchstens bis $10°$) schneiden Werkstoffe mit ungleich harten Zonen glatt durch; es entstehen Fließspäne in Form von Wendeln. Beim Glanzdrehen auf Feindrehmaschinen hängen Oberflächengüte und Glanzbildung vorwiegend vom negativen Fasenspanwinkel $\gamma_f = 0$ bis $-8°$ und vom Fasenfreiwinkel $\alpha_f = 0{,}5$ bis $1°$ mit einer Fasenbreite von 0,1 mm ab. Der negative Spanwinkel erzeugt eine elastische Verfor-

mung des Werkstoffs; federt dieser gegen die polierte Freiflächenfase zurück, entsteht durch den Reibdruck die glänzende Oberfläche. Einige Halter für Diamantdrehen haben horizontale und vertikale Einstellmöglichkeiten; das Werkzeug kann geneigt werden. Dadurch wird der Fasenfreiwinkel und der Polierdruck eingestellt, die so verdichtete Oberfläche glänzt.

Mit polykristallinen Diamantschneidplatten werden Werkzeuge und Wendeschneidplatten bestückt (Bild 61). Der Schneidstoff besteht aus einer etwa 0,6 mm dicken Diamantschicht mit Binder, die durch Hochdruck-Hochtemperatursynthese unlösbar auf eine Hartmetallunterlage aufgebracht ist. Dieser Schneidstoff ist infolge des polykristallinen Aufbaus und der Verbindung mit der Hartmetall-Trägerplatte unempfindlicher als der monokristalline Diamant. Er erlaubt größere Schnittiefen und eignet sich besser für das Drehen mit unterbrochenem Schnitt. Die Werkzeugformen sind Werksnorm oder werden vom Verbraucher in Verbindung mit dem Hersteller festgelegt. Wendeschneidplatten mit einer Schneidenecke aus polykristallinem Diamant können in den handelsüblichen Hartmetall-Wendeschneidplatten-Haltern eingesetzt werden. Die Größe der Schneidkörper gestattet eine Schneidenlänge bis 4 mm. Sie sind geeignet für das Drehen von Aluminium- und Kupferlegierungen bei hohem Verschleißangriff und für Kunststoffe ohne oder mit Füllstoffen.

Mit polykristallinem Bornitrid bestückte Werkzeuge unterscheiden sich von den polykristallinen Diamantschneiden in ihrem Anwendungsbereich durch andere physikalisch-mechanische Eigenschaften. Polykristalle auf der Basis Diamant sind härter als solche aus Bornitrid; letztere sind jedoch an Wärmebeständigkeit wesentlich überlegen. Bornitrid ist chemisch inaktiv auf Eisenwerkstoffe und deshalb auch zur spanenden Bearbeitung von Eisenwerkstoffen ab einer Härte von 45 HRC sowie Legierungen auf Nickel- und Kobaltbasis ab einer Härte von 35 HRC geeignet. Schneidplatten zum Auflöten sowie eine Vielfalt von runden, quadratischen und dreieckigen Einsätzen bzw. Wendeschneidplatten sind erst seit kurzem handelsüblich (Bild 62). Polykristallines Bornitrid kann mit Diamantschleifkörpern nachgeschliffen werden. Die Werkzeugformen sowie der technische Einsatz sollten in Abstimmung mit dem Lieferanten festgelegt werden. Dieser neue Schneidstoff kann Bearbeitungsprobleme insbesondere an harten Werkstoffen lösen; die Spanungsquerschnitte entsprechen etwa denjenigen beim Drehen mit Diamant.

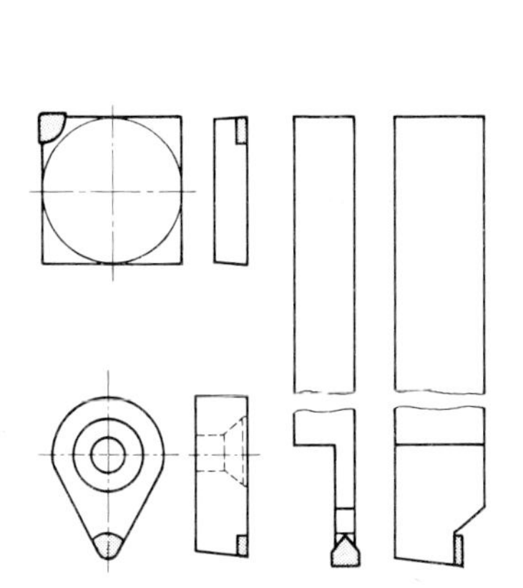

Bild 61. Werkzeuge mit polykristallinen Diamantschneiden

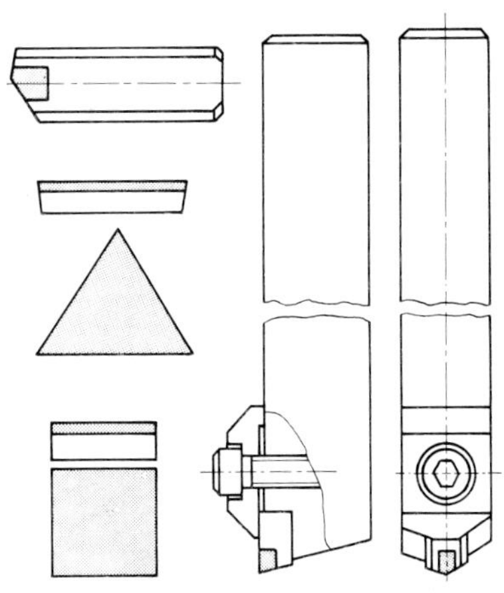

Bild 62. Werkzeuge mit Schneiden aus polykristallinem Bornitrid

# 5.7 Bearbeitung auf Drehmaschinen

## 5.7.1 Universaldrehmaschinen

**Dipl.-Ing. E. Köhler, Göppingen**

### 5.7.1.1 Allgemeines

Die Universaldrehmaschine ist in Betrieben mit Einzel- und Kleinserienfertigung die am häufigsten vertretene Fertigungseinrichtung. Für die unterschiedlichen Werkstückfamilien werden von den Herstellerfirmen zahlreiche Varianten angeboten, um einen wirtschaftlichen Einsatz über einen weiten Bereich fertigungstechnischer Anforderungen zu ermöglichen. Zu den Universaldrehmaschinen werden sowohl die handbedienten Leit- und Zugspindel-Drehmaschinen als auch universell einsetzbare programmgesteuerte Drehmaschinen gerechnet.
Um eine Drehmaschine möglichst universell einsetzen zu können, sollen möglichst vielfältige Werkstückformen fertig bearbeitbar sein, der Bearbeitungsbereich von der Schwerzerspanung bis zum Feindrehen mit hoher Fertigungsqualität reichen und die Fertigungskosten für ein möglichst großes Teilespektrum niedrig sein.
Die genannten Gesichtspunkte stehen teilweise im Widerspruch zueinander. So bedingen z. B. die ersten beiden Forderungen hohe Maschinenpreise und stellen damit die Wirtschaftlichkeit wieder in Frage. Statistische Untersuchungen über die Ausnutzung von Werkzeugmaschinen haben gezeigt, daß es zweckmäßig ist, auch Universaldrehmaschinen für einen begrenzten Umfang ähnlicher Teile zu beschaffen [35]. Je nach der Häufigkeitsverteilung bestimmter Werkstückformen, wie Futterteile, Wellenteile, oder Art der Zerspanung, wie Schruppzerspanung oder Feindrehen, sollte auch der Drehmaschinenpark auf diese Situation abgestimmt sein. Andererseits wird z. B. für einen Reparaturbetrieb der Schwerpunkt auf den ersten beiden Forderungen liegen und die Wirtschaftlichkeit der Maschine für das gesamte Teilespektrum nicht im Vordergrund stehen.
Universaldrehmaschinen werden in vielfältigen Größen, in veränderlichen Grundausführungen und mit zahlreichen Zusatzeinrichtungen angeboten.
Für die Maschinengröße sind der größte Drehdurchmesser über der Bettführungsbahn und die größtmögliche Drehlänge kennzeichnend. Mit diesen Werten und dem Drehdurchmesser über dem Planschieber liegt im wesentlichen der maximale Arbeitsbereich fest. Aus dem Verhältnis von Drehdurchmesser über Bett und Planschieber kann die Steifigkeit des Schlittens und damit oft die Schwere der Maschine abgeleitet werden.
Von den Herstellern wird angestrebt, Maschinen mit lückenlos gestuften oder sich überschneidenden Arbeitsbereichen anzubieten. Der häufigste Stufungsfaktor der Spitzenhöhen liegt bei etwa 1,2. Für Maschinen des mittleren Durchmesserbereichs sind je Typenreihe bis zu drei Erhöhungen der Spitzenhöhe üblich. Universaldrehmaschinen werden überwiegend im Drehdurchmesserbereich von 200 bis 800 mm und Drehlängen zwischen 1000 und 2500 mm gebaut. Aber auch Maschinen bis zu 10 m Drehlänge und mehr werden angeboten.
Die verschiedenen Ausführungen der Universaldrehmaschinen sind im Prinzip ähnlich aufgebaut. Am häufigsten werden Drehmaschinen mit Waagerechtbett ausgeführt. Mit der Entwicklung zum Hochleistungsdrehen wurden zur Erzielung eines günstigen Spänefalls teilweise auch bei Universaldrehmaschinen Schrägbettanordnungen entwickelt [36]. Sonderbauformen, wie Kurz-, Futter- oder Senkrecht-Drehmaschinen sind teilweise für den universellen Einsatz ausgelegt und ebenfalls den Universaldrehmaschinen zuzurech-

nen. Besonders erwähnenswert ist die sog. Schiebebettmaschine. Hier kann das eigentliche Maschinenbett auf einem Unterbett so verstellt werden, daß unter dem Werkstückspindelkopf ein variabler Freiraum für extrem sperrige Werkstücke entsteht.
In Tabelle 2[1] wird ein Überblick über die verschiedenen auf der Universaldrehmaschine üblichen Bearbeitungsmöglichkeiten auch unter Brücksichtigung des Einsatzes von Zusatzeinrichtungen gegeben.

Universaldrehmaschinen werden auch entsprechend der Auslegung für bestimmte technologische Bereiche unterteilt, wie die Schwerzerspanung, Hochgeschwindigkeitszerspanung oder Feinstzerspanung. In Tabelle 3 sind fertigungstechnische Zusammenhänge für diese Maschinenarten angegeben.
Universaldrehmaschinen können durch den Anbau einfacher Zusatzeinrichtungen noch universeller und wirtschaftlicher in der Einzel- und Kleinserienfertigung eingesetzt werden. Besonders mit hydraulischen Zusatz-Nachformgeräten lassen sich beachtliche Einsparungen in den Haupt- und Nebenzeiten bestimmter Werkstückfamilien erzielen. Oft genügt ein einfacher zusätzlicher Werkzeughalter, um durch den gleichzeitigen Einsatz mehrerer Werkzeuge die Hauptzeit wesentlich zu senken. Ein Beispiel hierfür ist die Bearbeitung von Buchsen, deren Bohrung mit einer Bohrstange und deren Außenzylinder mit einem Drehmeißel gleichzeitig überdreht werden kann. Durch den Einsatz von numerischen Steuerungen ist die Wirtschaftlichkeit der automatisierten Drehmaschine nicht mehr wie bisher auf ein eng begrenztes Teilespektrum beschränkt, sondern für einen wesentlich größeren Umfang von Werkstückformen und Losgrößen gegeben. Auch beim NC-Drehen ist es in bestimmten Fällen wirtschaftlich, mit mehreren Werkzeugen gleichzeitig zu arbeiten [37].

[1] Die in Tabelle 2 benutzte Terminologie der Praxis weicht in einigen Punkten von den Ausführungen im Abschnitt 5.2 ab.

Tabelle 2. Bearbeitungsmöglichkeiten auf Universaldrehmaschinen

Drehen

| 1. längs und plan, Einschnittverfahren | 2. längs und plan, Mehrschnittverfahren | 3. Gewindedrehen | 4. Nachformdrehen, hydraulisch und elektrohydraulisch | 5. Nachformdrehen, mechanisch | 6. Revolverdrehen |
|---|---|---|---|---|---|
| 1.1. mit Herzklaue auf Obersupport | 2.1. mit Mehrfachdrehmeißelhalter auf Obersupport | 3.1. mit normalem Obersupport und Gewindeuhr | 4.1. Längs- mit Nachformgerät auf Bettschlitten | 5.1. Kegeldrehen mit Kegellineal | 6.1. mit Handrevolverschlitten |
| 1.2. mit Vierfachhalter auf Obersupport | 2.2. mit zwei Obersupporten auf getrennten Planschiebern | 3.2. mit Gewindeobersupport und autom. Zustellung | 4.2. Plan- mit Nachformgerät auf Planschieber | 5.2. mechanisches Nachformdrehen | 6.2. mit Handrevolverschlitten u. normalem Bettschlitten |
| 1.3. mit Schnellwechselhalter auf Obersupport | 2.3. mit vorderem Obersupport und Messerbock auf langem Planschieber | 3.3. mit Gewindedreheinrichtung anstelle des Obersupports | 4.3. Universal- mit Nachformgerät auf getrennten Planschiebern | 5.3. mechanisches Balligdrehen | 6.3. mit automatischem Revolverschlitten |
| 1.4. mit autom. Mehrfachschwenkrevolver auf Planschieber | 2.4. Einstechdrehen mit Einstechsupport auf Planschieber | 3.4. mit automatischer Gewindedreheinrichtung | 4.4. Verbund- mit Obersupport und Nachformgerät | 5.4. Ovaldrehen mit mechanischer Ovaldreheinrichtung | |
| 1.5. Drehmeißelspannbock mit autom. Werkzeug-Wechselmagazin | | 3.5. mit Gewindeschneidkopf auf Obersupport | 4.5. Unrund-mit Nachformgerät und Meisterwellenantrieb | 5.5. Kugeldrehen mit Kugeldrehsupport | |
| | | | 4.6. Umriß- mit steuerbarem Antrieb für Bettschlitten und Planschieber | | |

| Bohren | | Fräsen und Wirbeln | |
|---|---|---|---|
| 1. Bohren | 2. Tieflochbohren | 3. Fräsen | 4. Wirbeln |
| 1.1. mit Werkzeughalter auf Planschieber | 2.1. mit BTA-Bohreinrichtung | 3.1. mit Werkzeug auf Drehmaschinenspindel und Werkstückaufspannvorrichtung | 4.1. Gewindewirbeln innen und außen mit Wirbelgerät auf Planschieber |
| 1.2. mit Reitstockpinole | 2.2. mit Ejektor-Bohreinrichtung | 3.2. mit Fräseinrichtung auf Planschieber | 4.2. Nutenwirbeln mit Wirbelgerät auf Planschieber |
| 1.3. mit Bohrreitstock | 2.3. mit Einlippen-Bohreinrichtung | 3.3. Nachformfräsen mit Fräseinrichtung auf Nachformgerät | 4.3. Kugelwirbeln mit Wirbelgerät auf Planschieber |
| | | 3.4. Nachformfräsen (Umrißverfahren) mit Fräseinrichtung auf Planschieber | 4.4. Extruderschnecken wirbeln mit Wirbelgerät und Einrichtung für veränderliche Steigung |

| Schleifen und Honen | | Schälen | Umformen |
|---|---|---|---|
| 1. Schleifen | 2. Honen, Polieren | 3. Schälen | 4.1. Gewindewalzen mit Walzkopf am Obersupport |
| 1.1. Längs-Rundschleifen mit Schleifeinrichtung auf Planschieber | 2.1. Langhubhonen mit Langhub-Honeneinrichtung auf Bettschlitten | 3.1. mit Schäleinrichtung auf Planschieber | 4.2. Feinwalzen mit Walzeinrichtung auf Obersupport |
| 1.2. Plan-Rundschleifen mit Schleifeinrichtung auf Planschieber | 2.2. Polieren mit Poliereinrichtung auf Planschieber | | 4.3. Drücken mit Drückwerkzeugen |
| 1.3. Nachform-Rundschleifen mit Schleifeinrichtung auf Planschieber | 2.3. Kurzhubhonen mit Kurzhub-Hongerät | | 4.4. Federwickeln |
| 1.4. Bandschleifen mit Bandschleifgerät auf Planschieber | | | |

Tabelle 3. Merkmale und Arbeitsbereiche von Universaldrehmaschinen für die Schwer-, Hochgeschwindigkeits- und Feinstzerspanung

| | Schwerzerspanung | Hochgeschwindigkeitszerspanung | Feinstzerspanung |
|---|---|---|---|
| Maschinenkennwerte | Mehrmeißeleinsatz, Spannmittel mit hoher Spannkraft, hohe Antriebsleistung, hohe Steifigkeit | Mehrmeißeleinsatz, Spannmittel mit hoher Spannkraft, hohe Antriebsleistung, hohe Steifigkeit, hohe Drehzahlen, Laufruhe, Abdeckung des Arbeitsraums | hohe Drehzahlen, Abdeckung des Arbeitsraums, Genauigkeit |
| vorzugsweise einzusetzende Schneidstoffe | Hartmetall, Keramik | beschichtete Hartmetalle, Keramik | Keramik, Diamant |
| vorzugsweise Einsatz für | beliebigen Werkstoff | Werkstoffe, die hohe Schnittgeschwindigkeiten zulassen: z.B. Grauguß, Kohlenstoff-Stähle, Vergütungsstähle usw. | Grauguß, Kohlenstoffstähle, NE-Metalle usw. |
| Schnittgeschwindigkeitsbereiche [m/min] | bis 150 (250) | (250) bis 400 bis (600) | (500) bis 800 bis (1200) |
| Vorschubbereiche [mm] | bis 1,0 | bis 0,6 | bis 0,2 |
| Arbeitsbeispiele | Werkstückspindeln, Walzen, Wellen, Büchsen, Räder | Walzen, Wellen, zyl. Büchsen, Räder, Gußflansche | Walzen, Lagerbüchsen, Kollektoren, Aluminium-Gehäuse |

### 5.7.1.2 Konstruktiver Aufbau

Der Aufbau der Universaldrehmaschinen soll hier vorwiegend aus fertigungstechnischer Sicht betrachtet werden. In Bild 63 sind in einer Übersicht die wichtigsten Baugruppen mit ihren Varianten aufgeführt, die für die Drehbearbeitung von besonderer Bedeutung sind. Zur Übersicht werden die Baugruppen in die Bereiche Werkstückantrieb, Werkstückspannung und -abstützung, Vorschubantrieb- und Werkzeugführung sowie Werkzeugträger und Werkzeugsystem unterteilt.
Der Maschinenaufbau entspricht bei den meisten Maschinenausführungen im Prinzip der Maschine in Bild 64. In den folgenden Ausführungen soll der Stand der Technik zu den einzelnen Hauptbereichen erläutert werden.
Wichtigste Funktionsgruppen für den technologischen Prozeß sind in diesem Bereich der Antriebsmotor, das Hauptgetriebe und die Hauptspindel. Antriebsmotoren und Hauptgetriebe werden bei heutigen Universaldrehmaschinen so ausgelegt, daß ein großer Drehzahlbereich bei konstanter Leistung erreicht wird.

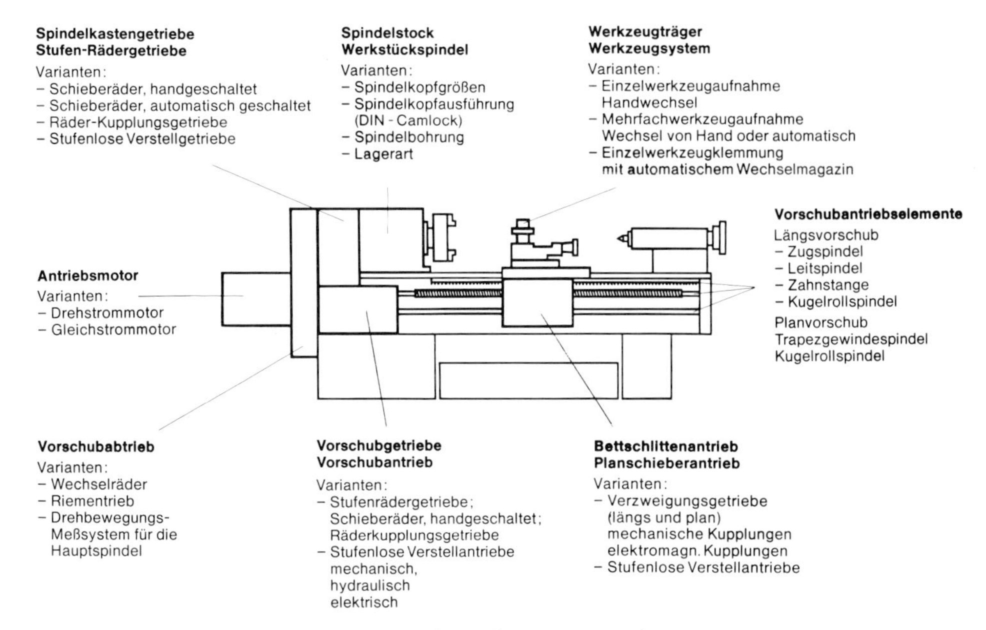


Bild 63. Aufbau von Universaldrehmaschinen; Baugruppenvarianten

Bild 64. Universaldrehmaschine für Handbedienung

Bei handbedienten Drehmaschinen ist der einstufige Drehstrommotor zusammen mit einem mehrstufigen handgeschalteten Schieberädergetriebe die kostengünstigste und für die meisten Einsatzfälle die wirtschaftlichste Lösung. Die übliche Anzahl von Drehzahlstufen liegt je nach Maschinengröße zwischen 18 und 24 mit einem Gesamtdrehzahlbereich zwischen 50 und 200 $min^{-1}$. Die Drehzahlen werden in der Regel geometrisch gestuft. Der übliche Stufensprung beträgt 1,25, in Einzelfällen auch 1,4 oder 1,12.
Für eine Universaldrehmaschine mit handgeschalteter Lamellenkupplung und Elektromagnetbremse im Spindelkasten für einen Drehdurchmesserbereich bis 800 mm sind in Bild 65 das Drehzahl-Schaubild, der Bereich des zulässigen Massenträgheitsmoments und der Leistungs-Drehmomentverlauf dargestellt.

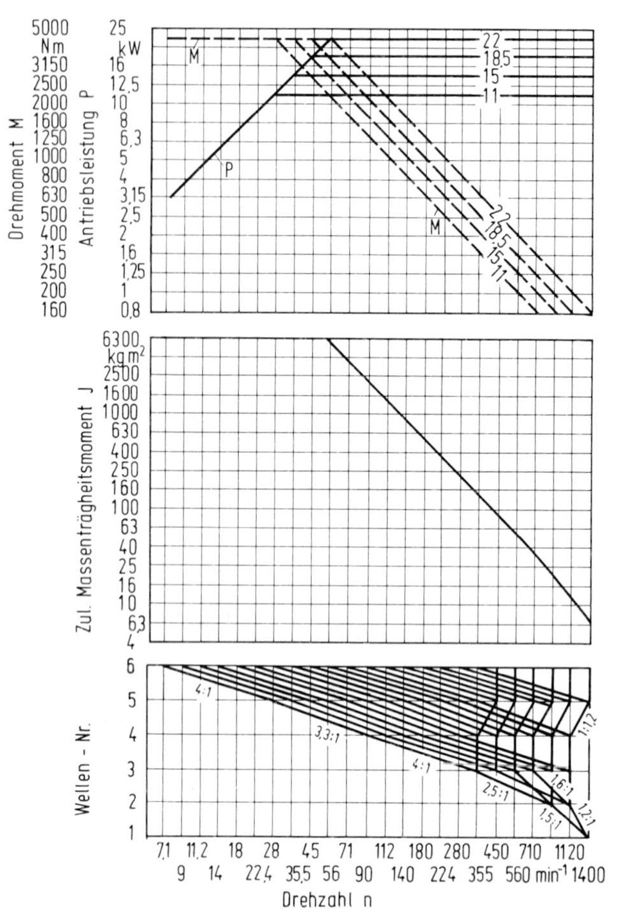


Bild 65. Drehmoment M, Antriebsleistung P und zulässiges Massenträgheitsmoment J (bei 30 Schaltungen pro h) für die Hauptspindel in Abhängigkeit von der Drehzahl sowie zugehöriges Drehzahlbild

Für universell einsetzbare Drehmaschinen ist es außerdem wichtig, bis zu niedrigen Schnittgeschwindigkeiten Schruppzerspanung durchführen zu können. Daher müssen Antriebe und Getriebe große Drehmomente über einen großen unteren Drehzahlbereich zulassen. Hierzu werden bei Universaldrehmaschinen Getriebemotoren parallel zum Hauptantriebsmotor eingesetzt, um den Drehzahlbereich wesentlich nach unten zu erweitern.

Bei Hochleistungs-Universaldrehmaschinen – vor allem mit Arbeitsablaufsteuerungen – setzt sich immer mehr der Gleichstrom-Hauptantrieb, kombiniert mit einem einfachen Stufen-Rädergetriebe, durch. Die so ausgerüsteten Drehmaschinen können noch universeller auch für extrem komplizierte Werkstücke verwendet werden. Der Gleichstromantrieb erlaubt eine feinere Drehzahlstufung mit einem Stufungsfaktor 1,12 oder eine kontinuierliche Drehzahlverstellung für das Plandrehen mit konstanter Schnittgeschwindigkeit. Wichtig für eine Universaldrehmaschine ist es, welche Massenträgheitsmomente (Nutzschwungmomente) von Spannmittel und Werkstück noch zulässig und für welche Schalthäufigkeiten Hauptantriebe und ggf. vorhandene Schaltkupplungen ausgelegt

sind. Sollen auf Universaldrehmaschinen Werkstückspektren mit einer extremen Spannweite von Massenträgheitsmomenten und Schalthäufigkeiten bearbeitet werden, sind Sonderantriebe erforderlich. Hier bieten Gleichstromantriebe besondere Vorteile, da die heute üblichen Steuergeräte bereits für extreme Belastungen ausgelegt wurden.
Wichtigstes Element für die erreichbare Fertigungsqualität ist die Hauptspindel. Als Spindellagerungen werden bei Universaldrehmaschinen vorwiegend Wälzlagerungen verwendet. Spezielle Spindellager und Lagerkombinationen [38, 39] ermöglichen hohe Belastungen bei relativ großen Drehzahlbereichen. Durch weiterentwickelte Schmiersysteme kann ein günstiges Temperatur-Zeitverhalten der Lagerungen [40, 41] auch bei hohen Drehzahlen erreicht werden. Bei einer ausgeführten Spindeleinheit mit Fettschmierung und einer Drehzahl von 3500 $min^{-1}$ ergibt sich z. B. nur eine Lagertemperaturerhöhung um etwa 10 °C. Mit solchen Ausführungen können enge Toleranzen bei der Drehbearbeitung größerer Serien ohne Werkzeugkorrekturen realisiert werden. Hauptspindeln von Universaldrehmaschinen werden als Hohlspindeln ausgeführt, um schlanke Werkstücke oder Wellenzapfen sperriger Drehteile in die Spindelbohrung einführen zu können. Hauptspindeln können mit geeigneten Rechenverfahren auf die größte Steifigkeit optimiert werden [42, 43].

*Werkstückspannung und Werkstückabstützung*

Mit der Entwicklung der Drehmaschinen zum Hochleistungs- und Hochgeschwindigkeitsdrehen hat die Werkstückspannung und -abstützung erhöhte Bedeutung gewonnen. Bei der Universaldrehmaschine kommt noch als Gesichtspunkt hinzu, daß entsprechend den größten Abmessungen des Arbeitsraums die noch möglichen Werkstückgewichte und Massenträgheitsmomente bei der Auslegung der Werkstückspannung und -abstützung berücksichtigt werden müssen.
Für den universellen Einsatz haben sich vor allem Kraftspanneinrichtungen bewährt. Durch die Anpaßmöglichkeit der Spannkräfte kann für einen weiten Bereich technologischer Forderungen die günstigste Spannung erreicht werden. Zahlreiche Varianten werden angeboten, z. B. für dünnwandige Teile mit geringster Verformung oder solche für besonders hohe Drehzahlen [44 bis 46]. Voraussetzung für die Aufnahme eines vielfältigen Teilespektrums ist die Steifigkeit des Gesamtmaschinenaufbaus im Bereich des Spindelstocks, des Reitstocks, der Setzstöcke und des Maschinenbetts. Auch diese Baugruppen können mit geeigneten Rechenmethoden auf größte Steifigkeit optimiert werden [47].
Ein weiterer Gesichtspunkt ist die Abstimmung des dynamischen Verhaltens des Maschinenaufbaus an die unterschiedlichen Forderungen vom Feindrehen bis zur Hochleistungszerspanung. Durch theoretische und experimentelle Untersuchungen konnten die Maschinen im Schwingungs- und Dämpfungsverhalten verbessert werden [48, 49].

*Vorschubantriebe und Werkzeugführung*

Die Einführung von Programmsteuerungen und vor allem von numerischen Steuerungen bei Universaldrehmaschinen hat zu einer wesentlichen Weiterentwicklung der Baugruppen und Elemente dieses Bereichs geführt.
Bei handbedienten Drehmaschinen wird der Vorschubantrieb überwiegend vom Spindelkastengetriebe abgeleitet. Über Wechselräder und Stufengetriebe können große Vorschubbereiche vom „Feinvorschub" bis zu „Steilvorschüben" eingestellt werden. Für das Gewindedrehen stehen ebenfalls zahlreiche Steigungswerte für die üblichen Gewindearten zur Verfügung. In Tabelle 4 sind die bei einer heutigen Universaldrehmaschine realisierten Werte zusammengestellt.

Tabelle 4. Vorschübe und Gewindesteigungen einer Universaldrehmaschine

| | | |
|---|---|---|
| *Vorschübe insgesamt:* | | |
| 68 Längsvorschübe | [mm] | 0,05 bis 112 |
| 68 Planvorschübe | [mm] | 0,025 bis 56 |
| *Vorschübe auf Wähltrommel:* | | |
| 32 Längsvorschübe | [mm] | 0,08 bis 2,8 |
| 32 Planvorschübe | [mm] | 0,04 bis 1,4 |
| 66 metrische Gewinde | [mm] | 0,25 bis 560 |
| 60 Zollgewinde | [Gg/1″] | 80 bis 1/16 |
| 60 Modulgewinde | | 0,1 bis 50 |
| 40 Diametral-Pitch-Gewinde | [Gg/π″] | 160 bis 0,5 |

Numerisch gesteuerte Universaldrehmaschinen haben in der Regel unabhängige Vorschubantriebe für Längs- und Planvorschub. Es werden Vorschubgeschwindigkeiten in mm/min programmiert oder die Vorschübe in mm synchron zur Hauptspindeldrehbewegung gesteuert. Verbunden hiermit ist auch die Möglichkeit des Gewindedrehens. Um die komplexen Arbeitsabläufe und die hohen Fertigungsqualitäten auf solchen universell einsetzbaren Drehmaschinen zu erreichen, werden hochwertige Vorschubantriebe mit Kugelrollspindeln großer Genauigkeit und günstigem Reibungsverhalten verwendet [50 bis 52]. Auch die Führungsbahnen von Längsschlitten und Planschieber sind auf diese Verhältnisse abgestimmt worden. Mit Kunststoffen als Führungsgleitstoff oder Wälzkörperführungen können hervorragende Drehergebnisse erzielt werden.

### 5.7.1.3 Werkzeuge und Zusatzeinrichtungen

Die Drehbearbeitung auf Universalmaschinen erfolgt in der Regel mit Einzelwerkzeugen. Aus Gründen der einfacheren Werkzeughandhabung oder Programmierung bei NC-Drehmaschinen kommen die Werkzeuge nacheinander zum Einsatz. Das Drehen gleichzeitig mit mehreren Schneiden ist nur bei größeren Serien üblich.
Auch für handbediente Drehmaschinen hat sich durchgesetzt, daß vorwiegend Schnellwechselsysteme verwendet werden, jedoch in der Regel ohne Werkzeugvoreinstellung. Nur bei programmgesteuerten Hochleistungsmaschinen werden voreingestellte Werkzeuge verwendet. Häufig werden die Maschinen mit Mehrfach-Werkzeugschwenkrevolvern ausgerüstet, die von Hand oder bei numerisch gesteuerten Maschinen automatisch geschwenkt werden. Für die Bearbeitung komplizierter Werkstücke kommen besonders auf numerisch gesteuerten Universaldrehmaschinen Werkzeugwechselsysteme zum Einsatz [53 bis 55].

### 5.7.1.4 Steuerung der Arbeitsabläufe

Ein weiterer Bereich der Varianten bei Universaldrehmaschinen ergibt sich aus den verschiedenen Arten der Steuerung des Arbeitsablaufs. Um einen höheren Automatisierungsgrad zu erreichen, haben sich vor allem numerisch gesteuerte Maschinen durchgesetzt. Daneben hat aber auch die Handsteuerung ihre Bedeutung beibehalten.

*Handsteuerung*

Handgesteuerte Drehmaschinen erfordern den Einsatz von qualifizierten Facharbeitern. Ohne Hilfsmittel für das Positionieren der Werkzeuge, die Vorschubwegabschaltung und die weiteren Schaltfunktionen ergeben sich hohe Nebenzeitanteile. Durch die Abhängigkeit von der begrenzten Reaktionsfähigkeit des Menschen und aus Sicherheitsgründen ist

es außerdem nicht möglich, die volle Leistungsfähigkeit heutiger Schneidstoffe auszunutzen.
Neuzeitliche Drehmaschinen können daher mit einfachen Meßeinrichtungen, Mehrfachanschlagsystemen und voreinstellbaren Werkzeugsätzen ausgerüstet werden. Durch Zusatzeinrichtungen, wie Nachformgeräte, automatische Gewindedreheinrichtungen oder einfache Programmsteuerungen, kann auf diesen Maschinen ein erheblicher Wirtschaftlichkeitseffekt für bestimmte Teilespektren erreicht werden [56, 57].
Als Positionierhilfe kommen in den letzten Jahren auch immer häufiger digitale Meßsysteme zum Einsatz. Diese Systeme können zu einfachen Programmsteuerungen ausgebaut werden.

*Numerische Steuerung*

Besondere Fortschritte auf dem Gebiet der Universaldrehmaschinen wurden durch den Einsatz von numerischen Steuerungen erzielt. Universaldrehmaschinen können mit einfachen Programmsteuerungen ausgerüstet werden, bei denen Nocken und Endtaster oder auch Wegmeßsysteme für die Schlittenpositionierung und Funktionsumschaltung Verwendung finden. Die Programmierung erfolgt vorwiegend über Steckerfeld- oder Dekadenschaltereingabe. Standardarbeitsabläufe sind als Festprogramme vorhanden und ermöglichen eine Reduzierung der Programmschritte. Da es sich hier in der Regel um reine Streckensteuerungen handelt, kann jedoch nur ein begrenztes Spektrum einfacher Werkstückformen rationell gefertigt werden.
Ein wirtschaftlicher Einsatz dieser Maschinen für ein umfangreiches Teilespektrum – bis zu sehr komplizierten Werkstückformen – wurde durch die Einführung von numerischen Steuerungen mit erhöhter Flexibilität möglich. Hier sind Hochleistungs-Universaldrehmaschinen zu nennen, die vorwiegend mit *numerischen Bahnsteuerungen* ausgerüstet sind. Voraussetzung für eine rationelle Fertigung war hier die schnelle Entwicklung der Programmiertechnik bis zur maschinellen Programmierung. Um die Maschinen mit einem hohen Nutzungsgrad betreiben zu können, ist gleichzeitig eine straffe Organisation der Arbeitsvorbereitung, wie Werkzeugvoreinstellung und Werkzeug- und Vorrichtungsbereitstellung, erforderlich. Die Auslegung der Maschinen auf eine hohe Steifigkeit, Leistung und Qualität sowie Maßnahmen für eine günstige Späneabfuhr und eine umfassende Abdeckung des Arbeitsraums ermöglichen auch Hochleistungs- und Hochgeschwindigkeitsbearbeitung [58, 59].
Besondere Vorteile für den Einsatz der automatisierten Universaldrehmaschinen bieten die in den letzten Jahren entwickelten *CNC-Bahnsteuerungen.* Durch die Möglichkeit der Dateneingabe, Programmspeicherung und Programmkorrektur an der Maschine ist eine ähnliche Handhabung wie bei der herkömmlichen Universaldrehmaschine gegeben. Wesentlicher Bestandteil dieser Steuerungen sind feste Unterprogramme für Bearbeitungszyklen, die sich häufig bei Drehteilen wiederholen, wie z. B. für das Drehen von Zylinder- oder Kegelabschnitten oder Fasen. Der universelle Einsatz von Drehmaschinen setzt voraus, daß Gewindedrehen möglich ist. Mit heutigen Steuerungen können Gewinde automatisch mit selbsttätiger Schnittaufteilung gefertigt werden. Aus diesen Möglichkeiten ergibt sich eine wesentliche Reduzierung der Programmschritte und damit eine erhebliche Verkürzung der Programmierzeit an der Maschine. Bei Werkstücken mit mittlerem Schwierigkeitsgrad erreicht man bei CNC-Steuerungen eine erhebliche Einsparung von Programmschritten gegenüber den herkömmlichen numerischen Steuerungen.
Die CNC-Steuerungen werden sowohl in Verbindung mit Hochleistungsdrehmaschinen als auch Einfachmaschinen eingesetzt. Bei den Einfachausführungen verzichtet man

häufig auf den automatischen Drehzahl- und Werkzeugwechsel. Für den universellen Einsatz ist es jedoch zweckmäßig, wenn diese CNC-Steuerungen zusätzlich zur Handeingabe mit einer Lochstreifenausgabe und -eingabe ausgerüstet sind. Daraus ergibt sich bei Serien mit häufiger Auftragswiederholung ein hoher Nutzungsgrad der Maschinen.

#### 5.7.1.5 Bearbeitungsbeispiele

*Arbeitsgenauigkeit*

Die erzielbare Arbeitsgenauigkeit auf der Universaldrehmaschine ist stark von der Ausführungsqualität, der Maschinengröße sowie vom Werkzeug, dem Werkstoff und der Form der Werkstücke abhängig. Die maschinenseitigen Voraussetzungen wurden in den vorstehenden Abschnitten aufgezeigt. In der folgenden Aufstellung werden Anhaltswerte genannt, die bei normalen Arbeitsbedingungen und normaler Maschinenqualität erreicht werden können.

*Maßtoleranzen*

| | | |
|---|---|---|
| Längenmaße: | gegen Festanschlag | 0,03 mm |
| | Abschaltung über Nocken | 0,01 mm |
| | beim mechanischen Nachformen | 0,03 mm |
| | bei numerischer Steuerung | 0,01 mm |
| Durchmessermaße: | nach Planspindelskala | 0,02 mm |
| | Abschaltung über Nocken | 0,02 mm |
| | beim mechanischen Nachformen | 0,03 mm |
| | beim Unrund-Nachformen (mechanisch) | 0,1 mm |
| | bei numerischer Steuerung | 0,01 mm |
| Gewinde (Summensteigungsfehler auf 300 mm Länge): | | |
| | konventionell | 0,03 mm |
| | numerische Steuerung | 0,01 mm |
| Formtoleranzen: | Zylindrizität | 0,01 mm |
| | Ebenheit (auf 300 mm Durchmesser) | 0,01 mm |
| | Rundheit | 0,005 mm |
| | Welligkeit | 0,002 mm |

*Zusatzeinrichtungen und Arbeitsbeispiele für handbediente Drehmaschinen*

Bild 66 zeigt den Bearbeitungsablauf für das Drehen einer einfachen Welle in zwei Aufspannungen. Hier wird mit folgender Maschinenausrüstung gearbeitet: Handbediente Leit- und Zugspindeldrehmaschine mit einem Schnellwechselwerkzeughalter vor der Drehmitte und einer hinter der Drehmitte auf dem Bettschlitten montierten hydraulischen Nachformeinrichtung.
Bei Verwendung eines Nachformgerätes können in der Regel Arbeitsgänge, wie z. B. das Fasen-, Rundung- und Einstechdrehen oder die getrennte Kegelbearbeitung mit der entsprechenden Nebenzeitersparnis vereinfacht durchgeführt werden. Außerdem ersetzt der Nachformdrehmeißel oft viele Einzelprofilmeißel. In der Wirtschaftlichkeitsbetrachtung ist zu beachten, daß die Schablonenkosten und die erhöhten Rüstkosten für das Einrichten von Nachformgerät und Schablonenträger teilweise erheblich sind.
Als weiteres Bearbeitungbeispiel auf einer handbedienten Drehmaschine mit umfangreichen Zusatzeinrichtungen ist in Bild 67 der Arbeitsablaufplan einer Bohrkrone darge-

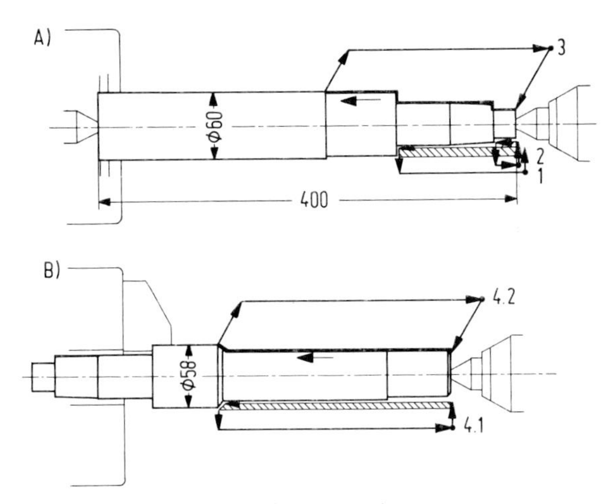


Bild 66. Bearbeitungsbeispiel: Welle
A) erste Einspannung, B) zweite Einspannung

stellt. In diesem Fall ist die Universaldrehmaschine mit einem Nachformgerät ausgerüstet, so daß über das stehende Musterstück ein normales Nachformdrehen möglich ist. Mit Hilfe eines Drehantriebs vom Hauptgetriebe aus kann das Musterstück wahlweise synchron zur Hauptspindel angetrieben werden, so daß unregelmäßige Unrundformen kopiert werden können. Hier wird ein sogenanntes Innen-Kordelgewinde für Gesteinsbohrer mit Hilfe eines normalen Drehvorschubs unrund gedreht.

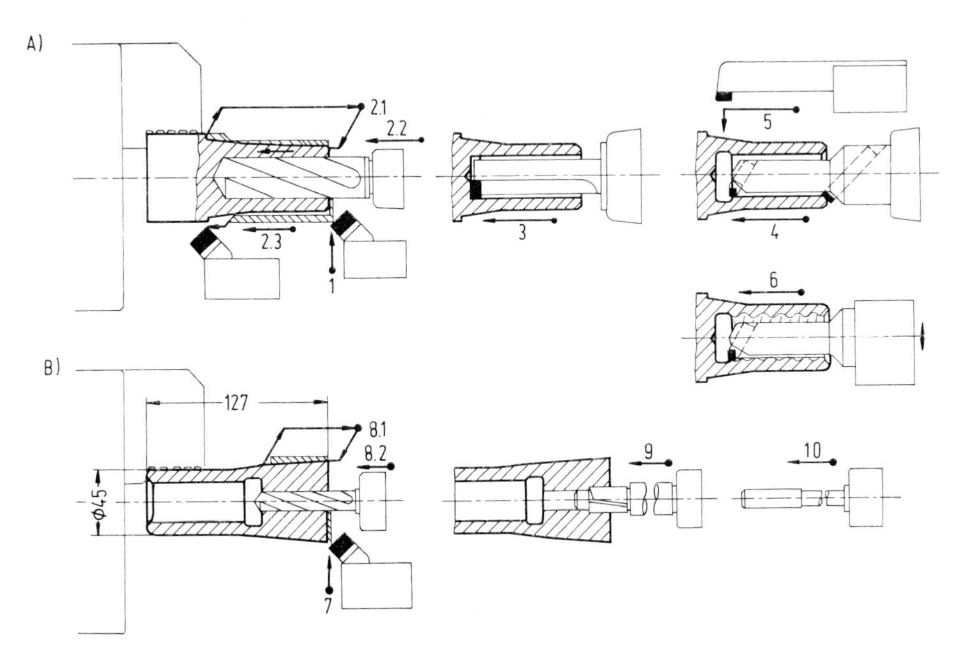


Bild 67. Bearbeitungsbeispiel: Bohrkrone
A) erste Einspannung, B) zweite Einspannung

Die Maschine hat außerdem einen zweiten Schlitten mit einem von Hand schwenkbaren Sternrevolver. Hier können bis zu sechs zusätzliche Werkzeuge für die weiteren Arbeitsschritte aufgenommen werden.
Besonders hervorzuheben ist hier die sehr kurze Hauptzeit für das Unrund-Gewindedrehen. Weiterhin können durch den gleichzeitigen Einsatz von zwei Werkzeugen weitere Zeitersparnisse erzielt werden. Vorteilhaft ist auch der zweite Support mit Werkzeugrevolver, vor allem für die Bohrungsbearbeitung, bei der hier mehrere Werkzeuge nacheinander benötigt werden. Bedingt durch den hohen Rüstaufwand ist der wirtschaftliche Einsatz allerdings nur bei größeren Stückzahlen je Los gegeben.
Besonders häufig werden die verschiedenen hydraulischen Zusatznachformgeräte auf Universaldrehmaschinen eingesetzt. Als besonders interessantes Nachformdrehverfahren soll kurz das Unrundnachformdrehen [60, 61] erläutert werden. In Bild 68 ist eine Drehmaschine, ausgerüstet für das Unrunddrehen einer Glasschüsselform, zu sehen. Das Musterstück kann von der Werkstückspindel über einen Getriebezug synchron zur Werkstückdrehbewegung angetrieben werden. Der Taster des hydraulischen Nachformgerätes überträgt die Form des Musterstücks auf das Werkstück, in diesem Fall eine Glasaußenform. Die Kraftverstärkung vom Taster auf den Drehmeißel beträgt 1:1000 und mehr, so daß bei einer Tastkraft von weniger als 10 N eine Kraft am Drehmeißel von 10 kN und mehr erzeugt wird. So ist es z. B. möglich, vorhandene Formteile in weichen Kunststoffwerkstoffen abzuformen und diese Teile direkt als Musterstücke zu verwenden. Das Nachformgerät ist so steif ausgelegt, daß auch bei einer großen Anzahl Erhöhungen am Umfang des Musterstücks eine hohe Nachformgenauigkeit erzielt wird. Der Nachformfehler liegt in der Größenordnung unter 0,1 mm, so daß Formen für die Glas- und Kunststoffindustrie bis auf das Polieren vorbearbeitet werden können. Weiterhin wird das Unrunddrehen zum Beispiel für die Bearbeitung von Nockenwellen, Polygonprofilen oder Gesteinsbohrergewinden eingesetzt. Eine solche Fertigung ist auch im Bearbeitungsbeispiel Bild 67 dargestellt.

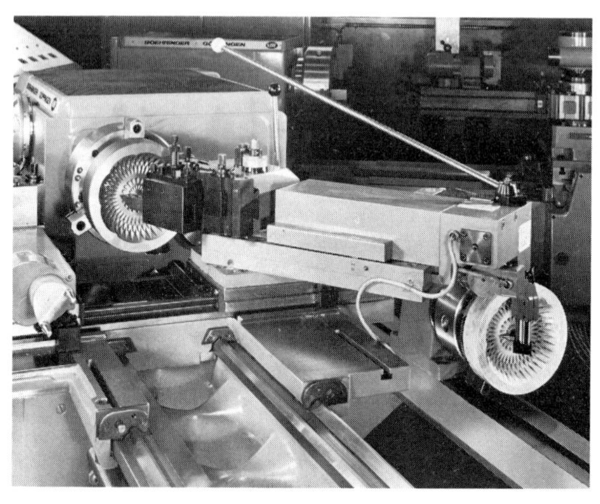

Bild 68. Unrund-Nachformdrehen auf einer Universaldrehmaschine

Neben den reinen Dreh- und Nachformdrehverfahren werden Universaldrehmaschinen mit Zusatzeinrichtungen für andere technologische Bereiche, wie für das Bohren, Fräsen, Wirbeln, Schleifen, Honen, Schälen und einige Umformverfahren, ausgerüstet.

Besonders das Tiefbohren in Verbindung mit dem Drehen erweitert den Einsatzbereich der Drehmaschine wesentlich [62]. So können bei langen Werkstücken in der Einzelfertigung beide Arbeitsvorgänge in einer Aufspannung durchgeführt werden, so daß hier das aufwendige Ausrichten auf zwei verschiedenen Maschinen entfällt.
Interessante Möglichkeiten eröffnet auch die Verwendung von Zusatzwirbelgeräten auf der Universaldrehmaschine. Mit diesen Geräten werden vorwiegend Gewinde mit größeren Gewindeprofilen bearbeitet [63].

*Bearbeitung auf numerisch gesteuerten Drehmaschinen*

Der wirtschaftliche Einsatz einer NC-Drehmaschine ist vor allem in der Kleinserienfertigung komplizierter Werkstücke mit häufiger Auftragswiederholung gegeben. Als Beispiel wird in Bild 69 die Bearbeitung einer Keilriemenscheibe auf einer solchen Maschine erläutert, für die eine NC-Drehmaschine mit einem automatisch schwenkbaren Sternrevolver vor der Drehmitte und einem automatischen Scheibenrevolver hinter der Drehmitte (Bild 70) eingesetzt wird.

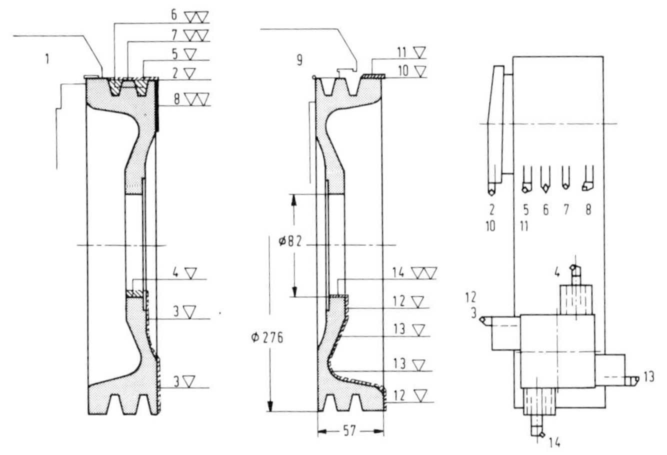


Bild 69. Bearbeitungsbeispiel: Keilriemenscheibe

Bild 70. Numerisch gesteuerte Universaldrehmaschine

Durch die auf diesen Hochleistungsmaschinen erzielbaren großen Zeitspanungsvolumen können günstige Hauptzeiten erreicht werden. Erheblich sind die Nebenzeitersparnisse gegenüber handbedienten Maschinen durch den automatischen Werkzeug-, Drehzahl- und Vorschubwechsel besonders bei sehr komplizierten Teilen mit vielen Arbeitsschritten.

Eine Bearbeitung desselben Teils auf handbedienten Drehmaschinen ohne Zusatzeinrichtungen ist nur unter Einschränkungen in der Fertigungsqualität möglich. Konturbereiche mit verschiedenen Kegelprofilen und Übergängen in größere Radien müßten bei einer Handsteuerung nach Formlehren durchgeführt werden. Eine Alternative wäre hier der Einsatz eines Nachformgeräts. Der Vergleich soll anhand dieses Beispiels dargelegt werden. Die Bearbeitung des Werkstücks in Bild 69 wird auf folgenden Maschinen mit den angegebenen Zeitverhältnissen verglichen:

Maschine 1: Numerisch gesteuerte Universaldrehmaschine mit zwei automatischen Schwenkrevolvern

| | |
|---|---|
| Neuwert einschließlich Installation | 407 000,– DM (Wert 1977) |
| Antriebsleistung | 45 kW |
| Rüstzeit an der Maschine | 30 min |
| Einstellen der Werkzeuge | 36 min |
| Erstellung des Lochstreifens | 16 h |
| Bearbeitungszeit $t_e$ | 6 min |

Maschine 2: Universaldrehmaschine mit hydraulischem Nachformgerät

| | |
|---|---|
| Neuwert einschließlich Installation | 122 000,– DM (Wert 1977) |
| Antriebsleistung | 22 kW |
| Rüstzeit je Auftrag | 30 min |
| Bearbeitungszeit $t_e$ | 24 min |

Aus der Wirtschaftlichkeitsrechnung (nach [64, 65]) ergeben sich zusammengefaßt folgende Werte:

| | Maschine 1 | Maschine 2 |
|---|---|---|
| Einzelkosten [DM/Stück] | 8,8 | 22,4 |
| Auftragswiederholkosten [DM/Auftrag] | 70,3 | 45,5 |
| Vorbereitungskosten [DM] | 450,– | 320,– |

Bei einer Losgröße von 15 Stück und einer Gesamtstückzahl von 200 Stück ergibt sich eine Amortisation der NC-Drehmaschine nach 1,3 Jahren.

## 5.7.2 Revolverdrehmaschinen

**Dipl.-Ing. R. Pieper, Langen**
**Prof. Dipl.-Ing. P. Stöckmann, Langen**

### 5.7.2.1 Allgemeines

Auf Revolverdrehmaschinen werden alle zur Bearbeitung eines Werkstücks notwendigen Werkzeuge in einem schaltbaren Werkzeugträger, dem Revolverkopf, angeordnet und nacheinander (Bild 71) oder auch gleichzeitig (Bild 72) in Schnittposition gebracht [66]. Die Lage und Zuordnung der Werkzeuge wird von der Bearbeitungsaufgabe bestimmt. Durch Anschläge werden die Vorschubwege begrenzt. Die meisten Revolverdrehmaschinen haben zusätzlich zum Werkzeugrevolver einen oder mehrere Seitenschlitten, um weitere Werkzeuge von der Seite her an das Werkstück heranzubringen. Da bei dieser Maschinenart der größte Teil der Werkzeuge gegenüber dem Werkstückende angeordnet ist, haben Revolverdrehmaschinen in der Regel keinen Reitstock für Spitzenarbeit. Aufgrund dieser Anordnung des Revolverkopfs vor dem Ende des Werkstücks ist auch die Bearbeitungslänge begrenzt. So sind Revolverdrehmaschinen typische Kurzdrehmaschinen, bei denen erfahrungsgemäß das Verhältnis Werkstücklänge zu Werkstückdurchmesser nicht wesentlich größer als 1 : 1 ist. Revolverdrehmaschinen sind daher vor allem geeignet für Werkstücke mit umfangreicher Innenbearbeitung, insbesondere, wenn mehrere Arbeitsfolgen, wie Bohren, Senken, Reiben und Gewindeschneiden, durchgeführt werden müssen. Dasselbe gilt für Außenbearbeitung in mehreren Arbeitsgängen, z. B. für mehrere Schruppschnitte und nachfolgendem Schlichtschnitt.

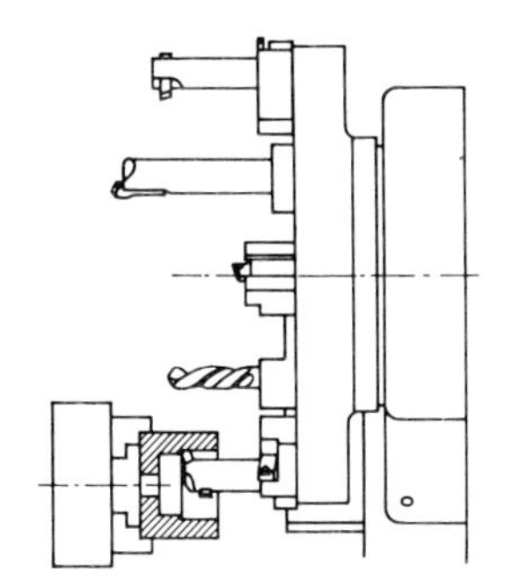

Bild 71. Trommelrevolverkopf mit Einzelwerkzeugen zur Innenbearbeitung eines Futterdrehteiles

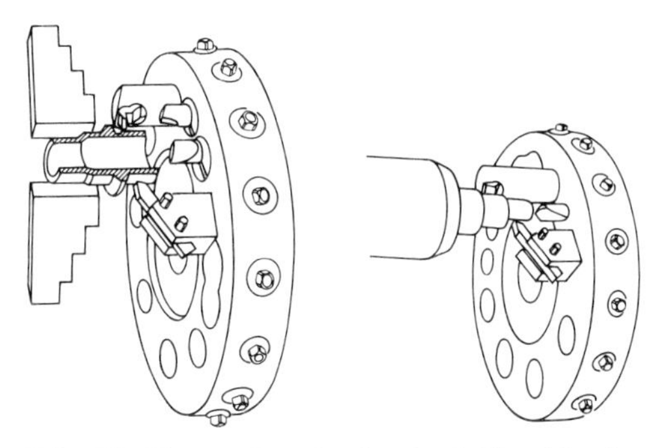

Bild 72. Trommelrevolverkopf mit Kombination für gleichzeitig in Schnitt gebrachte Werkzeuge

Die Einstellung, Fixierung und Speicherung der geometrischen und technologischen Daten für ein Werkstück erfordert eine erhöhte Rüstzeit. Daher muß bei einer Revolverdrehmaschine die Rüstzeit in einem wirtschaftlichen Verhältnis zur Anzahl der zu bearbeitenden Werkstücke, d. h. der Losgröße, stehen. Die wirtschaftliche Losgröße überdeckt den Bereich kleiner und mittlerer Serienfertigung.
Entsprechend dem Grad der Automatisierung kann zwischen handbedienten Revolverdrehmaschinen und Revolverdrehautomaten unterschieden werden. Ein weiteres Unterscheidungsmerkmal für Drehautomaten ist durch die Art der Steuerung gegeben.

Revolverdrehmaschinen werden nach der Art des verwendeten Werkzeugrevolvers eingeteilt. Nach Lage der Achse des Revolverkopfs zur Achse der Hauptspindel und nach Anordnung der Werkzeuge auf dem Revolver werden mehrere Bauformen unterschieden [67, 68]. Bei den Revolverköpfen gibt es Trommelrevolver, Sternrevolver, Flachtischrevolver und Blockrevolver in verschiedenen Varianten. Sie sind auf dem Revolverschlitten (Bettschlitten, Support) angebracht. Durch Verfahren des Schlittens wird mit dem in Arbeitsstellung befindlichen Werkzeug die Anstell-, Zustell- und Vorschubbewegung ausgeführt, während mit dem Revolverkopf im wesentlichen Werkzeugwechsel und Indexierung vorgenommen werden. Die Werkzeuge werden mit Hilfe entsprechender Einrichtungen voreingestellt (Bild 73).

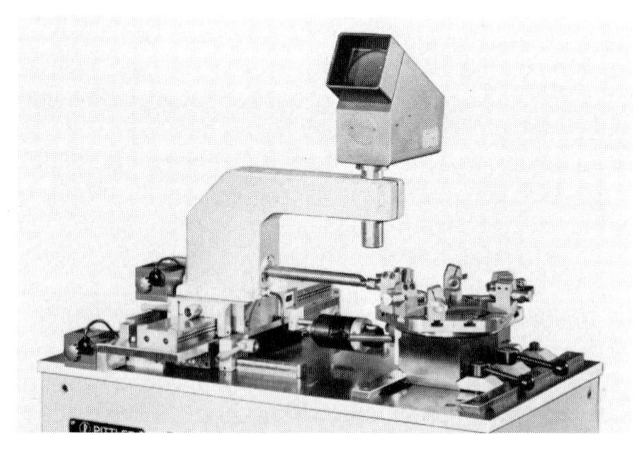

Bild 73. Einrichtung zum Voreinstellen der Werkzeuge im ausgebauten Revolverkopf

### 5.7.2.2 Konstruktiver Aufbau

Der konstruktive Aufbau soll am Beispiel einer handbedienten Revolverdrehmaschine erläutert werden. Diese mit Stern- oder Trommelrevolver ausgerüsteten Maschinen können als Vorläufer heutiger Revolverdrehmaschinen gelten. Bild 74 zeigt eine Trommelrevolver-Drehmaschine.

Das *Bett* ist auf dem auch als Öl- und Kühlmittelbehälter dienenden Unterkasten aufgebaut. Durch eine große Öffnung an der Rückseite des Bettes können die Späne entfernt werden.

Der *Spindelkasten* ist entweder direkt auf dem Bett, wie im vorliegenden Fall, oder auf dem Unterkasten befestigt. Er enthält das Getriebe für die Schaltung der Spindeldrehzahlen. Durch einen Schieberadblock kann der Drehzahlbereich geändert werden, so daß insgesamt 16 unterschiedliche Drehzahlen in einem Verhältnis von 1 : 50 zur Verfügung stehen. Bei vielen Drehmaschinen neuerer Bauart wurde das Getriebe wegen der für die Genauigkeit der Maschine nachteiligen Wärmeentwicklung aus dem Spindelkasten herausgenommen und auf einer Konsole neben der Maschine angeordnet.

Der *Revolverschlitten* ist auf Prismenführungen gelagert. Die Achse des Revolverkopfs ist in vorgespannten Kegelrollenlagern spielfrei und so zwischen den Führungsprismen angeordnet, daß sich eine günstige Aufnahme der Schnitt- und Vorschubkräfte ergibt.

Mit dem *Trommelrevolver* werden Bohr- und Dreharbeiten ausgeführt. Er hat einen großen Werkzeuglochkreis und 16 Werkzeug-Aufnahmebohrungen, die, in Arbeitsposition indexiert, mit der Hauptspindel fluchten. Zum schnellen Umrüsten ist die komplette

Revolverscheibe auswechsel- und voreinstellbar. Der Werkzeugrevolver ist direkt vor dem Werkstück angeordnet, so daß der Anbau eines Reitstocks nicht möglich ist.

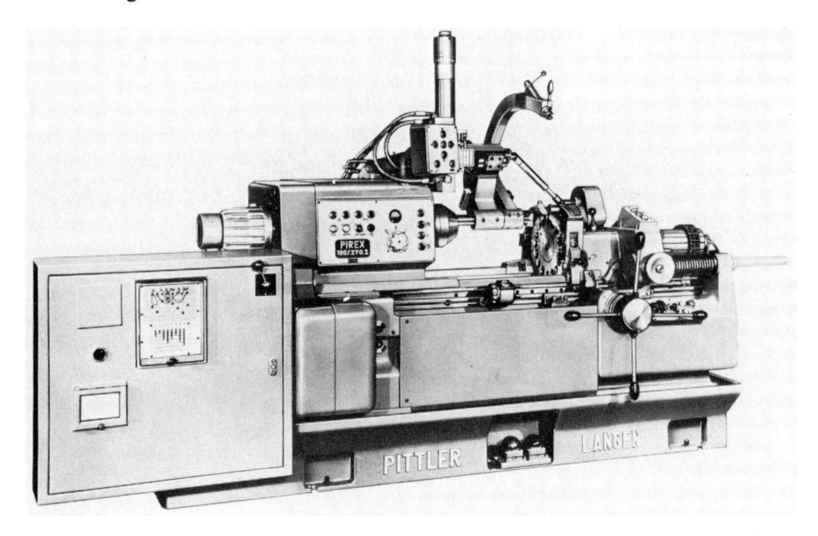


Bild 74. Handbetätigte Revolverdrehmaschine mit hydraulisch gesteuertem Querschlitten und automatischer Strehlcinrichtung

Der Vorschub des Revolverschlittens kann über ein stufenlos einstellbares Getriebe im Gesamtverhältnis von 1 : 20 eingestellt werden. Nach Vorfahren des Revolverschlittens von Hand in die Arbeitsstellung wird der selbsttätige Längs- oder Planvorschub durch Betätigung einer Elektrokupplung eingeschaltet. Die Vorschubbewegung wird nach Erreichen der Endstellung automatisch abgeschaltet. In der verlängerten Schaltachse des Revolverkopfes befindet sich die Anschlag- und Programmtrommel (Bild 75). Diese hat für jede Schaltstellung einstellbare Längsanschläge und eine Programmschaltung für die Drehzahlen, die entsprechend der Schaltstellung vorgewählt werden können (Bild 76).

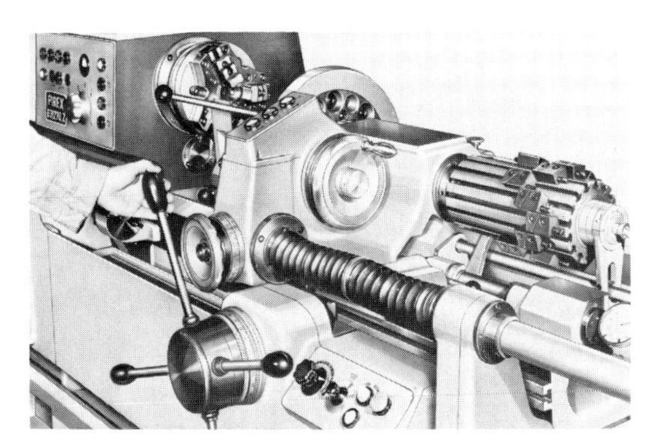


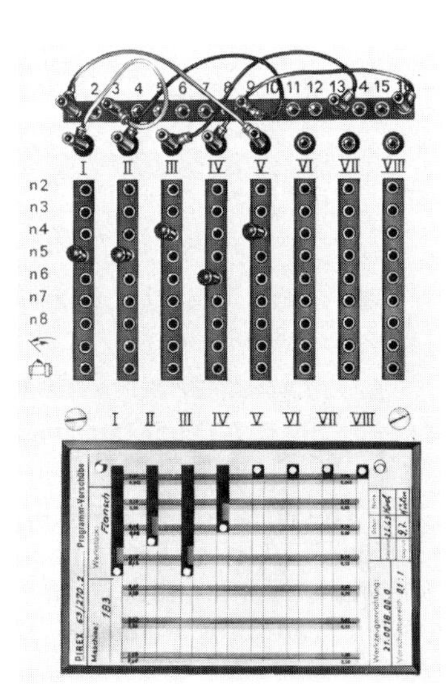


Bild 75. Programmtrommel einer Revolverdrehmaschine mit verstellbaren Anschlägen

Bild 76. Programmtafel für Spindeldrehzahlen und Vorschubgeschwindigkeiten

Revolverdrehmaschinen haben fast ausschließlich eine horizontale Hauptspindel. Planbewegungen können bei Trommelrevolvermaschinen durch Drehen des Revolvers um die Revolverachse und bei den anderen Maschinen durch zusätzliche Querschlitten erreicht werden. Mit diesen Querschlitten sind in der einfachsten Form nur Plandrehbearbeitungen und in aufwendigerer Form (Kreuzschlitten) auch Längs- und Planbearbeitungen möglich. Bei handgesteuerten Maschinen ist die Zahl der zusätzlichen Seitenschlitten meist auf zwei begrenzt, da die Reihenfolge der Steuerung sonst nicht mehr überschaubar ist. Die Seitenschlitten sind meist oben und vorn, also in Griffnähe angeordnet. Eine universelle Steuerung der Werkzeuge ist meist nicht erforderlich. Die Maschinen sind so eingerichtet, daß die Schlitten und damit die auf ihnen befestigten Drehmeißel nur Vorschubbewegungen ausführen können. Die Lage der Werkzeuge, die Größe des Vorschubweges und die Auswahl der zweckmäßigen Werkzeuge für jeden Arbeitsvorgang werden vor Beginn der Arbeit von einem Einrichter festgelegt. Ebenso werden Vorschübe und Drehzahlen vorprogrammiert, so daß die Aufgabe des Bedienungsmanns nur noch darin besteht, die Schlitten in der entsprechenden Reihenfolge zu betätigen, den Vorschub einzuschalten, die Schlitten zurückzufahren sowie den Revolverkopf zu schwenken.
Bei einer Steigerung des Automatisierungsgrads weicht der Maschinenaufbau von dem der handgesteuerten Maschinen ab, weil auf Bedienbarkeit sowie auf Reihenfolge und Überschaubarkeit der Handhabung bei automatischem Arbeitsablauf keine Rücksicht mehr genommen werden muß. Vorrangig wird auf optimalen Spänefall und sicheren Arbeitsablauf Wert gelegt. Zusatzschlitten sind meist so zur Hauptspindel angeordnet, daß die Beobachtung der Werkzeuge und das Einspannen der Werkstücke nicht behindert werden.

Bild 77. Drehautomat mit Sternrevolverkopf

Einen Revolverdrehautomaten neuerer Bauform zeigt Bild 77. Das Bett ist nach vorn geneigt. Die Schlittenanordnung gewährleistet freien Spänefall in den getrennt stehenden Spänebehälter. Das Gestell ist frei von Einbauten, wie Hydraulik und Getriebe, die durch Wärmeentwicklung die Genauigkeit der Maschine beeinflussen können. Hauptwerkzeugträger ist der längsfahrende Revolverschlitten mit einem waagerecht angeordneten Achtfach-Sternrevolver für Bohr- und Längsdrehbearbeitungen. Vor dem Revolverschlitten ist unter 60° zur Werkstückachse ein Nachformschlitten mit einem Vierfach-Sternrevolver angebracht (Bild 78). Jeder zweiten Schaltstellung des Achtfach-Revolverkopfs ist damit eine Nachformstellung zugeordnet. Der Vierfach-Schablonenschalter für beliebige Nachformdreharbeiten oberhalb der Nachformeinrichtung schwenkt synchron mit den Revolverköpfen. Der Schwenkvorgang der Köpfe dauert mit Entriegeln und Verriegeln 0,6 s. Durch Abheben des Revolverkopfs kann rückzugriefenfrei gedreht werden. Während vom Achtfach-Revolverkopf innen gedreht oder gebohrt wird, kann gleichzeitig die Außenkontur des Werkstückes nachgeformt werden. Bild 79 zeigt den Arbeitsraum der Maschine in Bild 77.

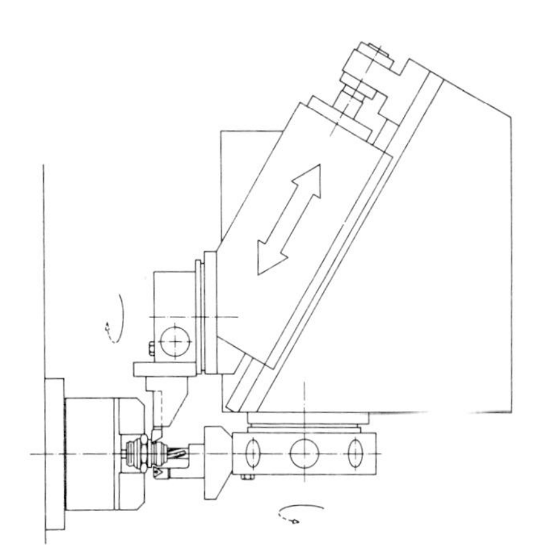

Bild 78. Lage und Zuordnung der Revolverköpfe des Revolverdrehautomaten in Bild 77

Bild 79. Arbeitsraum des Revolverdrehautomaten in Bild 77

Zusätzlich zum Revolverschlitten können am Spindelkasten zwei funktions- und aufbaugleiche Seitenschlitten (Bild 80) für schwere Plandreh-, Einstech- und Abstecharbeiten eingesetzt werden. Anstelle der Seitenschlitten können auch Zusatzeinrichtungen, wie beispielsweise eine Strehleinrichtung oder eine Ladeeinrichtung für Futterwerkstücke, angebracht werden.

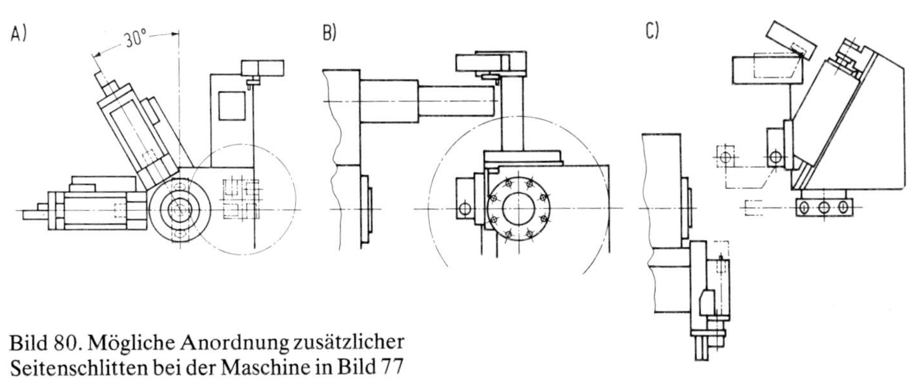


Bild 80. Mögliche Anordnung zusätzlicher Seitenschlitten bei der Maschine in Bild 77

A) Seitenansicht Richtung Hauptspindel, B) Vorderansicht des Achtfach-Revolverkopfs, C) Draufsicht auf den Arbeitsraum

Bild 81 zeigt einen Revolverdrehautomaten mit Blockrevolver und zwei axial verfahrbaren Seitenschlitten. Der Revolverkopf ist auf einer Rundführung oberhalb der Hauptspindel gelagert und kann sowohl axial verschoben als auch gedreht werden. Oft wird die den Revolver tragende Achse hinter dem Werkzeugblock aus Stabilitätsgründen zusätzlich abgestützt, weshalb diese Revolverdrehmaschinen vorwiegend für schwere Drehbearbeitungen gewählt werden. Infolge der Anordnung des Revolverkopfs ergibt sich ein guter Spänefall. Die Werkstücke können jedoch nicht von oben zugeführt werden. Beim Einrichten und Nachstellen der Werkzeuge muß über Kopf gearbeitet werden.

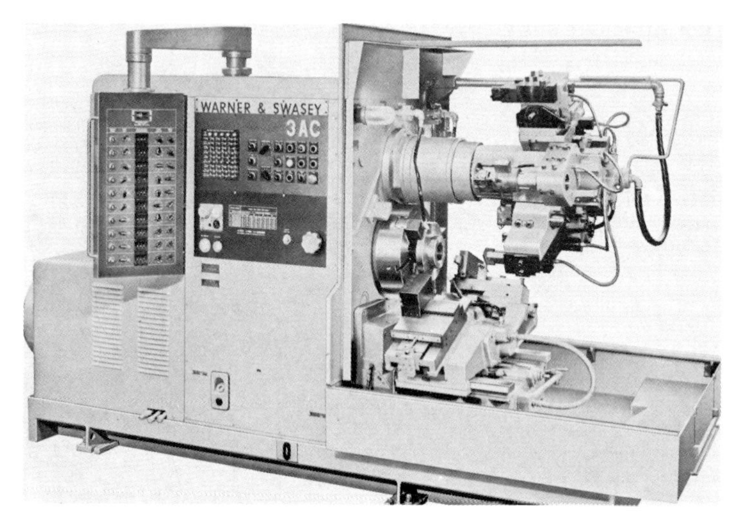


Bild 81. Drehautomat mit einseitig gelagertem, drehbarem Blockrevolverkopf

Bei einigen Maschinenausführungen ist der Blockrevolver unterhalb der Hauptspindel angeordnet. Die Werkzeuge sind beim Einrichten bequem aufsetzbar und leicht zugänglich. Auch das Werkstück kann gut von der Seite oder von oben zugeführt werden. Der freie Spänefall ist allerdings bei dieser Anordnung behindert, da sowohl die Revolverführung als auch die nicht in Eingriff befindlichen Werkzeuge im Spänefallraum liegen. Ein Kompromiß ergibt sich bei seitlich versetzter Revolveranordnung. Hierbei ist die Hauptspindel zum Einspannen der Werkstücke noch gut zugänglich und der Spänefall nicht beeinträchtigt.

### 5.7.2.3 Revolverköpfe

Der *Trommelrevolver* ist eine scheibenförmige Werkzeugaufnahme. Die Werkzeuge werden in Bohrungen an der Stirnseite eingesetzt. Entsprechend der Indexierung sind in gleichen Abständen bis 16 Aufnahmebohrungen vorhanden (Bild 82). Die Achse des Trommelrevolvers liegt parallel zur Hauptspindel. Der Revolverkopf ist so angeordnet, daß das oberste oder ein um maximal 30° nach vorn versetztes Werkzeug mit der Hauptspindel fluchtet. Durch Versetzen der Achse des Revolverkopfs gegenüber der Achse der Hauptspindel werden Plandrehbearbeitungen durch Drehen des Revolverkopfs ermöglicht, wobei jedoch zu beachten ist, daß die Wirkwinkel während des Plandrehens verändert werden. Die Verriegelung der Trommel erfolgt außerhalb des Werkzeuglochkreises. Die Anordnung und Lage der Werkzeuge machen diese Revolverkopfform besonders für Innenbearbeitung geeignet. Darüber hinaus ist auf Drehmaschinen mit Trommelrevolverköpfen im allgemeinen nur fliegende Bearbeitung möglich.

Bild 82. Trommelrevolver für 16 Werkzeuge

Weit verbreitet sind Revolverköpfe der beschriebenen Bauart bei numerisch gesteuerten Drehmaschinen, die hier als Trommelwerkzeugspeicher bezeichnet werden. Das Plandrehen durch Drehen des Revolverkopfs entfällt und wird durch die Planbewegung eines Kreuzschlittens erzeugt (Bild 83). In Arbeitsposition befindet sich jeweils ein untenliegendes, um 30° versetztes Werkzeug, das mit der Hauptspindelachse fluchtet. Durch entsprechende Werkzeugausbildung ist der Trommelrevolver in dieser Ausführung für fliegende Futter- und Stangenarbeit sowie für das Arbeiten zwischen Spitzen gleichermaßen geeignet. Solche Werkzeugspeicher sind für die Aufnahme von maximal 18 Einzelwerkzeugen ausgelegt. Sie sind geeignet, Werkzeuge nach dem in Bild 84 gezeigten Werkzeugsystem Zylinderschaft (siehe VDI-Richtlinie 3425) aufzunehmen.

Bild 83. Arbeitsraum eines Drehautomaten mit Zwölffach-Trommelrevolver auf Kreuzschlitten (Trommel-Werkzeugspeicher)

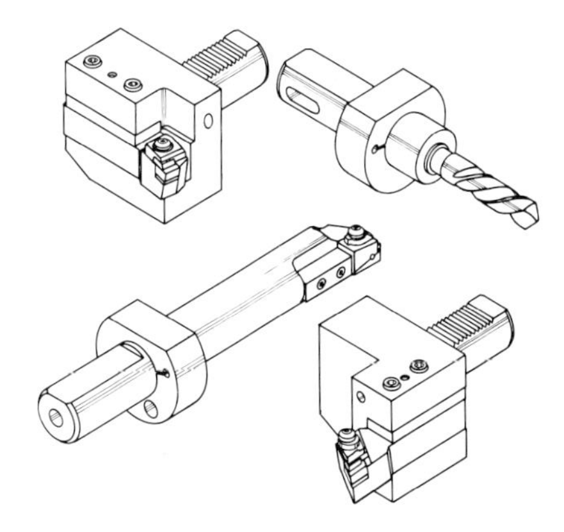

Bild 84. Werkzeuge mit Zylinderschaft nach VDI-Richtlinie 3425

Bei *Sternrevolvern* (Bild 85) sind die Werkzeuge senkrecht oder schräg zur Revolverkopfachse angeordnet. Der Grundkörper des Revolverkopfes ist als massives Vieleck mit vier bis acht Werkzeugaufnahmen oder bei großen Revolvern als Topf ausgebildet. Die Revolverkopfachse liegt meist senkrecht zur Hauptspindelachse. Sie kann im Raum sowohl waagerecht als auch senkrecht oder gegenüber der Schlittenführung geneigt angeordnet sein. Die Werkzeuge sind sternförmig in Zentrierbohrungen angeordnet und festgeschraubt. Da die Werkzeuge weit aus dem Revolverkopf auskragen und weit auseinanderstehen, eignet sich der Sternrevolver auch für Werkstücke mit großem Durchmesser. Nicht benutzte Werkzeuge liegen außerhalb des Arbeitsraums. Für das Schalten sind allerdings große Schaltwege und damit viel Raum erforderlich. Ferner können die weit auskragenden Werkzeuge den Querschlitten behindern. Sternrevolver mit geneigter Achse findet man bei kleineren Revolverdrehmaschinen. Bei ihnen sind die Raumverhältnisse durch die schräg angeordneten Werkzeuge etwas günstiger.

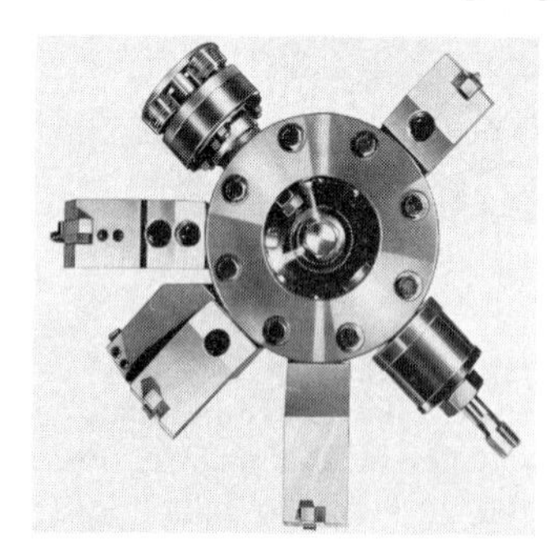

Bild 85. Sternrevolverkopf für acht Werkzeuge

Da bei Sternrevolvern die Schnittkraft in großem Abstand von der Revolverkopfachse entsteht, ergibt sich eine ungünstige Beanspruchung auf die kurze, meist nur einfach gelagerte Achse. Die Anordnung der Achse unter einem Winkel vom maximal 45° zur Schlittenführung erlaubt dagegen die zweifache Lagerung der Revolverkopfachse. Der Indexbolzen, der auf einem konstruktionsbedingt kleinen Durchmesser den Sternrevolver fixiert, ist während der Bearbeitung stark belastet, so daß eine zusätzliche Klemmung auf einem Tragring notwendig ist. Bei neueren Maschinen findet man zur Indexierung vielfach Stirnverzahnungen.

Neben den Sternrevolvern mit senkrechter oder geneigter Achse sind insbesondere solche mit waagerechter Achse für sechs oder acht Werkzeugaufnahmen üblich. Sie sind wegen der meist zweifachen Lagerung stabil. Ihr Vorteil ist, daß sie weder beim Schalten noch beim Arbeiten die Seitenschlitten behindern und das Schalten für den Bedienungsmann ungefährlich ist. Sternrevolver sind sowohl bei handgesteuerten als auch bei automatischen Drehmaschinen mit konventioneller Steuerung zu finden, wobei sie in der Regel nur Längsbewegungen ausführen. Auch bei Drehmaschinen mit numerischer Steuerung sind Sternrevolver weit verbreitet. Hier wird allerdings der Revolverkopf auf einem Kreuzschlitten eingesetzt und führt Längs- und Plandrehbearbeitungen gleichermaßen aus. Die bei dieser Arbeitsweise wirksam werdenden Teilungsfehler an den weit auskragenden Werkzeugen werden durch erhöhte Indexiergenauigkeit mit Hilfe von Stirnzahnkränzen ausgeglichen. Auch hier sind große Schwenkradien und entsprechende Verfahrwege für die Schwenkfreiheit erforderlich. Ferner treten große Schaltzeiten wegen der großen Massenträgheitsmomente auf.

Die Anzahl der möglichen Werkzeugpositionen ist üblicherweise auf acht bis zehn Werkzeuge begrenzt. So findet der Sternrevolver seine Grenzen, wenn aufgrund der

Bearbeitungsaufgabe mehr Werkzeuge gebraucht werden. Für Längsdreharbeiten sind weit auskragende Werkzeuge erforderlich, die bei hohen Zerspankräften entsprechend kräftig ausgeführt werden müssen. Da sich die Werkzeughalter aufgrund der großen Gewichte nur schwer handhaben lassen, werden meist nur die Schneidwerkzeuge gewechselt (permanent tooling). So ist das System außerdem wenig flexibel für unterschiedliche Werkzeugformen.
Sternrevolver sind für Futter- und Stangendreharbeiten geeignet. Wegen der sternförmig auskragenden Werkzeuge kommen sie für Arbeiten zwischen Spitzen nicht in Betracht.

Der *Flachtischrevolver* ist eine Abwandlung des Sternrevolvers. Die Anordnung auf der Maschine entspricht der des Sternrevolvers. Auf dem sechseckigen oder viereckigen Grundkörper (Bilder 86 und 87) können auf jeder Seite mehrere Werkzeuge angebracht werden. Die Werkzeughalter werden in T-Nuten oder Prismenaufnahmen befestigt, wobei auch Mehrfachwerkzeughalter verwendet werden können. Das genaue Ausrichten der Werkzeuge in T-Nuten oder in der Prismenaufnahme zur Spindelachse, insbesondere bei zentrisch arbeitenden Werkzeugen, ist jedoch schwieriger als bei einer Aufnahmebohrung der bisher beschriebenen Werkzeugrevolver, weshalb sie in der gezeigten Ausführung für genaue Innenbearbeitung nur bedingt geeignet sind.

Bild 86. Flachtischrevolverkopf mit senkrechter Achse und T-Nuten für die Werkzeughalterbefestigung

Bild 87. Flachtischrevolverkopf mit senkrechter Achse und Prismenaufnahmen für die Werkzeughalter

Darüber hinaus gibt es Flachtischrevolver, bei denen die Prismenaufnahmen stirnseitig angeordnet sind, wobei in den Endlagen der Planbewegung des Kreuzschlittens Fixierbolzen angebracht sind, um zentrisch arbeitende Werkzeuge, die mit der Spindel fluchten müssen, positionieren zu können. Auch bei dieser Werkzeuganordnung können Einfach- und Mehrfachwerkzeughalter Verwendung finden. Diese Art von Werkzeugrevolvern ist vorteilhaft für das Werkzeugsystem Prismenaufnahme nach der VDI-Richtlinie 3425 geeignet.
In Abwandlung des Trommelrevolvers entstand eine weitere Ausführung, für die eine in den Bildern 88 und 89 gezeigte Werkzeuganordnung kennzeichnend ist. Der Vorteil bei den Halteraufnahmen für Einzelwerkzeuge gegenüber dem Mehrfachwerkzeughalter mit festen Lochabständen besteht in der höheren Flexibilität. Beide Halteraufnahmen sind außerhalb der Maschine voreinstellbar und schnell wechselbar.

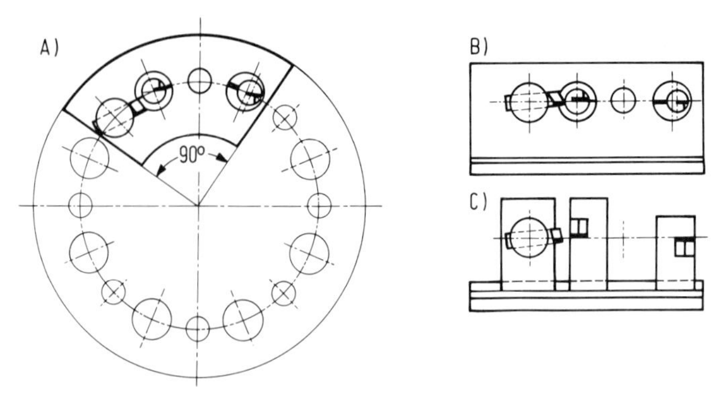


Bild 88. Abwandlung des Trommelrevolvers

A) konventioneller Trommelrevolver, B) Mehrfachwerkzeughalter (ein Viertel des Trommelrevolverkopfs in gerader Ausführung) mit festen Lochabständen, C) Werkzeughalter mit Einzelwerkzeugaufnahmen für veränderliche Abstände

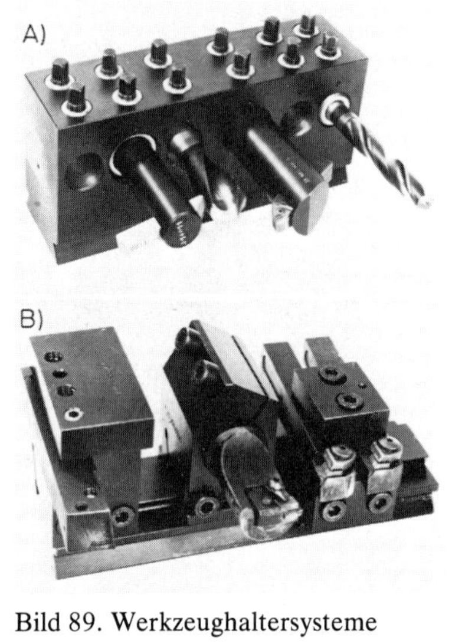


Bild 89. Werkzeughaltersysteme

A) Mehrfachwerkzeughalter mit festen Lochabständen

B) Werkzeugaufnahme für Einzelwerkzeuge mit veränderlichen Abständen

Bild 90. Blockrevolverkopf mit Führungsarmen und Gegenlager

Eine weitere Revolverbauform ist der *Blockrevolverkopf.* Blockrevolver findet man nicht an handgesteuerten Maschinen. Sie entstanden erst bei Entwicklung der automatisch gesteuerten Drehmaschinen. Blockrevolver gibt es mit vier oder sechs Aufspannflächen. Der Einsatz von Blockrevolvern setzt einen bestimmten Aufbau der Maschine voraus. Durch die Anordnung von Blockrevolvern ist auch die Bearbeitung von langen Drehteilen oder Werkstücken größeren Durchmessers möglich. Querdrehbearbeitungen sind bei dieser Art von Revolverköpfen nur mit Querschlitten durchführbar.

In Abwandlung des Blockrevolvers sind auch *Kreuzrevolver* (Bild 90) gebräuchlich. Bei diesen ist jede Spannstation zusätzlich mit einem Arm zum Indexieren und Führen des

Werkzeugblocks ausgestattet, der auf einem großen, über den Arbeitsraum hinausreichenden Radius zur Verringerung der Indexierungsfehler geführt ist. Nachteil dieser Arme ist der große Schwenkkreis. Die Führungsbüchse der Arme kann außerdem zur Feinverstellung von Werkzeugen auf dem Block dienen. Jeder dieser Führungsarme kann neben dem Blockrevolver noch weitere, insbesondere zentrisch arbeitende Werkzeuge aufnehmen.

Als *Scheibenrevolver* (Bild 91) werden Werkzeugträger bezeichnet, bei denen die Werkzeugaufnahmen in der Scheibe versenkt angeordnet sind. In diese Aufnahmen werden kurze, radial auskragende Werkzeuge für die Außenbearbeitung eingespannt. Scheibenrevolver werden häufig auf NC-Maschinen zusammen mit Sternrevolvern eingesetzt, wobei Scheibenrevolverköpfe für die Außenbearbeitung und Sternrevolverköpfe für die Innenbearbeitung eingesetzt werden.

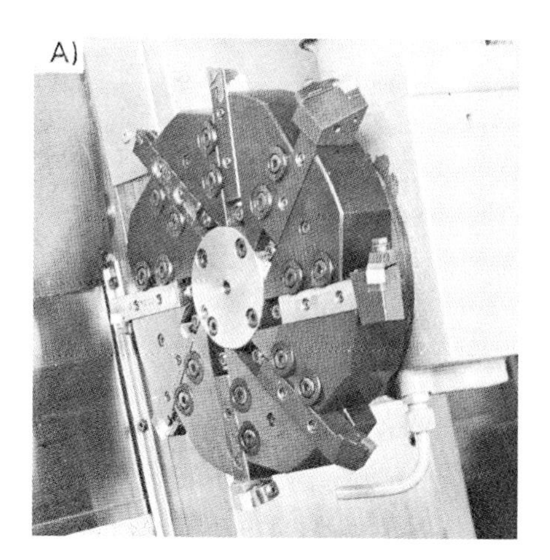


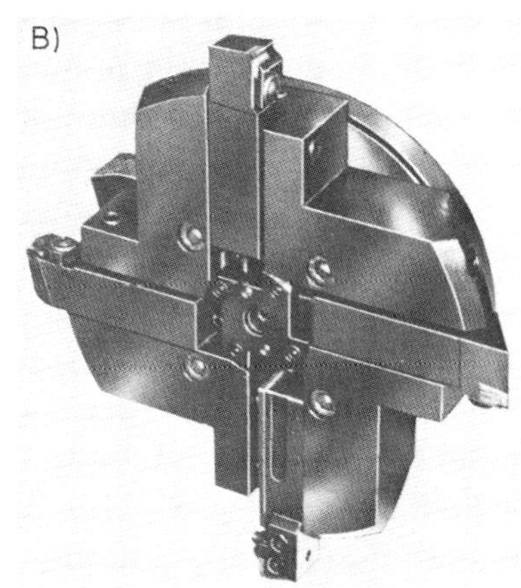


Bild 91. Scheibenrevolverkopf
A) für acht Werkzeuge, B) für vier Werkzeuge

### 5.7.2.4 Arbeitsbeispiele

Aus Kollisionsgründen sind sowohl dem Werkstückdurchmesser als auch der Länge Grenzen gesetzt. In der Regel ist daher auch nicht die Spitzenhöhe der Maschine für den größten Werkstückdurchmesser maßgebend, sondern das durch den Abstand der im Revolverkopf eingespannten Werkzeuge bzw. durch die Durchlaßbohrung in der Hauptspindel gegebene Maß. Die obere Grenze der auf Revolverdrehmaschinen bearbeitbaren Werkstückdurchmesser liegt bei etwa 400 mm. Die Anzahl der möglichen Arbeitsschritte am Werkstück, die in einer Einspannung bearbeitet werden können, richtet sich nach der Anzahl der Werkzeugpositionen. Je nach Revolverkopfart liegt die Zahl der Werkzeugaufnahmen zwischen vier und sechzehn.
Die Auswahl einer Maschine für eine bestimmte Fertigungsaufgabe richtet sich nach dem Durchlaß der Hauptspindel, wenn der Rohwerkstoff eine Stange ist, oder nach dem zum Spannen notwendigen Futterdurchmesser. Die Werkstückform und die Zahl der zur Bearbeitung notwendigen Werkzeuge und Arbeitsgänge bestimmen die Ausrüstung der Maschine.

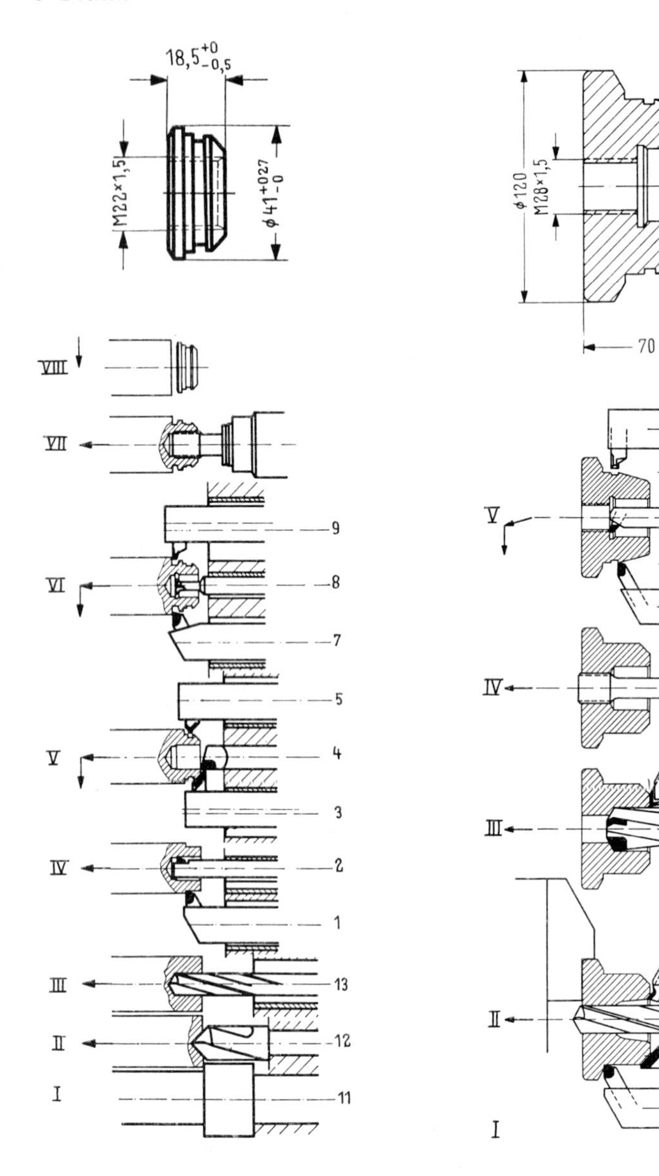


Bild 92. Bearbeitung eines Drehteils (Werkstoff 16 MnCr 5) auf einer handbedienten Revolverdrehmaschine mit Trommelrevolver

1 bis 13 Nummer der Werkzeugbohrung, I bis VIII Arbeitsgänge (I Vorschieben und Spannen, II Zentrieren, III Bohren, IV Längsdrehen, V Anfasen, Plandrehen, Einstechen, VI Längsdrehen und Einstechen, VII Gewindebohren, VIII Abstechen)

Bild 93. Bearbeitung einer Kegelbuchse (Werkstoff GG 18) auf einer handbedienten Revolverdrehmaschine mit Trommelrevolver

1 bis 15 Nummer der Werkzeugbohrung, I bis V Arbeitsgänge (I Werkstück im Dreibackenfutter einspannen, II Längsdrehen, Bohren, Anfasen, III Senken, Plandrehen, IV Gewinde bohren, V Nachformdrehen, Einstechen)

Bild 92 zeigt ein typisches Bearbeitungsbeispiel für eine handbediente Trommelrevolverdrehmaschine. Das Werkstück wird mit Normalwerkzeugen von der Stange gedreht. In Bild 93 ist ein Bearbeitungsbeispiel für einen Gußrohling im Dreibackenfutter wiedergegeben. Bild 94 zeigt ein Arbeitsbeispiel für den in Bild 77 gezeigten Revolverdrehautomaten mit Achtfach-Sternrevolver. In der Schaltstellung I wird mit einem zusätzlichen Seitenschlitten plangedreht, in der Schaltstellung II nachgeformt. In Bild 95 ist für

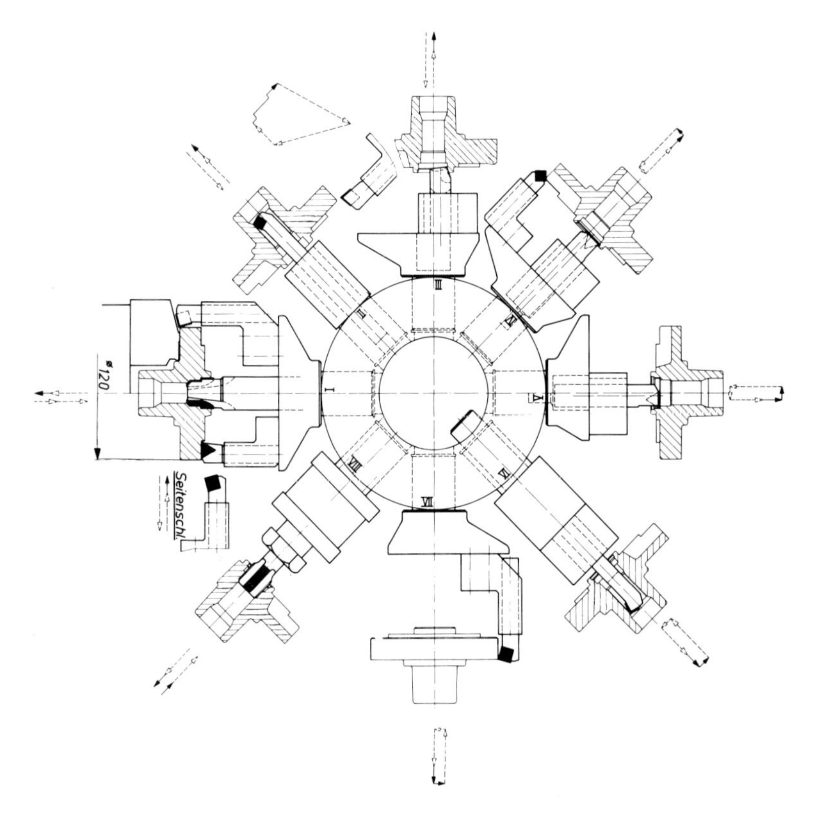


Bild 94. Bearbeitung eines Drehteils (Werkstoff GG 18) auf dem Revolverdrehautomaten Bild 77 (Bearbeitungszeit 1,76 min)

I bis VIII Schaltstellungen des Sternrevolvers (I Außenzylinder auf 120,5 mm Dmr. vordrehen, Senken, mit Seitenschlitten Plandrehen, II Bohrung vordrehen, Außenkontur nachformen, III Fasen, IV Bohrung auf Paßmaß 30 H 7 ausdrehen, Fasen, V Bohrung auf Paßmaß 28,6 H 7 drehen, VI Bohrung auf Paßmaß 22,25 H 8 drehen, VII Außenzylinder auf 120 H 7 fertigdrehen, VIII Gewinde M 24 × 1 bohren)

dieselbe Maschine ein Bearbeitungsfall am Beispiel eines Drehteils aus Automatenstahl wiedergegeben, bei dem in vier Schaltstellungen des Revolverkopfs Nachformdrehbearbeitungen ausgeführt werden.

Bild 96 gibt ein Beispiel für die Bearbeitung eines Gewinderings (Linsenträger) in zwei Einspannungen auf einer programmgesteuerten Drehmaschine mit Flachtischrevolver

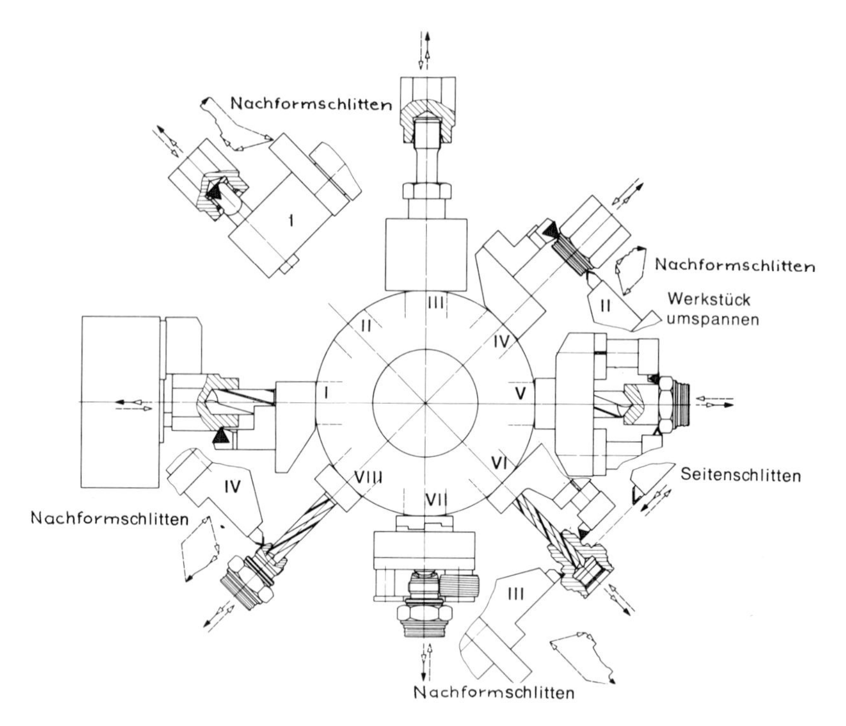


Bild 95. Bearbeitung eines Drehteils aus Automatenstahl auf dem Revolverdrehautomaten Bild 77 (Bearbeitungszeit 2,45 min)

I bis VIII Schaltstellungen (I Außenzylinder vordrehen, Bohren, II Innenkontur nachformen; III Gewinde bohren, IV Außenzylinder vordrehen und fertig nachformen, Werkstück umspannen, V Außenzylinder vordrehen, Zentrieren, VI Außenzylinder nachformen, Bohren, Plandrehen; VII Außengewinde rollen, nachformen, VIII Senken, Außenkegel fertig nachformen)

(komplette Bearbeitungszeit: 2,3 min). Die verwendeten Werkzeuge sind in Einzelwerkzeughaltern gespannte, außerhalb der Maschine auf dem Revolverkopf voreingestellte Normalwerkzeuge.

Mit Hilfe von Sonderwerkzeugen oder besonderen Einrichtungen können auch auf einfacheren Maschinen komplizierte Werkstücke bearbeitet werden. Die Zusatzeinrichtungen sind vielfältig und werden als Standardausrüstungen angeboten. Dazu zählen Einrichtungen zur Gewindeherstellung, wie beispielsweise zum Gewinderollen, -schneiden oder -strehlen, Einrichtungen zum Nachformen, Schwenkhalter, Einrichtungen zum Spannen von Formwerkstücken und Stangen, Stangenvorschubeinrichtungen, Reitstökke, Einrichtungen zum Kühlen usw. Daneben liefern die Maschinenhersteller Sonderausstattungen und Sonderwerkzeuge, die speziell für die Bearbeitung eines bestimmten Werkstücks oder einer Werkstückfamilie (Teilefamilie) konstruiert und hergestellt werden. Ferner werden erweiterte Programmschaltungen für zusätzliche Spindeldrehzahlen und Vorschübe, Einrichtungen für die Punktstillsetzung der Hauptspindel in einer bestimmten Winkellage, spezielle Seitenschlitten für Plan- und Abstechdreharbeiten mit Eil- und Arbeitsvorschub sowie Feinanschläge für die Längs- und Planbewegung angeboten.

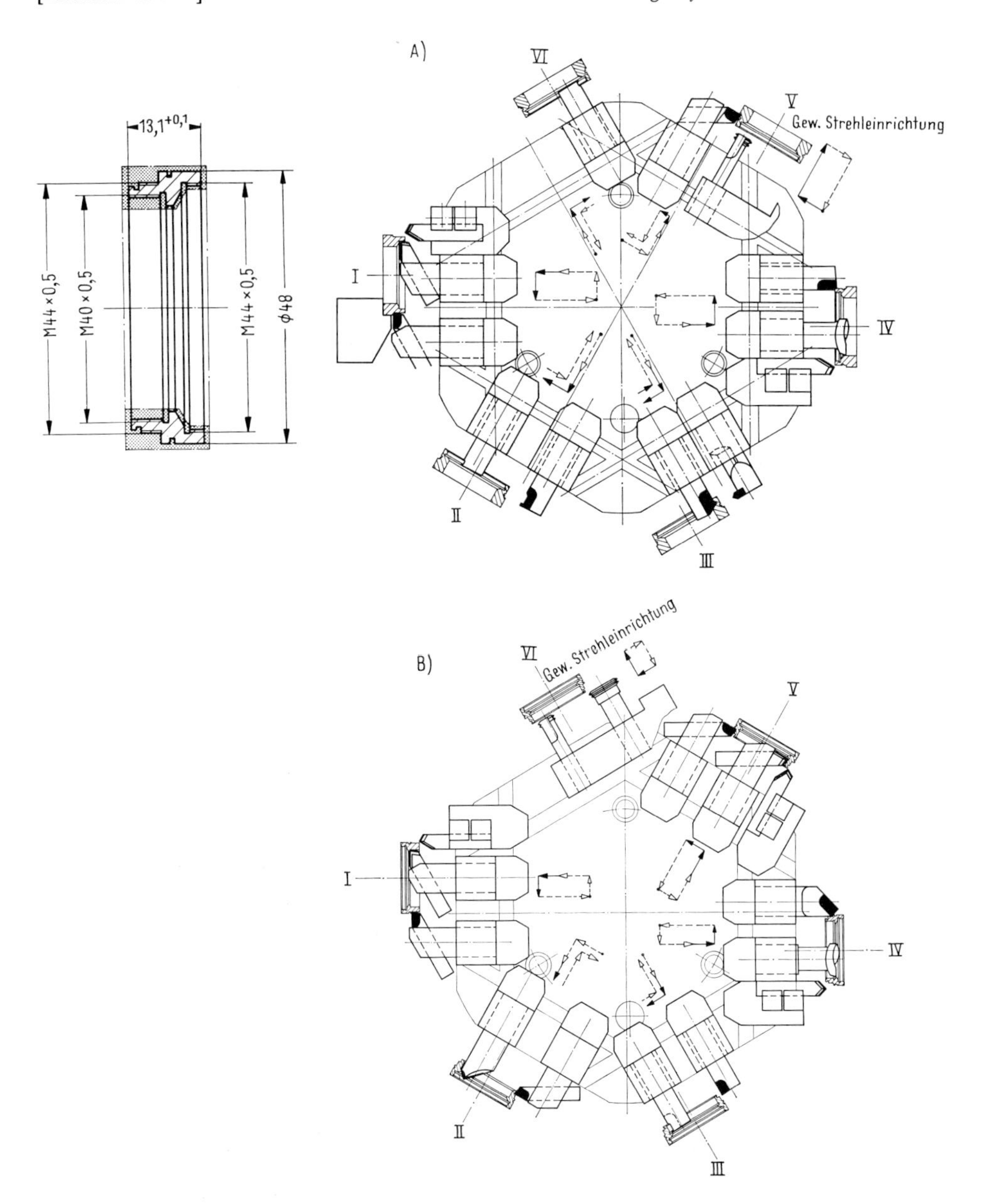


Bild 96. Bearbeitung eines Gewinderinges auf einer Revolverdrehmaschine mit Flachtischrevolver

A) erste Aufspannung: I bis VI Schaltstellungen (I Außenzylinder 48 mm Dmr. vordrehen, für M 40 × 0,5 fertigdrehen, II innen und außen Einstechen, III Schräge stirnen, außen Fasen, IV Bohrung fertigdrehen, Fasen, Plandrehen, V Außenzylinder 48 mm Dmr. fertigdrehen, Innengewinde M 44 × 0,5 strehlen, VI Gewindeausgang nachstechen)

B) zweite Aufspannung: I bis VI Schaltstellungen (I Außenzylinder für M 44 × 0,5 vordrehen, Bohrung für M 40 × 0,5 vordrehen, Plandrehen, II Außenzylinder fertigdrehen, innen Fasen, III innen und außen Einstechen, IV Bohrung fertigdrehen, Fasen, V Bohrung für M 40 × 0,5 und Außenzylinder für M 44 × 0,5 fertigdrehen, Plandrehen, VI Innen- und Außengewinde strehlen, Fasen)

Soll der Programmablauf einer Maschine automatisch erfolgen, müssen die Schalt- und Weginformationen in einem Programm verknüpft werden. Solche Programmträger sind Programmstecker, Steckerfelder, Programmkarten, Lochkarten, Lochstreifen, Magnetbänder oder auch elektronische Speicher. Das Bedienfeld für die Programmschaltungen der in Bild 77 gezeigten Maschine ist in Bild 97 wiedergegeben.

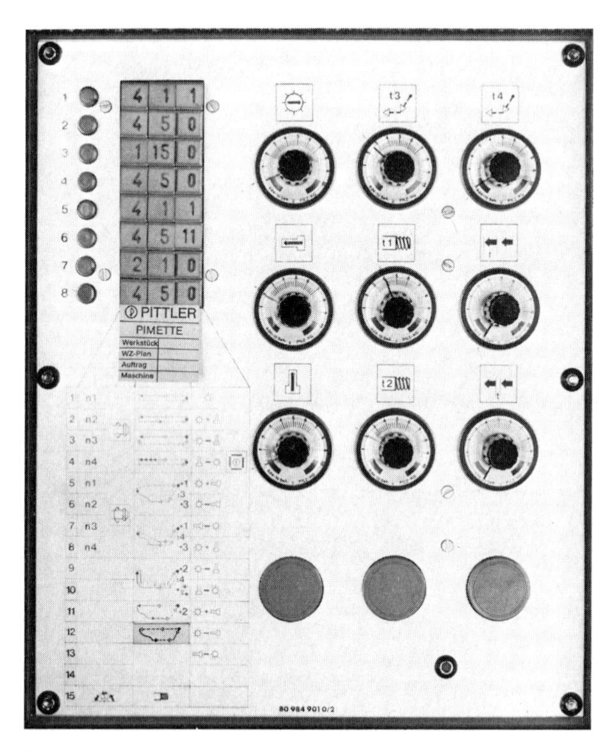


Bild 97. Bedienfeld für Programmschaltungen der Revolverdrehmaschine Bild 77

Programmiert wird hier unabhängig von den Schaltstellungen des Revolverkopfs mit Datensteckern (DATA-MODUL-System). Für jede Schaltstellung werden nur drei Stecker, nämlich für die Drehzahl und die Drehrichtung, für das Schlittenprogramm und für den zeitlichen Einsatz der Schlitten benötigt. Das komplette Programm aus nur 24 Steckern kann in einer Folie gespeichert und in kurzer Zeit gewechselt werden. Zur weiteren, besseren Automatisierung der Maschine über die Steuerung hinaus müssen auch auf der Werkzeug- und Werkstückseite entsprechende Vorkehrungen getroffen werden. Dazu gehört das Schnellwechseln und das Voreinstellen der Werkzeuge, das Umrüsten und die automatisierte Handhabung der Werkstücke beim Ein- und Ausgeben in die Maschine. Solche Einrichtungen müssen aus wirtschaftlichen Gründen bei den für Revolverdrehmaschinen üblichen Stückzahlen flexibel sein und den unterschiedlichen Bearbeitungsaufgaben schnell angepaßt werden können.

## 5.7.3 Einspindeldrehautomaten

### 5.7.3.1 Kurvengesteuerte Einspindeldrehautomaten

**Ing. (grad.) W. von Zeppelin, Reichenbach-Fils**

#### 5.7.3.1.1 Arbeitsweise und konstruktiver Aufbau

Die Drehautomaten waren die ersten automatisch arbeitenden spanenden Werkzeugmaschinen. Schon um 1870 wurde in den USA eine Einrichtung zum Vorschieben und Spannen einer mit der Spindel rotierenden Werkstoffstange patentiert [69]. Diese Einrichtung, kombiniert mit von einer Kurvenwelle gesteuerten Werkzeugträgern, führte zu dem ersten brauchbaren Drehautomaten. Der Grund für die Entwicklung dieser Automaten waren nicht nur die angestrebte Leistungssteigerung und die Erleichterung der Maschinenbedienung, sondern die von der menschlichen Geschicklichkeit unabhängige, gleichbleibende Fertigungsgenauigkeit. Bei der weiteren Entwicklung standen die Erweiterung der Bearbeitungsmöglichkeiten sowie eine möglichst gute Umrüstbarkeit im Vordergrund.

Trotz der raschen Entwicklung der programmgesteuerten und numerisch gesteuerten Drehautomaten sind besonders in der Massenfertigung nach wie vor kurvengesteuerte Drehautomaten wirtschaftlich einsetzbar. Sie werden wegen ihrer unübertroffenen Betriebssicherheit, der vielfältigen Möglichkeiten des Arbeitsablaufs und der verhältnismäßig niedrigen Kosten für Anschaffung und Wartung auch in Zukunft ihre Bedeutung behalten. Insbesondere bei der Fertigung kleiner Werkstücke ist die Mengenleistung der kurvengesteuerten Automaten meist größer als die der programm- und numerisch gesteuerten Machinen.

Kurvengesteuerte Einspindeldrehautomaten verarbeiten meist stangenförmigen Werkstoff. Weniger häufig werden Rohteile aus Stangenabschnitten oder vorbearbeitet angeliefert. In diesem Fall werden die Drehautomaten dann entweder manuell oder von automatisch arbeitenden Zuführeinrichtungen beschickt. Zur Bearbeitung von Werkstoffstangen zwischen 2 und 80 mm Dmr. werden verschiedene Größen von Drehautomaten hergestellt. Wegen der Problematik der Stangenführung und des zeitraubenden Abstechens ist es im Bereich über 60 mm Stangendurchmesser häufig wirtschaftlicher, Stangenabschnitte zu bearbeiten. Die Stangenlängen betragen 3 bis 6 m. Stangenabschnitte und Rohlinge werden entweder wie die Werkstoffstangen in Spannzangen oder in hydraulisch betätigten Spannfuttern gespannt. Zu Beginn des Arbeitszyklus wird die Werkstoffspanneinrichtung der Hauptspindel geöffnet und die Werkstoffstange von einer Vorschubeinrichtung bis zu einem vor der Hauptspindel liegenden Anschlag vorgeschoben. Danach wird die Werkstoffspanneinrichtung geschlossen, und die vor dem Hauptspindelkopf angeordneten Werkzeuge bearbeiten das Werkstück, bis als letzter Arbeitsgang das Werkstück von der Werkstoffstange abgestochen wird.

Die Schnittbewegung erfolgt durch die Hauptspindel, während die Werkzeuge alle Vorschubbewegungen ausführen. Um die Hauptspindel herum sind bis zu fünf Querschlitten angeordnet, auf denen vorwiegend die Werkzeuge zum Drehen der Außenkontur aufgenommen werden (Bild 98). Dem Hauptspindelkopf gegenüber lassen sich verschiedene Formen von Revolverköpfen anordnen, die Werkzeuge vorwiegend zur Bearbeitung der Innenkontur aufnehmen. Mit einem Schaltgetriebe können Drehzahlen und Drehrichtungen der Hauptspindel während des Bearbeitungszyklus geändert werden.

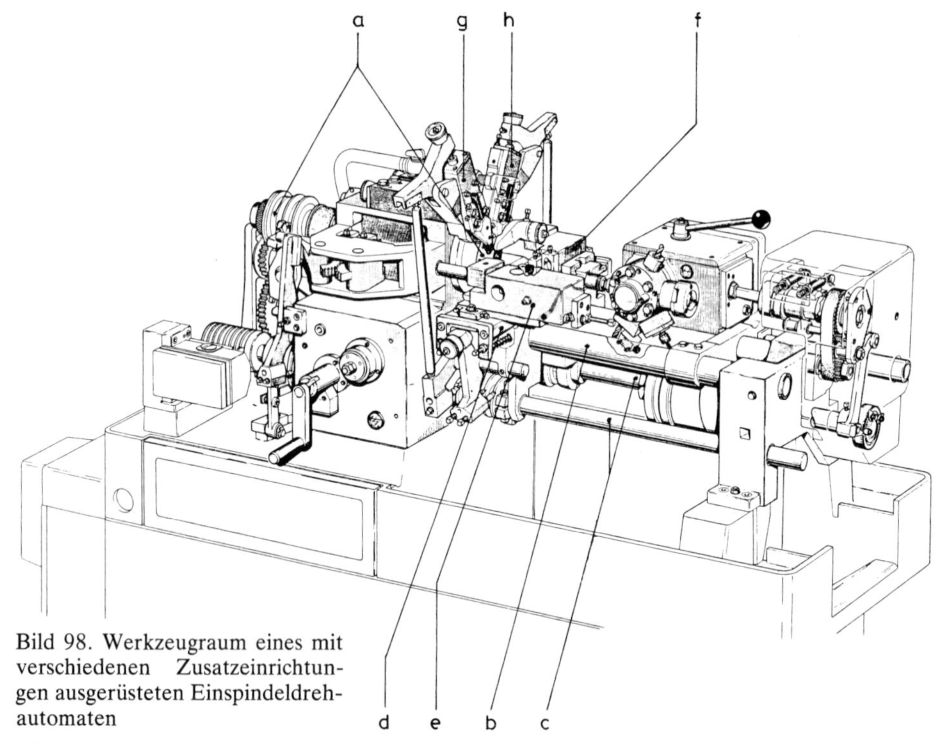


Bild 98. Werkzeugraum eines mit verschiedenen Zusatzeinrichtungen ausgerüsteten Einspindeldrehautomaten

a Hauptspindel, b Führungssäule, c Steuerwellen, d Querschlitten vorn S 1, e Längsdreheinrichtung vorn, f Längsdreheinrichtung hinten, g Senkrechtsupport vorn S 4, h Senkrechtsupport hinten S 3

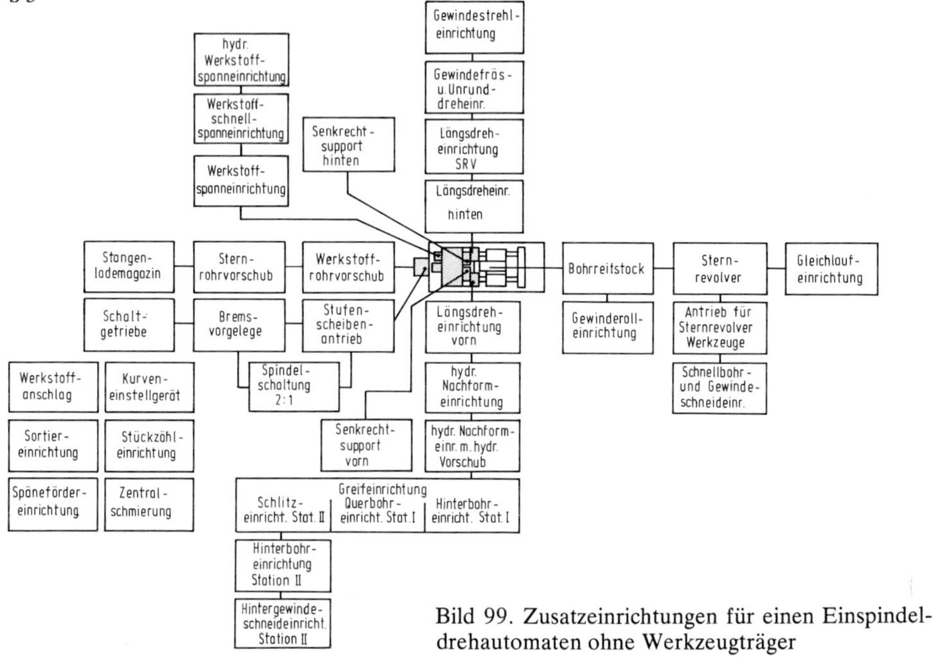


Bild 99. Zusatzeinrichtungen für einen Einspindeldrehautomaten ohne Werkzeugträger

Zahlreiche Zusatzeinrichtungen (Bild 99) erweitern den Arbeitsbereich, so daß neben Drehen und Gewindeschneiden auch Arbeitsgänge wie Bohren, Fräsen, Stoßen, Gewindestrehlen, Gewindefräsen, Mehrkantdrehen ausgeführt werden können.
Die Werkzeugträger werden von werkstückabhängigen Steuerkurven bewegt. Dagegen werden die Schaltbewegungen, wie Werkstoffeinspannung, Revolverschaltung u. dgl., von der Hilfssteuerwelle betätigt, um sie unabhängig von der Länge des Bearbeitungszyklus schnellstmöglich auszuführen.
Die kurzen Schaltzeiten und die Möglichkeit, mehrere Arbeitsgänge gleichzeitig ablaufen zu lassen, verleihen den Drehautomaten eine große Leistungsfähigkeit, die nur noch von mehrspindlig arbeitenden Maschinen übertroffen wird.
Wie aus Bild 100 ersichtlich, ist der Spindelstock mit der Hauptspindel und dem Steuerwellengetriebe auf dem Maschinengestell aufgesetzt. Die zylindrischen Führungssäulen nehmen die Werkzeugträger auf und verlaufen genau parallel zur Hauptspindelachse. Sie sind wie die Steuerwellen im Spindelstock und im Stützlager auf dem Maschinengestell gelagert, in dessen Innenraum die elektrische Schaltung, der Kühlmittelbehälter, die Kühlmittelpumpe und die Spänewanne untergebracht sind.

Bild 100. Maschinenaufbau eines Einspindeldrehautomaten
a Spindelstock, b Führungssäulen, c Steuerwellen, d Stützlager

Die Hauptspindel hat die Aufgabe, den stangenförmigen Werkstoff möglichst fest zu spannen und das für die Bearbeitung erforderliche Drehmoment in verschiedener Drehrichtung und bei verschiedenen Drehzahlen zu übertragen. Sie ist nach der in Bild 101 gezeigten Ausführungsform vorn in zwei vorgespannten Schrägkugellagern und hinten in einem Rillenkugellager gelagert. Die Lager werden direkt im Spindelstock aufgenommen. Die Käfige sind wegen des Schaltbetriebs zur Reduzierung der Masse in Kunststoff ausgeführt. Allgemein wird eine steife, spiel- und wartungsfreie Lagerung angestrebt, die unempfindlich gegen Überlastung ist. Die Wärmeentwicklung muß auch bei hohen Drehzahlen sehr gering sein. Die Einleitung des Drehmoments erfolgt über den wartungsfreien Zahnriemen, der ohne Vorspannung und beim Schalten der Drehrichtung schlupffrei arbeitet. Die Schaltkupplungen sind im Getriebe untergebracht. Dadurch erreicht man ein dynamisch und thermisch günstiges Verhalten der Hauptspindel.
Da die Werkstoffstangen außerhalb der Spindel nur unvollkommen geführt und zentriert werden können, ist eine außerordentlich kräftige Spannung notwendig, um ein Taumeln der Werkstoffstange durch die Bearbeitungskräfte zu vermeiden. In der Regel werden Werkstoffstangen mit der Durchmessertoleranz IT 11 verwendet. Hierfür hat sich die mechanische Werkstoffspannung über federnde Spannfinger bewährt. Größere Durchmesserunterschiede als die der Klasse IT 11 können nur durch eine hydraulisch arbeitende Werkstoffspanneinrichtung überbrückt werden. Hierbei ist die Spindel mit einem sich drehenden Hohlspannzylinder ausgerüstet. Nachteilig sind dabei die größeren Schwung-

massen und ein wesentlich höherer Aufwand. Der große Hub des Hohlspannzylinders reicht auch für die Betätigung eines Kraftspannfutters aus, das anstelle der Zangenspannung auf dem Spindelkopf montiert werden kann. Die federnde Spannzange wird durch den Hohlkegel der Zangenspannbüchse geschlossen, wenn diese über das Druckrohr von den Spannfingern nach vorn gedrückt wird. Dabei stützt sich die Spannzange an der Spindelkopfmutter ab. Jeder Spannfinger wirkt als Winkelhebel, der sich am Spannfingerlager abstützt und am langen Hebelarm von der Schiebemuffe betätigt wird, wodurch er das Druckrohr nach vorn schiebt. Der Innenring der Schiebemuffe rotiert mit der Spindel, während der Außenring stillsteht und vom Spannhebel beim Spannen nach hinten, beim Lösen nach vorn gedrückt wird. Auf die Spindellagerung wirkt dabei nur die während des Spann- und Lösevorgangs durch Reibung verursachte Kraft.

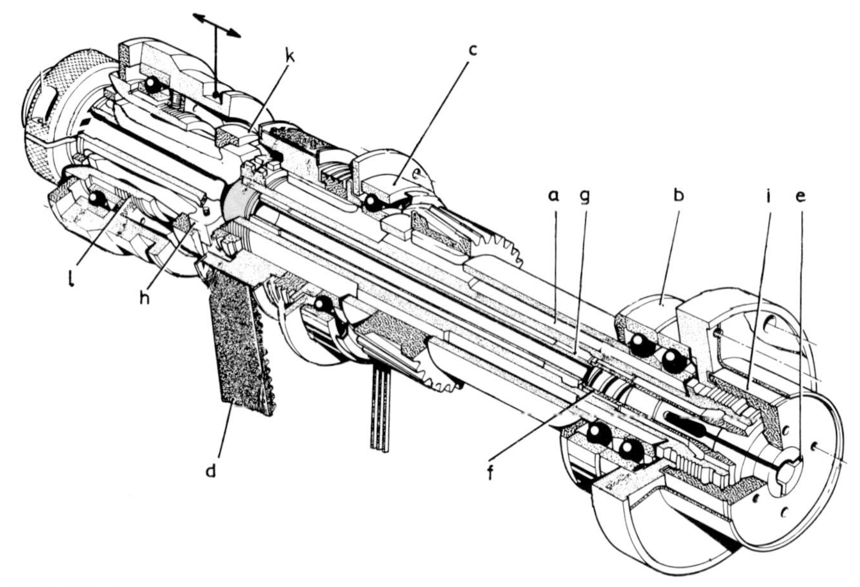


Bild 101. Hauptspindellagerung eines Einspindeldrehautomaten

a Hauptspindel, b vorderes Lager (axial und radial), c hinteres Lager (radial), d Zahnriemen für Antrieb, e Spannzange, f Zangenspannbüchse, g Druckrohr, h Spannfinger, i Spindelkopfmutter, k Spannfingerlager, l Schiebemuffe

Die Führung der Werkstoffstangen erfolgt meist in Rohren, die dem Werkstoffstangendurchmesser möglichst gut angepaßt sein müssen. Jedoch ist für die Funktion der Führung stets ein Durchmesserunterschied erforderlich, was zu Schwingungen und beachtlicher Geräuschentwicklung führt. Um diesem Problem, das besonders bei Profilwerkstoffen und bei hohen Drehzahlen auftritt, zu begegnen, werden die Führungsrohre häufig in Sand gebettet. Es gibt auch ölgefüllte Führungsrohre, bei denen sich eine hydrodynamische Schmierung und Zentrierung der Werkstoffstange ausbildet. Weiterhin können elastische Rollen angewandt werden, welche die Werkstoffstange zentrieren.
Der Stangenvorschub erfolgt durch Werkstoffschieber, die im Rohr geführt und durch Gewichte oder Elektromotoren betätigt werden. Eine weitere Möglichkeit ist der sog. Zangenvorschub. Hierbei wird die Werkstoffstange innerhalb der Hauptspindel durch eine federnde und sich mit der Werkstoffstange drehende Zange gegriffen und nachgeschoben.

Für den Antrieb der Hauptspindel kann entweder ein einfaches Riemenvorgelege oder ein Spindelschaltgetriebe (Bild 102) gewählt werden. Auf der Kupplungswelle sind im gezeigten Beispiel drei Elektromagnetkupplungen und eine Elektromagnetbremse angeordnet. Durch Kombination mit Motorpolumschaltung sind mit diesem einfachen Getriebe folgende Schaltungen während eines Bearbeitungszyklus möglich:
im Rechtslauf: 1 : 1, 2 : 1, 5 : 1 und 10 : 1,
im Linkslauf: 5 : 1 und 10 : 1.

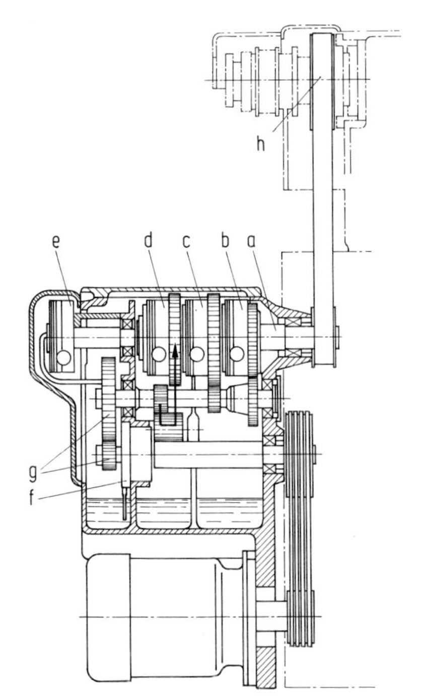


Bild 102. Spindelschaltgetriebe eines Einspindeldrehautomaten

a Kupplungswelle, b Kupplung rechts/schnell, c Kupplung rechts/langsam, d Kupplung links/langsam, e Bremse, f Ölpumpe, g Wechselräder, h Hauptspindel

Der Drehzahlbereich, der von Werkstoff, Bearbeitungsdurchmesser und Schneidstoff abhängig ist, wird durch die Wechselräder eingestellt. Stufenlos einstellbare Elektromotoren sind vorteilhafte Alternativen zu Schaltgetrieben dieser Art.
Um die Hauptspindel herum sind vier Querschlitten angeordnet (Bild 98). Die Schlitten S3 und S4 werden meist zum Vorstechen und Abstechen mit entsprechenden Werkzeughaltern ausgerüstet. Die Schlitten S1 und S2 eignen sich für besonders schwere Einstecharbeiten oder nehmen Zusatzeinrichtungen auf. Als stirnseitige Werkzeugträger stehen ein einfacher Bohrreitstock, eine Gleichlaufeinrichtung oder ein Sternrevolver zur Verfügung.
Bewegungen, deren Wege und Geschwindigkeiten vom zu fertigenden Werkstück abhängig sind, werden von Kurven gesteuert, die speziell für diese Bearbeitungsaufgabe ausgelegt sind und auf der Steuerwelle sitzen. Andere, von der Stückzeit unabhängige Bewegungen, wie die Betätigung der Werkstoffspannung und das Schalten des Revolverkopfs, werden von der mit konstanter Drehzahl umlaufenden Hilfssteuerwelle gesteuert (Bild 103). Die Umlaufzeit der Steuerwelle entspricht der Stückzeit der Bearbeitung. Um die theoretisch errechnete Stückleistung möglichst genau einstellen zu können, wird die Steuerwellendrehzahl über ein dreistufiges Vorschubgetriebe eingestellt. Ein sehr kräftiger Schneckentrieb treibt dann die Steuerwelle spielfrei und selbsthemmend an.

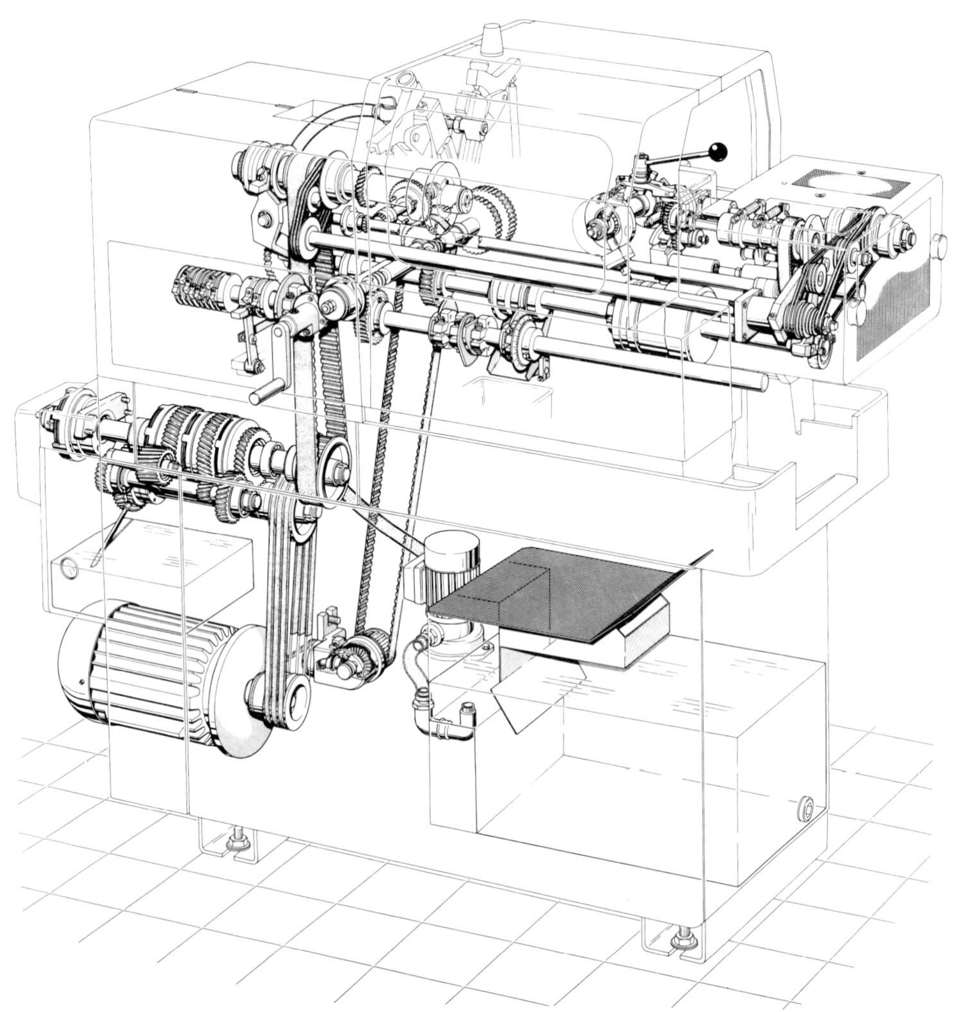

Bild 103. Getriebe eines kurvengesteuerten Drehautomaten

Zum Einrichten der Maschine kann der Steuerwellenantrieb über eine Handkurbel bewegt werden. Anfahr- und Rückzugbewegung der Schlitten können durch den Eilgang der Steuerwelle beschleunigt werden. Die Hilfssteuerwelle ist in der hinteren Führungssäule gelagert und wird über ein Kegelrad angetrieben. Schnellschaltkupplungen steuern die von der Hilfssteuerwelle bewirkten Schaltbewegungen. Die Schnellschaltkupplungen werden durch einen Nocken der Steuerwelle ausgelöst und kuppeln sich selbsttätig aus, nachdem sie eine ganze Umdrehung oder einen bestimmten Drehwinkel ausgeführt und dabei den jeweiligen Schaltmechanismus betätigt haben.
Bei einer anderen Bauart, den sogenannten Bunddrehautomaten, steht der Werkstoff bzw. das Werkstück still. Hier werden auch die Schnittbewegungen von den Werkzeugen ausgeführt. Die Querwerkzeugträger sind in dem rotierenden Hauptspindelkopf geführt. Bei diesen Automaten wird kein stangenförmiger, sondern aufgespulter Werkstoff verarbeitet. Somit entfallen alle Probleme und Verlustzeiten, die das Führen und das Nachladen von Werkstoffstangen mit sich bringen. Dafür muß allerdings der Werkstoff gerichtet

werden, was bei größeren Werkstoffdurchmessern nicht ganz unproblematisch ist und größeren Aufwand erfordert. Aus diesem Grunde werden solche Maschinen nur bis zu einem Durchlaß von 16 mm gebaut.

#### 5.7.3.1.2 Zusatzeinrichtungen

*Längsdreheinrichtung*

Zum Längsdrehen werden auf den Querschlitten S1 und S2 achsparallel zur Hauptspindel arbeitende Schlitteneinheiten aufgebaut, die zum Kegeldrehen bis zu 5° geschwenkt werden können. Die Längsvorschubbewegung erfolgt durch Kurven.

*Hydraulische Nachformeinrichtung*

Anstelle des Querschlittens S1 kann auch eine einachsige Nachformdreheinrichtung aufgebaut werden [69]. Mit dieser können beliebige Formen, auch Kegel und Kugeln einer Schablone oder Meisterwelle nachgeformt werden. Der Leitvorschub erfolgt parallel zur Hauptspindelachse, meist über eine Kurve, seltener hydraulisch. Dagegen verläuft die Nachformachse, d. h. die Richtung der Führung des Nachformschlittens, unter 60° zur Hauptspindelachse. Der gesamte Arbeitsbereich von 120° erstreckt sich von 90° quer bis 30° schräg zur Hauptspindelachse. Dabei ist zu beachten, daß die resultierende Vorschubgeschwindigkeit konturabhängig ist und sich als Resultierende aus den Vorschubgeschwindigkeiten in der Leitachse und in der Nachformachse ergibt. Durch Ändern der Vorschubgeschwindigkeit in der Leitachse kann die resultierende Vorschubgeschwindigkeit den Schnittbedingungen angepaßt werden. Das Nachformdrehen kann auch in zwei Schnitten vorgenommen werden, wobei der erste Schnitt äquidistant zum zweiten Schnitt verläuft.

*Gewindefräs- und Mehrkantdreheinrichtung*

Die Gewindefräs- und Mehrkantdreheinrichtung besteht aus einem Getriebe, das am Spindelstock angeflanscht wird und aus dem auf dem Querschlitten S2 befestigten Fräsapparat. Die Frässpindelachse verläuft parallel zur Hauptspindel. Die Frässpindel dreht sich gleichsinnig zur Hauptspindel. Beim Gewindefräsen ist das Drehzahlverhältnis zwischen Hauptspindel und Frässpindel 1 : 1 und beim Mehrkantdrehen 1 : 2. Der Gewindefräser hat das Profil des herzustellenden Gewindes und eine möglichst große Zähnezahl. Das Gewinde wird also nicht im Abwälzverfahren hergestellt, sondern entsteht aus einer der Zähnezahl des Fräsers entsprechenden Anzahl von Facetten. Nicht bei allen Gewinden ist dies zulässig. Jedoch hat das Gewindefräsen gegenüber anderen Verfahren folgende wesentliche Vorteile:

- Die Drehzahl und Drehrichtung der Hauptspindel muß nicht verändert werden, so daß gleichzeitig auch andere Arbeitsvorgänge möglich sind.
- Mehrere Gewinde (auch rechts- und linksgängige sowie kegelige) können mit einem entsprechenden Fräser gleichzeitig gefräst werden.
- Die Gewinde können hinter einem Bund gefräst werden, auch mit extrem kurzem Auslauf.
- Ein Gcwindefräser kann für alle Gewindegrößen gleicher Steigung verwendet werden; der Gewindedurchmesser wird an der Stellspindel des Querschlittens eingestellt.
- Die Fertigungszeiten der gefrästen Gewinde sind sehr kurz.

Das Fräsen der Gewinde erfolgt bei der gleichen Hauptspindeldrehzahl wie das Drehen. Aufgrund der daraus resultierenden hohen Schnittgeschwindigkeit wird das Gewindefräsen mit Rücksicht auf das Fräswerkzeug meist nur bei gut zerspanbaren Buntmetallen angewandt.

Beim Mehrkantdrehen [70] bearbeitet jeweils ein Zahn des Werkzeugs zwei um 180° versetzte Flächen. Zum Drehen eines Sechskants wird somit ein dreizahniges Werkzeug verwendet. Die Flächen sind leicht konvex ausgebildet. Neben der höheren Schnittgeschwindigkeit gegenüber dem Gewindefräsen wirkt sich weiterhin aus, daß der Wirkwinkel sich im Verlauf des Zahneingriffs von einem negativen zu einem positiven Wert ändert. Dies führt dazu, daß das Mehrkantdrehen meist nur bei der Verarbeitung von Buntmetallen angewandt werden kann. In diesen Fällen ist es aber eine sehr wirtschaftliche Methode, Flächen an einem Drehteil anzubringen.

*Gewindestrehleinrichtung*

Gewinde, die sich wegen der Qualitätsanforderungen, der Werkstoffeigenschaften oder wegen der Werkstückgestalt nicht fräsen, schneiden oder rollen lassen, müssen gestrehlt werden. Das Gewindestrehlen erfordert gegenüber anderen Verfahren hohen Rüstaufwand und lange Fertigungszeiten.
Die Gewindestrehleinrichtung besteht aus einer Antriebseinrichtung und dem Strehlschlitten. Der Strehlschlitten ist als Kreuzschlitten ausgebildet und wird auf den Querschlitten S2 montiert. Um eine exakte und gleichmäßige Steigung zu erzielen, muß die Längsbewegung in einem genauen und gleichbleibenden Verhältnis zur Umdrehung der Hauptspindel ablaufen. Deshalb erfolgt der Längshub des Strehlschlittens durch eine von der Hauptspindel über ein Wechselradgetriebe angetriebene Kurve. Während des mit ungefähr doppelter Geschwindigkeit durchgeführten Rücklaufs wird das Werkzeug, ein ein- oder zweizahniger Strehler, durch einen Nocken abgehoben. Dieser Rechteckbewegung ist der Vorschub des Querschlittens S2 als Schnittiefenzustellung überlagert. Während der zwei letzten Durchgänge des Strehlschlittens ohne Schnittiefenzustellung wird das Gewinde zylindrisch ausgeschnitten. Durch Schrägstellen des Strehlschlittens können auch kegelige Gewinde geschnitten werden.

*Bohrreitstock*

Der Bohrreitstock ist gegenüber dem Hauptspindelkopf angeordnet und nimmt eine einfache Bohrpinole auf. Außer für Bohrarbeiten eignet er sich auch zum Überdrehen, Ausdrehen oder Abstützen. Er ist bei der hier beschriebenen Maschine auf zwei zylindrischen Führungssäulen gelagert.

*Gleichlaufeinrichtung*

Soll die Abstichseite eines Drehteils bearbeitet werden, kann anstelle des Bohrreitstocks eine Gleichlaufeinrichtung eingesetzt werden. Diese besteht aus einem auf den Führungssäulen geführten Spindelstock, dessen Spindel synchron zur Hauptspindel angetrieben wird. Das Drehteil wird vor dem Abstechen in der Gleichlaufspindel gespannt. Nach dem Abstechen wird die Abstichseite nochmals überdreht oder angefast.

*Revolverschlitten*

Häufig werden für die stirnseitige Bearbeitung des Werkstücks mehrere Werkzeuge benötigt. Hierfür wird ein Sternrevolver verwendet, der bis zu acht Werkzeughalter aufnehmen kann. Ein umfangreiches Werkzeughaltersystem ermöglicht die verschiedensten Arbeiten, wie Zentrieren, Bohren, Reiben, Gewindeschneiden, Ausdrehen, Hinterstechen, Überdrehen, Planeinstechen, Anschlagen und Abstützen. Zusätzlich kann der Revolverkopf mit einem Antrieb für rotierende Werkzeuge ausgerüstet werden. Hierbei treibt ein in der Werkzeugtrommelachse gelagertes Tellerrad die Werkzeughalter zum Bohren, Sägen und Fräsen an.

In einer weiteren Ausbaustufe kann der Revolverkopf mit einer Bohr- und Gewindeschneideinrichtung kombiniert werden. Diese ermöglicht das Gewindeschneiden im Über- und Unterholverfahren mit den in der Werkzeugtrommel eingesetzten Gewindebohrer- und/oder Schneideisenhaltern. Bei diesem Verfahren behält die Hauptspindel die Drehrichtung und die Drehzahl während des Gewindeschneidens bei. Das Gewindewerkzeug dreht sich zum Schneiden eines Rechtsgewindes langsamer als die Hauptspindel, dagegen überholt es die Hauptspindel zum Ablaufen. Das bedeutet, daß gleichzeitig mit dem Gewindeschneiden andere Drehbearbeitungen ausgeführt werden können. Außerdem sind die zu schaltenden Schwungmassen der Bohr- und Gewindeschneideinrichtung wesentlich geringer als die des Schaltgetriebes und der Hauptspindel, was zu höheren zulässigen Schalthäufigkeiten führt. Die höhere Schalthäufigkeit ist besonders bei kurzen Stückzeiten, also meist kleinen Gewinden, erforderlich. Andererseits sind durch die begrenzten Abmessungen des Antriebs durch die Werkzeugtrommel hindurch die übertragbaren Drehmomente begrenzt. Daraus ergibt sich, daß kleine Gewinde vorteilhaft mit der Bohr- und Gewindeschneideinrichtung geschnitten werden, während größere Gewinde durch Spindelumschalten zu fertigen sind.
Alle Schalt- und Indexier-Bewegungen des Revolvers erfolgen mechanisch durch eine Hilfssteuerwellenumdrehung, die durch eine Schnellschaltkupplung auf den Schaltmechanismus übertragen wird. Die über ein Maltesergetriebe geschaltete Werkzeugtrommel wird durch einen kegeligen, federbelasteten Bolzen oder eine Stirnverzahnung indexiert. Durch die Stirnverzahnung wird eine spielfreie und steifere Fixierung der Trommel erzielt. Die Vorschubbewegung des Revolverschlittens erfolgt gegen eine Rückzugfeder durch eine auf der Steuerwelle befestigte Trommelkurve. Dieser Vorschubbewegung ist ein sog. Schnellrückzug überlagert. Er bewirkt einen konstanten Rückzug- und Anfahrweg vor und nach dem Schalten der Werkzeugtrommel.
Beim Bohren tiefer Löcher kann zur Spänebeseitigung der Schnellrückzug in einer Revolverkopfposition – also ohne Schalten des Kopfes – mehrfach ausgelöst werden. Mit manchen Revolverköpfen können Ausdrehmeißel während des Rückzugs abgehoben werden. Anstelle des beschriebenen Sternrevolvers werden seltener auch Trommelrevolver oder mehrspindelige schwingende Werkzeugträger eingesetzt. Hierbei sind die stärker ausgebildeten rotierenden Spindeln beim Bohren und Gewindeschneiden von Vorteil, jedoch sind diese Einrichtungen weniger vielseitig einsetzbar.

*Greif-, Hinterbohr-, Hintergewindeschneid-, Schlitz- und Querbohreinrichtung*

Häufig ist auch die Abstichseite der Drehteile zu bearbeiten. Hierzu werden Greifeinrichtungen eingesetzt, die das Drehteil kurz vor dem Abstechen in einem Greifer aufnehmen und einer oder mehreren Bearbeitungseinheiten zuführen. Außer dem Vorteil, daß das Drehteil auf einer Maschine beidseitig bearbeitet wird, wird die Mengenleistung durch die gleichzeitige Bearbeitung an der Werkstoffstange und dem bereits abgestochenen Werkstück erhöht. Die Spannung des Werkstücks im Greifer erfolgt durch eine von der Steuerwelle betätigte Spannzange. Der Greifarm muß einerseits stabil genug sein, um das Werkstück während der Bearbeitung zu spannen, andererseits möglichst massearm sein, um schnell ein- und ausgeschwenkt werden zu können. Folgende Bearbeitungen sind in Verbindung mit der Greifeinrichtung möglich: Bohren, Fasen, Gewindeschneiden, Schlitzen, Fräsen und Querbohren.

*Hauptspindelstillsetzeinrichtung*

Um Arbeiten am stehenden Werkstück, wie Querfräsen oder Schlitzen, ausführen zu können, wird die Hauptspindel über eine Bremse stillgesetzt. Darüber hinaus erlaubt die

Stillsetzeinrichtung für geometrisch definierte Lagen ein mehrmaliges Stillsetzen der Hauptspindel in beliebig vielen einstellbaren Lagen. Die Bearbeitungseinheiten hierzu werden von den Querschlitten S1 bis S4 oder vom Revolver aufgenommen.

*Exzenterdreheinrichtung*

Zum Drehen exzentrischer Werkstückpartien kann die Hauptspindel mit einer Exzenterdreheinrichtung ausgerüstet werden, welche die Werkstoffstangen, nachdem die zentrischen Partien gedreht wurden, exzentrisch zur Hauptspindelachse spannt.

*Beschickung, Werkstückabfuhr, Späneentsorgung*

Die automatische Beschickung mit Werkstoffstangen aus einem Stangenlademagazin hat sich weitgehend durchgesetzt [71]. Hierbei kann ein Stangenvorrat zu beliebiger Zeit geladen werden, während das Entfernen des Werkstoffstangenreststücks sowie das Einführen der Werkstoffstange automatisch erfolgen. Die Stangenlademagazine können auf verschiedene Stangendurchmesser eingestellt werden.
Die Beschickung mit vorgeformten Rohlingen oder Stangenabschnitten ist ebenfalls durch automatisch arbeitende Zuführmagazine möglich [72]. Die Rohteile werden dabei entweder aus einem Rüttelmagazin oder bereits richtungsorientiert aus einem handbeschickten Puffer entnommen. Diese müssen jedoch weitgehend auf die zuzuführenden Rohteile abgestimmt werden, so daß sich dies nur bei großen Losen lohnt. Dem Einsatz von frei programmierbaren Handhabungsgeräten stehen bei Drehautomaten zu hohe Kosten und Anpaßschwierigkeiten im Wege. Die Werkstückabfuhr ist durch in die Maschine integrierte Sortiereinrichtungen weitgehend automatisiert. Die Werkstücke werden in der Regel getrennt von den Spänen in einen Behälter geleitet. Für besonders lange und sehr empfindliche Drehteile müssen die Sortier- und Abführeinrichtungen modifiziert werden. Spänefördereinrichtungen fördern die Späne aus der Maschine heraus.

*Meßsteuerung, Werkzeugvoreinstellung*

Zur weiteren Automatisierung und Erhöhung des Nutzungsgrades werden Automaten auch mit Meßsteuerungen versehen [73]. Hierbei werden die gefertigten Werkstücke gemessen und die Werkzeugschneide entsprechend dem Ergebnis eines Ist-Soll-Vergleichs nachgestellt. Zur Verkürzung der Einrichtezeit können die Werkzeuge in den Werkzeughaltern außerhalb der Maschine voreingestellt werden. Eine Feineinstellung innerhalb der Maschine ist jedoch notwendig, da die bei der Bearbeitung auftretenden Verformungen beim Voreinstellen nicht berücksichtigt werden können.

#### 5.7.3.1.3 Auswahlkriterien und Arbeitsbeispiele

Für die Anwendung ist zu prüfen, ob der Automat für die Fertigungsaufgabe geeignet ist und ob Antriebsleistung und Steifigkeit ausreichend sind. Auch der Spänefluß verdient Beachtung. Ausschlaggebend ist dann noch die Arbeitsgenauigkeit. Hierzu wurden Abnahmebedingungen in DIN 8611 festgelegt.
Aufgrund der großen Fortschritte der Fertigungstechnik konnte auch die Arbeitsgenauigkeit von Einspindeldrehautomaten wesentlich gesteigert werden, so daß beim Drehen Toleranzen nach IT 6 erreicht werden können. Die Rundheitsabweichungen von der Kreisform sind kleiner als 6 µm. Diese Werte sind jedoch weitgehend von dem zu zerspanenden Werkstoff, dem eingesetzten Werkzeug und der Eigenstabilität des Werkstücks abhängig. Auch die Geradheit der zur Bearbeitung kommenden Werkstoffstangen sowie die Güte der Werkstofführung beeinflussen das Arbeitsergebnis. Ist der

Drehautomat für kleine Lose vorgesehen, spielt auch der Rüstaufwand eine große Rolle. Die Rüstzeit ist stark abhängig von der Bearbeitungsaufgabe. Sie liegt in der Regel bei Einspindeldrehautomaten ohne Werkzeugvoreinstellung zwischen 2 und 6 h. Dabei fallen mindestens 60% der Zeit für die Werkzeugeinstellung an.
Bei der Wirtschaftlichkeitsbetrachtung muß vor allem die sich wiederholende Fertigung berücksichtigt werden. Unter Verzicht auf die höchstmögliche Leistung können für Automaten, deren Revolver durch Trommelkurven gesteuert sind, Kurvensätze aus Standardsegmenten zusammengesetzt werden. Dies ist ein Verfahren, das bei kleinen Losen durchaus wirtschaftlich sein kann. Ein Richtwert sagt, daß der Einsatz von Einspindeldrehautomaten wirtschaftlich ist, wenn die Laufzeit für einen Auftrag ungefähr das Fünffache der Rüstzeit beträgt. Weitere Auswahlkriterien sind dann das Verhältnis von Preis zu Leistung, die Betriebssicherheit, der Automatisierungsgrad, die Bedienungsbedingungen, wie Betriebslärm, Bedienungskomfort, Belästigung durch Öl und der Wartungsaufwand.
Der Einspindeldrehautomat zeichnet sich durch große Betriebssicherheit aus. Durch lebensdauergeschmierte Lager und andere Konstruktionselemente ist die Wartung sehr einfach. Der Zustand der Werkzeuge und des Kühlmittels muß jedoch überwacht werden; außerdem ist das Reinigen der Spannzeuge hin und wieder notwendig. Die Ausfallzeit durch Wartung und Reparatur liegt bei 2%. Der Geräuschpegel bei Drehautomaten ist verhältnismäßig hoch; dabei sind die Geräusche der Stangenführung, des Hauptspindelantriebs und der mechanischen Schaltmechanismen ausschlaggebend. Die Forderung nach immer höherer Leistung durch kurze Schaltzeiten und hohe Hauptspindeldrehzahlen läuft der Lärmbekämpfung entgegen. Trotz der vielen Anstrengungen, die zur Senkung des Betriebslärms unternommen wurden, muß beim Betrieb von Drehautomaten mit Pegelwerten, je nach Bearbeitungsaufgabe, zwischen 85 und 95 dBA gerechnet werden.
Zum Schmieren und Kühlen der Werkzeuge werden meist Schneidöle oder Emulsionen eingesetzt. Bei der Auswahl ist äußerste Vorsicht am Platze, da viele der handelsüblichen synthetischen Produkte schädlich für die Maschinen sind. Um die Belästigung des Bedienungspersonals durch Öldunst zu vermeiden, ist insbesondere bei hoher Schnittleistung ein Absaugen des Öldunstes erforderlich.

An folgenden Arbeitsbeispielen werden die erzielbare Genauigkeit, der weite Arbeitsbereich und die Leistungsfähigkeit der Einspindeldrehautomaten aufgezeigt.

Die Einpreßmutter (Bild 104 A) wird in 3,5 s hergestellt. Diese kurze Stückzeit ist durch die über- und unterholende Gewindeschneidspindel des Revolvers möglich, die das Gewindeschneiden während der Drehbearbeitung erlaubt.

Bild 104 B zeigt eine schwere Einstecharbeit in eine Sechskantwerkstoffstange aus hochlegiertem Stahl. Der Revolverkopf wird hierbei außer zum Anschlagen, Bohren, Gewindeschneiden und Hinterstechen auch zum Mehrkantstoßen eingesetzt.
Das Beispiel nach Bild 104 C ist das Vorderteil einer Injektionsspritze mit hohen Anforderungen bezüglich Oberflächengüte und Maßhaltigkeit des Dichtkegels. Zum Hintersenken wird das Werkstück während des Abstechens auf dem Gewinde vom Greifer gespannt, wobei es durch einen in der Greiferzange liegenden Zentrierdorn in der achsparallelen Lage gehalten wird.

Das Klemmstück (Bild 104 D) ist ein typisches Beispiel dafür, daß am Werkstück auch unsymmetrische Bearbeitungen ausgeführt werden können.

Der Kolben (Bild 104 E) stellt hohe Anforderungen bezüglich Rundlaufgenauigkeit und Maßtoleranzen.

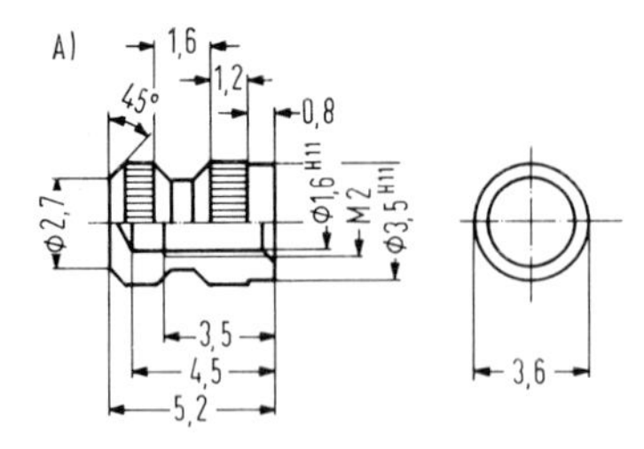


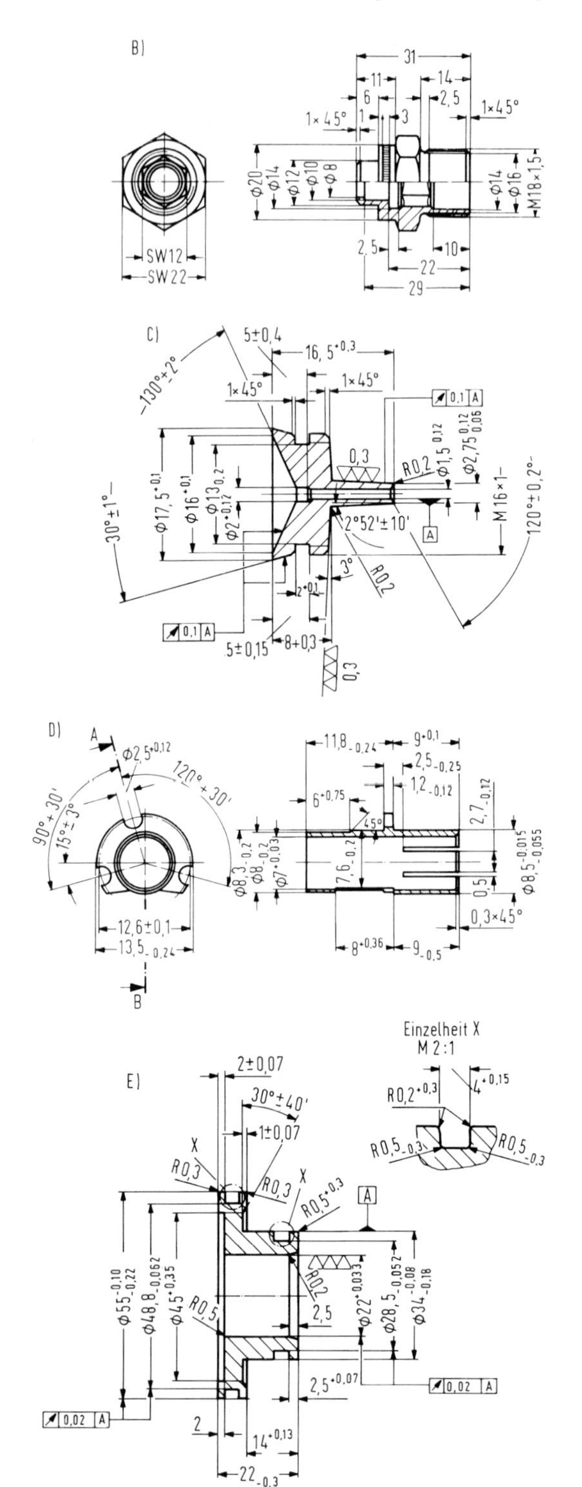


Bild 104. Typische Werkstücke für die Bearbeitung auf kurvengesteuerten Einspindeldrehautomaten

A) Einpreßmutter; Werkstoff: Ms 58; Stückzeit 3,5 s; Zusatzeinrichtungen: Senkrechtdoppelsupport, Sternrevolverkopf, Bohr- und Gewindeschneideinrichtung

B) Einschraubstück; Werkstoff: X12CrMoS17, Stückzeit 115 s; Zusatzeinrichtungen: Senkrecht doppelsupport, Sternrevolverkopf, Werkstoff-Schnellspanneinrichtung, Schaltgetriebe

C) Vorderteil einer Injektionsspritze; Werkstoff: Ms 58; Stückzeit 14,9 s; Zusatzeinrichtungen: Senkrechtdoppelsupport, Sternrevolverkopf, Schaltgetriebe, Werkstoff-Schnellspanneinrichtung, Längsdreheinrichtung, Greifeinrichtung mit Spannzange, Hinterbohreinrichtung

D) Klemmstück; Werkstoff: Ms 58; Stückzeit 36,2 s; Zusatzeinrichtungen: Spindelschaltgetriebe mit Bremse, Sternrevolverkopf mit Sägeeinrichtung und mehrspindeliger Bohreinrichtung, Senkrechtdoppelsupport, rotierender Antrieb für Werkzeuge im Sternrevolverkopf

E) Kolben; Werkstoff: Aluminium-Legierung; Stückzeit 72 s; Zusatzeinrichtungen: Senkrechtdoppelsupport, Längsdreheinrichtung, Sternrevolverkopf, Schaltgetriebe

### 5.7.3.1.4 Kurven- und Stückzeitberechnung

Zur Kurvenberechnung werden Schnittgeschwindigkeiten und Vorschübe für alle Arbeitsgänge nach bekannten Formeln bestimmt. Danach wird die Arbeitsfolge so festgelegt, daß sich möglichst viele Vorgänge zeitlich überlappen. Die einzustellende Hauptspindeldrehzahl richtet sich nach dem Werkzeug, das die niedrigste Drehzahl verlangt. Aus Hauptspindeldrehzahl und Vorschub ergeben sich die Hauptzeiten, die in stückzeitbestimmende und nicht stückzeitbestimmende eingeteilt werden. Stückzeitbestimmend sind zeitlich aufeinanderfolgende Abläufe, während die Zeiten gleichzeitig hierzu ablaufender Arbeitsgänge nicht stückzeitbestimmend sind. Außer diesen Hauptzeiten gibt es zweierlei Nebenzeiten: die stückzeitabhängigen, die sich durch die steilstmöglichen Kurvenauf- und -abgänge für Anfahr- und Rückzugwege ergeben, und die stückzeitunabhängigen Nebenzeiten für konstante Schaltzeiten. Beide Arten von Nebenzeiten sind maschinenabhängig und aus den technischen Unterlagen der entsprechenden Drehauto-

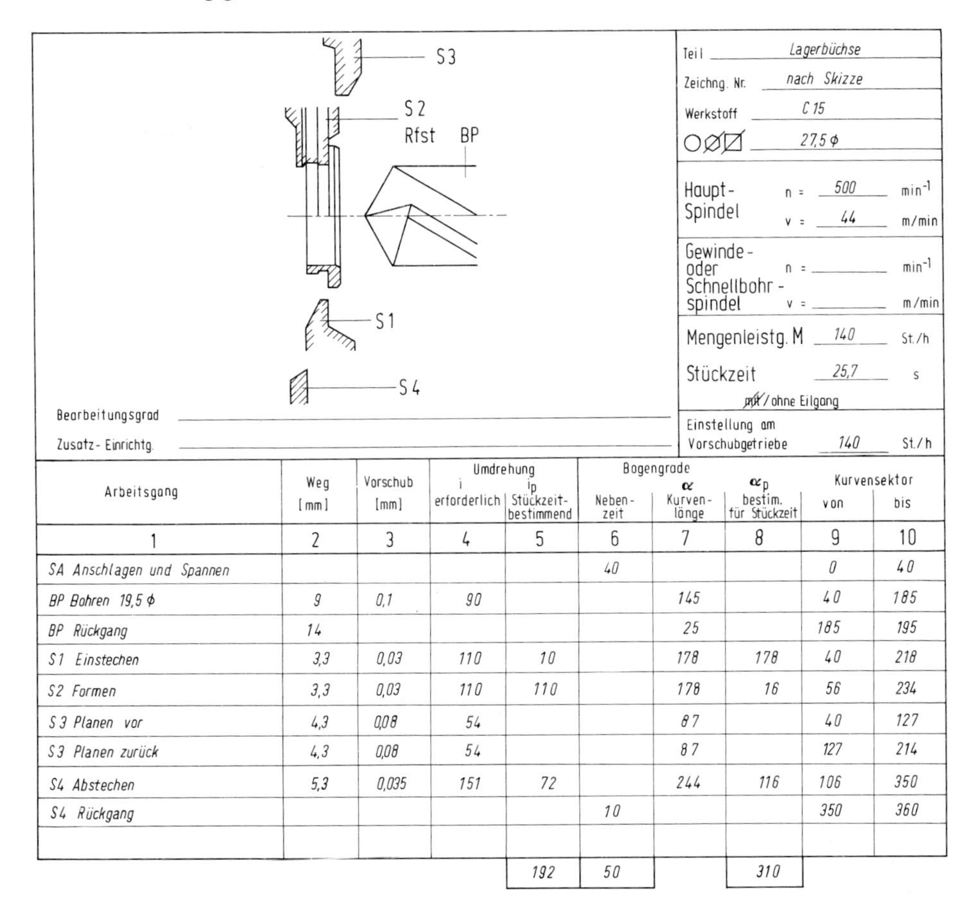


Teil: Lagerbüchse
Zeichng. Nr.: nach Skizze
Werkstoff: C 15
○⌀▱: 27,5 ϕ
Haupt-Spindel: n = 500 min⁻¹; v = 44 m/min
Gewinde- oder Schnellbohr-spindel: n = ___ min⁻¹; v = ___ m/min
Mengenleistg. M: 140 St./h
Stückzeit: 25,7 s
mit/ohne Eilgang
Bearbeitungsgrad: ___
Zusatz-Einrichtg.: ___
Einstellung am Vorschubgetriebe: 140 St./h

| Arbeitsgang | Weg [mm] | Vorschub [mm] | Umdrehung i erforderlich | $i_p$ Stückzeit-bestimmend | Bogengrade Neben-zeit | $\alpha$ Kurven-länge | $\alpha_p$ bestim. für Stückzeit | Kurvensektor von | bis |
|---|---|---|---|---|---|---|---|---|---|
| 1 | 2 | 3 | 4 | 5 | 6 | 7 | 8 | 9 | 10 |
| SA Anschlagen und Spannen | | | | | 40 | | | 0 | 40 |
| BP Bohren 19,5 ϕ | 9 | 0,1 | 90 | | | 145 | | 40 | 185 |
| BP Rückgang | 14 | | | | | 25 | | 185 | 195 |
| S1 Einstechen | 3,3 | 0,03 | 110 | 10 | | 178 | 178 | 40 | 218 |
| S2 Formen | 3,3 | 0,03 | 110 | 110 | | 178 | 16 | 56 | 234 |
| S3 Planen vor | 4,3 | 0,08 | 54 | | | 87 | | 40 | 127 |
| S3 Planen zurück | 4,3 | 0,08 | 54 | | | 87 | | 127 | 214 |
| S4 Abstechen | 5,3 | 0,035 | 151 | 72 | | 244 | 116 | 106 | 350 |
| S4 Rückgang | | | | | 10 | | | 350 | 360 |
| | | | | | | | | | |
| | | | | 192 | 50 | | 310 | | |

Gewindesp. auf ___ = ___ U.d. Hauptsp.
Schnellbohrsp. ab ___ = ___ U.d. Hauptsp.

Mengenleistung $M = \frac{n \cdot \alpha_p\, 60}{i_p\, 360} = \frac{500 \cdot 310}{192 \cdot 6} = 135$ St./h

Bild 105. Stückzeit- und Kurvenberechnung

maten zu entnehmen. Zur Ermittlung der Kollisionsbedingungen sowie der erforderlichen Anfahr- und Rückzugwege ist meist der Aufriß eines Werkzeugplans notwendig. Alle ermittelten Einzelwerte sind in den Kurvenplan einzutragen (Bild 105) und die stückzeitbestimmenden Haupt- und Nebenzeiten zu summieren. Mit der Formel

$$M = \frac{n \cdot \alpha_p}{\Sigma i_p} \cdot \frac{60}{360} \, [\text{St./h}] \qquad (37)$$

M Mengenleistung in St./h
n Hauptspindeldrehzahl in $\text{min}^{-1}$
$\alpha_p$ stückzeitbestimmende Bogengrade der Steuerwelle
$i_p$ stückzeitbestimmende Anzahl der Hauptspindelumdrehungen

errechnet sich dann die Mengenleistung. Die für den einzelnen Arbeitsgang zur Verfügung stehenden Bogengrade der Steuerwelle errechnen sich aus

$$\alpha = \frac{\Sigma \alpha_p}{\Sigma i_p} \cdot i \qquad (38)$$

mit der erforderlichen Anzahl i der Hauptspindelumdrehungen für den Arbeitsgang.

Das Berechnen der Stückzeit und der Kurvenabmessungen kann auch mit Hilfe der EDV maschinell erfolgen, wodurch sich der Zeitaufwand wesentlich reduzieren läßt [74 bis 77].

### 5.7.3.2 Programmgesteuerte Einspindeldrehautomaten

**Direktor M. Wanner†, Esslingen**

#### 5.7.3.2.1 Arbeitsweise und konstruktiver Aufbau

Für die wirtschaftliche Fertigung von Drehteilen in mittleren bis großen Losen ist der bekannte kurvengesteuerte Einspindeldrehautomat zu einem festen Begriff geworden. Die Steuerkurven bedingen jedoch eine feste Kopplung von Informations- und Kraftfluß. Beim Umrüsten der Maschine sind deshalb entsprechende Stillstandzeiten in Kauf zu nehmen. Für kleine bis mittlere Lose kann die handbediente Revolverdrehmaschine eingesetzt werden. Die Mengenleistung ist im Vergleich zum Drehautomaten jedoch wesentlich niedriger.

Gerade in diesem Bereich der Klein- und Mittelserienfertigung von Drehteilen hat sich seit vielen Jahren der programmgesteuerte Einspindeldrehautomat als rationelles Fertigungsmittel durchgesetzt. Der vorteilhafte Einsatz dieses Maschinentyps ist hauptsächlich auf kurze Rüstzeiten, eine sehr anpassungsfähige Steuerung und die in großer Zahl zur Verfügung stehenden Zusatzeinrichtungen zurückzuführen. Es wurden Maschinen entwickelt, die einerseits einfach und schnell den verschiedensten Fertigungsaufgaben angepaßt werden können und andererseits sowohl für Klein- und Mittelserienfertigung als auch für die Großserien- bis hin zur Massenfertigung gleichermaßen geeignet sind. Diese Drehautomaten sind bezüglich der Steuerung und im konstruktiven Aufbau sehr flexibel, so daß sie einerseits für ein großes Teilespektrum und andererseits auch ganz speziell für nur eine Fertigungsaufgabe als Einzweckmaschine eingesetzt werden können. Parallel zu dieser Entwicklung wurden zur Fertigung kleinster und kleiner Losgrößen numerisch gesteuerte Drehautomaten entwickelt, so daß zur wirtschaftlichen Drehteilefertigung für jede Fertigungsaufgabe optimale Drehautomaten zur Verfügung stehen.

An einem Grundtyp einer programmgesteuerten Drehautomaten-Baureihe soll der konstruktive Aufbau und die Flexibilität einer solchen Maschine aufgezeigt werden. Bild 106 zeigt das Prinzip einer Baureihe programmgesteuerter Drehautomaten, die als Stangen- und als Futterdrehautomaten für automatische und teilautomatische Arbeitsweise eingesetzt werden. Nach einem Baukastensystem wird die Maschinenausrüstung entsprechend den gegebenen Anforderungen zusammengestellt. Ein späterer Umbau oder eine Erweiterung mit zusätzlichen Baueinheiten zur Anpassung an die sich wandelnden Fertigungsbedingungen ist jederzeit möglich.

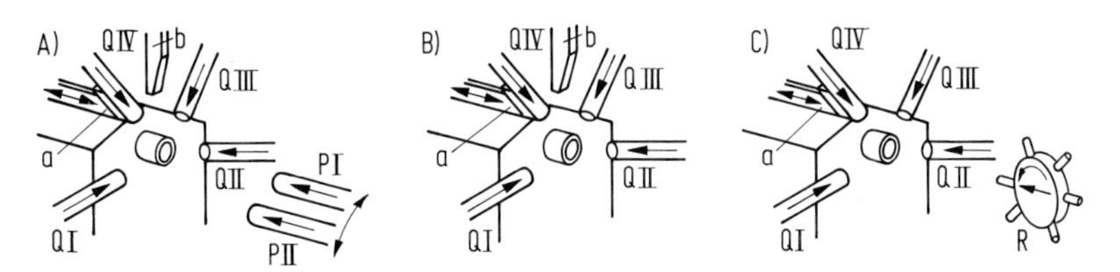


Bild 106. Varianten programmgesteuerter Drehautomaten
A) Grundausführung, B) frontbedienter Drehautomat, C) Revolverdrehautomat
a Längsdreheinrichtung, b Werkstoff-Schiebeanschlag, Q I bis Q IV Querschlitten, PI und PII Pinolen, R Sternrevolver

Als zweckmäßig hat sich eine Stufung der hier beschriebenen Baureihe in vier Größen herausgestellt. Der maximale Werkstoff-Stangendurchlaß beträgt 30, 42, 60 und 100 mm. Für kleinere Stangendurchmesser wurde eine Baureihe mit einem größten Stangendurchlaß von 16 und 26 mm entwickelt. Alle Maschinen haben eine hydraulisch betätigte Kraftspanneinrichtung, die verhältnismäßig rasch von Zangenspannung auf Futterspannung umgestellt werden kann. Der maximale Drehdurchmesser bei Futterspannung beträgt bei der Baureihe von 30 bis 100 mm Stangendurchlaß 220 mm. Die größte Drehlänge ist abhängig von der Maschinenausrüstung. Beim Revolverschlitten beträgt sie z. B. 110 oder 220 mm, bei der Pinole 140 mm und bei der Längsdreheinrichtung 160 mm. Der größte Querschlittenhub ist im Normalfall 70 mm und bei Bedarf 100 mm. Die Querschlitten können zur Bearbeitung von Werkstücken großen Durchmessers radial nach außen versetzt werden. Damit die Einspannstelle bei Futterhandeinlage gut zugänglich ist, wird in der Regel kein Querschlitten QI angebaut.
Die Antriebsleistung des Hauptantriebs ist der jeweiligen Baugröße angepaßt. Der Antriebsmotor treibt in der Regel über ein vierstufiges Schaltgetriebe die Hauptspindel an. Damit stehen im Arbeitsablauf vier schaltbare Drehzahlen in gleicher oder paarweise entgegengesetzter Drehrichtung zur Verfügung. Die erforderlichen Drehzahlen werden durch entsprechendes Aufstecken von zwei Wechselräderpaaren eingestellt. Eine Hauptspindel-Abbrems-Einrichtung gehört zur Standardausrüstung der Maschine, weil diese – insbesondere bei Futterhandeinlage – häufig notwendig ist.
Die wichtigsten Variationsmöglichkeiten der Werkzeugträger und Zusatzeinrichtungen mit Angabe der Anbaustelle an der Maschine sind in Tabelle 5 zusammengestellt. Seitlich neben der Hauptspindel befinden sich die Anbaustellen I bis IV; die Anbaustelle V liegt gegenüber der Hauptspindel. Zur Bearbeitung einfacher, insbesondere scheibenförmiger Werkstücke wird der Drehautomat an den Anbaustellen I bis IV mit maximal vier Querschlitten ausgerüstet, von denen die beiden oberen mit Längsdreheinheiten zu Kreuzschlitten ausgebaut werden können. Auf diese Weise entsteht eine einfache frontbediente Maschine.

Tabelle 5. Variationsmöglichkeiten der Werkzeugträger und Zusatzeinrichtungen bei einer Drehautomaten-Baureihe

| Werkzeugträger Einrichtungen | Symbol | Anbaustelle | | | | |
|---|---|---|---|---|---|---|
| | | I | II | III | IV | V |
| Querschlitten |  | ● | ● | ● | ● | |
| Querschlitten mit Antriebs-Einrichtung |  | ● | ● | ● | ● | |
| Längsdreh-Einrichtung | 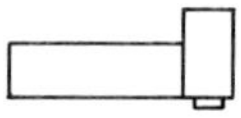 | ● | | ● | ● | |
| Mehrschnitt-Nachformdreh-Einrichtung | 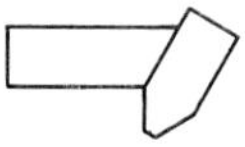 | | | ● | | |
| Gewindestrehl-Einrichtung | 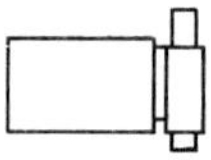 | | | | ● | |
| Pinole | | | | | | ● ● |
| Antriebs-Einrichtung durch die Pinole |  | | | | | ● ● |
| Synchron-Einrichtung | 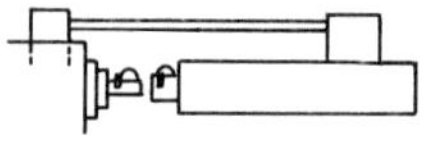 | | | | | ● |
| Revolverschlitten |  | | | | | ● |
| Antriebs-Einrichtung durch den Revolverschlitten | 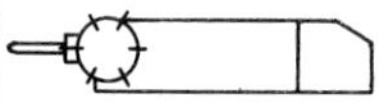 | | | | | ● |
| Mehrschnitt-Nachformdreh-Einrichtung mit Schwenkstahlhalter | 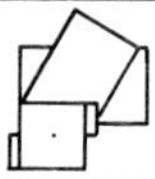 | | | | | ● |
| Kreuzschlitten | 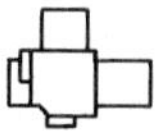 | | | | | ● |
| Magazin-Einrichtung an Stelle Querschlitten I oder II |  | ● | ● | | | |
| Magazin-Einrichtung rechts vom Revolver | 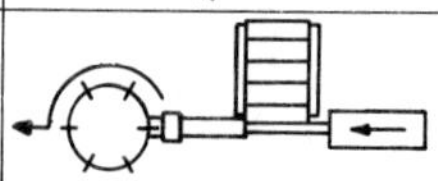 | | | | | ● |

Die nächste Ausbaustufe dient zur Bearbeitung von Werkstücken mittleren Schwierigkeitsgrads, vor allem solchen mit Bohrungen. Als zusätzliche axial arbeitende Werkzeugträger werden an der Anbaustelle V eine oder zwei Pinolen auf einem schwenkbaren Pinolenträger aufgebaut.
Die Pinolen können feststehende oder angetriebene Werkzeuge aufnehmen und werden nacheinander vor die Hauptspindel geschwenkt. Zum butzenlosen Abstechen kann statt einer Pinole eine Synchron-Einrichtung auf dem Pinolenträger befestigt werden. Hierbei wird in Arbeitsstellung eine Gegenspindel vom Hauptantrieb synchron angetrieben.
Zur Fertigung komplizierter Werkstücke hat die dritte Ausbaustufe an der Anbaustelle V einen Revolverschlitten mit Sechs- oder Achtfach-Sternrevolver (Bild 107). Mehrmaliges „Entspänen“ bei tiefen Bohrungen ist generell möglich. An den Werkzeugrevolver ist, wie in Tabelle 5 angedeutet, eine Einrichtung mit eigenem Antrieb anbaubar.

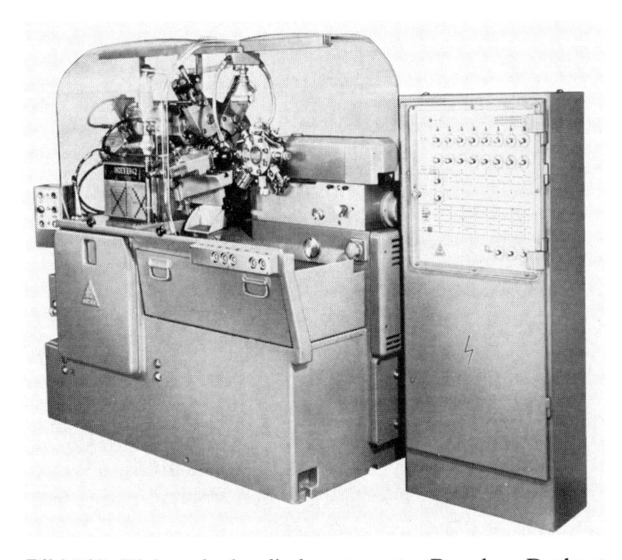

Bild 107. Elektro-hydraulisch gesteuerter Revolver-Drehautomat

Neben den üblichen Bohrspindeln können auch andere rotierende Revolverwerkzeuge, wie z.B. Kreissägen, Gattersägen und dgl., betrieben werden. Zur Feineinstellung der Drehmeißel im Mikrometerbereich besitzt der Revolverschlitten zwei Werkzeugkorrekturmöglichkeiten, die zwei beliebig wählbaren Revolverstationen zugeordnet werden können (Bild 108). Die Korrekturen erfolgen quer zur Drehachse und überdecken einen Durchmesserbereich von 0,6 mm. Auch bei laufender Maschine kann von außen verstellt werden. Unabhängig davon läßt sich die Werkzeugkorrektur bei allen Revolverstationen zum Abheben der Meißelschneide vom Werkstück beim Eilrücklauf des Revolverschlittens einsetzen. Dadurch wird einerseits die Stückzeit verringert und andererseits eine bessere Oberflächengüte und höhere Werkzeugstandzeit erzielt. Die Korrektur-Einrichtung ist durch Zufügen einer Meß-Station und eines Stellantriebs zur Meß-Steuerung ausbaufähig. Einflüsse auf engste Durchmessertoleranzen, wie Werkzeugverschleiß und dgl., werden auf diese Weise selbsttätig korrigiert.
Als vierte Ausbaustufe wird anstelle des Revolverschlittens eine Mehrschnitt-Nachformdreheinrichtung aufgebaut. Auf diese Weise entsteht ein Nachformdrehautomat, mit

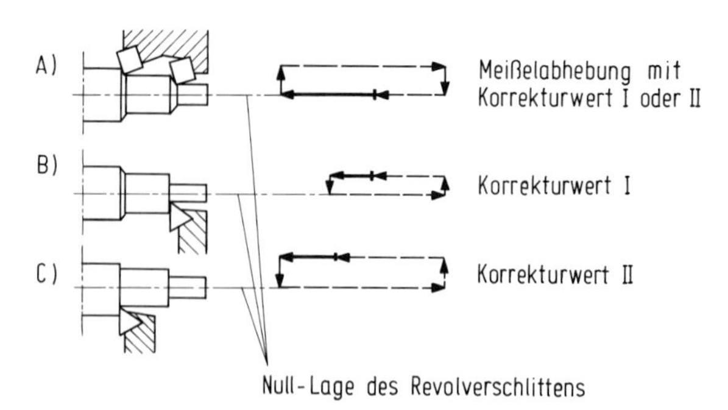


Bild 108. Feineinstellung und Meißelabhebung
A) Vordrehen, B) Fertigdrehen des ersten Zylinders, C) Fertigdrehen des zweiten Zylinders

dem man Drehteile zwischen Spitzen, von der Werkstoffstange und im Spannfutter bearbeiten kann. Bei Bedarf wird der Nachformschlitten mit einem Schwenkwerkzeughalter ausgerüstet. Anstelle des Nachformschlittens kann bei dieser Variante auch ein Kreuzschlitten aufgebaut werden.

#### 5.7.3.2.2 Zusatzeinrichtungen

Zahlreiche weitere Zusatzeinrichtungen erweitern den Arbeitsbereich dieser Drehautomaten. So kann z. B. in die Querschlitten, vorzugsweise an den Anbaustellen III und IV, eine Querbohr- und Fräseinrichtung mit eigenem Antrieb eingebaut werden (Bild 109 B). Alle Maschinen der Baureihe lassen sich an der Anbaustelle IV mit einer Gewindestrehleinrichtung ausstatten (Bild 109 A). Ferner kann anstelle des Querschlittens QII eine Mehrkantdreh- und Gewindefräseinrichtung aufgebaut werden.
An alle Maschinen der Baureihe lassen sich zum selbsttätigen Zuführen von vorgeformten Werkstücken oder Rohlingen Magazineinrichtungen anbauen. An die Stelle des vorderen oder hinteren Querschlittens QI oder QII kann auch ein Magazin treten (Bild 109 C). Die Werkstücke werden mit Hilfe einer Zuführrutsche und eines Zubringers von der Seite her zur Hauptspindel gebracht. Ein Einstoßer, der je nach Maschine in einer Pinole oder im Revolverkopf aufgenommen wird, schiebt die vorgeformten Teile in die Hauptspindel. Nach der Bearbeitung werden sie von einer Ausstoßeinrichtung aus der Hauptspindel ausgeworfen oder von einem Greifer (Anbaustelle III oder IV) erfaßt und abgelegt. Sehr häufig wird auch das Magazin rechts vom Revolverkopf eingesetzt (Bild 109 D). Die Werkstückrohlinge werden in einer Zuführung rechts vom Revolverkopf gestapelt und in einen Aufnehmer im Revolverkopf eingestoßen, der sie dann zur Einspannstelle in der Hauptspindel bringt. Überlange Werkstücke werden mit einem Spindelendmagazin von hinten durch die Bohrung der Hauptspindel dem Arbeitsraum zugeführt. Die fertigen Teile werden in der Regel nach der Bearbeitung wieder zurückgezogen und abgelegt (Bild 109 E).
Zusatzeinrichtungen zum Längsdrehen und Nachformdrehen können aufgrund der Häufigkeit ihres Anbaus praktisch zur Standard-Maschinenausrüstung gerechnet werden.
Die Gewindestrehl-Einrichtung ermöglicht bei einem Minimum an Wechsel- und Einstellaufwand das Herstellen von Gewinden mit genauen Steigungen und guter Oberfläche. Sondersteigungen und mehrgängige Gewinde lassen sich hiermit ebenfalls wirtschaftlich herstellen.

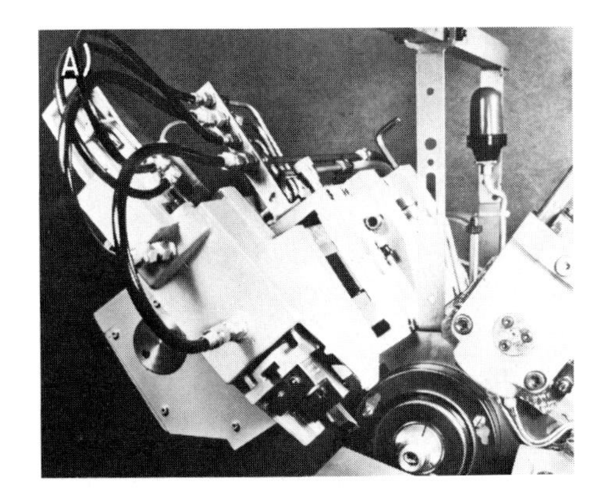


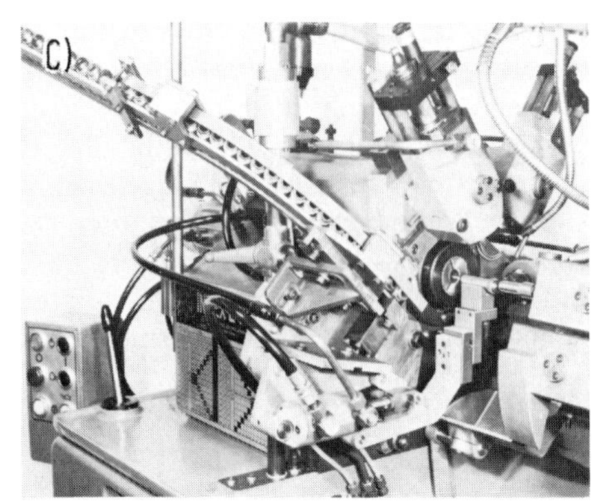

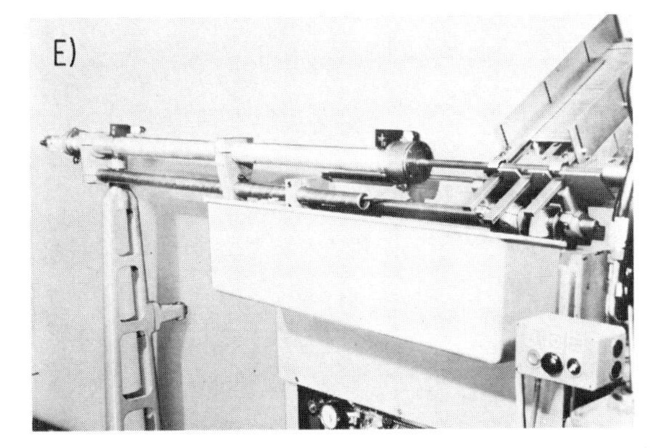


Bild 109. Zusatzeinrichtungen
A) Gewindestrehleinrichtung,
B) Antrieb für Querschlitten,
C) Magazin anstelle Q I,
D) Magazin rechts vom Revolver,
E) Spindelendmagazin

Bild 110 zeigt als Arbeitsbeispiel ein Werkstück, das aus Stangenwerkstoff 15 Cr Ni 6G, Durchmesser d = 32 mm, auf einem Revolverdrehautomaten der Baugröße 42 (42 mm Werkstoff-Stangendurchlaß) mit Achtfach-Revolverkopf und Standard-Zusatzeinrichtungen hergestellt wird. Die Stückzeit beträgt 157 s. Auf dem Drehautomaten sind neben dem Werkzeugrevolver eine Mehrschnitt-Nachformdreheinrichtung III, eine Längsdreh-Einrichtung IV, ein Querschlitten I mit Fräseinrichtung und ein Querschlitten II aufgebaut. Nach dem Anschlagen und Zentrieren wird vom Revolver aus zweimal

gebohrt. Von der Längsdreheinrichtung IV wird die Planfläche gedreht und vom Revolverkopf aus die größere Bohrung ausgedreht. Hierauf wird innen eingestochen und von der Nachformdreheinrichtung die Außenform gedreht. Nach dem Reiben der größeren Bohrung und dem Gewindebohren wird die Hauptspindel stillgesetzt und vom Querschlitten I aus eine Nut eingefräst. Nach dem Wiedereinschalten der Hauptspindel wird das Werkstück von Querschlitten II aus abgestochen.
Neben den klassischen Spannmitteln auf Drehmaschinen, Spannzangen und Backenfuttern, können auch automatisch betätigte Sonderspanneinrichtungen aller Art zur Aufnahme ausgefallenster Spannformen verwendet werden.

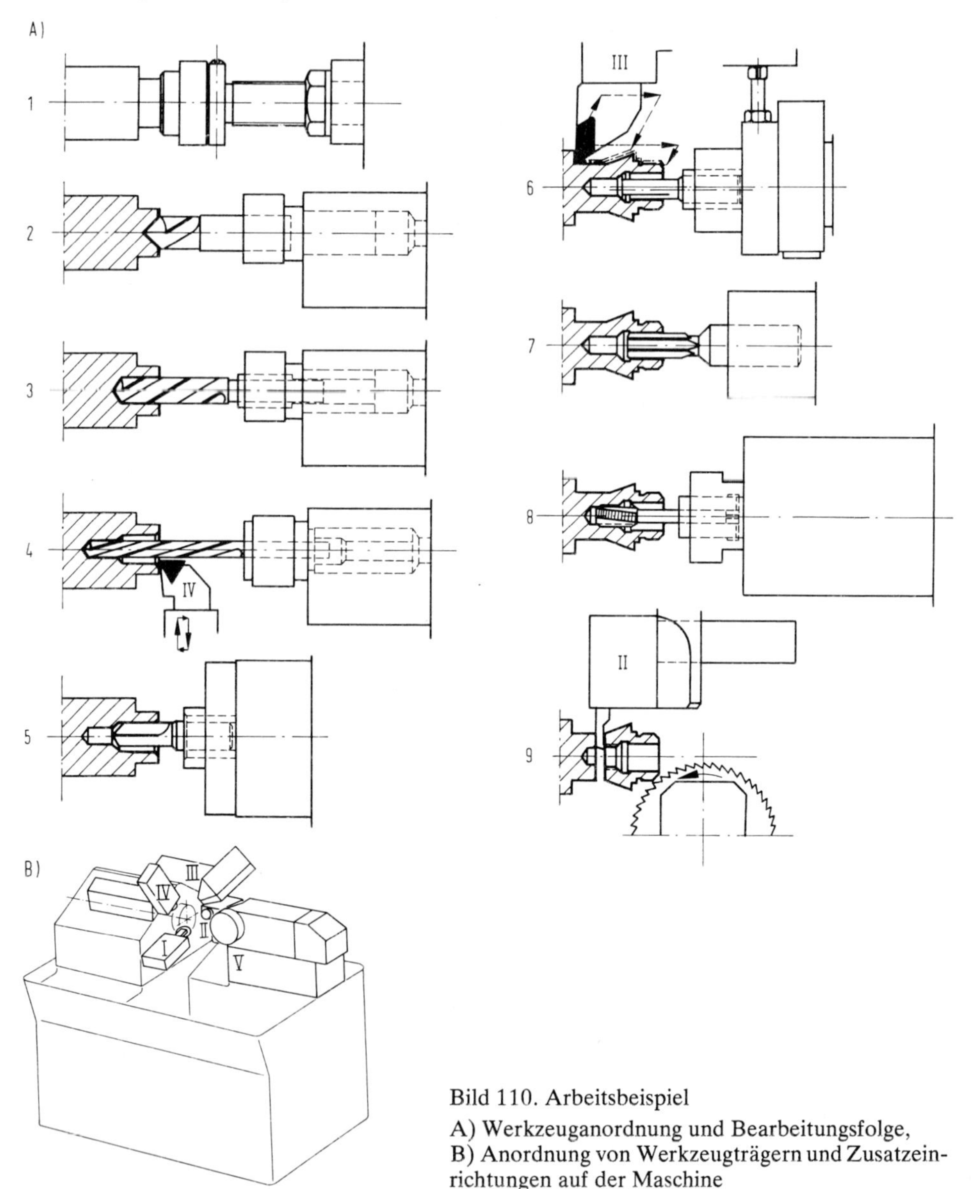


Bild 110. Arbeitsbeispiel
A) Werkzeuganordnung und Bearbeitungsfolge,
B) Anordnung von Werkzeugträgern und Zusatzeinrichtungen auf der Maschine

Die Werkstückhandhabung spielt bei automatischen Fertigungsabläufen auf Drehautomaten eine besondere Rolle. Außer den Werkstückspanneinrichtungen sind hier die Magazin- und Abnehme-Einrichtungen von besonderer Bedeutung. Magazin-Einrichtungen regeln die Zuführung der Werkstücke und übernehmen im einzelnen folgende Aufgaben: Aufnahme in ungerichtetem Zustand, Ausrichten der Werkstücke, gerichtetes Weiterführen und Übergeben in die Spannstelle. Abnehme- und Abgreif-Einrichtungen sorgen für eine geregelte Entnahme bearbeiteter Werkstücke und deren unbeschädigte Ablage in einen geeigneten Speicher.

Auf programmgesteuerten Drehautomaten sind Magazin-Einrichtungen rechts vom Revolver sowie Magazin-Einrichtungen auf den unteren Querschlitten (QI und QII) und am Spindelende so häufig, daß ihre Grundausrüstungen serienmäßig gefertigt werden. Über diese Standard-Einrichtungen hinaus ermöglichen Sonder-Einrichtungen jede Art von Zuführ- und Abnehmevorgängen für einen echten Transferbetrieb zwischen Drehautomaten und von und zu anderen Fertigungsmaschinen.

Neben einer Verkettung von Drehautomaten zur aufeinanderfolgenden Bearbeitung ist auch ein automatisches Beschicken von mehreren Maschinen für eine gleichartige Bearbeitung möglich. Hier werden also mehrere Drehautomaten mit gleichen Werkstücken von einer gemeinsamen Zubringe-Anlage beschickt, um eine größere Mengenleistung zu erzielen. Eine solche Anlage kann die Werkstücke auch vorher oder nachher andersartigen Bearbeitungsmaschinen zubringen.

Einen Drehautomaten, der mit einer solchen Zubringe-Einrichtung arbeitet, zeigt Bild 111. Die Werkstücke werden auf dem hinteren Förderband in Hülsen stehend

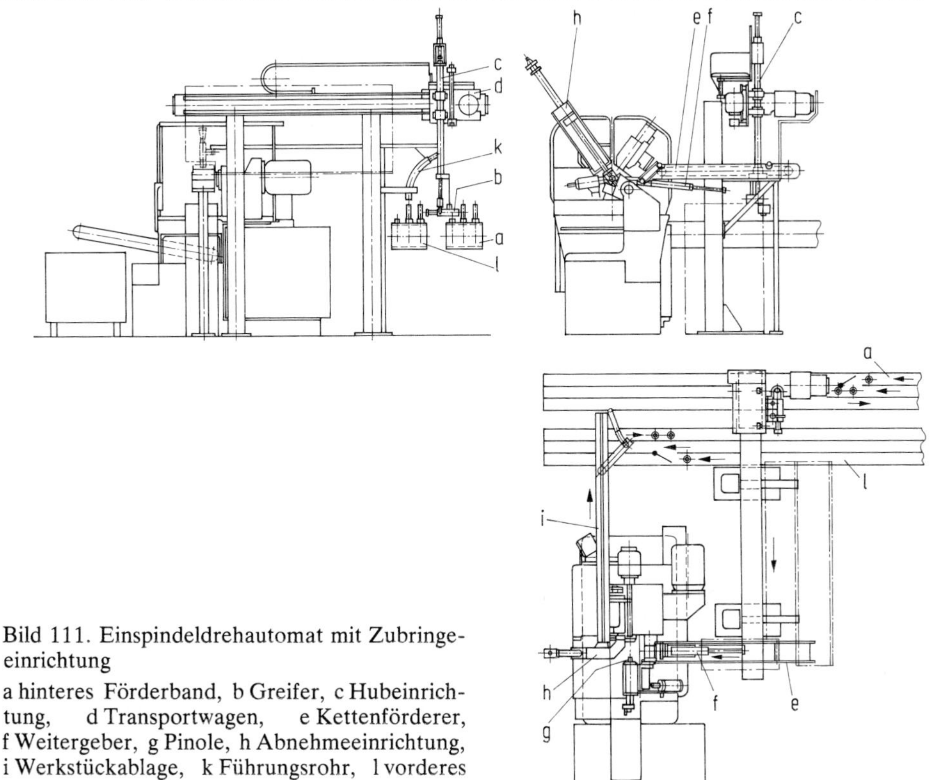


Bild 111. Einspindeldrehautomat mit Zubringeeinrichtung

a hinteres Förderband, b Greifer, c Hubeinrichtung, d Transportwagen, e Kettenförderer, f Weitergeber, g Pinole, h Abnehmeeinrichtung, i Werkstückablage, k Führungsrohr, l vorderes Förderband

zugeführt. Der Greifer einer Hubeinrichtung faßt das Werkstück, befördert es senkrecht nach oben und dreht es um 90°. Sodann fährt der Wagen der Hubeinrichtung nach vorn und legt das Werkstück in ein Prisma des Kettenförderers. An seinem Ende gleitet das Werkstück in eine Aufnahme, aus der es der Weitergeber aufnimmt und vor die Hauptspindel bringt. Ein Einstoßer in der Pinole stößt das Werkstück in die Hauptspindel ein. Nach der Bearbeitung entnimmt die Abnehme-Einrichtung das Werkstück aus der Hauptspindel und bringt es zur Werkstückablage. Die Werkstückablage besteht aus einer prismenförmigen Führung und einem Kettenförderer, der mit Nocken von unten her in die Prismenführung eingreift und die fertigen Werkstücke bewegt. Am Ende der Prismenführung der Werkstückablage werden die Werkstücke abgestreift und gleiten in ein Führungsrohr, das sie in die senkrechte Lage zurückbringt, in der sie wieder in Hülsen auf dem vorderen Förderband befördert werden. Alle Bewegungen der Einrichtung sind kollisionsfrei abgesichert.
Die eigentliche Bearbeitung des Werkstücks erfolgt mit der Längsdreheinrichtung III, dem Querschlitten I und der Pinole II. Zuerst wird der Außenzylinder überdreht. Anschließend wird vom Querschlitten I aus eingestochen und gleichzeitig mit der Pinole II gebohrt und die Außenfase gedreht.

#### 5.7.3.2.3 Herstellbare Formelemente und Arbeitsbeispiele

Auf programmgesteuerten Einspindeldrehautomaten werden vorwiegend solche Werkstücke hergestellt, die bei rotierender Hauptspindel mit feststehenden Werkzeugen spanend zu fertigen sind. Durch die hohe Zahl von Werkzeugaufnahmen an Revolverkopf und Querschlitten sowie durch zusätzliche Arbeitsverfahren, wie z.B. Nachformdrehen oder Gewindestrehlen, bestehen bezüglich der Ausführbarkeit selbst ausgefallenerer Formelemente, wie tiefer Einstiche, Kugelflächen, Kegel und zusammenhängender Formen, kaum Einschränkungen. Die Fertigungsmöglichkeiten erstrecken sich von einfachen schmalen bis zu formenreichen breiten Einstichen, vom Drehen zylindrischer Flächen großer Länge bis zum Nachformdrehen längerer Partien.
Das Herstellen von Innenformelementen ist in ähnlichem Umfang möglich wie bei der Außenbearbeitung. Hier werden jedoch vorwiegend axial angeordnete Werkzeuge eingesetzt. Durch den Einsatz von Werkzeughaltern im Revolverkopf, die eine Zusatzbewegung von einem Querschlitten erfahren, sind Bohrungshinterstiche, Inneneinstiche und Auskesselungen herstellbar. Bei großem Formenreichtum der Innenform können axial hinterdrehte Formsenker Verwendung finden.
Neben rotationssymmetrischen Formelementen durch Dreh- und Einstechbearbeitungen bei rotierender Hauptspindel lassen sich durch besondere Bearbeitungsverfahren und durch den Einsatz entsprechender Werkzeughalter weitere Formelemente herstellen, die zum Teil das Stillsetzen der Hauptspindel erfordern. So ist z.B. das Herstellen von Gewinden je nach der geforderten Maßgenauigkeit und Oberflächengüte durch Schneiden, axiales, radiales oder tangentiales Rollen und durch Strehlen oder Fräsen möglich. Auch Querbohrungen, Schlitze, Flächen und Mehrkante lassen sich mit Zusatzeinrichtungen fertigen. Das Aufbringen von Rändelungen und das Aufrollen von Schriftzeichen erweitert die herstellbaren Formelemente.
Ausgehend von der Vielfalt der beschriebenen Werkstückformelemente und Bearbeitungsmöglichkeiten können einfachste Werkstücke, wie z.B. Buchsen, Bolzen und Scheiben, genauso wirtschaftlich gefertigt werden wie schwierige Teile. Bild 112 zeigt einige Beispiele komplizierter Werkstücke.
Sondereinheiten und Sonderwerkzeuge erweitern den Bereich herstellbarer Formelemente beliebig. Die für Stabilität und Dauerverhalten verantwortlichen Baugruppen

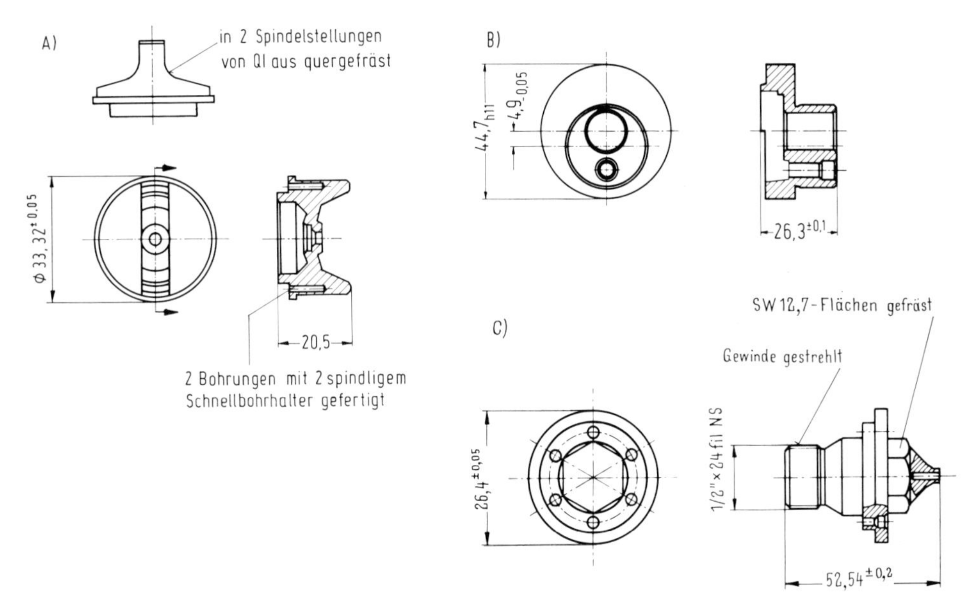


Bild 112. Arbeitsbeispiele auf programmgesteuerten Einspindeldrehautomaten
A) Ventilteller, B) Zwischenflansch, C) Düse

einer Maschine, insbesondere Hauptspindel und Werkzeugträger, bestimmen die maschinenseitig erzielbaren Maß- und Formtoleranzen. Von entscheidendem Einfluß auf die erzielbare Fertigungsgenauigkeit ist auch die Stabilität der Werkzeughalter und Werkzeuge. Um schließlich enge Maßtoleranzen einhalten zu können, ist ein Feineinstellen des Werkzeughalters oder des Werkzeugträgers erforderlich. Im Verbund mit einer Werkzeugvor- bzw. Werkzeugwiederhol-Einstellung außerhalb der Maschine können beide Feineinstellmöglichkeiten erforderlich werden.

Bei wohlausgewogenen Gesamtverhältnissen sind Formtoleranzen von 0,01 mm und darunter erreichbar. Formtoleranzwerte um 0,01 mm sind in der Regel voll ausreichend.

Maßtoleranzen können mit normalem Aufwand in der Größenordnung von 0,02 mm erreicht werden. Toleranzen um 0,01 mm und noch darunter sind mit entsprechend hohem Werkzeug- und Einstellaufwand zu erzielen. An die Grenzen des Erreichbaren stößt eine Maßtoleranz von 0,01 mm dann, wenn eine solche Toleranz auf eine größere Länge eingehalten werden muß. Die Wahl des Arbeitsverfahrens und die Bearbeitung von bestimmten Werkzeugträgern aus kann die erreichbaren Toleranzen günstig beeinflussen.

Von zusätzlichem Ausschlag ist der zur Verarbeitung kommende Werkstoff. Bei Automatenmessing sind zum Teil bis zu einer halben Zehnerpotenz engere Form- und Maßtoleranzen erreichbar als bei Automatenstahl. Mit abnehmender Zerspanbarkeit und zunehmender Festigkeit von Werkstoffen wird das Einhalten enger Toleranzen im Dauerbetrieb verständlicherweise schwieriger. Keiner weiteren Ausführung bedarf die Feststellung, daß die Wahl der Schnittwerte grundsätzlich bei der Einhaltung enger Toleranzen eine große Rolle spielt.

Als Beispiele erreichbarer Form- und Maßtoleranzen durch die jeweils bestgeeignete Arbeitsweise bei mittleren Durchmesser- und Längenverhältnissen können die in Tabelle 6 angegebenen Werte zugrundegelegt werden.

Tabelle 6. Erreichbare Maß- und Formtoleranzen auf programmgesteuerten Einspindeldrehautomaten

| | |
|---|---|
| Rundheit | 2 bis 5 μm |
| Zylindrizitätsabweichung (zum großen Teil einstellbar) | 3 bis 10 μm |
| Rundlauf (Mittenversatz) bei miteinander gedrehten Zylinderflächen | 5 bis 10 μm |
| Planlauf | 2 bis 5 μm |

Die erreichbare Oberflächengüte ist von der Stabilität der beteiligten Baugruppen der Maschine (z.B. Werkzeughalter) sowie von der Geometrie und vom Werkstoff des Werkstücks abhängig. In ebenso hohem Maße wie die Einhaltung enger Toleranzen wird die Oberflächengüte von den Schnittbedingungen beeinflußt.
Außer dem Drehen gibt es auch auf Drehautomaten einsetzbare spezielle Arbeitsverfahren für das Erreichen niedriger Rauhheitswerte. Eine Auswahl solcher Arbeitsverfahren für die Bearbeitung einer Werkstückaußenform sind: Oberflächen-Feinwalzen und Schälen; für die Bearbeitung einer Innenform: Reiben, Kalibrieren und Feinwalzen. In Tabelle 7 sind Durchschnittswerte für Kenngrößen zur Beschreibung der Oberflächengüte zweier Werkstoffe zusammengefaßt, die auf Drehautomaten erreichbar sind. Bei Werkstoffen mit abweichenden Legierungsbestandteilen muß mit höheren Werten gerechnet werden.

Tabelle 7. Durchschnittswerte für erreichbare Oberflächengüten bei zwei Automatenwerkstoffen

| | Automatenmessing Cu Zn 40 Pb 3 | | Automatenstahl 9 S Mn 28 K | |
|---|---|---|---|---|
| | $R_a$ [μm] | $R_t$ [μm] | $R_a$ [μm] | $R_t$ [μm] |
| einmaliges Nachformen | 1 | 5 | 6 | 30 |
| Schlicht-Nachformen mit Hartmetall | 0,6 | 3 | 4 | 20 |
| Drehen | 0,8 | 4 | 2,5 | 12 |
| Feindrehen | 0,3 | 1,5 | 1 | 5 |
| Reiben (Feinbohren) | 0,5 | 2,5 | 1 | 5 |
| Feinwalzen | 0,2 | 1 | 0,5 | 2,5 |

### 5.7.3.2.4 Programmierung und Wirtschaftlichkeit

Im Steuerraum der hier beschriebenen Maschinen befindet sich für jeden Werkzeugträger ein unabhängig programmierbarer hydraulischer Steuerblock, an dem der Eilgangweg und die Arbeitsvorschubgeschwindigkeit stufenlos eingestellt werden (Bild 113). Als Programmspeicher dient eine leicht austauschbare Nockentrommel. Bei dem in Bild 107 gezeigten Revolverdrehautomat wird die hydromechanische Steuerung durch einen elektrischen Steuerungsteil ergänzt. Dieser ist in dem rechts neben der Maschine stehenden Schaltschrank untergebracht. An einer übersichtlichen Programmtafel mit Kreuzschienenverteiler werden die einzelnen Arbeitstakte jeder Revolverstation und den umfangreichen Zusatzprogrammen zugeordnet. Mit Potentiometern wird der Arbeitsweg und die Vorschubgeschwindigkeit eingestellt. Die Zusatzprogramme werden mit Diodenstecker aufgerufen.

Bild 113. Steuerraum für Längs- und Querschlitten

Als Hauptprogrammträger dient bei diesem Maschinentyp die bereits oben erwähnte Nockentrommel. Sie überwacht das Zusammenspiel zwischen Querschlitten- und Revolverkopffunktionen. Dadurch ist es möglich, mit mehreren Werkzeugträgern – in gleich vorteilhafter Weise wie man es von den kurvengesteuerten Revolverdrehautomaten gewohnt ist – überlappt zu arbeiten.
In Bild 114 sind die wichtigsten Drehprogramme dargestellt. Die Bewegungsfolge kann je nach Bedarf über einen Drehschieber (4/2-Wegeventil) in Verbindung mit drei Absperrschrauben variiert werden. Für alle Innenbearbeitungen wird eine Querschlittenverriegelung angebaut, die in vorderster Querschlittenstellung einrastet und am Ende des Längsschlitten-Rücklaufs wieder gelöst wird.

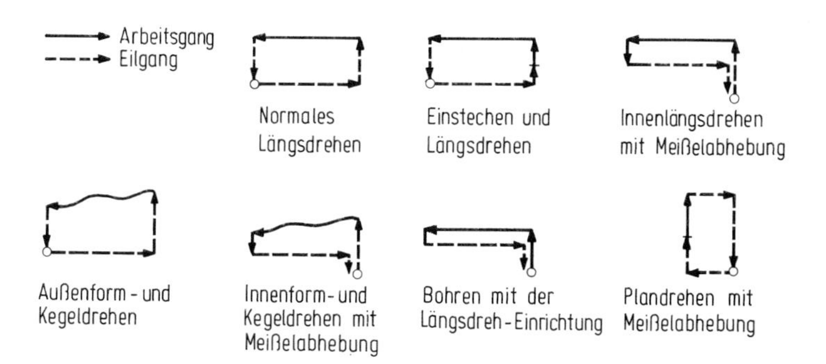


Bild 114. Drehprogramme an programmgesteuerten Einspindeldrehautomaten

Durch die Möglichkeit der Programm- und Werkzeugvor- bzw. Werkzeugwiederhol-Einstellung sind Rüstzeiten möglich, welche die der handbedienten Revolverdrehmaschinen nicht wesentlich übersteigen. Die völlige Freiheit in der Optimierung der eingestellten Arbeitsprogramme bildet die Voraussetzung dafür, daß die in der Großserienfertigung vorteilhafte Arbeitsweise nunmehr auch im Bereich kleiner bis mittlerer Losgrößen Eingang gefunden hat.

Durch die einfache Umrüstbarkeit können auch Nachdrehvorgänge, Zweiseitenbearbeitungen und sonstige Futterarbeiten der automatischen Fertigung zugänglich gemacht werden. Diese ist jeder anderen Arbeitsweise wirtschaftlich überlegen und gewährleistet eine gleichbleibende, von manueller Geschicklichkeit unabhängige Arbeitsgenauigkeit. Programmgesteuerte Drehautomaten sind in weiten Bereichen unterschiedlicher Losgrößen wirtschaftlich einsetzbar. Ursprünglich für mittlere und kleine Lose entwickelt, sollten sie den früher vernachlässigten Bereich zwischen kurvengesteuerten Drehautomaten und handbedienten Spitzendrehmaschinen ausfüllen und handbediente Revolverdrehmaschinen ersetzen. Wirtschaftlichkeitsberechnungen haben diese Zusammenhänge bestätigt und zusätzlich gezeigt, daß programmgesteuerte Drehautomaten in vielen Fällen selbst kurvengesteuerten Einspindel-Drehautomaten überlegen sein können. Die Einführung numerisch gesteuerter Drehmaschinen hat den Bereich kleinster und kleiner Losgrößen abgedeckt.
Eine Berechnung der Fertigungskosten pro Stück K gibt Aufschluß darüber, in welchem Bereich die wirtschaftliche Losgröße für die jeweilige Drehmaschinenart liegt.
Sie ergeben sich aus der Gleichung

$$K = K_E + \frac{K_V}{n \cdot L} + \frac{K_{AW}}{L}; \qquad (39)$$

darin bedeuten
$K_E$ die Ausführungs- oder Fertigungseinzelkosten,
$K_V$ die anteiligen Vorbereitungskosten,
$K_{AW}$ die anteiligen Auftragswiederholkosten,
n die Zahl der Aufträge und
L die Losgröße.
In den drei Gruppen sind folgende Kosten zusammengefaßt:
$K_E$ Maschinenkosten (Abschreibung, Zinsen, Instandsetzung, Energiekosten, Werkzeugkosten), Fertigungslohnkosten, Lohngemeinkosten,
$K_V$ Fertigungsplanungs- und Programmierkosten, Kosten für Lochstreifenerstellung, Kosten für Spannmittel und Werkzeugkonstruktion,
$K_{AW}$ Kosten für Auftragserteilung, Terminsteuerungskosten, Rüstkosten an der Maschine, Rüstkosten außerhalb der Maschine.

Ein Vergleich der Fertigung auf verschiedenen Drehmaschinenarten läßt sich in der Praxis nur mit verhältnismäßig einfachen Drehteilen ohne hohen Schwierigkeitsgrad durchführen. Im Bereich kleiner und mittlerer Losgrößen kann man dabei von der Einmaschinenbedienung ausgehen. Bild 115 zeigt eine statistische Auswertung der Kostenaufteilung für die Bearbeitung eines größeren Teilespektrums auf verschiedenen Drehmaschinenarten. Die durchschnittlichen Fertigungseinzelkosten $K_E$ werden den durchschnittlich anfallenden Vorbereitungskosten $K_V$ und den Auftragswiederholkosten $K_{AW}$ gegenübergestellt. Markant sind bei der gewählten Reihenfolge der Maschinenarten einerseits die von der Spitzendrehmaschine in Richtung programmgesteuerter Drehautomat abnehmenden Fertigungseinzelkosten $K_E$ und andererseits die zunehmende Kostensumme $K_V + K_{AW}$. Beachtenswert ist ferner, daß bei der handbedienten Revolverdrehmaschine das Verhältnis der Fertigungseinzelkosten $K_E$ zu den stark gestiegenen Auftragswiederholkosten von der allgemeinen Tendenz abweicht. In $K_{AW}$ sind im wesentlichen die Rüstkosten enthalten.
Für einen Einzelauftrag (n = 1) mit einer Stückzahl 1 bis 1000 läßt sich mit dieser Kostengegenüberstellung und der Kostengleichung die Reihenfolge des wirtschaftlichen

Einsatzbereichs der verschiedenen Drehmaschinenarten abschätzen. Bild 116 zeigt die Kostenkurven und deren Schnittpunkte als Grenzen des wirtschaftlichen Einsatzbereichs der verschiedenen Drehmaschinenarten.

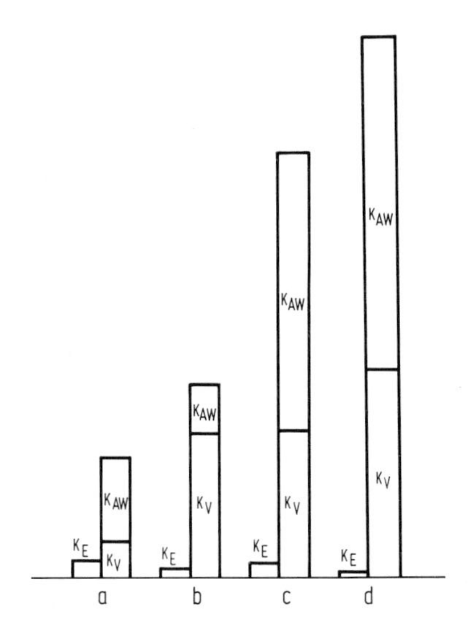


Bild 115. Kostenaufteilung bei verschiedenen Drehmaschinenarten

a Spitzendrehmaschine, b NC-Drehautomat, c handbediente Revolverdrehmaschine, d programmgesteuerter Drehautomat

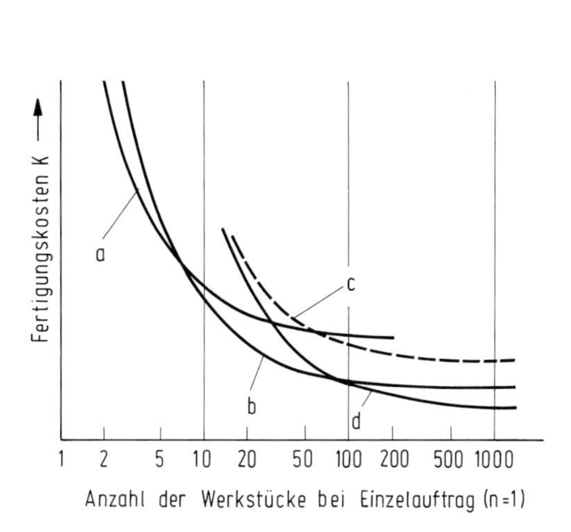


Bild 116. Fertigungskosten und Wirtschaftlichkeitsbereiche für verschiedene Drehmaschinenarten

a Spitzendrehmaschine, b NC-Drehautomat, c handbediente Revolverdrehmaschine, d programmgesteuerter Drehautomat

Im Bereich der Einzelfertigung ergibt die Spitzendrehmaschine die kostengünstigste Fertigung. Danach folgt der numerisch gesteuerte Drehautomat bis zu einer Losgröße von etwa 90 Drehteilen. Anschließend liegt der Bereich des programmgesteuerten Drehautomaten. Auffallend dabei ist, daß die Fertigungskosten bei der handbedienten Revolverdrehmaschine über denen der numerisch und der programmgesteuerten Drehautomaten liegen.

Wenn die Fertigungszeit auf einer programmgesteuerten Maschine gegenüber einer kurvengesteuerten um etwa 20% geringer ist, kann im Bereich großer Lose davon ausgegangen werden, daß der programmgesteuerte Drehautomat wirtschaftlicher fertigt. Der genannte Richtwert ergibt sich in etwa aus den Unterschieden der Maschinenbeschaffungskosten. Die geringeren Rüstkosten der programmgesteuerten Maschine gegenüber der kurvengesteuerten wirken sich nur unwesentlich aus, ebenso die Kostenanteile für die Werkzeugwechselzeiten. Aus zwei Gründen sind bei programmgesteuerten Drehautomaten die Fertigungszeiten um rd. 20% niedriger, und zwar durch das höhere Zeitspanungsvolumen und die bei allen Stückzeiten gleichbleibende maschinenbedingte Nebenzeit.

## 5.7.4 Langdrehautomaten

**Dipl.-Ing. H. Hammer, Reichenbach-Fils**

### 5.7.4.1 Arbeitsbereich, Verfahren und konstruktiver Aufbau

Aufgrund der ständig verbesserten konstruktiven Ausbildung und Erweiterung der Bearbeitungsmöglichkeiten ist der *Arbeitsbereich* der Langdrehautomaten sehr umfangreich und vielseitig und überdeckt teilweise den der anderen Drehautomaten (Bild 117).

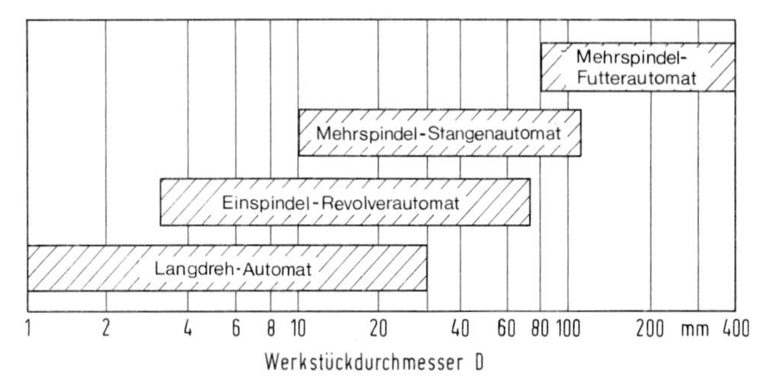


Bild 117. Arbeitsbereiche verschiedener Drehautomaten

Das besondere Arbeitsverfahren ermöglicht darüber hinaus jedoch die Herstellung von Teilen, die sonst auf keiner anderen Drehmaschine gefertigt werden können. So lassen sich Werkstücke drehen, deren Länge im Vergleich zum Durchmesser erheblich groß sein kann, ohne daß hierdurch die Arbeitsgenauigkeit gemindert wird. Demgegenüber ist beim Längsdrehen auf Kurzdrehautomaten die Drehlänge stark begrenzt (Bild 118). Mit Hilfe des Langdreh-Verfahrens können darüber hinaus Werkstücke hergestellt werden, deren Abmessungen nur Bruchteile eines Millimeters betragen.

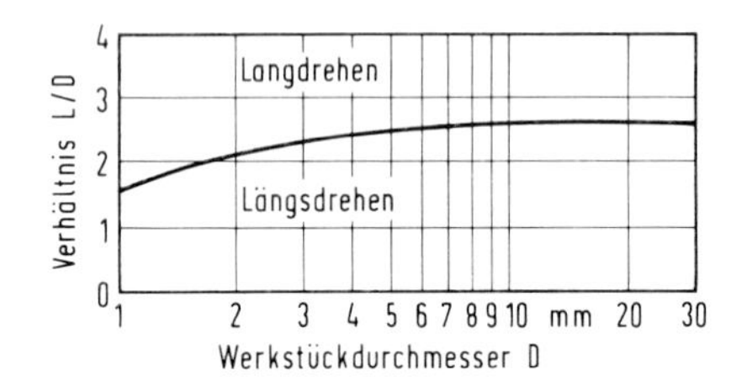


Bild 118. Grenzkurve zwischen Längsdrehen (fliegende Bearbeitung) und Langdrehen (Büchsen-Langdrehverfahren) unter Zugrundelegung der ISA-Qualität 7
L Drehlänge; Werkstoff Ms 58, Schnittiefe a = 0,25 D, Vorschub s = 0,05 mm

Die Erfassung des gesamten Arbeitsbereichs der Langdrehautomaten (Werkstückdurchmesser bis 32 mm) erfordert mehrere *Maschinenbaugrößen* mit eingeschränktem Durchlaßbereich, da die Herstellung eines Werkstücks nur dann mit optimaler Leistung und höchster Genauigkeit erfolgen kann, wenn die Maschinenauslegung zu den Werkstückabmessungen im richtigen Verhältnis steht. Ein komplettes Bauprogramm besteht in der Regel aus vier bis fünf Maschinentypen, wobei als maximaler Werkstoffdurchlaß und größte Drehlänge häufig die in Tabelle 8 genannten Werte gewählt werden.

Tabelle 8. Arbeitsbereiche von Langdrehautomaten

| | | | | | |
|---|---|---|---|---|---|
| maximaler Durchmesser D | [mm] | 4 | 12 | 16 | 25 bzw. 32 |
| maximale Drehlänge L | [mm] | 70 | 90 | 120 | 150 |

Alle Langdrehautomaten arbeiten nach dem *Büchsen-Langdrehverfahren.* Im Gegensatz zur fliegenden Bearbeitung bei den Kurz- und Revolverdrehautomaten führt hier die Werkstoffstange nicht nur die Drehbewegung, sondern gleichzeitig auch die Vorschubbewegung in Längsrichtung aus (Bild 119). Die Drehwerkzeuge sind demzufolge nur querbeweglich. Die Werkstoffstange wird dicht hinter den Drehmeißeln in einer Führungsbüchse gelagert und während des Langdrehens durch diese geschoben. Für Langdreharbeiten können demzufolge die üblichen Drehmeißel verwendet werden. Durch die Überlagerung der Vorschubbewegungen in Längs- und Querrichtung lassen sich nahezu beliebige Außenkonturen mit einfachsten Drehmeißelformen erzeugen.

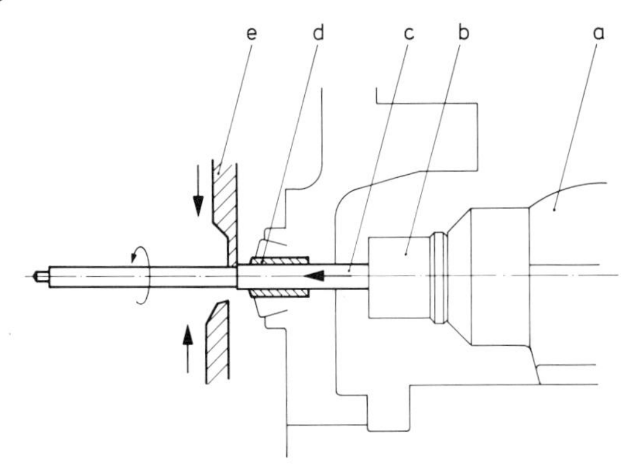


Bild 119. Prinzip des Büchsen-Langdrehverfahrens

a längsbeweglicher Spindelstock, b Hauptspindel, c Werkstoffstange, d Führungsbüchse, e Drehmeißel

Allen Langdrehautomaten sind somit zwei typische *Konstruktionsmerkmale* gemeinsam, die nur bei dieser Maschinengattung zu finden sind. Diese sind der in axialer Richtung *verschiebbare Spindelstock* und die *ortsfeste Führungsbüchse,* die umlaufend sein kann. In Bild 120 sind die wichtigsten Maschinenteile eines Langdrehautomaten zu erkennen.

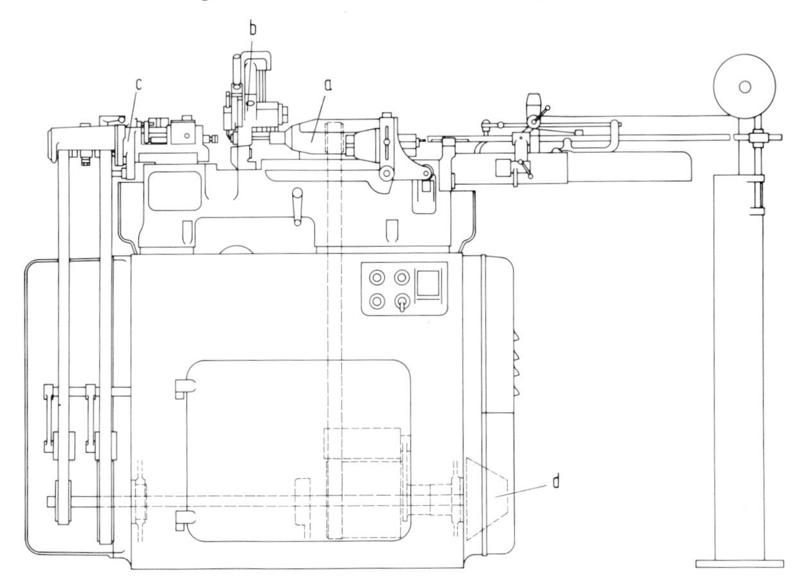


Bild 120. Aufbau eines Langdrehautomaten

a längsbeweglicher Spindelstock, b Wippenständer, c Bohreinrichtung, d Hauptantriebswelle

Ein weiteres Konstruktionsmerkmal ist der ortsfeste Werkzeug- oder Wippenständer mit den meist fünf Werkzeugaufnahmen, die fächerförmig in einem Bereich von 180° um die Führungsbüchse angeordnet sind und radial zu dieser vorgeschoben werden können. Die beiden unteren Seitenstähle sind üblicherweise gemeinsam auf einem Schwenkhebel, der sog. Wippe, angeordnet, die auf einem unterhalb der Führungsbüchse befestigten Zapfen gelagert ist (Bild 121).

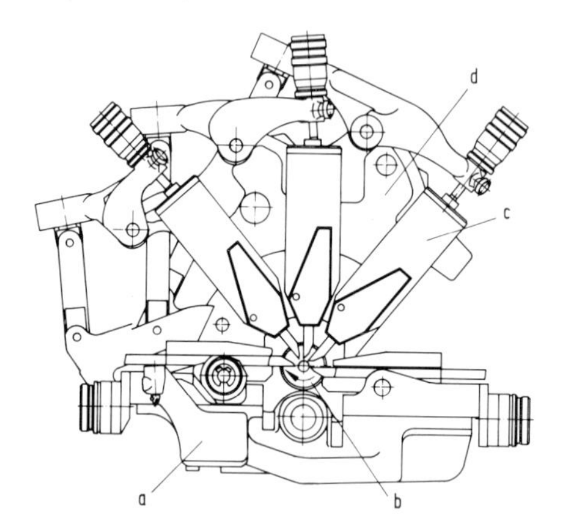


Bild 121. Werkzeug- oder Wippenständer eines Langdrehautomaten
a Wippe, b Führungsbüchse, c Werkzeugschlitten, d Wippenständer

Programmspeicher eines jeden mechanisch gesteuerten Drehautomaten ist die Steuerwelle mit den Steuerkurven, durch die alle Längsbewegungen und Schaltungen erzeugt und gesteuert werden. Eine Umdrehung der Steuerwelle entspricht jeweils dem Arbeitstakt zum Fertigen eines Werkstücks.

### 5.7.4.2 Werkzeug- und Zusatzeinrichtungen

Alle Langdrehautomaten lassen sich mit einer großen Anzahl von Werkzeug- und Zusatzeinrichtungen ausrüsten, die in verschiedener Weise an die Grundmaschine angebaut werden können und neben der Drehbearbeitung auch andere Fertigungsvorgänge, wie Bohren, Gewindeschneiden, Fräsen oder Verzahnen, ermöglichen. Die wichtigsten Zusatzeinrichtungen sind die ein- und mehrspindeligen *Zentrier-, Bohr- und Gewindeschneideinrichtungen,* die auf geschabten Anschraubflächen, dem Spindelstock gegenüberliegend, befestigt werden (Bild 122). Mit ihnen lassen sich die verschiedensten

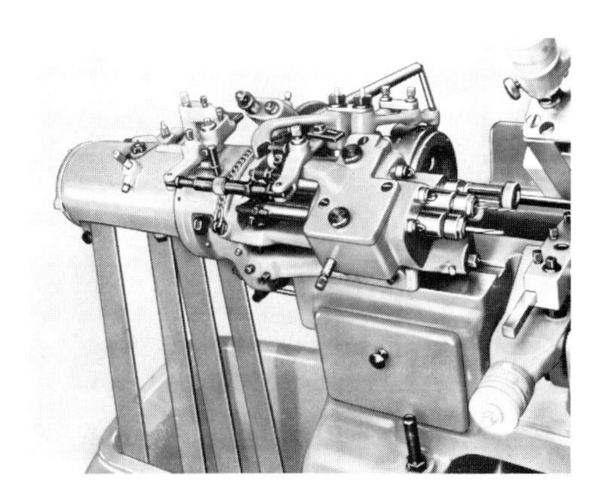

Bild 122. Dreispindelige Bohr- und Gewindeschneideinrichtung an einem Langdrehautomaten

Bohrungen vom freien Werkstücksende aus herstellen. Außerdem ist die Anfertigung von Innen- und Außengewinden durch Drehzahlüber- oder -unterhohlung möglich. Beim Bohren läuft die Bohrspindel entweder entgegengesetzt zur Drehrichtung der Hauptspindel um, oder es wird mit feststehender Bohrspindel gearbeitet. Die Vorschubbewegung der Spindeln erfolgt durch Kurvensegmente, die auf der Steuerwelle befestigt sind. Langdrehautomaten mit größerem Spindeldurchlaß sind teilweise auch mit vier- oder sechsfachen Trommelrevolvern ausgerüstet, die mechanisch oder hydraulisch geschaltet werden.

Außerordentlich vielseitig sind auch die Bearbeitungsmöglichkeiten durch Zusatzeinrichtungen, denen das Werkstück nach dem Abstich mit einer *Greifereinrichtung* zugeführt wird. Zu nennen sind hier die *Schlitzeinrichtungen,* die nach dem Tauch- und Durchschlitzverfahren arbeiten, die ein- und mehrspindelige *Hinterbohreinrichtung* und die *Querbohreinrichtung.* Des weiteren ist es möglich, verschiedene *Fräseinrichtungen* anzubauen, so daß sich auch quer zur Werkstücksachse Schlitze, Flächen, Vierkante oder Kreuzschlitze fräsen lassen. Diese Einrichtungen können teilweise auch miteinander kombiniert werden, so daß die vollständige Herstellung von komplizierten Werkstücken möglich ist. Von Vorteil ist dabei besonders, daß diese Arbeitsgänge in der Zeit ausgeführt werden, während der das nächste Werkstück seine Dreh- und Bohrbearbeitung vom freien Werkstücksende aus erfährt.

Die *Spindelstillsetz- und Positioniereinrichtung* ermöglicht in Verbindung mit den verschiedenartigen, radial angeordneten Bohr- und Fräsapparaten ebenfalls sehr universelle Werkstückbearbeitungen. Das *Gewindestrehlen und Mehrkantdrehen* gehört darüber hinaus ebenso wie das *Abwälzfräsen* zur Bearbeitungspalette heutiger Langdrehautomaten. Die Kombination der Grundmaschine mit einer *Verzahnungseinrichtung* ist besonders für die Herstellung von Uhrentrieben geeignet. Überhaupt wurde für die Uhrenindustrie eine große Anzahl von Sondereinrichtungen entwickelt, da diese Branche nach wie vor das Hauptanwendungsgebiet für Langdrehautomaten darstellt und von dort die entscheidenden Entwicklungsimpulse gekommen sind.

Langdrehautomaten können ebenso wie andere Einspindelautomaten mit automatisch arbeitenden *Werkstoffzuführeinrichtungen,* den sog. Stangenlademagazinen, ausgerüstet werden. Bei kleinen Stangendurchmessern verwendet man vorwiegend Trommelmagazine, während ab 3 mm Dmr. Zuführeinrichtungen mit aufklappbarem Führungskanal eingesetzt werden. Die Reststücke werden durch Rückzug aus der Spindel und anschließendes Ausstoßen bzw. Ausziehen aus der Vorschubzange entfernt. Durch den Einsatz von Stangenlademagazinen läßt sich die Wirtschaftlichkeit der Drehteilefertigung auf Langdrehautomaten wesentlich verbessern.

#### 5.7.4.3 Auswahlkriterien und Arbeitsbeispiele

Neben der Herstellung von Drehteilen mit sehr hoher Arbeitsgenauigkeit und großen Drehlängen eignet sich der Langdrehautomat auch für die Fertigung von kurzen Drehteilen mit geringeren Genauigkeitsanforderungen. Zum einen lassen sich infolge der hohen einstellbaren Hauptspindeldrehzahl sehr günstige Vorschubgeschwindigkeitsbereiche bei optimalen Schnittgeschwindigkeiten verwirklichen, zum anderen kann bei kurzen Werkstücken unter Verzicht auf die Führungsbüchse auch direkt von der Zange mit feststehendem Spindelstock gearbeitet werden, so daß sich die durch den Spindelstockrückzug verursachten Nebenzeiten vermeiden lassen. Auch im Hinblick auf die Durchführung weiterer Bearbeitungsvorgänge, wie Bohren, Gewindeschneiden oder Fräsen, steht der Langdrehautomat den anderen Drehautomatenbauarten keineswegs

nach. Besonders in Drehereien mit einem stark wechselnden Produktionsprogramm hat sich daher der Einsatz von Langdrehautomaten wegen der universellen Bearbeitungsmöglichkeiten als sehr vorteilhaft erwiesen.
Die erzielbare *Arbeitsgenauigkeit* von Langdrehautomaten ist höher als die jeder anderen Drehmaschine. Der Grund hierfür ist die nahezu spielfrei einstellbare und in unmittelbarer Nähe der Schnittstelle angeordnete Führungsbüchse, in der die Werkstoffstange gelagert ist. Zum einen verhindert sie das Ausweichen des Drehteils aus der Werkstückachse, und zum anderen kann sich das Lagerspiel der Hauptspindel oder ein Rundlauffehler der Spannzange nicht direkt auf die erreichbare Arbeitsgenauigkeit auswirken. Diese hängt vielmehr in erster Linie von der Maßhaltigkeit des zu bearbeitenden Stangenwerkstoffs ab.
Grundsätzlich kann ein Drehteil auf einem Langdrehautomaten nur mit der Genauigkeit hergestellt werden, die der Ausgangswerkstoff aufweist, da die Werkstoffstange unter der Wirkung der beim Drehen auftretenden Zerspankraftkomponenten an die dem Drehmeißel gegenüberliegende Seite der Führungsbüchse gedrückt wird (Bild 123). In dieser Lage wälzt sich die Werkstoffstange in der Bohrung der Führungsbüchse ab. Die bei der Herstellung von Präzisionsteilen dadurch bedingte Verwendung genau gezogener oder geschliffener Werkstoffstangen verursacht zwar Mehrkosten, bietet aber die Gewähr für die Einhaltung engster Durchmessertoleranzen im Dauerbetrieb. Kleinste Drehteile mit Abmessungen von nur wenigen Bruchteilen eines Millimeters, die einer nachträglichen Feinstbearbeitung nicht mehr zugänglich sind, lassen sich beispielsweise auf Langdrehautomaten mit einer Maßtoleranz von ±2 μm herstellen. Durch die Lagerung der Werkstoffstange in der Führungsbüchse ist außerdem gesichert, daß nicht überdrehte Werkstoffbereiche zu angedrehten Absätzen sehr genau laufen, was bei der fliegenden Bearbeitung nicht der Fall sein kann.

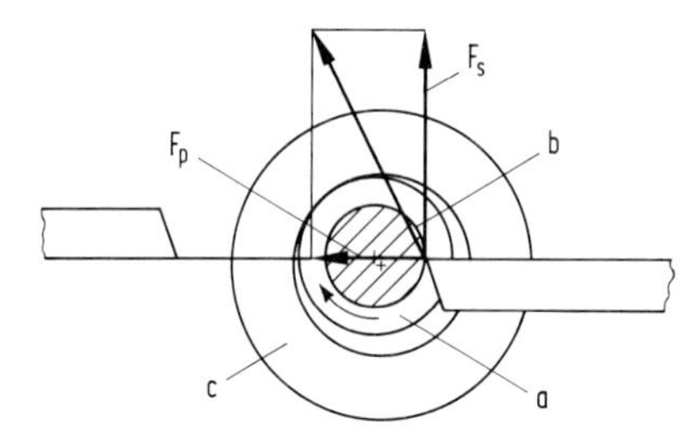


Bild 123. Lage der Werkstoffstange in der Führungsbüchse unter Einwirkung der Zerspankraftkomponenten
a Werkstoffstange, b gedrehter Ansatz, c feststehende Führungsbüchse

Im Vergleich zu den Kurz- und Revolverdrehautomaten hat der Langdrehautomat eine etwas geringere Mengenleistung, da nicht gleichzeitig mehrere Drehwerkzeuge arbeiten können. Sofern die Genauigkeitsanforderungen das zulassen, sind jedoch Bohrarbeiten in der Regel während der Drehbearbeitung durchführbar. Da das Gewindeschneiden bei unveränderter Hauptspindeldrehzahl erfolgt, kann auch während dieses Vorgangs gedreht werden. Außerdem ist die Parallelbearbeitung von abgestochenen Werkstücken mit der Drehbearbeitung des nächstfolgenden Werkstücks möglich. Leistungsmindernd wirkt sich der verfahrensbedingte Rückzug des Spindelstocks aus.
Die beiden typischen Langdrehteile in Bild 124 veranschaulichen den gesamten Arbeitsbereich. Natürlich können diese Drehteile nicht mit gleicher Wirtschaftlichkeit auf ein- und derselben Maschine gefertigt werden. Extrem lange Werkstücke mit teilweise unbe-

arbeiteten Abschnitten lassen sich auf Langdrehautomaten durch mehrmaliges Verschieben des Spindelstocks herstellen. Ein Arbeitsbeispiel hierfür zeigt Bild 125. Die Erweiterung des Einsatzbereichs der Langdrehautomaten durch Zusatzeinrichtungen ist aus den Arbeitsbeispielen in Bild 126 ersichtlich.

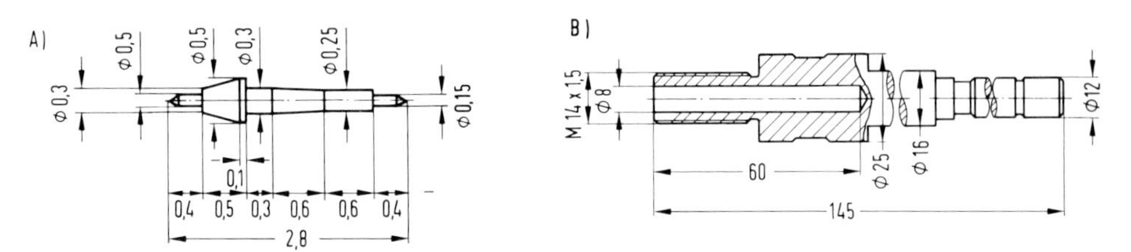


Bild 124. Beispiele für den Arbeitsbereich des Langdrehautomaten

A) Kleinuhrentrieb, Werkstoff Stahl, 1 mm Dmr., Stückzeit 8 s, B) Welle, Werkstoff Ms 58, 25 mm Dmr., Stückzeit 60 s

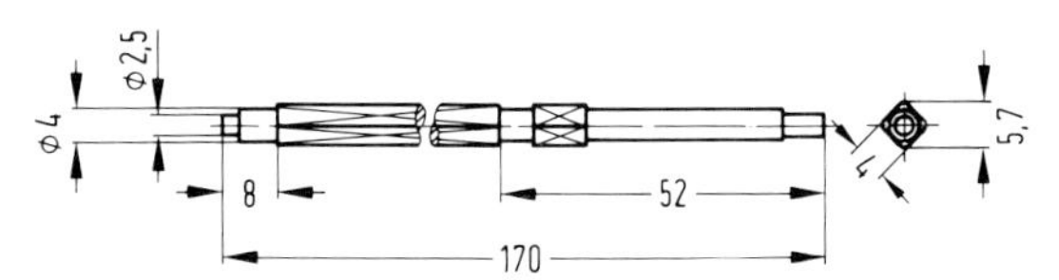


Bild 125. Extrem langes Werkstück (Schaltwelle) Werkstoff 9S20K vierkant, SW 4, Stückzeit 14 s

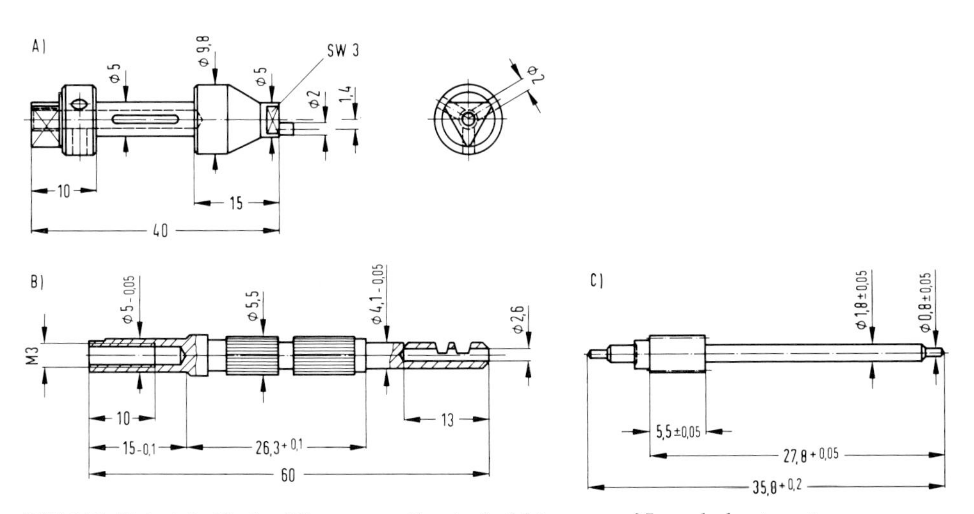


Bild 126. Beispiele für den Einsatz von Zusatzeinrichtungen auf Langdrehautomaten

A) Druckregler, Werkstoff Ms 58, 10 mm Dmr. (Einsatz der Spindelstillsetz- und Schalteinrichtung), Mengenleistung 1,36 St./min

B) Anschlußstift, Werkstoff Ms 58, 5,5 mm Dmr. (Einsatz der kombinierten Hinterbohr- und Querfräseinrichtung in Verbindung mit der Greifereinrichtung), Mengenleistung 4,38 St./min

C) Flügelradtrieb, Werkstoff 9 SMnPb23, 3,5 mm Dmr. (Einsatz der Triebfräseinrichtung), Mengenleistung 1,5 St./min

## 5.7.5 Mehrspindeldrehautomaten

**Ing. (grad.) K.-W. Kuckelsberg, Bielefeld**
**Dr.-Ing. J. Milberg, Bielefeld**

### 5.7.5.1 Einteilung der Mehrspindeldrehautomaten

Mehrspindeldrehautomaten dienen zur automatisierten Massenfertigung von Drehteilen. Bei einem Wirtschaftlichkeitsvergleich kann der Mehrspindeldrehautomat in Konkurrenz mit dem Einspindeldrehautomaten, der Revolverdrehmaschine, der Produktionsdrehmaschine und der Sonderdrehmaschine liegen. Bild 127 zeigt in Abhängigkeit von der Stückzahl den ungefähren Einsatzbereich von Drehmaschinen mit unterschiedlicher Automatisierungsstufe. Eine exakte Aussage über den optimalen Einsatz der verschiedenen Fertigungssysteme läßt sich nur durch eine Wirtschaftlichkeitsrechnung erzielen [14].

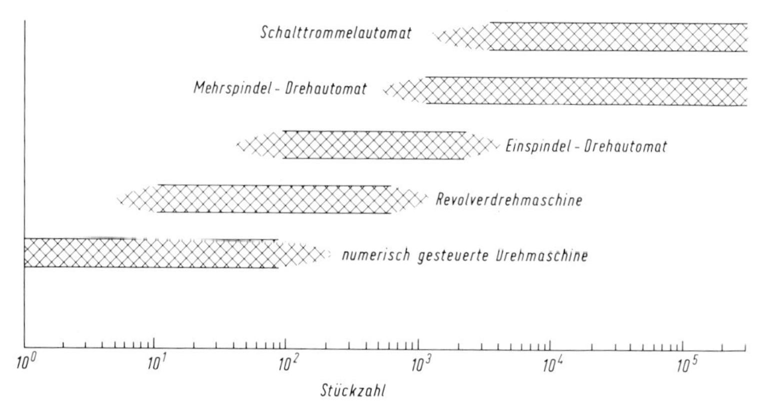


Bild 127. Einsatzbereich verschiedener Drehmaschinen in Abhängigkeit von der Stückzahl

Gleichartig gestaltete Mehrspindeldrehautomaten übernehmen in der Fertigung unterschiedliche Aufgaben. Durch Zusatzeinrichtungen kann sich der Aufbau des Arbeitsablaufs grundlegend ändern. Außerdem liegt die Festlegung des Einsatzbereichs in der Hand des jeweiligen Betriebs und ist abhängig von der Art und Anzahl der zu fertigenden Werkstücke. Um die vielfältigen Ausführungsformen der Mehrspindeldrehautomaten einordnen zu können, kann als Kriterium der konstruktive Aufbau der Automaten angesehen werden, der unabhängig von dem jeweiligen Arbeitsablauf ist.
Ausgehend von diesen Überlegungen sind nach *Spur* [14] die wesentlichen äußeren Gestaltsmerkmale der Mehrspindeldrehautomaten zu dem Einteilungsschema in Bild 128 geordnet worden. Danach ergeben sich die Einteilungsgesichtspunkte nach der Werkstückträgerschaltung, der Zuordnung der Schnittbewegung, der Lage der Hauptachse, dem Gestellaufbau, der Zuordnung der Vorschubbewegung, der Lage der Werkstücke, der Anzahl der Arbeitswege und nach der Art der Rohteilspannung.
Neben diesen Einteilungsgesichtspunkten besteht weiterhin eine Reihe von konstruktiven Abweichungen, die sich zwar in der Darstellung nach Bild 128 nicht übersichtlich eingliedern lassen, die aber dennoch von großer Bedeutung sind. Sie ergeben sich aus dem Stangendurchlaß- und Futterdurchmesser, der Anzahl der Spindeln, der Anzahl der Spannstellen, den Steuerungseinrichtungen und aus der Art der Spannfutterbetätigung.

Bild 128. Einteilung der Mehrspindeldrehautomaten nach konstruktiven Gesichtspunkten (nach Spur [14])

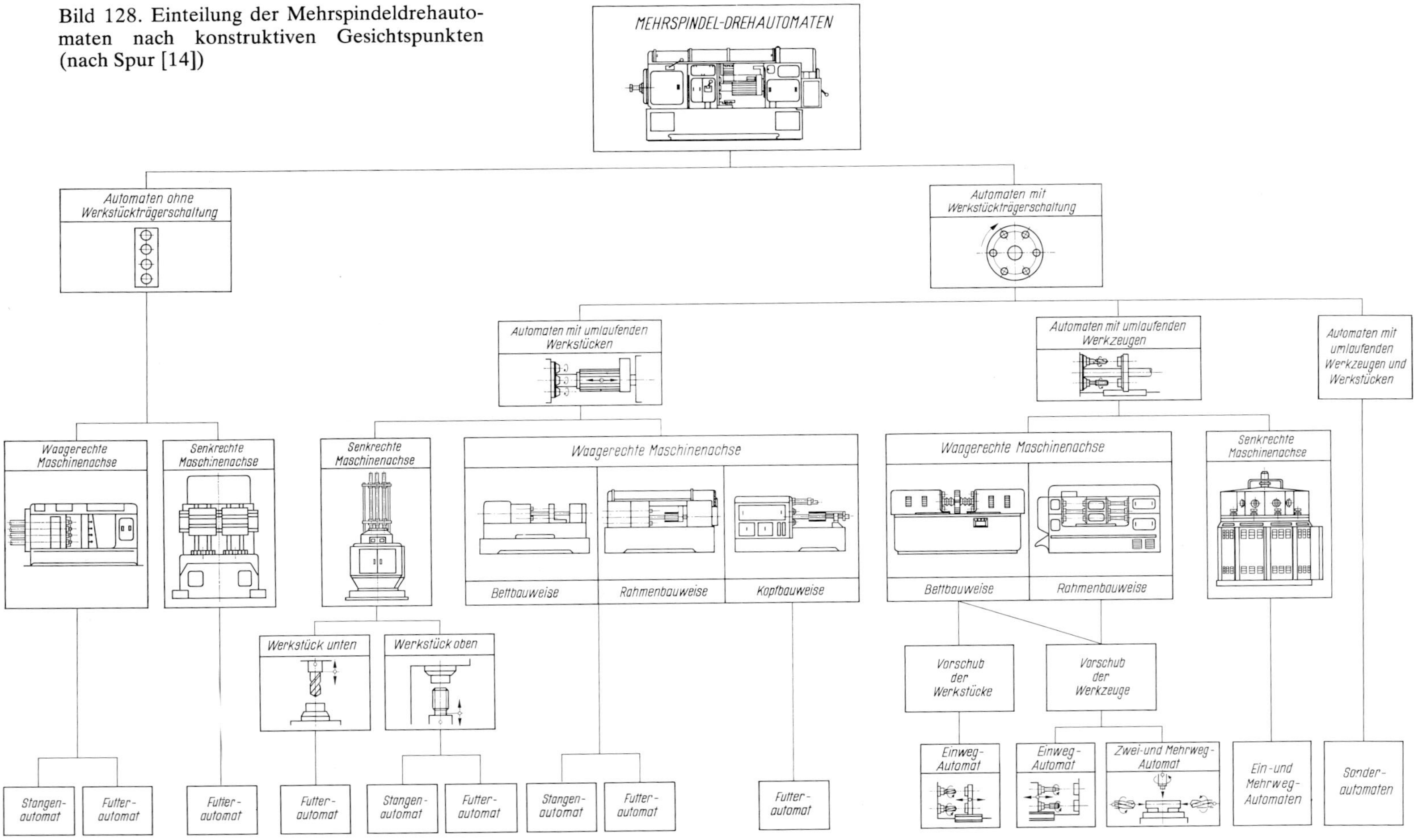

MEHRSPINDEL-DREHAUTOMATEN

Automaten ohne Werkstückträgerschaltung

Automaten mit Werkstückträgerschaltung

Automaten mit umlaufenden Werkstücken

Automaten mit umlaufenden Werkzeugen

Automaten mit umlaufenden Werkzeugen und Werkstücken

Waagerechte Maschinenachse

Senkrechte Maschinenachse

Senkrechte Maschinenachse

Waagerechte Maschinenachse

Bettbauweise

Rahmenbauweise

Kopfbauweise

Waagerechte Maschinenachse

Bettbauweise

Rahmenbauweise

Senkrechte Maschinenachse

Werkstück unten

Werkstück oben

Vorschub der Werkstücke

Vorschub der Werkzeuge

Stangen-automat

Futter-automat

Futter-automat

Futter-automat

Stangen-automat

Futter-automat

Stangen-automat

Futter-automat

Futter-automat

Einweg-Automat

Einweg-Automat

Zwei-und Mehrweg-Automat

Ein-und Mehrweg-Automaten

Sonder-automaten

Hier kann nur kurz auf die Einteilung der Mehrspindeldrehautomaten nach konstruktiven Gesichtspunkten eingegangen werden. Auch die übrigen Abschnitte über den konstruktiven Aufbau, die Werkzeugeinrichtungen und die Werkstückhandhabung von Mehrspindeldrehautomaten können nur in kurz gefaßter Form behandelt werden. Für eine ausführliche Darstellung dieser Fragen sei auf das Schrifttum [14, 68, 79] verwiesen. Die weiteren Ausführungen dieses Abschnitts beziehen sich ausschließlich auf Mehrspindeldrehautomaten mit umlaufenden Werkstücken, kurz Mehrspindeldrehautomaten genannt. Die Mehrspindeldrehautomaten mit umlaufenden Werkzeugen, kurz Schalttrommelautomaten genannt, werden im Abschnitt 5.7.5.6 beschrieben.

## 5.7.5.2 Konstruktiver Aufbau der Mehrspindeldrehautomaten

### 5.7.5.2.1 Maschinenaufbau

Die heutigen Mehrspindeldrehautomaten sind das Ergebnis einer über 70jährigen Entwicklung [4]. In ihren derzeitigen Bauformen vereinigen sie in sich umfangreiche Erfahrungen und neuzeitliche Ergebnisse wissenschaftlicher Forschung.
Durch technologische Fortschritte der spanlosen Formgebung wurden in den vergangenen Jahrzehnten zunehmend mehr vorgeformte Rohteile in der Massenfertigung verarbeitet. Um die unterschiedlichen Rohteilformen fertigungsgerecht spannen zu können, wurden neben den ursprünglich vorherrschenden Stangenautomaten in zunehmendem Maße Futterautomaten gebaut. Die abweichende Form der Rohteile hat eine Trennung in die beiden Automatengruppen zur Folge, die wesentliche konstruktive Unterschiede an solchen Bauelementen aufweisen, die im Wirkzusammenhang mit den Werkstücken stehen. Der Grundaufbau stimmt jedoch in den hauptsächlichen Gestaltsmerkmalen überein.
Der *Gestellaufbau* der hier behandelten Mehrspindeldrehautomaten geht aus Bild 129 hervor. Das Grundbett trägt auf der rechten Seite den Antriebsständer mit dem elektrischen Schaltschrank und dem Motor, während auf der linken Seite Schalt- und Spindel-

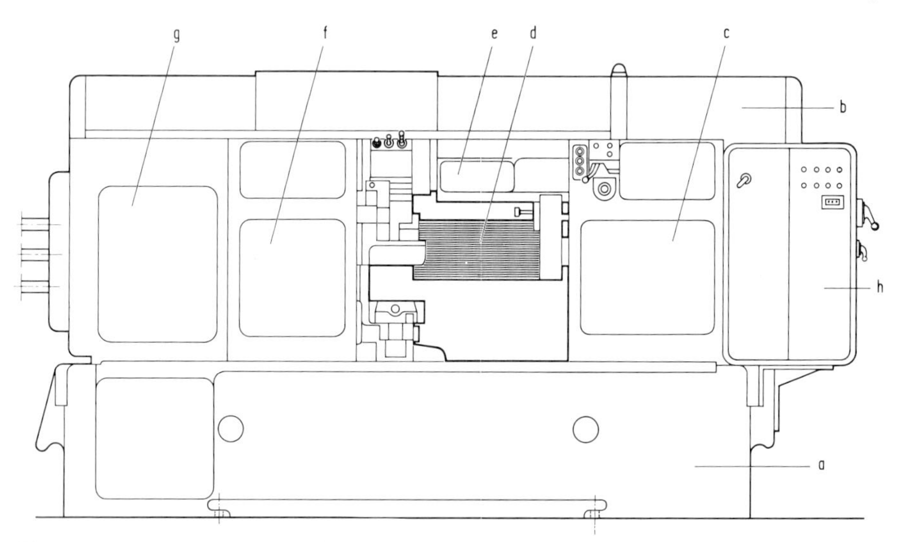


Bild 129. Gestellaufbau eines Mehrspindeldrehautomaten
a Bett, b Motorraum, c Antriebständer, d Längsschlittenblock, e Querbalken, f Spindelständer, g Schaltständer, h Schaltschrank

ständer angeordnet sind. Ferner sind Aufnahmen für die unteren Seitenschlitten vorgesehen. Antriebs- und Spindelständer werden mit einem Querbalken fest verbunden. Neben der Versteifung des gesamten Maschinengestells dient der Querbalken als Aufnahme für die oberen Seitenschlitten und als zusätzliche Führung für den Längsschlittenblock, der auf diese Weise in radialer Richtung festgehalten wird.
Das Bett ist stark verrippt. Der Tunnel ist zur Aufnahme großer Spänemengen geeignet. Im unteren Teil des Betts wird der Schmierstoff gesammelt. Ein besonders abgeteilter Raum im Maschinenbett nimmt das notwendige Öl für die Umlaufschmierung auf.
Im Antriebsständer befinden sich Motor und Hauptgetriebe, das Vorschubgetriebe für die Einstellung der Steuerwellendrehzahl sowie bei Bedarf Getriebe für Werkzeugeinrichtungen mit eigenem Antrieb. Der Motor ist vorn im oberen Teil des Ständers montiert. Ferner sind im Fuß des Ständers Pumpen für die Frischöl- und Umlaufschmierung und den Kühlschmierstoffkreislauf untergebracht.
Im Spindelständer sind die Spindeltrommel mit den Hauptspindeln und die Steuerungselemente für die Bewegung der Seitenschlitten angeordnet. Eine besondere Einrichtung bewirkt die Arretierung der Trommel nach erfolgter Schaltung (Bild 130). Die Spindeltrommel stellt das entscheidende Bauzentrum an Mehrspindeldrehautomaten dar. Von ihrer Herstell- und Positioniergenauigkeit hängt entscheidend die Güte des Arbeitsergebnisses ab.

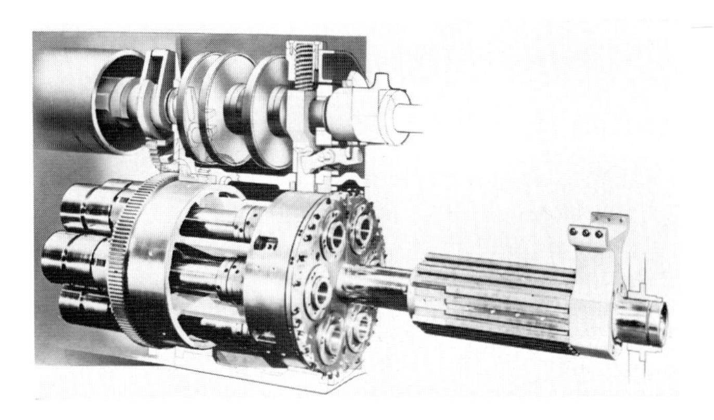

Bild 130. Spindeltrommel mit Schalt- und Verriegelungselementen

Der Schaltständer nimmt das Malteserkreuzgetriebe für die Spindeltrommelschaltung sowie alle weiteren Bauelemente auf, die für Werkstückspannung und Stangenvorschub notwendig sind.
Der Informationsträger für den selbsttätigen Ablauf aller Vorgänge in der Maschine ist die Steuerwelle mit ihren Informationsspeichern. Sie befindet sich im oberen Teil des Automaten und erstreckt sich in ihrer Länge über alle drei Ständer.
Bei der Normalausführung der Mehrspindeldrehautomaten wird der *Antrieb* für alle Haupt- und Nebenzeitbewegungen im Antriebsständer abgeleitet. Bild 131 zeigt den Getriebeplan für einen Mehrspindeldrehautomaten sowie den Leistungsfluß für die Betätigung der einzelnen Bauelemente. Vom Motor wird das Drehmoment über Schmalkeilriemen zur Antriebsscheibe des Automaten übertragen, die mit der Hohlwelle fest verbunden ist. Von dieser Welle werden einmal die Schnittbewegungen über den Hauptspindelantrieb und zum anderen alle Bewegungen der Steuerung abgeleitet.

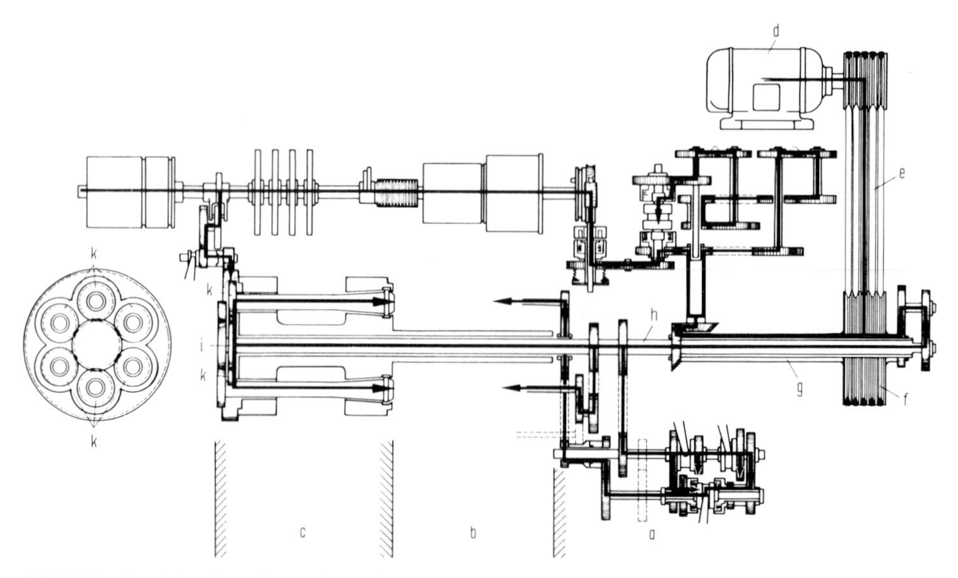


Bild 131. Getriebeplan eines Mehrspindeldrehautomaten
a Antriebständer, b Werkzeugraum, c Spindelständer, d Motor, e Schmalkeilriemen, f Antriebscheibe, g Hohlwelle, h Zentralwelle, i Zentralrad, k Spindelräder

Der Antrieb der Hauptspindeln erfolgt von der Antriebsscheibe über die Drehzahlbereichsräder auf die Zentralwelle und von dort über das Zentralrad auf die Spindelräder. Zur Erzeugung der Schnittbewegung für Werkzeuge in Sondereinrichtungen dienen Zahnräder auf der Zentralwelle mit nachgeschalteten Getrieben. Für die Umkehrung der Drehrichtung beim Gewindeschneiden ist ein besonderes Getriebe mit Wende- und Umschaltkupplung vorgesehen.

Von der Hohlwelle wird über Kegelräder das Vorschubgetriebe, das Schneckenrad und damit die Steuerwelle angetrieben. Die Lamellenkupplungen zur Schaltung auf Eilgang oder Arbeitsgang werden von Nocken auf der Steuerwelle betätigt. Da stets nach einer Umdrehung der Steuerwelle ein Werkstück fertiggestellt ist, sind Stückzeit und Umdrehungszeit gleich. Mit Hilfe von Wechselräderpaaren kann die Drehzahl der Steuerwelle eingestellt werden. Diese Art der Getriebeauslegung ermöglicht es, die Spindeldrehzahl ohne Beeinflussung der Stückzeit zu verändern oder die Stückzeit ohne Rückwirkung auf die Spindeldrehzahl einzustellen.

Beim Rückzug der Werkzeuge, beim Schalten der Spindeltrommel und beim Anfahren der Werkzeuge wird auf Eilgang umgeschaltet. Er umfaßt im allgemeinen 210° einer Steuerwellenumdrehung, so daß für den Arbeitsgang 150° zur Verfügung stehen.

Die *Steuerung* der beschriebenen Mehrspindeldrehautomaten mit umlaufenden Werkstücken wird mechanisch unter Anwendung des Hauptsteuerwellensystems vorgenommen. Das bedeutet, daß alle Bewegungen von einer Steuerwelle abgeleitet werden.

Die Steuerwelle speichert alle Weg- und Schaltinformationen in Form von Kurven und Nocken, die für die Bewegung oder Schaltung der einzelnen Bauteile vorgesehen sind. Während einer Umdrehung der Welle wird das Werkstück an der letzten Spindellage fertiggestellt und an den anderen Spindellagen entsprechend vorbearbeitet. Eine Teildrehung von 210° dient dabei zur Steuerung aller Nebenzeitbewegungen, bei denen kein unmittelbarer Fortschritt im Sinne der vorgesehenen Bearbeitung erzielt wird. Während der Nebenzeit werden beispielsweise bei Mehrspindelstangenautomaten die Funktionen Eilgangschaltung der Steuerwelle, Werkstoffanschlag, Ein- und Ausschwenken, Werkstoffspannen, Werkstoffvorschub, ggf. Zuführen, Ein- und Ausstoßen von Einzelteilen, Spindeltrommelschaltung sowie Eilvor- und Rücklauf der Seiten- und Längsschlitten vollzogen. Hierbei ist besonders die Schaltung der Spindeltrommel von Bedeutung, da ihre Zeitdauer unmittelbar in die Stückzeit eingeht. Die anderen aufgeführten Nebenzeiten erhalten nicht die gleiche Bedeutung wie bei Einspindeldrehautomaten, da sie mit Hauptzeitbewegungen parallel ablaufen können.

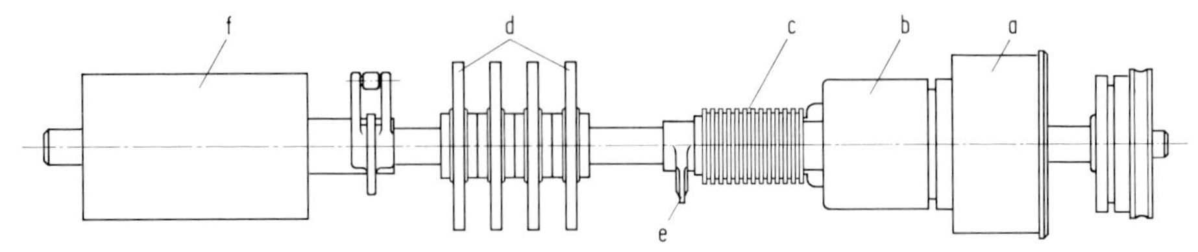


Bild 132. Steuerwelle eines Mehrspindeldrehautomaten

a Kurventrommel für Längsschlitten, b Kurventrommel für Sondersteuerungen, c Nockentrommel, d Kurvenscheiben für Seitenschlitten, e Steuerkurve für Rastbolzen, f Kurventrommel für Vorschub und Spannen des Werkstoffs

Bild 132 zeigt eine Steuerwelle. Auf der Kurventrommel für Längsschlitten werden die Kurven für den Längsschlittenblock befestigt, die ohne Zwischenelemente die Bewegung des Längswerkzeugträgers auf dem Führungsrohr steuern. Von der Kurventrommel für Sondersteuerungen werden unabhängige Bewegungen für Sondereinrichtungen abgeleitet. Zwischen der Nockentrommel und den Kurvenscheiben für dic Betätigung der Seitenschlitten liegt eine Steuerkurve, die kurz vor dem Weiterschalten der Spindeltrommel den Rastbolzen anhebt. Von den Kurvenscheiben werden alle Bewegungen der Seitenschlitten, des Werkstoffanschlags und der Festhalteeinrichtung über Winkelhebel und Zugstangen abgeleitet. Wie Bild 133 zeigt, ist der Seitenschlittenhub unabhängig von der Ausführung der Kurven in einem bestimmten Bereich einstellbar.

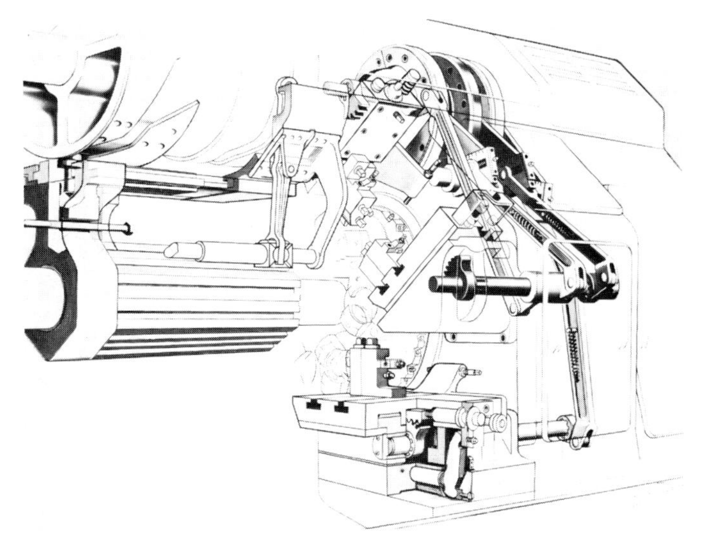

Bild 133. Anordnung der Steuerungselemente für die Seitenschlitten

Die Spindeltrommel wird mit Hilfe des Malteserkreuzgetriebes weitergeschaltet. Beim Schalten taucht der Treiberarm, der fest auf der Steuerwelle befestigt ist, in radiale Schlitze des Schaltrades ein und dreht es um einen Winkel von 90° weiter. Über ein Zwischengetriebe wird eine Anpassung des Schaltwinkels an die unterschiedlichen Arbeitsabläufe erreicht. Kurz vor dem Schaltvorgang wird die Spindeltrommel durch Anheben des Rastbolzens entriegelt, der nach erfolgter Schaltung sofort wieder einrastet und die Trommel in der neuen Arbeitsstellung festhält (Bild 130).
Für den Fertigungsablauf ist der *Arbeitsraum* jeder Werkzeugmaschine von ausschlaggebender Bedeutung und bei der Bewertung einer Maschine ein wichtiges Beurteilungskriterium. Da bei Mehrspindeldrehautomaten die Herstellung komplizierter Massendrehteile im Vordergrund steht, ist besonders die Anzahl und Lage der Werkzeugstellen im Arbeitsraum für die Planung des Arbeitsablaufs von Bedeutung. Sie beschränken in erster Linie Art und Zahl der verwendbaren Werkzeuge und beeinflussen Stückzeit und Kosten des Werkstücks. Seit jeher war man daher bestrebt, die Anzahl der Werkzeugschlitten zu erweitern, ohne dabei die Steifigkeit zu vermindern und die Kollisionsgefahr zu erhöhen.
Die Lage und Anordnung der Werkzeugträger bei den einzelnen Bauarten ist aus Bild 134 ersichtlich. Durch Aufnahme der unteren Seitenschlitten auf dem Maschinenbett eignet sich ihr Einsatz besonders bei schweren Schnitten. Aus diesem Grund schaltet die Spindeltrommel gegen den Uhrzeigersinn, damit die Schruppbearbeitung den unteren Werkzeugträgern zugeteilt werden kann.

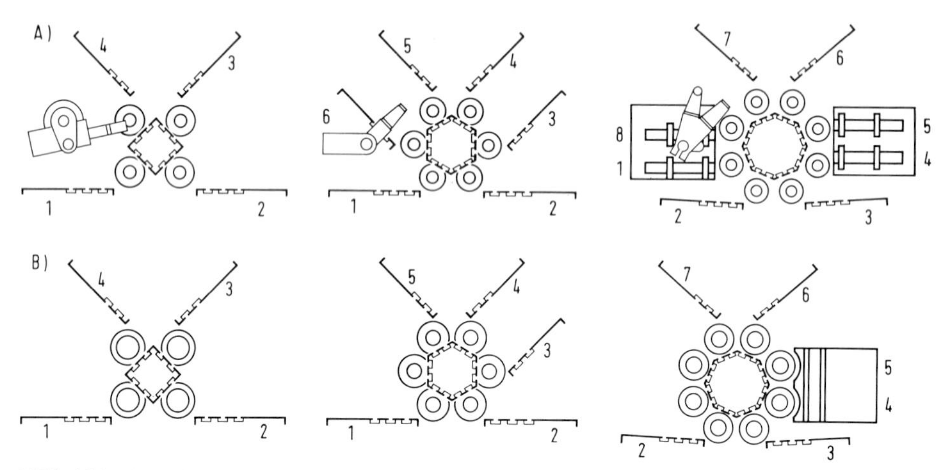


Bild 134. Anordnung der Werkzeugträger bei Mehrspindeldrehautomaten unterschiedlicher Hauptspindelanzahl
A) bei Stangenautomaten, B) bei Futterautomaten

Bei jeder Werkzeugmaschine mit kreisender Schnittbewegung wird die konstruktive Gestaltung und fertigungstechnische Ausführung der Hauptspindel, die hier auch *Werkstückträger* ist, besonders sorgfältig durchgeführt, da dieses Bauteil die Arbeitsgenauigkeit entscheidend beeinflußt. Bei Mehrspindeldrehautomaten erhält die Spindeltrommel eine ähnliche Bedeutung, da sie die geometrische Zuordnung zwischen Werkzeug und Werkstück trotz ständiger Schaltungen einhalten muß. Das Führungsrohr des Längsschlittens ist fest mit der Spindeltrommel verbunden (Bild 130); dadurch bleibt bei Abnutzung der Lager Mittigkeit und Flucht der Längswerkzeuge erhalten.

#### 5.7.5.2.2 Zusatzeinrichtungen

Mehrspindeldrehautomaten können mit einer Reihe von Zusatzeinrichtungen ausgerüstet werden, die den Arbeitsbereich der Maschine erweitern oder bestimmte Bearbeitungen erst ermöglichen. Manche dieser Einrichtungen sind sowohl für Stangen- als auch für Futterautomaten verwendbar, andere dagegen nur für die eine oder andere Ausführung.
Für bestimmte Bearbeitungsaufgaben erweist sich eine *Spindelstillsetzeinrichtung* als notwendig, mit der die Hauptspindel in einer bestimmten Spindellage abgebremst wird. Dies geschieht besonders dann, wenn nichtrotationssymmetrische Formelelemente, exzentrische oder auch zur Drehachse winklige Bohrungen hergestellt werden sollen und die Durchführung der Arbeiten mit synchron umlaufenden Werkzeugen wirtschaftlich nicht durchführbar ist. Für Futterautomaten wird die Hauptspindel in jedem Fall in der Spannlage stillgesetzt, um die Werkstücke auszuwechseln. Man kann auch die Spindel über mehrere Lagen stillgesetzt halten, wenn es aus technologischen Gründen erforderlich wird. Ein Stillsetzen der Spindel kann bei allen Futter- oder Stangenautomaten sowohl während als auch nach der Trommelschaltung vorgenommen werden.

In Verbindung mit einer Spindelstillsetzung kann es erforderlich werden, die stillstehende Hauptspindel zusätzlich festzuklemmen. In diesem Fall wird an den bestimmten Spindellagen eine formschlüssig wirksame *Festhalteeinrichtung* eingebaut.

Zum leichteren Einlegen von besonders geformten Werkstücken oder zum genauen Positionieren für bestimmte Arbeitsvorgänge kann jeder Mehrspindeldrehautomat mit einer *Punktstillsetzeinrichtung* ausgeführt werden, welche die Hauptspindel in einer bestimmten Winkellage hält.
Mehrspindeldrehautomaten mit sechs oder acht Hauptspindeln können für bestimmte Arbeitsaufgaben zwei Spannstellen erhalten, so daß sie als *Doppeldrei-* bzw. als *Doppelvierspindel-Drehautomaten* arbeiten. Auf beiden Maschinenarten können sowohl zwei gleiche als auch zwei verschiedene Teile gefertigt werden.

##### 5.7.5.2.2.1 Sondereinrichtungen an Stangenautomaten

Auf Stangenautomaten werden überwiegend als Rohteile gezogene oder geschälte Werkstoffstangen von etwa 4000 mm Länge mit rundem oder profiliertem Querschnitt bearbeitet. Diese Stangen werden durch die Spindelbohrung geführt und im vorderen Teil der Hauptspindel von einer *Spannzange* gespannt. In besonderen Fällen ist auch über Magazin- und Zuführeinrichtungen die Verwendung von Stangenabschnitten oder vorgeformten Rohteilen möglich, die dann von vorn oder auch von hinten in die Spindel eingeführt werden.
Am hinteren Ende der Hauptspindel befinden sich vorgespannte Tellerfedern mit Spannhebeln und Spannmuffe. Von Kurven auf der Spanntrommel wird über Hebel und Spannschieber die Längsbewegung des Spannrohres gesteuert. In dem Schieber befindet sich eine gehärtete Rolle, die in der Nut der Spannmuffe läuft und bei Betätigung der Spannung die notwendige axiale Kraft überträgt (Bild 135).

An der letzten Spindellage wird das fertig bearbeitete Werkstück abgestochen und die Stange für den nächsten Arbeitszyklus vorgeschoben. Diesem *Stangenvorschub* dient das innerhalb des Spannrohres befindliche Vorschubrohr, das an seinem vorderen Ende einen Bund für die axiale Bewegung des Rohres trägt. Die Vorschubzange ist durch Schlitze federnd ausgebildet und übt dadurch eine bestimmte Kraft aus. Diese ist so bemessen, daß die Werkstoffstange bei geöffneter Spannzange durch eine Bewegung der Vorschubzange mitgenommen wird, während bei geschlossener Spannzange die Vorschubzange über die Stange zurückgleiten muß.

Die erforderliche Länge des Stangenabschnitts wird über die stufenlos einstellbare Kulisse am Vorschubschieber eingestellt und von dem Werkstoffanschlag am Abstechschlitten begrenzt (Bild 135). Hat sich die Spannzange geöffnet, so bewegt der Vorschubschieber über die Vorschubzange die Stange gegen den Werkstoffanschlag.
Die am hinteren Ende der Hauptspindeln aus den Vorschubrohren ragenden Werkstoffstangen werden *in Stangenhaltern geführt* und folgen der Spindeltrommel bei ihrer Schaltbewegung.

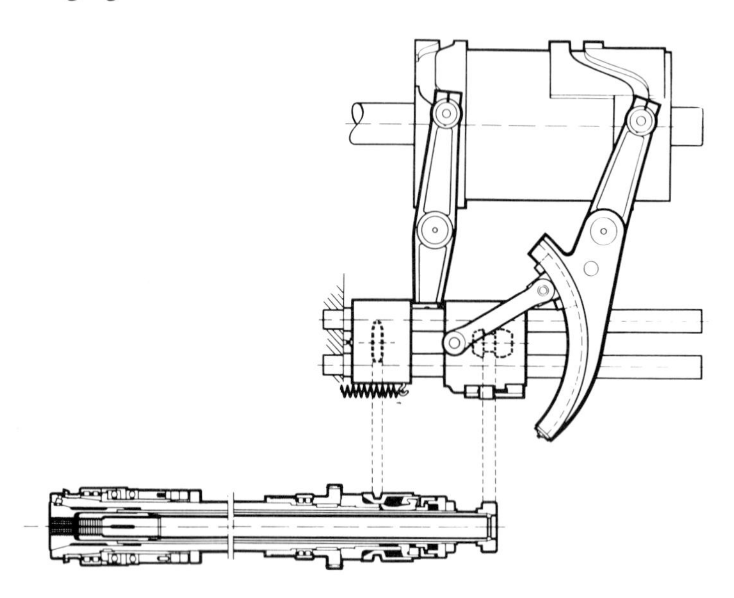

Bild 135. Schema einer Stangenvorschubeinrichtung

5.7.5.2.2.2 Sondereinrichtungen an Futterautomaten

Die bei Futterautomaten am Spindelkopf befestigten *Spannfutter* werden über eine Stange vom Spindelende aus betätigt. Hier befindet sich die eigentliche Spanneinrichtung. Bei diesen Maschinen muß die Spannwirkung über alle Spindellagen aufrechterhalten werden. Dies wird dadurch erreicht, daß man entweder jede Hauptspindel mit einem eigenen Spanner oder mit einem Federpaket als Energiespeicher ausrüstet. Beide Lösungen sind unter Anwendung unterschiedlicher Übertragungssysteme konstruktiv verwirklicht worden.
Für das Übertragungssystem kann zwischen elektrischer, pneumatischer und hydraulischer Betätigung der Kraftspannfutter gewählt werden, von denen die beiden letzteren an Bedeutung gewonnen haben.
Für den Spannvorgang muß die Hauptspindel nach der Trommelschaltung in der vorgesehenen Spindellage abgebremst werden.
Die Steuerung dieses Vorgangs wird über besondere Schieber und Segmente mechanisch von Kurven auf der Spann- und Vorschubtrommel abgeleitet (Bild 136). Der Spann- und Entspannvorgang wird durch eine automatische Abschalteinrichtung überwacht. Bei den handbeschickten Automaten muß der Bedienungsmann die Maschine nach beendetem Spannvorgang durch Zweihandbetätigung eines Schalters zum Weiterlauf freigeben. Ist

das Einspannen eines Rohlings nicht taktgerecht möglich gewesen, wird der Vorschub der Maschine kurz vor dem Wiederanlaufen der Hauptspindel und Weiterschalten der Spindeltrommel automatisch abgeschaltet.

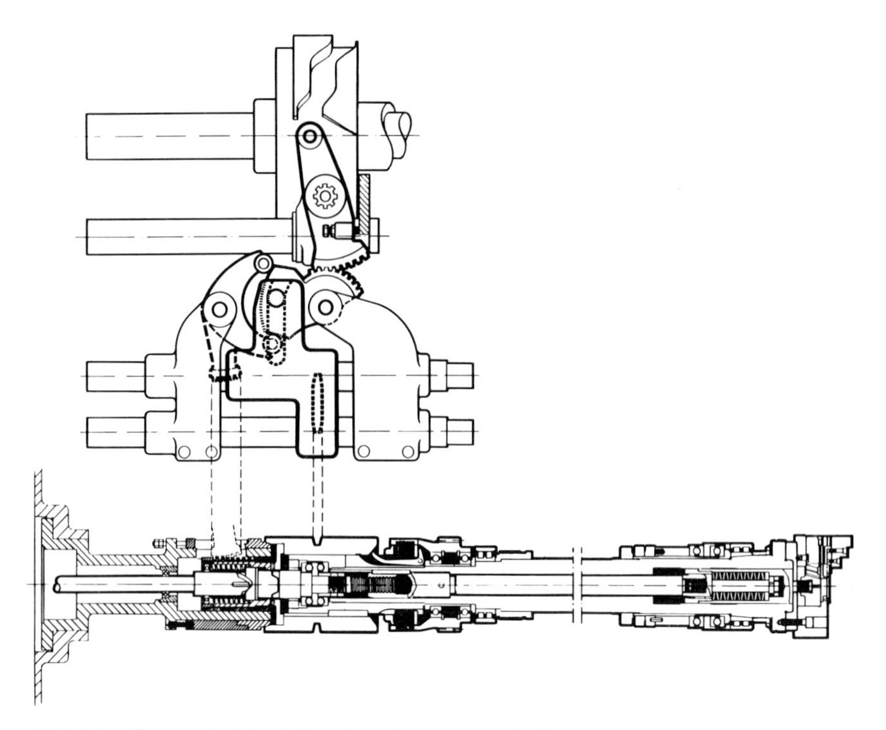

Bild 136. Hauptspindel mit kraftbetätigter Spanneinrichtung

Im allgemeinen laufen alle Hauptspindeln eines Mehrspindeldrehautomaten mit gleicher Drehzahl, die aufgrund technologischer Zusammenhänge bei der Aufstellung des Arbeitsplans festgelegt wird. Um bei der Bearbeitung von besonderen Werkstücken an bestimmten Spindellagen eine zweckentsprechendere Drehzahl einzusetzen, kann der Futterautomat mit einer *Mehrfachdrehzahl-Einrichtung* ausgerüstet werden. Bild 137 zeigt hierfür zwei Varianten. Beispielsweise treibt ein zweiter Antriebsmotor über Wechselräder das Zentralrad der zweiten Drehzahlreihe (Bild 137 A). Von hier aus kann durch entsprechendes Schalten über die Spindelkupplung die Spindel in der vorgesehenen Lage mit einer anderen Drehzahl angetrieben werden. Die entsprechenden Kupplungen werden von Steuerkurven während der Trommelschaltung betätigt. Über die Wechselräder wird die zweite Drehzahl frei innerhalb des vorgesehenen Bereichs gewählt und unabhängig von der ersten Drehzahl eingestellt. Ferner kann durch Austausch entsprechender Kurvenstücke die Spindellage entsprechend der unterschiedlichen Drehzahl verändert werden (Bild 137B).

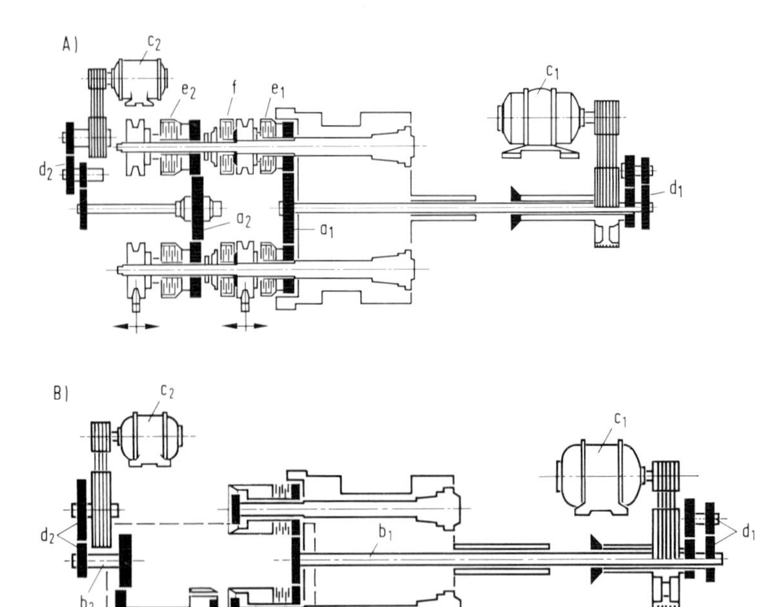


Bild 137. Einrichtungen zur Einstellung mehrerer Hauptspindeldrehzahlen

A) für beliebig veränderliche Spindelpositionen, B) für eine oder mehrere bestimmte Spindelpositionen

$a_1$, $a_2$ Zentralrad 1 und 2, $b_1$, $b_2$ Zentralwelle 1 und 2, $c_1$, $c_2$ Motor 1 und 2, $d_1$, $d_2$ Wechselräder 1 und 2, $e_1$, $e_2$ Spindelkupplung 1 und 2, f Spindelbremse

## 5.7.5.3 Werkzeugeinrichtungen für Mehrspindeldrehautomaten

### 5.7.5.3.1 Allgemeines

Neben der grundlegenden konstruktiven Konzeption eines Mehrspindeldrehautomaten bestimmen Art und Umfang der zugeordneten Werkzeugeinrichtung die Wirtschaftlichkeit der Maschine.

Jedes Werkstück benötigt entsprechend seiner Form eine bestimmte Ausrüstung der Maschine. Die Anordnung und Verteilung der Werkzeugeinrichtungen auf die verschiedenen Spindellagen kann sehr unterschiedlich sein. Aus den serienmäßig gefertigten Mehrspindeldrehautomaten werden durch Werkzeugeinrichtungen Sondermaschinen mit großer Mengenleistung. Ausgehend vom Werkstoff sowie von der Roh- und Fertigteilgeometrie wird unter Berücksichtigung des vorgegebenen oder ausgewählten Automaten ein Arbeitsplan aufgestellt. Darin sind die Arbeitsfolge, die Verteilung der einzelnen Arbeitsvorgänge auf die Spindellagen und die verwendeten Werkzeuge angegeben (Bild 138). Für die Aufstellung der Arbeitspläne müssen die Arbeitsweise der Maschine sowie die Art der möglichen Werkzeugeinrichtungen und ihre Zuordnung zur Spindellage bekannt sein. Beim gleichzeitigen Einsatz mehrerer Einrichtungen ist zu beachten, daß diese sich nicht räumlich und in ihrer Funktion behindern. Sondereinrichtungen müssen störungsfrei in den Arbeitsrhythmus des Automaten eingegliedert werden.

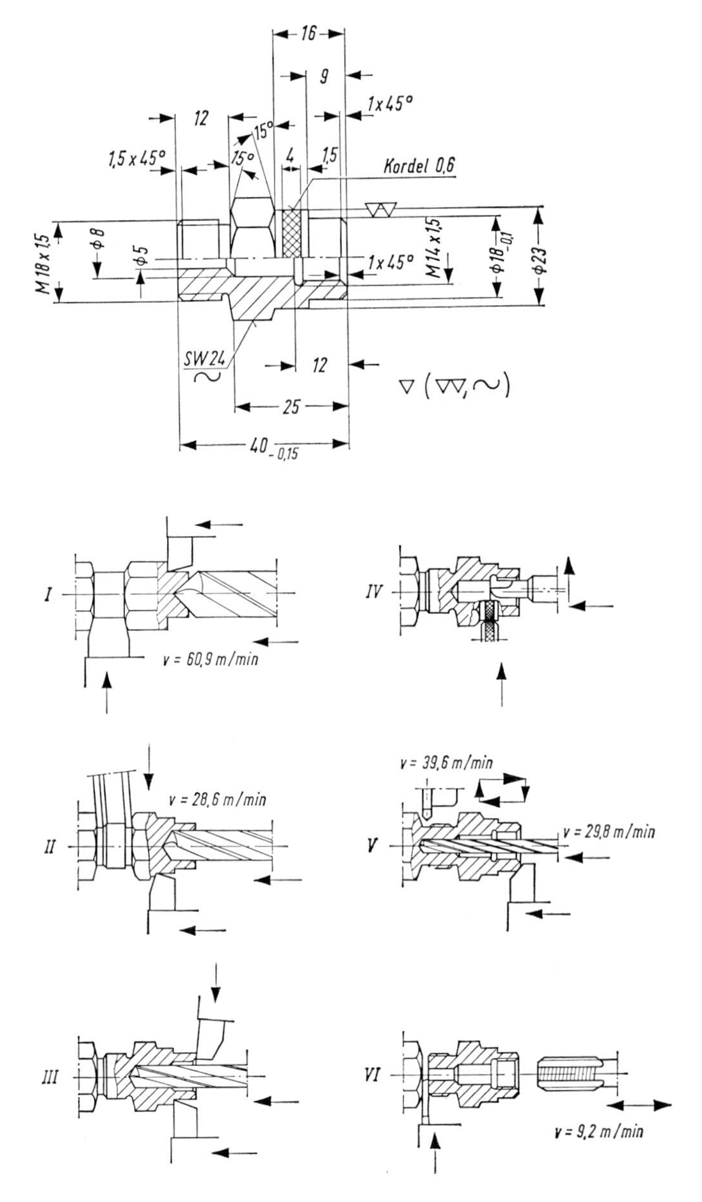


Bild 138. Arbeitsplan für die Herstellung einer Verschraubung auf einem Sechsspindel-Stangenautomaten
Werkstoff 9S20K, Schnittgeschwindigkeit $v_{max}$ = 60,9 m/min, Hauptspindeldrehzahl n = 700 $min^{-1}$, Stückzeit 0,2 min

Mit Ausnahme der Spanneinrichtungen bestehen keine wesentlichen Unterschiede in der Werkzeugausrüstung zwischen Stangen- und Futterautomaten. Die hier beschriebenen Einrichtungen werden daher in beiden Maschinenarten eingesetzt. Die am häufigsten anfallenden Bearbeitungsvorgänge sind in Tabelle 9 schematisch aufgeführt. Eine genauere Beschreibung erfolgt in den folgenden Abschnitten.

Tabelle 9. Systematik der wichtigsten Bearbeitungsvorgänge auf Mehrspindeldrehautomaten und Zuordnung des technologischen Aufwandes

| Bearbeitungsvorgänge | Zuordnung der Schnittbewegung zum | Vorschubrichtung | Technologischer Aufwand maschinenseitig | Technologischer Aufwand werkzeugseitig |
|---|---|---|---|---|
| *Werkzeugeinrichtungen zum Drehen* | | | | |
| 1. *Quer- und Längsdrehen* 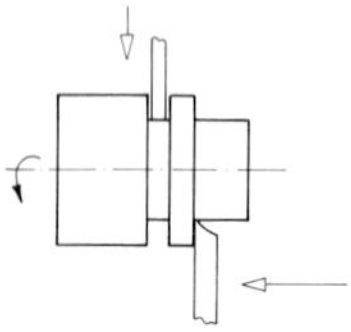 | Werkstück | längs bzw. quer | Kurven für Längs- und Quervorschübe | Werkzeughalter mit Drehmeißel |
| 2. *Profildrehen* 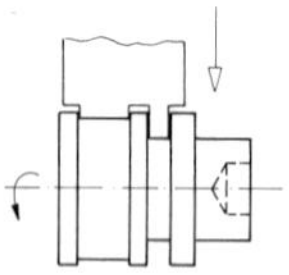 | Werkstück | quer | Kurven für Quervorschub | Werkzeughalter mit Profilwerkzeug |
| 3. *Längsdrehen hinter einem Bund* 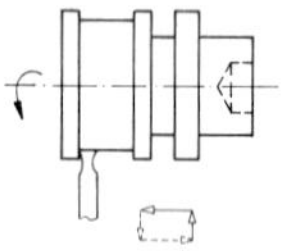 | Werkstück | längs und quer | Kurven für Längs- und Quervorschub | Längsdrehschieber mit Drehmeißel |
| 4. *Inneneinstechen* 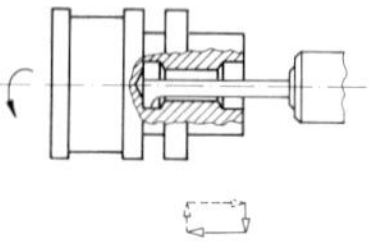 | Werkstück | längs und quer | Kurven für Längs- und Quervorschub | Einstechschieber mit Einstechmeißel |
| 5. *Kegeldrehen* 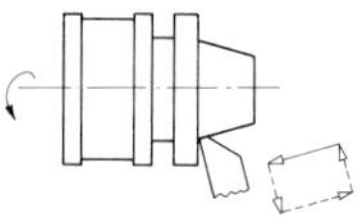 | Werkstück | längs | Kurven für Längsbewegung | Kegeldreheinrichtung, Drehmeißel |
| 6. *Exzenterdrehen* 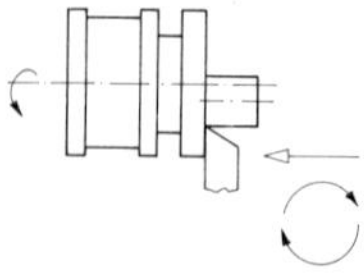 | Werkstück | längs | Gleichlaufgetriebe, Kurven für Längsbewegung | Exzenterdreheinrichtung, Drehmeißel |

Tabelle 9 (Fortsetzung)

| Bearbeitungsvorgänge | Zuordnung der Schnittbewegung zum | Vorschubrichtung | Technologischer Aufwand | |
|---|---|---|---|---|
| | | | maschinenseitig | werkzeugseitig |
| *Werkzeugeinrichtungen zum Bohren, Senken und Reiben* | | | | |
| 7. *Bohren* 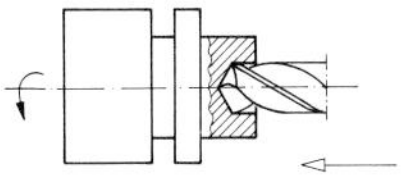 | Werkstück | längs | Kurven für Längsvorschub | Werkzeughalter mit Bohreraufnahme und Bohrer |
| 8. *Schnellbohren* 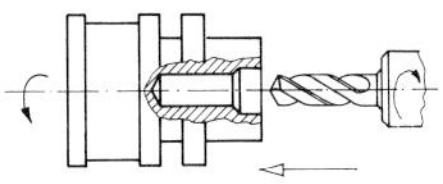 | Werkstück und Werkzeug | längs | Übersetzungsgetriebe, Kurven für Längsvorschub, evtl. Kurven für zusätzlichen Längsvorschub | Bohreinrichtung mit entgegengesetzter Drehrichtung zur Drehspindel, Bohrer |
| 9. *Reiben* 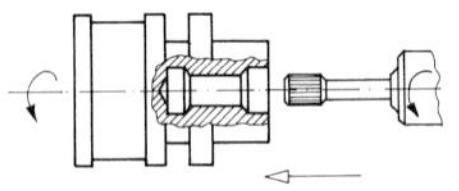 | Werkstück und Werkzeug | längs | Untersetzungsgetriebe, Kurven für Längsvorschub, evtl. Kurven für zusätzlichen Längsvorschub | Reibeinrichtung mit gleicher Drehrichtung zur Drehspindel, Reibwerkzeug |
| 10. *Querlochbohren in unbestimmter Winkelstellung* 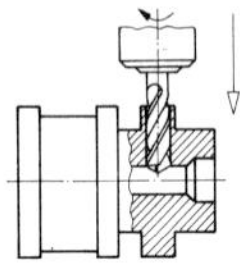 | Werkzeug | quer | Spindelstillsetzeinrichtung in unbestimmter Winkelstellung, Kurven für Querbewegung | Querlochbohreinrichtung, Bohrer |
| 11. *Querlochbohren in bestimmter Winkelstellung* 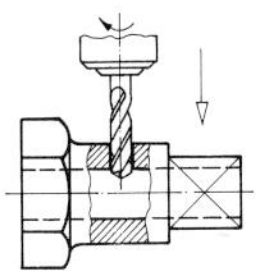 | Werkzeug | quer | Spindelstillsetzeinrichtung in bestimmter Winkelstellung, Kurven für Querbewegung | Querlochbohreinrichtung, Bohrer |
| *Werkzeugeinrichtungen zur Gewindefertigung* | | | | |
| 12. *Gewinderollen* 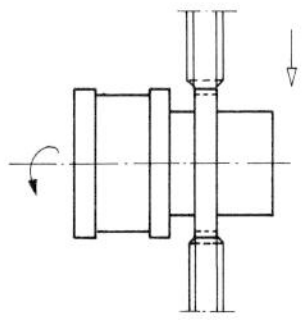 | Werkstück | quer | Kurven für Querbewegung | Gewinderolleinrichtung, Gewinderollen |

Tabelle 9 (Fortsetzung)

| Bearbeitungsvorgänge | Zuordnung der Schnitt-bewegung zum | Vorschub-richtung | Technologischer Aufwand | |
|---|---|---|---|---|
| | | | maschinenseitig | werkzeugseitig |
| 13. *Gewindeschneiden mit selbstöffnendem Schneidkopf* 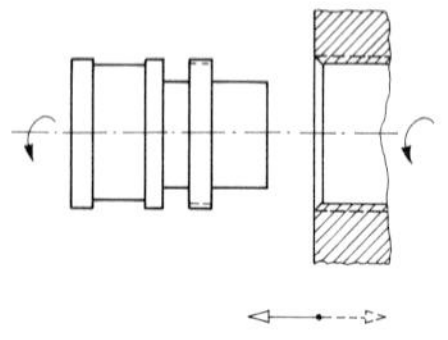 | Werkstück und Werkzeug | längs | Gewindeschneidegetriebe ohne Drehzahlwechsel, Kurve für Anstellbewegung in Längsrichtung | Gewindeschneideinrichtung mit gleicher Drehrichtung zur Drehspindel, selbstöffnender Gewindeschneidkopf |
| 14. *Gewindebohren* 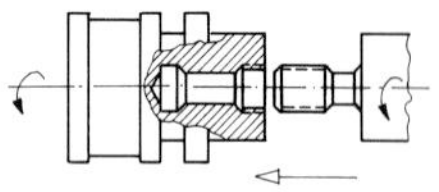 | Werkstück und Werkzeug | längs | Gewindeschneidgetriebe mit Drehzahlwechsel, Kurven für Anstellbewegung in Längsrichtung | Gewindeschneideinrichtung mit gleicher Drehrichtung zur Drehspindel, Gewindebohrer |
| 15. *Strehlen* 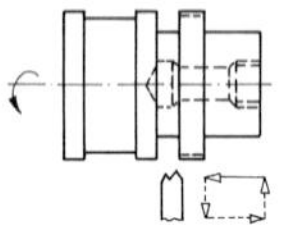 | Werkstück | längs und quer | Strehlgetriebe, Kurven für Querbewegung | Strehleinrichtung mit Kurven für Quer- und Längsbewegung, Strehler |

*Sonstige Werkzeugeinrichtungen*

| Bearbeitungsvorgänge | Zuordnung der Schnitt-bewegung zum | Vorschub-richtung | maschinenseitig | werkzeugseitig |
|---|---|---|---|---|
| 16. *Feinwalzen* 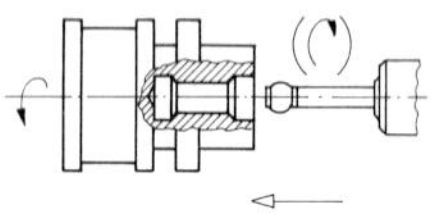 | a) Werkstück<br>b) Werkstück und Werkzeug | längs | Kurven für Längsvorschub,<br>evtl. Gleichlaufgetriebe | Feinwalzeinrichtung und Feinwalzdorn |
| 17. *Fräsen* 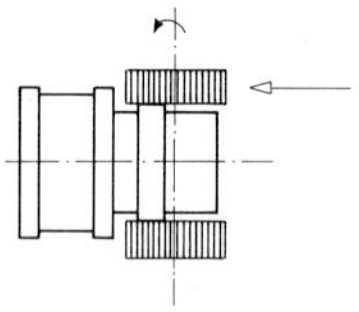 | Werkzeug | längs | 1) Gleichlaufgetriebe<br>2) Spindelstillsetzeinrichtung<br>Kurven für Längsbewegung | 1) umlaufende Fräseinrichtung<br>2) feststehende Fräseinrichtung<br>Fräser |
| 18. *Schlitzen* 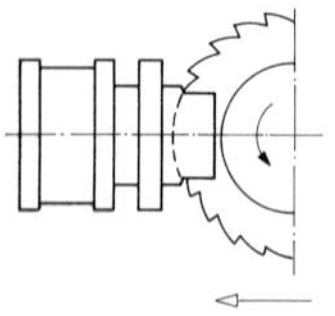 | Werkzeug | längs | 1) Gleichlaufgetriebe<br>2) Spindelstillsetzeinrichtung<br>Kurven für Längsbewegung | 1) umlaufende Fräseinrichtung<br>2) feststehende Fräseinrichtung<br>Fräser |

Tabelle 9 (Fortsetzung)

| Bearbeitungsvorgänge | Zuordnung der Schnitt-bewegung zum | Vorschub-richtung | Technologischer Aufwand | |
|---|---|---|---|---|
| | | | maschinenseitig | werkzeugseitig |
| 19. *Abgreifen zur rückseitigen Bearbeitung* | Werkstück | längs | Gleichlaufgetriebe, Kurven für Längsbewegung, Kurven für Einschwenkbewegung des Werkstoffanschlages mit Werkzeug | Abgreifeinrichtung für rückseitige Bearbeitung, div. Werkzeuge |
| 20. *Abgreifkreuz* | Werkstück | längs und quer | Gleichlaufgetriebe, Gewindeschneidgetriebe mit Drehzahlwechsel | Abgreifkreuz für rückseitige Bearbeitung, Vorschub, Zustell- und Schwenkbewegungen erfolgen pneumatisch, div. Werkzeuge |

#### 5.7.5.3.2 Werkzeugeinrichtungen zum Drehen

Durch die Kinematik eines Mehrspindeldrehautomaten mit umlaufenden Werkstücken sind durch die Bewegungsrichtung des Längsschlittens und der senkrecht dazu arbeitenden Querschlitten die Grundbearbeitungsmöglichkeiten, wie *Längs- und Querdrehen* (Tabelle 9, Pos. 1), gegeben.

Zum Längsdrehen werden Werkzeughalter verwendet, die unmittelbar auf den Längsschlitten gespannt werden (Bild 139 A). Durch radiales Verschieben des Meißels in seiner Aufnahme läßt sich der gewünschte Drehdurchmesser einstellen (Radialmeißelhalter). Neben der radialen Anordnung wird besonders für schwere Schnitte beim Längsdrehen häufig der Meißel tangential zum Drehteil gelegt (Tangentialmeißelhalter, Bild 139 B).

Für das häufig auftretende Plandrehen, Einstechen und Fasen werden auf die Seitenschlitten Drehmeißelhalter gespannt (Bild 139 C). Ihre Meißelaufnahmen sind durch Keile einstellbar, so daß die Drehhöhe nach jedem Anschliff nachgestellt werden kann. In radialer Richtung werden sie durch Verschieben des Drehmeißels in seiner Aufnahme und durch Verstellen des Seitenschlittens eingestellt.

Um Rüst- und Nebenzeiten zu verkürzen, werden immer häufiger voreinstellbare Werkzeuge eingesetzt. Da das Voreinstellen außerhalb der Maschine erfolgt, verkürzt sich dadurch die Stillstandzeit des Automaten erheblich [81].

Für *Profileinstiche* (Tabelle 9, Pos. 2) vom Seitenschlitten werden häufig radial arbeitende Meißel eingesetzt, die in einem Halter mit Prismenklemmung aufgenommen werden (Bild 139 D). Da die Werkstückform in die Freifläche eingearbeitet ist, braucht der

Meißel nur an der Spanfläche nachgeschliffen zu werden. Neben den Flachprofilmeißeln werden für Profileinstiche auch Rundprofilmeißel (Bild 139 E) verwendet, in deren Umfang die Werkstückform eingearbeitet ist. Auch hier wird nur die Spanfläche nachgeschliffen, wobei das Werkzeugprofil unverändert bleibt. Dieser Meißel läßt sich besonders gut ausnutzen und eignet sich deshalb für große Serien.

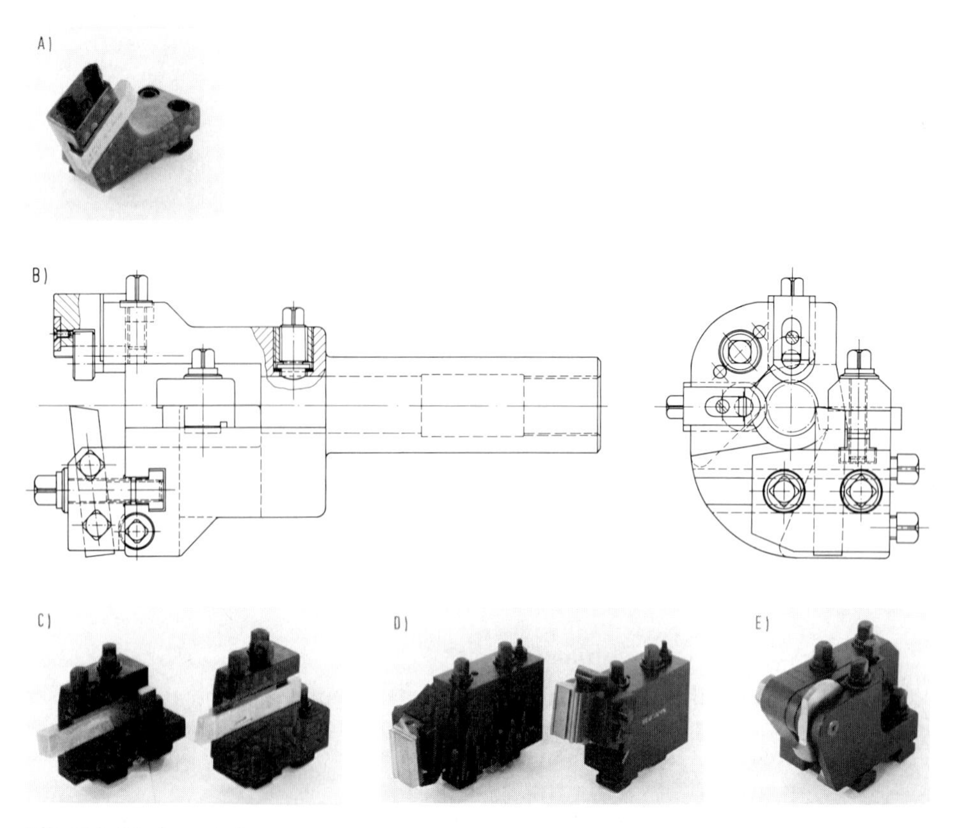


Bild 139. Werkzeughalter

A) für Radialmeißel, B) für Tangentialmeißel, C) für Drehmeißel auf Seitenschlitten, D) für Flachprofilmeißel, E) für Rundprofilmeißel

*Längsdrehschieber* (Bild 140 A) führen neben Schrupparbeiten hauptsächlich die Fertigbearbeitung beim Längsdrehen unter Einhaltung enger Toleranzen aus (Tabelle 9, Pos. 3). Sie werden auf die Seitenschlitten montiert und erhalten über ein Gestänge vom Längsschlitten ihre Vorschubbewegung in axialer Richtung. Der Seitenschlitten fährt die Einrichtung zu Beginn des Arbeitsgangs in Arbeitsstellung, bleibt während der axialen Werkzeugbewegung in dieser Position stehen und hebt den Hebel anschließend wieder vom Werkstück ab. Dann wird der Schieber durch den Längsschlitten in die Ausgangsstellung zurückgezogen.

Der *Einstech- und Plandrehschieber* (Bild 140 B) wird zum Drehen von Planflächen in Bohrungen und zur Fertigung von Inneneinstichen eingesetzt (Tabelle 9, Pos. 4). Die Einrichtung wird vom Längsschlitten in Arbeitsstellung gefahren und führt dann in einer Querbewegung den Arbeitsgang aus, während der Schieber in axialer Richtung festgehalten wird. Der Rückzug muß bei Einstecharbeiten erst in radialer und dann in axialer Richtung erfolgen, kann aber bei Plandreharbeiten in beiden Richtungen gleichzeitig geschehen, so daß keine Rückzugriefen entstehen.

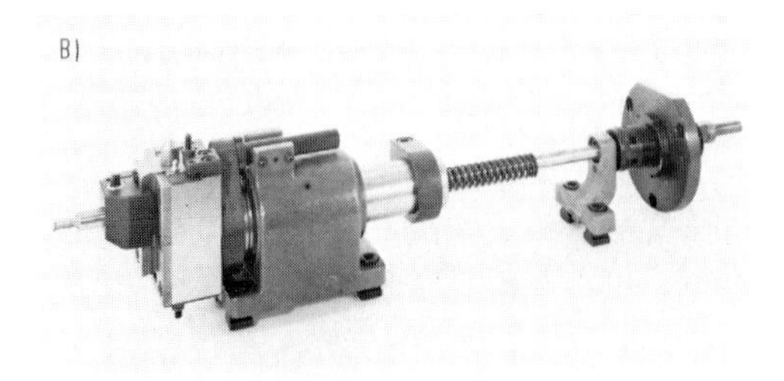


Bild 140. Drehschieber
A) zum Längsdrehen, B) zum Einstechen und Plandrehen

Um auch Kegel mit größeren Neigungswinkeln herstellen zu können (Tabelle 9, Pos. 5), werden auf dem Seitenschlitten *Kegeldrehschieber* eingesetzt, die nach dem Prinzip des Längsdrehschiebers arbeiten.
Um *exzentrische Dreharbeiten* ausführen zu können, wird ein Verfahren angewandt, bei dem der Drehmeißel eine hin- und hergehende Bewegung ausführt (Tabelle 9, Pos. 6). Dadurch ist es möglich, sowohl zentrische als auch exzentrische Dreharbeiten in einer Aufspannung auszuführen. Die hin- und hergehende Bewegung des Meißels kann auf verschiedene Weise erzeugt werden. Die erste Möglichkeit besteht darin, daß der synchron mit der Hauptspindel laufende Exzenter einen Kreuzschieber bewegt, auf dem der Meißelhalter angebracht ist. Im allgemeinen arbeiten diese Einrichtungen auf dem Seitenschlitten mit einem Profilmeißel, der nur einen radialen Vorschub auszuführen braucht.
Zum Längsdrehen kann die Ausführung aber auch auf den Längsschlitten gespannt werden, um so dessen Vorschubbewegung zu übernehmen. Die andere Möglichkeit besteht darin, daß man den Meißelhalter unmittelbar auf zwei gleichlaufenden Exzentern lagert.

#### 5.7.5.3.3 Werkzeugeinrichtungen zum Bohren, Senken und Reiben

Kleine Bohrungen lassen sich in vielen Fällen auf Mehrspindeldrehautomaten nicht mit einem feststehenden Bohrwerkzeug bearbeiten (Tab. 9, Pos. 7), da die erforderlichen Schnittgeschwindigkeiten und Vorschübe nicht erreicht werden. Man setzt deshalb *Schnellbohreinrichtungen* ein, die über ein Wechselradgetriebe hohe Drehzahlen erreichen können (Tab. 9, Pos. 8). Die Drehrichtung der Bohrspindel ist der des Werkstücks entgegengesetzt. Dadurch ergibt sich die wirksame Relativdrehzahl für das Werkzeug als Summe beider Drehzahlen. In Verbindung mit einem zusätzlichen, vom Längsschlittenblock unabhängigen Vorschub können optimale Schnittbedingungen erreicht werden.
Im allgemeinen sind die sich aus einer wirtschaftlichen Bearbeitung ergebenden Hauptspindeldrehzahlen bei Mehrspindeldrehautomaten so groß, daß sich für eine feststehende Reibahle zu hohe Schnittgeschwindigkeiten ergeben würden. Deshalb werden *Reibeinrichtungen* verwendet, deren Spindeln gleichsinnig, aber mit niedrigerer Drehzahl als die Hauptspindeln angetrieben werden (Tabelle 9, Pos. 9). Aus der Relativdrehzahl ergibt sich dann die gewünschte Schnittgeschwindigkeit für das Reibwerkzeug. Die Vorschubbewegung kann wahlweise vom Längsschlitten oder von einer Sonderkurve abgenommen werden.

Bohrungen, die senkrecht zur Achse des Drehteils liegen, werden bei stillgesetzter Hauptspindel mit einer *Querbohreinrichtung* vom Seitenschlitten gefertigt (Tabelle 9, Pos. 10 u. 11). Ein Flanschmotor treibt die Einrichtung über ein Wechselradgetriebe an. Die Bohrer werden in üblichen Bohrfuttern aufgenommen und können von einer Bohrschablone geführt werden, die von zwei Säulen gehalten und durch Federn gegen das Werkstück gedrückt wird. Die Einrichtung arbeitet mit der Vorschubbewegung des Seitenschlittens.
Für die *Gewindefertigung* auf Mehrspindeldrehautomaten stehen spezielle Gewinderoll-, Gewindeschneid- und Gewindestrehleinrichtungen (Tabelle 9, Pos. 12 bis 15) zur Verfügung, die in Kapitel 17 (Spanende Gewindeherstellung) ausführlich behandelt werden.

#### 5.7.5.3.4 Sonstige Werkzeugeinrichtungen

Das *Feinwalzwerkzeug* (Tabelle 9, Pos. 16) hat die Aufgabe, die Rauhtiefe gedrehter Oberflächen zu verringern. Das Feinwalzen geschieht durch eine oder zwei Rollen, die gegen das vorher kalibrierte Werkstück gedrückt werden und sich auf dessen Umfang abwälzen. Dabei wird außerdem die Oberfläche verfestigt.
*Fräseinrichtungen* (Tabelle 9, Pos. 17 u. 18) werden auf Mehrspindeldrehautomaten eingesetzt, um an den Werkstücken zusätzlich Flächen, Schlitze oder Nuten zu fertigen. Sie sind in den meisten Fällen Sondereinrichtungen. Die mit dem Werkstück umlaufende Fräseinrichtung befindet sich auf dem Längsschlitten.
*Abgreifeinrichtungen* (Tabelle 9, Pos. 19) werden zum butzenlosen Abstechen und für rückseitige Bearbeitungen nach dem Abstechen des Werkstücks auf Stangenautomaten verwendet. In Sonderfällen können sie auch für rückseitige Bearbeitungen auf Futterautomaten eingesetzt werden.
Die Abgreifeinrichtung ist in einer Führung auf dem Längsschlitten verschiebbar angeordnet. Die Längsbewegung erfolgt pneumatisch oder hydraulisch, kann aber in besonderen Fällen auch mechanisch abgeleitet werden. Die Abgreifspindel wird synchron zur Hauptspindel angetrieben. Das Werkstück wird durch eine Spannzange oder ein Bakkenfutter in der Abgreifspindel gespannt. Nach dem Abstechen fährt die Abgreifeinrichtung mit dem eingespannten Werkstück zurück. Beim butzenlosen Abstechen wird das fertige Werkstück in dieser Stellung ausgeworfen.
Das *Abgreifkreuz* (Tabelle 9, Pos. 20) wird auf Stangenautomaten verwendet, um an der Abstechseite des Werkstücks mehrere Bearbeitungsvorgänge nacheinander durchzuführen. Es wird hauptsächlich zum rückseitigen Kernlochbohren mit anschließendem Innengewindeschneiden eingesetzt. Andere Bearbeitungen, wie Formsenken in mehreren Stufen oder Tiefbohren, können mit dieser Einrichtung ebenfalls durchgeführt werden.

### 5.7.5.4 Automatische Werkstückhandhabung

#### 5.7.5.4.1 Allgemeines

Die ständige Verbesserung der Zerspantechnik und die Weiterentwicklung des Mehrspindeldrehautomaten auf der Maschinen- und Einrichtungsseite haben zu immer kürzeren Stückzeiten geführt.
Dadurch setzt die menschliche Leistungsfähigkeit bei einer manuellen Werkstückbeschickung häufig Grenzen in der Maschinennutzung. Durch die Entwicklung und den Einsatz von Werkstückhandhabungseinrichtungen könnten der Automatisierungsgrad und damit die Produktivität dieser Fertigungsanlagen erheblich gesteigert werden. Das gilt sowohl für Stangen- als auch für Futterautomaten.

#### 5.7.5.4.2 Werkstückhandhabung an Stangenautomaten

Bei der Fertigung von Werkstücken von der Stange stellen die Werkstofführungsrohre der Normalmaschine bereits einen Werkstoffspeicher dar, so daß der Automat über einen längeren Zeitraum ohne manuellen Eingriff produzieren kann. Hierbei müssen allerdings nach Verarbeitung der Werkstoffstangen von der Bedienungsperson neue Stangen in die Maschine eingelegt werden, wobei der Arbeitstakt unterbrochen wird. Um auch diese Stillstandzeiten möglichst zu vermeiden, wurden Stangenlademagazine (Bild 141) entwickelt, die je nach Stückzeit nur noch einige Male am Tage nachgeladen werden müssen. Außerdem entfällt dabei der Raum zum Einschieben der Stangen in die Führung, da die Stangen automatisch in die aufklappbaren Führungsrohre gelangen.

Bild 141. Stangenlademagazin ohne Schutzabdeckung

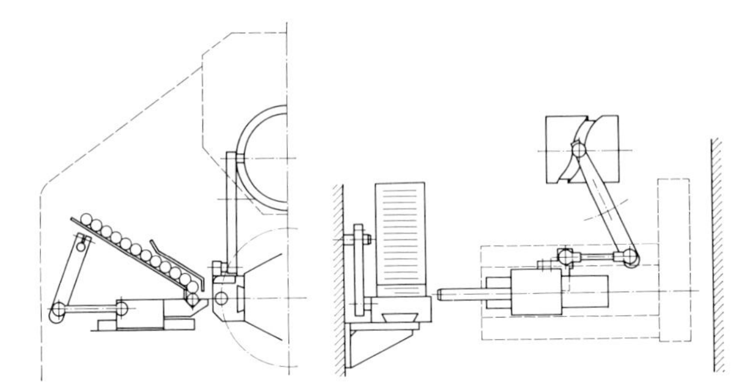

Bild 142. Schema einer mechanisch betätigten Werkstückzuführung

Einfache rotationssymmetrische Werkstücke, wie Fließpreßteile oder Stangenabschnitte, werden häufig auf Stangenautomaten bearbeitet. Bild 142 zeigt die hierfür entwickelte Werkstückzuführeinrichtung. Mit einem werkstückgebundenen Aufnahmeprisma wird ein Werkstück vor die rotierende Spindel geschoben. Die obere Fläche des Zubringeschiebers sperrt das Magazin ab und gibt das Nachrollen der Werkstücke bis in das Aufnahmeprisma erst wieder in zurückgezogener Stellung frei. Ein drehbar gelagerter Einstoßer schiebt das zugeführte Werkstück in die Spindel. Entladen wird entweder durch einen federnden Auswerfer oder zwangsläufig über die freigewordene Werkstoffvorschubkurve von rückwärts durch die Spindeln. Diese rein mechanisch betätigten Ladeeinrichtungen eignen sich besonders für sehr kurze Taktzeiten. Bild 143 zeigt hierfür ein Anwendungsbeispiel.

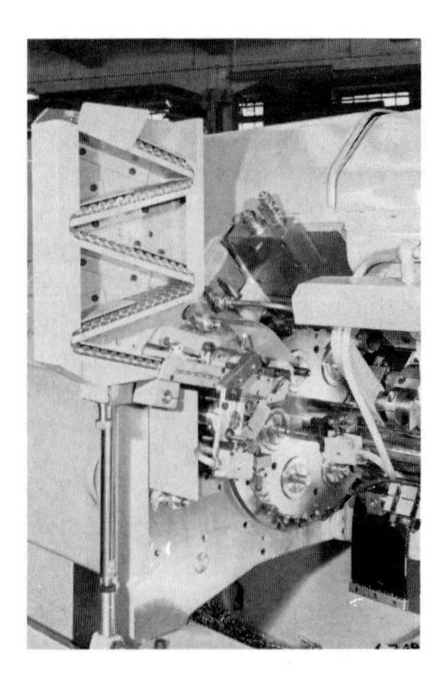

Bild 143. Mechanisch betätigte Werkstückzuführung

#### 5.7.5.4.3 Werkstückhandhabung an Futterautomaten

Die Geometrie der Werkstücke, die Spanneinrichtung, die Taktzeit, der Späneanfall und die Platzverhältnisse im Werkzeugraum bestimmen weitgehend den konstruktiven Aufbau der Werkstückhandhabungseinrichtungen.

Aus der Vielzahl von Ausführungsmöglichkeiten hat sich der axial verschiebbare und schwenkbare Ladearm (Bild 144 A) als günstiges Eingabeelement herausgestellt [81]. Diese Art der Ladeeinrichtung ist für den größten Teil der Werkstückformen anzuwenden und gestattet durch viele Varianten die Anpassung an unterschiedliche Aufgaben. Der Ladearm greift mit seinem kraftbetätigten Spannkopf das bearbeitete Werkstück aus dem stillgesetzten Maschinenfutter ab, zieht es zurück und schwenkt es zur Abführbahn. Anschließend wird mit dem gleichen Spannkopf ein Rohteil aus der Zubringeposition abgeholt und dem Maschinenfutter zugeführt. Aus dem Magazin wird der nächste Rohling vereinzelt und für den folgenden Zyklus bereitgestellt. Diese Ausführung eignet sich für rollfähige Werkstücke.

Sollen Werkstücke zugeführt werden, die aufgrund ihrer geometrischen Form nicht einwandfrei roll- oder rutschfähig sind, wird der Werkstückspeicher als Taktband ausgeführt. Die Rohlinge werden manuell lagerichtig in die werkstückgebundenen Aufnahmetaschen gelegt. In Verbindung mit einer Spindel-Stillsetzeinrichtung in bestimmter Stellung kann jede beliebige Werkstückform automatisch der Maschine zu- bzw. abgeführt werden.

Kurze Taktzeiten lassen sich mit einem Doppelladearm mit zwei Greifköpfen erreichen (Bild 144 B). Während der eine Greifkopf das Rohteil aus der Zubringeposition abgreift, wird vom zweiten Spannkopf das Fertigteil im Maschinenfutter gespannt. Nach dem Zurückziehen und Schwenken um den Winkel $\alpha$ erfolgt gleichzeitig das Laden des Rohteils und Ablegen des bearbeiteten Werkstücks.

Es gibt Fertigungsaufgaben, bei denen eine Parallelarbeit zweier gleichartiger Werkstükke auf einem Achtspindeldrehautomaten zweckmäßig ist, so daß bei jedem Arbeitszyklus zwei gleiche Rohteile eingegeben und zwei Fertigteile entladen werden.

Durch den Einsatz des Ladearms mit zwei Greifköpfen ergibt sich der gleiche Bewegungsablauf, der für den Einfachgreifer mit Rutschenmagazin beschrieben wurde. Aller-

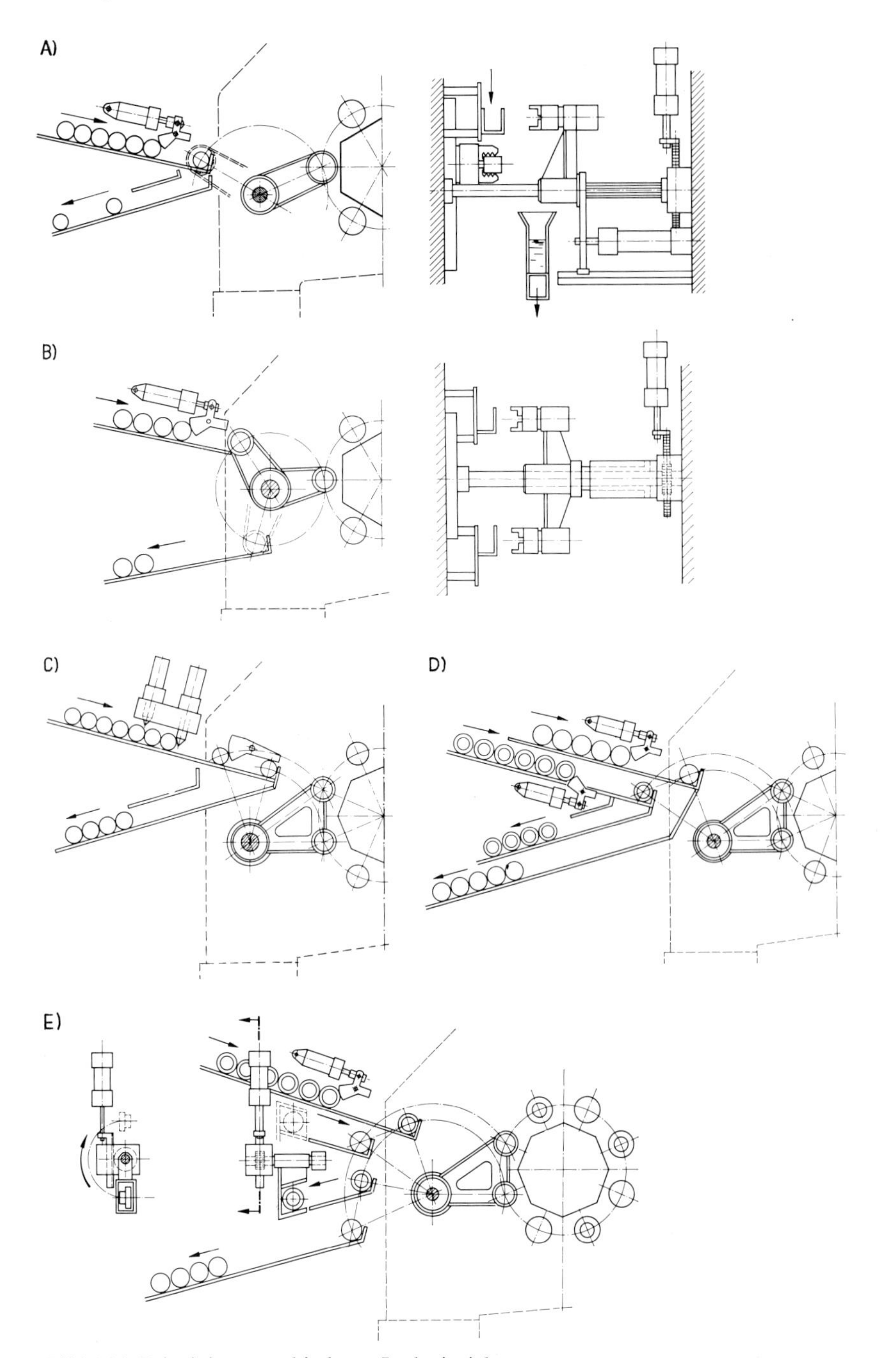


Bild 144. Prinzipien verschiedener Ladeeinrichtungen

A) mit Rutschenmagazin, B) mit Doppelgreifer zum gleichzeitigen Be- und Entladen, C) mit Zweifachgreifer zum Be- und Entladen von zwei gleichen Werkstücken, D) mit Zweifachgreifer zum Be- und Entladen verschiedener Werkstücke, E) mit Zweifachgreifer und Wendeeinrichtung für die Bearbeitung von zwei Seiten

dings sind zur Bereitstellung der Rohteile einige zusätzliche Maßnahmen erforderlich. Sämtliche Rohteile werden zunächst in der gleichen Zuführbahn hintereinander gespeichert, da so ein Abzweigen und Zusammenführen des Werkstückflusses nicht erforderlich ist (Bild 144 C). Ein Stößelvereinzeler teilt gleichzeitig zwei Werkstücke aus dem Vorrat ab. Das vorausrollende Rohteil kann zunächst eine Sperrklinke passieren, richtet sie aber hinter sich auf, so daß das nachfolgende Werkstück auf dem erforderlichen Abstand entsprechend der Anordnung der Greifköpfe gehalten wird. Aus dieser Bereitstellungsposition kann der Zweifachgreifer beide Rohteile aufnehmen und in den Automaten eingeben.

Sollen auf dem Achtspindeldrehautomaten mit Doppelschaltung gleichzeitig zwei verschiedene Werkstücke oder ein Werkstück in der ersten und zweiten Aufspannung bearbeitet und zugeführt werden, so ist diese Aufgabe mit den bereits beschriebenen Bauelementen zu lösen. Für jedes Werkstück muß jedoch eine gesonderte Zu- und Ablaufbahn vorgesehen werden. Um den hierzu notwendigen Raum zu schaffen, muß der Schwenkwinkel des Ladearms nach außen hin vergrößert werden. Dadurch können zwei Zulaufbahnen übereinander mit dem erforderlichen Gefälle untergebracht werden; außerdem wird der benötigte Abstand eingehalten, der sich aus der Anordnung beider Greifköpfe zwangsläufig ergibt (Bild 144 D).

Eine Erweiterung dieser Ladeeinrichtung stellt die automatische Werkstückwendeeinrichtung (Bild 144 E) dar. Der Doppelgreifkopf schwenkt in seine Außenstellung und legt das Halb- und das Fertigteil in getrennten Bahnen ab. Das Fertigteil verläßt die Maschine, während das Halbfertigteil in die Wendetasche rollt. Nach dem Schwenken dieser Tasche um die waagerechte Achse nach oben ist eine Verbindung der Taschenöffnung zur Zulaufbahn hergestellt. So gelangt das Halbfertigteil gewendet in die Zubringeposition. Der Doppelgreifkopf schwenkt in der Zwischenzeit in die Mittelstellung, so daß er das gewendete Halbfertigteil und das bereitgestellte Rohteil zum Beladen abgreifen kann.

Um kürzere Stückzeiten zu erreichen, kann die Ladeeinrichtung in eine Ent- und Beladeeinrichtung aufgeteilt werden (Bild 145). Die Entladeeinrichtung besteht aus zwei Greifköpfen und je einer Abführrinne für ein teil- und ein fertiggedrehtes Werkstück, die Beladeeinrichtung aus einem Schwenkarm mit ebenfalls zwei Greifköpfen. Der Ladearm kann von den Zulaufrinnen – je eine für die Rohteile und die teilweise fertigen Werkstücke – zu den Ladespindeln schwenken. Der automatische Ablauf der Magazineinrichtung beginnt, nachdem die Spindeltrommel geschwenkt hat und die Ladespindeln stillgesetzt sind. Die Abholeinrichtung fährt vor, greift die bearbeiteten Werkstücke und wirft

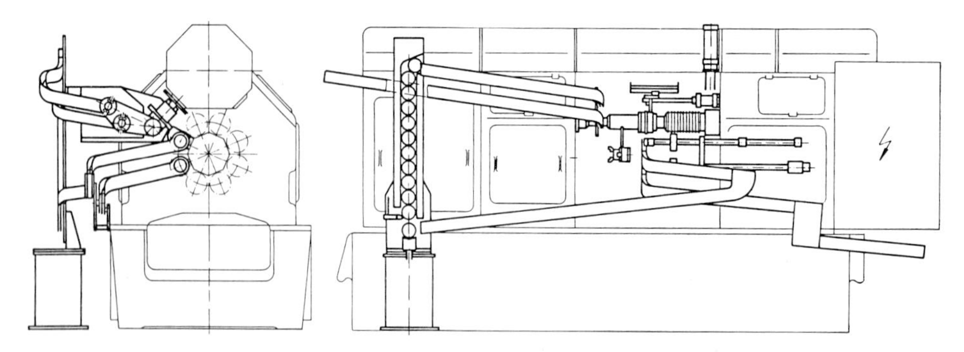

Bild 145. Prinzip einer Be- und Entladeeinrichtung mit automatischem Werkstückwenden außerhalb der Maschine

sie in zurückgezogener Stellung in die getrennten Abführbahnen. Das Halbfertigteil rollt durch eine Kaskade zum Stapelelevator. Hierdurch wird das Werkstück um 180° gewendet und erneut der Maschine zur Bearbeitung der zweiten Seite zugeführt. Das fertiggedrehte Werkstück verläßt die Maschine.
Parallel zum Entladevorgang wird vom Ladearm je ein vereinzeltes Werkstück aus den Zulaufrinnen gegriffen. Sobald die Entladeeinrichtung die zurückgezogene Stellung erreicht hat, schwenkt der Ladearm in den Werkzeugraum und belädt die Maschine. Hat die Magazineinrichtung die Grundstellung wieder erreicht und sind die Quittierungen aus den Laufbahnen erfolgt, wird der nächste Zyklus der Maschine freigegeben. Durch die Verlagerung des Werkstückwendens nach außerhalb wird eine größere Zugänglichkeit zu den Werkzeugen geschaffen.
Die hier betrachteten Ausführungsformen der automatischen Werkstückhandhabung an Mehrspindeldrehautomaten beziehen sich auf Konstruktionen, die sich in ein vorgegebenes Baukasten-System einordnen lassen. Darüber hinaus werden für bestimmte Anwendungsfälle Sonderlösungen ausgeführt. Das gilt insbesondere dann, wenn mehrere Mehrspindeldrehautomaten oder mehrere andere Bearbeitungsmaschinen mit Mehrspindeldrehautomaten durch Verkettungseinrichtungen (Bild 146) zu einer automatischen Fertigungslinie zusammengestellt werden.

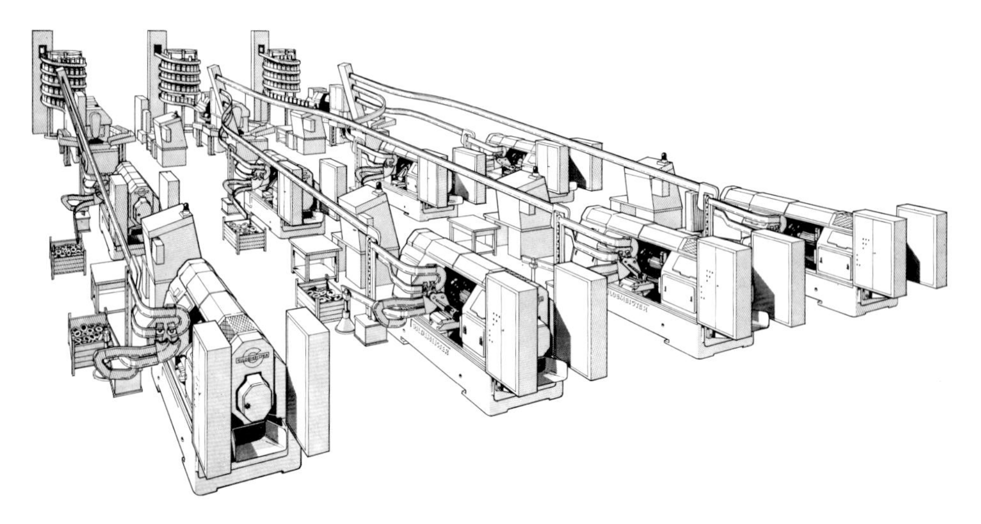

Bild 146. Automatische Fertigungslinie zur Herstellung von Kolbeneinsätzen

## 5.7.5.5 Arbeitsbeispiele

Typische Bearbeitungsfälle für Sechsspindelstangenautomaten sind in Bild 147 wiedergegeben. Bei dem in Bild 147 A gezeigten Beispiel der Fertigung einer Stoßdämpferstange werden Stangenabschnitte durch die Spindel zugeführt. Durch entsprechende Zusatzeinrichtungen ist die Maschine so ausgerüstet, daß die Fertigbearbeitung des Werkstücks in zwei Aufspannungen in jeweils sechs Spindelpositionen erfolgen kann. Bild 147 B und C zeigt die Fertigung einer Exzenterwelle bzw. einer Schraube, die in einer Aufspannung hergestellt werden, wobei das Abstechen in Verbindung mit einer Abgreifeinrichtung erfolgt.

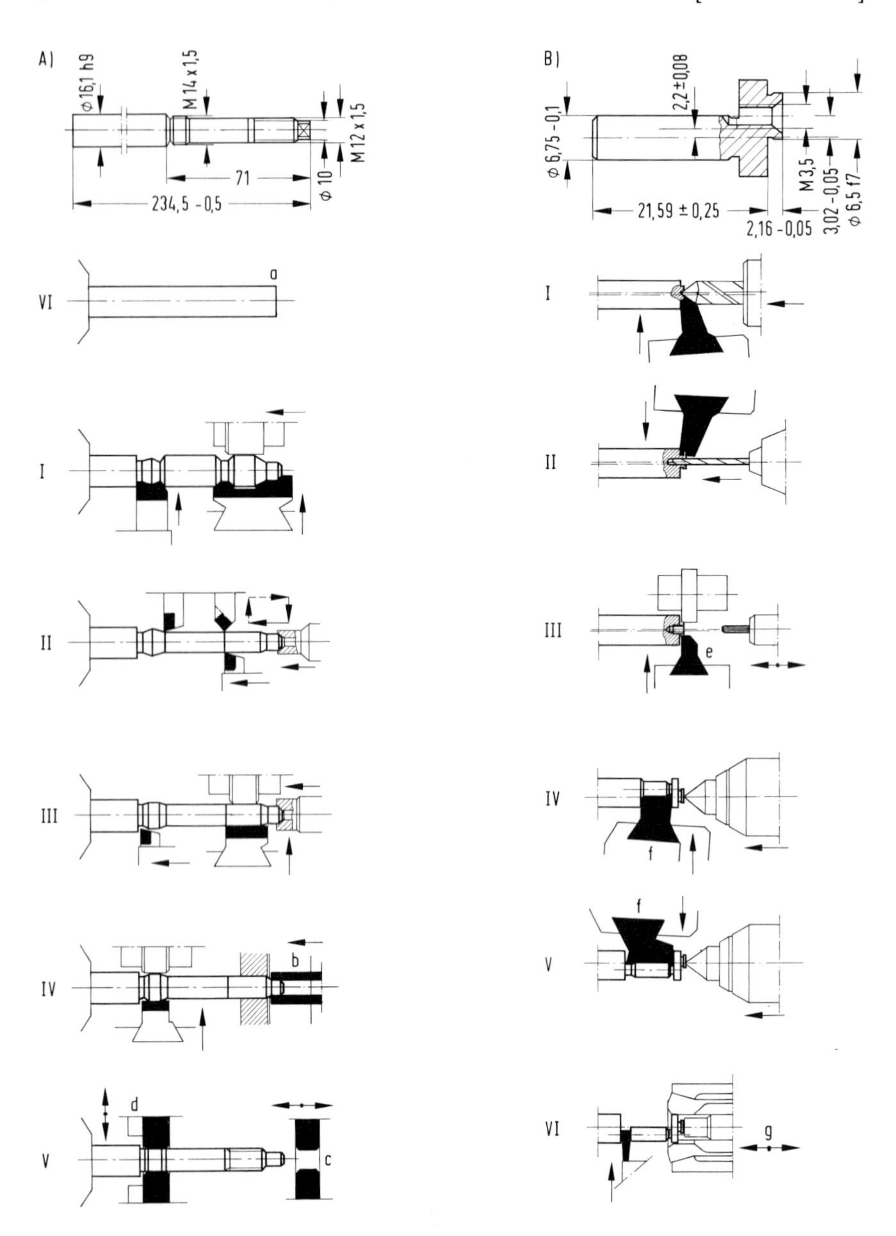


Bild 147. Arbeitspläne für die Fertigung auf Sechsspindel-Stangenautomaten

A) Stoßdämpferstange (erste Aufspannung), Werkstoff C45, Schnittgeschwindigkeit 86 m/min, Stückzeit 8,2 s (a Magazineinrichtung, b rotierende Fräseinrichtung, c Gewinderolleinrichtung mit Rollkopf, d Gewinderollwerkzeug vom Seitenschlitten; das Werkstück wird in einer zweiten Aufspannung fertig bearbeitet)

B) Exzenterwelle in einer Aufspannung, Werkstoff 9SMnPb23, Schnittgeschwindigkeit 63 m/min, Stückzeit 15,1 s (e Kalibrierwerkzeug [für Toleranz 6,5 mm Dmr. f 7], f Exzenterdreheinrichtung, g Abgreifeinrichtung)

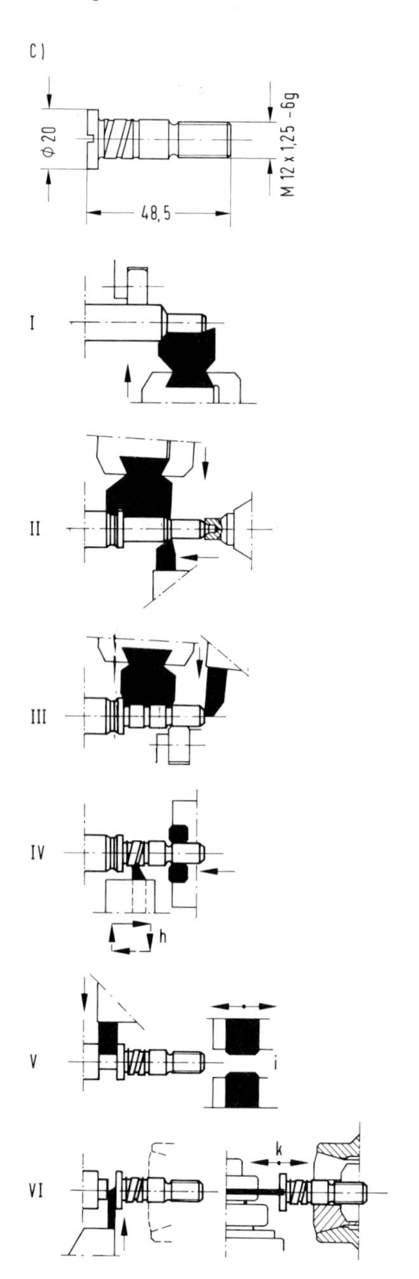


C) Schraube in einer Aufspannung, Werkstoff 40CrNi6, Schnittgeschwindigkeit maximal 32 m/min, Stückzeit 15,5 s (h Strehleinrichtung zur Herstellung einer Ölnut, i Gewinderolleinrichtung mit Rollkopf, k Fräseinrichtung zum Schlitzfräsen an der Werkstückrückseite nach dem Abstechen in Verbindung mit der Abgreifeinrichtung)

Die beispielsweise zur Herstellung eines Kolbens sowie eines Hauptbremszylinders erforderlichen Arbeitsgänge auf Sechsspindelfutterautomaten gehen aus Bild 148 hervor. Bild 149 gibt Beispiele für die Fertigung einer Zylinderlaufbuchse und eines Lagerdeckels auf einem Achtspindelfutterautomaten wieder. Hierbei erfolgen in jeweils zwei Spindellagen gleiche Arbeitsvorgänge, so daß die Maschinen als Doppelvierspindler arbeiten.

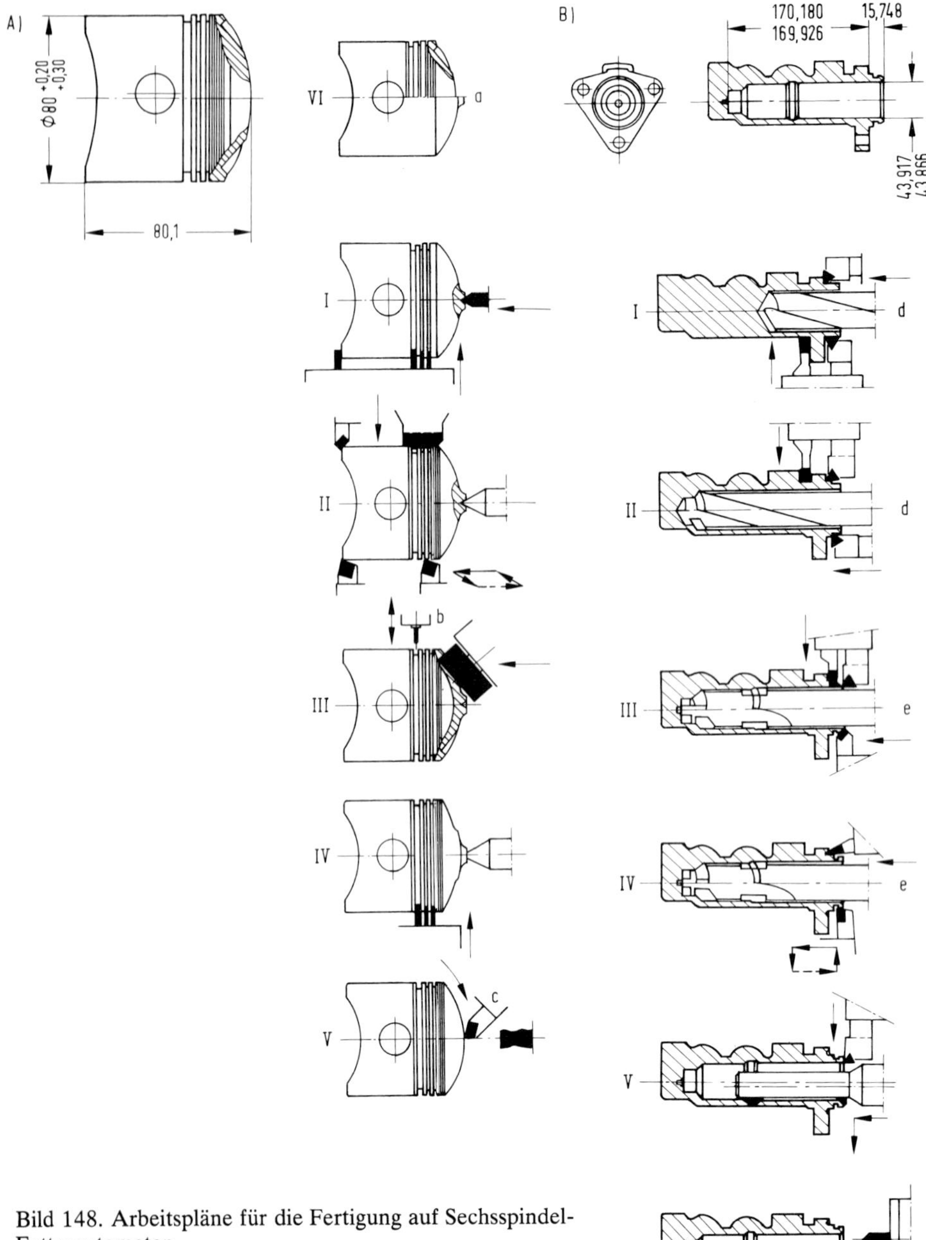


Bild 148. Arbeitspläne für die Fertigung auf Sechsspindel-Futterautomaten

A) Kolben, Werkstoff Aluminium-Silizium-Legierung, Schnittgeschwindigkeit maximal 295 m/min, Stückzeit 16 s (a automatische Zu- und Abführung durch Magazineinrichtung, b Fräsen und Querbohren [Spindel wird in bestimmter Stellung stillgesetzt und nach der ersten Phase um 180° gedreht], c Plannachformen des Kolbenbodens)

B) Hauptbremszylinder, Werkstoff GG, Schnittgeschwindigkeit maximal 115 m/min, Stückzeit 80,9 s (d Bohren ins Volle mit hartmetall-bestückten Bohrern mit innerer Kühlmittelzufuhr, e Nachbohreinrichtung mit unabhängigem Vorschub, f pneumatisch betätigter Mehrspindel-Bohrkopf [Bearbeitung an der Spannstation vor dem Werkstückwechsel], Spindel punktstillgesetzt)

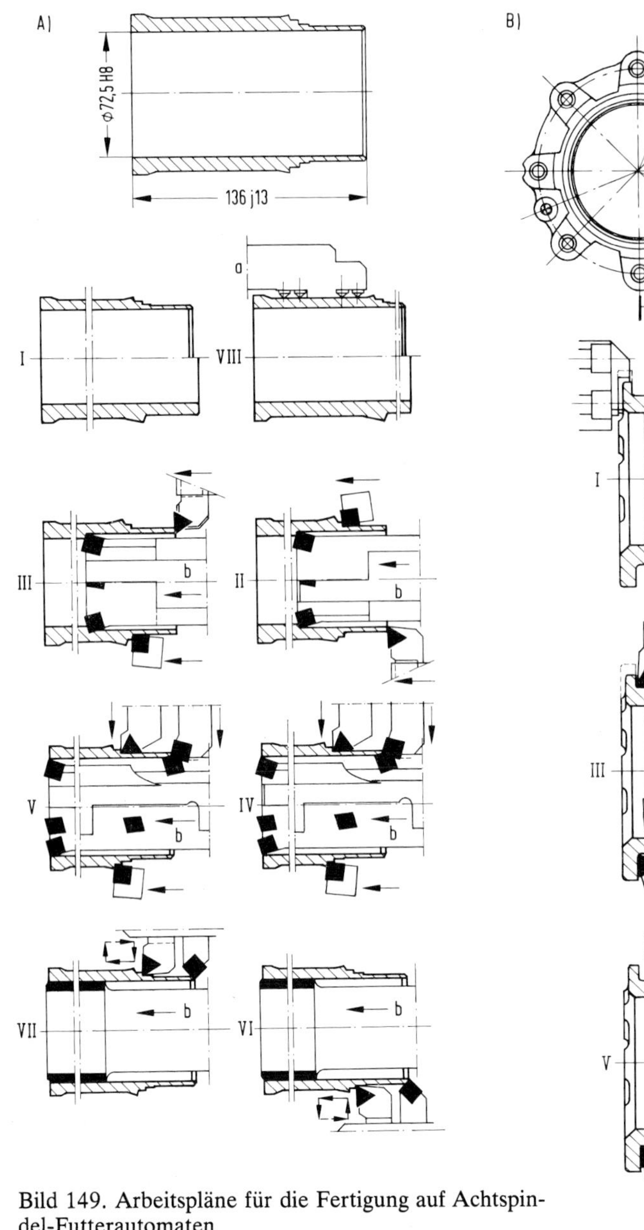


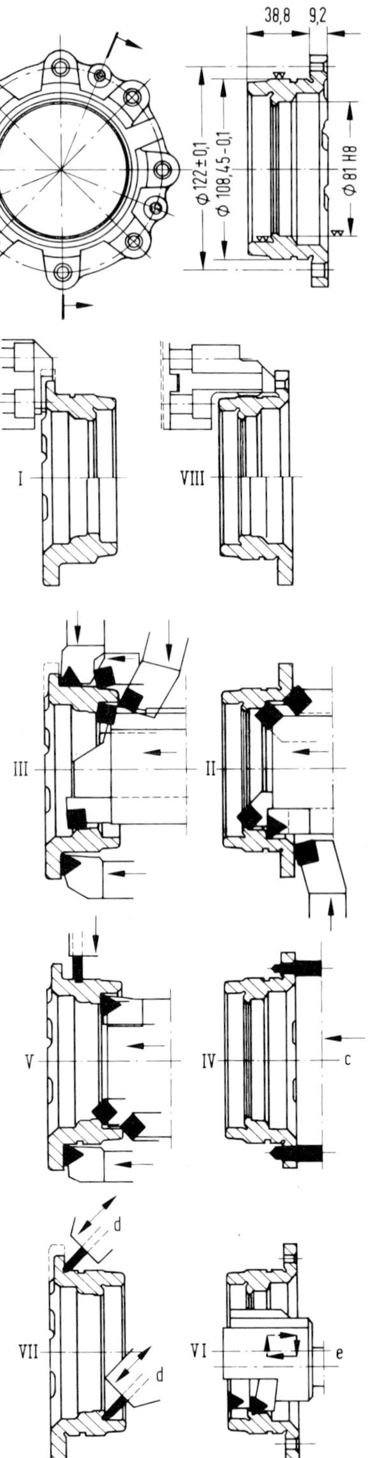


Bild 149. Arbeitspläne für die Fertigung auf Achtspindel-Futterautomaten

A) Zylinderlaufbuchse, Werkstoff GG, Schnittgeschwindigkeit maximal 74 m/min, Fertigungszeit für zwei Werkstücke 32,9 s (a automatische Zu- und Abführung mit Doppelmagazineinrichtung, b unabhängige hydraulische Vorschubeinrichtung; Maschine arbeitet als Doppelvierspindler)

B) Lagerdeckel, Werkstoff GTS 35, Schnittgeschwindigkeit maximal 104 m/min, Stückzeit 37,8 s, (c Mehrspindel-Bohrkopf [für 11 Bohrungen]; die Drehspindel wird in bestimmter Stellung stillgesetzt, d Stechschieber, e Innenausdrehschieber für Toleranz 81 mm Dmr. H 8; Maschine arbeitet als Doppelvierspindler für zwei Aufspannungen)

## 5.7.5.6 Mehrspindeldrehautomaten mit umlaufenden Werkzeugen

### 5.7.5.6.1 Arbeitsweise und konstruktiver Aufbau

Schon im frühen Entwicklungsstadium der Konstruktion von Mehrspindeldrehautomaten entstanden neben denen mit umlaufenden Werkstücken auch die ersten Bauformen mit umlaufenden Werkzeugen. Die erforderliche Schnittbewegung wird hierbei den Werkzeugen zugeordnet, die mit den Hauptspindeln umlaufen, während die Werkstücke von einem schaltbaren Revolver aufgenommen werden. Als Maschinenhauptachse wird zweckmäßig die Schaltachse des Werkstückrevolvers angesehen.

Maschinen dieser Art sind Futterautomaten für die Bearbeitung von vorgeformten Rohlingen. Die Spanneinrichtungen können im Gegensatz zu der anderen Automatengruppe größer ausgelegt und den Werkstückformen besser angepaßt werden. Automaten mit Werkzeugspindeln, die in mehreren Vorschubrichtungen wirken können, eignen sich besonders für die Fertigung von Werkstücken mit nichtrotationssymmetrischem Querschnitt und vielen zueinander winkligen Bohrungen oder Flächen.

Für die Einteilung dieser Maschinen gelten die gleichen Gesichtspunkte wie für die Mehrspindeldrehautomaten mit umlaufenden Werkstücken, die im Abschnitt 5.7.5.1 mit Bild 128 und im Schrifttum [14, 68, 79] behandelt werden.
Obwohl es für den Zerspanvorgang theoretisch gleichwertig ist, ob die Schnittbewegung dem Werkzeug oder dem Werkstück zugeordnet wird, ergibt sich dadurch für die Werkzeugmaschine ein unterschiedlicher konstruktiver Aufbau. Das gleiche gilt auch für die Zuordnung der Vorschubbewegung.
Bei den ersten Mehrspindeldrehautomaten mit umlaufenden Werkzeugen war eine Bearbeitung nur in einer Richtung durchführbar, so daß die Werkstückgeometrie möglichst einfach gestaltet sein mußte. Die ständige Anpassung an den wachsenden Umfang der Bearbeitungsaufgabe erforderte zunehmend die Möglichkeit einer Mehrwegebearbeitung, um Werkstücke von zwei oder mehr Seiten zugleich bearbeiten zu können.

Die hier behandelten Mehrspindeldrehautomaten mit umlaufenden Werkzeugen lassen sich hinsichtlich ihres *Gestellaufbaus* in die Bettbauweise (Bild 150) und die Rahmenbauweise (Bild 151) unterteilen.

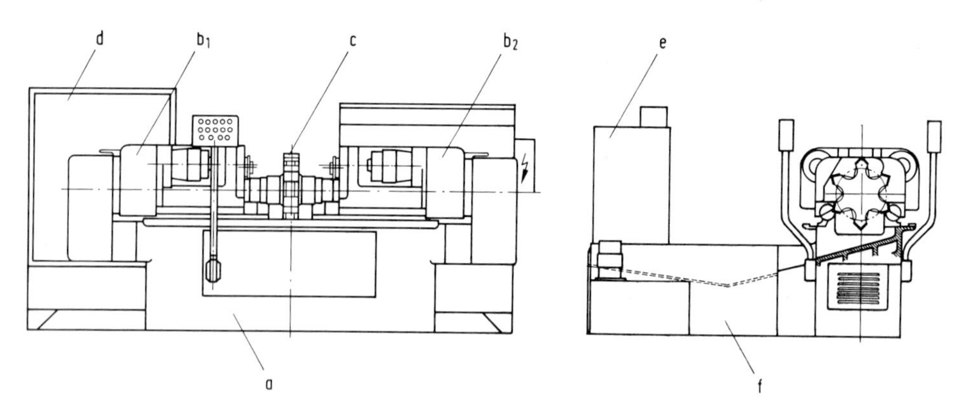


Bild 150. Gestellaufbau eines Mehrspindeldrehautomaten mit umlaufenden Werkzeugen in Bettbauweise

a Bett, $b_1$ und $b_2$ Spindelkästen, c Schalttrommel, d Schaltschrank, e Hydraulikaggregat, f Spänewanne

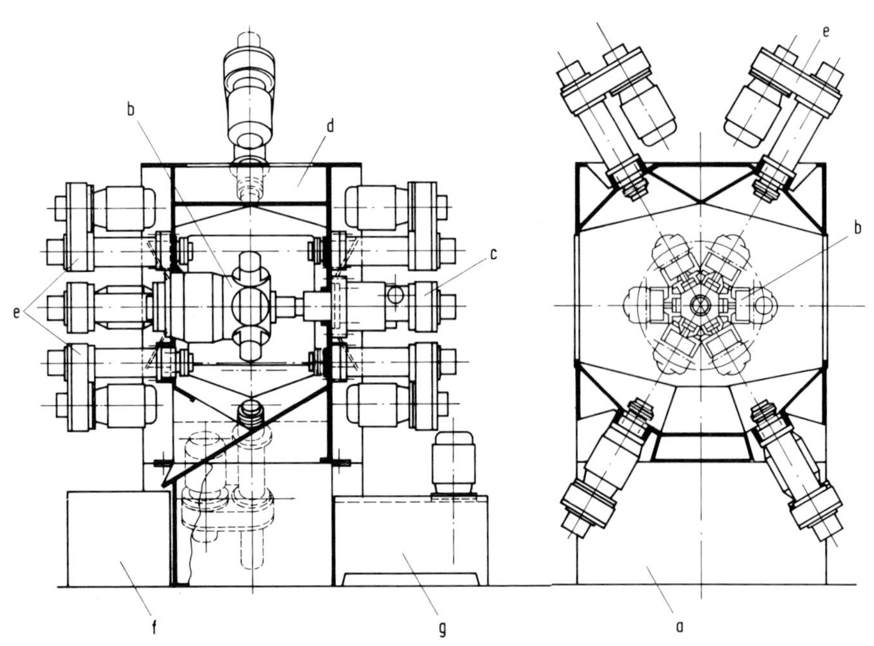


Bild 151. Gestellaufbau eines Mehrspindeldrehautomaten mit umlaufenden Werkzeugen in Rahmenbauweise
a Untersatz, b Schalttrommel, c Schaltantrieb, d Einheitenständer, e Bearbeitungseinheit, f Spänewanne, g Hydraulikaggregat

Bei der Bettbauweise werden auf dem in verrippter Kastenform konstruierten Maschinenbett zwei Spindelkästen mit eingebauten Antrieben und je fünf Werkzeugspindeln auf V-Flachführungen geführt. Durch die beiden Spindelkästen führt die Zentralwelle, auf deren Mitte die Schalttrommel mit sechs Spannstellen aufgebaut ist. Beiderseits der Trommel wird die Hohlwelle in den Stützlagern der Spindelkästen aufgenommen.
Bei der Rahmenbauweise befindet sich auf dem Untersatz der als Rahmengestell ausgeführte Einheitenständer, der sowohl die waagerechte Schaltachse mit Spindeltrommel und Schaltantrieb als auch die einzelnen, unabhängigen Bearbeitungseinheiten aufnimmt. Die Spanntrommel ist mit sechs Spannstellen versehen. In dem Einheitenständer lassen sich maximal 18 Bearbeitungseinheiten unterbringen (zweimal sechs axial, einmal sechs radial). Der Untersatz dient als Kühlschmierstoffbehälter.
Für den Antrieb sind bei den Maschinen in Bettbauweise an jedem Spindelkasten zwei Elektromotoren mit unterschiedlicher Drehzahl angeflanscht. Von diesen wird über Zentralräder, Zwischenwellen und Wechselräder den einzelnen Werkzeugspindeln die Drehbewegung zugeleitet. Jede Werkzeugspindel kann mit unterschiedlicher Drehzahl wahlweise für Drehbearbeitung oder zum Gewindeschneiden ohne oder mit Reversierbetrieb versehen werden. Im hinteren Teil der Spindelkästen ist die Zentralwelle als Kolbenstange für den hydraulischen Vorschub ausgebildet; alle Werkzeuge erhalten den Arbeitshub des Spindelkastens. Bei Vorschüben, die an einzelnen Bearbeitungsstationen vom Weg des Spindelkastens unabhängig erforderlich sind, wird ein Einbauzylinder fest mit dem Maschinengestell verbunden (Bild 152). Dadurch wird auf eine Verschiebespindel ein Vorschub übertragen, der nicht an den Eil- und Arbeitshub des Spindelkastens gekoppelt ist.

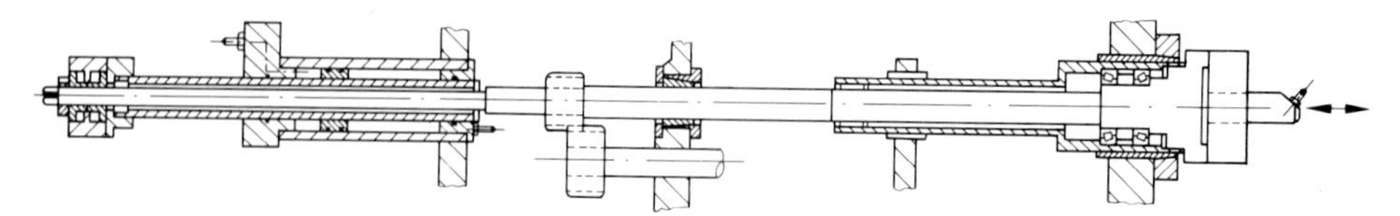

Bild 152. Einbauzylinder für unabhängigen Vorschub der Verschiebespindel

Die Bearbeitungseinheiten für die Maschinen in Rahmenbauweise sind als hydraulisch betätigte Pinoleneinheiten ausgeführt (Bild 153). Die Einheiten bestehen aus dem elektrischen Hauptantriebsmotor, der Getriebeeinheit (Zahnrad- oder Zahnriemengetriebe) und der Hauptspindel mit der Pinole. Die Drehzahlen werden der Bearbeitungsaufgabe über Wechselräder bzw. durch Auswechseln der Zahnriemenscheiben angepaßt. Die Drehspindel wird über eine getrennt gelagerte Hohlwelle querkraftfrei angetrieben. Sie ist in der hydraulisch betätigten Pinole gelagert. Die Wegeinstellung erfolgt über Nocken. Jede Bearbeitungseinheit hat somit einen unabhängigen Haupt- und Vorschubantrieb.

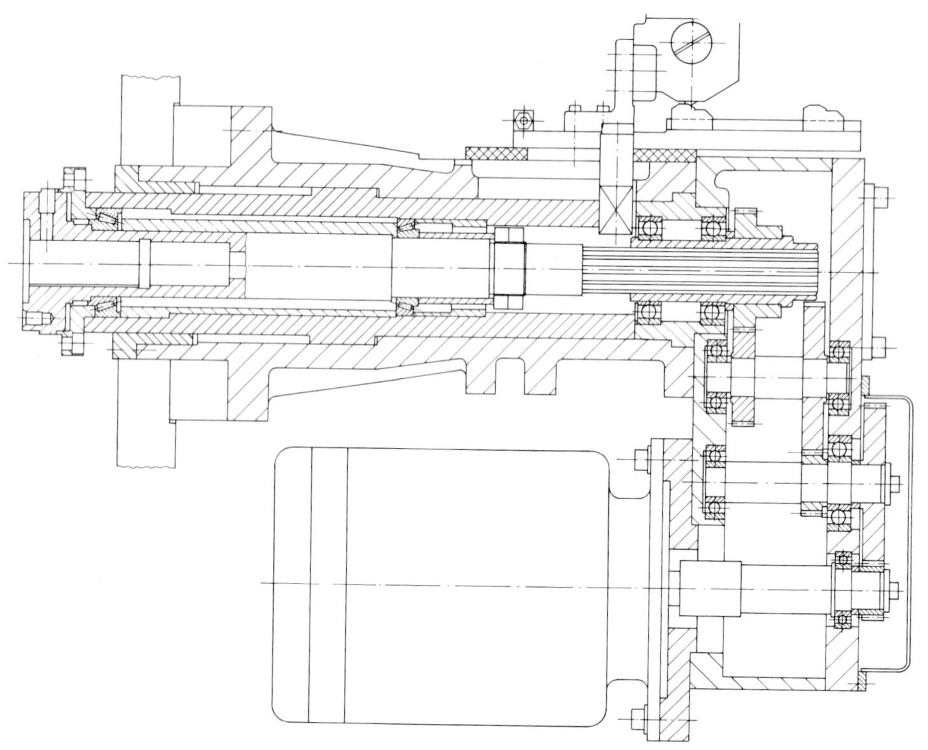

Bild 153. Schnitt durch eine Bearbeitungseinheit mit Zahnradgetriebe für einen Mehrspindeldrehautomaten mit umlaufenden Werkzeugen in Rahmenbauweise

Bei beiden Maschinenbauweisen wird der Übergang von Eil- auf Vorschubbewegung mit Hilfe von Schaltnocken bewirkt, die Vorschubgeschwindigkeit dagegen stufenlos eingestellt. Die Endstellung und damit die Werkstückgenauigkeit ist durch Festanschläge gesichert.

Die *Spanntrommel* mit den Spanneinrichtungen ist das entscheidende Bauzentrum an Mehrspindeldrehautomaten mit umlaufenden Werkzeugen. Eine besondere Einrichtung bewirkt die Arretierung der Trommel nach der Schaltung. Von ihrer Herstell- und Positioniergenauigkeit hängt die Güte des Arbeitsergebnisses unmittelbar ab. Aus diesem Grunde werden Mehrspindeldrehautomaten mit umlaufenden Werkzeugen häufig auch als *Schalttrommelautomaten* bezeichnet.
Bei der Bettbauweise sind die Elemente für die Trommelschaltung und Indexierung im linken Spindelkasten untergebracht. Im rechten Spindelkasten befindet sich eine Hilfsindexierung. Durch dieses System der Indexiereinrichtungen werden beide Enden der Zentralwelle an der Aufnahme des in der Trommel entstehenden Drehmoments beteiligt. Die Trommel wird hydraulisch geschaltet.
Bei der Rahmenbauweise wird die Schalttrommel über Stirnzahnringe mit hydraulischer Klemmung indexiert. Als Schaltantrieb wird ein hydraulischer Schrittmotor verwendet, der über eine Sicherheitskupplung direkt mit der Schalttrommel verbunden ist (Bild 154).

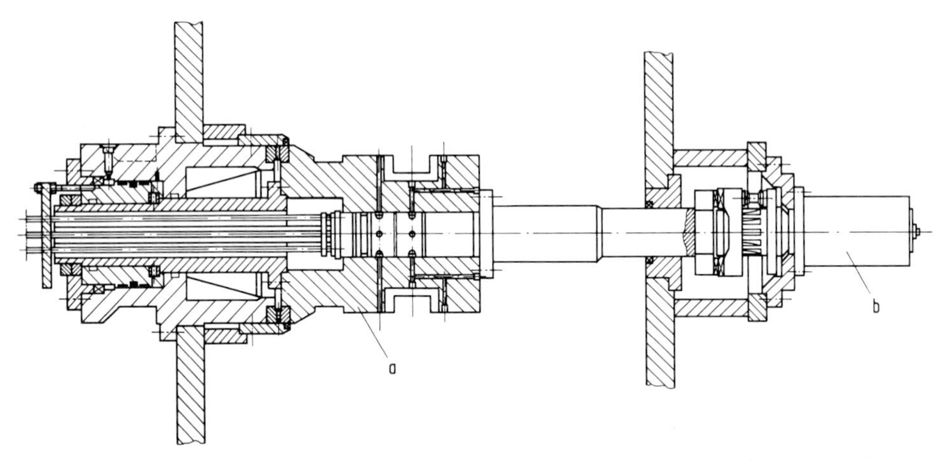


Bild 154. Schalttrommel (a) mit Indexiereinrichtung und Schaltantrieb (b) für einen Mehrspindeldrehautomaten mit umlaufenden Werkzeugen in Rahmenbauweise

Der Drehwinkel der Schalttrommel kann bei beiden Bauweisen von 60 auf 120° umgestellt werden, so daß Doppelschaltung möglich ist. Auf diese Weise gelingt es, in einer bestimmten Zeiteinheit den Ausstoß an fertigen Teilen zu verdoppeln, falls dies von der Bearbeitungsaufgabe her möglich ist.
Die *Steuerung* sämtlicher für einen automatischen Arbeitsablauf ausgelegten Bewegungen der Maschinen geschieht über eine elektrische Programmschaltung, die Wegeinstellung über Nocken. In jüngster Zeit werden auch in zunehmendem Maße Maschinen mit PC-Steuerungen ausgeführt, insbesondere dann, wenn mehrere Maschinen miteinander verkettet betrieben werden [82].
Mehrspindeldrehautomaten mit umlaufenden Werkzeugen eignen sich besonders für die Fertigung von Werkstücken mit nichtrotationssymmetrischem Querschnitt und vielen zueinander winkligen Bohrungen oder Flächen. Der Ausbildung der *Spanneinrichtung* kommt bei diesen Maschinen eine besondere Bedeutung zu, da sie in Verbindung mit der Schalttrommel die Arbeitsgenauigkeit der Maschine entscheidend beeinflußt. Die

Schalttrommel (Bild 155) ist für hydraulische Spannbetätigung ausgebildet, wobei die auf der Schaltwelle angeordneten Trommelseitenwände die nach dem Baukastensystem ausgebildeten Spannmittel aufnehmen.

Bild 155. Spanneinrichtung für einen Mehrspindeldrehautomaten mit umlaufenden Werkzeugen

Bei der *Normalspanneinrichtung* mit zwei voneinander unabhängig spannenden, selbstzentrierenden Spannschieberpaaren (Bild 156 A) laufen vier Hydraulikkolben mit Nuten in entsprechenden Nasen der Spannschieber mit auswechselbaren und der jeweiligen Werkstückform angepaßten Spannbacken. Über eine Verzahnung am unteren Ende der Hydraulikkolben und zwei Ritzel werden die beiden sich gegenüberliegenden Kolben gekuppelt und so die Spannbacken zum selbstzentrierenden Gleichlauf gebracht.
Eine wesentliche Erweiterung der Arbeitsmöglichkeiten wird in Form einer Vermehrung der Arbeitswege durch zusätzliche Werkstückdrehung erzielt. Während des Schaltvorgangs wird das Werkstück in die vorbestimmte Ebene gedreht. Bei der *Spanndreheinrichtung* mit 90°-Teilung und einem selbstzentrierenden Spannbackenpaar pro Spannstation (Bild 156 B) erfolgt der selbstzentrierende Gleichlauf der Backen wie bei der Normalspannung mit Rundführung. Das Drehen des Werkstücks bewirkt ein zusätzlicher Hydraulikkolben, der mit einer Verzahnung in den Spannbackengrundkörper eingreift. Nach jedem Drehvorgang wird mit einem hydraulisch betätigten Bolzen indexiert. Die Spann-Dreh- und Indexierbewegungen werden von einer Nebensteuerung automatisch eingeleitet.
Bei flanschförmigen Werkstücken werden *Zwei- oder Dreibackenfutter* (Bild 156 C) eingesetzt. Die Zugkolben der Futter werden direkt hydraulisch bewegt, so daß eine kurze Bauhöhe erreicht wird.
Für stangenförmige Werkstücke gelangen *Spanneinrichtungen mit Spannzangen* (Bild 156 D) zum Einsatz. Je nach Bedarf kann die Spanntrommel pro Station mit einer oder zwei gummivulkanisierten Lamellenspannbacken bestückt werden.
Rohrförmige Werkstücke werden auf *Spanndorne* (Bild 156 E) gespannt. Die Spreizkolben werden direkt hydraulisch bewegt. Dadurch ist eine kurze Bauhöhe möglich.
Dünnwandige Werkstücke werden auf *Paletten* (Bild 156 F) gelegt, die schwenkbar mit der Spanntrommel verbunden sind. Die Paletten werden manuell in die Trommel geschwenkt und hydraulisch zusammen mit den Werkstücken selbsthemmend gespannt.

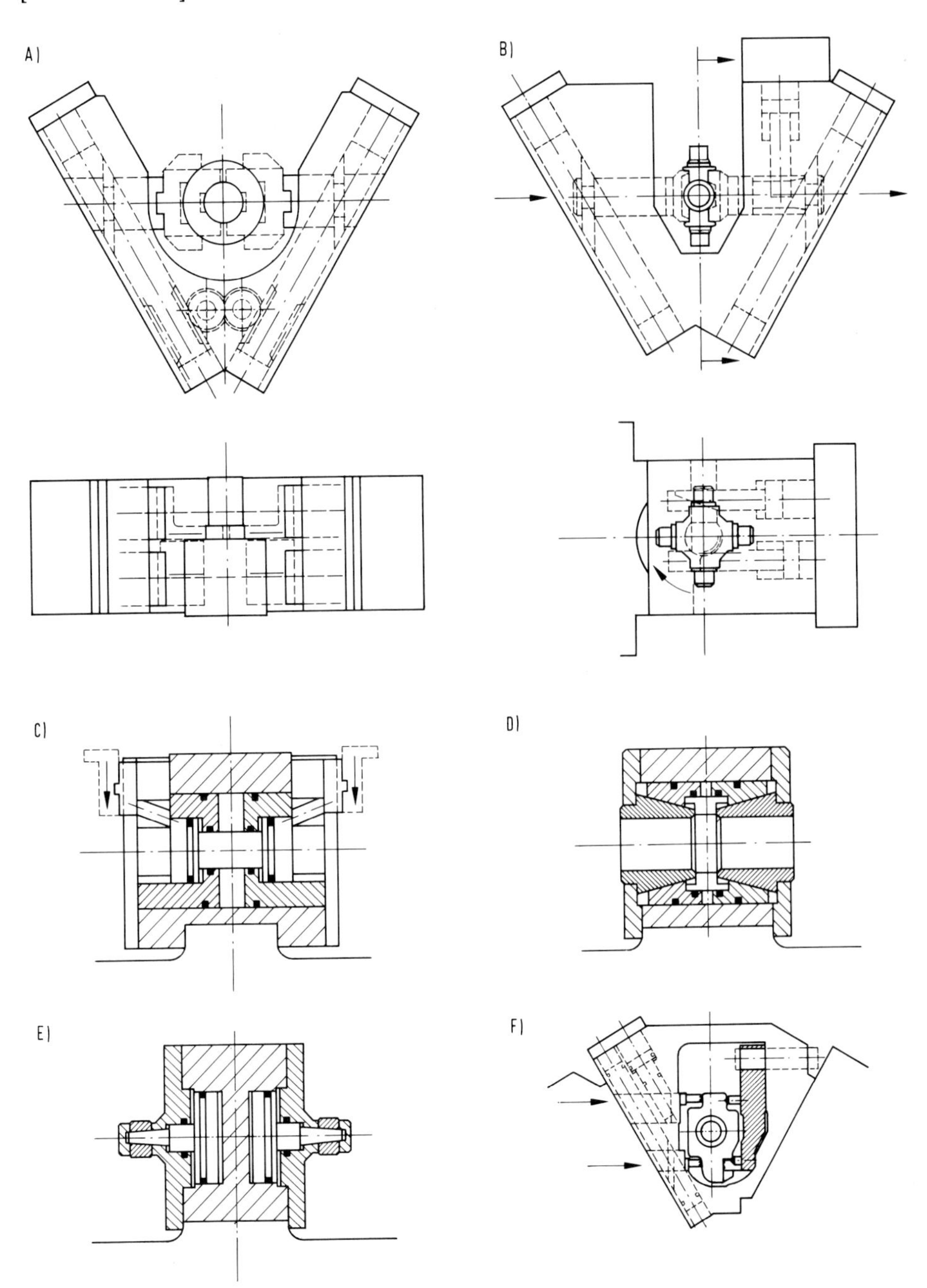


Bild 156. Prinzipien verschiedener Spanneinrichtungen auf Mehrspindeldrehautomaten mit umlaufenden Werkzeugen

A) Normalausführung, B) mit Dreheinrichtung, C) mit Zwei- oder Dreibackenfuttern, D) mit Spannzangen, E) mit Spanndornen, F) mit Palettenspannung

#### 5.7.5.6.2 Werkzeugeinrichtungen für die Bearbeitung mit umlaufenden Werkzeugen

Für die Auslegung der Werkzeugeinrichtungen gelten unter Beachtung der geänderten Zuordnung der Schnittbewegung sinngemäß die gleichen Bedingungen, wie für die Mehrspindeldrehautomaten mit umlaufenden Werkstücken (Abschnitt 5.7.5.3). Ausgehend von dem Werkstoff sowie der Roh- und Fertigteilgeometrie wird unter Berücksichtigung des ausgewählten Maschinentyps ein Arbeitsplan aufgestellt. Darin sind die Arbeitsfolge, die Verteilung der Einzelarbeitsgänge auf die Spannlagen und die verwendeten Werkzeuge angegeben.

Im Vergleich zur Bearbeitung mit umlaufendem Werkstück sind einige Besonderheiten zu berücksichtigen. Als Kollisionskriterium dient hier der Umlaufdurchmesser des Werkzeugs. Alle Werkstückkonturen, die sich nicht aus der Rotationsbewegung des Werkzeugs in Verbindung mit der Hauptvorschubbewegung ableiten lassen, müssen durch überlagerte Bewegungen innerhalb des umlaufenden Werkzeugkopfs realisiert werden. Dabei sind die maximal möglichen Wege, die nicht mit der Hauptvorschubrichtung zusammenfallen, durch den möglichen Umlaufdurchmesser und die bei höheren Drehzahlen auftretende Unwucht begrenzt.

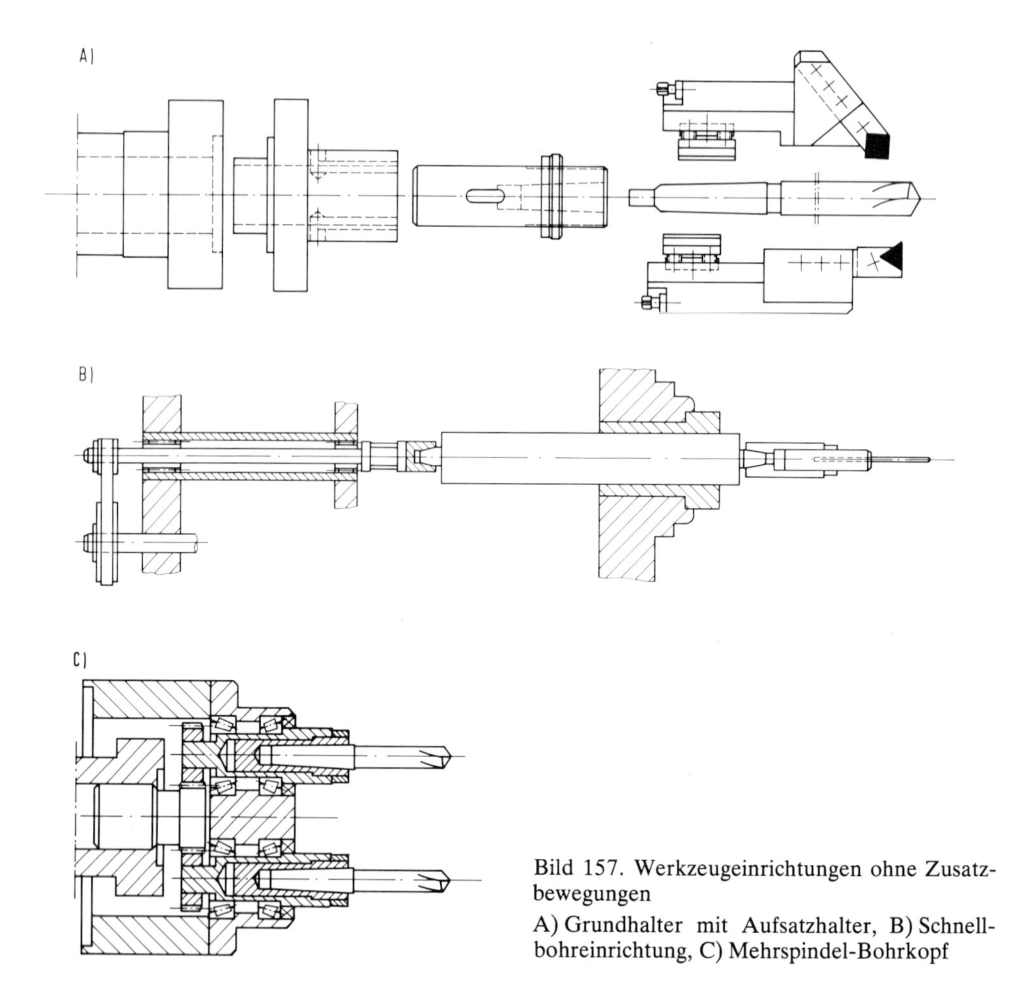


Bild 157. Werkzeugeinrichtungen ohne Zusatzbewegungen

A) Grundhalter mit Aufsatzhalter, B) Schnellbohreinrichtung, C) Mehrspindel-Bohrkopf

*Werkzeugeinrichtungen ohne Zusatzbewegungen*

Werkzeuge zum Längsdrehen werden in *Aufsatzhaltern* aufgenommen (Bild 157 A). Diese sind längenverstellbar auf einem *Grundhalter* befestigt, in dem außerdem Schaftwerkzeuge, z. B. Bohrer oder Senker, in Verbindung mit einer Stellhülse aufgenommen werden können.
Bei kleinen Bohrdurchmessern ist eine höhere Drehzahl erforderlich, die mit der normalen Werkzeugspindel nicht mehr erreicht wird. In diesem Fall wird eine besondere *Schnellbohrspindel* montiert, die über einen Zahnriemen direkt angetrieben wird (Bild 157 B). Die maximale Drehzahl liegt bei 10000 $min^{-1}$.
Der *Mehrspindelbohrkopf* (Bild 157 C) wird fest mit dem Spindelkasten verbunden. Die Bohrspindeln erhalten über die normale Werkzeugspindel ihren Antrieb. Der Vorschub erfolgt mit der Vorschubeinheit.
Der *Mehrspindelgewindebohrkopf* wird verschiebbar vor dem Spindelkasten befestigt. Die Bohrspindeln werden durch die Werkzeugspindel angetrieben. Der Vorschub erfolgt durch einen Einbauzylinder mit Leitpatroneneinheit.

*Werkzeugeinrichtungen mit Zusatzbewegungen*

Beim rückzugsriefenfreien Längsdrehen, insbesondere bei höheren Drehzahlen, ist ein *Abheben des Werkzeugs* erforderlich. Über eine Drehzuführung wird durch die Arbeitsspindel ein Druckmedium zugeführt (Bild 158 A). Im Werkzeughalter wird ein außermittig angeordneter Kolben beaufschlagt, der die Werkzeugaufnahme elastisch deformiert. Dadurch hebt das Schneidwerkzeug während des Eilrücklaufs vom Werkstück ab.
Beim *mechanisch betätigten Einstech- und Plandrehschieber* (Bild 158 B) wird die Längsbewegung der Vorschubeinheit über ein Leitlineal in eine Planbewegung des Werkzeugträgers umgelenkt. Während der Anstell- und Vorschubbewegung wird der Innenkörper über eine Zugstange in axialer Richtung gehalten. Der Rückzug des Planschiebers wird durch Federkraft bewirkt. Zum rückzugriefenfreien Plandrehen befindet sich zwischen Zugstange und Maschinengestell ein Hydraulikzylinder mit etwa 1 mm Hub. Nach Beendigung des Plandrehens werden der Zylinder und das Schneidwerkzeug axial abgehoben.
Beim *mechanisch betätigten Kegel- und Nachformdrehen* (Bild 158 C) wird die Längsbewegung der Vorschubeinheit über eine Nachformleiste in eine kombinierte Längs- und Planbewegung umgelenkt. Die Nachformleiste wird von der Zugstange so gesteuert, daß während des Eilgangs keine Bewegungen abgeleitet werden und nur beim eigentlichen Arbeitshub die erforderliche Relativbewegung stattfindet.
Der *hydraulisch betätigte Einstech- und Plandrehschieber* (Bild 158 D) ist erforderlich bei langen Planwegen und hoher Schnittbelastung. Die Bearbeitung erfolgt bei stillstehender Vorschubeinheit in vorderer Endstellung. Ein Einbauzylinder am Maschinengestell betätigt den Schieber über eine Zugstange. Bei hohen Drehzahlen wird ein besonderer Plandrehknopf eingesetzt, der durch Hilfsschieber mit entgegengesetzter Planbewegung die entstehende Unwucht kompensiert.
*Fräseinheiten* passen sich in ihrer Ausführung der jeweiligen Bearbeitungsaufgabe an. Als Beispiel dient eine Schlitzfräseinrichtung (Bild 158 E), die fest mit dem Spindelgehäuse verbunden ist und von der Werkzeugspindel angetrieben wird.

#### 5.7.5.6.3 Werkstückhandhabung an Mehrspindeldrehautomaten mit umlaufenden Werkzeugen

Der Einsatzbereich von Mehrspindeldrehautomaten mit umlaufenden Werkzeugen ist gekennzeichnet durch kurze Stückzeiten bei hohen Losgrößen. Durch den Einsatz auto-

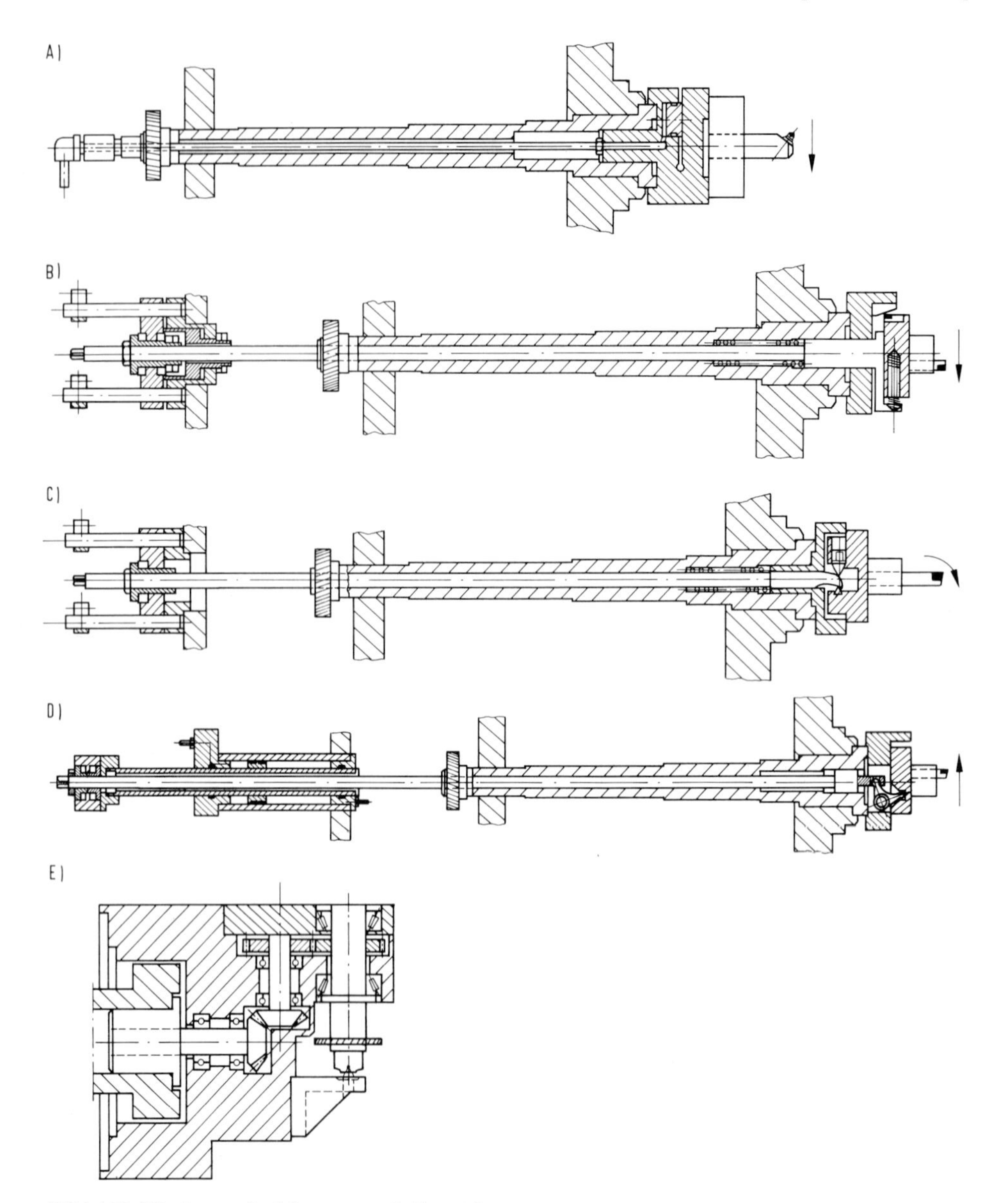


Bild 158. Werkzeugeinrichtungen mit Zusatzbewegungen

A) Werkzeughalter mit Einrichtung zum Abheben des Werkzeugs, B) mechanisch betätigter Einstech- und Plandrehschieber, C) Kegel- und Nachform-Drehschieber, D) hydraulisch betätigter Einstech- und Plandrehschieber, E) Schlitzfräseinrichtung

matischer Werkstückhandhabungseinrichtungen wird die Produktivität dieser Fertigungsmittel weiter gesteigert. Die Problemstellung der automatischen Werkstückhandhabung und ihre Lösungsmöglichkeit ist den Verhältnissen bei Mehrspindeldrehautomaten mit umlaufenden Werkstücken sehr ähnlich, so daß an dieser Stelle auf den Abschnitt 5.7.5.4.3 verwiesen sei.

## 5.7.6 Nachformdrehmaschinen

**Dipl.-Wirtsch.-Ing. H. Maas, Gießen**

### 5.7.6.1 Arbeitsweise und konstruktiver Aufbau

Nachformdrehmaschinen sind so gestaltet, daß im Arbeitsraum übersichtlich mehrere Bearbeitungseinheiten oder Zusatzeinrichtungen wahlweise und gleichzeitig kollisionsfrei eingesetzt werden können. Diese Forderungen werden von Schrägbrett-Maschinen mit mehreren getrennten Führungsebenen erfüllt. Das anfallende große Spänevolumen muß ohne Störungen entfernt werden. Die Späne können nach unten, seitlich oder nach hinten aus der Maschine hinausgeführt werden.
Unterschiedliche Arbeitsbereiche führen zu Nachformdrehmaschinen verschiedener Baugrößen. Werkstücke bis zu Drehdurchmessern von 600 mm und Drehlängen bis zu 8 m werden bearbeitet. Auf kleineren Maschinen liegen die kleinsten wirtschaftlich bearbeitbaren Durchmesser etwa bei 10 mm. Nachformdrehmaschinen werden zu über 80% für Längsdreharbeiten eingesetzt.
Kennzeichnend für das Anwendungsgebiet von Nachformdrehmaschinen sind mittlere und große Werkstückserien. Mit Umrüsthilfen und nockenloser, numerischer Steuerung der Schaltinformationen wird allerdings auch die Bearbeitung kleiner Lose wirtschaftlich. Der Übergang auf numerische Bahnsteuerung ist der nächste Schritt.
Bild 159 zeigt als Beispiel einen *Gestellaufbau.* Hohe statische und dynamische Steifheit bieten Gewähr für die Aufnahme der Zerspanungskraftkomponenten. Die Antriebslei-

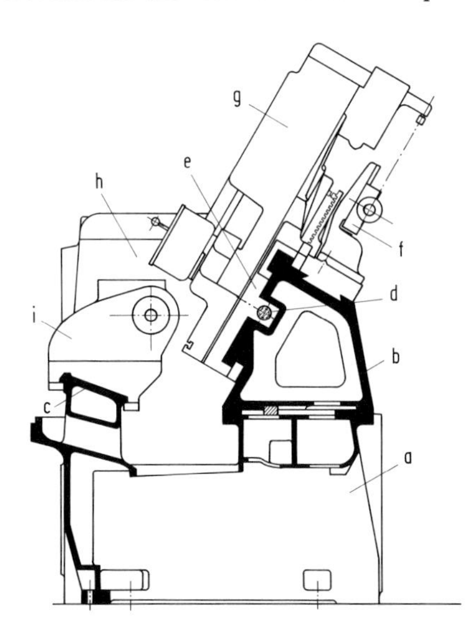


Bild 159. Querschnitt einer automatischen Nachformdrehmaschine mit 60°-Schrägbett (erste Führungsebene) für Nachformschlitten und Vorderbett (zweite Führungsebene) für Reitstock, Lünette und zusätzliche Bearbeitungseinheiten

a Bett-Untersatz, b Hauptbett, c Vorderbett, d Längs-Vorschubspindel, e Bettschlitten, f Meisterstück- bzw. Schablonenhalterung, g Nachformschieber, h Spindelkasten, i Reitstock

stungen betragen je nach Baugröße bis 45 kW. Der Drehzahlbereich geht bis 4500 $min^{-1}$. Bild 160 zeigt den Aufbau des *Getriebes* für die Drehzahlschaltung sowie für die stufenlose Einstellung mehrerer im Programm schaltbarer Vorschubgrößen. Zur Verkürzung der Nebenzeiten dienen Eilvor- und Eilrückläufe. Die Programmsteuerung ermöglicht die Anwendung von Mehrschnittautomatik, Mehrschnittbearbeitung und Revolverkopfschaltung. Die im Grundaufbau einfachen Maschinen können durch Zusatzeinrichtungen, wie Querschlitten, Sonderschlitten, Bohrstangenhalter, Lünetten und

Sonderwerkzeuge, auf die jeweilige Bearbeitungsaufgabe abgestimmt werden. Die hydraulischen Nachformschlitten werden ebenso wie die Zusatzschlitten nach einem einstellbaren Programm gesteuert. Die gewünschten Formen werden von Nachformschablonen oder Meisterstücken abgetastet.

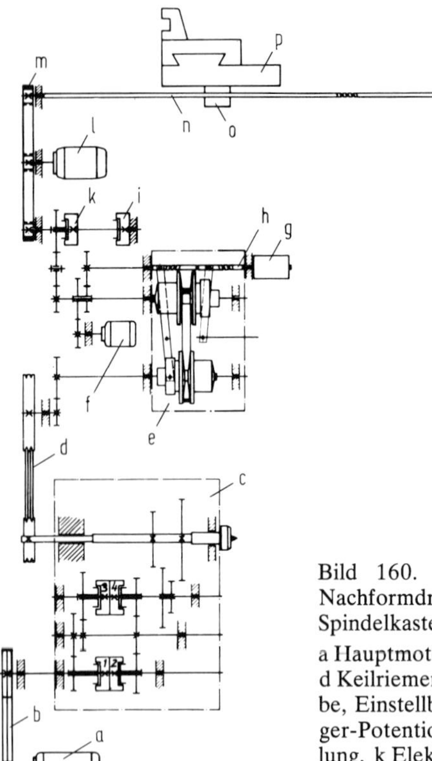


Bild 160. Getriebeschema einer automatischen Nachformdrehmaschine mit Lastschaltgetriebe im Spindelkasten und stufenloser Vorschubeinstellung

a Hauptmotor, b Flachriemen, c Spindelkasten, d Keilriementrieb, e stufenlos verstellbares Getriebe, Einstellbereich 1 : 9, f Verstellmotor, g Empfänger-Potentiometer, h Verstellspindel, i Bremskupplung, k Elektro-Lamellenkupplung, l Eilgangmotor, m Zahnkette, n Vorschubspindel, o Vorschub-Spindelmutter, p Bettschlitten

Der normale Maschinenaufbau ist gekennzeichnet durch einen Nachformschlitten, der üblicherweise vom Reitstock her in Richtung Spindelkasten arbeitet. Maschinen mit zwei gegenläufigen Nachformschlitten (Bilder 161 und 162) werden immer dann wirtschaftlich eingesetzt, wenn sich die Werkstücke aufgrund ihrer Form gleichzeitig von beiden Seiten bearbeiten lassen. Derartige Werkstücke müßten auf Maschinen mit nur einem Nachformschlitten in zwei Aufspannungen und somit weniger rationell gefertigt werden. Jeder der beiden gegenläufigen Nachformschlitten arbeitet nach eigenem Programm und eigener Schablone vollkommen unabhängig. Eine weitere Variante mit zwei unabhängigen, nach getrennten Schablonen arbeitenden Nachformschlitten auf einem gemeinsamen Bettschlitten wird besonders bei längeren Teilen mit steigenden Durchmessermaßen verwendet, um den Arbeitsablauf gegenüber Maschinen mit nur einem Werkzeug entsprechend zu verkürzen (Bild 163). Darüber hinaus sind zahlreiche Schlittenanordnungen auch in Verbindung mit Querschlitten und Programmsupporten gebräuchlich. Eine optimale individuelle Lösung spezieller Bearbeitungsaufgaben ist somit durch die Kombination verschiedener Schlittenanwendungen möglich.

Bild 161. Automatische Nachformdrehmaschine mit voneinander unabhängigen, gegenläufigen Nachformschlitten auf dem um 60° zur Waagerechten geneigten Hauptbett (erste Führungsebene) und zusätzlichen Einstechschlitten auf den senkrecht angeordneten Führungen (zweite Führungsebene)

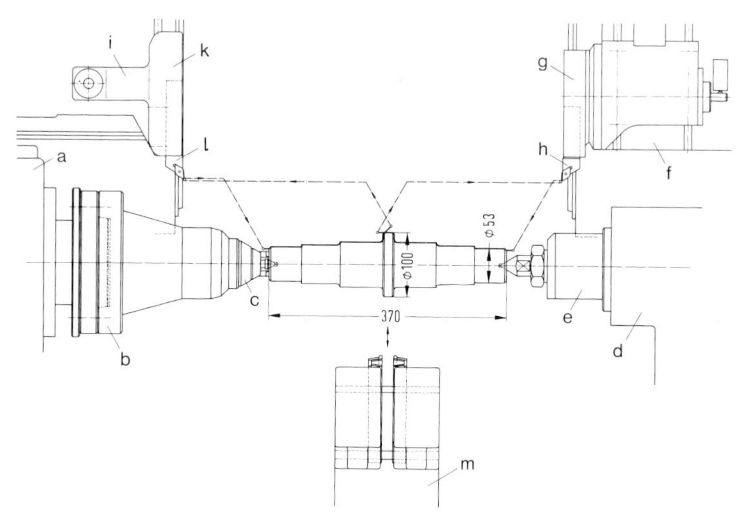


Bild 162. Gleichzeitige Nachformdrehbearbeitung einer mehrfach abgesetzten Welle von beiden Seiten mit voneinander unabhängigen, gegenläufigen Nachformschlitten und zusätzlichem Stech- oder Programmschlitten

a Spindelkasten, b Hauptspindel, c Stirnseitenmitnehmer, d Reitstock, e Pinole (mit umlaufendem Körnerspitzenträger), f Nachformschlitten, g automatischer Mehrfach-Schwenkstahlhalter, h rechter Nachformdrehmeißel, i Nachformschlitten, k Stahlhalter, l linker Nachformdrehmeißel, m Stechschlitten

Bild 164 zeigt schematisch bewährte Kombinationsbeispiele. Hierbei sind leistungsfähige Werkzeuge bei hohen Schnittgeschwindigkeiten anwendbar. Der erweiterte Grundaufbau der Maschinen ermöglicht auch eine Mehrstückbearbeitung auf mehrspindeligen

(Bild 163 siehe rechte Seite)

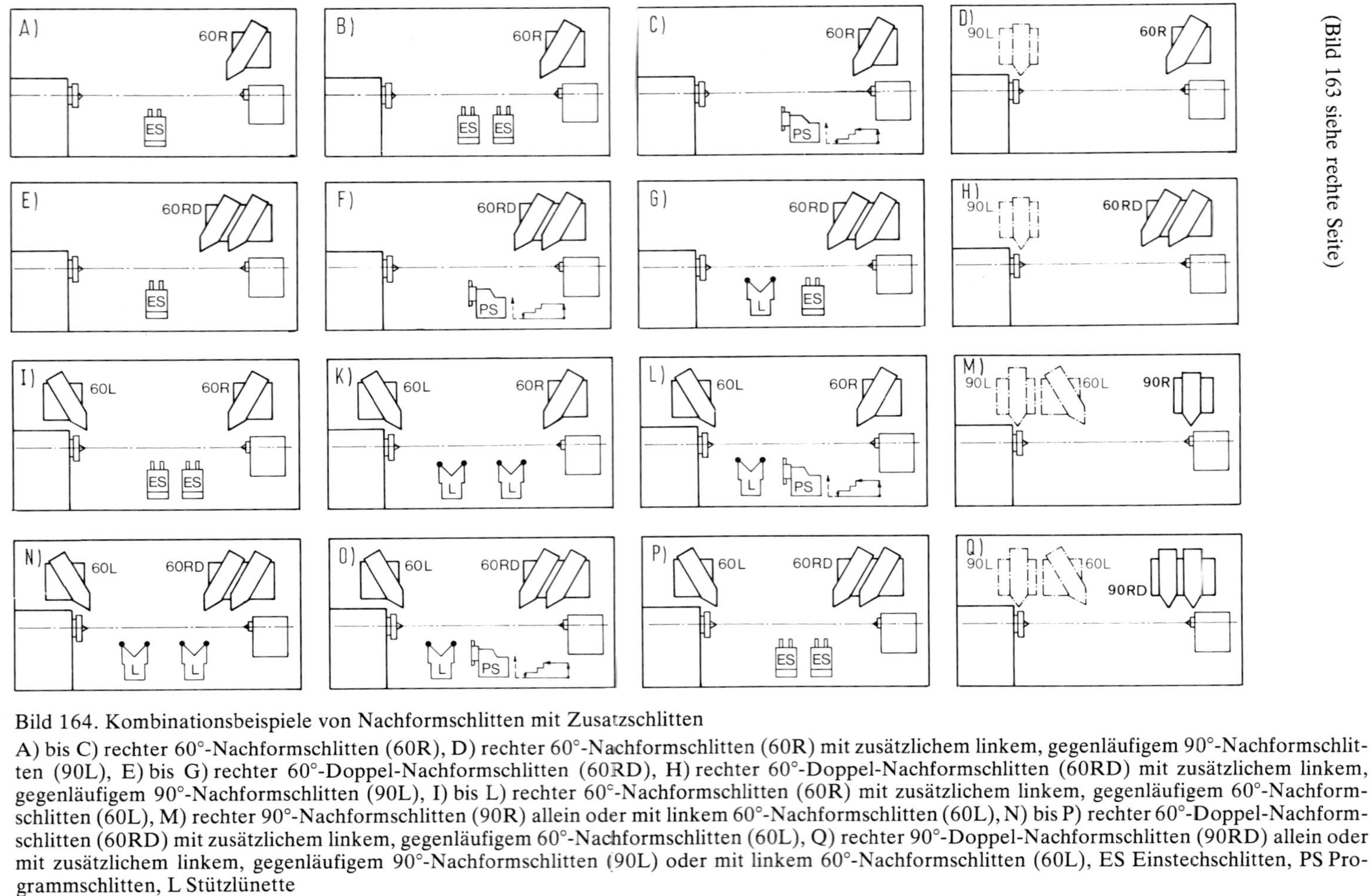


Bild 164. Kombinationsbeispiele von Nachformschlitten mit Zusatzschlitten

A) bis C) rechter 60°-Nachformschlitten (60R), D) rechter 60°-Nachformschlitten (60R) mit zusätzlichem linkem, gegenläufigem 90°-Nachformschlitten (90L), E) bis G) rechter 60°-Doppel-Nachformschlitten (60RD), H) rechter 60°-Doppel-Nachformschlitten (60RD) mit zusätzlichem linkem, gegenläufigem 90°-Nachformschlitten (90L), I) bis L) rechter 60°-Nachformschlitten (60R) mit zusätzlichem linkem, gegenläufigem 60°-Nachformschlitten (60L), M) rechter 90°-Nachformschlitten (90R) allein oder mit linkem 60°-Nachformschlitten (60L), N) bis P) rechter 60°-Doppel-Nachformschlitten (60RD) mit zusätzlichem linkem, gegenläufigem 60°-Nachformschlitten (60L), Q) rechter 90°-Doppel-Nachformschlitten (90RD) allein oder mit zusätzlichem linkem, gegenläufigem 90°-Nachformschlitten (90L) oder mit linkem 60°-Nachformschlitten (60L), ES Einstechschlitten, PS Programmschlitten, L Stützlünette

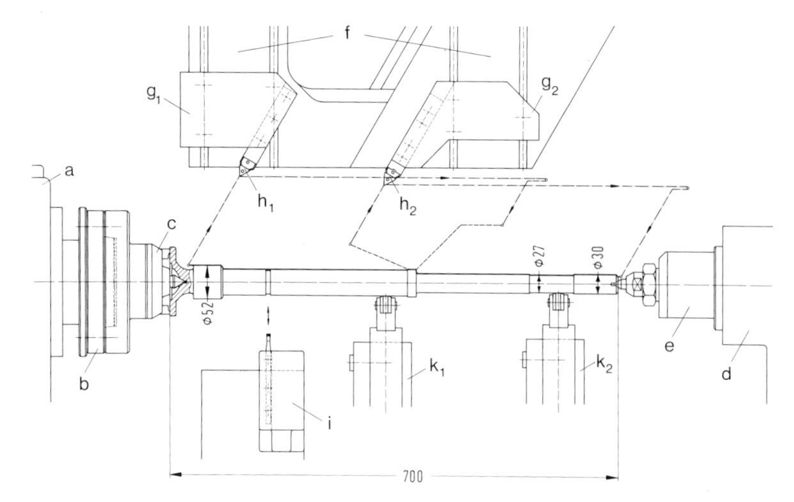


Bild 163. Nachformdrehbearbeitung einer langen schlanken Welle mit zwei parallel auf einem gemeinsamen Bettschlitten angeordneten Nachformschlitten und zusätzlichem Stechschlitten

a Spindelkasten, b Hauptspindel, c Stirnseitenmitnehmer, d Reitstock, e Pinole (mit umlaufendem Körnerspitzenträger, f Doppel-Nachformschlitten, $g_1$, $g_2$ Stahlhalter, $h_1$, $h_2$ Nachformdrehmeißel, i Stechschlitten, $k_1$, $k_2$ Stützlünetten

Nachformdrehmaschinen (Bild 165). Diese werden vor allem in der Großserienfertigung eingesetzt. Hierbei wird vielfach ein Ausbau zu verketteten Maschineneinheiten angestrebt. Bild 166 zeigt ein ausgeführtes Beispiel.

Bild 165. Dreispindelige Nachformdrehmaschine

Bild 166. Automatische Fertigungsstraße für LKW-Getriebehauptwellen, bestehend aus sechs miteinander verketteten Nachformdrehmaschinen; Verkettung durch Palettentransport

### 5.7.6.2 Nachformsysteme

Es gibt verschiedene Ausführungen von Nachformsystemen und verschiedene maschinenbezogene Bauformen von Nachformeinrichtungen. Bei der in Bild 167 gezeigten Bauform ist der Schlitten einer Universaldrehmaschine mit einer hydraulischen Nachformsteuerung versehen. Über einen Einhebelschalter ist die Umstellung auf Nachformdrehen möglich. Eine elektrische Nachformsteuerung an einer mittelschweren Drehmaschine ist in Bild 168 zu sehen. Im Gegensatz zur 30° geneigten hydraulischen Nachformdreheinrichtung ist die elektrische Nachformdreheinrichtung rechtwinklig zum Bettschlitten angeordnet. Die Schablone liegt hierbei an der Bedienungsseite der Maschine. Auch Aufsatz-Nachformeinrichtungen werden bei Drehmaschinen in herkömmlicher Bauart eingesetzt. Mit diesen läßt sich das Vordrehen von Hand durch Erzeugung der Fertigkontur nach Schablone ergänzen. Trotz vorhandener Automatisierungshilfen in Form von Zubehör werden diese Bauformen jedoch seltener in der Serienproduktion eingesetzt.

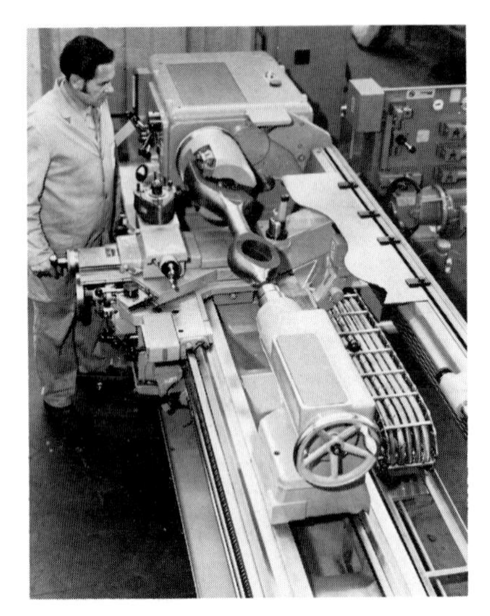

Bild 167. Universal-Drehmaschine mit zusätzlich aufgebauter Nachformdreheinrichtung

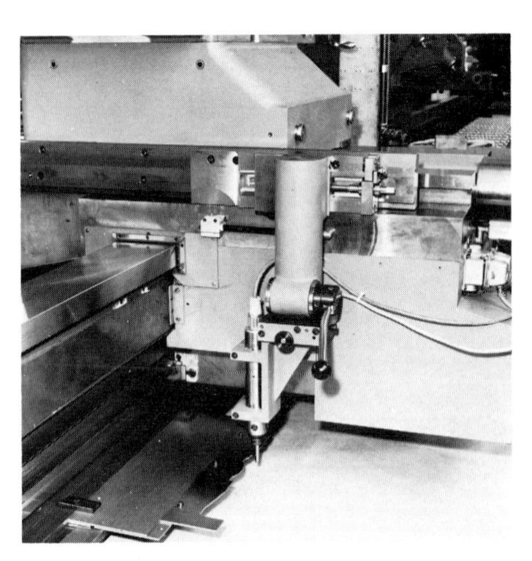

Bild 168. Kupplungslose elektrische Nachformsteuerung mit kontaktlosem Induktionsfühler auf kreuzbeweglicher Fühlerhalterung in rechtwinkliger Lage zum Bettschlitten auf einer mittelschweren Drehmaschine

In Tabelle 10 sind die heute gebräuchlichsten Nachformsysteme mit ihren Merkmalen und Toleranzen zusammengestellt. Man unterscheidet zwischen elektrischen und hydraulischen Systemen sowie der Kombination beider Systeme. Auf mechanische Systeme, deren Anwendung rückläufig ist, wird nicht eingegangen.

*Elektrische Fühlersteuerung*

Bei früher üblichen Konstruktionen steuerte ein Kontaktfühler über Kupplungen die entsprechenden Vorschubbewegungen. Die durch das Anfahren des Fühlstiftes an das Modell erzeugte Fühlstiftauslenkung sprach nacheinander verschiedene Kontakte an, die über Schaltrelais auf Kupplungen einwirkten. Durch das Schalten der Kupplungen

Tabelle 10. Gebräuchliche Nachformsysteme

| | 1 | 2 | 3 | 4 | 5 | 6 | 7 | 8 | 9 | 10 |
|---|---|---|---|---|---|---|---|---|---|---|
| | Verst.-medium | Vorschub-antrieb | Regelglied | System (Verstärker) | Fühlerbauart | Fühler-bewegung [mm] [1] | Tastkraft [N] | Nachfahr-toleranz [mm] [2] | Nachform-toleranz [mm] [3] | Kosten-anteil zur Maschine |
| I | Öl | 1 Kolben u. Zyl. od. Ölmotor | 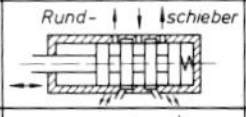 Rund- schieber | Mehrkanten-ringschlitz | 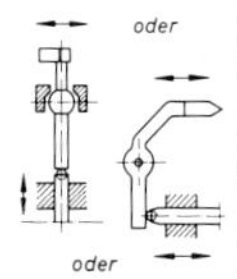 oder | 0,15 | | 0,015 | ± 0,08 | 25 bis 35 % |
| II | Öl | 1 Kolben u. Zyl. |  | Einkanten-ringschlitz | | 0,05 | | 0,005 | ± 0,02 | 25 bis 30 % |
| III | Öl | 1 Kolben u. Zyl. | 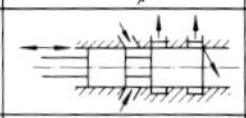 | Einkanten m. Auslaß-kante | oder | 0,05 | | 0,005 | ± 0,02 | 25 bis 30 % |
| IV | Öl | 1 Kolben u. Zyl. | 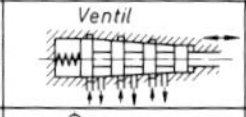 Ventil | Ein- und Mehrkanten | 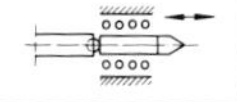 | 0,15 | | 0,015 | ± 0,08 | 25 bis 30 % |
| V | Öl | 1 Kolben u. Zyl. | 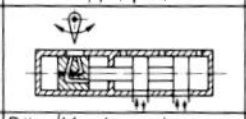 | Strahlrohr u. Nachver-stärkung | 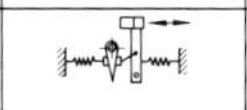 | 0,08 | bis ≈ 15 | 0,005 | ± 0,02 | 30 bis 40 % |
| VI | Luft und Öl | 1 Kolben u. Zyl. | 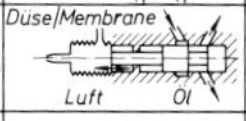 Düse/Membrane Luft Öl | Ein- und Mehrkanten | 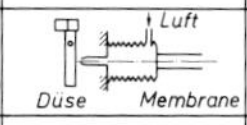 Luft Düse Membrane | 0,10 | | 0,010 | ± 0,05 | 30 bis 40 % |
| VII | Öl | 2 Kolben u. Zyl. od. 2 Ölmotor. | Siehe I | Mehrkanten | Siehe I bis IV | 0,20 | | 0,015 | ± 0,10 | 40 bis 45 % |
| VIII | Gleich-strom | 2 oder 3 Elektro-motoren | 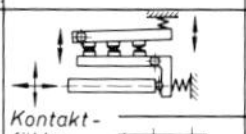 | El. Kupplung | 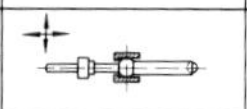 | 0,12 | | 0,010 | ± 0,06 | 30 bis 40 % |
| IX | | | 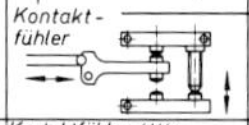 Kontakt-fühler | Relais und el. Kupplung | 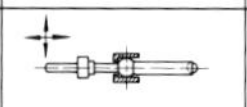 | 0,08 | | 0,010 | ± 0,04 | 40 bis 50 % |
| X | Gleich-strom | 2 Kolben od. Ölmotoren | 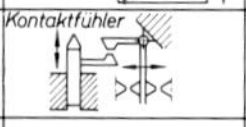 Kontaktfühler | Gitterröhre, Magnet u. Ventil | 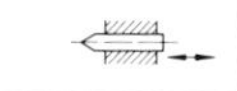 | 0,05 | | 0,005 | ± 0,02 | 30 bis 40 % |
| XI | und Öl | Kolben, Ölmot. (od. El.-Motor.) |  Magnet-feld | Gitterröhre, Tauchspule, Mehrkanten | 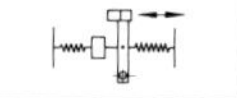 | 0,12 | | 0,005 | ± 0,04 | 40 bis 50 % |

[1] für den Beginn der Tastvorschubbewegung [2] ohne Richtungsänderung [3] jede Richtung bei gleichmäßiger Spanabnahme

ergaben sich bei dieser Steuerung in der Regel stufenförmige Markierungen an den Umschaltpunkten.

Bei dem heute mehr verbreiteten elektromotorischen Nachformverfahren werden die Vorschubbewegungen in beiden Achsen durch unabhängige, stufenlos einstellbare Gleichstrommotoren gesteuert. Die Regelung erfolgt über einen kontaktlosen Induktionsfühler und IC-Elemente stufenlos. Wichtige Elemente dieses Systems sind massearme Vorschubmotoren, die sich durch hohes Drehmoment im niedrigen Drehzahlbereich auszeichnen. Aufgrund des sehr geringen Schwung- und des hohen Drehmoments sind eine Beschleunigung des Motors vom Stillstand bis zur maximalen Drehzahl und der Drehrichtungswechsel in Bruchteilen einer Sekunde möglich. Durch das kupplungslose und somit stufenlos einstellbare Steuerungssystem wird nicht nur schneller, sondern auch genauer gesteuert. Die Ansprechempfindlichkeit des Fühlers kann je nach Arbeitsaufgabe eingestellt werden. Eine Tastrichtungsumkehr ermöglicht das Nachformen in allen Richtungen (360°). Die Fühlereinwärtsunterbrechung gestattet, handbetätigtes Vordrehen mit Fühlerkontrolle auszuführen, um eine Beschädigung der Fertigkontur zu vermeiden.

Der Induktionsfühler für das elektromotorische Nachformverfahren hat anstelle eines Kontaktsystems eine Induktionsspule. Eine auf den Fühler wirkende Auslenkkraft ergibt nicht mehr die direkte Betätigung von Kontakten, sondern sie verursacht eine stufenlose Veränderung der Ausgangsspannung. Diese wird in einem getrennt vom Fühler angeordneten Zusatzgerät verstärkt und über Regler in IC-Technik in entsprechende Ausgangskommandos umgewandelt. Da man den Verstärkungsfaktor beeinflussen kann, läßt sich die Fühlerempfindlichkeit für die erforderlichen Betriebsbedingungen einstellen.

*Hydraulische Nachformsteuerung*

Die meisten heute gebräuchlichen Nachformdrehmaschinen arbeiten mit dieser Steuerung. In der Regel sind daher Zylinder und Kolben vorhanden sowie ein Nachformschieber als Werkzeugträger. Die Ausführungsarten des Ölbehälters mit Druckpumpe und Leitungen für Ölzuführung und Rücköl sind bei allen Systemen im Prinzip weitgehend gleich. Bei den meisten im Winkel von 30 oder 45° zur Senkrechten geneigten hydraulischen Nachformschlitten jedoch gibt es verschiedene Tast- und Steuerungssysteme. Diese nach der Zahl der vorhandenen Steuerkanten benannten Systeme sind schematisch in Bild 169 dargestellt. Der sogenannte Mehrkantensitz-Fühler gestattet in Verbindung mit einem rechtwinklig zum Bettschlitten stehenden Nachformsupport auch das Drehen von Nachformkonturen innerhalb 360°.

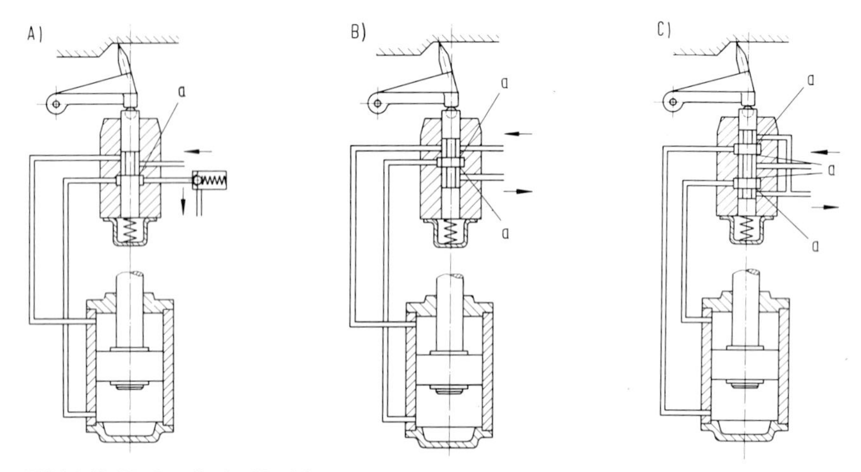


Bild 169. Hydraulische Nachformsteuerungen
A) Einkantensteuerung, B) Zweikantensteuerung, C) Vierkantensteuerung
a Steuerkanten

*Programmsteuerung*

Während die Kontur des Werkstücks von der Schablone oder dem Meisterstück mit Hilfe der Nachformsteuerung abgetastet wird, ist für die Automatisierung des gesamten Arbeitsablaufs noch eine Programmsteuerung erforderlich. Die einfachste gebräuchliche Alternative ist dabei die Nockensteuerung.

Ein automatischer Arbeitsablauf wird hierbei durch wegabhängige Programmierung der Schaltinformationen über Nocken erreicht. Diese Schaltinformationen umfassen in der Längsrichtung alle nötigen Kommandos, wie Auslösen von Zusatzaggregaten, stufenlos vorwählbaren Vorschubgrößen, Eilvor- und Eilrückläufen der Nachformschlitten, Schnittbegrenzungen in Abhängigkeit von der gewünschten Schnittiefe. Die vorgewählten Drehzahlen werden durchmesserabhängig gesteuert. Die Nocken werden zur wegabhängigen Auslösung der einzelnen Kommandos an den entsprechenden Stellen innerhalb einer Nockenleiste geklemmt. Dieses System wird hauptsächlich bei Maschinen für die Mittel- und Großserienfertigung angewandt. Für das Vorwählen aller Maschinenfunktionen steht ein zentral angeordnetes Programmsteckfeld (Bild 170) zur Verfügung. Wenn die Vorteile des Nachformdrehens auch bei der Kleinserienfertigung genutzt werden sollen, muß das Ändern der Programme so einfach und zeitsparend wie möglich sein. Einer solchen Aufgabenstellung wird die nockenlose numerische Steuerung der Schaltinformationen gerecht, die speziell für Nachformdrehmaschinen entwickelt wurde. Hierbei entfallen Nockenleiste und Nocken. Die Schlittenwege werden mit einem sehr genauen Potentiometer, das in Grob- und Feinmeßsystem unterteilt ist, gemessen. Über Stecker wird eingegeben, an welcher Stelle des gemessenen Schlittenweges eine Schaltinformation erfolgen soll. Die Schaltinformation selbst, z. B. für Vorschub- oder Drehzahlwechsel, werden bei der in Bild 170 gezeigten Ausführung über Stecker eingegeben. Die Eingabetoleranz ist mit etwa 1 mm hierfür voll ausreichend. Die digitale Eingabe wird über ein Transistorbrücken-Relais mit dem analogen Schlittenweg verglichen. Nach Abgleich schaltet ein Schrittgeber auf den nächsten Ortspunkt. Das Einrichten bzw. Umrüsten ist durch den Wegfall der Nockenleiste auf einfache Weise schnell und sicher möglich und somit auch bei häufigem Programmwechsel wirtschaftlich. Ein Programm kann auch für eine spätere Wiederholung mit Hilfe einer Folie gespeichert werden (Bild 171).

Bild 170. Programmsteckfeld für Dateneingabe

Bild 171. Programmwechsel durch Austausch der Speicherfolie

### 5.7.6.3 Auswahlkriterien und Arbeitsbeispiele

Allgemein kann gesagt werden, daß bei Schlichtarbeiten auf automatischen Nachformdrehmaschinen eine Maßabweichung von ± 0,02 mm, bezogen auf den Durchmesser, eingehalten werden kann. Müssen höhere Genauigkeiten erzielt werden, ist es im Produktionsbetrieb normalerweise erforderlich, mechanische Hilfsmittel, wie beispielsweise Festanschläge, einzusetzen. Durch die Möglichkeit einer automatischen Regelung des Vorschubs ist eine Optimierung der Oberflächengüte an einem Werkstück weitgehend sichergestellt. Bei optimaler Wahl der Schnittbedingungen können unter Berücksichtigung des zu zerspanenden Werkstoffs Oberflächengüten von $R_t = 6{,}5\ \mu m$ erreicht werden.

Nachformdrehmaschinen werden üblicherweise im Herstellerwerk unter produktionsähnlichen Bedingungen abgenommen. Anhand verschiedener Abnahmebedingungen wird eine Serie gleicher Werkstücke gedreht und vermessen. Es ist üblich, die Ergebnisse einer durchgeführten Meßserie tabellarisch zu erfassen. Die Gegenüberstellung der Werte liefert Aufschluß und Erkenntnisse über das Betriebsverhalten der Maschinen unter bestimmten Bearbeitungsbedingungen.

Die allgemeine Festlegung einer wirtschaftlichen Stückzahl ist nicht möglich. Sie ist von dem Rüstaufwand ebenso abhängig wie von der spezifischen Zerspanbarkeit des Werkstücks. Die Struktur des Maschinenaufbaus ist besonders wesentlich für notwendige Rüstzeiten. Außerdem muß zwischen Einzelmaschine und Anlagen aus verketteten, mit automatischen Beschickungseinrichtungen und Werkstücktransportanlagen ausgerüsteten Maschinen unterschieden werden. Diese Randbedingungen sind für eine Wirtschaftlichkeitsberechnung zu beachten. Allgemein kann aber aus Erfahrung festgestellt werden, daß bei nockenlos gesteuerten Einzelmaschinen ab einer Losgröße von 10 bis 20 Werkstücken, bei nockengesteuerten Einzelmaschinen ab einer Losgröße von 100 Werkstücken und bei verketteten Nachformdrehmaschinenanlagen ab einer Losgröße von 1000 Werkstücken mit einem positiven Ergebnis bei der Wirtschaftlichkeitsbetrachtung gerechnet werden kann.

Für die Auswahl und den wirtschaftlichen Einsatz von Nachformdrehmaschinen sind zu beachten: Werkstückabmessungen, Werkstoffe, Werkstoffzugaben, Art der zu drehenden Konturen, Anforderungen an die Maß- und Formgenauigkeit sowie Oberflächengüte, die Stückzahl der zu drehenden Werkstücke, Anzahl verschiedener Werkstücke, Flur-zu-Flur-Zeit, Nutzungsgrad, Einricht- und Umrüst-Zeit, Möglichkeit der Programmspeicherung, gleichzeitige Mehrschnittbearbeitung, Einsatz von Lade- und Transporteinrichtungen, Werkzeug- bzw. Werkstück-Meßeinrichtung, Meßsteuerungen, Verkettungsmöglichkeiten.

Beim Einrichten oder Umrüsten einer Nachformdrehmaschine muß die Schablone zu den Werkzeugen der Nachformschlitten in Übereinstimmung gebracht werden. Das Programm für die Schaltinformationen ist auf die Werkstückkonturen sowie auf die diversen Schnitteinrichtungen abzustimmen. Dabei sind Einstech-, Nachformprogramm- oder Sondernachformschlitten mit ihren Werkzeugen ebenso wie Lünetten oder Ladeeinrichtungen zu berücksichtigen. Einrichthilfen, wie Maßstäbe, Anschläge, auswechselbare Programmplatten oder nockenlose Steuerung der Schaltinformationen mit Speicherfolien können die Einricht- bzw. Umrüstzeiten wesentlich reduzieren. Einricht- oder Umrüstvorgänge können auf den Arbeitspapieren mit Zahlen und Hinweisen oder sogar durch Stecken der Speicherfolien in der Arbeitsvorbereitung weitgehend vorbereitet werden. Die Instandhaltung ist sehr einfach durchzuführen und beschränkt sich auf Routinearbeit, wie Ölwechsel in bestimmten Fristen. Automatische Schmierung, Überlastungsschutz und ähnliche Einrichtungen mindern Verschleiß oder Bruch von Maschinenteilen. Bei Maschinenausfall hilft eine Störanzeige in Verbindung mit entsprechenden Hinweisen in der Bedienungsanleitung bei der Suche nach Funktionsstörungen und deren Beseitigung, so daß die Ausfallraten wesentlich reduziert werden können.

Das Betriebsverhalten ausgereifter Nachformdrehmaschinen ist in der Regel auf Dauerbetrieb und mehrschichtigen Einsatz ausgelegt. Dazu gehört, daß die Maschinen ein gutes thermisches Verhalten zeigen und mit annähernd gleichmäßiger Genauigkeit fertigen. Bei hohen Genauigkeitsanforderungen, besonders bei automatischen verketteten Anlagen, werden Einrichtungen zur Temperaturkonstanthaltung der genauigkeitsbestimmenden Maschinenaggregate vorgesehen. Die vielfältigen Einsatzmöglichkeiten von Nachformdrehmaschinen seien an nachfolgenden Arbeitsbeispielen aufgezeigt.

Bild 172 zeigt die Bearbeitung einer Flanschwelle auf der in Bild 161 wiedergegebenen Maschine. Das Werkstück ist mit einem Stirnseitenmitnehmer zwischen Spitzen gespannt und kann so in einer Aufspannung fertiggedreht werden. Bei der Bearbeitung sind die auf den beiden Nachformschlitten und auf dem Seitenschlitten befestigten Werkzeuge gleichzeitig im Eingriff.

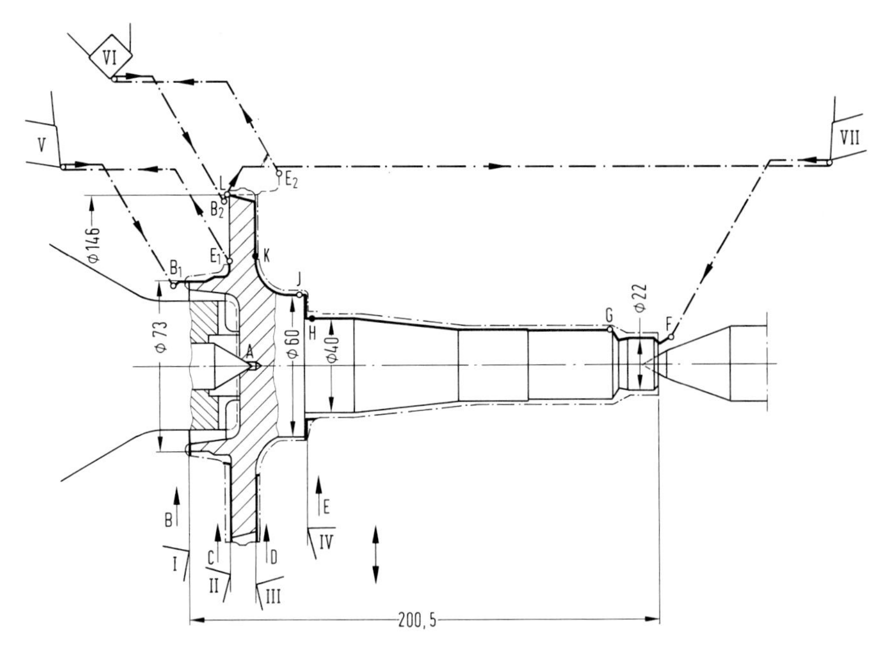


Bild 172. Bearbeitung einer Flanschwelle (Schmiedestück mit 2 bis 4 mm Aufmaß) auf der Maschine Bild 161

Werkstoff 41Cr4V90, 900 bis 1050 N/mm$^2$ Festigkeit, Schneidstoff Keramik, Schnittgeschwindigkeit bis 520 m/min, Vorschub 0,22 bis 0,35 mm, Gesamtzeit 0,89 min/St.

Die Fertigung der Getriebewelle in Bild 173 wird in zwei Aufspannungen vorgenommen. Bei dem in Bild 174 gezeigten Beispiel arbeiten die Nachformschlitten gleichzeitig und entgegengesetzt. Die Welle wird in einer Aufspannung fertigbearbeitet.

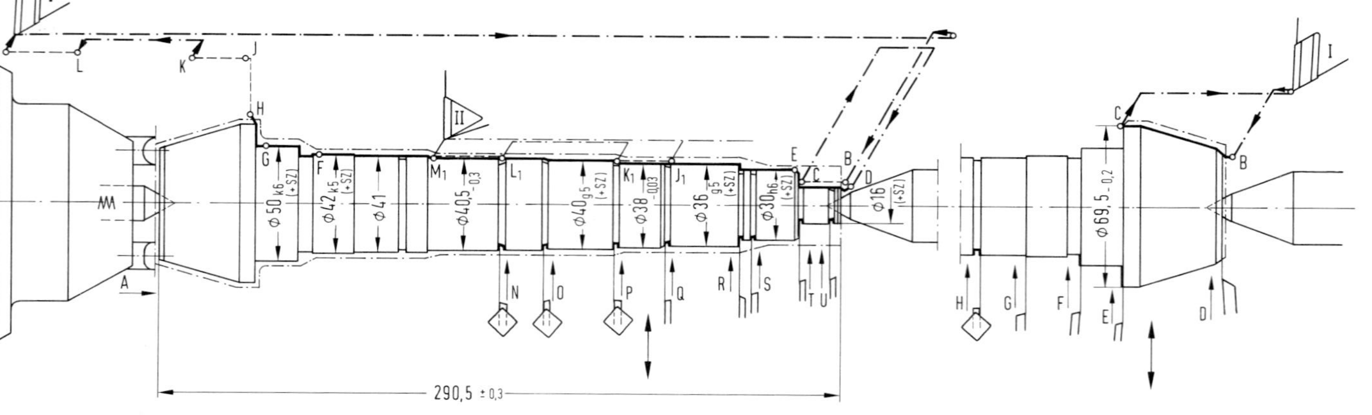


Bild 173. Bearbeitung einer Getriebewelle auf der Maschine Bild 161

Werkstoff 20MnCr5, 750 N/mm² Festigkeit, Schneidstoff Hartmetall, Schnittgeschwindigkeit bis 176 m/min, Vorschub 0,12 bis 0,45 mm, Gesamt-Bearbeitungszeit 2,55 min/St.

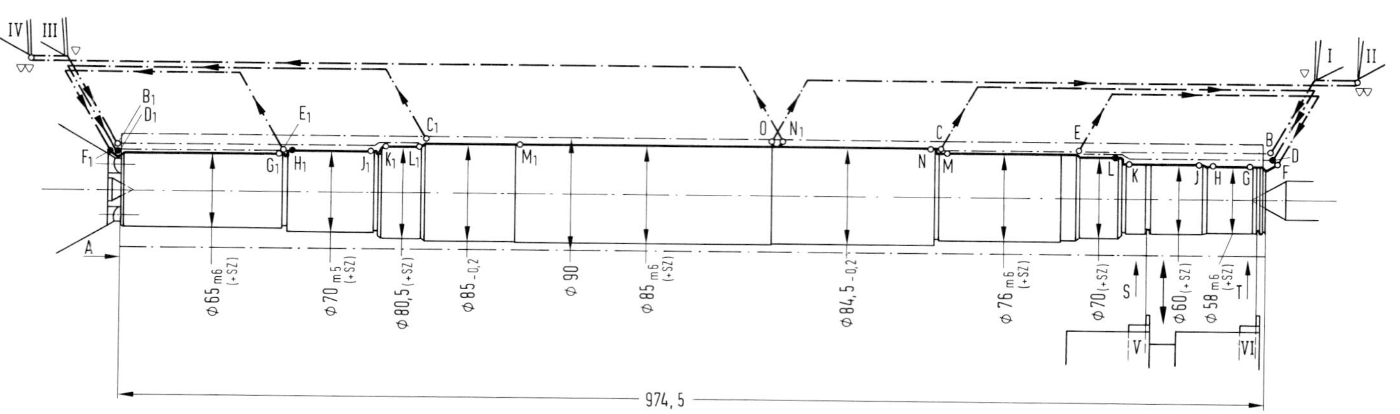


Bild 174. Bearbeitung einer rd. 1000 mm langen Welle auf der Maschine Bild 161

Werkstoff St 50-2, 500 bis 600 N/mm² Festigkeit, Schneidstoff Hartmetall, Schnittgeschwindigkeit bis 170 m/min, Vorschub 0,2 bis 0,45 mm, Gesamt-Bearbeitungszeit 7,7 min/St.

### 5.7.7 Karusselldrehmaschinen

**Dr.-Ing. H. De Jong, Kaarst**

#### 5.7.7.1 Bauformen der Karusselldrehmaschinen und ihre Arbeitsweise

Die Karusselldrehmaschine ist durch die sich um eine senkrechte Achse drehende Planscheibe und das darauf gespannte Werkstück gekennzeichnet. Daraus erklärt sich ihr Einsatz als Bearbeitungsmaschine schwerer oder sperriger Werkstücke. Wesentliche Gesichtspunkte sind die leichte Zu- und Abfuhr sowie Aufspannung der Werkstücke auf der horizontalen Planscheibe. An großen Teilen strebt man die Bearbeitung in der späteren Einbaulage an, die häufig der Aufnahme auf der horizontalen Planscheibe entspricht. Schließlich verlangen sehr genau zu fertigende Werkstücke ein Bearbeiten in möglichst einer Aufspannung. Hier bietet die Karusselldrehmaschine durch Zusatzeinrichtungen für spezielle Arbeitsvorgänge vielfältige Lösungsmöglichkeiten. Diesen Vorteilen stehen relativ schlechte Spanabfuhr sowie die beim Karusselldrehen teilweise verfahrensbedingte veränderliche Werkzeugauskragung gegenüber.
Karusselldrehmaschinen kommen heute in sämtlichen Bereichen des Maschinen-, Triebwerk- und Apparatebaus zur Anwendung. Mit ihnen werden vorwiegend Einzelwerkstücke oder kleinere Serien bearbeitet.
Die Entwicklung einer Drehmaschine mit senkrechter Drehachse geht auf den Schweizer Ingenieur *J. Bodmer* zurück. Maschinen dieser Bauart wurden erstmalig gegen Ende des 19. Jahrhunderts in den USA, später auch in Europa verwirklicht. Sehr früh wurden bereits Maschinen in Einständer- und auch Zweiständerbauweise entwickelt, und zwar sowohl mit ortsfesten als auch verfahrbaren Ständern bzw. Untersätzen sowie mehreren Werkzeugträgern. Anfang der dreißiger Jahre löste die Entwicklung von Wasserturbinen mit immer größeren Gehäuseabmessungen den Bau größter Zweiständer-Karusselldrehmaschinen mit verfahrbarem Portal aus. Die Maschinen erreichten schließlich Planscheibendurchmesser von 18 m bei einem maximalen Drehdurchmesser von 25 m. Da eine Auslastung durch Großteile nur in Einzelfällen gegeben war, entwickelte man kombinierbare Kern- und Ringplanscheiben, um auch kleinere Werkstücke bei höheren Drehzahlen wirtschaftlich bearbeiten zu können. Dies führte jedoch zu sehr aufwendigen Konstruktionen.
Nach dem zweiten Weltkrieg setzte sich zur Bearbeitung großer Einzelwerkstücke unterschiedlicher Abmessungen die Einständer-Karusselldrehmaschine mit verfahrbarem Ständer oder Untersatz durch. Dieser Maschinentyp kam ursprünglich nur für leichtere Werkstücke und geringe Zerspanleistung zum Einsatz. Nach Entwicklung entsprechend steifer Konstruktionen löste er jedoch wegen seiner spezifischen Vorteile in den meisten Fällen die Zweiständer-Bauweise ab.
Neben den grundlegenden Entwicklungen im Maschinenaufbau beeinflußten in den letzten Jahren weiterentwickelte Konstruktionselemente entscheidend die Leistungsfähigkeit von Karusselldrehmaschinen. Wälzlager oder hydrostatische Lager lösten die hydrodynamische Planscheibenlagerung ab. Sie erhöhten wegen der geringeren Reibverluste den Wirkungsgrad bei verbesserter Arbeitsgenauigkeit.
An bahngesteuerten Maschinen wurden zunächst hydraulische, später elektrische Servoantriebe für jede Vorschubachse verwendet. Damit entfielen die früher typischen Getriebestränge und Führungsprinzipien. Servo-Steuerungen kommen heute auch an handgesteuerten Maschinen zum Einsatz. Dies verbesserte die zentrale Bedienbarkeit der Maschine und die Integrationsmöglichkeit spanender Zusatzeinrichtungen.

Die unterschiedlichen Ausführungen von Karusselldrehmaschinen gehen auf wenige Grundtypen zurück. Bild 175 A zeigt die am meisten verbreitete Einständer-Karusselldrehmaschine mit ortsfestem Ständer und Untersatz sowie verfahrbarem Querbalken. Sie kommt für Durchmesser zwischen etwa 800 und 3000 mm zum Einsatz und kann mehrere Werkzeugschlitten aufnehmen. In der Praxis überwiegen Maschinen mit zwei bis drei Schlitten. Die Querbalkenschlitten überstreichen den Radius rechts bzw. links der Drehmitte und damit den gesamten, der Seitensupport nur einen Teil des Arbeitsbereichs. Ein Querbalkenschlitten kann mit dem Querbalken unmittelbar oberhalb des Werkstücks angestellt und für Innen-, Außen- sowie Planbearbeitung eingesetzt werden. Demgegenüber dient der Seitenschlitten überwiegend zur Außenbearbeitung.
Bei Schlittenstellung rechts von der Drehmitte wirkt die Schnittkraft in Richtung auf Querbalken- bzw. Ständerführung, bei Stellung links von der Drehmitte ist dies umgekehrt, so daß die Schnittkraft auf den Umgriff der Führungen wirkt. Daher ist für Linksschlitten die Belastbarkeit eingeschränkt.
Maschinen zur Bearbeitung überwiegend flacher Teile mit wenig veränderlicher Drehhöhe haben häufig einen festen Querbalken.
In Bild 175 B ist eine Maschinenvariante für den Drehbereich von etwa 400 bis 1 000 mm dargestellt. Querbalken und Meißelschieber sind durch einen Kreuzschlitten ersetzt, der unmittelbar auf dem Ständer verfährt. Wegen der hier konstanten Auskraglänge der Drehwerkzeuge bleibt die Drehhöhe dieser Maschinen stärker begrenzt als bei Maschinen mit Querbalkenschlitten.

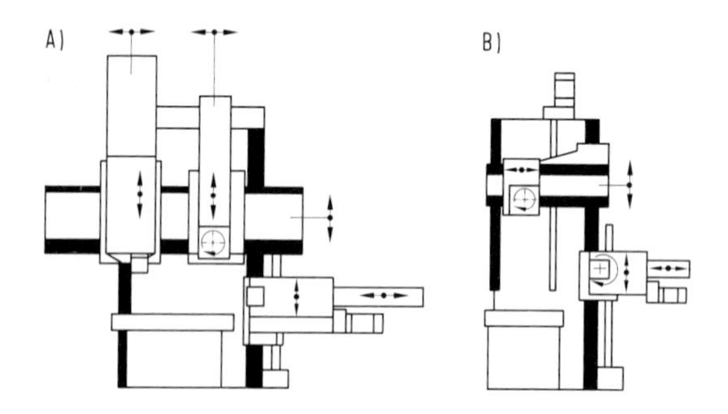


Bild 175. Einständer-Karusselldrehmaschinen

A) mit linkem Stößelschlitten, rechtem Vierkantrevolverschlitten und rechtem Seitenschlitten, B) mit Kreuzschlitten und Seitenschlitten, beide Werkzeugträger mit Vierkantrevolverkopf

Diese Einständer-Bauweise erreicht bei etwa 3000 mm Drehdurchmesser ihre konstruktiven Grenzen und wird darüber hinaus von der Zweiständer-Karusselldrehmaschine (Bild 176 A) oder der Einständer-Karusselldrehmaschine mit in Richtung Drehachse auskragendem Querbalken (Bild 176 B) abgelöst. Beide Maschinen kommen mit festem oder verfahrbarem Portal bzw. Ständer oder verfahrbarem Untersatz zur Ausführung, wodurch sich der Drehdurchmesser vergrößern sowie das Beladen der Planscheibe erleichtern läßt, da Hebezeuge bei zurückgefahrener Maschine Werkstücke senkrecht auf die Planscheibe aufsetzen können.
Im Gegensatz zu der Einständer-Bauweise bringt das Verfahren von Portal und Untersatz bei der Zweiständer-Bauweise Nachteile. Die Werkzeuge wandern in eine Ebene außerhalb der Drehmitte; damit verändern sich die relative Stellung der Werkzeug-

schneide und die Richtung der angreifenden Schnittkraft. Nachform- oder Durchmesser-Meßeinrichtungen können nur eingeschränkt zum Einsatz kommen.

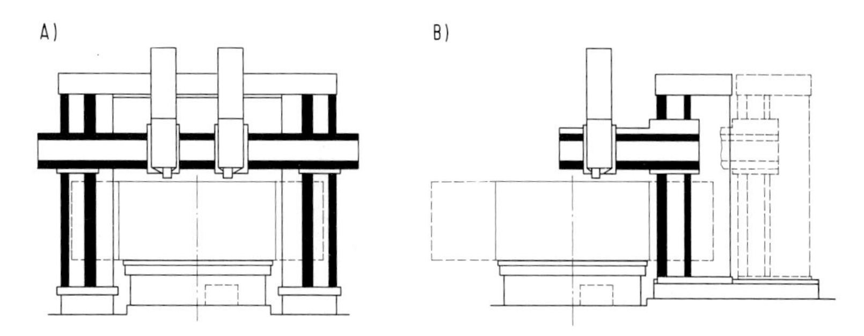


Bild 176. Karusselldrehmaschinen für Drehdurchmesser über 3000 mm
A) Zweiständer-Maschine mit verfahrbarem Portal, B) Einständer-Maschine mit verfahrbarem Ständer (gestrichelt: Portal bzw. Ständer in rückwärtiger Position für vergrößerten Drehdurchmesser)

Der größte Werkstückdurchmesser bestimmt den Portaldurchgang und damit im wesentlichen Portal- und Querbalkenauslegung einer Zweiständer-Karusselldrehmaschine. Eine Einständer-Karusselldrehmaschine legt man dagegen für einen mittleren, d. h. den häufigsten Bearbeitungsdurchmesser aus und nimmt größere Werkstücke über geeignete Stützkonstruktionen auf die Planscheibe auf. Wegen des geringeren Maschinenaufwands und größerer Flexibilität stellt diese Maschine eine Alternative zur Zweiständer-Maschine dar. Wesentlich bei der Festlegung des auch später an der installierten Maschine noch durch Anbau eines Bettabschnitts erweiterbaren Drehdurchmessers bleibt lediglich die Frage, bis zu welchem Umlaufdurchmesser der Querbalken noch die Drehmitte erreichen soll.
Bei Großmaschinen überwiegt heute die Einständer-Bauweise mit veränderlichem Drehbereich. Verfahrbare Portale kommen dann zum Tragen, wenn zur Bearbeitung großer Teile die senkrechte Beladeмöglichkeit der Planscheibe und die mit der symmetrischen Portalbauweise gegebene höhere Arbeitsgenauigkeit entscheidend sind.
Neben diesen Maschinen mit umlaufendem Werkstück und ortsfestem Werkzeug wurden zahlreiche Sonderformen entwickelt, bei denen der Maschinenaufbau zum Teil vollständig auf spezielle Bearbeitungsbedingungen und Werkstückkonfigurationen ausgelegt oder die Bewegung von Werkstück und Werkzeug umgekehrt wurden.
Die Einständer-Karusselldrehmaschine mit verfahrbarem Ständer in Bild 177 dient z. B. zur Bearbeitung von Reaktordruckkesseln. Querbalken- und Seitensupport führen außer der Außendrehbearbeitung in Verbindung mit eingebauten Hauptspindeln und Zusatzeinrichtungen auch die Schweißkantenvorbereitung in den Wandöffnungen und an den Stutzen sowie alle Bohrungs- und Gewindebearbeitungen in Kesselwand und -flansch durch. Die Innenbearbeitung übernimmt der in Planscheibenmitte stationär angeordnete Ständer mit Werkzeugträger. Ständerform und -arbeitsbereich wurden weitgehend durch die Kesselinnenabmessungen bestimmt. Das stationäre Zentrum zur Aufnahme des Ständerfußes bedingt eine Ringplanscheibe. Mit der Abstützung oben im Kessel kann der Ständer trotz schmaler Basis die bei der Bearbeitung auftretenden Querkräfte aufnehmen. Der Ständer kann zusätzlich durch Umsetzen auch für Außendreharbeiten verwendet werden.

Bei dem Beispiel nach Bild 178 wurde der versetzbare Maschinenständer mit Schlitten auf die Bearbeitung spezieller Generatorengehäuse zugeschnitten, die bei ortsfestem Werkstück erfolgt. Zum Fräsen der Gehäuseaußenflächen verfährt der Ständer tangential zur Planscheibe. Nach den Innendreharbeiten am Gehäuse mit auf der Planscheibe umlaufendem Ständer schneiden Winkelbohrköpfe sämtliche Bohrungen und Gewinde in Flansche und Gehäusestege. Die Winkellagen der Planscheibe fährt dabei eine Positioniersteuerung an.

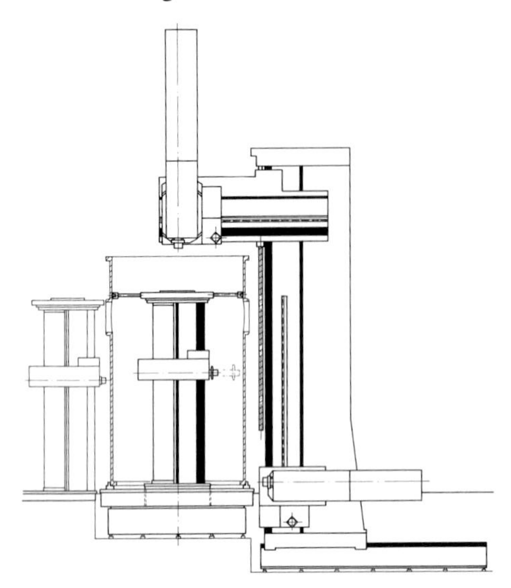

Bild 177. Einständer-Karusselldrehmaschine mit verfahrbarem Ständer zur Außenbearbeitung von Reaktordruckkesseln; umsetzbarer Hilfsständer zur Kesselinnenbearbeitung auf stationärem Planscheibenzentrum

Bild 178. Karusselldrehmaschine mit umsetzbarem Ständer zur Außen- und Innenbearbeitung von Generatorgehäusen bei ortsfestem Werkstück; Flanschbearbeitung mit Winkelbohrkopf

### 5.7.7.2 Konstruktive Gestaltung von Karusselldrehmaschinen

Bild 179 zeigt prinzipiell die Hauptbaugruppen einer Einständer-Karusselldrehmaschine mit verfahrbarem Ständer bei Gruppen- und Einzelvorschub. Der an älteren Maschinen übliche Gruppenvorschub leitet die Vorschubbewegung über eine Getriebekette vom Hauptantrieb ab. Das am Querbalken angeordnete, von Hand im Stand oder über Elektromagnetkupplungen unter Last schaltbare Stufengetriebe schaltet die jeweilige Vorschubgröße. Die Planbewegung des Schlittens wird über die Gewindespindel, die Senkrechtbewegung des Meißelschiebers über eine Schaftwelle vom Vorschubgetriebe abgeleitet.

Neuere Konstruktionen arbeiten mit Einzelvorschubantrieben, bei denen je ein regelbarer Motor, heute vorwiegend ein permanent erregter Gleichstrom-Servomotor, die senkrechte bzw. waagerechte Vorschubbewegung erzeugt. Diese an bahngesteuerten Maschinen übliche Antriebsart bedingt steife und verspannte mechanische Übertragungselemente und Führungen, so daß auch an handgesteuerten Maschinen mit Einzelvorschubtechnik die bisherigen Unterschiede gegenüber NC-Maschinen verschwanden. Mit dem Servo-Motor, der den gesamten Vorschubregelbereich überdeckt, entfielen insbesondere auch die zahlreichen Zahnräder bzw. Kupplungen der Schaltgetriebe.

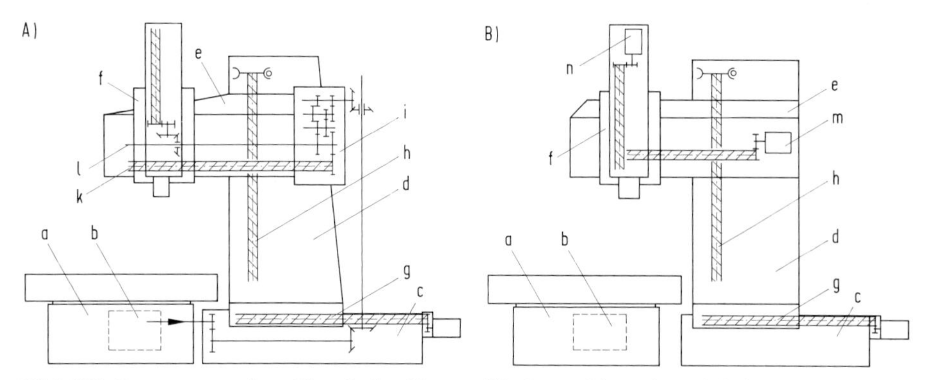


Bild 179. Baugruppen einer Einständer-Karusselldrehmaschine mit verfahrbarem Ständer
A) bei Gruppenvorschub, B) bei Einzelvorschub
a Untersatz mit Planscheibe, b Hauptantrieb, c Ständerbett, d Ständer, e Querbalken, f Schlitten, g Ständer-Verstellantrieb, h Querbalken-Verstellantrieb, i Vorschubgetriebe, k Schlittenantrieb über Gewindespindel, l Meißelschieberantrieb über Schaftwelle, m Servoantrieb für Schlitten, n Servoantrieb für Meißelschieber

Werkstückgewicht und -abmessungen bestimmen Durchmesser und Belastbarkeit der Planscheibe, deren Tragfähigkeit für Durchmesser von 1000 bis 8000 mm zwischen 50 und 5000 kN liegt. Die Rund- und Planlauffehler der unbelasteten Planscheibe liegen zwischen 5 und 10 µm. Die hierfür entscheidende Steifigkeit von Lager und Untersatz ist auch im Hinblick auf die Durchmesserveränderungen durch Verfahren von Ständer oder Untersatz zu beurteilen. Bei größeren Maschinen ist der ortsfeste Untersatz vorzuziehen, da er auf der gesamten Unterseite gleichmäßig abgestützt und eingespannt werden kann. Ein verfahrbarer Untersatz liegt nur im Bereich der Führungsbahnen auf; die Zahl der Kontaktstellen ist demnach kleiner. Er verformt sich bei Belasten der Planscheibe ungleichmäßig und wegen der veränderlichen Werkstückgewichte unterschiedlich. Ein verfahrbarer Ständer stellt dagegen eine konstante Wanderlast dar; die durch sie verursachten Bett- und Fundamentverformungen können durch Nachrichten der Keilschuhe ausgeglichen werden.
Als Hauptantrieb kommt heute überwiegend der Gleichstrommotor in Verbindung mit zwei bis vier Getriebestufen zur Anwendung. Durch Anker- und Feldregelung wird ein Planscheibendrehzahlbereich von etwa 1 : 100 bis 1 : 160 überdeckt. Die Antriebsleistung liegt je nach Maschinengröße bei 30 bis 200 kW. Die Planscheibendrehzahlen erreichen an kleinen Maschinen etwa 600 $\min^{-1}$, an größeren etwa 20 $\min^{-1}$.
Je nach Maschinengröße werden heute die Schlitten für Schnittkräfte zwischen 10 und 160 kN ausgelegt. Die stufenlos einstellbaren Vorschubgeschwindigkeiten liegen zwischen 0,05 und 400 mm/min, bei einer Eilgangstufe von 6000 mm/min. Durch Vorspannung an Schlitten mit Einzelantrieb wird die Arbeitsgenauigkeit erhöht; Positioniertoleranzen von 10 bis 15 µm können eingehalten werden.
Sämtliche Maschinenverformungen aus dem Eigengewicht von Maschinenteilen, äußeren Kräften oder Wärmedehnungen führen zu Werkzeugverlagerungen und damit möglichen Bearbeitungsfehlern. Der Querbalkensupport übt z.B. als Wanderlast auf den Querbalken ein Biege- und Torsionsmoment aus. Querbalkendurchbiegung bzw. Werkzeugverlagerung werden in ihrer Auswirkung als Bearbeitungsfehler weitgehend durch eine der elastischen Linie inversen Überhöhung auf Querbalkenschmal- und Umgriffführungen eliminiert, so daß das Werkzeug bei durchgebogenem Querbalken waagerecht bzw. senkrecht verfährt.

Der Durchhang des Meißelschiebers am Seitenschlitten läßt sich auf diese Weise nicht kompensieren. Er wird daher durch Anstellen des Schlittens gemittelt, so daß der Schieber bei kurzem Ausschub oberhalb, bei vollem Ausschub unterhalb der Nullinie liegt.
Die durch verfahrbare Ständer oder Portale verursachten Bett- bzw. Fundamentverformungen werden durch Anstellen der meistens zwischen Fundament und Maschine angeordneten Keilschuhe ausgeglichen.
Der genaue Ausgleich von Querbalkenverformungen in den Schmal- und Umgriffführungen ist nur für einen Werkzeugträger möglich. Bei zwei Supporten hängt diese von deren Stellung am Querbalken absolut und relativ zueinander ab. Daher dienen häufig Hilfseinrichtungen zur Entlastung des Querbalkens vom Supportgewicht, so daß die Schmalführung nur die Geradführung des Supports übernimmt.

### 5.7.7.3 Werkzeugeinrichtungen und Spannmittel

Häufigste Werkzeugträger sind die Revolver- oder Stößelschlitten nach Bild 175. Erwähnt sei ferner noch der Stößelschlitten mit Planrevolverkopf und senkrechter Schwenkachse. Außerdem gibt es zahlreiche Revolverkopfvarianten oder Sonderschlitten.
Der Meißel wird in der Regel in einen am Werkzeugträger befestigten Meißelhalter geklemmt. Steigende Anforderungen führten zu Werkzeugaufnahmen mit genauer Werkzeugfixierung und rascher Wechselmöglichkeit. So entstanden Werkzeugsysteme mit manuellem, maschinellem oder automatischem Werkzeugwechsel.
Weit verbreitet ist der Halter mit Schwalbenschwanz und Spannkeil (Bild 180 A). An größeren Maschinen hat sich wegen der hohen Steifigkeit und vielseitigen Anwendungsmöglichkeiten der Halter mit Klemmring und Stirnverzahnung (Bild 180 B) als besonders vorteilhaft erwiesen.

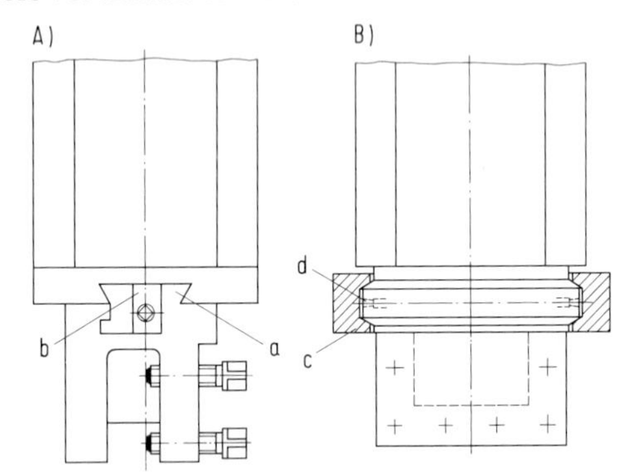


Bild 180. Meißelhalter
A) Schwalbenschwanz (a) mit axial verschiebbarem Spannkeil (b), B) geteilter Klemmring (c) mit Stirnverzahnung (d) in Halter und Stößel

Automatische Werkzeugwechsler machten die Entwicklung spezieller Werkzeughalter erforderlich. Heute überwiegen Halter mit ISO-Kegel oder Prismenaufnahme (Bild 181). Die Prismenaufnahme hat den Vorteil, daß der Hub entsprechend der Kegelschaftlänge beim Wechselvorgang entfällt und Spannen sowie Lösen direkt über eine hydraulisch gesteuerte Zugstange erfolgen kann. Da die Werkzeughalter in einem scheibenförmigen Magazin senkrecht abgelegt werden, entfallen Greiferarme und Schwenkmechanismus, und der Wechselvorgang läuft in wenigen Sekunden ab.
An größeren Karusselldrehmaschinen haben sich derartige automatische Werkzeugwechsler wegen der aus Zerspankraftkomponenten sowie Stößelquerschnitten resultierenden Werkzeughalter- und Magazinabmessungen nicht durchgesetzt.

In den letzten Jahren entstand jedoch eine Lösung durch Kombination eines Planrevolverkopfs mit einer Magazinscheibe, die nur Drehmeißel wechselt (Bild 182). Der Revolverkopf mit je einer senkrechten und waagerechten Schaftaufnahme bringt durch Schwenken um 90° das jeweilige Werkzeug zum Einsatz. Federpakete im Revolverkopf klemmen den Meißelschaft, sie werden zum Lösen hydraulisch gelüftet. Die genormten Meißelschäfte werden einem Magazin entnommen.

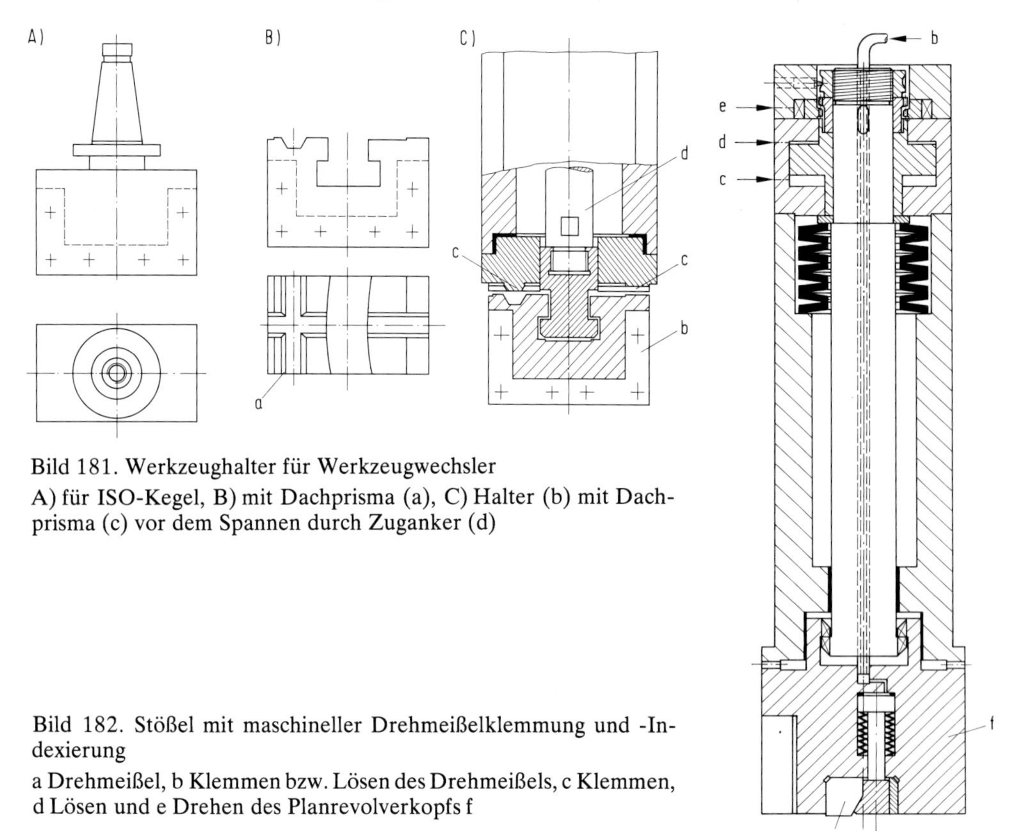


Bild 181. Werkzeughalter für Werkzeugwechsler
A) für ISO-Kegel, B) mit Dachprisma (a), C) Halter (b) mit Dachprisma (c) vor dem Spannen durch Zuganker (d)

Bild 182. Stößel mit maschineller Drehmeißelklemmung und -Indexierung
a Drehmeißel, b Klemmen bzw. Lösen des Drehmeißels, c Klemmen, d Lösen und e Drehen des Planrevolverkopfs f

Die zur Bearbeitung mit umlaufendem Werkzeug ursprünglich für Großkarusselldrehmaschinen entwickelten Einrichtungen waren zunächst in ihrer Leistung begrenzt. In den letzten Jahren entstanden jedoch Systeme von Zusatzeinrichtungen, die den stufenweisen Ausbau auch mittlerer Maschinen zu Bearbeitungszentren ermöglichen.
Treibt man eine im Meißelschieber angeordnete Werkzeugspindel über einen Gleichstromregelmotor direkt an, so können Drehzahlbereich und Drehmoment durch entsprechende Übersetzungen in den Bearbeitungsköpfen am Meißelschieberende für den jeweiligen Bearbeitungsvorgang ausgelegt werden. Die Köpfe selbst sind im einfachsten Fall z. B. über den genannten Doppelklemmring von Hand zu klemmen oder automatisch aus einem Magazin zu entnehmen und zu spannen (Bild 183). Die Anwendung derartiger Bearbeitungsköpfe bedingt unter Umständen auch eine Positionierbarkeit der Planscheibe in bestimmte Winkellagen. Schließlich wurde die Drehachse auch als bahngesteuerte Achse ausgeführt, die von einem bei normalen Dreharbeiten entkuppelten Servoantrieb gesteuert wird. Mit entsprechenden Köpfen ist es dann möglich, auch nicht rotationssym-

metrische Flächen, wie Schweißkanten in Kesselwandöffnungen, zu bearbeiten. Ausrichten und Spannen der Werkstücke auf der Planscheibe geschieht in der Regel über Spannklauen, die auf der Planscheibe versetzbar sind.

Bild 183. System umlaufender Werkzeuge
A) umlaufende Planscheibe mit maschineller Spannung, B) Magazin mit Bearbeitungsköpfen

Bei Maschinen mit veränderlichem Drehdurchmesser nimmt man leichtere Werkstücke, deren Spanndurchmesser den Planscheibendurchmesser überschreitet, über angeschraubte Kragarme, schwere Stücke über Tragsterne auf (Bild 184).

Bild 184. Tragstern zur Aufnahme eines über die Planscheibe hinausreichenden, ringförmigen Werkstücks

An kleineren bis mittleren Maschinen werden zahlreiche Spannvorrichtungen mit unterschiedlichem Automatisierungsgrad verwendet, wobei die Ausbildung der Spannbacken weitgehend von Form und Abmessung der Werkstücke abhängt. Bei automatischen Spannvorrichtungen erzeugt ein koaxial im Untersatz angeordneter Spannzylinder pneumatisch oder hydraulisch die Spannkraft, die dann über keilförmige Umlenkstücke auf die radial in der Planscheibe beweglichen Schieber mit Spannbacken übertragen wird.

## 5.7.8 Frontdrehmaschinen

**o. Prof. Dr.-Ing. G. Spur, Berlin**

### 5.7.8.1 Allgemeines

Die frontbediente Futterdrehmaschine gehört zur Gruppe der Kurzdrehmaschinen. Sie ist für die Bearbeitung scheibenförmiger Werkstücke konstruiert. Auf Frontdrehmaschinen werden Werkstücke mit einem Durchmesser von 5 bis 800 mm gefertigt. In Abhängigkeit von der Baugröße der Maschine werden Antriebsleistungen bis 80 kW installiert. Mit dieser Maschinenbauart ergeben sich folgende Vorteile:
große Mengenleistung bei geringem Nutzflächenbedarf,
kurze Wege für die Arbeitsperson bei der Maschinenbedienung,
Werkstückzuführung ergonomisch günstig,
freier Spänefall.
Handbeschickte Frontdrehmaschinen werden überwiegend in der Klein- und Mittelserienfertigung eingesetzt. Ergänzt durch Zuführungs-, Verkettungs- und Werkstückstapeleinrichtungen sowie durch automatische Meß- und Kontrollgeräte, haben sie sich auch in der Großserienfertigung bewährt.

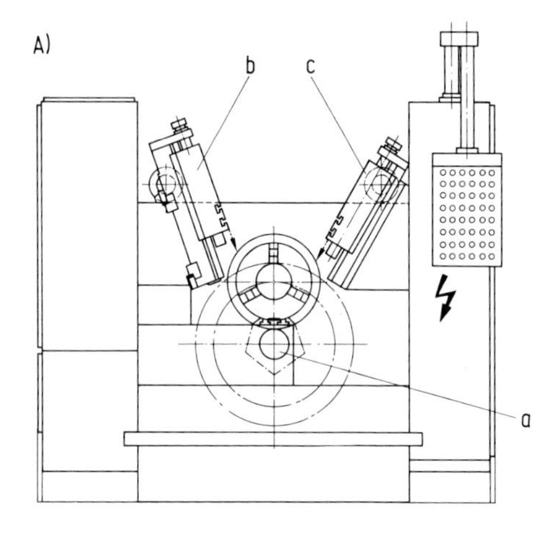


Bild 185. Frontdrehmaschinen
A) einspindelig mit drei Schlitteneinheiten, B) zweispindelig mit zwei Schlitteneinheiten je Hauptspindel
a Revolverschlitten, b Kreuzschlitten, c Planschlitten

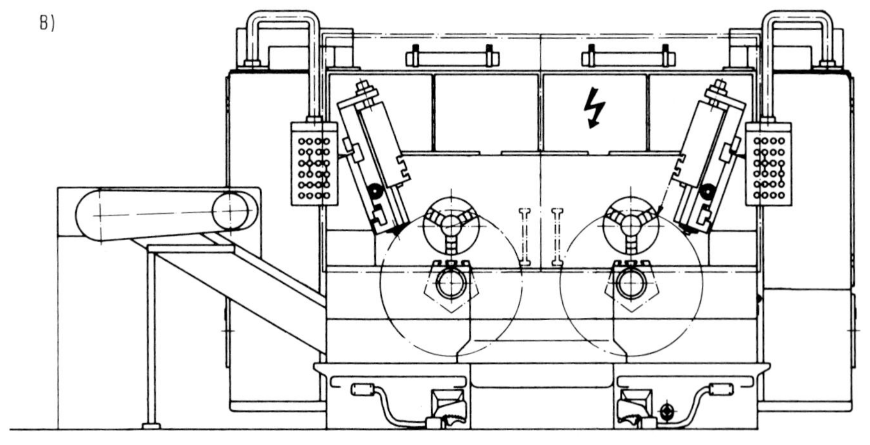

Frontdrehmaschinen werden als Ein- und als Zweispindeldrehautomaten hergestellt (Bild 185). Zur Grundausstattung gehören rechte und linke Kreuzschlitten sowie Revolverschlitteneinheiten, die einander spiegelbildlich gleichen und überwiegend aus gleichen Baugruppen bestehen. Jeder Hauptspindel sind maximal drei Schlitten zugeordnet. Diese Schlitten sind für die Außen- und Bohrungsbearbeitung geeignet. Typische Arbeitsaufgaben für Frontdrehmaschinen sind das Schrupp-, Schlicht- und Feindrehen sowie Längs- und Plan-Nachform-Drehen, Profileinstechen, Inneneinstechen und die Herstellung von Gewinden. Die Arbeitsgenauigkeit entspricht der ISO-Qualität IT 7. Die Steuerung der Maschine erfolgt überwiegend elektro-hydraulisch durch eine Folgesteuerung. Mit einer wegabhängigen Druckumsteuerung werden die Schlittenwege überwacht und gesteuert. Während der Bearbeitung auftretende Druckspitzen können somit keine Fehlimpulse auslösen. Außerdem ergeben sich kurze Umrüst- und Einrichtzeiten, da wegabhängige Schaltnocken nicht genau gesetzt werden müssen. Der Bewegungsablauf der Schlitten wird über ein Steckerfeld eingegeben. In Bild 186 sind Standardprogramme dargestellt, die für eine Kreuzschlitteneinheit zur Verfügung stehen. Die große Programmzahl erlaubt die Fertigung sehr unterschiedlicher Werkstücke, wobei besonders die zahlreichen Nachformmöglichkeiten von Vorteil sind. Die Maschine ist mit universellen, voreinstellbaren Werkzeugen ausgerüstet. Die Umrüstzeit der Maschine hängt von der Anzahl der einzurichtenden Werkzeuge ab. Für eine handbeschickte Maschine mit zwei Kreuzschlitteneinheiten ergibt sich erfahrungsgemäß eine Umrüstzeit von 40 min für das Umrichten von einer Werkstückgröße auf die nächste und etwa 2 h, wenn sich die Werkstückart ändert. Handbeschickte, elektro-hydraulisch gesteuerte Frontdrehmaschinen werden schon bei Losgrößen ab 20 bis 50 Stück eingesetzt. Für den

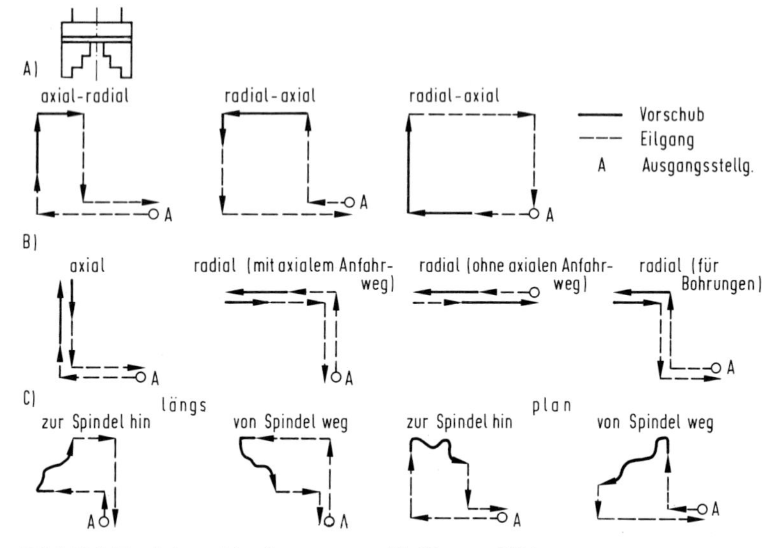


Bild 186. Funktionsablaufprogramme für Kreuzschlitten
A) Drehprogramme, B) Einstechprogramme, C) Nachformprogramme

Bereich der Einzel- und Kleinserienfertigung werden auch numerisch gesteuerte Frontdrehmaschinen in Ein- und Zweispindel-Ausführung angeboten. Dabei erfolgt der Vorschubantrieb über gesteuerte Gleichstrommotoren (Thyristorsteuerung) und eine Kugelumlaufspindel. Die Zweispindelfrontdrehmaschine eignet sich besonders für Werkstük-

ke, die in zwei Aufspannungen gefertigt werden. Dadurch entfällt das Zwischenstapeln der Werkstücke zwischen der ersten und der zweiten Einspannung. Obwohl die Hauptspindeln weit auseinander angeordnet sind, um den Arbeitsraum gut zugänglich und überschaubar zu gestalten und einen freien Spänefall zu gewährleisten, ist die Maschinenkonzeption raumsparend.
Für den Bereich der Großserienfertigung werden Ein- oder Zweispindel-Frontdrehmaschinen automatisch beschickt und lose oder fest verkettet. Jeder Maschine nachgeschaltet ist eine Hub- oder eine Hub-Wendestation. Bei der Zweispindelausführung kann das Werkstück für die zweite Aufspannung auch im Arbeitsraum gewendet werden. Sind die Drehmaschinen in geschlossener Reihenaufstellung angeordnet, spricht man von Drehmaschinenstraßen (Bild 187).

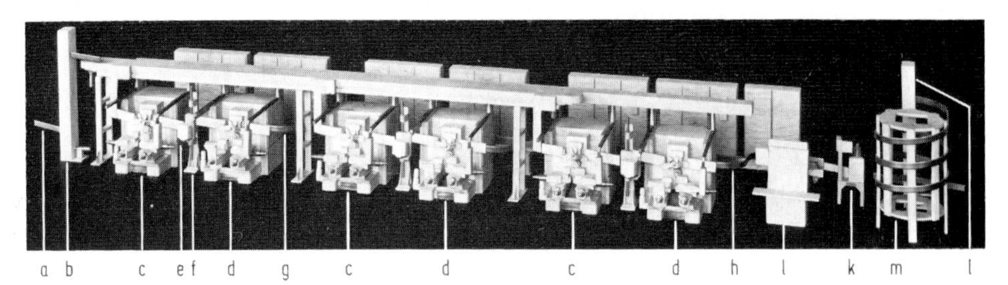


Bild 187. Modell einer Frontdrehmaschinenstraße

a Rohteil-Zufuhr, b Rohteil-Elevator-Station, c Drehen, erste Einspannung, d Drehen, zweite Einspannung, e automatische Meßeinrichtung, f Hub- und Wendestation, g Rohteiltransport, h Fertigteil-Ableitung, i Werkzeug-Überwachung, k Stempelautomat, l Fertigteil-Elevator, m Fertigteil-Speicher

Eine Sonderbauform der zweispindeligen Frontdrehmaschine ist in Bild 188 dargestellt. Um den drehbaren Spindelstock, der mit drei Spindeln ausgerüstet ist, befinden sich zwei Drehstationen und eine Be- und Entladestation. Die Schlittenanordnung in beiden Drehstationen entspricht der einer Frontdrehmaschine. Mit dieser Maschinenbauart kann das Be- und Entladen während der Hauptzeit erfolgen.

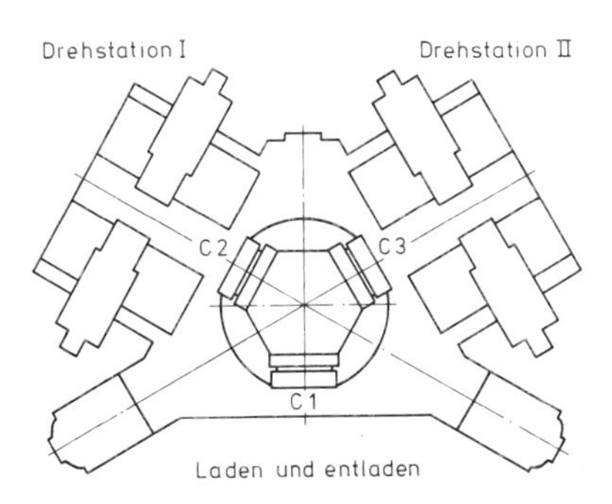


Bild 188. Frontdrehmaschine mit drehbarem Spindelstock

### 5.7.8.2 Konstruktiver Aufbau der Frontdrehmaschine

Am Beispiel eines Zweispindeldrehautomaten (Bild 189) soll der konstruktive Aufbau von Frontdrehmaschinen betrachtet werden. Die Maschine ist so konstruiert, daß

schwere, unterschiedliche Schnittbelastungen, wie sie bei der Schruppbearbeitung auftreten, auf der einen Arbeitsstation das Arbeitsergebnis auf der anderen Maschinenseite nicht beeinflussen.
Die Maschine besteht aus den Baugruppen Maschinenständer, Antrieb, Spindelstock, verschiedene Schlitteneinheiten, hydraulische und elektrische Steuerung.

Bild 189. Handbeschickter Zweispindel-Frontdrehautomat

Der *Maschinenständer* ist als verwindungssteife Gußkonstruktion ausgeführt. Er dient auch als Kühlschmiermittelbehälter. Für den Anschluß an eine zentrale Späneförderanlage erhält der Maschinenständer einen Durchbruch. Der Spindelstock und die seitlich der Hauptspindel angeordnete Führung für den Kreuzschlitten werden auf dem Ständer befestigt.
Der kastenförmig aufgebaute *Spindelstock* enthält ein zweistufiges Kupplungsgetriebe. In Verbindung mit dem polumschaltbaren Drehstromhauptantrieb ergeben sich vier automatisch schaltbare Drehzahlen. Durch fünf Wechselradpaare, die auf der rückwärtigen Seite des Spindelstocks ausgetauscht werden können, stehen 18 verschiedene Drehzahlen in einem Bereich von 1 : 50 zwischen 36 und 1800 $\text{min}^{-1}$ zur Verfügung. Die Hauptspindel ist radial in zweireihigen Zylinderrollenlagern geführt. Axial wird die Spindel durch zwei vorgespannte Axial-Rillenkugellager abgestützt. Alle Lagerstellen werden durch eine Zentralschmierung mit Frischöl versorgt. Auch ein Gleichstromantrieb kann angebaut werden. Durch das vorgeschaltete Kupplungsgetriebe im Spindelstock wird bei Verwendung von Gleichstromhauptantrieben ein hohes Drehmoment auch bei niedrigen Drehzahlen erreicht.
Die *Schlitteneinheiten* sind nach dem Baukastenprinzip entwickelt. Für die Maschine in Bild 190 stehen drei Grundtypen, nämlich der Revolverschlitten, der Kreuzschlitten und der Planschlitten zur Verfügung. Die Kreuz- und Planschlitten sind seitlich zur Hauptspindel angeordnet. Entsprechend der Lage des Schlittens zur Hauptspindel unterscheidet man zwischen Oberschlitten und Unterschlitten oder auch Hauptschlitten. Während bei den Oberschlitten die Hauptführungsbahnen parallel zur Spindelachse verlaufen, gibt es Frontdrehmaschinen mit quer zur Spindelachse liegenden Hauptführungsbahnen für den Unterschlitten.

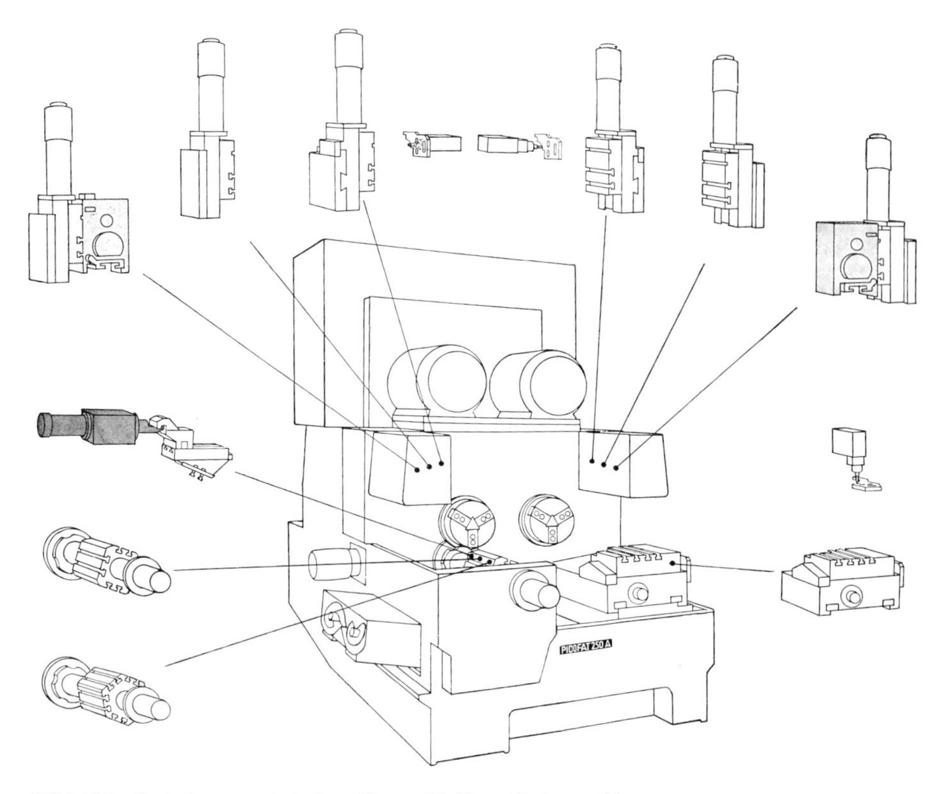

Bild 190. Variation von Arbeitsschlitten für Frontdrehmaschinen

Der *Hauptschlitten* ist in der Regel als programmgesteuerter Kreuzschlitten ausgebildet und wird mit Werkzeugen zum Längs- und Plandrehen ausgerüstet. In Verbindung mit einer Längs- und Plannachformeinrichtung können beliebige Konturen nachgeformt werden. Der Programmablauf für die Schlitteneinheit wird über ein Steckerfeld eingegeben. Zu unterscheiden sind Normalprogramme und Nachformprogramme. Die vorgegebenen Programmschritte werden über Schaltnocken eingeleitet. Einstellbare Festanschläge begrenzen die Endstellung des Schlittens in der Längs- und Planrichtung. Sie gewährleisten beim Ablauf von Normalprogrammen die Maßhaltigkeit des Werkstückes.
Als *Oberschlitten* werden meist Planschlitten, seltener Kreuzschlitten, für beide Arbeitsstationen eingesetzt. Sie sind unmittelbar am Spindelstock angeflanscht und eignen sich nur für leichtere Zerspanungsaufgaben. Der Planschlitten ist programmgesteuert und führt überwiegend Einstech- oder Planarbeiten aus. Der Verfahrweg ist durch einen einstellbaren Festanschlag begrenzt. Ist der Oberschlitten als Kreuzschlitten ausgebildet, so erfolgt die Programmierung auf die gleiche Weise wie beim Hauptschlitten auf einem zusätzlichen Steckerfeld. Der Anbau von Oberschlitten ist in der Regel nicht möglich, wenn die Werkstückhandhabung mit den zur Verfügung stehenden Einrichtungen automatisiert werden soll.
Der *Revolverschlitten* (Bild 191) ist unterhalb der Hauptspindel angeordnet. Er ist als Blockrevolverkopf ausgeführt und direkt auf einer Rundführung befestigt. Er wird durch ein Malteserkreuz geschaltet. Jeder Schaltstellung kann eine andere Spindeldrehzahl und ein anderer Vorschub zugeordnet werden. Zur Begrenzung der Längsbewegung ist für

jede Schaltstellung ein einstellbarer Festanschlag vorhanden. In die Spannflächen des Revolverschlittens sind T-Nuten eingearbeitet. Längs verschiebbare Spezialmeißelhalter mit Schwalbenschwanz-Aufspannflächen können Normalwerkzeuge aufnehmen. Das Werkzeug kann somit in Längs- und Planrichtung verschoben werden.

Bild 191. Als Blockrevolver ausgebildete Längsschlitteneinheit

Alle Vorschubbewegungen werden hydraulisch gesteuert. Innerhalb der verschiedenen Programme werden die Arbeitsvorschübe aller Schlitten in Richtung und Länge den Erfordernissen entsprechend unabhängig voneinander an Mengenreglern eingestellt. Mengenstellschablonen erleichtern das Wiedereinstellen der verschiedenen Vorschübe. Die Eilganggeschwindigkeit beträgt 8 m/min. Das Hydraulikaggregat und der Schaltschrank für die elektrische Ausrüstung befinden sich auf der Maschinenrückseite.
In Bild 192 ist ein Zweispindelautomat im Schnitt dargestellt. Die Hauptbettführung für den programmgesteuerten Kreuzschlitten liegt quer zur Spindelachse. Auf der Kreuzschlitteneinheit ist ein Vierkantrevolverkopf montiert, der über eine Zahnstange hydraulisch gedreht und in einer Hirth-Verzahnung indexiert wird. Der Oberschlitten ist ebenfalls als Kreuzschlitten ausgebildet und wird zum Nachformdrehen eingesetzt. Der

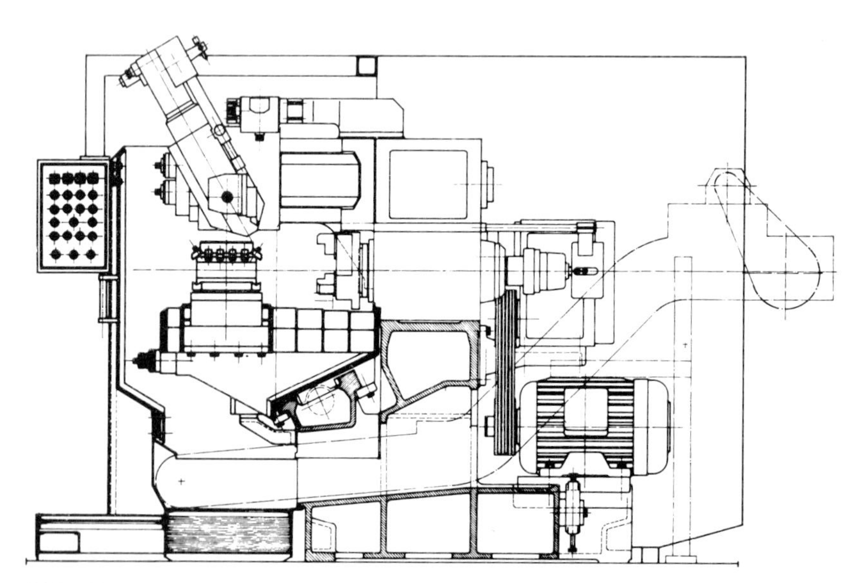

Bild 192. Schnitt durch einen Frontdrehautomaten mit Hauptbettführung in Querrichtung

Hauptantrieb befindet sich auf einer Konsole auf der Rückseite der Maschine. Der Spänetransport erfolgt durch einen Späneförderer, der durch einen Durchbruch im Maschinenständer in den Arbeitsraum hineinreicht.
Weitere Schlittenausführungen für Frontdrehmaschinen sind eine Revolverschlitteneinheit, die für die Aufnahme eines Planschlittens geeignet ist (Bild 193), und der Schwenkschlitten (Bild 194). Letzterer eignet sich zum Längs- oder Plandrehen, zum Drehen von Kegeln, Schrägen und für Abstecharbeiten. Er läßt sich um 120° schwenken und in jeder Position feststellen.

Bild 193. Mit einem Planschlitten kombinierte Revolverschlitteneinheit

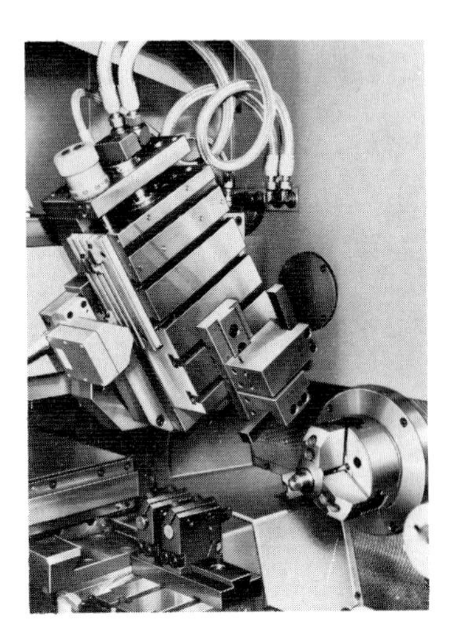

Bild 194. Schwenkschlitteneinheit

### 5.7.8.3 Beschickungseinrichtungen

Durch den Einsatz automatischer Werkstück-Zuführeinrichtungen wird die Produktivität von Ein- und Zweispindeldrehautomaten erheblich gesteigert. Der höhere Automatisierungsgrad ist jedoch nur für die Großserienfertigung oder für die Bearbeitung von Teilefamilien rentabel, da der Umrüstaufwand an der Beschickungseinrichtung für ein neues Werkstück erheblich ist.
Bereitgestellt werden die Werkstücke in einer Zulaufrinne, die auch die Funktion eines Werkstückspeichers übernimmt. Damit gelangen die Werkstücke bereits orientiert in die Zuteileinrichtung. Von dieser Station gelangt jeweils nur ein Werkstück in den Übergabebereich, in dem das Werkstück eine definierte Position einnimmt. Die Ein- und Ausgabeeinrichtung übernimmt die Werkstückhandhabung von der Eingabeposition zur Hauptspindel und von der Hauptspindel zur Ablaufrinne. Von dort wird das Werkstück nach dem Wenden zur nächsten Arbeitsstation weitergegeben. Die technische Ausführung der Einrichtungen für das Speichern, Zuteilen und Weitergeben ist abhängig von der Werkstückgeometrie und wird hier nicht näher betrachtet. Dagegen werden anschließend die Funktionen Ein- und Ausgeben sowie das Wenden näher erläutert.
In Bild 195 ist eine mechanisch gesteuerte Beschickungseinrichtung für einen Einspindeldrehautomaten dargestellt. Sie besteht aus einem Getriebekasten, der auf dem Spindelkasten montiert wird, und einem in diesem gelagerten Doppelarm mit zwei hydraulisch betätigten Greifköpfen. Der Doppelarm wird über eine Trommelkurve gedreht und über eine Scheibenkurve längs vor- und zurückverfahren (Bild 196). Beide Kurven befinden sich auf einer gemeinsamen Welle und werden, durch Getriebeelemente ent-

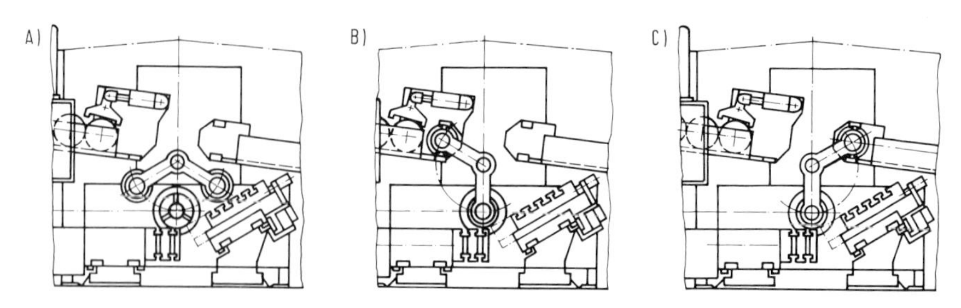


Bild 195. Mechanisch gesteuerte Ladeeinrichtung

A) Ausgangsstellung (Werkstück wird bearbeitet), B) Greifen eines Rohteils und des Fertigteils, C) Ablegen des Rohteils und des Fertigteils

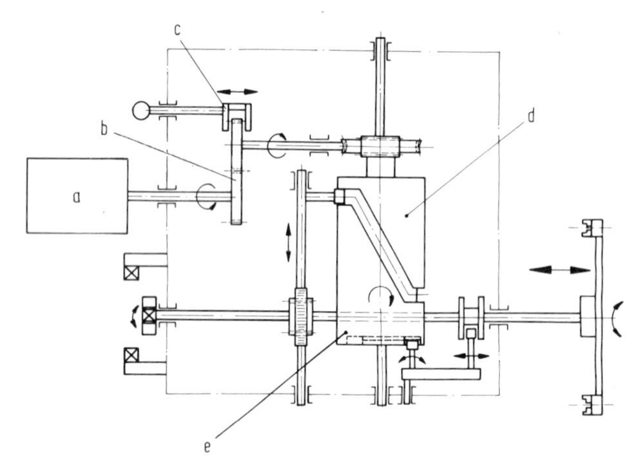


Bild 196. Getriebeplan einer mechanisch gesteuerten Ladeeinrichtung

a Motor, b Wechselräder, c Schieberad zum Auskuppeln von Hand, d Trommelkurve für Drehbewegung, e Scheibenkurve für die Längsbewegung

sprechend untersetzt, von einem Bremsmotor angetrieben. Durch eine Änderung des Untersetzungsverhältnisses können die Lade- und Schwenkzeiten den Erfordernissen angepaßt werden. Der Doppelarm greift zu Beginn eines Zyklus gleichzeitig das zu bearbeitende und das bearbeitete Werkstück. Nach dem Spannen der Werkstücke in den Greifköpfen verfährt das Handhabungsgerät zunächst in Längsrichtung, danach wird der Doppelarm um 120° gedreht. Das Rohteil befindet sich nun auf Höhe der Hauptspindel, das Fertigteil vor der Ablageposition. Die Eingabe der Werkstücke in beide Positionen erfolgt durch Verfahren in Längsrichtung. Nun werden beide Greifeinrichtungen geöffnet, während das Spannfutter der Maschine verzögert gespannt wird. Danach fährt der Doppelarm in seine Ausgangsstellung zurück.

In Bild 197 ist eine Beschickungseinrichtung mit zwei hydraulisch betätigten Schwenkarmen für einen Einspindelautomaten zu sehen. In der Ausgangsposition befindet sich der Eingabearm vor der Entnahmestation und der Ausgabearm vor der Ablageposition. Wird der Handhabungszyklus gestartet, so schwenkt der Ausgabearm zur Hauptspindel. Danach verfahren beide Arme in Längsrichtung und beide Greifeinrichtungen werden gespannt. Beide Greifköpfe haben jetzt ein Werkstück gegriffen und werden in Längsrichtung bewegt. Nach dem Schwenken befindet sich der Rohteilgreifer vor dem Spannfutter, der Fertigteilgreifer vor der Ablageposition. Beide Arme verfahren nun wieder in Längsrichtung, die Greifer werden geöffnet, das Spannfutter wird verzögert gespannt. Beide Greifarme fahren danach in die Ausgangsposition zurück. In Bild 198 ist dieses Prinzip für eine Zweispindeldrehmaschine wiedergegeben, bei der auf beiden Hauptspindeln der gleiche Arbeitsgang ausgeführt wird.

Bild 197. Hydraulisch betätigte Ladeeinrichtung

Bild 198. Ladeeinrichtung für das gleichzeitige Zuführen von zwei Werkstücken an einer Zweispindel-Frontdrehmaschine

Bild 199. Ladeeinrichtung mit V-förmiger Anordnung der Arme

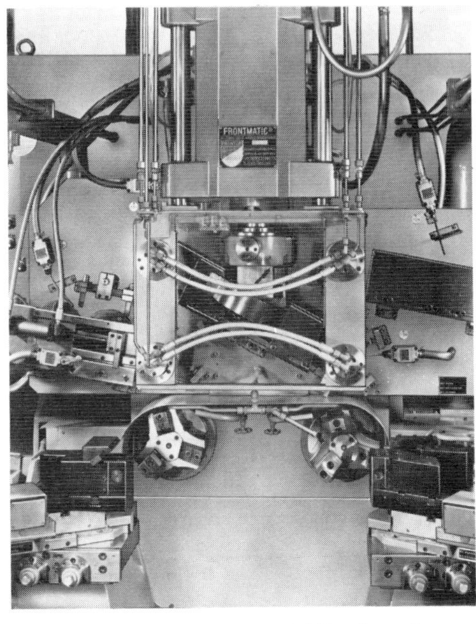


Bild 200. Ladeeinrichtung mit Wendestation

Eine weitere Variante einer Ein- und Ausgabeeinrichtung ist in Bild 199 zu sehen. Die Greifarme sind V-förmig angeordnet und führen nur geradlinige Bewegungen aus. Der Be- und Entladevorgang verläuft entsprechend dem Arbeitsablauf der bereits zuvor beschriebenen Handhabungseinrichtungen.
Für das beidseitige Bearbeiten eines Werkstücks auf einem Zweispindeldrehautomaten kann eine Ein- und Ausgabeeinrichtung mit Wendestation angebaut werden. Die in Bild 200 gezeigte Handhabungseinrichtung ist mit vier Greifköpfen ausgerüstet und führt nur translatorische Bewegungen aus. Wird der Ladezyklus gestartet (Bild 201 A), so befindet sich im linken unteren Greifkopf ein unbearbeitetes und im rechten unteren Greifkopf ein gewendetes, bereits bearbeitetes Werkstück. Der Ladearm fährt nun in den Arbeitsraum, und die beiden oberen Greifer entnehmen die bearbeiteten Drehteile. Danach werden die Werkstücke, die in den beiden unteren Greifköpfen gespannt sind, in die Spannfutter eingegeben, und die Beschickungseinrichtung fährt wieder in die Grundstellung. Das Werkstück im linken oberen Greifer wird nun in die Wendestation eingegeben, das Halbfertigteil des rechten oberen Greifers wird ausgegeben, der linke untere Greifer greift ein Rohteil und der rechte untere Greifer ein Fertigteil. Danach fährt die Ladeeinrichtung in die Grundstellung. Das Handhabungsgerät kann auch für das gleichzeitige Zuführen und Entnehmen von zwei Werkstücken (Bild 201 B) eingesetzt werden.

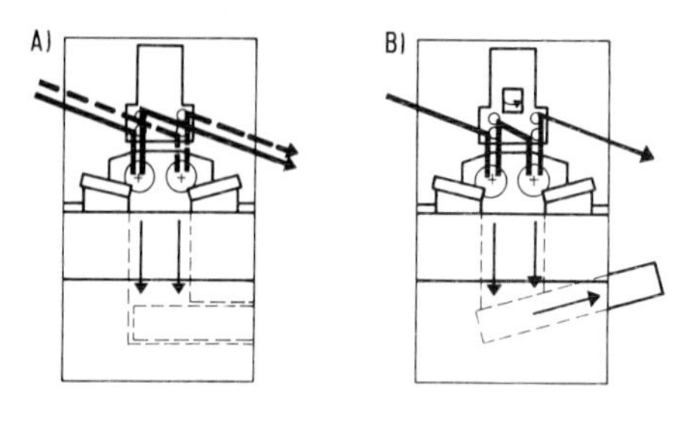


Bild 201. Funktionsablauf der Ladeeinrichtung Bild 200
A) mit Wendeeinrichtung, B) bei gleichzeitiger Zuführung von zwei Werkstücken

Das in Bild 202 dargestellte Ladegerät beschickt eine Zweispindeldrehmaschine mit vier Werkzeugschlitten. Es hat zwei Doppelarme, die mechanisch gekoppelt sind. Die Wendestation ist im Arbeitsraum unterhalb der Arbeitsspindel angeordnet. In der Hub- und Senkstation befindet sich nur ein Werkstück. Während der linke Doppelarm das Rohteil

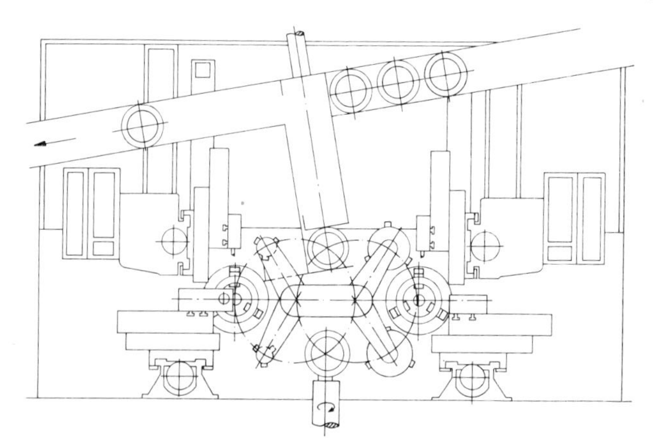

Bild 202. Ladeeinrichtung mit Wendeeinrichtung für eine Zweispindel-Frontdrehmaschine mit vier Werkzeugschlitten

der Hub- und Senkstation und das bearbeitete Werkstück der linken Hauptspindel entnimmt, greift der rechte Doppelarm das Werkstück in der Wendestation und das fertig bearbeitete Drehteil in der rechten Spindel. Die Ladeeinheit wird danach in translatorischer Richtung verfahren, und beide Greifarme werden derart geschwenkt, daß der linke Doppelarm das Rohteil in das linke Spannfutter und das vorbearbeitete Werkstück in die Wendestation und der rechte Doppelarm das gewendete Werkstück in das rechte Spannfutter und das fertig bearbeitete Werkstück in die Hub- und Senkstation eingeben kann. Nach dem Spannen fahren beide Ladearme wieder in ihre Grundstellung; die Hub- und Senkstation gibt das fertig bearbeitete Werkstück aus, und das nächste Rohteil wird bereitgestellt.

### 5.7.8.4 Zusatzeinrichtungen

Zur Herstellung von Außen- und Innengewinden können Frontdrehmaschinen mit einer automatisch arbeitenden Gewindestrehleinrichtung ausgerüstet werden (Bild 203). Der Anbau erfolgt am Oberschlitten, der als Kreuz- oder Schwenkschlitten ausgebildet sein kann. Eine Strehlkurve bestimmt die Gewindelänge und die Gewindesteigung. Durch Umstecken von Wechselrädern können mit derselben Strehlkurve Gewinde mit verschiedenen Steigungen hergestellt werden. Gewinde können auch mit selbstöffnenden Gewindeschneidköpfen geschnitten werden. Dafür ist ein ausziehbarer Werkzeughalter vorzusehen, der auf dem Unterschlitten befestigt wird. Ist die Steuerung mit Zeitgliedern für die Synchronisation und Programmfolge zwischen Schlittenbewegung und Spindeldrehrichtung ausgerüstet, so können zur Herstellung von Gewinden auch Gewindebohrer oder Schneideisen eingesetzt werden. Mit dieser Methode lassen sich Gewinde bis M 36 fertigen.

Bild 203. Automatische Gewindestrehleinrichtung

Frontdrehmaschinen können auch mit einer Stangenzuführeinrichtung ausgerüstet werden. Da die Stange am Ende in einer Zentrierung geführt wird, sind hohe Spindeldrehzahlen möglich. Unterschiedliche Stangendurchmesser werden durch Kunststoffrohre ausgeglichen. Die Vorschublänge wird vom einstellbaren Hub des Ladestocks bestimmt; der Vorschub arbeitet gewichtsbetätigt. Zum Entfernen des Stangenreststücks ist eine automatische Endabschaltung angebaut.

In Verbindung mit einer nachgeschalteten automatischen Meßstation werden bei Frontdrehmaschinen, die in der Großserienfertigung arbeiten, automatisch feineinstellbare Werkzeughalter (Bild 204) eingesetzt. Damit entfällt das Nachstellen des Werkzeugs bei auftretendem Werkzeugverschleiß. Die kleinste Durchmesser-Korrektur beträgt 5µm. Feineinstellbare Werkzeughalter werden nur verwendet, wenn in der Fertigung Paßmaße verlangt werden.

Bild 204. Automatisch feineinstellbarer Werkzeughalter

### 5.7.8.5 Arbeitsbeispiele

Für Werkstücke, die auf Frontdrehmaschinen bearbeitet werden, sind gewöhnlich zwei oder mehrere Einspannungen erforderlich. Entscheidend für die Wahl, ob eine ein- oder zweispindelige Maschine verwendet wird, sind die Kriterien Komplexität der Bearbeitungsaufgabe, Mengenleistung, Zeitgleichheit mit den Einspannungen und Anzahl der Bedienpersonen. Da einspindelige Drehmaschinen mit bis zu drei Schlitteneinheiten ausgerüstet werden, sind sie für komplexere Arbeitsaufgaben geeignet. Sie werden ebenfalls eingesetzt, wenn Werkstücke in kleinen Losen zu fertigen sind oder die Bearbeitungszeiten für verschiedene Einspannungen sehr stark voneinander abweichen. Erlaubt die Bearbeitungsaufgabe den Einsatz eines Zweispindeldrehautomaten, so bedient eine Arbeitsperson bei handbeschickten Maschinen beide Hauptspindeln. Außerdem ist der Platzbedarf gegenüber zwei Einspindelmaschinen geringer. Wird eine hohe Mengenleistung gefordert, so werden in der Regel Zweispindel-Drehautomaten verwendet.
Ein typisches Arbeitsbeispiel für eine doppelspindelige, frontbediente Maschine ist die Bearbeitung einer Keilriemenscheibe mit vier Riemenläufen [84]. Die verwendete Maschine ist mit vier Schlitteneinheiten ausgerüstet. Die beiden Oberschlitten sind als Planschlitten, der linke untere Schlitten ist als längsbeweglicher Vierkantrevolverblock und der rechte untere Schlitten als Kreuzschlitten ausgebildet. Der Arbeitsablauf erfolgt entsprechend dem Werkzeugplan in Bild 205 in den Schaltstellungen I bis III auf der linken und I bis II auf der rechten Hauptspindel. Auf der linken Maschinenseite wird das Werkstück mit einem kraftbetätigten Dreibackenfutter am Scheibenkranz innen gespannt. In der Revolverkopf-Stellung I werden mit drei Werkzeugen gleichzeitig der Außenzylinder, der innere Scheibenkranz und die Bohrung überdreht. Während in der Revolverkopf-Stellung II mit drei Werkzeugen die Kanten des Werkstücks gebrochen werden, wird mit den Werkzeugen des Oberschlittens die Naben- und Scheibenkranzfläche plangedreht. In der dritten Revolverkopf-Stellung wird die Bohrung auf das Vorbearbeitungsmaß in der Qualität H 10 und die innere Spannfläche für die zweite Einspannung gefertigt. Damit ist das Werkstück für die zweite Einspannung auf der rechten Maschinenseite fertigbearbeitet. Hier wird zunächst vom Oberschlitten aus die Scheibenkranz- und die zurückliegende Nabenfläche plangedreht und die äußere Werkstückkante gebrochen. Gleichzeitig mit dem Oberschlitten beginnt der Einstechmeißel am Querschlitten mit dem Einstechen des Keilriemenprofils. Der Abstand zwischen den Keilnu-

ten ist durch die Werkzeuganordnung gegeben. Jeweils zwei Riemenläufe werden in den vollen Werkstoff mit Profilmeißeln eingestochen. Das Profil wird in einem Doppeleinstechprogramm hergestellt. Für die Bearbeitung der Keilriemenscheibe mit einem Werkstückdurchmesser von 260 mm, die in zwei Einspannungen gefertigt wird, ist eine Stück-Grundzeit von 3,50 min erforderlich.

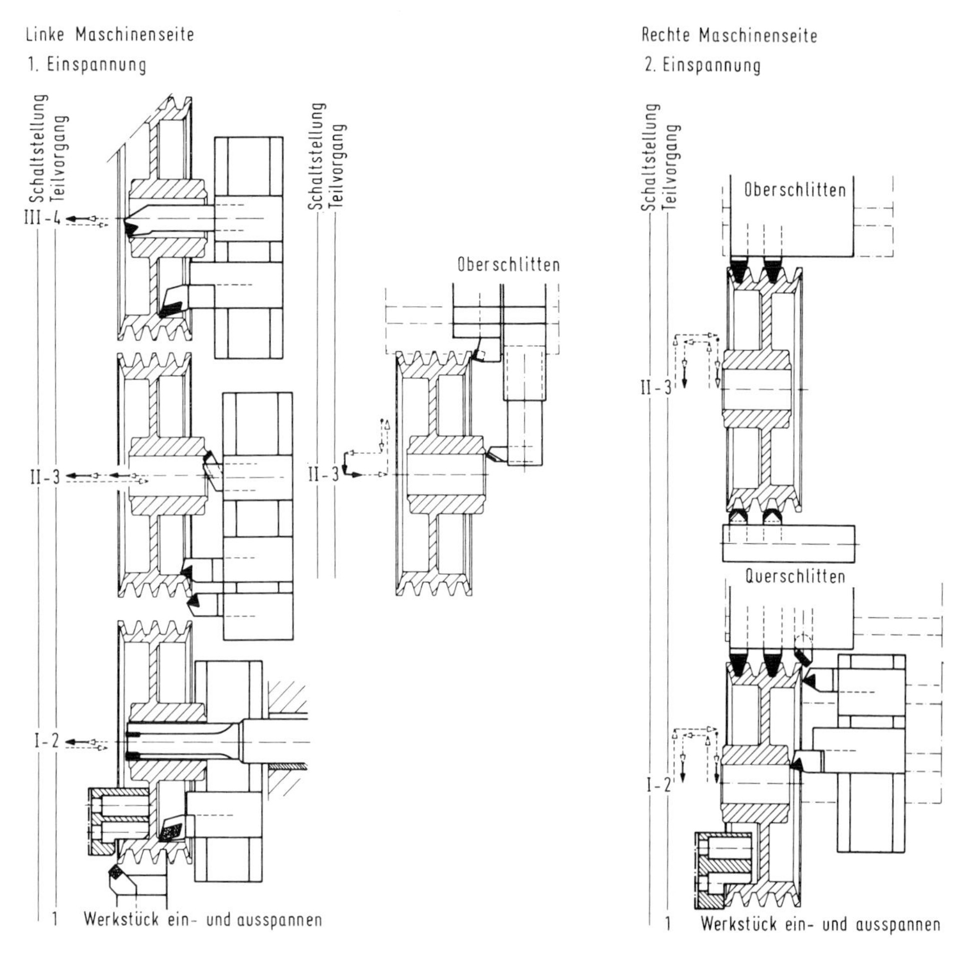


Bild 205. Werkzeugplan für die Bearbeitung von Keilriemenscheiben [83]

Ein weiteres Anwendungsbeispiel ist die Fertigung von Zapfenkreuzen (Bild 206) [84]. Das Werkstück wird auf einer doppelspindeligen Maschine bearbeitet, die auf jeder Seite mit einem Kreuzschlitten zum Nachformen der Zapfenkontur und mit einem Vierkantlängsrevolver für die Vorbearbeitung des Zapfens ausgerüstet ist. Auf beiden Arbeitsstationen werden die gleichen Arbeitsschritte durchgeführt, so daß nach Beendigung eines Maschinenzyklus zwei Werkstücke fertig bearbeitet sind. Die Zapfenkreuze werden in einem Wendespannfutter mit Wendefolgen von je 90° aufgenommen.
Bei der Vorbearbeitung, Teilvorgang 1 bis 4, wird jeweils ein Zapfen zentriert, abgesetzt vorgeschruppt und die Bohrung zur Hälfte eingebracht. Während des Bohrvorgangs wird

die Zapfenform mit einem Nachformmeißel, der auf dem Oberschlitten befestigt ist, nachgeformt. Danach wird das Werkstück im Wendefutter jeweils um 90° gedreht, und die Teilvorgänge werden wiederholt, bis alle vier Zapfen vorbearbeitet sind. Fertig bearbeitet wird nur in der Revolverschlitten-Schaltstellung IV, die bei den vier Zapfenstellungen im Wendefutter unverändert bleibt. Gleichzeitig mit der Bohrbearbeitung formt der eingeschwenkte Nachform-Schlichtmeißel des Oberschlittens die Außenkontur eines Zapfens nach. Insgesamt ergeben sich für die Bearbeitung 17 Teilvorgänge. Mit dem beschriebenen Verfahren werden Achsabweichungen von nur ±6′ vom Winkel 90° ermöglicht. Die Bearbeitungsgrundzeit für ein Werkstück beträgt 5 min.

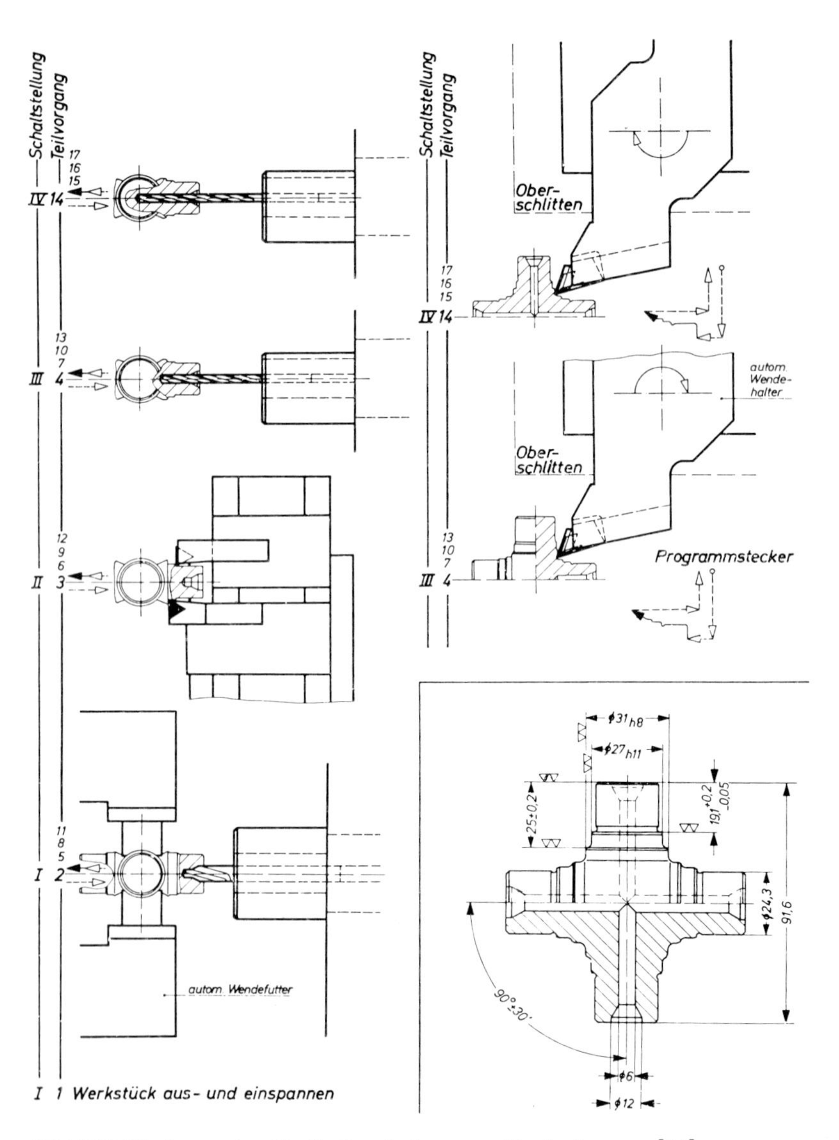


Bild 206. Werkzeugplan für die Bearbeitung von Zapfenkreuzen [84]

Die Bearbeitung eines Tellerrads auf zwei einspindeligen, automatisch beschickten und verketteten Frontdrehmaschinen wird in Bild 207 gezeigt [85]. Die Maschine für die erste Einspannung (Bild 207 A) ist auf der rechten Seite mit einem programmgesteuerten Kreuzschlitten und auf der linken Seite mit einem Nachformschlitten ausgerüstet. Zunächst wird mit dem äußeren Werkzeug auf dem Nachformschlitten die Außenkontur nachgeformt und anschließend mit dem inneren Werkzeug die Planfläche für die Anlage des Werkstücks in der zweiten Einspannung von innen nach außen vorgedreht. Gleichzeitig wird mit dem Mehrstufenwerkzeug auf dem Kreuzschlitten die Bohrung zweistufig vorgedreht und angefast. Anschließend wird durch Querbewegung des rechten Schlittens mit dem radialen Werkzeug die Planfläche geschlichtet. Dabei läuft der Kreuzschlitten in eine Stellung, von der aus beim Rücklauf des Längsschlittens mit dem auf der linken Seite des Mehrstufenwerkzeugs angebrachten vierten Drehmeißel die Bohrung geschlichtet werden kann.

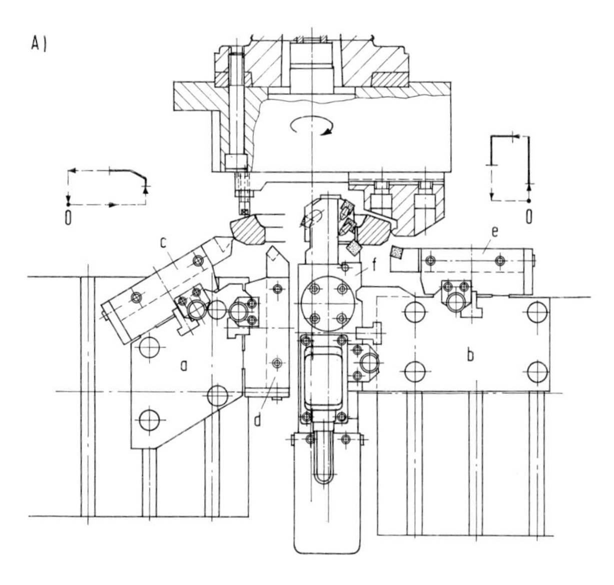


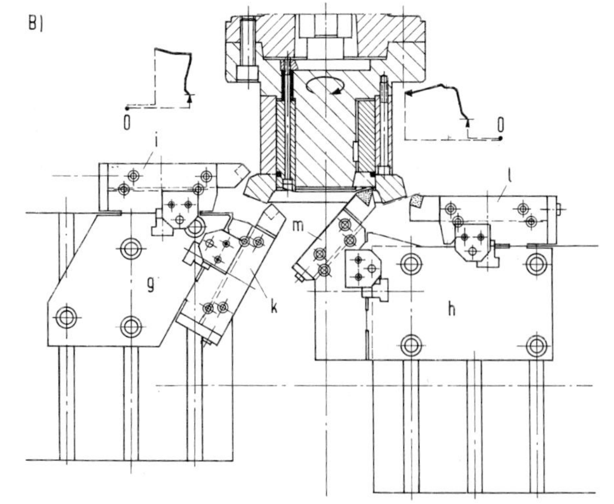


Bild 207. Werkzeugeinstellpläne für die Bearbeitung von Tellerrädern

A) erste Einspannung,
B) zweite Einspannung

a Nachformschlitten, b Kreuzschlitten, c äußeres und d inneres Werkzeug auf dem Nachformschlitten, e radial angeordnetes und f Mehrstufenwerkzeug auf dem Kreuzschlitten, g Längs-Nachformschlitten, h Plan-Nachformschlitten, i äußeres und k inneres Werkzeug auf dem Längs-Nachformschlitten, l äußeres und m inneres Werkzeug auf dem Plan-Nachformschlitten

Die Drehmaschine für die Bearbeitung in der zweiten Einspannung ist mit zwei Nachformschlitten ausgestattet (Bild 207 B). Hier wird zunächst mit dem inneren Werkzeug des rechten Schlittens die Innenkontur vor- und fertiggedreht. Anschließend wird mit dem äußeren Werkzeug auf demselben Schlitten die flache Kegelfläche für die spätere Verzahnung vorgedreht, währenddessen mit dem äußeren Werkzeug auf dem linken Schlitten die Außenkontur fertiggedreht wird. Zum Schluß wird mit dem inneren Werkzeug des linken Schlittens die Kegelfläche geschlichtet. Die Stückgrundzeit für die Bearbeitung in der ersten Einspannung beträgt 1,79 min und für die in der zweiten Einspannung 1,6 min.

## 5.7.9 Sonderdrehmaschinen

**Direktor W. Haferkorn, Siegen**

### 5.7.9.1 Allgemeines

Der Einsatz von Sonderdrehmaschinen wird erforderlich, wenn die Bearbeitung eines Werkstücks auf Standardmaschinen nicht möglich oder unwirtschaftlich ist. Der letztere Gesichtspunkt setzt fast immer eine entsprechend große Anzahl von Werkstücken voraus, die eine gewisse Zeit lang gefertigt werden muß. Zur Wirtschaftlichkeitsberechnung kann dann eine bestimmte, bekannte Stückzahl eingesetzt werden. Nur selten ist eine typische Sondermaschine später als Universalmaschine einsetzbar.
Aus dem weiten Feld der Sonderdrehmaschinen sollen nur einige Beispiele herausgegriffen werden, die einen Einblick geben, welche Lösungsmöglichkeiten die Werkzeugmaschinen-Industrie für Sonderfälle anzubieten hat.

### 5.7.9.2 Turbinenscheiben-Drehmaschine

Wenn die Stückzahl herzustellender Turbinenscheiben eine gewisse Losgröße übersteigt, bietet sich als Alternative zur Bearbeitung auf Karussell-Drehmaschinen eine Bearbeitung der Turbinenscheiben in senkrechter Lage an. Dabei können die Scheiben auf drei verschiedene Arten gespannt und bearbeitet werden. Welche Art die geeignetste ist, entscheidet sich nach Konstruktion, Größe und Gewicht der Scheiben. Die drei Aufspann- und Fertigungsarten sind:
a) Spannen von außen in einem entsprechend großen Futter sowie gleichzeitiges Bearbeiten beider Seiten und, soweit vorhanden, der Bohrung (Bild 208). Hierbei setzt der Durchmesser des Hauptlagers dem System eine Grenze. Diese Methode eignet sich nicht für sehr große Scheiben.
b) Spannen der Scheibe von außen in einer ersten Station und Drehen der einen Stirnfläche und der Bohrung. Danach Übergeben an eine zweite Station. In dieser wird die Scheibe in der fertig bearbeiteten Bohrung gespannt und die zweite Seite sowie der Außenzylinder gedreht (Bild 209).
c) Spannen der Scheibe von außen und Drehen der Bohrung (Bild 210 A). Anschließend wird ein Spanndorn ausgefahren und auf diesem die Scheibe in der Bohrung aufgenommen, die nun mit Hilfe von drei Werkzeugschlitten gleichzeitig von außen bearbeitet wird. Dabei dienen der eine für die Bearbeitung des Außenzylinders und je einer der beiden anderen zur Bearbeitung der linken bzw. rechten Scheibenseite (Bild 210 B). Eine solche Maschine eignet sich für besonders große und schwere Turbinenscheiben.
Eine Turbinenscheiben-Drehmaschine nach dem in Bild 209 dargestellten Prinzip zeigt

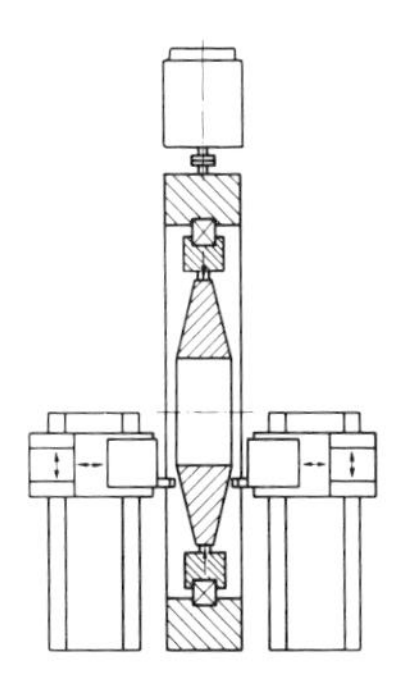

Bild 208. Prinzip der Bearbeitung einer Turbinenscheibe von beiden Seiten

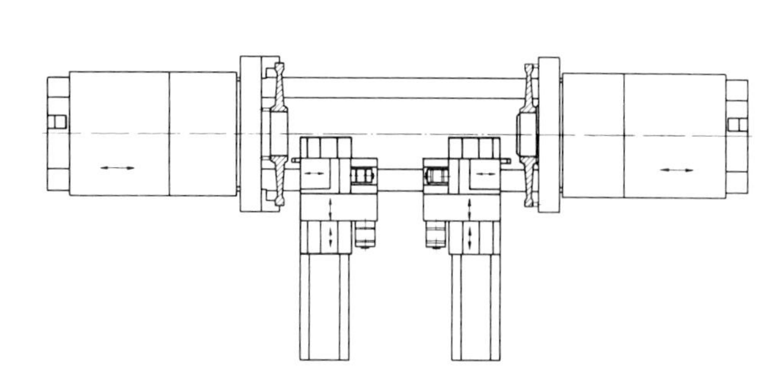

Bild 209. Schema einer Turbinenscheibendrehmaschine mit zwei Bearbeitungsstationen

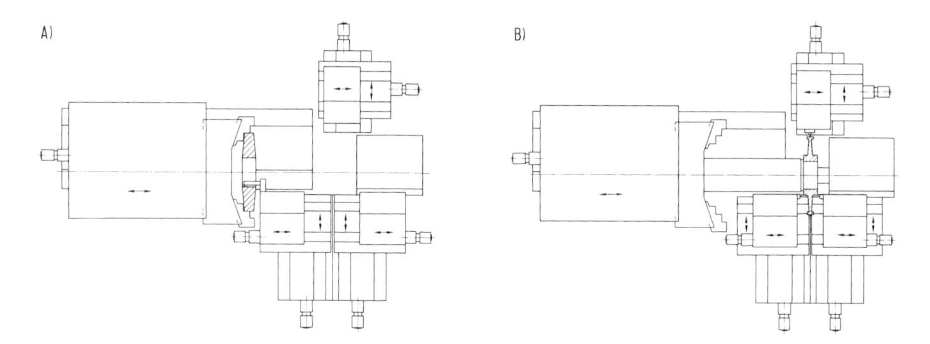


Bild 210. Bearbeitung einer Turbinenscheide auf einer Drehmaschine mit ausfahrbarem Spanndorn

A) Innenbearbeitung, B) Außenbearbeitung

Bild 211. Auf der linken Seite wird die Scheibe von einem selbstzentrierenden Sechsbakkenfutter gespannt. Dessen Innen- und Außenbacken arbeiten so gegeneinander, daß die Scheibe zentriert, aber nicht deformiert wird. Die Elastizität der Scheibe ist unbedingt zu beachten, denn besonders weit vorgedrehte Scheiben lassen sich bereits mit geringen Kräften so verformen, daß die erforderlichen Rund- und Planlauftoleranzen nicht mehr eingehalten werden. In dieser Aufspannung werden die Bohrung und die eine Stirnseite bearbeitet. Danach fahren die Schlitten nach hinten in Parkstellung, und die beiden Spindelstöcke bewegen sich aufeinander zu. Dann wird die Scheibe vom rechten Spindelstock übernommen und mit einem Spanndorn in der Bohrung gespannt. Nachdem die Spindelstöcke wieder in Bearbeitungsposition gebracht sind, wird links eine weitere Scheibe eingespannt, so daß nun auf beiden Seiten gleichzeitig gearbeitet werden kann. Die Maschine ist mit einer NC-Bahnsteuerung ausgerüstet und kann alle an Turbinenscheiben vorkommenden Formelemente erzeugen. Für den schnellen Werkzeugwechsel sorgen Revolverköpfe. Der maximale, auf dieser Maschine bearbeitbare Scheibendurchmesser beträgt 3175 mm, die maximale Scheibenbreite 760 mm und das maximale Scheibengewicht 15 t. Die Oberflächengüte entspricht der auf einer Standard-NC-Drehmaschine erzielbaren.

Der wirtschaftliche Stückzahlbereich stellt für eine solche Maschine das entscheidende Kriterium dar. Als Richtwert kann angegeben werden, daß die Maschine dann wirtschaftlich arbeitet, wenn kontinuierlich alle 8 bis 10 h eine fertig gedrehte Turbinenscheibe von etwa 3 m Dmr. benötigt wird, wobei die Scheiben vorgedreht zur Maschine kommen.

Bild 211. Turbinenscheibendrehmaschine nach dem Prinzip Bild 209

Eine besonders schwere Turbinenscheiben-Drehmaschine nach dem in Bild 210 dargestellten Prinzip wird zum Vor- und Fertigdrehen von Turbinenscheiben bis 50 t Gewicht eingesetzt. Auf dieser Maschine sollen Turbinenscheiben ohne Umspannen mit Kranhilfe komplett außen und innen bearbeitet werden. Dabei müssen bis zu 200 mm Werkstoffzugabe an den Stirnseiten abgespant werden. Dieses große Aufmaß, verbunden mit der zu erreichenden Stückzahl, macht es sinnvoll, beide Stirnseiten gleichzeitig zu bearbeiten. Dabei ergibt sich folgender Arbeitsablauf:

An der in den Klauen der Planscheibe von außen gespannten Turbinenscheibe wird die Bohrung gedreht und geschliffen und die hintere Stirnfläche der Nabe plangedreht (Bild 212 A). Diese dient dann als Axialfixierung bei der Aufnahme auf dem Spreizdorn. Danach fährt der Spindelstock nach vorn und bringt die Scheibe in die Hauptbearbeitungsposition nahe dem Reitstock. Jetzt fährt eine Pinole von 1100 mm Dmr. aus und spannt über einen Spreizdorn die Scheibe in der Bohrung. Die Pinole wird außerdem in der Reitstockspindel zwecks Gegenlagerung gespannt. Dann fährt der Spindelstock zurück und kuppelt eine Verzahnung in die Pinole ein, über die das Drehmoment von der Planscheibe auf die Pinole übertragen wird. Bild 212 B zeigt die Scheibe in der Bearbeitungsstellung für die drei Außenschlitten.

Die Maschine wird in sieben Achsen numerisch gesteuert, von denen vier Achsen gleichzeitig in Tätigkeit sind. So können damit alle an Turbinenscheiben vorkommenden Konturen bearbeitet werden. Da alle Schlitten und der Spindelstock hydrostatische Führungsbahnen haben und die Antriebssysteme ebenfalls verschleißfrei bzw. verschleißarm arbeiten (hydrostatische Vorschubschnecke für den Spindelstock und vorgespannte Kugelgewindespindeln für die Schlitten), können mit der Maschine schwere Schrupparbeiten ausgeführt und genaue Passungen mit Rauhtiefen bis $R_t = 3 \mu m$ erzielt werden. Der maximale Scheibendurchmesser für diese Sonderdrehmaschine beträgt 3000 mm, das maximale Scheibengewicht 50 t, die Antriebsleistung der Hauptspindel 250 kW und die gesamte installierte Leistung etwa 350 kW. Die Turbinenscheiben verlassen die Maschine fertig bearbeitet mit geschliffener Bohrung.

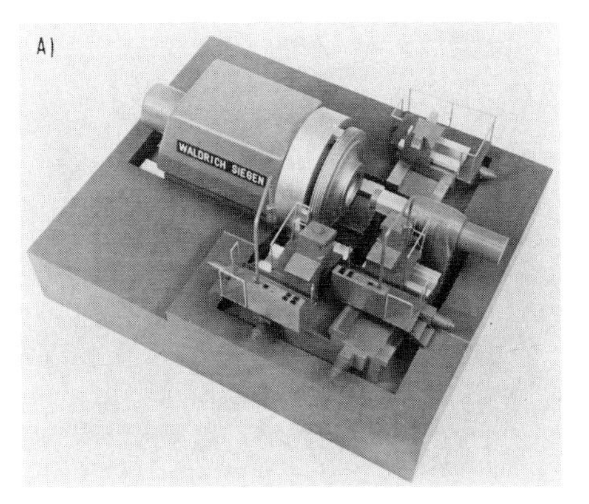

Bild 212. Bearbeitung einer schweren Turbinenscheibe
A) Innenbearbeitung der Bohrung und der hinteren Stirnfläche, B) Außenbearbeitung der auf einem Spreizdorn gespannten Scheibe mit drei Schlitten

Da die Schlitten schwere Revolverköpfe haben, mit denen Schnittkräfte von 250 kN aufgenommen werden können, ist ein weitgehend automatischer Arbeitsablauf möglich. Die Maschine ist mit zwei NC-Stetigbahnsteuerungen versehen, die gemeinsam arbeiten. Das Programmieren erfolgt maschinell, was bei einer so komplexen Anlage unbedingt zweckmäßig ist. Der Einsatz dieser Maschine ist nur wirtschaftlich, wenn ständig alle 50 bis 80 h eine Turbinenscheibe dieser Größenordnung benötigt wird.

### 5.7.9.3 Zylinderbuchsen-Drehmaschine

Die Bearbeitung von Zylinderbuchsen für Großdieselmotoren stellt besondere Anforderungen an die Maschine, denn die relativ dünnwandigen Buchsen dürfen nicht verspannt werden, was sowohl in der Planscheibe als auch in der Lünette möglich ist. Die Zylinderbuchsen müssen komplett von innen und außen mit hoher Genauigkeit bearbeitet werden. Bis auf den Reitstock ähnelt eine solche Maschine einer schweren NC-Drehmaschine. Der Reitstock trägt – je nach Größe der Maschine – eine 5 bis 7 m lange Pinole. Auf diese werden die Bohrköpfe aufgesetzt. Es muß verhindert werden, daß die bis zu 4 m ausfahrende Pinole eine zu große Durchbiegung erfährt und in einen dynamisch instabilen Bereich gelangt. Dazu ist die Pinole hohl gebohrt und in ihrem Innern mit einer Führungsstange versehen, die vor Arbeitsbeginn ausgefahren und in der Mitte der Planscheibe gegengelagert wird (Bild 213). Durch diese Gegenlagerung entsteht ein erheblicher Stabilitätsgewinn. Selbst wenn man berücksichtigt, daß die Führungsstange nur zwei Drittel des Durchmessers der Pinole hat und sich damit eine Schwächung des Trägheitsmoments ergibt, erhält man einen mehrfachen Steifigkeitsgewinn. Die Pinole gleitet auf der Stützstange durch die Bohrung. Beim Schruppen der Bohrung werden mehrere gleichmäßig verteilte Werkzeuge eingesetzt. Zum Schlichten wird nur ein seitlich angeordneter Meißel verwendet. Dadurch wird hierbei der verbleibende Fehler aus der Biegelinie des Systems verringert. Der Arbeitsablauf ist folgender:

Spannen in der Planscheibe, Gegenlagern über Hilfsspanneinrichtung im Reitstock, Andrehen des Lünettensitzes, Ansetzen der Lünette, Schruppen außen und innen, Abstechen des verlorenen Kopfes, Glühen sowie Fertigdrehen innen und außen.

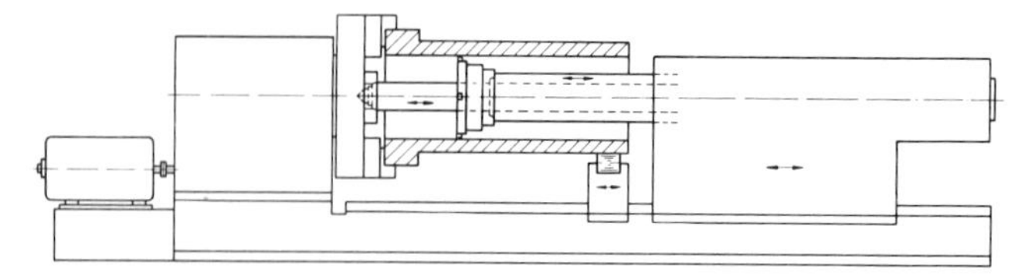

Bild 213. Prinzip der Bearbeitung einer Zylinderbuchse

Die in Bild 214 wiedergegebene Maschine ist für Zylinderbuchsen bis 1600 mm Dmr., 4000 mm Länge und 20 t Gewicht geeignet. Die Zylindrizität und Rundheit der Bohrung muß nach DIN 7184 innerhalb von 0,05 mm liegen. Die Oberflächenrauhtiefe darf nicht mehr als 15 μm betragen. Außerdem müssen die Zylinderbuchsen im Bereich der Spülschlitze um etwa 0,1 mm exzentrisch bearbeitet werden, wobei eine Ein- und Auslaufschräge erzeugt wird. Diese Bearbeitung wird entweder über eine dreidimensionale Bahnsteuerung oder über zwei Kurvenscheiben realisiert. Die abgebildete Maschine ist mit einer CNC-Steuerung ausgerüstet.
Eine solche Maschine ist wirtschaftlich, wenn man je nach deren Größe alle 10 bis 14 h eine Zylinderbuchse benötigt.

Bild 214. Zylinderbuchsen-Drehmaschine

### 5.7.9.4 Sonderdrehmaschine für Rohr-Innen- und Außenbearbeitung

Bild 215 zeigt eine Drehmaschine, die speziell zur Rohrfertigung gebaut wurde. Sie ähnelt in ihrem Grundaufbau einer Großdrehmaschine. Das Werkstückbett ist jedoch verlängert, um die Bohrstange mit ihren Führungslagern aufzunehmen. Die Arbeitsweise ähnelt der Bearbeitung von Zylinderbuchsen. Das Rohr wird in der Planscheibe des Spindelstocks gespannt und mit einer Spannscheibe im Reitstock gegengelagert. Zunächst wird der Lünettensitz angedreht und danach die umgreifende Vierbackenlünette angesetzt, um eine Verformung des Rohres durch sein Eigengewicht zu verhindern. In dieser Einspannung wird das Rohr innen und außen gleichzeitig bearbeitet. Die

Bohrköpfe arbeiten mit drei bis acht Schneidwerkzeugen gleichzeitig. Sie führen sich im rotierenden Rohr mit Gleitbacken selbst. Die Späne werden mit sehr viel Wasser (bis 1200 l/min) aus dem Rohr herausgespült.

Bild 215. Drehmaschine für die Bearbeitung von Rohren

Auf dieser Sonderdrehmaschine können Rohre bis 1820 mm Außen- und 1500 mm Innendurchmesser mit einer Länge bis 13 000 mm und einem Gewicht bis 50 t bearbeitet werden. Die Bohrtiefe in einem Zug kann sich über die gesamte Rohrlänge von 13 000 mm erstrecken. Die Antriebsleistung am Spindelstock beträgt 160 kW.
Die Maß- und Formgenauigkeit des fertigen Rohres hängt weitgehend von der Einspannung ab. Um die sehr langen Rohre zylindrisch herzustellen, ist es zweckmäßig, den Fertigschnitt als Breitschlichtschnitt auszuführen, da sonst der Betrag des Werkzeugverschleißes die zulässige Zylindrizitätsabweichung überschreitet. Die erzielbare Oberflächengüte hängt sehr vom Rohrwerkstoff ab. Bei Rohren aus Gußeisen, Stahl oder Buntmetallen schwanken die Oberflächenrauhtiefen zwischen $R_t = 8$ und 200µm. Die Außenbearbeitung sollte möglichst im Überkopfdrehverfahren erfolgen, damit das verhältnismäßig leichte Rohr durch die einseitigen Schnittkräfte nicht zu einer senkrechten Schwingung angeregt wird. Bei dieser Maschine steht nicht so sehr die wirtschaftliche Stückzahl als vielmehr die Bearbeitungsmöglichkeit im Vordergrund. Denn es gibt nur wenige Drehmaschinen, die 13 m lange Rohre mit so großem Durchmesser bearbeiten können.

### 5.7.9.5 Walzenzapfen-Drehmaschine

Bei Hartgußwalzen ist der hochlegierte harte Werkstoff sehr kostenintensiv. Daher sollte bei der Bearbeitung am Ballen möglichst wenig zerspant werden. Dazu muß die Walze nach dem Ballen ausgerichtet werden. Eine besonders wirtschaftliche und werkstoffsparende Methode der Bearbeitung neuer Walzen ist folgende:
Ausmessen der Walze nach den Ballenenden und Zentrieren der beiden Enden, Vorschleifen des harten, rohen Ballens auf einer Schruppschleifmaschine, Spannen der Walze zwischen den Spitzen einer Spezialdrehmaschine und Antrieb durch ein am Ballen

zentrisch angeordnetes Futter, gleichzeitiges Schruppen und Drehen beider Zapfen auf Schleifmaß, Anfahren von Lünetten an die Zapfen und Zurückziehen der Reitstockpinolen, Drehen beider Zapfenstirnflächen, Spannen der Walze auf einer Walzenschleifmaschine zwischen den Spitzen und komplettes Fertigschleifen von Ballen und Zapfen.
Bild 216 zeigt schematisch eine solche Sonderdrehmaschine. Sie hat in der Mitte einen feststehenden Spindelstock mit selbstzentrierendem Spannfutter, das so ausgebildet ist, daß die hohen Spannkräfte von einem Spezialring aufgenommen werden und nicht zu einer Verformung des Futters führen. Dies ist für den Rundlauf sehr wichtig. Auf beiden Seiten des Spindelstocks befinden sich verfahrbare Reitstöcke mit angesetzten Rollenlünetten. Beim Einlegen der Walze wird die eine Lünette nach außen gefahren und die andere nahe an den Spindelstock. Die Walze wird mit einem Kran etwa 500 mm durch den Spindelstock geschoben und auf die Rollen beider Lünetten gelegt. Beide Reitstöcke fahren dann mit der Walze synchron so weit zur Mitte hin, bis die Mitte des Walzenballens symmetrisch zum Futter des Spindelstocks liegt. Dann wird die Walze in den Spitzen aufgenommen und schließlich mit dem Futter gespannt. Die zwei Werkzeugschlitten der Maschine sind für NC-Steuerung oder Induktiv-Nachform-Steuerung eingerichtet.

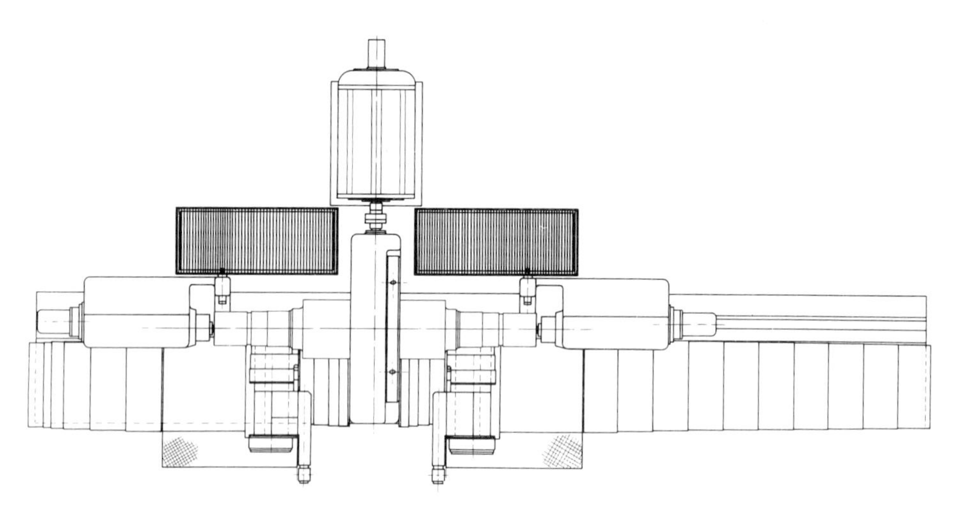

Bild 216. Schema einer Walzenzapfen-Drehmaschine

Auf einer nach diesem Prinzip ausgeführten Maschine können Walzen mit einem Ballendurchmesser bis 820 mm, einer Länge bis 5400 mm und einem Gewicht bis 22 t bearbeitet werden. Die Antriebsleistung beträgt 170 kW.
Da die Maschine nur zum Drehen auf Schleifmaß eingesetzt wird, sind die Anforderungen hinsichtlich Rundheit und Maßgenauigkeit nicht sehr hoch. Die Abweichungen von der Rundheit liegen bei 20 bis 40μm. Mit der angebauten Induktiv-Nachform-Steuerung werden Nachformtoleranzen von 10 bis 20μm erzielt. Oberflächenrauhtiefen $R_t = 8$ bis 15μm werden erreicht.
Ein besonderer Vorteil dieser Maschinenkonzeption besteht darin, daß der zum Auflegen der Walze verwendete Kran erst wieder nach etwa 6 h zum Herausnehmen der fertig bearbeiteten Walze benötigt wird. Dadurch entfallen Kranwartezeiten beim Wenden der Walze. Eine solche Maschine rentiert sich für einen Walzenhersteller, wenn in jeder Schicht eine Walze dieser Größenordnung bearbeitet werden muß.

### 5.7.9.6 Blockabstech-Drehmaschine

Diese Sonderdrehmaschine hat die Aufgabe, einen gegossenen Rundblock in Scheiben aufzuteilen. Der Block wird dabei in zwei Spannfuttern aufgenommen und in Umdrehung gesetzt. Bis zu zwanzig Drehmeißel stechen gleichzeitig ein. Dabei arbeiten die zehn Vorschneiden normal von der Vorderseite und die zehn auf der Rückseite angeordneten Hauptschneiden im Überkopfverfahren. Die Rundblöcke haben eine relativ harte, schwer zerspanbare Oberflächenschicht. Deshalb wird in diese etwa 20 mm dicke Schicht mit geringem Vorschub und niedriger Drehzahl eingestochen. Dann werden Vorschub und Drehzahl erhöht, und zwar die Drehzahl kontinuierlich in Abhängigkeit vom Arbeitsdurchmesser, um eine nahezu konstante Schnittgeschwindigkeit zu gewährleisten.

Bild 217. Blockabstech-Drehmaschine

Auf der in Bild 217 gezeigten Maschine werden Rundblöcke mit 16 mm breiten Werkzeugen bis auf einen Restdurchmesser von etwa 80 mm eingestochen. Danach werden die Scheiben auf einer Presse getrennt. Auf dieser Maschine können Blöcke bis 500 mm Dmr. mit einer Länge bis 2500 mm auf eine Tiefe bis 225 mm eingestochen werden. Die Antriebsleistung beträgt 170 kW, die Einstechzeit je nach Durchmesser 8 bis 12 min. Während eine Säge ständig durch die harte Außenschicht ein- und ausschneiden muß und dadurch erhöhter Bruchgefahr für die Schneiden ausgesetzt ist, braucht auf der Drehmaschine nur kurz mit niedriger Schnittgeschwindigkeit die harte Außenhaut durchstochen zu werden; danach kann in der weichen Zone mit optimaler Schnittgeschwindigkeit gearbeitet werden.
Diese in Gießereien verwendete Maschinenart ist hoher Verschmutzung ausgesetzt, da mit Wasser gekühlt wird, bildet sich eine aggresive Schmirgelmasse. Sie muß daher gut abgedeckt und so gebaut werden, daß alle Verschleißteile, wie Vorschubspindeln, Keilleisten und Führungsbahnen, schnell ausgewechselt werden können.

### 5.7.9.7 Kurbelwellen-Drehmaschinen

Große, aus einem Block bestehende Kurbelwellen werden grundsätzlich entweder mit stillstehendem Werkzeug und sich drehendem Werkstück, mit sich drehendem Werkzeug und Werkstück oder mit stillstehendem Werkstück und um dieses rotierendem Werkzeug bearbeitet. Im letzteren Falle kann entweder mit einem innenverzahnten Fräswerkzeug gearbeitet werden, das über zwei Führungsbahnen durch eine entsprechende Steuerung in Kreisform um das Werkstück gesteuert wird, oder mit einem Drehring, der um das Werkstück rotiert und über mehrere Meißelschieber Drehwerkzeuge zum Schnitt bringt.
Bei der nach der zuletzt genannten Methode arbeitenden Maschine in Bild 218 wird die Kurbelwelle in zwei Planscheiben außen an den Flanschen ausgerichtet und gespannt. Mit einer Teileinrichtung an der Planscheibe kann der jeweilig zu bearbeitende Hubzapfen in eine waagerechte Lage gebracht werden. Zwei Stützböcke verhindern eine zu große Durchbiegung der Kurbelwelle. Besonders wichtig ist die Ausführung des Spannbocks, der unmittelbar neben dem die Werkzeuge tragenden Drehring angeordnet ist. Er muß große, stoßartige Schnittkräfte aufnehmen können, ohne daß sich die Kurbelwelle dadurch verlagert. Bei der Bearbeitung läuft der Drehring um, und die auf ihm angeordneten Meißelschieber führen die Vorschubbewegung aus. Die Hauptbearbeitung geschieht im Einstechverfahren.

Bild 218. Kurbelwellen-Drehmaschine

Die Maschine ist für einen größten Drehdurchmesser von 1300 mm, eine Kurbelwellenlänge bis 10000 mm und ein Werkstückgewicht bis 30 t ausgelegt und hat eine Antriebsleistung von 75 kW. Die Kurbelwelle kann eine kleinste Hubzapfenbreite von 120 mm haben. Der lichte Durchmesser des Drehrings beträgt 1500 mm.
Da sich die Werkzeuge in einem wälzgelagerten Drehring befinden und um die Kurbelwelle umlaufen, liegt die Rundheitstoleranz der Zapfen bereits nach der Vorbearbeitung bei 0,02 bis 0,05mm. Die Bearbeitungszeit für einen Hubzapfen beträgt je nach Größe der Kurbelwelle 20 bis 50 min.
Mit *Fertigdrehmaschinen für Großkurbelwellen* werden Baugrößen bearbeitet, bei denen die Durchmesser der Mittellager bis 1300 mm und die der Hubzapfenlager bis 1200 mm reichen. Die Einzelteile dieser Kurbelwellen werden normalerweise auf Standard-Maschinen bis auf ein Aufmaß von 2 bis 3 mm vorbearbeitet und dann zusammengeschrumpft. Dabei entstehen Fehler, die bei der Fertigbearbeitung beseitigt werden müssen.

Die Hauptspindel einer solchen Sonderdrehmaschine (Bild 219) muß einmal beim Drehen der Mittellager die Kurbelwelle in Drehung versetzen; zum anderen dient der Spindelstock bei der Hubzapfenbearbeitung als Teilapparat. Eine Unwucht-Ausgleich-Einrichtung im Spindelstock unterstützt auch dann einen gleichmäßigen Umlauf des Werkstücks, wenn die Kurbelwelle noch keine Ausgleichgewichte hat. Für die Arbeit als Teilapparat hat der Spindelstock eine sehr starke Klemmeinrichtung, welche die Kurbelwelle auch bei ungünstiger Unwucht und überlagerten Schnittkräften in ihrer Lage festhält. Die Steifigkeit des Spannsystems, durch die ein Federn des Kurbelwellenflansches in der Planscheibe vermieden wird, ist von ausschlaggebender Bedeutung. Die Kurbelwelle (für bis zu zwölf Zylinder) wird in 14 Lünetten aufgenommen; von diesen haben acht zwei Pinolen und sechs drei Pinolen.

Die Bearbeitung der Mittellager beginnt an der Planscheibe und wird in Richtung Kurbelwellenende fortgesetzt. Dabei erfordert es viel Erfahrung, das Werkstück so auszurichten, daß es im fertigen Zustand möglichst spannungsfrei in den Lünetten liegt. Die Maschine in Bild 219 hat drei Schlitten zur Bearbeitung der Mittellager und Wangen. Auf zwei dieser Schlitten kann wahlweise eine Hubzapfen-Dreheinrichtung aufgesetzt werden, die verwendet wird, wenn die Mittellagerpartie komplett bearbeitet ist und die Kurbelwelle in allen Mittellagern von den Lünetten geführt wird. Die Hubzapfen-Dreheinrichtung (Bild 220) hat einen das Werkzeug oder die Werkzeuge tragenden Innenring, der um den Hubzapfen umläuft. Dabei sind die Rundheit des Hubzapfens und die Achsparallelität von Hubzapfen und Mittellagerpartie für die Qualität der Kurbelwelle entscheidend. Die Drehringlagerung ist sehr genau zu gestalten, damit die Abweichung

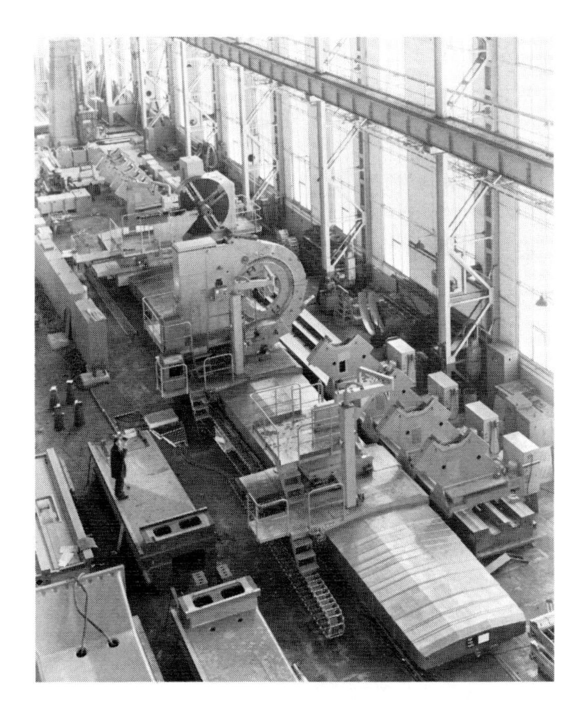

Bild 219. Großkurbelwellen-Fertigdrehmaschine

Bild 220. Zweiteilige, hydraulisch betätigte Hubzapfen-Dreheinrichtung

vom Rundlauf nicht mehr als 5µm beträgt. Um die Parallelität der Achsen zu gewährleisten, muß man das thermische Verhalten der Dreheinrichtung kennen und ggf. beeinflussen. Eine Ausdehnung des Drehrings führt zwangsläufig zu dessen Mittenverlagerung und hat eine Konizität am Hubzapfen zur Folge. Die Mittenverlagerung bei der Bearbeitung führt zu einem Parallelitätsfehler zwischen Mittellager und Hubzapfen.
Um den Drehring über einen Hubzapfen zu bringen, wird er hydraulisch aufgeklappt, über dem Hubzapfen auf das erforderliche Hubmaß gebracht, zugeklappt und dann mit einem Elektrospanner automatisch verriegelt. Die Übergangsrundungen von den Hubzapfen zu den Wangen werden mit Profilmeißeln erzeugt.
Die Maschine kann bei einem Drehdurchmesser bis 4300 mm für Kurbelwellen bis 24000 mm Länge und 300 t Gewicht eingesetzt werden. Der größte Durchmesser der Mittellagerzapfen kann 1300 mm und der der Hublagerzapfen 1200 mm betragen. Den Antrieb besorgt ein 180-kW-Motor, zu dem außerdem ein Unwucht-Ausgleich-Motor von 85 kW kommt.
Vom Arbeitsergebnis der Maschine wird verlangt, daß die Toleranzen von Zylindrizität und Rundheit der Lagerstellen unter 10 µm liegen. Die Achsparallelität zwischen Mittel- und Hublagerzapfen darf über die Hubzapfenlänge nicht mehr als 10 µm abweichen. Eine Oberflächenrauhtiefe $R_t$ = 2 bis 5µm wird durch Feinstdrehen und anschließendes Feinwalzen erzielt.
Eine Spezialschleifeinrichtung ermöglicht auch das Schleifen der Mittellagerzapfen. In Sonderfällen ist mit einer Spezialeinrichtung auch das Schleifen der Hublagerzapfen möglich. Die Kurbelwelle kann somit auf der Maschine komplett bearbeitet und direkt der Endmontage zugeleitet werden.

### 5.7.9.8 Plandrehmaschinen

Plandrehmaschinen sind für die Bearbeitung großer und sperriger, meist scheibenförmiger Werkstücke bis zu einem Durchmesser von etwa 5000 mm entwickelt worden. Für die Werkstückaufnahme dienen große Planscheiben.
Die Bilder 221 und 222 zeigen zwei Ausführungen von Plandrehmaschinen, für die die kurze Baulänge kennzeichnend ist. Bei einigen Ausführungen sind der Spindelstock und das Maschinenbett mit Kreuzschlitten getrennt angeordnet. Auch können mehrere Schlitten für die gleichzeitige Bearbeitung eines Werkstücks eingesetzt werden. Die

Bild 221. Plandrehmaschine

Bild 222. Plandrehmaschine mit Reitstock

Bilder 223 und 224 zeigen typische Anwendungsfälle. Je nach Ausführung und Bauweise der Plandrehmaschinen können Werkstücke bis zu 10 m Länge und 100 t Gewicht bearbeitet werden. Der Vorteil der Plandrehmaschinen gegenüber den Karusselldrehmaschinen liegt insbesondere in der besseren Zugänglichkeit, dem günstigeren Spänefall und den niedrigeren Investitionskosten.

Bild 223. Innenbearbeitung einer Schiffsschraube auf einer Plandrehmaschine

Bild 224. Bearbeitung der Flansche eines Kessels auf einer Plandrehmaschine mit zwei Schlitten

## Literatur zu Kapitel 5


1. Statistische Zahlen aus dem Werkzeugmaschinenbau. Hrsg. vom VDMA. Produktion, Auftragseingang 1., 2., 3. und 4. Vierteljahr 1975. Verein Deutscher Werkzeugmaschinenfabriken e. V. (VDW), Frankfurt/Main.
2. *Rieht, A., Langenbacher, K.:* Die Entwicklung der Drehbank. Verlag W. Kohlhammer, Stuttgart, Köln 1954.
3. *Wittmann, K.:* Die Entwicklung der Drehbank bis zum Jahre 1939, 2. Aufl. VDI-Verlag, Düsseldorf 1960.
4. *Spur, G.:* Geschichtlicher Rückblick auf die konstruktive Entwicklung der Mehrspindel-Drehautomaten. Werkst. u. Betr. 100 (1967) 3, S. 202–210.
5. *Jäger, H.:* Von den Anfängen des Drehautomatenbaus. Werkst.Techn. 54 (1964) 9, S. 418–421.
6. *Schmidt, W.:* Eine Systematik der spanenden Formgebung. VDI-Z. 95 (1953) 20, S. 689–695.
7. *Bredendick, F.:* Ein Beitrag zur Systematik des Spanens. Fertigungstechn. 6 (1956) 11, S. 481–488.
8. *Gres, W. H.:* Die geometrischen Verhältnisse bei der Herstellung unregelmäßiger Flächen. Springer Verlag, Berlin 1953.
9. *Spur, G., Clausen, R.:* Entwicklungsstand der Technologie des Warmzerspanens. Werkst.-Techn. 58 (1968) 5, S. 202–208.

10. *Dohmen, H. G.:* Zerspanungsuntersuchungen beim Drehen mit periodisch bewegtem Schneidwerkzeug. Diss. TH Aachen 1964.
11. *Stau, C. H.:* Die Drehmaschinen. Springer Verlag, Berlin, Göttingen, Heidelberg 1963.
12. *Burmester, H.-J.:* Spanende Formung. Bd. 3: Drehen und Drehmaschinen. Verlag Fachtechnik, Duisburg 1965.
13. *Spur, G.:* Fertigungstechnik in Lehre, Forschung und Praxis. Rudolf Haufe Verlag, Freiburg 1967.
14. *Spur, G.:* Mehrspindel-Drehautomaten. Carl Hanser Verlag, München 1970.
15. *König, W., Essel, K.:* Spezifische Schnittkraftwerte für die Zerspanung metallischer Werkstoffe. Hrsg. vom Verein Deutscher Eisenhüttenleute. Verlag Stahleisen, Düsseldorf 1973.
16. *Hennermann, H.:* Schnittkräfte und Schnittleistungen bei den spanabhebenden Verfahren. Werkstattblatt 653. Carl Hanser Verlag, München 1976.
17. *Opitz, H.:* Untersuchungen von elektrischen Antrieben, Steuerungen und Regelungen an Werkzeugmaschinen. Forschungsbericht Nr. 100 des Wirtschafts- und Verkehrsministeriums Nordrh.-Westf. Westdeutscher Verlag, Köln, Opladen 1955.
18. *Milberg, J.:* Analytische und experimentelle Untersuchungen zur Stabilitätsgrenze bei der Drehbearbeitung. Diss. TU Berlin 1971.
19. *Riegel, F.:* Rechnen an spanenden Werkzeugmaschinen, 5. Aufl. Springer Verlag, Berlin, Göttingen, Heidelberg 1964.
20. *Königsberger, F.:* Berechnungen, Konstruktionsgrundlagen und Bauelemente spanender Werkzeugmaschinen. Springer Verlag, Berlin, Göttingen, Heidelberg 1961.
21. *Hellwig, W.:* Spanngenauigkeit von Dreibackenfuttern. Diss. TH Braunschweig 1966.
22. *Pahlitzsch, G.: Warnecke, H.-J.:* Untersuchungen über die Grenzdrehzahl handbetätigter Dreibackenfutter. Werkst. u. Betr. 94 (1961) 4, S. 177–185.
23. Druckschrift Nr. 3 der Röhm & Tool GmbH & Co KG, Dillingen.
24. Druckschrift der Forkardt KG, Düsseldorf.
25. Druckschrift der SMW-Spanneinrichtungen, Meckenbeuren.
26. *Schreyer, K.:* Werkstückspanner (Vorrichtungen), 3. Aufl. Springer Verlag, Berlin, Heidelberg, New York 1969.
27. Druckschrift der Schmid-Kosta KG, Renningen.
28. Druckschrift der Berg & Co GmbH, Sennestadt.
29. *Blättry, H.:* Sicherheit für kraftbetätigte, umlaufende Spannzeuge. Ind.-Anz. 92 (1970) 79, S. 1845–1847.
30. *Spur, G., Eggert, J.:* Ermittlung von Richtwerten für aufzubringende Spannkräfte in Abhängigkeit von der Zerspanungsaufgabe und der Werkstückgröße, H. 2: Der Einfluß von Schmierung und Spannflächengestaltung auf die Belastbarkeit von Dreibackenfuttern. VDW-Forschungsbericht Nr. 0203, H. 2, Verein Deutscher Werkzeugmaschinenfabriken e.V. (VDW), Frankfurt/M. 1973.
31. *Warnecke, H.-J.:* Grenzdrehzahlen von Dreibackenfuttern. Diss. TH Braunschweig 1963.
32. *Witthoff, J., Schaumann, R., Siebel, H.:* Die Hartmetallwerkzeuge in der spanenden Formgebung, 2. Aufl. Carl Hanser Verlag, München 1961.
33. WIDIA-Drehmeißel. Druckschrift Nr. W 2.3–17.1 870 der Krupp-WIDIA-Fabrik, Essen.
34. WIDAX. Druckschrift Nr. 2.3–1.9 576 der Krupp-WIDIA-Fabrik, Essen.
35. *Rohs, H. G.:* Die Erfassung der Fertigungsaufgabe als Grundlage zur Ausnutzung des Werkzeugmaschinenparks. VDI-Z. 102 (1960) 31, S. 1470–1478.
36. *Rohs, H. G., Zeller, B.:* Konstruktive Merkmale einer NC-Drehmaschinen-Baureihe. Werkst. u. Betr. 106 (1973) 8, S. 547–551.
37. *Augustesen, H. Ch., Moll, H.:* Verbunddrehen – Steigerung der Wirtschaftlichkeit von NC-Drehmaschinen. Werkzeugmasch. internat. (1973) 6, S. 23–26.

38. *Pittroff, H.:* Gestaltungsrichtlinien für Werkzeugmaschinenspindeln. Werkst.Techn. 64 (1974) 10, S. 598–603.
39. *Pittroff, H.:* Spindeleinheiten für Werkzeugmaschinen. Werkzeugmasch. internat. 3 (1973) 4, S. 37–41.
40. *Opitz, H.:* Bericht über Untersuchungen von Arbeitsspindeln und deren Lagerungen. H. 11: Experimentelle Untersuchungen über das Reibverhalten von Axial-Rillenkugel- und Axial-Zylinderrollenlagern. VDW-Forschungsbericht Nr. 0102, H. 11. Verein Deutscher Werkzeugmaschinenfabriken e.V. (VDW), Frankfurt/M. 1968.
41. *Opitz, H.:* Bericht über Untersuchungen von Arbeitsspindeln und deren Lagerungen. H. 12: Experimentelle Untersuchungen über das Lauf- und Temperaturverhalten von Hauptspindeln mit Kegelrollenlagern bzw. Zylinderrollenlagern. VDW-Forschungsbericht Nr. 0102, H. 12. Verein Deutscher Werkzeugmaschinenfabriken e.V. (VDW), Frankfurt/M. 1969.
42. *Pittroff, H.:* Werkzeugmaschinenspindeln – Konstruktion und Laufgenauigkeit. Werkst. u. Betr. 106 (1973) 2, S. 117–123.
43. *Zdenkovic, R., Dukovski, V.:* Funktionsmäßige Steifigkeit von Werkzeugmaschinenspindeln. Werkst. u. Betr. 106 (1973) 9, S. 745–751.
44. *Antoni, H.:* Einfluß des Futters auf die Vorspannung verformungsempfindlicher Werkstücke. Werkst. u. Betr. 109 (1976) 12, S. 699–701.
45. *Becker, W.:* Aufgaben der Spanneinrichtungen bei unterschiedlichen Zerspanungen. Masch.-Mkt. 80 (1974) 103, S. 2120–2121.
46. *Blättry, H.:* Spannzeuge für Drehmaschinen. Werkst. u. Betr. 106 (1973) 2, S. 89 bis 92.
47. *Felten, K.:* Anwendungen der Finit-Element-Methode für Berechnungen im Drehmaschinenbau. Konstruktion 26 (1974) 1, S. 8–14.
48. *Weck, M.:* Umfassende Untersuchung des dynamischen Verhaltens eines breiten Spektrums spanender Bauelemente. VDW-Forschungsbericht Nr. 0127. Verein Deutscher Werkzeugmaschinenfabriken e.V. (VDW), Frankfurt/M. 1976.
49. *Gyax, P. E.:* Ratterschwingungen und dynamische Abnahme von Werkzeugmaschinen. Fertigung 7 (1976) 5, S. 139–148, 6, S. 177–184 u. 8 (1977) 3, S. 77–86.
50. *Boelke, K., Hesselbach, J.:* Neue Vorschubantriebe für numerisch gesteuerte Werkzeugmaschinen. Konstruktion 29 (1977) 6, S. 213–218.
51. *Stute, G.:* Beeinflussung der Konturgenauigkeit von numerisch bahngesteuerten Werkzeugmaschinen durch das dynamische Verhalten der Führungsgrößenerzeugung. VDW-Forschungsbericht Nr. 1006. Verein Deutscher Werkzeugmaschinenfabriken e.V. (VDW), Frankfurt/M. 1976.
52. *Hofmann, W.:* Untersuchungen an Vorschubantrieben für numerisch gesteuerte Werkzeugmaschinen. Diss. TH Aachen 1969.
53. *Spur, G., Feldmann, K.:* Systematik der Werkzeugrevolver. Masch.-Mkt. 77 (1971) 98, S. 2212–2216.
54. *Hahn, W.:* Maßnahmen zur Steigerung der Wirtschaftlichkeit von NC-Drehmaschinen. Masch.-Mkt. 82 (1976) 95, S. 1833–1837.
55. *Bukowski, R.:* Automatischer Werkzeugwechsel an numerisch gesteuerten Drehmaschinen. Masch.-Mkt. 82 (1976) 24, S. 382–383.
56. *Köhler, E.:* Rationalisierung der Drehbearbeitung mit einfachen Mitteln in der Einzel- und Kleinserienfertigung. wt – Z. ind. Fertig. 63 (1973) 2, S. 74–77.
57. *Köhler, E.:* Anpassen der Drehmaschine an die Fertigungsaufgabe. wt – Z. ind. Fertig. 63 (1973) 12, S. 730–733.
58. *Jacob-Gilgen, E.:* Hohe Schnittgeschwindigkeit oder hohe Zerspanungsleistungen. technica 18 (1969) 10, S. 885–891.
59. *Augustesen, H. Chr.:* Hochleistungsdrehen mit Schneidkeramik und modernem NC-Drehmaschinenkonzept. Werkzeugmasch. internat. (1973) 4, S. 19–23.

60. *Köhler, E.:* Unrunddrehen mit der VDF-Kopiereinrichtung HYDROKOP. VDF-Mitt. (1962) 25, S. 39–55.
61. *Schmidhuber, H.:* Verfahren zum Unrundkopieren auf Universaldrehmaschinen. Masch.-Mkt. 80 (1974) 15, S. 227–231.
62. *Hummel, A.:* Tiefbohren auf Universaldrehmaschinen. wt–Z. ind. Fertig. 64 (1974) 4, S. 198–202.
63. Das Wirbeln von Gewinden. VDF-Mitt. (1964) 28, S. 26–28.
64. *Koschnick, G., Meyer, B. E., Rohs, H. G.:* Numerisch gesteuerte Werkzeugmaschinen. Kontakt und Studium, Bd. 12. Lexika-Verlag, Grafenau/Württ. 1976.
65. *Köhler, E.:* Die Wirtschaftlichkeit von NC-Drehmaschinen. Werkst. u. Betr. 101 (1968) 4, S. 177–182.
66. *Schaumjan, G. A.:* Automaten. 2. Aufl. Berliner Union, Stuttgart 1962.
67. *Herrmann, J., Feldmann, K.:* Beitrag zur Konstruktionssystematik am Beispiel der Werkzeugrevolver. ZwF 66 (1971) 5, S. 224–228.
68. *Jäger, H.:* Drehautomaten. Carl Hanser Verlag, München 1967.
69. *Panowitz, H.:* Das zweiachsige hydraulische Kopieren. Werkst. u. Betr. 109 (1976) 10, S. 569–578.
70. *Fingerle, R.:* Das Mehrkantdrehen – Grundlagen und Problematik. Masch.-Mkt. 67 (1961) 28, S. 28–33.
71. *Zeppelin, W. von:* Automatische Beschickung von Drehautomaten mit Werkstoffstangen. Maschine 29 (1975) 6, S. 29–33.
72. *Wiesner, F., Zeppelin, W. von:* Automatische Drehautomaten-Beschickung mit vorgefertigten Rohlingen. Werkst. u. Betr. 108 (1975) 5, S. 287–293.
73. *Jäger, H.:* Meßsteuerung bei Drehautomaten. TZ prakt. Metallbearb. 69 (1975) 6, S. 183–190.
74. *Spur, G., Hahn, J.:* Bericht über Programmierung spanender Fertigungsverfahren mit Hilfe von Datenverarbeitungsanlagen unter besonderer Berücksichtigung der Drehbearbeitung. H. 1: Programmierung von Einspindel-Drehautomaten mit Hilfe von Datenverarbeitungsanlagen. Verein Deutscher Werkzeugmaschinenfabriken (VDW), VDW-Forschungsbericht Nr. 0202, H. 1. Frankfurt/M. 1969.
75. *Hammer, H., Lindörfer, O.:* Maschinelle Stückzeit- und Kurvenberechnung für Einspindel-Drehautomaten. ZwF 70 (1975) 12, S. 638–648.
76. *Walker, Th.:* Berechnung optimaler Stückzeiten bei Einspindeldrehautomaten. Diss. TU Stuttgart 1969.
77. *Hahn, J.:* Automatische Fertigungsplanung für kurvengesteuerte Einspindeldrehautomaten. Diss. TU Berlin 1970.
78. *Karpinski, F.:* Einspindeldrehautomaten. Springer Verlag, Berlin 1958.
79. *Finkelnburg, H. H.:* Mehrspindel-Automaten. 2. Aufl. Springer Verlag, Berlin, Göttingen, Heidelberg 1960.
80. *Ledergerber, A.:* Einfluß der Marktforschung auf die Konstruktion von Drehmaschinen. Werkst. u. Betr. 106 (1973) 9, S. 661–665.
81. *Staege, M.:* Verketten von Mehrspindeldrehautomaten mit Hilfe der Schwerkraft. wt–Z. ind. Fertig. 65 (1975) 8, S. 467–471.
82. *Plassmeier, W.:* Einsatz von programmierbaren Steuerungen an automatisierten Maschinen für die Großserienproduktion. TZ prakt. Metallbearb. 70 (1976) 3, S. 99–102.
83. *Hoppe, F., Leist, H.:* Fertigung von Keilriemenscheiben auf automatischen Maschinen. Antriebstechn. 6 (1967) 8, S. 280–283.
84. *Hoppe, F., Sehring, H. J.:* Bearbeitung von Zapfenkreuzen auf frontbedienten Doppelspindel-Futterautomaten. Maschine 24 (1970) 5, S. 25–27.
85. *Stermann, V.:* Tellerradbearbeitung auf verketteten Frontdrehmaschinen. Werkst. u. Betr. 106 (1973) 5, S. 300–302.

*DIN-Normen*

| | | |
|---|---|---|
| DIN 523 | (7.74) | Drehdorne; Werkstück-Aufnahmedorne. |
| DIN 770 T1 | (8.62) | Schaftquerschnitte für Dreh- und Hobelmeißel, gewalzte und geschmiedete Schäfte (Zusammenhang mit ISO/R 241). |
| DIN 770 T2 | (8.62) | Schaftquerschnitte für Dreh- und Hobelmeißel, allseitig bearbeitete Schäfte ohne besondere Anforderungen an die Genauigkeit. |
| DIN 771 | (9.62) | Schneidplatten aus Schnellarbeitsstahl für Dreh- und Hobelmeißel. |
| DIN 806 | (2.71) | Zentrierspitzen 60° ohne Abdrückmutter. |
| DIN 807 | (11.66) | Zentrierspitzen 60° mit Abdrückmutter. |
| DIN 4950 | (3.62) | Schneidplatten aus Hartmetall (entsprechend ISO/R 242). |
| DIN 4951 | (9.62) | Gerade Drehmeißel mit Schneiden aus Schnellarbeitsstahl. |
| DIN 4952 | (9.62) | Gebogene Drehmeißel mit Schneiden aus Schnellarbeitsstahl. |
| DIN 4953 | (9.62) | Innen-Drehmeißel mit Schneiden aus Schnellarbeitsstahl. |
| DIN 4954 | (9.62) | Innen-Eckdrehmeißel mit Schneiden aus Schnellarbeitsstahl. |
| DIN 4955 | (9.62) | Spitze Drehmeißel mit Schneiden aus Schnellarbeitsstahl. |
| DIN 4956 | (9.62) | Breite Drehmeißel mit Schneiden aus Schnellarbeitsstahl. |
| DIN 4960 | (9.62) | Abgesetzte Seitendrehmeißel mit Schneiden aus Schnellarbeitsstahl. |
| DIN 4961 | (9.62) | Stechdrehmeißel mit Schneiden aus Schnellarbeitsstahl. |
| DIN 4963 | (9.62) | Innen-Stechdrehmeißel mit Schneiden aus Schnellarbeitsstahl. |
| DIN 4964 T1 | (9.62) | Drehlinge aus Schnellarbeitsstahl. |
| DIN 4965 | (9.62) | Gebogene Eckdrehmeißel mit Schneiden aus Schnellarbeitsstahl. |
| DIN 4966 | (11.61) | Schneidplatten aus Hartmetall für leichte Schnitte. |
| DIN E 4968 T1 | (2.77) | Wendeschneidplatten aus Hartmetall zum Drehen (Zusammenhang mit ISO/R 883 – 1976). |
| DIN 4968 T1 | (6.72) | Wendeschneidplatten aus Hartmetall zum Drehen (Zusammenhang mit ISO/R 883 – 1969). |
| DIN 4969 | (11.66) | Wendeschneidplatten aus Schneidkeramik. |
| DIN 4971 | (8.63) | Gerade Drehmeißel mit Schneidplatte aus Hartmetall (ISO/R 241 u. ISO/R 243 berücksichtigt). |
| DIN 4972 | (8.63) | Gebogene Drehmeißel mit Schneidplatte aus Hartmetall. |
| DIN 4973 | (8.63) | Innen-Drehmeißel mit Schneidplatte aus Hartmetall. |
| DIN 4974 | (8.63) | Innen-Eckdrehmeißel mit Schneidplatte aus Hartmetall (ISO/R 241 u. 243). |
| DIN 4975 | (8.63) | Spitze Drehmeißel mit Schneidplatte aus Hartmetall (ISO/R 241). |
| DIN 4976 | (8.63) | Breite Drehmeißel mit Schneidplatte aus Hartmetall (ISO/R 241 u. 243). |
| DIN 4977 | (8.63) | Abgesetzte Stirndrehmeißel mit Schneidplatte aus Hartmetall (ISO/R 241 u. 243). |
| DIN 4978 | (8.63) | Abgesetzte Eckdrehmeißel mit Schneidplatte aus Hartmetall (ISO/R 241 u. 243). |
| DIN 4980 | (8.63) | Abgesetzte Seitendrehmeißel mit Schneidplatte aus Hartmetall (ISO/R 241 u. 243). |
| DIN 4981 | (8.63) | Stechdrehmeißel mit Schneidplatte aus Hartmetall (ISO/R 241 u. 243). |
| DIN 4982 | (7.72) | Drehmeißel; Drehmeißel mit Schneidplatte aus Hartmetall, Kennzeichnung (ISO/R 504). |
| DIN E 4983 | (2.77) | Einschneidige Klemmhalter und Kurzklemmhalter für Wendeschneidplatten, Bezeichnung (ISO/DP 5608). |

| | | |
|---|---|---|
| DIN 4987 | (12.75) | Bezeichnung von Wendeschneidplatten (ISO/DIS 1832). |
| DIN 6341 T1 | (11.57) | Zug-Spannzangen und Kegelhülsen für Spannzangen. |
| DIN 6341 T2 | (6.59) | Zug-Spannzangen; Spannzangengewinde, Nennmaße, Toleranzen, Grenzmaße. |
| DIN 6343 | (4.61) | Druck-Spannzangen. |
| DIN 6344 | (11.62) | Vorschubzangen. |
| DIN 6350 T 1 | (8.68) | Drehfutter, handbetätigt; Spannbacken nicht einzelverstellbar, mit zylindrischer Zentrieraufnahme. |
| DIN 6350 T2 | (12.69) | Drehfutter, handbetätigt; Spannbacken nicht einzelverstellbar, Zentrieraufnahme durch Zentrierkegel 1 : 4. |
| DIN E 6350 T3 | (3.70) | Drehfutter, handbetätigt; Technische Lieferbedingungen. |
| DIN 6351 T1 | (8.68) | Drehfutter, handbetätigt; Spannbacken auch einzelverstellbar, mit zylindrischer Zentrieraufnahme. |
| DIN 6351 T2 | (12.69) | Drehfutter, handbetätigt; Spannbacken auch einzelverstellbar, Zentrieraufnahme durch Zentrierkegel 1 : 4. |
| DIN 6352 T1 | (8.68) | Futterflansche mit Zentrierkegel 1 : 4; Grundflansche. |
| DIN 6353 | (4.77) | Drehfutter, kraftbetätigt, ohne Durchlaß. |
| DIN 6580 | (4.63) | Begriffe der Zerspantechnik; Bewegungen und Geometrie des Zerspanvorganges. |
| DIN 6581 | (5.66) | Begriffe der Zerspantechnik; Geometrie am Schneidkeil des Werkzeuges. |
| DIN 8611 T1 | (1.76) | Werkzeugmaschinen; Waagerecht-Drehautomaten, einspindlig, Abnahmebedingungen. |
| DIN 8611 T2 | (1.76) | Werkzeugmaschinen; Waagerecht-Drehautomaten, frontbedient, Abnahmebedingungen. |
| DIN 8611 T3 | (1.76) | Werkzeugmaschinen; Waagerecht-Drehautomaten, Langdrehautomaten, Abnahmebedingungen. |
| DIN 8613 | (3.70) | Abnahmebedingungen für Werkzeugmaschinen; Mehrspindel-Drehautomaten, Waagerechte Bauart für sich drehende Werkstücke. |
| DIN 8613 Bbl. | (3.70) | Abnahmebedingungen für Werkzeugmaschinen; Mehrspindel-Drehautomaten, waagerechte Bauart für sich drehende Werkstücke, Vordruck für Prüfergebnisse. |
| DIN 55021 | (2.54) | Werkzeugmaschinen; Spindelköpfe mit Zentrierkegel und Flansch, Abmessungen. |
| DIN E 55022 T1 | (11.73) | Werkzeugmaschinen; Spindelköpfe mit Zentrierkegel, Flansch und Bajonettscheibenbefestigung, Abmessungen (ISO/R 867–1968). |
| DIN E 55022 T2 | (11.73) | Werkzeugmaschinen; Spindelköpfe mit Zentrierkegel, Flansch und Bajonettscheibenbefestigung, Stehbolzen und Bundmuttern, Abmessungen. |

*VDI-Richtlinien*

| | | |
|---|---|---|
| VDI 3425 Bl. 1 | (11.72) | Numerisch gesteuerte Werkzeugmaschinen; Einheitswerkzeugsysteme für Drehmaschinen, Allgemeines. |
| VDI 3425 Bl. 2 | (11.72) | Numerisch gesteuerte Werkzeugmaschinen; Einheitswerkzeugsysteme für Drehmaschinen, Werkzeugsystem Zylinderschaft. |
| VDI 3425 Bl. 3 | (11.72) | Numerisch gesteuerte Werkzeugmaschinen; Einheitswerkzeugsysteme für Drehmaschinen, Werkzeugsystem Prismenaufnahme. |

# 6 Bohren, Senken, Reiben

## 6.1 Allgemeines

**o. Prof. Dr.-Ing. Th. Stöferle, Darmstadt**

Bohrverfahren sind nach DIN 8589 (Entwurf) spanende Verfahren mit kreisförmiger Schnittbewegung. Das Werkzeug führt hierbei eine Vorschubbewegung nur in Richtung der Drehachse aus. Unabhängig von der Vorschubbewegung behält die Drehachse der Schnittbewegung ihre Lage zu Werkzeug und Werkstück bei. Die Bohrverfahren werden unterschieden in Bohren, Aufbohren, Senken und Reiben. Im Unterschied dazu führt beim Innendrehen das Werkzeug auch eine Quervorschubbewegung aus.
Die Sage schreibt die Erfindung des Bohrers *Dädalus* zu [1]. Im Eisenzeitalter wurden eiserne Bohrer in Form von Spitzbohrern, Löffelbohrern und Zentrumsbohrern verwendet. Um 1800 erschienen in der Literatur die ersten ausführlichen Angaben über Metallbohren [2]. Zum ersten Mal wurde der Spiralbohrer im Jahre 1822 in „Gills Technical Repository" erwähnt [1]. 1884 gründete *Morse* die „Morse Twist Drill and Machine Company", in Deutschland fräste *Robert Stock* 1891 den ersten Versuchsbohrer und nahm 1896 die Spiralbohrerherstellung im größeren Umfang auf. Das Werkzeug wurde bis zum heutigen Tag verbessert und weiterentwickelt. Für spezielle Bearbeitungsaufgaben wurden Sonderbauformen entwickelt, wie z. B. Bohrer mit besonderen Querschnitten oder Anschliff-Formen sowie Senk- und Reibwerkzeuge.
Das Bohren ist ein spanendes Fertigungsverfahren, mit dessen Hilfe Löcher in den Werkstoff eingearbeitet werden können; auch werden die Durchmesser der Löcher vergrößert oder deren Form verändert [3]. Die Bearbeitung mit Spiralbohrern stellt eine Schruppzerspanung dar, die oft keine genügend gute Oberfläche und Maßhaltigkeit ermöglicht. Mit Reibwerkzeugen verfeinert man die Oberfläche der Lochwand und verbessert die Maßgenauigkeit der Bohrung. Mit Senkwerkzeugen werden ebene oder geformte Flächen durch eine vom Werkzeug vorgegebene Form hergestellt. Gewindebohrer erlauben eine einfache Herstellung von Innengewinden.

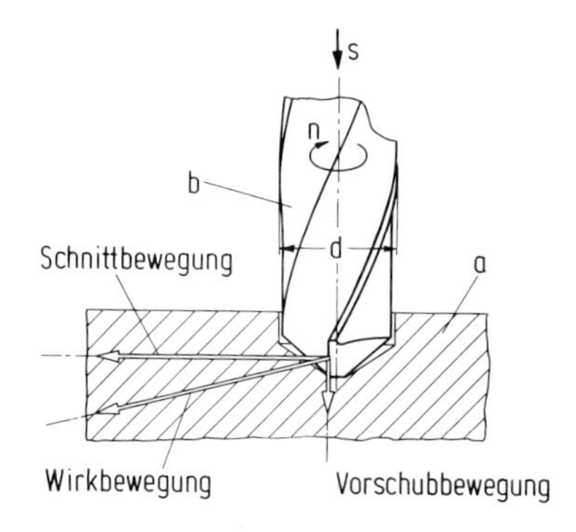


Bild 1. Wirkungsweise des Spiralbohrers nach DIN 6580
a Werkstück, b Werkzeug (Spiralbohrer)

Der in die Hauptspindel mit Spannfutter bzw. Morsekegel eingespannte Spiralbohrer mit dem Durchmesser d dreht sich um seine Achse mit der Drehzahl n (Bild 1). Gleichzeitig erfolgt die Vorschubbewegung s mit Hilfe eines Vorschubantriebs. Die beiden Schneidenecken des Spiralbohrers beschreiben hierbei eine doppelgängige Schraubenlinie; sie ist auf der Bohrungsoberfläche mehr oder weniger deutlich zu erkennen. Ähnlich wie bei einer Förderschnecke werden die abgetrennten Bohrspäne durch die Drallnuten aus dem Bohrloch herausgeführt. Je nach zu zerspanendem Werkstoff (mit Ausnahme von Gußeisen und Magnesiumlegierungen) wird Bohremulsion bzw. Hochleistungsschneidöl zugeführt, um Überhitzung des Werkzeugs zu vermeiden und die Spanreibung zu vermindern. Die Kühlschmierflüssigkeit wird beim Tiefbohren bzw. beim Waagrechtbohren der Schneide ggf. durch Innenkanäle im Bohrwerkzeug zugeleitet [4].

# 6.2 Übersicht der Bohrverfahren

o. Prof. Dr.-Ing. Th. Stöferle, Darmstadt

## 6.2.1 Begriffe und deren Erklärung

Eine Übersicht über Bohrverfahren nach Entwurf DIN 8589 Teil 2 zeigt Bild 2.

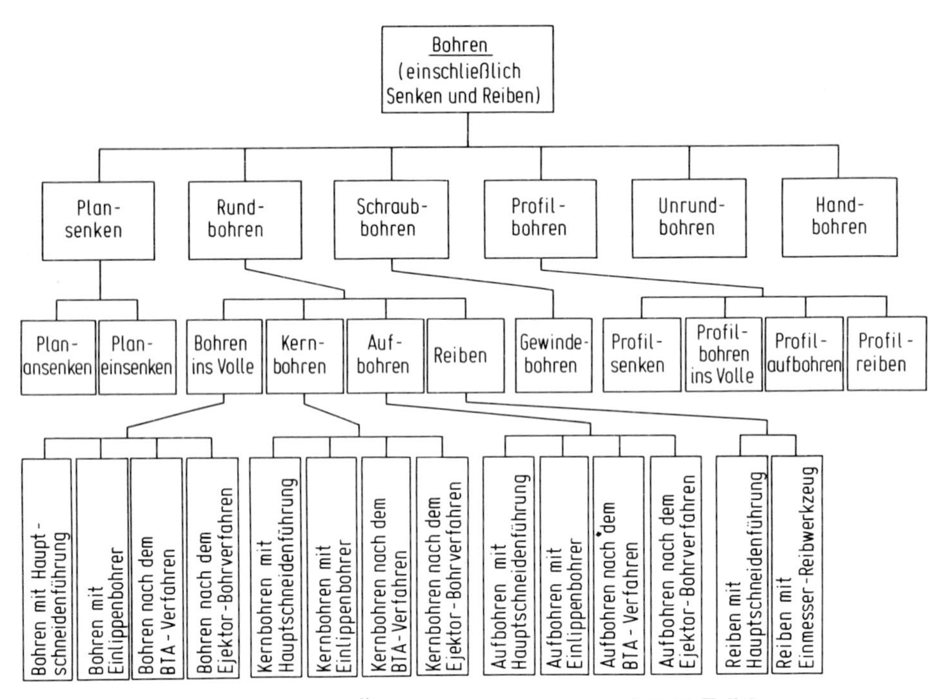


Bild 2. Bohrverfahren, allgemeine Übersicht nach Entwurf DIN 8589 Teil 2

Unter Plansenken versteht man Bohrverfahren zur Erzeugung ebener Flächen. Es ist ein mit einem Flachsenker durchgeführtes Bohrverfahren zur Herstellung senkrecht zur Drehachse der Schnittbewegung liegender ebener Flächen.
Planansenken ist Plansenken zur Erzeugung überstehender senkrecht zur Drehachse der Schnittbewegung liegender ebener Flächen (Bild 3A). Unter Planeinsenken versteht man ein Plansenken zur Erzeugung vertiefter, senkrecht zur Drehachse der Schnittbewegung liegender ebener Flächen.

Rundbohren ist ein Bohrverfahren zur Erzeugung einer kreiszylindrischen Innenfläche, die koaxial zur Drehachse der Schnittbewegung liegt. Hierbei unterscheidet man zwischen Bohren ins Volle, Kernbohren, Aufbohren und Reiben. Bohren ins Volle ist Rundbohren in den vollen Werkstoff. Dieses Verfahren teilt man wiederum auf in Bohren mit Hauptschneidenführung (Bild 3B), Bohren mit Einlippenbohrern, Bohren nach dem BTA-Verfahren und Bohren nach dem Ejektor-Bohrverfahren.
Beim Kernbohren zerspant das Bohrwerkzeug den Werkstoff ringförmig, wobei gleichzeitig mit der Bohrung ein kreiszylindrischer, am Außendurchmesser bearbeiteter Kern entsteht. Kernbohren teilt sich auf in Kernbohren mit Hauptschneidenführung (Bild 3C), Kernbohren mit Einlippenbohrern, Kernbohren nach dem BTA-Verfahren und in Kernbohren nach dem Ejektor-Bohrverfahren.
Aufbohren ist Bohren zur Vergrößerung eines bereits vorhandenen Loches. Das Aufbohren ist zu untergliedern in Aufbohren mit Hauptschneidenführung (Bild 3D), Aufbohren mit Einlippenbohrern und in Aufbohren nach dem BTA-Verfahren sowie nach dem Ejektor-Bohrverfahren.
Die vierte Gruppe des Rundbohrens ist das Reiben. Reiben ist Aufbohren mit geringer Spanungsdicke mit einem Reibwerkzeug zur Erzeugung von maß- und formgenauen, kreiszylindrischen Innenflächen mit hoher Oberflächengüte. Dieses Bohrverfahren teilt sich auf in Reiben mit Hauptschneidenführung (Bild 3E) und in Reiben mit Einmesser-Reibwerkzeugen.
Schraubbohren ist ein Bohren mit einem Schraubprofil-Werkzeug in ein vorhandenes oder vorgebohrtes Loch zur Erzeugung von Innenschraubflächen, die koaxial zur Dreh-

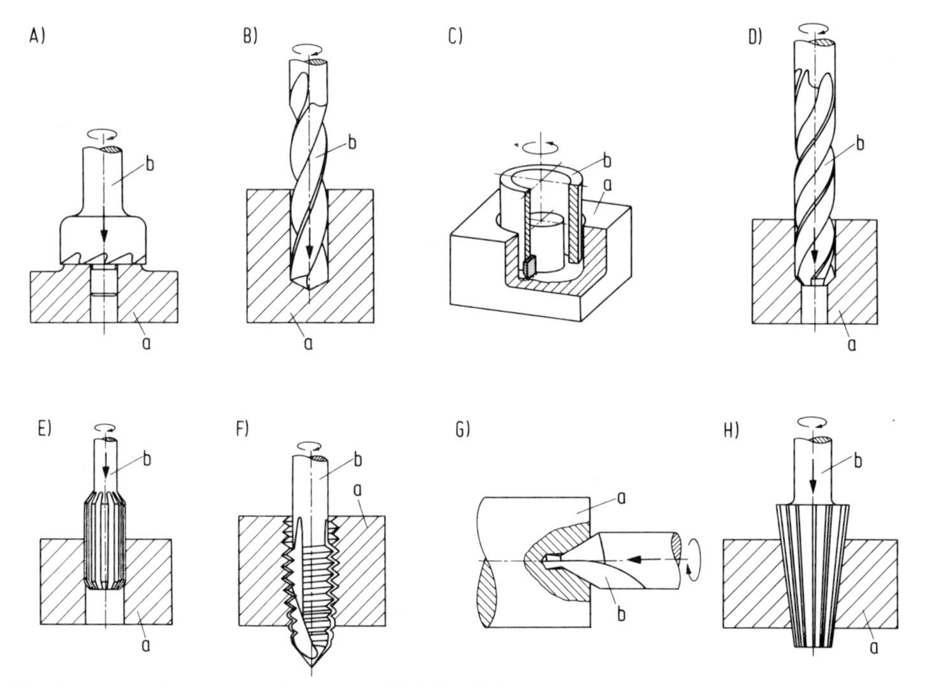


Bild 3. Bohrverfahren nach Entwurf DIN 8589 Teil 2

A) Plansenken, B) Bohren ins Volle mit Spiralbohrer, C) Kernbohren, D) Aufbohren, E) Reiben, F) Gewindebohren, G) Profilbohren ins Volle, H) Profilreiben

a Werkstück, b Werkzeug

achse des Werkzeugs liegen. Beim Gewindebohren wird das Innengewinde mit einem Gewindebohrer erzeugt (Bild 3F).
Die nächste Hauptgruppe der Bohrverfahren ist das Profilbohren. Es ist ein mit einem Profilwerkzeug durchgeführtes Bohrverfahren zur Erzeugung von rotationssymmetrischen Innenflächen, die durch das Hauptschneidenprofil des Werkzeugs bestimmt sind. Die Untergruppen hierzu sind Profilsenken, Profilbohren ins Volle, Profilaufbohren und Profilreiben. Profilsenken ist ein mit einem Profil-Senkwerkzeug durchgeführtes Profilbohren. Beim Profilbohren ins Volle wird mit einem Profilwerkzeug in den vollen Werkstoff gebohrt (Bild 3G). Ist bereits ein in der Regel schon profiliertes Bohrloch vorhanden, das mit einem Profilwerkzeug aufgebohrt wird, spricht man vom Profilaufbohren. Profilreiben ist Reiben mit einem Profilwerkzeug (Bild 3H).
Unrundbohren ist ein Bohrverfahren mit nichtkreisförmiger Schnittbewegung, die sich aus dem Umlauf des Schneidwerkzeugträgers kinematisch ableitet, und einer Vorschubbewegung in Richtung der Drehachse des Werkstücks zur Erzeugung von unrunden Löchern.
Unter Handbohren versteht man Spanen mit von Hand ausgeführter, kreisförmiger Schnittbewegung und von Hand ausgeführter Vorschubbewegung in Richtung der Drehachse des Werkzeugs.

### 6.2.2 Richtlinien für die Bohrzerspanung

Die VDI-Richtlinie 3207 enthält Richtwerte für das Bohren der am meisten verwendeten metallischen Werkstoffe mit Spiralbohrern aus Schnellarbeitsstahl. Sie entstand in Gemeinschaftsarbeit von Fachleuten werkzeugherstellender und -verbrauchender Betriebe sowie wissenschaftlicher Institute. Der Geltungsbereich dieser Richtwerttafeln überdeckt aus praktischen Erwägungen ein breites Feld verschiedenartiger Bohrarbeiten. Diese Richtwerte sind deshalb keine Optimalwerte, sondern müssen einem zu definierenden Bearbeitungsfall bei einer ausreichenden Standgröße zugeordnet werden.
Für einen zu zerspanenden Werkstoff bei vorgegebenem Bohrerdurchmesser liefert sie neben den erforderlichen Maschineneinstelldaten Spindeldrehzahl und Vorschub auch den geeigneten Spitzenwinkel sowie die Art der benötigten Kühlung. Die Richtlinie orientiert sich in erster Linie nach der Schnittgeschwindigkeitsrangfolge als Grundlage der Bohrbarkeitskennzeichnung. Sie berücksichtigt weiterhin die Abhängigkeit des Vorschubs vom Bohrerdurchmesser und vom zu zerspanenden Werkstoff.

## 6.3 Übersicht der Bohrmaschinen

**o. Prof. Dr.-Ing. Th. Stöferle, Darmstadt**

Die vielfältigen Bohrmaschinentypen lassen sich einteilen hinsichtlich der Anordnung und Zahl der Spindeln in Senkrecht-, Waagrecht-, Ein- oder Mehrspindelbohrmaschinen. Außerdem gibt es bewegliche und ortsfeste Bohrmaschinen. Eine weitere Einstufung wird gelegentlich auch nach der Fertigungsgenauigkeit vorgenommen. Die wichtigsten Typen sollen hier gezeigt werden.
Die *Tischbohrmaschine* (Bild 4A) ist eine kleine ortsfeste Einspindel-Senkrechtbohrmaschine. Die Vorschubbewegung wird meist von Hand über einen Hebel erzeugt. Sie ist auf der Werkbank in der Werkstatt zu finden.

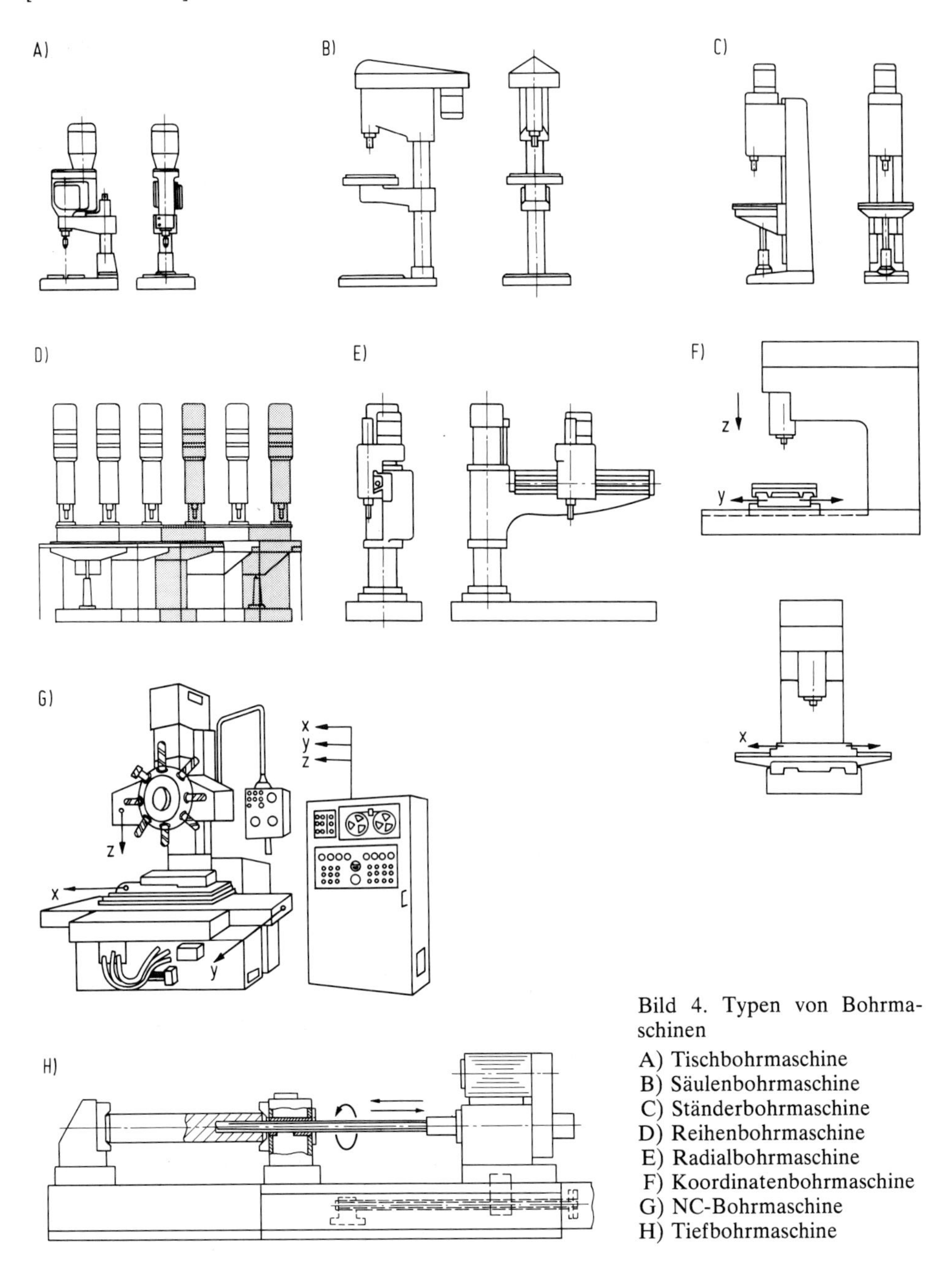


Bild 4. Typen von Bohrmaschinen

A) Tischbohrmaschine
B) Säulenbohrmaschine
C) Ständerbohrmaschine
D) Reihenbohrmaschine
E) Radialbohrmaschine
F) Koordinatenbohrmaschine
G) NC-Bohrmaschine
H) Tiefbohrmaschine

*Säulen- und Ständerbohrmaschinen* (Bild 4B und C) sind ebenfalls ortsfeste Einspindel-Senkrechtbohrmaschinen für ein großes Bearbeitungsspektrum. Der schwenkbare, höhenverstellbare Arbeitstisch nimmt leichte bis mittelschwere Werkstücke auf. Spindeldrehzahlen und Vorschübe sind meist in Stufen einstellbar.

Im Gegensatz zu Säulenbohrmaschinen besitzen Ständerbohrmaschinen einen geführten höhenverstellbaren Bohrtisch, der zusätzlich abgestützt werden kann. Somit lassen sich auf diesen Maschinen auch in schwere Werkstücke Löcher großen Durchmessers bohren. An großen Ständerbohrmaschinen ist der Spanntisch fest ausgeführt und der Hauptspindelkasten bezüglich der Höhe verschiebbar angeordnet.
Unter *Reihenbohrmaschinen* versteht man nebeneinandergestellte Senkrechtbohrmaschinen. Die Anzahl der Hauptspindeln richtet sich nach der Anzahl der vorgegebenen Bohrungsdurchmesser. Meist wird mit Bohrschablonen gearbeitet. Zur Platzeinsparung gibt es auch Senkrechtbohrmaschinen, die sich nach dem Baukastenprinzip zu Reihenbohrmaschinen zusammenfassen lassen (Bild 4D).
*Mehrspindelige Bohrmaschinen* werden wirtschaftlich in der Serienfertigung eingesetzt. Die Gelenkspindelbohrmaschine ist der wichtigste Vertreter dieser Maschinengruppe. Hier können die Hauptspindelabstände innerhalb vorgegebener Verschiebebereiche verstellt werden. Auf diese Weise läßt sich jedes gewünschte Bohrbild ohne großen Aufwand vorwählen, und entsprechend der Spindelzahl können mehrere Bohrlöcher in einem Arbeitsgang gefertigt werden. Vielspindelbohrmaschinen mit fest zugeordneten Hauptspindeln werden nur in der Großserienfertigung eingesetzt.
Mit Hilfe von *Radialbohrmaschinen* (Bild 4E) lassen sich auch große, schwere Werkstükke bearbeiten. Der Schlitten mit Hauptspindel ist auf einem schwenkbaren Ausleger einfach verschiebbar und somit in jede gewünschte Stellung über dem Werkstück zu bringen. Klemmeinrichtungen sorgen für die Einhaltung der angefahrenen Bearbeitungsposition. Unter Zuhilfenahme von Schwenkvorrichtungen lassen sich auf Radialbohrmaschinen an einem Werkstück in einer Aufspannung weitgehend alle Bohrbearbeitungen ausführen [4].
*Waagrechtbohrmaschinen* besitzen einen festen Maschinenständer, an dem die Hauptspindel mit Spindelkasten senkrecht zu verschieben ist. Der Tisch zur Werkstückaufnahme läßt sich längs und quer verstellen und ggf. auch drehen. Große Waagrechtbohrwerke haben einen ortsfesten Aufspanntisch. Am verschiebbaren Ständer läßt sich hier die Hauptspindel mit Spindelkasten in der Höhe und schräg verstellen [3] (Näheres unter 7.7.6).
Auf *Feinbohrmaschinen* lassen sich Oberflächengüten erzielen, deren Rauhigkeiten geringer sind, als sie bei der Schleifbearbeitung erreicht werden. Um die Durchbiegung der Bohrstange durch die Bearbeitungskräfte gleichgroß zu halten, ist bei der Feinbohrmaschine die Auskraglänge von Bohrstange und -spindel konstant [3].
*Koordinatenbohrmaschinen* (auch Lehrenbohrmaschinen genannt) (Bild 4F) besitzen Wegmeßsysteme, die eine Werkzeugpositionierung in der X-, Y- und Z-Achse erlauben. Die Wegmessung erfolgt optisch oder elektrisch. Zum universellen Einsatz werden diese Maschinen oft mit Mehrfach-Werkzeugträgern ausgerüstet. Bohrungen in Lehren und Vorrichtungen lassen sich ohne vorheriges Anreißen eng toleriert herstellen.
Rüstet man eine Koordinatenbohrmaschine mit einer numerischen Steuerung aus, wird sie zur *NC-Bohrmaschine,* genauer gesagt zum NC-Koordinatenbohrwerk (Bild 4G).
Auf *Tiefbohrmaschinen* (Bild 4H) lassen sich im Verhältnis zum Durchmesser tiefe Bohrungen herstellen. Sie besitzen besondere Einrichtungen zur Spanabfuhr.
*Bohrmaschinen in Sonderbauarten* werden je nach Bedarf speziellen Aufgaben angepaßt. Als Beispiele seien das Bohren der auf einem Kreis angeordneten Löcher in Flanschen, die Bohrbearbeitung großflächiger ebener Werkstücke und das Bohren von Leiterplatten genannt, bei dem es außer der Genauigkeit vor allem auf eine hohe Mengenleistung ankommt. Besondere maschinelle Einrichtungen erfordert auch die Herstellung der Vielzahl von Bohrungen in Saugwalzen von Papiermaschinen.

# 6.4 Berechnungsverfahren

**o. Prof. Dr.-Ing. Th. Stöferle, Darmstadt**

## 6.4.1 Schneidengeometrie

Zur Berechnung der Zerspankraftkomponenten beim Bohren müssen die Werkzeuggeometrie sowie die Funktions- und Baumaße bekannt sein. Die wichtigsten Baumaße für Spiralbohrer nach DIN 1412 sind im Abschnitt 6.6 angegeben. Die Bezeichnungen der Flächen, Schneiden und Schneidenecken am Spiralbohrer zeigt Bild 5.

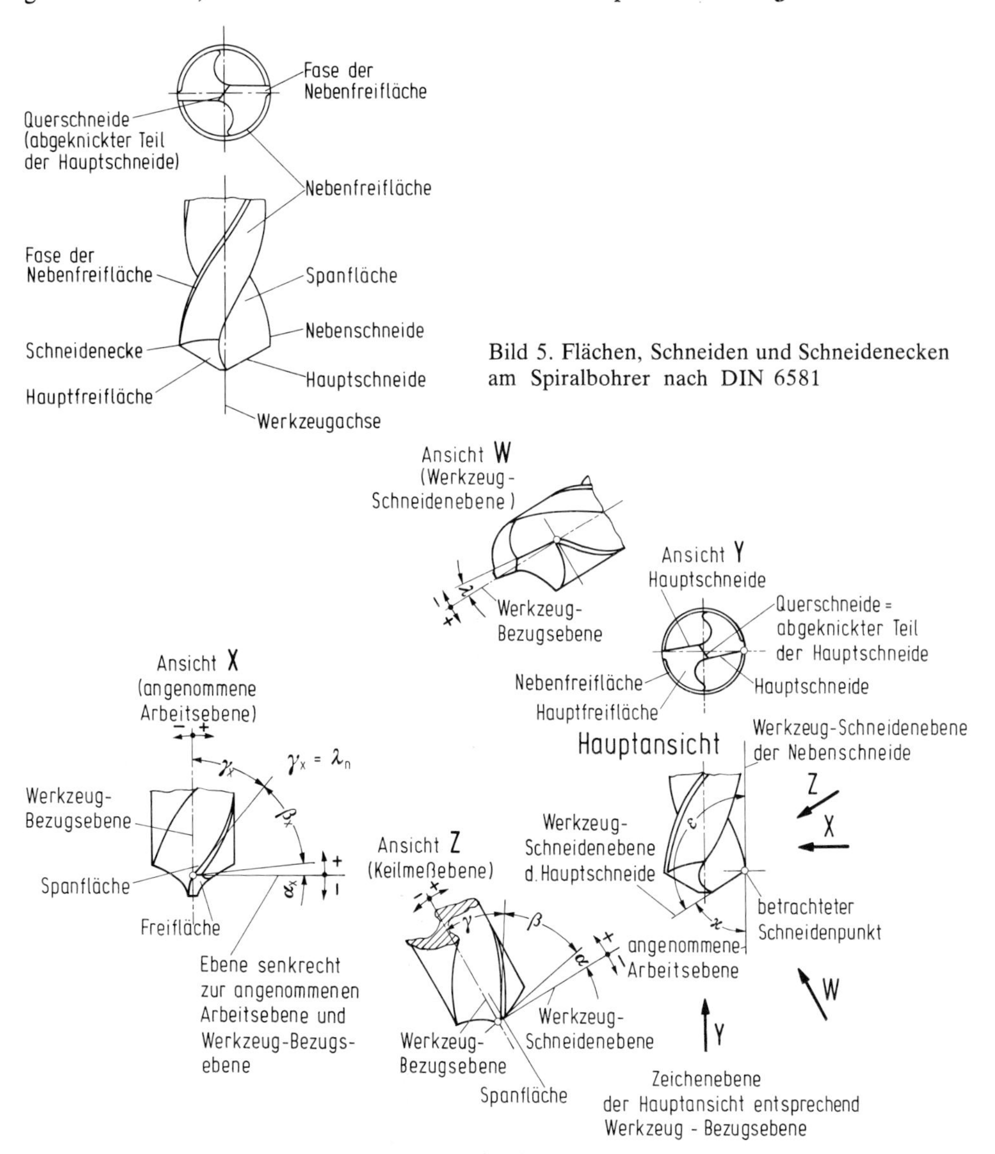


Bild 5. Flächen, Schneiden und Schneidenecken am Spiralbohrer nach DIN 6581

Bild 6. Werkzeugwinkel am Spiralbohrer nach DIN 6581

Die spezifischen Zerspankennwerte des Spiralbohrers ergeben sich schließlich durch die vorgegebene, einer möglichst optimalen Bohrzerspanung angepaßte Schneidengeometrie, die wesentlich mit Hilfe der Winkel am Schneidkeil beschrieben wird.
Bild 6 gibt einen Überblick über Werkzeugwinkel am Spiralbohrer. Nähere Einzelheiten über Ausführung, Baumaße und weitere Angaben zu den Werkzeugen beim Bohren, Senken und Reiben enthält ebenfalls der Abschnitt 6.6.

## 6.4.2 Zerspankräfte beim Bohren

Die am häufigsten benutzten Berechnungsgrundlagen zur Ermittlung der Zerspankräfte beim Bohren wurden von *Kienzle*[5] aufgestellt und von *Victor*[6] und *Spur*[7] bestätigt. Der wesentliche Einfluß des Werkstückstoffs auf die Zerspankräfte ist in den folgenden praxisnahen Schnittkraftgleichungen für Zerspanverfahren mit gleichbleibender Spandicke berücksichtigt. Bild 7 zeigt die Zerspankräfte bei der Bohrzerspanung. Die auftretenden Zerspankräfte je Schneide $F_{z_1}$ und $F_{z_2}$, von denen angenommen wird, daß sie etwa in der Schneidenmitte angreifen, werden in ihre Komponenten zerlegt. In Schnittrichtung wirken die Komponenten $F_{s_1}$ und $F_{s_2}$, in Vorschubrichtung $F_{v_1}$ und $F_{v_2}$. Die Schnittkraft $F_s$ setzt sich unter den vorgegebenen Symmetriebedingungen, die z.B. genauen Spitzenanschliff voraussetzen, aus den Einzelkräften $F_{s_1}$ und $F_{s_2}$ zusammen:

$$F_s = F_{s_1} + F_{s_2} = 2\,F_{sz}. \tag{1}$$

Dasselbe gilt für die Vorschubkraft $F_v$:

$$F_v = F_{v_1} + F_{v_2} = 2\,F_{vz} \tag{2}$$

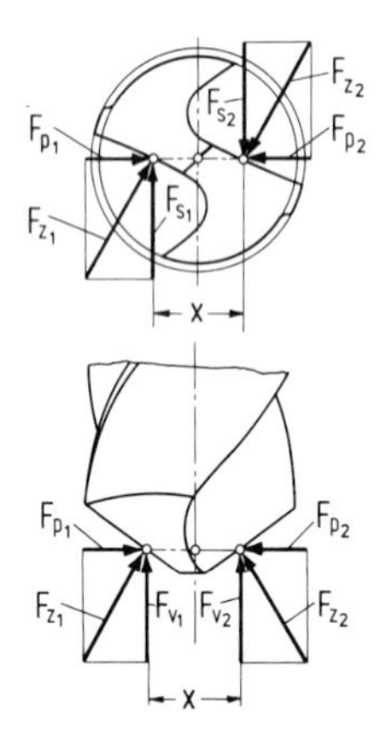


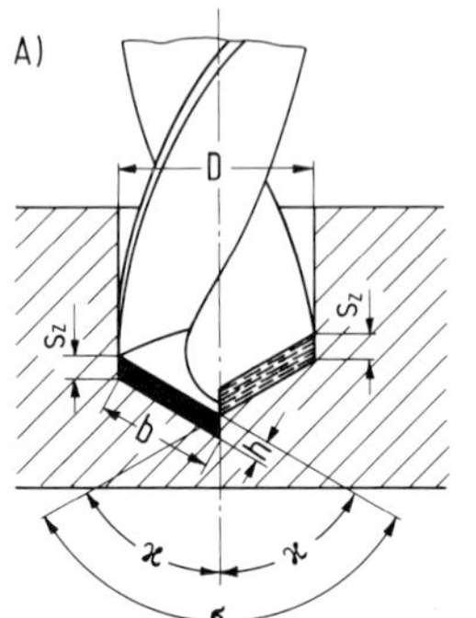


Bild 7. Zerspankräfte am Spiralbohrer

Bild 8. Spanungsgeometrie bei der Zerspanung mit Spiralbohrern

A) Bohren ins Volle, B) Aufbohren

In Bild 8 ist die Spangeometrie beim Bohren ins Volle und beim Aufbohren dargestellt. Der Vorschub pro Schneide $s_z$ beträgt die Hälfte des Vorschubs pro Umdrehung s, d.h.

$$s_z = \frac{s}{2}. \tag{3}$$

Die Spanfläche je Schneide $A_z$ ergibt sich beim Bohren ins Volle zu

$$A_z = b \cdot h = \frac{D \cdot s}{4} \tag{4}$$

und beim Aufbohren zu

$$A_z = b \cdot h = \frac{(D\text{-}d) \cdot s}{4}. \tag{5}$$

Für die Spanbreite b und die Spandicke h kann man beim Bohren ins Volle auch schreiben

$$b = \frac{D}{2 \cdot \sin \varkappa}, \tag{6}$$

$$h = s_z \cdot \sin \varkappa \tag{7}$$

und beim Aufbohren

$$b = \frac{D-d}{2 \cdot \sin \varkappa}, \tag{8}$$

$$h = s_z \cdot \sin \varkappa. \tag{9}$$

Nun läßt sich die Schnittkraft je Schneide berechnen zu

$$F_{sz} = A_z \cdot k_s. \tag{10}$$

$k_s$ bedeutet die spezifische Schnittkraft, die zur Zerspanung der Flächeneinheit benötigt wird. Diese ändert sich mit der Spandicke h nach einer Potenz von h mit dem Exponenten z und ist somit kein konstanter Stoffwert. Um einen festen Bezug herzustellen, wird der sog. Hauptwert der spezifischen Schnittkraft $k_{s1.1}$ definiert.
Diese konstante Schnittkraft ist notwendig, um einen Span der Höhe h = 1 mm und der Breite b = 1 mm abzutrennen.
Der Zusammenhang zwischen $k_s$ und $k_{s1.1}$ läßt sich durch folgendes Potenzgesetz beschreiben:

$$k_s = \frac{\text{const}}{h^z} = \frac{k_{s1.1}}{h^z}. \tag{11}$$

Setzt man diesen Wert in die Schnittkraftgleichung ein, ergibt sich die Schnittkraft zu

$$F_{sz} = b \cdot h^{1-z} \cdot k_{s1.1}. \tag{12}$$

Für das Bohren ins Volle gilt jetzt

$$F_{sz} = \frac{D}{2 \cdot \sin \varkappa} \cdot \left(\frac{s}{2} \sin \varkappa\right)^{1-z} \cdot k_{s1.1}, \tag{13}$$

für das Aufbohren

$$F_{sz} = \frac{D-d}{2 \sin \varkappa} \cdot \left(\frac{s}{2} \sin \varkappa\right)^{1-z} \cdot k_{s1.1}. \tag{14}$$

Die Schnittkraft läßt sich beim Bohren nicht direkt messen; sie kann nur mit Hilfe des Drehmoments errechnet werden.
Der Abstand zwischen den Kräftepaaren $F_{s_1}$ und $F_{s_2}$ wird überschläglich mit

$$x = 0{,}5 \cdot D \tag{15}$$

angegeben.

Genaue versuchstechnisch ermittelte Zahlenwerte für x sind Tabelle 1 zu entnehmen. Das am Spiralbohrer wirkende Drehmoment kann nach folgender Gleichung errechnet werden:

$$M_T = F_{sz} \cdot x. \tag{16}$$

In Analogie zur Berechnung der Schnittkraft wird die Vorschubkraft beim Bohren ins Volle bestimmt zu

$$F_v = D \cdot \left(\frac{s}{2} \cdot \sin \varkappa\right)^{1-y} \cdot k_{v1.1}. \tag{17}$$

Die Konstante $k_{v1.1}$ ist als Hauptwert der spezifischen Vorschubkraft definiert.

Tabelle 1. Faktoren zur Drehmomentenberechnung (nach Spur [7])

| D [mm] | σ [°] | $\gamma_x$ [°] | Werkstoff | v [m/min] | s [mm] | x vorgebohrt [mm] | x voll [mm] |
|---|---|---|---|---|---|---|---|
| 32 | 120 | 32 | Ck 60 | 18,3 | 0,17 | 0,51 · D | 0,38 · D |
| 32 | 119,5 | 32 | Ck 60 | 12,6 | 0,17 | 0,56 · D | 0,41 · D |
| 28 | 116 | 34,5 | 16MnCr5 | 11 | 0,11 | 0,53 · D | 0,32 · D |
| 28 | 114 | 34,5 | 16MnCr5 | 11 | 0,11 | 0,57 · D | 0,34 · D |
| 10 | 116 | 30 | 16MnCr5 | 11,2 | 0,26 | 0,50 · D | 0,26 · D |

Die Exponenten (1–z) und (1–y) sowie die Hauptwerte $k_{s1.1}$ und $k_{v1.1}$ sind durch Versuche ermittelt worden und für Berechnungen aus Tabelle 2 zu entnehmen. Diese Exponenten und Hauptwerte sind werkstoffabhängig und enthalten die probengebundenen Einflüsse, wie chemische Zusammensetzung, metallurgische Herstellung (Seigerungen, nichtmetallische Einschlüsse, Korngröße), Warmumformung (Faserverlauf), Kaltumformung (Verfestigung) und Wärmebehandlung (Gefügezustand, Härte, Festigkeitseigenschaften). Die in Tabelle 2 untersuchten Werkstoffe werden in drei Bereiche aufgeteilt: Werkstoffe schlechter Bohrbarkeit mit hohen spezifischen Schnittkräften (18 CrNi 8, 42 CrMo 4, 100 Cr 6), Werkstoffe mittlerer Bohrbarkeit mit mittleren spezifischen Schnittkräften (46 MnSi 4, Ck 60) und Werkstoffe guter Bohrbarkeit mit niedrigen spezifischen Schnittkräften (St 50, 16 MnCr 5, 34 CrMo 4).

Tabelle 2. Zerspankennwerte für das Bohren (nach *Spur* [7])

| Werkstoff | $\sigma_B$ [N/mm²] | 1–z | $k_{s1.1}$ [N/mm²] | 1–y | $k_{v1.1}$ [N/mm²] |
|---|---|---|---|---|---|
| 18 CrNi 8 | 600 | 0,82 ± 0,04 | 2690 ± 230 | 0,55 ± 0,06 | 1240 ± 160 |
| 42 CrMo 4 | 1080 | 0,86 ± 0,06 | 2720 ± 420 | 0,71 ± 0,04 | 2370 ±230 |
| 100 Cr 6 | 710 | 0,76 ± 0,03 | 2780 ± 220 | 0,56 ± 0,07 | 1630 ±300 |
| 46 MnSi 4 | 650 | 0,85 ± 0,04 | 2390 ± 250 | 0,62 ± 0,02 | 1360 ± 100 |
| Ck 60 | 850 | 0,87 ± 0,03 | 2200 ± 200 | 0,57 ± 0,03 | 1170 ± 100 |
| St 50 | 560 | 0,82 ± 0,03 | 1960 ± 160 | 0,71 ± 0,02 | 1250 ± 70 |
| 16 MnCr 5 | 560 | 0,83 ± 0,03 | 2020 ± 200 | 0,64 ± 0,03 | 1220 ± 120 |
| 34 CrMo 4 | 610 | 0,80 ± 0,03 | 1840 ± 150 | 0,64 ± 0,03 | 1460 ± 140 |

Tabelle 3. Gegenüberstellung der Berechnungsansätze nach *Kronenberg/Schlesinger* [8], *Löschner* [9], *Hirschfeld* [10] und *Victor/Spur* [6, 7]

| | *Kronenberg/Schlesinger* | *Löschner* | *Hirschfeld* | *Victor/Spur* |
|---|---|---|---|---|
| Werkstoff | St 60 | St 50 | SAE 2515 | St 50 |
| Hauptschnittkraft | $F_S = 1270 \cdot d^{0,8} \cdot s^{0,795}$ $= 5071$ N | – | $F_S = \frac{1}{\cos\lambda_m} \cdot a_e \cdot s_e \cdot k_s \cdot p \cdot c_{vm} \cdot c_{\gamma m}$ $= 3685$ N | $F_S = b \cdot h^{(1-z)} \cdot k_{s1.1}$ $= 3931$ bis 4077 N |
| Drehmoment | $M_T = 0{,}635 \cdot d^{1,8} \cdot s^{0,795}$ $= 50{,}6$ Nm | $M_T = 0{,}518 \cdot s^{0,83} \cdot d^{1,89} \cdot v^{-0,14}$ $= 34{,}0$ Nm | $M_T = \left(\frac{d}{2}\right)^2 \cdot s \cdot B_f \cdot k_s \cdot c_{vm} \cdot c_{\gamma m} \cdot 10^{-3}$ $= 41{,}5$ Nm | $M_T = F_S \cdot 0{,}34 \cdot \frac{d}{10^3}$ $= 26{,}7$ bis 27,7 Nm |
| Vorschubkraft | $F_V = 660 \cdot d \cdot s^{0,68}$ $= 5554$ N | $F_V = 615 \cdot s^{0,64} \cdot d^{1,13} \cdot v^{-0,15}$ $= 5128$ N | – | $F_V = d \cdot h^{(1-y)} \cdot k_{v1.1}$ $= 5464$ bis 5615 N |
| Parameter | $d = 20$mm<br>$s = 0{,}28$mm | $d = 20$mm<br>$s = 0{,}28$mm<br>$v = 20$m/min | $d = 20$mm<br>$s = 0{,}28$mm<br>$a_e = 10$<br>$c_{vm} = 0{,}95$<br>$c_{\gamma m} = 1{,}02$<br>$k_s = 1820$N/mm²<br>$p = 1{,}66$<br>$B_f = 0{,}84$<br>$s_e = 0{,}126$<br>$\frac{1}{\cos\lambda_m} = 0{,}99$ | $d = 20$mm<br>$\varkappa = 59°$<br>$b = 11{,}66$mm<br>$h = 0{,}12$mm<br>$k_{s1.1} = 1960 \pm 160$N/mm²<br>$(1-z) = 0{,}82 \pm 0{,}03$<br>$k_{v1.1} = 1250 \pm 70$N/mm²<br>$(1-y) = 0{,}71 \pm 0{,}02$ |

Die Unterschiede von Probe zu Probe und Charge zu Charge kann man nur durch statistische Verfahren erfassen; es liegt also entsprechend den Verfahren etwa eine 95prozentige Wahrscheinlichkeit für die Anstiegwerte (1–z) und (1–y) und die Hauptwerte $k_{s1.1}$ bzw. $k_{v1.1}$ vor [4, 7].
Die Schnittleistung beim Bohren berechnet sich in bekannter Weise aus dem Produkt von Drehmoment $M_T$ und Winkelgeschwindigkeit $\omega$ zu

$$P_s = M_T \cdot \omega \quad (18)$$

mit $\omega = 2\,\pi\,n$. (19)

Nach dem Einsetzen der Drehzahlen in $min^{-1}$ und des Moments $M_T$ in Nm erhält man aus Gleichung 18 die Zerspanleistung in W

$$P_s = \frac{\pi}{30} \cdot M_T \cdot n. \quad (20)$$

Das Zeitspanungsvolumen ergibt sich zu

$$V_z = \frac{D^2 \cdot \pi}{4} \cdot s \cdot n. \quad (21)$$

Weitere Ansätze zur Berechnung der Zerspankräfte beim Bohren erstellten *Kronenberg*[8], *Löschner*[9] sowie *Hirschfeld*[10].
Tabelle 3 gibt einen vergleichenden Überblick über verschiedene Berechnungsansätze für vergleichbare Bedingungen.

## 6.5 Werkstückaufnahme, Bohrvorrichtungen

**Ing. E. Honeck, Mannheim**

### 6.5.1 Einleitung

Die Möglichkeiten, Werkstücke nahezu beliebiger Form und Größe bei der Bearbeitung auf Bohrmaschinen zu halten und zu fixieren, sind vielfältig. Daher sollen hier nur wesentliche Merkmale und Gesetzmäßigkeiten, die zur Gestaltung dieser Fertigungshilfsmittel unerläßlich sind, aufgezeigt werden. Der schöpferischen Tätigkeit und Findigkeit des Konstrukteurs stehen dabei weite Bereiche offen.
Das Fertigungsmittel Vorrichtung ist ein wichtiger Faktor bei der wirtschaftlichen Bearbeitung von Werkstücken jeder Art. Von der einfachsten Schablone bis zur teil- oder vollautomatischen Einrichtung erstrecken sich die Ausführungsarten. Dabei kommt es besonders auf die gleichbleibende Qualität und die Einsatzmöglichkeit zur Rationalisierung von Arbeitsgängen der verschiedensten Bearbeitungsarten an.

### 6.5.2 Bohrvorrichtung

In Bild 9 ist eine Bohrvorrichtung dargestellt, bei der alle dem Verschleiß unterliegenden Teile, wie Bohrbuchsen und deren Halter, Stützbolzen u. dgl., gehärtet und auswechselbar angeordnet sind. Die Handhabung beim Beschicken wird dadurch erleichtert, daß Auflage- und Einschiebeleisten angebracht sind. Von besonderer Bedeutung ist dies bei schweren Teilen, die mit Hilfe von Hebezeugen bewegt werden müssen. Der dem Fertigungsmittel zuzuordnenden Genauigkeit liegen die Toleranzen der Werkstückzeichnungen zugrunde. Bei seiner Herstellung sind in der Regel Abmaße einzuhalten, die zwei bis drei Qualitätsstufen feiner (nach ISO) auszulegen sind als die für das zu bearbeitende Werkstück.

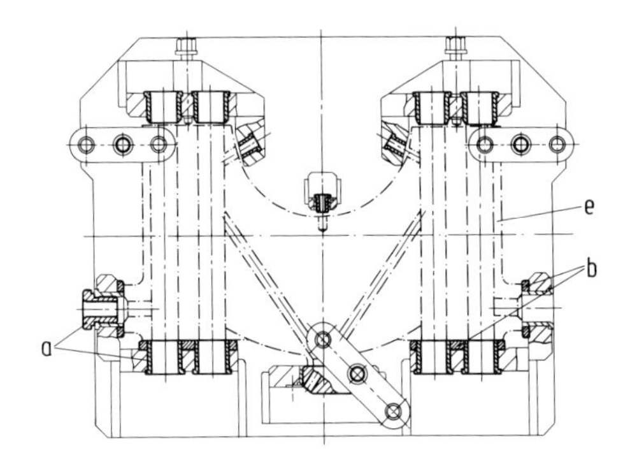


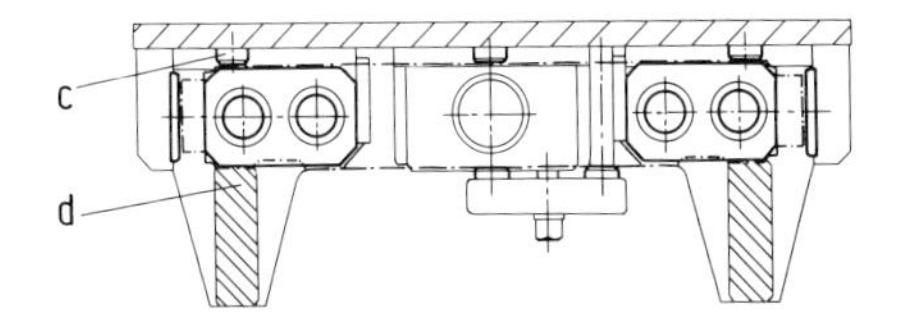


Bild 9. Bohrvorrichtung
a Bohrbuchsen, b Bohrbuchsenhalter, c Stützbolzen, d Auflage- und Einschiebeleisten, e Werkstück

### 6.5.2.1 Verwendung von Standard-Elementen

Eine große Anzahl von Bohrvorrichtungen kann aus standardisierten Teilen und Grundeinrichtungen zusammengebaut werden. Die einschlägige Industrie bietet eine Vielzahl solcher Fertigteile an. Die Vorteile dieser zum großen Teil auch genormten Elemente liegen vor allem in der Wirtschaftlichkeit. In diese Kategorie fallen u. a. Kniehebel-Systeme, Treppenböcke, Ausgleichspanner, Zahnstangenspanner, Schnellspannschrauben, Vieldruckspanner, Schnellspannvorrichtungen, Wendespanner, Teiltische, Rundschalttische und Kraftübersetzer. Bei Verwendung dieser Elemente kann der Konstruktionsaufwand einer Vorrichtung sehr niedrig gehalten werden. Die Einsatz- und Kombinationsmöglichkeiten sind nahezu unbegrenzt.
Der Zweisäulen-Schnellspanner (Bild 10) ist ein typisches Beispiel dafür. Ausgestattet mit werkstückbezogener Ober- und Unterplatte, erfüllt er hohe Ansprüche an Spanngeschwindigkeit, einstellbare Spannkraft, Wiederholgenauigkeit, Umrüstbarkeit und Handlichkeit. Der Aufwand an Wechselteilen ist gering. Werkstücke mit unbearbeiteten Kanten können mit Hilfe von Kegelzapfen einfach und optimal ausgerichtet werden. Geräte dieser Art gibt es in mehreren Größen und Ausführungen. Weitere Vorteile ergeben sich durch die Vertikalbewegung der Oberplatte beim Einjustieren auf Gelenkspindelbohrmaschinen ohne Spindellagerplatte. Jede einzelne Spindel kann ohne weitere Hilfsmittel mit ausreichender Genauigkeit nach der Bohrplatte ausgerichtet werden.

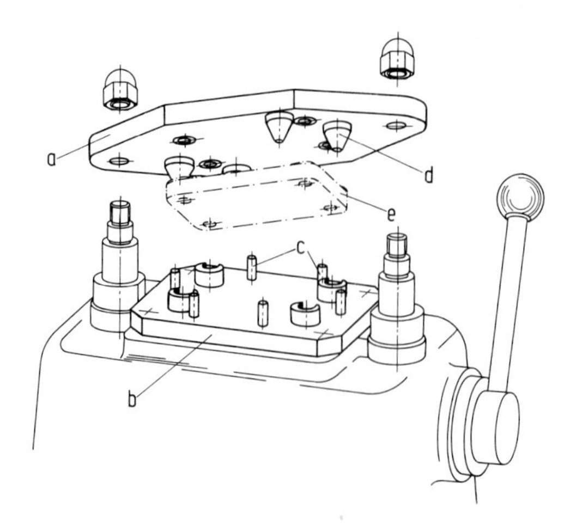


Bild 10. Zweisäulen-Schnellspanner

a Oberplatte, b Unterplatte, c Zylinderzapfen für Werkstück-Orientierung, d Kegelzapfen für Werkstück-Zentrierung, e Werkstück

### 6.5.2.2 Verwendung von Spezial-Elementen

Wenn sich Spannprobleme mit standardisierten Elementen nicht befriedigend lösen lassen, muß der Konstrukteur den speziellen Werkstück-, Maschinen-, Werkzeug- und Kühlmittelverhältnissen durch Gestaltung besonderer Fertigungsmittel Rechnung tragen.

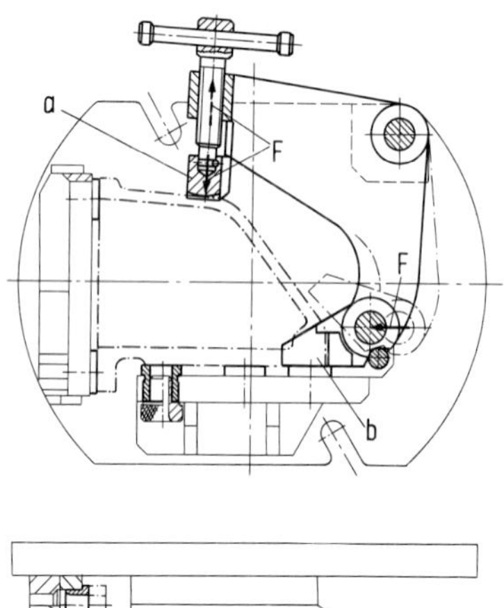


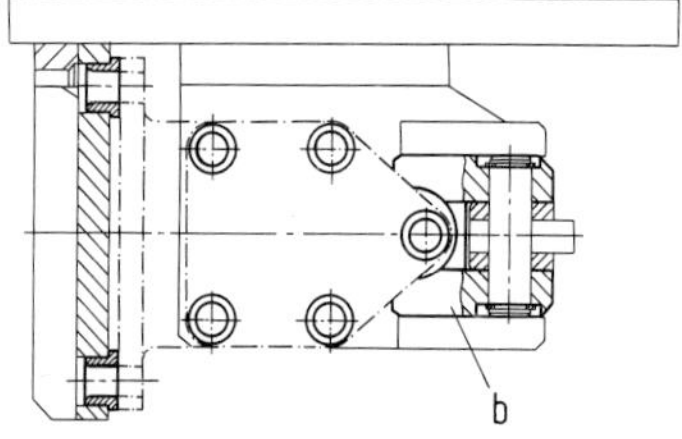


Bild 11. Bohrvorrichtung mit mehreren durch eine Spannbetätigung einleitbaren Funktionen

a Spannprisma, b Prismengelenk, F Spann- bzw. Reaktionskraft

Die Vorrichtung in Bild 11 läßt erkennen, daß mit einem Spannvorgang mehrere Bedingungen erfüllt werden können, und zwar gleichzeitiges Anlegen und Spannen in zwei Achsen mit gleichbleibender Spannkraft in beiden Achsen, Ausrichten des Werkstücks mit Hilfe eines Spannprismas und eines Prismengelenks in der dritten Achse sowie selbsttätiges Ausschwenken des Prismengelenks während des Lösevorgangs zum Ein- und Ausbringen des Werkstücks. Diese Funktionen lassen sich von Fall zu Fall noch erweitern. Ausschlaggebend hierfür ist eine noch zumutbare Handhabung der Vorrichtung. Die vorgegebene Spannzeit muß eingehalten werden.

### 6.5.2.3 Anpassung an die Werkstück-Qualität

Einleuchtend und ökonomisch wichtig ist es, daß das Fertigungsmittel den Qualitätsanforderungen an das zu bearbeitende Werkstück angepaßt werden muß. Wenn z.B. einfache Scheiben mit mehreren Bohrungen ohne besondere Genauigkeitsanforderungen zu versehen sind, wird der Praktiker die erste Scheibe als Lehre und damit als Einmalschablone verwenden. Im Gegensatz dazu bedarf es im Bereich sehr hoher Qualitätsanforderungen ausgesuchter Systeme, um gleichbleibend gute Ergebnisse zu erzielen.
In einzelnen Fällen wird es nicht zu umgehen sein, Versuche durchzuführen, um in Teilbereichen vorliegende Auslegungsunsicherheiten frühzeitig zu klären. Die gesamte Konzeption kann dann mit minimalem Risiko als Fertigungseinrichtung realisiert und die Sollqualität mit hoher Sicherheit erreicht werden.
Nach den durch Konstruktion und Arbeitsvorbereitung vorgegebenen Anforderungen können die meisten Bohrvorrichtungen in die Kategorie Normal eingereiht werden. Das besagt, daß die Arbeitsgänge Bohren, Senken und Reiben in den entsprechenden Durchmesser-Qualitäten 11, 9 und 7 der ISO-Normtabelle ausgeführt werden können. Die Abstandstoleranzen von Bohrung zu Bohrung bzw. zu Bezugspunkten müssen dabei den gleichen Qualitätsanforderungen angepaßt werden. Bild 12 zeigt eine Bohrvorrichtung für Kurbelwellenflansche; die Bohrungen werden in diesem Fall nach dem Bohren gemeinsam mit dem zugehörigen Schwungrad gerieben.

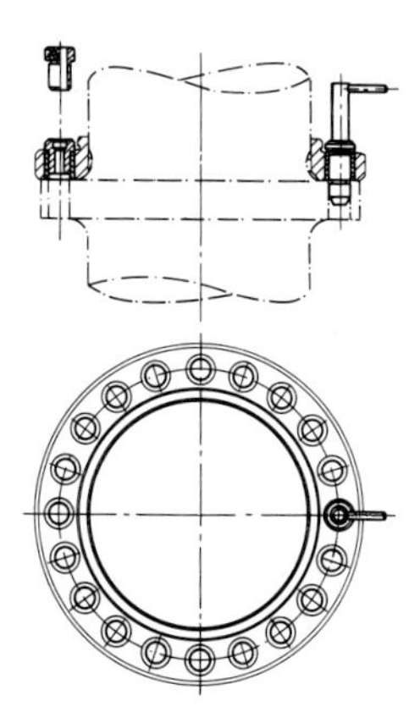

Bild 12. Bohrvorrichtung für Kurbelwellenflansche

Diese Art der Fertigung hat allerdings einige Nachteile. Die Schneiden der Werkzeuge führen in der Buchse eine Dreh- und eine hin- und hergehende Bewegung aus; außerdem werden sie von Spänen und Kühlmittel beeinflußt. Das Spiel zwischen ruhendem und bewegtem Element muß entsprechend groß sein; ein hoher Verschleiß muß in Kauf genommen werden. Daher können die Bohrungen hinsichtlich Qualität und Lage nicht gleichbleibend befriedigend erzeugt werden.

Eine Möglichkeit, diese Nachteile zu vermeiden, zeigt die Lösung in Bild 13. In dieser wird die Drehführung von einer wälzgelagerten Buchse und die Längsführung von einer in dieser verschiebbaren Führungshülse übernommen. Dadurch kommen die Werkzeugschneiden mit den Führungselementen nicht mehr in Berührung; Toleranzen und Verschleiß zwischen den sich bewegenden Teilen können klein gehalten werden; eine gleichbleibende Bohr-, Reib- oder Feinbohrarbeit ist gewährleistet.
Bei hohen Anforderungen an die Maß- und Lagegenauigkeit der zu erzeugenden Bohrungen werden ausgesuchte, wenn erforderlich, auch vorgespannte Lagersysteme angewendet. Zur Erzielung guter Oberflächenwerte werden bei Bedarf auch Gleitlagerungen empfohlen.

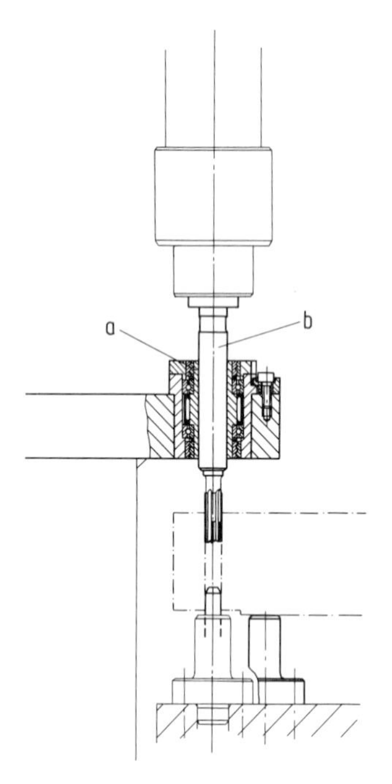


Bild 13. Einrichtung zur Vermeidung der Berührung zwischen Werkzeugschneiden und Führungselementen
a wälzgelagerte Buchse,
b Führungshülse

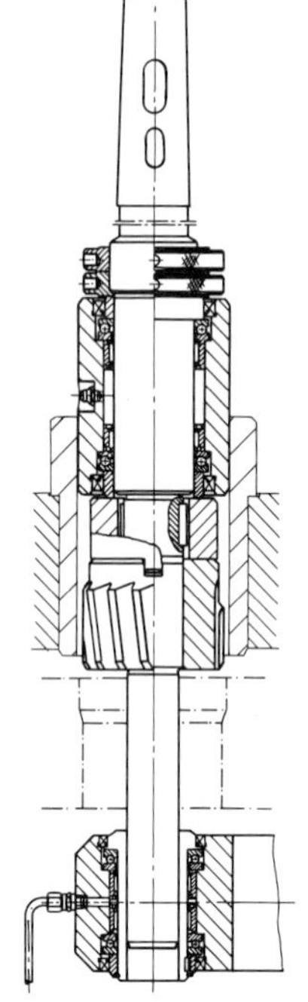

Bild 14. Beiderseitig geführtes Reibwerkzeug für die Stößelführungen eines Dieselmotors
A) konstruktive Gestaltung, B) praktische Ausführung

Muß die Lagegenauigkeit besonders groß sein, ist eine beiderseitige Führung des Werkzeugs erforderlich. Bild 14 zeigt hierzu die konstruktive Gestaltung und praktische Ausführung eines Reibwerkzeugs, mit dem in Stößelbohrungen eines Dieselmotors eine Durchmesser-Qualität H6, eine Winkelabweichung auf 100 mm Länge von höchstens 20 μm und Oberflächen-Rauhigkeitswerte zwischen 4 und 10 μm gewährleistet werden. Bei Konstruktionen dieser Art sollte man nicht vergessen, für gute Umlaufschmierung und Kühlung zu sorgen.

## 6.5.3 Haltesysteme

Zum Festhalten der Werkstücke bedient man sich mechanischer, pneumatischer und hydraulischer Haltesysteme. Wichtige Einflußgrößen sind das Gewicht des zu bearbeitenden Werkstücks, die durch die Bearbeitung auf das Werkstück und seine Halterung wirkenden Kräfte sowie Handhabung und Zugänglichkeit.

### 6.5.3.1 Mechanische Halterung

Die Schraube als klassisches Maschinenelement nimmt hierbei eine bevorzugte Stellung ein. Hohe Kraftverstärkung, eine ausgezeichnete Selbsthemmung und sehr günstige Herstellmöglichkeiten machen dieses Spannmittel zum Baustein fast aller Vorrichtungen.
Aus der großen Familie der Spannschrauben ist in Bild 15 eine besondere Ausführung dargestellt. Nach Einlegen des Werkstücks und des Spannrings wird die Spannmutter bis zur Anlage aufgeschraubt. Durch Eindrehen der Spannschraube wird unter Ausnutzung des kraftverstärkenden Hebelsystems die Spannkraft erzeugt.
Exzenter, Spannkeile und Kniehebel-Systeme sind weitere Konstruktionselemente mechanischer Halterungen.

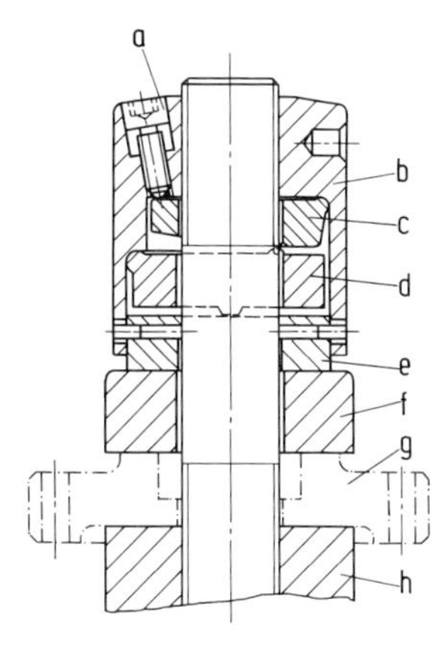


Bild 15. Spannschraube für hohe Spannkräfte
a Spannschraube, b Spannmutter, c und d Hebel, e Druckplatte, f Spannring, g Werkstück, h Auflage

### 6.5.3.2 Pneumatische Halterungen

Zum Halten und Positionieren kleiner und kleinster Werkstücke, wie Einspritzdüsen, Rohrverschraubungen u.dgl., haben sich pneumatisch betätigte Spannvorrichtungen sehr gut bewährt.
Bei zunehmenden Stückgewichten und entsprechenden Bearbeitungskräften macht sich allerdings die große Kompressibilität der Luft nachteilig bemerkbar. In der Regel kann dieser Nachteil nur mit Hilfe aufwendiger mechanischer Verriegelungsvorkehrungen wieder ausgeschaltet werden. Der große Vorteil der Verfügbarkeit von Druckluft an jedem Arbeitsplatz vieler Produktionsbetriebe wird dadurch sehr eingeschränkt.

### 6.5.3.3 Hydraulische Halterungen

Flüssigkeiten als Spannkraftübertrager sind durch ihre geringe Kompressibilität und gute Mengeneinstellung besser geeignet. Die Aufbereitung der Druckflüssigkeit verlangt

jedoch einen gewissen Aufwand. Außer dem Pumpenaggregat sind Ventile, Druckwächter, Regler und andere Elemente sowie die gesamte hydraulische und elektrische Verbindung mit den zugehörigen Übertragungsleitungen erforderlich. Um Leckölverluste zu vermeiden, müssen alle Betätigungselemente gut abgedichtet sein. Der Wartung solcher Einrichtungen und der Überwachung von Verschleißteilen ist besondere Aufmerksamkeit zu schenken.
Bewegungen lassen sich bei hydraulischen Einrichtungen auch mit hoher Geschwindigkeit ausführen. Endlagen von Kolben werden, wenn erforderlich, mit einstellbarer Dämpfung angefahren. Spannkräfte wirken entsprechend der beaufschlagten Kolben- oder Ringfläche gleichbleibend und nachspannend.
Als Beispiel zeigt Bild 16 eine Anordnung für eine ungedämpfte Zylinderbewegung. In die Zylinderbohrung des Werkstücks wird ein Expansionsdorn mit aufgeschrumpfter Stahlhülse eingeführt. Unter dem hohen Druck spreizt sich die Hülse sowohl in der Führungspartie als auch in der Paßbohrung des Werkstücks, so daß dessen spielfreie Aufnahme sichergestellt ist.

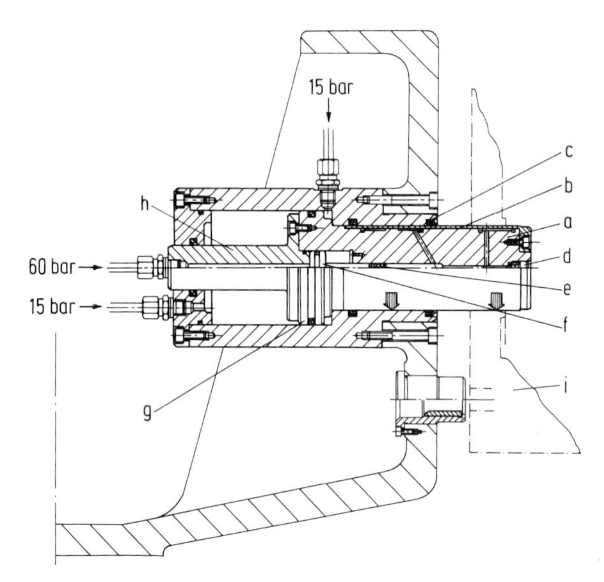


Bild 16. Hydraulischer Spanndorn

a Grundkörper, b Stahlhülse, c Abstreifer, d Entlüftung, e Dichtung, f Hochdruckkolben, g Bewegungskolben, h Kolbenstange, i Werkstück

### 6.5.3.4 Kombinierte Halterungen

Die hydraulische Bewegungs- und Spannkraft läßt sich in vielen Varianten mit mechanischen Elementen kombinieren. Auch pneumatisch-hydraulische Folgesysteme, wie sie beim Druckumsetzer und -übersetzer vorkommen, werden häufig angewandt.
Universelle Spanneinheiten für schwere Werkstücke sind in den Bildern 17 und 18 dargestellt. Bild 17 zeigt eine Halteeinheit mit Hebelübersetzung, genormtem Spannzylinder, Ausgleichstück und Schnellkupplung für den Hydraulikanschluß. In Bild 18 erkennt man eine Spanneinheit mit ausgleichender Wirkung für Position und Länge des zu spannenden Werkstückflansches. Der Spannzylinder wirkt über zwei Hebel auf das

Werkstück. Wenn die Hebel an einem Werkstück veränderlicher Höhenlage und unterschiedlicher Flanschlänge anliegen, entsteht durch die schräge Teilung des Übertragungsbolzens eine Klemmung im Vorrichtungskörper und damit eine Fixierung der Werkstücklage. Steigender Druck im Spannzylinder bewirkt dann nur noch eine Erhöhung der Spannkraft. Derartige Spanneinheiten werden auf dem Maschinentisch bzw. dem Vorrichtungskörper durch einheitliche Auslegung der T-Nuten einfach und schnell befestigt. Müssen diese – wie in Bild 18 – verschiebbar sein, so kann für die Klemmung ebenfalls ein Spannzylinder verwendet werden.

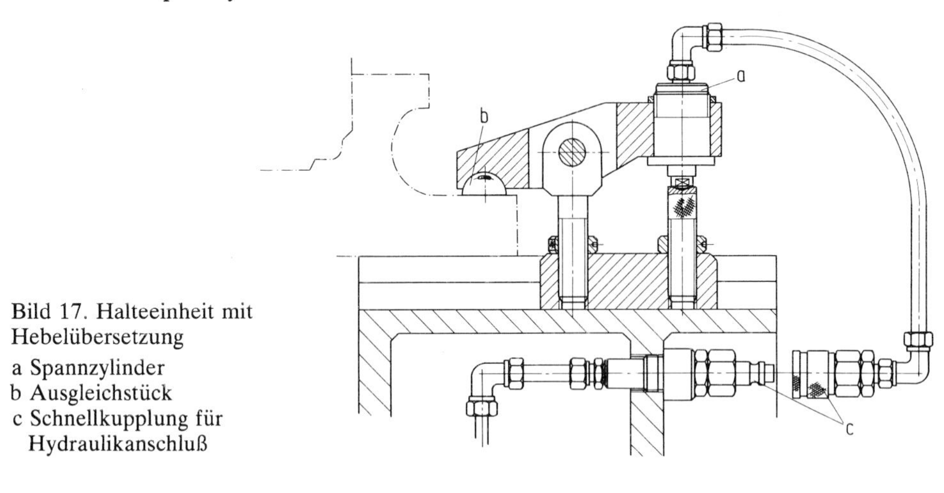


Bild 17. Halteeinheit mit Hebelübersetzung

a Spannzylinder
b Ausgleichstück
c Schnellkupplung für Hydraulikanschluß

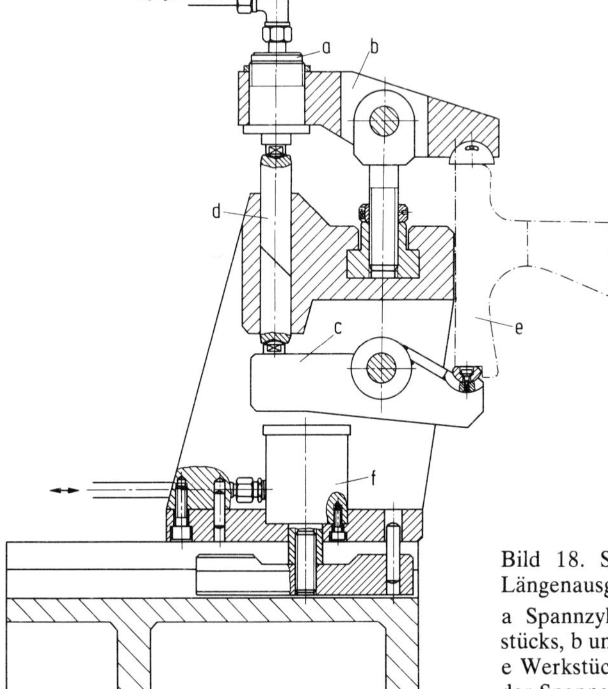


Bild 18. Spanneinheit mit Positions- und Längenausgleich

a Spannzylinder für Halterung des Werkstücks, b und c Hebel, d Übertragungsbolzen, e Werkstück, f Spannzylinder für Klemmung der Spanneinheit

## 6.5.4 Einfluß der Werkstück-Beschaffenheit

Beim Aufspannen von Werkstücken muß auch auf deren Beschaffenheit Rücksicht genommen werden. Dazu gehören einmal der Anlieferungszustand der Werkstücke und zum anderen deren Formänderungswiderstand.

### 6.5.4.1 Unbearbeitete Rohteile

Das Spannen unbearbeiteter Teile, wie Gußstücke, Schmiedestücke und Schweißteile, gehört zu den schwierigsten Aufgaben der Spanntechnik. Die Abmaße solcher Werkstücke erstrecken sich je nach Herstellverfahren bis in den Bereich ganzer Millimeter. Diese Ungleichheiten müssen beim Ausrichten und Spannen unbedingt berücksichtigt und ausgeglichen werden. Unterschiedliche Außenkonturen, Aufmaße an zu bearbeitenden Flächen und Bohrungen, Kuppen für Sacklöcher sind ebenfalls beim Spannen und Ausrichten zu beachten. Ausgleichende Spannsysteme schalten vorstehende Störfaktoren weitgehend aus, so daß die mühsame Arbeit des Anreißens wegfallen kann.

Bild 19. Spannen und Ausrichten eines Motorblocks
A) Motorblock mit Außenkonturschablone (a),
B) Ausrichtbaugruppen
b für Wasserraum,
c für Stößelpartie,
d für Triebwerksbohrungen

Die sehr aufwendigen Maßnahmen zum Ausrichten und Spannen eines Motorblocks sind aus Bild 19 zu ersehen. Neben der Überprüfung der Außenkonturen werden der Wasserraum, die Stößelpartie und Bereiche der Triebwerksbohrungen in das Auffinden der optimalen Lage mit einbezogen. Alle Bewegungen, Klemmungen und das Spannen erfolgen hydraulisch in zwangsläufiger Reihenfolge. Die somit gefundene Werkstücklage wird durch nachfolgend gefräste Bezugsebenen und Bezugsleisten für die weitere Bearbeitung gesichert.

### 6.5.4.2 Halbzeug

Die Standardisierung und Normung ist bei den Spannmitteln für vorgeformte Profile (Halbzeuge) am weitesten fortgeschritten. So werden Drei- und Vierbacken-Spannfutter, Klemmhülsen, Ring-Spannelemente und Membranfutter für Vier- und Mehrkant-, Rund- und Rohrprofile in reicher Auswahl vom Markt angeboten. Als Haltesystem zum Bohren kommen sie auf Drehmaschinen, Drehautomaten und Bohrmaschinen zum Einsatz.

### 6.5.4.3 Vorbearbeitete Werkstücke

Vorbearbeitete Bezugsflächen und -punkte sollen in der Regel als Aufnahmen bei allen nachfolgenden Arbeitsgängen verwendet werden, da hierdurch die Qualität des Endprodukts bestimmt wird. Dies ist bei verketteten Maschinen und Transferstraßen besonders wichtig.
Bei einer geringeren Anzahl von Arbeitsvorgängen und gleichbleibender Aufnahme in Bezugsbohrungen oder an Bezugsflächen kann die Festigkeit des Werkstück-Werkstoffs ausreichend sein. Dem Verschleiß der Bezugsbohrungen bei starker Beanspruchung kann dadurch begegnet werden, daß die Ausrichtbolzen in verschiedene Ebenen der Bohrung eingeführt werden. In Bild 20 ist diese kostengünstige Maßnahme vereinfacht dargestellt.
Nehmen die Arbeitsgänge bei gleichbleibender Qualitätsanforderung zu, sollten Aufnahmebohrungen mit gehärteten Buchsen ausgestattet werden.
Bild 21 zeigt die Aufnahme eines Wasserpumpengehäuses in zuvor erzeugten Bohrungen. Weitere nachfolgende Arbeitsgänge, z.B. Bohren in anderen Ebenen, sind unter den gleichen Zentrierbedingungen auszuführen.

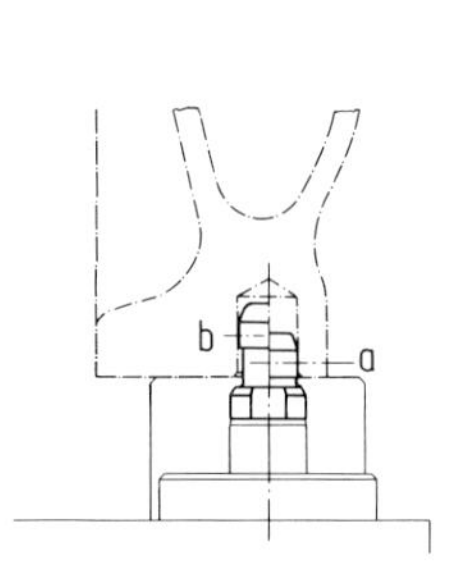


Bild 20. Ausrichtbolzen in Bezugsbohrung
a erste Einfahrebene,
b zweite Einfahrebene

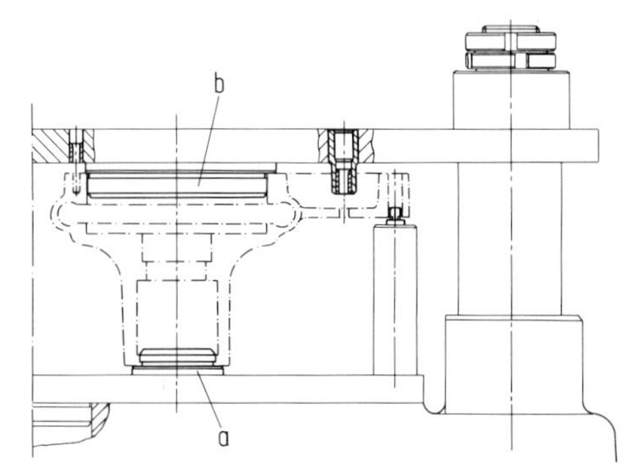


Bild 21. Aufnahme eines Wasserpumpengehäuses in zuvor erzeugten Bohrungen
a Wellenseite, b Radseite

Der in Bild 22 wiedergegebene Werkstückträger innerhalb einer Transferstraße stellt eine besonders aufwendige Lösung eines Werkstückhaltesystems dar. Er übernimmt einerseits die Aufnahme und das Spannen des Werkstücks und andererseits die Positionierung zur Maschine und die Transportbewegung von einer Station zur anderen.

Bild 22. Werkstückträger auf einer Transferstraße

Was für die Großserie und schwierige Werkstücke gilt, sollte auch in der Kleinserie beachtet werden, doch scheitert dies häufig an den Kosten.

### 6.5.4.4 Formänderungsfestigkeit der Werkstücke

Bei der Konstruktion einer Vorrichtung sind vor allem auch die Gestalt, die Festigkeit und die Stabilität des zu bearbeitenden Werkstücks zu berücksichtigen. Die bei der Formgebung auftretenden Kräfte müssen vom Werkstück über die Spanneinrichtung auf den Maschinentisch übertragen werden. Voraussetzung dabei ist, daß kein beteiligtes Bauteil bleibende Verformungen erfährt.

Infolge der Elastizität metallischer Werkstoffe verändern alle Werkstücke unter dem Einfluß von Haltekräften ihre Form. In vielen Fällen ist diese Veränderung vernachlässigbar gering. Ist das Toleranzfeld der spanend zu erzeugenden Fläche oder Bohrung kleiner als diese Veränderung, dann sind geeignete Maßnahmen zu suchen, die entweder die Steifigkeit des Werkstücks erhöhen oder die Spann- bzw. Bearbeitungskräfte mindern. Bei einer Reihe von Arbeitsvorgängen geschieht das durch Herabsetzen der Spannkräfte, Lösen der Ausgangsspannkraft und erneutes Einleiten minimaler Haltekräfte zum Feinst- und Fertigbearbeiten; mehrmaliges Aufspannen verhindert Formfehler, die von der Auslösung von Eigenspannungen des Werkstoffs während der Bearbeitung herrühren.

Am Beispiel einer Zylinderkopfhaube aus Aluminium-Silizium wird in Bild 23 das verspannungsfreie Abstützen und Halten dargestellt. Alle am äußeren Umfang angeordneten Stützkolben sind federbelastet. Nach dem Einbringen des Werkstücks legen sich diese Elemente unter sehr geringem Federdruck an, um dann hydraulisch verriegelt zu werden. Anschließend werden die Druckkolben im inneren Bereich beaufschlagt. Die Spannkräfte werden an den genau gegenüberliegenden Stützkolben aufgenommen; das Werkstück ist für die Arbeitsvorgänge Fräsen, Stoßen und Bohren ausreichend gehalten.

Auch die Weiterentwicklung der Werkzeugmaschinen und Schneidwerkzeuge wird die Gestaltung der Vorrichtungen wesentlich beeinflussen. Die NC-Maschine in ihrer ganzen Vielfalt kann letztlich auf Vorrichtungen nicht verzichten. Der Schwerpunkt liegt hier nicht mehr auf der Führung des Werkzeugs, sondern auf der rationellen Handhabung beim Beladen, Spannen, Ausspannen und Entladen der Werkstücke. Die Minimierung der Stillstandzeiten ist bei sehr teuren Maschinen oberstes Gebot; demzufolge hat sich die Spannvorrichtung zu einem Aufspanntisch mit Bewegungsmöglichkeit, zur Palette (Bild 24), entwickelt. Ähnliche Tendenzen sind auch in anderen Bereichen feststellbar.

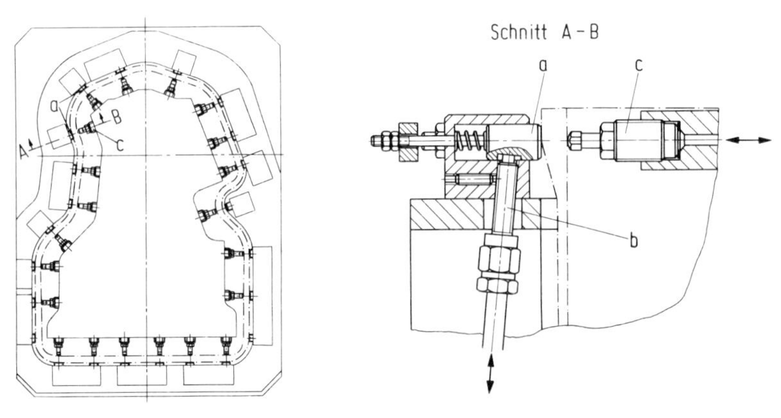


Bild 23. Verspannungsfreie Aufnahme einer Zylinderkopfhaube
a federbelastete Stützkolben, b hydraulische Verriegelung, c hydraulische Spannkolben

Bild 24. Zur Palette ausgebaute Spannvorrichtung

# 6.6 Werkzeuge und Werkzeugaufnahmen

**Dr.-Ing. H. Schmidt, Berlin**
**Ing. (grad.) H. Lutz, Berlin**

## 6.6.1 Werkzeuge

### 6.6.1.1 Werkzeuge für das Bohren

#### 6.6.1.1.1 Spiralbohrer

Für das Bohren ins Volle ist der Spiralbohrer das am häufigsten angewendete Werkzeug. Seiner Arbeitsweise nach muß man den Spiralbohrer als Schruppwerkzeug betrachten. Die erreichbaren Bohrungstoleranzen liegen zwischen IT 11 und IT 13, abhängig von der Art des zu bohrenden Werkstoffs, der Werkzeugsteifigkeit, der Werkzeugführung,

der Kühlung und der Steifigkeit der Maschine. Die erreichbaren Rauhtiefen liegen zwischen $R_t = 16$ µm und $R_t = 250$ µm (nach DIN 4766). Nachteilig ist, daß die Schnittgeschwindigkeit im Bereich der Querschneide gegen Null geht, so daß der Werkstoff hier nicht zerspant, sondern lediglich weggedrückt wird.
Als Schneidstoff wird heute hauptsächlich Schnellarbeitsstahl S 6-5-2 verwendet, für besonders hohe Beanspruchung Schnellarbeitsstahl S 6-5-2-5.
Genormte Spiralbohrer gibt es von 0,1 bis 100 mm Dmr.; die Nutenlängen betragen das vier- bis 35fache des Bohrerdurchmessers. Bei Bohrungstiefen, die den vierfachen Wert des Bohrdurchmessers übersteigen, muß häufig entspant werden, d.h. der Bohrer muß zur Späneentfernung immer wieder aus der Bohrung herausgezogen werden.
Die wichtigsten Begriffe und Benennungen für Spiralbohrer sind in DIN 1412 (Bild 25) festgelegt. Die Bezeichnungen der Flächen, Schneiden und Schneidenecken am Spiralbohrer nach DIN 6581 zeigt Bild 5 (vgl. Abschnitt 6.4.1).

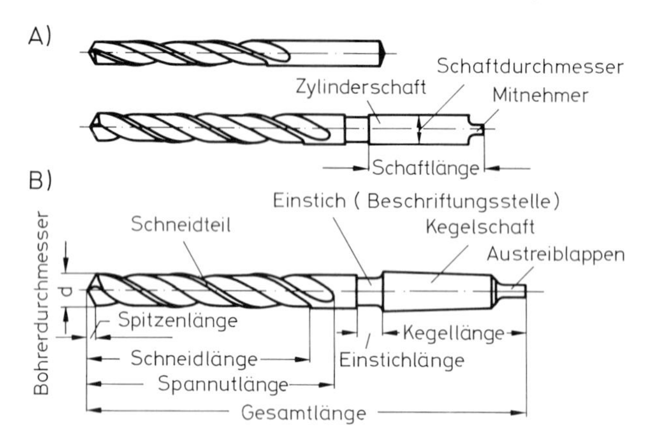


Bild 25. Begriffe am Spiralbohrer nach DIN 1412
A) mit Zylinderschaft, B) mit Kegelschaft

Bei der Bezeichnung der Werkzeugwinkel am Spiralbohrer wird zwischen dem Werkzeug-Bezugssystem und dem Wirk-Bezugssystem unterschieden. Das Werkzeug-Bezugssystem kennzeichnet die Verhältnisse am Werkzeug, während das Wirk-Bezugssystem die Verhältnisse beim Zerspanungsvorgang darstellt (siehe auch DIN 6580 und DIN 6581). In Bild 26 sind die Beziehungen zwischen den Werkzeugwinkeln und den Wirkwinkeln dargestellt.

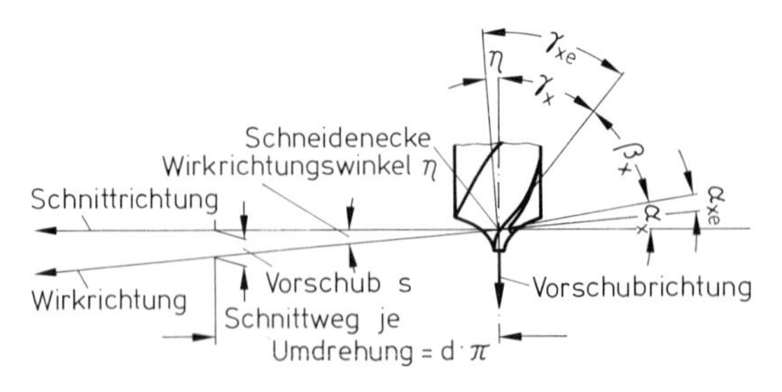


Bild 26. Werkzeugwinkel und Wirkwinkel des Spiralbohrers nach DIN 1412
$\alpha_x$ Seitenfreiwinkel, $\alpha_{xe}$ Wirk-Seitenfreiwinkel, $\beta_x$ Seitenkeilwinkel, $\gamma_x$ Seitenspanwinkel, $\gamma_{xe}$ Wirk-Seitenspanwinkel, $\eta$ Wirkrichtungswinkel, $\alpha$, $\beta$, $\gamma$ in Keilmeßebene gemessen

Um die in Bild 26 dargestellten Werkzeugwinkel zu erzeugen, wird der Spiralbohrer – von einigen Ausnahmen abgesehen – generell mit Kegelmantelanschliff versehen. Hierbei ist die Freifläche der Teil eines Kegelmantels (Bild 27). Die Größe des Freiwinkels kann sehr einfach durch Maschineneinstellung geändert werden. Auch das Nachschleifen erfolgt auf relativ einfachen Spitzenschleifmaschinen.

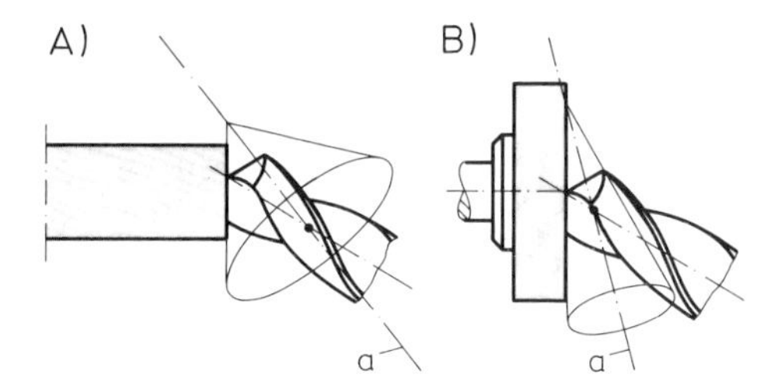


Bild 27. Erzeugung des Kegelmantelanschliffs
A) am Umfang der Schleifscheibe, B) an der Seitenfläche der Schleifscheibe
a Schwenkachse

Durch Änderung des Spitzenwinkels oder der Querschneidenlänge bzw. durch Hauptschneidenkorrekturen entstehen Sonderanschliffe nach DIN 1412 (Bild 28), so daß mit Kegelmantelanschliff versehene Bohrer weitgehend allen Bohrverfahren und Werkstoffen angepaßt werden können.

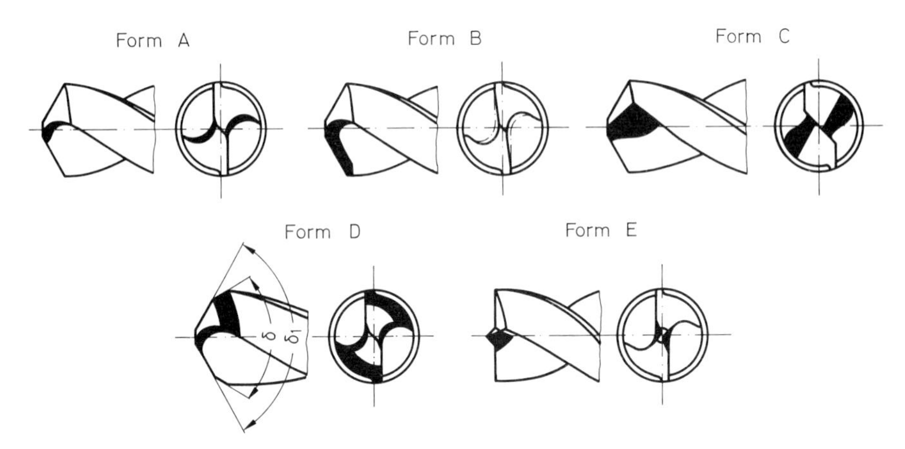


Bild 28. Sonderanschliffe nach DIN 1412

Durch das Ausspitzen (Bild 29 A) wird die Querschneidenlänge verringert. Dadurch wird die erforderliche Vorschubkraft wesentlich herabgesetzt und der Spanraum in Querschneidennähe vergrößert. Die Form der Ausspitzung muß dem Nutenprofil des Spiralbohrers angepaßt werden. Als Richtwerte für das Ausspitzen gelten

für Bohrer bis 10 mm Dmr.: $l = 0{,}15\ d$, $r = 0{,}3\ d$, $b_1 = 0{,}5\ b$,
für Bohrer über 10 bis 30 mm Dmr.: $l = 0{,}100\ d$, $r = 0{,}2\ d$, $b_1 = 0{,}3\ b$,
für Bohrer über 30 mm Dmr.: $l = 0{,}075\ d$, $r = 0{,}2\ d$, $b_1 = 0{,}25\ b$.

Um für manche Werkstoffe günstige Spanformen zu erreichen, wird neben dem Ausspitzen eine zusätzliche Spanwinkelkorrektur (Bild 29 B) vorgenommen. Durch den kleineren Spanwinkel und den großen Keilwinkel entstehen stabile, widerstandsfähige Schneiden.

Die Querschneiden können auch durch einen Kreuzanschliff verringert werden (Bild 29 C). Diese Form des Spitzenanschliffs wird vor allem bei Spiralbohrern mit dickem Kern, z. B. Spiralbohrern für das Tiefbohren, aber auch bei sog. Stoß- oder Anbohrern gewählt. Die besonders kleine Querschneidenlänge von 0,06 d bewirkt bei den Bohrern für das Tiefbohren leichtes Anbohren und geringeres Verlaufen durch verminderte Vorschubkraft, während bei den Anbohrern durch die gute Zentrierwirkung des Kreuzanschliffs lagegenaue Bohrungen erzielt werden.

Der Anschliff für Grauguß (Bild 29 D) besteht in einer Kombination des ausgespitzten Kegelmantelanschliffs (Bild 29 A) mit einer Fase an den Schneidenecken. Die an den Hauptschneidenecken gebrochene Kante schont die Bohrerspitze beim Eindringen in die harte Gußhaut.

Spiralbohrer mit Zentrumspitze (Bild 29 E) werden zum Bohren dünner Bleche verwendet. Die 90°-Zentrumspitze setzt zuerst auf dem Blech auf, ohne zu verlaufen. Danach schneiden beide Hauptschneiden gleichzeitig, und die Führungsfasen stützen sich an der Bohrungswand ab. Dadurch wird eine runde, gratfreie Bohrung erzielt.

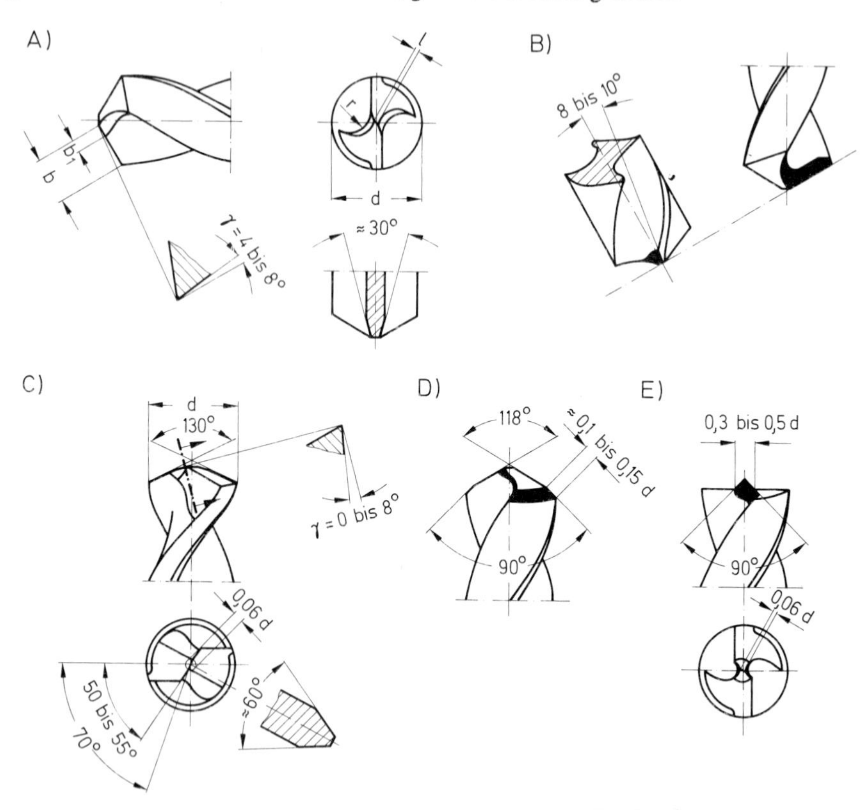


Bild 29. Einzelheiten der Sonderanschliffe nach DIN 1412
A) Ausspitzen, B) Ausspitzen und Korrektur des Seitenspanwinkels, C) Kreuzanschliff, D) Anschliff für Grauguß, E) Zentrumspitze

Neben der einfachen Form des Kegelmantelanschliffs haben sich andere Arten von Spiralbohreranschliffen bewährt. Hierzu gehören der Flächenanschliff und der Schraubenflächenanschliff (Spiro-point). Ersterer wird als Zweiflächenanschliff für Bohrer unter 1 mm Dmr., als Vierflächenanschliff (Bild 30 A) für größere Bohrer angewandt. Ein neuartiger Flächenanschliff, der sog. Drei-Facetten-Anschliff (System Avyac) ist ein Sechsflächenanschliff (Bild 30 B) mit Ausspitzung und hat sehr gute Zentriereigenschaften. Durch den Schraubenflächenanschliff (Bild 30 C) wird der Freiwinkel in Querschneidennähe vergrößert. Das ist günstig für leichtes zentrisches Anbohren, aber ungünstig bei großen Vorschüben. Um die Schneidbedingungen an der Querschneide zu verbessern, wird oft zusätzlich ausgespitzt.
Nachteilig bei den beiden zuletzt genannten Spitzenanschliffen ist, daß zum Nachschleifen spezielle Spitzenschleifmaschinen benötigt werden. Das Schleifen ist kompliziert und zeitaufwendig, so daß mit höheren Nachschleifkosten gegenüber dem Kegelmantelanschliff gerechnet werden muß.

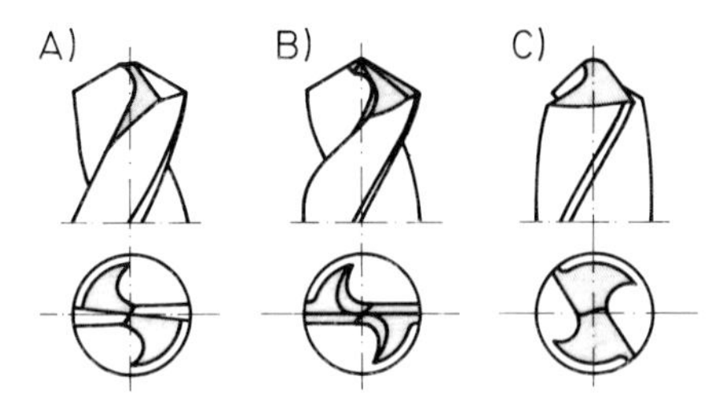


Bild 30. Zusätzliche Sonderanschliffe für Spiralbohrer
A) Vierflächenanschliff, B) Sechsflächenanschliff (System Avyac), C) Schraubenflächenanschliff

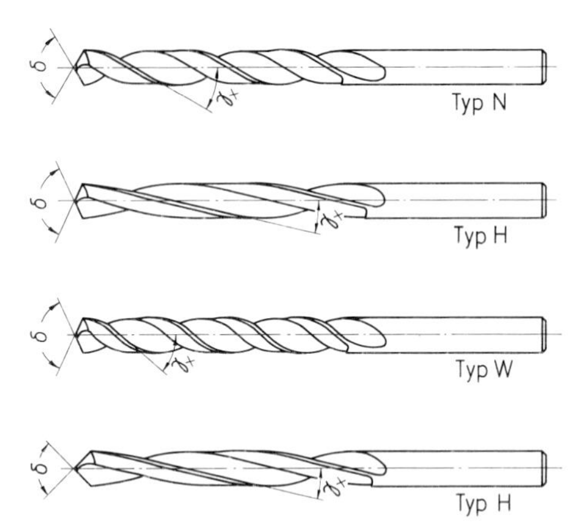


Bild 31. Ausführung der Spiralbohrertypen N, H, W und H für Kunststoffe

Die genormten Spiralbohrertypen (Bild 31) unterscheiden sich im wesentlichen durch unterschiedliche Seitenspanwinkel, Spitzenwinkel, Stegbreiten und Kerndicken. Richtwerte hierfür sind in DIN 1414 angegeben.
Mit genormten Werkzeugtypen werden im allgemeinen folgende Werkstoffe gebohrt:
Typ N (Seitenspanwinkel $\gamma_x$ = 18 bis 30°, Spitzenwinkel $\delta$ = 118°) für weiche und mittelharte Stähle, Stahl- und Grauguß, Temperguß, langspanendes Nickel, langspanendes Messing und für die allgemeine Verwendung.
Typ H (Seitenspanwinkel $\gamma_x$ = 10 bis 15°, Spitzenwinkel $\delta$ = 130°) für kurzspanende Messing- und Bronzesorten, Magnesium, austenitische Stähle.
Typ W (Seitenspanwinkel $\gamma_x$ = 35 bis 40°, Spitzenwinkel $\delta$ = 130°) für Aluminium, weiche Aluminiumlegierungen, Kupfer, Phosphorbronze, weiche Kunststoffe.
Typ H für Kunststoffe (Seitenspanwinkel $\gamma_x$ = 10 bis 15°, Spitzenwinkel $\delta$ = 80 bis 90°) für Isolierstoffe, Bakelit, Hartgummi, Kunstharz, Preßstoffe.
Neben den genormten Spiralbohrertypen haben sich in den letzten Jahren immer mehr Spiralbohrer mit weiten offenen Nuten, auch *Flachnut-Spiralbohrer* genannt, durchgesetzt. Diese Spiralbohrer haben im Vergleich zum Standard-Spiralbohrer Typ N einen

größeren Kerndurchmesser. Da mit dem Kerndurchmesser die Querschneidenlänge an der Bohrerspitze größer wird und sich der Vorschubdruck erhöht, muß die Querschneidenlänge durch Ausspitzen oder Kreuzanschliff verringert werden. Durch die weiten Nuten ist ein wesentlich größerer Spanraum gegeben, der eine bessere Späneabfuhr und den Nachfluß des Kühlmittels bewirkt. Bild 32 zeigt zwei Flachnut-Profile im Vergleich zum Typ-N-Profil.

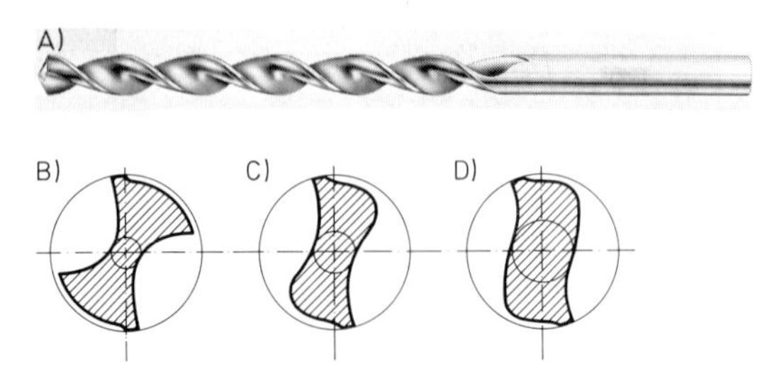


Bild 32. Vergleich der Profile von Flachnut-Spiralbohrern mit dem Profil des Typs N
A) Flachnut-Spiralbohrer, B) Profil Typ N (Kerndicke $k_N = 1$, Bohrerquerschnitt $V_B$ 43%, Spanraum $V_S$ 57%), C) Profil V 70 ($k/k_N = 1{,}3$, $V_B$ 35%, $V_S$ 65%), D) Profil V 63 ($k/k_N = 2$, $V_B$ 52%, $V_S$ 48%)

Flachnut-Spiralbohrer für tiefe Bohrungen, z.B. in Längen nach DIN 1869 und DIN 1870, haben meist einen Drallwinkel (Seitenspanwinkel) von $\gamma_x = 40°$, um den Spänetransport zu verbessern. Die Führungsfasen sind sehr schmal ausgebildet, um Werkstoffaufschweißungen zu verhindern.
Wenn nicht gewährleistet ist, daß das Kühlmittel bis an die Spiralbohrer-Schneiden gelangt, kann man zu *Spiralbohrern mit innerer Kühlmittelzufuhr* greifen. Dies gilt besonders für tiefe Bohrungen und das waagerechte Bohren sowie dann, wenn Bohrbuchsen oder -brillen bzw. Späne den Kühlmittelstrahl ablenken [31]. Derartige Spiralbohrer werden nach drei Methoden hergestellt. Bei der ersten werden Stahlröhrchen in vorgefräste oder -geschliffene Schlitze am Spiralbohrerrücken (Nebenfreifläche) eingewalzt. Nachteilig ist hier, daß die Röhrchen häufig durch Späne herausgerissen werden und daß beim Nachschleifen die Öffnungen zugeschmiert werden. Darüber hinaus gibt es Dichtprobleme an der Stelle, an der die Röhrchen in das Bohrerzentrum geführt werden. Die zweite Herstellungsmethode ist das Fließpressen von Spiralbohrerrohlingen, in die zwei parallele Kanäle gebohrt werden. Durch das Fließpressen erhält der Spiralbohrer sein Profil und den Drall; die Kanäle verlaufen innerhalb der Bohrerstege in Drallsteigung. Diese Methode hat den Nachteil, daß die Nutenlänge durch das Fließpressen begrenzt ist. Bei der dritten Methode wird Rundwerkstoff aus Hochleistungs-Schnellarbeitsstahl verwendet, der mit zwei Kanälen im vollen Querschnitt verdrallt ist. In diesen Rundwerkstoff kann jedes beliebige Profil eingefräst werden, also auch Flachnut-Profile, die sich besonders gut für tiefe Bohrungen eignen. Die herstellbare Länge wird hier nur durch die Länge der Nutenfräsmaschinen und die Tiefe der Härteöfen begrenzt. Spiralbohrer mit innerer Kühlmittelzufuhr werden mit einer Nutenlänge bis zu 1000 mm angeboten.
Für das Einleiten des Kühlmittels in den Bohrer gibt es verschiedene Zuführsysteme. Die beste Möglichkeit ist das direkte Zuführen des Kühlmittels über die Maschinenspindel durch eine Zentralbohrung im Morsekegel des Spiralbohrers. Da diese Möglichkeit

maschinenseitig nur selten gegeben ist, wurden maschinenunabhängige Systeme geschaffen, wie z. B. Zuführfutter, die mit einem normalen Morsekegel in die Maschinenspindel eingesetzt werden und über einen Zuführring das Kühlmittel in eine Querbohrung im Morsekegel des Spiralbohrers einleiten. Nachteilig ist dabei, daß solche Zuführfutter sehr lang sind.
Die einfachste Methode ist das Einleiten über sog. Zuführungsmuffen. Zwischen Morsekegel und Nutenauslauf des Spiralbohrers ist eine Laufbuchse mit Querbohrung angebracht, auf der die Zuführungsmuffe mit zwei Dichtringen läuft. Die axiale Lage der Muffe wird durch Sicherungsringe oder ähnliche Elemente gewährleistet. Dieses System ergibt eine sehr geringe Länge, und der Spiralbohrer mit innerer Kühlmittelzufuhr kann ohne besondere maschinenseitige Änderungen auf jeder Bohrmaschine eingesetzt und an die normale Kühlmittelanlage angeschlossen werden.
Um mit einem Werkzeug kombinierte Bohrarbeiten wie z. B. Bohren und Entgraten, Bohren und Senken oder Bohren von Löchern mit zwei oder mehreren Durchmessern (Bild 33) ausführen zu können, verwendet man *Stufen-* oder *Mehrfasen-Stufenbohrer.* Die Kombination dieser herkömmlich getrennten Arbeitsgänge führt nicht nur zu erheblichen Einsparungen an Arbeitszeit, sondern ergibt auch genau fluchtende Stufenbohrungen und kann bei Verwendung z. B. auf Bearbeitungszentren oder Transferstraßen zur Einsparung von Bearbeitungsstationen führen.

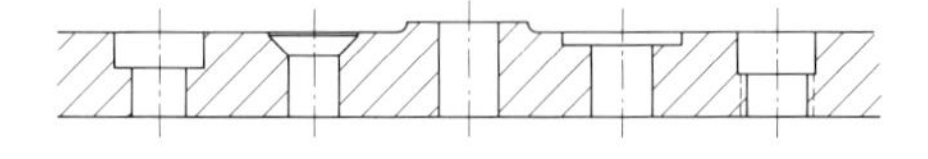

Bild 33. Anwendungsbeispiele für Stufen- und Mehrfasen-Stufenbohrer

Stufenbohrer entstehen hauptsächlich aus normalen Spiralbohrern, an denen nur der vordere Teil abgearbeitet wird, ohne die Nutenform zu verändern. Stufenbohrer sind sinnvoll, wenn nur ein geringer Werkzeugbedarf vorliegt, da dann die Anfertigung aus vorhandenen Spiralbohrern schnell und wirtschaftlich ist. Nachteilig ist, daß beim Nachschleifen der Stufenbohrer die Führungsfasen am Teil mit kleinem Durchmesser beschädigt werden und das Werkzeug deshalb nur bis zu einer begrenzten Nutenlänge verbraucht werden kann.
Mehrfasen-Stufenbohrer werden für vorher bekannte Anwendungsfälle gefertigt. Sie haben daher den Vorteil, für jede zu erzeugende Teilbohrung mit anderem Durchmesser ein eigenes Fasenpaar und damit auch getrennte Spanräume zu besitzen.

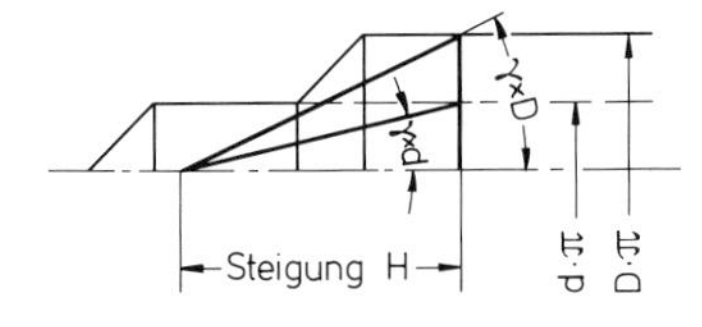


Bild 34. Seitenspanwinkel an Stufen- und Mehrfasen-Stufenbohrern

Bei der Konstruktion dieser Werkzeuge muß der Seitenspanwinkel $\gamma_{xD}$ der großen Bohrerstufe (Senkstufe) möglichst groß gehalten werden, um für die kleine Bohrerstufe (Bohrstufe) noch einen ausreichend großen Seitenspanwinkel $\gamma_{xd}$ zu erhalten, der eine einwandfreie Zerspanung ermöglicht (Bild 34). Die Nutenform sollte dem jeweiligen Senkwinkel angepaßt werden, um eine optimale Schneidengeometrie zu erreichen. Dies ist besonders bei einem Senkwinkel von 180° wichtig.

Mehrfasen-Stufenbohrer werden generell ausgespitzt, da die Kerndicke für beide Durchmesser eine ausreichende Stabilität gewährleisten muß und sich bei den meisten Durchmesserverhältnissen eine zu große Querschneidenlänge ergibt. Genormte Mehrfasen-Stufenbohrer sind für die in Bild 35 dargestellten Anwendungsfälle erhältlich.

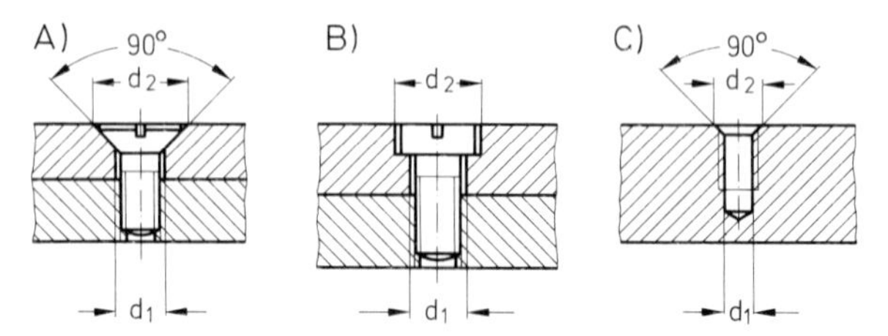


Bild 35. Anwendungsbeispiele für genormte Mehrfasen-Stufenbohrer
A) nach DIN 8374 und 8375, B) nach DIN 8376 und 8377, C) nach DIN 8378 und 8379

Eine Sonderform der Stufenbohrer stellen die *Zentrierbohrer* dar. Die drei häufigsten Ausführungen nach DIN 333 sind in Bild 36 dargestellt. Für Abläng- und Zentriermaschinen sind Zentrierbohrer mit einer am Schaft angeschliffenen Fläche erhältlich, die das Zentrieren und gleichzeitige Plandrehen mit einer Wendeschneidplatte ermöglichen.

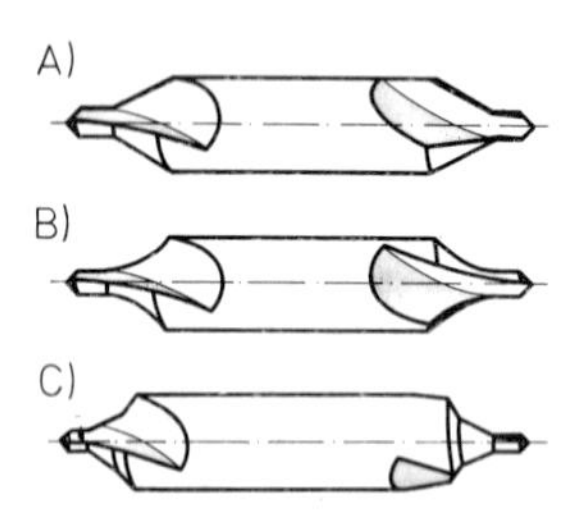


Bild 36. Zentrierbohrer 60° nach DIN 333
A) Form A, mit geraden Flanken, B) Form R, mit gewölbten Flanken, C) Form B, 60°/120° Senkwinkel für Schutzsenkung

Für besonders harte Stähle und Hartguß sowie für stark schmirgelnde Kunststoffe, wie Bakelit, Hartpapier oder Hartgewebe, eignen sich *Hartmetallbohrer,* die allerdings äußerst empfindlich sind. Ein Stoß beim Anbohren oder beim Durchtritt des Bohrers genügt, um die Schneide zu beschädigen. Einer möglichst guten Stabilität wegen sind die genormten Werkzeuge nach den Entwürfen DIN 8037, 8038 und 8041 kürzer als die vergleichbaren Bohrer aus Schnellarbeitsstahl. Die Bohrspindel soll möglichst groß dimensioniert sein und darf kein axiales oder radiales Spiel aufweisen. Außerdem sollte mit geringem maschinellem Vorschub und schlagfreier Einspannung gearbeitet werden.

#### 6.6.1.1.2 Spitzbohrer oder Bohrmesser

Ähnlich wie Spiralbohrer, arbeiten die jedoch weniger verbreiteten Spitzbohrer (Bild 37) ins Volle. Zweischneidige Schneidplatten aus Schnellarbeitsstahl oder Hartmetall werden in Klemmhaltern befestigt und auf Bohr- und Drehmaschinen drehend oder stillstehend eingesetzt. Ihre Durchmesser reichen von 25 bis 128 mm, in Sonderfällen bis 140 mm. Mit überlangen Sonderhaltern lassen sich auch tiefe Bohrungen herstellen; hierfür werden Klemmhalter mit innerer Kühlmittelzufuhr verwendet. Durch den Einsatz von entsprechend angeschliffenen Spezial-Bohrmessern lassen sich auch Profilbohrungen oder -senkungen herstellen.

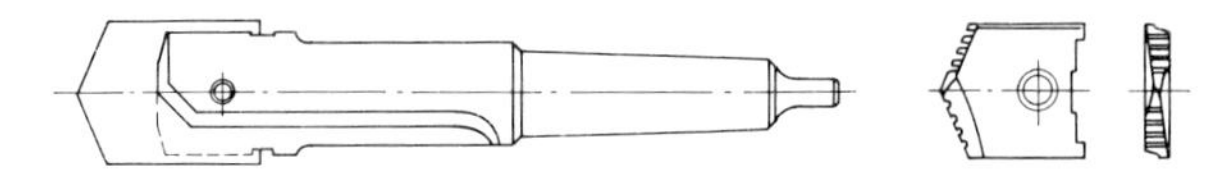

Bild 37. Bohrmesser mit Halter (Spitzbohrer)

#### 6.6.1.1.3 Tiefbohrwerkzeuge

Zur Herstellung extrem tiefer Bohrungen, aber auch zur Erzielung von Bohrungen mit höherer Genauigkeit (IT 7 bis IT 10), besserer Fluchtung und genauer Rundheit sind drei Tiefbohrwerkzeuge bekannt: der Einlippen-Tiefbohrer, das BTA-Bohrwerkzeug[1] und das Ejektor-Bohrwerkzeug[2] (Bild 38). Die drei Tiefbohrverfahren sind im Schrifttum [11] eingehend beschrieben.

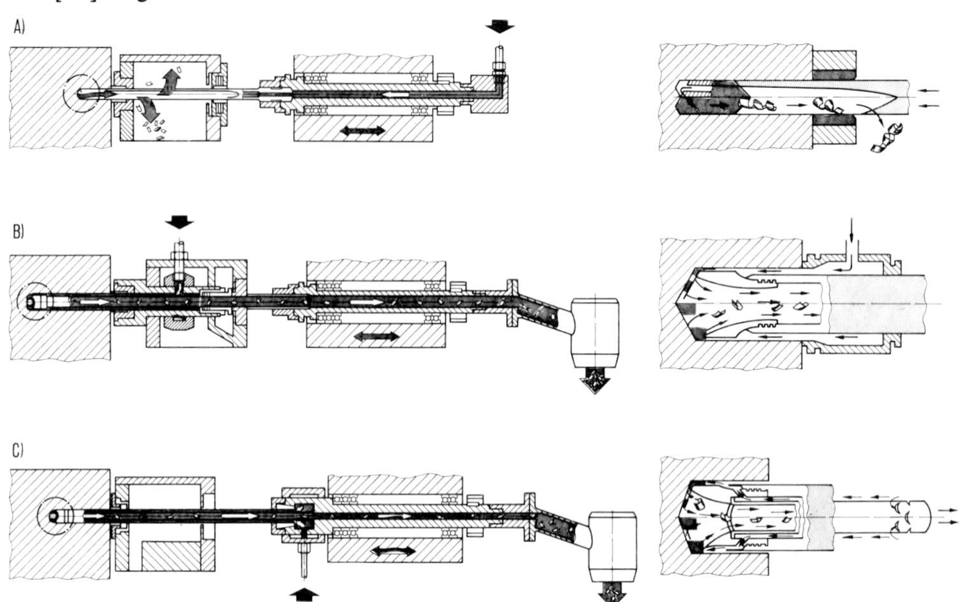


Bild 38. Tiefbohrverfahren
A) Einlippen-Tiefbohren, B) BTA-Tiefbohren, C) Ejektor-Tiefbohren

Beim *Einlippen-Tiefbohren* (Bild 38 A) wird das Kühlschmiermittel durch den rohrförmigen Werkzeugschaft der Schneide zugeführt und zusammen mit den Spänen außen in der Spannut zurückgeführt. Für das Bohren ins Volle beträgt der Bohrbereich 2 bis 30 mm Dmr., für das Aufbohren 10 bis 100 mm Dmr. Die größte erreichbare Bohrtiefe liegt beim 100fachen, teilweise beim bis zu 200fachen des Bohrdurchmessers.
Beim *BTA-Tiefbohren* (Bild 38 B) wird das Kühlschmiermittel über einen Kühlmittelzuführapparat zwischen dem Werkzeugschaft und der Bohrung außen zur Schneide gefördert. Der Späneabfluß erfolgt mit dem Kühlmittel zentral im rohrförmigen Werkzeugschaft zum Späneauslauf am Bohrspindelende. Die Bohrbereiche sind unterschiedlich je nach Art der Bohrköpfe: Bohren ins Volle 10 bis 300 mm Dmr., Kernbohren 50 bis 400 mm Dmr. und Aufbohren 20 bis 500 mm Dmr. Beim Aufbohren wird eine

[1] entwickelt von der Boring and Trepanning Association
[2] Hersteller: Sandvik AB, Sanviken/Schweden

vorhandene Bohrung vergrößert, beim Kernbohren wird ins Volle gebohrt, wobei ein Kern in der Mitte stehenbleibt.
Beim *Ejektor-Tiefbohrverfahren* (Bild 38 C) wird das Kühlschmiermittel über einen Kühlmittelzuführapparat an der Bohrspindelnase zwischen innerem und äußerem Werkzeugschaft zur Schneide gefördert. Die Späne werden mit dem Kühlschmiermittel im inneren Werkzeugschaft zum Späneauslauf am Spindelende transportiert. Durch radiale düsenartige Schlitze am Innenrohr wird an der Schneide ein Unterdruck erzeugt, der die Späneabfuhr begünstigt. Der Bohrbereich beträgt beim Bohren ins Volle 20 bis 65 mm Dmr., größte Bohrtiefe ist 900 mm.

#### 6.6.1.1.4 Aufbohrer

Zum Aufbohren vorgebohrter oder gelochter Werkstücke und vorgegossener Löcher sind zweischneidige Werkzeuge, z. B. Spiralbohrer, wenig geeignet. Aufbohrer, früher Spiralsenker oder Dreischneider genannt, sind hierfür die gebräuchlichsten Werkzeuge. Sie sind mit Kegelschaft nach DIN 343 und mit Zylinderschaft nach DIN 344 genormt, außerdem sind nach DIN 222 Aufsteck-Aufbohrer mit kegeliger Bohrung 1 : 30 (nach DIN 138) genormt; sie werden mit Aufsteckhaltern nach DIN 217 in die Werkzeugmaschine gespannt. Die häufigsten Anwendungsgebiete zeigt Bild 39.

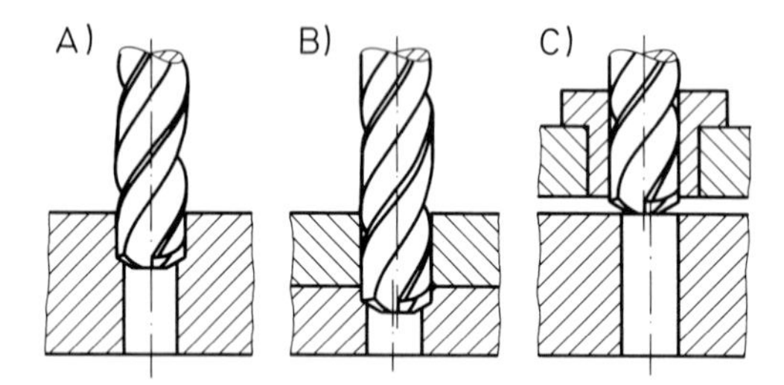


Bild 39. Anwendung von Aufbohrern
A) Fertigstellen genauer Bohrungen (erreichbar IT 10 bis IT 12) mit Vollmaß-Aufbohrer oder Vorbohren zum Reiben mit Untermaß-Aufbohrer, B) Aufbohren versetzt liegender Bohrungen, C) Aufbohren vorgegossener Löcher

#### 6.6.1.1.5 Bohrstangen

Ein weiteres, besonders gut zum Aufbohren geeignetes Werkzeug ist die Bohrstange. Das Arbeitsverfahren mit umlaufendem Bohrmeißel ist grundsätzlich mit dem Innendrehen bei umlaufendem Werkstück vergleichbar (Bild 40). Wichtig ist, daß bei ungeführten

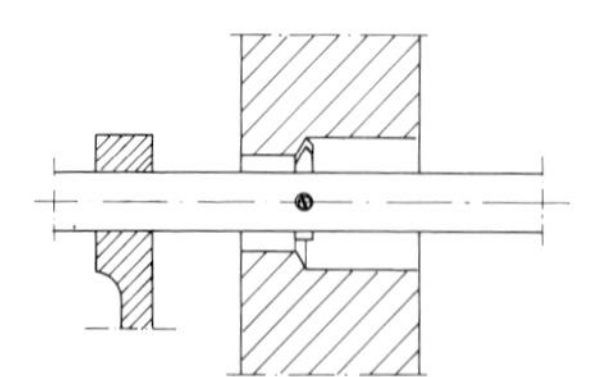

Bild 40. Bohrstange mit Bohrmeißel und einseitiger Führung

Bohrstangen die Maschinenspindel und die Bohrstange stabil gehalten werden. Bei größeren Längen werden die Bohrstangen einseitig oder zweiseitig in Bohrbuchsen geführt. Für große Durchmesser werden auf die Bohrstangen Bohrköpfe mit zwei, drei oder vier Bohrmeißeln aufgespannt.

### 6.6.1.2 Werkzeuge für das Senken

Während mit Aufbohrern (früher Spiralsenker genannt) eine bereits vorhandene Bohrung erweitert wird, handelt es sich beim Zerspanungsvorgang Senken um ein Profilbohren mit umlaufendem Werkzeug, wobei der Vorschub in Richtung der Drehachse erfolgt. Für das Senken muß immer eine Vorbohrung vorhanden sein. Werkzeuge mit stirnseitigen Schneiden, die bis zur Werkzeugachse verlaufen, z. B. Zentrierbohrer oder Mehrfasen-Stufenbohrer, werden unter Bohrwerkzeuge eingegliedert. Senkwerkzeuge lassen sich in Flachsenker, Kegelsenker und Sondersenker (Bild 41) unterteilen.

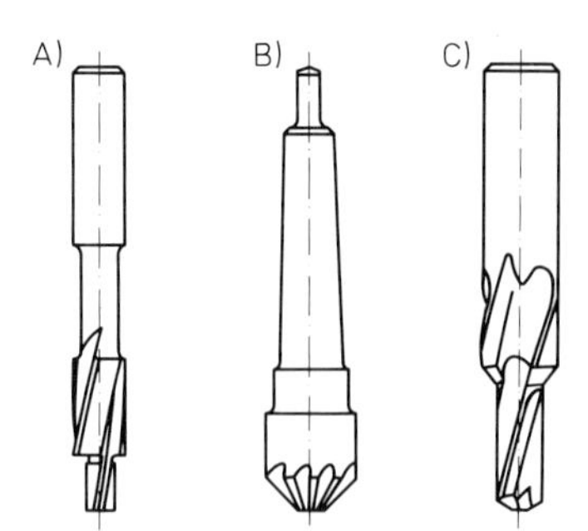


Bild 41. Senkwerkzeuge
A) Flachsenker mit Führungszapfen, B) Kegelsenker,
C) Stufensenker

Zum Herstellen von Schraubenkopfsenkungen für Zylinder- und Sechskantschrauben und zum Ansenken von Flächen für Unterlegscheiben, Federringe oder Dichtungen werden *Flachsenker* mit festem oder auswechselbarem Führungszapfen (DIN 373 und 375) verwendet.

Mit *Kegelsenkern* 60°, 90° und 120° (DIN 334, 335, 347 und 1863) werden Senkungen für die Köpfe von Senkschrauben und Senknieten hergestellt. Außerdem sind sie auch zum Entgraten oder Kantenbrechen von Bohrungen einsetzbar. Die bisher üblichen vielschneidigen Kegelsenker, in der Werkstattsprache auch Krausköpfe genannt, werden immer häufiger durch dreischneidige Werkzeuge ersetzt. Vorteil dieser Werkzeuge ist der größere Spanraum in den Nuten und eine bessere Schneidengeometrie.
In der Großserienfertigung werden häufig *Sondersenker* benötigt, die in einem Arbeitsgang mehrere Bohrungsstufen mit z. T. unterschiedlichen Senkwinkeln oder -radien erzeugen können. Sind Senkungen mit zwei oder drei Stufen herzustellen, so wird das Werkzeug oft als Mehrfasen-Stufensenker ausgeführt. Vergleichbar mit den Mehrfasen-Stufenbohrern hat der Mehrfasen-Stufensenker für jeden Durchmesser eine eigene Spanfläche und einen getrennten Spanraum. Sind Senkungen mit einer Vielzahl von Durchmessern in die Bohrung einzubringen oder sind komplizierte Profile zu senken, werden sog. Profilsenker eingesetzt, bei denen die in Achsrichtung hintereinanderliegenden Schneiden aller Stufen eine gemeinsame Spanfläche haben.

Hartmetallbestückte Senker werden hauptsächlich für die Bearbeitung von Gußeisen, Kupfer- und Leichtmetall-Legierungen und von stark schmirgelnden Kunststoffen eingesetzt. Dabei wird vorwiegend Hartmetall der Zerspanungsanwendungsgruppen K 10 und K 20 verwendet, jedoch hat sich beim Senken von Stahl auch Hartmetall der Anwendungsgruppe P 40 bewährt [12].

### 6.6.1.3 Werkzeuge für das Reiben

Durch das Feinbearbeitungsverfahren Reiben erhält die Bohrung hohe Paßgenauigkeit (normal IT 7, z. T. IT 6) und hohe Oberflächengüte. Form- und lagegenaue Bohrungen sind zu erreichen, wenn einwandfrei vor- oder aufgebohrt wird, die Zugabe für das Reiben ausreicht und für gute Schmierung gesorgt ist. Die Herstellungstoleranzen der *Reibahlen* sind nach DIN 1420 in Abhängigkeit von den Toleranzen der zu reibenden Bohrungen genormt. Ihre Lage gewährleistet, daß einerseits die fertige Bohrung innerhalb des vorgeschriebenen Toleranzfeldes liegt, andererseits die Maßhaltigkeit des Werkzeugs über längere Zeit erhalten bleibt.
*Handreibahlen* (Bild 42) sind nach DIN 206 genormt. Sie werden vorzugsweise in der Einzelfertigung und für Reparaturen verwendet. Hauptmerkmal ist die große Schneidenlänge und ein verhältnismäßig langer Anschnitt (etwa ein Viertel der Schneidenlänge). Dieser gibt der Reibahle ausreichende Führung, läßt aber das Reiben von Grundbohrungen nicht zu. Neben den zylindrischen Handreibahlen werden auch Kegelreibahlen mit Zylinderschaft und Vierkant für Handgebrauch eingesetzt. Die Führung ist durch den schlanken Kegel (1 : 50 bis 1 : 10) gegeben.

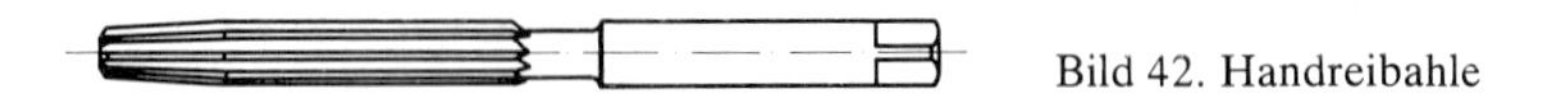

Bild 42. Handreibahle

Da die *Maschinenreibahlen* in der Maschinenspindel fest aufgenommen und damit gut geführt sind, haben sie eine kleinere Schneidenlänge als Handreibahlen und einen kurzen Anschnitt (Bild 43). Sie sind mit Morsekegel nach DIN 208, mit Zylinderschaft nach DIN 212 und als Aufsteckreibahlen nach DIN 219 genormt. Trotz der Führung durch

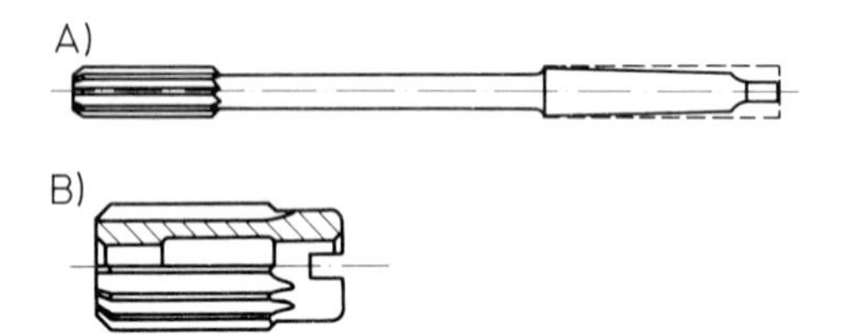


Bild 43. Maschinenreibahlen
A) mit Zylinder- oder Morsekegelschaft, B) Aufsteckreibahle

die Maschinenspindel lassen sich Unregelmäßigkeiten der vorgearbeiteten Bohrung (z. B. Mittenversatz) nicht ausgleichen, da sich der Anschnittkegel in der Vorbohrung zentriert. Reibahlen mit Linksdrall (rd. 7 bis 8°) sind für Bohrungen mit Unterbrechungen (Nuten, Querlöcher) erforderlich, um diese Durchbrüche zu überbrücken. Sie sind aber auch für glatte Durchgangslöcher in langspanenden Werkstoffen vorteilhaft, da die Späne in Vorschubrichtung aus der Bohrung transportiert werden.

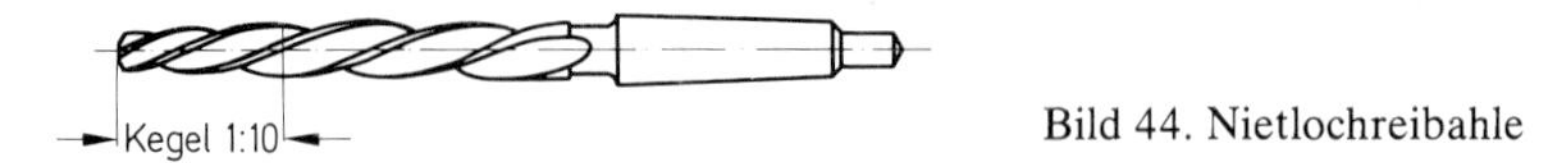


Bild 44. Nietlochreibahle

Die nach DIN 311 genormten *Nietlochreibahlen* (Bild 44) werden überwiegend im Brücken-, Schiffs- und Behälterbau eingesetzt. Beim Zusammenbau der Konstruktionsteile sind gegeneinander versetzt vorgebohrte Löcher durch Aufreiben in eine Flucht zu bringen. Für die hierbei auftretenden stark wechselnden und oft großen Spanungsquerschnitte sind große Anschnitt- und Schneidenlängen erforderlich.

Für das Arbeiten mit *verstellbaren Reibahlen* (Bild 45) gelten grundsätzlich die gleichen Gesichtspunkte wie für feste Reibahlen. Der Vorteil der Verstellbarkeit liegt darin, daß die Reibahle auch nach Abnutzung für die gleiche Durchmessertoleranz wieder verwendet werden kann. Nach dem Verstellen wird das Werkzeug auf Maß rund- und scharfgeschliffen.

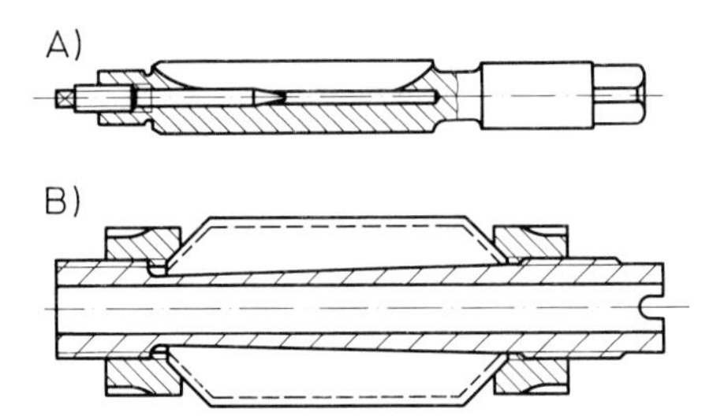


Bild 45. Verstellbare Reibahlen
A) spreizbare Handreibahle,
B) verstellbare Aufsteckreibahle

Vorzugsweise für die Bearbeitung von Gußeisen werden *Reibahlen mit Hartmetall-Bestückung* eingesetzt, wobei größere Standzeiten als mit Werkzeugen aus Schnellarbeitsstahl erzielt werden können. Der Vorschub je Zahn ist so zu wählen, daß feine Späne entstehen. Je geringer das Reibaufmaß ist, desto maßgenauer wird die Bohrung, jedoch soll die Schnittiefe nicht kleiner als 0,05 mm sein.

## 6.6.2 Werkzeugaufnahmen

Um einwandfreie Bohrungen herstellen zu können, ist es wichtig, das Werkzeug sicher und schlagfrei in die Maschine zu spannen. Dabei ist darauf zu achten, daß der Innenkegel der Maschinenspindel sauber und unbeschädigt und der Werkzeugschaft einwandfrei ist.

### 6.6.2.1 Bohrfutter

Als Aufnahme für Bohrwerkzeuge mit Zylinderschaft wird in den meisten Fällen das selbstzentrierende Zweibacken- oder Dreibacken-Bohrfutter verwendet, das mit einem Kegeldorn in der Maschinenspindel befestigt wird. Bei Bohrfuttern mit Spannzangen ist pro Schaftdurchmesser eine Spannzange erforderlich, die das Werkzeug zentriert. Der Werkzeugschaft wird durch eine Überwurfmutter geklemmt. *Schnellwechselfutter* (Bild 46) sind für Fälle bestimmt, in denen verschiedene Arbeitsvorgänge (z. B. Bohren, Senken, Gewindebohren) hintereinander ausgeführt werden. Das Schnellwechselfutter ist mit seinem Außenmorsekegel in der Maschinenspindel befestigt, während jedes Werkzeug in einem getrennten Werkzeugeinsatz gespannt ist und bei laufender Maschine in das Schnellwechselfutter eingesetzt und herausgenommen werden kann. Für Spiralbohrer mit innerer Kühlmittelzufuhr sind spezielle Kühlschmiermittel-Zuführfutter[1] erhältlich; sie wurden bereits im Abschnitt 6.6.1.1.1 beschrieben.
*Pendelhalter* (Bild 47) werden bevorzugt für das Reiben eingesetzt, vor allem, wenn die zu reibende Bohrung nicht genau mit der Arbeitsspindel fluchtet. Es ermöglicht ein achsgenaues, gleichmäßiges Arbeiten; außerdem wird das Werkzeug geschont und Bruch vermieden. Für Schnellwechselfutter sind entsprechende Pendeleinsätze erhältlich.

[1] Hersteller: Rohde & Dörrenberg, Düsseldorf

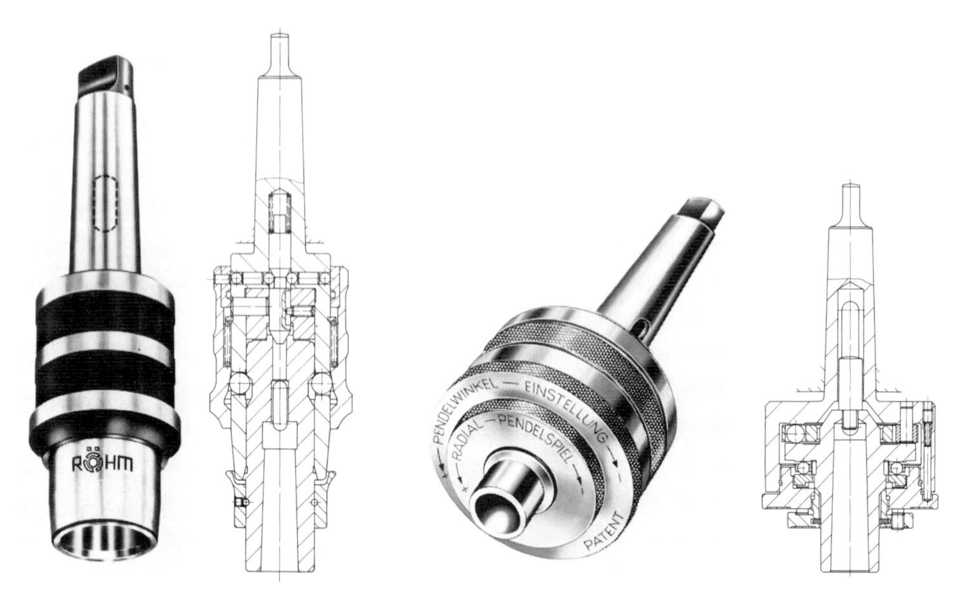


Bild 46. Schnellwechselfutter

Bild 47. Pendelhalter

## 6.6.2.2 Aufnahmehülsen und Klemmhülsen

Bohrwerkzeuge mit Morsekegelschaft sollen möglichst direkt im Innenkegel der Maschinenspindel aufgenommen werden. Ist der Kegelschaft des Werkzeugs kleiner als der Innenkegel der Spindel, so werden Reduzierhülsen oder Verlängerungshülsen benutzt. Zur Sicherung von Werkzeugen mit Kegelschaft gegen Herausziehen aus der Maschinenspindel sind Aufnahme- und Reduzierhülsen mit Querkeilbefestigung nach DIN 1807 und DIN 1808 genormt. Sollen Werkzeuge mit Zylinderschaft ohne Bohrfutter in die Maschinenspindel eingespannt werden, so können kegelige Klemmhülsen (Bild 48) verwendet werden. An den Zylinderschaft ist dann ein Mitnehmer nach DIN 1809 anzubringen oder – bei Gewindebohrern – ein Vierkant nach DIN 10 vorhanden.

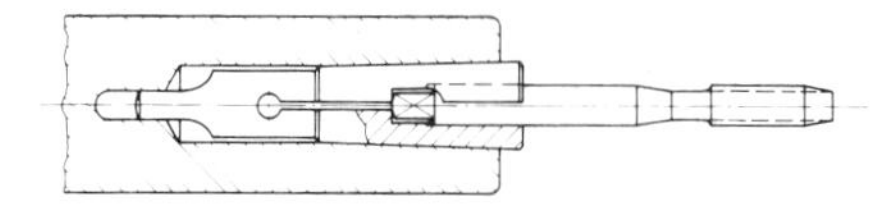

Bild 48. Kegelige Klemmhülse

## 6.6.2.3 Stellhülsen

Auf Sondermaschinen und Transferstraßen sind meist pro Vorschubeinheit mehrere Arbeitsspindeln mit den verschiedensten Bohrwerkzeugen mit Zylinder- oder Morsekegelschaft im Einsatz. Die Arbeitsspindeln der Bohreinheiten sind zur Aufnahme von Stellhülsen ausgeführt, die beim Werkzeugwechsel zusammen mit dem Werkzeug herausgenommen werden. Da das Längeneinstellen des nachgeschliffenen Werkzeugs über die Stellhülse außerhalb der Maschine geschieht, wird die Zeit des Werkzeugwechsels und das Wiedereinrichten der Maschine erheblich verkürzt.

Stellhülsen (Bild 49) gibt es in genügender Längenstaffelung, so daß über den Verstellbereich (20 bis 35 mm) hinaus nachgeschliffene Werkzeuge mit der nächstlängeren Stellhülse weiter genutzt werden können. Werkzeuge mit Zylinderschaft werden in Stellhülsen mit kegeligen Klemmhülsen aufgenommen.

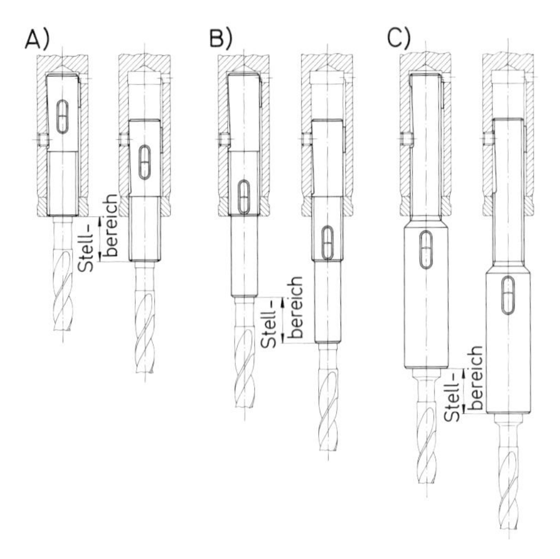


Bild 49. Stellhülsen nach DIN 6327 T1 bis T3
A) kurze Bauart, B) lange Bauart, C) abgesetzte Bauart

#### 6.6.2.4 Werkzeugsysteme

Für Bohrwerke, NC-Maschinen und Bearbeitungszentren, die zum großen Teil mit automatischem Werkzeugwechsel arbeiten, wurden sog. Werkzeugsysteme entwickelt. Zwischen Arbeitsspindel und Stellhülse ist eine Werkzeuggrundaufnahme angeordnet. Die Grundaufnahme übernimmt die Befestigung in der Spindel, die Mitnahme, die Fixierung der Werkzeugschneidenlage und bei werkzeugcodierten Magazinen die Codierung. Weitere Möglichkeiten sind detailliert im Schrifttum [13] geschildert.

## 6.7 Bearbeitung auf Bohrmaschinen

### 6.7.1 Einspindelige Ständerbohrmaschinen

**Dr.-Ing. K.-E. Schwartz, Köln**

Einständer-Bohrmaschinen stellen die einfachste Form einer vertikalen Bearbeitungsmaschine für alle Bohrungsformen dar. Da beim Bohren das Werkzeug wesentliche Formelemente bestimmt, bleibt der Maschine die Aufgabe, die aus der Paarung von Werkstoff und Werkzeug geforderten Bewegungsdaten für Drehzahl und Vorschub zu erzeugen; ferner dient sie zum Einspannen und Führen des Werkzeugs und zum Aufnehmen des Werkstücks. Diese Aufgabenstellung führt zu einem in Bild 50 dargestellten

Grundaufbau einer Einständer-Bohrmaschine, der in allen Varianten wiederkehrt. Lediglich der Schritt von der handbedienten zur automatisch arbeitenden Maschine bringt einige Abweichungen bei den Einzelelementen. Die Grenzen der Belastbarkeit werden durch die Dimensionierung der Spindellagerung und durch die Geometrieabweichung des Maschinengestells infolge Verformungen durch die Zerspanungskräfte festgelegt.
Die Bohrspindel nimmt das Werkzeug kraft- und formschlüssig auf, verleiht ihm die Drehung und führt die Vorschubbewegung aus. Entsprechend diesen Anforderungen ist die Spindel sehr sorgfältig in radialer und besonders in axialer Richtung zu lagern. Häufig befinden sich Spindel und Lagerung in einer Pinole, die von Hand oder mechanisch vorgeschoben wird. Bei anderen Lösungen wird der ganze Bohrkopf mit Spindel, Lagerung und Getriebe als Schlitten am Ständer entlangbewegt.
Die Spindeldrehzahl wird je nach Anwendungsbereich der Maschine mit direktem Keilriemenantrieb, Wechselgetriebe oder stufenlos einstellbaren Antrieben erzeugt. Neben dem Vorschub der Spindel von Hand kommen mechanisch einkuppelbare Schneckengetriebe sowie pneumatische und hydraulische Vorschubeinrichtungen zum Einsatz.

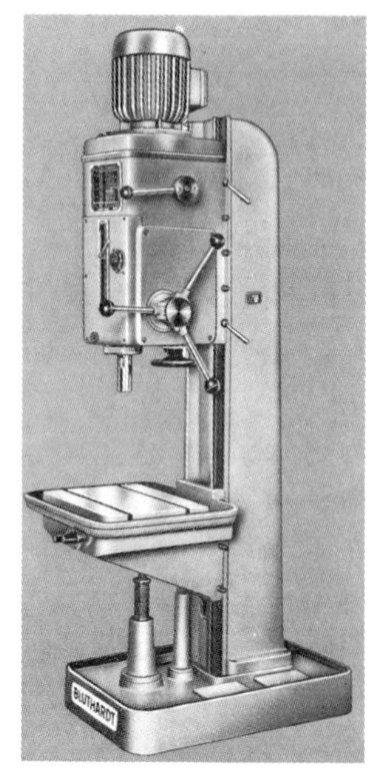


Bild 50. Ständerbohrmaschine
Bohrleistung 40 mm Dmr. in Stahl 60, zwölf Spindeldrehzahlen von 56 bis 1120 $min^{-1}$, Vorschübe 0,24 bis 0,8 mm

Bild 51. NC-Einständer-Bohrmaschine mit Werkzeugrevolver
Bohrleistung 40 mm Dmr. in St 60, Drehzahlbereich 25 bis 2500 $min^{-1}$, Vorschubgeschwindigkeit 20 bis 500 mm/min, Eilgang 8000 mm/min

Ständerbohrmaschinen umfassen einfache Tischbohrmaschinen mit meist sehr hohen Spindeldrehzahlen und Handvorschub für die feinmechanische Bearbeitung, Universal- und Einzweck-Produktionsmaschinen und auch numerisch gesteuerte Einständer-Bohrmaschinen (Bild 51). Entsprechend den Maschinenarten sind auch die erzielbaren Werkstückgenauigkeiten, Mengenleistungen und Bearbeitungskosten sehr unterschiedlich.

Der Bearbeitungsbereich beginnt bei Bohrungen in der Größenordnung von 0,1 mm Dmr. und reicht bis 100 mm Dmr. Entsprechend werden die Maschinen mit Antriebsleistungen von 0,5 bis 15 kW und Drehzahlen zwischen 10000 und 1400 $min^{-1}$ jeweils als Höchstwert ausgestattet.

Grundlegendes Bearbeitungskennzeichen der Werkstücke, für die der Einsatz von Einständer-Bohrmaschinen in Betracht kommt, sind vom Werkstück her kleine bis mittlere Abmessungen und Gewichte, damit Laden und Entladen der Maschine von Hand möglich sind. Die einzubringende Bohrung kommt einmal oder mehrmals in gleicher Form und Abmessung am Werkstück vor; bei unterschiedlichen Bohrdurchmessern ist Werkzeugwechsel von Hand oder automatisch erforderlich. Für diese Fertigungsart sind Werkstücke vorzusehen, die einfach und schnell auf der Maschine in ihre Bearbeitungsposition gebracht werden können. Das Festspannen erfolgt bei prismatischen Grundformen in Maschinenschraubstöcken, bei runden in Spannfuttern. Beim Ausrichten des Werkstücks zum Werkzeug wird entweder das Werkstück mit dem Spannmittel zusammen auf dem Tisch zur Werkzeugspitze von Hand verschoben, oder das Spannmittel ist auf dem Tisch befestigt, und durch Anschläge an den Spannbacken wird die Werkstückposition festgelegt. Im ersteren Fall ist die vorgesehene Bearbeitungsstelle nach Anriß und Körner oder durch eine Vorbearbeitung vorgegeben. Im zweiten Fall sind nach einmaligem Einrichten des Spannmittels an allen gleichgeformten Werkstücken Bohrungen mit festen Achsabständen herstellbar. Die Bearbeitungstiefe kann an der Maschine durch einen eingestellten Festanschlag von Hand oder durch Vorschubabschaltung begrenzt werden.

Spannvorrichtungen für die zu bearbeitenden Werkstücke sind entweder aus einfachen Grundelementen, wie Unterlagen, Anschläge, Auflageprismen oder Blöcke, Spannschrauben und Spannhebel, zusammengesetzt oder sie werden spezifisch gefertigt. Hierbei sind Kastenvorrichtungen mit eingesetzten Bohrbuchsen und hydraulischen bzw. pneumatischen Spannhilfen besonders vorteilhaft.

Ist in einem Werkstück in der Einzelfertigung in einer Bearbeitungsebene eine Reihe von gleichen Bohrarbeitsgängen erforderlich, sind dazu Einständer-Bohrmaschinen mit Koordinatentisch einsetzbar. In der Ausgangsposition werden Spindelmitte und Werkstückbezugspunkt, z.B. eine Kante, vorhandene Bohrung oder Markierung, zueinander ausgerichtet. Durch Verschieben des Tisches in zwei Koordinaten zusammen mit dem aufgespannten Werkstück wird das gewünschte Bohrmuster nach den Zeichnungsmaßen erreicht.

Entsprechend der Genauigkeit des an der Maschine verwendeten Meßsystems liegen die erzielbaren Abstandstoleranzen zwischen $\pm 100$ und $\pm 20$ µm. Der erste Bereich wird mit mechanischen Mitteln, Gewindespindel und Meßtrommel mit Nonius, der letzte Bereich mit optischen Meßeinrichtungen erreicht.

Zunehmende Bedeutung gewinnt die Bohrbearbeitung auf numerisch gesteuerten Maschinen. Der Maschinenaufbau in Einständerausführung bietet für ein breites Spektrum von Werkstücken besonders gute Bearbeitungsmöglichkeiten. Gründe sind die gute Zugänglichkeit zum Laden und Entladen der Werkstücke und ungehinderte Beobachtungsmöglichkeit des Zerspanungsvorgangs. Dabei haben Steuerungen den Vorzug, die eine Anpassung der Maschineneinstellung auf veränderte Werkstoff- oder Werkzeugparameter ermöglichen.

Die hohe Stabilität von Maschinengestell, Spindeleinheit und Antrieb bei numerisch gesteuerten Maschinen läßt eine Ausnutzung der Werkzeuge bis zu ihrer Belastungsgrenze zu. Da außerdem die Positionierzeiten extrem kurz sind, kann im Vergleich zu handbedienten Maschinen mit kürzeren Grundzeiten gerechnet werden. Bei mehrstufi-

ger Bearbeitung und einspindeliger Ausführung der Maschine wird häufiger Werkzeugwechsel mit Unterbrechung des automatischen Ablaufs und erheblichen Handzeiten erforderlich. Dies ist unwirtschaftlich und macht es notwendig, den Werkzeugwechsel zu mechanisieren. Revolverkopf-Bohrmaschinen und automatische Werkzeugwechsler sind hierfür geeignete Lösungen.
In der praktischen Anwendung zeigt sich, daß mit acht Werkzeugen eines Revolverkopfes schon 60 bis 80% aller in Frage kommenden Werkstücke bearbeitet werden können. Werkzeugrevolver haben kurze Wechselzeiten, durchschnittlich 3 s; das ergibt sehr niedrige Stückzeiten. Für die im Revolver bereitgehaltenen Werkzeuge ist bei einigen Werkstücken eine Kollisionsbetrachtung notwendig; sie ist erforderlichenfalls einfach, da nur der Bewegungskreis der Werkzeugspitze berücksichtigt werden muß.
Werkzeugwechsler, die aus einem Magazin die bereitgehaltenen Werkzeuge in die Spindel einführen und von dieser wieder aufnehmen und ins Magazin zurückführen, erweitern den Einsatz so, daß das Werkstückspektrum für diese Maschinen nur noch durch die maximalen Verfahrwege im Vergleich zu den Werkstückabmessungen begrenzt wird. Die Magazinkapazitäten liegen für Bohrmaschinen zwischen 12 und 30 Werkzeugen, in besonderen Fällen auch darüber. Vertretbare Wechselzeiten erreicht man mit Doppelgreifern, die möglichst gleichzeitig ein Werkzeug aus dem Magazin und der Hauptspindel aufnehmen können, schwenken und die getauschten Werkzeuge einsetzen. Übliche Zeiten für den gesamten Wechselvorgang betragen zwischen 5 und 7 s. Bild 52 zeigt einen Werkzeugwechsler, der auch zum nachträglichen Anbau an Bohrmaschinen geeignet ist.

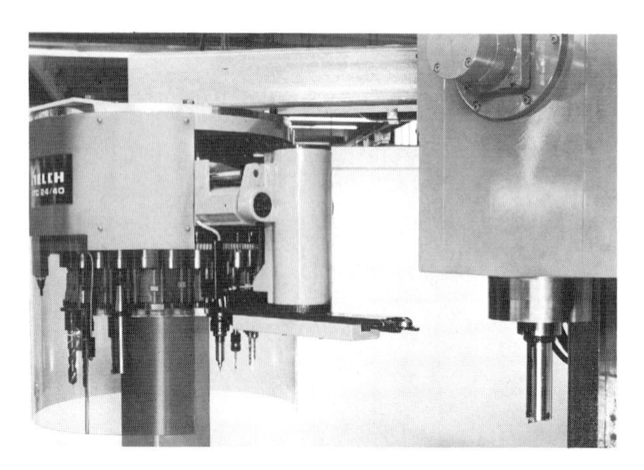

Bild 52. Werkzeugwechsler für 24 Werkzeuge mit Aufnahmekegel ISO 40

Zunehmende Leistungsfähigkeit der Maschinen und der Einsatz auch anderer Werkzeuge als Bohrer führen zum Übergang von der einspindeligen Ständerbohrmaschine zum numerisch gesteuerten Bearbeitungszentrum. Dabei wird ein Teil der Arbeit des Bedienungsmanns in das Programmierbüro verlagert.

## 6.7.2 Mehrspindelige Bohrmaschinen

**Ing. (grad.) A. Fritz, Marktoberdorf**

### 6.7.2.1 Allgemeines

Das Charakteristische einer mehrspindeligen Bohrmaschine besteht darin, daß mehr oder weniger viele Bohrungen unterschiedlichen Durchmessers in jeder beliebigen Lage innerhalb einer nutzbaren Bohrfläche gleichzeitig gefertigt werden können. Wie bei anderen Bohrmaschinen lassen sich auch mit diesen Maschinen verschiedene Fertigungsarten, wie Bohren, Senken, Planen, Ausspindeln, Reiben und Gewindebohren, in einem Arbeitstakt ausführen.

Die angebotenen Maschinen reichen von Einfachmaschinen mit geringer Spindelzahl für einfache Werkstücke über technisch hochentwickelte Maschinen für die Bearbeitung von Bohrungen innerhalb umfangreicher, vor allem komplizierter Bohrbilder bis zu Spezialausführungen sowie Verkettungs- und Transfereinheiten.

### 6.7.2.2 Konstruktiver Aufbau

Zwei Maschinensysteme sind gebräuchlich: einmal Gelenkspindel-Bohrmaschinen mit Gelenkwellenantrieb und zum anderen Bohrmaschinen mit fest eingestellten Mehrspindel-Bohrköpfen und direktem Zahnradantrieb.

Bei der üblichen Grundausführung einer vertikalen Gelenkspindel-Bohrmaschine (Bild 53) bilden die Maschinengrundplatte und der Maschinenständer eine kompakte Einheit. Der hydraulisch betätigte Bohrschlitten läuft auf langen, kräftigen, gehärteten Führungsbahnen am Maschinenständer. Der Bohrschlitten beinhaltet die Bohrglocke mit Arbeitszylinder, das Getriebegehäuse mit Haupt- und Verteilergetriebe sowie den elektrischen Antriebsmotor. Die Verbindung und Kraftübertragung vom Ständer zum Bohrschlitten erfolgt durch ein Zylinder-Kolbensystem. Im zentralen Kommandopult werden alle Steuervorgänge eingeleitet und über eine Steuerleiste mit Nocken eingestellt.

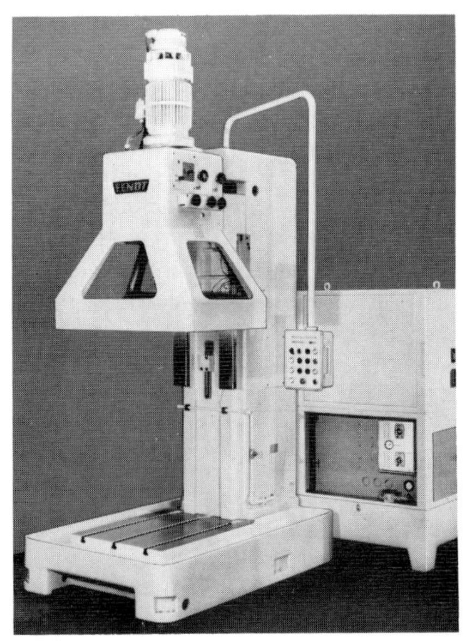

Bild 53. Gelenkspindel-Bohrmaschine mit hydraulischem Eilgang- und Vorschubantrieb

Die Eilgang- und Vorschubbewegungen übernimmt eine elektrohydraulische Steuerung in einem zugeordneten kombinierten Schaltschrank. Einstellbar sind meist die stufenlos veränderbaren Vorschübe in beiden Richtungen sowie die Entspanhübe und der Eilvor- und -rücklauf.
Eine elektromechanische Variante zur Erzeugung der Eilgang- und stufenlos einstellbaren Vorschubbewegungen zeigt Bild 54. Die Bewegungen des Schlittens werden durch ein Eilgang-Vorschubgetriebe erzeugt, das über dem Maschinenständer angeordnet ist. Für den Vorschubantrieb dient ein Gleichstrombremsmotor mit Thyristorsteuerung. Die Verbindung und Kraftübertragung zum Bohrschlitten übernimmt eine Kugelrollspindel.

Bild 54. Gelenkspindel-Bohrmaschine mit elektromechanischem Eilgang-Vorschub-Getriebe

Je nach Größe stehen 8 bis 48 oder mehr Spindelantriebe für entsprechend große Bohrrechtecke zur Verfügung. Vom Getriebe wird der Antrieb über nadelgelagerte Gelenkwellen auf die Spindeln übertragen. Abhängig von der Getriebekonstruktion erhalten die Spindeln mehrere, individuell schaltbare Drehzahlen. Gruppenschaltgetriebe oder Zwei-Motoren-Antrieb ergeben innerhalb der Gesamtspindelanordnung eine Verdoppelung der Individualschaltung. Die schaltbaren Drehzahlen werden durch Stufenvorgelege vervielfacht und können mit polumschaltbarem Antriebsmotor nochmals verdoppelt werden. Dadurch lassen sich bei großen Unterschieden der Bohrerdurchmesser bzw. verschiedenartigen Bearbeitungswerkzeugen alle vorkommenden Werkstoffe mit wirtschaftlichen Schnittgeschwindigkeiten bearbeiten.
Das in Bild 55 A als Beispiel gezeigte Getriebe enthält zwei dreistufige Grundgetriebe, die vom Antriebsmotor einmal direkt, zum anderen über ein Zahnradvorgelege synchron angetrieben werden. Beide Schaltgetriebe verzweigen sich wahlweise, maximal je zur Hälfte, zu den Antriebswellen. Der Antrieb wird somit vom Motor über das erste Grundgetriebe zu je einem Vorgelege und weiter in das Verteilergetriebe geleitet. Die Verteilerspindeln mit dem festen Radsatz übertragen den Antrieb auf die entsprechend axial verschiebbaren dreistufigen Zahnradblöcke der Antriebswellen. Jeder Schaltstel-

lung des Grundschaltgetriebes sind jeweils drei Schaltstellungen des Verteilergetriebes zugeordnet. Geschaltet wird über Hebel oder Handräder.
Wie aus dem Drehzahlschaubild in Bild 55 B ersichtlich, sind in diesem Beispiel neun Drehzahlen vorhanden, so daß jeweils bei entsprechenden Schaltstellungen mit sechs individuell einstellbaren Drehzahlen innerhalb des Gesamtantriebs bzw. Bohrbilds gearbeitet werden kann.

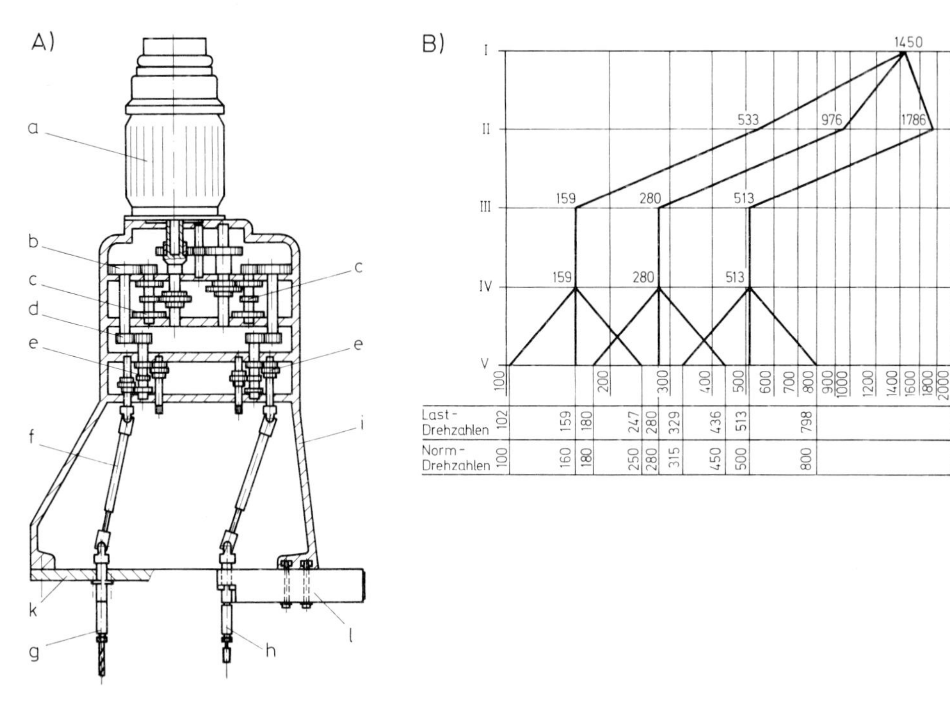


Bild 55. Schaltgetriebe mit zwei Gruppenschaltungen
A) Antriebsschema (a Antriebsmotor, b Vorgelege, c Grundschaltgetriebe mit je drei Schaltstellungen, d Verteilergetriebe, e Verteilerschaltgetriebe mit je drei Schaltstellungen, f Gelenkwelle mit Schnellkupplung, g Bohrspindel, h Gewindebohrspindel, i Bohrglocke, k Spindelhalteplatte, l verstellbarer Spindelarm), B) Drehzahlschaubild; Linie II zeigt die Kombination der Auswahlreihen der zwei Gruppenschaltungen

Die Maschinenabmessungen richten sich weitgehend nach der zugeordneten Bohrleistung, der Größe des Bohrrechtecks und der Anzahl der Spindeln. Die Bohrleistung wird durch die elektrische Antriebsleistung und die Vorschubkraft bestimmt. Allgemein sind heute bei der aufgezeigten Bauart Maschinen mit Leistungsdaten etwa nach folgender Aufschlüsselung gegeben:

| Spindelanzahl | Bohrrechteck [mm] | Vorschubkraft [kN] | Antriebsleistung [kW] |
|---|---|---|---|
| 8 bis 12 | 350 · 400 | 30 | 5,5 |
| 16 bis 24 | 600 · 800 | 60 | 11 bis 15 |
| 32 bis 36 | 750 · 1000 | 80 | 18,5 |
| 48 und mehr | 950 · 1300 | 100 | 30 |

Je nach Maschinengröße beträgt der maximale Bohrerdurchmesser für Grauguß 23 bis 50 mm, die maximale Gewindegröße M20 bis M42 · 1,5.
Horizontale Gelenkspindelbohrmaschinen (Bild 56) ergänzen die vertikale Baureihe. In den leistungsspezifischen Abmessungsbereichen sind beide Ausführungen meist identisch.
Zur Auflage von Werkstück bzw. Vorrichtung dient ein entsprechender Arbeitstisch. Bei zentraler Anordnung des Tisches lassen sich die Bohreinheiten zu Zwei-, Drei- und Vier-Wege-Bohrmaschinen kombinieren. Desgleichen sind Verbindungen mit vertikalen Maschinen möglich (Bild 57).

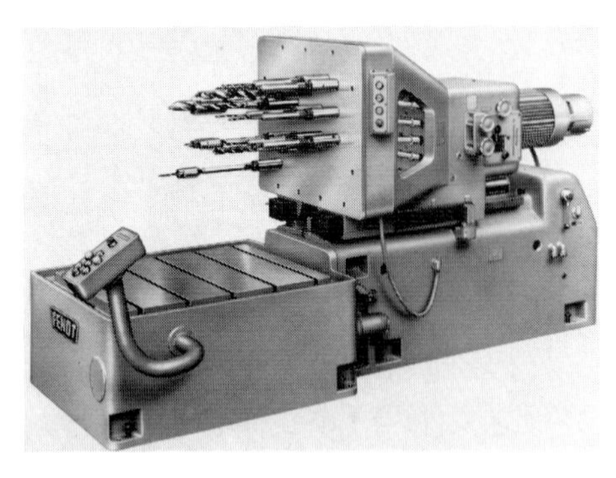

Bild 56. Horizontale Gelenkspindel-Bohrmaschine mit Arbeitstisch

Bild 57. Mehrachsige Gelenkspindel-Bohrmaschine mit automatischem Rundschalttisch zur Bearbeitung von Kurbelgehäusen

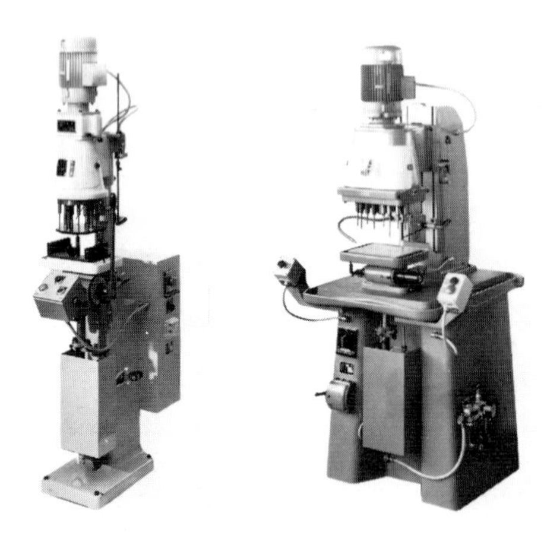

Bild 58 (links). Mehrspindel-Bohr- und -Gewindebohrmaschine mit maximal zwölf Spindelantrieben

Bild 59 (rechts). Mehrspindel-Bohr- und -Gewindebohrmaschine mit bis zu 26 Spindelantrieben

Für Bohrer geringen Durchmessers werden entsprechend gestaltete kleinere Maschinen eingesetzt. Die Gelenkspindel-Bohrmaschine in Bild 58 besitzt beispielsweise maximal zwölf Spindelantriebe, wahlweise manuellen oder pneumatischen Vorschub und ein maximales Bohrfeld von 210 mm Dmr. Die verwendbaren Bohrer erstrecken sich von 1,5 bis 8 mm Dmr. bei einer maximalen Motorleistung von etwa 3 kW. Die größte Spindeldrehzahl ist 5600 $min^{-1}$, die größte Vorschubkraft 35 kN.

Eine weitere Ausführung, die Maschine in Bild 59, hat bei gleichen Leistungsdaten wahlweise 9 bis 26 Spindelantriebe, außerdem ein Rechteckbohrfeld von 150 · 260 mm.

### 6.7.2.3 Maschinengebundene Ausrüstungsteile

Maschinengebundene Ausrüstungsteile sind außer den Gelenkwellen Bohrspindeln und Gewindebohrspindeln, die als Steckspindeln oder in Scherenausführung zum Einsatz kommen, sowie Spindelhalteplatten und Bohrerführungsplatten.
Eine Bohrsteckspindel, eine Gewindebohrsteckspindel in Leitpatronenausführung sowie ein kombinierbarer Spindelsatz, bestehend aus dem Grundsteckkörper mit Schnellwechselfutter, Bohreinsatz und Gewindebohreinsatz mit Sicherheitskupplung und Ausgleichfutter, sind in Bild 60 dargestellt.

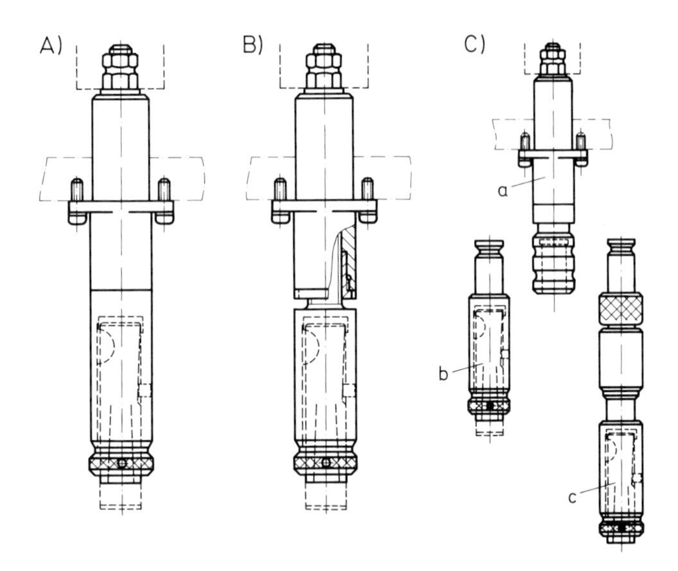


Bild 60. Steckspindeln für Mehrspindel-Bohrmaschinen
A) Bohrsteckspindel, B) Gewindebohrsteckspindel, C) Kombinations-Spindelsatz
a Schnellwechselgrundkörper, b Bohreinsatz, c Gewindebohreinsatz

Zwei zur Anwendung kommende Gewindebohrsysteme unterscheiden sich dadurch, daß im einen Fall der Bohrschlitten nach dem Anfahrweg in Ruhestellung an einem einstellbaren Festanschlag verharrt; die Gewindesteigung wird dann über die Drehung der Leitpatrone erzeugt. Die hierbei erforderliche Umsteuerung von Rechts- auf Linkslauf wird mit einer elektromechanischen Umsteuereinrichtung vorgenommen, die meist im Getriebegehäuse angeordnet und von außen einstellbar ist. Im anderen Fall wird die erforderliche Gewindesteigung durch den Schlittenvorschub erzeugt; kleine Differenzen werden durch das Ausgleichfutter überbrückt.
Zur Aufnahme der verschiedenen Werkzeuge in den Spindeln stehen Stellhülsen nach DIN 6327 und Klemmhülsen nach DIN 6328 bzw. DIN 6329 zur Verfügung.
Die Verbindung zwischen der an die Bohrglocke festgeschraubten Spindelhalteplatte und der unter Federdruck stehenden Bohrerführungsplatte bilden Führungssäulen und -buchsen (Bild 61). Zum genauen Ausrichten der Bohrerführungsplatte zur Bohrvor-

richtung oder auch direkt zum Werkstück, ggf. auch zum Festhalten des Werkstücks, kann die Bohrerführungsplatte auch mit Führungsbuchsen für entsprechende Zentrierzapfen der Spannvorrichtung bzw. geeigneten Druckbolzen versehen werden. Die Bohrerführungsplatte kann entfallen, wenn die Werkzeuge in der Vorrichtung geführt werden.

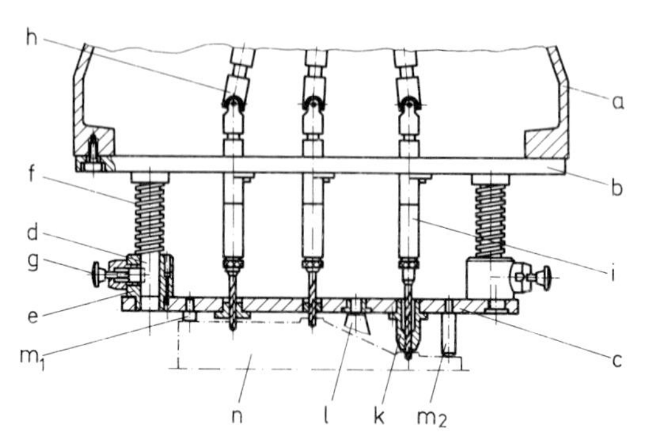


Bild 61. Anordnung von Spindelhalteplatte und Bohrerführungsplatte an einer Bohrglocke
a Bohrglocke, b Spindelhalteplatte, c Bohrerführungsplatte, d Führungssäule, e Führungsbuchse, f Druckfeder, g Arretierung, h Gelenkwelle, i Bohrspindel, k Bohrbuchse, l Führungszapfen in Spannvorrichtung, $m_1$, $m_2$ Druckbolzen, n Werkstück

Spindeln mit Scherenarmen werden in zwei T-Nuten der Bohrglocke befestigt.
Zur Auflage der Werkstücke bzw. der Spannvorrichtungen dienen je nach Bearbeitungsart und Werkstückgröße Kastentische, Konsoltische, Rundtische, Auszieh- und Schiebetische und deren Kombination.

### 6.7.2.4 Einsatz von Mehrspindel-Bohrmaschinen

Gelenkspindel-Bohrmaschinen werden vor allem im Fahrzeugbau, in der Elektroindustrie, der Armaturenfertigung und im Gerätebau, kleinere Maschinen besonders bei der Büro- und Nähmaschinenherstellung eingesetzt. Zur Bearbeitung eignen sich Werkstükke, die mehrere Bohrungen aufweisen, vor allem, wenn verschiedenartige Arbeitsvorgänge auszuführen sind.
Große sperrige Werkstücke werden zweckmäßig außerhalb des Maschinenbereichs auf einen Ausziehtisch gebracht, mit dem sie in die Arbeitsstation befördert werden. Bei ausreichend großem Bohrrechteck sind auch mehrere Arbeitstakte, z. B. Bohren und Gewindebohren, möglich. Noch größere Werkstücke können über einen Schiebetisch in linearer Taktauflösung bearbeitet werden. Bei Werkstücken bis zu einer bestimmten Größe, deren Bearbeitung aus Gründen des Lochabstands oder unterschiedlicher Arbeitsfolge in mehreren Stationen aufgeteilt werden muß, kommen Rundtische in passenden Größen zum Einsatz.
Werkstücke mit mehrseitigen Bohrbildern werden auf Schalttischen so aufgenommen, daß je Arbeitsstation eine Seite gebohrt werden kann. Nach jedem Arbeitstakt wird ein fertiges Werkstück entnommen.
Das Gewindebohren mit Leitpatronenspindeln in einem Arbeitstakt mit dem Bohren kann einmal nach dem Ablauf der Bohrbearbeitung und zum anderen während dieser erfolgen. Im letzteren Fall ist ein getrennter Zwei-Motoren-Antrieb erforderlich. Bei

Einsatz von Gewindebohrspindeln mit Ausgleichfutter erfolgt die Bearbeitung grundsätzlich nacheinander.
Zur Bearbeitung von Werkstücken, an denen zusätzlich noch in einer anderen Ebene Bohrungen ausgeführt werden müssen, kommen entsprechende Zusatzeinrichtungen zum Einsatz. Bild 62 zeigt z. B. eine Maschine, an der eine Bohr- und eine Gewindebohreinheit zur Fertigung einer seitlich am Werkstück befindlichen Gewindebohrung angeordnet sind.

Bild 62. Vertikale Gelenkspindel-Bohrmaschine mit je einer seitlich angeordneten Bohr- und Gewindebohreinheit

Horizontal-Einweg-Gelenkspindel-Bohrmaschinen werden eingesetzt, wenn Werkstükke wegen ihrer Größe oder Länge in vertikalen Maschinen nicht unterzubringen sind. Unter Verwendung eines Schiebetakt- und Rundschalttisches ist eine mehrseitige Bearbeitung auch größerer Werkstücke möglich, da hier die Bohrbilder dicht nebeneinander quer im Bohrrechteck plaziert werden können. Hierfür eignen sich besonders Zwei-Wege-Bohrmaschinen. Drei- und Vier-Wege-Maschinen sind dagegen hauptsächlich für entsprechend vielseitige stationäre Bohrarbeiten an großen Werkstücken zu bevorzugen.
Der Einsatz von Scherenspindeln ist allgemein zweckmäßig, wenn Werkstücke mit einfachen Bohrbildern im Klein- und Kleinstserienbereich gefertigt werden. Bei größeren Serien mit im allgemeinen großen und komplizierten Bohrbildern ist eine feste Anordnung der Spindeln in Spindelhalteplatten meist erforderlich und auch günstiger.
Entspaneinrichtungen sorgen dafür, daß auch tiefe Löcher gebohrt werden können. Mit heute üblichen Tiefloch-Spiralbohrern nach der Vornorm DIN 1870 kann bis zu einer dem zehnfachen Bohrerdurchmesser entsprechenden Tiefe ohne Unterbrechung ins Volle gebohrt werden. In der Horizontalen sind noch größere Bohrtiefen möglich.
Durch fest eingestellte Mehrspindel-Bohrköpfe anstelle der Bohrglocke entstehen Bearbeitungseinheiten, die einen Übergang zu Sonder- und Transfermaschinen darstellen (Bild 63).

### 6.7.2.5 Erzielbare Toleranzen und Oberflächengüten

Die heute international üblichen Lage- und Formtoleranzen sowie die Oberflächengüte der Bohrungen sind auch auf Mehrspindel-Bohrmaschinen durch geeignete Maßnahmen erzielbar. Je nach Bohrbild können Toleranzen von 20 bis 50 μm eingehalten werden.

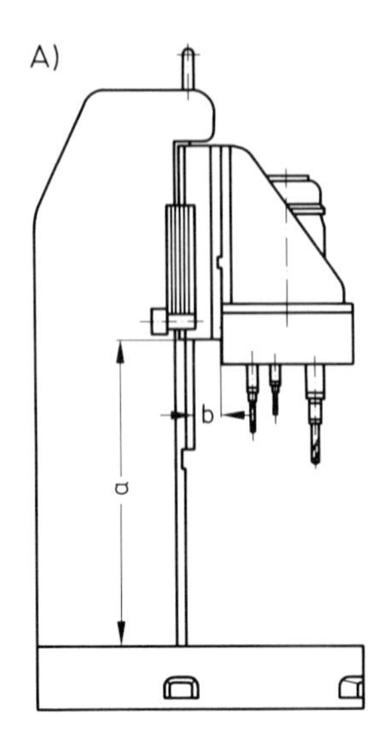


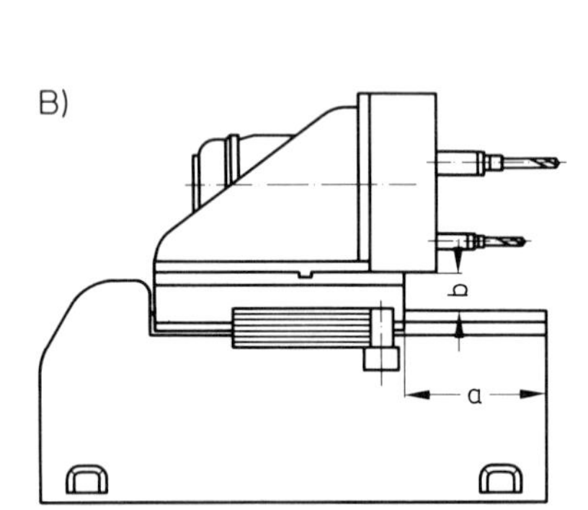


Bild 63. Mehrspindel-Ständereinheiten
A) vertikale Einheit mit Anschluß für Trägereinheit und festem Mehrspindel-Bohrkopf,
B) horizontale Einheit
a und b Anschlußmaße

Bohrungen sind mit geeigneten Reibwerkzeugen bis zur ISO-Qualität 6 nach DIN 7160 herstellbar; dabei ist eine Rauhtiefe von $R_t = 1{,}6$ bis 0,8 μm erreichbar. Zur Erzeugung exakter Senkoberflächen und -tiefen verharrt der Bohrschlitten zeiteinstellbar am Festanschlag, damit sich die Senkwerkzeuge freischneiden können.

### 6.7.2.6 Wirtschaftlichkeit von Mehrspindel-Bohrmaschinen

Die Wirtschaftlichkeit der Maschinen ist im Bereich kleiner und mittlerer Stückzahlen gegeben. Die Maschinenhersteller bieten wegen der vielfältigen Aufgabenstellungen einen Angebotsservice, der dem Anwender verschiedene Varianten aufzeigt. Danach kann der Anwender aufgrund vorliegender Stückzeitberechnung und der Maschinen- und Betriebsmittelkosten eine individuelle Wirtschaftlichkeitsberechnung durchführen und die Maschinenbelegung ermitteln bzw. steuern.
Bei kleinen Stückzahlen fallen die notwendigen Umrüstzeiten sehr ins Gewicht. Rationalisierungsmaßnahmen bewirken eine beträchtliche Senkung dieser Kosten. Hierzu einige Beispiele:
Die Gelenkwellen sind beidseitig mit Schnellwechselverschlüssen ausgerüstet.
Die Nocken auf der Steuerleiste können mit Hilfe von Einstellschablonen schnell umgesetzt werden. Außerdem wird durch Anordnung einer Schnellwechseleinrichtung ein rasches Auswechseln der Nockenleiste gegen eine Wechselleiste ermöglicht.
In den Spindelhalteplatten sollten möglichst viele Bohrbilder plaziert und mit entsprechenden Steckspindeln voll bestückt werden, so daß lediglich die voreingestellten Werkzeuge zu wechseln sind.
Nebenzeiten können bei der Bearbeitung reduziert bzw. vermieden werden, wenn vorrichtungsseitig außer der oder den Bearbeitungsstationen auch eine Be- und Entladestation vorgesehen wird.

Kleinere Werkstücke können in vielen Fällen mit relativ geringem Aufwand vorteilhaft in den bekannten Schnellspannern gebohrt werden. Nützlich ist dabei eine Schwenkvorrichtung oder ein Rundschalttisch.
Der immer wieder notwendige Wechsel von Spindelhalteplatten und Vorrichtungen kann mit Schnellwechseleinrichtungen und Magazinierung in kurzer Zeit erfolgen. Mehrspindel-Bohrmaschinen sind allgemein so eingerichtet, daß außer dem manuellen Werkstückwechsel ein automatischer Arbeitsablauf und bei großen Taktzeiten eine Mehrmaschinenbedienung möglich sind.
In den letzten Jahren wurden neuartige Maschinen mit Wechseleinrichtungen für fest eingestellte Mehrspindel-Bohrköpfe auf den Markt gebracht. Mit diesen sind je nach Größe und Bohrkapazität sowohl eine große Anzahl Bohrungen und Gewindebohrungen ausführbar als auch eine Rundumbearbeitung in einer Aufspannung möglich. Außerdem wird damit die integrierte Fertigung von immer wiederkehrenden Ersatzteilen oder Werkstückfamilien gewährleistet.
Der vertikale Bohrkopfschaltautomat in Bild 64 besitzt ein Schwenkmagazin, an dem maximal acht hängend angeordnete, fest eingestellte Mehrspindel-Bohrköpfe befestigt sind. Der jeweils eingeschwenkte Bohrkopf wird indexiert, mit dem Kragträger verklemmt und mit dem Antriebsmotor gekoppelt. Das aufgespannte Werkstück wird dann mit dem als Konsoltisch ausgebildeten Schlitten nach oben gegen den Bohrkopf bewegt. Statt des Tisches kann auch ein automatischer Wendespanner angebaut werden; damit ist eine mehrseitige Bearbeitung möglich. Die Bohrköpfe können in beliebiger Reihenfolge abgerufen werden. Eine Bohrkopfaufnahmeeinrichtung am Hydraulik-Schrank hinter der Maschine ermöglicht ein schnelles Montieren und Demontieren der Bohrköpfe. Mit einer Paletten-Zuführeinrichtung können die Werkstücke außerhalb der Bearbeitungszone umgespannt oder be- und entladen werden. Die dafür notwendigen Nebenzeiten fallen in die Maschinenhauptzeiten.

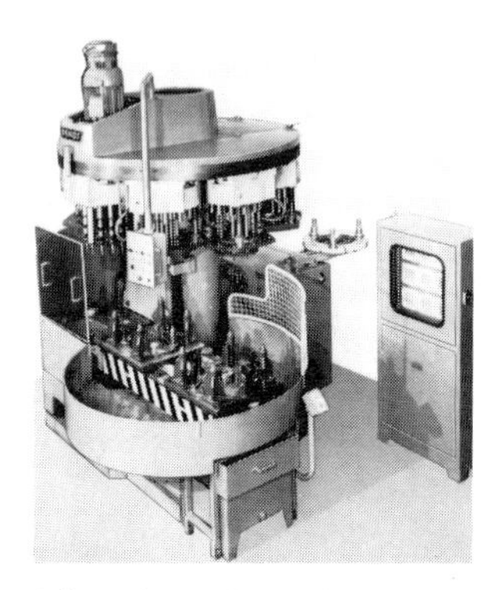

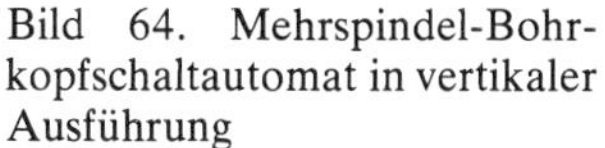
Bild 64. Mehrspindel-Bohrkopfschaltautomat in vertikaler Ausführung

Bild 65. Mehrspindel-Bohrkopfschaltautomat in horizontaler Ausführung

Systemgleich, jedoch für große Werkstücke geeignet, arbeitet der horizontale Mehrspindel-Bohrkopfschaltautomat in Bild 65. Das Werkstück wird auf einer horizontalen Schlitteneinheit, bei Mehrseitenbearbeitung zusätzlich auf einem automatischen Rundschalttisch, plaziert und gegen acht revolverförmig angeordnete Bohrköpfe in Arbeitsstellung gebracht.

Eine weitere Bohrkopfwechselmaschine ist in Bild 66 wiedergegeben. In sieben horizontal angeordneten Rundmagazinplätzen sind die fest eingestellten Mehrspindel-Bohrköpfe mitsamt der Antriebseinheit gespeichert. Nach Drehen des Rundmagazins in die dem benötigten Bohrkopf entsprechende Stellung wird die komplette Einheit übergeben und festgespannt. Danach kann jeweils ein Arbeitstakt erfolgen. Das Werkstück ist auf einem automatischen Rundtisch festgespannt, mit dem eine Mehrseitenbearbeitung ermöglicht wird. Eine Entladeeinrichtung kann den Fertigungsfluß automatisieren.

Bild 66. Sondermaschine mit automatischem Bohrkopfwechsler (Flexomatik)

## 6.7.3 Radialbohrmaschinen

**Ing. (grad.) G. Haberland, Köln**

### 6.7.3.1 Bearbeitungsaufgabe

Radialbohrmaschinen (Bild 67) zählen zu den universell einsetzbaren Werkzeugmaschinen und werden in allen metallverarbeitenden Industriezweigen, wie allgemeiner Maschinenbau, chemischer Apparatebau oder Fahrzeug- und Schiffsbau, eingesetzt. Sie eignen sich für die Bearbeitung mit Spiralbohrern, Spiralsenkern, Zapfensenkern oder Bohrstangen mit Führungszapfen, Spitzsenkern, Schneidmessern, Reibahlen sowie für das Gewindeschneiden mit Handvorschub oder mechanischem Vorschub im Ausgleichfutter und Feinwalzen mit Oberflächen-Feinwalzwerkzeugen. Untergeordnete Bedeutung hat der Einsatz von Radialbohrmaschinen zum Ausbohren mit Bohrstangen ohne Führungszapfen (nur in Vorrichtungen mit Werkzeugführung möglich) und für Fräsarbeiten.

Gearbeitet wird mit Radialbohrmaschinen entweder nach Anriß oder in Vorrichtungen. Zur Werkstückauflage wird bei kleineren Werkstücken oder Vorrichtungen ein Kastentisch oder ein Universaltisch verwendet. Universaltische können in einer Ebene bis zu 90° gekippt werden, so daß sich auch Bohrungen unter einem Neigungswinkel herstellen lassen.

Für mehrseitige Bearbeitung werden die Werkstücke in Drehvorrichtungen (Bild 68) aufgenommen oder auf einen Drehtisch gespannt.

Zum Bearbeiten von Bohrungen auf Teilkreisen eignen sich manuell oder motorisch zu verstellende Teiltische oder Werkstückaufnahmen mit vertikaler Drehachse.

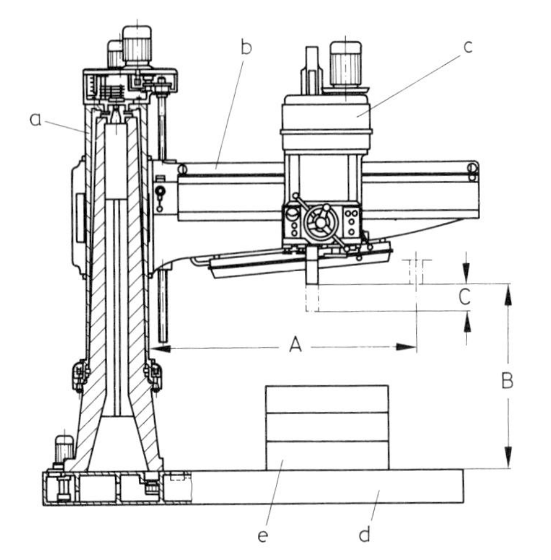


Bild 67. Aufbau einer Radialbohrmaschine
a Säule, b Ausleger, c Bohrschlitten, d Grundplatte, e Bohrtisch, A Ausladung, B Abstand zwischen Grundplatte und Spindelnase-Unterkannte, C Bohrspindelhub

Bild 68. Drehvorrichtungen an Radialbohrmaschinen

Die mit Radialbohrmaschinen erreichbare Lagegenauigkeit von Bohrungen ist abhängig von der Bearbeitungsart und dem Werkzeug. In guten Vorrichtungen können unter Verwendung von Bohrstangen Lagetoleranzen von etwa $\pm$ 0,02 mm erzielt werden. Passungsqualitäten IT 6 können mit Reibahlen und Feinwalzwerkzeugen bei einiger Sorgfalt erreicht werden. Mit Reibahlen sind Rauhtiefen $R_t = 2$ µm, mit Feinwalzwerkzeugen sogar Rauhtiefen unter 1 µm erreichbar.
Die mit Radialbohrmaschinen zu bearbeitenden Losgrößen reichen je nach Industriezweig und Werkstück von einem bis mehr als 1000 Stück. Dabei sind sowohl an einfachen Werkstücken einige Durchgangs- oder Gewindelöcher als auch z. B. an Motorgehäusen umfangreiche Bearbeitungen ausführbar.

### 6.7.3.2 Maschinenaufbau

Radialbohrmaschinen bestehen aus Säule, Ausleger, Bohrschlitten, Grundplatte und Bohrtisch (Bild 67). In der horizontalen Ebene wird das Werkzeug durch Drehbewegung des Auslegerarms und Längsverschieben des Bohrschlittens zum Werkstück positioniert.

Zum Einstellen auf die Werkstückhöhe wird der Auslegerarm mitsamt dem Bohrschlitten an der Säule auf die gewünschte Höhe motorisch verstellt. Ausleger und Bohrschlitten können in jeder Einstellung je nach Maschinentyp von Hand, hydraulisch oder motorisch geklemmt werden.
Hauptantriebe für Radialbohrmaschinen können grundsätzlich stufenlos oder in Stufen einstellbar ausgeführt werden. In dem in Bild 69 dargestellten Beispiel ist der Hauptantrieb aus Grundgetrieben zusammengesetzt; für die Umschaltung werden Schieberadblöcke verwendet. Eine Kupplung ermöglicht die Verbindung bzw. Trennung zwischen dem dauernd eingeschalteten Antriebsmotor und der ersten Getriebestufe. Die Spindelbremse verhindert eine ungewollte Drehung der Hauptspindel. Um außerdem sicher zu sein, daß die Getrieberäder während des Schaltvorgangs keine Bewegung ausführen, ist eine Getriebebremse vorgesehen. Die Drehzahlen sind nach einer geometrischen Reihe gestuft.
Der Antrieb der gleichfalls geometrisch gestuften Vorschübe wird vom Hauptantrieb abgezweigt (Bild 69 rechts) und ebenfalls aus Grundgetrieben mit Schieberadblöcken zusammengesetzt. Nach einer zwischengeschalteten Überlastkupplung wird mit Schnecke und Schneckenrad bzw. Zahnrad und Zahnstange der Spindelvorschub erzeugt.

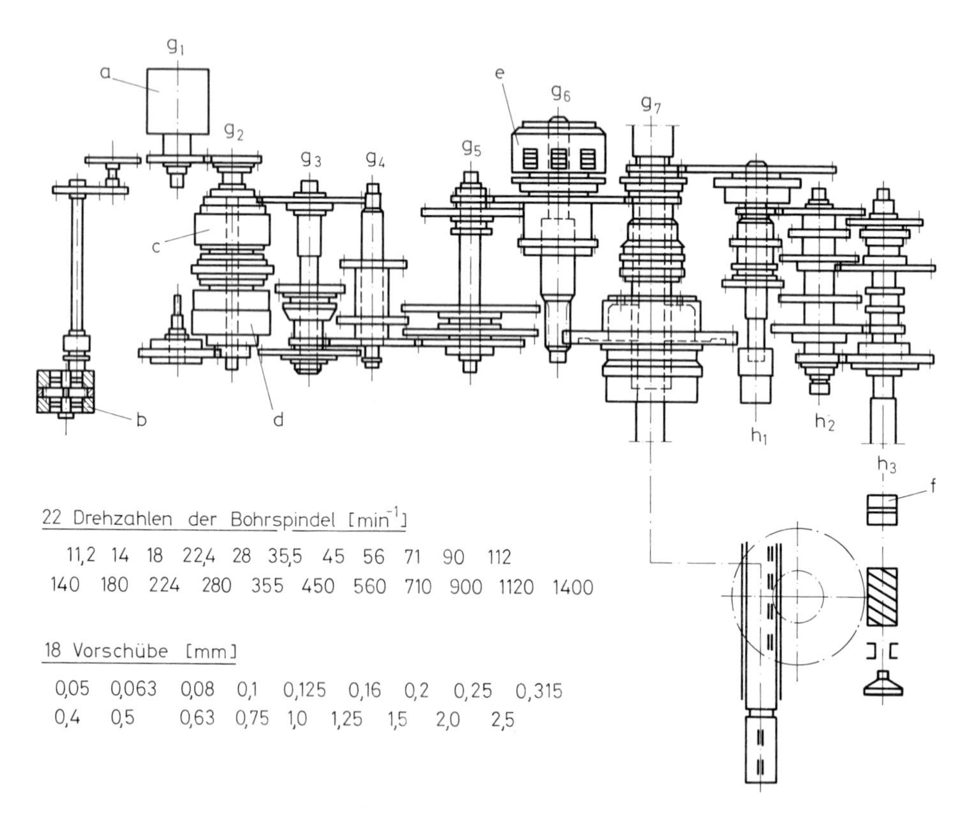


Bild 69. Getriebeplan einer Radialbohrmaschine
a Antriebsmotor, b Zahnradpumpe, c Einschalt- und Wendekupplung, d Spindelbremse, e Getriebebremse, f Überlastkupplung, $g_1$ bis $g_7$ Wellen des Bohrgetriebes, $h_1$ bis $h_3$ Wellen des Vorschubgetriebes

Bei einfachen Maschinen werden die gewünschten Drehzahlen und Vorschübe über Handhebel geschaltet. Größere Radialbohrmaschinen besitzen im allgemeinen eine hydraulisch betätigte Vorwahlschaltung. Dies hat den Vorteil der möglichen Einknopfbedienung. Die Druckölerzeugung übernimmt eine Zahnradpumpe, die vom Hauptmotor angetrieben wird. Ein Drehschieber verteilt das zugeführte Drucköl entsprechend der am Wählknopf eingestellten Drehzahl oder des Vorschubs auf die Arbeitszylinder, welche die Schieberadverstellung bewirken.
Der Vorschubweg bzw. die Bohrtiefe wird im allgemeinen mit längsverstellbaren Nocken vorgegeben. Nach Erreichen der Bohrtiefe wird die Vorschubbewegung selbsttätig abgeschaltet. Eng tolerierte Tiefenmaße können von Hand mit Hilfe einer Feineinstellung eingehalten werden.
Wichtige Kriterien zur Gewährleistung einer langdauernden hohen Bearbeitungsqualität sind eine hochwertige Spindellagerung (Bild 70), eine gehärtete, mit geringem Spiel im Bohrschlitten eingepaßte Pinole, eine gehärtete Längsführung des Bohrschlittens und eine sichere Klemmung, um vorgegebene Positionierungen einzuhalten.
Zur einfachen Bedienung der Maschine sollten sämtliche Bedienungselemente zentral am Bohrschlitten (Bild 71) angeordnet sein. Leichtgängigkeit sämtlicher Dreh-, Längs- und Schaltbewegungen sind Voraussetzung für gute Radialbohrmaschinen.

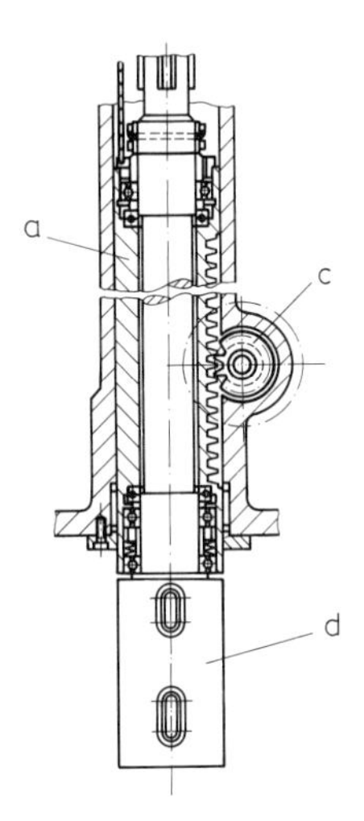


Bild 70. Spindellagerung einer Radialbohrmaschine
a Pinole mit Zahnstange, c Vorschubzahnrad, d Hauptspindel

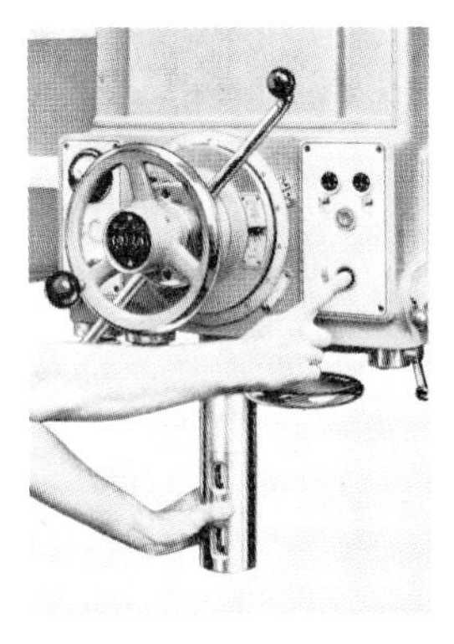

Bild 71. Bedienungselemente am Bohrschlitten

Zur weiteren Erleichterung der Bedienung können größere Radialbohrmaschinen mit einem motorischen Antrieb für die Drehbewegung des Auslegers und die Längsbewegung des Bohrschlittens ausgerüstet werden.
Kleine Radialbohrmaschinen werden als sog. Schnellradialbohrmaschinen ausgeführt, die besonders handlich sind.
Nachfolgende Übersicht nennt die Grenzwerte der Maschinendaten für kleine und große Radialbohrmaschinen.

| | kleine | große |
|---|---|---|
| Bohrerdurchmesser (Bearbeitung von St 60) [mm] | 32 | 150 |
| Antriebsleistung [kW] | 1,1 | 18,5 |
| Drehzahlen [$min^{-1}$] | 100 bis 3000 | 10 bis 1500 |
| Anzahl der Drehzahlen | 12 | 36 |
| Vorschübe [mm] | 0,04 bis 1,0 | 0,1 bis 3,0 |
| Anzahl der Vorschübe | 3 | 18 |
| Ausladung (Maß A in Bild 67) [mm] | 700 | 5000 |
| Abstand zwischen Grundplatte und Spindelnase-Unterkante (Maß B) [mm] | 1400 | 2800 |
| Bohrspindelhub (Maß C) [mm] | 135 | 650 |

### 6.7.3.3 Spezielle Bearbeitungsaufgaben

Radialbohrmaschinen können für spezielle Bearbeitungsaufgaben mit Sondergrundplatten, wie Doppel-, Winkel-, Kreuz-, Stern-, Halbkreis- (Bild 72) oder Vollkreisgrundplatten ausgerüstet werden. Damit ist die Möglichkeit gegeben, entweder Werkstücke zu spannen, die aufgrund ihrer Ausdehnung nicht auf eine normale rechteckige Grundplatte passen, oder während der Bearbeitung eines Werkstücks bereits die Rüstarbeiten für das nächste Werkstück auf einem anderen Teil der Grundplatte vorzunehmen.

Bild 72. Radialbohrmaschine mit halbkreisförmiger Grundplatte und Hilfsständer am Ausleger

Für besonders lange, schwierig zu bewegende Werkstücke eignen sich auf einem Bett verfahrbare Radialbohrmaschinen (Bild 73). Diese haben den Vorteil, daß das Werkstück nicht verschoben zu werden braucht. Dabei können gleichzeitig zwei Werkstücke auf verschiedenen Seiten des Betts gespannt werden, wodurch erheblich an Spannzeit gespart wird.
Transportable Universal-Bohrmaschinen (Bild 74) werden in der Montage des Schwermaschinen-, Behälter- und Brückenbaus eingesetzt.

### 6.7.3.4 Rationalisierungs- bzw. Automatisierungsmaßnahmen

Radialbohrmaschinen können durch relativ einfache Schiebetische miteinander verkettet werden (Bild 75). Zur Automatisierung des Bohrvorgangs besteht die Möglichkeit, den Bohrzyklus selbsttätig ablaufen zu lassen. Dabei fährt das Werkzeug selbsttätig im

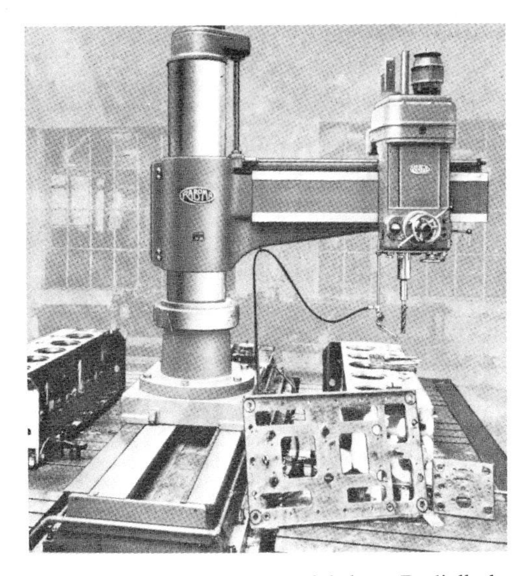

Bild 73. Auf einem Bett verfahrbare Radialbohrmaschine

Bild 74. Transportable Universal-Bohrmaschine

Bild 75. Mit Schiebetischen verkettete Radialbohrmaschinen

Eilgang bis kurz über die Werkstückoberfläche. Hier erfolgt eine Umschaltung in den Bohrvorschub. Bei Erreichen der Bohrtiefe wird der Rückzug der Bohrspindel eingeleitet, je nach Wahl (Bohren oder Gewindebohren) im Eilgang bei rechtslaufender Spindel bis in Ausgangsstellung oder linkslaufend im Vorschub bis Werkstückoberfläche und anschließend im Eilgang in die Ausgangsstellung. Die Umschaltpunkte werden mit Nocken bestimmt, die ein Grenztaster abtastet.

Um größere Serien von Werkstücken mit gleichen Bohrbildern rationell zu bearbeiten, empfiehlt sich der Einsatz von Mehrspindel-Bohrköpfen. Zu deren Aufnahme erhält die Pinole einen speziellen Aufnahmeflansch.

Zur automatischen Bearbeitung von Rohrböden und ähnlichen Werkstücken mit einer größeren Anzahl einfacher Bohrungen können Radialbohrmaschinen mit einem numerisch gesteuerten Koordinatentisch versehen werden.

## 6.7.4 Feinbohrmaschinen

Dipl.-Ing. P. Neubrand, Ludwigsburg

### 6.7.4.1 Definition und Abgrenzung des Feinbohrens gegen andere Bearbeitungsverfahren

Durch Feinbohren werden sehr kleine Maß-, Oberflächen-, Form- und Lagetoleranzen an Bohrungen in beliebig gestalteten Werkstücken erzielt. Das Werkstück steht im Normalfall still und wird ggf. nur in Vorschubrichtung mit Vorschubgeschwindigkeit bewegt. Feinbohren wird zur Fertigbearbeitung von Bohrungen an Werkstücken aus Stahl, Grauguß, Stahlguß, Aluminium, Aluminium-Legierungen und Buntmetallen eingesetzt. Gegenüber dem Schleifen zur Endbearbeitung von Bohrungen erfordert das Feinbohren einfachere Maschinenkonstruktionen und bringt eine höhere Zerspanungsleistung bei vergleichbarer Bohrungsqualität. Durch das gleichzeitige Arbeiten mit mehreren Feinbohrwerkzeugen und den Einsatz von Automatisierungseinrichtungen kann die Wirtschaftlichkeit des Verfahrens gesteigert werden.
Feinbohrmaschinen werden heute fast ausschließlich als Sondermaschinen gebaut und überwiegend in der Groß- und Mittelserienfertigung eingesetzt. In der Kleinserien- und Einzelfertigung wird das Feinbohren auf Lehrenbohrwerken und in jüngster Zeit verstärkt auf NC-Bearbeitungszentren im Rahmen der Komplettbearbeitung ausgeführt. Universal-Feinbohrmaschinen werden daher heute praktisch nicht mehr gebaut.

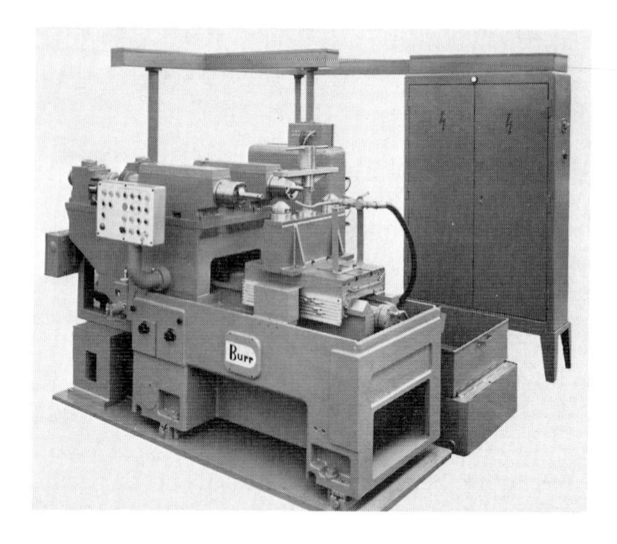


Bild 76. Standard-Feinbohrmaschine

Die Maschinen werden als Standard-Feinbohrmaschinen (Bild 76), als Ein- und Mehrwege-Feinbohrmaschinen mit waagerechten und bzw. oder senkrechten Arbeitseinheiten (Bilder 82 bis 84) oder als Feinbohrstationen in waagerechter oder senkrechter Ausführung zur Aufnahme in Transfermaschinen (Taktstraßen) ausgeführt. Der überwiegende Teil der heute gebauten Feinbohrmaschinen ist als Glied in der Fertigungskette hochproduktiver Bearbeitungsmaschinen in den Fertigungsablauf eingeordnet und deswegen in wesentlichen Konstruktionsdetails von der Automatisierungstechnik geprägt. Das Arbeitsergebnis beim Feinbohren wird nach der geometrischen Form und Lage der Feinbohrung beurteilt. Nicht jeder Bearbeitungsfall fordert beide Kriterien gleichwertig.

So gibt es Werkstückanforderungen, bei denen die Lage der Bohrung in höherer Qualität verlangt wird als deren Form und umgekehrt. Häufig müssen beide Forderungen, Lage und Form einer oder mehrerer Bohrungen, an einem Werkstück gleichwertig erfüllt werden.

#### 6.7.4.2 Maschinenaufbau

Um den beiden Kriterien der Form- und Lagegenauigkeit optimal gerecht zu werden, sind die einzelnen Maschinenbaugruppen der Feinbohrmaschinen so konstruiert, daß sie hohe statische und dynamische Steifigkeit, großes Dämpfungsvermögen, hohen Gleichförmigkeitsgrad der Bewegungen und minimalen Temperaturgang aufweisen [20].
Die in Bild 76 wiedergegebene Standard-Feinbohrmaschine entspricht dem ursprünglichen Aufbau von Feinbohrmaschinen. Die Arbeitsspindel mit Antriebsaggregat ist stationär angeordnet und das Werkstück auf dem Vorschubtisch aufgebaut. Der Gesamtaufbau der Maschine ist so konstruiert, daß Lageveränderungen der verschiedenen Baugruppen zueinander klein gehalten werden können. Durch die Bewegung des Werkstücks während des Arbeitsvorgangs ist eine automatische Werkstückhandhabung nicht möglich. Dieser Maschinentyp eignet sich vornehmlich für handbeschickte Feinbohrmaschinen.
Durch die Forderung der Automatisierbarkeit und Koppelungsfähigkeit mit anderen Bearbeitungsmaschinen, speziell im Transfermaschinenbau, wurde das Urprinzip der Feinbohrmaschine verlassen und deren Aufbau dem der Baueinheiten-Maschinen angepaßt. Bild 77 zeigt eine standardisierte horizontale Vorschubeinheit mit Vorschubantrieb über Hydrozylinder, Bild 78 eine vertikale Ständereinheit mit einbezogener Vorschubeinheit. Der Vorschubzylinder ist außerhalb des Ständers angeordnet und verhindert damit eine unerwünschte örtliche Wärmeentwicklung im Maschinenständer.
Für Schlittenführungen an Baueinheiten für Feinbohrmaschinen ist eine Kombination von Grauguß auf härtbarem Grauguß oder von Grauguß auf gehärteten und aufge-

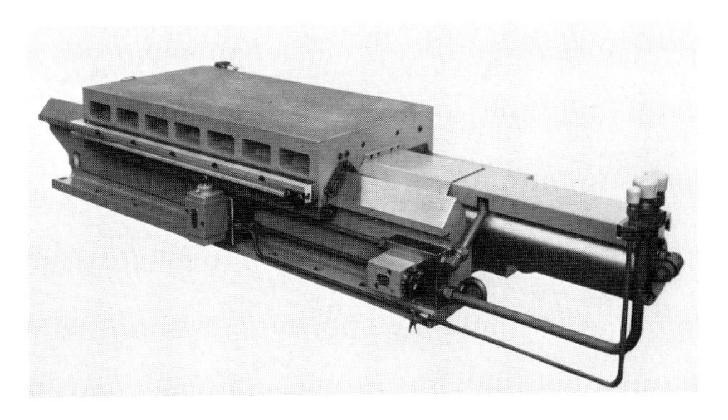

Bild 77. Hydraulische Schlitteneinheit

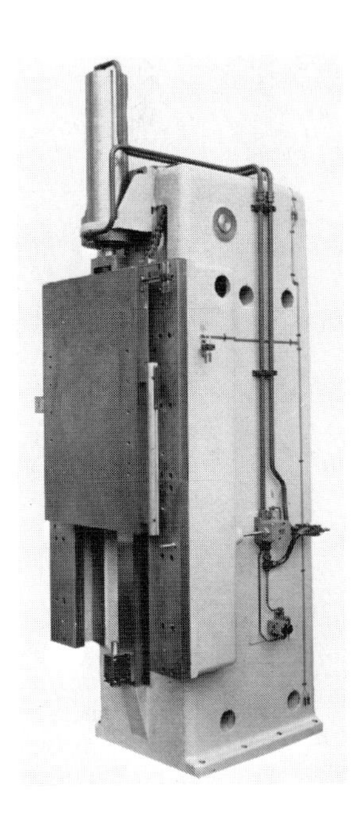

Bild 78. Ständereinheit

schraubten Stahlleisten üblich. Mit Kunststoffen als Gleitbelägen beschichtete Vorschubtische haben sich trotz der Vorteile der geringen Reibung, des stik-slip-freien Laufs und der geringen Wärmeübertragung bislang nicht durchsetzen können.
Wegen seiner guten Anpassungsfähigkeit an die unterschiedlichen Bearbeitungsarten überwiegt der hydraulische Vorschubantrieb mit Hydrozylinder; seltener ist der servohydraulische Antrieb. Durch die Weiterentwicklung der Versorgung und Ansteuerung von Gleichstrommotoren über Thyristoren gewinnt der elektromechanische Antrieb für Vorschubeinheiten zunehmend an Bedeutung.
Die erreichbare Qualität einer Feinbohrung in der Makro- und Mikroform ist abhängig von der Spindelkonstruktion und der Wahl der Spindellager [21 bis 25]. Bild 79 zeigt eine standardisierte Feinbohrspindel mit Spezial-Wälzlagern (Schulterlager). Für ein schwingungsfreies Bearbeiten ist bei einschneidigen Werkzeugen als Anhaltswert eine Gesamtsteifigkeit der Spindel mit Bohrstange in der Schneidenebene von mindestens 10 N/μm, bei mehrschneidigen Werkzeugen von 25 N/μm erforderlich. Bei Spindel-Bohrstangen-

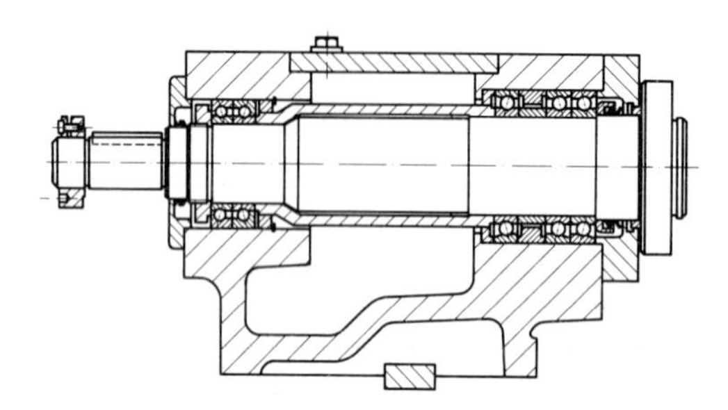

Bild 79. Wälzgelagerter Feinbohrspindelstock

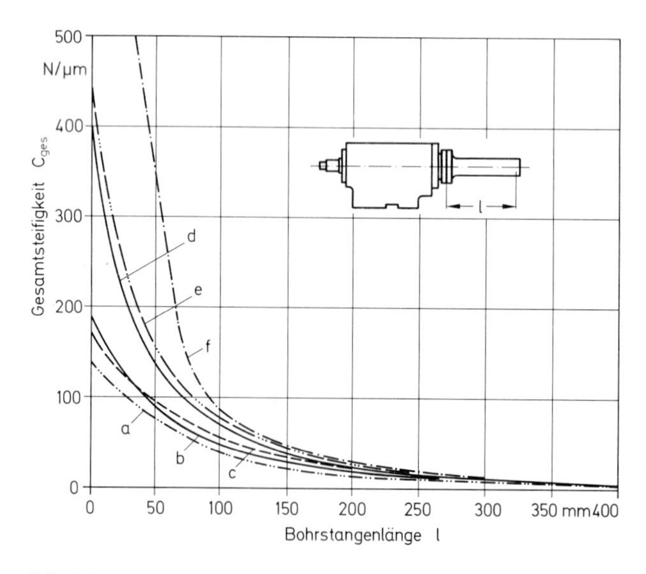


Bild 80. Gesamtsteifigkeit einer Feinbohrspindel (am vorderen Lager 75 mm Dmr.) mit einer Bohrstange von 75 mm Dmr. in Abhängigkeit von der Bohrstangenlänge bei verschiedenen Lagerungsarten
a hydrostatische Lagerung, b UKF-Lager, c FAG-Schulterlager, d Gamet-Kegelrollenlager, e Zylinderrollenlager NN 3015, f Timken-Kegelrollenlager

Systemen, bei denen aufgrund der geometrischen Verhältnisse des Feinbohrwerkzeugs Schwingungsfreiheit nur schwierig zu erzielen ist, können passive Dämpfersysteme die Schwingungserscheinungen auf ein erträgliches Maß reduzieren helfen.
In Bild 80 sind die Gesamtsteifigkeiten einer mit verschiedenen Lagern ausgestatteten Feinbohrspindel in Abhängigkeit von der Bohrstangenlänge aufgetragen. Hieraus wird deutlich, daß sich die unterschiedlichen Lagersteifigkeiten in der Gesamtsteifigkeit nur im ohnehin unterkritischen Bereich kurzer Bohrstangen auswirken. Die erreichbaren Bohrungsqualitäten bezüglich Kreisform der Feinbohrung bei verschiedenen Lagerungsarten sind in Bild 81 dargestellt.

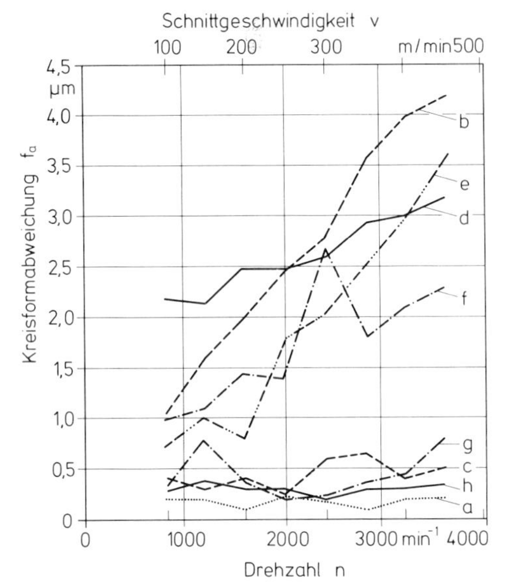


Bild 81. Feinbohrqualität (Kreisformabweichung $f_a$) bei verschiedenen Lagerungsarten; Bearbeitung von Aluminium, Bearbeitungsdurchmesser 42 mm, Antriebsübertragung durch Flachriemen, Vorschub s = 0,05 mm
a hydrostatische Lagerung, b UKF-Lager, c FAG-Schulterlager, d Gamet-Kegelrollenlager, e Zylinderrollenlager NN 3115, f Timken-Kegelrollenlager, g SNFA-Schulterlager, h Mehrflächen-Gleitlager

Die verschiedenen Lagersysteme erfordern unterschiedliche Leerlauf-Antriebsleistungen in Abhängigkeit von der Drehzahl. Die Lager mit der höchsten Genauigkeit erfordern hohe Leerlaufleistung. Da der größte Teil der zugeführten Leistung in Wärme umgewandelt wird, muß der Wärmeentwicklung konstruktiv begegnet und müssen mögliche Lageveränderungen über eine Temperaturregelung ausgeschaltet werden. Dies gilt vor allem für Mehrspindel-Feinbohrköpfe.

### 6.7.4.3 Feinbohrwerkzeuge

Durchmesser und Kraglänge der Feinbohrwerkzeuge werden der gegebenen Werkstückgeometrie angepaßt und dem speziellen Arbeitsvorgang entsprechend ausgelegt (Bild 82). Neben reinen Ausbohrwerkzeugen sind auch kombinierte Werkzeuge zum Feinbohren und Feinplanen (Bild 83) üblich. Ein- und mehrschneidige Werkzeuge sind möglich. Dabei können die Feinbohrschneiden zur Feinbearbeitung von Bohrungen unterschiedlichen Durchmessers axial zueinander versetzt oder zur Erreichung hoher Zerspanungsleistung in einer Ebene angeordnet sein.

Bild 82. Verschiedene Arten von Feinbohrwerkzeugen

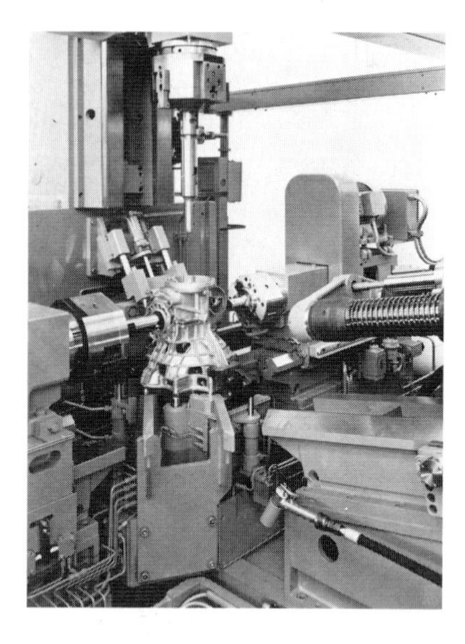

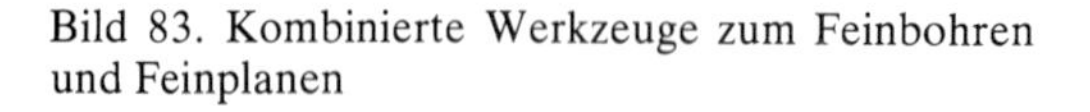

Bild 83. Kombinierte Werkzeuge zum Feinbohren und Feinplanen

Feinbohrwerkzeuge werden heute überwiegend als Werkzeuge mit Wendeschneidplatten gebaut. In Sonderfällen wird auf das bewährte Prinzip der Vollhartmetallschneide oder der Feinbohrschneide mit auf einen Stahlschaft aufgelöteter Hartmetallplatte zurückgegriffen. Bei höchsten Anforderungen an die Oberflächengüte werden bei Aluminium und dessen Legierungen sowie bei Buntmetallen diamantbestückte Feinbohrwerkzeuge eingesetzt. Für Stahl und Stahlguß kommen Hartmetalle der Zerspanungsanwendungsgruppen P 10 bis P 01 zum Einsatz, für Grauguß, Aluminium und dessen Legierungen sowie Buntmetalle solche der Zerspanungsanwendungsgruppen K 10 bis K 01 (vgl. Kapitel 2).
Während bei Werkzeugen mit Wendeschneidplatten die Schneidengeometrie festliegt, kann bei gelöteten und Vollhartmetallwerkzeugen die Schneidengeometrie dem speziellen Bearbeitungsfall optimal angepaßt werden. Zusätzliche Maßnahmen erfordern langspanende Werkstoffe. Wird der Span durch Anpassen der Schneidengeometrie nicht günstig gerollt oder gebrochen, muß ein Spanbrecher eingesetzt werden.

### 6.7.4.4 Werkstückspannvorrichtungen

Die erreichbare Feinbohrqualität bezüglich Form- und Lageabweichungen wird von der Werkstückhandhabung und dem Festspannen der Werkstücke mitgeprägt. Grundsätzlich gilt: Ein Werkstück wird umso besser gespannt, je kürzer der Hebelarm und direkter der Kraftangriff ist; Querkräfte und Momente auf das zu spannende Werkstück müssen vermieden werden; die Spannkraft soll nicht über Werkstückteile geleitet werden, an die extreme Genauigkeitsanforderungen gestellt werden.
Die Ausführung von Spannvorrichtungen an Feinbohrmaschinen hängt von der Art der Maschine ab. Bei handbeschickten Ein- und Mehrwegemaschinen sind neben mechanisch betätigten Spannvorrichtungen hydraulisch oder pneumatisch betätigte Konstruktionen üblich. In Transferstraßen hängt die Ausführung der Spannvorrichtung davon ab, ob mit reinem Werkstücktransport oder mit Werkstückträgern gearbeitet wird.

Am Werkstück fehlende Stabilität kann auch eine noch so gute Spannvorrichtung, ein optimal gestaltetes Feinbohrwerkzeug und die beste Spindellagerung nicht wettmachen.

### 6.7.4.5 Herstellbare Formelemente und Fertigungsteile

Das weitaus überwiegend vorkommende Formelement ist der Zylinder. Daneben sind durch Feinbohren Halbzylinder und mit der Zylinderform verwandte Formelemente, wie die Kegel- oder Tonnenform, bearbeitbar. Mit der Zylinderform ist häufig auch eine Planfläche verbunden.
Kurze zylindrische Bohrungen mit L/D<1 (L Bohrungslänge, D Bohrungsdurchmesser) sind hauptsächlich Bohrungen für Wälz- und Gleitlagersitze, Paßbohrungen, Löcher in Anschlußflanschen u. dgl., die vor allem in Getriebegehäusen vorkommen. Lange zylindrische Bohrungen mit L/D>1 sind in erster Linie alle Arbeitszylinder in Gehäusen von Kolbenmotoren (Bild 84).

Bild 84. Zweispindeliges Zylinder-Feinbohrwerk

Die Maschinenbauart wird nach der Art des Werkstücks und nach Art und Anzahl der Feinbohrbearbeitungen ausgewählt und festgelegt. Während Zylinderbohrungen an Motorgehäusen aus technologischen Gründen ausschließlich senkrecht feingebohrt werden, überwiegt an Getriebegehäusen die waagerechte Anordnung der Feinbohrstationen.

### 6.7.4.6 Erreichbare Maß-, Form- und Lagetoleranzen

Neben den reinen Durchmessertoleranzen sind an feingebohrten Werkstücken Abstandstoleranzen (Positionstoleranzen) mehrerer in Funktion zueinander stehender Bohrungen von Bedeutung. Während die erreichbare Positionsgenauigkeit in erster Linie von der geometrischen Genauigkeit einer oder mehrerer Feinbohrspindeln und ihrer Lageveränderung bei Temperaturänderung abhängt, wird die erreichbare Durchmessertoleranz vom zu bearbeitenden Werkstoff und dem eingesetzten Schneidstoff beeinflußt. Bei Grauguß und Stahlwerkstoffen sind Durchmessertoleranzen IT 6 nach DIN 7184 möglich. Höhere Genauigkeiten sind erreichbar, wenn eine automatische Schneidenkorrektur eingesetzt wird (siehe unter 6.7.4.8). Bei Leicht- und Buntmetallen

sind Durchmessertoleranzen IT 5, in besonders günstigen Fällen IT 4 möglich. Positionstoleranzen können je nach Art des Werkstücks und des Maschinenaufbaus ebenfalls zwischen IT 6 und IT 4 liegen.
Die erzielbare Kreisform ist abhängig von der Art der Lagerung der Spindel, ihrem Antriebssystem, der Gesamtsteifigkeit des Systems aus Spindel und Werkzeug und vor allem von der Stabilität des Werkstücks und dessen Aufspannung. Höchste Genauigkeit wird erzielt, wenn das Nach- und Feinbohren mit einer Spindel nacheinander ausgeführt wird. Für Kreisformabweichungen können in allen beim Feinbohren üblichen Werkstoffen Werte $f_a = 1$ µm erreicht werden (Bild 81). Mit hydrostatisch- und gleitgelagerten Feinbohrspindeln lassen sich bei optimalen Randbedingungen Werte bis $f_a = 0,1$ µm erreichen (Bild 85).
Da sich bei der Zylinderform die Mantellinienabweichung der Kreisformabweichung überlagert und sich beim Bearbeiten langer Bohrungen der Schneidenverschleiß auswirken kann, ist die erreichbare Zylinderform beim Feinbohren werkstoff- und schneidstoffabhängig. Auch bei Längen über 100 mm sind Zylinderformabweichungen von weniger als 3 µm möglich. Toleranzen der Koaxialität sind bei gestuften Bohrungen und mehreren Bohrungen in einer Achse von Bedeutung. Bei frei auskragenden Werkzeugen wird normalerweise durch das Arbeitsverfahren selbst eine hohe Genauigkeit der Koaxialität erreicht. Bei Mehrseitenbearbeitung oder Bearbeitung mit Führungslagern hängt die erreichbare Genauigkeit von der Aufstellung der Maschine und dem Temperaturgang der beteiligten Maschinengruppen ab.

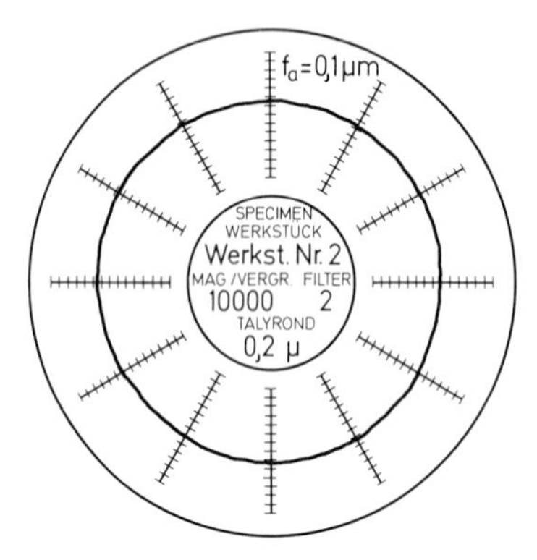


Bild 85. Kreisformabweichung einer Feinbohrung

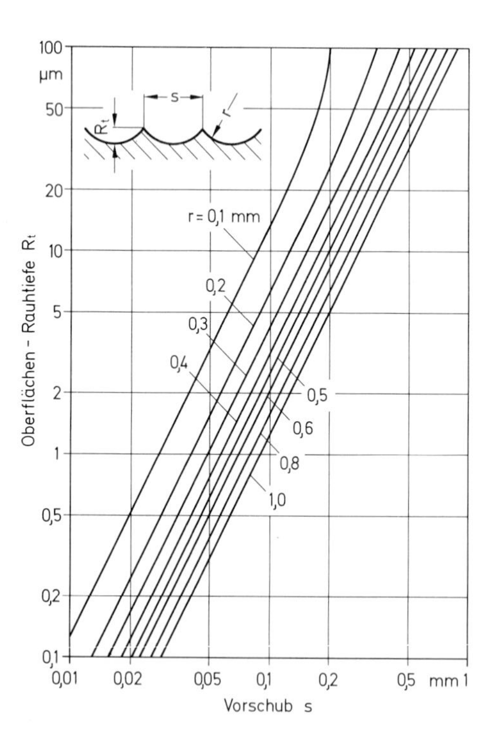


Bild 86. Theoretisch erreichbare Oberflächenrauhtiefe

## 6.7.4.7 Erreichbare Oberflächengüte

Die beim Feinbohren erreichbare Oberflächengüte ist in erster Linie abhängig vom Radius r an der Feinbohrschneide und vom Vorschub s beim Bearbeiten. Für eine überschlägliche Rechnung kann bei idealem Spindelrundlauf die theoretisch mögliche Rauhtiefe mit der Gleichung

$$R_t = r - \sqrt{r^2 - \frac{s^2}{4}}$$

errechnet werden (Bild 86). Die effektiv erzielbare Oberflächengüte hängt – wie die Kreisform als Makroform einer Feinbohrung – von der Spindelkonstruktion, ihrer Lagerung, dem Antriebsaggregat und der Art der Antriebsübertragung ab (Bild 87). Schwingungen innerhalb der Feinbohrspindel oder irgendeiner anderen Maschinenbaugruppe

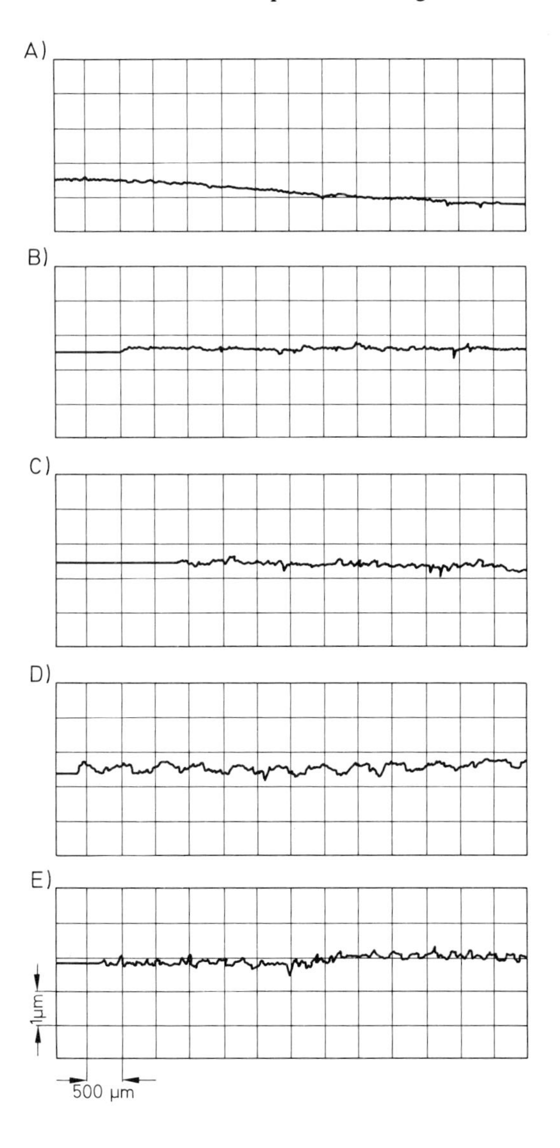


Bild 87. Erreichbare Oberflächengüte bei Übertragung des Antriebsmoments durch verschiedene Riemen; Bearbeitung einer Aluminium-Legierung mit Diamant-Feinbohrwerkzeug; Bohrung rd. 40 mm Dmr., Schnittgeschwindigkeit v = 350 m/min, Vorschub s = 0,05 mm
A) mit Flachriemen, $R_a$ = 0,06 µm,
B) mit Polyflex-Riemen, $R_a$ = 0,06 µm,
C) mit Poly-V-Riemen, $R_a$ = 0,07 µm,
D) mit Zahnriemen, $R_a$ = 0,1 µ,
E) mit Keilriemen, $R_a$ = 0,1 µm

wirken sich im Normalfall in der Mikroform der Feinbohrung voll aus. Auch der zu bearbeitende Werkstoff hat einen Einfluß auf die erreichbare Oberflächengüte. Während bei Grauguß aufgrund der Werkstoffstruktur die untere Grenze bei $R_t = 4$ µm erreicht ist, sind in Reinaluminium mit einer Diamantschneide Rauhtiefen bis $R_t = 0{,}1$ µm möglich. Sowohl bei Hartmetall- als auch bei Diamantwerkzeugen ist die einwandfreie Ausführung der Schneidenrundung für die Oberflächengüte maßgebend. Facettenschliffe an der Schneidkante sind gegenüber einem gleichmäßigen Kreisschliff ungünstiger und bringen zudem eine geringere Standzeit.

### 6.7.4.8 Zusatz- und Sondereinrichtungen

Ein wichtiges Kriterium für den Einsatz von Feinbohrmaschinen oder Feinbohrstationen in automatisch arbeitenden Taktstraßen ist der erreichbare Nutzungsgrad. Neben den Möglichkeiten der Automatisierung (siehe unter 6.7.4.10) wird auch vom Feinbohren selbst eine Leistungs- und Qualitätssteigerung verlangt. Da ersterer durch die heute üblichen Schneidstoffe Grenzen gesetzt sind, wurde das ursprünglich einschneidige Feinbohren mit fester Schneide weiterentwickelt.
Bei Werkstoffen, die auf den Schneidstoff stark verschleißend wirken, muß die Maschine während des Arbeitsvorgangs bei Erreichen der unteren Maßtoleranzgrenze stillgesetzt und die Feinbohrschneide nachjustiert werden. Dies wiederholt sich je nach Standzeit der Schneide mehrmals (Bild 88A). Bei Einsatz mehrerer Feinbohrspindeln in einer Maschine, die mit den unterschiedlichsten Werkzeugschneiden ausgerüstet sein können,

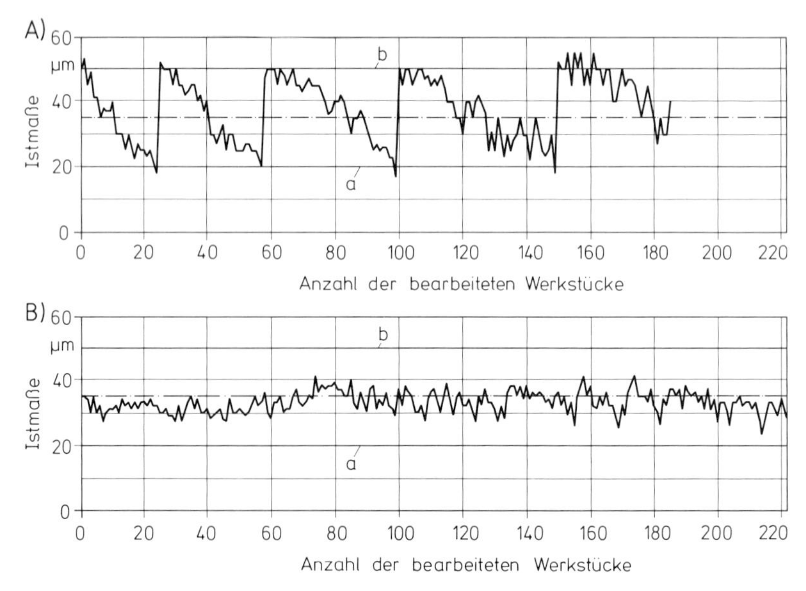


Bild 88. Bohrungs-Istmaße innerhalb einer Schneidenstandzeit
A) bei Schneidennachstellung von Hand, B) bei automatischer Schneidenverstellung
a untere Toleranzgrenze, b obere Toleranzgrenze

wird die Maschinenausbringung vor allem dadurch beeinflußt, daß die Nachstellintervalle der einzelnen Schneiden unterschiedlich sind. Die Durchmesser-Istmaße der bearbeiteten Bohrungen sind über das ganze Toleranzfeld verteilt und häufen sich im ersten und dritten Drittel (Bild 89A).

Mit einer automatisch arbeitenden, meßgesteuerten Schneidennachstellung [26 bis 29 und VDI-Richtlinie 3233] kann neben der Leistungssteigerung durch den Wegfall der Stillstandzeiten für die Schneidennachstellung auch die Qualität der Bohrungen bezüglich Maßtoleranz um 30 bis 50% verbessert werden (Bild 88B). Hinzu kommt, daß die Standzeit meßgesteuerter Schneiden erfahrungsgemäß höher liegt als die der von Hand nachjustierten Schneiden. Wie Bild 89 B zeigt, häufen sich in Toleranzmitte etwa 45% der Bohrungs-Istmaße.

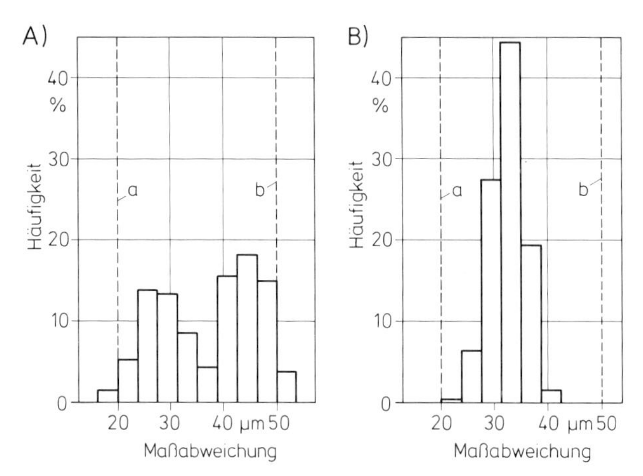


Bild 89. Häufigkeitsverteilung der Durchmesser-Istmaße
A) bei Schneidennachstellung von Hand, B) bei automatischer Schneidenverstellung
a untere, b obere Toleranzgrenze

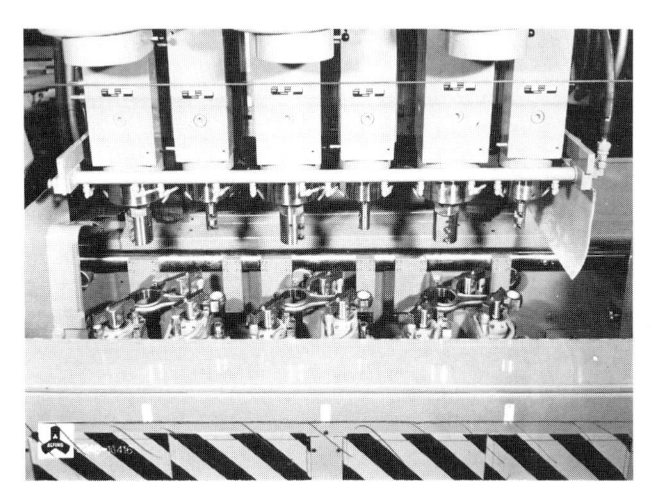

Bild 90. Feinbohr-Transferstraße zur Bearbeitung von Pleuelbohrungen mit automatischer Schneidenverstellung

Bild 90 zeigt die Arbeitsstation einer Kurztransferstraße für das Nach- und Feinbohren von drei Pleueln. Das große Auge (Stahl) wird mit automatischer Schneidenzustellung bearbeitet. Die Schneidenkorrektur wird aufgrund des Meßergebnisses der nachfolgenden Meßstation jeweils für das darauffolgende Werkstück eingeleitet. Die Bohrung im kleinen Auge (Bronze) erfordert keine automatische Schneidennachstellung. Hier wird nur gemessen und die Schneide automatisch zum riefenfreien Ausfahren aus der Bohrung abgehoben.

In Bild 91 ist der konstruktive Aufbau eines meßgesteuerten Feinbohrwerkzeugs mit zwei unabhängig voneinander auf verschiedenem Durchmesser liegenden, steuerbaren Werkzeughaltern dargestellt. Bild 92 zeigt ein zweifach meßgesteuertes Feinbohrwerkzeug für die Bearbeitung eines Ölpumpengehäuses. Im Vorwärtsvorschub wird die Pumpenkammer bearbeitet und im Rückwärtsvorschub die Lagerbohrung. In dieser Kombination wird eine sehr hohe Genauigkeit der Koaxialität beider Bohrungen erreicht.

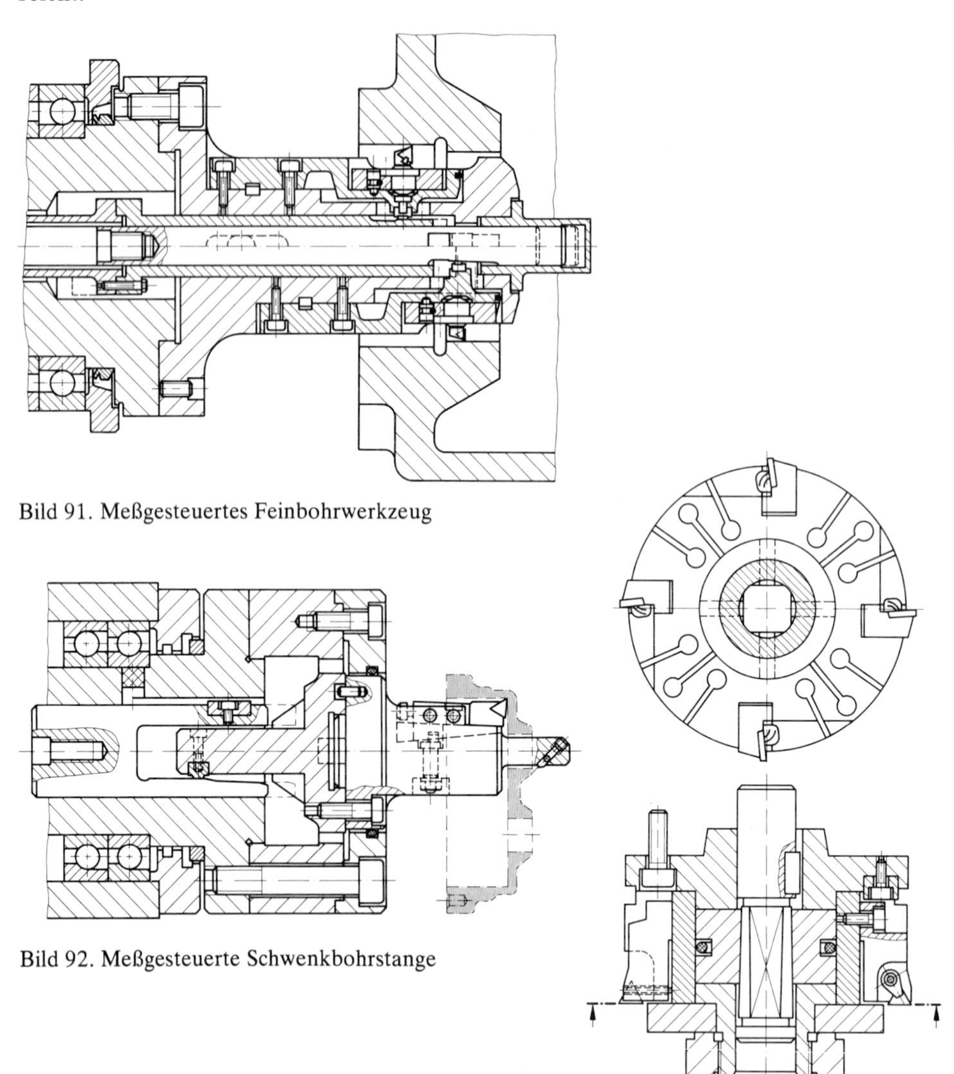

Bild 91. Meßgesteuertes Feinbohrwerkzeug

Bild 92. Meßgesteuerte Schwenkbohrstange

Bild 93. Meßgesteuertes Mehrschneidenwerkzeug

Bei einschneidigen Feinbohrbearbeitungen, wie z. B. beim Feinbohren von Zylinderlaufbüchsen, sind Hauptschnittzeiten $t_h$ bis 4 min und darüber keine Seltenheit. Ist in einer verketteten Fertigung das Feinbohren der taktbestimmende Arbeitsvorgang, so bleibt nur eine Aufteilung in Parallelstationen oder die Leistungssteigerung durch Mehrschneidenwerkzeuge. Bild 93 zeigt ein vierschneidiges Feinbohrwerkzeug, das im Arbeitsvorschub meßgesteuert eingesetzt werden kann. Beim Rücklauf können die Werkzeugschneiden zurückgezogen werden. Das auf einem Dehnkörper aufgebaute Prinzip gewährleistet hohe Stabilität und exakte Positionierung der Werkzeughalter. Unverstellbare Mehrschneidenwerkzeuge (Bohrkronen) werden überwiegend beim Zwischen- und Nachbohren eingesetzt.

#### 6.7.4.9 Vor- und nachgeschaltete Fertigungsschritte

Je nach Werkstück, Werkstoff und Qualitätsanforderung können dem Feinbohren ein bis drei Ausbohrarbeitsgänge vorausgehen. Das unmittelbar vor dem Feinbohren liegende Nachbohren hat die Aufgabe, den für ein gutes Feinbohrergebnis notwendigen konstanten Spanquerschnitt für den letzten Schnitt zu schaffen. Dies wird am besten erreicht, wenn das Nach- und Feinbohren mit einem Werkzeug mit hintereinanderliegenden Schneiden in einer Arbeitsstation durchgeführt wird. Bei speziellen Oberflächenanforderungen bezüglich geometrischer Struktur bzw. Traganteil werden den Feinbohrstationen Kalibrier- oder Feinwalzeinheiten nachgeschaltet.

#### 6.7.4.10 Automatisierung

Der Automatisierungsgrad bei Feinbohrmaschinen richtet sich in erster Linie nach der zu bearbeitenden Stückzahl, für welche die Maschine ausgelegt wurde. Mögliche Ausbaustufen sind automatischer Arbeitsablauf, automatische Werkstückhandhabung und automatische Schneidenzustellung. Feinbohrmaschinen für mittlere und kleine Losgrößen sind meist für eine Teilefamilienfertigung konzipiert. Der werkstückabhängige Ausrüstungsanteil, wie Spannvorrichtungen und Werkzeuge, muß aus Gründen der Wirtschaftlichkeit einfach sein. Man beschränkt sich deshalb auf die Automatisierung des reinen Arbeitsablaufs ohne automatische Werkstückhandhabung.
Maschinen für die Großserienfertigung sind im Normalfall ein Glied in einer Kette von Fertigungseinrichtungen mit vorgegebener Taktzeit. Die automatische Werkstückhandhabung stellt dabei das Funktionsbindeglied zwischen den einzelnen Fertigungsabschnitten dar. Die Be- und Entladeeinrichtungen müssen dabei sorgfältig auf den Werkstücktransport und die Werkstückaufspannung abgestimmt werden.
Als höchste Ausbaustufe wird die automatische Schneidenverstellung eingesetzt, wenn dies wegen des zu bearbeitenden Werkstoffs und der Qualitätsanforderungen notwendig ist. Derart ausgerüstete Maschinen gewährleisten bei geringer Flexibilität hohe Produktivität auf einem hohen Qualitätsniveau.

#### 6.7.4.11 Wirtschaftliche Stückzahlen

Feinbohrmaschinen sind überwiegend Sondermaschinen und in der Ermittlung der Wirtschaftlichkeit wie diese zu behandeln. In der Regel wird die Wirtschaftlichkeit über eine sorgfältige Stückkosten-Rechnung ermittelt. Nicht selten führt der einzig richtige Weg über einen Verfahrensvergleich. Wichtig ist dabei, das optimale Verhältnis des Automatisierungsgrades zur Ausbringung zu finden [30].

## 6.7.5 Koordinatenbohrmaschinen

**H. W. Jaye, Newport, Großbritannien**

### 6.7.5.1 Geschichtliche Entwicklung

Die erste hochgenaue Koordinatenbohrmaschine, die kommerziell angeboten, verkauft und Ende 1921 geliefert wurde, war eine Konstruktion der Société Genevoise d'Instruments de Physique (SIP), Genf, und wurde in deren Werkstätten hergestellt. Anwender war die Royal Small Arms Factory in Enfield (Großbritannien). Sie war eine Weiterentwicklung der kleinen Ankörnmaschine, die in der Uhrenindustrie angewendet wurde. 1930 war eine Reihe von größeren und leistungsfähigeren Maschinen bis zu einem Bearbeitungsraum von 1,5 × 1 × 1 m verfügbar. Bis zu diesem Zeitpunkt wurden Leitspindeln mit Korrektureinrichtungen für die Positionierung benutzt. Andere Hersteller verschiedener Länder entwickelten ähnliche Maschinen mit unterschiedlichen Konstruktionsmerkmalen und Meßsystemen.

Bei einer 1934 von der SIP eingeführten Neukonstruktion mit dem Namen Hydroptic wurde ein hydraulisch angetriebener Werkstücktisch mit eingebauten Feinmaßstäben und optischen Mikrometermikroskopen als Meßsystem kombiniert. Eine wesentliche Weiterentwicklung dieser Maschine entstand durch die Trennung der Doppelfunktion der Leitspindel als Antriebselement und Meßglied. Optisch ablesbare Maßstäbe sind verschleißfrei und von Kräften nicht beansprucht. Diese Trennung der Funktionen verringerte die Positionierungenauigkeit und ermöglichte auch Fräsarbeiten hoher Präzision.

Die aus der Ankörnmaschine entwickelte Koordinatenbohrmaschine erhielt in französisch sprechenden Ländern den Namen „machine à pointer" und im englischen Sprachraum die Bezeichnung „jig boring machine", da anfangs das Haupteinsatzgebiet der Lehren- und Vorrichtungsbau war. Das deutsche Wort „Lehrenbohrmaschine" bezieht sich ebenfalls auf das ursprüngliche Einsatzgebiet, ist also somit zu sehr eingeschränkt. Andererseits sagt der allgemeinere Begriff „Koordinatenbohrmaschine" zu wenig über die hohe Funktionsgenauigkeit dieser Maschinenbauart aus.

### 6.7.5.2 Ausführungsarten

Wie die Bilder 94 bis 98 erkennen lassen, kann man Koordinatenbohrmaschinen in drei grundlegende Konstruktionsarten unterteilen, und zwar in Zweiständermaschinen mit vertikaler Hauptspindel (Bilder 94 und 95), Einständermaschinen mit vertikaler Hauptspindel (Bilder 96 und 97) und Maschinen mit horizontaler Hauptspindel (Bild 98). Der Vorteil der Zweiständer-Konstruktion wird darin gesehen, daß die Positioniertoleranz in jeder Achse unabhängig von der in den anderen ist und außerdem ein sehr verwindungssteifer Rahmen entsteht.

Bei der Einständer-Konstruktion ergibt sich eine gute Zugänglichkeit zum Werkstück. Die horizontale Bauweise ermöglicht eine unbegrenzte Höhe der Werkstücke und – in Verbindung mit einem indexierbaren Rundtisch – eine große Vielseitigkeit hinsichtlich der auszuführenden Fertigungsaufgaben.

### 6.7.5.3 Grundbedingungen zur Erreichung sehr hoher Genauigkeit

Um geringste Toleranzen zu erreichen, muß allen Faktoren, die sie beeinflussen können, schon bei der Konstruktion Rechnung getragen werden. Hierzu gehören Bauweise,

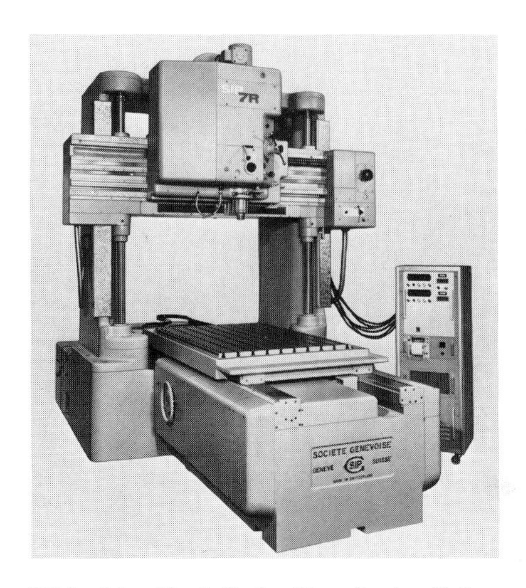


Bild 94. Zweiständer-Koordinaten-Bohr- und -Langfräsmaschine mit Digitalanzeige, Induktosynmaßstäben, hydrostatischer Pinolenlagerung und Abfuhr der intern erzeugten Wärme durch externen Wärmetauscher

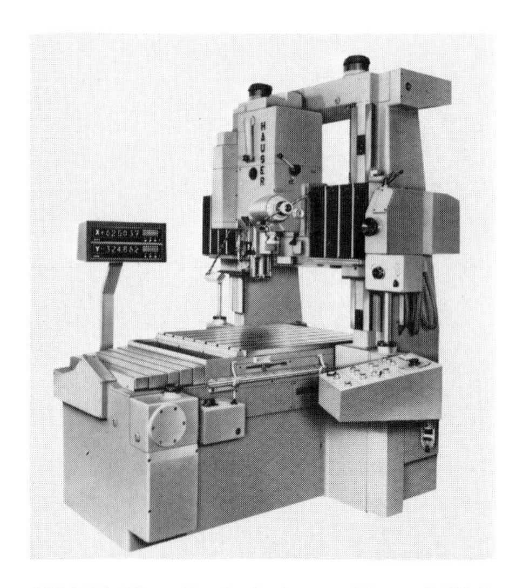


Bild 95. Koordinatenbohrmaschine mit Digitalanzeige, Induktosynmaßstäben mit Korrektureinrichtung, Querbalkenbewegung über Kugelumlaufspindeln, pneumatischem Gewichtsausgleich für die Beanspruchung beider Spindeln, unabhängig von der Bohrkopfstellung, und stufenlosem Gleichstromantrieb für die Hauptspindel

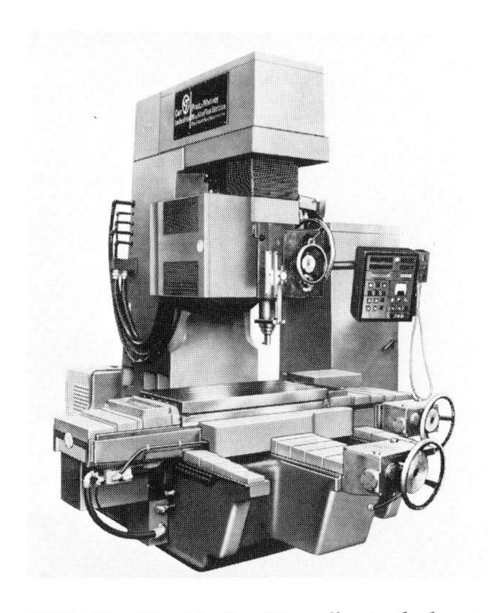

Bild 96. Einständer-Koordinatenbohrmaschine mit Digitalanzeige (Eingabefeinheit 0,1 μm), Absolutmaßstäben, stufenlos einstellbaren Spindeldrehzahlen von 10 bis 2000 $min^{-1}$ und Spindellagerung in vorgespannten Wälzlagern

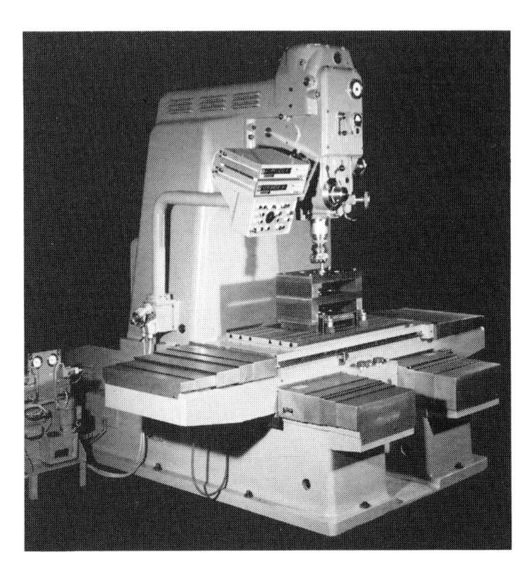

Bild 97. Koordinatenbohrmaschine in Einständerkonstruktion mit Digitalanzeige, Eilvorschub bis 2500 mm/min und Arbeitsvorschub 25 bis 500 mm/min

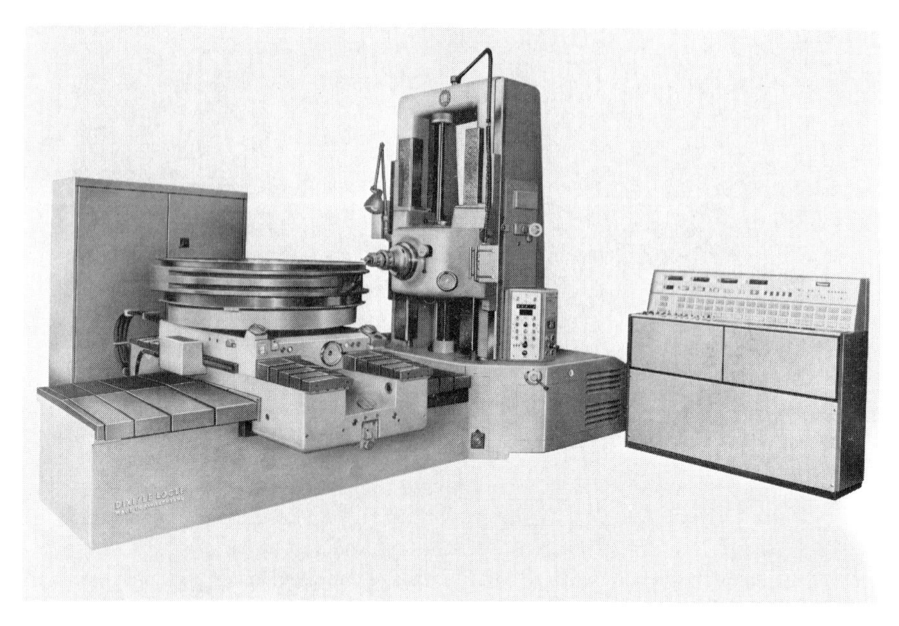

Bild 98. Horizontal-Koordinatenbohrmaschine in Doppelständerkonstruktion mit eingebautem Rundtisch, stufenloser Drehzahleinstellung, hydraulischen Vorschubantrieben und Kühlsystem (manuelle Steuerung mit Bildschirmablesung und 1 μm Eingabefeinheit; numerische Steuerung für drei und vier Achsen und automatischer Werkzeugwechsel möglich)

Stabilisierung des Werkstoffs, Fundamentierung bzw. Eigensteifigkeit, Auswahl der Führungen für die beweglichen Elemente und, was sehr wichtig ist, Abführung intern erzeugter Wärme. Überflüssige Reibung ist zu vermeiden, und drehsteife Antriebe sind vorzusehen.
Die beachtenswerte Masse heutiger Koordinatenbohrmaschinen bewirkt, daß sich die Maschinentemperatur nicht in dem Maße verändert wie die schnell wechselnden Umgebungstemperaturen. Trotzdem sind Anstrengungen nötig, die Umgebung bei einer Temperatur von 20°C und frei von vertikalen und horizontalen Temperaturänderungen zu halten sowie direkte Einstrahlung von Heizkörpern oder der Sonne zu vermeiden, um die mit viel Aufwand verminderten Maschinentoleranzen klein zu halten. Darüber hinaus sollte das zu bearbeitende Werkstück die gleiche Temperatur wie die Maschine haben, bevor die Endbearbeitung erfolgt. Die Auflageflächen sollten ausreichend eben sein und verwindungsfreies Klemmen ermöglichen. Schließlich beeinflussen auch Geschicklichkeit und Erfahrung des Bedienungsmanns sowie weitere Umgebungsbedingungen die erreichbaren Bearbeitungstoleranzen.

### 6.7.5.4 Meßsysteme

Jede Koordinatenbohrmaschine verfügt über Meßsysteme zur Bestimmung der Position der verschiedenen beweglichen Maschinenkomponenten. Frühere Maschinen hatten z.B. sehr genaue Leitspindeln mit einer mechanischen Korrektureinrichtung zur Kompensation der Restfehler; aber auch eine Vielzahl anderer Meßsysteme wurde von den Herstellern für ihre ersten Konstruktionen benutzt. In Großbritannien wendete man

ineinandergreifende Trommeln mit Mikrometer und Indikator an; in den USA wurde die Herstellung gehärteter Leitspindeln, die keine Korrektur benötigten, verbessert; eine deutsche Firma benutzte einen polierten Zylinder mit einer präzisen eingravierten Schraubenlinie, die durch ein Mikroskop beobachtet wurde, und entwickelte damit eine „optische" Leitspindel; eine Schweizer Firma benutzte seit 1934 auf den Hydroptic-Maschinen Metallmaßstäbe und Mikroskope mit Feinmeßspindeln.
Während der Jahre 1940 bis 1945 entwickelte dieselbe Firma ein photoelektrisches Mikroskop, das mit den Metallmaßstäben benutzt werden konnte und nicht nur sehr hohe Auflösung, sondern auch eine elektronische Servosteuerung ermöglichte, was dann zur Entwicklung der Repetiersteuerung DIR und später zur NC-Technik führte. Heute werden von den Herstellern die verschiedensten Arten von Absolut- und Inkrementalgebern zur Positionsanzeige angewendet. Hierbei hat das Induktosyn eine herausragende Bedeutung gewonnen.
Gegenwärtige Entwicklungen tragen der Forderung nach automatischen Fertigungszentren mit CNC und automatischen Werkzeugwechslern Rechnung. Unter Beibehaltung der klassischen Bauweise verbinden zeitgemäße Maschinen ihre Präzision mit einer besonders hohen Nutzungsdauer.

### 6.7.5.5 Typische Genauigkeitsangaben

Die Genauigkeit von Werkzeugmaschinen dieser Güteklasse hängt von drei Hauptfaktoren ab, und zwar von der Eingabefeinheit, dem Wert der kleinsten Teilung des Meßsystems, oft auch als Auflösung bezeichnet, von der Positionsstreubreite $P_s$, der zufälligen Streuung mehrerer Einstellungen auf dieselbe Position, und von der Positionsunsicherheit P, dem größten Fehler beim Einfahren in beliebige Positionen in einer Koordinatenrichtung. Diese Ungenauigkeiten, die vom Hersteller beeinflußt werden können und von der Maschinenkonstruktion abhängen, werden durch die Bedingungen während der Bearbeitung eines Werkstücks noch vergrößert. Zu diesen Bedingungen gehören die schon genannten Temperatureinflüsse, Verspannen beim Klemmen, Einflüsse von Seiten des Werkzeugs u. dgl., Faktoren also, die sich außerhalb des Einflußbereichs des Herstellers befinden.
Typische Werte für einige Maschinen sind für die mittlere Positionsstreubreite einschließlich der Umkehrspanne $\overline{P}_{su} = 5{,}5\ \mu m$ bei $\pm 3\sigma$ Streubreite und für die mittlere Positionsunsicherheit einschließlich der Umkehrspanne $\overline{P}_U = 9\ \mu m$, ebenfalls bei $\pm 3\ \sigma$ Streubreite.

### 6.7.5.6 Anwendungsbeispiele

Seit Mitte der dreißiger Jahre, als Werkzeugmaschinen dieser Gattung neben dem Bohren auch Fräsbearbeitungen durchzuführen vermochten, sind sie in zunehmendem Maße für Werkstücke eingesetzt worden, deren Bearbeitung die verschiedensten Verfahren erforderten, z. B. Bohren, auch Feinbohren mit Diamantwerkzeugen; Senken und Plandrehen, Nutenausdrehen und Nutenfräsen; Feinbohren in Polarkoordinaten mit Hilfe eines auf dem Werkstücktisch aufgespannten Kreisteiltisches; Bearbeiten von Bohrungen mit schrägliegenden Achsen mit Hilfe von Schwenktischen; Fräsen von Oberflächen, die sehr exakt rechtwinklig zu den Achsen von Bohrungen oder anderen gefrästen Flächen liegen müssen; Bearbeiten von Nuten und Kanten, deren Lage eng toleriert ist; Gewindebohren, wenn die Rechtwinkligkeit der Gewindebohrung wichtig ist. Neben diesen Bearbeitungsmöglichkeiten sind auch weitere Anwendungsbereiche bekannt.

*Einsatz als Meßmaschinen:* Die hier behandelten Koordinatenbohrmaschinen boten sich wegen ihrer geringen Ungenauigkeit schon immer für das Ausmessen von Werkstücken in drei Achsen an. Mit Visiermikroskopen, Ausrichteinrichtungen u. dgl. sind auf diesen Maschinen genaue Messungen in viel kürzerer Zeit als bei Einsatz konventioneller Meßmittel auf der Meßplatte möglich.
*Herstellen genauer Markierungen:* Wenn bei Markierungen große Präzision erforderlich ist, kann die Koordinatenbohrmaschine ebenfalls vorteilhaft eingesetzt werden. Spezielle Ankörn- und Anreißwerkzeuge stehen für diese Arbeiten zur Verfügung, so daß gelegentlich sogar Teilungen und Gitter in Metall- oder Glasmaßstäben mit diesen Maschinen ausgeführt werden.

## 6.7.6 Tiefbohrmaschinen

**Dipl.-Ing. H.-G. Fleck, Berlin**
**Dr.-Ing. P. Streicher, Dettingen**

### 6.7.6.1 Bauweisen

Tiefbohrmaschinen sind einzuteilen in Kurzbett- und Langbettmaschinen. Die Grenzen sind je nach Anforderungen und Austauschbarkeit der Baugruppen fließend. Bild 99 zeigt eine typische Kurzbettmaschine. Auf dieser Tiefbohrmaschine werden auf drei

Bild 99. Kurzbett-Tiefbohrmaschine

Spindeln Bohrungen bis 14 mm Dmr. in Ventilführungen eingebracht. Die Langbettmaschine in Bild 100 ist konzipiert für ein Bohrvermögen ins Volle bis 75 mm Dmr. in Stahl. Die Nennbohrtiefe dieser Maschine beträgt 15000 mm. Bei Tiefbohrmaschinen für Bohrtiefen bis etwa 1600 mm (Kurzbettmaschinen) werden Vorschub- und Eilgangbewegung des Bohrschlittens meist durch Kugelgewindespindeln erzeugt. Tiefbohrmaschinen für Bohrtiefen über 1600 mm (Langbettmaschinen) haben durchgehende Bettführungsbahnen. Der Vorschubantrieb erfolgt über Zahnstangen. Rohre, Hydraulikzylinder und Behälterteile für Kernreaktoren werden auf diesen Maschinen gebohrt. Biegebeanspruchungen durch Kühlschmierstoffdruck, Vorschub- und Anpreßkräfte und Torsionsbeanspruchung durch das Bohrmoment erfordern steife Maschinengestelle.

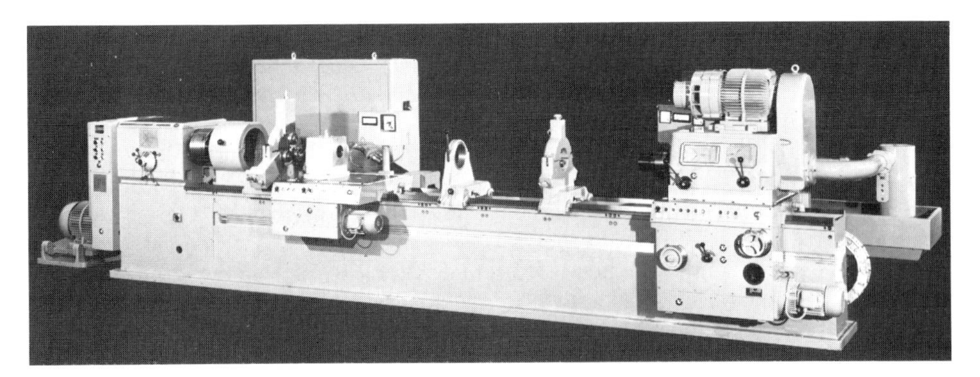

Bild 100. Langbett-Tiefbohrmaschine

Neben der horizontalen Bauweise werden auch Maschinen mit vertikaler Hauptspindel gebaut. Ihre Bohrtiefe ist jedoch begrenzt. Große sperrige Werkstücke, z. B. Formenhalter mit Auswerferbohrungen für Großpressen, werden hierauf bearbeitet. Aber auch kleinere Werkstücke, wie z. B. Umlenkbleche für Wärmetauscher, werden in Paketen zusammengeschweißt und aufgrund der dann günstigeren Spannmöglichkeit auf Vertikalmaschinen tiefgebohrt. Bild 101 zeigt eine vertikal arbeitende Tiefbohrmaschine mit Koordinaten-Werkstücktisch für einen oder mehrere Bohrköpfe.

Bild 101. Vertikale Tiefbohrmaschine mit Koordinatentisch

Beliebig angeordnete Tiefbohreinheiten werden in Sonder- und Transfermaschinen eingesetzt. Mehrspindelige Maschinen werden gebaut, um die Ausbringung zu steigern oder einfache Bohrbilder in einem Arbeitsgang zu bearbeiten.
Auf Tiefbohrmaschinen führt das Werkzeug die Schnittbewegung (drehendes Werkzeug) und Vorschubbewegung aus. Zusätzlich gegenläufig drehendes Werkstück verbessert die Bohrungsgeradheit und -mittenlage. Nur in Sonderfällen führt das Werkstück Schnittbewegung (drehendes Werkstück) und/oder Vorschubbewegung aus. Für den Hauptspindelantrieb werden bevorzugt Asynchron-Motoren mit Zahnriemen- oder

auch Keilriementrieb verwendet. Drehzahländerungen können in Stufen durch Riemenscheibenwechsel oder Stufenrädergetriebe ausgeführt werden. Stufenlose Drehzahlanpassung erfolgt über Drehstrom-Nebenschluß- oder Gleichstrommotoren oder über Reibradgetriebe.
Beim Bohren mit Einlippen-, BTA- und Ejektor-Tiefbohrwerkzeugen werden die Späne kontinuierlich mit dem Kühlschmierstoff aus der Bohrung herausgespült; deshalb ist auch bei großer Bohrtiefe Ausspänen nicht erforderlich. Um beim Bohren Spänerückstau zu vermeiden, werden kurzbrechende Späne angestrebt. Dies wird durch geeignete Schneidengeometrie und stufenlose, feinfühlige Vorschubeinstellung erreicht. Vorschub- und Eilgangantrieb werden in der Regel nicht von der Hauptspindel abgeleitet, sondern über stufenlos einstellbare, elektromechanische oder auch hydraulisch-mechanische Antriebseinheiten erzeugt.

### 6.7.6.2 Arbeitsergebnisse

Die beim Einlippenbohren einseitig an der Bohrerschneide angreifenden Zerspankräfte beinhalten eine Abdrängkraft quer zur Bohrachse; zum Anbohren sind deshalb Bohrbuchsen erforderlich, deren Durchmesserspiel 5 bis 50 μm beträgt. Der Bohrkopf stützt sich mit zwei oder drei Führungsleisten in der Bohrung ab (Glättwirkung der Führungsleisten); dabei werden Bohrungen mit enger Maßtoleranz (IT 7 bis IT 9), sehr geringem Rundheitsfehler (3 bis 5 μm) und guten Oberflächenwerten ($R_t < 5$ bis 20 μm) erzielt. Diese Werte können beim Bohren mit Spiralbohrern nur durch die zusätzlichen Arbeitsgänge Senken und Reiben erreicht werden. Lagersitze, Paßbohrungen, Zylinder-, Führungs- und Schmierbohrungen werden meist ohne Nacharbeit in einem Arbeitsgang fertiggestellt.
Dem Tiefbohren nachgeschaltete Arbeitsgänge, wie Honen oder Feinwalzen, verbessern Bohrungstoleranz und Oberflächengüte. Durch Aufbohren oder Langhubhonen und anschließendes Feinwalzen werden Rauhtiefen von $R_t = 0{,}5$ bis 2 μm erzielt; das Aufmaß beim Feinwalzen ist mit etwa 5 bis 50 μm anzusetzen.
Die genannten Tiefbohrwerkzeuge sind ausschließlich hartmetallbestückt (vorwiegend Zerspanungsanwendungsgruppe K 10 und K 20). Die gleichmäßige Kühlung und Schmierung von Schneide und Führungsleisten erlauben hohe Schnittgeschwindigkeiten (z.B. bei Bau- und Automatenstählen mit einer Zugfestigkeit bis 700 N/mm$^2$ 80 bis 100 m/min, bei Buntmetallen und Aluminiumlegierungen 100 bis 300 m/min). Kürzere Bearbeitungszeiten, längere Werkzeugstandzeit und Einsparung von Nachbearbeitung machen diese Verfahren im Vergleich zum konventionellen Bohren mit Spiralbohrern insbesondere bei hohen Anforderungen an die Bohrungsqualität wirtschaftlich.

### 6.7.6.3 Tiefbohren mit Ausspänen

Darüber hinaus werden in der automatisierten Massenfertigung Sonderspiralbohrer im Ausspänverfahren mit verstärktem Kern und vergrößertem Spanraum zum Tiefbohren eingesetzt. Die wesentlichen Vorteile sind einfacher Maschinenaufbau (Bild 102) und große Betriebssicherheit. Der Kühlschmierstoff wird bei dieser Art Bohrern praktisch drucklos über eine Schmierleitung außen an das Werkstück gebracht. Bei größerer Bohrtiefe muß insbesondere bei langspanenden Werkstoffen und solchen mit höherer Zugfestigkeit häufiger ausgespänt werden. Dabei kühlt das Werkzeug ab, und die Bohrung füllt sich mit Kühlschmierstoff. Das Werkstück soll deswegen möglichst so liegen, daß senkrecht oder schräg von oben gebohrt wird.

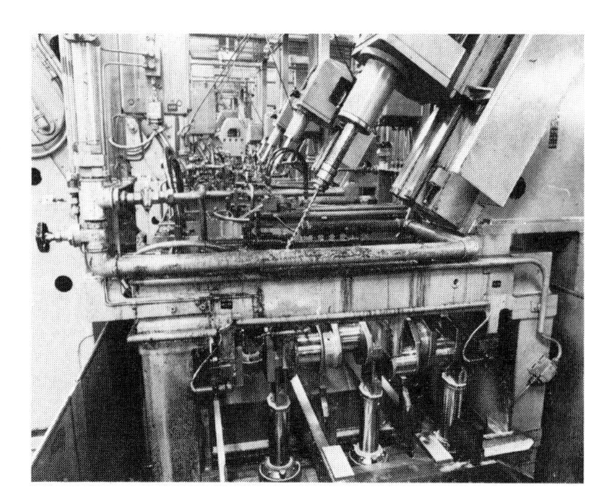

Bild 102. Bohren von Schmierbohrungen in Kurbelwellen mit Spiralbohrern

Für das Ausspänen ist eine spezielle Schleppnockensteuerung erforderlich. Am Schlitten ist zusätzlich zu den normalen Steuernocken (für Vorschubbeginn und -ende, Werkzeugwechselstellung usw.) ein in Vorschubrichtung verschiebbarer Schleppnocken vorgesehen, der bei Bohrbeginn gegen eine stationäre Anschlagschraube läuft und so mit zunehmender Bohrtiefe auf dem Schlitten nach hinten verschoben wird. Wird nun, gesteuert von einem Zeitwerk, ausgespänt, sorgt der Schleppnocken dafür, daß der unterbrochene Bohrvorgang an der richtigen Stelle wieder fortgesetzt wird. Die Anschlagschraube wird so eingestellt, daß ein Sicherheitsabstand für Abschaltstreuungen des Eilvorschubs bleibt. Um diesen Abstand, multipliziert mit der Anzahl der Ausspänvorgänge, verlängert sich der Gesamtvorschubweg.
Für diesen Bewegungsablauf haben sich elektromechanische Vorschubgetriebe besonders bewährt. Sie sind nahezu unabhängig von der Betriebstemperatur und haben über lange Zeit konstante Bremswege mit geringen Streuungen (selbstnachstellende Bremsen). Daher können Sicherheitsabstand und Zeitverlust sehr klein gehalten werden. Bei Verwendung von konstanten Zeitwerken für die Vorschubunterbrechung sind die Bohrstufen gleich lang. Zum Verkürzen der Bearbeitungszeit kann man mit Hilfe variabler Zeitwerke die Bohrstufen am Anfang lang wählen und erst mit zunehmender Bohrtiefe verkürzen.

### 6.7.6.4 Werkstückaufnahme und Sondereinrichtungen

Die Werkstückaufnahme einer Maschine ist abhängig von Form, Größe und Stückzahl der Werkstücke. Rotationssymmetrische Teile werden im Spannreitstock zwischen Spannglocken, in Spannzangen oder Backenfuttern aufgenommen. Flache Werkstücke, wie Matrizen und Flansche, werden auf vertikalen bzw. horizontalen Rundteiltischen gespannt. Numerisch gesteuerte Koordinatentische ermöglichen beliebige ebene Bohrbilder.
Maschinen für Mittel- und Großserienfertigung werden mit automatischen Greifer-, Schritthub-, Querschieber- oder Schaltteller-Ladeeinrichtungen ausgerüstet. Sondermaschinen für die Massenfertigung werden verkettet mit vor- und nachgeschalteten Bearbeitungsstationen.

### 6.7.6.5 Anwendungsfälle

Große, sperrige Werkstücke, wie Reaktorböden oder Matrizen, mit einer Vielzahl von Bohrungen werden auf dem Bohrwerk (Bild 103) bearbeitet, das in drei Achsen numerisch gesteuert ist.

Bild 103. Numerisch gesteuertes Bohrwerk zum Tiefbohren

Die maximalen Verfahrwege der Maschine betragen in der X-Achse (horizontal) 3000 mm, in der Y-Achse (vertikal) 700 mm und in der Z-Achse (in Bohrrichtung) 1000 mm. Einige Besonderheiten tragen zur Senkung der Nebenzeiten bei. So ermöglicht ein Bohrbuchsenrevolver (Bild 104) einen programmierten Wechsel von acht verschiedenen Bohrbuchsen. Kühlschmierstoffmenge, Bohrspindeldrehzahl und Vorschubgeschwindigkeit werden über Hilfsfunktionen durch das Programm abgerufen.

Bild 104. Bohrbuchsenrevolver der Maschine Bild 103

Für Rohrböden wurde zur Abkürzung der Bearbeitungszeit eine dreispindelige Maschine entwickelt (Bild 105). Die beiden oberen Bohrschlitten sind im Abstand von 250 bis 400 mm verstellbar. Für jede Spindel ist ein separater Haupt- und Vorschubantrieb mit Gleichstrommotoren vorhanden. Außer der Drehzahlanpassung ist damit die Überwachung des Spindeldrehmoments und des Bohrvorschubdrucks sehr einfach über die Stromaufnahme der Motoren möglich. Bedingt durch die Verwendung getrennter Vorschubantriebe, kann wahlweise ein-, zwei- und dreispindelig gebohrt werden, ohne daß die Bohrer aus der Spindel entfernt werden müssen. Die Abstandsmaße zwischen den einzelnen Spindeln werden über codierte Endmaße eingestellt. Die Codenummer wird vom Lochstreifen vorgegeben und überwacht. Der untere Bohrschlitten ist für das Bohren ins Volle mit BTA-Bohrern bis 65 mm Dmr. vorgesehen.

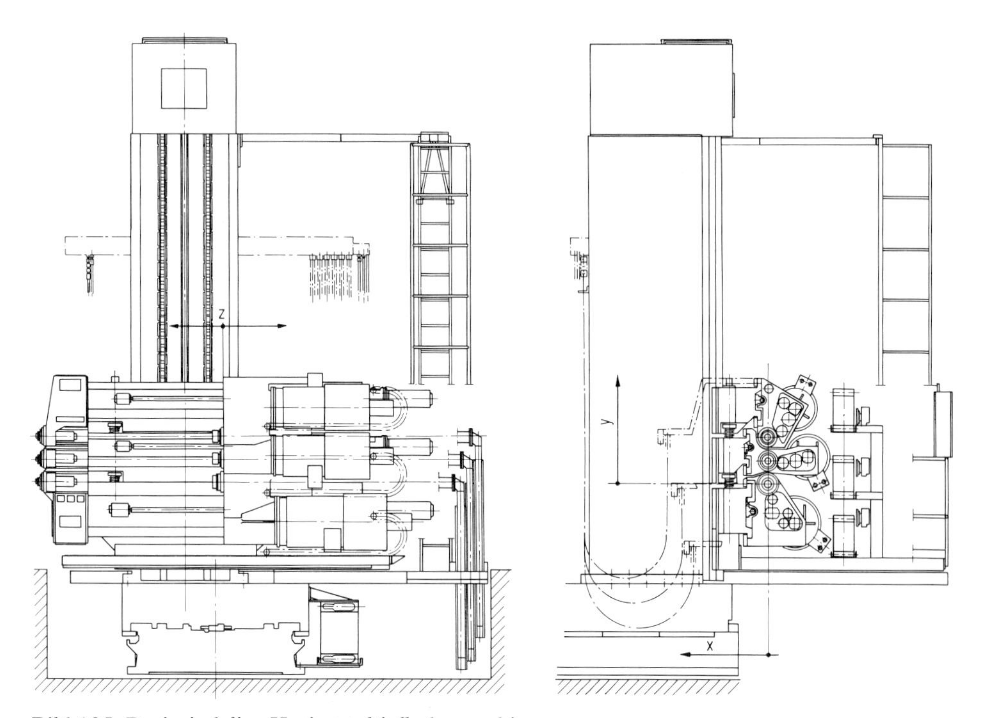


Bild 105. Dreispindelige Horizontaltiefbohrmaschine

### 6.7.6.6 Kühlung und Schmierung

Beim Tiefbohren wird nahezu die gesamte Zerspanungsleistung in Wärme umgewandelt und an den Kühlschmierstoff abgegeben. Weil bei Temperaturen über 40 bis 50°C der Kühlschmierstoff vorzeitig altert, sind meist Kühler (Wasserkühler, Luftkühler, Kühlaggregate) erforderlich.

Für sicheren Späneabfluß ist im Werkzeug und in der Bohrung eine hohe Strömungsgeschwindigkeit erforderlich (bei kleinen Bohrdurchmessern bis 15 m/s). Das erfordert großdimensionierte Pumpen und Kühlschmierstoffaggregate. Im zugehörigen Tank wird der Kühlschmierstoff zur Wiederaufbereitung über Filter- und Beruhigungsstrecken geleitet (Filterfeinheit 25 bis 100 µm).

Als Kühlschmierstoffe werden hochlegierte Mineralöle (Tiefbohröle) mit einer Viskosität zwischen 20 und 40 $mm^2/s$ bei 20°C eingesetzt; die Additive (Fettstoffe, Schwefel-, Chlor- und Phosphorverbindungen mit aufeinander abgestimmten Wirktemperaturen und Schmelzpunkten) erzeugen auf Bohrerschneide und Führungsleisten Festkörperschmierfilme, welche die Werkzeugstandzeit beträchtlich verbessern. Wassermischbare Kühlschmierstoffe (Emulsionen) haben beim Tiefbohren nur geringe Bedeutung; ihr Einsatz beim Bohren von Aluminium und Grauguß ist möglich (empfohlene Konzentration 10 bis 20%). Luft wird als Spülmedium beim Bohren von Graphit eingesetzt.

### 6.7.7 Sonderbohrmaschinen

**o. Prof. Dr. Th. Stöferle, Darmstadt**

Aus den verschiedenen bekannten Bauformen von Bohrmaschinen sind eine Reihe von Spezialmaschinen für Einzweckbearbeitung entwickelt worden, die für die mechanisierte Fertigung einzusetzen sind. Hierfür einige Beispiele.
Flansche für Rohrverbindungen sind mit einer Vielzahl von gleichen Bohrungen in einer Bearbeitungsebene versehen. Die Bohrungen sind auf einem Lochkreis angeordnet, so daß sich für die Bearbeitung ein Rundtakttisch anbietet. Dieser Tisch ist in einer Achse verschiebbar, so daß an einer Einstellskala ein auf den festen Ständer bezogener Abstand eingestellt werden kann, der dem gewünschten Lochkreis entspricht. Nach Wahl der gewünschten Lochteilung ist die Maschine eingerichtet und kann im teilautomatischen Zyklus betrieben werden.
Die *Plattenbohrmaschine* in Bild 106 ist in Brückenbauweise ausgeführt und erlaubt die Bearbeitung von großen Werkstücken. Bis zu zwölf Spindeln kann die Bohreinheit aufnehmen. Die Brücke verfährt auf festmontierten Schienen, wobei der Längsweg beliebig lang ausgeführt werden kann. Da der Bedienungsstand an der Brücke angebracht ist, kann von dort aus das Bearbeitungsfeld gut überblickt werden. Die einzelnen Bohrspindeln lassen sich zueinander verschieben. Für je vier Spindeln steht eine Antriebsleistung von maximal 46 kW zur Verfügung. In Stahl können Bohrer bis 40 mm Dmr. angewandt werden. Die Maschine wird in zwei Achsen numerisch gesteuert und kann durch ein Programm die einzelnen Spindeln in beliebiger Anzahl und Folge zur Bearbeitung abrufen. Das ausgeführte Konstruktionsprinzip erlaubt die Bearbeitung großflächiger Werkstücke mit den Vorteilen numerisch gesteuerter Werkzeugmaschinen.

Bild 106. NC-Plattenbohrmaschine mit acht Spindeln

Eine weitere Sonderbauform von Bohrmaschinen stellt die numerisch gesteuerte *Leiterplattenbohrmaschine* (Bild 107) dar. Die Leistungsfähigkeit dieser Maschinen wird durch die Anzahl der in der Zeiteinheit erzielten Bohrzyklen bestimmt. Ein Bohrzyklus setzt sich zusammen aus Positionierung und Zerspanvorgang. Gebohrt wird mit Hartmetallwerkzeugen. Bei diesen Maschinen sind große Beschleunigungs- und Verzögerungswerte Voraussetzung für kurze Bohrzyklen. Antriebe von hoher Dynamik werden verlangt. Die Maschinengestelle werden sowohl aus biegesteifem, schwingungsdämpfendem Grauguß als auch aus schweren Granitblöcken und -balken hergestellt. Die Positionsabweichung auf diesen Maschinen beträgt nur wenige hundertstel Millimeter.

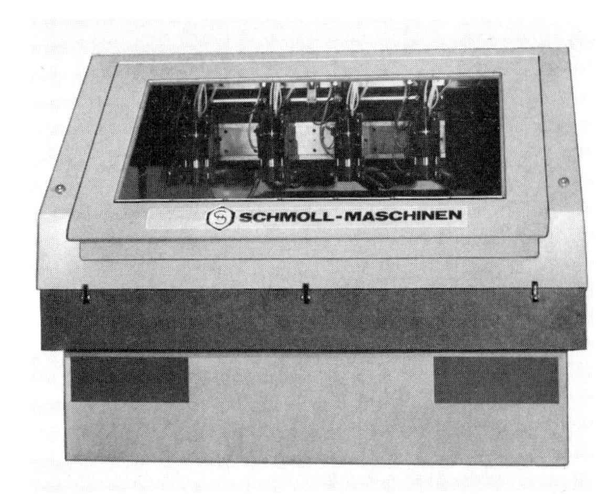


Bild 107. NC-Leiterplattenbohrmaschine

Eine weitere Vielspindelbohrmaschine stellt die *Walzenbohrmaschine* (Bild 108) dar. Mit dieser werden Löcher in Papiermaschinen-Saugwalzen unterschiedlicher Größe und Ausführung gebohrt. Zwei Spindelstöcke mit Backenfutter nehmen die zu bearbeitende Walze auf. Die gewünschte Teilung wird durch Wechselräder im Antrieb eines Spindelstocks eingestellt. Das Weiterteilen erfolgt automatisch. Eine Bohreinheit kann maximal 150 Spindeln in linearer Anordnung aufnehmen. Der Bohrdurchmesser beträgt 3 bis 8 mm. Der kleinste Bohrspindelabstand ist rd. 36 mm; er kann durch Zwischenstücke

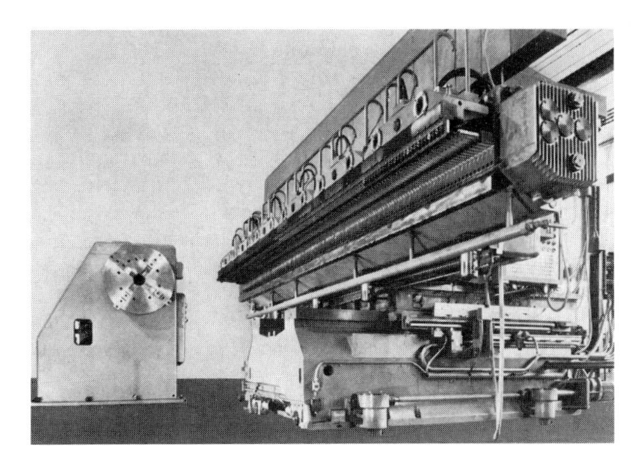

Bild 108. Walzenbohrmaschine zur Bearbeitung von Saugwalzen für Papiermaschinen

vergrößert werden. Bild 109 zeigt eine dieser Bohrspindeleinheiten. Die Spindel wird über eine Polygonprofilwelle senkrecht zur Bohrerachse angetrieben. Um eine möglichst geringe Breite der Spindeleinheit zu erzielen, wurde das Antriebsritzel mit innerem Polygonprofil als Kugellagerinnenring ausgeführt. Lochabstände kleiner als 36 mm lassen sich durch axiale Verschiebung der Bohreinheit parallel zur Walzenachse zusätzlich erreichen.

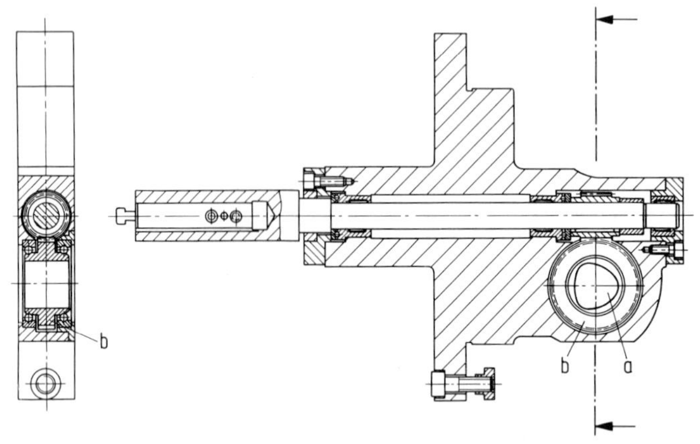


Bild 109. Bohrspindeleinheit der Maschine Bild 108
a Antriebswelle mit Polygonprofil,
b Antriebsritzel mit Kugellaufrillen

Ein Gleichstrommotor mit einer Leistungsaufnahme von 85 kW treibt die 150 Spindeln an. Die Spindeldrehzahlen sind von 200 bis 2400 $min^{-1}$ stufenlos einstellbar. Der hydraulisch stufenlos einstellbare Bohrvorschub hat eine Entspansteuerung. Die Bohreinheit und ein Spindelstock können entsprechend der Saugwalzenlänge verschoben werden. Zwei verstellbare Rollenböcke zwischen den Spindelstöcken unterstützen lange Walzen. Die Maschine ist mit induktiver Werkzeugüberwachung ausgerüstet (Bild 110). In Ruhestellung der Bohreinheit befinden sich die Bohrerspitzen in einer definierten Lage der induktiven Prüfspulen (Bild 111). Die induzierte Spannung wird mit einem

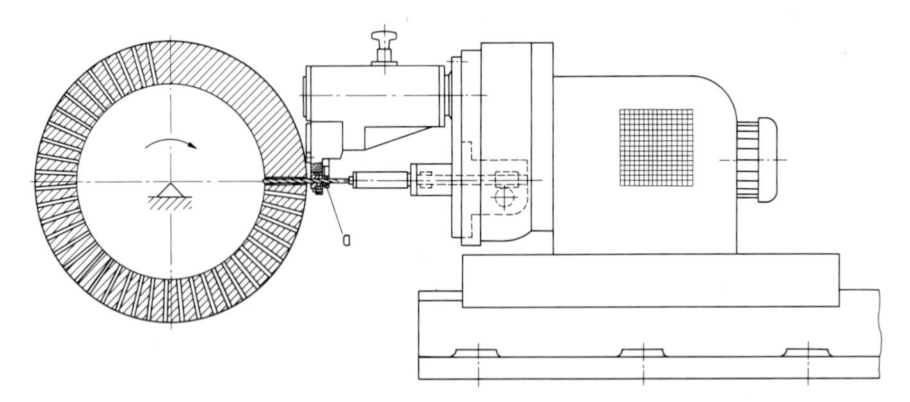


Bild 110. Bohrspindeleinheit der Maschine Bild 108 während der Bearbeitung
a Induktionsspule zur Werkzeugüberwachung

vorgegebenen Sollwert verglichen. Teilweiser oder vollständiger Werkzeugbruch wird dem Bedienungsmann mit Angabe der Werkzeugnummer angezeigt.

Bild 111. Bohrspindel der Maschine Bild 108 mit induktiver Werkzeugüberwachung

## Literatur zu Kapitel 6

1. *Dinnebier, J.:* Bohren, 3. Aufl., Heft 15 der Werkstattbücher. Springer-Verlag, Berlin, Heidelberg, New York 1943.
2. *Hoere, K.:* Einiges aus der Geschichte des Bohrers im allgemeinen und des Spiralbohrers im besonderen. Stock-Z. 1 (1928) 1, S. 4–7.
3. Dubbels Taschenbuch für den Maschinenbau, Bd. II, 13. Aufl. Springer-Verlag, Berlin, Heidelberg, New York 1974.
4. *Klein, H. H.:* Bohren und Aufbohren. Bd. 7 der Buchreihe: Fertigung und Betrieb. Springer-Verlag, Berlin, Heidelberg, New York 1975.
5. *Kienzle, O.:* Die Bestimmung von Kräften und Leistungen an spanenden Werkzeugen und Werkzeugmaschinen. VDI-Z. 94 (1952) 11/12, S. 299–305.
6. *Victor, H.:* Beitrag zur Kenntnis der Schnittkräfte beim Drehen, Hobeln und Bohren. Diss. TH Hannover 1956.
7. *Spur, G.:* Beitrag zur Schnittkraftmessung beim Bohren mit Spiralbohrern unter Berücksichtigung der Radialkräfte. Diss. TH Braunschweig 1961.
8. *Kronenberg, M.:* Grundzüge der Zerspanungslehre, Bd. II. Springer-Verlag, Berlin, Heidelberg, New York 1964.
9. *Löschner, M.:* Drehmoment und Axialkraft beim Bohren mit Spiralbohrern. Maschinenbautechn. 11 (1962) 4, S. 223–229.
10. *Hirschfeld, M.:* Beitrag zur Entwicklung eines werkstoffbezogenen Grundgesetzes sowie verfahrensabhängiger Gleichungen zur Bestimmung der Hauptschnittkraft bei spanenden Bearbeitungsvorgängen. Diss. TH Berlin 1953.
11. *Knoll, H., Streicher, P.:* Konstruktionsprinzipien von Tiefbohrmaschinen. Werkst. u. Betr. 109 (1976) 3, S. 153–162.
12. *Witthoff, J., Schaumann, R., Siebel, H.:* Die Hartmetallwerkzeuge in der spanabhebenden Formung, 2. Aufl. Carl Hanser Verlag, München 1961.
13. *Bruins, D. H., Dräger, H.-J.:* Werkzeuge und Werkzeugmaschinen für die spanende Metallbearbeitung, Teil 1: Werkzeuge, 5. Aufl. Carl Hanser Verlag, München 1975.
14. Röhm-Taschenbuch für Spannzeuge. Röhm GmbH, Sontheim/Brenz 1973.
15. Stock-Taschenbuch, 2. Aufl. R. Stock AG, Berlin 1972.

16. *Sauer, L.:* Werkzeuge für automatisierte Innen- und Außenbearbeitung. Vogel-Verlag, Würzburg 1975.
17. *Rocek, V.:* Zerspanungswerkzeuge für den Sondermaschinenbau und automatische Fertigungstaktstraßen. Techn. Verlag Günter Großmann, Stuttgart-Vaihingen 1972.
18. *Charchut, W.:* Spanende Werkzeugmaschinen, 4. Aufl. Carl Hanser Verlag, München 1972.
19. *Blatzheim, K.-H., Theissen, W.:* Senkrechtbohren. Carl Hanser Verlag, München 1968.
20. *Neubrand, P.:* Feinbohrmaschine als Konstruktionsaufgabe. Werkzeugmasch. internat. (1971) 4, S. 35–42.
21. *Pittroff, H.:* Auslegung von Werkzeugmaschinenspindeln. Masch.-Mkt. 76 (1970) 74, S. 1675–1679.
22. *Zdenković, R., Dukovski, V.:* Funktionsmäßige Steifheit von Werkzeugmaschinenspindeln. Werkst. u. Betr. 106 (1973) 9, S. 745–751.
23. *Pittroff, H.:* Spindeleinheiten für Werkzeugmaschinen. Werkzeugmasch. internat. (1973) 4, S. 37–41.
24. *Pittroff, H.:* Werkzeugmaschinenspindeln – Konstruktion und Laufgenauigkeit. Werkst. u. Betr. 106 (1973) 2, S. 117–123.
25. *Hebel, R., Stöckermann, Th.:* Auslegung von Hauptspindeln in Werkzeugmaschinen. Werkst. u. Betr. 108 (1975) 5, S. 305–314.
26. *Buck, G.:* Durchmessereinstellung an Bohrstangen durch Meißelverlagerung. Werkzeugmasch. internat. (1974) 5, S. 43–52.
27. *Lipp, W.:* Automatische Schneidenkorrektur an umlaufenden Werkzeugen. TZ prakt. Metallbearb. 67 (1973) 9, S. 339–342.
28. *Stöferle, Th., Theimert, P. H.:* Neuartige Bohrstangennachstellung. Werkst. u. Betr. 106 (1973) 4, S. 209–212.
29. *Buck, G.:* Durchmessereinstellung durch Bohrstangenverlagerung. Werkzeugmasch. internat. (1974) 6, S. 41–44.
30. *Gerlach, B.:* Spanende Werkzeugmaschinen, Teil 20 u. Teil 21: Wirtschaftlichkeitsbetrachtungen. TZ prakt. Metallbearb. 67 (1973) 11, S. 485–490, u. 12, S. 535–537.
31. *Dörrenberg, R.:* Untersuchungen an Spiralbohrern mit innenliegenden Kühlkanälen. Diss. TU Berlin 1973.

## *DIN-Normen*

| | |
|---|---|
| DIN 9 (6.75) | Hand-Kegelreibahlen für Kegelstiftbohrungen. |
| DIN E 172 (11.75) | Rundbohrbuchsen. |
| DIN E 173 T1 (11.75) | Steckbohrbuchsen; Steckbohrbuchsen Form A und Zubehör. |
| DIN 173 T2 (1.68) | Steckbohrbuchsen; Auswechselbuchsen, Schnellwechselbuchsen Form ES und ER, Grundbuchsen, Zylinderschrauben mit Ansatz. |
| DIN E 179 (11.75) | Bohrbuchsen. |
| DIN 204 (5.75) | Hand-Kegelreibahlen für Morsekegel. |
| DIN 205 (5.75) | Hand-Kegelreibahlen für Metrische Kegel. |
| DIN 206 (9.73) | Hand-Reibahlen. |
| DIN 208 (3.73) | Maschinen-Reibahlen mit Morsekegelschaft. |
| DIN 209 (11.76) | Maschinen-Reibahlen mit aufgeschraubten Messern aus Schnellarbeitsstahl. |
| DIN 212 T1 (3.75) | Maschinen-Reibahlen mit Zylinderschaft; durchgehender Schaft. |
| DIN 212 T2 (3.75) | Maschinen-Reibahlen mit Zylinderschaft; abgesetzter Schaft. |
| DIN 217 (9.72) | Aufsteckhalter mit Morsekegel für Aufsteck-Reibahlen und Aufsteck-Aufbohrer. |

| | |
|---|---|
| DIN 219 (8.71) | Aufsteck-Reibahlen aus Schnellarbeitsstahl. |
| DIN 220 (11.76) | Aufsteck-Reibahlen mit aufgeschraubten Messern aus Schnellarbeitsstahl. |
| DIN 222 (8.71) | Aufsteck-Aufbohrer (Aufsteck-Senker) aus Schnellarbeitsstahl. |
| DIN 238 T1 (6.62) | Bohrfutteraufnahme; Kegeldorne. |
| DIN 238 T2 (3.67) | Bohrfutteraufnahme; Bohrfutterkegel. |
| DIN 311 (3.75) | Nietlochreibahlen mit Morsekegelschaft. |
| DIN 333 (11.73) | Zentrierbohrer 60° Form R, A und B. |
| DIN 334 (3.62) | Kegelsenker 60°. |
| DIN 335 (8.62) | Kegelsenker 90°. |
| DIN 338 (11.73) | Kurze Spiralbohrer mit Zylinderschaft. |
| DIN 339 (5.69) | Spiralbohrer mit Zylinderschaft zum Bohren durch Bohrbuchsen. |
| DIN 340 (5.69) | Lange Spiralbohrer mit Zylinderschaft. |
| DIN 341 (5.69) | Lange Spiralbohrer mit Morsekegel zum Bohren durch Bohrbuchsen. |
| DIN 343 (8.71) | Aufbohrer (Spiralsenker) mit Morsekegel, aus Schnellarbeitsstahl. |
| DIN 344 (8.71) | Aufbohrer (Spiralsenker) mit Zylinderschaft, aus Schnellarbeitsstahl. |
| DIN 345 (2.61) | Spiralbohrer mit Morsekegel. |
| DIN 346 (2.61) | Spiralbohrer mit größerem Morsekegel. |
| DIN 347 (3.62) | Kegelsenker 120°. |
| DIN 373 (8.75) | Flachsenker mit Zylinderschaft und festem Führungszapfen. |
| DIN 375 (8.75) | Flachsenker mit Morsekegelschaft und auswechselbarem Führungszapfen. |
| DIN 859 (9.53) | Maschinenwerkzeuge für Metall; Handreibahlen, nachstellbar, geschlitzt. |
| DIN 1412 (12.66) | Spiralbohrer; Begriffe. |
| DIN E 1414 (2.76) | Spiralbohrer aus Schnellarbeitsstahl; Technische Lieferbedingungen. |
| DIN 1420 (11.66) | Reibahlen; Herstellungstoleranzen und Bezeichnung. |
| DIN 1806 (6.64) | Kegelschäfte für Querkeilbefestigung. |
| DIN 1807 (12.33) | Querkeilbefestigung; Hülsen (Bohrspindel). |
| DIN 1808 (6.64) | Reduzierhülsen für Querkeilbefestigung. |
| DIN 1809 (7.61) | Mitnehmer an Werkzeugen mit Zylinderschaft. |
| DIN 1861 (1.62) | Spiralbohrer für Waagerecht-Koordinaten-Bohrmaschinen. |
| DIN 1862 (1.62) | Stirnsenker für Waagerecht-Koordinaten-Bohrmaschinen. |
| DIN 1863 (1.62) | Senker für Senkniete. |
| DIN 1864 (8.71) | Lange Aufbohrer (Spiralsenker) mit Morsekegel aus Schnellarbeitsstahl zum Aufbohren durch Bohrbuchsen. |
| DIN 1866 (6.75) | Kegelsenker 90° mit Zylinderschaft und festem Führungszapfen. |
| DIN 1867 (6.75) | Kegelsenker 90° mit Morsekegelschaft und auswechselbarem Führungszapfen. |
| DIN 1868 (8.75) | Auswechselbare Führungszapfen für Flach- und Kegelsenker. |
| DIN V 1869 (12.70) | Überlange Spiralbohrer mit Zylinderschaft. |
| DIN V 1870 (12.70) | Überlange Spiralbohrer mit Morsekegel. |
| DIN 1895 (5.75) | Maschinen-Kegelreibahlen für Morsekegel. |
| DIN 1896 (12.76) | Maschinen-Kegelreibahlen für Metrische Kegel. |
| DIN 1897 (10.61) | Extra kurze Spiralbohrer mit Zylinderschaft. |

| | |
|---|---|
| DIN 1898 (10.57) | Stiftlochbohrer mit Kegel 1:50 zu Kegelstiften nach DIN 1 und DIN 7978. |
| DIN 1899 (11.73) | Kleinstbohrer; Spiralbohrer, gerade genutete Bohrer, Spitzbohrer. |
| DIN E 2172 T1 (12.76) | Reibahlen; Technische Lieferbedingungen für Reibahlen mit Schaft, aus Schnellarbeitsstahl. |
| DIN E 2172 T2 (12.76) | Reibahlen; Technische Lieferbedingungen für Aufsteck-Reibahlen aus Schnellarbeitsstahl. |
| DIN E 2172 T3 (12.76) | Reibahlen; Technische Lieferbedingungen für Reibahlen mit Schaft, mit Schneidplatten aus Hartmetall. |
| DIN 2179 (5.75) | Maschinen-Kegelreibahlen für Kegelstiftbohrungen, mit Zylinderschaft. |
| DIN 2180 (5.75) | Maschinen-Kegelreibahlen für Kegelstiftbohrungen, mit Morsekegelschaft. |
| DIN 2185 (11.60) | Reduzierhülsen für Werkzeuge mit Morsekegel. |
| DIN 2187 (10.71) | Verlängerungshülsen für Werkzeuge mit Morsekegel. |
| DIN 6310 (11.69) | Schnapper mit Druckfeder, für Bohrvorrichtungen. |
| DIN 6327 T1 (12.72) | Stellhülsen mit Werkzeugkegel, kurze Bauart. |
| DIN 6327 T2 (12.72) | Stellhülsen mit Werkzeugkegel, lange Bauart. |
| DIN 6327 T3 (12.72) | Stellhülsen mit Werkzeugkegel, abgesetzte Bauart. |
| DIN E 6328 (8.76) | Klemmhülsen für Werkzeuge mit Zylinderschaft und Vierkant nach ISO. |
| DIN 6329 (6.59) | Klemmhülsen, kegelig, für Werkzeuge mit Zylinderschaft und Mitnehmer. |
| DIN 6347 (5.68) | Bohrvorrichtungen mit Bohrklappe. |
| DIN 6348 (1.71) | Bohrvorrichtungen, schnellspannend. |
| DIN E 6349 T1 (4.76) | Dreibacken-Bohrfutter mit Zahnkranz, Form A mit Innenkegel. |
| DIN E 6349 T2 (4.76) | Dreibacken-Bohrfutter mit Zahnkranz, Form B mit Innengewinde. |
| DIN E 6349 T3 (4.76) | Dreibacken-Bohrfutter mit Zahnkranz; Form C mit Gewindezapfen. |
| DIN E 6349 T4 (4.76) | Dreibacken-Bohrfutter mit Zahnkranz; Verzahnung und Schlüssel. |
| DIN E 6349 T5 (4.76) | Dreibacken-Bohrfutter mit Zahnkranz; Technische Lieferbedingungen. |
| DIN 6384 (9.71) | Bohrköpfe mit Steilkegel. |
| DIN 6385 (9.71) | Kurze Bohrstangen mit Steilkegel. |
| DIN E 8010 (4.75) | Schneidplatten aus Hartmetall für Spiralbohrer; Spitzenwinkel 118°. |
| DIN 8011 (9.63) | Schneidplatten aus Hartmetall für Reibahlen, Senker und Schaftfräser. |
| DIN E 8013 (4.75) | Schneidplatten aus Hartmetall für Spiralbohrer; Spitzenwinkel 85°. |
| DIN 8022 (8.71) | Aufsteck-Aufbohrer (Aufsteck-Senker) mit Schneidplatten aus Hartmetall. |
| DIN E 8037 (4.75) | Spiralbohrer mit Schneidplatte aus Hartmetall für große Schnittkräfte. |
| DIN E 8038 (4.75) | Spiralbohrer mit Schneidplatte aus Hartmetall für kleine Schnittkräfte, mit Zylinderschaft. |
| DIN E 8041 (4.75) | Spiralbohrer mit Schneidplatte aus Hartmetall für große Schnittkräfte, mit Morsekegelschaft. |

DIN 8043 (6.44) Werkzeuge; Hartmetall-Spiralsenker mit Morsekegel.

DIN 8050 (11.76) Maschinen-Reibahlen mit Zylinderschaft, mit Schneidplatten aus Hartmetall, mit kurzem Schneidteil.

DIN 8051 (11.76) Maschinen-Reibahlen mit Morsekegelschaft, mit Schneidplatten aus Hartmetall, mit kurzem Schneidteil.

DIN 8054 (8.71) Aufsteck-Reibahlen mit Schneidplatten aus Hartmetall.

DIN 8089 (11.76) Automaten-Reibahlen.

DIN 8093 (11.76) Maschinen-Reibahlen mit Zylinderschaft, mit Schneidplatten aus Hartmetall, mit langem Schneidteil.

DIN 8084 (11.76) Maschinen-Reibahlen mit Morsekegelschaft, mit langem Schneidteil.

DIN 8374 (1.73) Mehrfasen-Stufenbohrer mit Zylinderschaft für Durchgangslöcher nach DIN 69 und Senkungen nach DIN 74 Teil 1.

DIN 8375 (1.73) Mehrfasen-Stufenbohrer mit Morsekegel für Durchgangslöcher nach DIN 69 und Senkungen nach DIN 74 Teil 1.

DIN 8376 (1.73) Mehrfasen-Stufenbohrer mit Zylinderschaft für Durchgangslöcher nach DIN 69 und Senkungen nach DIN 74 Teil 2.

DIN 8377 (1.73) Mehrfasen-Stufenbohrer mit Morsekegel für Durchgangslöcher nach DIN 69 und Senkungen nach DIN 74 Teil 2.

DIN 8378 (1.73) Mehrfasen-Stufenbohrer mit Zylinderschaft für Kernlochbohrungen nach DIN 336 Teil 1 und Freisenkungen entsprechend den Durchgangslöchern nach DIN 69.

DIN 8379 (1.73) Mehrfasen-Stufenbohrer mit Morsekegelschaft für Kernlochbohrungen nach DIN 336 Teil 1 und Freisenkungen entsprechend den Durchgangslöchern nach DIN 69.

DIN E 8589 T2 (3.78) Fertigungsverfahren Spanen, Bohren.

DIN 8625 T1 (1.76) Werkzeugmaschinen; Radialbohrmaschinen mit beweglichem Ausleger, Abnahmebedingungen.

DIN 8626 T1 (1.76) Werkzeugmaschinen; Senkrecht-Bohrmaschinen, Ständerbohrmaschinen, Abnahmebedingungen.

DIN 8626 T2 (1.76) Werkzeugmaschinen; Senkrecht-Bohrmaschinen, Säulenbohrmaschinen, Abnahmebedingungen.

DIN E 8626 T3 (7.76) Werkzeugmaschinen; Senkrecht-Bohrmaschinen, Einständer-Senkrecht-Koordinatenbohrmaschinen mit in der Höhe verstellbarem Tisch, Abnahmebedingungen.

DIN E 8626 T4 (7.76) Werkzeugmaschinen; Senkrecht-Bohrmaschinen, Einständer-Senkrecht-Koordinatenbohrmaschinen mit fester Höhe des Tisches, Abnahmebedingungen.

DIN E 8626 T5 (7.76) Werkzeugmaschinen; Senkrecht-Bohrmaschinen, Zweiständer-Senkrecht-Koordinatenbohrmaschinen mit fester Höhe des Tisches, Abnahmebedingungen.

DIN 44715 (6.69) Handbohrmaschinen; Spannhalsmaße für Spindelseite.

DIN 55005 T5 (8.61) Technische Angaben in Druckschriften über Werkzeugmaschinen; Radialbohrmaschinen.

DIN 55058 (1.73) Bohrspindelköpfe für Stellhülsen; Anschlußmaße.

DIN 55060 T10 (8.44) Waagerecht-Bohr- und Fräswerke bis 125 mm Arbeitsspindeldurchmesser; Querkeile.


*VDI-Richtlinien*


VDI 3207 (5.70) Richtwerte für das Bohren metallischer Werkstoffe mit Wendelbohrern (Spiralbohrern) aus Schnellarbeitsstahl.

VDI 3233 (10.71) Meßgesteuerte Werkzeughalterungen; Prinzipdarstellungen mit Funktionsmerkmalen.

# 7 Fräsen

## 7.1 Allgemeines

**Dr.-Ing. O. Gunsser, Nürtingen**

Nach dem DIN-Entwurf 8589 Blatt 2 vom November 1973 wird in der Untergruppe 3.2.3 das Fräsen beschrieben. Fräsen ist Spanen mit kreisförmiger Schnittbewegung und beliebiger, quer zur Drehachse liegender Vorschubbewegung. Die Drehachse der Schnittbewegung behält ihre Lage zum Werkstück unabhängig von der Vorschubbewegung bei (Drehachse werkzeuggebunden). Nach VDI 3220 ist Fräsen das Spanen mit ein- oder mehrschneidigem umlaufendem Werkzeug zur Gestaltung und Verbesserung von Form, Maß, Lage und Oberfläche eines Werkstücks. Der Fräsvorgang ist demzufolge gekennzeichnet durch eine diskontinuierliche Spanabnahme; rhythmisch wiederkehrende Spanunterbrechungen und Schnittkraft-Schwankungen erfordern gute dynamische Eigenschaften der Fräsmaschinen. Vielzahnige Werkzeuge verursachen auch beträchtliche statische Beanspruchungen. Je besser eine Maschine beide Forderungen erfüllt, desto eher werden die fertigungstechnischen Ziele erreicht.

## 7.2 Übersicht der Fräsverfahren

**Dr.-Ing. O. Gunsser, Nürtingen**

Für die verschiedenen Fräsverfahren haben sich im Laufe der Zeit unterschiedliche Benennungen und Begriffe eingebürgert, die dringend einer Vereinheitlichung mit Anspruch auf Verbindlichkeit bedurften. Die Ergebnisse der diesbezüglichen Bemühungen sind in dem DIN-Entwurf 8589 Blatt 2, Ausgabe November 1973, enthalten. Die darin vorgeschlagenen Benennungen und Begriffe sowie die zeichnerische Darstellung werden in den folgenden Abschnitten verwendet und, wo nötig, ergänzt.

### 7.2.1 Fräsverfahren und erzeugbare Formelemente

*Erzeugen ebener Flächen*

Beim *Umfangplanfräsen* (Bild 1 A), auch Walzenfräsen genannt, dreht sich ein an seinem zylindrischen Umfang verzahnter Fräserkörper um seine Achse mit einer der gewünschten Schnittgeschwindigkeit entsprechenden Drehzahl. Das Werkstück bewegt sich in Pfeilrichtung mit einer eingestellten Vorschubgeschwindigkeit auf den Fräser zu, wobei eine der eingestellten Schnittiefe entsprechende Werkstoffmenge zerspant wird.

Beim *Umfangstirnfräsen* (Bild 1 B) ist der Fräser an seinem zylindrischen Umfang und an einer Stirnseite mit Schneiden versehen. Die Umfangsschneiden können zur Drehachse einen beliebigen Einstellwinkel $\varkappa$ haben. Im gezeichneten Beispiel ist $\varkappa = 90°$. Besonders bei Messerköpfen sind Einstellwinkel von 75, 60 und 45° gebräuchlich. Die Umfangsschneiden übernehmen die Hauptarbeit des Zerspanungsvorgangs und werden deshalb

Hauptschneiden genannt. Die Stirnschneiden erzeugen die Planfläche und heißen Nebenschneiden.
Beim *Umfangstirnplanfräsen* (Bild 1 C) fällt ebenfalls die Hauptzerspanungsleistung den Umfangsschneiden zu. Diese erzeugen aber auch die Planfläche. Zu diesem Fräsverfahren gehört auch das Nutenfräsen, bei dem der stirnverzahnte Schaftfräser mit seinem halben Umfang im Werkstück in Eingriff ist, und das Schlitzfräsen mit einem Scheibenfräser, dessen beide Planseiten mit Nebenschneiden versehen sind.

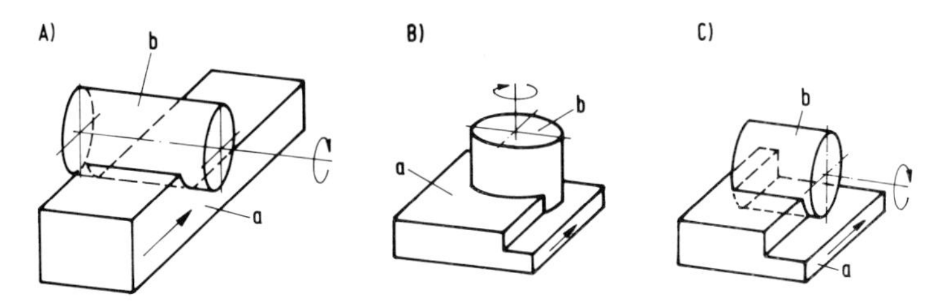


Bild 1. Erzeugung ebener Flächen
A) durch Umfangplanfräsen, B) durch Umfangstirnfräsen, C) durch Umfangstirnplanfräsen
a Werkstück, b Werkzeug

*Erzeugen kreiszylindrischer Flächen*

Das *Umfangrundfräsen mit außenverzahntem Scheibenfräser* (Bild 2 A) wird am Beispiel des Kurbelwellen-Rundfräsens erklärt. Ein außenverzahntes scheibenförmiges Werkzeug schneidet in das Werkstück zunächst eine Nut ein, bis der gewünschte Zapfenradius erreicht ist. Dann führt das Werkstück eine Rundvorschubbewegung aus, bei der bei konstantem Abstand der beiden Drehachsen ein zur Werkstückachse konzentrischer Zapfen entsteht. Wird jedoch der Achsabstand z.B. mit einer Nachformeinrichtung verändert, entsteht nach einer Werkstückumdrehung ebenfalls ein runder Zapfen, dessen Achse jedoch gegen die Werkstückachse versetzt ist.
Durch *Umfangrundfräsen mit innenverzahntem Scheibenfräser* (Bild 2 B) können genau dieselben Bearbeitungsaufgaben auch mit einem ringförmigen innenverzahnten Scheibenfräser gelöst werden.
Wenn sich Werkzeuge nach Bild 1 A, B oder C auf einer Kreisbahn bewegen, dann entstehen innere oder äußere kreiszylindrische Flächen. Für diese Arbeitsweise hat sich der Begriff *Zirkularfräsen* eingebürgert.
Das *Stirnrundfräsen* mit einem Messerkopf mit Breitplanschneiden (Bild 2 C) wird am Beispiel des Zylindrischfräsens einer Bremsbacke erklärt. Ein Stirnmesserkopf mit Durchmesser D trägt an seinem Umfang Messer mit Planschneiden von der Breite t. Die Bremsbacke mit dem Wirkdurchmesser d ist auf einer Vorrichtung aufgespannt und führt die kreisförmige Vorschubbewegung aus. Die Breite der Bremsbacke beträgt b. Die Eingriffsverhältnisse des Fräsers müssen nun so gewählt werden, daß der Frösermittelpunkt genau in der Mitte der Backenbreite b liegt. Des weiteren müssen die Planschneiden breiter sein als das Maß x, und zwar müssen sie die Breite der Zone haben, die sich von der Fräsereintrittskante an der Backenoberseite zur Fräseraustrittskante an der Backenunterseite auf dem Zylindermantel erstreckt. Wenn dieses Fräsverfahren mit einem vielzahnigen Messerkopf angewendet wird, ergeben sich gegenüber dem Drehen wesentlich kürzere Bearbeitungszeiten.

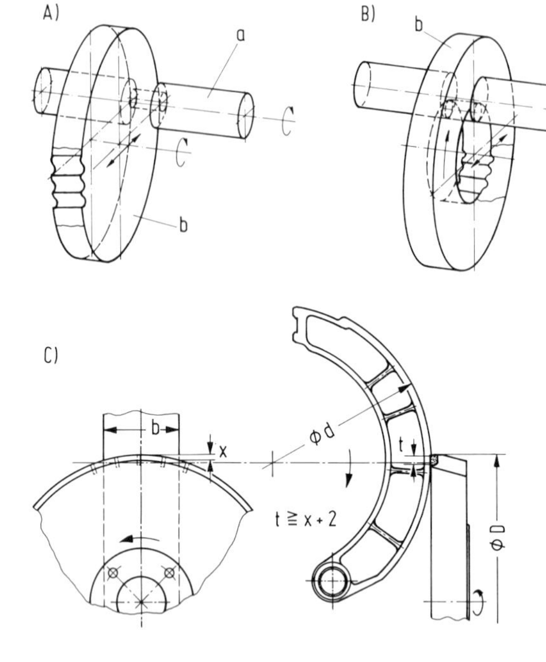


Bild 2. Erzeugung kreiszylindrischer Flächen
A) durch Umfangrundfräsen mit außen verzahntem Fräswerkzeug,
B) durch Umfangrundfräsen mit innen verzahntem Fräswerkzeug,
C) durch Stirnrundfräsen mit Messerkopf mit breiten Planschneiden
a Werkstück, b Werkzeug

*Erzeugen von Schraubflächen*

Beim *Schraubfräsen mit Scheibenfräser* (Bild 3 A) fräst ein außenverzahnter Scheibenfräser in ein Werkstück infolge dessen gleichzeitiger Rund- und Längsvorschubbewegung eine Nut mit gegebener Steigung. Dieser Steigung entsprechend ist die Achse des Scheibenfräsers um den Winkel α gegen die Werkstückachse gedreht.
Dieselbe Bearbeitungsaufgabe wird durch *Schraubfräsen mit Nutenfräser* (Bild 3 B) gelöst, nur mit dem Unterschied, daß anstatt des Scheibenfräsers ein Schaftfräser verwendet wird, dessen Drehachse senkrecht zur Werkstückachse steht. Auch hier wird die Schraubfläche durch gleichzeitige Dreh- und Längsvorschubbewegung des Werkstücks erzeugt.

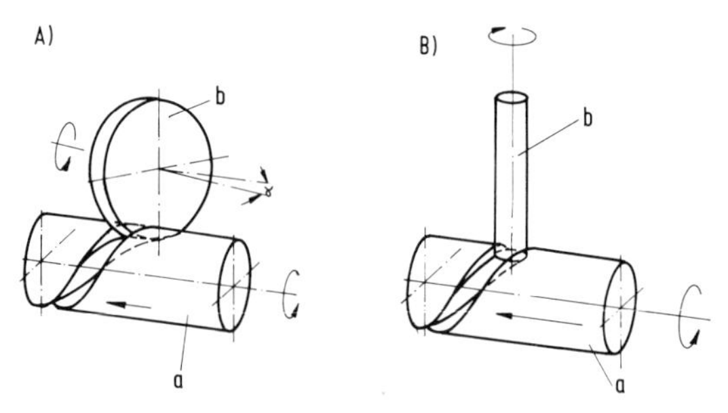


Bild 3. Erzeugen von Schraubenflächen
A) mit Scheibenfräser,
B) mit Nutenfräser
a Werkstück, b Werkzeug

Das *Gewindefräsen* ist dem Schraubfräsen mit Scheibenfräser sehr ähnlich, nur wird anstatt eines rechtwinkligen Werkzeugprofils ein Scheibenfräser mit einem den Gewindeflanken angepaßten Profil verwendet.
Bei den vorgenannten Fräsverfahren kann die Längsbewegung entweder vom Werkstück oder vom Fräser ausgeführt werden.

*Erzeugen beliebiger, durch ein Profilwerkzeug bestimmter profilierter Flächen*

Beim *ebenen Profilfräsen* (Bild 4 A) erzeugt ein an seinem profilierten Umfang verzahnter Walzenfräser das Gegenprofil an einem mit Längsvorschub vorbeigeführten Werkstück. Beim *Profilrundfräsen* (Bild 4 B) erzeugt ein an seinem profilierten Umfang verzahnter Scheibenfräser das Gegenprofil in einem mit Rundvorschub daran vorbeigeführten Werkstück, nachdem sich die Achsen von Werkstück und Werkzeug auf die erforderliche Arbeitstiefe genähert haben. Dieser Arbeitsgang kann sowohl mit einem außenverzahnten Scheibenfräser als auch mit einem innenverzahnten Ringfräser, entsprechend Bild 2 A und B, ausgeführt werden.

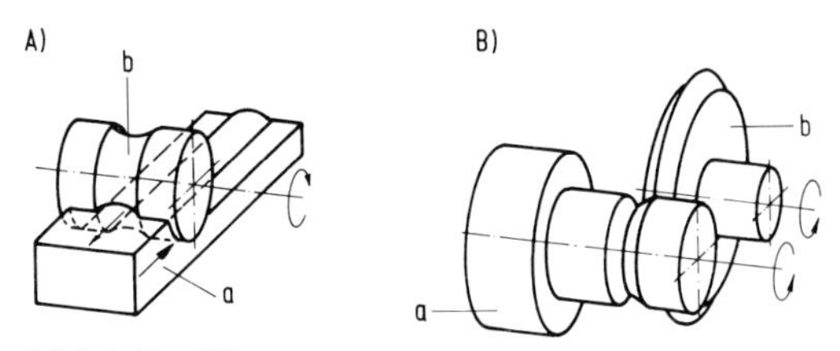


Bild 4. Profilfräsen
A) mit Profilwerkzeug, B) Profilrundfräsen
a Werkstück, b Werkzeug

*Nachformfräsen*

*Nachformfräsen* ebener Kurven (Bild 5 A) besteht darin, daß ein an seinem zylindrischen Umfang verzahnter Walzenfräser durch eine Nachformsteuerung entsprechend einer Steuerschablone über das Werkstück geführt wird und das von der Schablone vorgegebene Profil erzeugt. Außer einem zylindrischen Werkzeug kann auch ein profiliertes Werkzeug verwendet werden. Wichtig ist jedoch, daß der Durchmesser des Nachformfühlers dem mittleren Arbeitsdurchmesser des Werkzeugs entspricht.

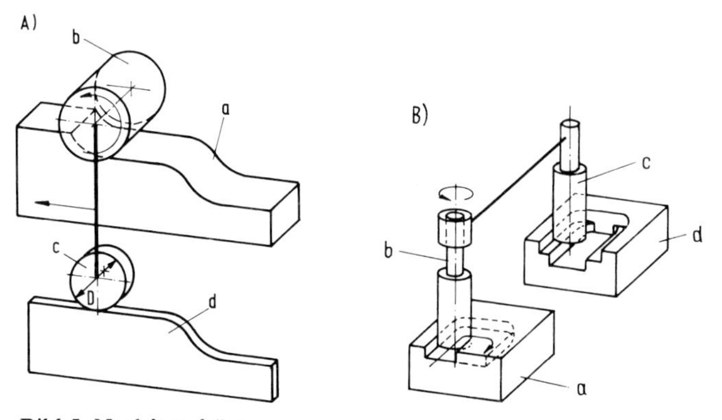


Bild 5. Nachformfräsen
A) Nachformfräsen ebener Kurven, B) Nachform-Raumfräsen
a Werkstück, b Werkzeug, c Nachformfühler, d Schablone bzw. Modell

Beim *Nachform-Raumfräsen* (Bild 5 B) wird ein zylindrischer oder profilierter Schaftfräser durch eine in drei Achsen gesteuerte Nachformeinrichtung über das Werkstück geführt. Meist erfolgt ein solcher Arbeitsvorgang im sog. Zeilennachformverfahren, d. h. zwei Achsen sind immer nachformgesteuert, während Nachformeinrichtung und Werkzeug in der dritten Achse (meistens der Z-Richtung) schrittweise bewegt werden. Die Form des Fühlstifts muß genau der Form des Fräswerkzeugs entsprechen. Zur Optimierung der Zerspanungsverhältnisse kann das Eindringen des Fräsers in das Werkstück so durchgeführt werden, daß der Fräser hauptsächlich mit möglichst großem Schneidenflugradius arbeitet. Der anzuwendende Fräserdurchmesser ist abhängig von der Krümmung der zu erzeugenden Raumfläche.

*Erzeugen von Wälzflächen*

Wälzfräsen wird hauptsächlich zur Herstellung von Zahnrädern angewandt und deshalb in dem der Zahnradherstellung gewidmeten Kapitel behandelt.

### 7.2.2 Fräsen im Gleich- oder im Gegenlauf

Beim Gleichlauf (Bild 6A) stimmt die Fräserschneidrichtung mit der Richtung der Vorschubbewegung überein. Beim Gegenlauf (Bild 6B) ist die Vorschubbewegung entgegengesetzt. Beim Gleichlauf wird der Kommaspan an seiner dicksten Stelle angeschnitten, beim Gegenlauf an seiner dünnsten. Für die Fräserstandzeit ist Gleichlauf günstiger als Gegenlauf, sofern nicht in harte Gußhaut oder verkrustete Schmiedestückoberflächen eingeschnitten wird. Beim Gleichlauffräsen wirkt ein großer Anteil der Schnittkraft ziehend auf das Werkstück. Dieses muß deshalb immer gegen einen festen Anschlag gespannt werden. Der Vorschubantrieb muß spielfrei sein, weil es sonst zum Einhaken des Werkzeugs kommen kann. Gleichlauffräsen erfordert eine höhere Stabilität der Maschine als Gegenlauffräsen. Deshalb können die unbestreitbaren Vorteile nur mit besonders geeigneten Maschinen und Werkzeuganordnungen erzielt werden. Beim

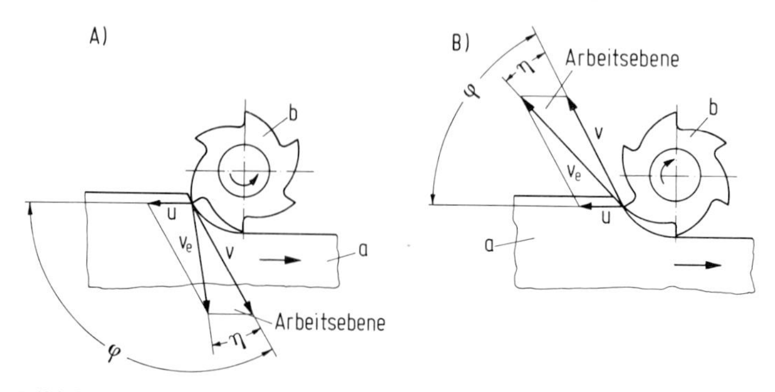


Bild 6. Arbeitsebene, Vorschubrichtungswinkel φ und Wirkrichtungswinkel η (nach DIN 6580)

A) beim Gleichlauffräsen ($\varphi > 90°$), B) beim Gegenlauffräsen ($\varphi < 90°$)

a Werkstück, b Werkzeug

Arbeiten mit Fräsdornen ist auf deren reichliche Dimensionierung zu achten. Wenn der Fräsdorndurchmesser nicht groß genug gewählt werden kann und Ratterschwingungen mit der Biegefrequenz des Dorns auftreten, dann können diese durch Anordnung eines Tilgers am Ende des Fräsdorns beseitigt oder zumindest gemildert werden.

### 7.2.3 Störquellen beim Fräsen (Rattern)

Eine der häufigsten Störquellen beim Fräsen ist das Rattern. Es kommt vor, daß das Maschinengestell oder das Fräsergetriebe durch die Fräserzahn-Eingriffsfrequenz oder ein Vielfaches davon in Resonanz gerät und mit großen Amplituden schwingt. Diese *fremderregten Schwingungen* kann man durch Anordnung von Zusatzmassen am Maschinengestell oder auch schon durch Verändern der Zahneingriffsfrequenz durch Verringern oder Erhöhen der Fräserdrehzahl vermeiden.
*Selbsterregte Ratterschwingungen* entstehen hauptsächlich durch kräftebedingte Verlagerungen zwischen den Werkzeugschneiden und dem Werkstück, die sowohl von nicht genügend schwingungssteifen Bauteilen oder auch von ungünstiger Spanbildung herrühren. Ratterfrequenzen liegen meist im Bereich über 200 bis 400 Hz und stimmen immer mit der Eigenfrequenz des betroffenen Bauteils überein. Durch Verändern der Schnittgeschwindigkeit, der Schnittiefe, der Schneidengeometrie und ggf. durch Verbessern des Späneflusses kann das Rattern beseitigt werden. Manchmal hilft auch der Übergang vom Gegenlauf- zum Gleichlauffräsen. Wenn das Werkstück für das Auftreten des Ratterns verantwortlich ist, muß es durch geeignetes Spannen und wirksames Abstützen der nachgiebigen Partien beruhigt werden.
Schon seit geraumer Zeit wird nach objektiven und reproduzierbaren Testmethoden zur eindeutigen Bestimmung der Fräseigenschaften von Fräsmaschinen geforscht. Diese Bemühungen haben zu tauglichen Meßmethoden zur Bestimmung von Schwachstellen an den Maschinen geführt. Mit ihrer Hilfe können Wirksamkeit und Richtigkeit von konstruktiven Änderungen beurteilt werden. Die Messungen erfordern jedoch einen relativ hohen apparativen Aufwand und viel Erfahrung für die Auswertung und Beurteilung. Da die Wechselwirkungen zwischen Werkzeug und Werkstück einerseits und Werkzeug und Maschine andererseits bei den verschiedenen Fräsverfahren sich stark unterscheiden, ist es sehr unwahrscheinlich, daß eine generell anwendbare Testmethode gefunden wird, die einen einwandfreien Vergleich von Maschinen verschiedener Größe und verschiedener Bauart gestatten. Man wird weiterhin darauf angewiesen sein, das Verhalten der Maschinen durch Bearbeitungsversuche zu testen und die jeweiligen Grenzbelastungen und Schnittbedingungen zu ermitteln. Dabei sollten nicht Standardbedingungen gewählt werden, weil einzelne Maschinen durchaus unterschiedliche Stabilitätsgrenzen haben können. Man muß vielmehr versuchen, für jede Maschine die geeignetsten Schnittbedingungen zu ermitteln, und mit diesen z. B. das maximal erreichbare Spanvolumen vergleichen.

## 7.3 Übersicht der Fräsmaschinen

Dr.-Ing. O. Gunsser, Nürtingen

### 7.3.1 Gemeinsame Anforderungen an alle Bauarten

Fräsmaschinen dienen der spanenden Bearbeitung mit umlaufenden, ein- oder mehrschneidigen Werkzeugen. Durch die Zahneingriffsverhältnisse entstehen nach Größe und Richtung sich fortwährend ändernde Zerspankräfte. Daher sind Fräsmaschinen hohen statischen und dynamischen Beanspruchungen ausgesetzt. Das schwächste Element im Kraftfluß zwischen Maschine, Werkzeug, Werkstück und Spannvorrichtung bestimmt die bei der Bearbeitung eines Werkstücks anwendbaren Zerspanbedingungen.

Die Erzeugung winkliger, ebener und formtreu gewölbter Schnittflächen sowie eine gute Wiederholgenauigkeit beim Positionieren erfordern hohe geometrische Genauigkeit und Spielfreiheit der Führungen und Vorschubantriebe. Die Lagerung der Hauptspindeln muß zur Erzielung optimaler Schnittflächen radial und axial spiel- und schlagfrei ausgeführt werden. Der Hauptspindelantrieb muß zur Verhinderung und Dämpfung von Drehschwingungen zum Erreichen guter Werkzeugstandzeiten möglichst gleichförmig und spielfrei erfolgen. Schneckenantrieb bzw. Stirnradantriebe mit eingeengtem Zahnspiel und wirksamen Schwungmassen dienen diesem Zweck.
Das Fräsen im Gleichlauf setzt besondere Maßnahmen beim Vorschubantrieb der Tische und Schlitten voraus. Zahnstangentriebe mit gegeneinander verspanntem Doppelritzel, Schneckenzahnstangen mit vorspannbaren oder hydrostatischen Schnecken und Kugelrollspindeln mit vorgespannten Muttern sind dafür geeignete Elemente.
Die Bedienung von Fräsmaschinen wird erleichtert durch elektronische Positionsanzeige, durch Programmsteuerungen mit oder ohne Nocken sowie durch den Einsatz numerischer Strecken- und Bahnsteuerungen.

## 7.3.2 Bauformen von Fräsmaschinen

*Konsolfräsmaschinen* (Bild 7) bestehen vorwiegend aus einem Ständer mit angegossener Grundplatte, einer Konsole für die Vertikalbewegung, darauf einem Kreuzschlitten, der die Querbewegung ausführt und die Führung für den Längstisch trägt. Der Ständer enthält bei Horizontalmaschinen (Bild 7A) das Hauptgetriebe und die Hauptspindel mit ihrer Lagerung. Bei Vertikalmaschinen (Bild 7B) kann das Hauptgetriebe in einem

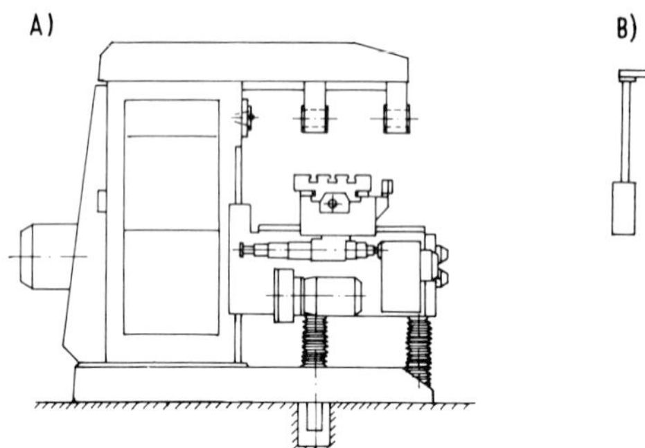


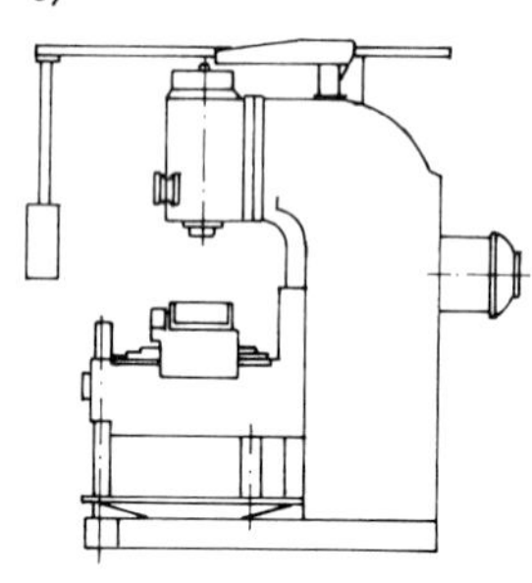


Bild 7. Konsolfräsmaschinen
A) horizontale, B) vertikale

besonderen Gehäuse untergebracht sein, das entweder an einer Vertikal- oder an einer Horizontal-Anschraubfläche mit dem Ständer verschraubt ist. Die Konsole wird in einer Senkrechtführung des Ständers geführt und bei Maschinen der stärkeren Leistungsklasse meist noch vorne gegen die Grundplatte abgestützt. Der Angriff der Vertikalvorschubspindel liegt etwa im Massenschwerpunkt. Der Kreuzschlitten ist in seinem Führungsverhältnis eingeschränkt und erfordert daher eine besonders sorgfältige Spieleinstellung, um das Querkippen möglichst gering zu halten. Wenn sich der Tisch in einer seiner Extremlagen befindet und zudem eine schwere Vorrichtung mit Werkstück trägt, sind die Reibungsverhältnisse des Kreuzschlittens auf der Querführungsbahn besonders problematisch. Die Tischführung des Kreuzschlittens ragt beiderseits weit über die Querführungsbahnen hinaus. Dennoch ist es unvermeidlich, daß der Tisch in seinen Hubendlagen beiderseits die Unterstützung verläßt und überhängt. Diese geometrischen Verhältnisse bringen es mit sich, daß Konsolfräsmaschinen nur in eingeschränkten Arbeitsbereichen mit befriedigender Genauigkeit arbeiten können. Sie beherrschen deshalb das Feld der kleinen Fräsmaschinen mit Antriebsleistungen von 1 bis 25 kW.

Die Horizontal-Fräsmaschinen haben einen verschiebbaren Ausleger für die Aufnahme der Fräsdorngegenlager. Bei einigen Fabrikaten sind zur Erhöhung der Steifheit Scheren vorgesehen, die den Ausleger mit der Konsole verbinden.

*Bettfräsmaschinen* (Bild 8) bestehen meistens aus einem Unterteil, mit dem ein Ständer fest verschraubt ist. Der Ständer enthält eine Vertikalführung, in der entweder eine Horizontalfräseinheit (Bild 8A) oder eine Vertikalfräseinheit (Bild 8B) in vertikaler Richtung verschiebbar angeordnet ist. Das Grundgestell trägt eine Querführung, auf der ein Kreuzschlitten und auf diesem der Maschinenlängstisch gleitet. Durch den Verzicht auf eine Konsole erhöht sich die Steifigkeit dieser Maschinenkonzeption. Das Verlegen der Vertikalbewegung in die Ständerführung hat den Vorteil, daß die Vorschubkraft genau im Massenschwerpunkt angreifen kann und sich dessen Lage nicht durch Querfahren des Kreuzschlittens ändert. Die oben erwähnten Nachteile des Kreuzschlittens mit der Tischführung bestehen jedoch nach wie vor.

Die in Bild 8C dargestellte Bettfräsmaschine verzichtet auf einen Kreuzschlitten. Das Grundgestell enthält die Längstischführung, die bei kleineren Typen noch überfahren wird, bei größeren Typen aber so lang ist, daß der Tisch in seinem gesamten Hub-Bereich voll aufliegt. Die Querbewegung führt der Ständer aus, dessen Führungsverhältnisse günstig gewählt werden können und dessen Schwerpunktlage immer konstant bleibt. Im Ständer verschiebt sich die vertikale oder horizontale Fräseinheit in vertikaler Richtung, wobei auch hier der Angriffspunkt der Vorschubspindel im Massenschwerpunkt liegt. Die mit zumutbarem Aufwand erzielte Genauigkeit liegt höher, und die Fräseigenschaften sind besser als bei Konsol- und Kreuzschlittenmaschinen.

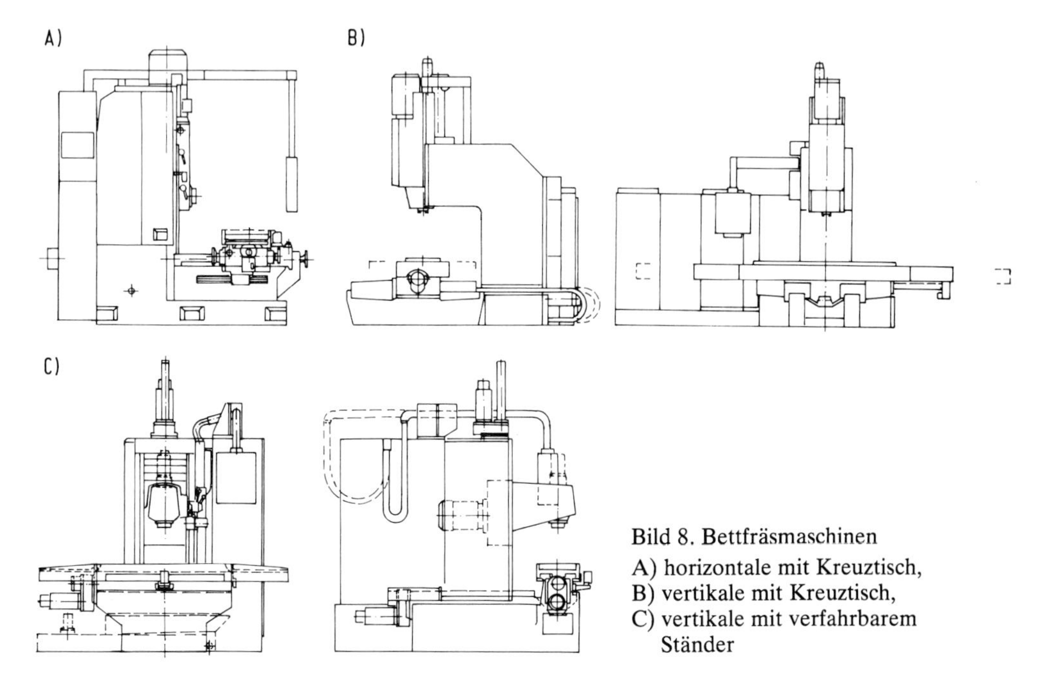


Bild 8. Bettfräsmaschinen
A) horizontale mit Kreuztisch,
B) vertikale mit Kreuztisch,
C) vertikale mit verfahrbarem Ständer

Für die große Familie der *Langfräsmaschinen* zeigt Bild 9 A eine sehr kleine und Bild 9 B eine sehr große Version. Langfräsmaschinen besitzen einen langen Aufspanntisch für die Bearbeitung langer Teile oder für die Reihenspannung. Die Tische von Langfräsmaschinen sind immer innerhalb ihres Gesamthubbereichs unterstützt. Häufig werden zwei getrennt arbeitende und kuppelbare Tische verwendet, um das Auf- und Abspannen der Werkstücke auf dem einen Tisch in die Arbeitszeit der Werkstücke auf dem anderen Tisch zu verlegen.
Die Duplex-Langfräsmaschine in Bild 9 A hat zwei unabhängig voneinander verstellbare horizontale Fräseinheiten, die in quer verschiebbaren Ständern in vertikaler Richtung verstellbar sind. Im Gegensatz dazu hat die Langfräsmaschine in Portalbauweise in Bild 9 B zwei senkrechte Ständer, die oben durch ein Querhaupt verbunden sind. Auf den Ständer-Senkrechtführungen gleitet eine horizontale Traverse, an der eine Schieberfräseinheit mit senkrechter Spindel horizontal verschiebbar ist. Maschinen dieser Bauart werden mit verschiedenen Winkelfräsköpfen ausgestattet, welche die Bearbeitung eines Werkstücks in einer Aufspannung an fünf Flächen ermöglichen.

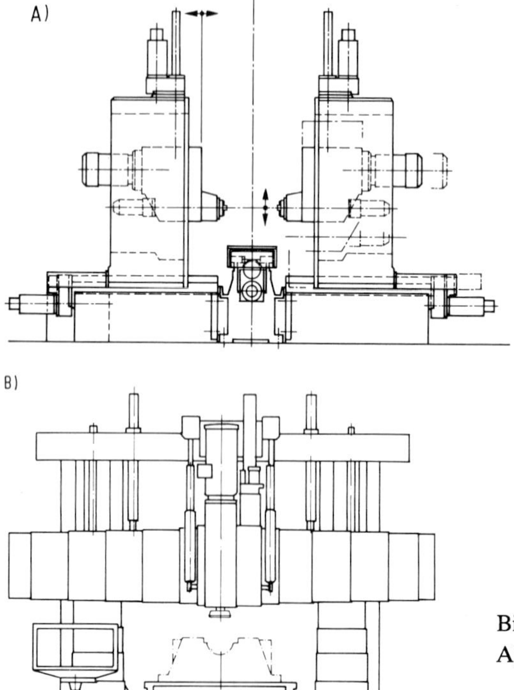


Bild 9. Langfräsmaschinen
A) mit zwei in quer verschiebbaren Ständern vertikal verschiebbaren Fräseinheiten,
B) in Portalbauweise

Die *Universal-Werkzeugfräsmaschine* in Bild 10 ist in Bettbauform konzipiert und weist speziell für die Bedürfnisse des Werkzeugbaus einen schwenkbaren Fräskopf sowie einen drehbaren Tisch auf. Die vielseitige Verstellmöglichkeit dient dem Zweck, daß komplizierte Werkzeuge möglichst in einer Aufspannung aus allen Richtungen bearbeitet werden können. Abhängig vom Verwendungszweck werden solche Universalfräsmaschinen in kleinen bis mittleren Arbeitsbereichen und mit Antriebsleistungen von 2 bis 15 kW gebaut.

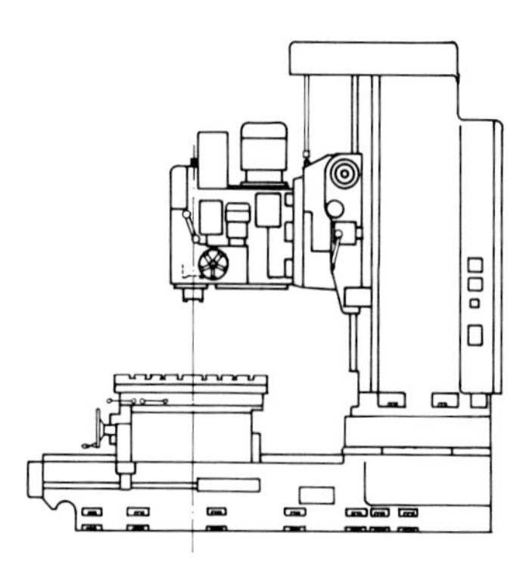

Bild 10. Universal-Werkzeugfräsmaschine mit schwenkbarer Fräseinheit

Bei der in Bild 11 von zwei gegenüberliegenden Seiten dargestellten *Rundtisch-Fräsmaschine* werden die Werkstücke in einer Vorrichtung eingespannt, die sich auf einem Rundtisch befindet, der die Vorschubbewegung ausführt. Zwei senkrecht angeordnete Hauptspindeln dienen z.B. dem Schrupp- und dem nachfolgenden Schlichtvorgang. Die Anordnung hat den Vorteil, daß der Rundvorschub kontinuierlich erfolgt und kein Tischrücklauf im Eilgang notwendig ist. Die Spannvorrichtungen solcher Rundtischmaschinen sind hydraulisch betätigt und geben in der Entladestellung die Werkstücke selbsttätig frei und spannen sie automatisch in der Einlegestellung.

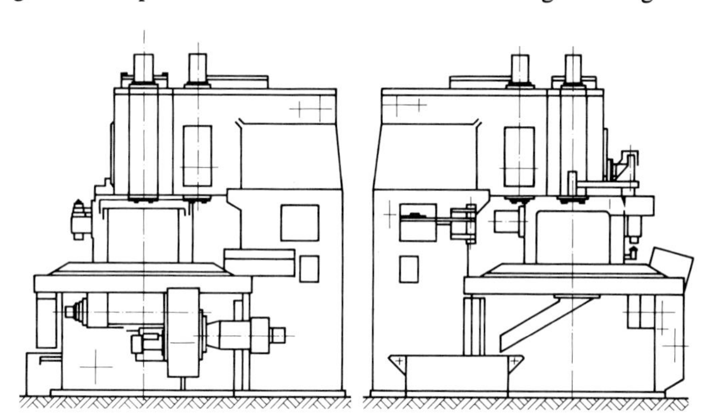

Bild 11. Rundtisch-Fräsmaschine

Die Bettfräsmaschine in Bild 12A ist durch Anbau eines Nachformfühlers für das *Nachformfräsen* geeignet. Die Vorschubantriebe einer solchen Maschine müssen dynamisch sehr steif sein, weil sie zusammen mit dem Fühler im geschlossenen Lageregelkreis arbeiten. Bei den Fühlern unterscheidet man nach zweidimensionalen und zweieinhalbdimensionalen Versionen, wobei zweidimensionale Fühler in dem vorliegenden Fall nur Kurven in der x-y-Ebene steuern können, während zweieinhalbdimensionale Fühler auch noch die vertikale Ebene beeinflussen.

Bei der Nachformfräsmaschine in Bild 12B, ebenfalls in Bettbauweise, werden zwei Frässpindeln gleichzeitig von einem Fühler gesteuert. Die in Bild 13 dargestellte Fräsmaschine ist in drei Achsen *numerisch gesteuert.* Der Ständer führt die Bewegung in X-Richtung aus. An seiner senkrechten Führung gleitet der Schlitten in vertikaler Y-Richtung. Dieser Schlitten trägt eine auswechselbare Palette mit den aufgespannten

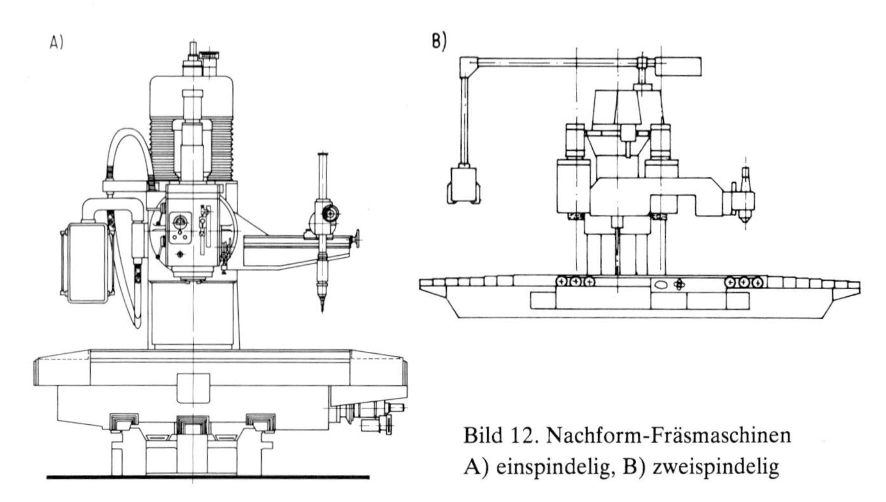


Bild 12. Nachform-Fräsmaschinen
A) einspindelig, B) zweispindelig

Werkstücken. Der Werkzeugschlitten, bewegt in Z-Richtung, trägt vier in ihrem Achsabstand verstellbare Hochleistungsfräseinheiten, denen die Werkzeuge aus darüber angeordneten Kettenmagazinen zugeführt werden. Der Arbeitsraum der Maschine ist vollständig gekapselt, so daß das Kühlmittel und die Späne zwangsläufig in den Späneförderer unter der Maschine geleitet werden. Der automatische Wechsel der Werkstückpaletten und der Werkzeuge gewährleistet einen hohen Automatisierungsgrad.

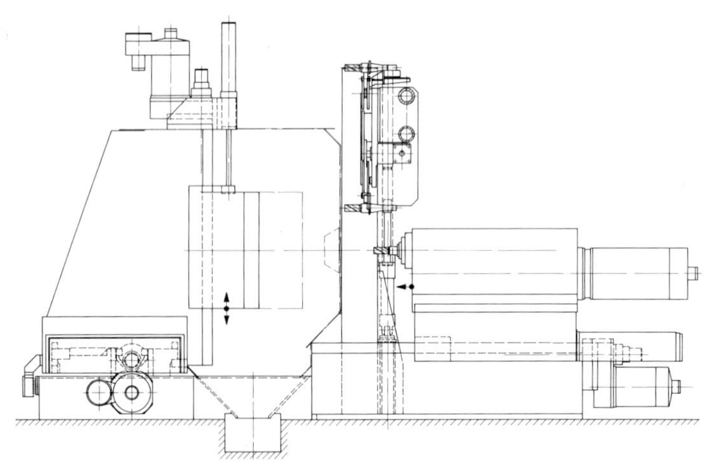

Bild 13. Vierspindelige horizontale NC-Fräsmaschine mit Werkzeug- und Palettenwechsel

Bei schweren Werkstücken mit großen Abmessungen ist es häufig zweckmäßig, diese stationär auf einer ruhenden Aufspannplatte zu spannen. Für die Bearbeitung bewegt sich parallel zur Aufspannplatte ein *Fräswerk* auf einem langen Bett (Bild 14). Auf diesem gleitet ein Kreuzschlitten, der auf seiner Oberseite den Maschinenständer verschiebbar trägt. An dem Maschinenständer bewegt sich in vertikaler Richtung die Fräseinheit. Meistens sind die Fräseinheiten solcher Fräswerke ebenfalls mit Winkelfräsköpfen ausgestattet und manchmal auch um eine horizontale Achse schwenkbar. Auf diese

Weise können Bearbeitungen aus zahlreichen Richtungen in einer Werkstückaufspannung ausgeführt werden. Meist ist an der Fräseinheit ein Podest befestigt, auf dem der Bedienungsmann mitfährt und die Maschinensteuerung bedient. Die größten Fräswerke dieser Art haben einen Arbeitsbereich in X-Richtung von 25 m, in Y-Richtung von 8 m und in Z-Richtung von 3 m.

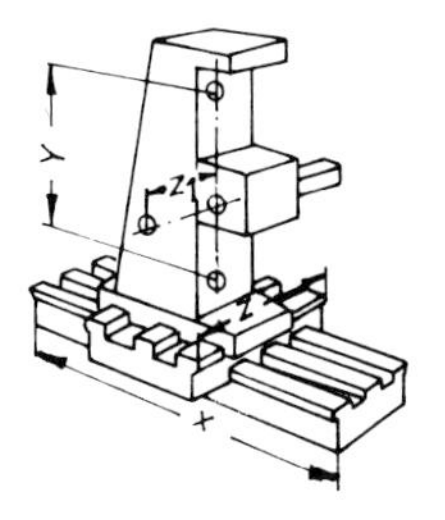


Bild 14. Horizontal-Plattenfräswerk

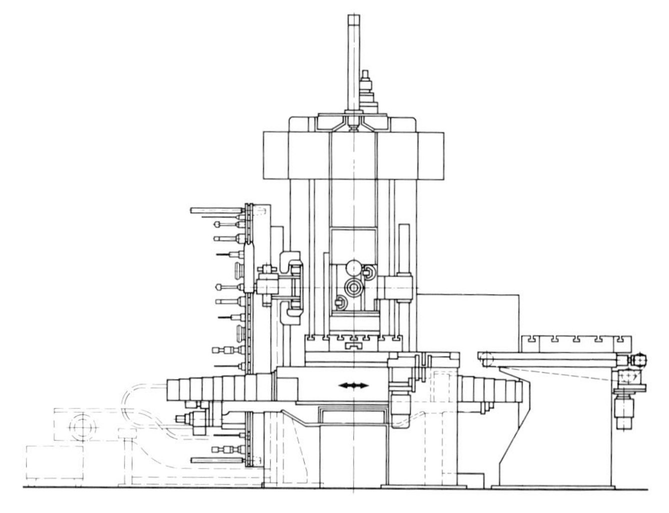

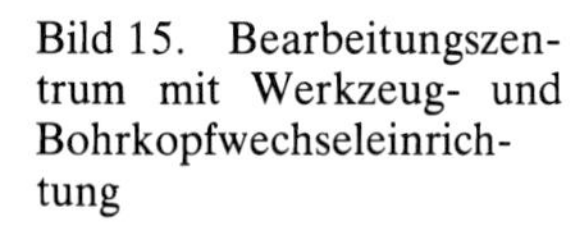

Bild 15. Bearbeitungszentrum mit Werkzeug- und Bohrkopfwechseleinrichtung

Als Beispiel für die große Familie der *Bearbeitungszentren* zeigt Bild 15 eine Version mit automatischem Palettenwechsel, mit Kettenmagazin für Einzelwerkzeuge, die durch einen Winkelgreifer eingesetzt werden, und mit einem oben am Maschinenständer angeordneten zwölfteiligen Magazin für Mehrspindel-Bohrköpfe, die der Fräseinheit durch einen Zylinder zugeführt werden. Die Maschine ist in Bettbauart konzipiert und arbeitet mit einem Kreuzschlitten. In den in X-Richtung verfahrbaren Tisch ist ein Präzisions-Rundschalttisch eingebaut, der die Bearbeitung der Werkstücke aus allen Winkelstellungen erlaubt.

*Sonderfräsmaschinen* (Bild 16) werden zur Ausführung von Fräsarbeiten an Werkstükken in großer Serie verwendet. Sie enthalten deshalb nur die für die Durchführung dieser

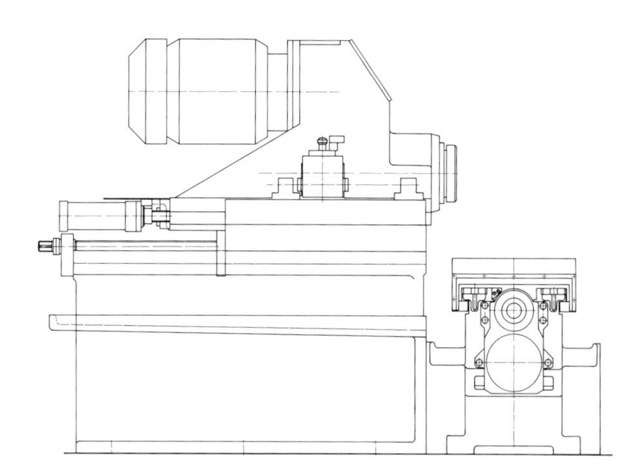

Bild 16. Sonderfräsmaschine

Arbeiten gerade notwendigen Bewegungen. In dem gewählten Beispiel kann die Spindeldrehzahl nur durch Wechseln von Wechselrädern verändert werden. Die Zustellung in Z-Richtung erfolgt über einen Hydraulikzylinder gegen Festanschlag. Der Tisch wird über eine Kugelrollspindel angetrieben. Eine Höhenverstellung der Hauptspindel ist nicht vorgesehen.
In Bild 17 ist eine *Einzweck-Fräsmaschine* für die Fräsbearbeitung der Zylinderfläche von Bremsbacken dargestellt. Diese werden in kontinuierlichem Ablauf in eine auf einem Rundvorschubtisch befestigte Vorrichtung eingelegt und gespannt. Die Maschine ist nur für diesen Zweck ausgelegt und kann Bremsbacken verschiedener Breite und unterschiedlicher Krümmung fräsen.

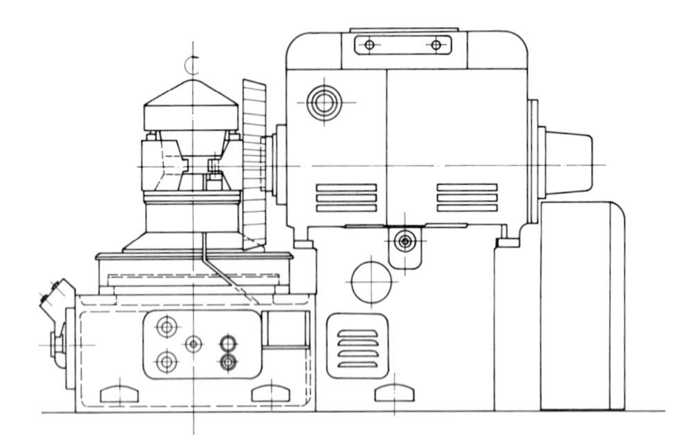

Bild 17. Einzweck-Fräsmaschine für die Bearbeitung von Bremsbacken

Für die gleichzeitige Rundfräsbearbeitung der fünf Hauptlager einer Vierzylinder-Kurbelwelle dient die *Kurbelwellen-Außenrundfräsmaschine* in Bild 18 A. Die Kurbelwellen-Rohlinge werden in hydraulisch betätigte Spannfutter eingelegt und von beiden

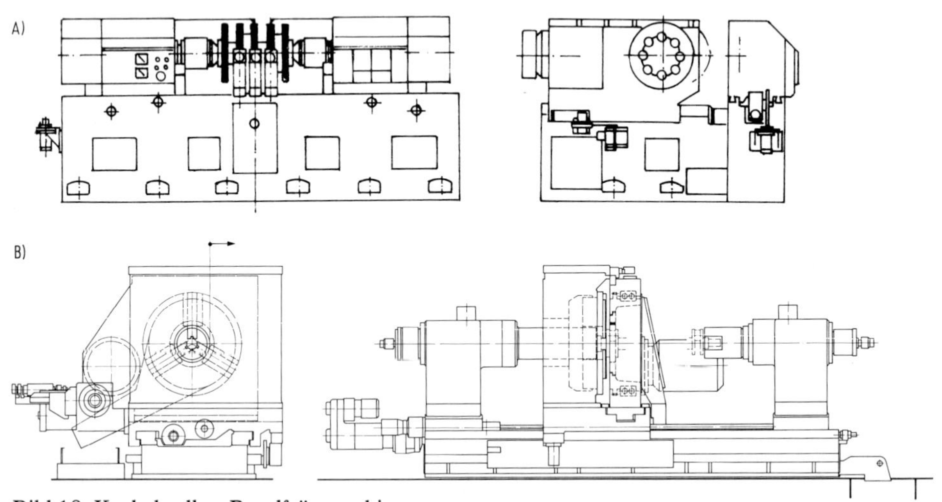


Bild 18. Kurbelwellen-Rundfräsmaschinen
A) mit außen verzahnten Fräsern, B) mit innen verzahntem Fräser

Seiten synchron im Rundvorschub angetrieben. Die außenverzahnten Scheibenfräser bewegen sich auf die Oberfläche des Hauptlagerzapfens zu und fräsen diesen während einer Kurbelwellendrehung rund. Gleichzeitig werden ggf. vorhandene Wangenflächen mitgefräst. Ein Fräsersatz mit drei und ein anderer mit zwei Scheibenfräsern sitzen auf je einer Fräseinheit, deren Frässpindeln durch je zwei spielfrei eingestellte Schneckentriebe angetrieben werden. Zur Erhöhung der Gleichförmigkeit sind schnellaufende Schwungmassen angekoppelt.

Bei einer anderen Variante einer Kurbelwellen-Fräsmaschine (Bild 18 B) übernimmt ein innenverzahnter Fräsring die Zerspanungsaufgabe. Dieser Ring wird von einem Außenzahnkranz angetrieben, wodurch ohne besondere Maßnahmen ein sehr gleichförmiger Fräserlauf erzielt wird. Die ebenfalls von beiden Seiten durch synchron laufende Spannfutter angetriebene Kurbelwelle wird direkt neben dem zu bearbeitenden Hubzapfen in dem Hauptlager in einer Dreibacken-Lünette abgestützt. Die Kurbelwelle dreht sich um ihre Hauptlagerachse, während der Frässchlitten durch einen synchron mitlaufenden Meisterzapfen und eine hydraulische Nachformeinrichtung dem Hubzapfen während der Drehung folgt und in einem Umgang einen runden Hubzapfen erzeugt.

Zum Fräsen der Wicklungs- und Lüftungsnuten in schweren Generatorrotoren dient die *Rotornuten-Fräsmaschine* in Bild 19 A. Der Rotor ist auf einem stationären Werkstückbett hydrostatisch gelagert und durch hydraulisch betätigbare Unterstützungsböcke von unten und von rückwärts abgestützt. Parallel zum Werkstückbett verläuft das Maschinenbett, auf dem eine Fräseinheit mit senkrechter Hauptspindel verschiebbar ist. Auf der Frässpindelnase sitzt ein Scheibenfräser mit rd. 1000 mm Dmr. Die Hauptspindel wird von einem 120-kW-Gleichstrommotor über ein drehschwingungsdämpfendes Schnekkengetriebe angetrieben. Die Teilbewegung des Generatorläufers von Nut zu Nut wird vom mitfahrenden Bedienungsstand aus ferngesteuert. Eine Glasteilscheibe gibt mit optischer Vergrößerung auf einer Mattscheibe die richtige Winkellage an.

Für die rationelle und genaue Herstellung von geraden, schrägen und kreisförmig verlaufenden Schaufelnuten in Dampfturbinenläufern werden *Schaufelnuten-Fräsmaschinen* (Bild 19 B) eingesetzt. An einem in Z-Richtung zustellbaren Maschinenständer befindet sich ein in der Höhe verstellbarer Schlitten, der eine Rundführung trägt. Auf dieser dreht sich die Führung für die Fräseinheit, die dadurch in jeder beliebigen Schräglage geradlinig und mit Hilfe der Drehbewegung auch kreisförmig bewegt werden kann. Die in der Hauptspindel eingesetzten Formfräser erzeugen in den Turbinenläufern die gewünschten Schaufelnutprofile für die Befestigung der Dampfturbinenschaufeln.

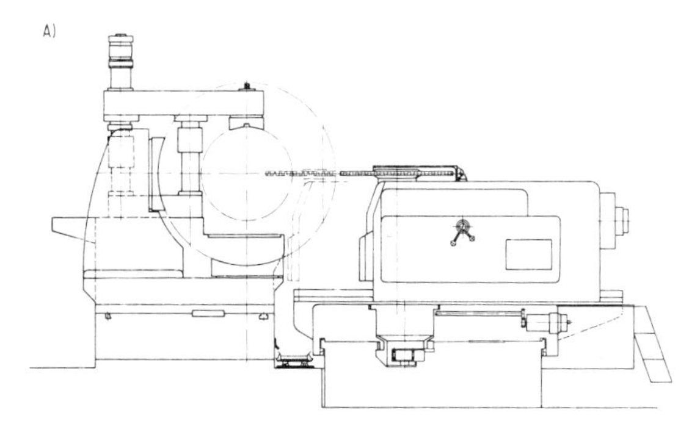


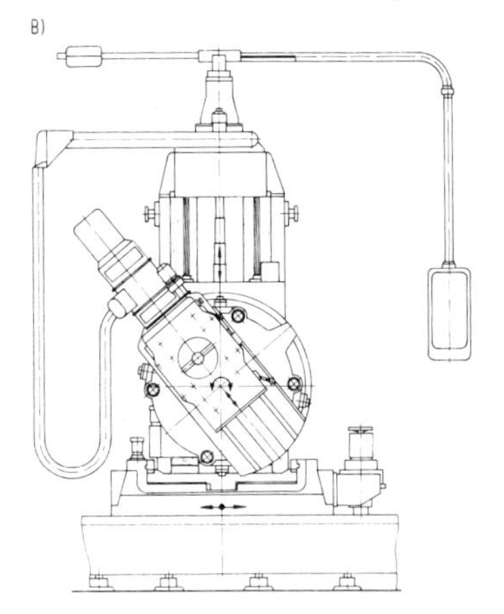


Bild 19. Nutenfräsmaschinen
A) für Nuten in Generatorrotoren, B) für Schaufelnuten in Dampfturbinenläufern

Das Beispiel der Station einer *Fräs-Transferstraße* in Bild 20 zeigt die Anordnung von zwei Fräseinheiten für die Feinbearbeitung der Zylindertrennflächen an V-Motor-Blöcken. Die Fräseinheiten sind auf Ständern fest verschraubt; die Fräser werden über Pinolen zugestellt. Die Werkstücke selbst werden auf einem Tisch gespannt und mit diesem an den Messerköpfen vorbeigeführt. Da es sich hier um eine Einzweck-Anwendung handelt, sind die Fräseinheiten nur mit einer Drehzahl ausgerüstet, die jedoch durch Austausch von Wechselrädern verändert werden kann.

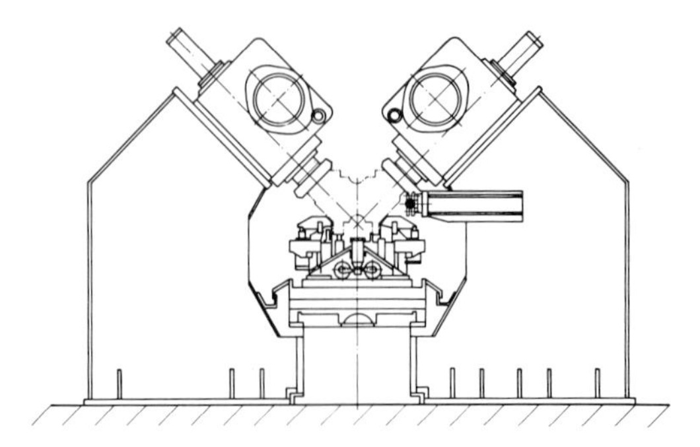

Bild 20. Frässtation einer Transferstraße

Die *Walzbarren-Fräsmaschine* in Bild 21 dient zum automatischen Fräsen der vier Längsseiten und der vier Kantenabschrägungen an Stahlwalzbarren (Ingots). Die rohen Stahlwalzbarren werden der Maschine auf einem angetriebenen Rollgang zugeführt,

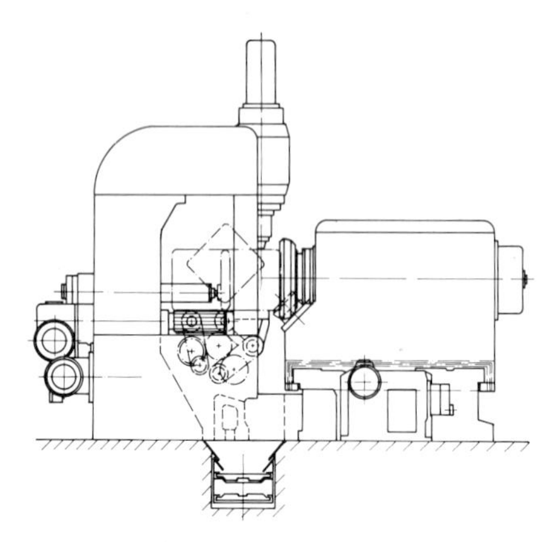

Bild 21. Walzbarren-Fräsmaschine

durch hydraulisch betätigte Anleger positioniert und durch Hydraulikzylinder von oben gespannt. Die Fräseinheit enthält eine horizontale Hauptspindel für einen großen Messerkopf und dazu unter 45° versetzt eine kleinere Hauptspindel mit einem kleinen Messerkopf für das Fräsen der Kantenschräge. Nach dem Fräsen einer Seite wird der Walzbarren durch einen Hebelmechanismus automatisch um 90° gewendet und zum Fräsen der nächsten und weiteren Seiten wieder in Stellung gebracht. Alle Bewegungen erfolgen programmgesteuert.

# 7.4 Berechnungsverfahren

Dr.-Ing. O. Gunsser, Nürtingen

## 7.4.1 Allgemeines

Für die rechnerische Behandlung des Fräsvorgangs spielen folgende Größen eine Rolle:

$a$ die Schnittiefe in mm (Bilder 22 und 23),
$b$ die Spanungsbreite in mm (Bild 23),
$e$ die Eingriffsgröße in mm (Bilder 22 und 24),
$h$ die Spanungsdicke in mm (Bild 23),
$h_m$ die mittlere Spanungsdicke in mm,
$h_{max}$ der Größtwert der auftretenden Spanungsdicke in mm,
$k_s$ die auf den Spanungsquerschnitt $(b \cdot h)$ bezogene Schnittkraft in $N/mm^2$,
$l$ der Vorschubweg in mm,
$n$ die Drehzahl des Fräsers in $min^{-1}$,
$s_z$ der Zahnvorschub in mm (Bild 25),
$s_s$ der Schnittvorschub in mm (Bilder 23 und 25),
$t_F$ die Fräszeit in min,
$u$ die Vorschubgeschwindigkeit in mm/min (Bilder 24 und 25),
$v$ die Schnittgeschwindigkeit in m/min,
$z$ die Zähnezahl des Fräsers,
$z_{iE}$ die Anzahl der im Eingriff befindlichen Zähne des Fräsers,
$D$ der Fräserdurchmesser in mm (Bilder 23 und 24),
$F_a$ die Aktivkraft,
$F_m$ die mittlere Zerspankraft in N,
$F_{mz}$ die mittlere Zerspankraft eines Fräserzahns in N,
$F_{ns}$ die Schnitt-Normalkraft in N,
$F_p$ die Passivkraft in N,
$F_s$ die Schnittkraft in N,
$F_v$ die Vorschubkraft in N,
$F_Z$ die Zerspankraft in N,
$P_s$ die Schnittleistung in kW,
$V_{spez}$ das auf die Schnittleistung bezogene Zeitspanungsvolumen in $cm^3$/min kW,
$Z$ das Zeitspanungsvolumen in $cm^3$/min,
$\gamma$ der Spanwinkel der Schneide in Grad,
$\varkappa$ der Einstellwinkel der Hauptschneide in Grad (Bild 23),
$\varphi$ der Vorschubrichtungswinkel in Grad (Bild 25),
$\varphi_s$ der Winkel zwischen Fräser-Ein- und -Austritt aus dem Werkstück in Grad (Bilder 22 und 24).

Zwischen diesen Größen bestehen u.a. folgende Beziehungen:
Die Schnittgeschwindigkeit bei einer vorgegebenen Fräserdrehzahl erhält man aus der Gleichung

$$v = \frac{\pi}{1000} \cdot D \cdot n \text{ [m/min]}$$

bzw. die bei einer gewünschten Schnittgeschwindigkeit erforderliche Drehzahl des Fräsers aus der Gleichung

$$n = \frac{1000}{\pi} \cdot \frac{v}{D} \, [\text{min}^{-1}].$$

Beim Umfangstirnfräsen ist die Spanungsbreite

$$b = \frac{a}{\sin \varkappa} \, [\text{mm}]$$

und beim Umfangplanfräsen, bei dem $\varkappa = 90°$ ist,

$$b = a \, [\text{mm}].$$

Der Zahnvorschub $s_z$ wird bestimmt durch den Werkzeug-Schneidstoff, den zu bearbeitenden Werkstoff, die gewünschte Oberflächengüte, die zulässige mittlere Spanungsdikke $h_m$ oder die zulässige maximale Spanungsdicke $h_{max}$.
Die Spanungsdicke h ist abhängig vom Zahnvorschub $s_z$, von dem Vorschubrichtungswinkel $\varphi$ und von dem Einstellwinkel der Hauptschneide $\varkappa$ nach der Gleichung

$$h = s_z \cdot \sin \varphi \cdot \sin \varkappa \, [\text{mm}];$$

darin ist

$$s_z \cdot \sin \varphi \approx s_s.$$

Beim Umfangplanfräsen kann die mittlere Spanungsdicke nach der Näherungsgleichung

$$h_m = s_z \cdot \sqrt{\frac{e}{D}} \, [\text{mm}]$$

berechnet werden. Sie gilt jedoch nur, wenn das Verhältnis e/D kleiner als 0,3 ist. Liegt das Verhältnis e/D zwischen 0,3 und 1,0, dann gilt für zylindrische Schneiden und Spanungsdicke Null im An- oder Ausschnitt die Gleichung

$$h_m = \frac{114{,}6}{\varphi_s} \cdot s_z \cdot \frac{e}{D} \, [\text{mm}].$$

Für die Vorschubgeschwindigkeit gilt die Gleichung

$$u = s_z \cdot n \cdot z \, [\text{mm/min}]$$

und für die Fräszeit

$$t_F = \frac{l}{u} \, [\text{min}].$$

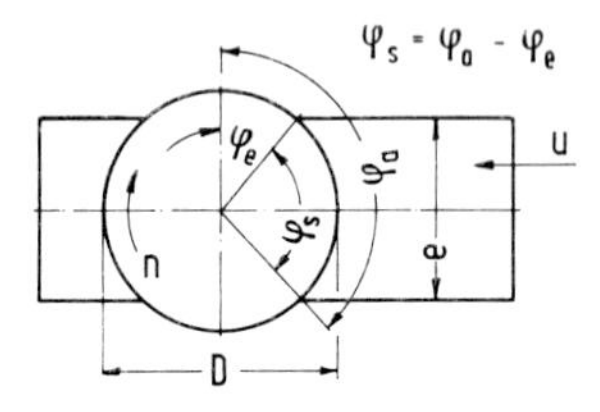


Bild 24. Eingriffsverhältnisse beim Stirnfräsen

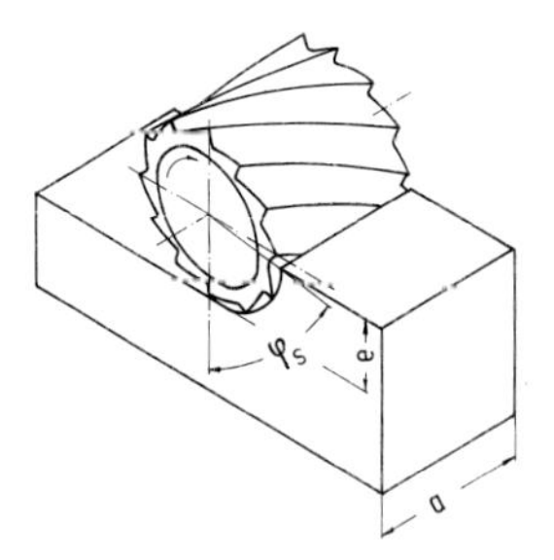


Bild 22. Umfangplanfräsen (Walzenfräsen)

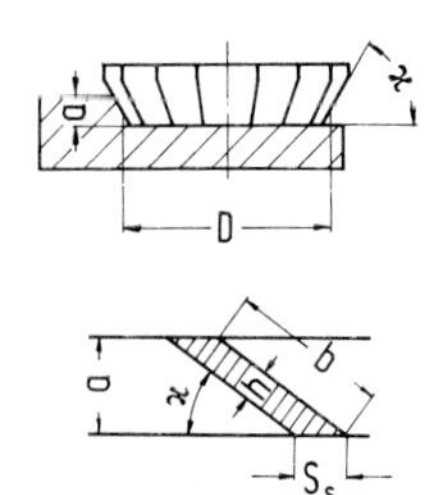


Bild 23. Spanungsquerschnitt beim Stirnfräsen

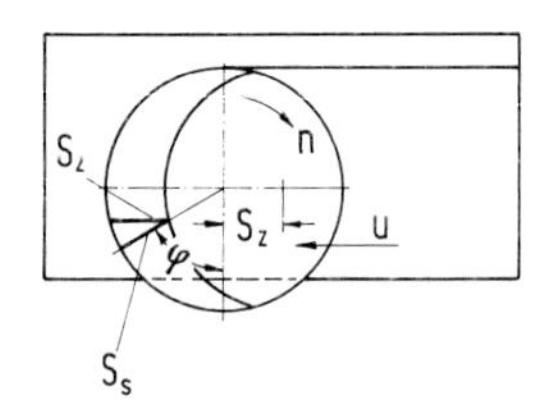


Bild 25. Schnittverhältnisse beim Stirnfräsen

## 7.4.2 Kräfte am Werkzeug

Die an einem Fräswerkzeug wirksamen Kräfte setzen sich zusammen aus den Einzelkräften der mit dem zu zerspanenden Werkstück in Eingriff befindlichen Zähne. Sie sind weder nach der Größe noch nach der Richtung konstant, sondern pulsieren und summieren sich zur Zerspankraft $F_Z$. Die Zerspankraft $F_Z$ wirkt räumlich und kann in drei orthogonale Kraftkomponenten $F_x$, $F_y$ und $F_z$ zerlegt werden. Unter Berücksichtigung des Vorschubrichtungswinkels φ können die Schnittkraft $F_S$, die Schnitt-Normalkraft $F_{sn}$ und die Aktivkraft $F_a$ bestimmt werden (Bild 26). An der Stelle $\varphi = 90°$ wird $F_y = F_s$, $F_x = F_{sn}$ und $F_z = F_a$.

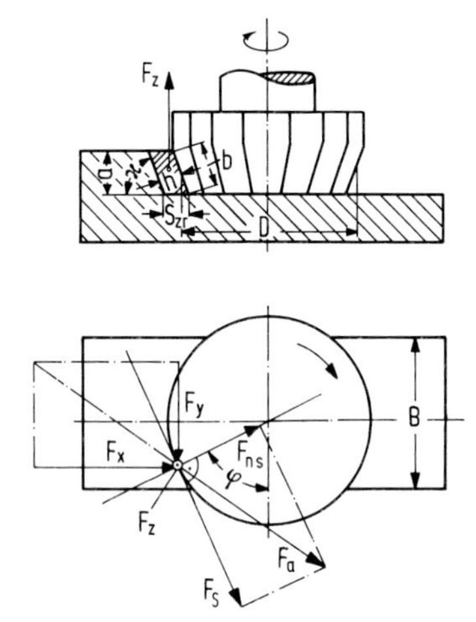


Bild 26. Kräfte beim Fräsen

Die auf einen bestimmten Spanungsquerschnitt b · h bezogene Schnittkraft wird spezifische Schnittkraft $k_s$ genannt. Sie ist im wesentlichen vom zerspanten Werkstoff, aber auch von der Spanungsdicke h, dem Spanwinkel γ, der Schnittgeschwindigkeit v und dem Schneidenstumpfungsgrad abhängig.
Die Schnittkraft $F_s$ an einem Zahn ist somit

$$F_s = b \cdot h \cdot k_s \, [N].$$

Die Abhängigkeit der spezifischen Schnittkraft von der Spanungsdicke wurde empirisch ermittelt und lautet:

$$k_s = k_{s\,1.1} \cdot h^{-z} \, [N/mm^2],$$

wobei $k_{s\,1.1}$ die auf den Spanungsquerschnitt b · h = 1 mm · 1 mm bezogene Schnittkraft und z der Tangens des Steigungswinkels α der Geraden $k_s = f(h)$ im doppellogarithmischen Koordinatensystem ist.
Man kommt damit zu der Schnittkraftformel nach *Kienzle* [1]

$$F_s = b \cdot h^{1-z} \cdot k_{s\,1.1} \, [N],$$

in welcher der Exponent $(1-z)$ als Anstiegswert der spezifischen Schnittkraft benannt wird.
Die *mittlere Zerspankraft eines Zahnes*

$$F_{mz} = b \cdot h_m \cdot k_s \, [N]$$

multipliziert mit der *Anzahl der Zähne im Eingriff*

$$z_{iE} = \frac{\varphi_s}{360} \cdot z$$

ergibt die *mittlere Zerspankraft des Fräsers*

$$F_m = F_{mz} \cdot z_{iE} = \frac{b \cdot h_m \cdot k_s \cdot z \cdot \varphi_s}{360} \text{ [N]}.$$

## 7.4.3 Schnitt- und Antriebsleistung

Die *Schnittleistung* errechnet sich aus der Gleichung

$$P_s = \frac{1}{60\,000} \cdot F_m \cdot v \text{ [kW]}.$$

Weitere wichtige Kenngrößen sind das *Zeitspanungsvolumen*

$$Z = \frac{1}{1000} \cdot a \cdot e \cdot u \text{ [cm}^3\text{/min]}$$

und das *bezogene Zeitspanungsvolumen*

$$V_{spez} = \frac{Z}{P_s} = \frac{60\,000}{k_s} \left[\frac{\text{cm}^3}{\text{min kW}}\right].$$

Die erforderliche *Antriebsleistung* einer Fräsmaschine unter Berücksichtigung des Hauptgetriebe-Wirkungsgrades wird exakt berechnet nach der Gleichung

$$P_{erf} = \frac{P_s}{\eta} = \frac{F_m \cdot v}{60\,000 \cdot \eta} \text{ [kW]}$$

oder

$$P_{erf} = \frac{a \cdot e \cdot u \cdot k_s}{1000 \cdot 60\,000 \cdot \eta} \text{ [kW]}.$$

Eine für die Werkstattpraxis meist ausreichende Näherungsformel lautet

$$P_{erf} = \frac{Z}{V_{spez}} = \frac{1}{V_{spez}} \cdot a \cdot e \cdot u \text{ [kW]};$$

darin kann man das bezogene Zeitspanungsvolumen für Stahl C 45 mit $V_{spez} \approx 22\,000$ mm³/ min kW und für Grauguß GG 26 mit $V_{spez} \approx 28\,000$ mm³/min kW ansetzen.
Das Drehmoment an der Hauptspindel beträgt

$$M_d = 9550 \frac{P_s}{n} \text{ [Nm]}.$$

Mit Hilfe dieser Kenngrößen und ihrer mathematischen Beziehungen können durch Einsetzen der möglichen Zerspanungsbedingungen Fräszeiten ermittelt werden.

# 7.5 Werkstückaufnahme

Dr.-Ing. O. Gunsser, Nürtingen

Da es sich beim Fräsen um ein Bearbeitungsverfahren mit meist erheblichen Schnittkräften handelt, kommt der Gestaltung der Werkstück-Aufnahme eine besondere Bedeutung zu.
Da die Schnittkräfte nach Größe und Richtung sich ständig ändern und zusätzlich durch den Fräserzahneingriff eine dynamische Schwingungserregung erfolgt, muß der Komplex – Werkstück-Aufnahme und Werkstück – als Teil des gesamten schwingungsfähigen Systems – Maschine, Werkzeug, Vorrichtung und Werkstück – betrachtet werden. Daraus ergeben sich eindeutige Anforderungen, deren mehr oder weniger vollkommene Erfüllung die Güte der jeweiligen Fräsbearbeitung bestimmt.

## 7.5.1 Anforderungen an die Werkstückaufnahme

Wenn man den Arbeitsablauf schrittweise verfolgt, dann erkennt man vier Hauptaufgaben für die Aufnahme des Werkstücks. Dies sind: Lage-Bestimmen, Spannen, Stützen und Dämpfen. Die Art der Aufnahme hat außerdem einen Einfluß auf die Nebenzeit.
Bei der *Lagebestimmung* kommen folgende Varianten vor: Einseitige Festanlage an einer Anschlagbacke (Bild 27); zweiseitige Festanlage an Platten, Prismen, Formbacken, Winkeln (Bild 35); vermittelnde, schwimmende Ausrichtung ohne und mit anschließender Verriegelung der Ausrichtelemente (Bild 28); zentrierendes Ausrichten in einer oder zwei Richtungen mit oder ohne Spannen (Bild 36); Ausrichtung durch zwei Indexierbolzen in vorgefertigten Paßbohrungen im Werkstück (Bild 35).
Die Anschlag- oder Ausrichtelemente selbst müssen auf der Maschine bzw. dem Aufspanntisch eine eindeutig bestimmte Lage einnehmen, besonders im Hinblick auf die Maschinen-Nullpunkte bei programm- oder numerisch gesteuerten Fertigungseinrichtungen.
Je nach Art der Lagebestimmung muß die Wirkrichtung der Spannelemente gewählt werden. Dabei ist anzustreben, die Zerspankraft möglichst immer an festen Anschlägen und nicht an den beweglichen Spannelementen aufzunehmen.
Das *Spannen* der Werkstücke muß so erfolgen, daß sie durch die Zerspankraft weder verschoben noch irgendwie verformt oder verzogen werden. Deshalb gilt als Hauptregel, daß die Spannpratzen immer genau gegenüber den Auflagepunkten angreifen und somit keine Werkstückpartie auf Biegung beanspruchen (Bild 30B).
Spannvorrichtungen müssen durch Nutensteine und Anschlagleisten formschlüssig mit dem Maschinentisch verbunden sein. Dabei sollte der Abstand der zu bearbeitenden Werkstückzonen von der Aufspannfläche, also die Ausladung, möglichst gering sein.
Die Spannkraft wird sowohl durch klassische Maschinenteile, wie Schrauben, Keile, Exzenter, Kniehebel, Kurven oder Federn, als auch durch hydraulische oder pneumatische Zylinder aufgebracht. Letztere werden zwecks Selbsthemmung auch mit Verriegelungen versehen (Bild 35).
Die Betätigung dieser Spannelemente erfolgt außer von Hand mit steigendem Automatisierungsgrad und zur körperlichen Entlastung des Bedienungspersonals mit hydraulischen oder pneumatischen Druckmedien. Vielfach finden auch Elektrospanner Verwendung.

Die Spannelemente drücken entweder direkt oder über Hebel auf die Spannpunkte. Häufig wirkt die Spannkraft eines einzelnen Krafterzeugers über eine verteilende und ausgleichende Hebelanordnung auf mehrere Spannpunkte (Bild 37). Hydraulische Spannzylinder und Hohlkolbenspanner sind zwecks gleichmäßiger Spannkraft-Verteilung an eine gemeinsame Druckleitung angeschlossen (Bild 30B).
Großflächige, dünnwandige und schwierig spannbare Werkstücke werden auf Vakuum-Spannvorrichtungen bearbeitet, wobei die Abdichtung mit Gummiprofilen erfolgt und die Werkstücke entweder auf einer Planfläche oder auf eigens dafür geschaffenen Auflageflächen zur Anlage gebracht werden (Bild 32). In ähnlicher Weise werden gewisse Werkstückfamilien, die aus magnetisierbarem Werkstoff bestehen, auf Magnetplatten gespannt (Bild 33).
Während die mechanischen Spannelemente an sich schon selbsthemmend sind und sich auch unter den Bearbeitungs-Vibrationen nicht lösen, müssen bei den hydraulischen und pneumatischen Spannern Vorkehrungen getroffen werden, daß z. B. durch Druckabfall die Werkstücke während der Bearbeitung nicht lose werden. Geeignete Maßnahmen sind: mechanische Verriegelungen (Bild 35), Verwendung von Federn zum Spannen, die hydraulisch oder pneumatisch zusammengedrückt werden (Bild 34) und der Einsatz von Druck- bzw. Vakuumspeichern.
*Stützen* werden gebraucht, um bei langen Teilen den Durchhang zu beseitigen, an nachgiebigen Werkstückzonen die Zerspankraft aufzunehmen sowie Verformungen und damit Ungenauigkeiten zu verhindern. Zu diesem Zwecke werden die Stützen meist durch Federn oder Öldruck nach dem Spannen an das Werkstück angelegt und dann durch Keilwirkung positiv verriegelt.
Es sind auch Stützelemente bekannt, bei denen die Verriegelung nur durch hydraulisch beaufschlagten Reibschluß erfolgt (Bild 31B). Häufig werden Stützen zur *Dämpfung* von Schwingungen und zur Beruhigung von schwingungsfreudigen Werkstückzonen gebraucht. Solche sind beim Einsatz von Vielzahnmesserköpfen auf dünnen Restwanddicken oder an dünnen Stegen und ungünstigem Fräsereintrittswinkel anzutreffen.
*Einfluß auf die Nebenzeiten* wird mit der Wahl der Bauart der Werkstückaufnahme genommen. Abhängig von der zu fertigenden Stückzahl und dem angestrebten Automatisierungsgrad sind zahlreiche Komfortstufen realisierbar, die in den nachfolgenden Beispielen erläutert werden.

### 7.5.2 Ausführungsbeispiele für Werkstückaufnahmen und deren Elemente

Für einfache Spannaufgaben dienen Maschinenschraubstöcke, die zwecks leichter Bedienbarkeit hydraulisch (Bild 27) oder auch mechanisch durch hart gefederte Kniehebelwirkung (Bild 29) betätigt werden. Durch Einsatz von Formbacken können auch unregelmäßige Außenkonturen zuverlässig gespannt werden.

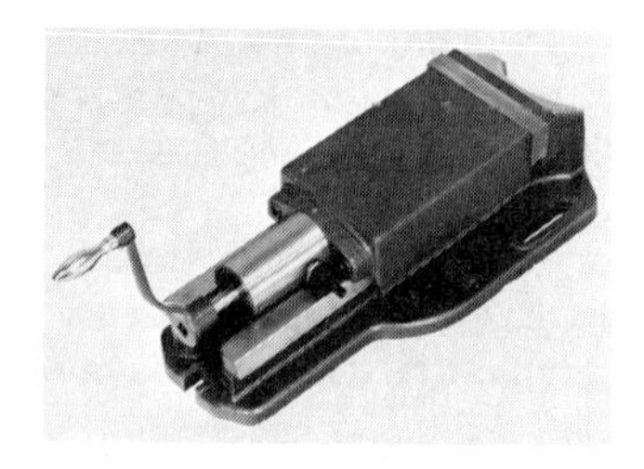

Bild 27. Hydraulisch betätigter Maschinenschraubstock

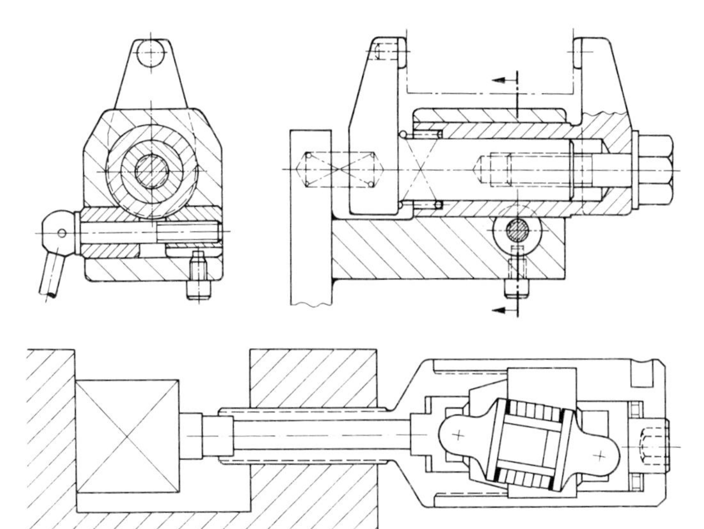

Bild 28. Spannelement für schwimmende Ausrichtung

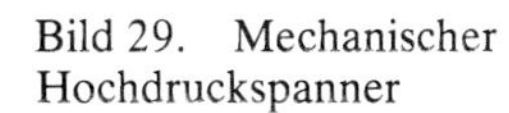

Bild 29. Mechanischer Hochdruckspanner

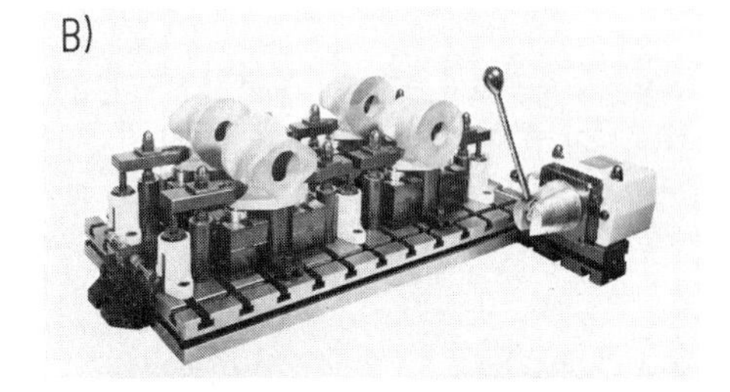


Bild 30. Spannvorrichtungen aus Vorrichtungsbaukästen

A) mit handbetätigten Schrauben, B) mit hydraulisch betätigten Spannpratzen

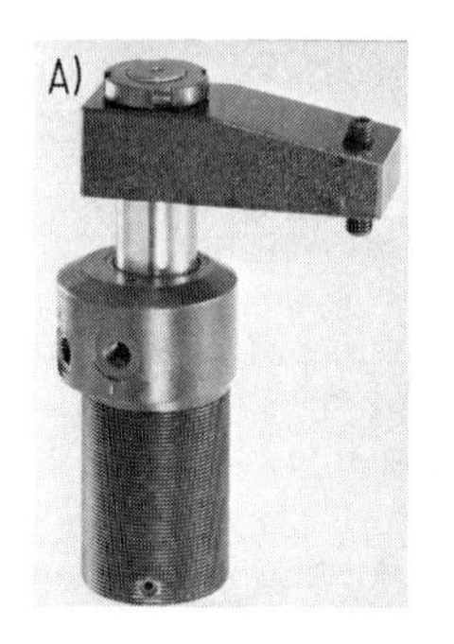

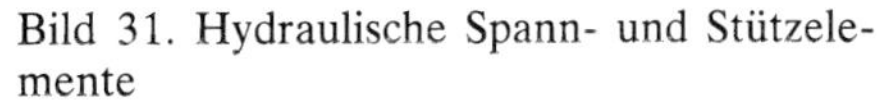

Bild 31. Hydraulische Spann- und Stützelemente

A) Hydro-Schwenk-Spannzylinder,
B) Hydro-Stützzylinder

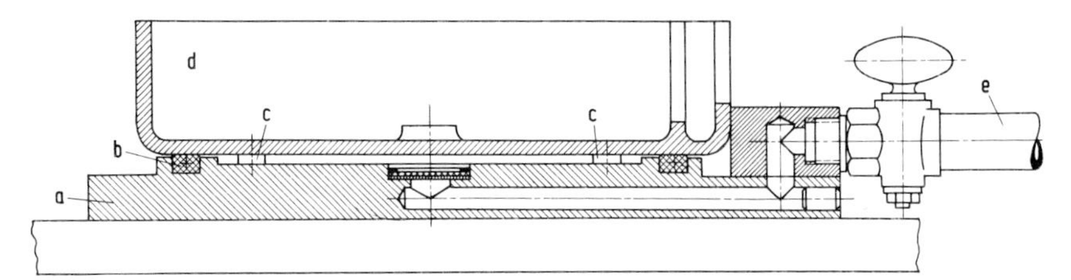


Bild 32. Vakuum-Spannvorrichtung

a Grundplatte, b Dichtung, c feste Anschläge, d Werkstück, e Vakuumverschluß

Ein Vorrichtungsbaukasten gestattet den Aufbau beliebiger Spannvorrichtungen aus einer Vielzahl genormter Einzelbausteine auf einer an der Maschine schnell wechselbaren Grundplatte. Gespannt und abgestützt werden die beiden Werkstücke in Bild 30A mit handbetätigten Schrauben. Bei einem anderen Aufbau für das Spannen von vier Werkstücken (Bild 30B) sind die Spannpratzen hydraulisch von einem zentralen Öldruckaggregat beaufschlagt. In gelöstem Zustand werden die Spannpratzen von Hand verschoben.

Der Hauptvorteil solcher Vorrichtungsbaukästen besteht darin, daß mit einer gewissen Zahl von Bausteinen sehr schnell gut brauchbare Spannvorrichtungen für die unterschiedlichsten Zwecke aufgebaut werden können. Der Aufbau geht so schnell und problemlos, daß es zumutbar und wirtschaftlich ist, nach Gebrauch eine Vorrichtung wieder zu zerlegen und die einzelnen Bausteine für einen anderen Aufbau zu verwenden. Meist wird eine Vorrichtung vor dem Zerlegen fotografiert, um für einen späteren Wiederaufbau ein Vorbild zu haben.

Der Hydro-Spannzylinder (Bild 31 A) kann in einem Vorrichtungskörper eingeschraubt werden. Beim Einschalten des Spanndrucks erfolgt im oberen Teil des Spannhubs zunächst ein Schwenken des Spannbügels und dann das Spannen selbst. Der Hydro-Stützzylinder (Bild 31 B) wird durch Druckluft an das Werkstück mit einer gewissen Kraft angelegt und anschließend durch von Drucköl erzeugten Reibschluß verriegelt.

In Bild 35 ist eine Fräsvorrichtung für einen V-Motorblock dargestellt. Ein Spannkolben wird durch ein hydraulisch betätigtes Keilstück verriegelt. Ein hydraulisch betätigter Anleger drückt das Werkstück an die linke obere Anschlagleiste. Die Positionierung in Längsrichtung geschieht über einen Indexierbolzen, der hydraulisch über eine Ritzelwelle bewegt wird und in eine Paßbohrung im Motorblock eindringt.

In einer Fräsvorrichtung für die gleichzeitige Bearbeitung der Ölwannen- und Zylinderkopf-Trennflächen eines Motorblocks auf einer Duplex-Langfräsmaschine (Bild 9A) sind zwei typische Elemente zur Vereinfachung der Handhabung verwendet. Bild 36A zeigt hydraulisch verschiebbare und hydraulisch klemmbare Spannpratzen und Bild 36B eine handbetätigte Anordnung zur selbsthemmenden Untersützung des Werkstücks gegen die Richtung der Schnittkräfte.

Bild 37 stellt eine Fräsvorrichtung für die einseitige Bearbeitung der Ölwannen-Trennfläche eines Motorblocks dar. Die Auflage des Blocks erfolgt auf zwei Schienen. Die Ausrichtung in Längs-(Transfer-)Richtung besorgt ein Fixierbolzen, der durch eine längs der ganzen Transferstraße durchgehende, gelenkig aufgehängte Schubstange betätigt wird. Senkrecht angeordnete Spannzylinder spannen über Ausgleichbügel das Werkstück fest. Mehrfach angeordnete Spannzylinder sorgen dafür, daß in der Vorrichtung verschieden lange Blöcke bearbeitet werden können.

Die in Bild 38 wiedergegebene Spannvorrichtung ist ein Musterbeispiel für den hohen Aufwand, der getrieben werden muß, um ein so labiles Werkstück wie einen Auspuffkrümmer an den Flanschflächen maßgenau und mit annehmbarer Oberflächengüte bearbeiten zu können. Das Werkstück liegt mit den beiden Endflanschen auf je zwei Punkten auf und wird durch Anlegezylinder gegen Ausrichtbolzen gedrückt. Dann werden Anlegehebel in alle vorgegossenen Flanschschraubenschlitze eingefahren und verriegelt. Erst dann wird durch Spannhebel jeder einzelne Flansch hydraulisch gespannt. Dies ermöglicht eine völlig vibrationsfreie Planfräsbearbeitung mit einem Messerkopf. Sowohl Anlege- als auch Spannhebel sind über ihre Drehachsen formschlüssig mit dem Vorrichtungskörper verbunden und gewährleisten dadurch eine ausreichend formsteife Halterung der Flansche.

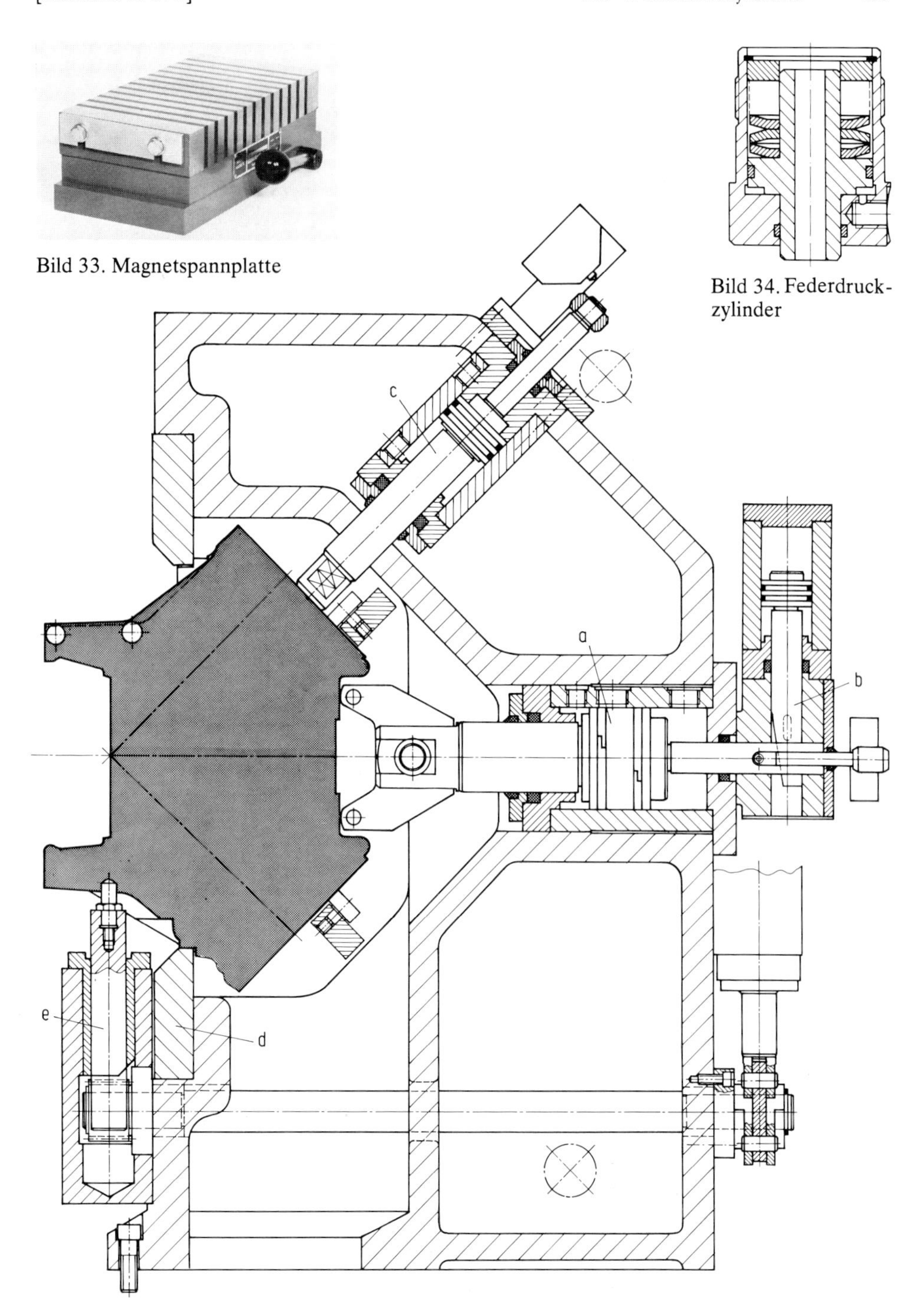


Bild 33. Magnetspannplatte

Bild 34. Federdruckzylinder

Bild 35. Transfer-Spannstation

a Spannkolben, b hydraulisch betätigtes Klemmstück zur Verriegelung von a, c hydraulisch betätigter Anleger, d Anschlagleiste, e Indexierbolzen

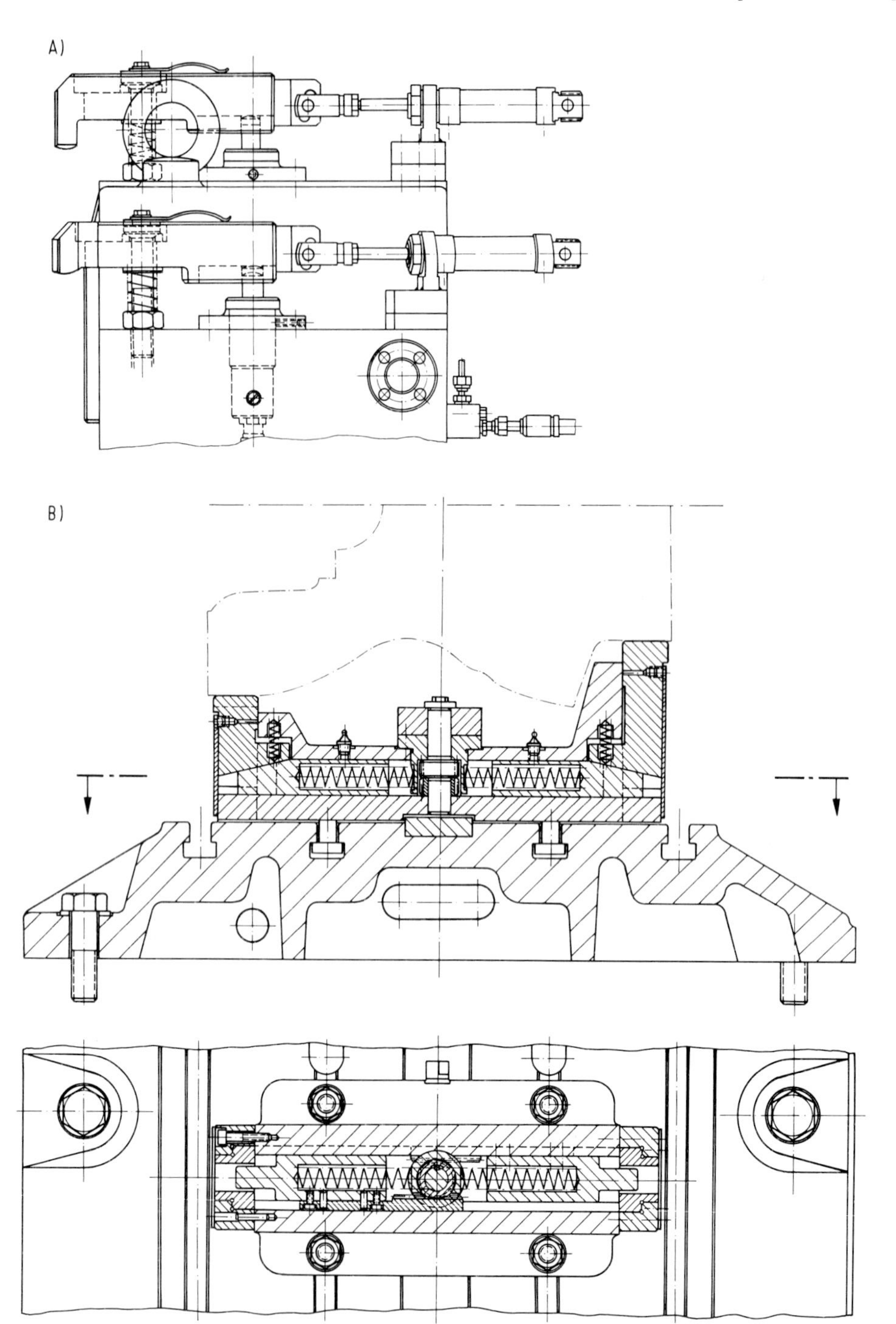


Bild 36. Typische Elemente einer Fräsvorrichtung für Duplex-Langfräsmaschinen
A) hydraulisch verschiebbare und hydraulisch klemmbare Spannpratzen, B) handbetätigte Anordnung zur selbsthemmenden Unterstützung des Werkstücks

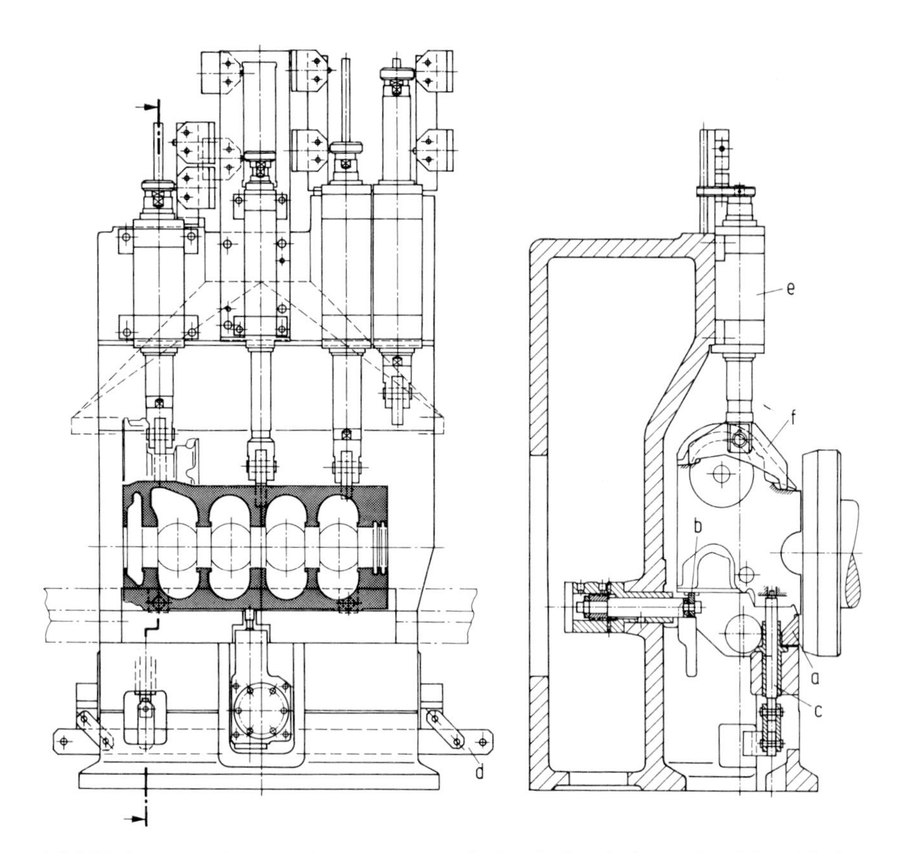


Bild 37. Spannvorrichtung einer Transferstraße für die Bearbeitung eines Motorblocks
a und b Auflageschienen, c Fixierbolzen, d Schubstange, e Spannzylinder, f Ausgleichbügel

Einen vergleichbaren Aufwand erfordert die Spannvorrichtung für die beidseitige Fräsbearbeitung von Kesselgliedern (Bild 39). Außer an den Festauflagen wird das Werkstück von unten an weiteren vier Stellen unterstützt. Von oben kommen Spannkolben und Dämpfungskolben, um das sehr labile Werkstück für die Bearbeitung zu stabilisieren.

Um Werkstücke in einer Aufspannung von vier oder mehr Seiten bearbeiten zu können, werden Schalttische (Bild 40) verwendet. Der Tisch wird mit einem Elektro- oder Hydromotor über einen Schneckenantrieb gedreht. Die Winkelstellungen werden über Nocken und Endschalter gewählt. Nach Erreichen der Positionen wird der Tisch durch hydraulische Klemmung fest mit dem Unterteil verbunden. Solche Tische können auch zum Rundfräsen mit kontinuierlichem Vorschub verwendet werden.

Eine weitere Postitionierungsart für solche Schalttische beruht auf der Verwendung von Hirth-Stirnverzahnungsringen, die mit 72 bis 360 Zähnen versehen sind. Damit sind sehr genaue Winkelstellungen von zweimal 180°, viermal 90°, achtmal 45°, zwölfmal 30° bis 360 mal 1° möglich.

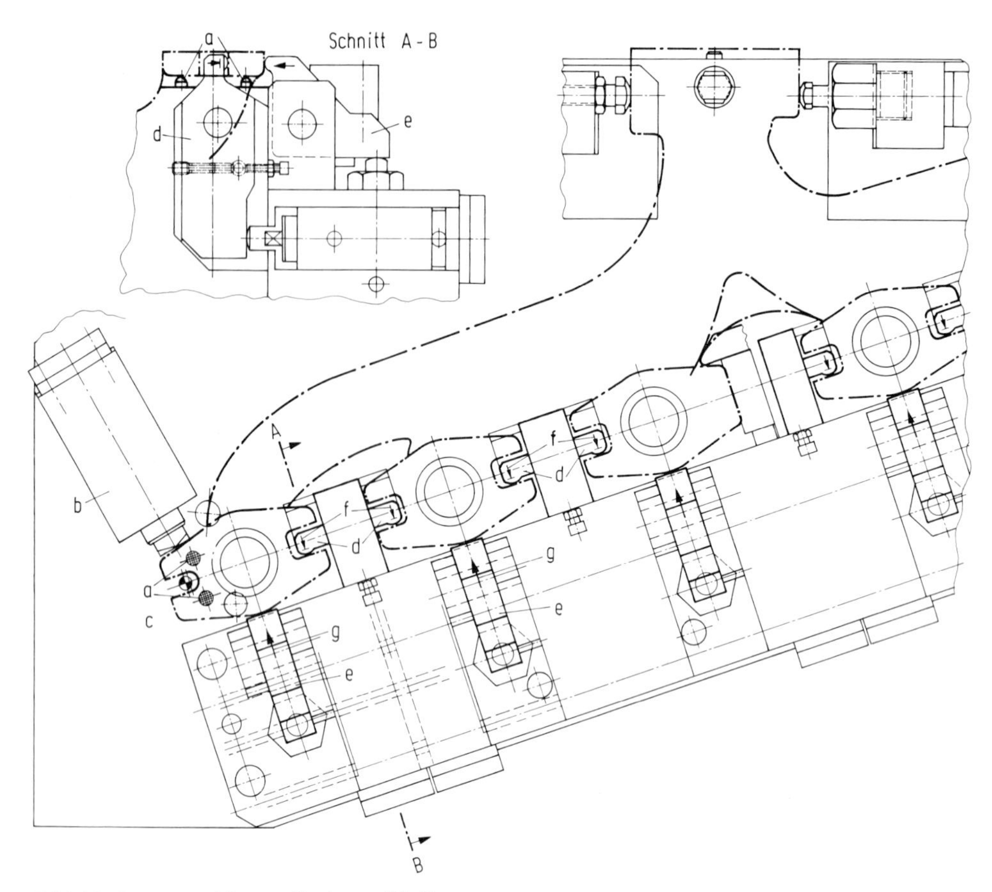


Bild 38. Spannvorrichtung für Auspuffkrümmer
a Auflagepunkte, b Anlegezylinder, c Ausrichtbolzen, d Anlegehebel, e Spannhebel, f Anlegen und Verriegeln, g Spannen

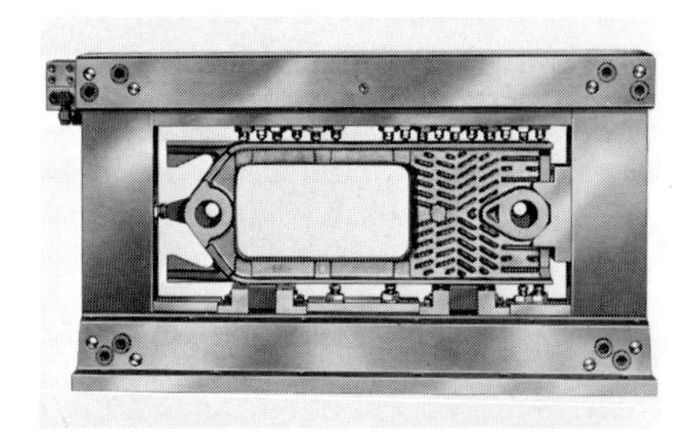

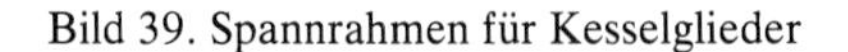

Bild 39. Spannrahmen für Kesselglieder

Bild 40. Rundschalt- und Frästisch

Aus der großen Familie der Teilapparate zeigt Bild 41 einen kräftigen Wendespanner zur Fräs- und Ausdrehbearbeitung von V-Motorblöcken. Er wird in die verschiedenen Winkelstellungen elektromotorisch gedreht, durch beiderseitige Teilscheiben indexiert und ebenfalls beidseitig durch hydraulisch angepreßte, konische Klemmringe geklemmt.

Bild 41. Wendespanner mit Gegenlager

In der als Beispiel in Bild 42 gezeigten Reihenspannvorrichtung werden zylindrische Werkstücke in Prismen abgestützt und paarweise von je einem Spannzylinder über wippende Spannbrücken angedrückt. Solche Mehrfach- oder Reihen-Spannvorrichtungen werden häufig in doppelter Ausfertigung auf dem Fräsmaschinentisch aufgespannt, damit Pendelfräsen durchgeführt werden kann. Bei genügendem Abstand der beiden Vorrichtungen voneinander ist es gefahrlos möglich, die eine Vorrichtung mit Werkstükken zu beschicken, solange an der anderen gefräst wird. Beim Übergang des Fräsers von einer zur anderen Vorrichtung muß der automatische Zyklus unterbrochen werden, bis der Bedienungsmann durch Drücken einer Freigabetaste quittiert hat, daß er mit dem ordnungsgemäßen Spannen fertig ist.

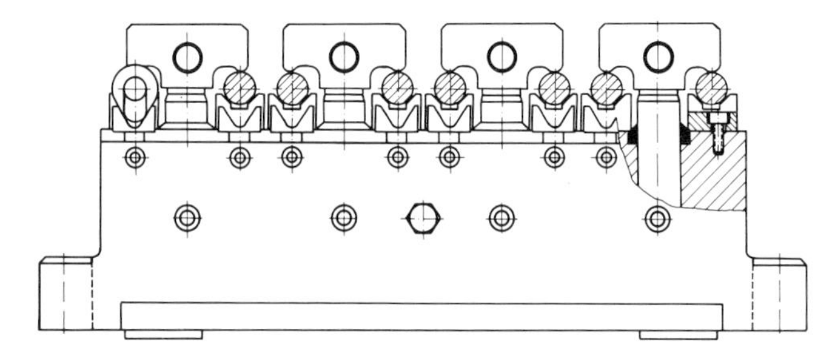

Bild 42. Mehrfach-Spannvorrichtung für zylindrische Werkstücke

# 7.6 Werkzeuge und Werkzeugaufnahmen für die Fräsbearbeitung

**H. Krüger, Essen**

Unter den spanenden Fertigungsverfahren nehmen die Frästechnologie und ihre Werkzeuge einen sehr breiten Raum ein. Dieser Abschnitt beschränkt sich auf Fräswerkzeuge für die Metallbearbeitung mit nicht rotierendem Werkstück und klammert Wälzfräser für die Verzahnungsherstellung und Gewindefräser (siehe Kapitel 16 und 17) aus.

## 7.6.1 Benennungen und Begriffe

Fräswerkzeuge sind umlaufende Zerspanwerkzeuge, deren Schneiden im wesentlichen umfangseitig angeordnet sind. Sie sind nicht nach einheitlichen Gesichtspunkten benannt. Die Benennung bezieht sich entweder auf die konstruktiv-geometrische Auslegung, wie z. B. Schaftfräser, Scheibenfräser, Messerkopf, oder auf den Einsatzbereich und die Funktion, wie z. B. Eckfräser, Gesenkfräser, Langlochfräser. Als Messerköpfe sind ausschließlich Fräswerkzeuge mit auswechselbaren Fräsmessern zu benennen.

An zwei Darstellungen typischer Fräswerkzeuge, einem Schaftfräser (Bild 43) und einem Fräskopf (Bild 44), sind die wesentlichen Benennungen und Begriffe am Schneidkeil erläutert. Im übrigen sei auf die Normen DIN 6581 und ISO 3002 verwiesen.

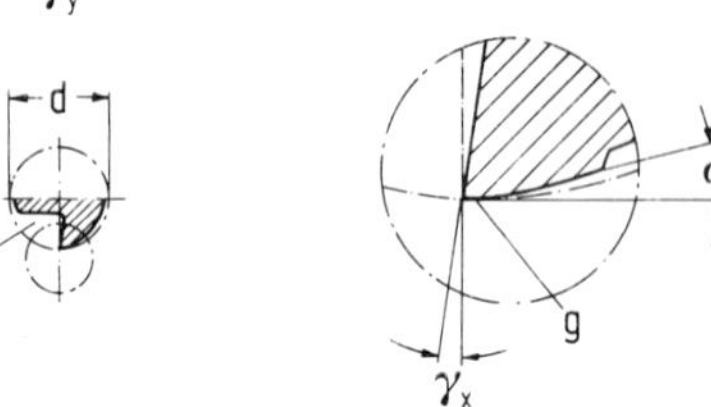


Bild 43. Benennungen und Begriffe am Schaftfräser
a Schaftaufnahme (-Zylinder oder -Kegel), b Hauptschneide (Umfangschneide), c Eckenfase, e Nebenschneide (Stirnschneide), f Spankammer, g Rundschliffase

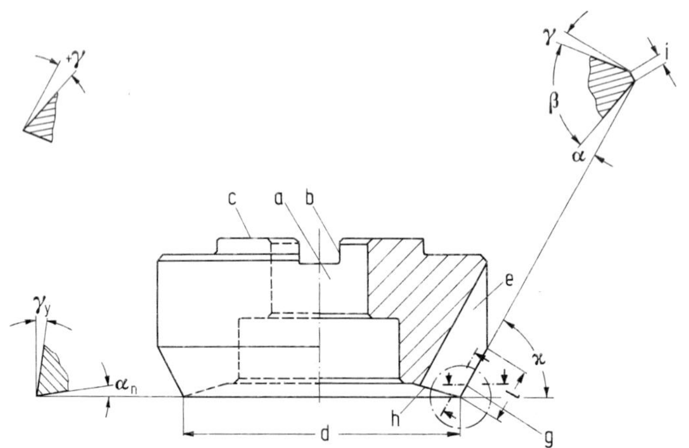


Einzelheiten der Schneidenecke

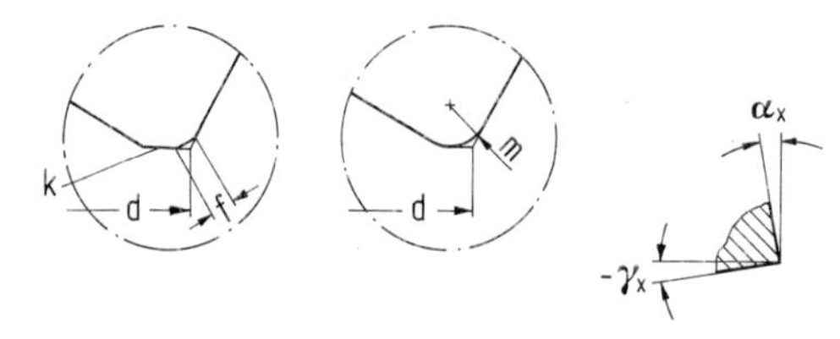


Bild 44. Benennungen und Begriffe am Fräskopf

a Zentrier- und Aufnahmebohrung, b Mitnehmernut, c Plananlagefläche, e Spankammer, f Eckenfase, g Hauptschneide, h Nebenschneide, i Spanflächenfase, k Planschneide, l Schneidenlänge, m Eckenrundung

## 7.6.2 Schneidstoffe

Wichtigste Schneidstoffe sind Schnellarbeitsstahl, der den Werkzeugstahl mehr und mehr verdrängt hat, und Hartmetall. Schnellarbeitsstahl wird wegen seiner geringen Kosten und großen Zähigkeit vorzugsweise für Vollstahl-Werkzeuge verarbeitet, wobei sich sehr enge Zahnteilungen und große Spanwinkel realisieren lassen. Hartmetall, das sich durch seine hohe Verschleißfestigkeit und Warmhärte auszeichnet, wird vorwiegend in Form von Schneidplatten auf Werkzeugkörpern aufgelötet oder geklemmt. Kleinere Fräswerkzeuge werden auch komplett aus Hartmetall hergestellt.
In letzter Zeit wurden für das Fräsen spezielle Hartmetall-Sorten entwickelt, die eine hohe Wärmewechselbeständigkeit und Widerstandsfähigkeit gegen Kammrisse aufweisen und etwa in die ISO-Zerspanungsanwendungsgruppe P 25 gehören [16]. Schneidkeramik erlangte bis heute keine Bedeutung für Fräswerkzeuge.
Im übrigen kann die Auswahl geeigneter Werkzeuge anhand von Firmenkatalogen getroffen werden. Die Zuordnung geeigneter Schneidstoffe zu den zu zerspanenden Werkstoffen sowie die zu wählenden Schnittbedingungen sind in Tabellenwerken der Werkzeug- und Hartmetall-Hersteller zu finden. Besonders ausführlich und immer auf dem neuesten Stand sind die INFOS-Datenblätter der Datenbank für Schnittwerte an der Rheinisch-Westfälischen Technischen Hochschule Aachen.

## 7.6.3 Werkzeugarten und -typen

Hinsichtlich Gestaltung und Funktion ist zu unterscheiden zwischen Umfangfräsern, die nur am Umfang schneiden, und Umfangstirnfräsern, die am Umfang und an der Stirnseite schneiden. Zur Gruppe der Umfangfräser, die nicht im Eckenbereich eingesetzt werden können, gehören zB. Walzenfräser nach DIN 884. Umfangstirnfräser, zu denen der überwiegende Teil der Fräswerkzeuge gehört, können dagegen auch im Eckenbereich arbeiten. Grundsätzlich kann nach einteiligen und mehrteiligen bzw. zusammengebauten Werkzeugen unterschieden werden.
*Einteilige Ausführungen* sind entweder Ganzschneidstoff-Werkzeuge – z. B. aus Schnellarbeitsstahl – oder Kombinationen aus einem Werkzeugkörper und einem Schneidstoff, die durch Schweißen oder Löten miteinander fest verbunden werden. Letztere Ausführungen finden häufig bei größeren Abmessungen Anwendung, um Schneidstoffkosten einzusparen. Es sind auch Werkzeuge bekannt, bei denen zwei verschiedene Schneidstoffe, in geeigneter Weise kombiniert, verwendet werden.
Bei *mehrteiligen Ausführungen* werden Werkzeuggrundkörper und Schneidenteil getrennt voneinander gefertigt und durch geeignete Mittel mechanisch miteinander verbunden. Der Hauptvorteil dieser zusammengebauten Werkzeuge liegt darin, daß verschlissene Schneiden und Einzelteile leicht ausgewechselt werden können und sich trotz höherer Anschaffungskosten für das Werkzeug auf die Dauer eine wirtschaftlichere Nutzung ergibt.
Zusammengebaute Ausführungen mit nachschleifbaren Fräsmessern, sogenannte Messerköpfe, sind im Gegensatz zu einteiligen Werkzeugen oft so gestaltet, daß durch Nachsetzen und Nachschleifen der Fräsmesser die Werkzeugabmessungen und die Schneidengeometrie erhalten bleiben (Bild 45 A). Die Fräsmesser bestehen entweder ganz aus Schnellarbeitsstahl bzw. Hartmetall oder haben aufgelötete Hartmetallschneidplatten. Durch die heute gegenüber früher wesentlich gesteigerten Anforderungen und Bedingungen – erhöhte Schnittgeschwindigkeiten, optimierte Standzeiten, niedrige

Werkzeugeinrichtungs- und -wechselzeiten – finden Fräswerkzeuge mit Hartmetall-Wendeschneidplatten immer stärkere Anwendung. Fräswerkzeuge mit auswechselbaren Wendeschneidplatten (Bild 45 B) haben konstante Schneidengeometrie und Abmessungen, sind einfach umrüstbar auf verschiedene Hartmetallsorten und erübrigen das Nachschleifen auf Messerkopfschleifmaschinen. Wendeschneidplatten zum Fräsen besitzen im allgemeinen engere Toleranzen als Wendeschneidplatten zum Drehen und sind nach DIN 4968 Teil 3 in verschiedenen Toleranzklassen genormt. Das besondere Merkmal sind die Planschneiden mit einer Funktionsmaßtoleranz von ± 5 bzw. 13μm, wodurch eine sehr gute Planlaufgenauigkeit und hohe Oberflächengüte beim Fräsen erreicht wird.

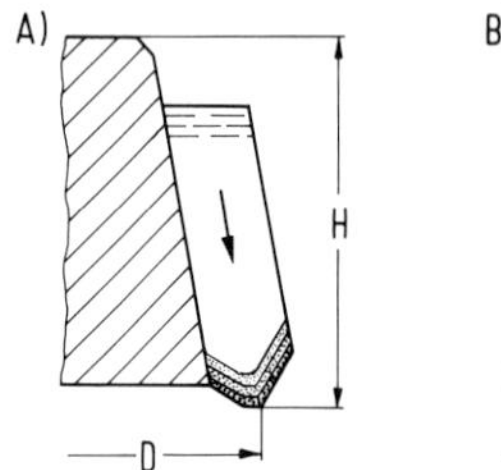


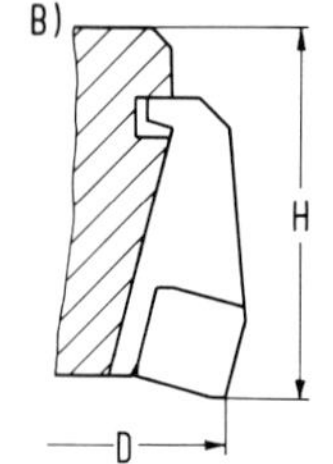


Bild 45. Zusammengebaute Fräswerkzeuge
A) mit nachsetz- und nachschleifbarem Fräsmesser, B) mit Wendeschneidplatte und festpositioniertem Aufnahmeelement

## 7.6.4 Werkzeug- und Schneidengeometrie

Einsatzbereiche und Zerspanungsergebnisse der Fräswerkzeuge werden in starkem Maße von ihrer Geometrie beeinflußt. Eine Reihe von Leistungsverbesserungen neuzeitlicher Fräswerkzeuge hat nicht zuletzt ihre Ursache in der Optimierung der Werkzeug- und Schneidengeometrie.

Die Grundform der Fräswerkzeuge von im wesentlichen zylindrischer oder kegelstumpfförmiger Gestalt kann durch seine Hauptabmessungen, wie Durchmesser und Länge bzw. Höhe, beschrieben werden. Beide weitgehend aufeinander abgestimmten Dimensionen legen in Verbindung mit der Schneidenlänge und Werkzeugaufnahme den primären Anwendungsbereich und die Belastbarkeit der Fräswerkzeuge fest.

Von wesentlichem Einfluß auf die Verteilung der Schnittkräfte ist der Einstellwinkel, also der Winkel zwischen Hauptschneide und Arbeitsebene. Der bei Schaftfräsern meistens übliche Einstellwinkel von 90° bewirkt, daß fast nur radiale Passivkräfte auftreten, die das Werkzeug einschließlich Hauptspindel auszulenken versuchen. Das gleiche gilt für Eckfräsköpfe. Für Schruppfräsarbeiten ist deshalb eine Geometrie mit Einstellwinkeln unter 90° zu empfehlen. Bei einem Einstellwinkel von 45° verteilen sich z. B. die Passivkräfte je zur Hälfte in axialer und radialer Richtung, so daß derartige Fräswerkzeuge auf lang ausladenden Hauptspindeln oft die einzige Anwendungsmöglichkeit sind. Dünnwandige, gegen Axialkräfte empfindliche Teile werden dagegen am besten mit Einstellwinkeln von 90° bearbeitet.

Für Fräswerkzeuge mit Wendeschneidplatten sieht die Normung Einstellwinkel von 45, 75 und 90° vor, wobei kleinere Werkzeuge, wie Schaftfräser, fast ausschließlich mit 90° Einstellwinkel ausgeführt werden.

Die Schneidengeometrie der Fräswerkzeuge unterscheidet sich im Prinzip nicht von der der Drehwerkzeuge, doch ist auf einige Besonderheiten, wozu u.a. auf DIN 6581 verwiesen sei, zu achten. Bei der Bestimmung der Werkzeuggeometrie am Schneidkeil wird ein rechtwinkliges Bezugssystem zugrunde gelegt. Das hier maßgebliche Werkzeugbezugssystem gilt für das Werkzeug selbst, während für den Zerspanvorgang das Wirkbezugssystem von Bedeutung ist, insbesondere dann, wenn die Bezugsebene nicht durch die Fräserachse geht. Im Falle der Ermittlung und Angabe der Werkzeugwinkel ist außerdem der Schneidenpunkt festzulegen, auf den sich die Winkel beziehen. Bei Fräswerkzeugen mit schräger Schneidenanordnung beziehen sich die Winkel im allgemeinen auf die Schneidenecke. Die Winkel am Schneidkeil, d. h. Spanwinkel, Neigungswinkel und Freiwinkel, sind von entscheidender Bedeutung für das Leistungsverhalten und die Standzeit. Da bei Fräswerkzeugen der Einfluß von Spanwinkel $\gamma$ und Neigungswinkel $\lambda$ in Abhängigkeit vom Einstellwinkel $\varkappa$ betrachtet werden muß, sei hier näher auf den Seitenspanwinkel $\gamma_x$ und den Rückspanwinkel $\gamma_y$* eingegangen, zumal normalerweise die Fräserachse senkrecht zur Arbeitsebene steht. Seiten- und Rückspanwinkel ermitteln sich wie folgt:

$$\tan \gamma_x = \sin \varkappa \cdot \tan \gamma - \cos \varkappa \cdot \tan \lambda,$$
$$\tan \gamma_y = \cos \varkappa \cdot \tan \gamma + \sin \varkappa \cdot \tan \lambda.$$

Bei Werkzeugen mit 90° Einstellwinkel sind Span- und Seitenspanwinkel sowie Neigungs- und Rückspanwinkel jeweils identisch.
Negative Winkel stabilisieren den Schneidkeil und verbessern die Anschnittverhältnisse der Schneiden. Positive Winkel reduzieren die Schnittkräfte und den Leistungsbedarf, verbessern das Laufverhalten und ermöglichen die Bearbeitung von Werkstoffen niedriger Festigkeit. In der Praxis wird angestrebt, die guten Eigenschaften in einer optimalen Geometrie zu kombinieren.
Negative Seiten- und Rückspanwinkel finden fast ausschließlich bei Fräswerkzeugen mit Wendeschneidplatten Anwendung. Ein negativer Rückspanwinkel vermeidet zwar das primäre Auftreffen der Schneidenecke auf das Werkstück, verhindert aber einen vom Werkstück weggerichteten Spanfluß, was zu Spänestau und einer Verschlechterung der Oberflächengüte führen kann. Ein negativer Seitenspanwinkel leitet die Späne radial nach außen weg vom Fräswerkzeug. Negative Seiten- und Rückspanwinkel führen bei der Bearbeitung langspanender Werkstoffe zur Bildung spiralförmiger Späne und erfordern die Berücksichtigung größerer Spankammern. Aus diesem Grunde ist eine Verwendung dieser Geometrie bei Fräswerkzeugen für Stahlwerkstoffe nur eingeschränkt möglich. Positive Seiten- und Rückspanwinkel sind Voraussetzung bei der Bearbeitung klebender und weicher Werkstoffe sowie bei Leichtmetallen und labilen Arbeitsverhältnissen.
Die Kombination von negativem Seiten- und positivem Rückspanwinkel führt zur sogenannten Wendelspangeometrie, weil hierdurch Späne wendelförmig geformt und vom Werkstück weggeführt werden. Eine derartige Geometrie läßt relativ kleine Spankammern zu oder erlaubt größere Vorschübe. Die Wendelspangeometrie findet heute wegen ihrer unbestreitbaren Vorteile mehr und mehr Anwendung, insbesondere für Werkzeuge mit Wendeschneidplatten (Bild 46).
Aus den Zusammenhängen zwischen Geometrie und Schneidverhalten folgt, daß der Lage der Hauptschneiden zur Fräserachse eine besondere Bedeutung zukommt. Bei der Richtung der Hauptschneiden wird unterschieden zwischen gerad-, schräg-und drallverzahnter (bzw. spiralverzahnter) Ausführung. *Geradverzahnte Ausführungen* haben einen Neigungswinkel von 0°. Die Schneiden verlaufen in einer Ebene mit der Werkzeugachse. Span- und Freiwinkel sind in jedem Punkt der Schneide gleichbleibende Größen. Geradverzahnte Fräser sind einfach herstellbar und instandzusetzen. Von Nachteil ist, daß diese Werkzeuge recht hart arbeiten, weil die Schneidkanten auf einmal in Eingriff gelangen.

* Nach ISO 3002 wird man künftig für den Seitenspanwinkel $\gamma_f$ und für den Rückspanwinkel $\gamma_p$ verwenden.

Bild 46. Wendeschneidplatten-Fräswerkzeug mit Wendelspanbildung

*Schrägverzahnte Ausführungen* unterscheiden sich von geradverzahnten durch einen von 0° abweichenden Neigungswinkel. Die Hauptschneiden liegen in einer Ebene, die um den Neigungswinkel gegenüber der Werkzeugachse geneigt ist. Span- und Freiwinkel sind in jeder betrachteten Keilmeßebene verschieden groß. Schrägverzahnte Fräswerkzeuge arbeiten ruhiger und sind ebenfalls noch relativ einfach herzustellen und instandzusetzen. Bei schrägverzahnten Fräswerkzeugen mit nicht rundgeschliffenen Schneidkanten, besonders bei den hierunter fallenden Ausführungen mit Wendeschneidplatten, ergibt sich eine von Schneidkantenlänge, Schneidengeometrie und Schneiddurchmesser abhängige Profilverzerrung für das erzeugte Werkstück gegenüber dem Projektionsprofil des Fräswerkzeugs. So läßt sich zB. mit einem Eckfräser von 90° Einstellwinkel und 5° positivem Neigungswinkel keine exakte 90°-Schulter fertigen. Ein Schneiddurchmesser von 50 mm ergibt bei einer Schnittiefe von 10 mm eine Winkelabweichung von etwa 5′, wobei die Schulter leicht ballig ist und die Winkelabweichung als Differenz der Verbindung des unteren und oberen Schnittpunkts zur Senkrechten ermittelt wurde (Bild 47). Auch ein negativer Neigungswinkel ergibt derartige Profilverzerrungen, die nur mit

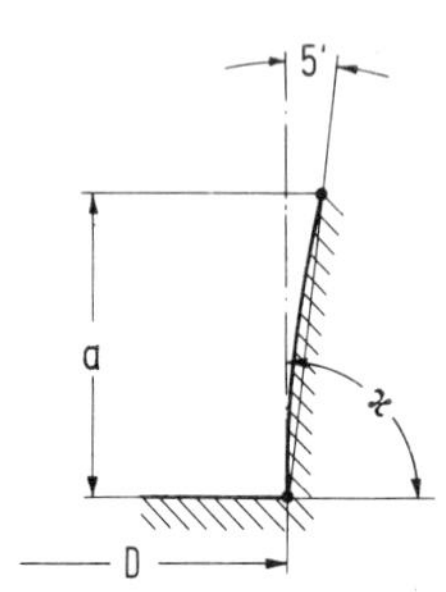


Bild 47. Fräsprofil und Winkelabweichung eines Wendeschneidplatten-Fräswerkzeugs (D = 50 mm, a = 10 mm $\varkappa = 90°$, $\gamma_y = +5°$, $\gamma_x = 0°$)

geradverzahnten oder rundgeschliffenen Werkzeugen vermieden werden können. In der Praxis sind derartige kleine Verzerrungen meistens vernachlässigbar. Will man rechtwinklige höhere Schultern erzeugen, verwendet man vorzugsweise Scheibenfräser, die als Umfangstirnfräser ausgebildet sind. Scheibenfräser, die an beiden Stirnseiten schneiden sollen, haben im allgemeinen eine Kreuzverzahnung, bei der die Schneiden abwechselnd rechts- und linksschräggerichtet oder rechts- und linksgedrallt sind.

*Drallverzahnte Ausführungen,* fälschlich auch spiralverzahnte Ausführungen genannt, haben wendelförmige Umfangschneiden, die nach einer Schraubenlinie um die Werkzeugachse verlaufen. Bei nach rechts gerichteter Schraubenlinie spricht man von Rechtsdrall, ist sie nach links gerichtet, von Linksdrall. Span-und Freiwinkel sind an jeder Stelle der Schneidenebene gleich. Drallverzahnte Fräswerkzeuge zeichnen sich durch ihr ruhiges Arbeitsverhalten aus und sind besonders auch für Fertigfräsarbeiten geeignet.

## 7.6.5 Werkzeugaufnahmen

Durch die Werkzeugaufnahmen werden Fräswerkzeuge mittelbar über Spannzeuge oder unmittelbar mit der Hauptspindel verbunden. Werkzeugaufnahmen müssen die Arbeitsleistung der Spindel auf das Fräswerkzeug übertragen können, eine gute Laufgenauigkeit gewährleisten, hohen wechselnden Zerspanungsbeanspruchungen gerecht werden und einfachen, schnellen Werkzeugwechsel erlauben. Sie sollen verschleißfest ausgeführt, d. h. möglichst oberflächengehärtet sein und durch geeignete Maßnahmen bzw. Hilfsmittel, z. B. Kunststoffschutzringe oder -kappen, gegen Beschädigungen geschützt werden.
Nach Möglichkeit ist eine unmittelbare Werkzeugbefestigung an der Hauptspindel anzustreben. Bei mittelbaren Befestigungen über Spannzeuge, Verlängerungen oder Reduzierstücke ist auf eine kurze Bauart zu achten. Eine umfassende Übersicht über Werkzeugaufnahmen, Halter und Spannzeuge in Standard- und Sonderausführung für Fräswerkzeuge gibt die VDI-Richtlinie 3248.
Kleinere Fräswerkzeuge werden aus konstruktiven Gründen überwiegend mit Schaftaufnahmen gefertigt, die eine stabile Aufnahme des Werkzeugs gewährleisten. Einfachste Aufnahmen sind Zylinderschäfte, die in Spannfuttern mit Spannhülsen gespannt werden. Die Zylinderschäfte sind in DIN 1835 genormt. Außer glatten Schäften enthält die Norm Zylinderschäfte mit einer bzw. zwei Mitnahmeflächen, welche die Verdrehsicherung übernehmen.
Eine weitere bekannte, aber nicht genormte Werkzeugaufnahme ist der Zylinderschaft mit äußerem Anzuggewinde. Unmittelbare und damit formsteife Werkzeugbefestigungen in der Hauptspindel bieten Kegelaufnahmen. Seit langem bekannt sind Morsekegelaufnahmen A mit Anzuggewinde und B mit Austreiblappen nach DIN 228.
Neuzeitliche Werkzeugmaschinen, insbesondere wenn diese für schnellen und automatischen Werkzeugwechsel ausgelegt sind, besitzen Hauptspindelköpfe mit Steilkegel 7 : 24 nach DIN 2079. Die Werkzeugschäfte nach DIN 2080 mit Steilkegel für Gewindeanzug werden vorzugsweise für Schaftfräser mit größeren Schneidenlängen und Schneiddurchmessern von 30 bis 100 mm verwendet. Die Verdrehsicherung erfolgt über einen Mitnehmerflansch und zwei Nuten, in die entsprechende Mitnehmersteine der Frässpindel eingreifen.
Fräswerkzeuge größerer Durchmesser ab etwa 50 mm werden im allgemeinen mit Aufnahme- oder Zentrierbohrung und Plananlage ausgelegt. Umfangfräser, wie Walzenfräser oder Scheibenfräser, besitzen meistens eine durchgehende Aufnahmebohrung mit Längsnut nach DIN 138 und werden auf Fräserdornen mit Morsekegel nach DIN 2081 oder mit Steilkegel nach DIN 6354 aufgenommen. Derartige Aufnahmen erlauben das Kuppeln oder beliebige Zusammenstellen von Standard- und Sonderfräsern zu Satzfräsern. Das übertragbare Drehmoment hängt von der Größe und Länge der Aufnahmebohrung und der ihr zugeordneten Paßfeder ab. Bei schmalen Scheibenfräsern ist ggf. eine größere Nabenbreite zugrunde zu legen, um ein Abscheren der Paßfeder zu vermeiden.
Umfangstirnfräser, wie Eck- und Planfräser, besitzen eine Zentrierbohrung mit Quernut nach DIN 138, seltener eine Längsnut. Kleinere Fräsköpfe bis maximal 160 mm Dmr. werden auf Aufsteckfräserdornen mit Steilkegel nach DIN 6361 bzw. mit Morsekegel

nach DIN 6362 oder ähnlich mittelbar aufgenommen, während größere Fräswerkzeuge ab 160 mm Dmr. eine Direktaufnahme für Spindelköpfe nach DIN 2079 besitzen.
Die früher verwendete Außenzentrierung ist kaum noch gebräuchlich. Die heute übliche Innenzentrierung über einen Zentrierdorn nach DIN 6356 mit Plananlage führt zu genauerer Aufspannung und damit höherer Laufgenauigkeit in axialer und radialer Richtung. Fräswerkzeuge von 315 mm Dmr. und größer haben bei einheitlicher Zentrierbohrung von 60 mm Befestigungslöcher für Hauptspindelköpfe sowohl mit Steilkegel Nr. 50 als auch mit Steilkegel Nr. 60.
Um die Standzeit und Leistungsfähigkeit der Werkzeuge zu optimieren, sollen sie stabil aufgespannt werden. Deshalb sollen möglichst Aufsteckfräserdorne in kurzer Bauweise, also keine sog. Kombi-Aufsteckfräserdorne, verwendet werden. In DIN 2200 Blatt 1 sind in einer Übersicht genormte Fräserdorne mit Morsekegel und in Blatt 2 solche mit Steilkegel wiedergegeben. Wenn eine unmittelbare Spindelaufnahme möglich ist, soll auf Aufsteckfräser- und Reduzierdorne verzichtet werden.

### 7.6.6 Konstruktive Gestaltung

Während einteilige Werkzeuge nur in relativ geringem Maße in ihrer konstruktiven Gestaltung und Auslegung voneinander differieren, sind die Unterschiede bei mehrteiligen Werkzeugen größer. Mehrteilige Fräswerkzeuge bestehen im allgemeinen aus dem Werkzeugkörper, den Schneidelementen und Mitteln zu deren Befestigung. Der Vorteil dieser Konstruktion liegt u.a. darin, daß sich mit gleichen Baueinheiten verschiedene Fräsertypen und -größen zusammenstellen lassen, daß verschiedene Schneidstoffsorten eingebaut und verschlissene Schneidelemente leicht ausgewechselt werden können. Daraus ergibt sich eine hohe Wirtschaftlichkeit beim Einsatz derartiger Werkzeuge.
Messerköpfe haben nachschleifbare Fräsmesser in glatter oder verzahnter Ausführung, die über Keilelemente und/oder Schrauben im Kopf verstellbar gespannt werden. Von den vielen bekannten Befestigungsarten für Fräsmesser [17] zeigt Bild 48 ein Beispiel,

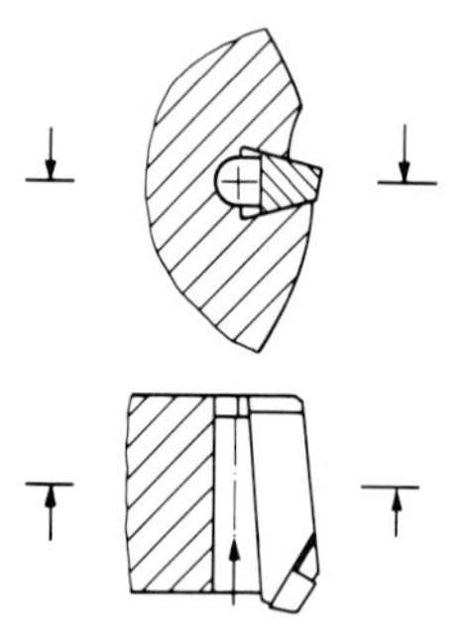

Bild 48. Klemmung eines Fräsmessers mit einem selbsthemmenden Keil

bei dem das im Querschnitt trapezförmig gestaltete Fräsmesser lediglich mit einem selbsthemmenden Keil im Kopf von innen nach außen geklemmt wird. Diese besonders raumsparende Konstruktion läßt sehr enge Zahnteilungen bis etwa 10 mm zu und findet vorzugsweise bei Vielzahnmesserköpfen Anwendung.

Gesteigerte Arbeitsbedingungen und erhöhte Lohnkosten führten jedoch, wenn es die Verhältnisse erlaubten, mehr und mehr zur Anwendung von Fräswerkzeugen mit auswechselbaren Hartmetall-Wendeschneidplatten, die erstmals im Jahr 1948 [18] in der Industrie Eingang fanden. Der Wegfall von Lötspannungen und jeglichen Nachschleifens, die Entwicklung von Hartmetall-Wendeschneidplatten spezieller Sorten und Geometrien sowie Werkzeuge und Maschinen hoher Präzision und Leistungsfähigkeit stellen auf dem Gebiet des Fräsens einen Fortschritt dar, wie er kaum in einem anderen Bereich der spanenden Bearbeitung zu verzeichnen ist.

Aus der Vielzahl der möglichen und bekannten Klemmkonstruktionen [19] zur Befestigung von Wendeschneidplatten in Fräswerkzeugen können hier nur die typischen Ausführungen erläutert werden. Bild 49 A zeigt eine einfache Pratzen- oder Fingerklemmung von Platten, wie sie vorzugsweise bei kleineren Werkzeugen (Schaftfräsern), aber auch bei Drehwerkzeugen verwendet wird. Am häufigsten verbreitet sind Keilklemmungen, die größere Spannkräfte aufbringen und konstruktive Vorteile aufweisen. Eine Keilanordnung vor der Wendeschneidplatte mit Klemmung von der Spanflächenseite zeigt Bild 49 B. Diese relativ platzsparende Klemmung vermeidet unerwünschte Schwächungen des Fräskörpers und läßt sich bereits bei Fräswerkzeugen mit Durchmessern ab 32 mm [20] anwenden. Bei größeren Werkzeugen finden statt der halbovalen Keile überwiegend viereckige Ausführungen Anwendung, die in durchgehenden Körpernuten eingebaut sind. Neuzeitliche Ausführungen haben mehrheitlich eine Keilanordnung hinter der Wendeschneidplatte mit Klemmung von der Auflageseite (Bild 49 C). Der Hauptvorteil dieser Ausführung ist der gute Schutz des Fräserkörpers gegen Zerstörung infolge eines Plattenbruchs. Während dünne Auflagen, wie in Bild 49 B, bei kleinen Werkzeugen mit niedrigen Vorschubgeschwindigkeiten noch ausreichen, erfordern große Fräswerkzeuge mit Vorschubgeschwindigkeiten von 500 mm/min und mehr dikkere Auflagen. Der als Auflage benutzte dicke Spannkeil kann sicherstellen, daß beim Eintreten eines Plattenbruchs trotz der benötigten Stillsetzungszeit größere Beschädigungen des teuren Werkzeugkörpers vermieden werden.

Die Wendeschneidplatte ist in einfachster Weise unmittelbar im Fräserkörper in einem entsprechenden Plattensitz aufgenommen. Bevorzugt werden Fräsplatten in separaten Aufnahmeelementen positioniert, die im allgemeinen eine Dreipunktanlage für die Wendeschneidplatte haben. Die Elemente selbst werden über Schrauben oder Keile, wie in Bild 49 B und C gezeigt, im Fräserkörper befestigt.

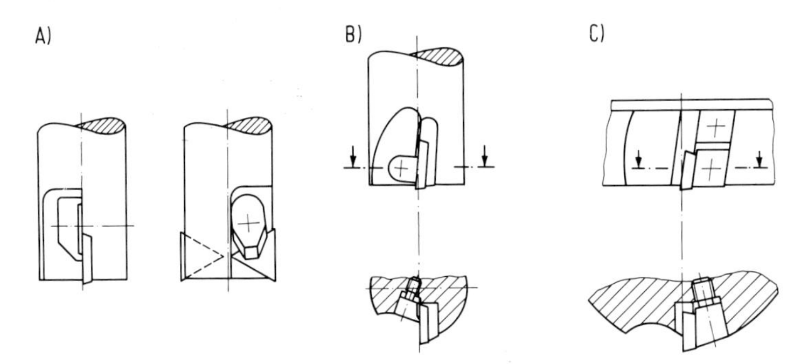


Bild 49. Verschiedene Arten der Klemmung von Hartmetall-Wendeschneidplatten in Fräswerkzeugen

A) Fingerklemmung, B) Keilklemmung an der Spanflächenseite, C) Keilklemmung an der Auflageseite

Eine wirtschaftliche Möglichkeit, Fräswerkzeuge wahlweise mit Wendeschneidplatten verschiedener Schneidkantenlängen (Größen) auszurüsten, bieten Aufnahmeelemente (Bild 50), die bei gleicher Außenabmessung mit verschiedenen Plattensitzen ausgelegt sind und sich im gleichen Fräserkörper einbauen lassen. Solche nach dem Baukastenprinzip konzipierten Fräswerkzeuge sind sehr flexibel einsetzbar und begrenzen den Lagerhaltungsaufwand. Die gezeigten Bauelemente sind in Form von Festanschlägen ausgebildet und über die obere Nase in einer entsprechenden umfangseitigen Körpernut axial positioniert. Auf diese Weise wird ein schneller und genauer Austausch derartiger Teile ermöglicht.

Bild 50. Aufnahmeelemente für verschiedene Fräswendeschneidplatten

Obwohl die Planlaufabweichung von Fräswerkzeugen mit Wendeschneidplatten, gemessen über Meisterplatten, innerhalb von 10 bis 20 µm liegt, reicht diese zum Schlichtfräsen nicht immer aus. Für Schlichtplatten, die in Verbindung mit Schruppplatten eingesetzt werden, wird ein optimaler Überstand von 50 bis 80 µm gefordert. Dies setzt große Genauigkeit und hohe Sorgfalt bei der Montage voraus. Deshalb werden für eine genau definierte Plattenpositionierung auch feineinstellbare Elemente nach Bild 51 benutzt. Sie ermöglichen sowohl eine Korrektur der Lage der Planschneide zur Fräsebene als auch eine axiale Einstellung. Beim Schlicht- und noch mehr beim Feinfräsen ist, obwohl Konstruktionen von Wendeschneidplatten für derartige Arbeiten bekannt sind, das Schleifen der Planschneiden nicht immer zu vermeiden, insbesondere, wenn hochwertige Laufgenauigkeiten und Werkstückoberflächen verlangt werden.

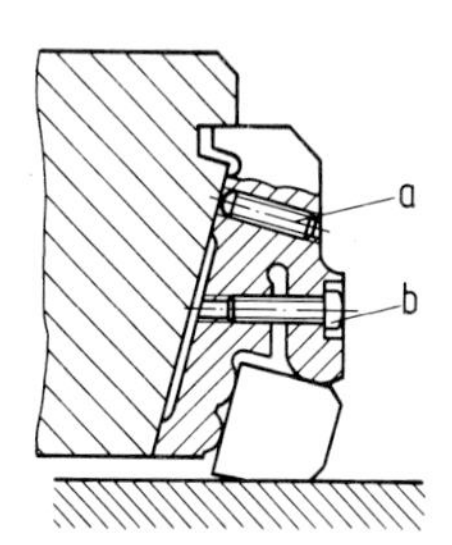


Bild 51. Feineinstellbares Element für Wendeschneidplatten zum Schlichten

a Stellschraube für Lagekorrektur, b Stellschraube für Axialkorrektur

Gestaltung und Wahl der Fräswerkzeuge hängen schließlich noch von der Zahnteilung und der zugeordneten Größe der Spankammer ab. Die *Zahnteilung* für Werkzeuge mit Wendeschneidplatten beträgt normalerweise etwa 40 mm. Fräswerkzeuge mit weiter Zahnteilung von etwa 60 mm, die sehr große Spankammern ermöglicht, werden häufig auf leistungsschwachen Werkzeugmaschinen eingesetzt. Vielzahnfräswerkzeuge mit enger Zahnteilung von etwa 20 mm haben ihren Anwendungsbereich vorzugsweise bei kurzspanenden Eisenwerkstoffen und erlauben sehr hohe Vorschubgeschwindigkeiten.

Um bei Vorschuboptimierung noch eine freie Spanbildung und guten Spanabfluß zu erreichen, müssen Form und Größe der Spankammern richtig gewählt werden. Besonders bei größeren Fräsbreiten und -tiefen kann es zu Beeinträchtigungen einer ungehinderten Spanbildung und -abführung kommen.
Rattererscheinungen und -schwingungen lassen sich vermeiden bzw. reduzieren, wenn Fräswerkzeuge mit ungleicher Zahnteilung ausgeführt werden.
Fräswerkzeuge, besonders mehrteilige Ausführungen mit Wendeschneidplatten, bedürfen schließlich einer sachgemäßen Behandlung, Pflege und Wartung. Verschlissene Einzelteile, wie Auflagen und Spannkeile, sind rechtzeitig zu ersetzen, die Plattensitze vor jedem Plattenwechsel zu reinigen. Nur so lassen sich die erwarteten Ergebnisse und hohe Wirtschaftlichkeit erreichen sowie Schwierigkeiten vermeiden.

# 7.7 Bearbeitung auf Fräsmaschinen

## 7.7.1 Konsolfräsmaschinen

**Dipl.-Ing. K. Dustmann, Berlin**

### 7.7.1.1 Bauarten, Merkmale und Baugrößen

Entsprechend der Anordnung der Hauptspindel unterscheidet man zunächst Waagerecht- (Bild 52A) und Senkrecht-Konsolfräsmaschinen (Bild 52B). Hinzu kommt als dritte weit verbreitete Variante die Universal-Konsolfräsmaschine (Bild 52C). In der einfachsten Ausführung ist sie gekennzeichnet durch eine waagerechte Hauptspindel und einen um die senkrechte Achse drehbaren Tisch. Oft werden die Einsatzmöglichkeiten dieser Maschinen (besonders in kleineren Ausführungen) erweitert um schwenkbare Hauptspindeln und einen um mehrere Achsen drehbaren Tisch. Diese Ausführungen fallen dann bereits in den Bereich der Universal-Werkzeugfräsmaschinen (siehe 7.7.4).

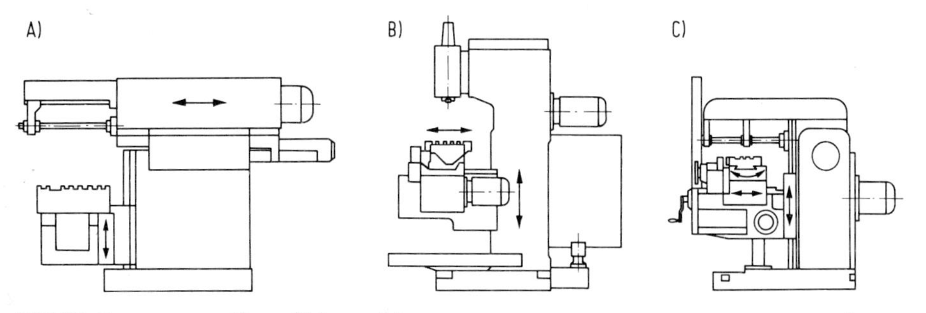


Bild 52. Bauarten von Konsolfräsmaschinen
A) Waagerecht-, B) Senkrecht-, C) Universal-Konsolfräsmaschine

Für die häufigste Ausführung der drei Grundtypen (Bild 52) ist die ortsfeste Lage der Hauptspindel und die Ausführung der drei Stellbewegungen des Werkstücks durch die Schlitten an der Konsole (Bild 52B und C) charakteristisch. Daneben hat sich eine

andere Bauform durchgesetzt, bei der nur noch die Senkrecht- und Längsbewegung (sowie ggf. Drehbewegungen) von der Konsole ausgeführt werden. Die Querbewegung wird von dem in einer Führung auf dem Ständer verschiebbaren Spindelstock ausgeführt (Bild 52 A).
In zunehmendem Maße werden die Handbedienung und der zentrale Vorschubantrieb (mit Verteilung über Kupplungen auf die einzelnen Achsen) verdrängt durch Einzelantriebe und automatisierte Maschinen. Bei den Werkzeugspanneinrichtungen haben sich die ISO-Werkzeugaufnahmen in Verbindung mit Elektrospannantrieben oder hydraulisch-mechanischer Werkzeugspannung durchgesetzt. Die früher eingesetzten verschiedenen Gleichlauffräseinrichtungen verlieren ihre Bedeutung durch verbesserte spielfreie und verschleißarme Vorschubantriebe (z. B. Kugelgewindespindeln mit vorgespannten Muttern). Bei den Hauptantrieben bestehen nebeneinander stufenlos einstellbare Gleichstromantriebe und von Hand oder hydraulisch schaltbare Rädergetriebe mit Drehstromantrieben.
Die bestimmenden Faktoren für die Größenauslegung lassen sich aufteilen in werkzeugseitige (Tabelle 1) und werkstückseitige (Tabelle 2) Einflußfaktoren. Die Tabellen geben einen Überblick über Daten ausgeführter Maschinen und sind daher nicht streng abgestuft und nicht frei von Überschneidungen (siehe hierzu auch DIN 55070 Konsolfräsmaschinen; Baugrößen). Oberhalb und unterhalb dieses Datenfeldes gibt es in geringerer Stückzahl auch kleinere und größere Konsolfräsmaschinen. Besonders die größeren Typen werden jedoch zunehmend von anderen Machinengattungen ersetzt (z. B. Kreuztisch- oder Bettfräsmaschinen).

Tabelle 1. Auslegung von Konsolfräsmaschinen nach dem Werkzeug

| Nr. | max. Fräser-durchmesser [mm] | Werkzeug-Aufnahme ISO | Lager-durchmesser [mm] | Leistung des Hauptantriebs [kW] | Spindel-Drehzahl [$min^{-1}$] |
|---|---|---|---|---|---|
| 1 | 160 | 40 | 73 | 3 | 45 bis 2000 |
| 2 | 200 | 40 | 95 | 7,5 | 35 bis 1800 |
| 3 | 200 | 50 | 95 | 7,5 | 35 bis 1800 |
| 4 | 250 | 50 | 100 | 12 | 28 bis 3500 |
| 5 | 250 | 50 | 100 | 15 | 22 bis 2800 |
| 6 | 300 | 50 | 114 | 22 | 18 bis 1800 |

Tabelle 2. Auslegung von Konsolfräsmaschinen nach dem Werkstück

| Nr. | Tischabmessungen [mm] | Stellbereich [mm] | Tischbelastung [kg] | Gewicht der Maschine [kg] |
|---|---|---|---|---|
| 1 | 1000 × 315 | 710 × 400 × 250 | 250 | 1700 |
| 2 | 1350 × 300 | 950 × 425 × 280 | 400 | 3300 |
| 3 | 1500 × 355 | 1000 × 450 × 320 | 500 | 3200 |
| 4 | 1500 × 400 | 600 × 450 × 400 | 600 | 4500 |
| 5 | 1500 × 400 | 1100 × 450 × 400 | 600 | 4500 |
| 6 | 1800 × 425 | 1400 × 475 × 360 | 1000 | 5200 |

### 7.7.1.2 Werkstückspektrum

Das Einsatzgebiet für Konsolfräsmaschinen erstreckt sich auf den breiten Bereich der Bearbeitung kleiner und mittelgroßer Werkstücke. Hier ist die Konsolfräsmaschine aufgrund ihres relativ niedrigen Preises eine sehr wirtschaftliche Lösung. Ihre Universalität ist groß und läßt sich durch eine Vielzahl von Zusatzeinrichtungen unter Einbeziehung von Bohrarbeiten steigern. Die Maschinenhersteller verfügen hier über umfangreiche Erfahrungen und bieten Problemlösungen an, welche diese Standardmaschinen zu verfahrensbezogenen Sondereinrichtungen ausbauen (siehe 7.7.1.3 und 7.7.1.4). Die Wirtschaftlichkeit läßt sich noch erhöhen durch verschiedene Automatisierungsmöglichkeiten (7.7.1.5). Neben solchen Einzweck-Anwendungen bleibt die Konsolfräsmaschine weiterhin die Vielzweckmaschine für die große Zahl von kleineren Betrieben mit dem Bedürfnis nach kostengünstiger Flexibilität.

Die *Waagerecht-Konsolfräsmaschine* wird in allen Zweigen der Metallindustrie eingesetzt für die verschiedenartigsten Fräsarbeiten: ebene Flächen, profilierte Flächen, Nuten, Keilwellen, Zahnräder (mit Teilkopfbenutzung). Am häufigsten werden Walzen-, Scheiben- und Formfräser eingesetzt, oft in kombinierter Anordnung als Satzfräser auf einem Dorn mit Gegenhalter (siehe 7.7.1.3).

Die *Senkrecht-Konsolfräsmaschine* eignet sich gut zum Fräsen von Nuten und Rillen, ebenen und profilierten Flächen sowie zur Innenbearbeitung schüsselförmiger Werkstücke. Hierbei werden bevorzugt Stirn- und Schaftfräser eingesetzt.

Die *Universal-Konsolfräsmaschine* ist durch ihre vielfältigen Einsatzmöglichkeiten eine der typischen Werkstattmaschinen in Kleinbetrieben. Durch drehbaren Tisch und Frässpindelkopf sind viele Bearbeitungen in einer Aufspannung durchführbar. Neben ebenen und profilierten Flächen lassen sich Nuten und Drallnuten herstellen.

Die Größe der Werkstücke reicht von kleinen Teilen mit Abmessungen von wenigen Zentimetern bis zu den Grenzen, die durch den Arbeitsraum der Maschine gesetzt sind (siehe Tabelle 2).

Die erreichbaren Maßgenauigkeiten der Werkstücke sind mehr von dem angewendeten Meß- und Steuerungsverfahren abhängig als von der Maschine (siehe 7.7.1.5). Die Formabweichungen liegen in der Regel unter 20 bis 40 μm, bezogen auf die durchschnittliche Maschinengröße. Grundlage für die Beurteilung einer Maschine in diesem Punkt sind die Abnahmevorschriften nach DIN 8615 und DIN-Entwurf 8616, die von den einzelnen Fabrikaten mehr oder weniger ausgenutzt oder unterschritten werden.

Die erreichbaren Oberflächengüten sind neben der konstruktionsbedingten Stabilität der Maschine stark beeinflußbar durch die Wahl des Arbeitsverfahrens, z. B. Stirn- und Walzenfräsen, Gleichlauf- und Gegenlauffräsen, Schlagzahn- und Schälfräsen. Weiterhin wirken sich die Schnittbedingungen direkt aus. Schruppen wird allgemein mit niedriger Schnittgeschwindigkeit und hohem Vorschub, Schlichten mit hoher Schnittgeschwindigkeit und niedrigem Vorschub ausgeführt. Nähere Angaben dazu finden sich in der umfangreichen Literatur [21 u. 22].

### 7.7.1.3 Werkzeugträger

Bei Konsolfräsmaschinen werden die verschiedensten Fräswerkzeuge benutzt. Charakteristisch ist die Erweiterung der Arbeitsmöglichkeiten durch die folgenden Zusatzeinrichtungen:

*Gegenhalter und Fräserdornlager* gehören zur üblichen Ausrüstung der Waagerecht-Konsolfräsmaschine. Auf dem Fräserdorn können in beliebiger Anordnung Walzen-, Scheiben- oder Formfräser aufgenommen werden (siehe Bild 57). Die Fräserdornlager

sind in einer Führung des Gegenhalters einstellbar. Sie dienen zur Führung und Abstützung der Satzfräser. Zur weiteren Erhöhung besonders der dynamischen Steifigkeit werden Gegenhalterstützen verwendet oder Hilfsmassenschwingungsdämpfer am Gegenhalter angebracht. Der Gegenhalter selbst ist entweder fest am Maschinenständer bzw. Spindelstock angeordnet oder ebenfalls in einer Führung verschiebbar. Im letzteren Fall kann er nach hinten geschoben werden und macht auf diese Weise Platz für andere im Folgenden beschriebene Zusatzeinrichtungen.
*Vertikalfräsköpfe* ermöglichen an einer Waagerecht-Konsolfräsmaschine ein Umrüsten von Arbeiten mit horizontaler auf solche mit vertikaler Hauptspindel. Sie werden vor der Spindellagerung an dem Gehäuse der Maschine befestigt und über die Hauptspindel angetrieben. Bei Maschinen mit Leistungen unterhalb von 10 kW findet man vielfach Schwenkeinrichtungen an den Maschinen, die den Fräskopf halten (im nicht benutzten Zustand) und den Umrüstvorgang wesentlich verkürzen und erleichtern (Bild 53). Eine zusätzliche Erweiterung der Bearbeitungsmöglichkeiten ist gegeben durch eine Drehbarkeit des Fräskopfes um die waagerechte Achse nach beiden Seiten. In Verbindung mit dem Quervorschub lassen sich damit schräge Flächen bearbeiten.

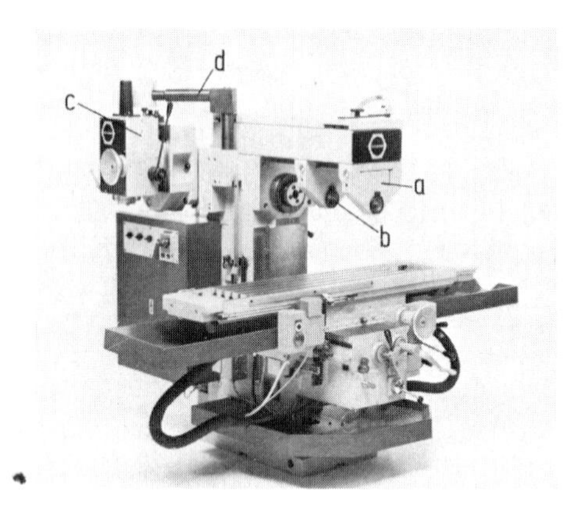


Bild 53. Konsolfräsmaschine mit Zusatzeinrichtungen
a Gegenhalter, b Fräserdornlager, c Vertikalfräskopf, d Schwenkeinrichtung

*Universalfräsköpfe* sind in zwei Ebenen drehbar bis zu jeweils 360° (Bild 54 A). Die Anbringung erfolgt wie bei den normalen Vertikalfräsköpfen und ggf. mit Hilfe einer Schwenkeinrichtung. In Verbindung mit einer geeigneten Vorschubachse lassen sich damit beliebige schräge Flächen erzeugen.
*Vertikalfräseinheiten* erweitern Waagerecht-Konsolfräsmaschinen – im Gegensatz zu Vertikalfräsköpfen – um einen zweiten Hauptantrieb mit senkrecht stehender (ggf. schwenkbarer) Hauptspindel (Bild 54 B). Die Einheit hat ein eigenes Schaltgetriebe, und somit sind unabhängig einstellbare Drehzahlen an beiden Hauptspindeln möglich. Damit können gleichzeitig an zwei Stellen des Werkstücks mit unterschiedlichen Werkzeugen Bearbeitungen vorgenommen werden. In geeigneten Fällen läßt sich auf diese Weise die Stückzeit bedeutend herabsetzen. In anderen Fällen kann die Reduzierung der Rüstzeit von Bedeutung sein, da senkrechte und waagerechte Bearbeitungen in einer Aufspannung und auf einer Maschine durchzuführen sind.
In Senkrecht-Konsolfräsmaschinen ist meist ein *Pinolenhub* in der Größenordnung von etwa 70 bis 100 mm vorhanden. Er wird von Hand oder drucktastengesteuert betätigt. Diese zusätzliche Stellbewegung wird vorwiegend zum Ausgleich unterschiedlicher Werkzeuglängen (durch Nachschleifen von Fräsern oder Einsatz von mehreren Fräsern) an Maschinen benutzt, bei denen die Anschlagbahnen der Senkrechtachse für ein Bear-

beitungsprogramm fest eingerichtet sind (siehe 7.7.1.5). Als Ergänzung wird neben der Pinole eine Trommel mit einstellbaren Anschlägen für die verschiedenen Werkzeugmaße angebracht.

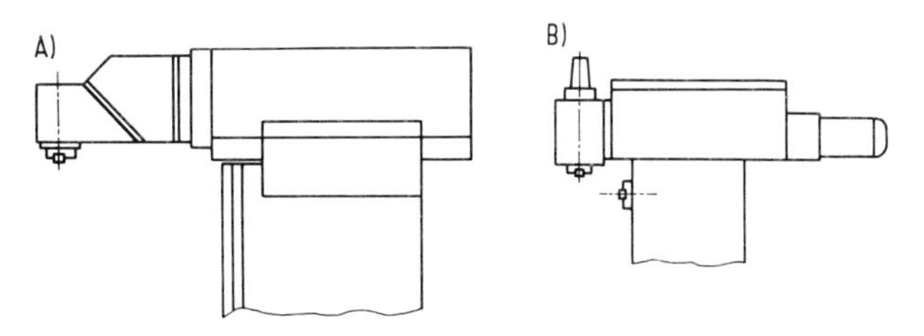


Bild 54. Zusatzeinrichtungen für Waagerecht-Konsolfräsmaschinen
A) Universalfräskopf, B) Vertikalfräseinheit

### 7.7.1.4 Werkstückträger

Der *Maschinentisch* wird in der Einzelfertigung bei etwas größeren Teilen direkt als Spannfläche benutzt. Die Werkstücke werden gewöhnlich mit Paßstücken oder Prismenstücken unterlegt und mit Spannmitteln festgespannt.
*Schraubstöcke* haben ihr Hauptanwendungsgebiet bei kleineren Teilen, und zwar parallel spannend bis zu Kantenlängen von 100 bis 200 mm und zentrisch spannend bis zu Durchmessern von 100 bis 500 mm.
*Vorrichtungen* werden bei größeren Stückzahlen eingesetzt. Auf die Vielzahl der möglichen Lösungen geht Abschnitt 7.5 näher ein. Bei Verwendung von Vorrichtungen und den noch folgenden Zusatzeinrichtungen kann das Prinzip der Pendelbearbeitung angewendet werden, soweit die Arbeitsmöglichkeiten und die Sicherheitsbestimmungen dies zulassen. Bei zwei Werkstückaufnahmen ist während der Bearbeitung an der einen Station die gegenüberliegende frei zum Aus- und Einspannen der Werkstücke (Bild 55).

Bild 55. Senkrecht-Konsolfräsmaschine mit Spann- und Drehvorrichtung für die Pendelbearbeitung von Auspuffkrümmern

*Rundtische* als Zusatzeinrichtungen lassen eine Vielzahl von Arbeitsaufgaben lösen. Einen Vorschub der Rundachse erzeugen die *Rundfrästische* mit üblichen Durchmessern im Bereich von 250 bis 500 mm. Sie eignen sich daher z. B. zum Fräsen von Schlitzen in Mantelflächen oder von kreisförmigen Bogensegmenten.

*Rundteiltische* werden bei der Forderung nach ebenen Fräsflächen unter bestimmten Winkelstellungen eingesetzt. Ein häufig auftretender Sonderfall ist die Vier- oder Fünf-Seitenbearbeitung von kubischen Werkstücken. Der übliche Durchmesserbereich liegt zwischen 250 und 600 mm. Die Anzahl der Teilstellungen bewegt sich zwischen viermal 90° und 360 × 1°.

*NC-Rundtische* im Zusammenhang mit einer numerisch gesteuerten Maschine stellen die flexibelste, aber auch aufwendigste Lösung dar. Sie eignen sich zum Einfahren bestimmter Winkelstellungen (meistens mit einer Auflösung von 0,001°) und zum Erzeugen von Rundfräsvorschüben.

*Teilapparate* gibt es in noch größerer Variationsbreite als Rundschalttische. Dies steht in Zusammenhang mit der großen Häufigkeit von rotationssymmetrischen Teilen, die neben Drehen und Schleifen auch Fräsbearbeitungen erfordern. Die Betrachtung von ausgeführten Lösungen führt bereits weit in das umfangreiche Gebiet der verfahrensbezogenen Auslegung von Maschinen, besonders wenn eine Serienfertigung mit gewissen Stückzahlen angestrebt wird. Bei Ausführungen mit waagerechter Achse werden die Werkstücke meist zwischen den Spitzen des Teilapparats einerseits und des Reitstocks andererseits aufgenommen. Die Mitnahme geschieht dabei über Stirn- oder Zangenmitnehmer. Möglich ist auch die Verwendung eines Futters am Teilapparat in Verbindung mit einer Spitze am gegenüberliegenden Reitstock (Bilder 56 und 57). Bei senkrechter Lage des Teilapparats wird ebenfalls die Futterausführung eingesetzt. Einige Teilapparate lassen eine horizontale oder vertikale Anordnung zu.

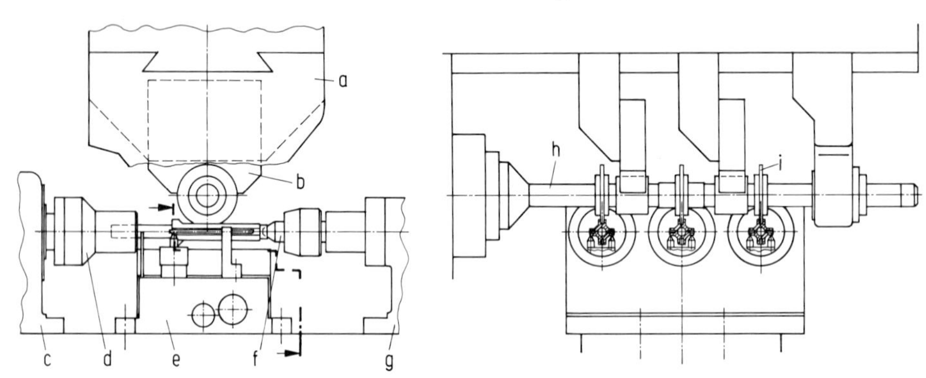


Bild 56. Zusatzeinrichtungen an einer Konsolfräsmaschine zum Fräsen von Schlitzen

a Gegenhalter, b Fräserdornlager, c Teilapparat, d Spannzange, e Ausrichteinrichtung, f Zentrierspitze, g Reitstock, h Fräsdorn, i Scheibenfräser

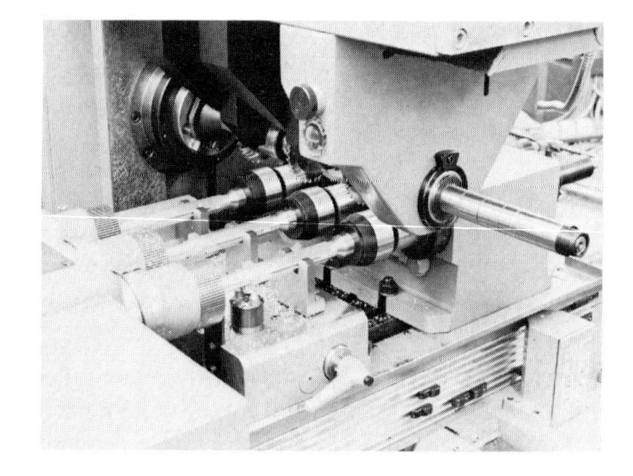

Bild 57. Konsolfräsmaschine mit Zusatzeinrichtungen zum Fräsen von Schlitzen

Die Handteilapparate sind in der Regel einspindelige Ausführungen; dagegen kommen bei automatischen Teilapparaten häufig zwei- oder dreispindelige Ausführungen zur Anwendung. Dementsprechend werden dann auch mehrspindelige Reitstöcke benutzt, die ebenfalls über eine hydraulische Betätigung automatisiert werden.

### 7.7.1.5 Automatisierungsstufen

Die Handbedienung von Konsolfräsmaschinen ist, abhängig von Fabrikat und Typ, in unterschiedlichem Ausmaß durch Fernbedienungselemente in einer zentralen Bedienungstafel zusammengefaßt. Die Richtungsauswahl und Auslösung von Bewegungen geschieht meistens durch Drucktaster, die Vorwahl von Vorschubgrößen und Spindeldrehzahlen noch oft durch Handhebel. Die Meßeinrichtungen mit Skalen und Nonien werden zunehmend durch elektronische Istwertanzeigen mit direktem oder indirektem Meßsystem ersetzt. Bei einer Auflösung von 0,01 mm liegen die Positionsabweichungen in einem Streufeld von etwa 0,02 bis 0,05 mm, je nach System und Meßgröße.
Vielfach werden die Istwertanzeigen für zwei oder mehr Achsen erweitert zu einer *Positioniersteuerung* durch die Möglichkeit der Eingabe und des Einfahrens von Koordinatenwerten im Eilgang oder mit von Hand vorgewählten Vorschüben. Diese einfachste Stufe einer Handeingabesteuerung verarbeitet nur Weg- und keine Schaltinformationen und enthält keine Speichermöglichkeiten.
Die klassische Steuerung für Fräsmaschinen ist die *Programmsteuerung*. In der einfachsten Ausführung verarbeitet sie fest programmierte Zyklen, denen Schalt- und Weginformationen in fester Reihenfolge zugeordnet werden (Bild 58). Die Weginformationen werden von einstellbaren Anschlägen geliefert. An einem Vorwahlschalter im Bedienungsfeld wird der gewählte Zyklus eingestellt.

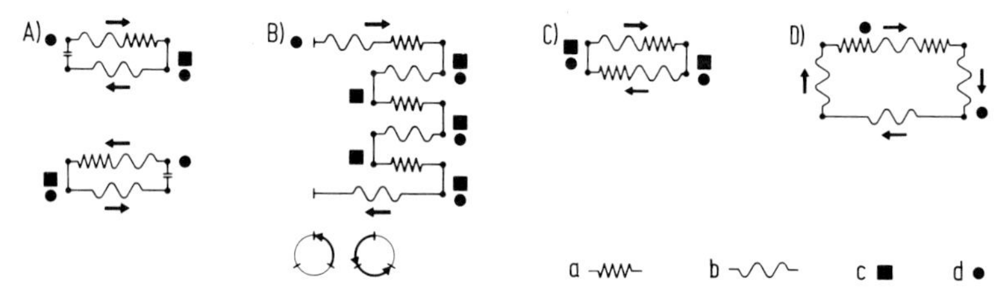


Bild 58. Definierte Zyklen für eine Programmsteuerung von Konsolfräsmaschinen
A) automatische Arbeitsabläufe in Tischlängsrichtung, B) Bearbeiten von Werkstücken im automatischen Teilapparat, C) pendelndes Bearbeiten von zwei Werkstücken in Tischlängsrichtung mit entgegengesetzten Vorschubrichtungen, D) pendelndes Bearbeiten von zwei Werkstücken in Tischlängsrichtung mit Vorschüben in gleicher Richtung
a Bewegung im Arbeitsvorschub, b Bewegung im Eilgang, c automatische Tischumkehr mit Verzögerung zum Freischneiden, d vorwählbare Tischumkehr mit Impulsgabe

Die nächste Automatisierungsstufe bilden *Programmsteuerungen mit frei programmierbaren Arbeitsabläufen* und einer variablen Reihenfolge von Schalt- und Weginformationen. Vielfach wird auch das Anschlagsystem bei dieser Ausbaustufe ersetzt durch ein elektronisches Wegmeßsystem. Die Informationen werden z.B. durch eine steckbare Matrix oder eine Zehnertastatur an der Maschine eingegeben. Zusammen mit einem ausreichenden Speicher und einer Programmausgabe- und -eingabemöglichkeit (z.B. über Magnetband oder Lochstreifen) stellt dies die oberste Ausbaustufe einer Handeingabesteuerung dar.

In den technischen Möglichkeiten unterscheidet sich die zuletzt dargestellte Handeingabesteuerung nicht mehr wesentlich von der Automatisierungsstufe der *numerischen Strecken- und Bahnsteuerungen* (zumal es auch Handeingabesteuerungen mit einfachen Interpolationseinrichtungen – z. B. zum Fräsen von Schrägen oder Kreisbögen – gibt). Der Unterschied liegt mehr in der grundsätzlichen Einstellung zur Programmierung (an der Maschine oder unabhängig von der Maschine) und zur Arbeitsverteilung (Verantwortung beim Bedienungsmann oder beim Arbeitsvorbereiter). Auf die allgemeinen Eigenschaften und Möglichkeiten der numerischen Steuerungen wird an dieser Stelle nicht weiter eingegangen.
*Nachformsteuerungen* in elektro-hydraulischer oder rein elektrischer Ausführung runden die Automatisierungsmöglichkeiten der Konsolfräsmaschinen ab. Sie sind zwar nicht typisch für diese Maschinengattung, belegen aber durch ihr Vorkommen einmal mehr die Universalität der Konsolfräsmaschine.

## 7.7.2 Bettfräsmaschinen

**Dr.-Ing. G. Augsten, Nürtingen**

### 7.7.2.1 Bauarten von Bettfräsmaschinen

#### 7.7.2.1.1 Merkmale der Bettfräsmaschine

Die Benennung von Fräsmaschinen geht von unterschiedlichen Gesichtspunkten aus; teils wird nach konstruktiven Merkmalen unterschieden, teils nach bestimmten Bearbeitungsaufgaben und teils nach der Steuerungsart. Die Bettfräsmaschine führt ihren Namen nach dem Maschinenbett, auf dem sich die ganze Maschine aufbaut. Mit dieser Bauweise verknüpft ist die unveränderliche Höhenlage des Aufspanntischs und damit des Werkstücks. Als Gegenstück zur Bettfräsmaschine ist damit die Konsolfräsmaschine anzusehen, bei der die Höhenlage des Tischs veränderlich ist.
Charakteristisch für das Erscheinungsbild der Bettfräsmaschine ist der an ein Dreieck erinnernde, aus einer breiten Auflage sich nach oben verjüngende und damit für die Stabilität optimale Verlauf der Umrißlinien (Bild 59). Die Bauweise der Bettfräsmaschine bietet somit drei vorteilhafte Eigenschaften: große Steifigkeit, einfache Beschickung und hohe Belastbarkeit des Maschinentischs. Bei der Bettfräsmaschine findet der Kraft-

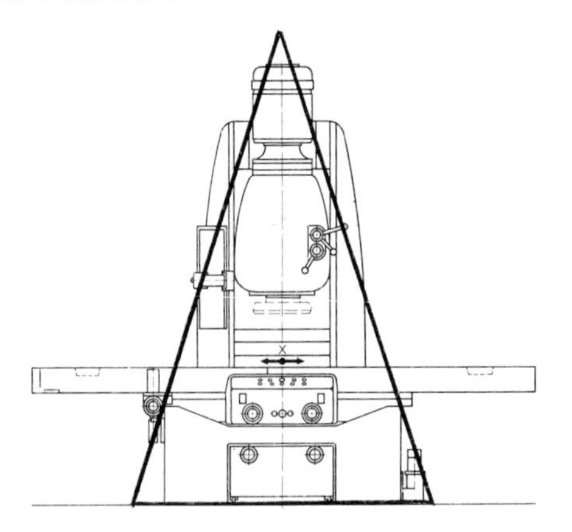


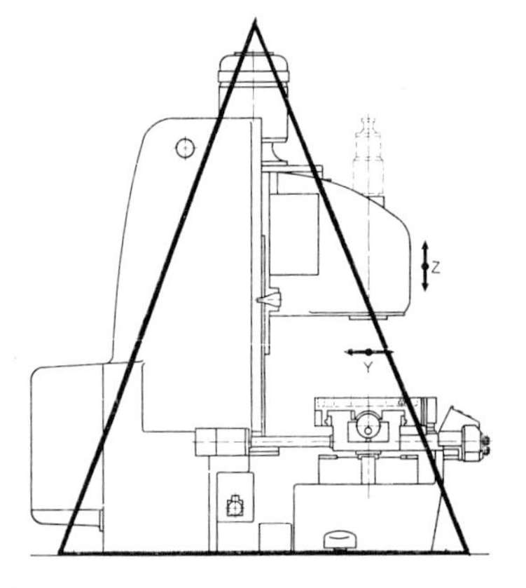


Bild 59. Bettfräsmaschine mit Kreuztisch (PFV 100)

fluß große Querschnitte vor, so daß Gewichts- und Bearbeitungskräfte nur geringe Verformungen der Maschinenstruktur hervorrufen. Insbesondere ist das Maschinenbett durch seine ausladende Gestaltung und durch seine Verbindung mit dem Fundament als äußerst formsteifes Element anzusehen. Die Stabilität der Bettfräsmaschine erlaubt große Verfahrwege der Bewegungseinheiten und damit auch große Arbeitsräume. Dadurch ergeben sich beste Fräseigenschaften.
Durch die unveränderliche Höhenlage des Tischs wird die manuelle, insbesondere aber die automatische Beschickung mit Werkstücken wesentlich erleichtert. Oft wird eine Verkettung mit anderen Maschinen dadurch erst ermöglicht. Die offene Bauweise der Bettfräsmaschine begünstigt ihre Bedienbarkeit und Zugänglichkeit.
Durch die breite Auflage des Tischs auf dem Bett werden die Gewichtskräfte des Werkstücks und der Vorrichtung direkt in das Bett geleitet, so daß hohe Werkstückgewichte zulässig sind.

#### 7.7.2.1.2 Einteilung der Bettfräsmaschinen nach Spindel- und Achsanordnung

Je nach Anordnung der Hauptspindel unterscheidet man zwischen *Vertikal-* und *Horizontalfräsmaschinen.* Die meisten Bettfräsmaschinen können wahlweise mit Fräseinheiten der einen oder anderen Art ausgestattet werden und bieten darüber hinaus Kombinationsmöglichkeiten.
Die Bewegung des Fräswerkzeugs in Bezug zum Werkstück erfolgt bei der Standard-Fräsmaschine auf drei senkrecht zueinander stehenden translatorischen Achsen. Sofern das Werkzeug auf diesen Achsen bewegt wird, werden die zugehörigen Bewegungsrichtungen gemäß DIN 66217 mit X, Y und Z bezeichnet, dagegen bei Bewegung des Werkstücks mit X′, Y′ und Z′. Die Z-Achse liegt dabei vereinbarungsgemäß in Richtung der Rotationsachse des Werkzeugs.
Schreitet man auf eine vereinbarte Art und Weise, z.B. zunächst vom Werkstück und dann vom Werkzeug ausgehend, zum Maschinenfundament voran, so durchläuft man die Bewegungseinheiten der Maschinenachsen in einer für die jeweilige Bauweise typischen Reihenfolge. Tabelle 3 zeigt die Variationsmöglichkeiten bei Bettfräsmaschinen mit vertikaler Hauptspindel. (Bei Vertauschen von Y und Z gilt die Tabelle für Horizontal-Bettfräsmaschinen.)

Tabelle 3: Achsvariationen bei Vertikal-Bettfräsmaschinen

| Zwei Werkstückachsen, eine Werkzeugachse | eine Werkstückachse, zwei Werkzeugachsen | drei Werkzeugachsen |
|---|---|---|
| X′ – Y′ – Z | X′ – Y – Z | X – Y – Z |
| Y′ – X′ – Z | X′ – Z – Y | X – Z – Y |
| | Y′ – X – Z | Y – X – Z |
| | Y′ – Z – X | Y – Z – X |
| | | Z – X – Y |
| | | Z – Y – X |

Die praktisch ausgeführten Möglichkeiten sind in Tabelle 3 unterstrichen. Drei Grundtypen sind zu unterscheiden (Bild 60):
*Zwei Werkstück- und eine Werkzeugachse:* Kennzeichnend für diese Gattung ist, daß der Tisch auf einem Support bzw. Querschieber aufliegt. Man spricht deshalb von *Kreuz-*

*tischfräsmaschinen* (Bild 60 A). Ständer und Maschinenbett sind fest miteinander verbunden.

*Eine Werkstück- und zwei Werkzeugachsen:* Bei dieser Gattung liegt der Tisch direkt auf dem Bett auf. Dadurch ergeben sich besondere Vorteile für die Bedienbarkeit und Werkstückbeschickung. Ferner ist der Einfluß des Werkstückgewichts, insbesondere jedoch von dessen Verlagerungen bei Vorschubbewegung, auf Verformungen der Maschine sehr gering. Man kann diese Gattung mit *Tischfräsmaschine* benennen. Wie Bild 60 B zeigt, sind zwei Varianten zu unterscheiden, einmal die Tischfräsmaschine in symmetrischer Gestaltung mit verfahrbarem Ständer (Bild 60 $B_1$) und zum anderen mit festem Ständer mit vertikal beweglichem Support, der die Fräseinheit trägt (Bild 60 $B_2$).

*Drei Werkzeugachsen.* Diese Maschinengattung ist besonders für sehr hohe Werkstückgewichte (z.B. Generatorläufer) geeignet. Stellenweise hat sich die Benennung Starrbettfräsmaschine eingeführt, richtiger wäre jedoch die Benennung *Starrtischfräsmaschine,* da die Steifigkeit (Starrheit) des Tischs das kennzeichnende Merkmal darstellt. Auch hier sind wieder die beiden oben erwähnten Ausführungsvarianten zu unterscheiden (Bild 60 $C_1$ u. $C_2$).

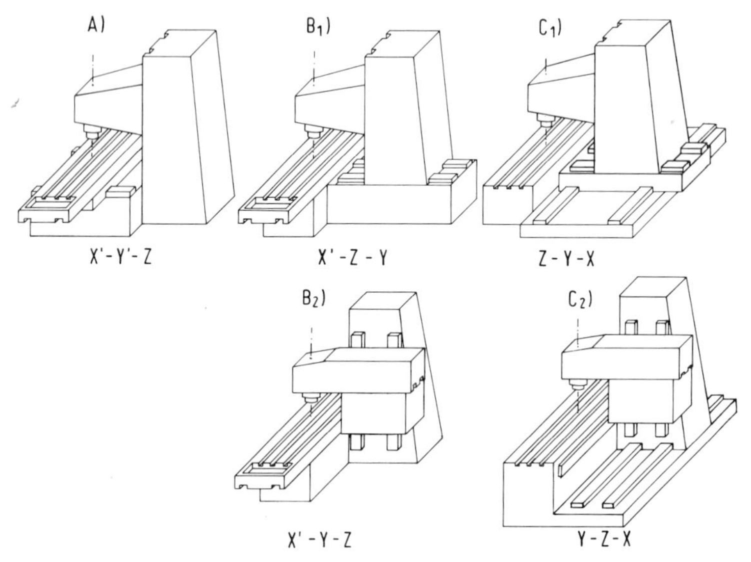


Bild 60. Aus verschiedenen Achsanordnungen sich ergebende Grundtypen von Bettfräsmaschinen

A) Kreuztisch- Fräsmaschine, B) Tisch-Fräsmaschine ($B_1$) mit verfahrbarem Ständer, $B_2$) mit festem Ständer und in zwei Achsen beweglicher Fräseinheit), C) Starrtisch-Fräsmaschine ($C_1$) mit verfahrbarem Ständer, $C_2$) mit festem Ständer und in zwei Achsen beweglicher Fräseinheit)

#### 7.7.2.1.3 Einteilung nach der Bearbeitungsaufgabe

Bettfräsmaschinen werden ausgeführt als Universal-(Werkzeug-)fräsmaschinen, (Universal-)Produktionsfräsmaschinen, Planfräsmaschinen und Langfräsmaschinen, beide in Einständer-, Zweiständer- oder Portalbauweise, und Sonderfräsmaschinen.

Unter *Universalfräsmaschinen* versteht man in einem engeren Sinn Fräsmaschinen, die sich zur Bearbeitung formschwieriger und vielgestaltiger Werkstücke kleinerer bis mittlerer Abmessungen, wie sie z. B. im Werkzeugbau vorkommen, eignen. Dieser Bereich galt bisher, bedingt durch ihre einfache Bedienbarkeit, als Domäne der Konsolfräsmaschine; durch die Fortschritte der Steuerungstechnik und den dadurch bedingten Wandel von der Handhebel- zur Drucktastenbedienung hat diese Zuordnung jedoch an Gültigkeit eingebüßt (Bild 61).
Kennzeichnend für die Universalfräsmaschine ist die Vielfalt an Zusatzeinrichtungen. Von besonderer Bedeutung sind bei der Universalfräsmaschine in Bettbauweise flexible werkzeugtragende Einrichtungen, um die bauartbedingt fehlende Möglichkeit des Kippens des Tischs auszugleichen.
Bei *Produktionsfräsmaschinen* werden höhere Anforderungen an die statische und dynamische Steifigkeit, gute Bedienbarkeit und Automatisierbarkeit sowie schnelles Spannen von Werkstück und Werkzeug gestellt. Dieser Aufgabenstellung werden Bettfräsmaschinen in gedrungener Bauweise am besten gerecht (Bild 62).

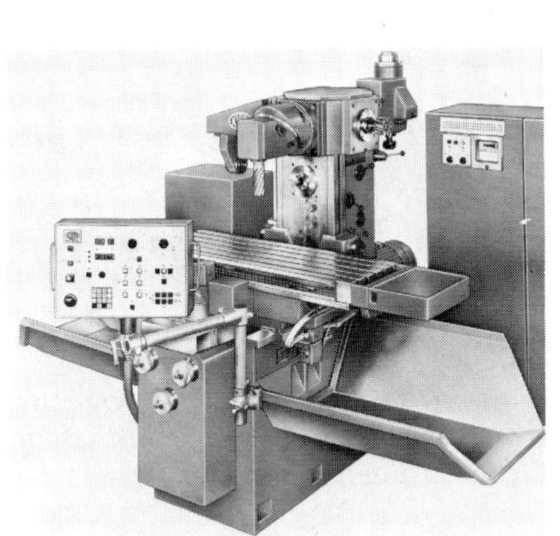

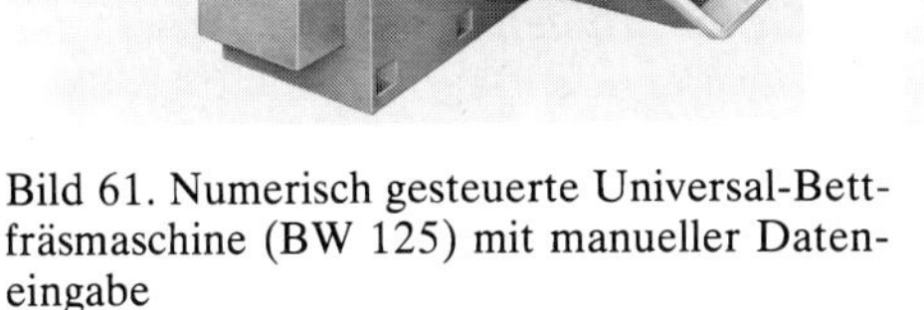

Bild 61. Numerisch gesteuerte Universal-Bettfräsmaschine (BW 125) mit manueller Dateneingabe

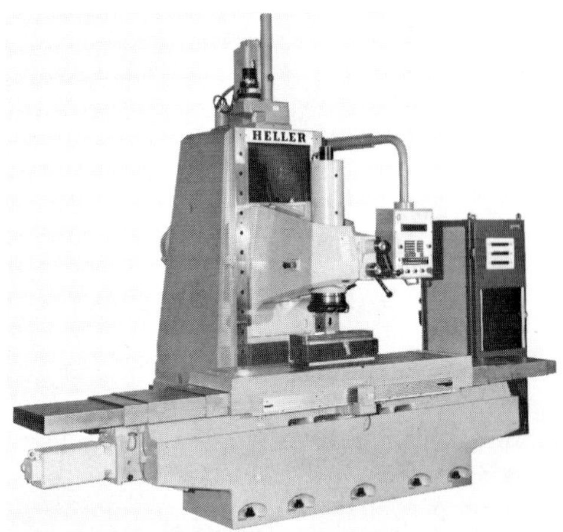


Bild 62. Produktions-Bettfräsmaschine (PFV 12-1400) mit numerischer Bahnsteuerung

Am weitesten verbreitet ist der Typ der symmetrisch gestalteten Kreuztisch- und Tischfräsmaschine. Die installierten Motorleistungen des Hauptantriebs gehen dabei bis zu etwa 45 kW bei maximalen Spindeldrehmomenten von 5 kNm und Spindeldrehzahlen im Bereich von etwa 20 bis 2500 $min^{-1}$, in Einzelfällen bis 4000 $min^{-1}$, bei einem üblichen Stufensprung von $\varphi = 1{,}25$. Die größten Produktionsfräsmaschinen haben Aufspannflächen von etwa 4000 × 1000 mm, Arbeitsbereiche von etwa 3000 × 1000 × 1000 mm und können Werkstücke bis zu einem Gewicht von 15 t aufnehmen. Der typische Bereich des Hauptspindeldurchmessers liegt zwischen 80 und 160 mm. Die Vielfalt an Zusatzeinrichtungen reicht in vielen Fällen so weit, daß die Benennung *Universal-Produktionsfräsmaschine* berechtigt ist.
*Plan-, Lang- und Sonderfräsmaschinen* werden, obwohl sie in aller Regel Bettfräsmaschinen sind, als eigene Gattungen betrachtet, so daß ihre Behandlung im getrennten Abschnitt 7.7.3 erfolgt.

#### 7.7.2.1.4 Baureihen und Baukastensysteme

Aus Gründen der wirtschaftlichen Herstellung und der optimalen Anpassung an bestimmte Bearbeitungsaufgaben sind die meisten Bettfräsmaschinen in Baureihen geordnet und z.T. auch in Baukastensystemen aufgebaut. Bild 63 zeigt hierfür als Beispiel die Aufteilung einer Kreuztischfräsmaschine in die Elemente Anbaufräseinheit, Zwischenträger, Ständer, Bett, Querschieber und Tisch. Diese Elemente sind in verschiedenen Abmessungen verfügbar und können zu unterschiedlichen Ausführungen kombiniert werden.

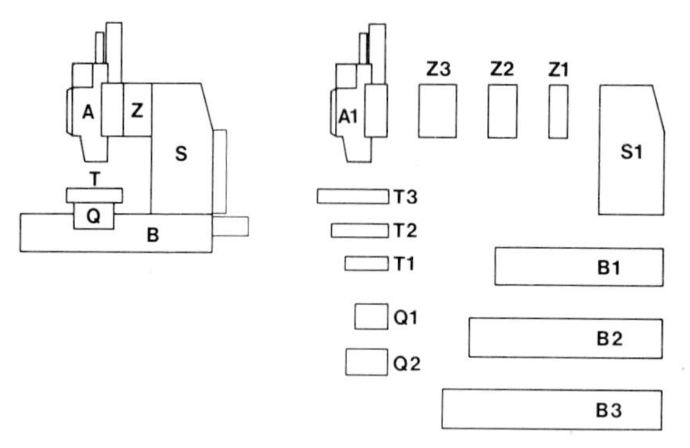


Bild 63. Baukastensystem für Bettfräsmaschinen (Beispiel: Kreuztischmaschine FK)

#### 7.7.2.1.5 Konstruktive Gestaltung der Bettfräsmaschine

Die typische Bettfräsmaschine zeichnet sich durch eine gedrungene, betont einfache und symmetrische, dem Kraftfluß angepaßte Bauweise aus. Zur Erzielung hoher Steifigkeit und guter Dämpfungseigenschaften sind Bett und Ständer in der Regel aus Grauguß mit starker kastenförmiger Verrippung hergestellt. Beim Bett wird auf guten Spänefall und Abfluß des Kühlmittels großer Wert gelegt. Bei kleineren bis mittleren Bettfräsmaschinen (Bild 64 A) wird das Bett so massiv gestaltet, daß seine Eigensteifigkeit ausreicht, um auf eine besondere Fundamentierung verzichten zu können. Bei den Betten größerer Maschinen (Bild 64 B) wäre die Verfolgung dieses Ziels nicht mehr sinnvoll, so daß die Betten im Hinblick auf die durchzuführende Fundamentierung relativ leicht gehalten werden können.

Als Führungen werden Prismen- oder – in der Mehrzahl der Fälle – rechteckförmige Flachführungen verwendet. Durch Vorspannen der Führungselemente wird die nötige Spielfreiheit der Führungen gewährleistet und der Verschleiß kompensiert. Neben der bewährten Guß-Stahl(gehärtet)-Kombination werden in vermehrtem Umfang kunststoffbeschichtete Führungen und – bei Vorschubantrieben mit Lageregelkreisen – Führungen mit Rollenelementen verwendet. Die Vorschubbewegung wird in der Regel über Kugelrollspindeln mit vorgespannter Doppelmutter und Axiallagerung eingeleitet. Diese Anordnung macht im Zusammenhang mit spielfreien Führungen ohne weiteres Gleichlauffräsen möglich, und es kann oftmals auf ein Klemmen der Bewegungseinheiten während des Fräsens verzichtet werden. Die Vorschubantriebe sind heute immer Einzelantriebe, wobei in vermehrtem Umfang drehzahlgeregelte Gleichstrom-Servomotoren Verwendung finden. Vorschubantriebe dieser Art sind für alle Steuerungsarten geeignet; vor allem können damit weite Bereiche der Vorschubgeschwindigkeit – Eilgänge bis zu 12 m/min und kleinste Vorschübe bis herab zu 5 mm/min – ohne Getriebeumschaltung bewältigt werden.

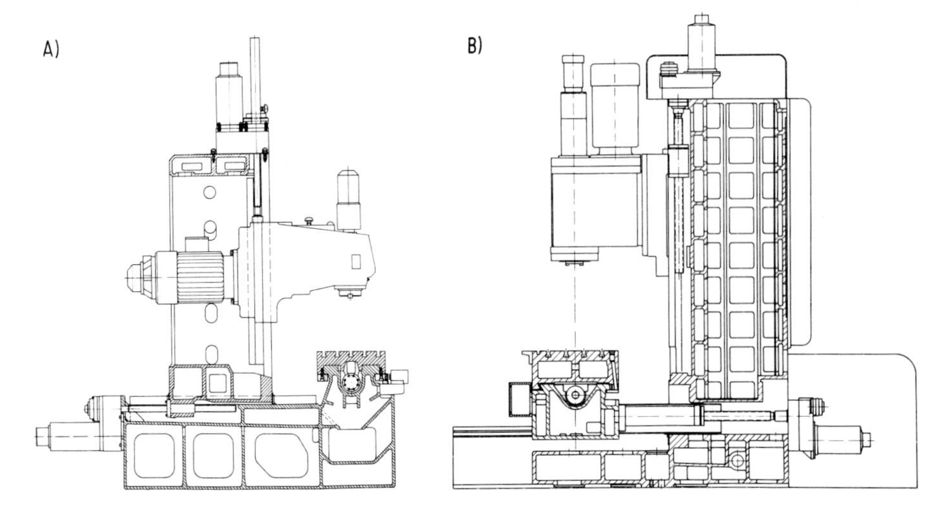


Bild 64. Querschnitte von Bettfräsmaschinen
A) Maschine mit verfahrbarem Torständer (PFV 10-1000), B) Kreuztisch-Bettfräsmaschine (FS 100)

Der Hauptantrieb besteht im allgemeinen aus einem im Stillstand von Hand oder automatisch schaltbaren Zahnradgetriebe. Die Antriebsleistung liefern Drehstrommotoren oder drehzahlgeregelte Gleichstrommotoren. Die Güte eines Hauptantriebs zeigt sich in seiner Laufruhe, geringer Wärmeentwicklung, in einem hohen, auf die Hauptspindel bezogenen Massenträgheitsmoment und in hohen zulässigen Drehmomenten bei kleinen Drehzahlen. Die Lagerung der Hauptspindel stellt ein besonderes Problem dar, da auf der einen Seite z.B. für die Bearbeitung von Leichtmetall hohe Drehzahlen gefordert werden, auf der anderen Seite jedoch die für gute Fräsergebnisse nötige Lagervorspannung zu keiner übermäßigen Erwärmung führen darf. Deshalb sind Hauptspindeln entweder auf hohe Drehzahlen oder auf die Durchführung schwerer Fräsarbeiten hin ausgelegt. Zum schnellen Werkzeugwechsel sind die Spindeln in aller Regel mit Werkzeugaufnahmen nach DIN 2079 und kraftbetätigten Werkzeugspanneinrichtungen ausgestattet.
Größter Wert wird bei den neueren Bettfräsmaschinen auf ihre ergonomische Gestaltung gelegt, d.h. auf handgerechte Gestaltung der Bedienelemente, auf ihre logische und sinnfällige Anordnung und auf gute Zugänglichkeit.

### 7.7.2.2 Bearbeitungen auf Bettfräsmaschinen

Die Vorteile der Bettfräsmaschine kommen insbesondere bei Produktionsfräsmaschinen zur Geltung, bei denen zugleich hohes Zeitspanungsvolumen und hohe Genauigkeiten gefordert werden. Der folgende Abschnitt kann sich deshalb auf diese beschränken.

#### 7.7.2.2.1 Durchführbare Bearbeitungsarten

Neben dem Fräsen mit allen gängigen Fräswerkzeugen sind auf Bettfräsmaschinen die folgenden weiteren Bearbeitungsverfahren möglich:
Bohren mit Wendelbohrern und Hartmetall-Schneidplattenbohrern, Gewindebohren (begrenzt je nach Getriebeauslegung), Innendrehen mit Bohrstange, Innen(profil-)dre-

hen mit Plandrehkopf (Ausdrehkopf), Senken und Reiben. Diese Bearbeitungen werden im allgemeinen zusätzlich zu Fräsbearbeitungen durchgeführt, um weitere Aufspannungen zu vermeiden.

#### 7.7.2.2.2 Herstellbare Formelemente

Die Art eines herstellbaren Formelements wird durch das Profil des Werkzeugs und der Schneide sowie durch die Bewegungsmöglichkeiten des Werkzeugs gegenüber dem Werkstück bestimmt. Diese Bewegungsmöglichkeiten hängen wiederum ab von Anzahl, Art (translatorisch – rotatorisch) und simultaner Verfahrbarkeit der Bewegungseinheiten, Steuerungsart und Zusatzeinrichtungen.
Man kann im groben folgende herstellbare Formelemente unterscheiden:
a) *Elemente linienförmigen Charakters (Nutenfräsen, Konturfräsen)*
  $a_1$) gerade, achsparallel,
  $a_2$) gerade, nicht achsparallel,
  $a_3$) wendelförmig (Gewinde-, Wendelnutenfräsen),
  $a_4$) in einer Ebene gekrümmt (Konturfräsen);
b) *ebene Flächen (Planfräsen)*
  $b_1$) achsparallel,
  $b_2$) nicht achsparallel
c) *rotationssymmetrische Flächen*
  $c_1$) kreiszylindrisch, innen (Innenrundfräsen, Bohren, Innendrehen),
  $c_2$) nicht kreiszylindrisch, innen (Innenrundformfräsen, Innenformdrehen),
  $c_3$) kreiszylindrisch, außen (Außenrundfräsen),
  $c_4$) nicht kreiszylindrisch, außen (Außenrundformfräsen);
d) *in einer Ebene gekrümmte, nicht rotationssymmetrische Flächen (Konturfräsen)*
  $d_1$) innen (Innenformfräsen),
  $d_2$) außen (Außenformfräsen);
e) *im Raum gekrümmte Flächen (Raumfräsen, z. B. Turbinenschaufelfräsen, Gesenkformfräsen);*
f) *Kombination ebener und gekrümmter Flächen (Formfräsen, Profilfräsen).*

#### 7.7.2.2.3 Steuerung

Die Bettfräsmaschine ist für alle Steuerungsarten geeignet. Gerade für die Ausrüstung mit hochautomatisierten Steuerungen bietet sie beste Voraussetzungen, da wegen ihrer Steifigkeit korrigierende Eingriffe durch den Bedienungsmann ohnehin weitgehend entfallen können.
Mit folgenden Steuerungen werden Bettfräsmaschinen ausgerüstet:
*Handsteuerung* (oft ergänzt durch numerische Positionsanzeigen),
*Programmsteuerung* mit Kreuzschienenverteiler als Programmspeicher und Wegbegrenzung durch Nocken und Grenztaster,
*numerische Streckensteuerung mit manueller Dateneingabe* durch Zahlenstecker oder Tastatur mit nachgeschaltetem Speicher,
*numerische Streckensteuerung mit automatischer Dateneingabe* durch Lochstreifen,
*numerische Bahnsteuerung mit automatischer Dateneingabe* durch Lochstreifen,
*Nachformsteuerung,* je nach Anwendungsfall einachsig, zweiachsig oder ein- und zweiachsig.
Da die Bearbeitungsprogramme bei Produktionsfräsmaschinen in der Regel nicht allzu kompliziert sind, finden numerische Steuerungen mit manueller Dateneingabe vermehrt

Anwendung. Sie bieten die Möglichkeit der dezentralen Programmerstellung und -korrektur direkt an der Maschine unter Umgehung zentraler Datenverarbeitungsanlagen. Diese Möglichkeit ist zum Teil auch bei CNC-Steuerungen gegeben, d.h. bei numerischen Steuerungen mit eingebautem Rechner und software-organisiertem Steuerungsablauf.
In beginnender Anwendung befinden sich Adaptive Control-Steuerungen, deren Zielsetzung die laufende Anpassung der Einstellwerte (Vorschubgeschwindigkeit, ggf. auch Spindeldrehzahl und Schnittiefe) an die jeweiligen Bearbeitungsbedingungen ist.
Die Fertigung einzelner Teile oder von Kleinstserien erfolgt meistens mit handgesteuerten Maschinen. Für kleine Serien (3 bis 30 Stück) ist die numerische Steuerung mit manueller Dateneingabe von Vorteil. Für kleine bis mittlere Serien (3 bis 300 Stück) – insbesondere von verwickelten Teilen und Wiederholteilen – empfiehlt sich die numerische Steuerung mit automatischer Dateneingabe. Bei mittleren bis größeren Serien (30 bis 1000 Stück) bietet bei einfacheren Teilen die Programmsteuerung (Nockensteuerung) bzw. bei räumlich geformten Teilen die Programmsteuerung mit Nachformsteuerung günstige Möglichkeiten.

#### 7.7.2.2.4 Zusatzeinrichtungen

Zusatzeinrichtungen können nach folgenden Zielsetzungen aufgeteilt werden:
a) Erweiterung des Bereichs herstellbarer Formelemente (zur Umgehung einer höherwertigen Steuerung),
b) Erweiterung des technologischen Bereichs,
c) Erhöhung der Wirtschaftlichkeit durch Vervielfältigung der Bearbeitungsstellen,
d) Erhöhung der Wirtschaftlichkeit durch Automatisierung von Teilfunktionen.

Werkstücktragende Zusatzeinrichtungen vom Typ a sind:
$a_1$) *Rundschalttische und -teiltische* (außerhalb der Bearbeitung manuell oder automatisch in beliebige oder bestimmte, ausgezeichnete Winkellagen verstellbar),
$a_2$) *Rundfrästische* (während der Bearbeitung automatisch zur Erzeugung der Rundvorschubbewegung verstellbar) und
$a_3$) *Wendespanner.*

Werkzeugtragende Zusatzeinrichtungen sind:
$a_4$) *Gegenlagerarm* zur Aufnahme von Fräsdornen,
$a_5$) *Anbau-Vertikalfräseinheit,*
$a_6$) *schwenkbare Anbau-Vertikalfräseinheit,*
$a_7$) *einfach drehbarer Winkelfräskopf,*
$a_8$) *doppelt drehbarer Winkelfräskopf,*
$a_9$) *Gewindeschneideinrichtungen,*
$a_{10}$) *Plan- und Ausdrehkopf* und
$a_{11}$) *Mehrspindelkopf.*

Mit den Zusatzeinrichtungen $a_1$ bis $a_3$ wird es z.B. möglich, auch nicht achsparallele Formelemente herzustellen sowie Mehrseitenbearbeitungen in einer Aufspannung durchzuführen. Sofern ein stetiges Verstellen während der Bearbeitung möglich ist, erlauben sie Rundfräsarbeiten. Sind darüber hinaus die Bewegungen dieser Zusatzeinrichtungen fest mit denjenigen auf den translatorischen Achsen gekoppelt, so ist die Herstellung wendel- oder spiralförmiger Formelemente möglich.
Zusatzeinrichtungen vom Typ b sind z.B. *Schnellauffräsköpfe,* die auf die Hauptspindel aufgesteckt werden und deren Drehzahl auf höhere Werte übersetzen.

Zusatzeinrichtungen vom Typ c sind *Mehrspindelfräs-* und *-bohreinheiten.* Bei ihrer Anwendung erweist es sich als besonderer Vorteil der Bettfräsmaschine, daß sie umfangreiche Aufspannvorrichtungen aufnehmen kann.

Schließlich sind als Zusatzeinrichtungen vom Typ d, werkstücktragend, aufzuführen:
$d_1$) *Verkettungs- und Werkstückzuführeinrichtungen,*
$d_2$) *Belade- und Entladeeinrichtungen,*
$d_3$) *selbsttätige Spannvorrichtungen* und
$d_4$) *Werkstück-Wechselpaletten.*

Entsprechende werkzeugtragende Einrichtungen sind:
$d_5$) *Werkzeugrevolver* und
$d_6$) *Werkzeugwechseleinrichtungen in Verbindung mit Werkzeugspeichern*

Durch die Ausrüstung mit entsprechenden Zusatzeinrichtungen, insbesondere vom letztgenannten Typ, ergibt sich ein stetiger Übergang von der Bettfräsmaschine zum Bearbeitungszentrum.

#### 7.7.2.2.5 Bearbeitungsergebnisse mit Bettfräsmaschinen

Mit Bettfräsmaschinen können die heute zur Verfügung stehenden Hochleistungswerkzeuge voll ausgenutzt werden. Auf heutigen Maschinen mittlerer Größe können mit Hartmetall-Messerköpfen Schnittiefen von a = 20 mm und unter Ausnutzung der Kurzzeit-Überlastungsfähigkeit des Hauptantriebs Zeitspanungsvolumen von 2000 $cm^3$/min an stabilen Werkstücken ratterfrei verwirklicht werden. Als bezogenes Zeitspanungsvolumen wird bei Stahl C 45 ein Wert von 28 $cm^3$/min kW erreicht. Die schwingungssteife Ausbildung der Bettfräsmaschine gewährleistet dabei beste Werkzeugstandzeiten.

Die Arbeitsgenauigkeit hängt von der geometrischen Genauigkeit der Maschine, von ihrer Steifigkeit und von der Positioniergenauigkeit ab. Die Winkel- und Parallelitätsfehler liegen bei Werten um 30 μm/1m und sind damit für die meisten Bearbeitungen von untergeordneter Bedeutung. Die Steifigkeit ist deutlich besser als bei Konsolfräsmaschinen; sie liegt im Mittel bei 65 N/μm in Längs- und Vertikalrichtung und bei 125 N/μm in Querrichtung [36]. Die Positioniergenauigkeit hängt von der Steuerungsart ab. Bei nockengesteuerten Maschinen ist die Wiederholgenauigkeit von Interesse; hier sind Streuungen von ± 10 μm typisch. Bei numerisch gesteuerten Maschinen werden ohne übertrieben großen Aufwand Positionsstreubreiten (gemäß VDI/DGQ 3441) von 10 μm und bei 1 m Verfahrweg Positionsunsicherheiten von 40 μm, bei Verwendung direkter Lagemeßsysteme sogar von 20 μm erreicht. Diese Genauigkeit nähert sich an diejenige von Bohrwerken an.

Dynamische Bahnabweichungen spielen auch bei hohen Vorschubgeschwindigkeiten nur selten eine Rolle, da der form- und schwingungssteife Aufbau der Bettfräsmaschine hohe Verstärkungen der Geschwindigkeits- und Lageregelkreise erlaubt.

#### 7.7.2.2.6 Beispiele für Bearbeitungen auf Bettfräsmaschinen

Im folgenden werden einige für Bettfräsmaschinen typische Bearbeitungsaufgaben angeführt.

Beim *Fräsen von Nuten* werden hohe Zerspanleistungen mit Hartmetall-Scheibenfräsern erreicht (Bild 65). Wenn deren Verwendung wegen der Werkstückform nicht möglich ist, wird günstig mit Hartmetall-Igelschaftfräsern gearbeitet. Den hohen Anforderungen, die beide Verfahren an die Maschine stellen, werden Bettfräsmaschinen am besten gerecht. Das in Bild 65 gezeigte Beispiel des Fräsens von Spannfutterkörpern weist zugleich auf

die bei Bettfräsmaschinen mögliche vorteilhafte Anordnung zweier Rundtische zur Durchführung von Pendelbearbeitungen hin.
Das in Bild 66 dargestellte Beispiel zeigt die Anpassungsfähigkeit der Bettfräsmaschine an komplizierte Aufgabenstellungen. Mit Hilfe eines schwenkbaren Vertikalfräskopfs und eines Teilapparats wird hier die Aufgabe des Fräsens von Spannungsentlastungsnuten an Kurbelwellen gelöst.

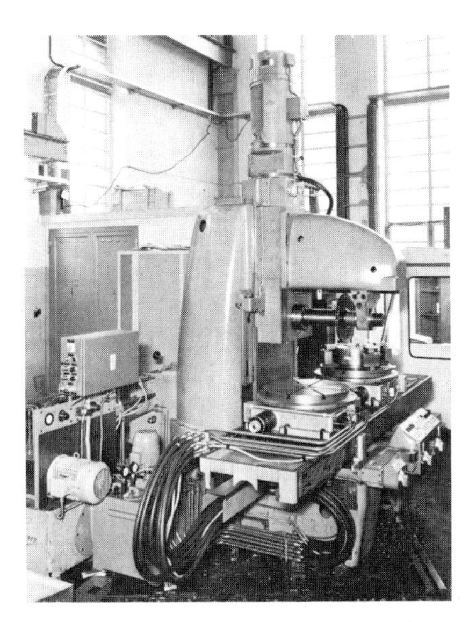

Bild 65. Nutenfräsen von Spannfutterkörpern auf einer Bettfräsmaschine mit Rundtischen

Bild 66. Fräsen von Spannungsentlastungsnuten an Kurbelwellen auf einer Bettfräsmaschine

*Planfräsarbeiten,* bei denen beste Oberflächenqualitäten erzielt werden sollen, werden mit Hartmetall-Messerköpfen, die teilweise oder gänzlich mit Breitschlichtplatten bestückt sind, ausgeführt. Man erreicht damit auf Bettfräsmaschinen an Gußkörpern Rauhtiefen von $R_t = 7\ \mu m$. Noch bessere Werte bis herab zu $R_t = 3\ \mu m$ kann man mit Einzahnmesserköpfen, die mit einer exakt ausgerichteten Keramikschneidplatte bestückt sind, erreichen. Die Steifigkeit der Bettfräsmaschine erlaubt es, Flächen auch in einzelnen Bahnen zu bearbeiten, um damit einen teueren Fräser großen Durchmessers, bei dem das Ausrichten der Schneidplatten entsprechend zeitraubend ist, zu vermeiden.

Bei der *Bearbeitung von Gesenkstahlblöcken* hat das Fräsen das Hobeln weitgehend verdrängt. Gerade das Abfräsen ausgeschlagener Gravuren, in deren Bereich Festigkeiten bis zu $\sigma_B = 2000\ N/mm^2$ auftreten, stellt eine der schwierigsten Aufgaben der spanenden Fertigung dar. Bettfräsmaschinen haben sich hier besonders gut bewährt.
Die für gute Fräsergebnisse notwendige spielfreie und steife Lagerung der Hauptspindel bei Bettfräsmaschinen macht diese in besonderem Maße auch für *Bearbeitungen mit Bohrstangen und Ausdrehköpfen* geeignet. Damit können Bohrungen im Bestfall bis ISO-Qualität 6 erzeugt werden. Wenn große Bohrtiefen und Spanmengen zu bewältigen sind, bietet sich als Alternative das Rundfräsen an. Dieses Verfahren verbindet den Vorteil hoher Zeitspanungsvolumen an der Wirkstelle mit dem einer Genauigkeit, die an

die mit Ausdrehen erzielbare heranreicht. Zudem erspart man sich oft, wenn Bohrungen mit verschiedenen Durchmessern zu fertigen sind, zusätzliche Werkzeugwechsel. Mit Rundfräsen können im Bestfall ISO-Qualitäten 7 erzeugt werden; die typischen Kreisformfehler liegen bei 10 bis 20 μm. Das in Bild 67 dargestellte Beispiel zeigt das Innenrundfräsen eines Spindelkastendeckels mit einem Hartmetall-Igelschaftfräser. Gegenüber dem früher durchgeführten Ausdrehen (mit drei verschiedenen Werkzeugen) konnte mit dem Rundfräsen die Bearbeitungszeit um etwa 30% gesenkt werden.

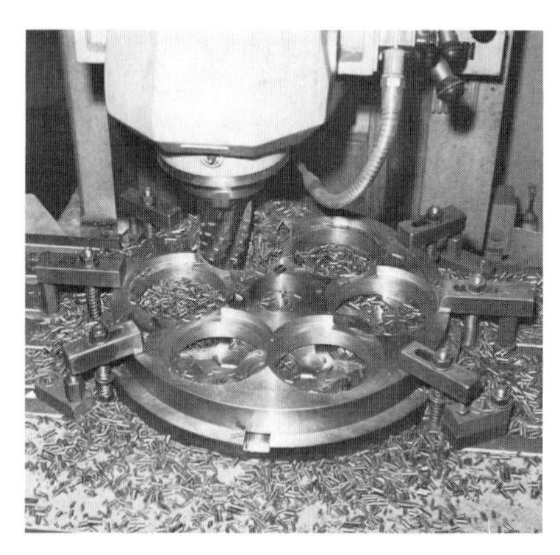

Bild 67. Innenrundfräsen auf einer Bettfräsmaschine mit numerischer Bahnsteuerung

Bild 68. Konturfräsen von Aluminiumplatten auf einer Bettfräsmaschine mit numerischer Bahnsteuerung

Bei dem in Bild 68 wiedergegebenen Bearbeitungsfall wird die *Außenkontur* zweier zueinander achssymmetrischer Aluminiumplatten mit hoher Bahngeschwindigkeit numerisch bahngesteuert gefräst. Die Abweichung in der Deckungsgleichheit beider Teile hielt sich dabei innerhalb 30 μm.

Das *Fräsen von Turbinenschaufelblättern* wirft einmal vom Werkstoff und dann von der Formgestaltung her besondere Probleme auf. Die Eigenschaften des Turbinenschaufelstahls erfordern beim Walzenfräsen noch die Anwendung von Werkzeugen aus Schnellarbeitsstahl bei relativ niedrigen Schnittgeschwindigkeiten und entsprechend hohen Drehmomenten und Zerspankräften. Die Formgebung erfolgt in der Regel mit Nachformsteuerungen. Die Bettfräsmaschine bietet hier den Vorteil, daß ihr steifer Aufbau eine schädliche Übertragung der von der Wirkstelle ausgehenden Erschütterungen auf den Nachformfühler weitgehend verhindert. Bild 69 zeigt als Beispiel das Fräsen von gleichzeitig sechs verwundenen Turbinenschaufeln im sog. Sweep-Verfahren auf einer Bettfräsmaschine mit Nachformsteuerung.

Für wiederkehrende Profile lohnt sich das Zusammenstellen von *Satzfräsern,* deren Anwendung jedoch wegen der hohen Bearbeitungskräfte höchste Anforderungen an die Stabilität der Fräsmaschine stellt und damit vorteilhaft auf Bettfräsmaschinen ausgeführt wird. Als Beispiel gibt Bild 70 das Fräsen eines Werkzeugmaschinenschlittens wieder.

Die Ausrüstung von Bettfräsmaschinen mit Werkzeug-Schnellspannern, mit rasch umschaltbaren Frässgetrieben sowie stetig verstellbaren Vorschubantrieben erlaubt die wirtschaftliche Bearbeitung auch *komplizierter Werkstücke* in mehreren Arbeitsgängen.

Dazu trägt bei, daß umfangreiche Werkstückvorrichtungen auf dem Tisch einer Bettfräsmaschine untergebracht werden können.

Bild 69. Sechsfach-Fräsbearbeitung von verwundenen Turbinenschaufeln auf einer Bettfräsmaschine mit Nachformsteuerung

Bild 70. Satzfräsen eines Werkzeugmaschinen-Schlittens auf einer Bettfräsmaschine

## 7.7.3 Bohr- und Fräswerke – Langfräsmaschinen

### 7.7.3.1 Konstruktiver Aufbau der Maschinen

**Ing. (grad.) E. Eich, Coburg**

#### 7.7.3.1.1 Übersicht

Haupteinsatzgebiet von Portalfräs- und -bohrmaschinen sowie von Plan- und Langfräsmaschinen ist die Bearbeitung von mittelgroßen bis großen Werkstücken. *Kennzeichnend* ist die senkrechte Verstellmöglichkeit des Fräswerkzeugs durch Höhenverstellung des an einem Einzelständer oder im Portal geführten Frässupports. Ohne zusätzliches Umsetzen oder Drehen des Werkstücks ist durch einen Frässupport am Querbalken mit Winkelfräskopf und andere Zusatzeinrichtungen fünfseitige Bearbeitung möglich. Insbesondere bei Portalfräsmaschinen werden wegen der dynamischen und statischen Steifigkeitsvorteile des Portals hohe Fräsleistungen und große Genauigkeiten erreicht.
Die Wahl der geeigneten Fräsmaschinenbauart richtet sich nach den gegenwärtigen und zukünftigen Bearbeitungsaufgaben (Werkstückspektrum, herzustellende Formenelemente, Genauigkeiten, Oberflächenqualität) und Bearbeitungsmethoden (Bearbeitungsfolge, Zusatzeinrichtungen, Werkzeuge) sowie nach der Wirtschaftlichkeit (Einzel- oder Serienfertigung, Universal- oder Spezialmaschine, ohne oder mit numerischer Steuerung, Eintisch- oder Doppeltischausführung).
Die *Portalbauweise* wird angewendet, um einen geschlossenen Kraftfluß im Maschinenrahmen zu erhalten, der eine hohe statische und dynamische Steifigkeit gewährleistet.

Nach ihrer Funktionsweise unterscheidet man zwischen Maschinen mit feststehendem Portal und fahrbarem Tisch und solchen mit fahrbarem Portal und fester Spannplatte.
*Portalfräsmaschinen mit einem Frässupport* (Bilder 71 und 72) mit Winkelfräsköpfen und ggf. mit weiteren Zusatzeinrichtungen sind in den meisten Fällen eine wirtschaftliche Lösung. Ihre Vorteile liegen in der großen Universalität und der guten Anpassungsfähigkeit an spezielle Fertigungsaufgaben.

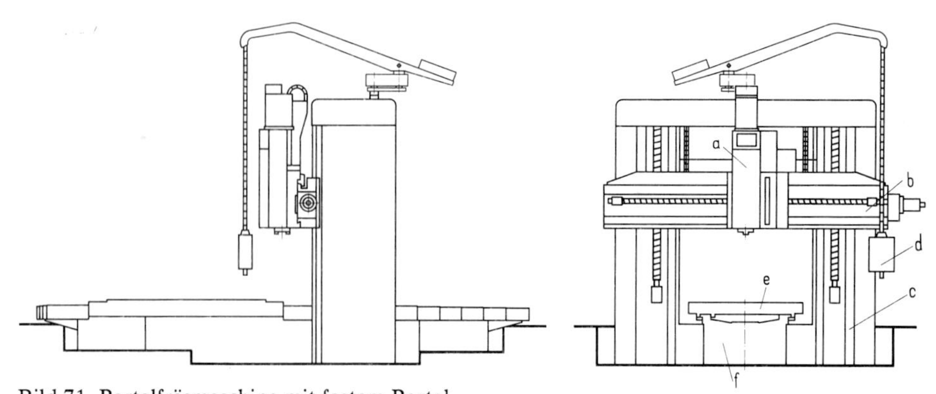


Bild 71. Portalfräsmaschine mit festem Portal
a Frässupport, b Querbalken, c Ständer, d Bedientafel, e Spanntisch, f Bett für Spanntisch

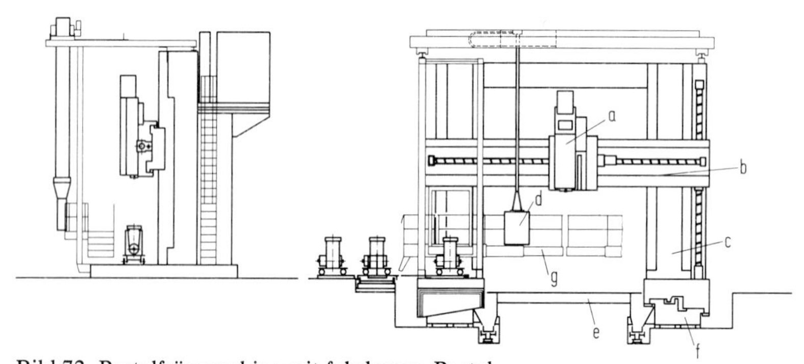


Bild 72. Portalfräsmaschine mit fahrbarem Portal
a Frässupport, b Querbalken, c Ständer, d Bedientafel, e Spanntisch, f Bett für Portal, g ausfahrbare Bedienbühne

*Portalfräsmaschinen mit fahrbarem Portal,* sog. Gantry-Mill (Bild 72), sind in Leistung und Genauigkeit denen mit festem Portal gleichwertig, wenn eine angemessene Fundamentierung vorhanden ist. Bild 73 zeigt im Vergleich den unterschiedlichen Platzbedarf der Fundamente, der ggf. für die Wahl der einen oder anderen Maschinenart entscheidend sein kann.

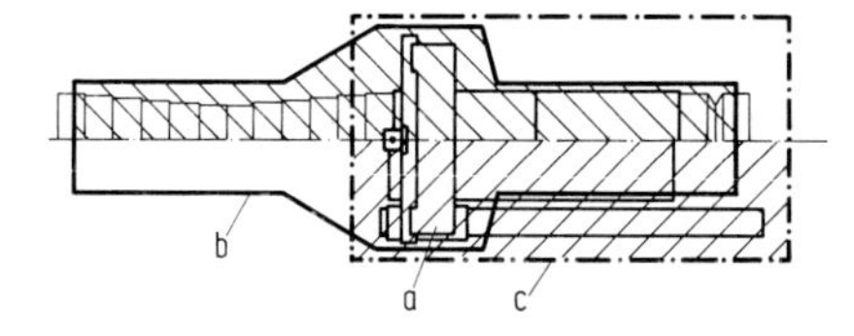


Bild 73. Platzbedarf für Portalfräsmaschinen mit festem und fahrbarem Portal
a Fräsmaschinenportal, b Umrißlinie des Maschinenfundaments mit festem Portal, c Umrißlinie des Maschinenfundaments mit fahrbarem Portal

*Plan- und Langfräsmaschinen mit mehreren Frässupporten* werden dann eingesetzt, wenn die Verringerung der Bearbeitungszeit aufgrund des gleichzeitigen Fräsens mit zwei und mehr Supporten ausreichend groß ist im Verhältnis zum Investitions-Mehraufwand und zum Mehraufwand für das gleichzeitige Steuern der Supporte, z.B. für das Einrichten von Programmsteuerungen und das Voreinstellen bei Serienfertigung oder für die numerische Steuerung und Programmierung bei numerisch gesteuerten Maschinen. Bild 74 zeigt verschiedene Möglichkeiten der Anpassung der Zahl der Frässupporte an unterschiedliche Fertigungsaufgaben aufgrund eines Baukastensystems.

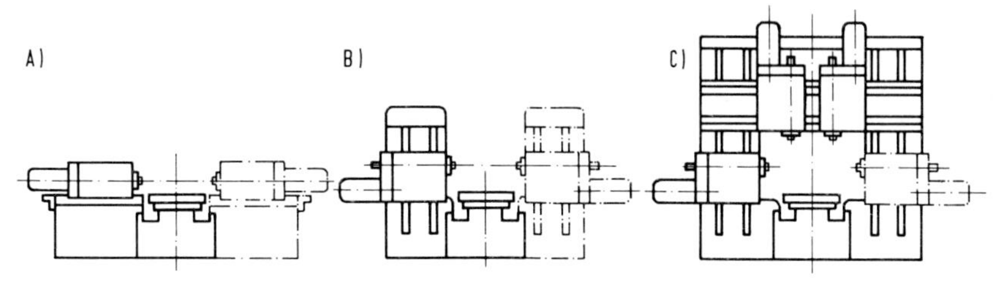


Bild 74. Verschiedene Möglichkeiten der Anpassung der Frässupport-Bestückung an die Fertigungsaufgabe

A) Planfräsmaschine mit horizontal verstellbaren Frässupporten, B) Planfräsmaschine mit vertikal verstellbaren Frässupporten, C) Portalfräsmaschine mit Querbalken und vier Frässupporten

Außerdem gibt es Maschinen *mit festem* und *mit verfahrbarem Querbalken*. Hierfür ist nur die Höhe der zu bearbeitenden Teile maßgebend. Flachteile bis rd. 0,5 m Höhe wird man wirtschaftlich auf einer Maschine mit festem Querbalken (Bild 75 A) bearbeiten. Für höhere Teile ist der verfahrbare Querbalken (Bild 75 B) unbedingt von Vorteil. Der Querbalken kann als Verstelleinheit oder als Vorschubeinheit ausgebildet sein. Bei Maschinen, die vorwiegend zum Vertikalbohren eingesetzt werden, genügt es, den Querbalken nur als Verstelleinheit auszuführen. Bei Verwendung eines Schlittensupports ist der Querbalkenvorschub nicht unbedingt erforderlich, sofern die senkrecht zu bearbeitenden Flächen nicht höher sind als der Weg des Schlittens. Für Fräsmaschinen, die große Senkrechtflächen mit Winkelfräsköpfen zu bearbeiten haben, ist jedoch der Querbalken mit Vorschub immer zu empfehlen.

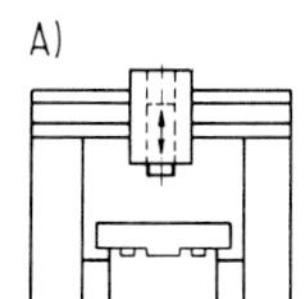


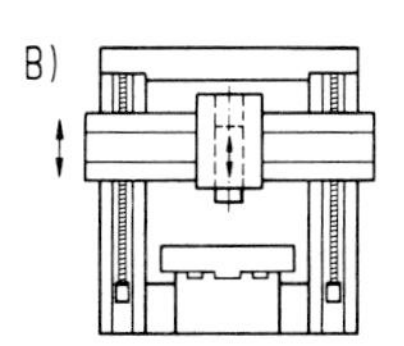


Bild 75. Ausführungsarten des Querbalkens

A) fester Querbalken, B) verfahrbarer Querbalken

Hinsichtlich der *Tischausführung* für Maschinen mit feststehendem Portal gibt es Maschinen mit einteiligem und mit Doppeltisch. Doppeltische werden angewendet, wenn auf einem Tisch bearbeitet und auf dem anderen Tisch, der in Parkstellung ist, das nächste Werkstück aufgespannt wird. Für besonders lange Teile koppelt man beide Tische und hat nunmehr die doppelte Tischlänge zur Verfügung. Als zusätzliche Alternative besteht noch die Möglichkeit von Palettenbeschickung. Alle Kombinationen sind miteinander zu verbinden, so daß sich eine große Zahl von Ausführungsarten ergibt. Für die richtige Auswahl der Kombination ist die Werkstückart maßgebend.

### 7.7.3.1.2 Bett und Tisch mit Tischantrieb

*Gestaltung und Führung*

Querschnitt und Führungen sind so ausgelegt, daß bei größtem Werkstückgewicht, der ungünstigsten Lastverteilung und unter Wirkung der Spannkräfte die statische Verformung der Tischoberfläche einen zulässigen Wert nicht überschreitet, um einerseits die Bearbeitungsgenauigkeit und andererseits die einwandfreie Funktion der Gleitführungen sicherzustellen. Gleitführungen werden bei numerisch gesteuerten Maschinen fast ausschließlich und außerdem bei hochbelasteten Tischen (Großfräsmaschinen) als hydrostatische Führungen ausgebildet. Sonst verwendet man beschichtete Gleitbahnen (gutes Notlaufverhalten) mit Druckschmierung. Häufig verwendete Gleitbeläge sind spachtelbare Epoxydharze sowie geklebte oder geschraubte Kunststoff- oder Buntmetallbahnen.

*Tisch und Portalantrieb*

Bei kurzen Tischen (bis etwa 6 m Fahrweg) werden Kugelgewindespindeln mit spielfreier Doppelmutter eingesetzt, bei größeren Längen Schnecken-Zahnstangen-Antriebe.

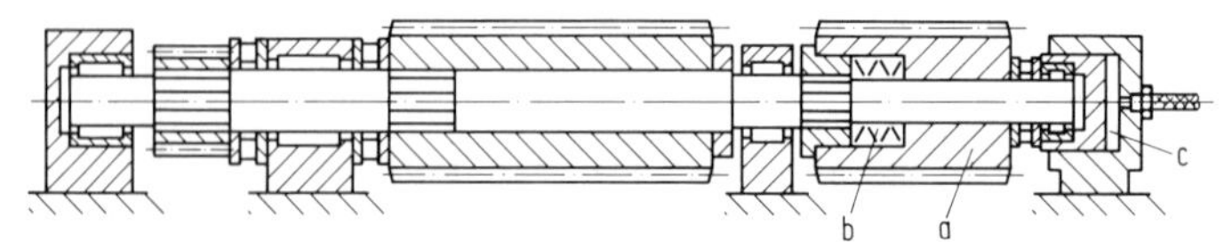


Bild 76. Hydraulisch betätigte Doppelschnecke
a Vorspannschnecke, b Vorspannfeder, c Lösehydraulik

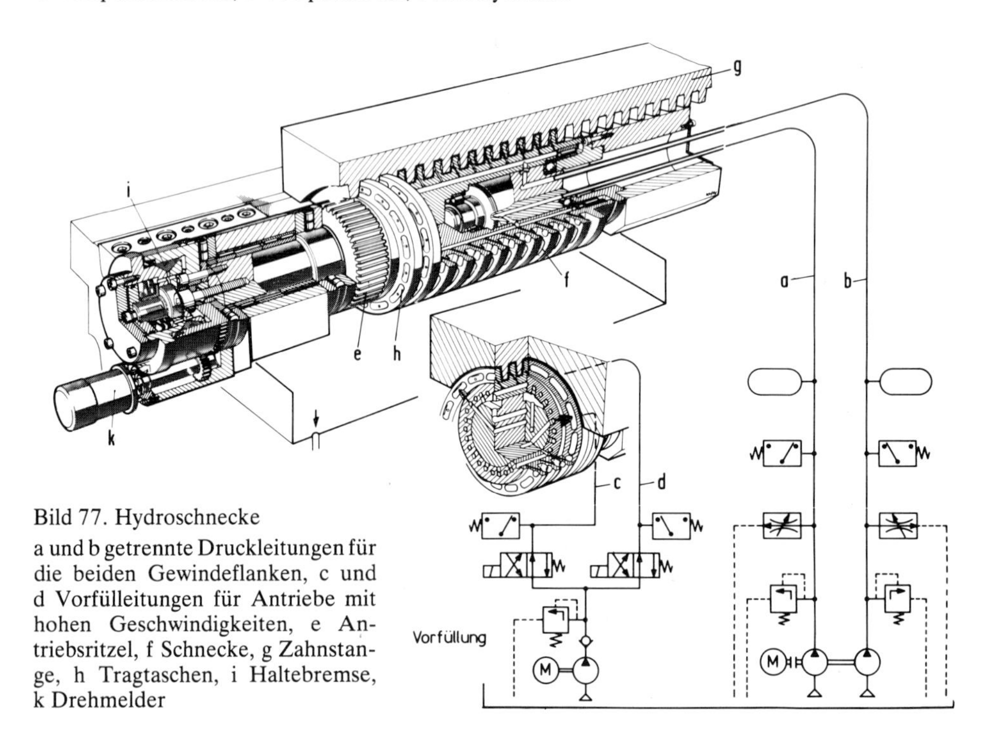


Bild 77. Hydroschnecke
a und b getrennte Druckleitungen für die beiden Gewindeflanken, c und d Vorfülleitungen für Antriebe mit hohen Geschwindigkeiten, e Antriebsritzel, f Schnecke, g Zahnstange, h Tragtaschen, i Haltebremse, k Drehmelder

Spielfreiheit wird erreicht entweder durch hydraulisch betätigte Doppelschnecke bei Standardmaschinen (Bild 76) oder durch Hydroschnecke mit hydrostatischer Verspannung der Schnecken- und Zahnstangenflanken (Bild 77). Bild 78 zeigt den Querschnitt durch Bett und Tisch mit Tischantrieb sowie das Getriebeschema eines hydrostatischen Schnecken-Zahnstangen-Antriebs. Fräsmaschinen mit fahrbarem Portal – Gantry Mill – sind in der Regel numerisch gesteuert. Zwei Hydroschnecken (Bild 79) werden elektronisch auf Synchronlauf geregelt mit etwa 0,02 mm Längsversatz der Ständer zueinander. Bei Betriebsstörung der Elektronik verhindert eine mechanische Verbindung das Verecken des Portals.

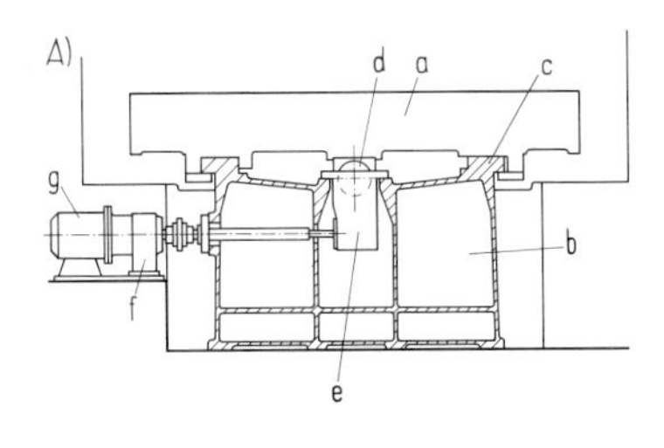


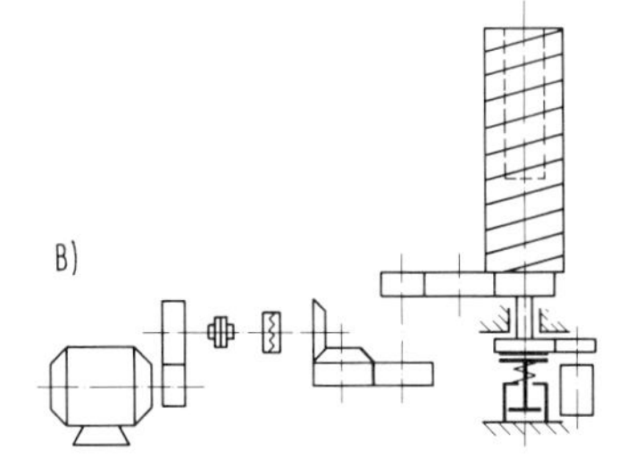


Bild 78. Hydrostatischer Schnecken-Zahnstangen-Antrieb

A) Querschnitt, B) Getriebeschema

a Spanntisch, b Maschinenbett, c Tischführung, d Antriebsschnecke, e inneres Tischgetriebe, f äußeres Tischgetriebe, g Antriebsmotor

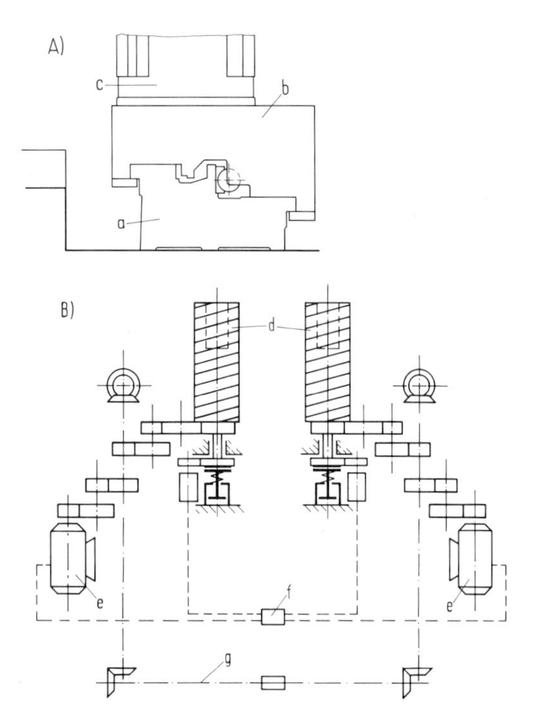


Bild 79. Antrieb eines fahrbaren Portals

A) Querschnitt (a Maschinenbett, b Portalschlitten, c Ständer) B) Getriebeschema (d Hydroschnecken, e Antriebsmotoren, f elektronische Gleichlaufregelung, g mechanische Gleichlaufregelung)

*Portal der Langfräsmaschinen*

Bild 80 zeigt den Vergleich des Portals einer Maschine mit festem Portal mit dem einer Gantry-Mill, beide mit gleichem Arbeitsbereich. Genauigkeit und dynamisches Verhalten sind bei beiden gleichwertig. Von großer Bedeutung für eine gute statische und dynamische Steifigkeit sowie geringe thermische Empfindlichkeit ist eine ausreichend große Wanddicke der Portalbauteile, insbesondere der Außenwände, und die intensive Verrippung mit guten Übergängen für die Wärmeverteilung über den ganzen Querschnitt.

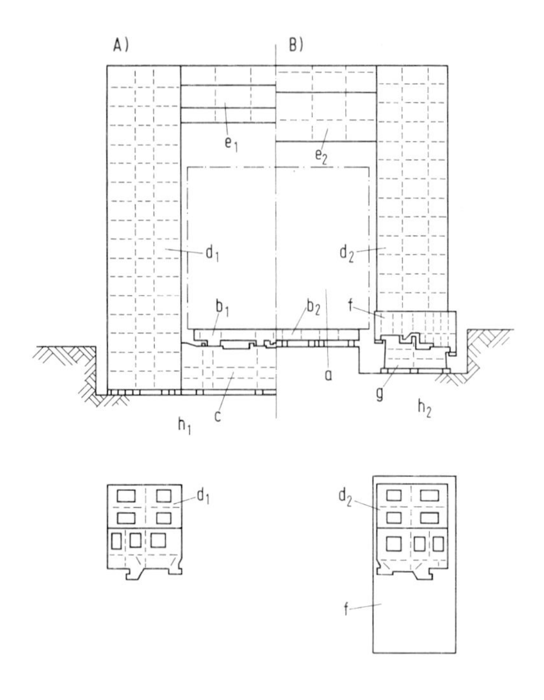


Bild 80. Ausbildung des Portals

A) Maschine mit feststehendem Portal, B) Maschine mit fahrbarem Portal

a Arbeitsraum der Maschine, $b_1$ und $b_2$ Spanntisch, c Bettmittelstück, $d_1$ und $d_2$ Ständer, $e_1$ und $e_2$ Obertraverse, f Bettschlitten, g Gantry-Bett, $h_1$ und $h_2$ Fundament

### 7.7.3.1.3 Gestaltung des beweglichen Querbalkens und dessen Antriebs

Für die Gestaltung des Querbalkens (Bild 81) gilt gleichermaßen das für das Portal gesagte. Insbesondere ist die gute Übertragung der Bearbeitungskräfte bei ausreichender Dämpfung auch bei nicht geklemmtem Querbalken zu gewährleisten.

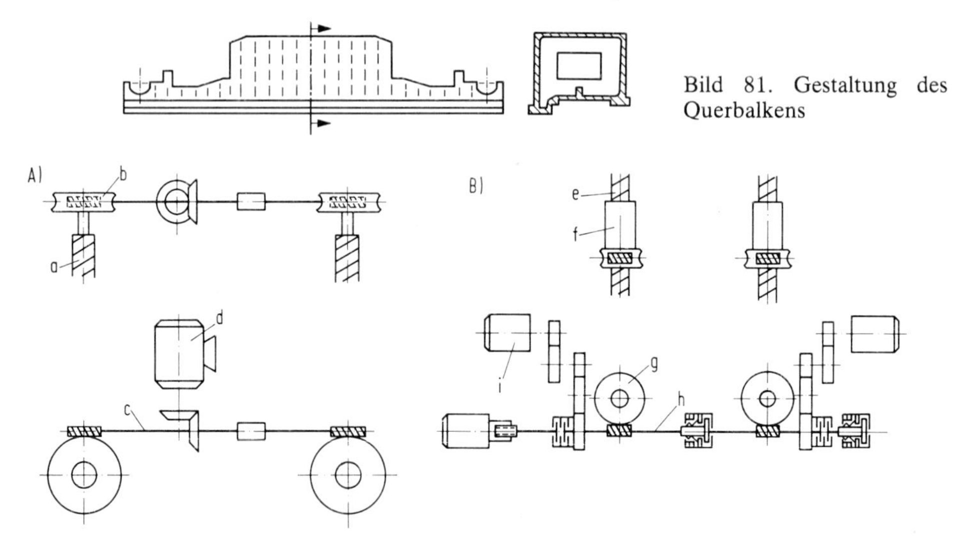


Bild 81. Gestaltung des Querbalkens

Bild 82. Vorschubantrieb des Querbalkens

A) mit drehender Spindel (a drehende Spindel, b Schneckentrieb, c Verbindungswelle, d Antriebsmotor), B) mit feststehender Spindel, (e feststehende Spindel, f drehende Mutter, g Schneckentrieb, h Verbindungswelle, i Antriebsmotor)

Der Vorschubantrieb des Querbalkens ist in zwei Ausführungen üblich, einmal mit rotierender Spindel und zentralem Antrieb in der Obertraverse der Maschine (Bild 82 A) oder mit feststehenden Spindeln und rotierenden Muttern mit Antrieb am Querbalken (Bild 82 B). Dazu dienen zwei auf gleiches Moment geregelte Antriebsmotoren, die durch eine mechanische Synchronisierungswelle zur Übertragung des Differenzmoments verbunden sind. Zur Erhaltung der Parallelität zwischen Querbalken und Tischfläche bei wanderndem Support werden Kompensationseinrichtungen benutzt.

#### 7.7.3.1.4 Frässupporte

Bauart und Größe ergeben sich in der Regel aus den Bearbeitungsaufgaben. *Schlittenfrässupporte* (Bild 83 B) sind die bei großen Plan- und Langfräsmaschinen am häufigsten eingesetzten Frässupport-Bauarten. Sie haben gegenüber Pinolenfrässupporten den Vorteil geringerer Länge der Zusatzeinrichtungen (z.B. Winkelfräsköpfe) und geringerer Höhe des Maschinenportals um den Betrag des Ausfahrmaßes des Frässchlittens. In der Vorschubachse des Frässchlittens liegen zusätzliche Möglichkeiten für die Bearbeitungstechnik. Dadurch wird eine größere Universalität der Gesamtmaschine erreicht.

*Pinolenfrässupporte* (Bild 83 A) werden ebenfalls bei mittelgroßen und großen, aber in noch größerem Umfange bei kleineren Plan- und Langfräsmaschinen eingesetzt. Ihr Vorteil ist, daß der Pinolendurchmesser das Bearbeiten auch in tiefliegenden und sehr engen Räumen am Werkstück zuläßt, ohne spezielle Zusatzeinrichtung wie bei Schlittenfrässupporten verwenden zu müssen. Bei der Verwendung als Seitenfrässupport (horizontal liegende Pinole) ist infolge des geringen Pinolendurchmessers auch das Bearbeiten dicht über der Spannfläche möglich. Für leichtere Bohrarbeiten kennt man auch die Ausführung nach Bild 83 C mit verstellbarer Spindel.

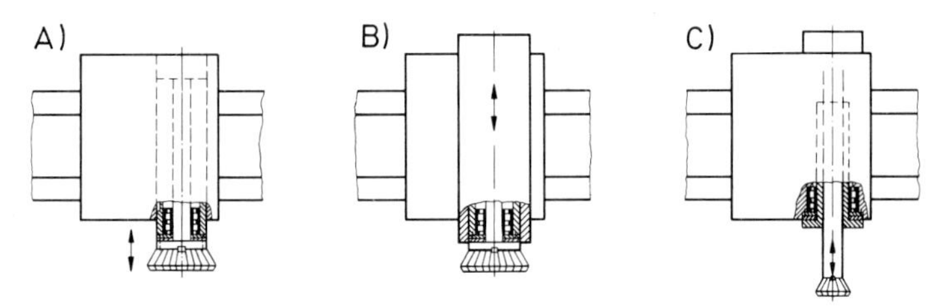


Bild 83. Support-Bauarten
A) Pinolen-Support, B) Schlitten-Support, C) Bohrsupport mit fester Frässpindel und verstellbarer Bohrspindel

#### 7.7.3.1.5 Vorschubantriebe

Als Vorschubantriebe für Schlitten und Pinole dienen Spindel-Mutter-Systeme, meist mit vorgespanntem Kugelgewindetrieb (Bild 84 A). Sie werden vorwiegend bei Schlitten-, gelegentlich aber auch bei Pinolenfrässupporten verwendet. Schnecke und Schnekkenzahnstange (Bild 84 B) werden vor allem beim Pinolenantrieb eingesetzt. Die Vorschubgeschwindigkeiten bei beiden reichen bis 3000 mm/min.
Der Quervorschubantrieb für den Frässupport wird bei kleinen bis mittelgroßen Maschinen als Spindel-Mutter-System mit drehender Spindel (Bild 85 A) oder mit drehender Mutter (Bild 85 B), ebenfalls meist mit vorgespanntem Kugelgewindetrieb, ausgebildet.

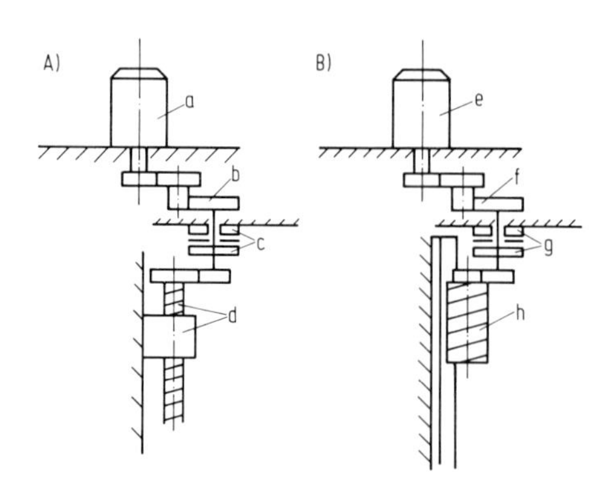


Bild 84. Vorschubantriebe für Schlitten, Stößel und Pinole

A) Spindel-Mutter-System (a Vorschubmotor, b Rädergetriebe, c Haltbremse, d Spindel mit Mutter), B) Schnecke und Schneckenzahnstange (e Vorschubmotor, f Rädergetriebe, g Haltbremse, h Schnecke mit Schneckenzahnstange)

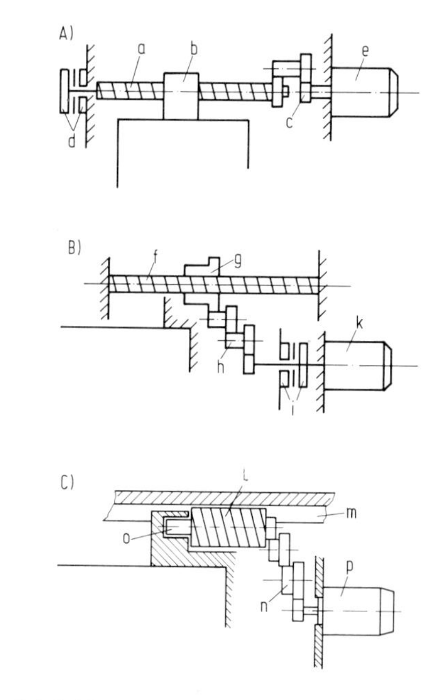


Bild 85. Quervorschubantriebe für Frässupport

A) Spindel-Mutter-System mit drehender Spindel (a Spindel, b Mutter, c Rädergetriebe, d Haltebremse, e Vorschubmotor), B) Spindel-Mutter-System mit drehender Mutter (f Spindel, g Mutter, h Rädergetriebe, i Haltebremse, k Vorschubmotor), C) Schnecke und Schneckenzahnstange (l Schnecke, m Schneckenzahnstange, n Rädergetriebe, o Haltebremse, p Vorschubmotor)

Bei Großmaschinen benutzt man Schnecke (meist hydrostatische Schnecke) und Schnekkenzahnstange (Bild 85 C). Bei beiden Systemen erstrecken sich die Vorschubgeschwindigkeiten z.Z. bis 6000 mm/min.

#### 7.7.3.1.6 Ausrüstungen und Zusatzeinrichtungen

Winkelfräsköpfe gehören zur üblichen Ausrüstung. Entsprechend der Bearbeitungsaufgabe haben sie unterschiedliche Dimensionen. Mit ihnen bearbeitet man Planflächen, einzeln oder in prismatischer Anordnung zueinander, die auf Plan- und Langfräsmaschinen die am häufigsten hergestellten Formenelemente sind. Die Bearbeitung kann entweder nacheinander (Einzelsupport-Ausführung, Bilder 71 und 72) oder auch gleichzeitig, dann vorwiegend in der Serienfertigung (Mehrsupport-Ausführung, Bild 74) oder mit Satzfräser (vgl. 7.6.5), erfolgen.

Zusatzeinrichtungen sind in ihrer Vielfalt, in der Handhabung und in der Leistung so weit fortgeschritten, daß sie zusammen mit *einem* Frässupport an der Maschine alle Forderungen einer wirtschaftlichen Fertigung erfüllen können. Bild 86 zeigt die wesentlichen Formenelemente und die zu ihrer Herstellung notwendigen Zusatzeinrichtungen.

Die Bearbeitung rotationssymmetrischer Flächen mit zylindrischer, konischer oder gekrümmter Kontur, z.B. an Turbinengehäusen (Bild 87) oder Rotationsverdichtergehäusen, erfolgt in der Regel auf numerisch gesteuerten Maschinen mit Bahnsteuerung. Ein an einem Winkelfräskopf befestigter Scheibenfräser wird mit konstanter Vorschubgeschwindigkeit in einer Kreisbahn geführt. Wenn die mit Kreisbogenfräsen erreichbaren Genauigkeiten nicht ausreichend sind oder wenn bestimmte Konturen, wie Hinter-

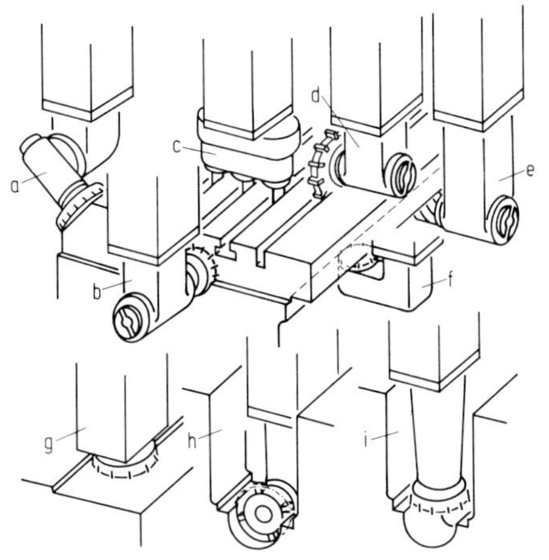


Bild 86. Zusatzaggregate und damit bearbeitbare Formenelemente

a winkeleinstellbarer Universal-Winkelfräskopf zum Bearbeiten schrägliegender Flächen, b um die senkrechte Achse in die vier 90°-Stellungen drehbarer Winkelfräskopf zum Bearbeiten senkrechter Flächen, c Mehrspindelfräskopf (Einstellen des Nutenabstands durch Schrägstellen) zur Herstellung von T-Nuten, d Winkelfräskopf mit Scheibenfräser zum Fräsen von Nuten, e und f Winkelfräskopf mit Walzenstirnfräser bzw. Untergriff-Winkelfräskopf mit Messerkopf zum Bearbeiten untenliegender Flächen, g Messerkopf an der Frässpindel zum Bearbeiten waagerechter Flächen, h Winkelfräskopf mit voreingestelltem Ausdrehwerkzeug zum Bearbeiten von Lagerbohrungen, i Vorsatzfräskopf zum Bearbeiten tiefliegender waagerechter Flächen

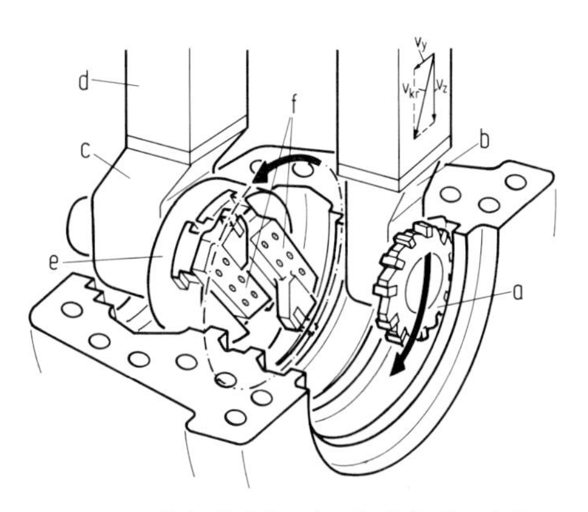


Bild 87. Winkelfräskopf mit Scheibenfräser zum Kreisbogenfräsen und am Schlittenfräskopf angesetzte Plan- und Ausdreheinheit

a Scheibenfräser, b Winkelfräskopf, c Plan- und Ausdreheinheit, d Frässchlitten, e Planscheibe, f Planschieber

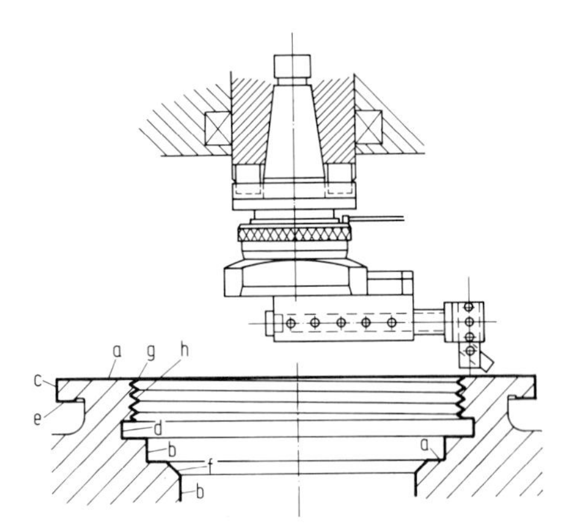


Bild 88. Plan- und Ausdrehkopf in Frässpindel

a Plandrehen, b Ausdrehen, c Außendrehen, d Einstechen, e Hinterstechen, f Kegeldrehen, g Ansenken mit Formstahl, h Gewindeschneiden

schneidungen und Krümmungen, nicht mit Scheibenfräsern hergestellt werden können, werden Plan- und Ausdreheinheiten benutzt, die wie ein Winkelfräskopf an der Unterseite des Frässchlittens befestigt werden.

Kleinere Universal-Plan- und -Ausdrehköpfe (Bild 88) dienen zur Herstellung von kreisförmigen Flächen und Konturen. Sie werden mit dem Werkzeugkonus direkt in der senkrechten Hauptspindel des Frässchlittens oder in der waagerechten Hauptspindel des Winkelfräskopfes befestigt. Zur Erzeugung der Vorschubbewegung des Planschiebers muß der Haltestab durch Anschlag oder von Hand in seiner Drehlage festgehalten werden.

Bohrungen werden überwiegend mit den üblichen Bohrwerkzeugen hergestellt, und zwar sowohl mit der senkrechten Hauptspindel im Frässchlitten oder der Pinole als auch mit der waagerechten Hauptspindel im Winkelfräskopf. Das gilt auch für das Gewindebohren. Werden Bohrbearbeitungen in Stahl ausgeführt, so ist eine Kühlmitteleinrichtung einschließlich einer Rückführung des über den Spanntisch ablaufenden Kühlmittels in einen Sammelbehälter notwendig.
Innen- und Außengewinde großer Durchmesser können auf NC-Maschinen vorteilhaft mit Gewindefräseinrichtungen (Bild 89 A) hergestellt werden. Der Fräser beschreibt unter gleichzeitigem axialem Vorschub, numerisch gesteuert in zwei Achsen, eine Kreisbewegung. Beim Herstellen von Innengewinden wird besonders vorteilhaft ein Innengewindewirbelaggregat (Bild 89 B) eingesetzt.

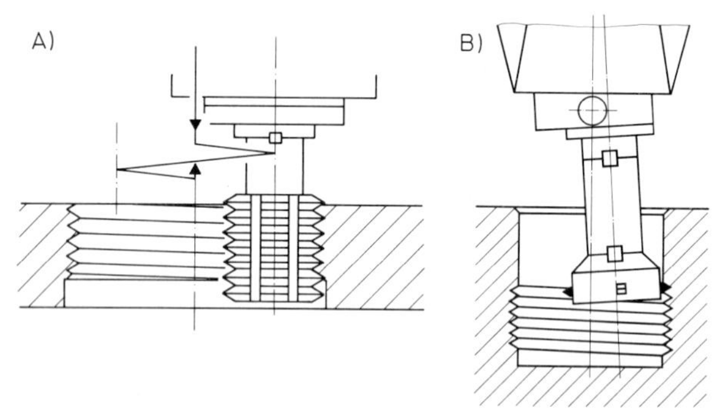


Bild 89. Numerisch gesteuerte Gewindeherstellung
A) mit Gewindefräseinrichtung, B) mit Gewindewirbelaggregat

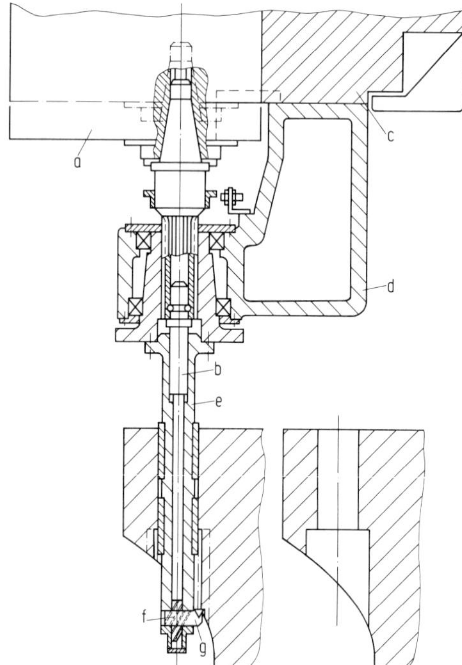


Bild 90. Bohreinrichtung zum numerisch gesteuerten Ansenken von unten
a Frässchlitten, b Zugstange, c Unterschlitten, d Lagerarm, e Bohrstange, f Schrägverzahnung, g Schneideneinsatz

Mit Zusatzeinrichtungen läßt sich die Bohrbearbeitung in vielen Fällen besser und schneller durchführen. Bild 90 zeigt eine Bohreinrichtung, mit der Ansenkungen von unten numerisch gesteuert hergestellt werden. Ein konventionelles Rücksenkwerkzeug (Bild 91) wäre wegen der ungünstigen Schräge weniger günstig. Der Vorschub des Frässchlittens bewirkt über die mit ihm fest verbundene Zugstange relativ zu der axial über Unterschlitten und Lagerarm festgelegten Bohrstange und über die Schrägverzahnung die radiale Aussteuerbewegung des Schneideinsatzes.
Bild 92 zeigt eine Vielstahl-Bohreinrichtung für die Herstellung von Bohrungen in Dieselmotorengehäusen für die Aufnahme von Zylinderbüchsen. Die voreingestellten Schneideinsätze zum Schruppen und Schlichten ermöglichen die Bearbeitung mit einem Vertikalhub des Frässchlittens. Der zylinderförmige Tragkörper ist wälzgelagert auf dem mit dem Frässchlitten fest verschraubten Stützrohr und wird über eine Welle von der Hauptspindel aus angetrieben.

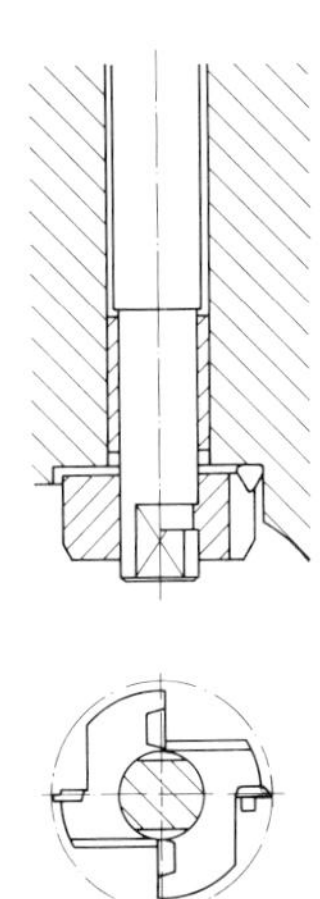

Bild 91. Rücksenkwerkzeug

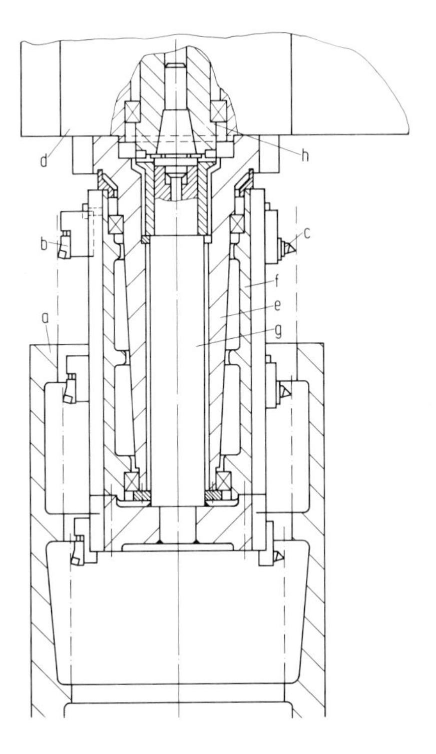


Bild 92. Vielstahlbohreinrichtung für Dieselmotoren
a Motorgehäuse, b und c Schneideneinsätze für Schruppen und Schlichten, d Frässchlitten, e Stützrohr, f Tragkörper, g Antriebswelle, h Frässpindel

## 7.7.3.2 Anwendung der Maschinen

**Direktor W. Haferkorn, Siegen**

### 7.7.3.2.1 Abmessungsbereiche der Maschinen

Bis heute (Stand 1978) werden Portalfräsmaschinen gebaut mit einem Durchgang zwischen den Ständern von 0,8 bis 7,5 m und einem Durchgang unter dem Querbalken von 0,8 bis 7,5 m. Der Verfahrweg des Tisches beträgt bei diesen Maschinen 2 bis 28 m.

Besonders durch die Entwicklung hochtouriger Turbinen geht die Tendenz zu noch größeren Maschinen. Der Portalverstellweg bei Maschinen mit fahrendem Portal hat in Längsrichtung keine direkte Begrenzung. Der Verstellweg der Pinole bei Pinolensupporten reicht von 200 bis 600 mm (je nach Größenordnung). Die Pinolendurchmesser liegen bei 160 bis 450 mm. Der Verstellweg des Schlittens vom Schlittensupport erstreckt sich normal von 600 bis 1200 mm, in Sonderfällen bis 2500 mm, der Verstellweg der Bohrspindel von 500 bis 1500 mm (Durchmesserbereich 80 bis 200 mm).
Die in Bild 93 wiedergegebene große Portalfräsmaschine hat einen Durchgang zwischen den Ständern von 6,25 m, einen Durchgang zwischen Querbalken und Tisch von 5,5 m und einen Tischlängsweg von rd. 25,0 m.

Bild 93. Große Portalfräsmaschine mit Pinolen-Frässupport am verfahrbaren Querbalken zur Fertigung von Großdieselmotoren

Die Maschine ist mit einer CNC-Steuerung für die Bahnachsen in Tischlängsrichtung (Doppelachse, da geteilter Tisch), in senkrechter Richtung für den Querbalken und in Querrichtung für den Support ausgerüstet. Eine Streckensteuerung ist für die Pinolenbewegung vorgesehen. Mit der Hauptspindel ist Gewindeschneiden über die CNC-Technik möglich.

#### 7.7.3.2.2 Maschinenleistungen

Die Antriebsleistungen der Maschinen liegen zwischen 20 und 200 kW. Der Trend geht zu höheren Leistungen, da heutige Fräswerkzeuge immer höhere Schnittwerte erlauben. Höhere Vorschübe pro Messer bedeuten aber merkliche Senkung des $k_s$-Wertes (Bild 94). Dadurch wird der Leistungsbedarf je Kilogramm zerspanten Werkstoffs gesenkt. Bei einer Maschine mit 50 kW Antriebsleistung erzielt man bei Stahl mit einer Festigkeit von 600 N/mm$^2$ ein bezogenes Zeitspanungsvolumen von rd. 18 bis 25 cm$^3$/kW min. Bei einer Maschine mit 200 kW steigt dieser Wert auf rd. 35 bis 40 cm$^3$/kW min. Bei geringerer Leistung der Maschine sollten die Fräswerkzeuge dann weniger Messer haben. In jüngster Zeit werden Messerköpfe für Schnittiefen über 20 mm und eine *Schneidenbelastbarkeit* $s_z$ (Vorschub pro Messer) von mehr als 1 mm eingesetzt, die geeignet sind, ein bezogenes Zeitspanungsvolumen von rd. 40 cm$^3$/kW min zu erreichen (Messerkopfdurchmesser von 350 bis 400 mm und Schnittgeschwindigkeit etwa 150 m/min). Die Vorschübe für das Vorschlichten wachsen ständig, so daß es bereits möglich ist, Vorschübe von 9 bis 10 m/min anzuwenden (in Extremfällen bis 30 m/min).

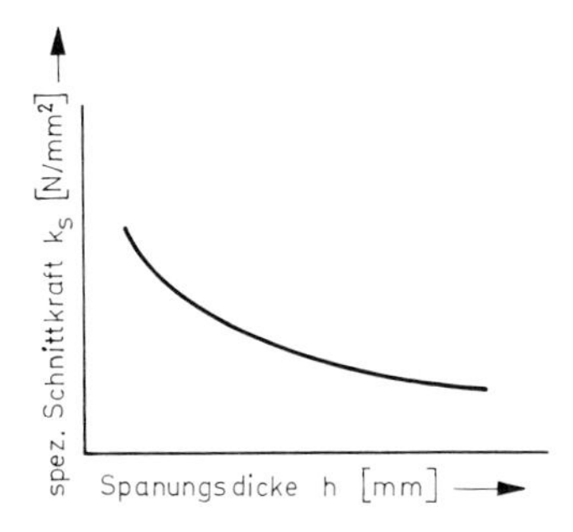


Bild 94. Abhängigkeit der spezifischen Schnittkraft $k_s$ von der Spanungsdicke h

#### 7.7.3.2.3 Erzielbare Maß- und Formtoleranzen

Bei Großwerkzeugmaschinen hat die Raumtemperatur und deren Schwankung einen entscheidenden Einfluß auf die erzielbare Maß- und Formgenauigkeit. (Dabei ist zu bedenken, daß eine Temperaturänderung von 5°C auf eine Länge von 10 m eine Maßdifferenz von rd. 0,55 mm bei Eisenwerkstoff bedeutet.) Nur eine konstante Raumtemperatur gewährleistet die Einhaltung der später genannten Toleranzen. Weiterhin ist zu beachten, daß Werkstücke, besonders im Winter, nicht von draußen hereingeholt werden und unmittelbar auf die Maschine kommen. Die Temperatur-Ausgleichzeit bei großen Werkstücken beträgt bis zu zwei Tagen.
Hohe Portalmaschinen erfordern auch eine annähernd gleiche Temperatur vom Hallenboden bis zum oberen Maschinenbereich, damit die Parallelität der Ständer gewährleistet bleibt. Bei Hallen ohne geregelte Luftumwälzung können die Temperaturunterschiede vom Hallenboden (das Maschinenbett liegt oft auch unter Flur) bis zur Maschinenoberkante besonders im Winter bis zu 10°C betragen. Das hat zur Folge, daß sich das Querhaupt zwischen den Ständern oben dehnt und sich beide Ständer schiefstellen (Bild 95). So ergibt der Temperaturunterschied von 10°C bei einer Maschine mit einem Ständerabstand von 6250 mm eine Abstandsdifferenz zwischen dem unteren und oberen Ende der Ständer von $\Delta L = 11{,}2 \cdot 10^{-6} \cdot 10 \cdot 6250 = 0{,}7$ mm. Dies führt einmal zu Ungenauigkeiten und zum anderen zu einem Klemmen des Querbalkens, was Verschleiß an den Führungen bedeutet.

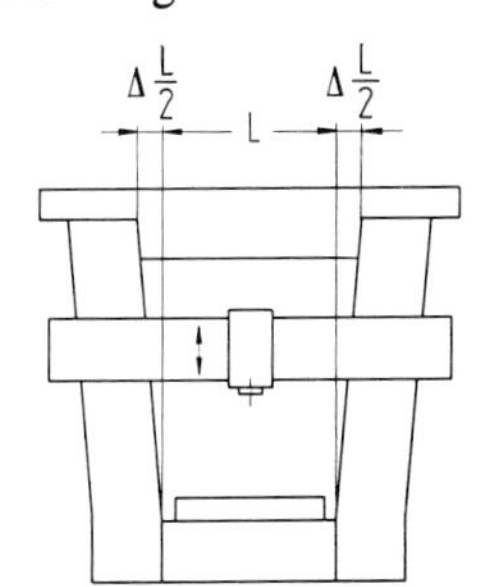


Bild 95. Einfluß von Temperaturunterschieden zwischen Hallenboden und Maschinenoberkante bei hohen Portalmaschinen

Um beim Fräsen optimale Oberflächengüten zu erzielen, darf der Fräser nicht mit der hinteren Seite nachschneiden (erhöhter Schneidenverschleiß durch Quetschschnitt und dadurch höhere Erwärmung des Fräsers). Um dies zu vermeiden, wird der Fräser in Vorschubrichtung gegen das Werkstück geneigt. Die Neigung beträgt beim Schlichten und Schruppen zwischen 50 und 100 µm/m, beim Feinschlichten 30 bis 50 µm/m (Bild 96 A). Diese Maßnahme bewirkt eine im Mikrometer-Bereich wellige Oberfläche quer zur Vorschubrichtung. Nutzt man zwei Drittel der Fräserbreite für den Schnitt aus und verwendet ein Drittel zum Überschnitt zur vorhergehenden Bahn, so liegt dieser Betrag bei einem Fräser von 300 mm Dmr. unter 3 µm (Bild 96 B). Die erzielbare Oberflächen-Ebenheit weist auf einer Fläche von 1 × 1 m, je nach Maschinenausführung, Abweichungen zwischen 5 und 10 µm auf. Bei Präzisionsmaschinen kann der Wert 10 µm auch über eine Fläche von 3 × 4 eingehalten werden (Dampfdichtfräsen von Turbinengehäusen).

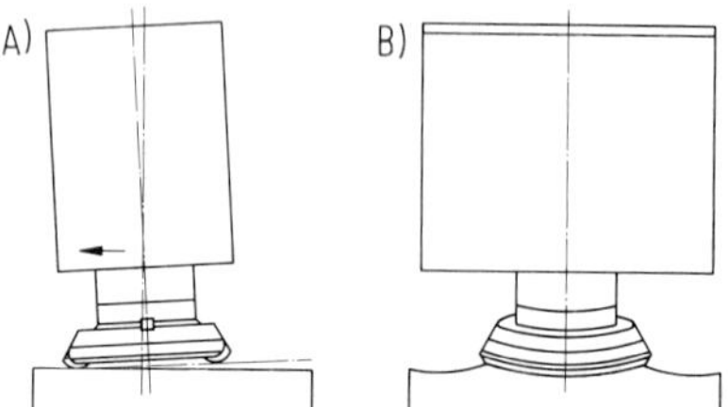


Bild 96. Sturzeinstellung des Fräsers
A) Neigung des Fräsers in Vorschubrichtung gegen das Werkstück, B) durch den Frässersturz hervorgerufene wellige Oberfläche des Werkstücks

Die erzielbare Parallelität zweier Flächen liegt bei Präzisionsmaschinen bei 10 µm/1 m bis 30 µm/10 m. Die Rechtwinkligkeit aller Flächen zueinander liegt bei 20 µm/1 m bis 50 µm/4 m. Bei NC-Maschinen mit einer Meßwertauflösung von 1 bis 2 µm und einer Maßstababweichung von weniger als 10 µm/m liegt der Positionsfehler bei 10 µm/m bis 25 µm/10 m. Voraussetzung ist eine Hallenklimatisierung. Die Wiederholabweichung liegt zwischen ±5 und ±7 µm. Der Konturfehler liegt bei einem Vorschub von 300 mm/min bei ±30 µm/m Durchmesser. Die Einhaltung der Genauigkeiten, auch für lange Zeiten, erfordert selbstverständlich Maschinen mit verschleißfreien Führungen und verschleißarmen Vorschubelementen.
Eine besonders hohe Genauigkeit kann man bei der Bearbeitung von geteilten Gehäusen, die später stirnseitig zusammengeschraubt werden, dadurch erzielen, daß man die Teile in einem ausreichenden Abstand hintereinander auf den Tisch stellt und beide Stirnflächen nacheinander bearbeitet, wobei der Winkelfräskopf für die zweite Stirnfläche um 180° gedreht wird. Diese Methode bringt die höchstmögliche Parallelität beider Flächen, so daß ein Nacharbeiten nicht mehr erforderlich ist. Für das Positionieren der Maschine auf die Koordinaten der Paßbohrungen wird nicht die Absolutgenauigkeit der Maschine ausgenutzt, sondern die Wiederholgenauigkeit; dadurch entfällt das Nachreiben der Paßbohrungen. Diese Methode eignet sich für die Bearbeitung von Großdiesel-Motorengehäusen ebenso gut wie für die Stoßflächen langer Werkzeugmaschinenbetten.

Eine Übersicht der wichtigsten erzielbaren Maß- und Formtoleranzen zeigt Tabelle 4. Folgende Voraussetzungen müssen gegeben sein: Geschlossener, normal beheizter, nicht klimatisierter Werkstattraum ohne direkte Sonneneinstrahlung auf Maschine und Werkstück, Maschine auf Betriebstemperatur, Hallen-Temperaturbereich +17 bis +25° C, Hallen-Temperaturabweichung nicht größer als ±2° C innerhalb 12 h, Hallen-Temperaturgefälle in der Höhe nicht größer als 2° C pro 5 m Höhe, Maschinenfundament gegen Wärmeeinfluß von außen isoliert.

#### 7.7.3.2.4 Erzielbare Oberflächengüte

Die wichtigsten Einflußfaktoren für die Oberflächengüte sind die Maschinenführungen (Geradheit, Welligkeit), die Axiallaufgenauigkeit der Hauptspindel (Welligkeit), die Axiallagersteifigkeit der Frässpindel (Welligkeit), die axiale Genauigkeit des Messerkopfes (Welligkeit) und die Schneidengeometrie (Rauhigkeit).

Tabelle 4. Erzielbare Maß- und Formtoleranzen beim Arbeiten auf Plan- und Langfräsmaschinen

| Eigenschaft | Meßverfahren | normale Anforderungen | | erhöhte Anforderungen | |
|---|---|---|---|---|---|
| | | | mm | | mm |
| Ebenheit der bearbeiteten Fläche (bei Grauguß) | | | 0,015/1000 | | 0,010/1000 |
| | | bis 2 m | 0,02 | bis 2 m | 0,015 |
| | | über 2 bis 5 m | 0,03 | über 2 bis 5 m | 0,020 |
| | | über 5 bis 8 m | 0,04 | über 5 bis 8 m | 0,025 |
| in Längsrichtung (X) | | über 8 bis 10 m | 0,05 | über 8 bis 10 m | 0,030 |
| in Querrichtung (Y) | | über 10 bis 15 m | 0,06 | über 10 bis 15 m | 0,040 |
| | | über 15 m | 0,08 | über 15 m | 0,050 |
| | | bis 1 m | 0,012 | bis 1 m | 0,012 |
| | | über 1 m | +0,005/500 | über 1 m | +0,005/500 |
| Parallelität der bearbeiteten Fläche zur Auflagefläche | | | 0,015/1000 | | 0,010/1000 |
| in Längsrichtung (X) | | bis 2 m | 0,02 | bis 2 m | 0,015 |
| in Querrichtung (Y) | | über 2 bis 5 m | 0,03 | über 2 bis 5 m | 0,020 |
| | | über 5 bis 8 m | 0,04 | über 5 bis 8 m | 0,025 |
| | | über 8 bis 10 m | 0,05 | über 8 bis 10 m | 0,030 |
| | | über 10 bis 15 m | 0,06 | über 10 bis 15 m | 0,040 |
| | | über 15 m | 0,08 | über 15 m | 0,060 |
| Probewerkstücke von gleicher Beschaffenheit | | bis 1 m | 0,02 | bis 1 m | 0,012 |
| | | über 1 m | + 0,01 /500 | über 1 m | + 0,005/1000 |
| Geradheit von Seitenflächen in X - Richtung | Fluchtlinienprüfer | | 0,01/1000 | | 0,010/1000 |
| | | bis 2 m | 0,015 | bis 2 m | 0,015 |
| | | über 2 bis 5 m | 0,02 | über 2 bis 5 m | 0,020 |
| | | über 5 bis 8 m | 0,03 | über 5 bis 8 m | 0,025 |
| | | über 8 bis 10 m | 0,04 | über 8 bis 10 m | 0,030 |
| | | über 10 bis 15 m | 0,06 | über 10 bis 15 m | 0,040 |
| | | über 15 m | 0,08 | über 15 m | 0,060 |
| Rechtwinkligkeit senkrechter Flächen zur Auflagefläche längs (Z-X), quer (Z-Y) | Endmaße oder Meßfühler | | 0,02/500 | | 0,020/1000 |
| Rechtwinkligkeit der Querrichtung zur Tischlängsbewegung (Y-Z) | | bis 2 m | 0,03 | bis 2 m | 0,03 |
| | | für jede weitere 500 mm | + 0,005 | für jede weitere 500 mm | + 0,005 |
| Rauhigkeit der feingefrästen Fläche | Oberflächen-Meß- und Registriergerät | max. Rauhtiefe $R_t$ [µm] | mittl. Rauhtiefe $R_a$ [µm] | max. Rauhtiefe $R_t$ [µm] | mittl. Rauhtiefe $R_a$ [µm] |
| A) Grauguß und Meehanite 180 bis 200 HB | | 5 bis 10 | 1,2 bis 2,5 | 4 bis 6 | 0,4 bis 1,6 |
| B) Stahl ($\sigma_B \leq 500$ N/mm²) | | 5 bis 10 | 1,2 bis 2,5 | 2 bis 5 | 0,2 bis 1,4 |
| C) Stahl ($\sigma_B > 500$ bis 800 N/mm²) | | 3 bis 8 | 0,7 bis 2 | 1 bis 4 | 0,08 bis 1,2 |

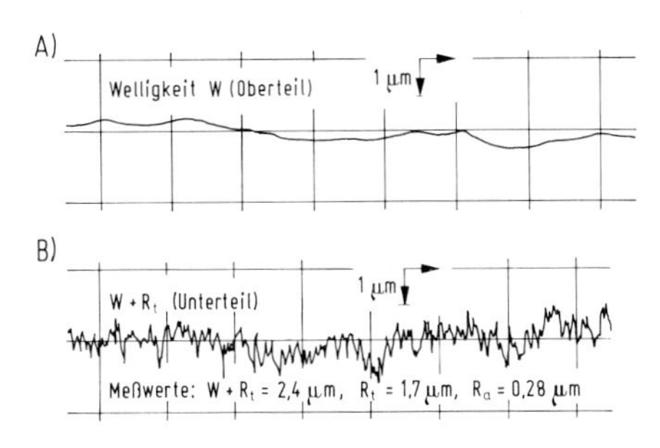


Bild 97. Durch Feinstfräsen (Dampfdichtfräsen) erzielte Oberflächengüten an Turbinengehäusen

A) Welligkeit am Oberteil, B) Welligkeit und Rauhtiefe am Unterteil

Weitere Einflußfaktoren sind die Schnittgeschwindigkeit und die Vorschubgeschwindigkeit. Mit Keramik-Werkzeugen kann heute bei Stahl und einer Vorschubgeschwindigkeit von 3 m/min ein $R_t \leqq 3$ µm erzielt werden. Bei Guß beträgt dieser Wert ungefähr 8 µm. Oberflächengüten beim Konturfräsen sind sehr vorschubabhängig und liegen bei $R_t = 10$ bis 30 µm bei Vorschubgeschwindigkeiten zwischen 100 und 2000 mm/min. Bild 97 zeigt die gemessene Welligkeit einer feinstgefrästen Oberfläche an einem Turbinengehäuse und die Meßwerte $W + R_t$, $R_t$ und $R_a$.

#### 7.7.3.2.5 Automatisierung

Um Durchlaufzeiten und Genauigkeiten der Werkstücke zu verbessern, geht man besonders bei großen Werkstücken mehr und mehr dazu über, die Werkstücke auf einer Maschine fertig herzustellen. Die Werkzeugmaschinen werden dadurch komplexer und universeller. Ihre Stundensätze erhöhen sich. Trotzdem ermöglichen der geringere Platzbedarf nur einer Maschine, die bessere Genauigkeit (jedes Neuspannen des Werkstücks bedeutet Ungenauigkeit und Transportrisiko) und die kürzeren Durchlaufzeiten eine rationellere Fertigung. Außerdem wird das Problem der verschieden langen Bearbeitungszeiten bei der Fertigung auf Einzweckmaschinen ausgeschaltet.
Der höhere Automatisierungsgrad dieser Maschinen bedeutet aber, daß die Genauigkeit der Werkstücke weniger vom Bedienungsmann, sondern mehr von der Qualität der Maschine, ihrer Steuerung und der Meßeinrichtungen abhängig ist. Daraus ergeben sich für die Maschine eine Reihe von Forderungen:
Die Maschinen müssen nicht nur genau sein, sie müssen auch eine hohe Dauergenauigkeit haben. Im einzelnen bedeutet das verschleißfreie (bzw. verschleißarme) Führungsbahnen, wie z. B. hydrostatische, aerostatische oder Rollenführungen (die Art der Führung hängt von der Maschinenbelastung und -größe ab) und verschleißfreie und spielfreie Vorschubantriebe hoher statischer und dynamischer Steifigkeit. Für kurze Bewegungslängen sind Kugelgewindespindeln mit vorgespannter Doppelmutter das meist verwendete Bauelement. Für lange Führungen sind vorgespannte Ritzel-Zahnstangenantriebe oder die als optimal anzusehenden hydrostatischen Schneckentriebe geeignet.
Damit die Maschinen aus beiden Richtungen einen Punkt mit gleicher Genauigkeit anfahren können, ist darauf zu achten, daß die Richtungsführungen vorgespannt und entsprechend formsteif ausgeführt sind. Richtungsabhängiges Kippen der Maschinenbaugruppen bedeutet Fehler am Werkstück. Selbstverständlich sollten die Meßmittel nach dem *Abbe*schen Prinzip angeordnet sein.
Die thermischen Eigenschaften nehmen bei NC-Werkzeugmaschinen an Bedeutung zu und sind sehr entscheidend bei der Genauigkeit einer Maschine. Jede örtliche Erwärmung eines Maschinenteils hat Werkstoffdehnung und damit eine Lageveränderung zur Folge. Wärmequellen sind Motoren, Getriebe, Dichtungen, Lager von Wellen mit hoher Drehzahl usw. Die Erwärmung der Hauptspindellager z. B. führt einmal dazu, daß die Wärme in die Hauptspindel fließt und deren Längung verursacht, die beim Fräsen von Flächen in die Genauigkeit voll eingeht. Zum anderen fließt die Wärme in den Spindelstock ab und verursacht eine Dehnung, die eine Lageänderung der Hauptspindel zur Folge hat. Beim genauen Positionieren für Bohrungen geht dieser Fehler voll als Lagefehler ein.
Beim Arbeiten mit Winkelköpfen muß deren thermisch bedingte Ausdehnung beachtet werden. Dem Hersteller stehen einige Möglichkeiten zur Verfügung, diese Fehler klein zu halten (Kühlung, Messen an der richtigen Stelle, symmetrische Bauweise usw.). Trotzdem muß man bei der Benutzung automatischer NC-Maschinen auf dieses Problem besonders achten.

Bei der heutigen Schneidengeometrie und den hohen Schnittgeschwindigkeiten wird die beim Zerspanvorgang entstehende Wärme zu mehr als 90% in die Späne eingeleitet. Um örtliche Erwärmungen und damit Formänderungen am Werkstück zu vermeiden, müssen die Späne möglichst schnell vom Werkstück und der Werkzeugmaschine entfernt werden.
Die Schritte bei der Automatisierung einer Portal-Bohr- und Fräsmaschine mit numerischer Steuerung sind:

a) *Verwendung von voreingestellten Werkzeugen.* In Verbindung mit der Fräserradius- und der Werkzeuglängenkorrektur kann man Fertigmaße direkt programmieren.

b) *Automatisches Spannen und Indexieren von Winkelköpfen.* Bei einer Fünf-Seiten-Innen- und -Außenbearbeitung erfolgen 50 bis 70% der Bearbeitung mit Winkelköpfen. Beim Fräsen mit Messerköpfen bzw. Stirnfräsen muß der Winkelkopf vorschubrichtungsabhängig auf Sturz eingestellt werden. Für alle anderen Werkzeuge, wie Bohrer, Schaftfräser usw., wird ohne Sturz gearbeitet. Der Winkelkopf muß daher automatisch auf den Winkel Null oder einen definierten positiven oder negativen Winkelwert eingestellt werden können (Bild 98 A). Außerdem muß der Winkelkopf automatisch in die vier 90°-Lagen gebracht werden können (Bild 98 B). Die Ansteuerung dieser Funktionen erfolgt über die NC-Steuerung.

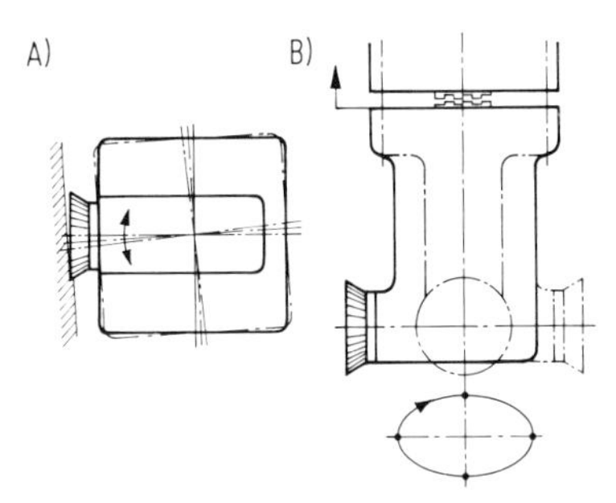


Bild 98. Winkelfräskopf mit hydraulisch-mechanisch betätigter Spann-, Indexier- und Sturzeinstelleinrichtung
A) mit einem festen Wert für beide Vorschubrichtungen einstellbarer Fräsersturz, B) Indexieren und Spannen in den vier 90°-Stellungen

c) *Automatisches Wechseln der Winkelköpfe.* Werden mehrere Winkelköpfe in ständigem Wechsel benötigt, sollte die Maschine mit einer automatischen Winkelkopfwechselrichtung ausgerüstet sein. Der Support fährt dazu in eine Wechselposition, und der Winkelkopf wird automatisch zu ihm gebracht.

d) *Automatischer Werkzeugwechsel.* Der automatische Werkzeugwechsel (von Bearbeitungszentren hinreichend bekannt) wirft bei Portal-Fräs- und -Bohrmaschinen zwei besondere Probleme auf, und zwar dadurch, daß die Werkzeuge sehr unterschiedlich sind, z.B. große Scheibenfräser und kleine Bohrer, und daß, wenn in mehr als 50% der Bearbeitungszeit mit Winkelköpfen gearbeitet wird, auch am Winkelkopf ein automatischer Werkzeugwechsel möglich sein sollte.

Alle normalen Werkzeuge, die mit einem ISO-Kegel aufgenommen werden, stellen für einen automatischen Wechsler kein Problem dar. Aufwendig und teuer wird es, wenn auch Scheibenfräser, die mit vier Schrauben befestigt werden, mit gewechselt werden sollen. Man muß abwägen, ob sich der technische und finanzielle Aufwand zum automatischen Wechseln von Großwerkzeugen lohnt, d.h. es muß berücksichtigt werden, wie groß der Anteil der zu wechselnden Großwerkzeuge ist.

Der Werkzeugwechsel am Winkelkopf macht den Wechsler aufwendiger, weil die Werkzeuge in der Hauptspindel und in der Winkelkopfspindel in zwei um 90° zueinander stehenden Ebenen gespannt werden müssen. Das kann aber, wenn viel mit dem Winkelkopf gearbeitet werden muß, von großer Wichtigkeit sein. Der automatische Werkzeugwechsel am Winkelkopf schließt in jedem Fall das automatische Indexieren der Winkelköpfe mit ein.

### 7.7.3.2.6 Numerische Steuerung und Programmierung

Aufbauend auf den allgemeinen Grundsätzen der numerischen Steuerung und Programmierung ist bei Portal-Fräs- und -Bohrmaschinen mit ihrer Fünf-Seiten-Bearbeitung besonders darauf zu achten, daß Bohrzyklen in allen Ebenen abgerufen werden können. Das gleiche gilt für das Gewindebohren, wofür Winkelschrittgeber der Hauptspindel mit der Steuerung aller anderen Achsen zusammenarbeiten können müssen. Die Steuerung sollte unbedingt eine Fräserradiuskorrektur haben, die in allen Ebenen wirksam ist. Dadurch können die Werkstück-Koordinaten auch bei manueller Programmierung direkt programmiert werden. Das bedeutet eine große Arbeitserleichterung für den Programmierer bei manueller Programmierung und weniger Rechenaufwand bei maschineller Programmierung. Um Rechenaufwand zu sparen, sollte die Steuerung außerdem die zeit- und drehzahlbezogene Vorschubprogrammierung zulassen.
Handeingabedatentasten und Korrekturschalter sowie -anzeigen (gespeicherte Werte und Istwerte) sollten möglichst dicht an der Arbeitsstelle angeordnet sein, damit der Bedienungsmann das Werkzeug beobachten und unmittelbar die Schnittdaten prüfen bzw. korrigieren kann (Bild 99).

Bild 99. Bedienungspendel und NC-Steuerschrank der Portalfräsmaschine Bild 93

Es stehen auch Steuerungen zur Verfügung, bei denen die Programmierung und Optimierung beim ersten Werkstück durch Handeingabe an der Maschine erfolgt. Die Steuerung erstellt einen Datenträger, der alle Daten gespeichert hat und nach dem das nächste Werkstück automatisch bearbeitet werden kann. Dieses Verfahren eignet sich für Werkstücke, deren Aufmaße und andere Zerspanungsdaten nicht festliegen.

## 7.7.4 Universal-Werkzeugfräsmaschinen

Dr.-Ing. R. Reeber, Iggensbach

### 7.7.4.1 Bauformen

Drei Bauformen haben sich herausgebildet. Die in Bild 100A gezeigte Grundform beschreibt die Mehrzahl aller produzierten Universal-Werkzeugfräsmaschinen. Ihr Vorteil ist das günstige Verhältnis des erreichbaren Arbeitsbereichs zum erforderlichen Aufwand an Maschinengewicht und Führungsfläche. Maschinen dieser Grundform lassen sich für kleine und mittlere Arbeitsbereiche sehr preiswert und genau herstellen. Bei der zweiten Bauform (Bild 100B) bildet der Werkstückträger selbst das Standelement. Die Bearbeitung erfolgt daher am ruhenden Werkstück. Erhöhte Bearbeitungsge-

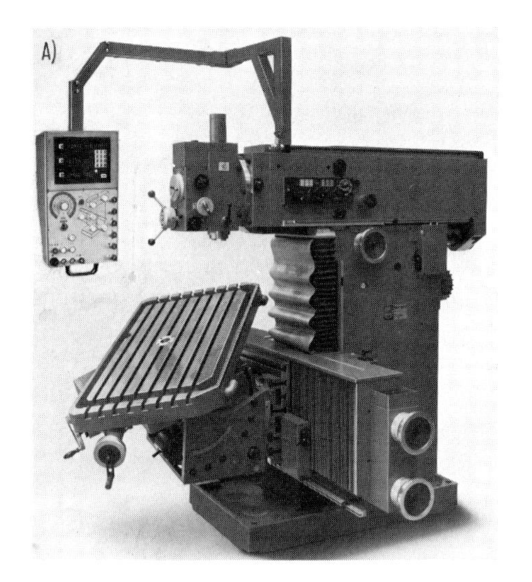


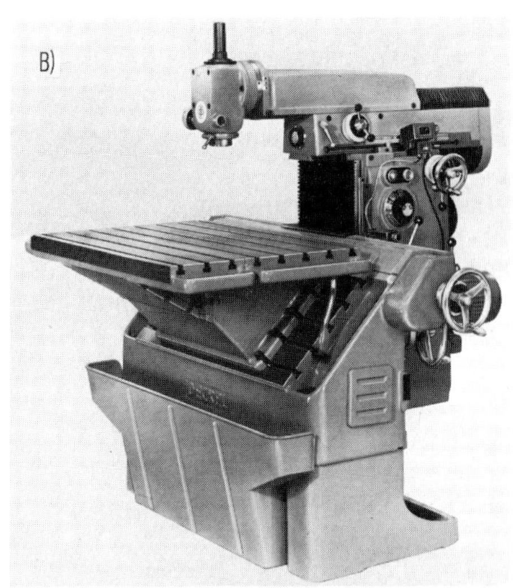


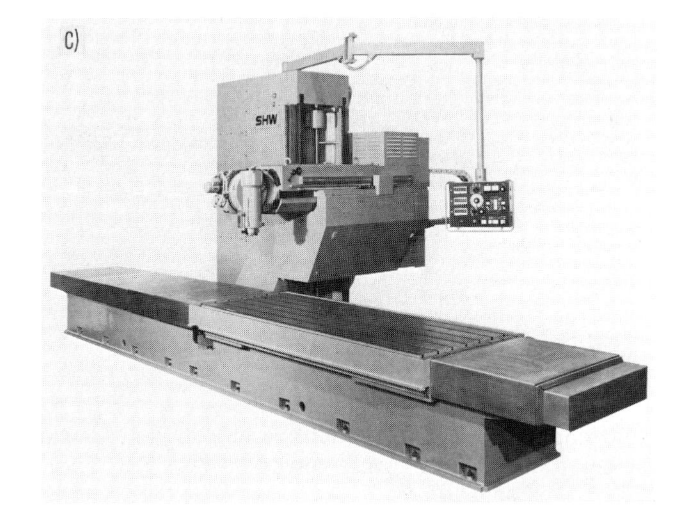


Bild 100. Bauformen von Universal-Werkzeugfräsmaschinen

A) Grundform für kleine und mittlere Arbeitsbereiche,
B) mit ruhendem Werkstückträger,
C) mit Längsbett und darauf verfahrbarem Werkstücktisch sowie angeschraubtem Ständer und daran höhenverfahrbarem Spindelstock

nauigkeit auch an sehr schweren Werkstücken wird erreicht. Die Genauigkeit der Maschine ist weitgehend unabhängig vom Fundament. Der Arbeitsweg in X-Richtung kann besonders groß ausgelegt werden. Der Senkrechtweg jedoch ist beschränkt. Durch Versetzen des Arbeitstisches in senkrechter Richtung ist aber ein großer freier Durchgang zwischen Werkstück und Werkzeug erzielbar.
Bei der durch Bild 100C dokumentierten Bauform bildet das Standelement die aus Längsbett und Säule fest verschraubte Einheit. Längsweg und Vertikalweg können ohne schädlichen Einfluß auf die Genauigkeit der Maschine erheblich vergrößert werden, wenn der Gestaltung der Gestellteile und des Fundaments entsprechende Sorgfalt gewidmet wird. Der vom Spindelstock ausgeführte Querweg bleibt naturgemäß begrenzt. Diese Bauform stellt nach dem Stand der Technik die Grundform der großen Universal-Werkzeugfräsmaschinen dar.

### 7.7.4.2 Hauptspindeln und Antrieb

#### 7.7.4.2.1 Anordnung der Hauptspindel

Maschinen dieser Bauform können wechselweise mit senkrechter und waagrechter Hauptspindel eingesetzt werden. Meist sind sie zu diesem Zweck mit zwei Hauptspindeln ausgerüstet.
Die waagrechte Hauptspindel ist dabei im Spindelstock angeordnet, und ihre Drehachse fluchtet mit der Bewegungsrichtung des Spindelstocks. Höherer Gebrauchsnutzen entsteht, wenn die waagrechte Hauptspindel in einer sorgfältig im Spindelstock eingepaßten Hülse gelagert ist, die ausgefahren werden kann. Zentrier-, Senk- und Bohrbearbeitung sind damit sehr schnell durchführbar.
Die senkrechte Hauptspindel ist dagegen in einem Fräskopf angeordnet, der an die Stirnseite des Fräskopfträgers angeflanscht oder auf diesem aufgesetzt ist. Um ihn wahlweise in oder außer Arbeitsstellung zu bringen, wird der Fräskopf um eine vertikale Achse geschwenkt (Bild 101) bzw. auf dem Fräskopfträger zurückgeschoben (Bild 102).

Bild 101. Einschwenkbarer Senkrechtfräskopf

Bild 102. Ein- und ausfahrbarer Senkrechtfräskopf

Eine andere Möglichkeit besteht darin, daß die Maschine mit nur einer Hauptspindel ausgestattet ist, deren Achse geschwenkt werden kann. Die Hauptspindel ist dabei in einem Kopf angeordnet.

### 7.7.4.2.2 Antrieb der Hauptspindel

Werkzeugfräsmaschinen brauchen einen breiten Drehzahlbereich. Eine Spreizung der Drehzahlen von 1 : 50 ist üblich. Leichte Maschinen im Leistungsbereich von 0,8 bis 3 kW werden meist mit dem Drehzahlbereich 40 bis 2000 $min^{-1}$, schwerere mit Leistungen ab 4 kW mit dem Drehzahlbereich 32 bis 1600 $min^{-1}$ ausgeführt. Die volle Antriebs-

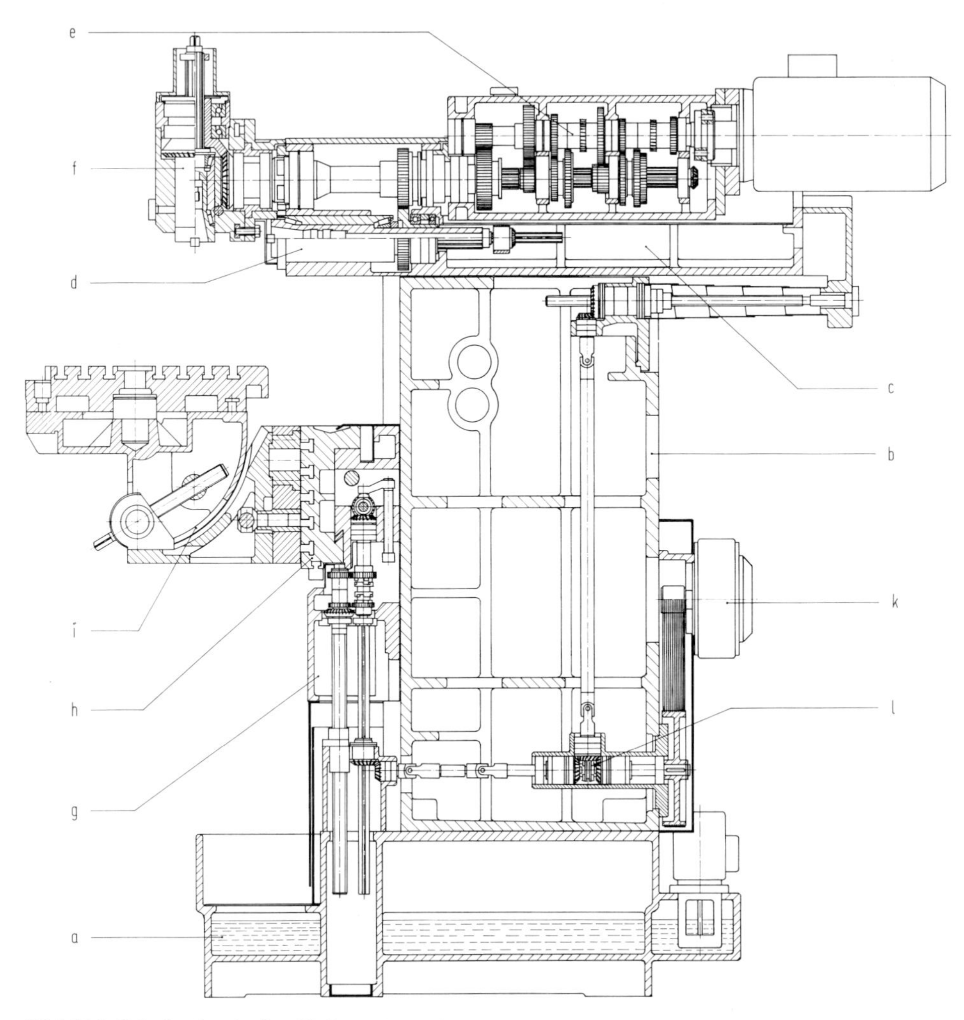


Bild 103. Schnitt durch eine Universal-Werkzeugfräsmaschine

a Maschinenfuß, zugleich Kühlmittelbehälter, b Maschinenständer mit senkrechter Supportführung und Spindelstockführung, c quer verstellbarer Spindelstock, d Horizontal-Hauptspindel, e 18stufiges Hauptgetriebe mit angebautem Drehstrommotor, f seitlich am Spindelstock abschwenkbarer Vertikal-Fräs- und -Bohrkopf, g vertikal verstellbarer Kreuzsupport mit Richtungswechselgetriebe für Vertikal- und Längsbewegung, h horizontal in Längsrichtung verstellbarer Senkrecht-Aufspanntisch, i in zwei Ebenen neig- und schwenkbarer und um 360° drehbarer Universaltisch, k regelbarer Gleichstrom-Vorschubmotor, l Richtungswechselgetriebe für Spindelstockvorschub

leistung sollte auch bei der kleinsten Drehzahl einsetzbar sein. Diese Forderung wird nach dem Stand der Technik am wirtschaftlichsten durch die Verwendung eines Kurzschlußläufermotors in Verbindung mit einem Zahnräder-Schaltgetriebe erfüllt (Bild 103).
Da die Durchmesser der genormten Fräswerkzeuge im Sprung $\varphi = 1{,}25$ gestuft sind, empfiehlt sich dieser Stufensprung auch für das Schaltgetriebe, um bei allen Durchmessern gleiche Schnittgeschwindigkeiten zu erhalten. Die Aufbauformel $3 \times 3 \times 2 = 18$ ist üblich und empfehlenswert. Die Schaltung der Getriebe erfolgt im Stillstand; Fernbetätigungen werden angeboten, die eine Drehzahlschaltung vom Bedienpult aus erlauben.
Gleichstrommotoren für den Hauptantrieb, die bei schweren Maschinen eingesetzt werden, können unter Last vom Bedienpult aus angesteuert werden, garantieren weiches, schnelles Hochlaufen und Abbremsen und bieten bei entsprechender Auslegung eine hohe Leistungsreserve bei Kurzzeitbeanspruchung.
Auch stufenlos einstellbare Antriebe der Hauptspindel durch verstellbare Getriebe (meist verstellbare Keilriemen- oder Breitkeilriementriebe) werden angeboten.
Die Hauptspindeln der Maschinen werden mit hoher Rundlaufgenauigkeit im Aufnahmekegel ausgeführt. Die Rundlaufabweichungen liegen je nach Lagerart im Bereich zwischen 5 und 2 µm. Verwendet werden nur Wälzlager, die aus Gründen der Belastbarkeit und Steifigkeit mit Linienberührung arbeiten.
Der Aufnahmekegel wird selten nach ISO 30, vorwiegend nach ISO 40 und bei schweren Maschinen auch nach ISO 50 ausgeführt. Anstelle des Normgewindes ist auch ein Spezial-Sägegewinde zur Werkzeugbefestigung in Gebrauch.

### 7.7.4.3 Vorschub und dessen Antrieb

Im einfachsten Fall wird der Vorschubantrieb vom Hauptmotor (für den Hauptspindelantrieb) abgezweigt. Ein Vorschub-Schaltgetriebe erlaubt die freie Zuordnung der Vorschubgeschwindigkeiten zu den einzelnen Drehzahlen der Hauptspindel. Die Leistungsbemessung des Vorschubantriebs erfolgt nach der Bedingung „Eilgang aufwärts mit größter Last“. Hierfür steht beim gemeinsamen Antrieb die volle Leistung des Hauptmotors zur Verfügung.
Beim Antrieb durch einen eigenen Vorschubmotor wird die gesamte Leistungsausstattung dagegen wesentlich höher. Dafür wird die Schnittleistung nicht um die Vorschubleistung gemindert. Die Eilgänge (und mit ihnen die Vorschübe) in senkrechter Richtung werden gegenüber denen in waagrechter Richtung häufig halbiert, um nicht allzu große Vorschubmotoren verwenden zu müssen.
Regelbare Gleichstrom-Vorschubmotoren finden insbesondere seit der Verfügbarkeit preiswerter Transistor- und Thyristor-Ansteuerungen immer weitere Verbreitung (Bild 103). Durch Drehpotentiometer kann die Vorschubgeschwindigkeit unter Last eingestellt bzw. korrigiert werden. Der Vorschubbereich reicht vielfach bis zum Eilgang. Schleichgangschaltungen zum Anfahren einer Position mit den maschineneigenen Meßmitteln sind üblich.
Für jede Achsrichtung ist ein eigenes Wendegetriebe angeordnet, damit in allen Achsen in freier Zuordnung der Richtungen gleichzeitig Bewegungen ausgeführt werden können. Die Ein- und Ausschaltung einer Achsbewegung erfolgt durch Betätigung der Kupplungen des Wendegetriebes über Handhebel.
Zur Bedienungserleichterung werden schwerere Maschinen mit Druckknopfsteuerung ausgestattet, wobei alle während des Arbeitens notwendigen Betätigungs- und Kontrollelemente in einem Schwenkpult angeordnet sind. In diesem Falle werden die Wendege-

triebe mit Elektrokupplungen ausgestattet, die als Lamellen- oder Einscheibenkupplungen ausgeführt sind und gelegentlich durch nachgeschaltete Elektrobremsen beim Ausschalten getrennt werden.
Auch der Einzelantrieb jeder Vorschubrichtung durch jeweils einen eigenen regelbaren Vorschubmotor ist bei größeren Maschinen üblich. Gleichzeitiges Verfahren in mehreren Achsen setzt mehrere getrennte Ansteuergeräte voraus.
Als Vorschubelemente werden bei den Maschinen durchweg Gewindespindeln, häufig mit nachstellbaren Muttern verwendet. Spielfreie, vorgespannte Kugelrollspindeln werden bei größeren handgesteuerten Maschinen gelegentlich in der Hochachse und Längsachse verwendet. Programmgesteuerte Maschinen sind grundsätzlich in allen Achsen mit Kugelrollspindeln ausgestattet.

### 7.7.4.4 Maschineneigene Meßmittel

Wie auch bei anderen Maschinen werden bei Universal-Werkzeugfräsmaschinen als maschineneigene Meßmittel auf den Achsen der Vorschub-Gewindespindeln angebrachte *Skalenscheiben,* auf einem parallel zur zugehörigen Vorschubachse angeordneten Innenprisma eingelegte *Endmaßauflagen, optische Meßeinrichtungen* und *elektronisch-digitale Meßwertanzeigen* verwendet.

### 7.7.4.5 Werkzeugträger

Das Spektrum der in der waagrechten oder senkrechten Hauptspindel aufnehmbaren Werkzeuge umfaßt nahezu alle Möglichkeiten des Spanens mit geometrisch bestimmten, um eine Achse sich drehenden Schneiden. Schnelle, kraftbetätigte Werkzeugspanner für beide Hauptspindeln verkürzen die Bearbeitungszeit spürbar und werden deshalb zunehmend eingesetzt.
Der *Senkrechtfräskopf* gehört in aller Regel zur Grundausstattung der Maschine (Bilder 100 A bis C). Im Durchschnitt werden etwa 70% aller Arbeiten mit senkrechter Hauptspindel ausgeführt. Ein Kegelradantrieb erlaubt einfaches Schwenken um die Eingangswelle. Er wird aus seiner Arbeitsstellung geschwenkt, um die waagrechte Hauptspindel freizugeben. Der Gedanke, anstelle des Senkrechtfräskopfes andere Arbeitsköpfe am Spindelstock der Maschine anzubringen, begründet deren technologische Universalität (Bild 104).
Der *doppelt schwenkbare Fräskopf* (Bild 105) erlaubt die Fräsbearbeitung schräger Flächen, ohne das Werkstück kippen zu müssen. Für das Bohren wird er nur in Sonderfällen eingesetzt, da die Einstellkoordinaten über Winkelfunktionen errechnet werden müssen.
Der *Feinbohrkopf* dient zur Anfertigung genauer Bohrungen mit dem Einzahnwerkzeug. Er enthält zum Ausfahren der Spindelhülse ein Vorschub-Schaltgetriebe mit drehzahlgebundenen Bohrvorschüben, Handhebel-Schnellverstellung und Handfeinzustellung über Schneckentrieb sowie einstellbare Abschalteinrichtung für das genaue Stillsetzen des Bohrvorschubs nach erreichter Bohrtiefe (Bild 106).
Der *Stoßkopf* wird zum Ausarbeiten von Nuten, scharfen Innenkanten und anderen, mit Fräsern schwer erreichbaren Werkstückpartien (Bild 107) verwendet. Ein Stoßmeißel, dem, wenn erforderlich, ein Sonderprofil gegeben wird, ist in einem geradegeführten Schlitten festgespannt. Der Antrieb erfolgt unter Vermeidung der hohen Drehzahlen vom Hauptantrieb der Maschine aus über einen Kurbeltrieb, dessen Kurbelradius im Stillstand eingestellt werden kann, um den Hub des Stoßmeißels dem Werkstück anzupassen.

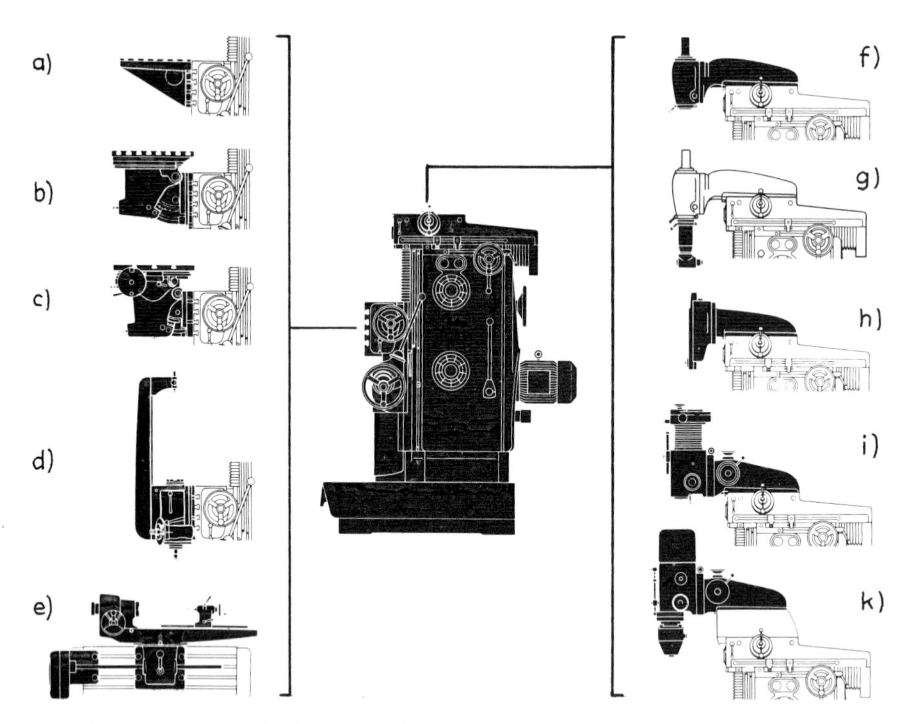


Bild 104. System auswechselbarer Werkzeug- und Werkstückträger
a fester Winkeltisch, b schwenkbarer Umschlagtisch, c schwenkbarer Rundtisch, d Teilkopf mit Gegenhalter, e Schraubflächenfräseinrichtung, f Senkrechtfräskopf, g am Senkrechtfräskopf befestigter Winkelfräskopf, h Stoßkopf, i Feinbohrkopf, k Schleifkopf

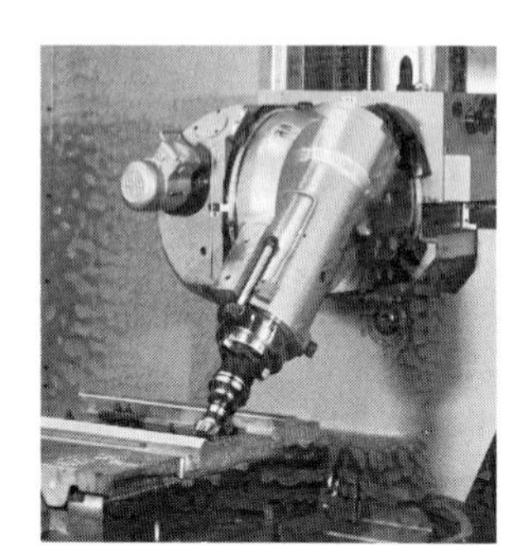

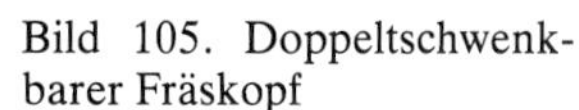

Bild 105. Doppeltschwenkbarer Fräskopf

Bild 106. Feinbohrkopf

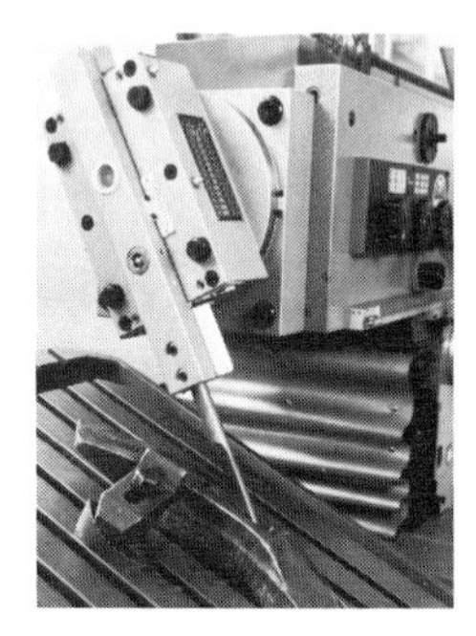

Bild 107. Stoßkopf

Der *Winkelfräskopf* erlaubt das Bearbeiten schwer zugänglicher Werkstückpartien, in die das Werkzeug gleichsam eintauchen muß (Bild 108).
Der *Schleifkopf* ermöglicht den Einsatz der Werkzeugfräsmaschine für das Koordinaten- und ggf. auch für das Profilschleifen. Eine schnellaufende Schleifspindel ist an der Kopfseite einer Trägerwelle, der sog. Planetenspindel, sehr genau achsparallel zu dieser in einem verstellbaren Radialschlitten angeordnet. Je nach eingestellter Exzentrizität

beschreibt das eingesetzte Schleifwerkzeug eine zylindrische Hüllkurve von unterschiedlichem Durchmesser (Bild 109). Auswechselbare Mittelfrequenz-Schleifmotoren mit Kurzschlußläufern ermöglichen Drehzahlen von 15000 bis 75000 $min^{-1}$ und erlauben damit wirtschaftliches Schleifen von Bohrungen im Durchmesserbereich von 5 bis 50 mm. Kleinere Bohrungen erfordern höhere Drehzahlen, die vorwiegend mit Preßluftturbinen erreicht werden.
Als Schleifwerkzeuge werden je nach Werkstoff Schleifscheiben und Schleifstifte mit Edelkorund, Halb-Edelkorund und Siliziumkarbid in keramischer Bindung sowie Diamantschleifstifte und Hartmetallfräser angeboten.

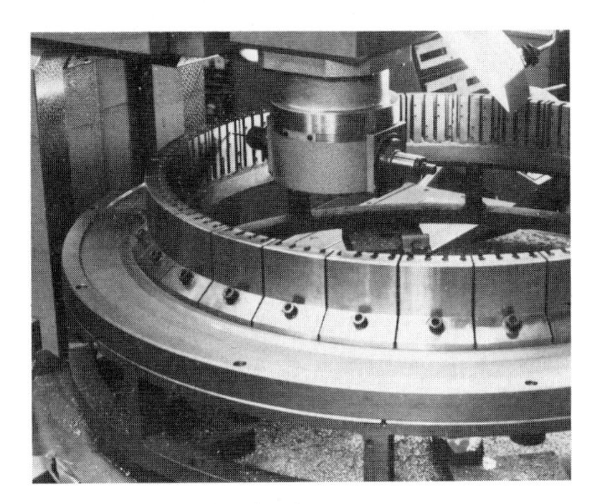

Bild 108. Winkelfräskopf

Bild 109. Schleifkopf

### 7.7.4.6 Werkstückträger

Universal-Werkzeugfräsmaschinen werden fast durchweg konstruktiv so ausgebildet, daß ihre Werkstückträger ausgewechselt werden können. Damit wird die geometrische Universalität dieser Maschinengattung erzielt (Bild 104).
Für die Bearbeitung sehr einfacher Werkstücke ermöglicht ein *feststehender Tisch* hohe Zeitspanungsvolumen wegen seiner steifen Konstruktion (Bild 100B).
Der *Universaltisch* (schwenkbarer Winkeltisch, Bilder 100A und 103) erlaubt die Ausrichtung schräger Bearbeitungspartien am Werkstück nach den Hauptachsen der Maschine, so daß beim Anfahren der Bearbeitungsmaße die maschineneigenen Meßmittel und bei der Bearbeitung selbst die Maschinenvorschübe benutzt werden können. Seine Aufspannfläche kann demnach durch kardanische Aufhängung in begrenztem Winkel (meist ±30°) geneigt werden und ist zusätzlich auf einem Drehkranz gelagert, der ihre Drehbeweglichkeit meist um 360°, seltener in begrenztem Winkelbereich, erlaubt. Stabile Konstruktion und kräftige Klemmelemente (gelegentlich hydraulisch betätigt) sichern die Steifheit; Gewindespindeln für die Schwenkachsen, von Hand oder motorisch betätigt, sowie Schneckenantrieb für die Drehachse, auch mit Ausbau durch Motorantrieb, erleichtern die Einstellung.
Der Drehkranz des Universaltisches ist bei namhaften Konstruktionen durch eine Prismenführung über Verstellspindel und Handrad verfahrbar. Wird nun zusätzlich auch die Aufspannplatte in einem Prisma aufgenommen und mit Handverstellung versehen, so

entsteht der *Koordinatentisch* (Bild 110). Er hat Bedeutung im Formenbau, wo er das freizügige Herausarbeiten von Hohlräumen aus dem Vollen erleichtert.
Beim *Einbau-Rundtisch* (Bild 111) muß zur Durchführung von Teilarbeiten am Werkstück dessen Aufspannplatte reproduzierbar in genaue Winkelstellungen um die Senkrechtachse gebracht werden. Für ihre Drehachse wird deshalb im Tischsockel eine geeignete Teileinrichtung angebracht. Verwendet werden hierfür: einfache, einjustierbare Anschlagbolzen; sog. Rastscheiben, meist mit 15°-Teilung; Teileinrichtungen mit Schneckentrieb und Lochscheibe für alle gängigen Teilungen; optische Projektoren mit Strichmarkenteilung oder durchgehender Skala für sehr genaue Arbeiten und neuerdings auch rotatorische Digitalgeber mit Vor-Rückwärtszähler für die Winkelstellung.

Bild 110. Koordinatentisch

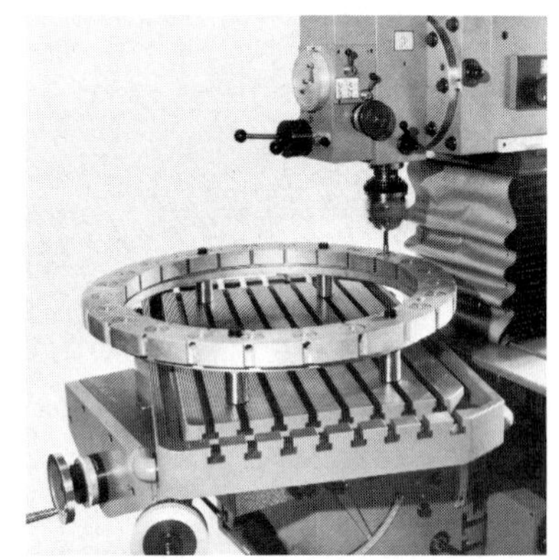

Bild 111. Einbau-Rundtisch

Zur Durchführung von Rundfräsarbeiten werden Einbau-Rundtische alternativ oder zusätzlich zu den Teileinrichtungen mit regelbaren Hydromotoren, regelbaren Gleichstrommotoren oder Elektromotoren mit Schaltgetrieben ausgerüstet.
Bei der Bearbeitung kleiner Teile auf kleinen Werkzeugfräsmaschinen wird der Handlichkeit wegen der sog. *Teilkopf* (Bild 112) eingesetzt. Seine hohle Teilspindel ist in einem neigbaren Gehäuse gelagert, zur direkten Teilung mit einer Rastscheibe, zur indirekten mit Schneckentrieb und Lochscheibe verbunden. Sie kann an ihrer Kopfseite verschiedene Werkstückspanner aufnehmen. Spannzangensätze, Zwei-, Drei- und Vierbackenfutter sowie Planscheiben werden angeboten. Die ein- oder aufgespannten Teile können durch einen Gegenhalter mit Gegenspitze bei Bedarf abgestützt werden.
Die *Stempelfräseinrichtung* stellt einen kleinen mit Präzisionsspindeln einstellbaren Koordinatentisch dar, der es erlaubt, die Mittelpunkte von Werkstückrundungen in die Achsmitte der Teilspindel zu verlegen, so daß sie durch handbetätigtes Drehen der Teilspindel gefräst werden können. Zur genauen Ausrichtung dienen dabei auf den Gegenhalter aufsetzbare Hilfseinrichtungen, wie Glasstrichplatte, Zentriernadel, Meßmikroskop.
Bei der *Schraubflächenfräseinrichtung* (Bild 113) wird ein an der Aufspannfläche über Zwischenglieder befestigter Teilapparat von der Gewindespindel für den Tischvorschub über Wechselräder angetrieben. So entsteht durch die gleichzeitige Verschiebung und Drehung eines eingespannten zylindrischen Werkstücks beim Vorbeibewegen an der raumfesten Frässpindel auf dessen Oberfläche eine Schraubenlinie. Sollen konische Formen herstellbar sein, so muß ein Zwischenglied zwischen Aufspannfläche und Teilap-

parat dessen Winkeleinstellung erlauben (Bild 113). Der notwendige Raumwinkel an der Achse der Hauptspindel wird durch Schwenkverstellung des Senkrechtfräskopfes erreicht. Bei flachgängigen Schraubenlinien wird gelegentlich der Winkelfräskopf zu Hilfe genommen.

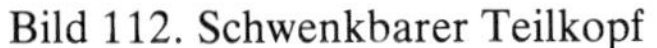

Bild 112. Schwenkbarer Teilkopf

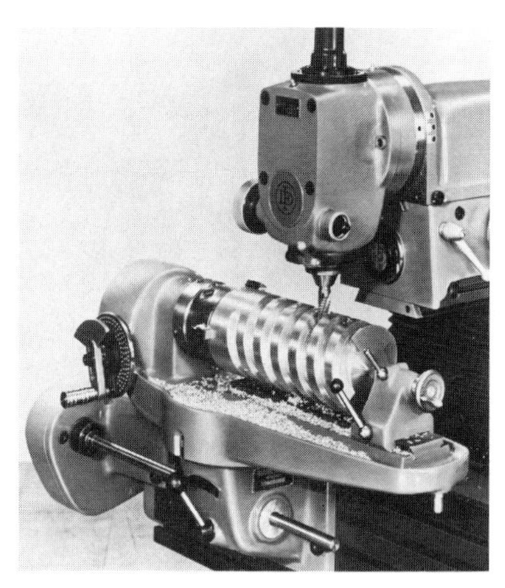

Bild 113. Schraubflächenfräseinrichtung

### 7.7.4.7 Automatisierung

Die geschilderte technologische und geometrische Universalität verschafft der Universal-Werkzeugfräsmaschine ein sehr breites Anwendungsfeld: Werkzeugbau, Formenbau, Vorrichtungsbau, Prototypen- und Kleinserienfertigung in der Feinwerktechnik, im Maschinenbau, in der Luft- und Raumfahrttechnik. Zur Steigerung der Produktivität werden diese Maschinen daher sowohl mit Nachformsteuerungen als auch mit numerischen Steuerungen ausgerüstet.
In beiden Fällen müssen die Maschinen in allen Achsen mit spielfreien und vorgespannten Kugelrollspindeln sowie mit trägheitsarmen Einzelantrieben ausgestattet werden. Durch hohe Steifheit der Vorschubelemente werden Schleppfehler und Umkehrspannen in zulässigen Grenzen gehalten.
Die Werkzeugfräsmaschine mit Nachformsteuerung arbeitet vorwiegend mit senkrechter Hauptspindel (Bild 114). Parallel zu dieser ist der Nachformfühler zum Abtasten des neben dem Werkstück aufgespannten Modells angeordnet.
Hydraulische Steuerungen werden immer weniger, dafür elektronische zunehmend angewendet. Man strebt an, bei ausgeschalteter Nachformsteuerung die Maschinen durch Handbedienung als reine Werkzeugfräsmaschine betreiben zu können.
Die auf der Universal-Werkzeugfräsmaschine durchführbare Mehrseitenbearbeitung von Werkstücken in einer Aufspannung erfordert das Anfahren sehr vieler Positionen und Konturen in allen Achsen und legt es nahe, die Maschine zur Verkürzung der Bearbeitungszeit und zur Vermeidung von Positionierfehlern mit *numerischer Steuerung* auszurüsten (Bilder 115 und 116).
Als Vorschubantriebe werden sowohl Schrittmotoren als auch regelbare trägheitsarme Gleichstrommotoren mit Rückmeldung über Linear-Meßsysteme verwendet. Außer den drei Hauptachsen der Maschine kann auch eine Drehachse (meist die Achse des Rundtisches) in die Steuerung einbezogen sein.

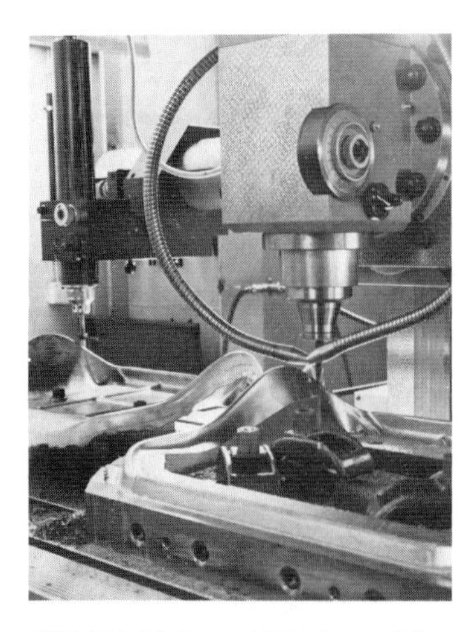

Bild 114. Universal-Werkzeugfräsmaschine mit Nachformsteuerung

Bild 115. Universal-Werkzeugfräsmaschine mit am Arbeitsplatz programmierbarer numerischer Steuerung

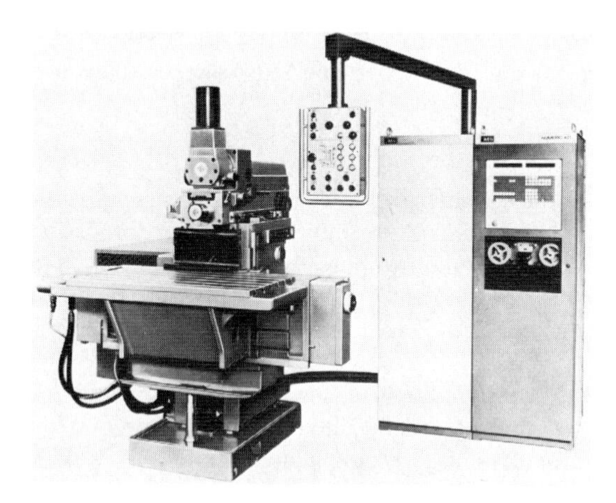

Bild 116. Universal-Werkzeugfräsmaschine mit numerischer Steuerung

Aus Gründen der geringen organisatorischen Voraussetzungen stattet man derartige Maschinen vielfach mit Steuerungen aus, die am Arbeitsplatz programmierbar sind. Damit kann ein Bearbeitungsprogramm begrenzten aber ausreichenden Umfangs – entweder insgesamt im voraus oder schrittweise nach Vollzug des jeweiligen Arbeitsschritts – in den Speicher der Steuerung eingegeben und bei Bedarf wieder abgerufen werden.

Die Universal-Werkzeugfräsmaschine eignet sich aber auch zum Betrieb durch voll ausgebaute Strecken- und Bahnsteuerungen. Gerade durch die Universalität ist ihre Auslastung unproblematisch und die Fertigung von Werkstücken auch hohen Bearbeitungsgrades in einer Aufspannung möglich. Bei kostenträchtigen Teilen wird damit die Durchlaufzeit verkürzt und die Kapitalbindung in den Lagervorräten vermindert.

## 7.7.5 Nachformfräsmaschinen

**Direktor H. Maas, Gießen**

Das Nachformfräsen ist heute in der Automobil- und Flugzeugindustrie sowie im Gesenk- und Spritzgußformenbau von großer Bedeutung. Es gibt viele Werkstücke, die keine mathematisch zu beschreibende Kontur enthalten und daher nur teilweise auf strecken- oder bahngesteuerten Werkzeugmaschinen bearbeitet werden können. Der Formenbau ist daher auf Nachformfräsmaschinen angewiesen, die Modelle abtasten und nach dem Tastergebnis Werkstücke bearbeiten.
Beim Nachformfräsen bestimmt ein Fühler, der ein Modell aus leicht verarbeitbaren Stoffen, z.B. Holz, Gips, Kunstharz oder einem anderen Werkstoff, abtastet, die Bewegungen des Fräswerkzeugs. Fühler und Werkzeug sind dabei in einem Maschinensystem so miteinander verbunden, daß sie gleiche Bewegungen ausführen. Nachformfräsmaschinen werden heute in so vielfältiger Form hergestellt, daß in den folgenden Abschnitten nur einige grundsätzliche Maschinenarten, Nachformmethoden und Anwendungsbeispiele beschrieben werden können.

### 7.7.5.1 Nachformprinzipien

#### 7.7.5.1.1 Nachformfräsen ohne Verstärker

Bei der einfachsten Form der Nachformsteuerung sind Hauptspindel und Fühler in festem Abstand an einem Werkzeugschlitten angeordnet. Dabei übernimmt z.B. ein spielfrei gelagertes Parallelogramm die Übertragungsfunktion des Schlittens (Bild 117).

Bild 117. Von Hand gesteuerte Nachformeinrichtung

Der Fühler ist formsteif und im Übertragungsgelenk fest eingebaut. Der Schlitten wird von Hand über einen raumbeweglichen Pantographen geführt. Mit diesem System kann durch Zusatzgeräte auch der Nachformmaßstab, z.B. im Verhältnis 1 : 4, verändert werden. Hohe Genauigkeiten und Oberflächengüten sind erreichbar. Den Fräswiderstand muß aber der bedienende Arbeiter von Hand überwinden.

#### 7.7.5.1.2 Nachformfräsen mit Verstärker

Eine besondere Bedeutung hat das Nachformfräsen durch die Nutzung der Kraftverstärkung der Fühlersignale erhalten. Der Fühler tastet feinfühlig mit einer kleinen Kraft, die je nach Maschinengröße etwa 0,5 bis 10 N beträgt, automatisch das Modell ab. Dabei gibt er durch eigene, im Fühler eingebaute Signalgeber Befehle an die Stellglieder, die mit verstärkter Kraft das Werkzeug bewegen. Der Fühlstift, der aus dem Fühlergehäuse herausragt, ist dazu allseitig beweglich. Die Kraft wird mit hydraulischen oder elektrischen Mitteln verstärkt. Man nennt dieses System auch Servo-Nachformen.

### 7.7.5.2 Steuerungsmethoden

Bei der *hydraulischen Fühlersteuerung* wird Öl durch eine Pumpe mit hohem Druck über die als Ventil ausgebildete Fühlerachse in die Vorschubantriebe geleitet (Bild 118). Der Fühler wird in Axialrichtung entweder durch eine Feder nach der einen Seite oder durch Anlaufen der Fühlerspitze an das Modell nach der anderen Seite bewegt. Dabei wird das Öl auf die eine oder andere Seite der Stellglieder gesteuert.

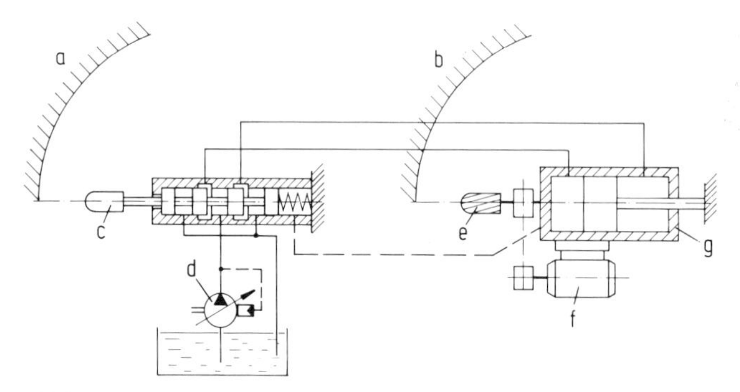


Bild 118. Schema einer hydraulischen Fühlersteuerung
a Modell, b Werkstück, c hydraulischer Fühler, d Nullhubpumpe, e Fräswerkzeug, f Fräserantrieb, g Vorschubantrieb

Der rechtwinklig zur Tasterachse eingeschaltete Leitvorschub zwingt den Fühler, der jeweiligen Modellkontur zu folgen. Hebt der Fühler von dieser Kontur ab, so folgt sofort ein Ölfluß zum Stellglied, und der Fühler mit Werkzeugträger sucht wieder Kontakt mit dem Modell. Stößt der Fühler auf Widerstand, so verschiebt sich die Fühlerachse axial entgegengesetzt und gibt Befehl zum Rückzug. Da der Ölfluß je nach Fühlerausschlag dosiert erfolgt, ergibt sich in der Leit- und Vorschubrichtung eine Stetigregelung.
Der in Bild 118 dargestellte hydraulische Zylinder als Vorschubantrieb wird heute meist durch einen Hydromotor mit Gewindespindel ersetzt. Die in Bild 119 wiedergegebene Fühlersteuerung erlaubt auch durch Handführung eine Einwirkung auf die Servosteuerung.
Das erste System einer *elektrischen Fühlersteuerung* an Fräsmaschinen wurde von deren Erfinder *Keller* in den USA angewandt. Der allseitig auslenkbare Fühler, verbunden mit dem Werkzeugträger, gibt wie bei der hydraulischen Fühlersteuerung Bewegungsbefehle. Die durch die Fühlerauslenkung schnell folgenden Signale sprechen beim „Kellerfühler“ elektrische Kontakte an, die über Relais auf Magnetkupplungen im Antrieb für die verschiedenen Bewegungsrichtungen einwirken (Bild 120). Diese Steuerungsart, bei der

Einzelsignale durch Kontaktfühler verarbeitet werden, ergibt eine Stufenbewegung. Die gefrästen Zeilen der abgetasteten Form sind daher treppenförmig. Die Vorschubgeschwindigkeiten sind begrenzt. Man nannte diese Methode auch das kontaktschaltende System.

Bild 119. Nachformfräsmaschine mit hydraulischer Fühlersteuerung

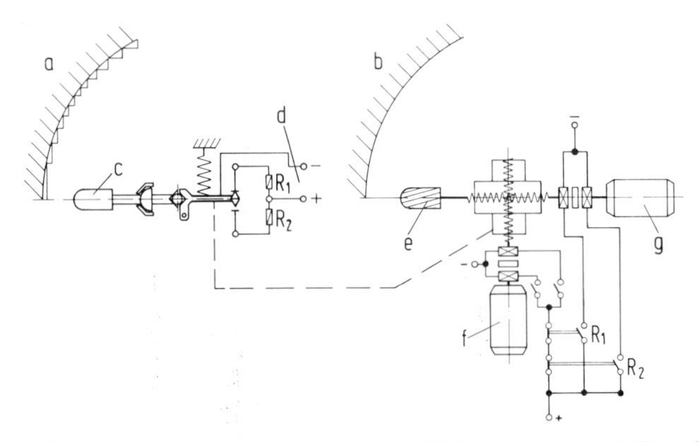


Bild 120. Schema einer elektrischen Fühlersteuerung mit Kupplungsschaltung
a Modell, b Werkstück, c Kontaktfühler, d Stromquelle, e Fräswerkzeug, f radialer Vorschubantrieb, g axialer Vorschubantrieb.

Heutige elektrische Fühlersteuerungen erzeugen die Signale am Tastgerät nicht durch Kontakte, sondern durch Induktionsspulen, die auf stufenlos verstellbare Elektromotoren oder Ölmotoren einwirken. Man nennt diese Fühlersteuerungen regelnde Systeme (Bild 121). Dies Verfahren verbessert das Fräsbild trotz größeren Vorschubs bei gleicher Zeilenbreite erheblich.
Der in Bild 122 dargestellte Induktionsfühler ermöglicht dreidimensionales Fräsen, insbesondere auch 360°-Umriß-Fräsen.

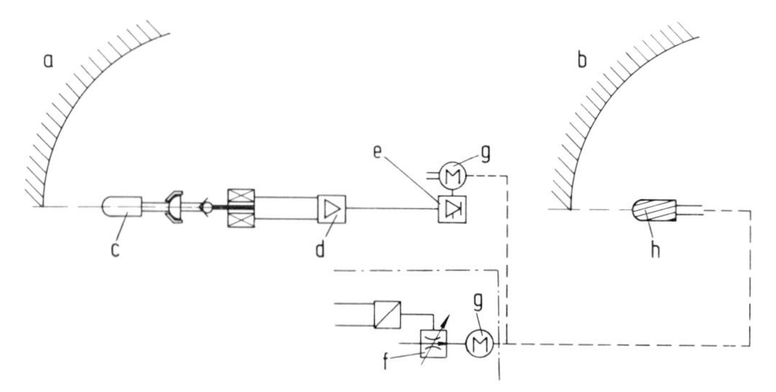


Bild 121. Schema einer Fühlersteuerung mit Induktionsspulen

a Modell, b Werkstück, c Induktionsfühler, d Nachform-Elektronik, e stufenlose Drehzahlverstellung über Thyristor-Stellgerät (oder über Ölregelventil f), g Vorschubmotor, h Fräswerkzeug

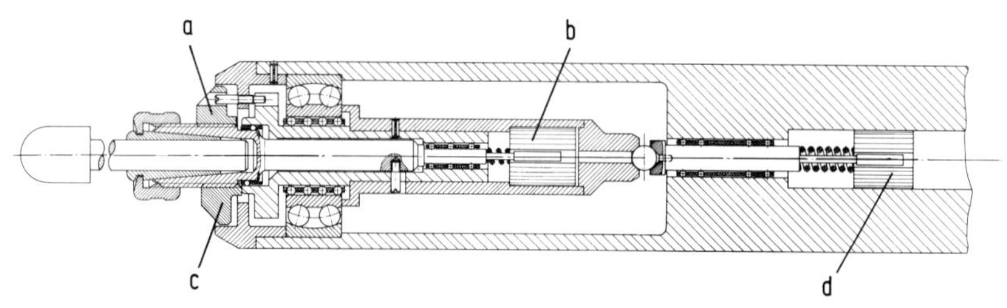


Bild 122. Schnittzeichnung eines Fühlers mit Induktionsspulen

a Stellung für Umrißfräsen (Axialsteuerung durch Induktionsspule b), c Stellung für Pendel- und Umrißfräsen (Axialsteuerung durch Induktionsspule d)

Bild 123. Umrißfräsmaschine mit optischer Abtastung

Bild 123 zeigt eine Zweiachsen-Nachformfräsmaschine mit *optischer Umriß-Abtasteinrichtung,* mit der das Fräsen von Schablonen nach einer Zeichnung oder Folie möglich ist.

Die optische Abtasteinrichtung orientiert sich an den Zeichnungsleit- oder -rißlinien und gibt die von einer Fotozelle aufgenommenen Signale nach elektrischer Verstärkung an die Steuerung der Maschine weiter. Die Fotozelle folgt über Leit- und Tastbewegungen wie bei Fühlersteuerungen der Zeichnungsform. Bei optischen Fühlern ist in die Steuerung eine Durchmesserkorrektur eingebaut, um Fräser mit verschiedenen Durchmessern benutzen zu können. Die Herstellung von Schablonen wird durch die optische Abtastung wesentlich erleichtert.

### 7.7.5.3 Verschiedene Nachformfräsverfahren

Das automatische Abtasten eines Modells in drei Ebenen kann auf verschiedene Art erfolgen. Beim *Zeilennachformen* sind zwei Achsen mit Leitvorschub wählbar, während die dritte Achse die Tastachse ist (Bild 124). Hierbei kann sowohl im Pendelverfahren als auch im Umlaufverfahren mit Eilrücklauf gearbeitet werden.
Beim *Umrißnachformen* (Bild 125) schalten elektrische Einrichtungen selbsttätig auf den jeweils angefahrenen Quadranten um. Auch hierbei werden Zeilenschritte in axialer Richtung angewendet.
Bild 126 zeigt eine Senkrecht-Nachformfräsmaschine, auf der ein Schaufelblatt bearbeitet wird. Ein Induktionsfühler, der stufenlos verstellbare Elektromotoren stetig steuert, dient zum Abtasten des Modells. Man erkennt die geschruppte und die geschlichtete Fläche sowie das Pendelfräsen in zwei Achsen.

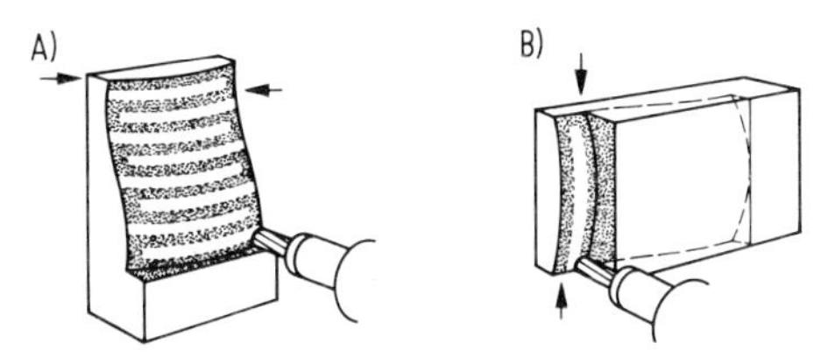


Bild 124. Zeilennachformen im Pendelverfahren
A) waagerecht, B) senkrecht

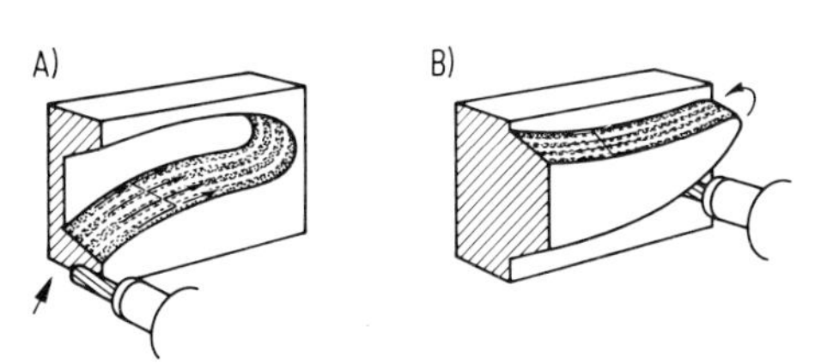


Bild 125. Umrißnachformen
A) Innenkontur, B) Außenkontur

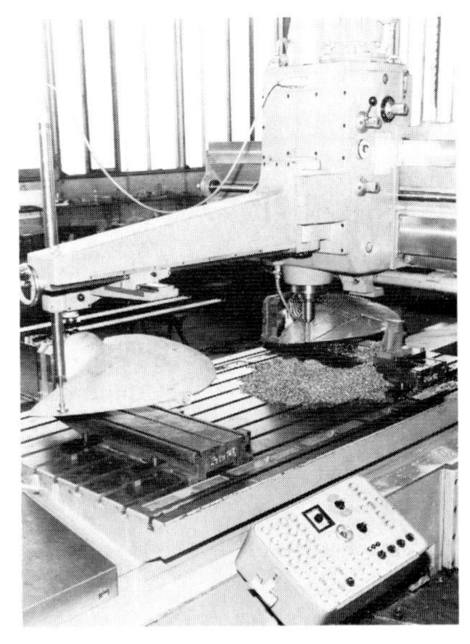

Bild 126. Automatische Nachformfräsmaschine mit Induktionsfühler

### 7.7.5.4 Bauformen von Nachformfräsmaschinen

In den Schemazeichnungen der Bilder 127 und 128 sind die gebräuchlichsten Arten von Nachformfräsmaschinen dargestellt, die mit Kraftverstärker arbeiten. Man unterscheidet Maschinen mit senkrecht und waagerecht angeordneten Fräser- und Fühlerachsen.

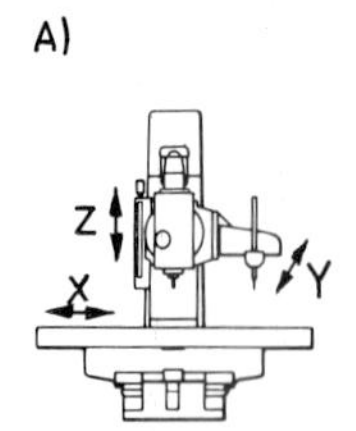

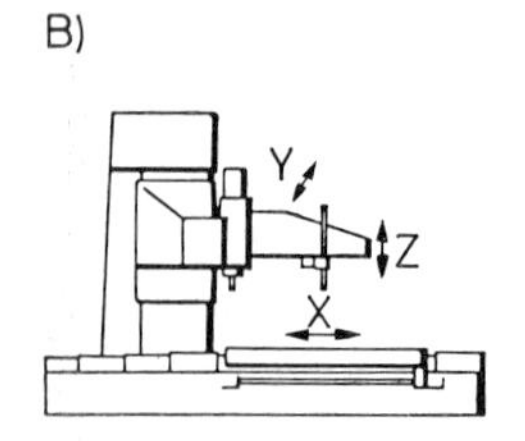

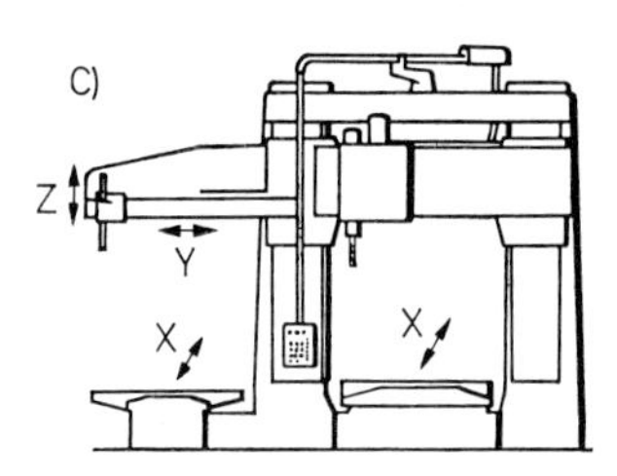


Bild 127. Nachformfräsmaschinen mit senkrechter Hauptspindel

A) Kreuztischmaschine (bei kleinen Typen auch mit senkrecht verschiebbarem Kreuztisch), B) Auslegermaschine (die Querbewegung in Y-Richtung kann auch durch den Ständer erfolgen), C) Portalmaschine mit Werkstück- und Modelltisch (kann auch mit einem Tisch für Modell und Werkstück ausgeführt werden)

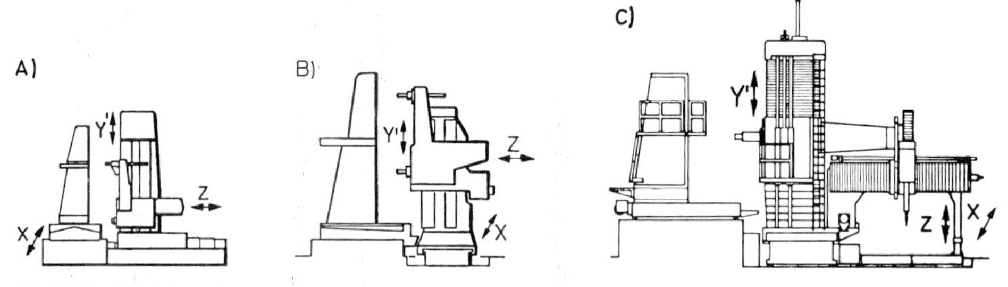


Bild 128. Nachformfräsmaschinen mit waagerechter Hauptspindel

A) Langtischmaschine mit quer (in Z-Richtung) verstellbarem Ständer, B) Plattenbauweise mit festliegendem Werkstück und Werkzeugbewegungen in X-, Y- und Z-Richtung, C) mit senkrechtem Nachformfühler

### 7.7.5.4.1 Senkrechte Anordnung

Bei Maschinen mit senkrechter Hauptspindel und senkrechtem Fühler (Bilder 126, 127, 129 u. 130) können Werkstück und Modell auf einem waagerechten Tisch aufgespannt werden. Späne und Kühlmittel bleiben, besonders bei geschlossenen Hohlformen, im Werkstück und sind ggf. durch besondere Absaugeinrichtungen zu entfernen. Die senkrechte Bauart verwendet man auch vorwiegend, wenn mehrere Hauptspindeln zum gleichzeitigen Fräsen gleicher Formen vorgesehen werden (Bild 130).

Bild 129. Nachformfräsmaschine in Portalbauweise mit seitlichem, synchron angetriebenem Modelltisch und Spiegelbild-Nachformfräseinrichtung (vgl. Schema-Bild 127 C)

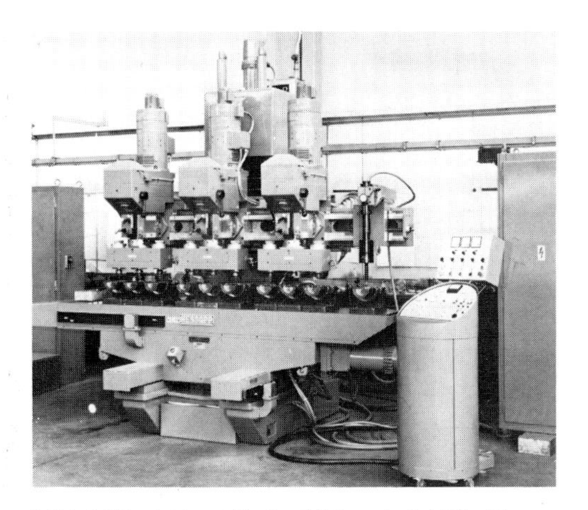

Bild 130. Automatische Mehrspindel-Nachformfräsmaschine (gleichzeitige Bearbeitung von neun Werkstücken nach einem Modell, mit einem Induktionsfühler abgetastet)

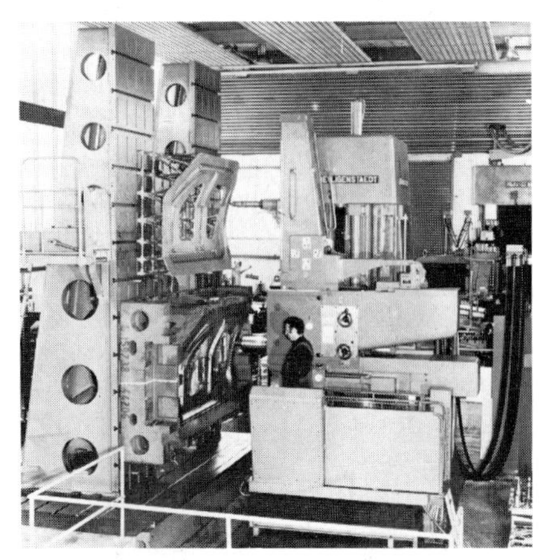

Bild 131. Automatische Waagerecht-Nachformfräsmaschine mit einem Arbeitsbereich von 2500 x 5000 mm (vgl. Schema-Bild 128B)

#### 7.7.5.4.2 Waagerechte Anordnung

Bei Nachformfräsmaschinen mit waagerechter Anordnung von Hauptspindel und Fühler (Bilder 128A u. B, 131 u. 133) werden Werkstück und Modell an Aufspannwinkeln befestigt. Der Winkelständer für das Modell ist gegenüber dem für das Werkstück verschiebbar (Bild 131). Bei dieser Anordnung fallen bzw. fließen Späne und Kühlmittel unbehindert nach unten und lassen sich zwischen Grundplatte und Maschinenbett durch eine Späneschnecke nach außen befördern.

Bei manchen Nachformfräsmaschinen mit waagerechter Hauptspindel steht die Fühlerachse im rechten Winkel zur Hauptspindelachse (Bilder 128C u. 132). Dabei wird das Modell auf einer waagerechten Platte neben der Maschine aufgelegt und von einem senkrechten Fühler abgetastet.

Bild 132. Nachformfräsmaschine mit waagerechter Frässpindel und senkrecht angeordnetem Nachformfühler

### 7.7.5.5 Spiegelbild-Nachformfräsen

Häufig sind Formen spiegelbildlich gestaltet, z.B. Türen im Automobilbau. Damit man nicht zwei Modelle herstellen muß, können viele Nachformfräsmaschinen nach *einem* Modell ein modellgleiches oder ein spiegelbildliches Werkstück bearbeiten. Als Beispiel zeigt Bild 129 eine Portal-Nachformfräsmaschine mit getrenntem Modell- und Werkstücktisch. Soll das Werkstück modellgleich bearbeitet werden, bewegen sich beide Aufspanntische in derselben Richtung, soll eine spiegelbildliche Form hergestellt werden, bewegen sich die beiden Tische gegeneinander. Auch durch gegenläufige Bewegungen von Werkzeug- und Fühlerträgern lassen sich spiegelbildliche Formen herstellen. Auf dieser Maschine können Fräs- und Tastbewegungen von 4000 mm Länge, 2400 mm Breite und 1600 mm Höhe für Werkstücke mit einem Gewicht bis 35 t ausgeführt werden.

### 7.7.5.6 Nachformgenauigkeit

Darunter versteht man die Maßabweichung zwischen dem nachgeformten Werkstück und dem Modell. Zur genauen Definition und Prüfung der Genauigkeit müssen umfangreiche Testprogramme beschrieben werden. Diese sind der angegebenen Literatur [42] zu entnehmen. Ursachen für Abbildungsfehler sind u.a. Verformungen von Fühlfinger und Fräswerkzeug, Abweichungen zwischen Fühler- und Werkzeugabmessungen, Werkzeugabnutzung und Werkzeugwechsel. Maschinen und Steuerungen enthalten weitere Faktoren für die Arbeitsungenauigkeit, z.B. durch Instabilität, Spiel in Führungen oder Trägheit in den Kraftverstärkungen. Die notwendige Auslenkung des Fühlers zur Befehlsgabe an die Stellglieder kann durch ein entsprechendes Aufmaß am Durchmesser des Taststifts teilweise kompensiert werden. Weitere Korrekturen sind durch elektrische Beeinflussung der Ansprechempfindlichkeit möglich. Die Korrektur des Taststiftdurchmessers läßt sich vermeiden, wenn durch einen besonderen Antrieb die Fühlerachse achsparallel in der Vorschubrichtung um den sonst notwendigen Fühlerausschlag voreilt.

Bild 133. Automatische Nachformfräsmaschine mit waagerechten Hauptspindel- und Fühlerachsen für Formenwerkstücke bis 2,5 m Höhe und 3 m Länge; getrennte Anordnung von Fräs- und Fühlerschlitten (Bild zeigt Maschine ohne Aufspannwinkel)

Schwingungen durch die Spanabnahme sollen möglichst wenig Einfluß auf das Tastgerät haben, da sonst unerwünschte Schaltvorgänge auf die Nachformgenauigkeit einwirken. Um diese Fehlerquelle auszuschalten und auch die Vorschubgeschwindigkeiten erhöhen zu können, wurden Nachformfräsmaschinen mit getrennten Tragkörpern für Fühler und Fräswerkzeug gebaut (Bild 133). Spiegelbild-Nachformfräsen ist bei dieser Konstruktion ebenfalls möglich. Auf einer solchen Maschine werden Vorschubgeschwindigkeiten von 1800 mm/min bei Maßabweichungen von ±0,05 mm unter Verwendung von Hartmetallfräsern erreicht.

### 7.7.5.7 Nachbearbeiten nachformgefräster Flächen

Der Zeitaufwand für das Nachbearbeiten nachformgefräster Flächen von Hand wird wesentlich vom stufenlosen Abtasten, von der schnellen Fühlersignalverarbeitung und vom Fräszeilenabstand bestimmt. Je kleiner der Zeilenabstand ist, desto sauberer wird die gefräste Oberfläche. Daher lassen heutige Nachformfräsmaschinen hohe Vorschübe bei komplizierten Formen zu, um die Fräszeiten trotz kleiner Zeilenabstände gering zu halten.

Die meisten gewölbten Formen werden zwar, wenn möglich, mit Messerköpfen geschruppt; geschlichtet wird jedoch mit Schaftfräsern, die ausgeprägte Rillen zurücklassen. Der Durchmesser des Schaftfräsers mit runder Stirnform sowie die Zeilenbreite ergeben die Profilhöhe des zwischen den Zeilen stehengebliebenen Werkstoffs. In Bild 134 ist diese Abhängigkeit vom Fräserdurchmesser und der Profilhöhe sichtbar.

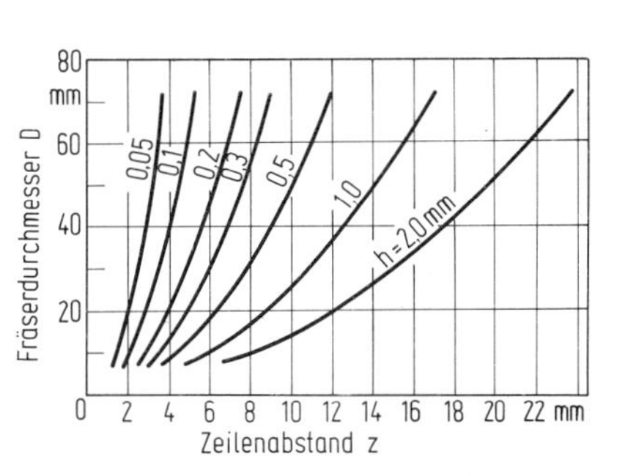


Bild 134. Zusammenhang zwischen Fräserdurchmesser D, Zeilenabstand z und Profilhöhe h des zwischen den Zeilen stehenbleibenden Werkstoffs

Bild 135. Gesenk zum Schmieden von Kurbelwellen

Bild 136. Zeilenfräsen der Preßform für ein Kraftfahrzeugteil

Die Feinschlichtbearbeitung erfolgt meist mit Handschleifapparaten, um die notwendige Oberflächengüte zu erhalten. Wichtig ist, daß beim Nachformfräsen noch ein gewisses Aufmaß gegenüber der Sollform erhalten bleibt, damit durch die Nachbearbeitung die verlangte Form erreicht werden kann.
Die Bilder 135 bis 138 zeigen typische, durch Nachformfräsen hergestellte Werkstücke in verschiedenen Fertigungsphasen. Man erkennt vor allem die räumliche Vielfalt und die zeilenweise Bearbeitung.

Bild 137. Formwerkzeug für ein Kraftfahrzeug-Bodenblech (Länge rd. 3500 mm)

Bild 138. Nachformfräsen eines Flugzeugbauteils

## 7.7.6 Waagerecht-Bohr- und Fräsmaschinen

**Dr.-Ing. R. Piekenbrink, München**

### 7.7.6.1 Bauformen und konstruktive Merkmale

Waagerecht-Bohr- und Fräsmaschinen haben grundsätzlich eine waagerecht liegende Hauptspindel, die axial verschiebbar ist. Die rotierenden Bearbeitungswerkzeuge werden in die Werkzeugaufnahme am vorderen Ende der Hauptspindel eingesetzt. Die Hauptspindel ist in einer rotierenden, axial feststehenden Spindelhülse geführt. Diese Spindelhülse ragt aus der Spindelkastenvorderwand heraus und trägt ebenfalls eine Werkzeugbefestigung, die vorwiegend zur Aufnahme von Fräswerkzeugen und Planscheiben benutzt wird.
Hauptspindel, Spindelhülse, Hauptgetriebe und Antriebsmotor sowie Führung der Hauptspindel für die Axialbewegung und der dazugehörige Vorschubantrieb sind im Spindelkasten zusammengefaßt.
*Spindelstöcke mit fester Hauptspindel* – vorwiegend bei kleineren Maschinen zu finden – verzichten auf die Axialbewegung der Spindel.
*Spindelstöcke mit Traghülse* besitzen einen Tragkörper mit rundem oder rechteckigem Querschnitt, in dem das Spindelsystem untergebracht ist. Diese Traghülse ist im Spindelkasten axial beweglich und erhält einen eigenen Vorschubantrieb. Damit sind Hauptspindel und Traghülse konzentrisch und unabhängig voneinander zu verschieben. Traghülsenspindelstöcke findet man nur bei großen Platten-Waagerecht-Bohr- und Fräsmaschinen. Sie erlauben die Bearbeitung großer Werkstücke mit weitreichender Bearbeitungstiefe.

*Verschiebbare Spindelstöcke* weisen eine Verschiebemöglichkeit in der Hauptspindelachse auf. Sie bezwecken eine ähnliche Wirkung wie eine Traghülse, nämlich Bearbeitungen mit weit ausladenden Werkzeugen und die Zustellmöglichkeit für Werkzeuge, die auf der Spindelhülse befestigt sind.

Die wichtigsten Bauformen von Waagerecht-Bohr- und Fräsmaschinen sind Tisch-, Kreuzbett- und Platten-Maschinen (Bild 139). Die Darstellungen enthalten auch die Achsrichtungsbezeichnungen, die in DIN 66217 und VDI-Richtlinie 3255 festgelegt sind. Es empfiehlt sich, diese Bezeichnungen zur Vereinheitlichung und besseren Verständigung auch für nicht numerisch gesteuerte Maschinen anzuwenden.

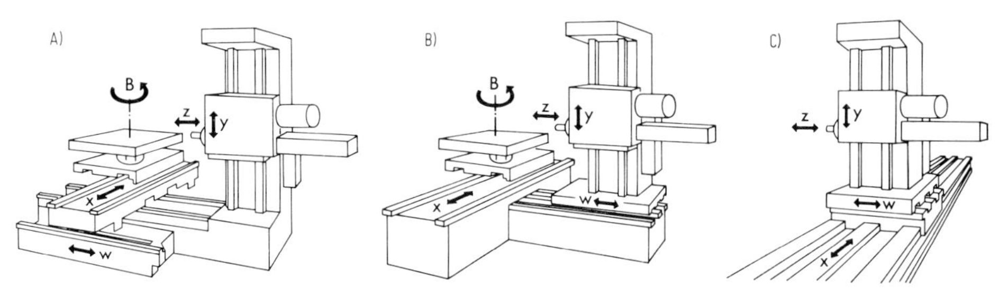


Bild 139. Bauarten der Waagerecht-Bohr- und Fräsmaschinen
A) Tisch-Ausführung, B) Kreuzbett-Ausführung, C) Platten-Ausführung

Diese Maschinen haben im allgemeinen drei bis vier translatorische Achsen, X-, Y-, Z- und W-Achse, und eine rotatorische Achse, B-Achse, für die Drehung des Aufspanntisches für die Werkstücke. Es gibt auch Ausführungen mit nichtdrehbarem Tisch (vorzugsweise in den USA).

Die Platten-Bohr- und Fräsmaschinen leiten ihren Namen ab von den Aufspannplatten, die vor der Maschine zur Aufnahme großer, schwerer Werkstücke angeordnet sind. Bisweilen werden diese Maschinen ergänzt durch getrennt auf dem Plattenfeld oder Fundament aufgestellte Aufspanntische mit einer drehbaren oder dreh- und verschiebbaren Aufspannfläche.

Es gibt zahlreiche Sonderbauformen, die sich schwer in ein systematisches Schema einordnen lassen. Sie werden meist durch bestimmte Fertigungsaufgaben geprägt. Erwähnenswert sind transportable Platten-Bohr- und Fräsmaschinen, gegenüberstehende Maschinen mit einem gemeinsamen Tisch zur gleichzeitigen Bearbeitung von zwei Werkstückebenen und Maschinen mit Sondertischausführungen.

Die *Lagerung der Hauptspindel* einer Waagerecht-Bohr- und Fräsmaschine soll hohe Rundlaufgenauigkeit, ausreichende Steifigkeit und gute Dämpfungseigenschaften haben und geringe Verlustwärme erzeugen. Doppelreihige Zylinderrollenlager, die vorgespannt werden, erfüllen diese Anforderungen weitgehend. Für hohe Drehzahlen bis 3000 $min^{-1}$ verwendet man auch Kegelrollenlager und Kugellager. Gute Dämpfung und günstige Abfuhr der Verlustwärme ermöglichen hydrostatische Lager.

Damit die Lage der Spindelachse sich bei Erwärmung nicht verändert, wird das Schmieröl durch Kälteaggregate gekühlt. Bei hydrostatischen Lagern läßt sich eine wirksame Kühlung erreichen, da die Verlustwärme mit dem Öl aus der Lagerung abtransportiert wird.

Da bei heutigen Konstruktionen Gleichstromantriebe verwendet werden, sind die *Hauptgetriebe* im Aufbau stark vereinfacht worden. Es genügen meist vier Getriebestu-

fen, bei kleinen Maschinen auch drei Stufen. In den meisten Fällen schaltet man die Stufen durch hydraulisches Verschieben der Räder.
Die neueren Konstruktionen weisen als Vorschubantriebe Einzelantriebe für jede Vorschubachse auf. Der Gleichstrommotor mit Permanentmagneten hat fast alle anderen Antriebe verdrängt. Für Verschiebewege bis 6000 mm – in Ausnahmefällen auch mehr – sind Kugelumlaufspindeln bevorzugte Antriebselemente. Zwischen Kugelumlaufspindel und Antriebsmotor wird häufig eine einstufige spielfreie Übersetzung angeordnet. Mit diesen Antrieben ist zunächst nur ein Vorschub pro Minute zu verwirklichen. Für den Vorschub pro Umdrehung der Hauptspindel müssen elektronische Mittel zu Hilfe genommen werden.
Hohe Einfahrgenauigkeiten, kleinste Verstellschritte und gutes dynamisches Verhalten bei Bahnsteuerung verlangen nach reibungsarmen *Führungen.* Als konstruktive Lösung bieten sich an: Wälzführungen, hydrostatische Führungen, Luftführungen. Alle drei Führungsarten sind an neueren Konstruktionen zu finden. Kleine Maschinen mit geringen Belastungen kommen mit normalen Gleitführungen aus, wenn Werkstoffpaarungen mit geringem Reibwert gewählt werden (z.B. Teflon und Stahl).
Bei handbedienten Maschinen ist die optische *Meßeinrichtung* noch häufig zu finden. Elektronische Fernanzeigen haben erst bei größeren Maschinen den Vorteil der zentralen Ablesemöglichkeit. Als Maßstäbe für elektrische Signalverarbeitung haben sich in erster Linie der Inductosyn-Maßstab durchgesetzt und einige Ausführungen optischer Strichmaßstäbe. Große Bedeutung kommt der sorgfältigen Abdeckung der Maßstäbe zu. Für kleinere Verstellwege bis etwa 1000 mm und bei mittleren Genauigkeitsansprüchen (etwa 0,03 mm/m) kann man die Messung über die Kugelrollspindel in Verbindung mit einem Drehgeber ausführen. Der Verzicht auf übertriebene Genauigkeit wird ausgeglichen durch eine hohe Zuverlässigkeit dieser Methode.
Der *Werkstückaufspanntisch* ist um 360° drehbar. Die vier Rechtwinkellagen müssen mit hoher Genauigkeit einstellbar sein. Bei handbedienten Maschinen sieht man optisch ablesbare Marken vor. Bei automatischen Maschinen haben die Drehtische elektronische Meßeinrichtungen zur Einstellung dieser Rechtwinkellagen oder auch automatisch betätigte Rastbolzen. Beliebige Winkellagen lassen sich über optische Meßsysteme wie auch über elektronische Meßmittel einstellen.
Die Bedienung älterer Konstruktionen mit mechanischen Getrieben mit Handhebelschaltung und optischer Meßeinrichtung mit dezentraler Ablesung erfordert vom Bedienungsmann besonders bei größeren Maschinen zahlreiche Handgriffe und Beobachtungen an weit auseinanderliegenden Stellen. Die technische Weiterentwicklung – insbesondere durch Einsatz elektrischer und elektronischer Mittel – zielte auf eine zentrale Fernbedienung ab, bei der möglichst alle Funktionen von Maschine und Steuerung zusammengefaßt sind (Bild 140). Auf übersichtliche Anordnung und geringes Gewicht einer beweglichen Steuertafel sollte bei einer Waagerecht-Bohr- und Fräsmaschine geachtet werden, da der Bedienungsmann diese Steuertafel im Arbeitsbereich der Maschine zur jeweiligen Bearbeitungsstelle mitnimmt.
Zur Automatisierung der Bearbeitungsvorgänge werden Waagerecht-Bohr- und Fräsmaschinen mit *numerischen Steuerungen* versehen. In solchen Fällen können auch weitere Ausbaustufen der Automatisierung folgen, z.B. automatischer Werkzeugwechsel und Werkstückpalettierung.
Die Positioniersteuerung mit Abschaltkreisen für die Stillsetzung der Antriebe ist fast völlig verdrängt durch *Bahnsteuerungen* in Verbindung mit Maschinen, die mit Einzelantrieben für jede Vorschubrichtung ausgestattet sind. Solche Maschinen haben drei bis fünf Achsen. Bahnsteuerungen ermöglichen meist Linear- und Kreisinterpolation. Bei

Bild 140. Bedientafel

Waagerecht-Bohr- und Fräsmaschinen hat wegen der Bohrungsbearbeitung die Kreisinterpolation eine besondere Bedeutung.
Der *Lochstreifen* als externer Informationsträger entspricht noch immer dem Stand der Technik. Vielfach werden Steuerungen aber mit größeren Speichern ausgestattet, die ein oder mehrere Werkstückprogramme aufnehmen können. Dadurch wird der Lochstreifenleser nur einmal für jede Werkstückserie aktiv. Das Programm wird zu Beginn der Serie in den Speicher eingegeben, und die weiteren Werkstücke werden vom Speicher aus bearbeitet. Ein weiterer Vorteil dieses Verfahrens ist, daß man die im Speicher eingelesenen Daten an der Maschine über die Tastatur der Steuerung in der Werkstatt korrigieren kann. Das auf diese Weise optimierte Programm kann von der Steuerung über einen Streifenlocher auch ausgegeben werden.
Die NC-Technik unterliegt durch die ständig wachsende Integration der elektronischen Bauteile einer raschen Veränderung. Steuerungen mit eingebauten Zentralrechnern – sogenannte CNC – gehören der letzten Entwicklungsgeneration an.
Nebem dem hohen Entwicklungsstand der Lochstreifensteuerungen gibt es mehr und mehr einfache *Handeingabesteuerungen,* welche die Standardmaschinen mit optischen Meßeinrichtungen und elektronischer Fernanzeige verdrängen. Diese Automatisierungsstufe ist besonders für die Einzel- und Kleinserienfertigung mit ständig wechselnden Programmen geeignet.
Numerische Steuerungen haben, wenn sie nicht für einen Werkzeugmaschinentyp speziell entwickelt sind, meist den Nachteil einer unpraktischen Bedienung. Eine sorgfältige Abstimmung zwischen Steuerungstechnik und Werkzeugmaschine führt zu einer optimalen Zentralbedienung. Alle Bedienungselemente können in einer zentralen Pendeltafel untergebracht werden. Waagerecht-Bohr- und Fräsmaschinen erfordern wegen der Größe ihres Arbeitsbereichs meist hängend angeordnete, nach mehreren Richtungen bewegliche Bedientafeln (Bild 140).

Im Zuge der Entwicklung zur automatisierten Fertigung werden Waagerecht-Bohr- und Fräsmaschinen auch mit *Werkzeugwechselsystemen* ausgestattet. Damit wird eine solche Maschine zum automatischen Bearbeitungszentrum.
Werkzeuge für automatische Wechselsysteme sind nach der VDI-Richtlinie 2814 vereinheitlicht. Damit ist es künftig möglich, gleiche Werkzeuge an Maschinen unterschiedlicher Herkunft zu verwenden. Zu bevorzugen ist der Steilkegel 50. Die Werkzeuge werden in Magazinen gespeichert. Üblich sind Scheibenmagazine für etwa 30 bis 40 Werkzeuge oder Kettenmagazine für 40 bis 80 Werkzeuge. Ortsfeste Greifersysteme sind einfach, erfordern aber, daß die Maschine in Wechselposition fährt (Bild 141). Bei kleineren Maschinen ist dies die zweckmäßige Lösung. Bei größeren Maschinen bevorzugt man Greifersysteme, die mit dem Spindelkasten mitfahren, so daß ein Wechseln der Werkzeuge in jeder Position möglich ist (Bild 142). Dadurch wird bei Maschinen mit größeren Verfahrwegen die Wechselzeit abgekürzt.

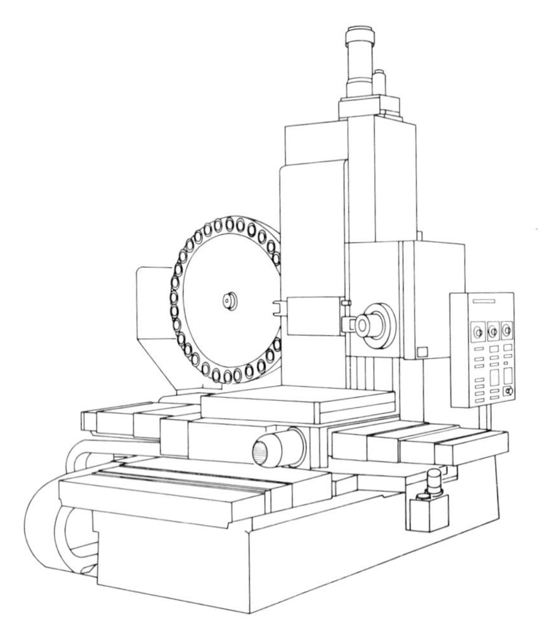

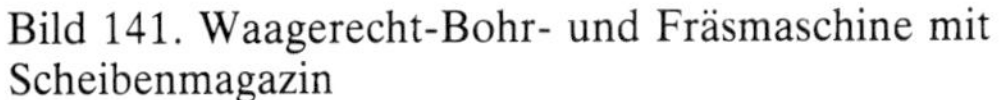
Bild 141. Waagerecht-Bohr- und Fräsmaschine mit Scheibenmagazin

Bild 142. Waagerecht-Bohr- und Fräsmaschine mit Kettenmagazin

Die Werkzeuge für Maschinen mit Werkzeug-Wechselsystemen sind meist von der Größe ISO 50. Kleinere Steilkegel sind kaum in Gebrauch. Der ISO-50-Steilkegel verlangt einen Mindestspindeldurchmesser von 100 mm. Erst bei sehr schweren Maschinen wird der ISO-60-Steilkegel eingesetzt. Die VDI-Richtlinie sieht mehrere Ausführungen vor. Die Ausführung A wird man bei kleineren Maschinen für geringere Werkzeuggewichte einsetzen. Größere Werkzeuggewichte verlangen die Ausführung B.
Die Identifizierung der Werkzeuge kann durch *Platzcodierung* am Magazin erfolgen oder durch *Werkzeugcodierung* am Werkzeug selbst. Die billigere und betriebssichere Lösung ist die Platzcodierung. Die Werkzeugcodierung hat den Vorzug der unverwechselbaren Kennzeichnung. Beide Systeme behaupten ihren Platz.

Das Spannen der Werkzeuge in der Spindel geschieht ebenfalls automatisch. Die Befestigungen über Einzuggewinde sind für automatischen Wechsel zu langsam. Hierfür hat man hydraulische Schnellspannsysteme entwickelt, die mit Federkraft spannen und mit hydraulischem Druck lösen (Bild 143).

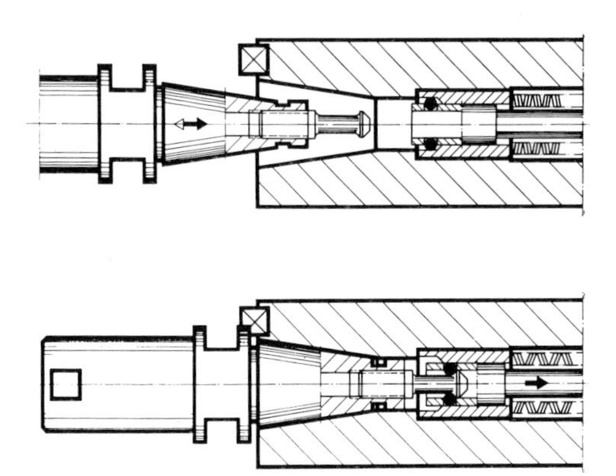

Bild 143. Werkzeug-Schnellspanneinrichtung

Um sehr zeitaufwendige Spannvorgänge für das Werkstück außerhalb der Maschinennutzungszeit durchführen zu können, sieht man bei hochautomatisierten Maschinen auch *Palettensysteme für die Werkstückaufnahme* vor. Die Paletten mit genau fixierten und gespannten Werkstücken lassen sich dann schnell auf der Maschine wechseln.

### 7.7.6.2. Bearbeitungsmöglichkeiten

Der *Arbeitsbereich* einer Waagerecht-Bohr- und Fräsmaschine wird in erster Linie von den Maßen der X-Y-Bearbeitungsebene und der Größe der Tischaufspannfläche gekennzeichnet. Kleine Maschinen beginnen bei etwa 630 bis 800 mm für diese Größen. Große Tischbohrwerke reichen bis etwa 3 mal 4 m Arbeitsebene bei etwa 3 mal 3 m Tischfläche. Große Plattenbohrwerke gehen bis etwa 7 m Senkrechtverstellung; die Querverstellungen bis 20 m und mehr. Die Spanne der Antriebsleistungen liegt zwischen 5 und 150 kW. Der Spindeldurchmesser ist nicht ein eindeutiges Maß für die Größe einer solchen Maschine, da die weite Verbreitung des Steilkegels 50 kleine Spindeldurchmesser unter 100 mm stark zurückgedrängt hat. Selbst kleine Maschinen werden heute vielfach mit Spindeln größeren Durchmessers ausgestattet.
Die Werkstückgewichte, die man auf den Maschinen bearbeiten kann, hängen im wesentlichen von der Tischbelastung ab. Bei Tischbohrwerken beträgt die Belastbarkeit der Aufspanntische zwischen 1 und 40 t. Es gibt getrennte Auspanntische, die vor Plattenbohrwerken aufgestellt werden, mit Tischbelastungen bis 100 t. Noch schwerere Werkstücke werden auch vor Plattenbohrwerken auf festfundamentierten Aufspannplatten bearbeitet.
Die *erforderliche Antriebsleistung* bestimmt sich aus dem Fräsvorgang. Für das Bohren sind wesentlich geringere Antriebsleistungen erforderlich als für das Fräsen. Für das Fräsen mit Messerköpfen ergibt sich unter Annahme eines Fräserdurchmessers vom Anderthalbfachen des Bohrspindeldurchmessers und unter Annahme wirtschaftlicher Schnittbedingungen eine Antriebsleistung in Abhängigkeit vom Bohrspindeldurchmesser entsprechend Bild 144. In diesem Bild sind auch die Antriebsleistungen der marktgängigen Waagerecht-Bohr- und Fräsmaschinen als Fläche dargestellt.

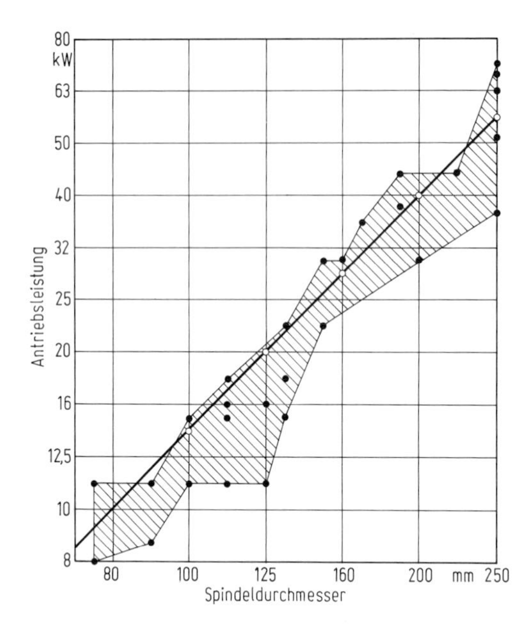


Bild 144. Antriebsleistung in Abhängigkeit vom Spindeldurchmesser einer Waagerecht-Bohr- und Fräsmaschine

Beachtet werden muß, daß die Maschinen oft mit großen Verschiebewegen versehen sind. Innerhalb dieser Verstellbereiche ist nicht immer die installierte Leistung voll nutzbar. Eine weitere Grenze der Leistungsausnutzung stellt auch die Spindelausladung dar.

Die horizontale Hauptspindel steht senkrecht auf der Hauptbearbeitungsebene der Maschine, nämlich der X-Y-Ebene. Das auf dem Drehtisch aufgespannte Werkstück kann durch Drehen des Tisches in beliebig viele Winkellagen gebracht werden. Das bedeutet, daß das Werkstück mit beliebig vielen zu bearbeitenden Seiten in die X-Y-Arbeitsebene der Maschine gebracht werden kann. Im allgemeinen sind es vier aufeinander senkrecht stehende Bearbeitungsflächen. Unter Zuhilfenahme eines Winkelfräskopfes kann auch die X-W-Ebene zur Arbeitsebene werden.

Da *Winkelfräsköpfe* drehbar eingestellt werden können, sind auch weitere nicht rechtwinklig liegende Bearbeitungsflächen möglich. Verstellbare Universal-Winkelfräsköpfe (Bild 145) gestatten vielfältigen Einsatz.

Auch unzählige *Sonderwerkzeuge* für Waagerecht-Bohr- und Fräsmaschinen sind im Laufe der Zeit erfunden und gebaut worden, meist für spezielle Fertigungsaufgaben. Ein Beispiel für das Fräsen von T-Nuten an senkrechten Aufspannflächen mit mehreren Spindeln ist der Fünf-Spindel-Fräskopf (Bild 146); er wird am Spindelstock angeschraubt und von der Hauptspindel angetrieben.

Eine weitere Ergänzung ist die *Plandrehscheibe,* die es als sogenannte festeingebaute Plandrehscheibe, die separat im Spindelstock gelagert ist und einen eigenen Vorschubantrieb für den Planschieber hat, und als sogenannte aufsetzbare Planscheibe gibt, die auf der Hauptspindelhülse befestigt wird. Der Planschieber wird durch die um 90° umgelenkte Hauptspindelbewegung angetrieben (Bild 147).

Plandrehscheiben werden nicht nur zum Plandrehen von Drehstirnflächen eingesetzt, sondern auch zum Ausbohren großer Bohrungen und zur Herstellung von Einstichen in großen Bohrungen.

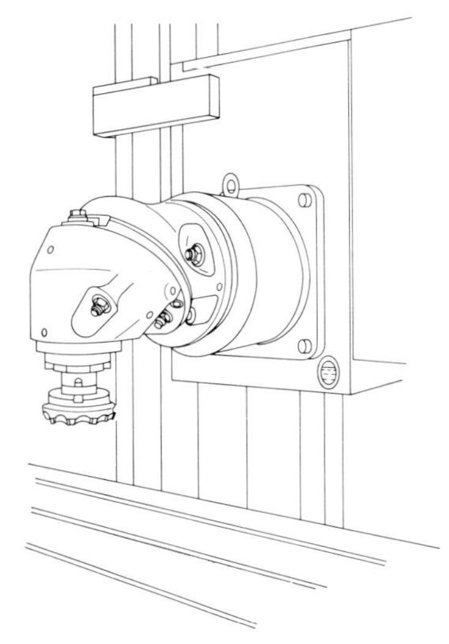

Bild 145. Universal-Winkelfräskopf

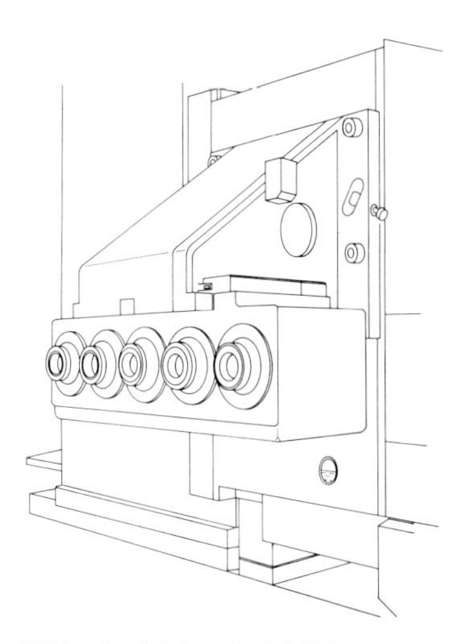

Bild 146. Mehrspindel-Fräsapparat

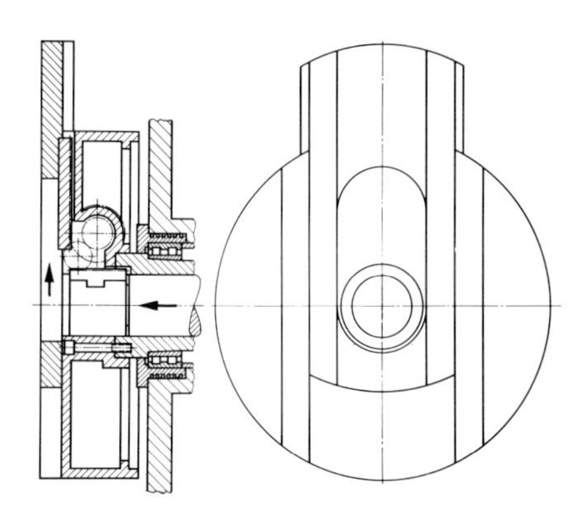

Bild 147. Aufsetzbare Plandrehscheibe; Planschieberbewegung durch Umlenken der Hauptspindelbewegung

Durch die Verfeinerung der Frästechnologie und der Erweiterung der Steuerungsmöglichkeiten (NC-Technik, Bahnsteuerung) verliert das Plandrehen an Bedeutung und wird vielfach durch Kreisformfräsen und Planfräsen ersetzt.
Bestimmte Sonderaufgaben lassen sich allerdings vorteilhaft mit einer Plandrehscheibe in Verbindung mit dem Tischvorschub lösen, wie z. B. das Bearbeiten großer Gewinde an Ventilgehäusen. Hierbei muß zwischen Drehung der Planscheibe und der Tischbewegung ein festes Verhältnis entsprechend der Gewindesteigung hergestellt werden bei älteren Maschinen durch Zahnräder, bei neueren Maschinen durch elektronische Synchronisation.
*Bohrungsbearbeitung* erfolgt durch Bohren (drilling) und Ausbohren (boring). Das genaue Bearbeiten großer Bohrungen erfolgt durch Ausbohren mit umlaufenden Bohrstangen. Kreisformabweichungen von weniger als 10 μm sind erreichbar. Testbohrungen an Hochleistungsmaschinen erbringen Formfehler von maximal 2 μm (Bild 148).
Die Maßtoleranzen der Bohrung sind abhängig von dem genauen Einstellen der Bohrstange. Sie sind von der Maschine nur insoweit abhängig, als der Werkzeugaufnahmekegel genau zentrisch laufen muß. Besondere *Werkzeug-Voreinstellgeräte* (Bild 149) ge-

statten die Voreinstellung der Bohrstangen auf das genaue Bohrungsmaß. Die Voreinstellgeräte gestatten die Einstellung der Bohrwerkzeuge nach Durchmesser und Länge. Die Schneide wird über Meßuhr oder mit optischen Mitteln abgetastet.
Solche Einstellgeräte können in einer zentralen Werkzeugversorgung eingesetzt werden, die eine größere Zahl von Maschinen mit voreingestellten Werkzeugen versorgt. Auf diese Weise wird das zeitraubende Einstellen der Durchmesser an der Maschine eingespart und die Maschinennutzung verbessert. Ein Werkzeugsatz für die Bearbeitung eines Werkstücks wird von der zentralen Werkzeugversorgung zusammengestellt und auf Transportwagen an die Maschine gefahren. Diese Art der Werkzeugvorbereitung setzt sich mehr und mehr durch.
Anfangsverschleiß der Schneide und elastische Biegung der Bohrspindel durch die Zerspankraft bei verschiedenen Ausladungen sind durch Erfahrungswerte zu berücksichtigen. Durch fachgerechte Handhabung der Voreinstellung können Bohrungen in Qualität IT 7 sicher erreicht werden.

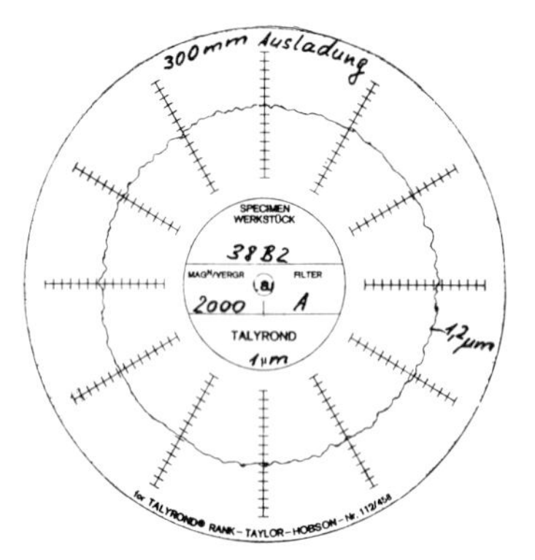


Bild 148. Kreisformabweichungen einer Testbohrung

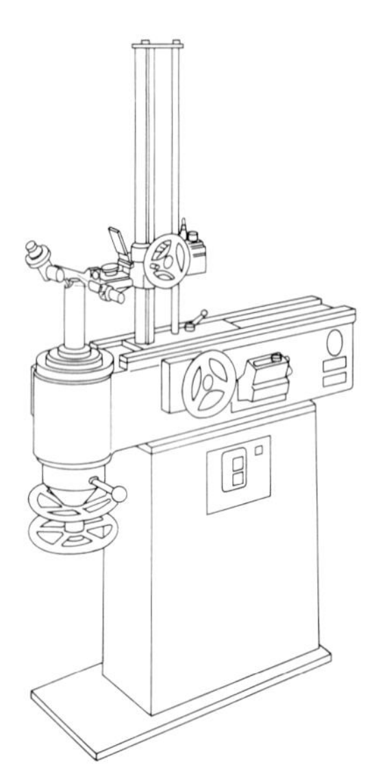

Bild 149. Gerät zur Werkzeugvoreinstellung

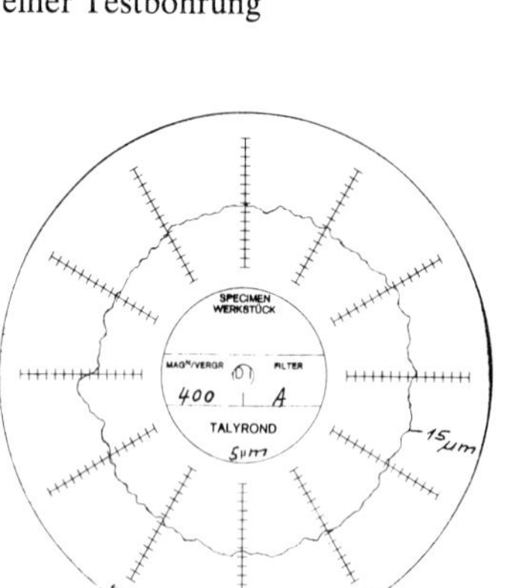


Bild 150. Kreisformabweichungen einer gefrästen Bohrung

Durch die Einführung von Bahnsteuerung mit Kreisinterpolation wird das Fräsen von Bohrungen in stärkerem Maße künftig zum Einsatz kommen. Die Kreisformabweichungen liegen bei 30 µm; Testbohrungen von Hochleistungsmaschinen liegen darunter (Bild 150). Das *Kreisformfräsen* hat den Vorteil, daß mit einem Werkzeug Bohrungen von unterschiedlichem Durchmesser mit in vielen Fällen ausreichender Genauigkeit hergestellt werden können. Der Bohrungsdurchmesser wird über die Steuerung programmiert. Auf diese Weise können zahlreiche Bohrungen ohne Werkzeugwechsel bearbeitet werden. In jedem Fall kann das Kreisformfräsen für die Schruppbearbeitung eingesetzt werden. Einstiche sind mit Scheibenfräsern ebenfalls leichter herstellbar als mit Plandrehapparaten.

Waagerecht-Bohr- und Fräsmaschinen sind schon immer Maschinen gewesen, mit denen vielfältige Zerspanungstechnologien verwirklicht werden können. Mit dem aufkommenden Bestreben, möglichst viele Bearbeitungsvorgänge, die an einem Werkstück auszuführen sind, auf einer Maschine auszuführen (Bearbeitungszentrum), gewannen diese Maschinen an Bedeutung. Durch Verkürzung der Nebenzeiten werden nun auch Bearbeitungen auf Bohr- und Fräsmaschinen durchgeführt, die man früher auf kleinere und billigere Maschinen verlagert hat, insbesondere das Bohren und Gewindebohren mit kleinem Durchmesser, das auch an größeren Werkstücken vorkommt.

Das Gewindebohren wird daher häufiger auf diesen Maschinen durchgeführt. Ausgleichfutter kompensieren geringe Gleichlaufabweichungen zwischen Drehzahl und Vorschub. Größere Gewinde können mit dem Gewindemeißel geschnitten werden, falls eine sogenannte Gewindeschneideinrichtung vorhanden ist. Drehzahl und Vorschub in Z- oder W-Achse sind synchronisiert in fester Abhängigkeit, gegeben durch die Gewindesteigung, bei älteren Maschinen über Wechselräder, bei neueren durch elektronische Koppelung zwischen Drehzahl und Vorschub. Eine solche elektronische Gewindeschneideinrichtung gibt einer Bohr-Fräsmaschine auch den Umdrehungsvorschub, der bei Einzelantrieben je Vorschubachse zunächst nicht vorhanden ist.

Auf einer Waagerecht-Bohr- und Fräsmaschine werden häufig Gehäuse (Getriebekästen) bearbeitet, bei denen in zwei gegenüberliegenden Wänden fluchtgenaue Bohrungen herzustellen sind. Früher hat man solche Bohrungen mit langen Bohrstangen hergestellt, die auf der einen Seite in der Hauptspindel befestigt waren, auf der anderen Seite in dem sogenannten Setzstock nochmals gelagert waren. Diese Bearbeitungstechnik ist langwierig und zeitraubend. Diese Art der Bearbeitung wird ersetzt durch das sogenannte *Umschlagbohren* mit fliegendem Werkzeug. Die beiden Bohrungen werden nacheinander bearbeitet, indem erst die eine Fläche und dann die zweite Fläche in die Bearbeitungsebene (X-Y-Ebene) gebracht werden (Bild 151). Nach dem Bohren der ersten Bohrung muß das Werkstück mit dem Drehtisch um 180° gedreht (umgeschlagen) werden. Dann muß eine genaue Querverstellung in X-Richtung vorgenommen werden. Hierbei wählt man als Nullpunkt für die X-Achse zweckmäßig die Ebene, in der die

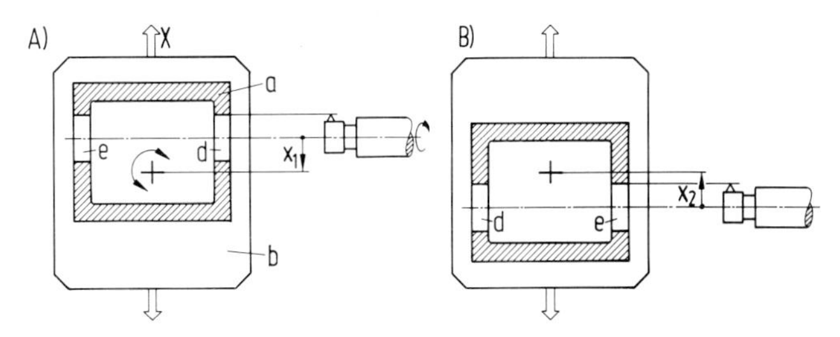


Bild 151. Umschlagbohren
A) Bearbeiten der ersten Bohrung, B) Bearbeiten der zweiten Bohrung
a Werkstück, b drehbarer Aufspanntisch, d erste Bohrung, e zweite Bohrung

Spindelachse steht. Damit befindet sich die senkrechte Drehachse des Drehtisches jeweils um den gleichen Betrag rechts oder links von der Hauptspindelachse. Die Genauigkeit beim Umschlagbohren wird entscheidend beeinflußt durch die Genauigkeit der Querverstellung, die Winkelgenauigkeit des Drehtisches, den Planlauf der Aufspannfläche sowie die thermische Lagestabilität der Hauptspindelachse. Werden bei den Werkstücken hohe Ansprüche hinsichtlich Flucht- und Achsversatz gestellt, so kann das Umschlagbohren nur auf Maschinen durchgeführt werden, die hohen Genauigkeitsansprüchen gerecht werden. Das Umschlagbohren setzt aber außerdem eine sehr sorgfältige Handhabung der Maschine und Beherrschung der Werkstattechnik voraus.
Die Herstellung von Bohrungen mit kleinem Durchmesser (20 bis 60 mm) bei großer Bohrungstiefe (etwa maximal bis 50 × D) ist auf einer Waagerecht-Bohr- und Fräsmaschine mit Hilfe des *Ejektor-Bohrverfahrens* ebenfalls möglich. Hartmetallbestückte Bohrkronen sind auf einem doppelwandigen Bohrrohr befestigt, durch das Schneidflüssigkeit zugeführt und auch zusammen mit den Spänen wieder abgeführt wird. Größere Bohrtiefen werden nicht in einem Zuge erzeugt, sondern durch stufenweises Austauschen längerer Bohrrohre (Bild 152).

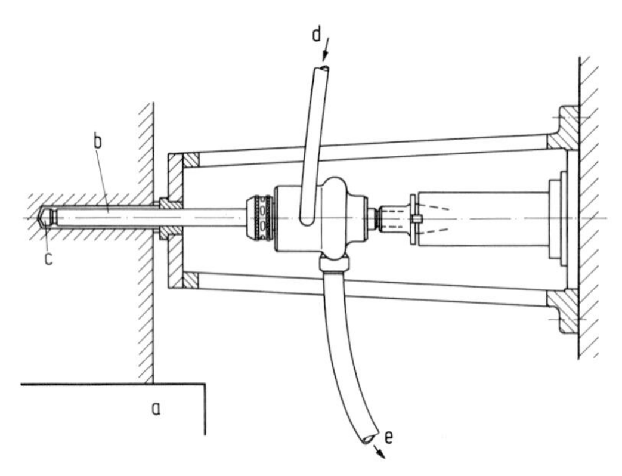


Bild 152. Ejektor-Bohrverfahren auf einer Waagerecht-Bohr- und Fräsmaschine
a Maschinentisch, b doppelwandiges Bohrrohr, c auswechselbare Bohrkrone, d Einlaß für Schneidflüssigkeit, e Auslaß für Schneidflüssigkeit und Späne

Der drehbare Aufspanntisch einer Bohr- und Fräsmaschine hat neben der Möglichkeit der Winkeleinstellung auch meist in dieser Drehachse eine Vorschubbewegung. Damit ist es möglich, am Umfang eines Werkstückes eine *Rundfräsbearbeitung* durchzuführen. Bringt man die Senkrechtbewegung (Y-Achse) in ein genaues Verhältnis zu dieser Drehbewegung (B-Achse), so kann man damit schraubenförmige Nuten oder Schlitze fräsen. Ein- und Auslaßschlitze von Großdieselmotoren sind auf diese Weise auf solchen Maschinen hergestellt worden.
Mit der Drehbewegung des Aufspanntisches kann man in Verbindung mit einem großen Messerkopf auch Kugelflächen bearbeiten. Die Schneiden des Messerkopfes liegen in einer Kreisfläche, die einen Kugelschnitt darstellt.
Die Eigenschaften der Waagerecht-Bohr- und Fräsmaschinen sind insbesondere durch die *NC-Technik* und dem Verlangen nach möglichst vollständiger Bearbeitung (Bearbeitungszentrum) ständig verbessert worden. Die *Positioniergeschwindigkeiten* wurden zur Verkürzung der Nebenzeiten drastisch erhöht. Die entscheidende Auswirkung in diesem Merkmal brachten die Einzelantriebe. Die Eilgänge liegen zwischen 6 und 12 m/min.

Die größtmöglichen Beschleunigungen werden meist von der Belastbarkeit der Antriebselemente begrenzt. Zur Schonung der Maschine müssen die Vorschubantriebe meist langsam beschleunigt werden. Sanftes Bremsen und Beschleunigen bis zum Eilgang ist in 0,2 bis 0,5 s möglich. Bei kleinen Maschinen sind kurze Anfahrzeiten und niedrigere Eilgänge richtiger, bei großen Maschinen sanfte Anfahrzeiten und hohe Eilgänge. Die *Positionierzeit* für eine Maschine läßt sich aus einem Diagramm (Bild 153) ablesen.

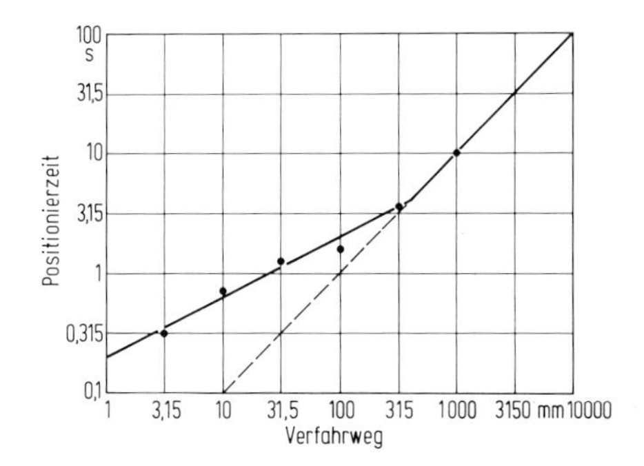


Bild 153. Positionierzeit in Abhängigkeit vom Verfahrweg bei einer Eilganggeschwindigkeit vom 6 m/min

Die *Positioniergenauigkeit* an einer Bohr- und Fräsmaschine soll besonders für das X-Y-Koordinatenfeld möglichst hoch sein. Hierfür setzt man daher unabhängige Meßmittel ein. Für die Achsen Z und W (Zustellung und Bohrungstiefe) begnügt man sich oft mit der Messung über Kugelgewindespindel und Drehgeber.

Die Positioniergenauigkeit wird bestimmt von der Maßstabgenauigkeit, der Reibung in den Führungen, der Steifigkeit der Vorschubantriebe und dem Regelverhalten der elektrischen Antriebe.

Das Auflösungsvermögen elektronischer Meßmittel liegt bei 1 oder 2 µm für Bahnsteuerungen, bei 10 µm für einfache Positioniersteuerungen.

Die Maßstababweichungen liegen bei ±10 bis ±5 µm/m. Die Koordinatengenauigkeit wird beeinträchtigt durch die geometrischen Abweichungen der Maschinenbewegungen sowie durch thermische Einflüsse.

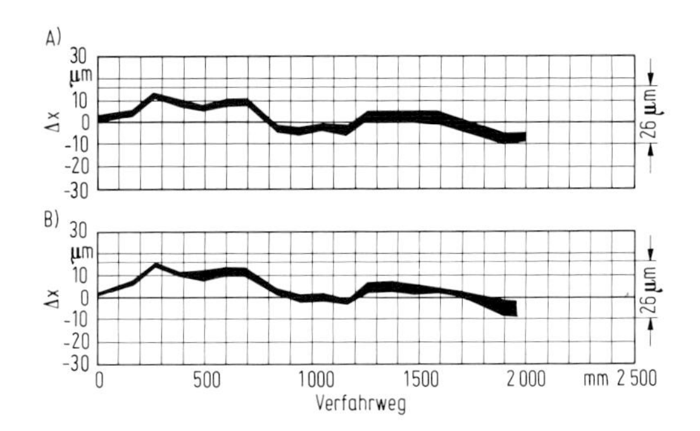


Bild 154. Positionierabweichung einer Tischbewegung (X-Achse), geprüft mit Laser-Interferometer

A) positive, B) negative Verfahrrichtung; fünf Meßreihen je Verfahrrichtung

Die VDI-Richtlinie 3254 schlägt vereinheitlichte Prüfbedingungen zur Ermittlung der Koordinatengenauigkeit vor. Die Überprüfung ist durch die Anwendung von Laser-Interferometer wesentlich erleichtert. Die Koordinatenabweichung wird in einem Diagramm über dem Verfahrweg dargestellt (Bild 154).

Bei neueren Maschinen mit reibungsarmen Führungen und spielfreien, steifen Vorschubantrieben können Umkehrspannen von weniger als 5 μm und Streuungen unter 10 μm sicher erreicht werden. Die erreichbaren Einfahrtoleranzen nach VDI-Richtlinie 3254 liegen bei $T_E$ = 30 μm, bezogen auf 1 m Meßlänge.
Eine weitere Steigerung der Genauigkeit ist wenig sinnvoll, wenn nicht die Umgebungseinflüsse, insbesondere Wärmeeinwirkungen, von der Maschine ferngehalten werden. Thermostatisch geregelte Kältemaschinen für die Ölkühlung sorgen dafür, daß sich Wärmequellen innerhalb der Maschine nur geringfügig auf die thermische Lageveränderung auswirken können. Der Spindelstock einer Bohr- und Fräsmaschine mit Spindellagerung und Hauptgetriebe ist die größte Wärmequelle. Thermische Verlagerungen beeinträchtigen die erreichbare Koordinatengenauigkeit.
Das Schrittmaßfahren mit einer Waagerecht-Bohr- und Fräsmaschine mit NC ist eine besondere Möglichkeit der Nebenzeitenverkürzung. Bestimmte Schrittmaße, z. B. 2 μm, 10 μm, 0,1 mm, 1 mm sind durch Tastendruck für jede Achsrichtung auslösbar. In der jeweils angewählten Verfahrrichtung wird dann der Maschinenschlitten genau um dieses Maß verstellt. Durch nochmaliges Betätigen können Schrittmaße aufaddiert werden. Die Zustellung von Bearbeitungszugaben erfolgt damit in extrem kurzer Zeit und mit hoher Genauigkeit auch bei Umkehr der Bewegungsrichtung (Bild 155).

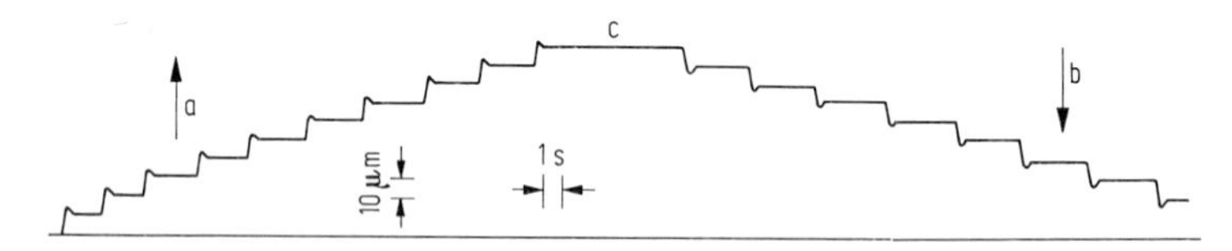


Bild 155. Oszillogramm einer Schrittmaßverstellung; Eingabe von Hand über Taste, Schrittgröße 10μm
a vorwärts, b rückwärts, c Umkehrpunkt

Die geometrische Genauigkeit ist im DIN-Entwurf 8620 für die *Abnahmebedingungen* definiert; darin sind auch zulässigen Abweichungen festgelegt und Vorschläge für praktische Prüfungen enthalten. Für bahngesteuerte Maschinen gibt es weitere Abnahmevorschriften. In den USA besteht eine Vorschrift NAS 913 (National Aerospace Standard), in der Abnahmebedingungen und auch die Bearbeitung eines Testwerkstücks festgelegt sind. Die VDI-Richtlinie 3254 sieht in Blatt 3 ebenfalls eine Prüfung in Anlehnung an die NAS 913 vor.

## 7.7.7 Bearbeitungszentren

**Dipl.-Ing. R. Klenk, Nürtingen**
**Direktor W. Lipp, Witten-Annen**
**Dipl.-Ing. P. Neubrand, Ludwigsburg**

### 7.7.7.1 Definition

Bearbeitungszentren sind numerisch gesteuerte Werkzeugmaschinen mit einem hohen Automatisierungsumfang vornehmlich für die Bohr- und Fräsbearbeitung. Sie verfügen über wenigstens drei translatorische Achsen, die mit einer numerischen Bahnsteuerung versehen sind. Diese Achsen sind meist durch eine oder zwei rotatorische Achsen ergänzt, die ebenfalls numerisch gesteuert sind.

Weitere wesentliche Merkmale von Bearbeitungszentren sind ein großer Drehzahl- und Vorschubbereich für die optimale Durchführung der verschiedenen Fertigungsverfahren, wie z.B. Bohren, Ausdrehen und Fräsen, ein automatischer Werkzeugwechsel in Verbindung mit einem Werkzeugmagazin sowie die numerische Steuerung des gesamten Arbeitsablaufs. Darüber hinaus kann zur Verkürzung der Nebenzeiten über ein Palettenwechselsystem auch ein automatischer Werkstückwechsel vorgesehen werden. Schließlich sind für eine höhere Ausbaustufe auch noch Bohrkopfwechselsysteme bekannt geworden.

Durch diese Ausstattung erhalten die Bearbeitungszentren eine große Flexibilität, so daß die verschiedensten Werkstücke nacheinander bei einem Minimum an Maschinenstillstandzeit gefertigt werden können. Selbst komplizierte Werkstücke können auf diese Weise in einer Aufspannung fertig bearbeitet werden.

Durch die verschiedenartigen Bauformen und Baugrößen haben die Bearbeitungszentren einen breiten Anwendungsbereich. Sie eignen sich aufgrund des hohen Automatisierungsgrades auch gut als Baustein für flexible Fertigungszellen oder Fertigungssysteme.

Die technischen Kennwerte eines Bearbeitungszentrums, wie Art und Anzahl der gesteuerten Achsen, Antriebsleistung, Drehzahl- und Vorschubbereich, Größe des Arbeitsraums, maximales Werkstückgewicht, Anzahl der gespeicherten Werkzeuge, Auflösungsvermögen und Einfahrtoleranz, werden von dem zu fertigenden Teilspektrum bestimmt.

#### 7.7.7.2 Fertigungsaufgaben

Die Bearbeitung erstreckt sich in erster Linie auf *ebene* Flächen, die in beliebiger Lage zueinander stehen können (Bild 156 A), sowie auf *eindimensional gekrümmte* Flächen mit zirkularer Krümmung (Bild 156 B), d.h. es können äußere und innere Voll- und Teilzylinder (Kreisbögen) sowie aus Teilzylindern (Kreisbögen) zusammengesetzte unregelmäßige Formen einschließlich schräger Flächen bearbeitet werden. Zylinder und Zylinderabschnitte können dabei durch Außendrehen, Innendrehen oder Zirkularfräsen hergestellt werden, unregelmäßig geformte Flächen dagegen nur durch Fräsen. Parabolisch oder hyperbolisch gekrümmte Flächen können nur mit numerischen Bahnsteuerungen in Sonderausführungen gefertigt werden. Aus diesem Grund wird diese Kurvenform meist mit ausreichender Genauigkeit durch Kreisbögen (zirkular) angenähert dargestellt. Das ermöglicht den Einsatz von Standard-NC-Steuerungen.

*Zweidimensional gekrümmte* Flächen (Bild 156 C) sind nur durch Fräsen bei Verwendung spezieller Bahnsteuerungen zu erzeugen, wobei in der Regel zeilenweise gearbeitet wird.

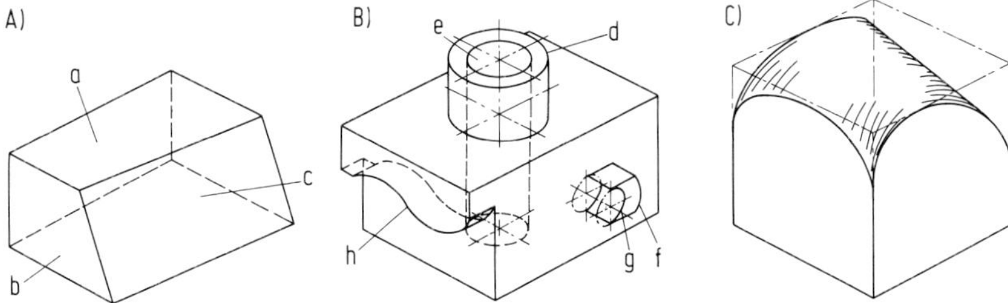


Bild 156. Auf Bearbeitungszentren herstellbare Formelemente

A) ebene Flächen (a horizontal, b vertikal, c schräg), B) eindimensional kreisförmig gekrümmte Flächen (d und e äußere und innere Vollzylinder, f und g äußere und innere Teilzylinder, h aus Kreisbögen zusammengesetzte unregelmäßige Fläche), C) zweidimensional gekrümmte Fläche

*Bohrungen* (Bild 157) gehören entsprechend ihrer geometrischen Beschreibung zu den eindimensional gekrümmten Flächen (Zylinder). Da Bohrungen die auf Bearbeitungszentren am häufigsten erzeugten Formelemente sind (rd. 70% der Bearbeitungszeit), werden sie hier gesondert behandelt. Die Formen und Dimensionen von Bohrungen sind so vielfältig und unterschiedlich, daß hier nur die wesentlichen Arten aufgeführt werden. Dabei handelt es sich sowohl um Bohrungen mit geringen Qualitätsanforderungen als auch um solche mit höchsten Anforderungen an Lagegenauigkeit, geometrische Form und Durchmessertoleranz. Auch Bohrungen, die von der üblichen zylindrischen Grundform abweichen, sind auf Bearbeitungszentren zu erzeugen (z. B. Kegel-Bohrungen oder tonnenförmige Bohrungen). Voraussetzung hierfür ist der Einsatz spezieller Ausbohrwerkzeuge mit planverstellbaren Schneiden, deren Bewegung als separate Achse numerisch gesteuert wird.

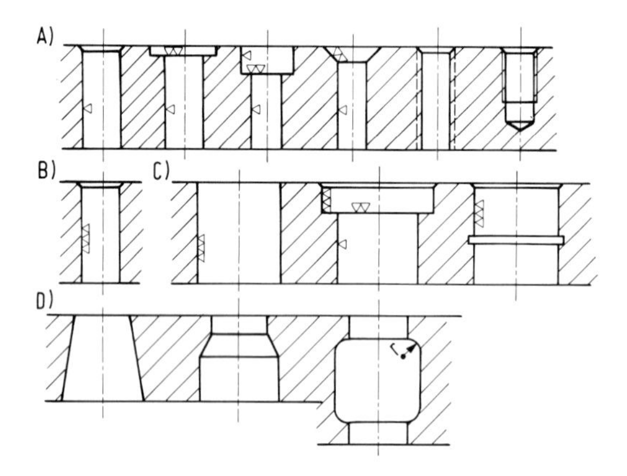


Bild 157. Bohrungen verschiedener Art und Qualität

A) geringe Anforderungen an Lage-, Form- und Durchmesser-Toleranz (IT9 und gröber), B) geringe Anforderungen an Lagetoleranz, höhere Anforderungen an Form- und Durchmesser-Toleranz (IT8 und feiner), C) hohe Anforderungen an Lage-, Form- und Durchmesser-Toleranz (IT7 und feiner), D) besondere Formen

Die beschriebenen Formelemente sind sowohl auf Bearbeitungszentren mit horizontaler als auch mit vertikaler Hauptspindel herstellbar. Die Entscheidung für die eine oder andere Bauform wird nicht von den zu erzeugenden Formelementen, sondern vielmehr von der Gestalt der zu bearbeitenden Werkstücke bestimmt. Ausschlaggebend hierbei sind die Spannmöglichkeiten für das Werkstück, die Anzahl der zu bearbeitenden Seiten und die Ableitung der Späne. Nach statistischen Untersuchungen lassen sich von dem gesamten auf Bearbeitungszentren zu bearbeitenden Teilespektrum etwa 70% auf solchen mit horizontaler und etwa 30% auf Bearbeitungszentren mit vertikaler Hauptspindel vorteilhaft bearbeiten. Das gesamte Teilespektrum kann grob in quader- und plattenförmige Werkstücke unterteilt werden (Bild 158).

### 7.7.7.3 Bauarten von Bearbeitungszentren

Die verschiedenen Varianten der Bearbeitungszentren, die auf dem Markt erschienen sind, lassen sich im wesentlichen auf einige grundsätzliche Bauformen zurückführen. Zur

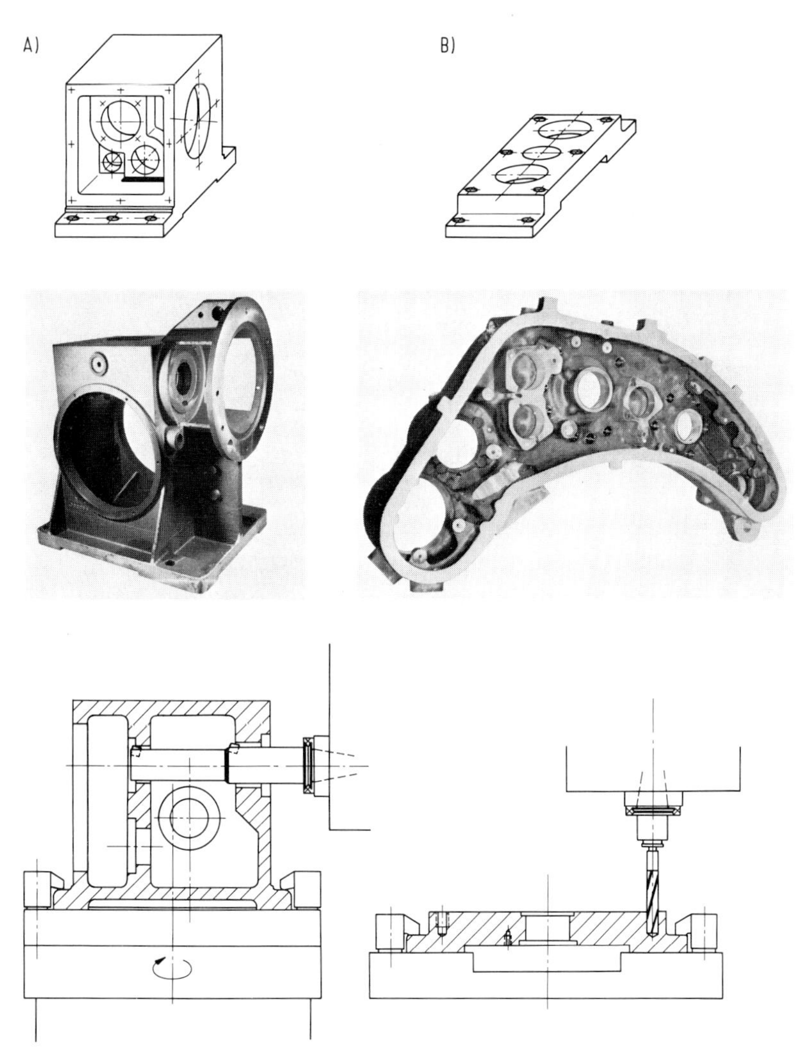


Bild 158. Hauptmerkmale zu bearbeitender Werkstücke
A) quaderförmig, B) plattenförmig

Kennzeichnung verschiedener Ausführungen und Baugrößen können der Hauptspindeldurchmesser, der Arbeitsbereich, die Hauptspindellage, die Anzahl der numerisch gesteuerten Achsen und die Werkzeugmagazingröße herangezogen werden. Nach Lage der Hauptspindel wird zwischen horizontalen und vertikalen Bearbeitungszentren unterschieden. Ein weiteres wichtiges Unterscheidungsmerkmal ist die Verteilung der einzelnen Bewegungsachsen auf die verschiedenen Tisch- und Ständerbaugruppen, die auch entscheidend den Gestellaufbau bestimmen. Hiervon haben sich Hauptspindellage und Zuordnung der Bewegungsachse als bester Einteilungsgesichtspunkt herausgestellt. Die gebräuchlichsten Bauarten horizontaler und vertikaler Bearbeitungszentren sind in Bild 159 zusammengestellt.

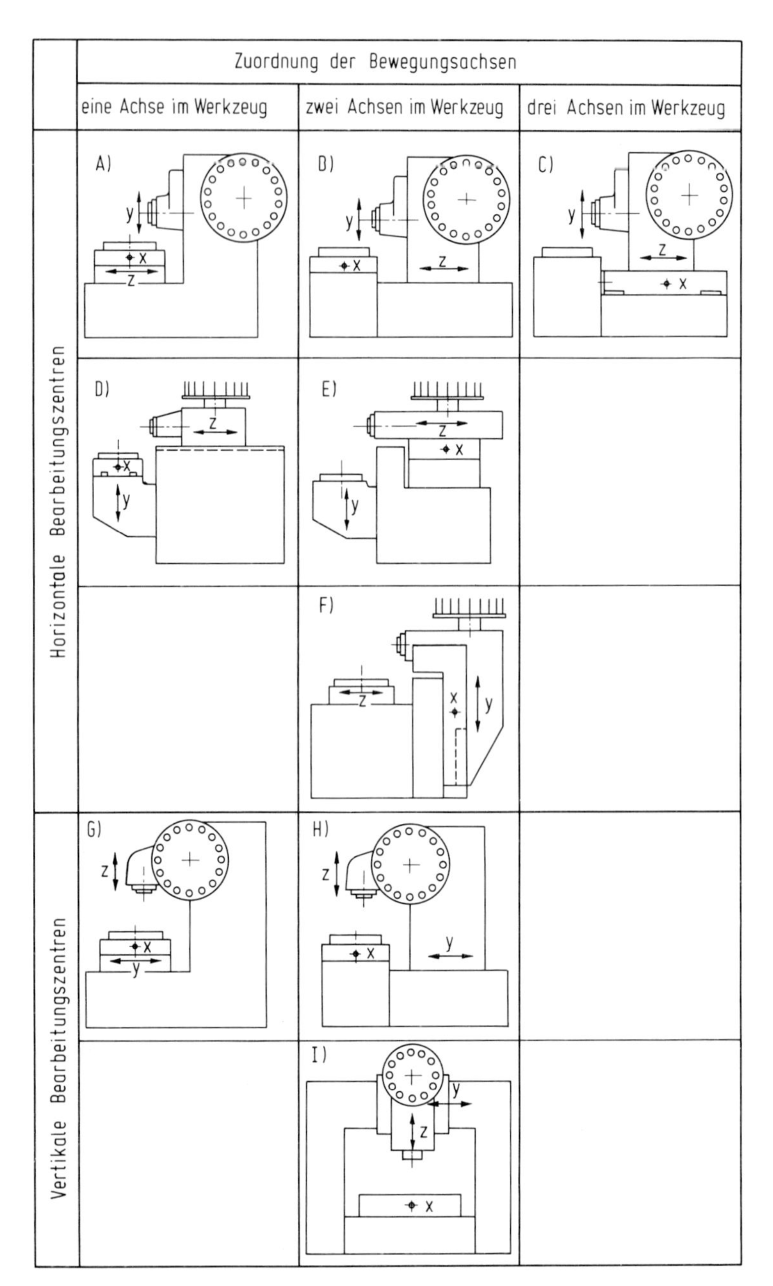


Bild 159. Bauformen von Bearbeitungszentren

A) bis C) Einständerbauweise mit horizontaler Hauptspindel, D) bis F) Konsolbauweise, G) und H) Einständerbauweise mit vertikaler Hauptspindel, I) Portalbauweise

#### 7.7.7.3.1 Einteilung nach der Gestellbauform

Hinsichtlich der Gestellbauform lassen sich drei Gruppen unterscheiden: Die *Einständerbauweise* (Bild 159 A bis C, G und H) ist gekennzeichnet durch die vertikal am Maschinenständer geführte Bearbeitungseinheit. Dabei zeigt sich ein deutlicher Trend zur zentrischen Anordnung der Bearbeitungseinheit am Ständer und die Zuordnung der Bewegungsachsen auf verschiedene Baugruppen (Bild 159 B). Bei der Mehrzahl der in dieser Bauform ausgeführten Bearbeitungszentren muß die Hauptspindel für den Werkzeugwechselvorgang in eine bestimmte Position gefahren werden. Die Einständerbauweise eignet sich auch gut für die Variation zu horizontalen und vertikalen Ausführungen. Hierzu muß lediglich die Bearbeitungseinheit gegen eine andere ausgetauscht werden, deren Hauptspindel um 90° versetzt angeordnet ist. Außerdem wird in der Regel auch ein anderes Werkzeugmagazin verwendet. Der Einsatzbereich dieser Bauweise ist sehr breit und erstreckt sich von kleinen bis zu sehr großen Werkstücken bei Ausführungen, die dem Plattenbohrwerk ähnlich sind. Teilweise besteht dazu auch die Möglichkeit, die Aufspannplatte und das Maschinenbett in X-Richtung durch eine oder mehrere Einheiten zu erweitern.
Die *Konsolbauweise* (Bild 159 D bis F) ist letztlich eine Modifikation der bekannten Konsolfräsmaschine. Das Bestreben besteht darin, die bauarttypischen Probleme, wie Kippen der Konsole bei Verfahren in X- oder Z-Richtung, begrenzter Hub in Y- und Z-Richtung (wobei sich der nutzbare Hub in Z-Richtung um die Ladebewegung der Werkzeugwechseleinrichtung reduziert), die Vertikalbewegung des Werkstücks und die ungenügende Späneabfuhr, zu verbessern. Diese Bauform eignet sich daher auch nur für kleinere Baugrößen mit einem Arbeitsbereich bis etwa X = 800 mm, Y = 500 mm, Z = 630 mm. Das Werkzeugmagazin ist häufig fest mit dem Spindelkasten verbunden, so daß sich kurze Span-zu-Span-Zeiten beim Werkzeugwechsel ergeben. Nachteilig wirkt sich dabei allerdings die große, ständig mit zu verfahrende Masse des Werkzeugmagazins aus. Außerdem gestatten diese Lösungen den Anbau von Werkstückwechseleinrichtungen nur unter erschwerten Bedingungen, da mit Ausnahme einer Ausführung (Bild 159 F) immer eine vertikale Bewegung vom Werkstücktisch ausgeführt wird.
Schließlich ist für vertikale Bearbeitungszentren noch die Zweiständer- bzw. *Portalbauweise* (Bild 159 I) üblich. Sie eignet sich insbesondere für sehr große und flache Werkstücke. Das Werkzeugmagazin wird meist seitlich an der Maschine angeordnet.

#### 7.7.7.3.2 Einteilung nach Hauptspindel- und Achsanordnung

Für die Achsanordnung als Einteilungsgesichtspunkt werden die drei translatorischen Bewegungsachsen X, Y und Z zugrundegelegt. Die Definition dieser Achsen ist in der VDI-Richtlinie 3255, im DIN-Entwurf 66217 und in der ISO-Recommendation R 841 verankert.

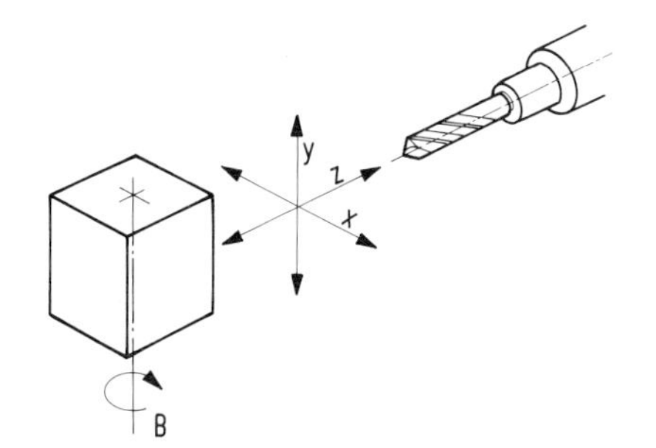


Bild 160. Bewegungsrichtungen an Bearbeitungszentren mit horizontaler Hauptspindel und deren Bezeichnungen

Für Bearbeitungszentren mit horizontaler Hauptspindel gilt nach Bild 160 allgemein:

X bezeichnet die horizontale Bewegungsrichtung des Werkzeugs oder Werkstücks, senkrecht zur Achse der Hauptspindel,

Y die vertikale Bewegungsrichtung des Werkzeugs oder Werkstücks, senkrecht zur Achse der Hauptspindel,

Z die horizontale Bewegungsrichtung des Werkzeugs oder Werkstücks in Richtung der Hauptspindelachse und

B die Richtung der Drehbewegung des Rundtisches.

Da es prinzipiell gleichgültig ist, ob sich in den einzelnen Bewegungsachsen das Werkzeug oder das Werkstück bewegt, ergeben sich bezüglich des Grundaufbaues von Bearbeitungszentren mehrere Variationsmöglichkeiten. Sie liegen zwischen den beiden extremen Ausführungen, bei denen entweder alle Bewegungen in der X-, Y- und Z-Richtung vom Werkzeug (Bild 161 A) oder vom Werkstück ausgeführt werden (Bild 161 B). Die wesentlichsten Vor- und Nachteile der beiden Ausführungen sind nachstehend gegenübergestellt.

Alle Bewegungen werden vom Werkzeug ausgeführt (Bild 161 A).

| Vorteile: | Nachteile: |
|---|---|
| Ortsfester Werkstückstisch oder Spannplatte, gute Zugänglichkeit zum Be- und Entladen, für große und schwere Werkstücke geeignet, mit zwei Tischen Pendelbearbeitung möglich, einfache Möglichkeit für Palettenwechsel, beliebige Ausführung des Werkstücktisches, Bett in X-Achse beliebig zu verlängern, definierte Massen werden bewegt. | Teurer Kreuzschlitten für den Maschinenständer erforderlich, relativ großer Abstand a durch übereinanderliegende Führungsbahnen in X- und Z-Achse (verminderte Stabilität), Werkzeugmagazin muß mindestens in der X-Achse mitfahren, in der X-Achse sind große Massen zu bewegen, aufwendige Rohr-, Kabel- und Schlauchinstallation. |

Alle Bewegungen werden vom Werkstück ausgeführt (Bild 161 B).

| Vorteile: | Nachteile: |
|---|---|
| Ortsfeste Hauptspindel, ortsfestes Werkzeugmagazin. | Teurer Kreuzschlitten für Maschinentisch erforderlich, relativ großer Abstand b (verminderte Stabilität), Be- und Entladen schwierig, nur für relativ kleine Verfahrwege und Werkstückgewichte geeignet, bewegte Massen variieren mit der Werkstückmasse, für Palettenwechsel schlecht geeignet, aufwendige Rohr-, Kabel- und Schlauchinstallation. |

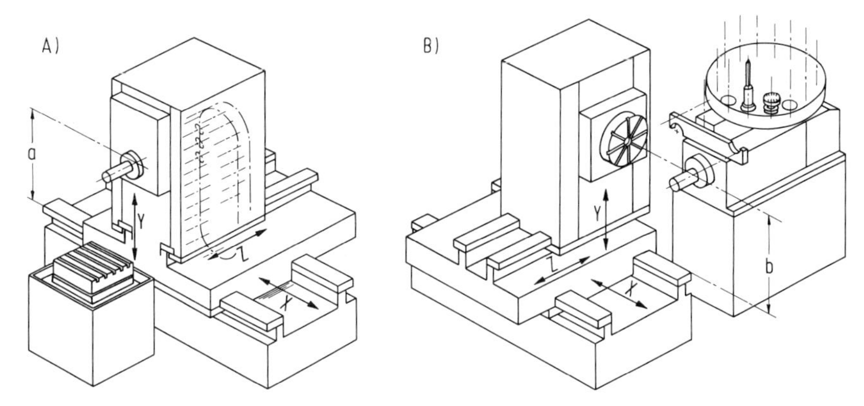


Bild 161. Extreme Grundbauformen von Bearbeitungszentren mit horizontaler Hauptspindellage

A) alle Bewegungen werden vom Werkzeug ausgeführt, B) alle Bewegungen werden vom Werkstück ausgeführt

Bei dem Bearbeitungszentrum mittlerer Baugröße mit horizontaler Hauptspindel in Bild 162 werden sämtliche Bewegungen in X-, Y- und Z-Richtung vom Werkzeug ausgeführt. Das Werkstück wird ortsfest auf einem Aufspanntisch angeordnet, in dessen linke Hälfte ein Drehtisch eingebaut ist. Dieser kann als vierte Achse in die numerische Steuerung einbezogen werden. Bei weitgehend kubischen Werkstücken können zwei Werkstücke nebeneinander aufgespannt werden, so daß eine Pendelbearbeitung möglich ist.

Bild 162. Bearbeitungszentrum mittlerer Baugröße mit horizontaler Hauptspindel und ortsfestem Werkstückaufspanntisch; Ausführung aller Bewegungen vom Werkzeug

Bei der Maschine in Bild 163 sind die Bewegungsachsen so aufgeteilt, daß in der Y- und Z-Achse das Werkzeug und in der X-Achse das Werkstück verfahren wird. Die Maschine hat außerdem ein Palettenwechselsystem, und das Magazin in Kettenausführung steht ortsfest neben dem Maschinenständer.

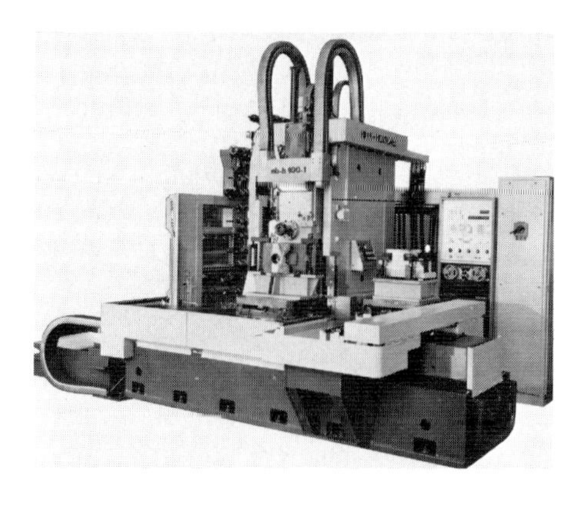

Bild 163. Bearbeitungszentrum mittlerer Baugröße mit horizontaler Hauptspindel; Bewegung in X-Richtung vom Werkstück, in Y- und Z-Richtung vom Werkzeug

Bild 164 zeigt ein Bearbeitungszentrum, bei dem lediglich die Bewegungen in der Y-Achse vom Werkzeug und die Bewegungen in der X- und Z-Achse vom Werkstück ausgeführt werden. Das Werkzeugmagazin für Einzelwerkzeuge ist seitlich am Ständer angeordnet, das Magazin für Mehrspindel-Bohrköpfe an der Ständer-Oberseite. Die kompletten Bohrköpfe können ebenso wie die Einzelwerkzeuge automatisch gewechselt werden.

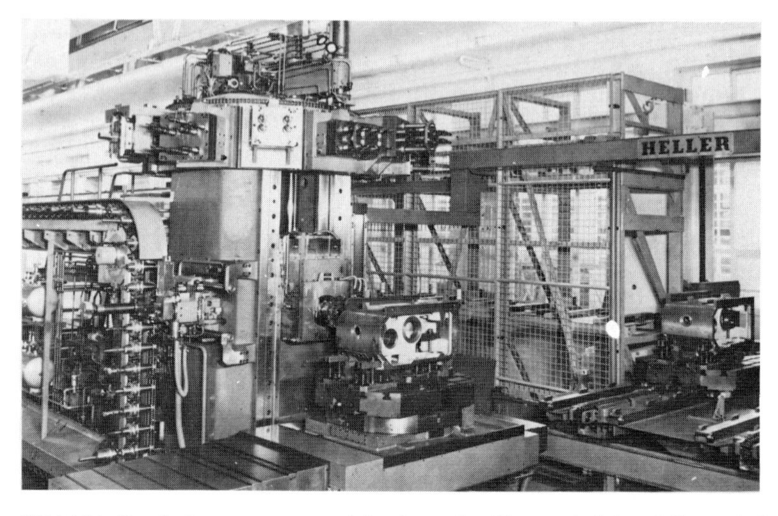


Bild 164. Bearbeitungszentrum mit horizontaler Hauptspindel und Kreuztisch; Bewegungen in X- und Z-Richtung vom Werkstück, in Y-Richtung vom Werkzeug

Für die Bearbeitungszentren mit vertikaler Hauptspindel gilt nach Bild 165 allgemein:

X bezeichnet die horizontale Bewegungsrichtung des Werkzeugs oder des Werkstücks (Längsbewegung) senkrecht zur Achse der Hauptspindel,

Y die horizontale Bewegungsrichtung des Werkzeugs oder des Werkstücks (Querbewegung) senkrecht zur Achse der Hauptspindel,

Z die vertikale Bewegungsrichtung des Werkzeugs oder des Werkstücks in Richtung der Hauptspindelachse.

Hierbei sind prinzipiell ebenfalls mehrere Variationsmöglichkeiten gegeben. Aus Fertigungs- (Kosten-) und Stabilitätsgründen haben sich zwei Bauarten durchgesetzt, die Einständermaschine mit Kreuztisch und die Portalmaschine mit Querbalken für große Wege in Y-Richtung.
Bei dem Bearbeitungszentrum mit vertikaler Spindel in Bild 166 werden die Bewegungen in der X- und Y-Achse vom Werkstück und die in Z-Achse vom Werkzeug ausgeführt. Das Werkzeugmagazin ist platzsparend im portalförmig ausgebildeten Maschinenständer angeordnet. Bei anderen Maschinenausführungen sind die Magazine seitlich am Ständer, um den Ständer oder auch neben der Maschine angebracht.

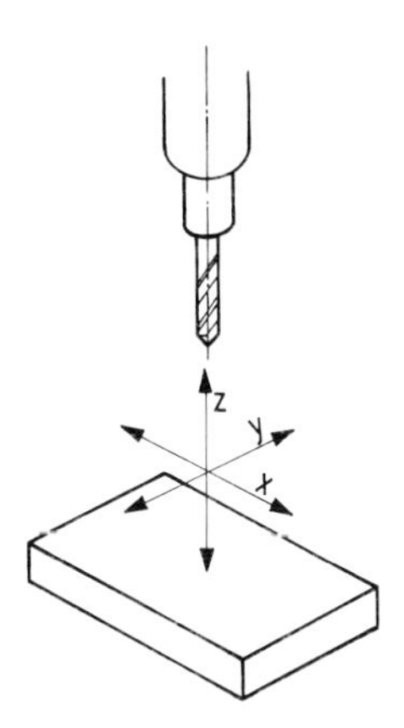


Bild 165. Bewegungsrichtungen an Bearbeitungszentren mit vertikaler Hauptspindel und deren Bezeichnungen

Bild 166. Bearbeitungszentrum mit vertikaler Hauptspindel und Kreuztisch; Bewegungen in X- und Y-Richtung vom Werkstück, in Z-Richtung vom Werkzeug

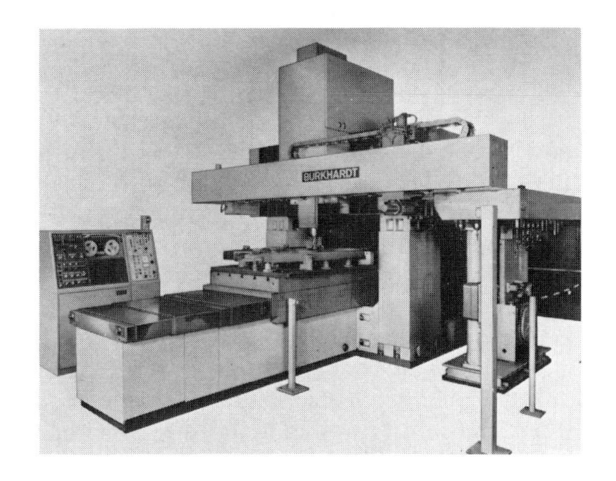


Bild 167. Bearbeitungszentrum in Portalbauweise mit vertikaler Hauptspindel; Bewegungen in X-Richtung vom Werkstück, in Y- und Z-Richtung vom Werkzeug

Das in Bild 167 gezeigte Bearbeitungszentrum mit vertikaler Hauptspindel ist eine Doppelständer Ausführung für die Bearbeitung großer Werkstücke. Hier werden die Bewegungen in der X-Achse vom Werkstück, in der Y- und Z-Achse vom Werkzeug ausgeführt. Das Werkzeugmagazin für Einzelwerkzeuge ist seitlich neben einem Ständer stehend angeordnet.

#### 7.7.7.3.3 Konstruktive Merkmale von Bearbeitungszentren

Die geforderte hohe Genauigkeit macht eine form- und verwindungssteife Konstruktion der Gestellteile notwendig. Durch vorgespannte Wälzkörper auf gehärteten Stahlleisten oder kunststoffbeschichteten Führungsbahnen wird eine ruckfreie Führung erreicht. Wälzschraubtriebe, z.B. Kugelrollspindeln mit vorgespannten zweiteiligen Muttern, oder hydrostatische Schneckenzahnstangen bei langen Hüben sorgen für spielfreie und steife Antriebselemente in den Bewegungsachsen.
Für den Antrieb der Hauptspindel mit stufenlos einstellbaren Drehzahlen oder feingestuften Drehzahlreihen dienen vorzugsweise Gleichstrom-Nebenschlußmotoren in Verbindung mit einem zwei- oder dreistufigen Schaltgetriebe. Statisch und dynamisch steife Hauptspindeln und Hauptspindellagerungen lassen bei hohen Antriebsleistungen entsprechend große Zeitspanungsvolumen erreichen. Zur Erzielung einer hohen Lagegenauigkeit der Hauptspindelachse – auch bei unterschiedlichen Betriebstemperaturen – ist ein symmetrischer Maschinenaufbau anzustreben; ggf. ist eine Temperaturregelung für den Spindelstock vorzusehen.
Als dynamisch steifer Vorschubantrieb hat sich in der letzten Zeit der langsamlaufende Gleichstrom-Servomotor durchgesetzt, der ohne Zwischengetriebe direkt mit der Kugelrollspindel gekoppelt wird. Hohe Eilganggeschwindigkeiten und schnelles Positionieren verringern die Nebenzeiten.
Je nach den Genauigkeitsanforderungen werden direkte Wegmeßsysteme, realisiert durch Induktosyn, Auflicht- bzw. Durchlicht-Maßstäbe, oder indirekte Wegmeßsysteme mit Drehmeldern verwendet.
Auf kurze Zugriff- und Wechselzeiten für die Werkzeuge, wartungs- und reparaturfreundliche Konstruktion sowie zugängliche Installation aller Hilfseinrichtungen ist außerdem zu achten.

### 7.7.7.4 Maßnahmen zur Erzielung der geforderten Arbeitsgenauigkeit

Für die Arbeitsgenauigkeit einer Maschine ist die Abweichung von der geforderten Relativbewegung zwischen Werkzeug und Werkstück ausschlaggebend. Für diese Abweichungen gibt es verschiedene Ursachen, wobei als wichtigste geometrische Fehler statische und dynamische Einflüsse, thermische Einflüsse, Verschleiß sowie Positionierfehler und Bahnabweichungen durch Nichtlinearitäten zu nennen sind.
Die *geometrischen Fehler* sind fertigungsbedingt und nicht vollständig zu vermeiden, da die Bauteile in ihrer Maß- und Formgenauigkeit sowie Oberflächengüte nur in bestimmten Toleranzen gefertigt werden können. Die Gesamtheit der geometrischen Fehler einer Maschine ergibt sich aus der Summe der Fehler aus dem Formgebungsprozeß und dem Montageungenauigkeiten. Durch konstruktive Maßnahmen, wie z.B. geringe Anzahl Fügestellen, Verwendung einfach zu fertigender Bauteile, Vorsehen von Einstellmöglichkeiten, und durch eine sorgfältige Montage kann die Gesamtheit der geometrischen Fehler und ihre Auswirkung auf die Arbeitsgenauigkeit in engen Grenzen gehalten werden.
Wesentlich für Bearbeitungszentren ist die Lagegenauigkeit von Werkzeugen, speziell Ausdrehwerkzeugen, beim wiederholten Einwechseln in die Hauptspindel. Als Standard kann dazu die Punktstillsetzeinrichtung der Hauptspindel angesehen werden. Sie stellt sicher, daß die Werkzeugschneide immer dieselbe Winkellage zur Hauptspindel hat, wodurch mögliche Rundlauffehler zwischen Spindellager und -aufnahme ausgeschaltet sind und die größtmögliche Wiederholgenauigkeit erreicht wird. Um zu verhindern, daß

sich zwischen Werkzeug- und Spindelkonus Schmutzpartikel absetzen, werden während des Werkzeugwechselvorgangs Spindel- und Werkzeugkonus mit Druckluft gesäubert.

*Statische Verformungen* werden durch das Eigengewicht von Bauteilen und Werkstücken verursacht. Insbesondere wird die erreichbare Arbeitsgenauigkeit beeinflußt, wenn die Führungen nicht über ihre gesamte Länge unterstützt sind. Dies sind typische Probleme der Konsolbauweise. Einen weiteren Grund für statische Verformungen bildet eine nicht reaktionsfrei arbeitende Klemmung. Die Bearbeitungszentren werden üblich im Lageregelkreis betrieben, so daß, abgesehen von sehr großen Maschinen mit schweren Baueinheiten, das Klemmen der Schlitten nach Erreichen der Position entfällt. Praktisch treten Klemmfunktionen nur an Rundschalttischen und den zugehörigen Palettensystemen auf. Aus Sicherheitsgründen besitzen die Vertikalschlitten oft eine Haltebremse.
Hinsichtlich des Einflusses der Zerspanungskräfte muß man zwei Arten unterscheiden. Einmal ist es die in Richtung der Hauptspindelachse wirksame Vorschubkraft beim ein- oder mehrspindeligen Bohren mit Spiralbohrern, und zum anderen sind es die großen Vorschubkräfte mit wechselnden Angriffsrichtungen beim Fräsen im Bereich der Hochleistungszerspanung. Beide Aufgaben werden mit universellen Bearbeitungszentren nicht optimal erfüllt. Aus diesem Grunde sind Sonderausführungen auf dem Markt, die besonders für eins dieser Bearbeitungsprobleme ausgelegt sind.
Die zum Verfahren eines Maschinenteils notwendige Kraft und die Steifigkeit der Übertragungselemente bestimmen wesentlich die Einfahrtoleranz $T_{EU}$.
Abgesehen von sehr großen Bearbeitungszentren werden für Führungen die Gleitpaarung Kunststoff gegen Guß bzw. Stahl oder Wälzelemente gegen gehärtete Stahlleisten eingesetzt. Bild 168 zeigt eine entsprechende Lösung. Für Maschinen im Bereich der Schwerzerspanung (z.B. zur Turbinenschaufelfertigung) werden auch kombinierte Gleit-Wälzführungen eingesetzt. Sie haben den Vorteil des niedrigen Rollreibungsbeiwerts bei hoher Dauergenauigkeit durch die Wälzführung und besitzen außerdem beim Schruppen das aus Stabilitätsgründen notwendige Dämpfungsvermögen der Gleitführung.

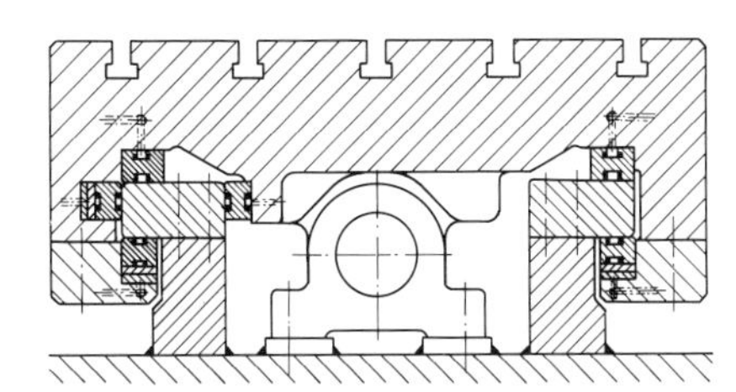

Bild 168. Führung mit Wälzelementen

Neben den statischen Verformungsanteilen ist besonders das *dynamische* Verhalten einer Maschine von Interesse.
Bei der Mehrzahl der Bearbeitungszentren werden Zeitspanungsvolumen erreicht, die an das dynamische Verhalten der Gestellteile und der Getriebeeinheit keine übermäßigen Anforderungen stellen. Dadurch lassen sich die heute üblichen optimalen Zerspanungsbedingungen auch häufig nicht realisieren. Eine wichtige Baugruppe ist in diesem Zusammenhang die Hauptspindellagerung. Die Lagerauswahl muß so erfolgen, daß auch bei einem großen Drehzahlbereich (z.B. 20 bis 4000 $min^{-1}$) eine ausreichende axiale und radiale Steifigkeit vorhanden ist.
Der hohe Automatisierungsgrad verlangt, daß die *thermische Verformung* des Maschinengestells weitgehend verhindert oder selbsttätig ausgeglichen wird. Das erfolgt einmal

durch konstruktive Maßnahmen, wie Anordnung der Wärmequellen, z.B. der Hydraulikanlage, außerhalb der Maschinen. Verlustleistungen in der Spindellagerung und dem Getriebe können z.B. durch eine Lebensdauer-Fettschmierung der Spindellagerung und durch reine Stirnradgetriebe anstelle von Kupplungsgetrieben reduziert werden. Wärmequellen sind so anzuordnen, daß keine Veränderung der Stellung zwischen Werkzeug und Werkstück entsteht (Bild 169 A). Durch einen thermosymmetrischen Aufbau, z.B. durch zentrische Führung der Bearbeitungseinheit am Ständer (Bild 169 B), werden Verlagerungen der Hauptspindel in X-Richtung vermindert, wodurch Fehler bei der Umschlagbearbeitung mit dem Rundtisch vermieden werden. Bei einseitiger Führung der Bearbeitungseinheit (Bild 169 B) treten, abhängig von der bestimmenden Länge L, bei Temperaturänderungen Verlagerungen der Spindel in X-Richtung auf, wobei der Betrag am vorderen und hinteren Lager unterschiedlich sein kann.
Um örtliche Aufheizung der Gestellteile durch heiße Späne zu vermeiden, ist für schnelle Späneabfuhr zu sorgen.
Die Beeinträchtigung der Arbeitsgenauigkeit infolge thermischer Verformungen kann außerdem durch Temperaturregelung des Spindelstocks, durch Aufheizen einzelner Maschinenteile zum Ausgleich von Verformungen, durch Eingabe von temperaturabhängigen Korrekturwerten in die numerische Steuerung und durch Vergleichsmessung an Fixpunkten und Eingabe des Korrekturwerts als Nullpunktverschiebung verringert werden.

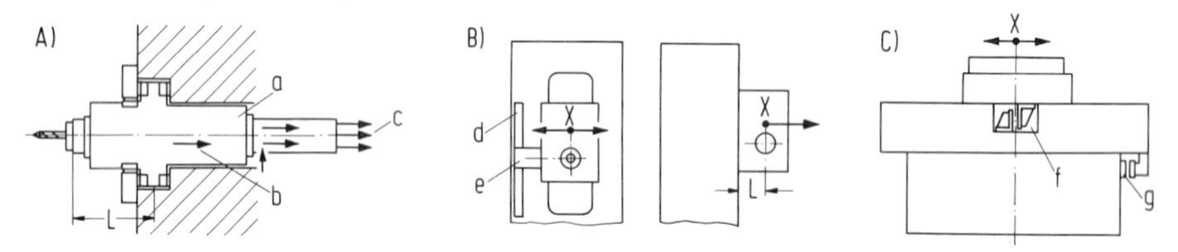


Bild 169. Wärmeeinflüsse und Maßstabanordnung
A) Einfluß von Wärmequellen (a Getriebe, b Ausdehnungsrichtung, c Strömungsrichtung des Fremdlüfters), B) thermosymmetrischer Aufbau und Maßstabanordnung (d Maßstab, e Reiter), C) Maßstabanordnung am Kreuzschlitten (f richtig, g ungünstig)

Der *Verschleiß* besitzt bei den heutigen Führungssystemen nur eine untergeordnete Rolle. Bei Wälzführungen tritt praktisch kein Verschleiß auf, wenn die Dimensionierung der Wälzelemente und der Stahlleisten (ausreichende Einhärtetiefe) den Anforderungen entspricht. Bei Verwendung bestimmter Kunststoffe, z.B. reinem Polytetrafluoräthylen (PTFE), ist zu beachten, daß in Verbindung mit einer zu hohen Rauhigkeit der Gegenführung unverhältnismäßig hoher Verschleiß auftreten kann. Diese Probleme sind aber heute weitgehend bekannt.
*Abweichungen von der linearen Signalübertragung* werden vornehmlich durch die Umkehrspanne verursacht. Sie setzt sich zusammen aus Spiel und Reibung im Führungssystem sowie aus Lastrückwirkungen in Verbindung mit den Nachgiebigkeiten der einzelnen Übertragungselemente. Die Auswirkung am Werkstück ist davon abhängig, ob eine direkte oder eine indirekte Wegmessung erfolgt (Bild 170). Bei der direkten Wegmessung wird die Relativlage zwischen Werkzeug und Werkstück gemessen. Da der größte Teil der Umkehrspanne innerhalb des Wirkablaufs liegt, bleibt die Positions- bzw. Bahnabweichung bei diesem Meßprinzip gering.
Wenn die Bearbeitungsachse und die Meßachse nicht zusammenfallen (Bild 171), können zusätzliche Abweichungen auftreten. Bild 169 B zeigt die richtige Anordnung des

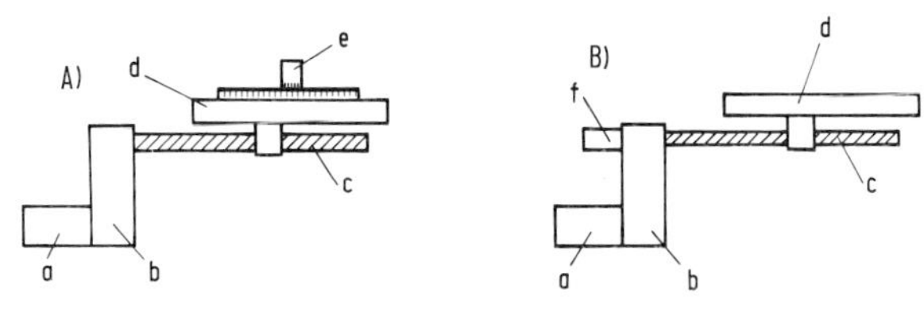


Bild 170. Direkte und indirekte Wegmessung
A) direkte, B) indirekte Messung
a Motor, b Getriebe, c Antriebsspindel, d Maschinenschlitten, e lineares Meßsystem, f rotatorisches Meßsystem

Reiters relativ zur Hauptspindel. Dadurch lassen sich Wärmeeinflüsse vermeiden. In Bild 169 C sind eine richtige und eine ungünstige Maßstabanordnung gegenübergestellt. Sofern ein geringfügiges Kippen des Kreuzschlittens auftritt, ist der Aufwand für eine direkte Wegmessung bei ungünstiger Maßstabanordnung nicht gerechtfertigt. Aus Bild 171 ist ersichtlich, welche Auswirkung infolge der Trennung von Meß- und Bearbeitungsachse eine ungenügend ausgerichtete Maschine auf die Arbeitsgenauigkeit haben kann.

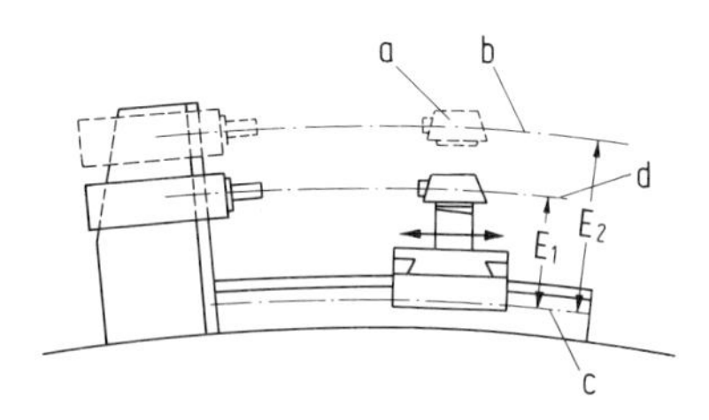


Bild 171. Maßfehler durch Abweichung zwischen Meß- und Bearbeitungsachse
a Meßgerät, b Abnahme-Meßachse, c Maschinen-Meßachse, d Bearbeitungsachse

Beim indirekten Meßsystem wird die Relativlage durch eine Winkelmessung an der Kugelrollspindel ermittelt. Die für die Umkehrspanne verantwortlichen Elemente liegen außerhalb des Lageregelkreises und bewirken daher einen Fehler am Werkstück. Dabei liefert die Verformung der Kugelrollspindel mit rund 47% den größten Anteil.

### 7.7.7.5 Zusatz- und Sondereinrichtungen

Schon ein Bearbeitungszentrum in seiner Grundausführung stellt ein System mit hoher Flexibilität dar. Durch entsprechende Zusatzeinrichtungen können der Einsatzbereich erweitert und die Haupt- und Nebenzeitanteile weiter reduziert werden. Dadurch ist eine noch größere Flexibilität und Wirtschaftlichkeit erreichbar.
Eine Erweiterung des Einsatzbereichs wird durch folgende Einrichtungen erzielt: Der *Rundschalttisch* mit Ein-Grad-Teilung erfordert eine zusätzliche NC-Achse; für die Wegmessung wird dabei ein Drehmelder verwendet. – Mit dem Rundschalttisch mit 0,001-Grad-Teilung ist eine stetige Verstellung der Vorschubbewegung möglich; erforderlich ist eine zusätzliche NC-Achse und aus Genauigkeitsgründen ein direktes Meßsystem. – Beim Einsatz eines numerisch gesteuerten *Plan- und Ausdrehkopfs* (Bild 172) wird eine gesonderte Antriebs- und Wegmeßeinrichtung für die Planschieberbewegung benötigt. Bild 173 zeigt typische Anwendungsbeispiele. Der Radius der herzustellenden Bohrung kann direkt programmiert werden. Um eine Werkzeugabnützung während der Bearbeitung auszugleichen, läßt sich ein gewünschter Nachstellwert an den hierfür

vorgesehenen Dekadenschaltern eingeben. – Sonderfräsköpfe, Zusatzeinrichtungen für Werkzeuge mit innerer Kühlmittelzuführung, Werkzeugmagazine mit großer Speicherkapazität und kurzen Wechselzeiten sowie verschiedene programmierbare Kühlschmiermedien erweitern darüber hinaus die Einsatzmöglichkeiten.

Bild 172. Numerisch gesteuerter Plan- und Ausdrehkopf

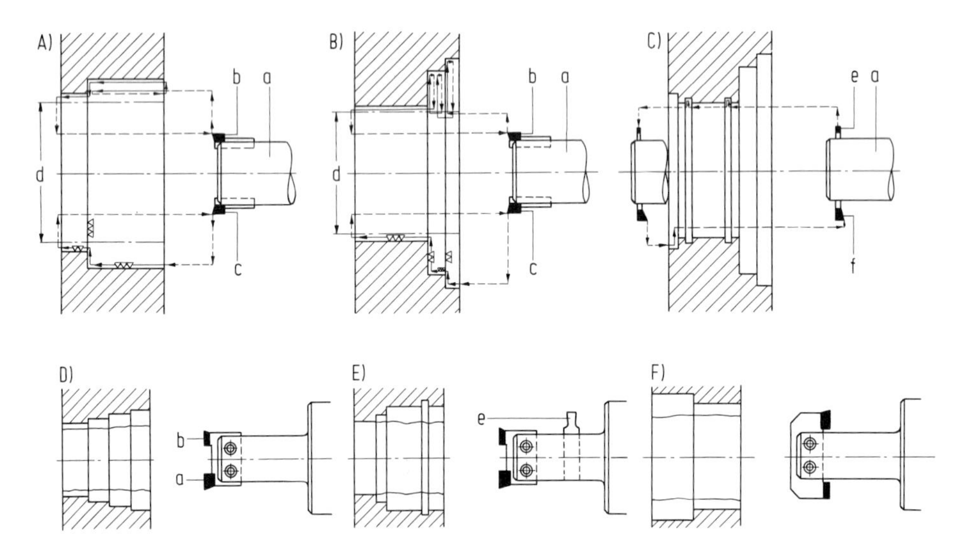


Bild 173. Anwendungsbeispiele für NC-Plan- und Ausdrehkopf

A) und B) Vorbohren und Fertigbohren einer gestuften Bohrung, C) Nuten einstechen und Sitz an der Rückseite andrehen, D) Kugellagerbohrungen verschiedenen Durchmessers, E) Kugellagerbohrung mit Einstich, F) von hinten bearbeitete Kugellagerbohrung

a Stahlhalter, b Schruppstahl, c Schlichtstahl, d Durchmesser der vorgeschruppten Bohrung, e Einstechstahl, f Hakenstahl

Da Bearbeitungszentren sehr kapitalintensiv sind, muß für einen hohen Nutzungsgrad der Anteil der Nebenzeiten auf ein Minimum reduziert werden. Durch den Einsatz einer *Werkstückwechseleinrichtung* können die Werkstücke während der Bearbeitungszeit auf- und abgespannt und ausgerichtet werden. Verschiedene Lösungsvarianten von

Werkstückwechseleinrichtungen sind in Bild 174 zusammengestellt. Die Lösungsmöglichkeiten werden von der Maschinenbauform mitbestimmt. Hierbei sind als wesentliche Kriterien die Werkstückwechselzeit und die Zugänglichkeit zum Spannen, Lösen und Ausrichten des Werkstücks zu beachten. Bezüglich der Wechselzeit stellt die Ausführung mit zusätzlichem Querhub (Bild 174 B) die beste Lösung dar. Mit Ausnahme der Ausführung, die nur einen Quertransport vorsieht (Bild 174 C), sind bei allen die Paletten von drei Seiten zugänglich. Sofern eine spätere Eingliederung in ein flexibles Fertigungssystem berücksichtigt werden soll, besitzt die Ausführung mit Quertransport und zusätzlichem Drehtisch (Bild 174 D) den Vorteil, daß die Zu- und Abführung der Paletten an derselben Stelle möglich ist.

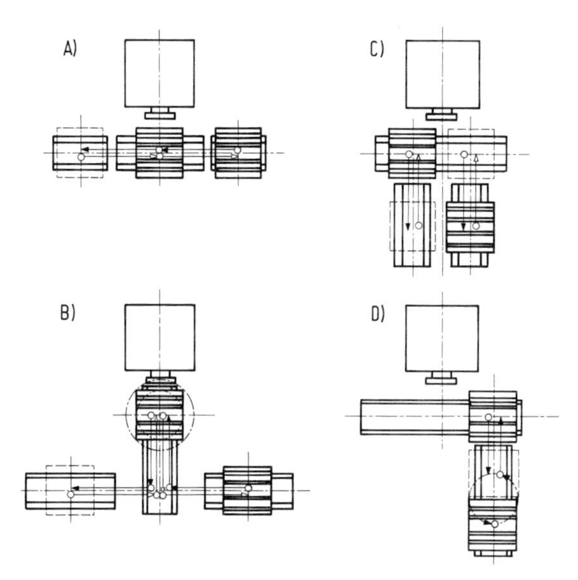


Bild 174. Ausführungen von Werkstückwechseleinrichtungen (nach *Sadowy* und *Petermann* [46])

A) in Längsachse der Maschine, B) in Längsachse der Maschine mit zusätzlichem Querhub, C) quer zur Längsachse der Maschine, D) quer zur Längsachse der Maschine mit zusätzlichem Drehtisch

*Mehrspindelige Bohr- und Gewindebohrköpfe* können in kleineren Ausführungen im üblichen Werkzeugmagazin gespeichert und mit der Werkzeugwechseleinrichtung in die Hauptspindel eingeführt werden (Bild 175). Größere Mehrspindel-, Fräs- sowie NC-Plan- und Ausdrehköpfe verlangen spezielle Speicher- und Wechseleinrichtungen. Eine Ausführung mit begrenzter Speicherkapazität (zwölf Plätze) zeigt Bild 164. Daneben sind auch Lösungen bekannt, die eine beliebige Erweiterung der Speicherplätze gestatten.

Diese Mehrspindel- und Sonderfräsköpfe sind so konzipiert, daß sie im Bedarfsfall auch auf Sondermaschinen und Transferstraßen eingesetzt werden können. Unterschreiten die Stückzahlen die Grenze der wirtschaftlichen Fertigung auf der Transferstraße, übernimmt das Bearbeitungszentrum wieder die Produktion der Auslaufstückzahlen und der Ersatzteile.

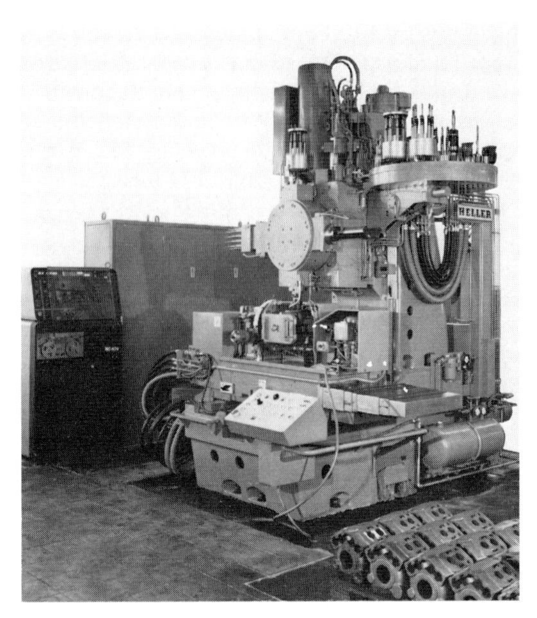


Bild 175. Einsatz von Mehrspindelköpfen zur Bearbeitung von Kompressorgehäusen

## 7.7.7.6 Numerische Steuerungen und Programmierung

### 7.7.7.6.1 Steuerungsarten

Für die Steuerung von Bearbeitungszentren haben sich heute fast ausschließlich numerische Bahnsteuerungen durchgesetzt. Besondere Vorteile bietet dabei die Zirkular-Interpolation. Sie gestattet die Bearbeitung kreisförmiger Bahnen. Durch Unterteilung in einzelne Kreissegmente lassen sich auch beliebige Kurven erzeugen. Bei dreidimensionaler Interpolation kann in drei Achsen gleichzeitig verfahren werden. Dabei entstehen entsprechende Konturen in den drei Koordinaten. Bei einer zweieinhalbdimensionalen Steuerung können die Linear- und Zirkularinterpolation in der Regel durch entsprechende Programmierung in die drei Ebenen XY, XZ und YZ umgeschaltet werden.

### 7.7.7.6.2 Korrekturmöglichkeiten

Um zur Bearbeitung eines Werkstücks das Werkzeug und die Maschine optimal ausnützen zu können, sind Korrekturmöglichkeiten vorteilhaft. Vorgesehen werden die Nullpunktverschiebung, die Werkzeuglängen- und die Fräserradiuskorrektur. Die Korrekturwerte können über Dekadenschalter oder entsprechende Speicher abgerufen werden. Die Fräserradiuskorrektur wirkt im Normalfall achsenparallel, kann aber auch bei Zirkularinterpolation voller Viertelkreise angewendet werden.

### 7.7.7.6.3 Anpaßsteuerung

Die Anpaßsteuerung von Bearbeitungszentren setzt die von der NC-Steuerung ausgegebenen Steuerbefehle in Maschinenfunktionen bzw. Achsbewegungen um. In Einzelfällen, wie z.B. beim Werkzeugwechsel, wird eine Serie von Bewegungsvorgängen, wie Werkzeug spannen und entspannen, Werkzeugwechselbewegungen, Werkzeug suchen,

Maschinenachsen aus dem Kollisionsbereich fahren usw., durch einen Befehl ausgelöst. Die Steuerlogik der Anpaßsteuerung wird wie die NC-Steuerung selbst überwiegend elektronisch in integrierter Schaltkreistechnik ausgeführt. Durch die Möglichkeit, sämtliche Steuersignale von und zur Anpaßsteuerung über Anzeigeelemente sichtbar zu machen, wird die Störungssuche wesentlich vereinfacht.

#### 7.7.7.6.4 CNC-Steuerung

Beim Einsatz von CNC-Steuerungen an Bearbeitungszentren sind über die allgemein bekannten Vorteile dieser Steuerungsart hinaus die Funktionen dreidimensionale Interpolation, Fräserbahnkorrekturen, Werkzeuglängenkorrekturen sowie Kompensation von Spindelsteigungs- und Temperaturfehlern von besonderem Interesse.

#### 7.7.7.6.5 DNC-Steuerung

An Bearbeitungszentren mit umfangreichen Bearbeitungsprogrammen und einer Vielzahl von zu steuernden Funktionen können die Vorteile der DNC-Steuerung besonders gut genutzt werden (Bild 176). Über die Grundfunktionen der Steuerdatenverwaltung und -verteilung hinaus sind die in Bild 177 als erweiterte Funktionen genannten Möglichkeiten von besonderem Interesse.

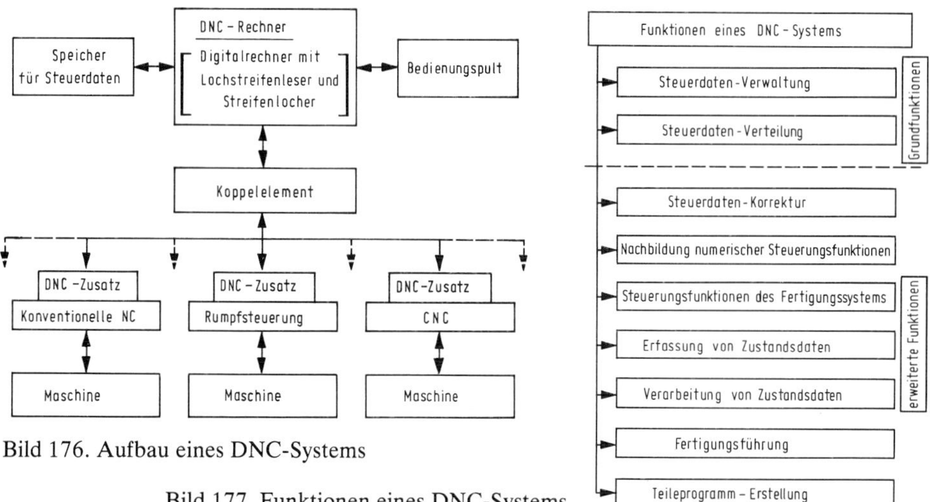


Bild 176. Aufbau eines DNC-Systems

Bild 177. Funktionen eines DNC-Systems

Bei der Verwendung von Rumpfsteuerungen können an der Maschine über den DNC-Rechner *Steuerungsfunktionen* einer üblichen *NC-Steuerung,* wie z.B. Linear- und Zirkularinterpolation, ausgeführt werden. Die NC-Steuerung kann deshalb vereinfacht bzw. vorhandene NC-Steuerungen können auch höherwertige Funktionen, wie z.B. dreidimensionale Interpolation, ausführen. Besondere Bedeutung kommt dabei der Unterprogrammtechnik zu.

Vor allem bei verketteten Anlagen ergibt sich neben den reinen NC-Programmen eine Vielzahl von Steuerfunktionen für den Materialfluß. Diese Steuerungsaufgaben können ebenfalls vom Rechner übernommen werden [56].

Bei Bearbeitungszentren mit Werkstückträgerwechsel und vor allem bei mehreren in einer Fertigungslinie verketteten Maschinen können darüber hinaus Zustandsdaten, z.B. über Materialfluß, Betriebsmittel und Arbeitsablauf, erfaßt und verarbeitet werden.

Weiterhin sind bei Bearbeitungszentren die vom Rechner erfaßbaren Daten über Maschinenbelegung, Stillstandzeiten, Fertigungsstückzahlen usw. wichtige Informationen, die betriebswirtschaftlich ausgewertet werden können.
Die Aufgaben der *Fertigungsführung* werden im allgemeinen auf Großrechnern „off line“ durchgeführt. Im Rahmen von DNC-Systemen können bei Bearbeitungszentren Teilaufgaben übernommen werden. Man wird dabei vor allem diejenigen Aufgaben auswählen, die möglichst „on line“ ausgeführt werden sollten. Mit Hilfe von Vorgabewerten in Form von Termin- und Arbeitsplänen ist eine Feindisposition möglich, die von systemeigenen Parametern bestimmt wird.
Kriterien wie Maschinenausfall, Werkzeugbruch, Werkstoffmangel, können so ohne manuelle Eingriffe direkt zur Umdisposition des Materialflusses herangezogen werden [47 bis 55].
Bei ausreichender Speicherkapazität des Rechners und entsprechender Zeitreserve kann auch die Teileprogramm-Erstellung vom DNC-Rechner übernommen werden.

#### 7.7.7.6.6 Programmierung

Über die allgemeinen Grundsätze der Programmierung von numerischen Maschinen hinaus sind bei Bearbeitungszentren als besondere maschinenspezifische Eigenheiten die Programmiermöglichkeiten von Kreisbahnen der Hauptspindel in der XY-Ebene zu nennen. Damit wird es möglich, mit einigen wenigen ausgewählten Fräswerkzeugen eine Vielzahl von Bearbeitungen wirtschaftlich durchzuführen. Besondere Vorteile lassen sich erreichen bei der Grobbearbeitung von großen Bohrungen, bei der Bearbeitung von Flanschpartien sowie bei der Herstellung von Einstichen. Dabei kann durch den Einsatz von Kombinations- bzw. Satzwerkzeugen die Leistungsfähigkeit zusätzlich gesteigert werden.

### 7.7.7.7 Wirtschaftliche Stückzahlbereiche

Die Wirtschaftlichkeit einer Teilefertigung auf NC-Bearbeitungszentren ist bei der Investition einer Fertigungsanlage Grundvoraussetzung. Ihr Nachweis hilft bei der Entscheidung, die günstigste Fertigungseinrichtung auszuwählen. Als Grundlage für eine Wirtschaftlichkeitserfassung dient in der Regel eine sorgfältige Stückkostenrechnung. Die Berechnung kann, gestützt auf eine breitgefächerte Fachliteratur [57 bis 67], manuell oder mit Hilfe von Kleinrechnern und EDV-Anlagen durchgeführt werden. Die Vergleichsrechnung mit der Fertigung auf verschiedenen Bearbeitungszentren oder konventionellen Werkzeugmaschinen gibt Aufschluß, bei welcher Losgröße, welche Fertigungseinrichtung günstiger arbeitet. In einer solchen Stückkostenrechnung bleiben Vorteile der NC-Fertigung, wie kurze Durchlaufzeit, schnellere Verfügbarkeit der Teile, geringere Lagerhaltung, höhere Qualität der Teile usw., weitgehend unberücksichtigt, weil sie nur schwer quantifizierbar sind. Bei bereits vorhandenen NC-Bearbeitungszentren muß die Wirtschaftlichkeit für die Teile, die erstmalig auf dieser Fertigungseinrichtung bearbeitet werden sollen, ebenfalls ermittelt werden. Dies ist erforderlich, weil einmal die Herstellkosten für die Festlegung des Preises errechnet und zum anderen die Zuordnung der Werkstücke zur wirtschaftlichsten Bearbeitungsmaschine festgelegt werden müssen.
Die Praxis beim Einsatz von NC-Bearbeitungszentren zeigt, daß bei Fertigungsteilen mit komplizierter Geometrie und extremen Anforderungen bezüglich der Maß- und Formtoleranzen die Fertigung bereits bei kleinen Stückzahlen (etwa 3 St.) wirtschaftlich sein kann. In Extremfällen kann die Wirtschaftlichkeit schon für die Einzelfertigung gegeben sein.

Der dominierende Einsatzbereich für die wirtschaftliche Fertigung auf NC-Bearbeitungszcntrcn ist dic Klcin- und mittclgroßc Scric, wcnn sich dic zu fcrtigenden Losgrößen in festgelegten Zeitabständen wiederholen. Bei steigenden Losgrößen kann die Wirtschaftlichkeit durch den Einsatz von Zusatz- und Sondereinrichtungen sichergestellt werden. Eine wirksame Maßnahme ist hierbei der Einsatz eines automatischen Werkstückträger-Wechsels (Paletten-Wechsel), der bei weiterer Losgrößensteigerung zusätzlich durch einen Speicher ergänzt wird. Ebenso lassen sich mit Sonderwerkzeugen in kombinierter Bauform oder mit Mehrspindeleinheiten weitere Vorteile erzielen.

### 7.7.7.8 Fertigungssysteme

Ein Fertigungssystem umfaßt Verfahren und Einrichtungen, die Werkstücke von einem Ausgangszustand in einen Fertigzustand überführen.
NC-Bearbeitungszentren, und zwar vornehmlich in der Ausbaustufe mit automatischem Werkstückwechsel, eignen sich besonders gut zum Aufbau von Fertigungssystemen. Mit der Möglichkeit, Werkstücke einer Maschine auf Paletten zuführen zu können, lassen sich ohne große Mehraufwendungen auch mehrere Anlagen miteinander verketten. Die daraus entstehenden Maschinensysteme werden als numerisch gesteuerte Fertigungssysteme gekennzeichnet und fallen damit unter den Oberbegriff „Flexible Fertigungssysteme“. Sie ermöglichen in Verbindung mit einer entsprechenden Steuerung die automatische Bearbeitung von Werkstücken in einem begrenzten Spektrum in wahlfreier Folge. Neben der Steuerung des Arbeitsprozesses tritt hier die zentrale Steuerung in den Vordergrund, die den Transport und die Zuteilung der zu bearbeitenden Werkstücke übernimmt.
Von der Begriffsbestimmung her unterscheidet man Systeme mit sich ersetzenden und mit sich ergänzenden Bearbeitungsmaschinen. Parallel dazu ist eine Untergliederung gebräuchlich, welche die NC-Fertigungssysteme nach einstufigen, mehrstufigen und kombinierten Systemen unterscheidet. Die einstufigen Systeme sind den Systemen mit sich ersetzenden Maschinen und die mehrstufigen Systeme den Systemen mit sich ergänzenden Maschinen gleichzusetzen. Die kombinierten Systeme werden aus sich ergänzenden und sich ersetzenden Maschinen gebildet.
Bei numerisch gesteuerten Fertigungssystemen mit sich ersetzenden Bearbeitungsmaschinen ist jede einzelne Maschine mit allen zur Bearbeitung eines Teilespektrums erforderlichen Möglichkeiten ausgestattet. Ein zur Bearbeitung vorgesehenes Werkstück kann jeder gerade freien Maschine im System zugeordnet werden. Bild 178 zeigt ein derartiges NC-Fertigungssystem mit sich ersetzenden Einzelbearbeitungszentren [65]. Das Teilespektrum, bestehend aus 193 verschiedenen Werkstücken, das auf diesem System gefertigt wird, entstammt einer Teilefamilie von Getriebegehäusen und dazugehörigen Deckeln, bei der die einzelnen Werkstücke einander geometrisch ähnlich sind und eine vergleichbare Art und Anzahl der Bearbeitungsvorgänge gegeben ist (Bild 179).
Bei Systemen mit sich ergänzenden Maschinen oder Bearbeitungsstationen muß ein zu bearbeitendes Werkstück mehrere Maschinen oder Bearbeitungsstationen in einer bestimmten Reihenfolge passieren. In Bild 180 ist ein mehrstufiges Fertigungssystem dargestellt, das aus einer Arbeitsstation zum Vor- und Fertigfräsen, zwei NC-Bearbeitungszentren mit 30 Einzelwerkzeugmagazinplätzen und drei NC-Bearbeitungszentren mit 30 Werkzeug- und Bohrkopfmagazinplätzen besteht. Diese Anlage wurde projektiert für eine Teilefamilie von rd. 30 verschiedenen Getriebegehäusen.
Ein Beispiel eines kombinierten Systems zeigt Bild 181. Zwei NC-Bearbeitungszentren mit automatischem Einzelwerkzeugwechsel sind mit einem NC-Bearbeitungszentrum

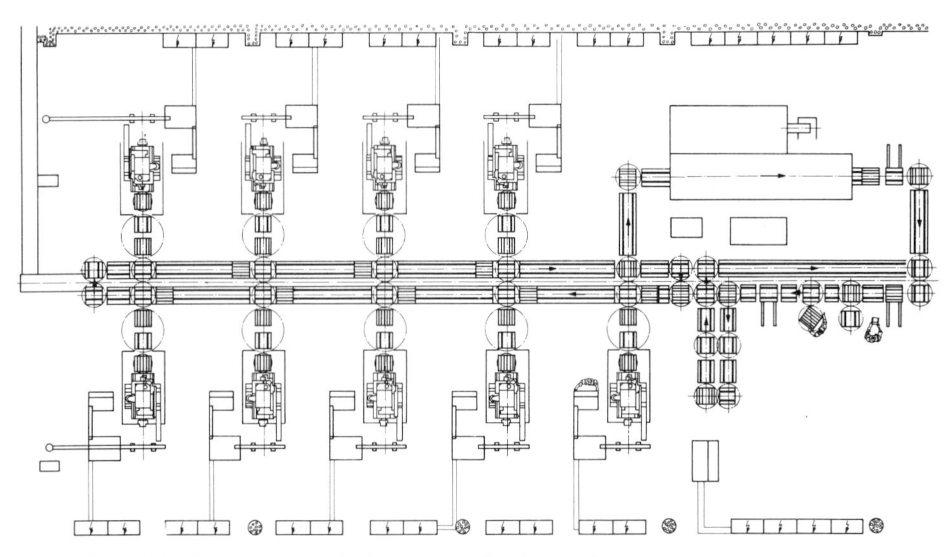

Bild 178. NC-Fertigungssystem mit sich ersetzenden Bearbeitungszentren

Bild 179. NC-Fertigungssystem

mit automatischem Einzelwerkzeug- und Bohrkopfwechsel und drei Sonderbohrmaschinen mit automatischem Bohrkopfwechsel gekoppelt. Ein Teil dieser Anlage arbeitet als ein sich ergänzendes Teilsystem, während der übrige Teil als sich ersetzendes System eingesetzt werden kann. Welches der beschriebenen Systeme für ein gegebenes Teilespektrum am besten geeignet ist, kann nur nach detaillierten Voruntersuchungen am Teilespektrum selbst und eingehenden Wirtschaftlichkeitsrechnungen entschieden werden.

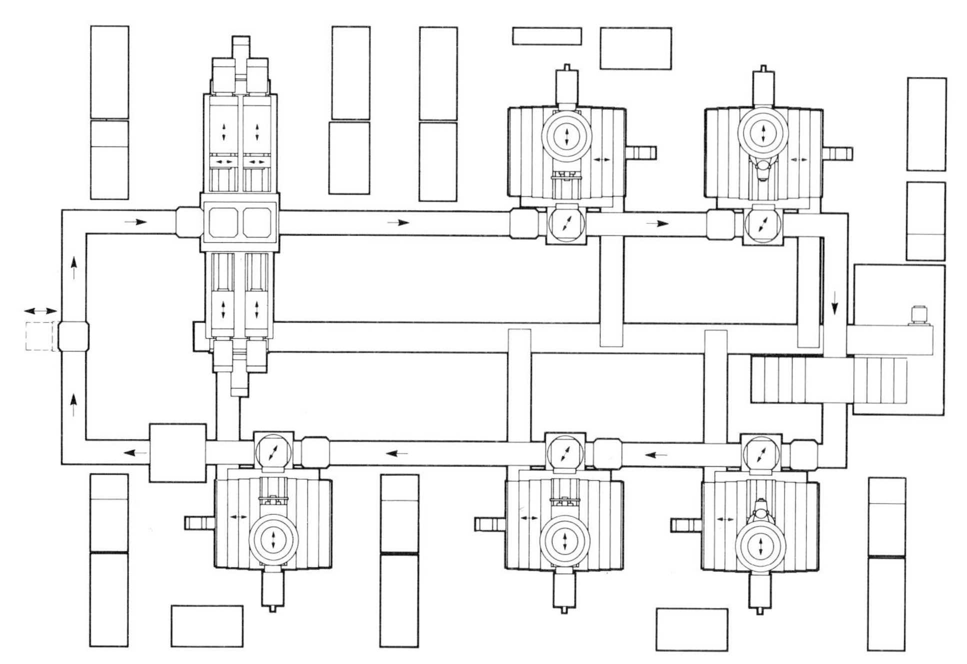

Bild 180. Mehrstufiges Fertigungssystem

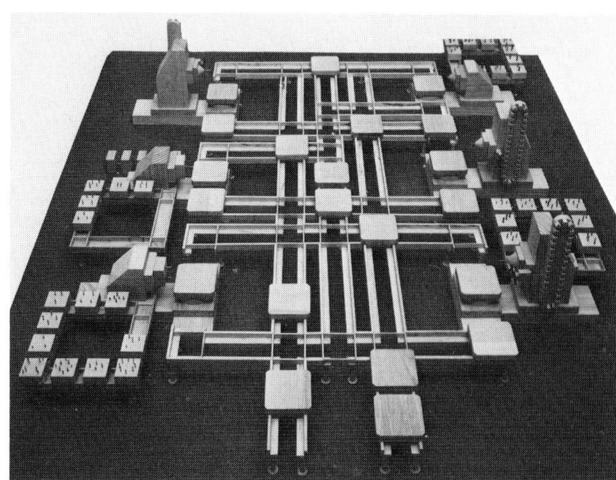

Bild 181. Modell eines Fertigungssystems mit sich ergänzenden und sich ersetzenden Bearbeitungseinheiten

Die Anforderungen, die an die Steuerung eines flexiblen Fertigungssystems gestellt werden, kann die numerische Steuerung im klassischen Sinne nicht mehr erfüllen. Deshalb wird die Steuerdatenverteilung und -verwaltung von einem übergeordneten DNC-System vorgenommen. Die Steuerungen der einzelnen Komponenten im System werden dazu von einem zentralen Rechner bedient (siehe unter 7.7.7.6.5). Je nach Ausstattung können für die einzelnen Komponenten konventionelle numerische Steuerungen, CNC-Steuerungen oder numerische Rumpfsteuerungen verwendet werden. Die Art der zum Einsatz kommenden Gesamtsteuerung hängt davon ab, ob ein Fertigungssystem in der ersten Phase in voller Ausbaustufe realisiert oder in einem längeren Zeitraum entsprechend einer wachsenden Fertigung stufenweise geplant und ausgebaut wird.

## 7.7.8 Sonderfräsmaschinen

**Ing. (grad.) E. Eich, Coburg**

Wie bei anderen spanenden Bearbeitungsverfahren gibt es auch bei der Bearbeitung durch Fräsen Aufgaben, die entweder infolge der Form und Art der Werkstücke oder aus technologischen Gesichtspunkten nur mit Hilfe speziell gestalteter Fräsmaschinen gelöst werden können. Hierzu einige Beispiele.

### 7.7.8.1 Rotornutenfräsmaschine

Eine Fräsmaschine besonderer Art (Bilder 182 und 183) erfordert die Bearbeitung der Rotoren für Generatoren. Diese besteht vor allem im Einfräsen der Wicklungsnuten am Ballen des Rotors (Bild 184) mit einem Scheibenfräser. Mit Zusatzeinrichtungen können außerdem die Verschluß- und die Stabilisierungsnuten bearbeitet sowie an den Zapfen und den Stirnseiten des Rotorballens Fräs- und Bohrarbeiten ausgeführt werden.

Bild 182. Rotornutenfräsmaschine

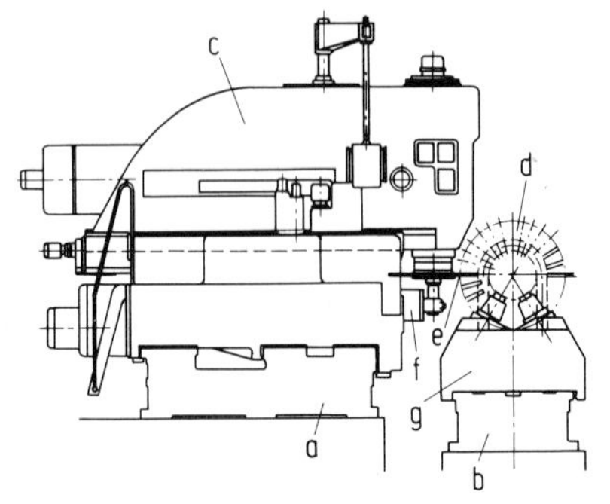


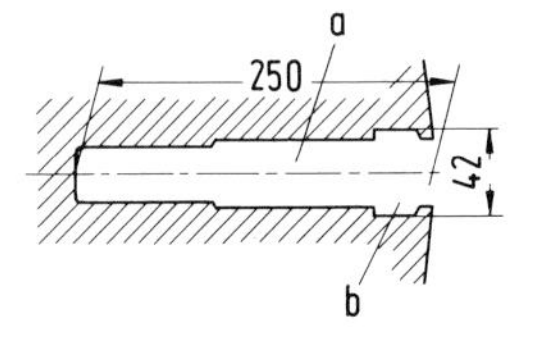


Bild 184. Teilquerschnitt eines Rotors

a Wicklungsnut, b Verschlußnut

Bild 183. Seitenansicht der Rotornutenfräsmaschine

a Bett der Bearbeitungseinheit, b Bett für Spann-, Stütz- und Teileinrichtung, c Bearbeitungseinheit, d Rotor eines Generators, e Scheibenfräser, f Fräsdorngegenlager, g Hauptstützbock

Die Maschine hat zwei parallele Betten, auf deren einem die Bearbeitungseinheit und dem anderen das Werkstück mit seinen Spann- und Verstellaggregaten angeordnet sind. Wegen des großen Werkstückgewichts (zwischen 80 und 300 t für Generatoren mit Leistungen zwischen 300 und 2000 MW) und dessen Schwingungsempfindlichkeit kommt der Spann- und Teileinrichtung (Bild 185) besondere Bedeutung zu. Sie besteht aus dem Teilstock für das Teilen und verdrehsichere Halten des Rotors und für die Aufnahme der Axialkräfte, den beiden Hauptstützböcken für das Auflegen und Ausrichten der Lagerzapfen, einem oder mehreren Dämpfungsböcken zur Vermeidung von dynamischen Instabilitäten während der Bearbeitung mit dem Scheibenfräser und einem oder mehreren Unterstützungsböcken zur Vermeidung der Durchbiegung infolge des Eigengewichts des Werkstücks.

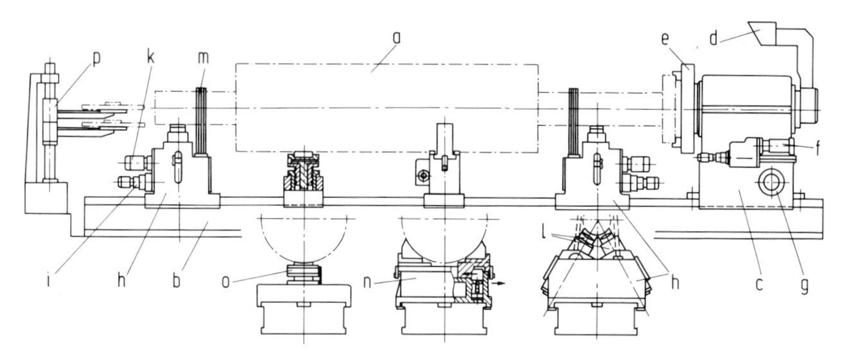


Bild 185. Rotor-Spann- und Teileinrichtung

a Werkstück, b Bett für Spann-, Stütz- und Teileinrichtung, c Teilstock, d Teiloptik, e Planscheibe, f Teilantrieb, g Verstellantrieb, h Hauptstützböcke, i Längsverstellantrieb, k Verstellantrieb für Stützstempel, l Stützstempel, m Spannkette, n Dämpfungsbock, o Unterstützungsbock, p Scheibenfräser-Zuführeinrichtung

Die Bearbeitungseinheit für die Fräsbearbeitungen ist parallel zum Werkstück auf einem eigenen Führungsbett mit stufenlos einstellbarem Vorschub verfahrbar. Zu ihr gehören der Hauptspindelstock für die Fräsbearbeitung mit Scheibenfräser und eine zusätzliche Bearbeitungseinheit mit Zusatzeinrichtungen für die übrigen Fräsbearbeitungen.
Der Hauptspindelkopf wird mit einer Leistung bis zu 150 kW angetrieben. Die Hauptspindel zur Aufnahme des Scheibenfräsers ragt entweder nach unten oder nach oben, je nach Bauart, aus dem Hauptspindelkopf heraus. Durch zusätzliche axiale Verstellmöglichkeit der Hauptspindel kann der Scheibenfräser zur Werkstückachse ausgerichtet werden. Die Lagerung der Hauptspindel ist auf besonders hohe Dämpfung ausgelegt, um die bei der Bearbeitung mit Scheibenfräsern sehr leicht auftretenden dynamischen Störungen zu vermeiden. Das Fräsdorngegenlager sorgt für eine zusätzliche dynamische und statische Stabilisierung. Bei der durch seine Form bedingten seitlichen Elastizität des Scheibenfräsers besteht die Gefahr zum seitlichen Verlaufen des Schnitts. Wird hierbei die zulässige Toleranz überschritten, unterbricht eine Meß- und Überwachungseinrichtung automatisch den Arbeitsgang. Für die zeitsparende und bequeme Handhabung der schweren Scheibenfräser stehen kraftbetätigte Zuführeinrichtungen zur Verfügung.
Der mit einer horizontalen Hauptspindel (Antriebsleistung bis 45 kW) ausgestattete Zusatzspindelstock wird zusammen mit den unterschiedlichen Zusatzeinrichtungen für die übrigen Fräsbearbeitungen eingesetzt. Zu diesen gehören das Bearbeiten der Verschlußnuten – entweder mit Scheibenfräser (Bild 186 A) oder mit zwei Schaftfräsern

(Bild 186 B) –, das Fräsen von Nuten am Rotorzapfen (Bild 186 C), das Fräsen von Quer- und Stabilisierungsnuten (Bild 186 D) und das Bohren und Fräsen an den Stirnseiten der Rotorballen (Bild 186 E).

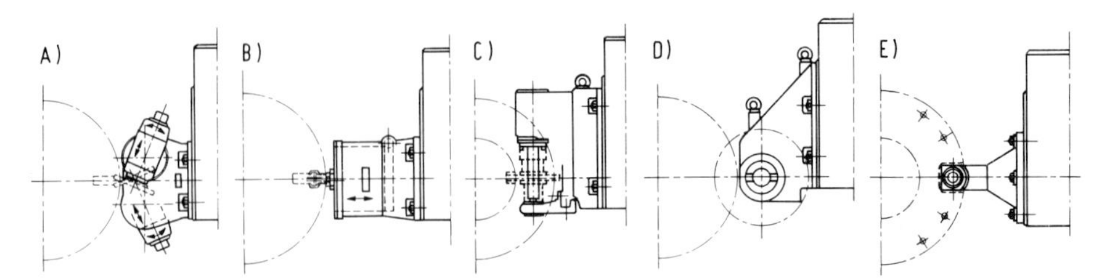


Bild 186. Einsatz von Zusatzeinrichtungen auf der Rotornutenfräsmaschine zum Bearbeiten
A) der Verschlußnuten mit Scheibenfräsern, B) der Verschlußnuten mit Schaftfräsern, C) von Nuten am Rotorzapfen, D) der Quer- und Stabilisierungsnuten, E) von Bohrungen und Flächen an der Stirnseite des Ballens

Die Maschine wird von einem zentralen Bedienungsstand an der Bearbeitungseinheit aus bedient. Für die sich nach den Teilvorgängen wiederholenden Bearbeitungszyklen können automatische Programmabläufe aufgerufen werden. Wegen der sehr teuren Werkstücke ist zur Vermeidung von Ausschuß sowohl bei der Bedienung als auch bei der Steuerung der Maschine auf besonders hohe Funktionssicherheit zu achten.

### 7.7.8.2 Rundfräsmaschinen für Kurbelwellen

Maschinen dieser Art werden für die Schruppbearbeitung der Lager- und Hubzapfen an Kurbelwellen (Bild 187) vor dem nachfolgenden Härten und Schleifen eingesetzt. Der zum Teil sehr große und ungleichmäßige, von den Gesenkschrägen herrührende überschüssige Werkstoff – insbesondere an den Wangen und, falls vorhanden, an den Gegengewichten – kann auf diese Weise trotz der relativ geringen Stabilität der Werkstücke vorteilhaft zerspant werden.

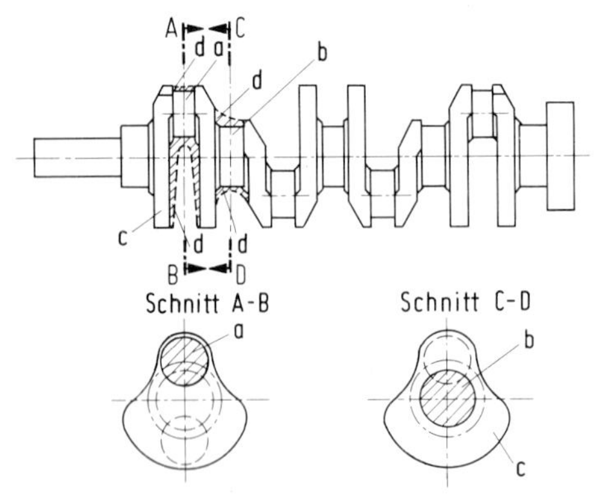


Bild 187. Kurbelwelle eines Vier-Zylinder-Motors
a Hubzapfen, b Lagerzapfen, c Gegengewicht, d Bearbeitungsaufmaß

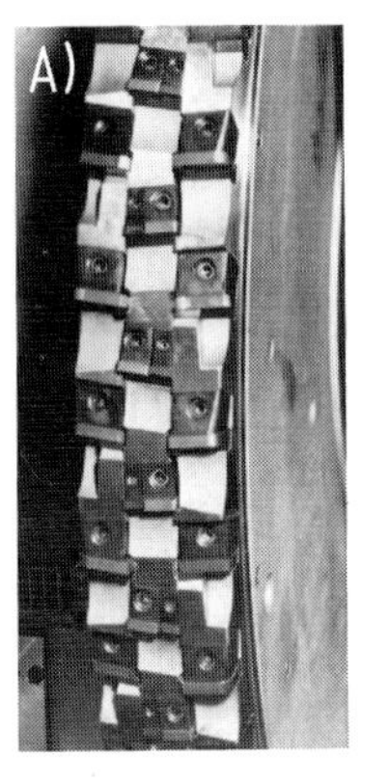

Bild 188. Fräswerkzeuge für Kurbelwellen-Rundfräsmaschinen
A) mit nach außen gerichteten Schneiden, B) mit nach innen gerichteten Schneiden

Die Kurbelwellen-Rundfräsmaschine gibt es in zwei Bauarten. Bei beiden taucht das Fräswerkzeug zunächst bis zum Außenumfang des Lager- oder Hubzapfens ein und fräst anschließend während einer Werkstückumdrehung den Zapfen fertig. Die ältere Ausführung ist mit einem außenverzahnten Fräswerkzeug ausgerüstet (Bild 188 A). Die neuere Bauform mit einem innenverzahnten Fräswerkzeug (Bild 188 B) verdrängt diese zunehmend wegen ihrer technischen Vorteile. Die Fräswerkzeuge sind mit Hartmetall-Wendeschneidplatten bestückt.
Aus der unterschiedlichen Schneidenanordnung ergeben sich Unterschiede im Antrieb der beiden Werkzeuge. Während bei dem Werkzeug mit nach außen gerichteten Schneiden der Durchmesser des Antriebsrads verhältnismäßig klein sein muß (Bild 189 A), kann dieser bei dem Fräswerkzeug mit nach innen gerichteten Schneiden wesentlich größer gewählt werden (Bild 189 B). Daraus resultiert selbst bei erheblich größerem Vorschub eine größere Laufruhe und Standzeit des innenverzahnten Fräswerkzeugs.

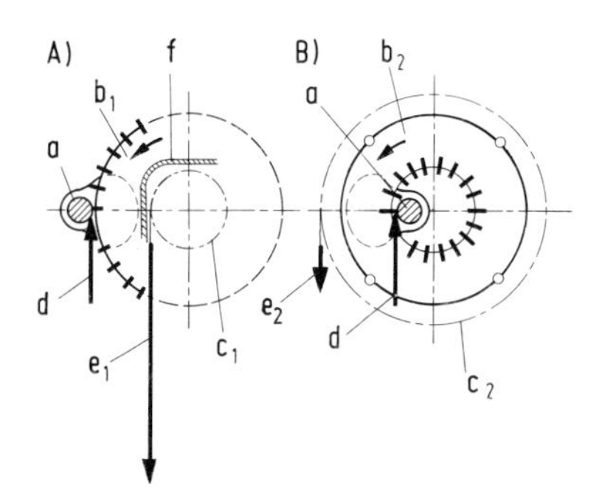


Bild 189. Bearbeitung der Hubzapfen von Kurbelwellen

A) mit außenverzahntem Fräswerkzeug, B) mit innenverzahntem Fräswerkzeug

a Hubzapfen, $b_1$ außenverzahnter Fräser, $b_2$ innenverzahnter Fräser, $c_1$, $c_2$ Teilkreise der Antriebsräder für die Fräswerkzeuge, d Zerspankraftkomponente in Umfangsrichtung, $e_1$, $e_2$ Umfangskraft am Antriebsrad, f Gehäuse

Aufgrund der unterschiedlichen Kraftangriffspunkte ergibt sich nach Bild 189 bei gleichgroßen Zerspankraftkomponenten für das außenverzahnte Werkzeug eine etwa achtmal größere Umfangskraft am Antriebsrad als für das innenverzahnte Werkzeug. Deshalb sind die Anforderungen für die Auslegung der Verzahnung der Antriebsräder entsprechend verschieden. Weitere Vorteile für die neuere Ausführung ergeben sich durch die günstigeren Eingriffsverhältnisse der Schneiden, den längeren Kontaktbogen, die dadurch bedingte höhere Laufruhe und die vorteilhaftere Oberfläche für die anschließende Schleifbearbeitung.
Bei beiden Werkzeugen sind die Schneiden so angeordnet, daß eine günstige Schnittaufteilung sowie optimale Spanbildung erreicht wird und sich auf diese Weise günstige Kräfteverhältnisse für die gesamte Maschine ergeben.
Kurbelwellen-Rundfräsmaschinen mit außenverzahntem Fräswerkzeug (Bild 190) können je nach Maschinen- und Kurbelwellengröße mit einer oder bis zu vier Fräseinheiten ausgerüstet werden. Dadurch ist die gleichzeitige Bearbeitung von mehreren Lager- oder Hubzapfen möglich. Die Maschine mit innenverzahntem Werkzeug (Bild 191) wird dagegen nur mit einer, maximal zwei Fräseinheiten bestückt. Trotzdem kann dieses Prinzip in vielen Fällen aufgrund der technologischen Vorteile wirtschaftlicher eingesetzt werden.
Zur Stabilisierung ist die Kurbelwelle während der Bearbeitung an den Lagerzapfen in Lünetten abgestützt. Zwei synchron laufende Drehvorschubeinheiten sorgen von zwei Seiten für eine gleichmäßige und torsionsfreie Vorschubbewegung des Werkstücks. Der Abstand zwischen den beiden Vorschubeinheiten kann durch Verschieben einer Einheit der Werkstücklänge angepaßt werden. Die Kurbelwelle wird in zentrisch laufenden Spannfuttern lagerichtig aufgenommen und gespannt. Der Werkstückspannstock und

die querverschiebbare Fräseinheit sind auf einem gemeinsamen Maschinenbett angeordnet. Ein zusätzlicher Längsschlitten ermöglicht die Verschiebung der Fräseinheit parallel zur Werkstückachse.
Für die Bearbeitung der Hublagerzapfen wird die Fräseinheit entsprechend dem Kurbelhub über einen Kurbeltrieb oder eine Nachformeinrichtung quer zur Werkstückachse nachgeführt.

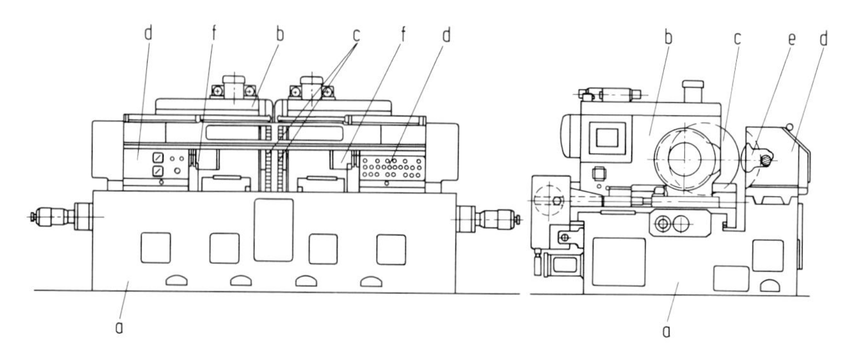


Bild 190. Kurbelwellen-Rundfräsmaschine mit außenverzahnten Fräswerkzeugen
a Maschinenbett, b Fräseinheit, c Werkzeug, d Drehvorschubeinheit, e Werkstück, f Spannfutter mit Synchronantrieb

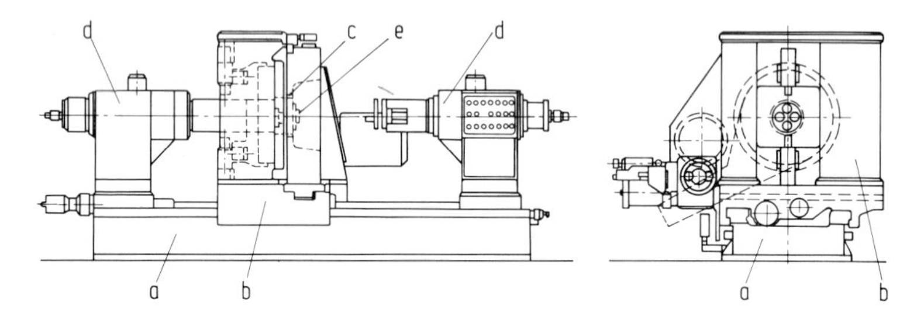


Bild 191. Kurbelwellen-Rundfräsmaschine mit innenverzahntem Fräswerkzeug
a Maschinenbett, b Fräseinheit, c Werkzeug, d Spindelstöcke, e Werkstück

### 7.7.8.3 NC-Sonderfräsmaschinen zur Herstellung von Flugzeugteilen

Für die Herstellung von Flugzeugteilen, d.h. von Werkstücken mit zum Teil komplizierter Form aus sehr unterschiedlichen Werkstoffen, werden spezielle NC-Fräsmaschinen mit Stetigbahnsteuerungen in bis zu fünf Achsen eingesetzt. Die zu zerspanenden Werkstoffe sind entweder hochfeste Aluminiumlegierungen, Titan oder Stahl, also Werkstoffe mit sehr unterschiedlichen Zerspanungsbedingungen.
Bei der Aluminiumbearbeitung, dem häufigsten Fall, benötigt man sehr hohe Schnittgeschwindigkeiten bei relativ kleinen Zerspanungskräften. Bei der Titanbearbeitung, dem anderen Extrem, sind die Schnittgeschwindigkeiten wesentlich niedriger bei relativ hohen Zerspanungskräften. Die Schnittgeschwindigkeit ist bei der Aluminium-Zerspanung etwa 20mal so groß – bis 1200 m/min – wie bei der Titan-Zerspanung. Umgekehrt sind wiederum die Zerspanungskräfte bei gleichem Spanungsquerschnitt bei der Titan-Zer-

spanung je nach Spanungsdicke etwa 20- bis 25mal so hoch wie bei der Aluminium-Zerspanung.
Dies stellt an den Frässchlitten sehr unterschiedliche Anforderungen, insbesondere hinsichtlich der Auslegung der Hauptspindeln und deren Antriebe. Deshalb werden die Maschinen – je nach der Zerspanungsaufgabe – mit unterschiedlichen und oft an einer Maschine austauschbaren Fräseinheiten ausgerüstet, deren Leistungsbereich sich von etwa 15 bis 30 kW und deren Drehzahlbereich sich auf etwa 20 bis 9000 $min^{-1}$ erstreckt. Je nach den Erfordernissen treiben die stufenlos verstellbaren Motoren die Hauptspindeln entweder direkt oder über ein Rädergetriebe mit den dem Drehzahlbereich der Hauptspindeln entsprechenden Räderschaltstufen an. Die besondere Eigenart vieler auf diesen Maschinen gefertigter Werkstücke besteht darin, daß sie komplizierte, dünnwandige Formen aufweisen und aus dem vollen Werkstoff herausgefräst werden müssen. Das führt nicht selten dazu, daß die zerspante Werkstoffmenge 90 bis 95% des ursprünglichen Rohgewichts beträgt. Die Stetigbahnsteuerung der drei bis fünf Achsen der Maschine ermöglichen die Herstellung fast jeder gewünschten Form.
Wegen der sehr unterschiedlichen Anforderung hinsichtlich Form, Größe, Werkstoff und Stückzahl der Werkstücke sind auch die Maschinen in ihrem Aufbau unterschiedlich. Zunächst ist zwischen zwei Grundtypen zu unterscheiden, und zwar dem mit ortsfestem Portal und beweglichem Spanntisch (Bild 192) und dem mit verfahrbarem Portal und ortsfestem Spanntisch, der sogenannten Gantry-Ausführung (Bild 193), der mit Spanntischbreiten bis 5000 mm und Verfahrlängen des Portals bis 15 m und mehr eingesetzt wird.

Bild 192. NC-Sonderfräsmaschine zur Herstellung von Flugzeugteilen mit feststehendem Portal und beweglichem Spanntisch, Modell FPV 2000 R 15/43

Bild 193. NC-Sonderfräsmaschine zur Herstellung von Flugzeugteilen mit fahrbarem Portal und feststehendem Spanntisch, Modell FSPv-NC

Beide haben in der Regel einen in der Höhe festen Querbalken, an dessen Vorderseite sich die Führungen für die Querbewegung des Frässchlittens (Y-Achse) befinden. Der Frässchlitten wird gebildet durch den Querschlitten, der auf dieser Querbalken-Führungsbahn gleitet, durch den Senkrechtschlitten (Z-Achse), der an diesem Querschlitten auf und ab gleitet und mit seinem Antrieb die Höhensteuerung der Fräsaggregate bewirkt, und durch die Fräsaggregate, die höheneinstellbar – in der Regel zu zwei bis vier Stück – am Senkrechtschlitten befestigt sind. Bei den meisten Maschinentypen sind die Fräsaggregate noch zusätzlich nach links und rechts zur Seite am Senkrechtschlitten schwenkbar, und zwar ebenfalls als numerisch gesteuerte Achse.

Mit der Zahl der nebeneinander angeordneten Fräsaggregate ist somit auch die Zahl der gleichzeitig herstellbaren Werkstücke bestimmt. Eine Verdoppelung kann noch dadurch erzielt werden, daß ein zweiter kompletter Frässchlitten mit der gleichen Zahl Fräsaggregate auch auf der Rückseite des Querbalkens angebracht wird.
Die Führungen sind – wie bei NC-Maschinen üblich – reibungsarm und teilweise vorgespannt und die Antriebe weitgehend spielarm und mit hoher dynamischer Steifigkeit ausgelegt. Die Führungspaarung besteht meist aus gehärteten Stahlleisten und Rollenumlaufelementen oder anderen Wälzelementen.
Alle drei Bewegungen, die des Querschlittens, des Senkrechtschlittens und, falls vorhanden, auch die seitliche Schwenkung, werden stetigbahngesteuert ausgeführt. Die dritte bzw. vierte stetigbahngesteuerte Achse ist die Tischachse oder bei Gantry-Maschinen die Portalbewegungs-Achse (X-Achse). Eine noch umfangreichere Stetigbahnsteuerung mit fünf Achsen wird erforderlich, wenn zusätzlich zur seitlichen Schwenkung der Fräsaggregate auch noch die Schwenkung in Längsrichtung der Maschine, also in Richtung der X-Achse, vorgesehen ist, wie bei der in Bild 194 dargestellten Maschine. Diese zusätzliche Schwenkung wird bewirkt durch einen Schwenkrahmen, in dem die drei seitlich schwenkbaren Fräseinheiten angeordnet sind und der für die Senkrechtbewegung zwischen zwei auf- und abfahrbaren Schiebern angeordnet ist.

Bild 194. NC-Sonderfräsmaschine zur Herstellung von Flugzeugteilen mit feststehendem, beweglichem Tisch und Paletten-Wechseleinrichtung, Modell FPV 3145 R 20/35

Eine zusätzliche Steigerung der Wirtschaftlichkeit und des Automatisierungsgrads wird erzielt durch den Einsatz von Palettentischen, Werkzeugwechslern, Werkzeuglängen-Einstellgeräten und ähnlichen Einrichtungen.

### 7.7.8.4 Kurbelhubfräswerk

Das Kurbelhubfräswerk ist ein Bearbeitungszentrum für die spanende Bearbeitung von einzelnen Kurbelhüben. Großkurbelwellen, die wegen ihrer Abmessungen nicht mehr aus einem Stück gefertigt werden können, werden aus solchen einzelnen Kurbelhüben (Bild 195) entsprechend der Zylinderzahl des zu bauenden Großdieselmotors zusammengefügt. Lediglich die Schlichtbearbeitung der Kurbel- und Lagerzapfenlaufflächen wird nach dem Zusammenfügen auf einer Spezialmaschine noch durchgeführt. Das Kurbelhubfräswerk (Bild 196) besteht aus je einer Bearbeitungseinheit für die Innen- und Außenbearbeitung und aus zwei Drehverschiebetischen für die Aufnahme der Werkstücke.

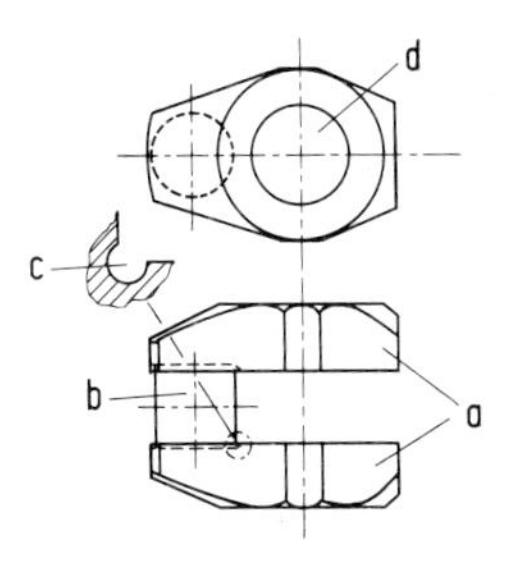


Bild 195. Kurbelhub
a Kurbelwangen
b Kurbelzapfen
c Spannungsentlastungsnut
d Lagerzapfenbohrung

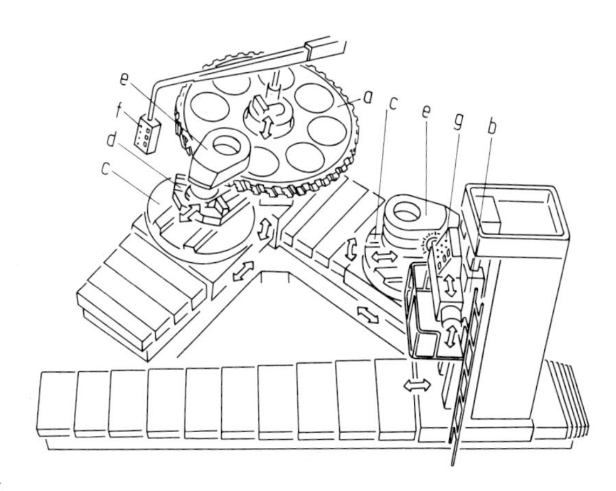


Bild 196. Kurbelhubfräswerk
a Innenfräseinheit mit Fräswerkzeug, b Außenfräseinheit, c Drehverschiebetische, d Spanntisch, e zu bearbeitende Kurbelhübe, f Bedienpendel für die Innenbearbeitung, g Bedientafel für die Außenbearbeitung, ⇔ Vorschub und Positionierachsen

Mit der *Innenfräseinheit* werden die Schrupp- und Schlichtbearbeitung der inneren Flächen der Kurbelwange sowie die Schruppbearbeitung des Kurbelzapfens (Bild 197) und die Schrupp- und Schlichtbearbeitung der Nut für die Spannungsentlastung durchgeführt. Der Fräsraddurchmesser von 5300 mm ermöglicht die Bearbeitung auch des größten Kurbelhubs mit einem Rohgewicht von 40 t.

Das Fräswerkzeug ist am Umfang mit 44 Kassetten mit je fünf Klemmhaltern zur Aufnahme der Schwerzerspanungs-Hartmetall-Wendeschneidplatten bestückt. Die maximale Antriebsleistung liegt bei 220 kW.

Mit der *Außenfräseinheit* mit einer Antriebsleistung von 75 kW werden die Außenflächen des Kurbelhubs bearbeitet (Bild 198) und mit einer Zusatzeinrichtung auch die Lagerzapfenbohrungen, soweit für diesen Arbeitsgang nicht schon andere Bearbeitungsmaschinen vorhanden sind.

Zwei *Drehverschiebetische* dienen zur Aufnahme und Führung der Werkstücke. Sie ermöglichen einmal durch Verschieben auf ihren Führungsbetten die wechselseitige Bearbeitung mit der Innenfräseinheit und der Außenfräseinheit und zum anderen durch Drehung des Rundtisches das Rundfräsen des Kurbelzapfens mit der Innenfräseinheit und das Fräsen von runden Außenkonturen mit der Außenfräseinheit. Der Spanntisch dient einerseits zum Aufspannen des Werkstücks und ermöglicht andererseits jeweils das Einstellen der Lagerzapfenachse oder der Kurbelzapfenachse auf die Drehachse des Drehtisches.

Der Drehtisch besitzt einen Schneckenradantrieb für die Fräsbearbeitung und einen zusätzlichen Antrieb durch einen Hydraulikmotor für die Drehbearbeitung der Nut für die Spannungsentlastung. Für diesen Arbeitsgang wird am Außenumfang des Fräswerkzeugs eine Drehkassette befestigt und das Werkzeug selbst in der günstigsten Position verdrehungssicher und steif blockiert.

Bild 197. Schruppbearbeitung der Kurbelwangen-Innenflächen und des Kurbelzapfens

a Fräswerkzeug mit Fräskassetten, b Klemmhalter mit Hartmetallwendeschneidplatten für die Schwerzerspanung, c Kurbelwangen, d Kurbelzapfen, e Spannböcke

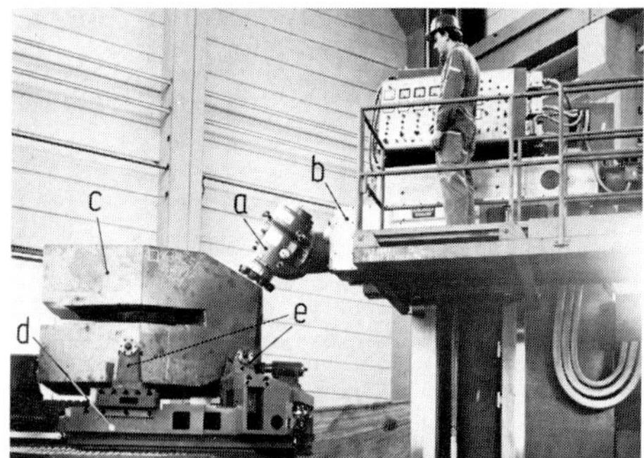


Bild 198. Bearbeitung der Außenflächen eines Kurbelhubs

a schwenkbarer Winkelfräskopf, b Frässchlitten, c Kurbelhub, d verstellbare Spannpalette, e Spannböcke

Das Fräswerkzeug wird über ein Doppelschneckengetriebe angetrieben, um in kritischen Lastbereichen durch Verspannen der beiden Schnecken zueinander einen spielfreien Zahneingriff zu erreichen. Das Schneckenrad und die Hauptspindel sind zur Erzielung günstiger Dämpfungswerte radial und axial hydrostatisch gelagert.
Zwei Gruppen zu je vier Hilfsmassendämpfern, die im Fräswerkzeug eingebaut sind, dienen der Dämpfung der beiden Haupteigenfrequenzen des Scheibenfräsers [66].
Die *elektrische Steuerung* hat als wesentliches Merkmal ein umfangreiches Sicherheitsverriegelungs- und variables Fahrwegbegrenzungssystem, letzteres werkstückbezogen für das gesamte Spektrum der zu bearbeitenden Kurbelhübe. Mit einem Vorwahlschalter ruft der Bedienungsmann alle für den jeweils zu bearbeitenden Kurbelhub gespeicherten geometrischen Grenzdaten und Verriegelungsbedingungen gleichzeitig ab. Damit ist trotz der relativ großen Zahl der gleichzeitig in Funktion befindlichen Vorschub- und Verstellantriebe das Kollisions- und Ausschußrisiko auf ein Kleinstmaß reduziert. Verwirklicht ist dieses umfangreiche Steuerungssystem mit einer frei programmierbaren Steuerung (PC), deren Vorteile hier wegen der relativ großen Zahl von Funktionen und Verriegelungen besonders zum Tragen kommen.

### 7.7.8.5 Schaufelnuten-Fräsmaschine

Für die rationelle und genaue Herstellung von geraden, schrägen und kreisförmig verlaufenden Schaufelnuten in Dampfturbinenläufern werden Maschinen nach Bild 199 eingesetzt. An einem in Z-Richtung zustellbaren Maschinenständer befindet sich ein in der Höhe verstellbarer Schlitten, der eine Rundführung trägt. Auf dieser dreht sich die Führung für die Fräseinheit, die dadurch in jeder beliebigen Schräglage geradlinig und mit Hilfe der Drehbewegung auch kreisförmig bewegt werden kann. Die in der Frässpindel eingesetzten Profilfräser erzeugen in den Turbinenläufern die gewünschten Schaufelnutprofile für die Befestigung der Dampfturbinenschaufeln.

### 7.7.8.6 Frässtraße für Walzbarren

Diese Maschine (Bild 200) ist konzipiert für das automatische Fräsen der vier Längsseiten und der vier Kantenabschrägungen an Stahlwalzbarren (Ingots). Die rohen Barren werden der Maschine auf einem angetriebenen Rollgang zugeführt, durch hydraulisch betätigte Anleger positioniert und durch Hydraulikzylinder von oben gespannt. Die Fräseinheit enthält eine Horizontalspindel für einen großen Messerkopf und dazu um 45° versetzt, eine kleinere Frässpindel mit einem kleinen Messerkopf für das Fräsen der Kantenschräge. Nach dem Fräsen einer Seite wird der Walzbarren durch einen Hebelmechanismus automatisch um 90° gewendet und zum Fräsen der nächsten und weiteren Seiten wieder in Stellung gebracht. Alle Bewegungen erfolgen programmgesteuert automatisch.

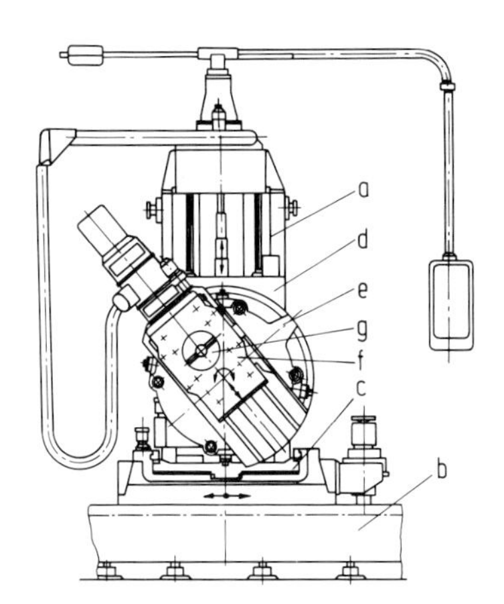


Bild 199. Schaufelnuten-Fräsmaschine
a Maschinenständer, b Maschinenbett, c Führung in Z-Richtung, d Senkrechtschlitten, e Rundführung, f Fräseinheit, g Frässpindel

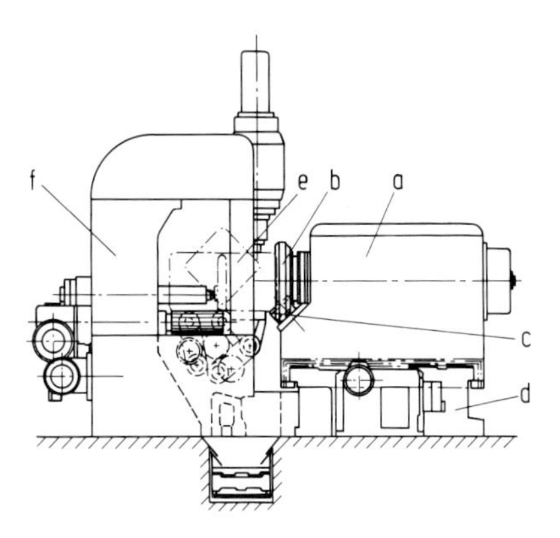


Bild 200. Frässtraße für Walzbarren
a Fräseinheit, b Frässpindel für die Längsseiten, c Frässpindel für die Kantenabschrägung, d Führungsbett der Fräseinheit, e Walzbarren, f automatische Zubring-, Klemm- und Wendeeinrichtung

## Literatur zu Kapitel 7


1. *Kienzle, O.:* Die Bestimmung von Kräften und Leistungen an spanenden Werkzeugen und Werkzeugmaschinen. VDI-Z 94 (1952) 11/12, S. 229–305.
2. *Kronenberg, M.:* Grundzüge der Zerspanungslehre, Bd. 1, 2. Aufl. Springer-Verlag, Berlin 1954.
3. *Weilenmann, R.:* Vereinfachte Berechnung von Fräsleistungen. Werkst. u. Betr. 93 (1960) 7, S. 451–452.
4. *Mayer, K.:* Die Schnittkraftformel für das Stirnfräsen. Masch.-Mkt. 74 (1968) 71, S. 1382–1385.
5. *Mayer, K.:* Schnittkraftmessung an der rotierenden Fräserschneide. Diss. U Stuttgart 1968.
6. *Victor, H.:* Schnittkraftberechnungen für das Abspanen von Metallen. wt – Z. ind. Fertig. 59 (1969) 7, S. 317–327.
7. *Nusser, G.:* Berechnung der Vorschubkraft beim Stirnfräsen. Masch.-Mkt. 76 (1970) 10, S. 175–179.
8. *Deselaers, L.:* Untersuchung der Zerspankraftkomponenten beim Umfangsfräsen mit Hartmetall. Diss. U Karlsruhe 1970.
9. *König, W.:* Spezifische Schnittkraftwerte für die Zerspanung metallischer Werkstoffe. Verlag Stahleisen, Düsseldorf 1973.
10. Richtwert-Tafeln der Montanwerke Walter, Tübingen.
11. *Victor, H.:* Zerspankennwerte. Ind.-Anz. 98 (1976) 102, S. 1825–1830.

12. *Belotin, Ch., Kostromin, F.:* Vorrichtungen für die Zerspanung. VEB Verlag Technik, Berlin 1953.
13. *Gunsser, O.:* Beitrag zur Automatisierung bei Kleinserienfertigung. Werkst. u. Betr. 91 (1958) 1, S. 1–3.
14. *Lukowski, J.:* Kraftbetätigte Spannzeuge, 2. Aufl. Carl Hanser Verlag, München 1965.
15. *Grant, H.:* Jigs and Fixtures. McGraw-Hill Book Company, New York 1967.
16. WIDIA-Wendeschneidplatten. Druckschrift Nr. W 2.2-22, Krupp WIDIA, Essen 1975.
17. *Witthoff, Schaumann, Siebel:* Die Hartmetallwerkzeuge in der spanabhebenden Formung; 2. Aufl. Carl Hanser Verlag, München 1961.
18. *Pond, J. B.:* Indexable-Insert Milling Cutters. Cutting Tool Engng. 16 (1964) 7/8, S. 9–17.
19. *Sack, W., Bellmann, B.:* WB-Lagebericht: Fräswerkzeuge mit Wendeschneidplatten. Werkst. u. Betr. 109 (1976) 5, S. 249–259.
20. WIDAX-Werkzeuge zum Fräsen. Druckschrift Nr. 2.3-31, Krupp WIDIA, Essen 1975.
21. *Krist, T.:* Fräsen – Sägen. Bd. 15d der Tabellen für die Metallindustrie. Technik-Tabellen-Verlag, Darmstadt 1965.
22. *Klein, H. H.:* Fräsen. Verfahren, Betriebsmittel, wirtschaftlicher Einsatz. Bd. 1 der Fachbuchreihe Fertigung und Betrieb. Springer-Verlag, Berlin, Heidelberg, New York 1974.
23. *Schwerd, F.:* Spanende Werkzeugmaschinen. Grundlagen und Konstruktion. Springer-Verlag, Berlin, Göttingen, Heidelberg 1956.
24. *Klein, H. H.:* Fräsmaschinen im Betrieb. Springer-Verlag, Berlin, Göttingen, Heidelberg 1960.
25. *Graupner, G.:* Fräsmaschinen. Konstruktion – Fertigung – Anwendung. VEB Verlag Technik, Berlin 1961.
26. *Charchut, W.:* Spanende Werkzeugmaschinen. Carl Hanser Verlag, München 1962.
27. *Burmester, H.-J.:* Spanende Formung, Bd. 2: Fräsen und Fräsmaschinen. Verlag Fachtechnik GmbH, Duisburg 1964.
28. Hütte. Taschenbuch für Betriebsingenieure (Betriebshütte), Bd. 2: Fertigungsmaschinen, 6. Aufl. Verlag von Wilhelm Ernst & Sohn, Berlin, München 1964.
29. *Saljé, E.:* Elemente der spanenden Werkzeugmaschinen. Carl Hanser Verlag, München 1964.
30. Dubbel. Taschenbuch für den Maschinenbau, 2. Bd., 13. Aufl. Springer Verlag, Berlin, Heidelberg, New York 1970.
31. *Opitz, H.:* Moderne Produktionstechnik, 3. Aufl. Verlag W. Girardet, Essen 1970.
32. *Herold, H.-H., Maßberg, W., Stute, G.:* Die numerische Steuerung in der Fertigung. VDI-Verlag, Düsseldorf 1971.
33. Fachwissen des Ingenieurs. Bd. 3: Fertigungstechnik – Fertigungsmittel, 3. Aufl. VEB Fachbuchverlag, Leipzig 1973.
34. *Berthold, H.:* Programmgesteuerte Werkzeugmaschinen. VEB Verlag Technik, Berlin 1975.
35. *Schamschula, R.:* Spanende Fertigung. Verfahren, Werkzeuge und Maschinen der spanenden Bearbeitung. Springer-Verlag, Wien, New York 1976.
36. *Weck, M.:* Umfassende Untersuchung des dynamischen Verhaltens eines breiten Spektrums spanender Werkzeugmaschinen und deren einzelner Bauelemente. VDW-Bericht Nr. 0127, H. 1, Verein Deutscher Werkzeugmaschinenfabriken e.V. (VDW), Frankfurt/M. 1976.
37. *Goldsche, J.:* Zerspanende Formgebung mit elektrischen Geräten. Carl Hanser Verlag, München 1967.
38. *Goldsche, J.:* Genauigkeitsnachformen. Schriftenreihe Feinbearbeitung. Deva-Fachverlag in der Deutschen Verlags-Anstalt GmbH, Stuttgart 1956.
39. *Goldsche, J.:* Heyligenstaedt-Handbuch für das Nachformfräsen. Heyligenstaedt & Comp., Gießen 1962.

40. *Stau, C.-H.:* Nachformeinrichtungen für Drehbänke. H. 113 der Werkstattbücher. Springer-Verlag, Berlin, Heidelberg, New York 1954.
41. *Dürr, A., Wachter, O.:* Hydraulik in Werkzeugmaschinen. Carl Hanser Verlag, München 1968.
42. *Adler, J.:* Gütebeurteilung beim Kopierfräsen. Ind.-Anz. 97 (1975) 60, S. 1309–1312.
43. Kopierfräsmaschinen mit EMOCOP-Steuerung. Druckschrift der Heyligenstaedt & Comp., Lahn-Gießen 1971.
44. *Icks, G.:* Nachformen mit optisch-elektronischer Umriß-Nachformsteuerung. TZ prakt. Metallbearb. 70 (1976) 2, S. 28–31.
45. *Hilbert, H. L.:* Das Kopierfräsen im Großwerkzeugbau. Werkst. u. Betr. 99 (1966) 6, S. 391–397.
46. *Sadowy, M., Petermann, W.:* Werkzeug- und Werkstückwechsel an Bearbeitungszentren. Werkst. u. Betr. 102 (1969) 7, S. 487–493.
47. *Rehr, W.:* Aufbau eines Programmsystems für ein DNC-System mit gemischter Steuerungskonfiguration. HGF-Kurzbericht 72/40. Ind.-Anz. 94 (1972) 59, S. 1469–1470.
48. *Pfeifer, T., Rehr, W.:* Einsatz von Prozeßrechnern zur direkten numerischen Steuerung von Werkzeugmaschinen. Ind.-Anz. 94 (1972) 50, S. 1133–1136.
49. *Pfeifer, T., Verhaag, E.:* DNC-Systeme. Stand und Tendenzen rechnergeführter Werkzeugmaschinen. Ind.-Anz. 95 (1973) 23, S. 447–451.
50. *Pfeifer, T., Schüring, A.:* Datenorganisation für ein DNC-System. Ind.-Anz. 95 (1973) 76, S. 1738–1742.
51. *Pfeifer, T., Bäck, U.:* Betriebsdatenerfassung und Fertigungsüberwachung im Rahmen eines DNC-Systems. Ind.-Anz. 95 (1973) 87, S. 2000–2003.
52. *Wentz, W.:* Auslegung der Speicher einer Prozeßrechenanlage am Beispiel eines DNC-Systems. ZwF 68 (1973) 7, S. 319–324.
53. *Pätzold, A.:* Betriebsdatenverarbeitung und Fertigungsführung. ZwF 69 (1874) 5, S. 216–220.
54. *Waller, S.:* Perspektiven des Prozeßrechnereinsatzes in der Fertigung. wt – Z. ind. Fertig. 64 (1974) 11, S. 666–670.
55. *Walker, T., Diehl, W.:* Direkte Steuerung von NC-Maschinen mit einem Prozeßrechner – ein Erfahrungsbericht. wt – Z. ind. Fertig. 64 (1974) 11, S. 671–675.
56. *Spur, G., Stute, G., Weck, M.:* Rechnergeführte Fertigung. Carl Hanser Verlag, München, Wien 1977.
57. Wirtschaftlichkeit beim Einsatz numerisch gesteuerter Maschinen. Bericht über das 12. Aachener Werkzeugmaschinen-Kolloquium 1965. Ind.-Anz. 87 (1965) 61, S. 1431–1440.
58. *Eversheim, W., Stehle, P.:* Planungsmethoden für den wirtschaftlichen Einsatz von Numemerik-Maschinen. RKW-Schriftenreihe „Betriebstechnische Fachberichte“ RB 4. Beuth-Verlag GmbH, Berlin, Köln 1968.
59. *Oursin, Th.:* Probleme industrieller Investitionsentscheidungen. IFO-Institut für Wirtschaftsforschung, H. 49, Berlin, München 1962.
60. *Kirchner, E.:* Technische und betriebswirtschaftliche Grundlagen der Teilefamilienfertigung. Ind.-Anz. 85 (1963) 37, S. 714–720.
61. *Hornauer, H.:* Ausnutzung der Betriebskapazität bringt Senkung der Fertigungskosten. RKW-Schriftenreihe „Wege zur Wirtschaftlichkeit“ W 12/13. Beuth-Verlag GmbH, Berlin, Köln 1963.
62. *Opitz, H.:* Anwendungsbereiche numerisch gesteuerter Werkzeugmaschinen und Wirtschaftlichkeitskriterien. Fortschritt-Berichte VDI-Z., Reihe 2, Nr. 14. VDI-Verlag GmbH, Düsseldorf 1966.
63. *Bronner, A.:* Wirtschaftliche Vorteile durch numerisch gesteuerte Werkzeugmaschinen? RKW-Schriftenreihe „Wege zur Wirtschaftlichkeit“ W 19/20. Beuth-Verlag GmbH, Berlin, Köln 1966.

64. *Goszdziewski, H.:* Rechnergestützte Wirtschaftlichkeitsermittlung – eine moderne Entscheidungshilfe. TZ prakt. Metallbearb. 64 (1970) 8, S. 424–428.
65. *Neubrand, P.:* Flexibles Fertigungssystem für Getriebeteile. Werkst. u. Betr. 108 (1975) 8, S. 481–487,
66. *Weck, M., Eich, E., Finke, R.:* Berechnen des dynamischen Verhaltens einer Kurbelwellen-Fräseinheit. wt – Z. ind. Fertig. 67 (1977) 3, S. 155–160.

*DIN-Normen*

| | | |
|---|---|---|
| DIN 138 | (9.55) | Maschinenwerkzeuge für Metall; Bohrungen, Nuten und Mitnehmer für Werkzeuge mit zylindrischer Bohrung und kegeliger Bohrung mit Kegel 1 : 30. |
| DIN 228 T1 | (4.70) | Werkzeugkegel; Morsekegel und Metrische Kegel, Kegelschäfte. |
| DIN E 228 T2 | (4.73) | Werkzeugmaschinen; Werkzeugkegel; Morsekegel und Metrische Kegel, Kegelhülsen. |
| DIN 326 | (10.76) | Langlochfräser mit Morsekegelschaft. |
| DIN E 327 | (11.76) | Langlochfräser mit Zylinderschaft. |
| DIN E 842 | (12.76) | Aufsteck-Winkelstirnfräser. |
| DIN E 844 | (11.76) | Schaftfräser mit Zylinderschaft. |
| DIN 845 | (10.76) | Schaftfräser mit Morsekegelschaft. |
| DIN E 847 | (12.76) | Prismenfräser. |
| DIN 850 | (10.61) | Schlitzfräser. |
| DIN 851 T1 | (11.74) | Schaftfräser für T-Nuten, mit Zylinderschaft. |
| DIN 851 T2 | (11.74) | Schaftfräser für T-Nuten, mit Morsekegelschaft. |
| DIN E 855 | (12.76) | Halbrund-Formfräser, konkav. |
| DIN E 856 | (12.76) | Halbrund-Formfräser, konvex. |
| DIN 857 | (3.51) | Maschinenwerkzeuge für Metall; Fräser, Schneidrichtung, Spannutenrichtung, Längsdruck. |
| DIN 884 | (8.76) | Walzenfräser. |
| DIN 885 | (8.76) | Scheibenfräser. |
| DIN E 1823 | (12.76) | Winkelfräser für Werkzeuge. |
| DIN 1824 | (3.51) | Maschinenwerkzeuge für Metall; Lückenfräser, gefräst und hinterdreht, für Werkzeuge mit hinterdrehten Zähnen. |
| DIN 1830 T1 | (6.74) | Fräsmesserköpfe mit eingesetzten Messern für Innenzentrierung zur Aufnahme auf Frässpindelköpfen nach DIN 2079. |
| DIN 1830 T3 | (6.74) | Fräsmesserköpfe mit eingesetzten Messern zur Aufnahme auf Aufsteckfräserdornen nach DIN 6361 und DIN 6362. |
| DIN 1830 T4 | (6.74) | Fräsmesserköpfe mit eingesetzten Messern für Innenzentrierung, mit zwei Lochkreisen, zur Aufnahme auf Frässpindelköpfen mit Steilkegel Nr. 50 und 60 nach DIN 2079. |
| DIN 1831 | (11.54) | Maschinenwerkzeuge für Metall; Scheibenfräser mit eingesetzten Messern, kreuzverzahnt. |
| DIN E 1833 | (12.76) | Winkelfräser mit Zylinderschaft. |
| DIN E 1835 T1 | (1.76) | Zylinderschäfte für Fräser; Maße. |
| DIN E 1835 T2 | (1.76) | Zylinderschäfte für Fräser; Anschlußmaße für Spannfutter und Spannschraube. |
| DIN 1880 | (8.76) | Walzenstirnfräser mit Quernut. |
| DIN 1889 T1 | (6.57) | Gesenkfräser, zylindrisch mit Zylinderschaft. |
| DIN 1889 T2 | (2.57) | Gesenkfräser, zylindrisch mit Kegelschaft. |
| DIN 1889 T3 | (7.57) | Gesenkfräser, kegelig mit Zylinderschaft. |
| DIN 1889 T4 | (2.57) | Gesenkfräser, kegelig mit Kegelschaft. |
| DIN 1890 | (8.76) | Nutenfräser, geradeverzahnt, hinterdreht. |

DIN 1891 (7.74) Nutenfräser, gekuppelt und verstellbar.

DIN 1892 (8.76) Walzenfräser, gekuppelt, zweiteilig.

DIN 2079 (5.78) Spindelköpfe mit Steilkegel 7 : 24.

DIN 2080 (4.75) Steilkegelschäfte für Werkzeuge und Spanzeuge.

DIN 2081 (3.57) Fräserdorne mit Morsekegel, vollständig.

DIN E 2083 T1 (11.76) Laufbuchsen für Fräserdorne.

DIN E 2084 T1 (11.76) Ringe für Fräserdorne.

DIN E 2085 (11.76) Ringsätze für Fräserdorne.

DIN 2086 T1 (4.64) Fräserdorne mit Morsekegel.

DIN 2087 (10.57) Aufsteckfräserdorne mit Morsekegel für Fräser mit Längsnut.

DIN 2200 T1 (4.61) Werkzeugaufnahmen für Fräsmaschinen, Übersicht; Fräserdorne mit Morsekegel.

DIN E 2200 T2 (12.76) Fräserdorne mit Steilkegel; Zubehör, Übersicht.

DIN 2201 (8.56) Fräsmaschinen; Frässpindelköpfe für Messerkopfaufnahme, Innenkegel Morse 3 bis 6 und Metrisch 50 bis 200.

DIN 2202 (10.56) Messerköpfe für Frässpindelköpfe nach DIN 2201; Anschlußmaße.

DIN 2207 (1.57) Werkzeugschäfte; Anschlußmaße für Frässpindelköpfe nach DIN 2201.

DIN 2328 (10.76) Schaftfräser mit Steilkegelschaft.

DIN V 4968 T3 (1.70) Wendeschneidplatten aus Hartmetall zum Fräsen.

DIN E 6354 (11.76) Fräserdorne mit Steilkegel, vollständig.

DIN E 6355 (11.76) Fräserdorne mit Steilkegel.

DIN 6360 (10.57) Aufsteckfräserdorne mit Steilkegel für Fräser mit Längsnut.

DIN 6361 (10.57) Aufsteckfräserdorne mit Steilkegel für Fräser mit Quernut.

DIN 6362 (10.57) Aufsteckfräserdorne mit Morsekegel für Fräser mit Quernut.

DIN 6363 (3.64) Reduzierhülsen für Werkzeuge mit Steilkegel 7 : 24.

DIN E 6364 (11.76) Zwischenhülsen mit Steilkegel 7 : 24, Aufnahmen für Werkzeuge mit Morsekegelschaft.

DIN 6366 T1 (4.64) Mitnehmerringe für Aufsteckfräserdorne.

DIN 6366 T3 (7.64) Mitnehmerringe für Fräserdorne für Walzfräser.

DIN 6369 (11.74) Anzugstangen für Steilkegelaufnahme; Gewindeanschluß für Werkzeugbefestigung.

DIN E 6513 (12.76) Viertelrund-Formfräser, konkav.

DIN 6580 (4.63) Begriffe der Zerspantechnik; Bewegungen und Geometrie des Zerspanvorganges.

DIN 6581 (5.66) Begriffe der Zerspantechnik; Geometrie am Schneidkeil des Werkzeuges.

DIN 8011 (9.63) Schneidplatten aus Hartmetall für Reibahlen, Senker und Schaftfräser.

DIN E 8026 (6.75) Langlochfräser mit Schneidplatten aus Hartmetall, mit Morsekegelschaft.

DIN E 8027 (6.75) Langlochfräser mit Schneidplatten aus Hartmetall, mit Zylinderschaft.

DIN E 8030 T1 (4.75) Fräsköpfe mit Wendeschneidplatten für Innenzentrierung zur Aufnahme auf Frässpindelköpfen nach DIN 2079.

DIN E 8030 T2 (4.75) Fräsköpfe mit Wendeschneidplatten zur Aufnahme auf Aufsteckfräserdorne nach DIN 6361 und DIN 6362.

DIN E 8044 (4.75) Schaftfräser mit Schneidplatten aus Hartmetall, mit Zylinderschaft.

DIN E 8045 (4.75) Schaftfräser mit Schneidplatten aus Hartmetall, mit Morsekegelschaft.

| | | |
|---|---|---|
| DIN 8047 | (11.56) | Scheibenfräser; Schneiden aus Hartmetall. |
| DIN 8048 | (11.56) | Scheibenfräser mit auswechselbaren Messern; Schneiden aus Hartmetall. |
| DIN E 8056 | (3.75) | Walzenstirnfräser mit Schneidplatten aus Hartmetall, mit Quernut. |
| DIN E 8615 | (12.73) | Werkzeugmaschinen; Waagerecht-Konsolfräsmaschinen; Abnahmebedingungen. |
| DIN E 8616 | (1.75) | Werkzeugmaschinen; Senkrecht-Konsolfräsmaschinen, Abnahmebedingungen. |
| DIN E 8620 T1 | (5.76) | Werkzeugmaschinen; Waagerecht-Bohr-Fräsmaschinen, Abnahmebedingungen – Allgemeine Einführung. |
| DIN E 8620 T2 | (5.76) | Werkzeugmaschinen; Waagerecht-Bohr-Fräsmaschinen mit Tisch und festem Ständer, Abnahmebedingungen. |
| DIN E 8622 | (2.74) | Werkzeugmaschinen; Waagerecht-Fräsmaschinen mit Kreuztisch; Abnahmebedingungen. |
| DIN E 8623 | (6.73) | Werkzeugmaschinen; Senkrecht-Fräsmaschinen mit Kreuztisch; Abnahmebedingungen. |
| DIN E 8671 | (1.75) | Werkzeugmaschinen; Waagerecht-Nachformfräsmaschinen mit festem Ständer und beweglichem Tisch, Abnahmebedingungen. |
| DIN 55005 T2 | (8.61) | Technische Angaben in Druckschriften über Werkzeugmaschinen; Waagerecht-Konsolfräsmaschinen. |
| DIN 55070 T1 | (11.63) | Konsol-Fräsmaschinen ohne Kühlmittelrinne; Baugrößen. |
| DIN 55070 T2 | (11.63) | Konsol-Fräsmaschinen mit Kühlmittelrinne; Baugrößen. |
| DIN 55076 | (9.73) | Werkzeugmaschinen; Gravier-Fräsmaschinen, Schablonen und Schablonen-Nuten, Querschnitte. |
| DIN E 66217 | (12.75) | Koordinatenachsen und Bewegungsrichtungen für numerisch gesteuerte Arbeitsmaschinen |
| DIN 69643 | (12.68) | Baueinheiten für Werkzeugmaschinen; Frässpindel-Einheiten, Baugrößen. |

*Internationale Normen*

| | | |
|---|---|---|
| ISO 3002 | (6.77) | Geometry of the active part of cutting tools – General terms, reference systems tool and working angles. |

*VDI-Richtlinien*

| | | |
|---|---|---|
| VDI 2800 | (1.66) | Planungsgrundlagen der Betriebstechnik; Wirtschaftlichkeit |
| VDI 3247 Bl. 1 | (12.58) | Werkstückträger für die Fertigungskette; Begriffe und Grundbauarten |
| VDI 3247 Bl. 2 | (3.64) | Werkstückträger für die Fertigungskette; Vier Beispiele aus dem Kraftfahrzeugbau |
| VDI 3248 | (9.66) | Werkzeugaufnahmen; Halter und Spannzeuge für Fräswerkzeuge und umlaufende Drehwerkzeuge |
| VDI 3255 | (12.68) | Programmieren numerisch gesteuerter Werkzeugmaschinen; Festlegung der Koordinaten und Zuordnung der Bewegungsrichtungen |

# Nachweis der Bilder

## in Kapitel 5

Canavese E.C.S.m.c., Crema Italien: Bild 202
Gebr. Boehringer GmbH, Göppingen: Bilder 64, 68, 70
Gebr. Brinkmann GmbH & Co. KG, Detmold-Remminghausen: Bild 90
Gildemeister AG, Bielefeld: Bilder 128 bis 137, 139 bis 141, 143, 145, 146, 150 bis 158
Heinemann AG, St. Georgen: Bild 91
Hermann Traub Maschinenfabrik, Reichenbach/Fils: Bilder 98, 100 bis 103, 120 bis 122
Heyligensteadt & Comp. Werkzeugmaschinenfabrik GmbH, Gießen: Bilder 159, 161, 165 bis 168, 170, 171
I. G. Weisser & Söhne, St. Georgen: Bilder 187, 192, 197 bis 201, 204, 207
Index-Werke KG Hahn & Tessky, Esslingen: Bilder 106, 107, 109, 111, 112, 113
Maschinenfabrik Diedesheim GmbH, Mosbach: Bild 188
Maschinenfabrik Ravensburg: Bilder 221 bis 224
Pittler Maschinenfabrik, Langen b. Frankfurt a.M.: Bilder 73 bis 80, 82, 83, 85 bis 89, 97, 185, 189 bis 191, 193 bis 195, 203, 205, 206
Schiess AG, Düsseldorf: Bilder 178, 183, 184
Waldrich Siegen Werkzeugmaschinen GmbH, Siegen: Bilder 211, 212, 214, 215, 217 bis 220
Warner & Swasey Deutschland GmbH, Ratingen: Bild 81

## in Kapitel 6

Alfing Kessler GmbH & Co. KG, Aalen-Wasseralfingen: Bild 90
G. Bluthardt, Werkzeugmaschinenfabrik, Nürtingen: Bild 50
Burkhardt + Weber GmbH + Co. KG, Reutlingen: Bild 66
DIAG GmbH, Werk Hermann Kolb, Köln: Bilder 51, 52, 72, 101, 105, 106
DIXI S. A., Le Locle, Schweiz: Bild 98
X. Fendt & Co., Marktoberdorf: Bilder 53, 56, 57, 62, 64, 65
Heinrich Georg, Kreuztal-Buschhütten: Bild 74
Gildemeister + Knoll GmbH, Dettingen: Bilder 99, 100, 103, 104
Henri Hauser AG, Biel, Schweiz: Bild 95
Herbert Lindner GmbH, Berlin: Bild 97
Ludwigsburger Maschinenbau GmbH, Ludwigsburg: Bilder 76 bis 78, 82 bis 84
Pratt & Whitney Machine Tool Division of the Colt Industries Operating Corp., West Hartford, Conn., USA: Bild 96
Röhm GmbH, Sontheim/Brenz: Bilder 46 und 47
Ing. Heinz Schmoll, Werkzeug- und Maschinenbau, Kronberg/Ts.: Bild 107
Société Genevoise d‘ Instruments de Physique (SIP), Genf, Schweiz: Bild 94
Bernhard Steinel GmbH u. Co., Villingen-Schwenningen: Bilder 58 und 59
Thyssen Hüller Hille GmbH, Ludwigsburg: Bilder 54 und 108

## in Kapitel 7

Alfing Kessler GmbH & Co KG, Aalen-Wasseralfingen: Bilder 90, 93
Binder Magnete GmbH, Villingen: Bild 33
Reinhard Bohle KG, Jöllenbeck-Bielefeld: Bild 7B
Bohner & Köhle GmbH & Co., Esslingen: Bild 10
Burkhard + Weber GmbH + Co KG, Reutlingen: Bilder 167, 180

Friedrich Deckel AG, München: Bilder 100B, 102, 104, 106, 109, 113, 116, 117, 162
DIAG GmbH, Werk Fritz Werner, Berlin: Bilder 8B, 53, 55, 57, 63, 74
Droop & Rein, Bielefeld: Bilder 12A, 64B, 128C, 132, 192, 194
Gebr. Heller GmbH, Nürtingen: Bilder 8C, 9, 13, 15, 16 bis 21, 35 bis 38, 40, 59, 62, 64A, 65 bis 70, 164, 172, 175, 188, 190, 191, 199, 200
Hessapp GmbH, Taunusstein: Bilder 119, 130
Heyligenstaedt & Comp. GmbH, Gießen: Bilder 123, 126, 129, 131, 133, 135, 137, 138, 167, 192, 193
VEB Vorrichtungsbau Hohenstein, Hohenstein-Ernsttal: Bild 30
Hüller Hille GmbH, Witten-Annen: Bilder 163, 166
Fritz Hürxthal, Remscheid: Bild 11
Klopp-Werke KG, Solingen: Bild 61
Köllmann Maschinenbau GmbH, Düsseldorf: Bilder 182, 183, 185, 186
Peter Kostyrka, Stuttgart: Bild 34
Fried. Krupp GmbH, KRUPP WIDIA, Essen: Bild 46
Ludwigsburger Maschinenbau GmbH, Ludwigsburg: Bilder 76 bis 89, 91, 92, 176 bis 179, 181
MAHO Werkzeugmaschinenbau Babel & Co., Pfronten: Bilder 100A, 103, 107, 108, 111, 114, 115
Oerlikon-Bührle AG, Zürich: Bild 7A
J. Gottlieb Peiseler KG, Remscheid: Bilder 31, 41
Hermann Rückle KG, Esslingen: Bilder 27, 29
AB Sajo, Värnamo, Schweden: Bild 8A
Scharmann GmbH & Co., Mönchengladbach: Bild 14
Schmid-Kosta GmbH, Renningen: Bilder 39, 42
SHW-GmbH, Aalen-Wasseralfingen: Bilder 100C, 101, 105, 110
Starrfräsmaschinen AG, Rorschacherberg, Schweiz: Bild 12B
Gebrüder Thiel GmbH, Emstal: Bild 112
Adolf Waldrich Coburg, Coburg: Bilder 72, 77, 79, 90, 92, 196 bis 198
Waldrich Siegen, Siegen: Bilder 89B, 93, 99
Emil Wohlhaupter & Co., Frickenhausen: Bild 88
Wotan-Werke GmbH, Düsseldorf: Bilder 140, 142

# Sachwortregister

# Produktinformationen aus der Industrie

# CNC-Drehautomaten des Typs HEYNUMAT

# CNC-Drehmaschine MD 5 S

GILDEMEISTER

**GILDEMEISTER Max Müller**
**Brinker Maschinenfabrik**
**Max-Müller-Str. 24, Postfach 42 09**
**3000 Hannover 1**
**Telefon (05 11) 6 70 71, Telex 922 503**

## CNC-Steuerung ELTROPILOT M

Die Steuerung wird aus dem Baukastensystem MPST entwickelt. Es handelt sich um genormte Baugruppen mit Mikroprozessoren und festgelegten Schnittstellen.
Die von uns entwickelte Software gestattet die Programmeingabe über Lochstreifen oder auch die direkte Programmierung an der Maschine über ein übersichtliches Bedienpult. Symboltasten anstelle der dem Bedienungsmann nicht geläufigen ISO-Programmierung erleichtern dabei die Arbeit. Diese wesentlich einfachere Technik beherrscht Ihr Bedienungsmann nach kurzer Einarbeitung.
In jedem Fall können Programme leicht optimiert und als ISO-Lochstreifen ausgestanzt und archiviert werden.

## CNC-Drehmaschine MD 5 S

Standardisierte Baugruppen der bewährten MD-Baureihe bilden die Basis der Maschine. Um allen Materialien und Fertigungsaufgaben zu entsprechen, besitzt die Maschine einen 25 kW Gleichstromantrieb mit 2 x 33 programmierbaren Drehzahlen. V-konstant ist eine Option. Der Werkzeugträger ist ein schnell schaltender Universalrevolver mit 12 Stationen für 6 Innen- und 6 Außenbearbeitungswerkzeuge. Die Aufnahme ist wahlweise eine Werkzeugdirektaufnahme, das VDI-Zylinderschaftsystem oder eine Kombination aus beiden.

GILDEMEISTER

**GILDEMEISTER Aktiengesellschaft**
**Am Hauptbahnhof, Postfach 100**
**4800 Bielefeld 1**
**Telefon (0521) 54 61, Telex 9 32 222**

# Universal-Drehmaschinen N.E.F. mit Mikroprozessor-Steuerung

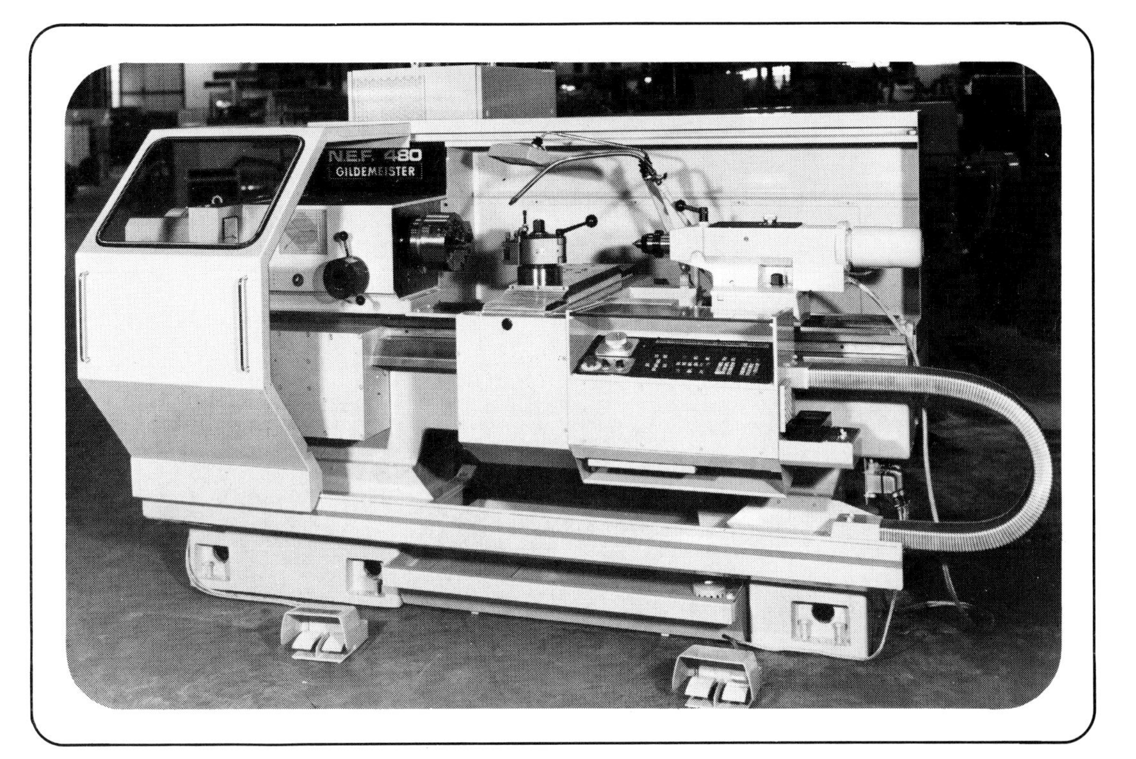


Der neue Typ der Universaldrehmaschinen ersetzt die bisher bekannten handbedienten Drehmaschinen. Die Befehlsdaten werden direkt an der Maschine in den Datenspeicher der Mikroprozessorsteuerung eingegeben. Besondere Organisationsformen, Programmiereinrichtungen oder Werkzeugvoreinstellgeräte sind nicht notwendig. Die Fertigungsgüte ist unabhängig von der manuellen Geschicklichkeit. Feste Zyklen, wie z.B. automatische Schnittaufteilung und automatisches Gewindeschneiden erleichtern die Festlegung des Programmes. Die Befehle für Verfahrwege und Vorschubgeschwindigkeiten werden nur beim ersten Werkstück eingegeben und stehen für die automatische Fertigung der nachfolgenden Werkstücke zur Verfügung. Jeder Befehl hat eine Identnummer, über die der Bedienende jederzeit in das Programm eingreifen kann, um die einzelnen Werte zu optimieren oder zu ergänzen.

Die Schlittenpositionen und die Vorschubgeschwindigkeiten werden digital angezeigt. Letztere können selbst während des Zerspanungsvorganges verändert werden.

Produktivitätssteigerungen bis zu 75% können erzielt werden und unterstreichen die Wichtigkeit und Bedeutung der neuen Universal-Drehmaschinen.

**Jede Maschine hat die Möglichkeit der externen Datenarchivierung.**

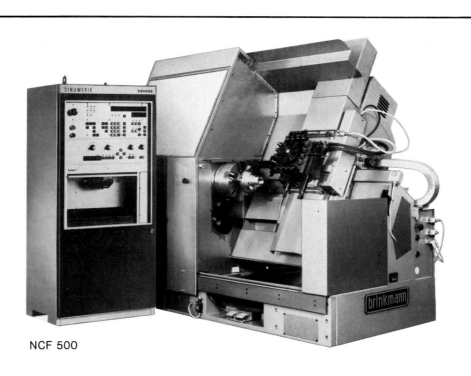

FENDT

**X. FENDT & CO.**
**8952 MARKTOBERDORF**

Telefon 08342/77385 · Telex 0541201

## Fendt-Senkrecht-Drehautomat S 600
## Fendt-Senkrecht-Drehautomat S 750

Fendt-Drehautomaten haben sich wegen ihrer überlegenen technischen Konzeption, robusten Bauweise und ihrer Zuverlässigkeit in der metallverarbeitenden Industrie und besonders bei führenden Fahrzeugherstellern des In- und Auslandes hervorragend bewährt. Die vertikale Spindelanordnung gewährleistet ein leichtes und schnelles Be- und Entladen der Maschine und eine gute Übersicht über Werkstück und Werkzeuge während der Bearbeitung. Fendt-Senkrecht-Drehautomaten garantieren niedrige Produktionskosten durch den gleichzeitigen Einsatz der beiden Kreuzschlitteneinheiten und durch die hohe Antriebsleistung. Die Kosten für das Umrüsten sowie für die Programm- und Maßkorrekturen werden durch die modernen CNC-Steuerungen wesentlich reduziert. Der Fendt-Drehautomat S 600 eignet sich zur Bearbeitung von Futterdrehteilen bis 600 mm Schwingkreisdurchmesser; der Fendt-Drehautomat S 750 ist für die Bearbeitung von Werkstücken bis 750 mm Schwingkreisdurchmesser konzipiert.

**Die bessere Wahl heißt FENDT**

# Sechsspindel-Stangenautomat GS 35-6

**GILDEMEISTER**

**GILDEMEISTER Aktiengesellschaft**
**Am Hauptbahnhof, Postfach 100**
**4800 Bielefeld 1**
**Telefon (0521) 54 61, Telex 9 32 222**

Es handelt sich hier nicht um einen neuen Maschinentyp, sondern um eine vollständige neue Baureihe von 6- und 8-Spindel-Drehautomaten für Stangen- und Futterarbeiten in abgestuften Größen. Technologischer Kernpunkt der neuen Baureihe ist das Steuerwellen- und Antriebssystem, das eine optimale Anordnung von Werkzeugträgern zuläßt. Durch das neue System (Steuerwelle und Antrieb) ergeben sich folgende Vorteile: Große Bewegungsfreiheit im Werkzeugraum: dadurch schnelles und einfaches Umrüsten; Anordnung von max. 8 Kreuzschlitten: damit günstigere Aufteilung der Arbeitsfolgen; günstige Anordnung der unabhängigen Längsschlitten: dadurch optimale Schnittbedingungen und dadurch auch längere Standzeiten; bessere Möglichkeiten der Querbearbeitung durch die Anordnung der Seitenschlitten, das bedeutet: kurze Fertigungszeiten und damit hohe Wirtschaftlichkeit. Für den Anwender sind die Vorteile unverkennbar: Bei Langdrehoperationen vom Seitenschlitten werden keine Langdrehschieber mehr benötigt; das bedeutet: niedrigere Werkzeugkosten; einfaches Kegeldrehen ist möglich; das heißt: Zusatzschieber sind nicht mehr erforderlich. Bei allen Schlittenanordnungen bleibt das volle Stichmaß erhalten; hierdurch auch für Langdrehoperationen gleiche Stabilität des Aufsatzhalters. Hydraulisches Kopieren ist durch geringen Hydraulikaufwand an den oberen und unteren Lagen möglich. Kopieren bis 200° war bisher auf Mehrspindlern nicht realisierbar.

Universaldrehmaschinen

Postfach 1140
D-8522 Herzogenaurach
Telefon 0 91 32 / 80 31
Telex 62 5214

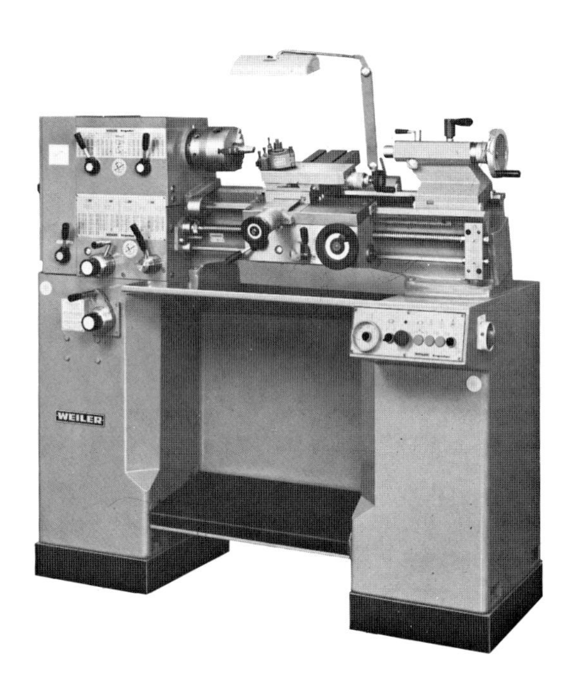


**Ergodor** **Genauigkeits-Spitzendrehmaschine in ergonomischer Bauart**

Spitzenweite 500 mm, max. Drehlänge 450 mm. Spitzenhöhe 145 mm. Umlauf-Ø über Bett 300 mm; Dreh-Ø über Bettschlitten 250 mm, über Planschlitten 160 mm. Spannfutter-Durchmesser normal/max. 135/165 mm. Durchlaß in Zugspannzange 27 mm. Spindelbohrung 36 mm. Spindelkopf mit Bajonettbefestigung DIN 55 022-5 oder Camlock D 1-ASA-4". Spindeldrehzahlen, schaltbar über Vorwählschaltgetriebe: 18 Stufen 30-3550 U/min mit Motor 3 kW oder 36 Stufen 15-3550 U/min mit Motor 3/1,5 kW.

**WEILER**
**WERKZEUGMASCHINEN**
Postfach 1140
D-8522 Herzogenaurach
Telefon 0 91 32 / 80 31
Telex 62 5214

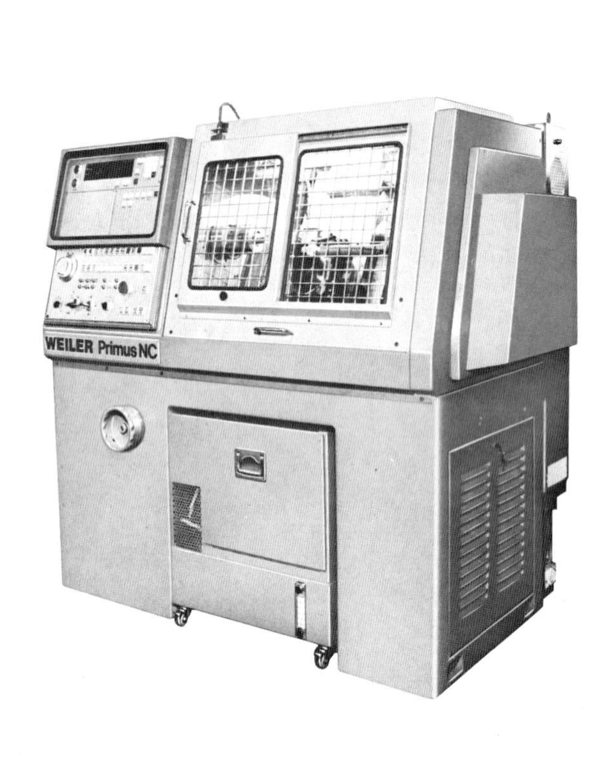


## Primus-NC numerisch gesteuerte Spitzendrehmaschine für Futter und Wellenteile

Umlauf-∅ über Bett 280 mm, Drehlänge zwischen Stirnmitnehmer und Reitstock sowie Kraftspannfutter und Reitstock 350 mm. Dreh-∅ im Futter max. 100 mm. Spindelbohrung 41 mm. Durchlaß in der Spannzange 36 mm, max. Spann-∅ in der Zange 42 mm, 80 mm tief. Antriebsleistung 1,6-4,0-5,0 kW. Drei Drehzahlbereiche, von Hand vorwählbar, je Drehzahlbereich sechs Drehzahlen programmierbar: Stufe 1 175-365-540-730-1140-2280, Stufe 2 260-540-800-1080-1670-3340, Stufe 3 340-710-1060-1420-2200-4400. Werkzeugrevolver: hydraulisch betätigt und programmierbar, Anzahl der Werkzeughalter-Aufspannzeiten mit Prismenaufnahme: 4. Eilgänge längs max. 10 m/min, plan max. 5 m/min. Vorschübe 0,01 - 2,99 mm/U.

# WEILER

**WERKZEUGMASCHINEN**

Postfach 1140
D-8522 Herzogenaurach
Telefon 0 91 32 / 80 31
Telex 62 5214

**Universaldrehmaschinen**

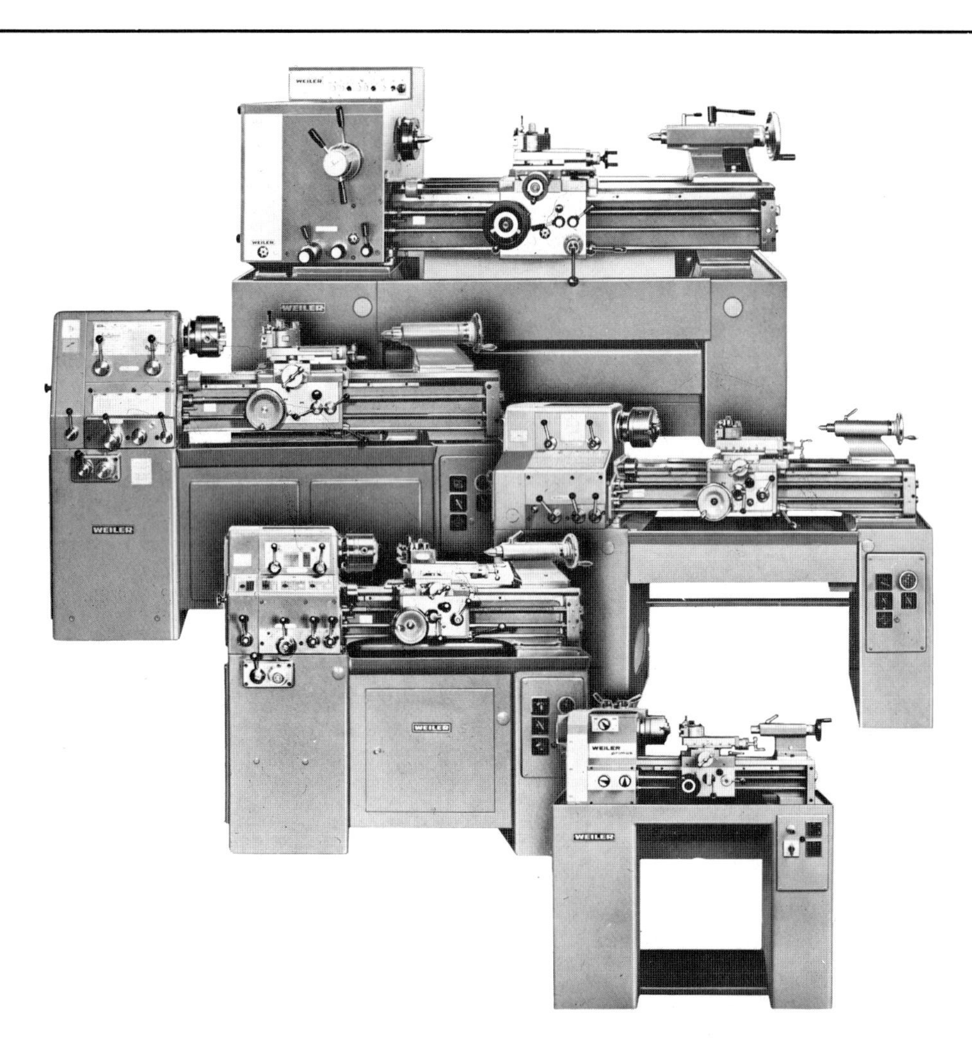

## Für die Einzel- und Serienbearbeitung liefern wir:

Spitzendrehmaschinen, 220—380 mm Umlauf-⌀, 450—1000 mm Drehlänge. Handbetätigte Mechaniker-Revolver- und Nachdrehmaschinen, 22 + 26 mm Stangendurchlaß, 110 + 135 mm Spannfutter-⌀. Automatische Revolver- und Nachdrehmaschinen mit Fluidik-Programmsteuerung, 26 mm Stangendurchlaß, 135 mm Spannfutter-⌀. Kurvenlose Revolverdrehautomaten mit Steckerfeld-Programmsteuerung 26 + 36 mm Stangen-⌀. Numerisch gesteuerte Spitzendrehmaschinen 650 + 900 mm Drehlänge, 160 mm Spannfutter-⌀. Numerisch gesteuerte Futterdrehmaschinen, 300 mm Lang/Plandrehweg, 160 mm Spannfutter-⌀. Programmgesteuerte Starrbett-Fräsmaschinen, 750 + 1000 mm Tischlänge, 200 mm Tischbreite.

# Einspindeldrehmaschinen

**INDEX-WERKE KG**
**Hahn & Tessky**

**D-7300 Esslingen**

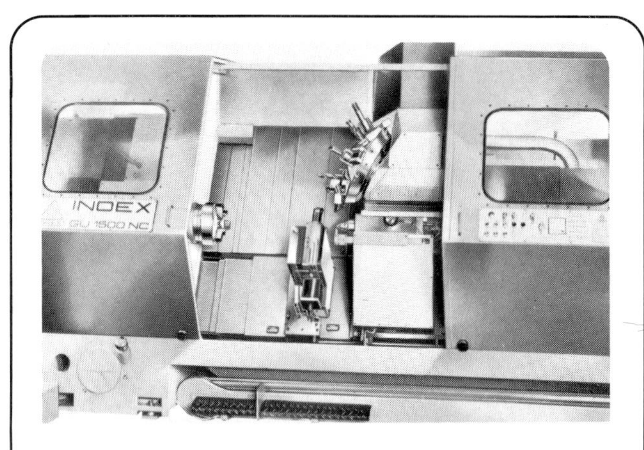


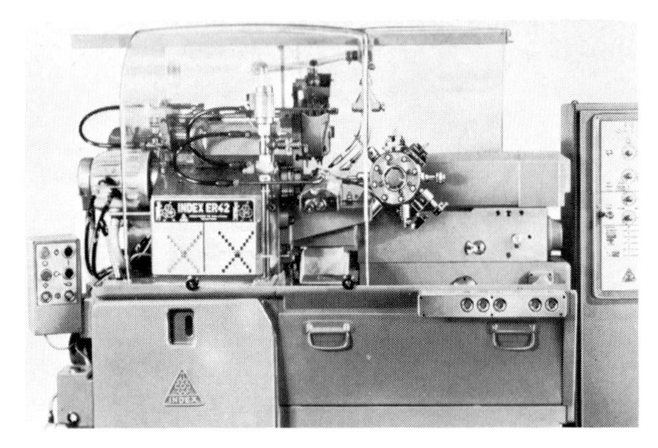


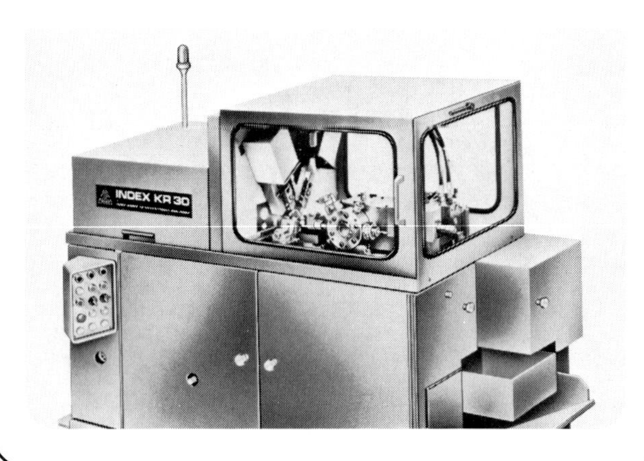


## Numerisch gesteuert

Revolverdrehautomaten und
Universaldrehmaschinen
bis max. 615 mm Umlauf-∅
160 mm Spindeldurchlaß
3000 mm Spitzenweite

## Programmgesteuert

Revolverdrehautomaten
bis max. 100 mm Spindeldurchlaß
220 mm Drehdurchmesser

## Mechanisch gesteuert

Revolverdrehautomaten
bis max. 65 mm Stangendurchlaß
136 mm Futterdurchmesser

**Ringdrehautomaten**

bis max. 12 mm Werkstoff-∅

Ferner umfaßt das INDEX-Programm

**Mehrspindeldrehautomaten**

bis max. 50 mm Stangen-∅
und 130 mm Futter-∅

**Maschinenfabrik Ravensburg AG**
**Postfach 1880, D-7980 Ravensburg**
**Tel. 0751/2956 · Telex 0732874**

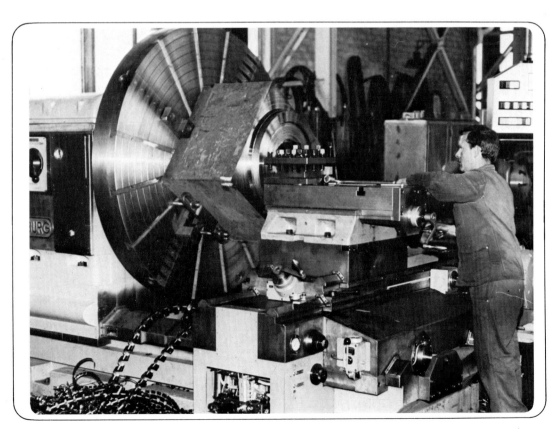

# Revolverdrehautomat

**HERMANN TRAUB GMBH & CO.**
**Maschinenfabrik**

**7313 Reichenbach/Fils**
**Telefon 07153/621 Telex 07266823**

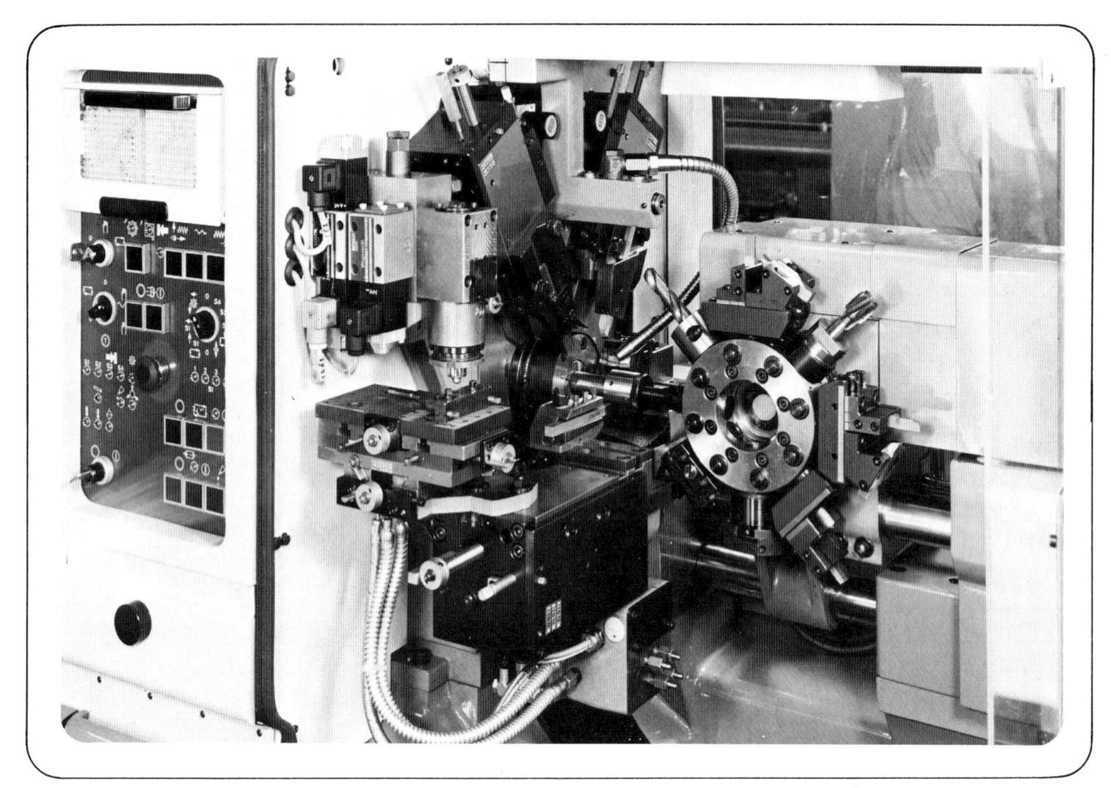

Programmgesteuerter Typ TG: Für Drehteile bis 26 und 42 mm.

TRAUB fertigt neben kurven- und numerisch gesteuerten Drehautomaten, programmgesteuerte Revolverdrehautomaten in anwendungsbezogenen Varianten.
Beim Revolverdrehautomaten Typ TG sind mehr als 100 Programme für die einzelnen Schlitten durch Mikroprozessor organisiert und können durch eine Lochung in der Programmkarte abgerufen werden. Ein PC-Drehautomat, den jeder Bediener direkt an der Maschine programmieren kann!

Wie bei kurvengesteuerten Drehautomaten ist das gleichzeitige Arbeiten mehrerer Werkzeuge möglich: Eine wichtige Vorbedingung für kurze Stückzeiten.
Fehler bei der Programmwiederholung sind durch die Lochkarten-Wiederverwendung ausgeschlossen. Das Wechseln der Lochkarte geschieht in Sekunden. Der Revolverkopf ist auswechselbar, ebenso die Anschlagtrommel – daraus resultiert die sehr schnelle Arbeitsbereitschaft.

# PITTLER

## Drehautomaten

**PITTLER Maschinenfabrik AG**
**D-6070 Langen bei Ffm.**
**Tel.: 06103/7001, Telex: 415038**

Die Unternehmen der PITTLER-Gruppe gehören zu den bedeutendsten europäischen Werkzeugmaschinen-Herstellern.
Das breit gefächerte Leistungsspektrum umfaßt die Produktion von

**Revolver-Drehautomaten**
**NC-Drehhautomaten**
**frontbediente Drehautomaten**
**Mehrspindel-Drehautomaten**
**Senkrecht-Drehautomaten**
**Transfer-Drehautomaten**
**Sondermaschinen und die Einrichtung kompletter Fertigungsanlagen**

Der Name PITTLER ist heute für Fertigungsfachleute in allen Erdteilen ein fester Begriff für Leistung und zielstrebige Entwicklung, Wirtschaftlichkeit und ständigen Fortschritt.
Zukunftsorientierte Unternehmenspolitik sowie hohe Investition in Forschung und Entwicklung verhelfen zu marktgerechten Erzeugnissen für die weltweite Rationalisierung der Fertigungstechnik.
Auch heute gilt: Bei PITTLER dreht der Fortschritt mit.

## Mehrspindeldrehautomaten

Schütte

**Alfred H.Schütte**

Postfach 91 20 04, 5000 Köln 91
Telefon (02 21) 8 39 91, Telex 8 873 380

4554

# Eine Baureihe für alle Aufgaben

## Mehrspindeldrehautomaten
## BAUART SCHÜTTE

**BAUART SCHÜTTE:**

- Unabhängige Werkzeugträger in allen Lagen.
- Muldenförmige Längsschlitten.
- Seitlich angeordnete Kurvenwellen.
- Große Spindelkreisdurchmesser.
- Scheibenkurven und Kulissenhebel.

**Baureihe „F“:**

- Vier Fertigungsbereiche mit
- je einer Baugröße Futterautomaten,
- je zwei Baugrößen Stangenautomaten,
- wirtschaftliche Nebengrößen.
- Ein technischer Erfolg.

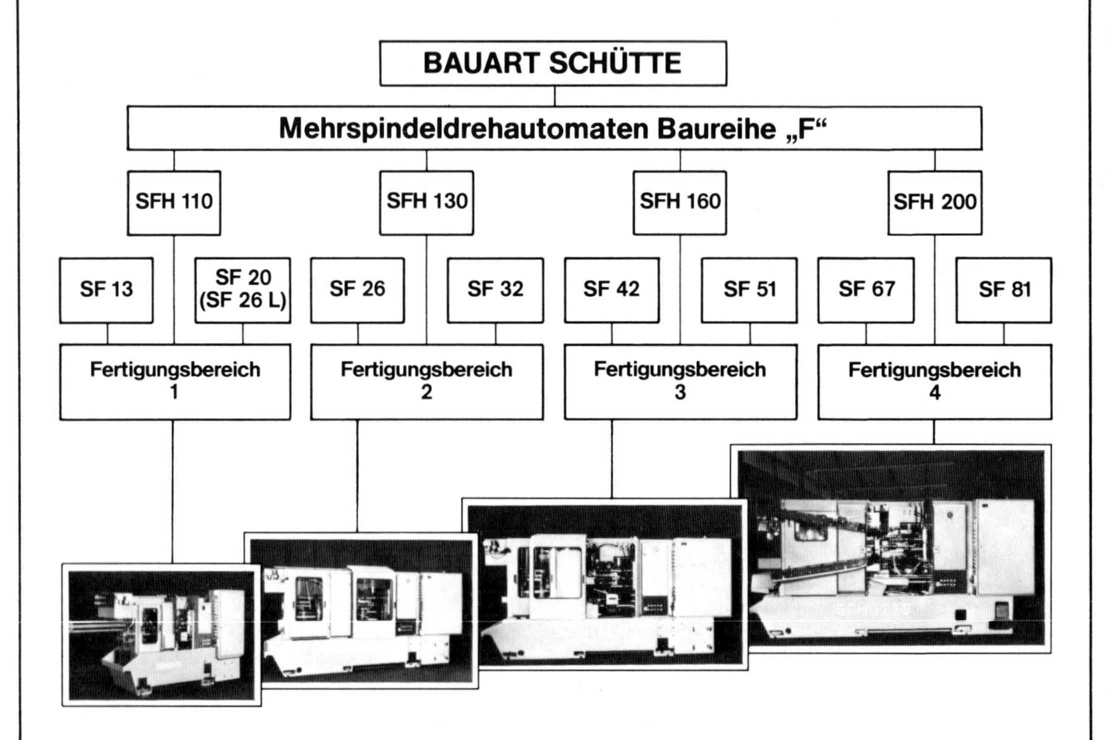


**Steigende Marktanteile bestätigen unser Konzept**

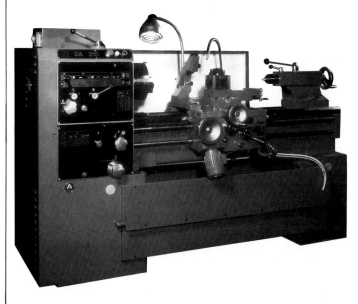

# Frontdrehmaschinen

**SPINNER Werkzeugmaschinenfabrik GmbH**
**Dachauer Straße 38, 8000 München 2**
**Tel. 08104/218, Telex 0522982**

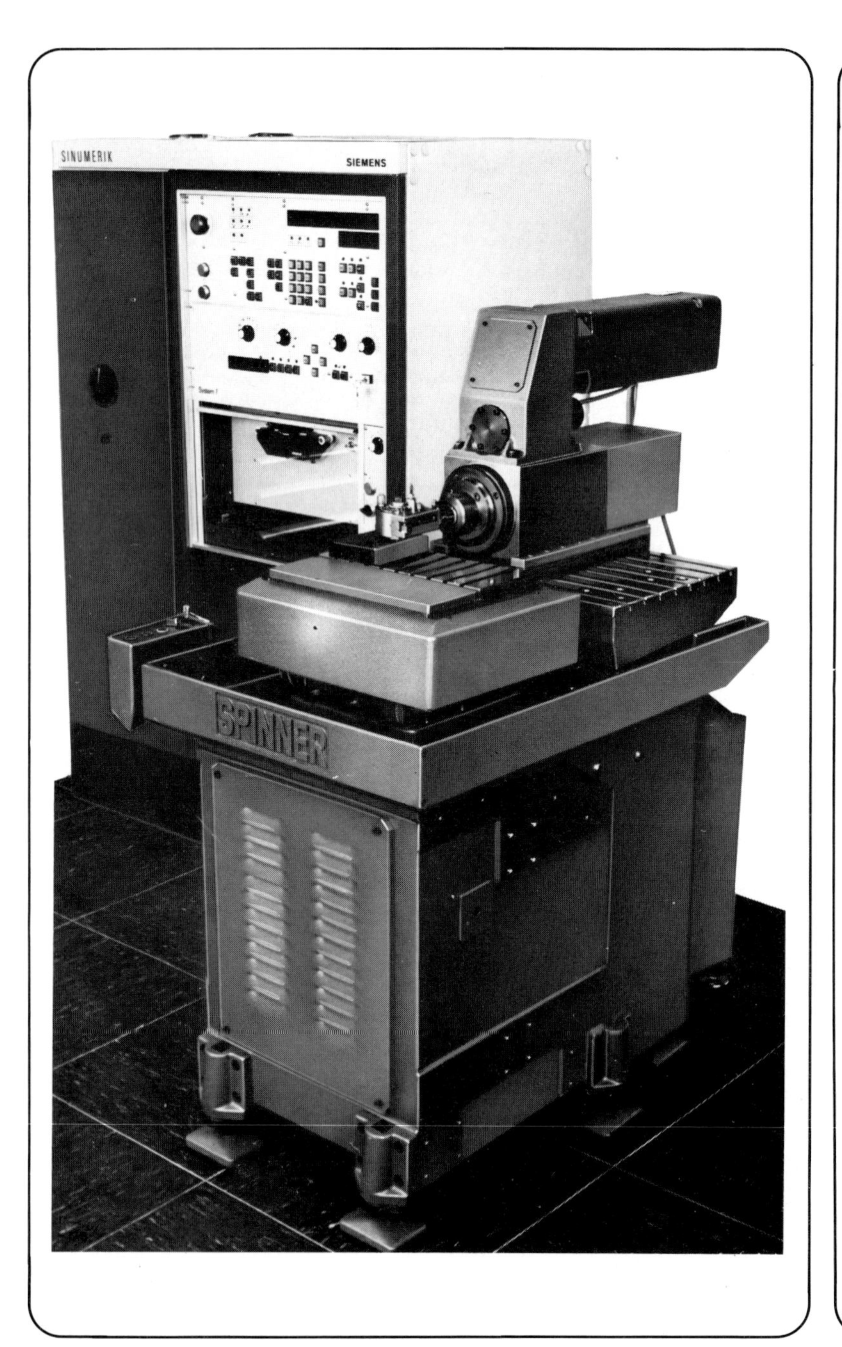


Drehautomaten, Nachdrehautomaten, Nachdrehmaschinen und Sondermaschinen für sehr genaue und schwierige Bearbeitungen an Werkstücken bis 120 mm ∅ (in Sonderfällen auch bis 200 mm ∅). Mechanisch kurvengesteuert oder hydropneumatisch mit Steckerfeld oder mit modernster CNC-Steuerung. Für leichte Schnitte und feine Nachbearbeitungen. Fertigstellen der zweiten Seite von Automatendrehteilen, Bearbeitung von Werkstücken aus Spritzguß oder dergleichen. Einzelteile für Optikfassungen, Uhrengehäuse, Elektronik, Vergaser, Wasserzähler, Mikroskope, Kabelstecker, Rekorder, Nähmaschinen, Elektrozähler, Luftventile, Armaturen, Schweißbrenner, Ferngläser, Radio, Farbspritzpistolen, Einspritzdüsen usw.
Wir befassen uns gerne mit der Lösung schwieriger Spannprobleme.

# Sondermaschinensysteme und Transferstraßen

**Hüller Hille GmbH**
**Schwieberdinger Str. 80**
**D-7140 Ludwigsburg**
**Tel. (07141) 402-1 Telex 07264858**

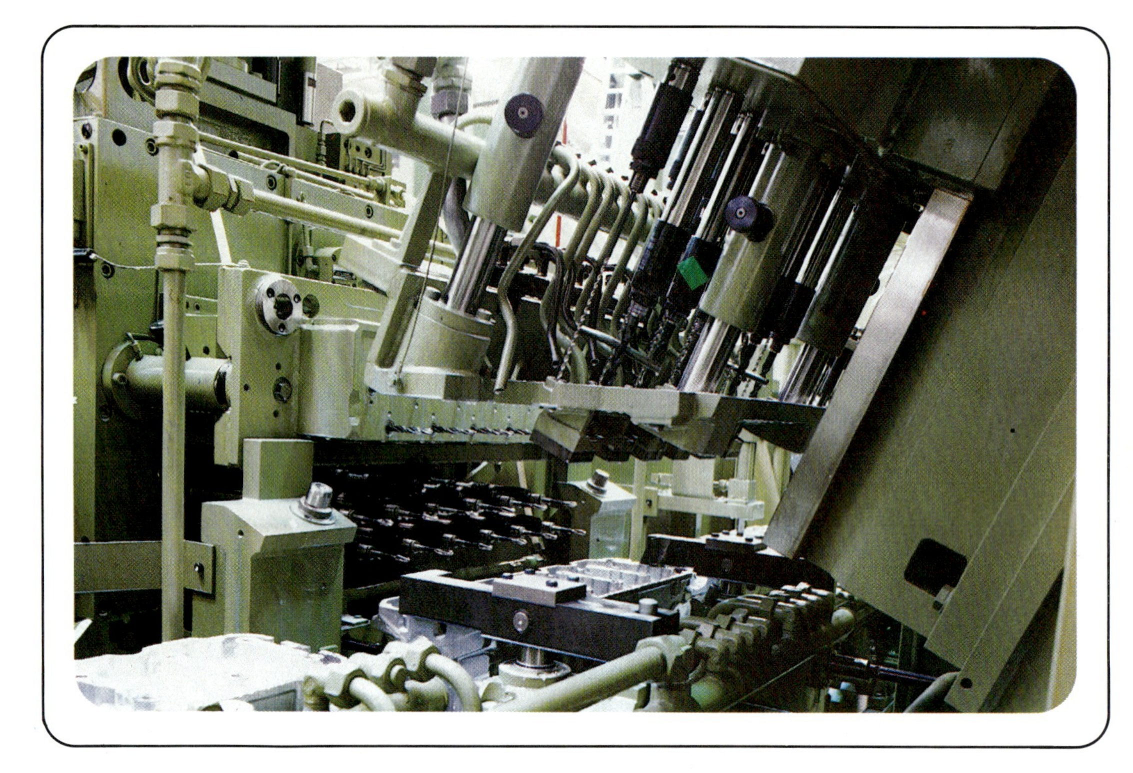

Seit mehr als 50 Jahren bauen wir Sondermaschinensysteme für die spangebende Metallbearbeitung, als teil- oder vollautomatisierte Produktionsanlagen, vom Rohteil bis zum einbaufertigen Aggregat. Die Werkstückpalette für diese Maschinensysteme reicht vom Tunnelsegment und vom Kupferbarren bis zum hochgenauen Teil der Luft- und Raumfahrttechnik. Teile für landwirtschaftliche Maschinen und Geräte, für die Hydraulik-, Pneumatik-, Armaturen-, Elektromotoren-, Elektrogeräte-, Kompressor-, Textilmaschinen- und Büromaschinen-Industrie gehören ebenso dazu, wie Teile des allgemeinen und des Werkzeugmaschinenbaus sowie sämtliche Teile der Fahrzeugindustrie, die spanabhebend bearbeitet werden.
Die Basis der Hüller Hille Sondermaschinensysteme sind Baueinheiten. Seit 1929 wurde kontinuierlich ein anwendungsgerechtes Baukastensystem entwickelt. Es entspricht den DIN-Richtlinien und ist durch Werksnormen erweitert. Hüller Hille Baueinheiten haben sich in mehr als 6000 Sondermaschinen und über 600 Transferstraßen bewährt, werden in Serie gefertigt und stehen auch anderen Unternehmen zum Bau von Sondermaschinen zur Verfügung.
Unser Know-how beschränkt sich jedoch nicht auf die Lieferung einzelner Maschinen. In Fertigungslinien integrieren wir neben unseren Transferstraßen und Sondermaschinen Montage-, Meß-, Prüf- und Teststationen, verketten sie zu kompletten Produktionsanlagen und überwachen sie zentral. Darüber hinaus sind wir auf dem Engineeringsektor als Komplettausrüster vollständiger Fabrikationsanlagen tätig.

# Bearbeitungszentren

**Hüller Hille GmbH**
**Schwieberdinger Str. 80**
**D-7140 Ludwigsburg**
**Tel. (07141) 402-1 Telex 07264858**

Stellvertretend für alle Bearbeitungszentren die wir bauen steht hier das kleinste, das Compact-Center nb-h 65, mit 7,6 kW, X = 450 mm, Y = 400 mm und Z = 450 mm. Besondere Merkmale dieses Zentrums sind:
Der geschlossene Arbeitsraum zur problemlosen Naßbearbeitung und zum sicheren und humanen Arbeitsplatz. Geringer Platzbedarf durch konsequente Kompaktbauweise. Große Betriebssicherheit durch wartungsfreundliche Baugruppen sowie durch Verzicht auf Werkzeuggreifer, Gegengewichte, Impulsschmierung, Energiezuführungen und Hydraulik. Das Werkzeugmagazin mit 20 Werkzeugen kann durch ein zweites Magazin ergänzt werden. Es ist jederzeit nachrüstbar, genau wie der vollautomatische Palettenwechsler.

Allen unseren Bearbeitungszentren, ob klein oder groß, horizontal oder vertikal, ist dies gemein: Eine ausgereifte, dem neuesten Stand entsprechende Technik, basierend auf dem Know-how einer großen Zahl gelieferter Zentren. Hohe Betriebssicherheit, durch moderne Maschinenkonzeptionen und durch die Erfahrung als vielseitiger Anwender von NC-Maschinen in der eigenen Fertigung. Präzisionsbauteile, damit unsere Maschinen höchsten Genauigkeitsansprüchen unserer Kunden gerecht werden. Ein ausgewogenes Ausstattungsprogramm, das kaum Wünsche offen läßt. Kurz: Hüller Hille liefert Qualitätserzeugnisse, die jederzeit dem Ruf des Hauses entsprechen.

# Sondermaschinen

**Heckler & Koch GmbH**
**7238 Oberndorf/Neckar**
**Tel. 07423/79-1 Telex 760313**

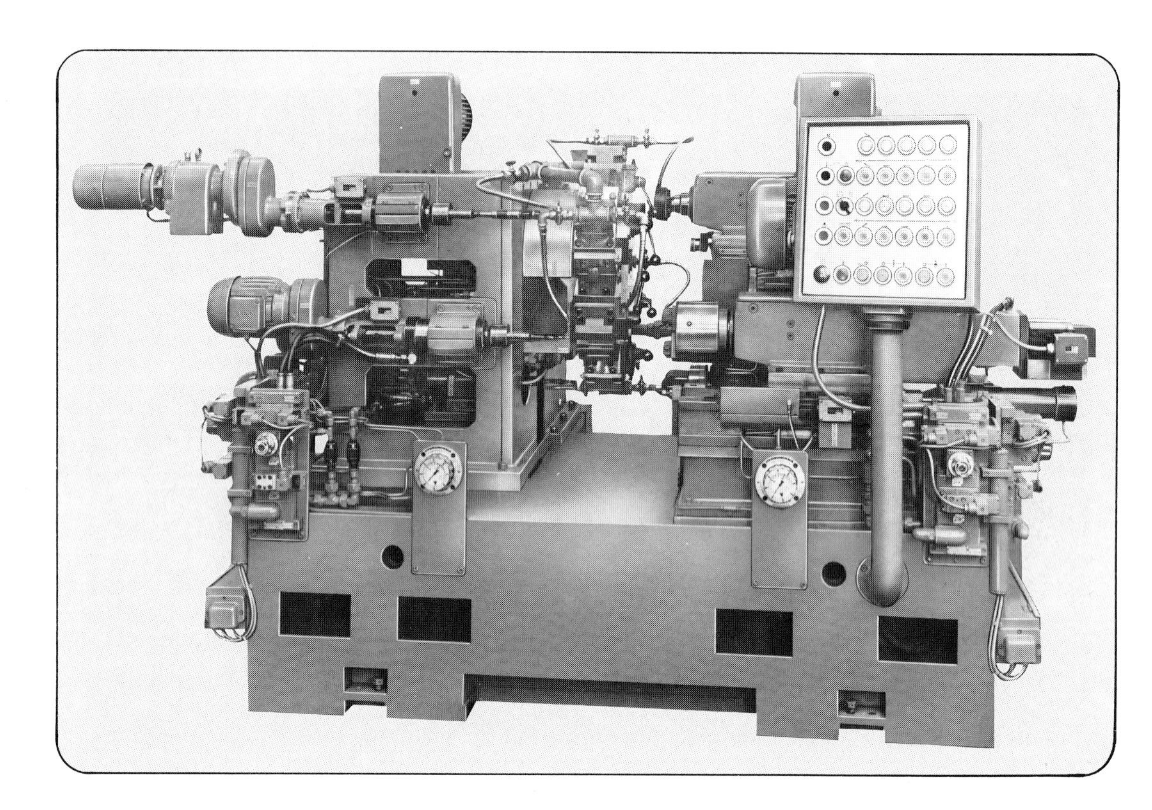

Für die wirtschaftliche Fertigung größerer Serien baut Heckler & Koch seit 28 Jahren Sondermaschinen mit optimalen Zerspanungsleistungen, kürzesten Taktzeiten und halb- oder vollautomatischem Arbeitsablauf.
Unsere Mehrwege- und Schiebetischmaschinen, Rundtisch-, Trommel- und Transfermaschinen werden heute für die Rationalisierung im Motorenbau, im Kompressorenbau, in der Hydraulik-, Waffen- und Schreibmaschinenindustrie eingesetzt. Besondere Erfahrungen konnten wir uns in der Fertigung von Kolben, Kurbelwellen, Kipphebeln, Pleuel und Zylinderköpfen für Kleinmotoren sowie in der Fertigung von Waffenteilen erwerben.
Für die rationelle Herstellung unserer Sondermaschinen haben wir ein breites Baueinheitenprogramm, von den bekannten hydraulischen Bohrpinolen bis zu den Maschinengrundaufbauten zur Verfügung.

# Vertikale Bearbeitungszentren

**Heckler & Koch GmbH**
**7238 Oberndorf/Neckar**
**Tel. 07423/79-1 Telex 760313**

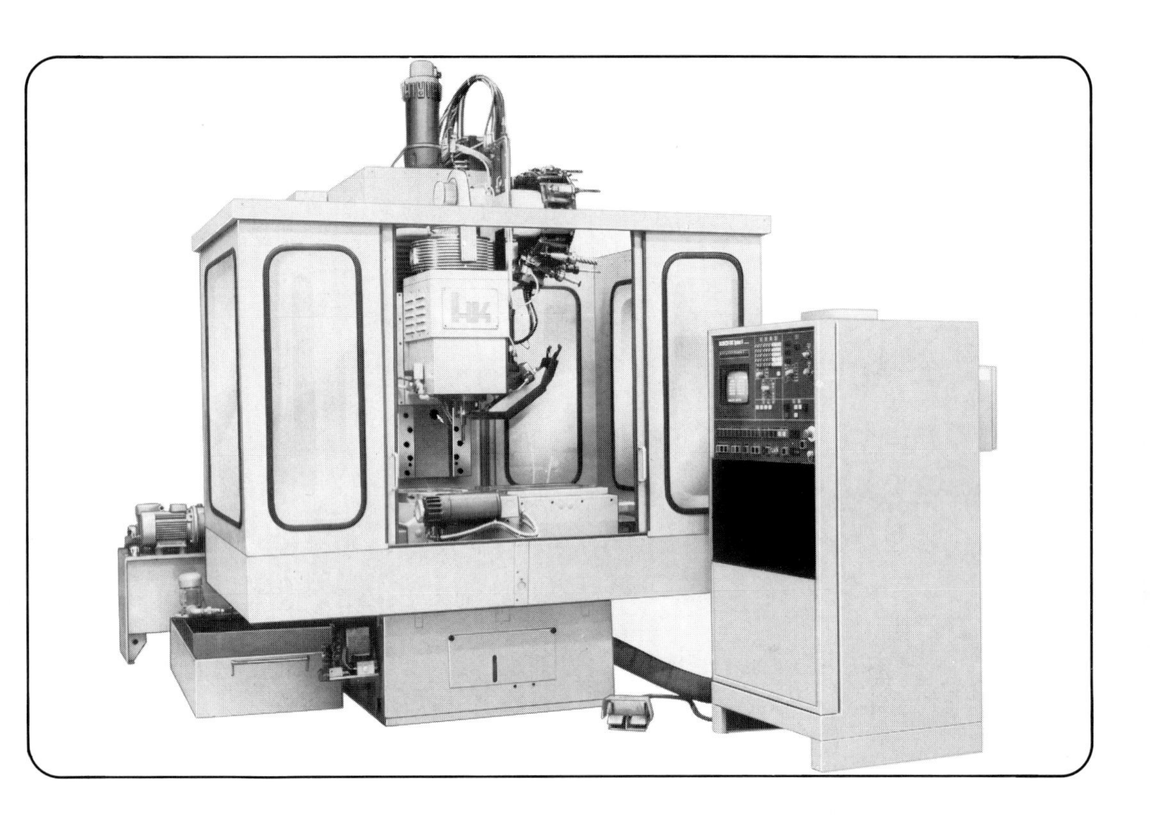

Das kompakte und leistungsstarke Bearbeitungszentrum V-BZ 630 CNC wurde aus dem bewährten Fräs- und Bohrwerk FB 630 CNC entwickelt. Mit einem Arbeitsbereich von X = 630, Y = 400, Z = 500 und einer Tischgröße von 800 × 500 wurde bewußt ein Zentrum für mittelgroße und kleinere Werkstücke geschaffen.
Durch den absolut stabilen Gesamtaufbau und dem 12 kW-Gleichstrom-Spindelantriebsmotor wird eine Zerspanungsleistung von 250 $cm^3$/min. erreicht. Die stufenlose Drehzahl- und Vorschubprogrammierung ermöglicht optimale Schnittwerte.

Je nach Bearbeitungsaufgabe und Teilespektrum ist das V-BZ mit einem Scheiben- oder Kettenmagazin mit 12, 24 oder 40 Werkzeugplätzen (Werkzeugwechselzeit ca. 4 sec.) mit integriertem, um 90° ausschwenkbaren NC-Rundtisch zur 5-Seitenbearbeitung, mit einer Palettenwechseleinrichtung, mit NC-Wendespanner, Späneförderer u. a. auszurüsten. Steuerung: Heckler & Koch 3 D-Bahnsteuerung HK CNC 780, somit Full-Service von Maschine und Steuerung aus einer Hand. Auf Wunsch Steuerungen anderer Fabrikate lieferbar.

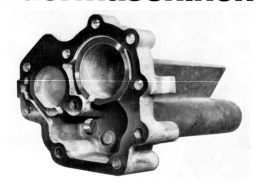

**Feinbohrmaschinen**

**SONDERMASCHINEN**
**FEINSTBOHRWERKE**
**TRANSFERSTRASSEN**
**MONTAGESTRASSEN**

**NABENFABRIK ALFING KESSLER GMBH & CO. KG.**
D-7080 Aalen-Wasseralfingen, Tel. (07361) 5011, Telex 0713738

## PENDELSCHLITTEN-FEINBOHRMASCHINE PSFB

**Neue ALFING-Standard-Maschine**

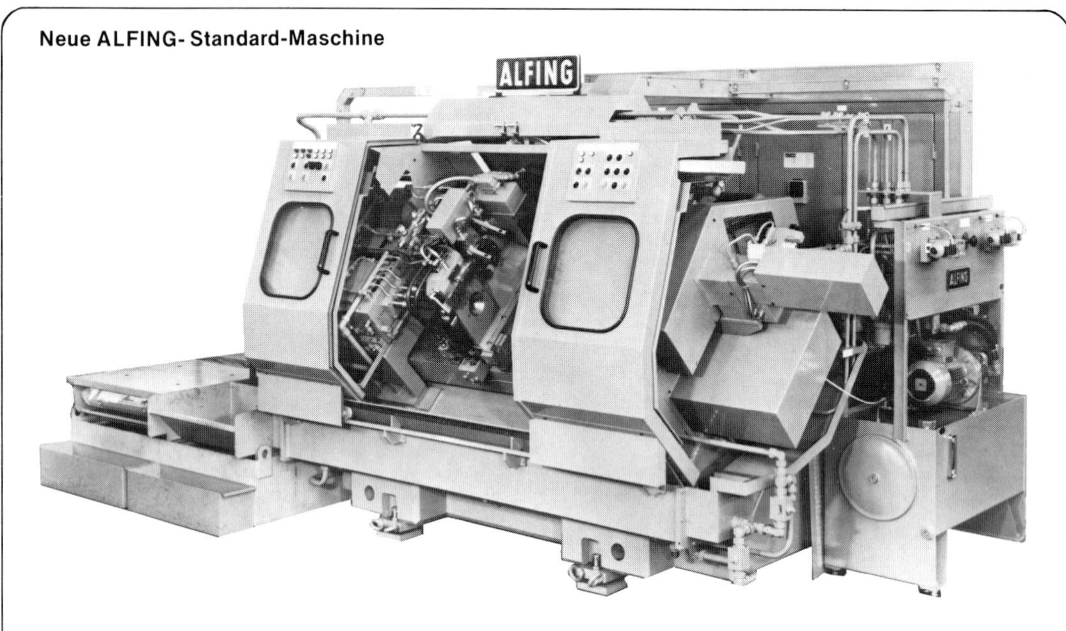


**Grundaufbau:**

Auf dem keilförmigen Beton-Fundamentkörper mit 45° geneigter Aufnahmefläche ist die Schlitten-Maschineneinheit, bestehend aus einem hydraulisch-vorschubbewegten Werkstückschlitten und beidseitig aufgesetzten Spindelstockbrücken, montiert.

Die Vorschubgeschwindigkeiten des Schlittens sind in beiden Richtungen getrennt stufenlos regelbar, die Eilgang-Geschwindigkeit beträgt 10 m/min.

Zur Hubbegrenzung sind beidseitig Vierfach-Trommelanschläge angebracht.

Die Maschine ist so konstruiert, daß im Bedarfsfall eine NC-Steuerung eingesetzt werden kann, wobei der Antrieb mit Gleichstrom-Servo-Motoren und Kugelrollspindeln ausgeführt wird.

**Maschinengrößen:**

Schlittenbreite 500 mm, Hub bis 800 mm
Schlittenbreite 630 mm, Hub bis 1250 mm

**Aufrüstung:**

Je nach Bearbeitungsaufgabe werden auf dem Schlitten Spannvorrichtungen mit oder ohne Verschiebe-Einrichtung, und auf den Brücken Alfing-Standard- oder Sonder-Spindelstöcke mit entsprechenden Werkzeugen montiert.

**Besondere Vorteile:**

- Leichter und übersichtlicher Zugang zum Arbeitsraum
- Sehr guter Späne- und Kühlmittelabfluß
- Umweltfreundlicher und sicherer Bedienplatz
- Große, leichtgängige und dicht abschließende Schutztüren mit Fenstern und Steuerpulten
- Der selbsttragende, schwingungsdämpfende Unterbau gewährleistet auch ohne isoliertes Fundament höchste Ansprüche an Maßgenauigkeit und Oberflächengüte.

**DEUTSCHE INDUSTRIEANLAGEN**
**Gesellschaft GmbH**
Werk Hermann Kolb Maschinenfabrik
Hospeltstr. 37–41, D-5000 Köln 30

## KOLB – Wegbereiter des NC-Bohrens

KOLB – ein Unternehmen der DIAG-Gruppe – entwickelte Bohrmaschinen mit NC-Steuerungen von der ersten Stunde an. Auf der Basis dieser langjährigen Erfahrung sind neben Standard-Bohrmaschinen in Ein- und Zweiständerbauweise völlig neue Maschinentypen entstanden, in denen fortschrittliche NC-und Maschinensteuerungstechniken mit neuesten Zerspanungstechnologien zusammenwirken.

KOLB-Bohrmaschinen sind in allen Produktionsbereichen eingesetzt und gehören zu den leistungsfähigsten und zuverlässigsten Bearbeitungseinheiten für die Bohr-und Frästechnik.

Für den neu entstandenen Produktionsbereich Reaktor-Energietechnik werden im DIAG-Werk Hermann KOLB mehrspindelige Hochleistungsbohrmaschinen gebaut, wie die dargestellte dreispindelige Tiefbohrmaschine HTB III mit Bohrleistung bis
65/40 mm Vollbohren
80/65 mm Kernbohren und
1000 mm Bohrtiefe

**Präzisions-Fräs- und Bohrmaschinen**

MAHO
WERKZEUG-
MASCHINENBAU
BABEL & CO.
D-8962 PFRONTEN

# „MH"

Die Reihe der MAHO Universal-Werkzeugfräs- und Bohrmaschinen ist mit Längswegen von 300–1000 mm gut gestuft.

Die Maschinen werden standardmäßig mit einer Digitalanzeige für 3 Achsen geliefert, die mit einem Mikroprozessor ausgestattet ist, so daß Positionen automatisch angefahren werden können („P"-Steuerung).

Mit dieser Positionier- und Streckensteuerung können bis zu 128 Positionen gespeichert werden.

Das hervorstechende Merkmal dieser Steuerung ist die einfache Bedienbarkeit. Es sind keinerlei Spezialkenntnisse erforderlich.

Absolut- oder Kettenmaße können in allen 3 Achsen mit höchster Genauigkeit automatisch angefahren werden.

# „MH-C"

Steuerbare Fräs- und Bohrmaschinen von MAHO sind eine neue Generation von Fräs- und Bohrmaschinen. Sie sind elementar auf Steuerbarkeit konstruiert.

Es werden drei Maschinenarten angeboten: Die „P"-Maschine mit der einfach zu bedienenden Positionier- und Streckensteuerung, die „NC"-Maschine mit einer 3- oder 4-Achsen-CNC-Bahnsteuerung und die „K"-Maschine mit einer elektronischen vollautomatischen 3-D Kopiersteuerung. In Verbindung mit der MAHO-Abtastmaschine besteht zusätzlich die Möglichkeit, während des Kopiervorgangs zu verkleinern, zu vergrößern oder partiell zu verzerren.

Damit steht für jeden Anwendungsfall die richtige „Automatisierungsstufe" mit der entsprechenden Steuerung zur Verfügung.

# HEYLIGENSTAEDT

## Nachformfräsmaschinen

**HEYLIGENSTAEDT & COMP.**
**Werkzeugmaschinenfabrik GmbH**
**Aulweg 39 – 47 · D-6300 Giessen**
**Telefon 0641/7051 · Telex 0482844**

Nachformfräsmaschinen des Fabrikates HEYLIGENSTAEDT sind Hochleistungswerkzeugmaschinen für die Automobil- und Flugzeugindustrie sowie für den Gesenk- und Spritzgußformenbau.
Unterschiedliche Baugrößen und Bauarten tragen den spezifischen Bedürfnissen der Praxis Rechnung.
Beispiel: Nachformfräsmaschinen FKS in Auslegerbauweise mit senkrechter Fräser-/Fühlerachse in Ein- oder Mehrspindelausführung.

Bild: Gleichzeitige Bearbeitung von 2 modellgleichen Automobil-Plastikformwerkzeugen aus Stahl nach einem Kopiermodell auf einer Doppelspindel-Maschine des Typs 125 FKS-2. Die serienmäßige Ausstattung mit Spiegelbild-Nachformfräseinrichtung gestattet auch die gleichzeitige Herstellung eines modellgleichen und eines spiegelbildlichen Werkstückes nach einem Kopiermodell.
Fräsbereich: X (längs) = 2 x 2000 mm, Y (quer) = 1200 mm, Z (senkr.) = 700 mm.

## Portal-Langfräsmaschinen

Standard-Bauprogramm

Tischbreiten
von 1000–6000 mm
Fräshöhen
von 1000–6000 mm
Fräslängen
von 2000–20000 mm
Fräs- und Bohrsupporte
von 40–150 kW

Ausführung mit verfahrbarem Tisch in Ein- oder Doppeltischausführung. Der Schlitten-Frässupport gestattet Rundumbearbeitung des Werkstückes in einer Aufspannung. Zusatzeinrichtungen für spezielle Fräs-, Bohr- und Gewindeschneidoperationen. Ausrüstbar mit NC für alle Achsen.

## Gantry-Langfräsmaschinen

Standard-Bauprogramm

Aufspannplattenbreite
bis 6000 mm
Fräshöhen
bis 6000 mm
Fräslängen
unbegrenzt
Fräs- und Bohrsupporte
von 40–150 kW

Ausführung mit stationären Spannplatten und verfahrbarem Portal. Zusatzeinrichtungen und NC-Ausrüstung in gleicher Weise, wie bei Portal-Langfräsmaschinen, einsetzbar.
Vorteilhafter Einsatz, besonders für Bearbeitung von Großwerkstücken, wie z. B. im Turbinenbau, Dieselmotorenbau und Reaktorbau.

**WALDRICH COBURG**

**Werkzeugmaschinenfabrik**
**Adolf Waldrich Coburg**
**D-8630 Coburg/Bayern**
**Telefon 09561-651 · Telex 0663225**

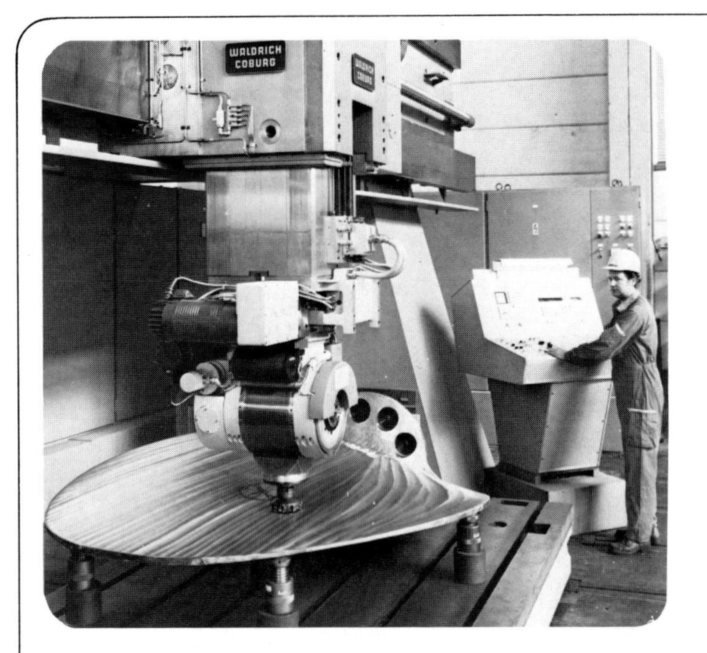


## Problemlösungen

Für unser breitgefächertes Programm hochwertiger Werkzeugmaschinen arbeiten Spezialisten an Konstruktionen und technologischen Problemlösungen.

Wir liefern Bearbeitungssysteme mit

- Fortschrittlicher Technologie
- Hoher Produktivität
- Verbesserter Genauigkeit

Beispiel einer Problemlösung:

Portalfräsmaschine mit 5 Achsen-Bahnsteuerung.

Dieses Bearbeitungssystem ist eine wirtschaftliche Lösung zur Bearbeitung von beliebig gekrümmten Flächen, z. B. an Kaplan- und Schiffsschraubenblättern oder Karosseriewerkzeugen.

## Unser Fertigungsprogramm

**FRÄSEN**

Portal-Langfräsmaschinen
Gantry-Langfräsmaschinen
Zweiständer-Langfräsmaschinen
Einständer-Langfräsmaschinen
Sonder-Fräsmaschinen
Extruderschnecken-Fräsmaschinen

**HOBELN**

Doppelständer-Hobelmaschinen
Einständer-Hobelmaschinen
Weichenzungen-Hobelmaschinen
Kombinierte Hobel- und Fräsmaschinen
Kombinierte Hobel- und Schleifmaschinen
Sonder-Hobelmaschinen

**SCHLEIFEN**

Führungsbahnen-Schleifmaschinen
Flächen-Schleifmaschinen
Riffelwalzen-Schleifmaschinen
Sonder-Schleifmaschinen
Bandschleifmaschinen mit Rundtisch

**STOSSEN**

Vertikal-Stoßmaschinen
Horizontal-Stoßmaschinen
Transportable Horizontal-Stoßmaschinen
Sonder-Stoßmaschinen

**SCHÄLEN**

Langgewinde-Schälmaschinen

**SCHNEIDEN**

Zelluloid-Schneidemaschinen

**POLIEREN**

Blechschleif- und Poliermaschinen

## Vertikalfräsmaschine

Klopp-Werke KG
Werkzeugmaschinenfabriken
D-5650 Solingen 19
D-5481 Schalkenbach/Eifel
Vertrieb durch: Klopp-Handel KG
Postfach 19 04 40 · D-5650 Solingen 19
Telefon (0 21 22) 31 20 61 · Telex 08 514 701 kws-d

Bettfräsmaschine BSV 125 mit Bahnsteuerung

Das Modell "BSV" ist die senkrechte Version der Baureihe "BS", die eine Weiterentwicklung der bewährten KLOPP-Bettfräsmaschinen "BW" darstellt.

Neben den Baureihen "BW" und "BS" beinhaltet unsere Produktpalette unter anderem noch folgende Maschinenarten im Rahmen der Fräs- und Bohrbearbeitung.

KONSOLFRÄSMASCHINEN BAUREIHE FW horizontal – vertikal – kombiniert, Tischgrößen von 1100 bis 1500 mm.

FRÄS- UND BOHRMASCHINEN BAUREIHE UFB für Produktion, Werkzeug- und Vorrichtungsbau, mit verschiedenen Tisch- und Fräskopfvarianten.

Alle Maschinen eingerichtet für eine Automatisierung bis zur NC-Steuerung.

**DEUTSCHE INDUSTRIEANLAGEN**
**Gesellschaft mbH**
Werk Fritz Werner Werkzeugmaschinen
Fritz-Werner-Straße, D-1000 Berlin 48

# WERNER
# Horizontal-Fräsmaschine HF 3.9

**Wirtschaftlicher Einsatz in der Einzel-, Klein- und Großserienfertigung**

- Horizontale und vertikale Ausführung
- Hohe Antriebsleistung
- Weite Vorschub- und Drehzahlbereiche
- Arbeitsspindelantrieb durch AC- oder DC-Motor
- Wartungsfreie Arbeitsspindel
- Automatische Werkzeugspannung
- Hydraulische Führungsbahnklemmung
- Steuerungsalternativen:
  Handsteuerung mit digitaler Positionsanzeige
  Programmsteuerungen
  CNC-Strecken- und Bahnsteuerungen

| | |
|---|---|
| Tischgröße | 1.500 x 630 mm |
| Bewegungen x, y, z | 1.100, 400, 450 mm |
| Eilgang | 10.000 mm/min |
| Antriebsleistung | (AC) 15/18,5 kW |
| | (DC) 12–18 kW |
| Drehzahlbereich | 18–4.500 1/min |

# Universal-Werkzeugfräsmaschinen

Vom Formteil
bis zur
Werkzeugmaschine

SHW-UF-Werkzeugfräsmaschinen bilden eine geschlossene, in Größe und Leistung auf die Forderungen der Praxis genau abgestimmte Reihe.
Einsatzgebiete: Formen- und Gesenkbau
Werkzeug- und Vorrichtungsbau
Musterbau und Sonderfertigung
und vor allem Klein- und Mittelserienfertigung

**SHW-UF 11:**
Durch die geschickte Abstimmung ihrer Arbeitswege und die kräftige Dimensionierung erreicht die handliche SHW-UF 11 einen Arbeitsbereich und eine Spanleistung, wie sie sonst nur bei größeren Maschinen erwartet werden.

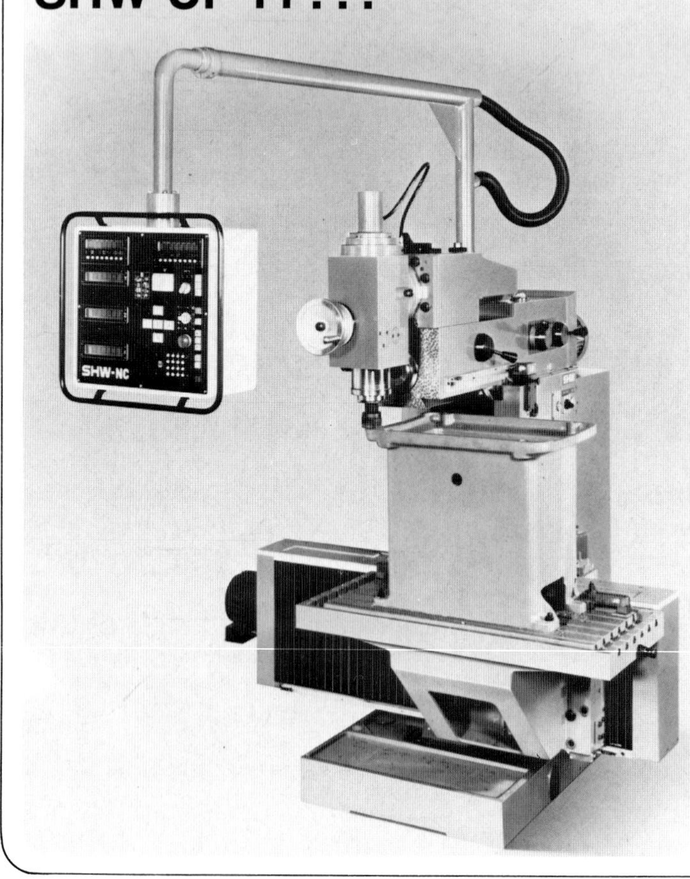


**Steuerbar**
Zentrale Bedienung am mitschwenkbaren Hängepult

SHW-NC-Handeingabesteuerung

Geeignet zum Anbau von NC-Steuerungen nach Wahl, insbesondere auch von Bahnsteuerungen

**SHW-NC-Handeingabesteuerung**
Vielseitige Streckensteuerung für alle SHW-UF-Maschinen. Programmierung am Arbeitsplatz oder zentral, Speicherkapazität von 256 Sätzen an erweiterbar, Werkzeugkorrekturen für Länge und Radius, Programmarchivierung auf Magnetbandkassette oder Lochstreifen.
Steuerung mit Bedienfeld und Istwertanzeige im schwenkbaren Hängepult der Maschine eingebaut.

**Leistungsstark**
Breite, gehärtete Vertikalführung

Voller Leistungsdurchsatz bei allen Drehzahlen im gesamten Arbeitsbereich

Fräsen im Gleichlauf und im Gegenlauf.

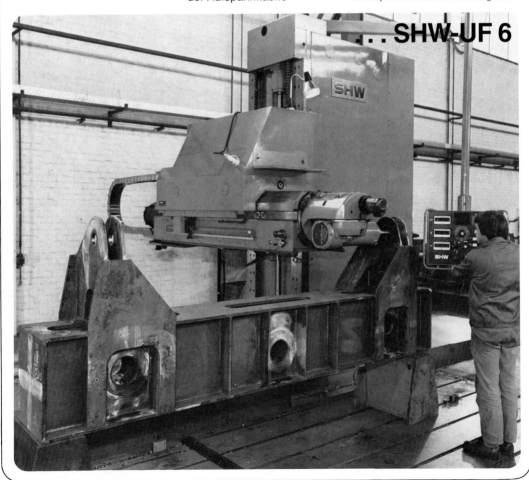

# Schleifen

**WALDRICH COBURG**

**Werkzeugmaschinenfabrik**
**Adolf Waldrich Coburg**
**D-8630 Coburg/Bayern**
**Telefon 09561-651 · Telex 0663225**

## Führungsbahnen- und Flächenschleifmaschinen

Standard-Bauprogramm
Tischbreiten von 600–3500 mm
Schleifhöhen von 500–3000 mm
Schleiflängen von 2000–15000 mm
Umfangschleifsupport von 11–37 kW
Universalschleifsupporte 7,5–11 kW

Ausführung:

Portalbauweise mit beweglichem Querbalken, hydrodynamische Schleifspindellagerung, vollautomatische Auswuchteinrichtung, selbstjustierende Tischführung. Zusatzeinrichtungen zum Schleifen von Schwalbenschwanzführungen, Riffelwalzen für die Papierindustrie, Verzahnungen an großen Pleuelstangen, Scherenmesser mit gekrümmten Schneiden, usw.

## Blechschleif- und Poliermaschinen

Standard-Bauprogramm
Blechbreiten von 800–3000 mm
Blechlängen von 1500–8000 mm

Ausführung:

**Breitbandschleifmaschine**

für große Abtragsleistung, hohe Oberflächenqualität und genaue Dickentoleranz

**Pflock-Schleif- und Poliermaschinen**

für richtungslosen Polierschliff

**Walzenpoliermaschine**

für Hoch-, Spiegel- und Mattglanz. Für die Oberflächenbearbeitung und -veredelung von z. B. Preß-, Tiefzieh- und Dekorblechen sowie Druckplatten usw.

**DEUTSCHE INDUSTRIEANLAGEN**
**Gesellschaft mbH**
Werk Hermann Kolb Maschinenfabrik
Hospeltstr. 37–41, D-5000 Köln 30

# Schmaltz-Schleiftechnologie mit KOLB-NC-Erfahrung

## NC-Rundschleifmaschine RS 4 NC

NC-Rundschleifmaschine aus einem Systembaukasten als Schrägeinstechmaschine oder mit rechtwinkliger Anordnung des Schleifschlittens. NC-Steuerung für automatischen Schleifzyklus mit Dateneingabe von Hand oder über Lochstreifen.

- NC-Steuerung für Schleifschlittenzustellung und Tischbewegung wahlweise für Synchronlünette
- Schleifschlittenzustellung und Tischvorschub über Kugelrollspindel und Gleichstromservomotor
- Abrichten im automatischen Zyklus mit Zustellkompensation
- Axialmeßeinrichtung direkt am Werkstück
- Durchmesser-Meßeinrichtung direkt am Werkstück und Meßwertverarbeitung in in der NC für 10 programmierbare Durchmesser
- Regelung für konstante Schleifscheibengeschwindigkeit
- Zylinderfehler-Ausgleich

Im weiteren Programm: Rundschleifmaschinen, Walzenschleifmaschinen, Kurbelwellenschleifmaschinen, Führungsbahnenschleifmaschinen, Flachschleifmaschinen.

## Spitzenlose Rundschleifmaschine

**DEUTSCHE INDUSTRIEANLAGEN**
**Gesellschaft mbH**
Werk Fritz Werner Werkzeugmaschinen
Fritz-Werner-Straße, D-1000 Berlin 48

# WERNER – Spitzenlose Rundschleifmaschinen HT, Bauart Hartex

**Flexible Maschinenanpassung an Bearbeitungsaufgaben durch Baukastenprinzip**

- Ein- oder Doppelschlitten-Maschine
- Schleifspindel liegend oder doppelseitig gelagert
- mit oder ohne Regelscheibenweithub
- Abrichten über Schablone oder Diamantrolle
- Schleifscheiben-Umfangsgeschwindigkeit 35, 45 oder 60 m/s
- Antriebsleistung 22 ... 37 kW
- Backen-Gleitlagerung für Schleifscheiben- und Regelscheibenspindel
- Zustellgenauigkeit 0,5 μm
- Einstechzyklus individuell vorwählbar in Zeit und Weg
- NC-Steuerung in Modular-Aufbau

Arbeitsbereich:
Durchmesser ____ 2 ... 125 mm
Schleifscheibenabmessungen:
Durchmesser ____ 600 mm
Breite ____ bis 300 mm
Bohrung ____ 304,8 mm

WALDRICH COBURG

# Hobeln

**Werkzeugmaschinenfabrik**
**Adolf Waldrich Coburg**
**D-8630 Coburg/Bayern**
**Telefon 09561-651 · Telex 0663225**

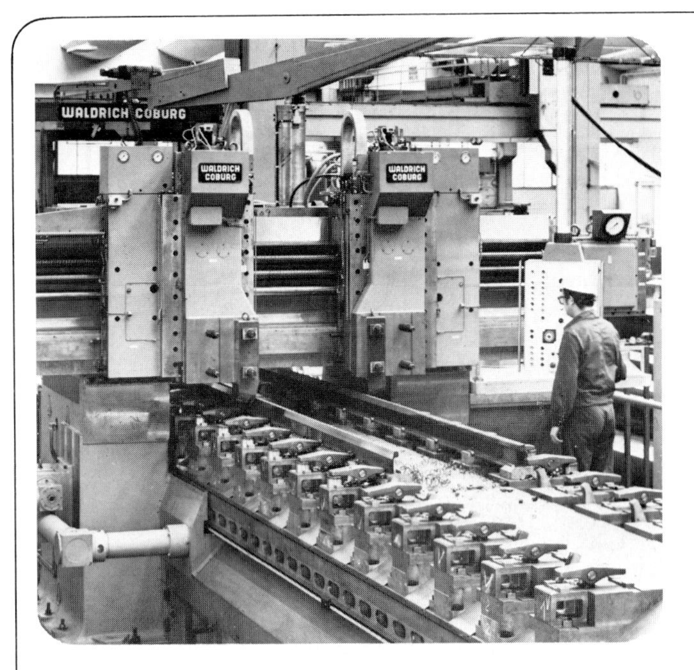


## Spezial-Hobelmaschinen

zur Bearbeitung von Weichenbau-Teilen

Standard-Bauprogramm
Tischbreite
von 1100–1800 mm
Hobelhöhe
von 350–800 mm
Hobellängen
–15000 mm
Durchzugskraft
von 120–450 kN

Ausführung:

Hydraulischer Tischantrieb. Hoher Automatisierungsgrad durch teilautomatische und programmierbare Arbeitsabläufe und Einsatz mechanisierter Spannvorrichtungen.
Hohe Zerspanungsleistung durch Einsatz optimal gestalteter Werkzeuge.

## Kombinierte Hobel- und Schleifmaschinen

Standard-Bauprogramm

Tischbreite
von 1250–2500 mm
Arbeitshöhe
von 1250–2000 mm
Hobellängen
von 2000–12000 mm
Durchzugskraft
von 40–80 kN
Universalschleifsupport 7,5 kW
oder
Umfangschleifsupport 11 kW

Ausführung:

Diese kombinierte Maschine erfüllt hohe Ansprüche hinsichtlich Hobel- und Schleifgenauigkeiten durch Spezialquerbalken mit getrennten Führungen für Hobel- und Schleifeinheiten (DBGM 6911232).

# Waagerecht-Stoßmaschine

Klopp-Werke KG
Werkzeugmaschinenfabriken
D-5650 Solingen 19
D-5481 Schalkenbach/Eifel
Vertrieb durch: Klopp-Handel KG
Postfach 190440 · D-5650 Solingen 19
Telefon (02122) 312061 · Telex 08514701 kws-d

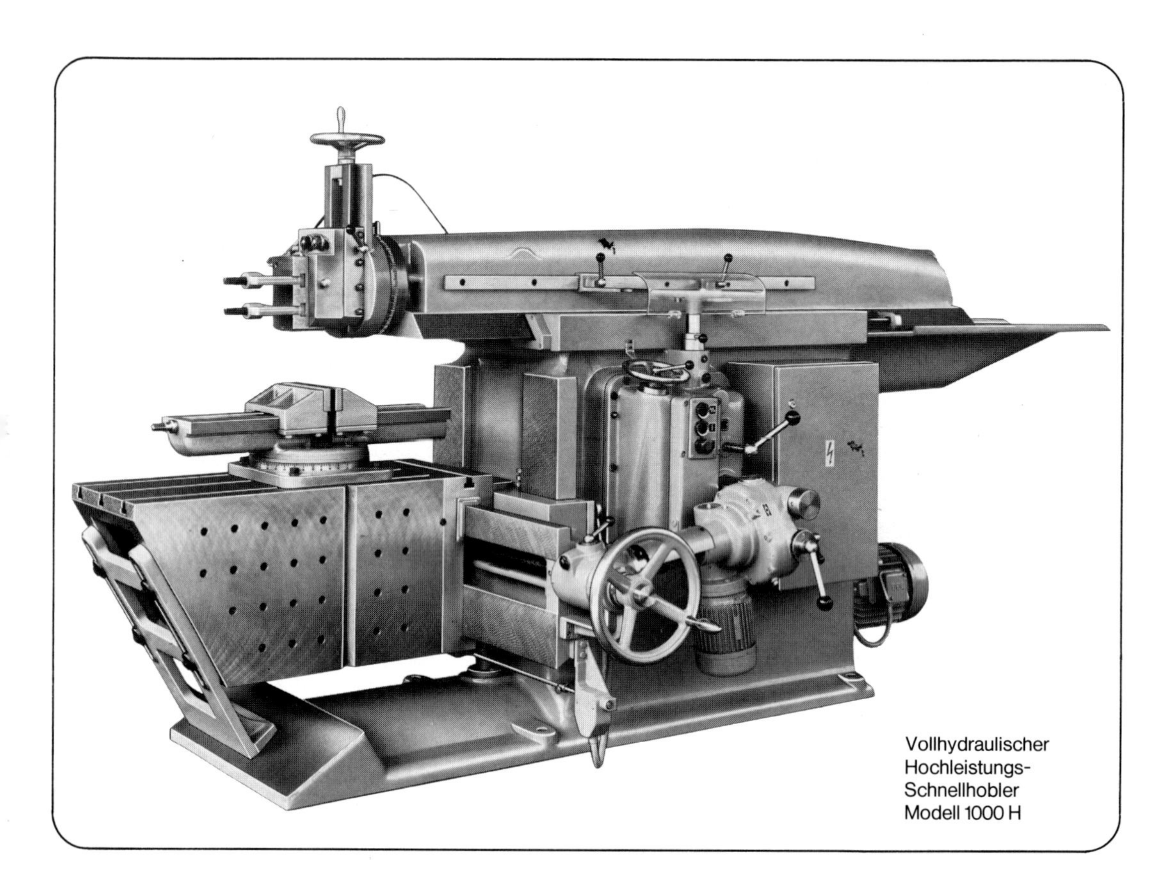

Vollhydraulischer Hochleistungs-Schnellhobler Modell 1000 H

Der vollhydraulische Hochleistungs-Schnellhobler Modell 1000 H ist die größte Maschine innerhalb unseres Hobler-Programms, mit Ausnahme der traversierenden Hobler, die bis zu einer Bettlänge von 8 m geliefert werden können.

Das Waagerecht-Stoßmaschinen-Programm umfaßt insgesamt 11 verschiedene Modelle, die sich technisch unter anderem durch den Hub – 300 mm bis 1200 mm – und die Art des Antriebes – mechanisch oder hydraulisch – voneinander unterscheiden.

Alle Waagerecht-Stoßmaschinen können mit einer Kopiersteuerung für 2- oder 3-dimensionale Hobelbearbeitung ausgerüstet werden, und zwar bis hin zur Sondermaschine für die 3-dimensionale Hobelbearbeitung von Kokillenformen für Stranggußanlagen.
Mechanisch oder vollhydraulisch angetriebene Senkrecht-Stoßmaschinen mit 250 mm, 550 mm und 700 mm Hub gehören ebenfalls seit Jahrzehnten zu unserem Fertigungsprogramm.
Fast 70.000 Waagerecht- und Senkrecht-Stoßmaschinen lieferten wir in alle Welt.

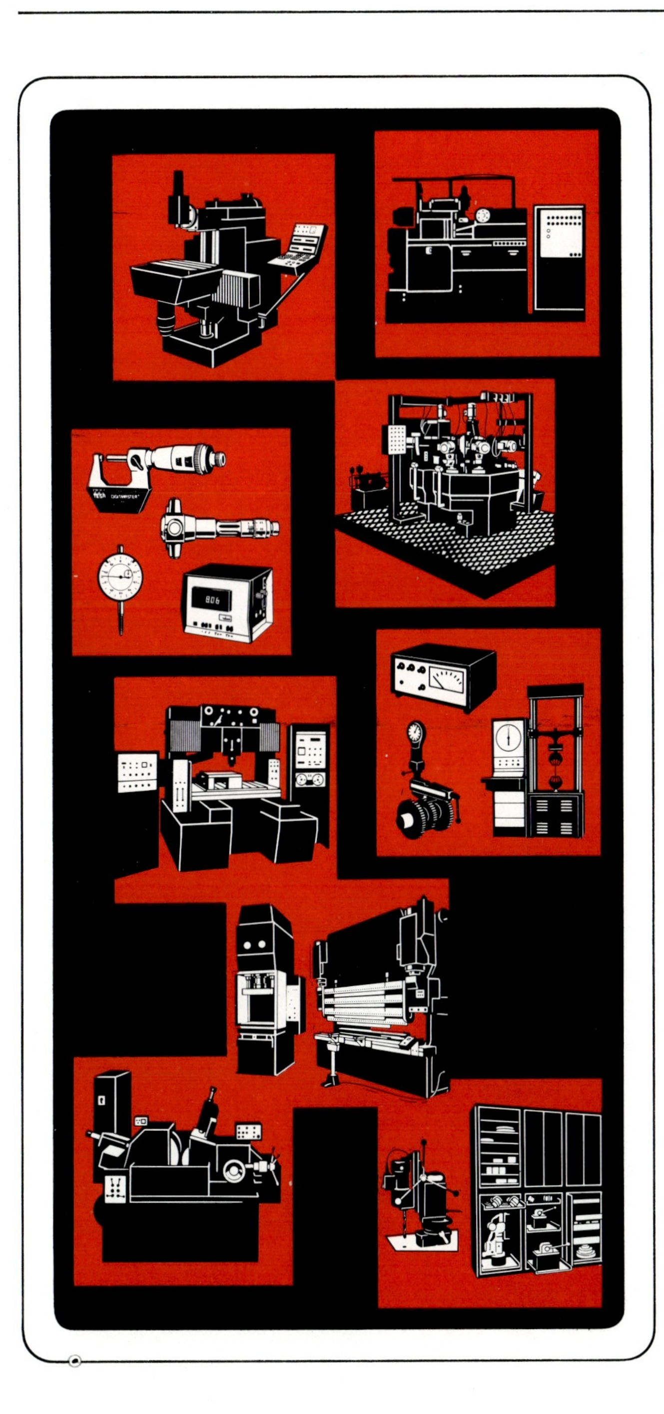

**TYROLIT SCHLEIFMITTELWERKE SWAROVSKI K. G.**
**6130 Schwaz / Tirol / Austria**
**Telefon (05242) 3521 · Telex 05-3450**

In den nahezu 60 Jahren ihres Bestehens entwickelten sich die Tyrolit Schleifmittelwerke Swarovski K. G. zu einem der bedeutendsten Betriebe ihrer Branche. Das Fertigungsprogramm wurde so ausgeweitet, daß Tyrolit heute in der Lage ist, gebundene Schleifkörper in allen Schleifmitteln, nämlich in **Korund, Siliciumkarbid, Diamant** und **kubischem Bornitrid** und **in allen Bindungsarten** zu liefern.

Mehr als drei Viertel der Produktion gehen in 80 Länder der Erde. Die Erfolge im Export sind nicht nur auf die hohe Qualität unserer Erzeugnisse zurückzuführen, sondern auch auf unsere schlagkräftige Verkaufsorganisation: Tyrolit unterhält eigene Verkaufsgesellschaften in Finnland, Schweden, Norwegen, Dänemark, Belgien, Frankreich, der Bundesrepublik Deutschland, Spanien, Italien, Großbritannien, Kanada und im Iran.

WINTER

ERNST WINTER & SOHN (GmbH & Co)
Osterstr. 58 · 2000 Hamburg 19

# Profilierbare Diamantschleifscheiben D-MC und Bornitridschleifscheiben B-MC von WINTER

Das Schleifen schwer zerspanbarer Werkstoffe bereitet insbesondere beim Profilschleifen oft erhebliche Probleme. Durch die Entwicklung von Schleifscheiben mit Diamant oder Bornitrid, die durch Einrollen profilierbar sind, lassen sich die hervorragenden Schleifeigenschaften dieser Schleifmittel auch für das Profil-Tiefschleifen von z. B. Hartmetall, Schnellarbeitsstahl, hochwarmfesten Sonderlegierungen – z. B. für den Turbinenbau – Aufspritzlegierungen usw. nutzbar machen.

Bei der Bearbeitung solcher Werkstoffe mit Diamant-(D-MC)- oder Bornitrid-(B-MC)-Schleifscheiben ergeben sich insbesondere folgende Vorteile gegenüber konventionellen Schleifmitteln:

1. komplette Profile in einem Durchgang zu schleifen, d. h. Tief- oder Vollschnittschleifen
2. größte Profiltreue durch Crushieren der aufgespannten Schleifscheiben
3. größeres Zeitspanvolumen, d. h. kürzere Schleifzeit
4. erheblich verminderte Randzonenbeeinflussung, d. h. kühleres Schleifen
5. weniger häufiges Profilieren durch wesentlich längere Profilstandzeit
6. durch Anwendung des Tiefschleifens auch geringere Nebenzeiten

Insgesamt kostengünstigeres Profilschleifen von schwerschleifbaren Werkstücken bei verminderter Temperaturbeeinflussung des Randzonengefüges.

**Einsatzmöglichkeiten:**

Turbinenschaufelprofile
Profilwalzen

Stempelprofile · Matritzenprofile · Räumnadelprofile · Sägeprofile · Crushierrollen

Spanabhebende Werkzeuge aus Hartmetall und HSS Profile in verschleißmindernden Auftragsspritzungen und -Schweißungen u. a.

Das Profilieren dieser Schleifscheiben erfolgt nach dem seit Jahren bekannten Einroll- oder Crushingverfahren.

**Das Profilschleifen von HSS-Gewindestrehlern wurde z. B. unter folgenden Bedingungen erfolgreich gelöst:**

Tiefschleifen auf einer Flachschleifmaschine

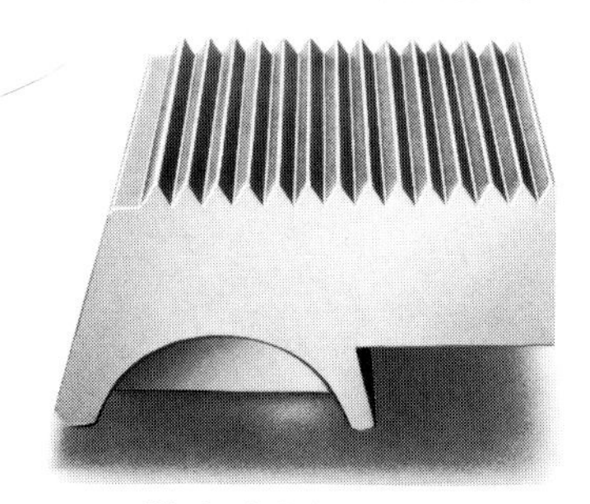

**Werkstück** (mit fertigem Profil)

| | |
|---|---|
| Werkstückmaße: | 25 × 12 × 75 mm |
| Gewindeform: | DIN M 18 (Steigung 2,5 mm) |
| Kleinster Radius: | 0,15 mm |
| Werkstoff: | DMo5 = M 2 |
| Scheibe: | CBN-B64/B-MC/V180 |
| Scheibenmaße: | ∅ 300 × 27 × 127 mm |
| Belagtiefe: | 5 mm |
| Crushingrolle: | 12% Cr-Stahl, gehärtet |
| Kühlmittel: | Oest, Meba SF 2% |
| Durchsatz: | ≈ 200 ltr/min |

**Einsatzdaten:**

| | |
|---|---|
| Werkstücke pro Spannung: | 5 hintereinander |
| Scheibenumfangsgeschwindigkeit: | 45 m/s |
| Tischgeschwindigkeit: | 240 mm/min |
| Aufmaß plus Profiltiefe: | 1,9 mm |
| Zerspanleistung: | 7,6 $mm^3/mm \cdot s$ |
| Standmenge je Crushierintervall: | 320 Werkstücke |
| Standlänge je Crushierintervall: | 24 000 mm |

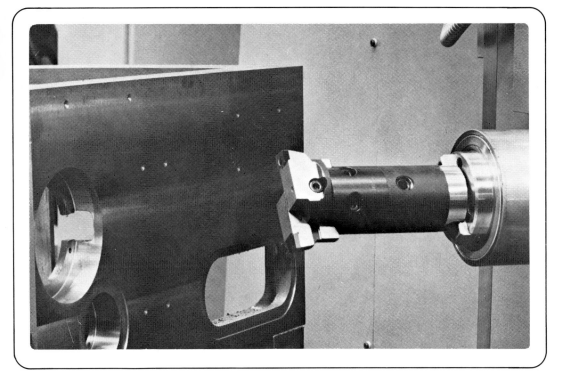

**MICROFINISH**®
**ERNST THIELENHAUS**

**Maschinenfabrik Ernst Thielenhaus**
**Schwesterstraße 50, Posfach 200920**
**D-5600 Wuppertal 2**
**Telefon (0202) 481-1, Telex 8591449**

## DIE METHODE

MICROFINISH ist eine spanabhebende Feinstbearbeitung, die allen umlaufenden, gleitenden und abdichtenden Flächen in kürzester Zeit eine den Forderungen genau entsprechende Oberflächengüte und Formgenauigkeit verleiht.
MICROFINISH vermindert den Verschleiß und erhöht Belastbarkeit und Lebensdauer bei gleichzeitiger Senkung der Kosten.

## DIE ANWENDUNG

MICROFINISH für viele Flächen: ebene, und zylindrische und sphärische Flächen, Kegelflächen, ballige Flächen und Wälzlagerlaufbahnen. Und auch für eine Vielzahl von Werkstücken: Im Fahrzeugbau, in der Wälzlagerindustrie, für Pumpen und Armaturen, im Maschinenbau. Halbautomatisch, vollautomatisch und schnell genug für Transferstraßen.

**MICROFINISH heißt: Die bessere Qualität in kürzerer Zeit!**
Fordern Sie bitte über DIE METHODE und DIE ANWENDUNG Informationen an.

WAGNER

# Gewindefertigen

**Gustav Wagner Maschinenfabrik**
**Postfach 113**
**D-7410 Reutlingen**
**Telefon: (07121) 208-1, Telex: 729846**

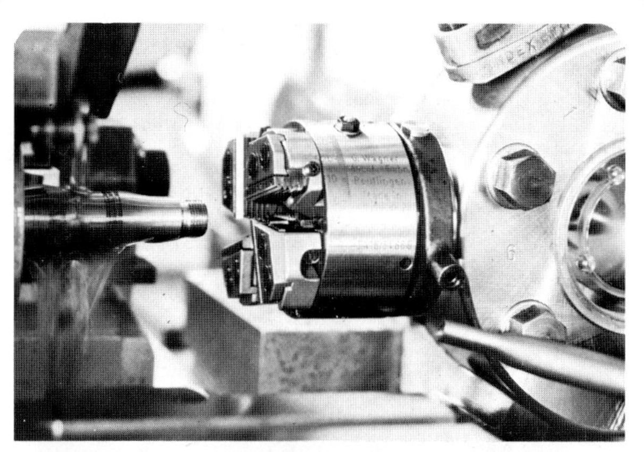

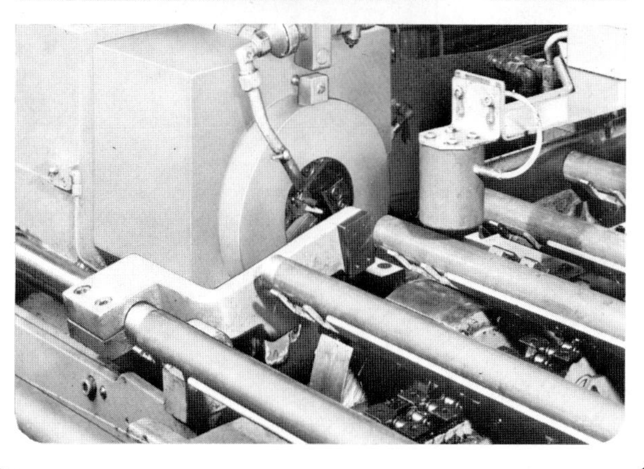

## Gewindeschneidköpfe

Typ Z. Schneiden selbstöffnend Außengewinde schnell und in engen Toleranzen. Strehler und Strehlerhalter sind einfach auszuwechseln. Das sichert jeden Kopf innerhalb des Arbeitsbereichs einen großen Schneidbereich bei vielen verschiedenen Gewindearten. Hohe Zerspanleistung und damit kurze Schnittzeiten ermöglichen die volle Ausnutzung der Leistung neuzeitlicher Werkzeugmaschinen. Die Gewindeschneidköpfe gibt es in den Funktions-Arten stillstehend oder umlaufend; zum Anpassen an die einzusetzende Werkzeugmaschine. (Bild oben).

## Gewindeschneidköpfe

Typ GEWE. Arbeiten in den größeren Durchmesserbereichen, mit den gleichen Vorzügen. Speziell bei Gewinden mit notwendigen hohen Spanvolumen und hoher Schnittgeschwindigkeit. (Bild Mitte).

## Gewindemaschinen

Eine Baureihe zum wirtschaftlichen Schneiden von Außengewinde ergänzt durch automatische Werkstückhandhabung bis zum vollautomatischen Arbeitsablauf. Zwei-Wege-Maschinen zum Doppelendbearbeiten erweitern das Programm. Standardisierte Baugruppen ermöglichen das Anpassen an unterschiedliche Fertigungsfaufgaben. (Bild unten).

## Sägen

**Gustav Wagner Maschinenfabrik**
**Postfach 113**
**D-7410 Reutlingen**
**Telefon: (07121) 208-1, Telex: 729846**

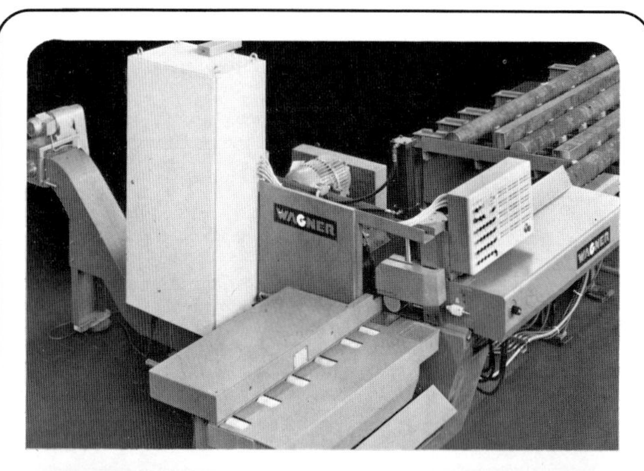


### Kaltkreissägemaschinen

mit HSS-Segmentsägeblättern in *horizontaler Bauart* zum Sägen von Abschnitten aus Stahl oder NE-Metallen. Es gibt verschiedene Baugrößen für wirtschaftlichen Einsatz entsprechend den Werkstückdurchmessern, Formen und Werkstoffen. Anpassungsfähige Maschinenkonzeptionen für Hochleistungen in Menge und Qualität der Abschnitte, ausbaufähig durch standardisierte Baugruppen zu vollautomatischen Sägeanlagen. (Bild oben).

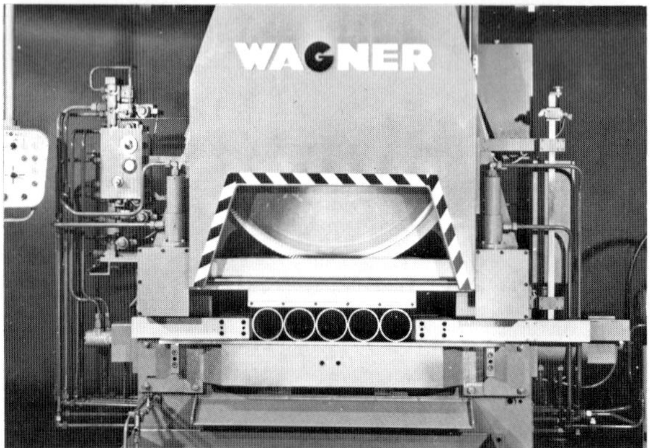


### Kaltkreissägemaschinen

mit HSS-Segmentsägeblättern in *vertikaler Bauart* zum *Sägen von Stahl* in Form von Rohren und Profilen. Integriert in Sägeanlagen zum automatischen Fördern, Messen und Sägen. In Verbindung mit Spezial-3-Achsen-Bohrmaschinen, auch NC-gesteuert, verkettet zu Säge-Bohr-Zentren. (Bild Mitte).

### Kaltkreissägemaschinen

mit HM-bestückten Sägeblättern in *horizontaler Bauart*. Gebaut, um den Schneidenwerkstoff Hartmetall beim Sägen voll nutzen zu können. Mit gleichförmigen Bewegungsablauf des Sägeblatts und des Vorschubs. Kraftschlüssiger Anordnung der Baugruppen mit spezieller Werkstückspannung für berührungslosen Sägeblattrücklauf nach dem Schnitt. Für hohe Zerspanleistung in der Zeiteinheit. (Bild unten).